OEUVRES COMPLÈTES

DE

JOHN HUNTER.

TYPOGRAPHIE DE FIRMIN DIDOT FRÈRES, RUE JACOB, 56.

OEUVRES COMPLÈTES

DE

JOHN HUNTER,

TRADUITES DE L'ANGLAIS SUR L'ÉDITION DU Dr J. F. PALMER,

AVEC DES NOTES

PAR

G. RICHELOT,

DOCTEUR EN MÉDECINE DE LA FACULTÉ DE PARIS.

TOME DEUXIÈME.

TRAITÉ DES DENTS. — TRAITÉ DE LA SYPHILIS.

PARIS,

LABÉ, LIBRAIRE, ANCIENNE MAISON GABON,

RUE DE L'ÉCOLE DE MÉDECINE, N° 10.

FIRMIN DIDOT FRÈRES, LIBRAIRES,

IMPRIMEURS DE L'INSTITUT, RUE JACOB, N° 56.

—

1839.

TRAITÉ

DES

DENTS HUMAINES,

COMPRENANT LEUR STRUCTURE, LEURS USAGES, LEUR MODE DE FORMATION, LEUR
DÉVELOPPEMENT ET LEURS MALADIES,

ANNOTÉ PAR

THOMAS BELL,

MEMBRE DE LA SOCIÉTÉ ROYALE DE LONDRES, DE LA SOCIÉTÉ LINNÉENNE, DE LA SOCIÉTÉ
GÉOLOGIQUE; MEMBRE CORRESPONDANT DE LA SOCIÉTÉ D'HISTOIRE NATURELLE DE PARIS;
PROFESSEUR D'ANATOMIE COMPARÉE A L'HÔPITAL DE GUY, ETC.;

ET PRÉCÉDÉ D'UNE PRÉFACE PAR

J. E. OUDET,

MÉDECIN DENTISTE, CONSULTANT DU ROI, MEMBRE DE L'ACADÉMIE ROYALE DE MÉDECINE,
CHEVALIER DE LA LÉGION D'HONNEUR, ETC.

Le traité des dents dont J. Hunter a fait paraître, en 1771, la première partie, est certainement le meilleur ouvrage qui ait été jusqu'alors publié sur cette matière. On a peine à comprendre comment, dans le peu de temps que lui laissaient ses grandes occupations, ce célèbre chirurgien ait pu composer un travail tellement remarquable, que pendant cinquante ans il soit demeuré le seul qui ait embrassé sous un point de vue aussi haut les questions les plus importantes de l'anatomie, de la physiologie et de la pathologie des dents. Que l'on compulse en effet tout ce qui a été écrit pendant cette longue période sur ce sujet si difficile, et on se convaincra de la vérité de notre assertion. G. Cuvier lui-même, l'un des anatomistes qui ont le plus honoré notre siècle, G. Cuvier, dont l'esprit était si méthodique et si réservé, qui s'est livré avec tant de constance et de labeur à l'étude de l'organisation des dents, s'est-il jamais, dans ses recherches anatomiques, élevé jusqu'au génie de Hunter?

Et cependant, malgré la grande publicité donnée à ce traité que l'Europe a traduit en plusieurs de ses langues, il est loin d'avoir exercé sur la science l'influence qu'il aurait dû avoir. La plupart des vérités émises par Hunter ont été contestées ou traitées de paradoxes ; les auteurs même qui, par la spécialité de leurs études, auraient dû être les plus capables de les apprécier, ou semblent ne pas les avoir comprises ou ont écrit comme si l'ouvrage de Hunter n'eût pas existé.

C'est que le génie de Hunter avait plutôt pressenti ces vérités, qu'il ne les avait complétement démontrées. Faute de recherches plus approfondies, il a été plus d'une fois conduit à tirer des inductions erronées d'observations qui, envisagées d'une manière générale et dans de certains rapports, devaient lui paraître incontestables. Ainsi, Hunter a avancé avec une grande raison que les dents diffèrent des os. Cette opinion, je dois le dire, avait déjà été émise par plusieurs anatomistes, mais aucun ne l'avait appuyée sur des considérations aussi importantes. Eh bien, quel cours a-t-elle eu dans la science? a-t-elle empêché qu'on ne continuât à comprendre les dents dans le système osseux, et qu'on ne traçât la description de leurs altérations d'après les idées qu'on s'était formées sur les maladies des os?

La théorie de Hunter manquait de faits et de précision. Elle a aujourd'hui le mérite d'avoir au moins substitué le doute à une erreur généralement répandue; mais il ne lui était pas donné d'aller au delà. Après avoir cherché à prouver ce que les dents ne sont pas, il lui restait à dire ce qu'elles sont. Cependant Hunter avait fait de grands efforts pour éclairer cette question. Il avait eu recours aux injections les plus délicates; il avait soumis de jeunes animaux à l'usage de la garance pendant le développement de leurs dents; et en interrompant et reprenant tour à tour l'emploi de cette substance, il avait trouvé dans la couleur variée des couches de l'ivoire les traces permanentes de cette alimentation et de sa suspension; il avait suivi avec attention le mode de déve-

loppement des dents, étudié le caractère de leurs altérations, et avait surtout été frappé des différences que ces
dernières lui présentaient comparativement à ce qui se
passe dans les maladies des os. Toutes ces recherches la-
borieuses, toutes les considérations qu'il en faisait ressortir avec tant de force et de sagacité, étaient certainement
suffisantes pour le célèbre anatomiste anglais ; néanmoins
elles ne parurent pas justifier les conclusions qu'il en
avait tirées. On chercha à les détruire, et, j'ai peine à le
dire, avec quelque apparence de succès, par des faits
diamétralement opposés à ceux que Hunter avait signalés. On lui objecta que l'insuccès des tentatives pour injecter les substances dentaires, même en se servant des
matières les plus fines, ne pouvait être regardé comme
une preuve suffisante, puisque d'autres parties qui résistent également aux injections, manifestent à leur intérieur la présence de vaisseaux quand elles sont enflammées. Ainsi, Monro et Blake lui opposaient les injections
qu'ils avaient faites, et en cela l'autorité de ces auteurs
était d'autant plus imposante, que les injections n'avaient
pas davantage réussi à Hunter pour reconnaître la présence de vaisseaux dans la membrane externe du follicule dentaire, vaisseaux que cependant certaines maladies rendent si apparents. De son côté, T. Bell rapportait
deux faits qui lui semblaient prouver incontestablement
la vascularité des dents ; l'un était la présence de taches
rouges dans le tissu *osseux* dentaire, sain du reste, mais
en proie à une vive inflammation ; l'autre était l'injection des dents par la bile dans des cas d'ictère. Il en est
de même des expériences sur la coloration des dents par
la garance mêlée aux aliments. Ces expériences que de
mon côté j'ai répétées, on n'a pas même voulu leur ac-

corder l'honneur de les combattre, tant on les trouvait peu concluantes.

Mais ce qui a le plus fortement soulevé contre la théorie de Hunter, ce sont les conséquences qu'il en a déduites et qu'il a formulées sous cette proposition : « que les dents doivent être regardées comme des corps étrangers, à ne prendre en considération que l'absence de toute circulation dans leur intérieur, mais qu'elles sont certainement douées du principe vital, par l'intermédiaire duquel elles font partie du corps. » Cette proposition fut traitée de paradoxe, et on crut ne pouvoir mieux honorer son auteur qu'en le montrant ici sacrifiant à son amour de la vérité l'intérêt même de ses opinions, Th. Bell voulant, par ces paroles, excuser Hunter de ce qu'au lieu de chercher à rendre sa théorie conséquente avec elle-même, en déguisant ou altérant l'une des deux déductions incompatibles auxquelles ses observations l'avaient conduit, il les adopte toutes les deux, et se trouve ainsi amené à cette conclusion, qu'un organe peut être un corps étranger et cependant posséder le principe vital. Th. Bell, à l'époque où il écrivait, pouvait avoir raison, car, il faut l'avouer, les arguments de Hunter n'étaient pas assez puissants pour soutenir une assertion aussi hardie. En France, notre célèbre G. Cuvier recula lui-même devant elle et n'en adopta que la première partie, tant il jugeait impossible d'admettre qu'une partie privée de tout système vasculaire pût être douée de vitalité.

Cependant depuis, on a répété les injections que Hunter avait tentées sur le tissu dentaire, et on a obtenu les mêmes résultats que lui; on a renouvelé ses expériences sur la coloration de l'ivoire en nourrissant de jeunes animaux avec des aliments auxquels on avait mêlé de la garance ; on a soumis de nouveau à un examen plus attentif le mode de production et d'accroissement des dents ; on a reconnu par des observations d'anatomie pathologique et par voie d'induction, que les substances dentaires sont continuellement pénétrées par un fluide d'imbibition fourni par la pulpe, et il a été possible d'évaluer à leur juste valeur les faits avancés par Th. Bell ; on a étudié avec un esprit plus libre et plus dégagé de prévention les phénomènes qui précèdent et accompagnent le développement des altérations des dents ; on a pu remonter à leur étiologie.....

Mais c'est surtout à l'anatomie et à la physiologie comparée, à ces sciences qui seules peuvent conduire à la détermination de l'organisme, qu'on s'est adressé. Ici s'est ouverte une carrière nouvelle où Hunter n'avait point pénétré. Des expériences ont été pratiquées sur les animaux vivants, et particulièrement sur les incisives des rongeurs ; leurs résultats, d'abord méconnus et mal appréciés, ont été cette fois pris au sérieux ; les progrès d'une saine philosophie n'ont plus permis de penser que les phénomènes si extraordinaires que les dents présentent dans leur accroissement continu et dans leur reproduction, ne fussent qu'un jeu, qu'un écart de la nature, et ne fussent pour la science qu'un sujet digne tout au plus d'attirer la curiosité ; on voulut que les incisives des rongeurs fussent des dents réelles, qu'elles se formassent et s'accrussent sous l'influence des lois générales qui président à la dentition chez tous les animaux. On fit ce qui n'avait pas encore été fait ; on suivit pas à pas et on compara le développement de ces dents avec ce qui se passe pendant les diverses phases que parcourt le travail de production des dents chez l'homme et chez les êtres qui, sous ce rapport, se rapprochent de lui. Ces recherches de l'anatomie marchant de front avec les expériences physiologiques, ne tardèrent pas à faire découvrir la raison du phénomène singulier qu'offrent les incisives des rongeurs. On parvint à démontrer pourquoi celles-ci croissent toujours, et pourquoi l'accroissement des autres est limité. Certain d'avoir saisi l'organisation dentaire là où elle se montre dans son plus grand état de simplicité, on put dès lors facilement la suivre et la retrouver toujours au milieu des formes si variées et si compliquées dont elle s'entoure chez les différents êtres, et ramener ainsi, par une véritable analyse physiologique, tous les faits qu'elle embrasse à leur unité et à leur simplicité primitives.

Eh bien, tous ces travaux auxquels je me suis livré sans relâche pendant vingt ans, m'ont conduit à conclure avec Hunter que les substances dentaires, placées, comme toutes les parties de notre économie, sous l'influence de la vie, ne tiennent à l'organisme par aucun lien vasculaire ni nerveux.

Je n'ignorais pas, en 1822, ce que ces conclusions avaient de grave et de hardi; je savais fort bien qu'elles seraient regardées comme contradictoires par les hommes habitués à soumettre toujours au raisonnement les faits même les plus avérés; mais, placé entre des idées qui régnaient depuis longtemps, et les résultats des expériences que je venais d'entreprendre, je me soumis à ces derniers. Aussi, loin de prendre la peine de les faire concorder entre eux, je me bornai à faire pressentir que les fluides de notre économie, se trouvant, sous les rapports que je venais de signaler, dans la même condition que les substances dentaires, devaient comme elles être le siége d'altérations, et je fus ainsi amené plus tard à m'occuper des altérations chimiques des dents qu'on avait si vaguement décrites sous la dénomination impropre de *carie*.

Toutefois la science venait de faire un grand pas. Hunter avait enseigné en Angleterre, que les dents ne sont pas des os; sa théorie était négative. En France, on la compléta, et l'on énonça positivement que les dents sont des productions du système muqueux, en tout semblables aux productions qui s'élèvent à la surface de la peau. Aujourd'hui cette théorie, après avoir été d'abord contestée, est admise dans la science par les hommes les plus recommandables; elle a de plus la prétention d'y rester à l'avenir, non comme une de ces rêveries de l'imagination qui coûtent aussi peu à créer qu'à détruire, mais comme une des vérités anatomiques les mieux démontrées, car elle est l'expression et la déduction rigoureuse des faits les plus irrécusables.

Il était impossible que les lumières fournies par l'anatomie et la physiologie, sur la nature des dents, n'éclairassent pas l'histoire de leurs altérations. On conçoit sans peine ce que celle-ci avait dû être avec les idées généralement admises. On était si convaincu que les dents sont des os, que rien n'avait semblé plus simple que d'appliquer une théorie commune à la description de leurs maladies. J'accorderais volontiers que cette méthode était rationnelle, si, après s'être assuré que les dents et les os ont une organisation semblable, on eût eu le soin de rechercher si les maladies des os étaient elles-mêmes bien connues. Ici donc s'ouvrait une science presque entière à créer, sous le rapport étiologique au moins. Hunter est le premier qui soit entré dans cette voie nouvelle. Sans doute le travail qu'il a entrepris est fort incomplet; il pèche dans son ensemble, et plus encore dans les détails; beaucoup d'erreurs pratiques y sont accréditées; j'accorderai même que le sujet n'y est qu'effleuré; mais, malgré ces défauts, si l'on a égard au point de vue scientifique qui a présidé à sa composition, je ne crains pas d'affirmer qu'il est infiniment au-dessus de tout ce qui a été écrit sur cette matière avant et depuis sa publication.

Quoique Hunter, dans son traité des dents, se soit plus spécialement attaché à traiter les questions les plus importantes de l'anatomie et de la physiologie dentaire, il est cependant une foule de questions de détail qu'il n'a point négligées. Il a étudié avec un grand soin l'articulation de la mâchoire inférieure, les mouvements de cet os, et la part que les divers muscles y prennent. La description très-détaillée qu'il donne des dents et des arcades dentaires, les considérations anatomiques qu'il y rattache, s'y montrent comme un modèle d'exactitude et de sagacité. Enfin, ce qu'il dit des procès alvéolaires, de leur formation et de leur mode d'accroissement, bien qu'avant lui Fallope leur ait aussi consacré un article à part, est d'un grand intérêt, et atteste jusqu'à quel point s'élevait son esprit observateur.

Hunter avait remarqué, en comparant entre elles un grand nombre de mâchoires d'enfants et d'adultes, que l'espace occupé chez les premiers par les dents temporaires était le même que l'espace rempli chez les autres par les dents permanentes qui leur succèdent. Frappé d'un fait si remarquable, il le poursuivit, et il établit que les mâchoires s'accroissent dans toutes leurs parties jusqu'au douzième mois qui suit la naissance, mais qu'à partir de cet âge, elles ne gagnent plus rien en longueur entre la symphyse et la sixième dent de chaque côté, les procès alvéolaires, qui constituent la partie antérieure des arcades dentaires des deux mâchoires, n'arrivant jamais à former un arc d'un plus grand cercle. Cette proposition, dont la conséquence était de confier dans presque tous les cas à l'art l'arrangement des secondes dents, fut vivement contestée ; et comme elle se lie à un point très-important, je m'y arrêterai quelques instants.

Blake, qui a eu le malheur de s'attacher à combattre presque toutes les assertions de Hunter, fut un de ceux qui s'élevèrent contre elle avec le plus de force. Opposant ses propres recherches à celles de son compatriote, il fit remarquer que les dimensions des mâchoires variant tellement chez les divers individus que l'arc alvéolaire d'un enfant d'un an est quelquefois plus grand que la portion du même arc occupée chez l'adulte par les dents de remplacement, on ne pouvait déduire de la démonstration de Hunter aucune conséquence rigoureuse. Il s'étayait surtout des observations nombreuses qu'il avait recueillies dans le cours de sa pratique, et il faisait justement sentir que l'arrangement des incisives secondaires, toujours plus larges que leurs devancières, ne pourrait jamais s'opérer avec régularité, si, comme Hunter le prétendait, l'élargissement des arcs ne s'y prêtait point ; d'où Blake concluait que pendant le temps qui s'écoule entre les deux dentitions, les arcs dentaires s'allongent, et que c'est à cet agrandissement qu'on doit attribuer les intervalles qui, suivant lui, existent entre les dents temporaires, lesquelles avaient été primitivement pressées les unes contre les autres.

Ces opinions trouvèrent en France des partisans et des adversaires puissants, invoquant chacun en leur faveur des recherches expérimentales qui paraissaient ne devoir supporter aucune réfutation. Telles furent même la singularité et l'opiniâtreté du débat qui s'agita entre eux pendant plusieurs années, qu'on fut un instant tenté de mettre en doute l'autorité des faits dans une question qu'eux seuls cependant étaient appelés à résoudre.

Il y aurait toutefois de l'injustice à ne pas tenir compte ici des écueils dont l'observation s'est trouvée entourée. Des faits exacts en eux-mêmes ont souvent conduit à des inductions trompeuses. Ainsi, en avançant qu'il existait un rapport exact entre l'espace occupé primitivement par les dents temporaires et ensuite par celles qui les remplacent, Hunter a certainement émis une assertion qui, si elle n'était pas rigoureuse, se trouve au moins généralement vraie. Mais il se crut autorisé à conclure de ce fait, que la portion de l'arc alvéolaire qui renferme les premières dents ne peut point s'étendre, et dès lors il tomba dans l'erreur. De son côté, Blake, après avoir mesuré, à des époques différentes, sur les mêmes sujets, les arcs alvéolaires pendant l'arrangement des secondes dents, a affirmé que ces arcs s'agrandissent, et en cela il a établi une vérité qui est incontestable; mais il déduisit de ces expériences qu'après l'arrangement des dents secondaires, l'arc était plus grand que lorsqu'il contenait les dents temporaires, et il se trompa également.

Eh bien, c'est pour avoir examiné la question sous un point de vue trop exclusif, et ne pas être descendus dans le détail des faits, que Hunter, Blake et tous ceux qui les ont suivis, ont été entraînés au delà de ce que l'observation aurait pu leur apprendre, et ont été forcés d'admettre comme conséquences inévitables, des principes pratiques également dangereux dans l'une et dans l'autre opinion. Je n'entrerai pas dans l'exposé des recherches qui servent de bases aux réflexions que je viens de présenter; on en trouvera les développements dans l'article *Dentition* du nouveau dictionnaire de médecine.

Je dirai seulement que la proposition de Hunter, vraie
si on la renferme dans certaines limites, est celle qui est
le plus en rapport avec le mode d'accroissement des
procès alvéolaires; et son auteur aura toujours eu le
grand mérite d'avoir signalé un fait devenu si important
par les considérations physiologiques et pratiques qu'il
a fait naître.

Tel est le travail que Hunter a composé sur les dents.
J'ai saisi avec empressement et bonheur l'occasion qui
m'était offerte de payer à ce célèbre chirurgien le tribut
de mon admiration pour les progrès qu'il a fait faire à
l'anatomie, à la physiologie et à la pathologie dentaire.
J'ai voulu rendre à Hunter la justice qui lui appartient;
en cela, j'ai été plus juste envers lui que ses compa-
triotes qui ont été loin de l'apprécier, et peut-être de
le comprendre. Je l'ai été plus que Th. Bell, son anno-
tateur, qui n'a pas craint de le placer au-dessous de
Blake, et presque sur la même ligne que Fox, l'auteur
d'un des plus médiocres ouvrages qui aient été écrits
sur cette spécialité médicale. Si j'ai fait ressortir les services que Hunter a rendus à la science, j'ai montré les
parties où il l'avait présentée obscure et incertaine;
j'ai exposé ce qui manquait à plusieurs de ses assertions
pour devenir des vérités acquises; j'ai indiqué ce qu'a-
vaient d'inexact et de dangereux certaines déductions
tirées d'ailleurs de faits incontestables; enfin, j'ai marqué
le point où il avait laissé la science, et signalé par quels
travaux elle avait ensuite marché jusqu'à nos jours. Dans
cet examen consciencieux, je n'ai pas cherché à me couvrir du faux semblant d'une modestie vaine, en men-
tionnant la part que j'y ai prise. S'il m'est souvent arrivé de me rencontrer avec Hunter, je dois dire que j'y
ai été bien plutôt amené par mes propres recherches,

que je n'avais été convaincu par l'enseignement qu'il a transmis. Ayant été presque le seul à soutenir par la voie des expériences plusieurs de ses opinions les plus attaquées, je me suis trouvé engagé avec lui dans une telle conformité de principes, qu'en rendant compte de son travail, j'ai pu croire que je parlais d'une œuvre commune que ce maître habile m'avait confié le soin de continuer et de terminer.

Que si quelques esprits envieux, animés par une fausse susceptibilité nationale, me reprochaient d'avoir élevé trop haut les travaux d'un savant étranger, je leur répondrais que, dans les sciences, le véritable patriotisme ne consiste pas à ravir à ses rivaux les droits qu'ils ont à notre reconnaissance; mais à chercher à les surpasser.

Quoi qu'il en soit, le traité des dents de Hunter sera lu avec un grand intérêt par tous ceux qui sont avides de puiser dans les sources originales, et ne dût-il être considéré que comme une esquisse incomplète, cette esquisse tracée par le pinceau d'un homme de génie suffirait pour lui assurer un long souvenir.

Ce 1er mars 1839.

J. E. OUDET.

A l'époque où Hunter écrivit cet ouvrage, la chirurgie dentaire était peut-être la moins avancée de toutes les branches de l'art de guérir. Le traitement des maladies des dents était encore livré à des manœuvres ignorants, dont tout le savoir se bornait à l'extraction violente des dents douloureuses, à la fabrication des dents artificielles, et à quelques procédés grossiers pour remplir les cavités produites par la carie. Que cet état d'une branche de la médecine pratique, qui pouvait aussi bien que toute autre se lier à la physiologie et à la pathologie et s'améliorer par cette union, ait attiré de bonne heure l'attention d'un homme si éminemment doué des qualités nécessaires pour découvrir de telles lacunes et les combler, et dont les ouvrages, sans égaux pour l'importance scientifique, ne sont pas moins remarquables par l'influence qu'ils ont exercée sur la pratique de la médecine et de la chirurgie, c'est ce qu'on aurait pu prévoir d'après le caractère particulier du génie de Hunter. Il était trop vraiment grand, en effet, pour juger indigne de sa sollicitude tout ce qui se rattachait à l'art de guérir et pouvait contribuer à agrandir le cercle de nos connaissances sur les opérations de la nature. En admettant même que l'ouvrage qu'on va lire soit peut-être l'effort le moins heureux de ce génie extraordinaire, et celui de ses écrits dont les erreurs sont le plus frappantes, on trouvera encore une excuse pour ces erreurs dans la nature restreinte du sujet, et surtout dans la structure obscure et anomale des organes auxquels il est consacré ; tandis que par ses expériences et par ses observations, qui ont servi de base aux progrès de nos connaissances en physiologie et en pathologie dentaires, ainsi qu'aux améliorations qu'on a introduites dans le traitement des maladies des dents, Hunter s'est acquis des droits éternels à la reconnaissance et à l'admiration de tous les hommes instruits qui se livrent à l'exercice de cette branche de la chirurgie. Et, s'il est vrai qu'il fut le père de la chirurgie scientifique, s'il peut revendiquer l'immense honneur d'avoir établi la pratique chirurgicale sur le seul terrain solide, celui de la physiologie, il aura eu ce mérite aussi bien pour cette modeste division de l'art, que pour les branches plus importantes qui comprennent la connaissance et le traitement des maladies immédiatement liées aux parties et aux fonctions vitales.

Il n'est point sans intérêt de suivre, même dans cet ouvrage, les traits particuliers de son génie, et d'épier ses efforts pour atteindre la vérité, qu'il poursuivait avec un zèle et une bonne foi qui n'ont jamais été surpassés, ni même égalés peut-être. En effet, un des caractères les plus remarquables de ses discussions et de ses doctrines (et il en doit être ainsi pour tous ceux qui recherchent la vérité avec le même zèle et la même simplicité), c'est que les erreurs même qu'on y trouve sont l'effet de son inaltérable amour de la vérité, des efforts qu'il faisait pour arriver au but unique qu'il s'était proposé, et qui consistait à établir, non les dogmes d'une théorie favorite, mais les simples lois de la nature; c'est ce caractère qui constitue un des principaux attraits de ses plus grandes et de ses plus importantes découvertes. On en voit une preuve frappante dans l'erreur et même la contradiction que renferment ses considérations sur la structure des dents. Ses observations et ses expériences lui avaient appris que les dents diffèrent des os sous plusieurs rapports importants; que les phénomènes que ces deux ordres d'organes présentent dans des circonstances analogues, soit à l'état de maladie, soit pendant les expérimentations, diffèrent de même sous beaucoup de rapports importants; que les dents ne peuvent pas être injectées artificiellement; qu'elles ne peuvent réparer leurs déperditions de substance; et beaucoup d'autres particularités, qui l'ont porté à conclure trop précipitamment que « l'on doit les considérer comme des corps étrangers, attendu qu'il ne se fait point de circulation à travers leur substance; » et cependant sa sincérité l'oblige à avouer dans la même phrase que « bien certainement, elles sont douées du principe vital, par l'intermédiaire duquel elles font partie du corps, et qui leur permet de s'unir avec une partie quelconque d'un corps vivant; » or, si les expériences sur lesquelles il fonde la dernière proposition, prouvent quelque chose, c'est que cette union s'effectue par continuité de vaisseaux. Ainsi, son amour pour la vérité est si sincère, si inflexible, qu'il ne veut ni sacrifier, ni modifier, ni interpréter un seul point des faits sur lesquels sont fondées ces deux propositions incompatibles, même pour éviter le dilemme auquel l'expose nécessairement sa manière imparfaite de raisonner.

Mais quelles que soient les erreurs qui peuvent s'être glissées dans cet ouvrage, il n'en forme pas moins la base de tous les travaux qui, depuis, ont eu pour objet d'accroître nos connaissances dans cette branche de la chirurgie pratique, et il est devenu d'une manière encore plus remarquable le point de départ de tout ce que nous savons maintenant sur la physiologie des dents. D'un autre côté, on doit reconnaître que le successeur de Hunter, le docteur Blake, s'il a reçu de Hunter les idées premières qui l'ont conduit à ses propres découvertes, a expliqué si clairement ce qui était obscur dans son prédécesseur, a comblé si judicieusement les lacunes qu'il avait laissées, et mis en harmonie d'une manière si satisfaisante ce qui paraissait incompatible ou contradictoire, qu'il mérite d'être considéré comme ayant jeté plus de lumière sur ce sujet qu'aucun des écrivains qui s'en sont occupés avant ou après lui; sa dissertation inaugurale (et l'on ne doit pas oublier que c'était l'ouvrage d'un élève) contient sur la structure, le mode de formation, l'accroissement et les rapports des dents, des doctrines que la plupart des auteurs plus récents ont copiées avec raison, et que les expériences des physiologistes n'ont pu que confirmer.

Joseph Fox, avec un talent beaucoup moins original que celui de son prédécesseur, apporta dans la pratique de son art, de l'activité, de la précision et du jugement. Et si la portée de son intelligence ne lui a pas permis de se distinguer par des recherches et des découvertes originales, ses habitudes de réflexion sérieuse, jointes à une éducation spéciale distinguée, l'ont mis à même de retirer de sa pratique étendue une connaissance assez exacte des maladies des dents et de leur traitement, pour que son ouvrage doive être considéré comme une acquisition très-importante, non-seulement pour les dentistes instruits, mais surtout pour les médecins praticiens. C'est principalement à ces derniers qu'il a consacré ses travaux, car il a fait des leçons sur ce sujet pendant plusieurs années à l'hôpital de Guy.

Tels sont les écrivains à qui la science est redevable des principales connaissances qu'elle possède maintenant sur l'anatomie, la physiologie et la pathologie des dents. Il serait inutile de mentionner ici les ouvrages nombreux qui se sont succédé depuis, car ils dérivent en grande partie de ces sources, et l'on peut établir, d'une manière générale, que leur mérite est en raison inverse de leur originalité. Il est également inutile de discuter longuement les hypothèses qui ont été émises sur la nature des dents, par quelques-uns des physiologistes français les plus distingués. Dans les notes que j'ai ajoutées au traité de Hunter, je me suis attaché à me servir des matériaux qui se présentaient devant moi, à éclaircir le texte dans les endroits où il est obscur, à corriger les erreurs que des recherches nouvelles ont dévoilées, et à compléter les points traités imparfaitement, par tous les renseignements qu'ont pu me fournir les observations et l'expérience des autres et les miennes propres. J'ai entrepris cette tâche avec toute la circonspection et tout le respect que commande le nom de Hunter, et en me proposant religieusement le même but d'utilité générale qui a toujours servi de guide au grand et original auteur dont je me propose de faire connaître l'ouvrage.

T. BELL.

TRAITÉ DES DENTS.

PREMIÈRE PARTIE.

HISTOIRE NATURELLE DES DENTS.

Avant de commencer la description des dents, il est nécessaire de donner quelques détails sur les mâchoires supérieure et inférieure, dans lesquelles elles sont implantées. Je décrirai minutieusement les parties qui sont en connexion avec les dents, qui servent à leurs mouvements et concourent à l'accomplissement de leurs fonctions, et je passerai rapidement sur les autres.

De la mâchoire supérieure.

La mâchoire supérieure est composée de deux os, qui, en général, restent distincts l'un de l'autre pendant toute la vie. Ils sont très-irréguliers à leur partie postérieure et supérieure, où ils présentent un grand nombre de prolongements osseux, dirigés en haut et en arrière, qui s'unissent avec les os de la face et du crâne (pl. 2 : fig. 1 et 2, a, a). Les parties inférieure et antérieure de la mâchoire supérieure ont une conformation plus uniforme, et constituent d'un côté à l'autre un rebord circulaire dont la convexité est tournée en avant; la partie inférieure se termine par un bord épais, creusé d'alvéoles destinés à loger les dents. Ce bord est appelé, dans chacun des deux os, le procès alvéolaire (pl. 1 : fig. 1, a, b, c, d). Derrière les procès alvéolaires se trouvent deux lamelles horizontales qui se réunissent pour former une partie du palais, ou cloison intermédiaire à la bouche et au nez (pl. 1 : fig. 1, e, e).

Cette lame ou cloison est placée environ un pouce plus haut que le bord inférieur du procès alvéolaire, ce qui fait que le palais est situé au fond d'une excavation considérable.

La mâchoire supérieure a pour usages de former une partie des parois de la bouche, du nez et des orbites, de fournir une base par son procès alvéolaire à la rangée supérieure des dents, et de faire antagonisme à la mâchoire inférieure; mais elle n'a par elle-même aucun mouvement sur les os de la tête et de la face.

De la mâchoire inférieure.

La mâchoire inférieure étant très-mobile, et son mouvement étant indispensable aux différentes opérations des dents, elle réclame une description plus détaillée. Elle est beaucoup plus simple dans sa forme que la supérieure, car elle a moins d'apophyses, et ces dernières sont moins irrégulières. Sa partie antérieure, de forme circulaire, est placée directement au-dessous de celle de la mâchoire supérieure; mais ses autres parties s'étendent plus loin en arrière (pl. 2 : fig. 1 et 2).

Cette mâchoire est d'abord composée de deux os distincts (pl. 6 : fig. 1, 4 et 6); mais ceux-ci, bientôt après la naissance, se réunissent en un seul à la partie moyenne du menton. Cette union est appelée la *symphyse de la mâchoire.* Sur le bord supérieur du corps de l'os est placé le procès alvéolaire, qui ressemble beaucoup à celui de la mâchoire supérieure. Le procès alvéolaire s'étend tout le long de la partie supérieure de l'os, depuis l'apophyse coronoïde d'un côté jusqu'à celle du côté opposé (pl. 1 : fig. 2). Dans les deux mâchoires, les procès alvéolaires sont partout proportionnés au volume des dents, de sorte qu'ils sont plus épais en arrière, où les dents sont plus grosses et plus irrégulières à cause du plus grand nombre de racines qu'elles possèdent. Les dents postérieures de la mâchoire supérieure ont plus de racines que les dents correspondantes de la mâchoire inférieure, et leurs alvéoles sont par conséquent plus irréguliers. A la mâchoire supérieure, le procès alvéolaire représente une portion d'un cercle plus grand qu'à la mâchoire inférieure, surtout quand les dents sont dans leurs alvéoles. Cela dépend principalement de ce que les dents antérieures de la mâchoire supérieure sont plus larges et plus plates que les mêmes dents de la mâchoire inférieure (pl. 2 : fig. 1).

La partie postérieure de l'os maxillaire inférieur, de chaque côté, s'élève presque perpendiculairement au corps de l'os, et se termine supérieurement par deux apophyses (pl. 2 : fig. 2, e et d, et pl. 3 : fig. 2, e et f), dont l'antérieure, qui est la plus haute, est mince et pointue, et se nomme *apophyse coronoïde* (pl. 3 : fig. 2, e, e). Le bord antérieur de cette apophyse forme une crête qui se dirige obliquement en bas et en avant, sur la mâchoire, à la partie externe des alvéoles postérieurs (pl. 2 : fig. 2, b). Le muscle temporal s'insère à cette apophyse; et, comme elle s'élève au-dessus du centre du mouvement de la mâchoire, ce muscle agit avec un avantage presque égal dans les différentes situations de la mâchoire.

L'apophyse postérieure, qui est destinée à s'articuler d'une manière mobile avec la tête, se dirige en haut et un peu en arrière; elle est plus étroite, plus épaisse et plus courte que l'apophyse antérieure, et se termine par une tête arrondie et oblongue, ou condyle (pl. 3 : fig. 2, f), dont l'axe le plus long est dirigé presque transversalement. Le condyle est un peu recourbé en avant; arrondi ou convexe d'avant en arrière, il est aussi un peu arrondi de l'une de ses extrémités à l'autre, c'est-à-dire de droite à gauche. Son extrémité externe est légèrement tournée en avant, et l'interne un peu en arrière ; de manière que les axes des deux condyles ne sont ni sur la même ligne droite, ni parallèles l'un à l'autre, et que, prolongés en arrière, ils se rencontreraient sous un angle d'environ cent quarante-six degrés. Une ligne tirée de la symphyse du menton au milieu du condyle couperait son grand axe presque à angle droit (pl. 1 : fig. 2, et pl. 3 : fig. 2). Cette disposition souffre quelques exceptions, car, dans une mâchoire inférieure dont j'ai le dessin, l'angle formé par le prolongement supposé des deux axes n'est que de cent six degrés, au lieu de cent quarante-six. La mâchoire inférieure a pour usages d'offrir un point d'appui aux dents qui sont logées dans son procès alvéolaire, lorsqu'elles agissent contre celles de la mâchoire supérieure pendant la mastication, et de donner attache à quelques muscles qui appartiennent à d'autres parties.

Des procès alvéolaires.

Les procès alvéolaires se composent de deux lames osseuses minces, dont l'une est externe (pl. 1 : fig. 1, a, a, a, a, a) et l'autre interne (pl. 1 : fig. 1, b, b, b). Ces deux lames sont plus éloignées l'une de l'autre à leurs extrémités postérieures qu'à leur partie antérieure, qui correspond à la partie moyenne de la mâchoire. Elles sont unies ensemble par des cloisons osseuses minces placées transversalement à leur direction. Ces cloisons divisent les procès alvéolaires, à leur partie antérieure, en autant d'alvéoles distincts qu'il y a de dents (pl. 1 : fig. 1, c, c, et fig. 2, a) ; mais à la partie postérieure, où les dents ont plus d'une racine, il y a des cellules ou alvéoles distincts pour chaque racine (pl. 1 : fig. 1, d, d, et fig. 2, b). Ces cloisons s'élèvent plus haut que les lames alvéolaires, et ajoutent ainsi latéralement à la profondeur des cellules, surtout à la partie antérieure de la mâchoire. Au niveau de chaque cloison, la lame externe du procès alvéolaire présente une dépression en forme de cannelure (pl. 2 : fig. 2, f, f, f, f) qui entoure les cellules ou cavités qui logent les racines des dents. Cette disposition s'observe dans toute la longueur du procès alvéolaire de la mâchoire supérieure, et principalement à la partie antérieure de la mâchoire inférieure. Les procès alvéolaires de chaque mâchoire forment environ la moitié d'un cercle ou plutôt d'une ellipse (pl. 1 : fig. 1, 2) ; à la partie antérieure de la mâchoire inférieure, ils sont dirigés verticalement ; mais, à la partie postérieure, ils se projettent en dedans ; ils décrivent une courbe plus petite que celle que décrit le corps de l'os sur lequel ils reposent (pl. 2 : fig. 2). Je reviendrai plus particulièrement sur ce dernier point, lorsque je décrirai les mâchoires des sujets avancés en âge.

Les procès alvéolaires des deux mâchoires doivent être plutôt considérés comme appartenant aux dents, que comme une partie des mâchoires. En effet, ils commencent à se former en même temps que les dents, suivent celles-ci dans leur accroissement, se détruisent et disparaissent entièrement lorsque les dents tombent ; de sorte que, si nous n'avions pas de dents, il est vraisemblable que non-seulement nous n'aurions pas d'alvéoles, mais encore que nous serions privés des productions dans lesquelles les alvéoles sont creusés; car les mâchoires peuvent accomplir leurs mouvements et donner insertion à des muscles, indépendamment de la présence des dents ou des procès alvéolaires. En résumé, il y a une liaison si intime entre les dents et les procès alvéolaires, que la destruction des unes semble être toujours accompagnée de celle des autres (*).

En examinant la tête d'un jeune sujet, je remarquai que les deux premières dents incisives de la mâchoire supérieure n'avaient pas percé la gencive; elles n'avaient point de racines, et elles adhéraient seulement à la gencive par leur face supérieure. La mâchoire ne présentait dans cet endroit ni procès alvéolaire, ni alvéoles. Je ne chercherai point à expliquer ce phénomène, ni à décider s'il provenait de ce que les dents s'étaient formées, non dans la mâchoire, mais dans la gencive, ou de ce que les racines des dents avaient été détruites. L'aspect des dents était favorable à la première supposition, car il n'était point semblable à celui des dents des jeunes sujets, dont les racines s'usent pour en préparer la chute; et, comme elles n'avaient pas percé la gencive, il est raisonnable de penser qu'elles n'avaient jamais eu de racines. Le côté de la dent d'où la racine aurait dû naître présentait deux éminences arrondies et unies, offrant chacune un petit trou par lequel on pénétrait dans le corps de la dent, qui était assez bien conformé.

De l'articulation de la mâchoire inférieure.

Immédiatement au-dessous de l'apophyse zygomatique de chaque temporal, au-devant du méat auditif externe, on observe une cavité oblongue, qui correspond jusqu'à un certain point, pour la longueur, la largeur et la direction, au condyle de la mâchoire inférieure (pl. 1 : fig. 3, c). En avant, et tout auprès de cette cavité, se trouve une éminence oblongue placée dans la même direction, convexe à son sommet suivant la direction de son axe le plus court qui procède d'arrière en avant, et un peu concave suivant son grand axe qui se dirige de dedans en dehors. Cette cavité est un peu plus large à son extrémité externe qu'à son extrémité interne, parce que l'extrémité externe correspondante du condyle décrit dans son mouvement un cercle plus grand que l'extrémité interne (pl. 1 : fig. 3, d). La surface de la cavité et celle de l'éminence sont recouvertes par un cartilage lisse et continu, dont la texture se rapproche un peu de celle des ligaments, car, par la putréfaction, il se soulève comme une membrane, conjointement avec le périoste commun. La cavité et l'éminence servent au mouvement du condyle de la mâchoire inférieure. La surface de la cavité est dirigée de haut en bas; celle de l'éminence en bas et en arrière, de telle sorte qu'une section transversale qui les intéresse toutes deux repré-

(*) Cette remarque est parfaitement exacte; quelle que soit la rapidité avec laquelle la gencive est détruite par l'absorption, sous l'influence des affections dyspeptiques, de l'empoisonnement mercuriel, d'une accumulation de tartre ou du scorbut, le procès alvéolaire n'est jamais dénudé (à moins qu'une portion nécrosée ne vienne à s'exfolier); l'absorption de l'os marche toujours avec celle de la gencive.   T. BELL.

sente la lettre S (pl. 1 : fig. 3, e, d). Quoiqu'à la première vue l'éminence paraisse faire une saillie considérable au-dessous de la cavité, cependant une ligne tirée du point le plus profond de la cavité à la partie la plus déclive de l'éminence est presque horizontale, et par conséquent à peu près parallèle à la ligne formée par les faces inférieures des dents de la mâchoire supérieure; et, si l'on étudie plus attentivement encore cette articulation, on trouve que ces deux lignes sont parallèles à si peu de chose près, que le condyle se meut presque directement en avant, en passant de la cavité sur l'éminence; le parallélisme du mouvement est d'ailleurs favorisé par la forme du cartilage inter-articulaire.

L'articulation de la mâchoire inférieure présente un cartilage mobile, qui, quoique commun au condyle et à la cavité, doit être considéré comme une dépendance du premier plutôt que de la dernière; car il lui est uni plus étroitement et l'accompagne dans ses mouvements sur la surface commune de l'éminence et de la cavité. Ce cartilage est à peu près de la même dimension que le condyle qu'il recouvre, et il est excavé à sa face inférieure pour le recevoir. Sa face supérieure est plus inégale que l'inférieure, parce qu'elle se moule sur la cavité et sur l'éminence de la surface articulaire du temporal; mais elle a beaucoup moins d'étendue que cette surface, ce qui lui permet de se mouvoir, avec le condyle, d'une partie de cette surface à l'autre (pl. 1 : fig. 3, c). Sa texture est fibro-cartilagineuse. Il est uni au condyle de la mâchoire et à la surface articulaire du temporal par deux ligaments distincts qui naissent de son pourtour. Celui par lequel il est attaché au temporal est le plus libre et le plus lâche, bien que l'un et l'autre permettent des mouvements faciles du cartilage, soit sur la surface du condyle, soit sur celle du temporal. Ces moyens d'union du cartilage sont fortifiés par un ligament externe qui consolide toute l'articulation, et qui est fixé au temporal et au col du condyle. A la face interne du ligament qui unit le cartilage au temporal, et dans la partie postérieure de la cavité, est situé le corps que l'on appelle communément la glande de l'articulation : du moins le ligament est-il, dans cet endroit, beaucoup plus vasculaire que dans toute autre partie.

Des mouvements de l'articulation de la mâchoire inférieure.

Par son mode d'articulation, la mâchoire inférieure est susceptible de mouvements variés. La totalité de la mâchoire peut être portée horizontalement en avant, par le glissement des condyles, de la cavité articulaire sur l'éminence, de chaque côté. Ce mouvement est effectué principalement quand on amène les dents de la mâchoire inférieure directement au-dessous de celles de la mâchoire supérieure, pour mordre, ou pour tenir quelque chose très-serré entre les dents.

Les condyles peuvent être amenés seuls en avant, tandis que le reste de la mâchoire est abaissé et porté en arrière, comme il arrive quand la bouche est ouverte; alors, en effet, l'angle de la mâchoire est abaissé et porté en arrière, et le menton se meut de haut en bas, et un peu d'avant en arrière. Dans ce dernier mouvement, la face supérieure du condyle se tourne un peu en avant, et le centre du mouvement se trouve un peu au-dessous du condyle, sur la ligne qui va de ce dernier à l'angle de la mâchoire. Au moyen de ce déplacement des condyles en avant, et de la rotation dont je viens de parler, l'ouverture de la bouche peut être considérablement agrandie, ce qui est évidemment nécessaire dans beaucoup d'occasions.

Les condyles peuvent aussi glisser alternativement en arrière et en avant, de la cavité à l'éminence, et *vice versâ*, de manière que, pendant que l'un des condyles se porte en avant, l'autre se meut en arrière, d'où il résulte pour la mâchoire un mouvement latéral qui permet de broyer entre les dents le fragment alimentaire qui a été séparé d'une plus grande masse par le mouvement décrit le premier. Dans ce cas, le centre du mouvement se trouve exactement à la partie moyenne d'une ligne qu'on tirerait par la pensée d'un condyle à l'autre; et il est à remarquer que, dans ce glissement des condyles en avant et en arrière, les cartilages inter-articulaires accompagnent les condyles, non dans toute l'étendue de leur déplacement, mais seulement assez pour remettre les différents points de leur surface en harmonie avec les inégalités du temporal. En effet, ces cartilages sont concaves à leur face inférieure qui reçoit le condyle, tandis que leur face supérieure offre une convexité à sa partie postérieure qui se place dans la cavité articulaire, et une légère concavité à sa partie antérieure qui répond à la racine de l'éminence; et, s'ils accompagnaient les condyles dans toute l'étendue de leur déplacement, la partie convexe se trouverait en rapport avec l'éminence, la concavité ne serait point remplie, et toute l'articulation deviendrait très-peu solide.

Cette explication met dans tout son jour l'usage principal de ces cartilages inter-articulaires, qui est d'assurer la solidité de l'articulation, en accommodant les inégalités de sa surface à celles de l'os, dans les mouvements libres et variés de cette articulation. Ils servent aussi à prévenir les effets fâcheux du frottement, contre lesquels il est nécessaire de se mettre en garde partout où il y a beaucoup de mouvement. Aussi ai-je trouvé ce cartilage dans les différentes classes d'animaux carnivores, qui n'ont ni éminence, ni cavité articulaire, ni aucun autre appareil de broiement, et chez qui le mouvement de la mâchoire inférieure est purement de nature ginglymoïdale.

A la mâchoire inférieure, comme dans toutes les articulations du corps, lorsque le mouvement, quelle que soit sa direction, est porté jusqu'à sa dernière limite, les muscles et les ligaments sont tiraillés et il en résulte du malaise. C'est pourquoi l'état dans lequel toutes les articulations se placent le plus naturellement, surtout pendant le sommeil, tient à peu près le milieu entre les diverses attitudes que donnent aux parties les mouvements extrêmes; par ce moyen, tous les muscles et tous les ligaments sont également relâchés. De là vient qu'ordinairement et dans la position naturelle les dents des deux mâchoires ne sont point en contact, et que les condyles de la mâchoire inférieure ne s'enfoncent point dans les cavités articulaires du temporal aussi profondément qu'ils pourraient le faire.

Des muscles de la mâchoire inférieure.

Après avoir décrit la configuration de la mâchoire inférieure, ses articulations, ses mouvements et ses usages, il est nécessaire de donner quelques renseignements sur les muscles qui servent à la mouvoir.

Il y a cinq paires de muscles, qui produisent des mouvements variés suivant la position de la mâchoire inférieure et suivant qu'ils agissent isolément ou ensemble. Deux ou un plus grand nombre de ces muscles peuvent être disposés de manière à faire agir la mâchoire dans la même direction ; mais tous les mouvements de celle-ci sont produits par l'action de plus d'un muscle à la fois. Ainsi, si la mâchoire est abaissée et portée d'un côté, le masseter, le temporal et le ptérygoïdien interne du côté opposé, non-seulement élèvent la mâchoire, mais encore la ramènent sur la ligne médiane. Il sera nécessaire, dans la description de chaque muscle, d'en indiquer l'usage dans les différentes positions de la mâchoire ; par ce moyen, lorsqu'ils auront tous été décrits, leurs actions composées seront mieux comprises. Je décrirai d'abord ceux qui élèvent la mâchoire ; ensuite ceux qui la meuvent latéralement, et enfin ceux qui l'abaissent. Je les présenterai, d'ailleurs, dans l'ordre suivant lequel ils s'offrent à la dissection.

Du masseter.

Le muscle le plus superficiel est le masseter. Il est situé à la partie postérieure et inférieure de la face, entre l'os de la pommette et l'angle de la mâchoire inférieure, directement au-devant de la partie inférieure de l'oreille. Il est épais, court, un peu aplati, et compliqué dans sa texture. Il paraît avoir deux origines distinctes, l'une antérieure et externe, l'autre postérieure et interne ; mais cette apparence dépend de ce que son bord externe, à son origine, est double ou fendu en deux lames, et de ce que les fibres de ces deux lames, ayant une direction différente, s'entre-croisent un peu. La portion antérieure et externe du masseter naît d'une petite étendue du bord inférieur de l'apophyse malaire de l'os maxillaire, qui se réunit à l'os de la pommette ; cette origine se continue le long du bord inférieur de ce dernier os, jusqu'au point où son apophyse zygomatique se réfléchit pour s'unir à celle du temporal. Dans cette portion, la couche externe des fibres du muscle est tendineuse à son origine et la couche interne est charnue.

La portion postérieure et interne, en partie tendineuse et en partie charnue, prend son origine au même bord inférieur de l'os malaire, non à l'endroit où se termine l'origine de l'autre portion, mais un peu plus en avant ; et cette origine se continue le long du bord inférieur de l'apophyse zygomatique du temporal, jusqu'à l'éminence qui appartient à l'articulation de la mâchoire inférieure.

De cette insertion supérieure ou origine, le muscle descend vers son insertion à la mâchoire inférieure. La portion antérieure et externe est plus large à cette insertion qu'à son origine, car elle occupe sur la mâchoire inférieure un espace triangulaire, qui, au-dessus de l'angle et en dehors, a environ un pouce de largeur, et un pouce et demi au-dessous et en mesurant de l'angle de la mâchoire vers le menton. En raison de l'étendue de cette insertion, les fibres de cette portion s'écartent considérablement. Elles sont presque toutes charnues à leur insertion, quelques-unes seulement sont tendineuses, particulièrement celles qui s'insèrent en arrière. La portion postérieure et interne du masseter est plus étroite à son insertion à la mâchoire qu'à son origine; ses fibres postérieures se dirigent à la fois en avant et en bas, tandis que les antérieures se dirigent presque directement en bas. Elle occupe par son insertion la partie restante de la surface inégale située au-dessus de l'angle de la mâchoire inférieure, entre la portion antérieure et les deux apophyses supérieures de l'os maxillaire inférieur, c'est-à-dire, l'apophyse coronoïde et celle qui porte le condyle. Les fibres antérieures de cette portion naissant en dedans des fibres postérieures de l'autre portion, et les fibres de cette même portion se dirigeant, les postérieures en avant et en bas, et les antérieures, presque directement en bas, tandis que les fibres de l'autre portion s'épanouissent en rayonnant en avant et en arrière, il en résulte que ces deux portions s'entre-croisent en partie. Les fibres antérieures, qui s'étendent le plus loin et descendent le plus bas, sont tendineuses à leur insertion, tandis que les postérieures, plus courtes, sont charnues.

L'usage du muscle pris dans sa totalité est d'élever la mâchoire inférieure. Lorsque la mâchoire est portée en avant, la portion postérieure et interne concourt à la porter un peu en arrière; de manière que ce muscle devient un rotateur de la mâchoire, lorsque celle-ci a été portée du côté opposé au muscle qui agit.

Le muscle masseter est entremêlé, à son origine et à son insertion à la mâchoire, d'un certain nombre de portions tendineuses, qui donnent naissance à un grand nombre de fibres charnues, et ajoutent, par là, à la force du muscle.

Du muscle temporal.

Le muscle temporal est situé sur la partie latérale de la tête, au-dessus et un peu au-devant de l'oreille. C'est un muscle plat et rayonné; il est large et mince à son origine, étroit et épais à son insertion inférieure; il est recouvert par un fascia assez fort, au-dessus de l'apophyse zygomatique.

Ce fascia adhère aux os dans toute l'étendue de la circonférence de l'attache supérieure du muscle. En haut, il est fixé à une ligne blanche, unie, que l'on observe sur le crâne, et qui, partant d'une petite crête située sur la partie latérale de l'os frontal, se dirige transversalement à l'os pariétal, et s'arrondit pour se rendre vers l'apophyse mastoïde. Inférieurement, ou en arrière, il est fixé à la naissance de l'apophyse zygomatique, immédiatement au-dessus du méat auditif, au bord supérieur de l'apophyse zygomatique elle-même; et, en avant, à l'os de la pommette. Ces attaches en haut, en avant et en arrière, circonscrivent en quelque sorte la circonférence de l'origine du muscle temporal.

Ce muscle naît de toute la surface osseuse qui est située en dedans de la ligne d'insertion du fascia, savoir : de la partie inférieure et latérale de l'os pariétal, de toute la portion écailleuse de l'os temporal, de la partie inférieure et latérale de l'os frontal, de l'apophyse temporale de l'os sphénoïde, souvent d'une apophyse située à la partie inférieure de cette surface (cette portion est souvent commune à ce muscle et au ptérygoïdien externe), et de la face postérieure de l'os de la pommette. En dehors, il naît de la surface interne de l'apophyse zygomatique, et de toute la face interne du fascia. Dans son origine à l'apophyse zygomatique, il ne peut être distingué du masséter, avec lequel il se confond en réalité dans cet endroit. En effet, le masséter n'est autre chose que la continuation des mêmes fibres musculaires, au-dessous de l'apophyse zygomatique, et pourrait être considéré avec assez de raison comme le même muscle que le temporal, pour l'origine, les insertions, et, jusqu'à un certain point, pour les usages.

L'origine du temporal est principalement charnue ; de cette origine, le muscle se dirige en bas et un peu en avant, en convergeant, et offre un tendon central peu volumineux ; ensuite, il descend en dedans de l'apophyse zygomatique, et s'insère à l'apophyse coronoïde de la mâchoire inférieure ; à cette insertion, il est tendineux et charnu des deux côtés, mais surtout tendineux. Il descend plus bas sur la face interne de l'apophyse coronoïde que sur sa face externe, car il atteint en dedans jusqu'au corps de l'os.

Le bord inférieur et postérieur de ce muscle passe sur la racine de l'apophyse zygomatique du temporal, comme sur une poulie, ce qui limite l'action du muscle à l'élévation de la mâchoire inférieure, beaucoup plus que si ses fibres se rendaient directement de leurs points d'origine à leur insertion inférieure.

L'usage du muscle temporal est, en général, d'élever la mâchoire inférieure ; et, comme il se dirige un peu en avant pour arriver à son insertion inférieure, il doit en même temps porter le condyle en arrière ; de cette manière, il agit en opposition avec le ptérygoïdien externe du côté opposé. Quand les deux muscles agissent simultanément, ils sont antagonistes des deux ptérygoïdiens, car ils portent en arrière toute la mâchoire.

Du muscle ptérygoïdien interne.

Le muscle ptérygoïdien interne est situé à la face interne de la mâchoire inférieure, vis-à-vis du masséter. C'est un muscle fort et court, un peu aplati, surtout à son insertion mobile. Il naît, tendineux et charnu, de toute la face interne de l'aile externe de l'os sphénoïde, de la face externe de l'aile interne, auprès de sa partie la plus profonde, de la portion de l'os palatin qui fait partie de la fosse ptérygoïdienne, et de la face antérieure et arrondie de l'apophyse par l'intermédiaire de laquelle ce dernier os s'unit à l'os maxillaire supérieur. De là, le muscle descend un peu en dehors et en arrière, et s'insère par des fibres en partie tendineuses et en partie charnues, à la face interne de la mâchoire inférieure, depuis l'angle de cet os jusqu'à peu de distance de la gouttière qui loge le nerf maxillaire ;

dans toute l'étendue de son insertion, la surface de l'os est très-raboteuse.

L'usage de ce muscle est d'élever la mâchoire inférieure; d'après sa direction, on pourrait penser qu'il doit porter le condyle un peu en avant; mais ce déplacement ne s'accorde point avec le mouvement d'élévation de la mâchoire inférieure, car lorsqu'elle est élevée, elle est naturellement portée en arrière.

Du muscle ptérygoïdien externe.

Le muscle ptérygoïdien externe est situé immédiatement entre la face externe de l'aile externe de l'apophyse ptérygoïde et le condyle de la mâchoire inférieure, s'étendant, en quelque sorte, horizontalement le long de la base du crâne. Il est un peu rayonné chez quelques individus; il est large à son origine et étroit à son insertion mobile; mais la plus grande partie de sa masse forme un ventre charnu, vigoureux et arrondi, de telle sorte que la partie de ce muscle qui est rayonnée est mince.

La partie épaisse, et qui se rencontre chez le plus grand nombre des sujets, naît par des fibres tendineuses et par des fibres charnues de presque toute la face externe de l'aile externe de l'apophyse ptérygoïde de l'os sphénoïde, à l'exception d'un petit faisceau d'origine qui naît du bord postérieur; vers la partie inférieure elle naît un peu de la surface interne de cette aile. La portion mince naît d'une saillie de l'os sphénoïde, qui s'étend depuis l'apophyse jusqu'à la tempe, immédiatement derrière le trou déchiré inférieur, et qui se termine par une petite protubérance. Cette origine manque quelquefois, et, dans ce cas, le muscle temporal a des faisceaux d'origine qui naissent de cette protubérance; très-souvent cette origine est commune aux deux muscles. Les deux origines du ptérygoïdien externe sont quelquefois tellement distinctes, que le muscle est un véritable biceps.

De ces origines, le muscle se dirige en dehors et un peu en arrière, en convergeant, c'est-à-dire que ses fibres supérieures marchent en dehors, en arrière et un peu en bas, tandis que sa portion inférieure ou la plus volumineuse se dirige un peu en haut. Il s'insère, par des fibres tendineuses et par des fibres charnues, dans une dépression située à la partie antérieure du condyle et du col de la mâchoire inférieure, sur le côté interne de la crête qui naît de l'apophyse coronoïde; une petite portion du muscle s'insère aussi à la partie antérieure du cartilage inter-articulaire.

Lorsque ce muscle agit isolément, c'est un rotateur de la mâchoire, car il porte en avant le condyle et le cartilage inter-articulaire, ce qui rejette le menton du côté opposé; mais s'il agit avec son congénère, toute la mâchoire, au lieu d'être tournée d'un côté, est portée en avant, et, de cette manière, les deux muscles agissent en opposition avec le temporal, etc.

Les deux muscles agissent, en général, alternativement; et, dans ce cas, l'un agit au moment de l'abaissement de la mâchoire, et l'autre au moment de son élévation; de telle sorte qu'ils agissent tous les deux quand la mâchoire inférieure est élevée et quand elle est abaissée, bien qu'ils ne concourent point à ces mouvements.

Du muscle digastrique supérieur.

Le digastrique est situé immédiatement au-dessous et un peu en dedans de la mâchoire inférieure, et en dehors du pharynx; il s'étend de l'apophyse mastoïde au menton, à peu près dans l'espace anguleux formé par le cou et le menton (pl. 1, fig. 3, g). Le nom de ce muscle exprime sa forme générale; car il a deux ventres charnus, et par conséquent un tendon moyen. Cependant une partie de son ventre antérieur ne naît pas du tendon du ventre postérieur, mais du fascia par l'intermédiaire duquel il adhère à l'os hyoïde. Ces deux ventres charnus ne se dirigent pas suivant la même ligne, mais ils forment un angle dans l'endroit où le tendon moyen aboutit au ventre antérieur; de manière que ce tendon appartient en propre au ventre postérieur qui est le plus épais et le plus long.

Ce muscle naît du sillon que forme la partie interne de l'apophyse mastoïde avec une crête située sur l'os temporal au niveau de la réunion de ce dernier os avec l'os occipital. L'étendue de cette origine est d'un pouce environ; elle est charnue à sa partie externe, celle qui adhère à l'apophyse mastoïde, et tendineuse à sa partie interne, celle qui adhère à la crête. De cette origine, le muscle se dirige en avant, en bas, et un peu en dedans, presque entièrement comme le bord postérieur de l'apophyse mastoïde, et forme un tendon arrondi, qui d'abord occupe sa partie centrale et sa face supérieure. Ce tendon suit la même direction; mais, arrivé à l'os hyoïde, il perfore ordinairement l'extrémité antérieure du muscle stylo-hyoïdien. Quelques fibres semblent naître du bord inférieur de ce tendon; ces fibres dégénèrent en une sorte de fascia qui attache le tendon à l'os hyoïde, tandis que quelques autres fibres croisent la partie inférieure du mylo-hyoïdien, et se réunissant aux précédentes, embrassent l'os hyoïde comme par une ceinture. Dans cet endroit, le tendon devient un peu plus large, se réfléchit en haut, en dedans et en avant, et, donnant naissance au ventre antérieur, il marche dans la même direction jusqu'à la partie inférieure du menton, où il s'insère, par des fibres tendineuses et par des fibres charnues, dans une légère dépression située à la partie inférieure et postérieure de la mâchoire inférieure, presque en contiguïté avec son congénère. Outre l'attache du tendon moyen à l'os hyoïde, il se trouve un faisceau ligamenteux, qui fait en quelque sorte l'office d'une poulie. Cette disposition est plus marquée chez certains sujets que chez les autres, ce qui dépend de la force de l'expansion aponévrotique qui fixe le tendon du digastrique à l'os hyoïde. Quand je dis que ces parties sont attachées à l'os hyoïde, je ne veux pas dire qu'on peut suivre l'insertion des fibres jusqu'au tissu de l'os, comme il arrive pour quelques autres tendons.

On trouve fréquemment deux ventres antérieurs de chaque côté. Le ventre anormal est le plus petit et ne va pas jusqu'au menton, mais il s'unit au ventre anormal de l'autre côté par un tendon moyen qui adhère souvent à l'os hyoïde. D'autres fois, on ne trouve le ventre anormal que d'un côté, et, dans ce cas, il se fixe ordinairement à l'intersection aponévrotique du mylo-hyoïdien.

L'usage du digastrique à l'égard de la mâchoire inférieure est principalement de l'abaisser; mais, pour peu que celui d'un côté agisse avec plus d'énergie que l'autre, il en résulte un léger mouvement de rotation pour la mâchoire, et le digastrique devient l'antagoniste du ptérygoïdien externe. A l'examen du cadavre, on est porté à admettre que les digastriques non-seulement abaissent la mâchoire inférieure, mais encore concourent à l'élévation du larynx. Cependant, quoiqu'ils puissent agir ainsi, une étude attentive de ce qui se passe dans le corps vivant ne permet guère de douter que leur action principale ne soit l'abaissement de la mâchoire inférieure, et qu'ils ne soient réellement les muscles qui servent ordinairement à cet usage. Que l'on place un doigt sur la partie supérieure du muscle sterno-mastoïdien, immédiatement derrière le bord postérieur de l'apophyse mastoïde, vers la partie moyenne de cette apophyse, et en touchant un peu du doigt ce bord; que l'on abaisse alors la mâchoire inférieure, on sentira la tête postérieure du digastrique se gonfler considérablement, de manière à indiquer la direction du muscle. Il ne peut pas y avoir là erreur, car il n'existe dans cette partie aucun autre muscle qui ait la même direction; et les physiologistes qui pensent que le digastrique n'abaisse pas la mâchoire inférieure, reconnaîtront plus facilement la vérité du fait qu'ils nient, quand ils sauront que l'on voit la même tête du digastrique agir dans la déglutition, mais non avec la même force que pour abaisser la mâchoire inférieure. De plus, si les sterno-hyoïdiens, les sterno-thyroïdiens et les costo-hyoïdiens, agissant simultanément avec les mylo-hyoïdiens et les genio-hyoïdiens, concouraient à abaisser la mâchoire, l'os hyoïde et le cartilage thyroïde seraient probablement abaissés, car les faisceaux musculaires du sterno-hyoïdien et des autres muscles de la région sous-hyoïdienne sont beaucoup plus longs que ceux des muscles situés au-dessus. Mais, au contraire, l'os hyoïde et le cartilage thyroïde sont un peu élevés pendant l'abaissement de la mâchoire, ce que l'on peut attribuer à l'action du ventre antérieur du digastrique; et d'ailleurs, si ces muscles concouraient à l'abaissement de la mâchoire, l'os hyoïde et le cartilage thyroïde seraient portés en avant, plus près d'une ligne droite qui serait tirée du menton au sternum; or, cela n'a pas lieu dans l'abaissement de la mâchoire, tandis qu'on l'observe dans l'acte de la déglutition, auquel ces muscles concourent évidemment. En appliquant les doigts sur le genio-hyoïdien et sur le mylo-hyoïdien, près de l'os hyoïde, entre les deux ventres antérieurs du digastrique, et non auprès du menton, où l'action de ces deux ventres peut occasionner une méprise, on trouve ces muscles entièrement relâchés pendant l'abaissement de la mâchoire, ce qui n'a pas lieu dans la déglutition ni dans l'acte de la parole où ils agissent certainement; de même, on ne trouve aucun indice d'action dans les muscles sous-hyoïdiens, comme on en observe dans les mouvements du larynx.

On a remarqué que, lorsque nous ouvrons la bouche en fixant la mâchoire inférieure, la partie antérieure de la tête, ou la face, est nécessairement élevée. Les auteurs se sont donné beaucoup de peine pour expliquer ce fait. Quelques-uns d'entre eux ont considéré les condyles de la mâchoire comme le centre du mouvement. Mais, s'il en était ainsi, la partie de la tête qui s'articule avec le rachis, et conséquemment tout le corps, seraient abaissés en proportion de l'élévation de la mâchoire supérieure, ce qui n'a pas lieu en réalité. D'autres physiologistes ont considéré les condyles de l'occipital comme le centre du mouvement, et ils ont admis que les muscles extenseurs de la tête sont les puissances motrices.

Les muscles qui font mouvoir la tête dans ce cas peuvent être reconnus par l'application de deux lois qui président à toute action musculaire : premièrement, toutes les actions du corps ont des muscles qui leur sont immédiatement destinés ; secondement, lorsque l'esprit veut qu'une action particulière quelconque soit produite, son influence s'exerce instinctivement sur les muscles seuls qui sont naturellement chargés de cette action. De plus, l'esprit étant accoutumé à voir se mouvoir la partie qui est naturellement la plus mobile, il ne considère dans l'acte de la volition que le mouvement de cette dernière, quoiqu'elle soit fixée et que ce soient les autres parties qui se meuvent vers elle ; et, bien que les autres parties pussent être amenées vers elle par d'autres muscles, qui seraient mis naturellement en jeu si l'esprit avait l'intention de les déplacer dans ce sens, ces derniers muscles ne sont point stimulés à agir. Ainsi, les fléchisseurs du bras portent ordinairement la main vers le tronc ; mais, si la main est fixée, les mêmes muscles portent le tronc vers la main. Dans ce cas, l'esprit veut que la main se meuve vers le corps, et il met les fléchisseurs en action ; tandis que s'il voulait porter le tronc vers la main, ce seraient les muscles de la partie antérieure du corps qui agiraient, ce qui produirait le même résultat.

Appliquons ces remarques à la mâchoire inférieure. Lorsque nous essayons d'ouvrir la bouche pendant que la mâchoire inférieure est immobile, nous fixons notre attention sur les mêmes muscles (quels qu'ils soient) que nous mettons en action pour abaisser la mâchoire, et ce sont effectivement ces mêmes muscles qui agissent ; car notre esprit a en vue l'abaissement de la mâchoire et non l'élévation de la face, et sous l'influence de cette action la bouche s'ouvre en réalité. La tête s'élève donc par ce moyen, et l'idée que nous avons de ce mouvement est la même que celle qui est produite en nous par l'abaissement ordinaire de la mâchoire, de sorte que nous ne saurions pas, à moins de certaines circonstances, que notre mâchoire inférieure n'a pas été abaissée en réalité ; alors aussi les extenseurs de la tête ne sont pas mis en action. Au contraire, si lorsque la mâchoire est fixée de la même manière, nous avons la volonté d'élever la tête ou la mâchoire supérieure, ce qui doit naturellement ouvrir la bouche, nous fixons notre attention sur les muscles qui font mouvoir la tête en arrière, sans avoir la pensée d'ouvrir la bouche, et alors les extenseurs de la tête agissent.

Ces faits démontrent clairement que les mêmes muscles qui abaissent la mâchoire inférieure lorsqu'elle est mobile, sont aussi ceux qui élèvent la tête lorsque la mâchoire inférieure est fixée.

Ils prouvent aussi qu'aucun autre muscle que ceux qui élèvent la tête dans les circonstances que nous venons de mentionner ne concourt à l'abaissement de la mâchoire inférieure. C'est ce qui sera rendu encore plus clair par l'étude de la structure des parties, où quatre choses doivent être prises en considération, savoir : l'articulation de la mâchoire, l'articulation de la tête avec le cou, l'origine du muscle digastrique, et son insertion antérieure.

Supposons que la mâchoire supérieure i (pl. 1, fig. 3) soit fixée, et que la mâchoire inférieure b soit mobile sur le condyle a : si le digastrique se contracte, son origine g et son insertion antérieure j s'approcheront l'une de l'autre, et il est évident que la mâchoire inférieure sera portée en bas et en arrière. Mais si la mâchoire inférieure est fixée, comme il a été supposé plus haut, et que la vertèbre h le soit aussi, le condyle se portera en haut et en avant sur l'éminence de l'articulation temporo-maxillaire, la partie antérieure de la tête sera poussée en haut et en arrière par le condyle, et sa partie postérieure sera attirée en bas ; de sorte que la totalité de la tête exécutera une sorte de mouvement circulaire sur les vertèbres supérieures. Dans ce mouvement, le muscle digastrique attire la partie postérieure de la tête vers la mâchoire inférieure, et pousse en même temps les condyles en haut contre la partie antérieure de la tête, ce qui ajoute considérablement à sa force.

STRUCTURE DES DENTS.

De l'émail.

Les dents sont composées de deux substances, savoir : l'émail et une substance osseuse.

L'émail, appelé également la partie *vitreuse* ou *corticale*, existe seulement sur le corps de la dent, et enveloppe toute la surface de la substance osseuse ou interne (pl. 5, fig. 15, 16, 18). Il constitue la partie la plus dure de l'organisme; la scie la plus fortement trempée et la mieux affilée l'entame à peine, et l'on est obligé d'employer une lime pour le diviser. Quand il est brisé, il a un aspect fibreux ou strié, et toutes les fibres ou stries sont dirigées de la circonférence au centre de la dent (pl. 5, fig. 22, 23, 24).

Cette disposition empêche qu'il ne soit brisé pendant la mastication, attendu que les fibres sont disposées en arcades, et prévient aussi l'affaissement de la dent, car ce sont toujours les extrémités des fibres qui agissent sur les aliments.

L'émail est plus épais sur la surface broyante et sur les bords tranchants ou sur les pointes des dents que partout ailleurs, et devient graduellement plus mince sur les côtés à mesure qu'il approche du collet, où il se termine insensiblement, mais non à la même hauteur dans tous les points du pourtour de la dent (pl. 5, fig. 22, 23, 24). A la base ou surface broyante, son épaisseur est assez uniforme, et, par conséquent, il a la même configuration que la substance osseuse qu'il recouvre (pl. 5, fig. 22, 23, 24).

Il paraît être composé d'une substance terreuse unie à une certaine quantité de substance animale, car il ne peut être réduit par le feu à l'état de chaux vive, à moins qu'il n'ait été dissous d'abord dans un acide. Lorsqu'on plonge une dent dans un acide affaibli, l'émail n'est point altéré en apparence; mais si alors on le touche avec le doigt, il tombe sous la forme d'une pulpe blanche. L'émail des dents, à quelque degré de chaleur qu'il soit exposé, ne se transforme pas en chaux; il contient une matière mucilagineuse animale, car, lorsqu'il est exposé au feu, il devient très-cassant, se fendille, noircit, et se sépare de la partie osseuse qu'il enveloppe. Il peut cependant supporter un plus grand degré de chaleur que la partie osseuse sans devenir cassant et noir (*). Il ne paraît pas qu'il soit vasculaire et que

(*) Il résulte de là que le meilleur moyen de faire voir l'émail c'est de brûler une dent, puisque la partie osseuse noircit plus vite que l'émail. On procède à cette opération de la manière suivante : On coupe une dent par la moitié suivant sa longueur

des fluides y circulent; les injections les plus pénétrantes que l'on puisse faire n'y atteignent jamais. Il ne contracte aucune coloration nouvelle par l'emploi de la garance, même chez les plus jeunes animaux; et, comme il a été dit tout à l'heure, lorsqu'il est plongé dans un acide affaibli, on ne découvre aucune partie cartilagineuse ou charnue avec laquelle la matière terreuse ait été mélangée (*).

Je parlerai plus tard des usages et de la formation de l'émail; on les comprendra alors plus facilement (**).

De la portion osseuse des dents.

L'autre substance qui entre dans la composition des dents est de nature osseuse, mais elle est beaucoup plus dure que la partie la plus compacte des os en général. Elle forme la partie intérieure du corps de la dent, le collet et la totalité de la racine. Elle est constituée par le mélange de deux substances, savoir : de la terre calcaire, et une substance animale, que l'on peut supposer organisée et vasculaire. La terre calcaire y est en quantité très-considérable; elle conserve sa forme après la calcination, de sorte qu'elle est, jusqu'à un certain point, maintenue par la cohésion; on peut la faire disparaître par la macération dans l'acide muriatique et dans quelques autres acides. La substance animale, lorsqu'elle est privée de la

---

et on la fait brûler lentement; ensuite on lave la surface limée avec un acide, et on la ratisse avec un couteau. Par ce moyen, on dégage le bord de l'émail, qui reste blanc, tandis que la partie osseuse est devenue noire.   J. Hunter.

(*) Dans toutes ces expériences, je n'ai jamais pu trouver dans l'émail la moindre trace de coloration, soit pendant, soit après le développement de la dent. Il paraîtrait que l'émail est formé par une terre plus parfaitement dépurée que la portion osseuse, ou débarrassée des fluides de l'économie de manière à ne plus permettre aux particules trop grossières de la garance d'y pénétrer. Il ne sera pas déplacé de faire remarquer ici que les noms donnés à la matière animale, tels que *gluten*, etc., n'expriment nullement la chose dont on veut donner l'idée, car il n'y a rien dans les animaux qui ressemble à de la glu, avant qu'ils aient subi un certain degré de putréfaction ou qu'ils aient été transformés par la chaleur. Je désire aussi que l'on sache bien que je ne considère pas la substance terreuse comme une partie de l'animal, ni comme pouvant concourir à former la matière animale.   J. Hunter.

(**) La structure de l'émail est une cristallisation parfaite. Les cristaux sont fibreux en apparence, et placés parallèlement les uns aux autres, à angle droit avec la surface de la portion osseuse de la dent, avec laquelle leurs extrémités internes sont en contact. L'émail contient réellement des traces de matière animale, d'après l'analyse suivante qui a été faite par Berzelius :

Phosphate de chaux........................	85.3
Fluate de chaux...........................	3.2
Carbonate de chaux.......................	8
Phosphate de magnésie....................	1.5
Soude et muriate de soude................	1
Matière animale et eau...................	1
	100

     T. Bell.

partie terreuse par la macération de la dent dans un acide, est plus compacte que ne l'est la même substance dans les autres os, mais elle est également molle et flexible.

La partie osseuse des dents est à peu près de la même forme que la dent complète; voilà pourquoi, lorsque l'émail a été enlevé, elle présente les mêmes bords ou pointes que l'émail lui-même. On ne peut prouver par des injections que la portion osseuse des dents soit vasculaire; mais quelques circonstances portent à penser qu'il en est ainsi. En effet, les racines des dents sont sujettes, comme les autres os, à des tuméfactions qui paraissent être de la même nature que le spina ventosa, et elles adhèrent quelquefois à l'alvéole par une ankylose osseuse et inflexible, comme cela peut arriver pour tous les autres os avec ceux qui leur sont contigus. Mais les apparences peuvent être trompeuses, car la tuméfaction est peut-être l'effet d'un vice primitif de conformation, et l'ankylose peut dépendre de l'union de l'alvéole avec la pulpe sur laquelle la dent se forme. Les considérations suivantes sembleraient prouver que les dents ne sont pas vasculaires : d'abord, je ne les ai jamais vues injectées dans aucune préparation anatomique, et je n'ai jamais pu réussir dans aucune des tentatives que j'ai faites pour les injecter, soit chez les jeunes sujets, soit chez les sujets avancés en âge; de sorte que je suis porté à croire que les cas où l'on a dit les avoir injectées n'ont pas été rapportés fidèlement. Secondement, on ne peut suivre aucun vaisseau qui se rende de la pulpe dans la substance des dents nouvellement formées; et, quelle que soit la partie d'une dent qui est formée, elle l'est toujours complétement, ce qui n'a pas lieu pour les autres os. Mais, en raisonnant par analogie, nous trouvons dans les effets de la garance une preuve encore plus convaincante de l'absence de vaisseaux dans la partie osseuse des dents. Prenez, par exemple, un jeune animal, comme un cochon, et nourrissez-le avec de la garance pendant trois ou quatre semaines; tuez alors l'animal, voici ce que vous remarquerez : si quelques parties des dents de l'animal étaient formées avant l'emploi de la garance, ces parties seront faciles à reconnaître, car elles auront conservé leur teinte naturelle; mais toutes celles qui se seront formées pendant que l'animal se nourrissait de garance offriront une couleur rouge. Ce sont donc seulement les parties qui ont été formées pendant que l'animal mangeait de la garance qui sont colorées, puisque tout ce qui était déjà formé reste complétement incolore. Il n'en est point ainsi pour les autres os, car on sait que les parties déjà formées peuvent elles-mêmes être colorées par la garance, quoique moins rapidement que celles qui se forment pendant son emploi. Or, comme nous savons que tous les autres os, lorsqu'ils sont formés, sont vasculaires et par conséquent susceptibles de contracter la coloration de la garance, nous sommes en droit de conclure que les dents ne sont pas vasculaires, puisqu'elles ne sont pas susceptibles de contracter la même coloration une fois qu'elles sont formées. Mais on peut pousser les choses encore plus loin : si l'on nourrit un cochon avec de la garance pendant quelque temps, et que l'on cesse ensuite cette alimentation longtemps avant de tuer l'animal, on observe le même aspect que tout à l'heure, et, en outre, les parties des dents qui se sont formées depuis la cessation de l'emploi de la garance sont blanches. On trouve donc une portion des dents blanche, puis une rouge, puis encore une blanche; en un mot, la coloration blanche et la coloration rouge se présentent alternativement.

Cette expérience prouve que les dents, lorsqu'elles sont une fois colorées, ne perdent pas leur coloration. Mais comme tous les os qui ont été rougis de la même manière perdent cette coloration avec le temps, quoique très-lentement, lorsque les animaux ont cessé de se nourrir de garance, et que la matière colorante, lorsqu'elle disparaît, doit être enlevée par les vaisseaux absorbants, il en résulte que les dents sont dénuées d'absorbants comme des autres vaisseaux.

Il suit de là que le mode d'accroissement des dents est très-différent de celui des autres os. Les os, en effet, commencent par un point, et s'étendent de ce point central à la superficie, et la partie qui semble déjà formée ne l'est pas dans la réalité, car elle se forme chaque jour par l'addition d'une nouvelle matière, jusqu'à ce que la masse entière soit complète; et, même alors, elle renouvelle constamment la substance dont elle est composée.

Une autre circonstance qui rend encore les dents différentes des os, et qui vient fortement à l'appui de l'opinion qu'il ne s'y fait aucune circulation, c'est que les dents ne changent jamais par l'effet de l'âge, et que, lorsque leur développement est complet, elles ne paraissent subir aucune autre modification que celle qui résulte de l'usure. Elles ne se ramollissent pas comme les autres os, par exemple, dans certains cas où toute la matière terreuse des os a été absorbée.

D'après ces expériences, les dents devraient être regardées comme des corps étrangers, à ne prendre en considération que l'absence de toute circulation dans leur tissu; mais elles sont certainement douées du principe vital, par l'intermédiaire duquel elles font partie du corps, et qui leur permet de s'unir avec toute partie vivante, ainsi que je le ferai voir ci-après. Il est à remarquer que les affections de toute l'économie ont moins d'influence sur les dents que sur toutes les autres parties du corps. Ainsi, chez les enfants atteints de rachitisme, les dents se développent aussi bien que chez les enfants sains, quoique tous les autres os soient gravement affectés; c'est pour cela que leur bouche fait une saillie extraordinaire, parce que leurs dents sont plus grandes en proportion des autres parties (*).

(*) Les arguments qui sont rassemblés ici contre la vascularité des dents étant tout à fait insuffisants et, sous plusieurs rapports, en contradiction les uns avec les autres, il sera utile d'examiner la valeur des faits sur lesquels ils sont fondés.

L'insuccès de toutes les tentatives faites pour injecter la substance des dents, même avec les matières les plus fines dont on fasse usage ordinairement pour remplir les plus petites branches des artères dans les autres tissus, ne peut guère être considéré comme une preuve décisive, puisque dans toutes ces matières le principe colorant est trop dense et trop grossier pour passer dans les vaisseaux de beaucoup d'autres parties, qui, quoique ne charriant pas de sang rouge dans l'état de santé, s'injectent

De la cavité des dents.

Toutes les dents ont une cavité interne, qui s'étend dans presque toute la longueur de leur portion osseuse (pl. 5, fig. 1, 2, 3, etc.). Elle s'ouvre ou commence à la pointe de la racine, où elle n'a encore que peu d'étendue; mais dans son trajet elle devient plus spacieuse, et elle se termine dans le corps de la dent (pl. 5, fig. 1, 2, 3, etc.); dans cet endroit elle a exactement la même forme que le corps de la dent, et l'on peut dire, en général, que la totalité de la cavité est à peu près de la forme de la dent elle-même, c'est-à-dire, qu'elle offre sa plus grande largeur dans le corps de la dent, et qu'elle devient graduellement plus petite à partir de ce point jusqu'à l'extrémité de la racine. Elle est simple lorsque la dent n'a qu'une racine (pl. 5, fig. 4, 5, 6, 7), et multiple lorsque la dent en a deux ou plusieurs (pl. 5, fig. 12).

évidemment de particules rouges dans l'état d'inflammation. J'ai fait connaître ailleurs deux faits très-concluants, qui paraissent prouver incontestablement la vascularité des dents : l'un est la présence de taches rouges dans le tissu osseux dentaire, sain du reste, mais en proie à une vive inflammation; ces taches sont visibles lorsqu'on brise ou lorsqu'on scie par le milieu le corps de la dent, immédiatement après son extraction. L'autre fait est l'injection des dents par la bile dans des cas de jaunisse; j'en ai vu plus d'un exemple. Dans le premier cas, les taches rouges sont d'une couleur assez brillante d'abord, mais elles deviennent ternes et obscures avec le temps; dans le second cas, toute la substance de la dent est revêtue d'une brillante couleur jaune.

Les expériences avec la garance seraient loin d'être concluantes pour la question qui nous occupe, lors même que les détails en seraient plus complets; et en l'absence de tout renseignement sur la durée de chaque expérience, et surtout sur le temps qui s'est écoulé entre la cessation de l'alimentation par la garance et l'époque où les animaux furent tués, il serait oiseux de combattre les conclusions que Hunter en a tirées. Ainsi qu'elles sont présentées, ces expériences ne servent qu'à prouver, comme on devait le prévoir, que les os dont l'organisation est la plus élevée perdent la matière colorante de la garance par absorption, plus promptement que les dents. Le passage qui renferme le résumé des considérations précédentes est peut-être un des passages les plus caractéristiques des ouvrages de Hunter. Quoique le résultat de ses expériences avec la garance et diverses autres circonstances l'aient conduit à cette conclusion, que les dents sont dépourvues de circulation dans leur tissu et doivent être par conséquent considérées comme des corps étrangers, son amour de la vérité, qui ne lui permettait jamais d'y manquer, même dans l'intérêt de ses opinions, le force à reconnaître dans les dents l'existence du principe vital, parce que d'autres expériences lui ont démontré qu'elles peuvent « s'unir avec toute partie vivante. » Ainsi, au lieu de chercher à rendre sa théorie conséquente avec elle-même, en déguisant ou en altérant l'une des deux déductions incompatibles auxquelles ses observations l'ont conduit, il les adopte toutes les deux, et se trouve ainsi amené à cette conclusion qu'un organe peut être un *corps étranger*, et cependant *posséder le principe vital* et être capable de *s'unir avec toute partie vivante*.

Ce qui paraît être la vérité, c'est que les dents sont réellement des corps organisés, ayant des nerfs, des vaisseaux absorbants, et des vaisseaux sanguins; mais qu'à raison de leur peu d'énergie vitale et de la densité de leur tissu, elles présentent, dans l'état de santé et dans celui de maladie, des phénomènes très-différents de ceux que l'on observe dans les vrais tissus osseux.   T. B.

Cette cavité n'est pas cellulaire, sa surface est unie ; elle ne contient pas de moelle, mais elle paraît être remplie de vaisseaux sanguins (pl. 8, fig. 7, 8), et probablement de nerfs réunis par une substance pulpeuse ou celluleuse. Les vaisseaux sont des rameaux des vaisseaux maxillaires supérieurs et inférieurs, et les nerfs doivent venir de la seconde et de la troisième branche de la cinquième paire.

Au moyen des injections, on peut suivre distinctement les vaisseaux sanguins dans toute la cavité de la dent ; mais je n'ai jamais pu suivre distinctement les nerfs, même jusqu'à l'origine de la cavité.

Du périoste des dents.

Les dents, ainsi que je l'ai fait observer, ne sont couvertes par l'émail que dans la portion qui constitue leur corps ; à leurs racines, elles ont un périoste qui, quoique très-mince, est vasculaire, et paraît être commun à la dent qu'il renferme et à l'alvéole qu'il tapisse à la manière des membranes internes. Il recouvre la dent un peu au delà de l'alvéole, et vient adhérer à la gencive (*).

De la situation des dents.

La forme et la situation générales des dents sont évidentes. L'opposition des dents des deux mâchoires et l'arcade que décrit chaque rangée n'ont pas besoin d'une description particulière, car ce sont des choses qui sont faciles à voir sur le corps vivant, et ce que j'ai dit des procès alvéolaires doit avoir suffisamment éclairé ce point.

Relativement à la situation des deux rangées de dents, il est à remarquer que lorsqu'elles sont en contact de la manière qui leur est la plus naturelle, les dents de la mâchoire supérieure débordent les dents inférieures, même un peu sur les parties latérales des mâchoires, mais d'une manière beaucoup plus remarquable à la partie antérieure, où, chez beaucoup de personnes, les dents supérieures sont placées au-devant de celles de la mâchoire inférieure (pl. 2, fig. 1, 2). Sur les côtés, la ligne ou plan de contact des dents est concave d'arrière en avant dans la mâchoire inférieure, et convexe de la même manière dans la mâchoire supérieure (pl. 2, fig. 1, 2).

Le bord de chaque rangée de dents est simple à la partie antérieure des mâchoires ; mais en arrière, où les dents deviennent plus larges, il se divise en deux lèvres, l'une interne, et l'autre externe. La dent canine, que j'appelle *cuspidée*, est le point d'où partent les deux lèvres, de sorte que la

---

(*) Il n'est pas très-exact de dire que le périoste est commun à la dent et à l'alvéole. Dans la réalité, il passe de la surface externe du procès alvéolaire dans l'alvéole, et se réfléchit ensuite sur la racine de la dent. Ainsi, si l'on enlève une dent saine sur le cadavre, on la trouve couverte d'un périoste extrêmement mince, et souvent aussi la cavité alvéolaire reste tapissée par un tissu semblable. Il est probable que quand une fois l'inflammation a existé dans cette membrane à un degré considérable, les deux feuillets restent unis d'une manière permanente.　　　　T. B.

première molaire, ou celle que j'appelle la première *bicuspidée*, est la première dent dont le bord présente deux lèvres (pl. 3, fig. 1, 2).

Du nombre des dents.

Le nombre total des dents, chez l'adulte, est de vingt-huit à trente-deux; une fois, je n'en ai trouvé que vingt-sept; jamais je n'en ai vu plus de trente-deux. Il y en a quatorze à chaque mâchoire, lorsque le nombre total n'est que de vingt-huit, et seize lorsqu'il est de trente-deux. Lorsqu'il y a en tout vingt-neuf ou trente et une dents, c'est tantôt la mâchoire supérieure, tantôt l'inférieure qui en a une de plus que l'autre. Lorsqu'il y en a trente, elles sont quelquefois partagées également entre les deux mâchoires, ou bien il y en a seize à une mâchoire et quatorze à l'autre. En parlant du nombre des dents, je suppose qu'aucune d'elles n'a été arrachée, qu'aucune d'elles n'a été perdue d'une manière quelconque, mais qu'il y a huit ou douze grosses dents postérieures que j'appelle *molaires*, et que toutes les dents sont placées l'une contre l'autre de manière à former une arcade continue; dans ce cas, lorsque le nombre des dents est de moins de trente-deux, c'est la dernière molaire qui manque.

De la forme et de la classification des dents.

Les dents diffèrent beaucoup les unes des autres sous le rapport de la forme; mais celles du côté droit de chaque mâchoire ressemblent exactement à celles du côté gauche, de manière à former avec elles des paires; et les paires appartenant à la mâchoire supérieure ressemblent à peu de chose près aux paires correspondantes de la mâchoire inférieure, pour la situation, pour la forme et pour les fonctions (pl. 2 et 3; et pl. 5, rangées 1, 2, 3, 4).

Chaque dent est divisée en deux parties : 1° le *corps*, ou la portion la plus volumineuse, qui est visible en dehors de l'alvéole et de la gencive; 2° la *racine*, qui est située en dedans de la gencive et du procès alvéolaire. La partie qui sépare le corps de la racine, et qui est embrassée par le bord de la gencive, est appelée le *collet* de la dent. Le corps et la racine diffèrent beaucoup pour la forme et pour la grandeur dans les différentes dents. Je ferai connaître bientôt ces différences.

Les dents de chaque mâchoire sont ordinairement comprises dans *trois* classes, savoir : les *incisives*, les *canines* et les *molaires*; mais, prenant en considération quelques particularités de forme, de développement et de fonctions, je les divise en *quatre* classes, qui sont les suivantes : les *incisives*, appelées communément *dents de devant*; les *cuspidées*, appelées vulgairement *canines*; les *bicuspidées* ou les deux premières molaires; et les *molaires*, qui sont les trois dernières dents. Le plus ordinairement, les diverses classes présentent à chaque mâchoire les nombres suivants : quatre incisives, deux cuspidées, quatre bicuspidées, et quatre, cinq ou six molaires.

Il y a une gradation régulière dans ces classes, pour le mode d'accroissement et pour la forme, depuis les incisives jusqu'aux molaires; de telle sorte que les cuspidées tiennent le milieu, sous ce rapport, entre les incisives et les bicuspidées, de même que ces dernières sont intermédiaires entre les cuspidées et les molaires; par conséquent, les incisives et les molaires sont celles qui diffèrent le plus sous tous les rapports (pl. 2; et pl. 5, fig. 1) (*).

Des dents incisives.

Les dents incisives sont situées à la partie antérieure de la mâchoire, et les autres, plus en arrière de chaque côté, dans l'ordre suivant lequel je les ai nommées. Le corps des incisives est large, et présente deux faces aplaties, l'une antérieure, l'autre postérieure. Ces deux faces se réunissent supérieurement en un bord tranchant. La face antérieure est convexe dans tous les sens, et placée presque verticalement; la postérieure est concave et taillée en biseau, de telle sorte que le bord tranchant est presque directement au-dessus de la face antérieure (pl. 5).

Ces faces sont plus larges et la dent est plus mince au niveau du bord tranchant ou extrémité supérieure de la dent que partout ailleurs; à partir de là, les faces deviennent graduellement plus étroites et la dent plus épaisse à mesure qu'on approche du collet, où les faces se continuent avec les deux faces les plus étroites ou bords de la racine. Le corps des incisives, vu de côté, s'épaissit ou s'élargit graduellement à partir du bord de la dent jusqu'à son collet, et cette face latérale se continue avec le côté plat ou large de la racine. Ainsi, en regardant une dent incisive par devant ou par derrière, on voit qu'elle se rétrécit d'une manière continue depuis son bord tranchant jusqu'à l'extrémité de sa racine; mais, vue de côté, elle offre sa plus grande largeur au niveau du collet, et devient graduellement plus étroite, à partir de ce point, vers son bord tranchant et vers la pointe de sa racine (pl. 5).

L'émail descend plus bas et est plus épais sur les parties antérieure et postérieure des incisives, que sur leurs parties latérales; il est même un peu plus épais à la partie antérieure de la dent qu'à sa partie postérieure. Si on examine latéralement une dent incisive, lorsqu'elle est entière, ou mieux lorsqu'elle a été divisée longitudinalement par sa partie moyenne, il semble que la racine ait fendu le corps ou l'émail de la dent et y ait pénétré à la manière d'un coin (pl. 5, fig. 18). Les incisives sont placées presque verticalement; leur corps est un peu incliné en avant. Leur racine est beaucoup plus courte que celle des cuspidées, mais assez semblable pour la longueur à celle des autres dents de la mâchoire inférieure (pl. 8, fig. 4).

A la mâchoire supérieure, les dents incisives sont plus larges et plus épaisses, surtout la première de chaque côté; leur longueur est à peu près

<hr>

(*) Il est bien entendu que je prends pour modèle de ma description les dents qui viennent d'arriver à leur complet développement, et qui par conséquent ne sont nullement usées par la mastication. Je décrirai d'abord chaque classe prise dans la mâchoire inférieure, et j'indiquerai immédiatement après la différence qui existe entre ces dents et les dents correspondantes de la mâchoire supérieure.   J. HUNTER.

la même qu'à la mâchoire inférieure. Elles sont dirigées un peu obliquement; leur corps, surtout celui des deux premières, est incliné beaucoup plus en avant que pour celles de la mâchoire inférieure qu'elles recouvrent ordinairement.

Les deux premières incisives de la mâchoire supérieure recouvrent les deux premières et la moitié des secondes de la mâchoire inférieure; de telle sorte que la seconde incisive de la mâchoire supérieure recouvre la moitié de la seconde incisive et plus de la moitié de la cuspidée de la mâchoire inférieure (pl. 2, fig. 1).

Par le frottement qu'entraînent leurs fonctions, le bord des incisives s'émousse et s'épaissit chez quelques personnes; chez d'autres, ces bords dentaires s'aiguisent réciproquement et deviennent plus minces.

Des cuspidées.

Les cuspidées sont placées immédiatement après les incisives à chaque mâchoire; il y en a quatre en tout. Elles sont, en général, plus épaisses que les incisives, et sont beaucoup plus longues que toutes les autres dents (pl. 3, fig. 4; pl. 5, rangée 1, *b*).

On peut se figurer très-bien la forme du corps des cuspidées en supposant une incisive dont les angles auraient été enlevés, de manière qu'elle se terminât par une pointe au lieu d'un bord mince (pl. 3, fig. 1, b b). La racine ne diffère de celle des incisives qu'en ce qu'elle est beaucoup plus grosse (pl. 3, fig. 4).

Le corps des cuspidées fait sa saillie la plus considérable du côté des incisives; attendu que c'est dans cet endroit que sa forme est le plus anguleuse.

L'émail recouvre une plus grande partie des faces latérales des cuspidées que de celles des incisives. Ces dents sont dirigées verticalement, ou à peu près, et se projettent plus en dehors du cercle que les autres, de telle sorte que les deux cuspidées et les quatre incisives sont souvent placées presque sur une ligne droite, surtout à la mâchoire inférieure. Cette dernière disposition n'existe que chez l'adulte, et seulement lorsque les secondes dents sont un peu trop larges pour l'ampleur de la mâchoire, car on ne l'observe jamais lorsque les dents sont à une certaine distance l'une de l'autre, ni chez les jeunes sujets. La pointe des cuspidées dépasse le plan horizontal formé par la rangée des autres dents; leur racine s'enfonce plus profondément que celle des autres dents dans les procès alvéolaires, et présente plus souvent une légère courbure.

À la mâchoire supérieure, les cuspidées sont un peu plus longues et font peu de saillie en dehors de l'arcade dentaire; elles ne sont pas placées verticalement, car leur corps est tourné un peu en avant et en dehors.

Quand les mâchoires sont rapprochées, la cuspidée de la mâchoire supérieure répond entre la cuspidée et la première bicuspidée de la mâchoire inférieure, et les recouvre un peu. Lorsque les cuspidées sont un peu usées, leur bord commence ordinairement par devenir assez semblable à celui d'une incisive usée; plus tard, il devient plus arrondi.

L'usage des cuspidées semble être de retenir les corps étrangers, peut-être même de saisir des animaux vivants. Elles ne sont point faites pour diviser, comme les incisives, et ne sont pas non plus propres à broyer. On peut suivre la ressemblance que ces dents présentent chez les diverses espèces d'animaux pour la forme, pour la situation et pour les usages, depuis l'animal le plus imparfaitement carnivore, que je crois être l'homme, jusqu'au carnassier le plus parfait, qui est le lion (*).

Des bicuspidées.

Immédiatement derrière les cuspidées, à chaque mâchoire, sont placées deux dents, appelées communément la *première* et la *seconde molaires*, mais dont je forme, ainsi que je l'ai dit plus haut, une classe particulière, et que j'appelle *bicuspidées*.

Ces dents, qui sont la quatrième et la cinquième à partir de la symphyse du menton, se ressemblent tellement, que la description de la première servira pour toutes les deux. Souvent, à la vérité, la première est plus petite que l'autre, a des racines un peu plus longues, et se rapproche davantage de la forme des cuspidées.

Le corps de cette dent est aplati latéralement, de même que la racine. Il se termine par deux pointes, l'une externe et l'autre interne. L'externe est la plus longue et la plus épaisse; de sorte que lorsqu'on regarde dans la bouche, de dehors, on ne voit que cette pointe, et la dent a l'aspect d'une cuspidée, ce qui est surtout très-prononcé dans la première de ces deux dents. La pointe interne est la moins volumineuse, et même elle est quelquefois si petite que la dent a la plus grande ressemblance avec une cuspidée, sous tous les rapports (pl. 3, fig. 1, 2, c, c.). La dent présente sa plus grande épaisseur au point de réunion des deux pointes, et ensuite elle perd de son diamètre, d'un côté à l'autre, jusqu'à l'extrémité de sa racine, qui reste assez longue d'avant en arrière jusqu'à sa pointe, où elle est souvent bifurquée.

(*) Ces remarques sur les usages des cuspidées prouvent d'une manière frappante combien nos déductions peuvent être erronées relativement aux fonctions de tel ou tel organe chez l'homme, lorsqu'elles sont tirées exclusivement d'une analogie de structure avec le même organe chez les animaux d'un ordre inférieur. L'usage simple et évident des cuspidées dans l'espèce humaine est de déchirer les substances alimentaires qui sont trop dures pour être divisées par les incisives; et on les trouve souvent beaucoup plus développées chez des animaux connus pour être exclusivement frugivores. Non-seulement leur structure n'est nullement appropriée à l'usage qui leur est assigné par Hunter, mais encore il n'existe ni analogie ni aucun autre motif qui puisse faire supposer que l'homme ait été primitivement organisé pour rechercher et saisir une proie vivante. Son attitude naturellement verticale et la construction de la bouche humaine rendent impossible cet acte tel que l'indique Hunter, et la possession d'un instrument aussi parfait que la main met l'homme à l'abri de la nécessité d'employer jamais aucun autre organe pour saisir ou retenir les aliments, de quelque nature qu'ils soient.   T. B.

Toutes les dents décrites jusqu'ici, et surtout les cuspidées, présentent souvent une courbure à leur pointe.

L'émail descend un peu plus bas en dedans et en dehors que sur les faces latérales ; mais ici la différence est moins considérable que dans les incisives et les cuspidées ; quelquefois même il se termine à la même hauteur tout autour de la dent. Les bicuspidées sont dirigées presque verticalement ; cependant elles paraissent un peu inclinées en dedans, principalement la dernière.

A la mâchoire supérieure, ces dents sont un peu plus grosses qu'à l'inférieure, et sont inclinées un peu en avant et en dehors. La première de ces dents, à la mâchoire supérieure, répond entre les deux mêmes dents de la mâchoire inférieure, et la seconde entre la seconde de la mâchoire inférieure et la première molaire ; toutes deux débordent leurs correspondantes de la mâchoire inférieure, mais moins que les incisives et les cuspidées.

Dans les deux mâchoires, après les dents de sagesse, ce sont les bicuspidées, et principalement la seconde, qui manquent le plus souvent par une cause naturelle ; d'où l'on peut conclure qu'elles sont moins utiles que les autres. Cette conjecture paraît avoir quelque vraisemblance, lorsqu'on remarque qu'elles tiennent, pour leurs usages, le milieu entre les canines et les molaires, et que chez la plupart des animaux, autant que se sont étendues mes observations, il se trouve un espace vide entre les canines et les molaires.

J'ai vu une mâchoire dans laquelle la première bicuspidée avait la forme et la grandeur d'une molaire, et faisait saillie, à cause du défaut d'espace, entre la cuspidée et la seconde bicuspidée.

La forme de la surface de broiement des bicuspidées et des molaires s'altère peu par l'usage ; leurs pointes seules s'usent et s'émoussent.

Des molaires.

Dans ma description des molaires, je vais m'occuper d'abord de la première et de la seconde conjointement, parce qu'elles sont à peu près semblables sous tous les rapports ; je décrirai ensuite la troisième ou dernière molaire qui diffère des premières en quelques points.

Les deux premières molaires diffèrent principalement des bicuspidées en ce qu'elles sont beaucoup plus grosses et qu'elles ont un plus grand nombre de pointes et de racines (pl. 3, fig. 1, 2. d, d.).

Le corps de ces dents a presque la forme d'un quadrilatère à angles arrondis. Leur surface de broiement a communément cinq pointes, ou protubérances, dont deux sont sur la partie interne et trois sur la partie externe de la dent ; généralement aussi il se trouve quelques pointes plus petites à la base de ces grosses protubérances. Ces protubérances forment une cavité irrégulière qui occupe la partie moyenne de la surface de la dent. Les trois pointes externes ne sont pas situées aussi près du bord de la dent que les pointes internes, de telle sorte que le corps de la dent fait plus de saillie en dehors des pointes, c'est-à-dire est plus convexe à sa face externe. Le corps de la dent se rétrécit très-peu au collet, au niveau duquel il se divise en deux racines aplaties, l'une antérieure, l'autre postérieure, ayant leurs bords tournés en dehors et en dedans, et par conséquent, leurs faces en avant et en arrière. Les racines ne sont que très-peu rétrécies à leurs extrémités, qui sont assez larges et souvent bifurquées. Il y a dans chaque racine deux cavités, côtoyant l'un et l'autre bord de la racine et conduisant dans la cavité générale du corps de la dent. Ces deux cavités sont formées par la réunion des deux faces de la racine à leur partie moyenne; cette réunion divise en deux la cavité large et plate de chaque racine (pl. 5, fig. 8 : *les quatre points noirs indiquent les quatre orifices*). Extérieurement, on voit, ainsi que sur toutes les autres racines plates, une rainure longitudinale qui correspond à la cloison intérieure. Ces racines sont généralement recourbées un peu en arrière à leur partie moyenne (pl. 3, fig. 4).

L'émail recouvre le corps de ces dents d'une manière assez égale dans tout leur pourtour.

La première molaire est un peu plus grosse et un peu plus forte que la seconde; elle est inclinée un peu plus en dedans que la bicuspidée adjacente, mais moins que la seconde molaire. Les deux premières molaires ont généralement des racines plus courtes que celles des bicuspidées.

De toutes les dents, elles sont celles qui diffèrent le plus d'une mâchoire à l'autre. A la mâchoire supérieure, leur corps a une forme plutôt rhomboïdale que carrée, offrant un angle aigu tourné en avant et en dehors, et un autre en arrière et en dedans; en outre, elles ont trois racines qui divergent et se terminent chacune par une pointe; ces racines sont presque rondes, et n'ont qu'une cavité; deux d'entre elles sont placées verticalement l'une auprès de l'autre, au côté externe de la dent; l'autre, qui est ordinairement la plus grosse, est située à une plus grande distance, au côté interne, et se dirige obliquement en dedans. A la même mâchoire, ces deux molaires sont inclinées en dehors et un peu en avant; elles débordent un peu les dents correspondantes de la mâchoire inférieure, et sont placées plus en arrière dans la bouche, de telle sorte que chacune d'elles est opposée à une partie de la surface de deux dents de la mâchoire inférieure. La seconde molaire de la mâchoire supérieure est plus petite que les autres ; la première et la seconde sont placées directement au-dessous du sinus maxillaire. J'ai vu une fois la seconde molaire manquer naturellement d'un côté, à la mâchoire inférieure.

La troisième molaire est appelée ordinairement *dent de sagesse*; elle est un peu plus courte et un peu plus petite que les autres, et s'incline un peu plus en dedans et en avant. Son corps offre à peu près le même aspect que celui des deux premières, mais il est un peu plus rond, et ses racines sont généralement moins régulières et moins distinctes, car elles sont souvent comme serrées l'une contre l'autre. Quelquefois il n'y a qu'une racine, ce qui donne à la dent une forme conique.

A la mâchoire supérieure, la troisième molaire présente plus de variétés qu'à l'inférieure; elle est plus petite que la dent correspondante de la mâchoire inférieure, et, en conséquence, elle lui est directement opposée. Sans cette disposition, les molaires atteindraient plus loin en arrière à la mâchoire supérieure qu'à l'inférieure, ce qui n'a pas lieu ordinairement.

A la mâchoire supérieure, la troisième molaire n'est que très-peu tournée en dehors; elle est souvent inclinée un peu en arrière et déborde celle de la mâchoire inférieure; elle devient branlante plus souvent que toutes les autres dents; elle est placée sous la partie postérieure du sinus maxillaire; là, les parois de ce sinus sont plus épaisses qu'à sa partie moyenne.

Les variations de nombre des dents dépendent communément des dents de sagesse.

Ainsi, depuis les incisives jusqu'à la première molaire, les dents augmentent graduellement de volume à l'extrémité supérieure de leur corps, pour diminuer ensuite de la première molaire à la dent de sagesse. De la cuspidée à la dent de sagesse les racines diminuent beaucoup de longueur; celles des incisives sont à peu près de la même longueur que celles des bicuspidées. De la première incisive à la dernière molaire, les dents font une saillie de moins en moins forte hors des alvéoles et des gencives.

A la mâchoire inférieure, le corps des dents est dirigé un peu en dehors, à la partie antérieure de la mâchoire, et, depuis cette partie jusqu'à la troisième molaire, il s'incline de plus en plus en dedans. Les dents de la mâchoire supérieure débordent celles de la mâchoire inférieure, surtout à la partie antérieure, ce qui est dû à la plus grande obliquité des dents de la mâchoire supérieure: car l'arcade alvéolaire offre à peu près la même direction dans les deux mâchoires. Cette obliquité diminue graduellement à partir des incisives jusqu'à la dernière molaire, ce qui fait que les dents de la mâchoire supérieure débordent de moins en moins celles de la mâchoire inférieure.

Les dents de la mâchoire supérieure sont placées plus en arrière dans l'arcade dentaire, que les dents correspondantes de la mâchoire inférieure; cela vient de ce que les deux premières incisives supérieures sont plus larges que les incisives inférieures correspondantes. Toutes les dents n'ont qu'une racine, excepté les molaires, qui en ont deux dans la mâchoire inférieure, et trois dans la supérieure (*).

La racine des dents garde une certaine proportion avec le corps, et la raison en est évidente. En effet, s'il en était autrement, les dents seraient facilement brisées ou arrachées de leurs alvéoles. La force qui leur est appliquée communément est oblique, et non perpendiculaire à leur axe; et elles sont fixées moins solidement dans la mâchoire supérieure que dans

(*) Les anatomistes qui accordent un plus grand nombre de racines aux dents ont sans doute été amenés à cette erreur par la présence des deux canaux qu'ils auront observés dans une seule racine; ils en auront conclu que cette racine avait été primitivement double, et était formée par la réunion de deux racines agglutinées ensemble.

J. HUNTER.

4.

l'inférieure, c'est-à-dire, que le procès alvéolaire est moins fort dans la première que dans la seconde : c'est peut-être pour cette raison que les molaires de la mâchoire supérieure ont trois racines.

La structure particulière du procès alvéolaire de la mâchoire supérieure a peut-être pour objet de donner plus d'espace au développement de l'antre d'Highmore. Dans cette supposition, les racines doivent être disposées de manière à n'être point poussées vers cette cavité ; or, par leur divergence, elles embrassent, pour ainsi dire, le fond de l'antre, et n'appuient point contre sa partie centrale qui est la plus faible ; et les pointes des trois racines divergentes font une plus grande résistance, ou ne s'enfoncent pas si facilement que si elles étaient placées parallèlement. S'il n'y avait que deux racines, comme à la mâchoire inférieure, il aurait fallu qu'elles fussent placées contre la partie la plus mince de l'antre ; et trois pointes qui n'eussent pas divergé auraient eu tout à fait le même effet que deux. De plus, la force qui agit sur la dent tend à la déprimer et à la pousser en dedans ; voilà pourquoi la racine la plus interne diverge plus que les autres, et est soutenue par la paroi interne de l'antre. Ce qui rend probable que la faiblesse de la mâchoire supérieure est l'effet d'une disposition qui a pour objet de servir à l'ampliation du sinus maxillaire, c'est que toutes les dents de la mâchoire supérieure ressemblent beaucoup à celles de la mâchoire inférieure, excepté celles qui correspondent à ce sinus, et celles-ci diffèrent principalement dans leurs racines, sans qu'on puisse assigner à cette différence aucune raison apparente ; en outre, les dents de sagesse se ressemblent plus d'une mâchoire à l'autre que les autres molaires, probablement parce que les dents de sagesse de la mâchoire supérieure ont moins de rapports avec le sinus maxillaire.

Le fait suivant vient encore confirmer mon opinion : chez les enfants, les deux molaires que l'on observe de chaque côté de la mâchoire supérieure ont trois racines, et ces dents sont situées au-dessous de l'antre ; les dents qui leur succèdent n'ont qu'une racine comme à la mâchoire inférieure ; mais alors, l'antre s'est porté plus loin en arrière, ou plutôt, l'arc de la mâchoire s'est avancé et a poussé, pour ainsi dire, de dessous l'antre, de sorte que les procès alvéolaires, qui se trouvaient au-dessous de cette cavité à une époque de la vie, se trouvent au-devant à un autre âge.

En étudiant les mouvements de la mâchoire et les fonctions des dents, nous verrons que le bord de chaque racine est tourné vers la circonférence de la mâchoire, afin de mieux résister aux forces qui agissent sur les dents.

De l'articulation des dents.

Les racines des dents sont fixées dans la gencive et dans les procès alvéolaires par cette espèce d'articulation qu'on appelle *gomphose*, et qui ressemble, jusqu'à un certain point, à la disposition d'un clou enfoncé dans une pièce de bois (pl. 1 , *pour les alvéoles ;* et pl. 3 , fig. 4 , *pour les dents placées dans leurs alvéoles*). Cependant les dents ne sont point fortement unies avec les procès alvéolaires, car chaque dent jouit d'une certaine mobilité ; et, dans les têtes qu'on a fait bouillir ou macérer dans l'eau de manière à détruire le périoste et les adhérences des dents, on voit que les dents sont si lâchement unies à leurs alvéoles qu'elles sont toutes sur le point de tomber, excepté les molaires qui restent accrochées, pour ainsi dire, à raison du nombre et de la forme de leurs racines.

Des gencives.

Les procès alvéolaires sont recouverts par une substance rouge, vasculaire, qu'on appelle la *gencive*. La gencive est percée d'autant de trous qu'il y a de dents ; elle enveloppe le collet de la dent et y adhère. De là, partent des cloisons charnues qui passent entre les dents, et s'étendent de la gencive externe à la gencive interne, auxquelles elles servent de moyen d'union. Ces cloisons sont plus élevées que le reste de la gencive, et forment une arcade entre les dents adjacentes. La portion de la gencive qui s'élève au-dessus des alvéoles est d'une hauteur considérable ; de sorte que quand la gencive a été détruite par une maladie, ou sur le cadavre par l'action de l'eau bouillante, ou par toute autre cause, les dents paraissent plus longues ou moins enfoncées dans la mâchoire. Dans l'état sain, la gencive adhère très-fortement au procès alvéolaire et aux dents, mais son bord est naturellement libre d'adhérences autour de chaque dent. La gencive a dans sa texture quelque chose de la dureté et de l'élasticité du cartilage ; elle est très-vasculaire, mais elle ne paraît pas douée d'un haut degré de sensibilité, car, bien que nous la blessions souvent, en mangeant et en nettoyant nos dents, nous n'en éprouvons pas beaucoup de douleur, et, chez les enfants et les vieillards, qui n'ont point de dents, les gencives supportent des pressions considérables sans souffrance.

L'avantage qui résulte de cette insensibilité des gencives est évident ; en effet, jusqu'à ce que l'enfant ait des dents, les gencives doivent lui en tenir lieu ; elles sont donc disposées en conséquence, et présentent chez lui un bord très-dur dans toute leur longueur (*crête gencivale*, ou *cartilage dentaire*). Les vieillards qui ont perdu leurs dents n'ont point ce bord. Dans l'état sain, les gencives ne sont pas facilement irritées par les blessures auxquelles elles sont soumises ; c'est pourquoi elles sont moins susceptibles d'inflammation que les autres parties, et se cicatrisent rapidement.

Les dents, unies aux mâchoires par le périoste et la gencive, ont, pendant la vie, une certaine mobilité en vertu de laquelle elles cèdent un peu à l'action des forces qui agissent sur elles. Cette disposition les rend plus solides ; elle atténue l'effet du contact de la dent avec l'alvéole qui est également un corps osseux, et prévient les fractures des alvéoles et des dents elles-mêmes.

De l'action des dents qui est liée aux mouvements de la mâchoire inférieure.

On peut dire que la mâchoire inférieure est la seule qui soit mobile dans la mastication, car la mâchoire supérieure ne peut se mouvoir qu'avec les autres parties de la tête. A la première vue, on juge qu'il n'est pas probable que la mâchoire supérieure et la tête soient élevées dans l'acte ordinaire d'ouvrir la bouche et de mâcher; et, en effet, un examen attentif du mécanisme des articulations et des muscles de ces parties, l'expérience et l'observation, conduisent à ce résultat, qu'elles ne se meuvent point d'une manière sensible. Je ne citerai à l'appui de cette opinion qu'une expérience qui me paraît concluante. Qu'un homme se place, pendant qu'il mange, auprès d'un point fixe, et qu'il regarde par-dessus ce point un autre objet distant et immobile : si sa tête s'élevait le moins du monde, il verrait une plus grande partie de l'objet distant au-dessus du point fixe le plus rapproché pendant le mouvement d'élévation; or, c'est ce qui n'arrive point. L'expérience est d'autant plus précise et concluante que le premier point fixe est plus rapproché et que l'objet distant est plus éloigné. Le résultat est le même si le point le plus rapproché est disposé de manière à suivre les mouvements de la tête, comme lorsqu'on regarde un objet distant et fixe par-dessous le bord d'un chapeau ou de toute autre chose posée sur la tête. Nous sommes donc en droit de conclure que tout le mouvement appartient à la mâchoire inférieure. J'ai décrit, plus haut, l'articulation et les mouvements de l'os maxillaire inférieur; je vais maintenant expliquer l'acte de la mastication et examiner en même temps les usages de chaque classe de dents.

Relativement à l'action des dents des deux mâchoires dans la mastication, je ferai observer, une fois pour toutes, que leur action et leur réaction doivent être toujours égales, et que les dents de l'une et de l'autre mâchoires se font parfaitement équilibre dans l'action de diviser et dans celle de broyer.

Quand la mâchoire inférieure est abaissée, les condyles glissent en avant sur les éminences décrites plus haut, pour retourner en arrière dans les cavités articulaires quand la mâchoire est complétement élevée. Cette simple action produit un mouvement de broiement d'avant en arrière de la mâchoire inférieure sur la mâchoire supérieure; nous y avons recours lorsque nous voulons diviser quelque chose avec les dents de devant, ou dents incisives, qui sont bien disposées pour cet objet, car, étant plus hautes que les autres, elles arrivent plus tôt au contact; en outre, comme les incisives supérieures sont situées naturellement plus en avant que les inférieures, si nous voulons diviser quelque substance, nous amenons d'abord les incisives inférieures directement au-dessous des supérieures, et, à mesure qu'elles pénètrent dans la substance qui doit être divisée, la mâchoire inférieure est portée en arrière, en même temps que les incisives de cette mâchoire glissent de bas en haut derrière celles de la mâchoire supérieure, contre lesquelles, par conséquent, elles viennent se placer. De cette manière, les incisives des deux mâchoires complètent la division comme une paire de ciseaux, et en même temps elles s'aiguisent les unes contre les autres. Cette description ne s'applique pas à tous les cas sans exception : chez quelques personnes, en effet, les incisives inférieures se rivent naturellement sous les supérieures, ce qui a lieu lorsque les dents de devant ne font pas plus de saillie hors des gencives ou des alvéoles que les dents de derrière; alors, ces dents sont moins propres à diviser. Chez d'autres personnes, les dents de la mâchoire inférieure sont placées de manière à venir au-devant de celles de la mâchoire supérieure; cette dernière disposition est aussi favorable pour la division des substances alimentaires que celle qui a été décrite la première, avec cette différence, toutefois, que la mâchoire inférieure étant plus longue ici, elle doit avoir moins de force à son extrémité antérieure.

L'autre mouvement de la mâchoire, qui a lieu lorsque les dents latérales fonctionnent, diffère un peu du premier. Pendant que la bouche s'ouvre, un des condyles glisse un peu d'arrière en avant, tandis que l'autre s'enfonce un peu en arrière dans sa cavité; la mâchoire se trouve ainsi rejetée du côté de ce dernier dans l'étendue précisément suffisante pour amener les dents inférieures directement au-dessous des dents qui leur correspondent dans la mâchoire supérieure. C'est ce qui a lieu dans l'action de diviser ou de saisir les substances alimentaires, et ce sont les dents latérales qui sont ordinairement employées dans cette dernière action. Ce mouvement se fait à un plus haut degré dans l'accomplissement du véritable broiement, c'est-à-dire, que le condyle situé du côté qui va agir est porté plus loin en arrière dans la cavité articulaire, et que celui du côté opposé est amené plus en avant; la mâchoire est alors un peu abaissée. Mais ce n'est là qu'un acte préparatoire, car c'est le mouvement par lequel ce dernier condyle se reporte en arrière dans sa cavité articulaire qui produit l'acte de la mastication.

Les dents latérales des deux mâchoires sont adaptées à ce mouvement oblique. A la mâchoire inférieure, elles sont tournées un peu en dedans afin de pouvoir mieux agir suivant la direction de leur axe, et le procès alvéolaire est renforcé à sa face externe par la ligne saillante qui naît de la base de l'apophyse coronoïde. A la mâchoire supérieure, les dents sont obliques en sens inverse, c'est-à-dire qu'elles sont tournées en dehors, pour la même raison, et la plus longue racine des molaires est située au côté interne, où l'alvéole est fortifié par la cloison osseuse qui sépare le sinus maxillaire du nez. Voilà pourquoi, à la mâchoire inférieure, le bord externe des dents est le premier usé, tandis que c'est le contraire pour les dents de la mâchoire supérieure.

Parallèle des mouvements de la mâchoire chez les jeunes sujets et chez les vieillards.

Il ne paraît pas que le mouvement de glissement de la mâchoire inférieure existe chez les enfants qui n'ont point de dents. L'éminence du temporal n'est pas encore formée, et la cavité n'est pas plus grande que le condyle; c'est pourquoi le centre du mouvement doit être alors aux condyles.

Chez les vieillards qui ont perdu leurs dents, le centre du mouvement paraît être aux condyles, et les mouvements de la mâchoire semblent être réduits à l'abaissement et à l'élévation. Ils n'abaissent jamais assez la mâchoire pour porter le condyle en avant sur l'éminence, parce que chez eux la bouche est suffisamment ouverte quand la mâchoire est dans sa position naturelle.

De là vient que, chez les vieillards, les gencives des deux mâchoires ne se rencontrent pas à la partie antérieure de la bouche (pl. 4 : *on voit que, quand la bouche est fermée, la symphyse de la mâchoire inférieure se porte beaucoup plus en avant que celle de la mâchoire supérieure*); qu'ils ne peuvent mordre avec cette partie aussi bien qu'avec les côtés de la mâchoire, et qu'au lieu du mouvement de broiement, qui serait inutile puisqu'il n'y a pas de molaires, ils pilent les aliments par un simple mouvement d'abaissement et d'élévation de la mâchoire.

C'est à cause du manque de dents qu'aux deux âges extrêmes de la vie la face est plus courte, eu égard à sa largeur, que dans l'âge adulte. Chez le vieillard, après la chute des dents, lorsque la bouche est fermée, la face est raccourcie de presque toute la longueur des dents des deux mâchoires, c'est-à-dire d'environ un pouce et demi.

A ces deux âges encore, à raison du manque de dents, la cavité de la bouche est privée d'une partie de son ampleur, et la langue paraît trop volumineuse et difficile à faire mouvoir, surtout chez les vieillards. Chez ces derniers, le menton se projette d'autant plus en avant que la bouche est plus fermée, parce que la base de la mâchoire inférieure, seule partie qui existe alors, décrit une courbe à plus grand rayon que le procès alvéolaire chez les sujets moins âgés.

Les mâchoires des enfants se projettent moins en avant que celles des adultes, ce qui rend la face plus plate, principalement à la partie inférieure. A mesure que les dernières molaires se développent, les parties latérales de la courbe que forment les mâchoires deviennent plus longues et poussent en avant la partie antérieure, car aucune des portions ajoutées ne se porte en arrière. La partie antérieure continuant à être à peu près de la même dimension, la totalité de la mâchoire devient plus longue en proportion de sa largeur, et plus saillante en avant.

De la formation des procès alvéolaires.

Nous avons étudié les procès alvéolaires dans leur état adulte, ou de parfait développement; suivons-les maintenant à partir de leur origine.

On peut observer l'origine du procès alvéolaire à une période très peu avancée de la vie. Dans un fœtus de trois ou quatre mois, il ne consiste qu'en une rainure longitudinale, profonde et étroite en avant, et devenant graduellement moins profonde et plus large à mesure qu'on l'examine plus en arrière; au lieu des cloisons osseuses qui devraient diviser cette rainure en plusieurs alvéoles, il n'y a que de petites crêtes dirigées transversalement au fond et aux côtés, et des dépressions intermédiaires qui indiquent la place qu'occuperont plus tard les alvéoles (pl. 6, fig. 1, 2).

A la mâchoire inférieure, les vaisseaux et les nerfs marchent le long du fond de cette cavité alvéolaire, dans une légère rainure, qui devient ensuite un canal osseux complet et distinct.

Le procès alvéolaire se développe avec les dents, et pendant quelque temps il est en avance sur elles. Les crêtes destinées à former les cloisons s'étendent en travers du canal, à partir de ses côtés, et forment des arcades creuses à la partie supérieure des alvéoles. Ce changement s'opère d'abord à la partie antérieure des mâchoires (pl. 6, fig. 1, 2, 3, 4, 5, 6). A mesure que chaque cellule devient plus profonde, son orifice devient plus étroit, et il finit par se fermer en grande partie, mais non tout à fait, sur la dent qui y est contenue.

La tendance en vertu de laquelle l'orifice de la cellule se contracte réside principalement dans la lame externe de l'os, ce qui fait que les orifices contractés des cellules sont plus près du bord interne de la mâchoire que de son bord externe (pl. 6; *cette disposition est surtout remarquable dans les alvéoles des molaires qui ne sont pas ouverts pour la sortie des dents*). Si le tissu osseux se développe ainsi par-dessus la dent et la couvre presque entièrement, c'est peut-être pour que la gencive ait un appui solide avant la sortie des dents.

Les alvéoles des molaires des adultes sont formés d'une autre manière : à la mâchoire inférieure, ils semblent être les restes de la racine de l'apophyse coronoïde (pl. 6, fig. 7); les cellules de ces dents se forment, en effet, dans la racine de cette apophyse; et, à mesure que le corps de l'os et les cellules antérieurement formées sont poussés en avant comme s'ils sortaient de dessous cette apophyse, les cellules qui se forment ensuite, ainsi que leurs dents, se développent à leur tour, et sont poussées en avant de la même manière.

A la mâchoire supérieure, il se forme dans les tubérosités destinées au développement des molaires, des cellules qui sont d'abord très-peu profondes, et qui le deviennent de plus en plus à mesure que la dent s'accroît; les lames osseuses, se développant un peu plus vite que la dent, renferment celle-ci presque entièrement avant qu'elle soit prête à se frayer une route à travers cette enveloppe et la gencive (pl. 6, fig. 11). Il s'en forme ainsi successivement jusqu'à ce que les trois molaires soient complétement développées.

De la formation des dents chez le fœtus.

Les dépressions, ou premiers rudiments des alvéoles, que l'on observe sur un fœtus de trois ou quatre mois, sont remplies par de petits corps pulpeux, qui ne sont pas très-distincts à cet âge, et qui sont au nombre de quatre ou cinq dans chaque moitié de la mâchoire. Vers le cinquième mois, les procès alvéolaires et les petits corps pulpeux deviennent plus distincts, et c'est en avant que leur développement est le plus avancé. Vers cet âge commence aussi l'ossification sur le bord des premières incisives. Les cuspidées ne sont pas situées sur la même ligne circulaire que les autres dents; à cette époque, elles se trouvent portées un peu plus en avant, à cause du défaut d'espace.

Vers le sixième ou le septième mois, le bord ou sommet de ces cinq petits corps a commencé à s'ossifier; le premier est celui où l'ossification est le plus avancée (pl. 7; *on a cherché à représenter ces ossifications,* fig. 1 et 2). En outre, la pulpe de la sixième dent a commencé à se former; elle est située dans la tubérosité, à la mâchoire supérieure, et, à la mâchoire inférieure, au-dessous et en dedans de l'apophyse coronoïde. Ainsi, à cet âge, il y a en tout, dans les deux mâchoires, vingt dents qui ont commencé à s'ossifier et les germes de vingt-quatre. On peut diviser ces dents en incisives, en cuspidées et en molaires, car alors il n'y a point de bicuspidées; les deux dernières dents de chaque côté, dans les deux mâchoires, ont le même caractère et répondent aux mêmes usages que les vraies molaires chez l'adulte, bien qu'après leur chute leur place soit prise par les bicuspidées.

L'ossification des dents avance par degrés, et, vers le septième, le huitième ou le neuvième mois après la naissance, les incisives commencent à se faire jour à travers les gencives, d'abord, en général, à la mâchoire inférieure. Avant cette époque, l'ossification a commencé dans la troisième molaire, ou celle qui sera la première molaire chez l'adulte (pl. 7, fig. 3; *les premières incisives ont percé la gencive, et la dent qui est la troisième molaire chez l'enfant, ou la première molaire chez l'adulte, a commencé à s'ossifier*).

Les cuspidées et les molaires, chez le fœtus, ne se forment pas aussi rapidement que les incisives; elles paraissent généralement toutes à peu près dans le même temps, vers le vingtième ou le vingt-quatrième mois; cependant la première molaire est souvent plus avancée dans son alvéole que la cuspidée, et elle paraît le plus ordinairement avant elle.

Ces vingt dents sont les seules qui servent à l'enfant, depuis son septième, huitième ou neuvième mois jusqu'à sa douzième ou quatorzième année. Elles sont appelées *dents temporaires* ou *dents de lait*, parce qu'elles tombent toutes entre la septième et la quatorzième année et sont remplacées par d'autres.

De la cause qui produit les douleurs de la dentition.

Ces vingt dents, en perçant la gencive, causent de la douleur et beaucoup d'autres symptômes qui se terminent souvent d'une manière fatale pour l'enfant pendant la dentition. On suppose généralement que ces symptômes proviennent de la pression que les dents exercent contre la face interne de la gencive pour se frayer mécaniquement un chemin à travers sa substance. Mais les considérations suivantes semblent se rapprocher davantage de la vérité.

Lorsque les dents commencent à pousser contre la gencive, elles l'irritent et causent ordinairement de la douleur. La gencive présente alors de la chaleur, du gonflement, de la rougeur, et les autres symptômes de l'inflammation. Elle n'est pas percée seulement par l'action simple et mécanique de la pression; l'irritation et l'inflammation qui en est la conséquence produisent un amincissement ou atrophie de la gencive dans;

le point qui correspond à la dent. C'est ce qui a lieu le plus souvent quand une partie privée de vie, ou un corps étranger, se trouve logée dans nos tissus : elle détermine la destruction des parties situées entre elle et le point de la peau qui est le plus rapproché, et rarement celle des autres parties, à l'exception des tissus qui sont interposés entre elle et une cavité s'ouvrant à l'extérieur, ce qui, d'ailleurs, arrive bien moins souvent. Les solides, ou la partie détruite, sont absorbés, et non fondus ou dissous dans le pus. Les dents doivent être considérées comme des corps étrangers par rapport à la gencive ; elles en irritent la surface interne, comme le pus d'un abcès, un os nécrosé, ou tout autre corps étranger, irritent les tissus qui les environnent, et peuvent produire par conséquent les mêmes symptômes, à l'exception de la formation du pus. C'est pourquoi, lorsque ces symptômes accompagnent la sortie des dents, il ne peut y avoir de doute sur l'utilité de frayer la route à ces dernières ; au moins cette pratique n'est-elle jamais suivie, autant que j'ai pu l'observer, d'aucun accident grave (*).

De la formation et du développement des dents de la seconde dentition.

Après avoir ainsi fait connaître l'origine et le développement des dents temporaires, je vais décrire la formation des dents qui doivent servir dans le cours de la vie.

Dans cette étude, afin d'éviter la confusion, je bornerai ma description aux dents de la mâchoire inférieure, car la seule différence qui existe entre les dents des deux mâchoires réside dans l'époque de leur apparition, qui est généralement plus tardive pour celles de la mâchoire supérieure. Le développement et la sortie des dents ne se font pas d'une manière successive et régulière de la première incisive à la dent de sagesse ; ils commencent en deux points, de chaque côté des deux mâchoires, à la première incisive et à la première molaire. Les dents comprises entre ces deux points ont une évolution plus rapide que celles qui sont situées au delà de la première molaire.

La pulpe de la première incisive et celle de la première molaire, pour la seconde dentition, commencent à être visibles dans un fœtus de sept à huit mois, et l'ossification y commence cinq ou six mois après la nais-

(*) Il n'est pas douteux, en effet, que la sortie de la dent ne se fasse au moyen de l'absorption de la gencive ; mais il est probable aussi que cette absorption est favorisée, sinon déterminée entièrement, par la pression que la partie supérieure de la dent exerce contre le bord de la gencive. Aussi, lorsque, par suite de l'allongement rapide de la racine, la couronne de la dent s'élève plus vite que ne se fait le travail d'absorption, il en résulte naturellement une pression trop forte à la face interne de la gencive et consécutivement une inflammation locale qui donne naissance à des symptômes généraux intenses. Le simple contact de la dent avec la gencive « comme corps étranger » ne saurait rendre compte de ces symptômes généraux, car, après que la gencive a été incisée, la dent est encore en contact avec les parties molles ; mais alors la pression étant détruite, l'irritation cesse immédiatement.　　　T. B.

sance. Peu de temps après la naissance, les pulpes de la seconde incisive et de la cuspidée commencent à se former, et environ huit ou neuf mois après, elles commencent à s'ossifier. Vers la cinquième ou la sixième année, la première bicuspidée apparaît ; vers la sixième ou la septième, la seconde bicuspidée et la seconde molaire ; et vers la douzième, la troisième molaire ou dent de sagesse.

Les cinq premières dents peuvent être appelées les dents permanentes ; elles diffèrent des temporaires correspondantes en ce qu'elles ont de plus grosses racines. Les incisives et les cuspidées permanentes sont beaucoup plus épaisses et plus larges que les mêmes dents temporaires ; et les molaires de la première dentition sont remplacées par les bicuspidées, qui sont plus petites et n'ont qu'une racine.

Toutes ces dents permanentes ou secondaires sont formées dans des alvéoles distincts, qui leur sont propres ; ainsi, elles ne viennent point remplir les anciens alvéoles des dents temporaires, mais il se forme pour elles de nouveaux alvéoles, pendant que les anciens se détruisent (pl. 6, fig. 11, 12, 13).

La première incisive est placée en dedans de la racine de la dent temporaire correspondante, et plus profondément dans la mâchoire. La seconde incisive et la cuspidée prennent naissance en dedans et un peu au-dessous de la seconde incisive et de la cuspidée temporaire. Ces trois dents sont situées de la même manière que celles de la première dentition ; mais comme elles sont plus grandes, elles s'étendent un peu plus en arrière dans l'arcade formée par la mâchoire.

La première bicuspidée est placée au-dessous et un peu en arrière de la première molaire temporaire ou quatrième dent de l'enfant.

La seconde bicuspidée est placée immédiatement au-dessous de la seconde molaire temporaire.

La seconde molaire est située dans la tubérosité maxillaire, à la mâchoire supérieure, et directement au-dessous de l'apophyse coronoïde, à la mâchoire inférieure.

La troisième molaire, ou dent de sagesse, commence à se former immédiatement au-dessous de l'apophyse coronoïde.

La première molaire de la seconde dentition arrive à sa perfection et perce la gencive vers la douzième année ; la seconde, vers la dix-huitième, et la troisième, ou dent de sagesse, de la vingtième à la trentième.

Ainsi, les incisives et les cuspidées demandent environ six ou sept ans, à partir du moment où elles commencent à paraître dans l'épaisseur de la mâchoire, pour arriver à leur perfection ; les bicuspidées, environ sept ou huit ; et les molaires, environ douze.

Il arrive quelquefois qu'une troisième série de dents apparaît chez des personnes très-âgées. Quand cela a lieu, cette troisième dentition se fait d'une manière très-irrégulière. Quelquefois il ne se forme qu'une dent, d'autres fois il en pousse davantage, et parfois même on a observé une dentition complète à chaque mâchoire. Je n'ai jamais vu qu'un seul exemple de troisième dentition : dans ce cas, il poussa deux dents de devant à la mâchoire inférieure. Je serais tenté de supposer qu'il se forme aussi un nouveau procès alvéolaire, de la même manière que dans la première et la seconde dentition.

D'après les notions que j'ai pu acquérir sur ce sujet, l'âge auquel se forme cette troisième dentition est, en général, soixante-dix ans environ. Il paraîtrait, d'après cette circonstance et d'après un autre phénomène qui se présente quelquefois chez les femmes de cet âge, que la nature fait alors un effort pour renouveler le corps vivant.

Lorsque cette formation tardive de dents n'est pas complète, et surtout quand elle ne s'opère que dans une mâchoire, elle est plus nuisible qu'utile. Il faut alors arracher ces dents, car elles ne feraient que blesser la gencive de la mâchoire opposée (*).

(*) La description du développement des dents permanentes, telle que Hunter vient de la donner, est loin d'être exacte. Les recherches du D' Blake, consignées d'abord dans sa thèse inaugurale, et publiées ensuite sous une forme plus étendue, ont fait connaître pour la première fois le mécanisme curieux de cette production extraordinaire. Des investigations plus récentes ont confirmé les vues générales émises par Blake, et je n'hésite point à placer ici les considérations suivantes, que j'ai déjà données dans un autre ouvrage.

La formation des dents permanentes, bien que reposant essentiellement sur les mêmes lois générales que la première dentition et opérée par les mêmes organes, diffère de celle-ci en quelques points très-remarquables. Les rudiments des dents permanentes, au lieu d'être primitifs et indépendants comme ceux des dents temporaires, ont en réalité leur point de départ dans ces dernières, auxquelles ils restent attachés et intimement unis pendant un temps considérable (pl. 8, fig. 9, 10, 11, 12).

A une époque peu avancée de la formation des dents temporaires, et par un travail qui rappelle la reproduction gemmipare des êtres inférieurs du règne animal et du règne végétal, le follicule ou germe dentaire fournit un petit prolongement ou bourgeon contenant en rudiments une partie des éléments essentiels de la dent, savoir, la pulpe recouverte de la membrane qui lui est propre. Ce prolongement constitue le rudiment de la dent permanente. Il débute sous la forme d'un petit renflement qui apparaît sur un côté du follicule-mère, et qui se circonscrit de plus en plus, jusqu'à ce qu'enfin il ait pris une forme distincte, bien qu'attaché encore à ce follicule par un pédicule qui n'est autre chose qu'un prolongement de ce dernier. Pendant quelque temps, le nouveau germe est renfermé dans le même alvéole que celui dont il émane, qui est creusé par les vaisseaux absorbants pour le loger, en vertu d'un travail presque sans exemple dans les phénomènes de la physiologie. Ce travail n'est pas déterminé par la pression qu'exerce le nouveau germe, comme on l'a cru à tort; mais il commence dans les aréoles de l'os immédiatement en dedans de sa surface lisse, et constitue ainsi ce qu'on peut appeler un travail *par anticipation*. La nouvelle cellule, après qu'elle a été creusée suffisamment, et à mesure que le germe continue à augmenter de volume, est séparée peu à peu de la cellule primitive de deux manières, et parce qu'elle se creuse de plus en plus profondément dans la substance de l'os, et parce qu'il se forme entre elles deux une cloison osseuse. Enfin, le nouveau germe est renfermé dans l'alvéole qui lui est propre, mais il est encore uni à la dent temporaire par le cordon ou prolongement déjà indiqué du follicule primitif, qui s'est en même temps aminci et allongé graduellement.

Chaque germe permanent, quand la dent temporaire qui lui correspond a percé la

Du mode de formation des dents.

Le corps de la dent se forme d'abord; l'émail et les racines s'y ajoutent ensuite. Toutes les dents naissent d'une substance pulpeuse, qui est assez ferme dans sa texture, transparente, excepté dans le point par lequel elle adhère à la mâchoire, et qui présente primitivement la forme du corps de la dent qu'elle doit constituer (pl. 8, fig. 4, 5, 6). Cette substance pulpeuse est très-vasculaire; elle n'adhère à la mâchoire que d'un seul côté, dans le fond de la cavité qui doit former l'alvéole, c'est-à-dire, dans le point par où les vaisseaux y pénètrent; de manière qu'elle forme une saillie libre dans la cavité osseuse qui la loge.

Elle atteint presque le volume que doit avoir le corps de la dent, avant que l'ossification s'y manifeste, et elle s'accroît encore un peu quelque temps après que celle-ci a commencé. Elle est entourée par une membrane qui ne lui est point unie, excepté à sa racine ou partie adhérente; mais cette membrane adhère par sa surface extérieure à tout le pourtour de la cavité osseuse creusée dans la mâchoire, et à la gencive, dans le point où celle-ci recouvre l'alvéole.

Quand la pulpe est très-nouvellement formée, comme dans un fœtus de six ou sept mois, cette membrane est assez épaisse et gélatineuse (pl. 8, fig. 1, 2). Il est plus facile de l'examiner sur un enfant nouveau-né; on la trouve alors composée de deux lames, l'une externe et l'autre interne. La lame externe est molle et spongieuse, et sans vaisseaux; l'autre est beaucoup plus résistante et extrêmement vasculaire; ses vaisseaux naissent de ceux qui se rendent à la pulpe de la dent; elle forme une sorte de capsule pour la pulpe et pour le corps de la dent. Tant que la dent est renfermée dans la gencive, un liquide mucilagineux, semblable à la synovie, se trouve toujours interposé entre cette membrane et la pulpe de la dent.

gencive, est situé au-dessous et un peu en arrière de cette dent, et un peu au delà de la partie centrale de la mâchoire. D'après les détails qui précèdent, il est facile de comprendre que la partie supérieure du nouveau follicule, qui est unie à la gencive au moyen du cordon (*gubernaculum dentis*), contracte bientôt avec elle les mêmes rapports que le rudiment temporaire avait contractés primitivement, ainsi qu'il a été dit plus haut, et que, à raison de la situation de ce follicule, qui est profondément enveloppé par le tissu osseux de la mâchoire, ce sont probablement les vaisseaux et les nerfs qui ont concouru à la formation primitive de la nouvelle pulpe, qui s'agrandissent et se modifient assez dans leur structure pour former définitivement les vrais rameaux dentaires. Cette supposition est beaucoup plus vraisemblable que celle qui admettrait que des nerfs et des vaisseaux de nouvelle formation sont fournis par les branches maxillaires, et vont rejoindre les pulpes à une distance plus ou moins grande, à travers une couche de tissu osseux d'une épaisseur indéterminée, pour servir à la nutrition de chaque dent nouvelle.

On trouve donc alors le nouveau germe dans des conditions à peu près semblables à celles où était la dent-mère, et entretenant les mêmes relations que cette dernière avec les parties environnantes : le sac du germe est attaché supérieurement à la gencive, et inférieurement la pulpe, couverte de la membrane qui lui est propre, est unie par ses vaisseaux, etc., à la mâchoire.   T. B.

Lorsque la dent perfore la gencive, cette membrane est percée également; ensuite elle est absorbée peu à peu, et, quand la dent est complétement formée, elle a disparu entièrement. Seulement, la partie inférieure de la membrane continue à adhérer au collet de la dent, qui alors s'est élevé jusqu'au niveau du bord de la gencive (*).

De l'ossification des dents.

L'ossification des dents se fait autour de la pulpe; elle débute tantôt par un point, tantôt par plusieurs points, suivant l'espèce de dent : pour les incisives, c'est ordinairement par trois points, dont le moyen est le plus élevé et s'ossifie le premier. Pour les cuspidées, c'est par un point seulement; pour les bicuspidées, par deux, l'un externe, qui est le premier et le plus élevé, et l'autre interne. Les molaires, soit chez l'enfant, soit chez l'adulte, commencent par quatre ou cinq points d'ossification, un pour chaque pointe; le plus externe est toujours le premier (pl. 7, fig. 1; *on peut y voir quelques-uns des points d'ossification qui sont distincts*). Dans les dents où l'ossification commence par un seul point, cette ossification s'étend graduellement jusqu'à ce que la dent soit complète (pl. 7, fig. 1, 2, 3); mais, lorsqu'il y a plusieurs points d'ossification, chacun d'eux s'étend jusqu'à ce qu'ils se touchent réciproquement, et alors ils se réunissent en un seul (pl. 7, fig. 2). Ensuite le développement se fait comme lorsqu'il n'y a qu'un point d'ossification.

Les points d'ossification, dans leur développement, deviennent de plus en plus épais à l'endroit où ils ont commencé, mais ils s'étendent plus vite sur le bord des dents que partout ailleurs, de sorte que la cavité de la dent devient de plus en plus profonde dans ce sens (pl. 8, fig. 14 : *a b c d représentent deux rangées d'incisives sciées par le milieu; la rangée supérieure provient d'un enfant, l'autre d'un adulte. e f g représentent*

(*) Il est inexact de dire que la portion osseuse de la dent naît de la pulpe. Celle-ci constitue seulement le moule sur lequel l'ossification se forme; entre le tissu osseux et la pulpe il existe une membrane d'une ténuité extrême, que j'ai appelée la *membrane propre de la pulpe*. Cette membrane est légèrement adhérente à la surface de la pulpe, qu'elle recouvre complétement, et c'est de la surface externe de cette membrane que le tissu osseux est sécrété. Lorsque la pulpe se rétrécit sous les lames osseuses qui se forment successivement autour d'elle, la membrane continue à la recouvrir, et constitue en dernier lieu la membrane bien connue qui tapisse la cavité interne de la dent parfaite.

Des injections répétées ont démontré que la double membrane ou poche qui entoure la totalité du germe jusqu'au collet de la dent et non au delà, est vasculaire dans sa totalité, quoique Hunter limite cette vascularité au feuillet interne seulement, et Blake au feuillet externe. C'est de la surface interne de cette capsule que l'émail est sécrété. Je reviendrai plus particulièrement sur ce point ci-après. Aussitôt que l'émail est sécrété, la capsule s'absorbe; cette absorption commence au bord ou extrémité supérieure de la dent, où l'émail est d'abord déposé. C'est pourquoi cette membrane n'est point perforée par la sortie de la dent, ainsi que l'avance Hunter; mais elle est absorbée aussitôt qu'elle a accompli son unique fonction.

T. B.

deux rangées de molaires qui sont dans les mêmes conditions). A mesure que l'ossification fait des progrès, les écailles osseuses entourent peu à peu la pulpe, jusqu'à ce que la totalité de cette dernière soit renfermée dans une coque osseuse, excepté à sa partie inférieure; et, pendant le travail d'ossification, la pulpe est toujours plus vasculaire dans les points qui sont recouverts par les petites lames osseuses que dans le reste de sa surface (pl. 8, fig. 5, 6).

L'adhérence de la pulpe avec la dent ou substance osseuse nouvellement formée est très-légère, car on peut toujours les séparer l'une de l'autre sans aucune violence apparente, et on ne voit point de vaisseaux se diriger de l'une à l'autre; toutefois, l'union la plus forte a lieu au bord de la portion osseuse, c'est-à-dire, à la partie qui est formée la dernière. Lorsque le tissu osseux a recouvert toute la pulpe, il commence à se contracter un peu, en s'arrondissant, pour former la partie de la dent que l'on appelle le collet, et c'est de là que naissent les racines (pl. 8, fig. 13, 14, 15). Lorsque les racines se forment, elles poussent de bas en haut le corps de la dent, à travers l'alvéole, qui est absorbé, puis à travers la gencive, qui est absorbée également, ainsi que je l'ai expliqué plus haut. Avant cette époque, les progrès de la dent en hauteur sont à peine sensibles, car la pulpe est à peu près aussi volumineuse que le corps même de la dent doit l'être, et elle s'atrophie en quelque sorte dans la même proportion que la masse totale augmente par les progrès de l'ossification.

La pulpe n'a primitivement aucun prolongement qui réponde à la racine (pl. 8, fig. 1, 4, 5, 6); mais, à mesure que la cavité du corps de la dent est remplie par l'ossification, la pulpe s'allonge pour former la racine. Celle-ci augmente de longueur, et s'élève de plus en plus dans l'alvéole, jusqu'à ce que tout le corps de la dent soit poussé au dehors. En même temps, le fond de l'alvéole se resserre, et celui-ci, embrassant le collet, ou naissance de la racine, y adhère et s'élève avec lui. Cette contraction se continue dans toute la longueur de l'alvéole, à mesure que la racine s'élève; ou bien, l'alvéole qui contenait le corps de la dent, étant trop grand pour la racine, s'atrophie ou est absorbé, et une nouvelle portion alvéolaire s'élève avec la racine; de là vient que la racine ne s'enfonce point en réalité dans la mâchoire.

Dans le corps et dans la racine d'une dent qui pousse, le point extrême de l'ossification est tellement mince, transparent et flexible, qu'il paraît être plutôt de nature cornée que de nature osseuse, de même que l'orifice ou bord de la coquille d'un limaçon qui est dans la période d'accroissement; en effet, l'ossification de la dent paraît se faire de la même manière que celle de la coquille du limaçon (pl. 8, fig. 13, 14, 15), et la portion ossifiée de la dent semble avoir avec la pulpe les mêmes connexions que la coquille du limaçon avec le limaçon lui-même.

A mesure que la dent croît, sa cavité devient de plus en plus petite, surtout vers la pointe de la racine.

En examinant la formation de la racine des dents, nous avons supposé la racine simple; lorsqu'il y a plus d'une racine, l'évolution en est un peu différente et plus compliquée.

Quand le corps d'une dent molaire est formé, il n'y a qu'une cavité générale, du pourtour de laquelle l'ossification doit naître pour former deux ou trois racines (pl. 8, fig. 13, A, A). S'il ne doit y en avoir que deux, les deux côtés opposés du pourtour de la cavité de la dent s'avancent transversalement, au niveau de l'endroit où la pulpe adhère à la mâchoire, se réunissent à leur partie moyenne, et, de cette manière, divisent l'entrée de la cavité en deux ouvertures (pl. 8, fig. 13, B); les deux racines naissent des bords de ces deux ouvertures (pl. 8, fig. 13, C, D).

On voit souvent un point distinct d'ossification se manifester à la partie moyenne de la cavité générale, sur la racine de la pulpe, et deux prolongements venant des bords opposés de la coque osseuse, la rejoindre; ce qui produit le même résultat que ci-dessus.

Lorsqu'il doit y avoir trois racines, on voit trois prolongements qui partent de trois points différents du pourtour de la cavité, et qui viennent se réunir à la partie centrale, de manière à diviser tout l'espace en trois ouvertures (pl. 8, fig. 13, F, G). De ces trois ouvertures naissent les trois racines (pl. 8, fig. 13, H, I, K). Souvent les racines sont bifurquées à leur extrémité, surtout celles des bicuspidées. Dans ce cas, les côtés de la racine se sont rapprochés à leur partie moyenne pendant l'ossification, de manière à former une rainure longitudinale sur leur face externe. Cette réunion divise la cavité de la racine qui est en voie de se développer, en deux orifices du pourtour desquels naissent les deux pointes.

D'après les recherches que j'ai faites pour démêler la texture des dents ramollies par un acide, et d'après la disposition des portions rouges des dents chez les animaux qui, pendant leur période de croissance, ont été nourris d'une manière interrompue avec de la garance, je suis porté à conclure que la portion osseuse des dents se compose de lamelles placées les unes dans les autres. La lamelle externe est la première formée et la plus courte; les lamelles situées plus intérieurement s'allongent par degrés vers la racine, et, de cette manière, à mesure que la dent devient plus longue, sa cavité devient plus petite, et ses parois plus épaisses (pl. 8, fig. 7, 8).

Il n'est peut-être pas possible d'expliquer comment la substance terreuse et la substance animale qui constituent la dent, sont déposées à la surface de la pulpe (*).

De la formation de l'émail.

J'ai remis à parler de la formation de l'émail à une époque où l'on pût la comprendre plus facilement; mais d'abord, je vais décrire quelques parties que je considère comme servant à la formation de cette substance de la même manière que la pulpe à celle du corps de la dent.

D'après sa situation, et d'après la manière dont croissent les dents, on

(*) Ce fait se trouve expliqué dans la note de la page 63.   T. B.

serait tenté de croire que l'émail est la première partie formée ; mais c'est la portion osseuse qui commence, et, bientôt après, l'émail se forme par-dessus. Il existe une autre substance pulpeuse, vis-à-vis de celle que j'ai déjà décrite : elle adhère à la surface interne de la capsule, au niveau de son union avec la gencive, et sa face opposée est en contact d'abord avec la base de la pulpe décrite ci-dessus, et plus tard avec la base nouvellement formée de la dent. Toutes les éminences et toutes les cavités qui se trouvent sur l'un de ces deux corps se retrouvent aussi sur l'autre, mais en sens inverse, de telle sorte qu'ils sont moulés exactement l'un sur l'autre.

Dans les incisives, la pulpe de l'émail est en contact, non avec le bord aigu et tranchant de la pulpe du corps, ou de la dent, mais avec la face interne et excavée de la dent ; dans les molaires, elle est placée directement contre leur base, comme serait une dent de la mâchoire opposée. Elle est plus mince que l'autre pulpe, et s'atrophie à mesure que la dent fait des progrès. Elle ne paraît pas très-vasculaire. L'époque la plus favorable pour l'observer, est le septième ou le huitième mois de la grossesse.

Chez les animaux graminivores, tels que le cheval, la vache, etc., dans les dents desquels l'émail est entremêlé avec la partie osseuse (pl. 5, fig. 20, 21), les dents présentent pendant leur formation un nombre d'interstices égal à celui des couches de l'émail, et l'on voit des prolongements de la pulpe de l'émail qui descendent dans ces interstices jusqu'à la pulpe du corps de la dent avec laquelle ils se mettent ainsi en contact.

Lorsque les pointes de la pulpe décrite la première ont commencé à s'ossifier, il s'étend sur elle une couche mince d'émail, dont l'épaisseur augmente progressivement jusqu'à une époque peu éloignée du moment où la dent commence à percer la gencive.

L'émail paraît être sécrété par la pulpe que je viens de faire connaître, et peut-être par la capsule qui renferme le corps de la dent ; cette origine est évidente chez le cheval, l'âne, le bœuf, le mouton, etc. ; c'est pourquoi nous avons peu de raisons de douter qu'il en soit ainsi dans l'espèce humaine. C'est une terre calcaire, probablement tenue en dissolution dans les humeurs de notre corps, et versée par ces organes qui agissent comme une glande. Après la sécrétion, elle est attirée par la portion osseuse de la dent qui est déjà formée et sur la surface de laquelle elle se cristallise. Ce mode de formation est semblable au mécanisme de la production de la coquille de l'œuf, des calculs rénaux, vésicaux et biliaires. Cela rend compte de l'aspect cristallisé et strié de l'émail, lorsqu'il est brisé, et de la direction de ses stries (*).

(*) J'ai fait de nombreuses expériences sur la formation des divers calculs, et je me suis assuré qu'ils se forment par une véritable cristallisation ; j'ai communiqué les résultats de mes recherches à mon frère qui les a fait connaître à ses élèves en 176.; je me propose de les livrer au public aussitôt que j'en trouverai le temps.

J. HUNTER.

L'émail est plus épais sur les tubercules ou pointes et à la base de la dent que sur le collet, ce qui s'explique facilement par son mode de formation; car si l'on admet que sa sécrétion se fait d'une manière continue, et qu'il s'étend uniformément sur toute la surface qui se présente graduellement pour en être recouverte, à mesure que la dent s'élève, il est évident que la partie formée la première aura la couche la plus épaisse, et que le collet qui, de toutes les parties renfermées dans la capsule est la dernière formée, aura l'enveloppe la plus mince. La racine, à laquelle le périoste adhère sans laisser aucun espace libre, ne doit point avoir d'émail.

Aux premiers temps de sa formation, l'émail n'est pas très-dur; car si l'on expose à l'air une dent très-récemment formée, on le voit se fendiller et devenir raboteux. Mais quand la dent perce la gencive, l'émail paraît avoir toute la dureté qu'il aura toujours par la suite; l'air n'agit donc point pour le durcir (*).

De la chute des dents.

Une opinion qui a généralement prévalu, c'est que les dents de la première dentition sont chassées par celles de la seconde; mais cette assertion est loin d'être vraie. Si les choses se passaient ainsi, ce phénomène serait accompagné d'inconvénients bien évidents; en effet, une dent qui serait poussée par une autre dent située au-dessous d'elle, devrait s'élever en proportion du développement de cette dernière, et se trouverait ainsi placée plus ou moins au-dessus des autres. Mais cette disposition ne se présente jamais, et ne peut point se présenter, car les dents de la seconde dentition sont formées dans des alvéoles nouveaux et distincts, et en général, les incisives et les cuspidées de la seconde dentition sont situées en dedans des dents correspondantes de la première (pl. 6, fig. 12, 13). On remarque, en outre, qu'à mesure que les dents permanentes font des progrès, les racines des premières dents se détruisent, jusqu'à ce que la totalité de la racine ait disparu et qu'il ne reste plus que le collet, c'est-à-dire, la partie de la racine à laquelle la gencive adhère (pl. 8, fig. 16, 17, et 18; *ces*

(*) D'après les observations les plus minutieuses que j'aie pu faire, observations qui ont été confirmées par celles de plusieurs autres physiologistes, ce que Hunter appelle *une autre substance pulpeuse* qui serait adhérente à la face interne de la capsule, n'est autre chose qu'un état d'épaississement et de turgescence du feuillet interne de la capsule elle-même, qui est gorgé de sang et probablement aussi distendu par la matière terreuse qu'il va déposer et qui doit constituer l'enveloppe d'émail de la couronne de la dent. Cet épaississement paraît avoir quelque analogie avec la turgescence remarquable que l'on observe dans le manteau de certaines espèces de limaçons, comme notre *helix pomatia*, immédiatement avant que l'opercule calcaire d'hiver soit sécrété de tous les points de sa surface.

L'émail, lorsqu'il vient d'être sécrété, n'est pas beaucoup plus solide que de la crème épaisse. Il se fixe bientôt, mais il n'a d'abord que peu de cohésion, et se pulvérise facilement. Toutefois, il ne tarde pas à prendre sa forme cristalline, et devient demi-transparent et extrêmement dur. T. B.

figures représentent la destruction graduelle des dents simples et des dents doubles chez l'homme, et celle d'une molaire appartenant à un cheval). Alors, la moindre force suffit pour faire sortir la dent. Il serait très-naturel de supposer que ce résultat est l'effet d'une pression constante exercée par les dents qui s'élèvent contre les racines ou les alvéoles des dents temporaires; mais il n'en est rien, car les nouveaux alvéoles croissent avec les nouvelles dents, et les anciens alvéoles se détruisent dans la même proportion que les racines des anciennes dents; et quand les dents de lait tombent, les dents qui doivent leur succéder sont si loin d'avoir détruit par leur pression les parties contre lesquelles on pouvait supposer qu'elles exerçaient cette pression, qu'elles sont encore renfermées dans une cellule osseuse complète qui les recouvre. Ce changement n'est donc pas l'effet d'une pression mécanique; c'est un travail particulier de l'économie animale.

J'ai vu deux ou trois mâchoires dans lesquelles les secondes molaires temporaires étaient en voie de tomber par le mécanisme ordinaire, sans qu'il y eût de dents au-dessous; et dans une mâchoire où les deux molaires étaient également près de tomber, j'ai rencontré la même disposition.

Un exemple remarquable de ce fait m'a été offert par une dame. Elle avait une dent qui vacillait et que je reconnus pour être la dernière dent temporaire qui n'était point encore tombée. Je lui conseillai de la faire arracher, en lui disant que cette dent ne lui était d'aucun usage et ne pouvait par aucun moyen être fixée, que c'était une des dents qui doivent naturellement tomber et qu'une autre viendrait à sa place; cependant, aucune dent ne vint la remplacer.

Ces faits prouvent d'une manière évidente que, dans leur chute, les premières dents ne sont pas poussées par celles qui leur succèdent, mais qu'elles deviennent vacillantes et se détachent par un travail spontané. Ces mêmes faits prouvent également que les secondes dents exercent une certaine influence sur la chute des dents de lait, puisque dans l'un des premiers cas mentionnés, le sujet était âgé de plus de vingt ans, et que la dame citée en avait trente; et il est raisonnable de penser que si, dans ces circonstances, la chute de ces dents avait été retardée à ce point, c'est qu'elles avaient été privées de l'influence, quelle qu'elle soit, qui est exercée par les dents nouvelles. Quand les incisives et les cuspidées de la nouvelle dentition sont un peu avancées, mais longtemps avant qu'elles paraissent à travers leurs alvéoles osseux, on voit de petits trous qui y conduisent, en dedans ou en arrière des alvéoles et des dents temporaires; ces trous s'agrandissent peu à peu, jusqu'à ce qu'enfin le corps de la dent les ait franchis entièrement (*).

(*) Voilà un nouvel exemple de l'inexactitude des idées de Hunter sur les rapports des dents permanentes pendant leur formation avec les dents temporaires. Les trous qui ont été décrits dans une note précédente, comme étant destinés à donner passage au cordon qui fait communiquer le germe de la dent permanente avec le collet

Du développement des deux mâchoires.

La connaissance du mode d'accroissement des deux mâchoires facilitant l'intelligence du phénomène de la chute des dents, il sera utile de donner ici quelques détails sur cet accroissement, car les mâchoires semblent différer des autres os sous le rapport de leur développement, et présenter aussi des différences suivant l'âge.

J'ai décrit les rudiments de quatre ou cinq dents, qui, chez le fœtus de trois ou quatre mois, occupent de chaque côté toute la longueur de la mâchoire supérieure, et toute la portion de l'inférieure située au-devant de l'apophyse coronoïde, car la cinquième dent est même placée un peu au-dessous de cette apophyse (pl. 6, fig. 1, 2). Ces cinq rudiments deviennent plus considérables, et par conséquent les os maxillaires augmentent dans toutes les directions, mais surtout en arrière; car, dans un fœtus de sept ou huit mois, on observe de chaque côté des deux mâchoires les emplacements de six dents, dont la sixième semble être située dans l'endroit même où se trouvait la cinquième; de telle sorte que, pendant ces quatre derniers mois, la mâchoire s'est accrue dans tous les sens, en proportion de l'accroissement du volume des dents, et, en outre, s'est allongée à son extrémité postérieure de toute l'étendue de l'alvéole de la sixième dent (pl. 6, fig. 3, 4, 5 et 6; *ces figures donnent une idée de l'accroissement général des mâchoires, et plus particulièrement de leur accroissement en arrière*).

La mâchoire s'accroît encore dans toutes ses parties jusqu'au douzième mois après la naissance, époque à laquelle le corps des six dents est assez bien formé; mais, à partir de cet âge, elle ne gagne plus rien en longueur entre la symphyse et la sixième dent de chaque côté; et le procès alvéolaire, qui constitue la partie antérieure des arcades des deux mâchoires, n'arrive jamais à former un arc d'un plus grand cercle (*). Voilà pourquoi la partie

de la dent temporaire, sont considérés ici à tort comme le commencement des ouvertures à travers lesquelles les dents permanentes doivent passer dans les progrès de leur développement (pl. 8, fig. 9, 10, 11, 12.)   T. B.

(*) Ainsi qu'on l'a vu dans la préface de M. Oudet, cette assertion a donné lieu à une controverse assez vive, dans laquelle chacun s'appuyait sur l'observation des faits, et qui paraissait devoir se prolonger indéfiniment, attendu que de part et d'autre l'observation était incomplète. C'est à M. Oudet que nous devons la véritable solution de cette question intéressante; voici comment il décrit le fait anatomico-physiologique qui s'y rattache :

« Lorsque toutes les temporaires, dit M. Oudet, sont sorties, la longueur des arcs qu'elles remplissent est, suivant Hunter, fixée d'une manière invariable. Blake assure, au contraire, qu'entre cette époque et celle du renouvellement des premières dents, les arcs s'allongent, et que c'est à cet agrandissement qu'on doit attribuer les intervalles qui existent entre elles; mais plusieurs raisons m'empêchent d'admettre cette dernière opinion. J'ai levé, sur une vingtaine d'enfants pris au hasard, et de l'âge de trois ans, le modèle en plâtre de leurs dents; et, après avoir répété sur eux, jusqu'à l'âge de six ans et demi, la même expérience, à des intervalles plus ou moins rapprochés, j'ai trouvé que pendant cette période il ne s'était opéré aucun changement,

inférieure de la face est plus aplatie, ou moins saillante en avant, chez l'enfant que chez l'adulte (pl. 6, fig. 7).

soit dans la longueur des arcs, soit dans les rapports des dents entre elles. D'ailleurs, si, comme le pensent Blake et ses partisans (qui tous ont confondu sous le même point de vue le développement des os maxillaires et des procès alvéolaires), l'accroissement des arcs était continu, uniforme, comme celui des autres parties du système osseux, il devrait emprunter la constance des lois qui dirigent les progrès de l'ossification générale, et dès lors l'écartement des dents temporaires serait une disposition normale qu'on devrait toujours rencontrer : or, c'est ce que l'observation dément. Enfin, les recherches intéressantes de M. Duval, sur les rapports des trous mentonniers et sous-orbitaires avec les arcades dentaires, prêtent un dernier appui aux considérations que je viens de présenter.

C'est cette fixité, cette immobilité des arcs, en opposition avec le mouvement d'accroissement progressif des mâchoires, qui fait qu'à l'âge de six ans les trous sous-orbitaires et mentonniers se sont encore éloignés davantage de la ligne médiane et répondent alors à la racine postérieure de la première molaire de lait : bien entendu que l'état stationnaire dont nous parlons ne s'applique qu'à la portion des bords alvéolaires occupée par les dents temporaires ; car, en arrière, ils se sont allongés pour recevoir dans leur intérieur la couronne de la deuxième grosse molaire.

Hunter est allé plus loin : d'après lui, l'étendue des arcs dentaires, comprise d'une première grosse molaire à l'autre, demeurerait la même pendant le passage de la première à la seconde dentition. En effet, si on les mesure comparativement sur des mâchoires d'adultes et d'enfants, on trouve qu'en général ils offrent des dimensions semblables, si même leur longueur n'est pas plus grande chez ces derniers. Cependant, tout en reconnaissant ce fait, doit-on admettre la proposition que ce célèbre anatomiste en a déduite ? Je ne le pense pas. La démonstration de Hunter est essentiellement vicieuse, en ce que, n'étudiant les arcs alvéolaires qu'à des époques déterminées de la vie, et sur des sujets différents, on ne peut arriver qu'à des données générales, souvent infidèles, et que surtout on se place dans l'impossibilité d'apprécier les changements qu'ils ont pu éprouver pendant l'intervalle qui sépare ces époques. D'ailleurs, si ces arcs étaient immobiles et incapables de s'étendre, comment l'arrangement des dents incisives et canines secondaires, dont le volume dépasse constamment celui de leurs devancières, pourrait-il jamais s'effectuer avec régularité ?

D'après ce que nous avons dit ci-dessus, on a dû voir que, dans les changements successifs qui s'opèrent, soit dans l'intérieur des mâchoires, soit à leur surface, tandis que du côté des procès alvéolaires tout est passif et se borne à des mutations de formes, à de simples déplacements de tissu, tout au contraire, est actif de la part des dents : c'est donc à elles seules, c'est à la puissance vitale, qui préside à leur formation, et qui dirige leur marche, qu'il faut rapporter la cause des phénomènes que nous allons décrire. D'abord, quel rapport existe-t-il entre le volume des dents temporaires et celui des remplaçantes ? Pour résoudre cette question, j'ai choisi une trentaine de mâchoires de sujets de six ans et demi à sept ans, c'est-à-dire qui étaient parvenus à l'âge où les couronnes des dents secondaires sont presque toutes entièrement achevées. Or, en comparant ces productions avec les temporaires, que j'avais également enlevées, j'ai trouvé qu'en général il existait un rapport assez parfait entre le volume de ces dents, et cela dans une portion telle, que ce que les six dents antérieures de remplacement avaient de plus sur les temporaires correspondantes, les bicuspides l'avaient de moins sur les molaires de lait ; je dois ajouter qu'à la mâchoire inférieure surtout, ce rapport était exact, les temporaires l'emportant quelquefois, de fort peu, il est vrai, sur les remplaçantes ; tandis qu'à la supérieure

Après cette époque, les mâchoires s'allongent seulement à leurs extrémités postérieures; de sorte que la sixième dent qui chez le fœtus était si-

volume des dents secondaires surpassait, dans quelques cas, celui des dents temporaires. D'après cette première donnée, on pourrait déjà, dans les cas d'arrangements
réguliers, qui seuls nous occupent ici, établir *à priori* que le volume des dents donnant
exactement la mesure des arcs, ceux-ci doivent présenter entre eux les mêmes proportions que les organes qui les remplissent. Au surplus, c'est un fait que mes recherches
ont confirmé en prenant le modèle en plâtre des arcades dentaires avant et après le
renouvellement des dents. Il semblerait également facile d'expliquer comment les
secondes dents doivent se ranger régulièrement entre elles, puisque l'espace qui leur
est préparé est ordinairement proportionné à leur volume. Il en serait ainsi si les premières dents tombant toutes à la fois, les secondes n'avaient qu'à partager la place
qu'elles auraient trouvée. Loin de là, la nature a imposé à la chute des dents et à leur
remplacement une marche successive, interrompue par des intervalles plus ou moins
longs, qui portent à cinq à six ans la durée ordinaire de ce travail. Les phénomènes
que nous avons à étudier nous présentent donc une question de détail et non d'ensemble. Il faut voir d'abord, d'un côté, comment les six dents antérieures, succé-
dant à un nombre égal d'organes beaucoup plus petits, pourront néanmoins se placer
convenablement dans la portion de l'arc que ces derniers occupaient; et de l'autre,
quels changements doit amener le remplacement des molaires de lait par les bicuspides, qui sont bien moins volumineuses.

Les incisives sont les premières dont le renouvellement s'opère; il commence, en
général, à sept ans, et se termine dans le cours de la neuvième année. L'incisive
médiane inférieure est la première qui se montre; peu avant la chute de la temporaire, elle s'élève dans l'alvéole de cette dernière, qui n'en occupe plus guère que
l'orifice, et elle détermine ainsi l'élargissement de cette petite portion de l'arc, qui
s'annonce à l'extérieur par un léger intervalle qu'on remarque entre la dent de lait
et ses voisines. D'autres fois la chute de la temporaire étant retardée, la dent secondaire perce en arrière de l'arc, tournée obliquement, de manière à présenter en avant
un de ses bords; sa largeur l'emporte alors sensiblement sur l'étendue de l'espace où
elle doit se loger; mais avec le temps elle se dirige peu à peu en avant, se redresse en
s'allongeant, et après plusieurs mois elle est parfaitement rangée. Ce que nous disons
de cette dent s'applique aux autres incisives, dont l'apparition successive produit le
même effet sur chaque point de l'arc qui leur correspond. Les incisives supérieures
rencontrent dans leur arrangement moins de difficultés que les inférieures : cette
différence tient à ce qu'à la mâchoire inférieure les dents présentent en général une
direction convergente, tandis qu'à la supérieure elles sont divergentes, disposition
qui doit nécessairement influer sur l'élargissement des arcs.

Dans le cours de la neuvième année toutes les incisives sont rangées. L'éruption
des secondes dents éprouve alors une suspension plus ou moins longue, après laquelle
on voit ordinairement paraître, vers l'âge de dix ans, la première bicuspide : cette
dent, dont le volume est plus petit que celui de la molaire qu'elle remplace, se range
facilement. Après cette dent, la canine secondaire se montre, et rentre peu à peu
dans le cercle qu'elle dépasse souvent au dehors lors de son éruption, mouvement
qui est facilité par la sortie de la deuxième bicuspide, qui, moins volumineuse que
la molaire de lait, à laquelle elle succède, ne remplit pas en entier l'espace qui lui
est laissé.

D'après cet exposé, dont les considérations principales ont été produites dans un
mémoire que j'ai lu en 1824, à l'Académie royale de médecine, le travail de l'arrangement des dents peut être divisé en deux périodes. La première comprend l'arran-

tuée sous l'apophyse coronoïde à la mâchoire inférieure, et dans la tubérosité maxillaire à la mâchoire supérieure, se trouve par la suite, c'est-à-dire vers la huitième ou la neuvième année, au-devant de ces parties. Alors, la septième dent occupe la place qu'occupait la sixième, par rapport à l'apophyse coronoïde et à la tubérosité maxillaire; et, vers la douzième ou la quatorzième année, la huitième dent est située où était la septième. A dix-huit ou vingt ans, on trouve la huitième dent devant l'apophyse coronoïde à la mâchoire inférieure, et, à la supérieure, au-dessous ou un peu au-devant de la tubérosité, qui n'est autre chose qu'une succession d'alvéoles destinés à recevoir les dents jusqu'à leur formation complète.

Chez un jeune enfant, la cavité articulaire du temporal est à peu près sur la même ligne que la gencive de la mâchoire supérieure, et, par conséquent, le condyle de la mâchoire inférieure est à peu près sur cette même ligne (pl. 6, fig. 10). Mais ensuite, par l'addition du procès alvéolaire

gement des dents antérieures; l'allongement des arcs en est la conséquence nécessaire : il a lieu successivement d'avant en arrière, suivant l'ordre de leur éruption, et tend à pousser dans cette direction les dents postérieures, de manière à les éloigner de la ligne médiane des os maxillaires. Il résulte de là, que lorsque cette période est accomplie, la première grosse molaire se trouve plus loin de la symphyse qu'elle ne l'était avant la chute des dents temporaires antérieures.

La deuxième période, plus longue, embrasse non-seulement le renouvellement des molaires de lait, mais encore l'arrangement des deuxièmes et troisièmes grosses molaires. Nous avons vu que le volume des molaires primitives l'emportant sur celui des bicuspides qui les remplacent, celles-ci laissent entre elles et les dents voisines des intervalles plus ou moins grands. Mais, en même temps que cette mutation a lieu au-devant des premières grosses molaires, il se passe derrière ces dents un autre travail qui coïncide avec elle. A cette époque, qui répond à l'âge de dix ans et demi à onze ans, les deuxièmes grosses molaires apparaissent; dans l'effort qu'elles font pour se placer, elles agissent principalement d'arrière en avant contre la première molaire permanente, qu'elles poussent vers la symphyse en lui faisant profiter d'une partie de l'espace que les bicuspides ont laissé libre. Quand ce mouvement est terminé, les premières grosses molaires se sont rapprochées de la partie moyenne des os maxillaires, ce qui fait que la longueur de l'arc qu'elles limitent en arrière devient moindre qu'elle ne l'était avant le renouvellement des molaires, et se rapproche de celle qu'avaient les arcs lorsqu'ils étaient occupés par toutes les temporaires. Les premières grosses molaires, pendant le cours de l'arrangement des secondes dents, sont donc bien loin de présenter cette fixité que Hunter leur avait assignée. Enfin, la sortie des dernières molaires termine vers l'âge de dix-huit à vingt-cinq ans la période que nous décrivons. » (*Dictionnaire de médecine ou répertoire, etc.*, 2ᵉ édition, t. X.)

Ainsi, Hunter avait raison de dire que l'arc alvéolaire qui loge les six dents temporaires de chaque côté n'a pas plus d'étendue chez l'adulte que chez l'enfant après le développement complet de ces dents. Mais il avait tort d'admettre que l'étendue de cet arc ne se modifie plus jamais après le douzième mois de la vie extra-utérine, puisqu'il y a une époque, c'est-à-dire avant le remplacement des bicuspidées, où cet arc présente réellement un accroissement de longueur, pour revenir ensuite à l'étendue qu'il avait antérieurement et qu'il doit conserver pendant le reste de la vie.

G. RICHELOT.

et des dents, le plan de la gencive de la mâchoire supérieure descend beaucoup au-dessous de celui de la cavité articulaire; et, pour cette raison,
l'apophyse condyloïdienne s'allonge nécessairement dans la même proportion.

Chez les vieillards qui ont perdu toutes leurs dents, l'articulation revient
sur la même ligne que le rebord de la gencive de la mâchoire supérieure
(pl. 4); mais, à la mâchoire inférieure, les condyles ne peuvent rien
perdre de leur longueur pour s'accommoder à la nouvelle disposition de la
mâchoire supérieure, en sorte que la mâchoire inférieure se projette nécessairement en avant, au delà de la gencive de la supérieure. Quand la
bouche est fermée, la projection antérieure du menton permet aux deux
mâchoires de se correspondre à l'endroit où les molaires étaient situées et
où réside la force de la mastication; si alors, en effet, le menton n'était
pas plus éloigné du centre du mouvement que la partie antérieure du rebord gyngival de la mâchoire supérieure, les mâchoires se rencontreraient en un point de leur extrémité antérieure à la manière d'une paire
de tenailles, et en arrière elles resteraient à une distance considérable
l'une de l'autre (pl. 4).

Des raisons de la chute des dents.

Comme la chute des dents est un phénomène très-bizarre de l'économie
animale, on lui a assigné un grand nombre de raisons; mais ces raisons
n'entraînent point toute la conviction désirable. Les auteurs n'ont point
étudié suffisamment les apparences extérieures, qui s'expliquent naturellement; ils n'ont point tenu compte des avantages qui résultent nécessairement du volume et de la forme des dents de la première dentition, dont
le nombre est limité, ni des désavantages qu'entraînerait la persistance de
ce volume et de cette forme à une époque où il doit y avoir un grand
nombre de dents, comme chez l'adulte.

Examinons les avantages indiqués tout à l'heure, chez un enfant dont
toutes les dents temporaires sont complétement formées, afin de pouvoir
mieux les mettre dans tout leur jour; examinons aussi les désavantages
qui se feraient sentir si, chez l'adulte, ces dents n'étaient point remplacées
par d'autres dents un peu différentes.

Si l'enfant avait été organisé de manière à n'avoir pas besoin de dents
avant l'époque où apparaissent les dents permanentes, il n'aurait existé
aucune raison pour qu'il y eût une seconde dentition. Mais comme les os
maxillaires sont beaucoup plus petits chez l'enfant que chez l'adulte, et
qu'il est nécessaire que le premier ait deux molaires, il ne reste point assez
d'espace pour loger des incisives et des cuspidées assez grandes pour servir
pendant toute la vie. De plus, les premières molaires formées ayant nécessairement deux petites racines, et la mâchoire augmentant seulement à sa
partie postérieure, ces deux molaires se seraient trouvées placées trop en
avant, et à une trop grande distance du centre du mouvement. La différence de grandeur des secondes dents comparées aux premières explique
aussi pourquoi les dents permanentes ne sont pas formées dans les alvéoles

des dents temporaires, et pourquoi les anciens alvéoles sont détruits.

Ces considérations sur la chute des dents renversent l'opinion qui admet que les dents de la seconde dentition sont rendues plus larges et plus épaisses par la résistance qu'elles éprouvent en poussant celles de la première; et si, sur un examen incomplet du sujet, on était tenté d'adopter une telle manière de voir, les bicuspidées viendraient réfuter cette hypothèse, car celles de la seconde dentition sont beaucoup plus petites que celles de la première, et cependant elles auraient à surmonter une plus grande résistance que les incisives.

D'après la manière dont les dents tombent, il est évident qu'il n'est pas d'une grande utilité d'arracher une dent temporaire pour faciliter la sortie de celle qui est au-dessous, car la dent temporaire tombe généralement avant que l'autre ait pu la toucher; mais il est souvent utile, au contraire, d'arracher la dent temporaire voisine ou adjacente, car nous savons, par ce qui a été dit sur le changement de volume des dents, que, à moins que toutes les dents ne tombassent à la fois, ou que l'ordre de leur chute d'avant en arrière ne fût perverti, les incisives et les cuspidées de la seconde dentition doivent manquer d'espace, jusqu'à ce que les molaires soient tombées. Aussi est-il souvent d'usage d'arracher une dent temporaire placée plus en arrière que celle qui tombe; et il serait peut-être bon, après tout, d'arracher toujours au moins la première molaire, et peut-être aussi, quelque temps après, la seconde (*).

Du mécanisme par lequel la cavité des dents se comble à mesure que les dents s'usent.

Les dents s'usent souvent si loin que leur cavité serait mise à découvert s'il ne s'y effectuait aucun autre changement. Pour éviter qu'il n'en soit ainsi, il se dépose dans le fond de leur cavité une matière osseuse de nouvelle formation, à mesure que la surface de la dent se détruit. Cette nou-

---

(*) Ce précepte, *d'arracher toujours au moins la première molaire de lait*, n'a été que trop suivi par des hommes intéressés ou ignorants, qui se sont empressés de couvrir leur pratique condamnable de l'autorité de Hunter. L'extraction prématurée d'une des dents temporaires pour donner de l'espace aux dents qui doivent succéder à celles-ci, est rarement nécessaire, et doit être évitée, à moins de quelque circonstance impérieuse. Mais l'extraction des grosses molaires de l'enfant, par anticipation, pour empêcher que l'espace ne manque plus tard, est une opération si évidemment contre-indiquée, une perturbation si follement apportée au travail ordinaire de la nature, qu'on ne saurait trop s'étonner de voir qu'elle ait été proposée comme règle générale, lors même qu'elle ne devrait point être suivie d'inconvénients réels. Et non seulement l'enlèvement prématuré des molaires temporaires compromet le parfait développement des bicuspidées qui leur succèdent, par la déchirure du cordon que j'ai décrit plus haut, mais encore, si cette extraction est effectuée avant que les dents permanentes soient près d'arriver à leur situation définitive, la mâchoire s'affaissera à mesure que l'enfant grandira, et les dents de la seconde dentition ne trouvant plus d'espace suffisant, seront forcées de pousser dans une direction vicieuse. Ces objections s'appliquent à l'extraction prématurée de toute dent temporaire.

T. R.

velle matière est facile à distinguer du tissu primitif de la dent. Lorsqu'une dent a été usée jusqu'à peu de distance de son collet, on peut toujours voir à la partie moyenne de sa surface un endroit où la substance osseuse est plus transparente, plus molle en général, et en même temps d'une couleur plus sombre, ce qui est dû, jusqu'à un certain point, à la présence de la cavité obscure située au-dessous (pl. 5, fig. 25, 26). Chacun peut se convaincre de la vérité de ces remarques en prenant deux dents de la même classe, mais appartenant à des sujets d'âge très-différent, de manière que l'une soit arrivée au moment de son entier développement, et que l'autre soit usée presque jusqu'à son collet. Dans cette dernière, on observera le point obscur situé au centre de la dent, et si, par une section, on enlève sur la dent entière une portion égale à celle qui a été usée sur la vieille dent, la section pénétrera dans la cavité de la dent; tandis qu'en examinant l'autre, on verra que sa cavité est remplie au-dessous de sa surface supérieure. Ce fait est en opposition avec l'opinion que le trou qui conduit dans la cavité de la dent s'oblitère; une autre preuve de l'inexactitude de cette opinion, c'est que j'ai pu injecter des vaisseaux jusque dans la cavité des dents sur des sujets très-âgés, bien que le procès alvéolaire eût été détruit et que les dents fussent très-vacillantes dans la gencive.

On voit souvent des vieillards avoir de très-bonnes dents, qui sont seulement usées d'une manière remarquable. La raison de ce fait, c'est que chez ces personnes les dents ou les procès alvéolaires n'ont jamais été assez gravement altérés pour qu'il en résultât la chute d'une dent. En effet, qu'une dent soit perdue accidentellement, les autres souffriront nécessairement plus ou moins, bien qu'elles soient saines et qu'il y ait tout lieu de croire qu'elles se seraient conservées telles sans cet accident. Cette cause débilitante est d'autant plus intense que le nombre des dents perdues est plus considérable. Cette remarque prouve que les dents se soutiennent l'une l'autre (*).

De l'accroissement continu des dents.

On a avancé que les dents poussent continuellement et que l'usure a pour résultat de les maintenir toujours à la même longueur; mais leur accroissement se fait tout d'une fois jusqu'à leur développement complet, et, ensuite, elles s'usent par degrés, sans qu'il y ait même apparence qu'elles con-

(*) L'addition de matière par laquelle la cavité interne des dents se remplit chez les vieillards, paraît être une conséquence de la perte de substance qu'elles éprouvent à leur surface. A mesure que la couche osseuse superficielle est rendue plus mince par l'usure, la membrane qui tapisse la cavité interne, et qui, comme je l'ai démontré plus haut, *a sécrété primitivement la portion osseuse de la dent,* reprend alors son action *ossifique*, et produit une nouvelle couche de matière osseuse qui, dans quelques cas, remplit à la fin l'alvéole et oblitère la cavité de la membrane qui l'a sécrétée. C'est ce qui arrive particulièrement chez les marins qui se sont nourris souvent avec des biscuits très-durs; ce mode d'alimentation est très-propre à accélérer l'usure de la surface des dents, phénomène qui est évidemment analogue à celui de l'usure des dents chez les animaux graminivores.   T. B.

tinuent à prendre de l'accroissement. Les dents sortiraient probablement un peu plus de la gencive si celles de la mâchoire opposée n'y mettaient obstacle; en effet, chez de jeunes sujets qui avaient perdu une dent avant que les autres eussent atteint toute leur longueur, j'ai vu la dent opposée à celle qui manquait sortir un peu au delà des autres avant qu'elles fussent usées le moins du monde. Il est à remarquer aussi que, lorsqu'une dent est perdue, la dent opposée peut faire plus de saillie par l'effet de la disposition du procès alvéolaire à s'élever plus haut et à combler le fond de l'alvéole. L'absence de la pression qu'exercent naturellement les dents les unes contre les autres paraît faire naître cette disposition dans les procès alvéolaires, ce qui est surtout démontré par les cas où des dents sont formées dans leurs alvéoles plus profondément qu'à l'ordinaire. On a avancé, à l'appui de l'opinion que les dents continuent à s'accroître, que la place d'une dent tombée est presque remplie par l'augmentation d'épaisseur des deux dents adjacentes et par l'allongement de la dent opposée. Mais ce fait a été rapporté évidemment avec inexactitude; ou les observations ont été faites sur des mâchoires semblables à celles qui sont indiquées ci-dessus, ou l'aspect des parties n'a pas été examiné avec une attention suffisante. En effet, si l'espace paraît être devenu plus étroit par le rapprochement des deux dents adjacentes, ce n'est pas parce que ces dents ont augmenté de volume, mais parce qu'elles se sont portées du côté où elles n'étaient plus soutenues; il résulte de là qu'elles prennent une direction oblique, à laquelle participent plusieurs dents adjacentes à un degré de moins en moins marqué, et qui est plus remarquable sur les dents qui sont en arrière de l'espace vide que sur celles qui sont en avant.

Dans la mâchoire inférieure, les dents postérieures ne sont pas plantées verticalement; elles sont toutes inclinées en avant, et l'abaissement de la mâchoire augmente cette disposition; l'action des dents, quand elles sont hors de la direction verticale, tend aussi à augmenter cette direction oblique, de même qu'une paire de ciseaux, en coupant, pousse en avant, c'est-à-dire loin du centre du mouvement, les corps qui sont situés entre ses lames. C'est pour cette raison, je pense, que la disposition dont il vient d'être parlé s'observe le plus communément à la mâchoire inférieure.

Il doit être évident, d'ailleurs, que les dents n'augmentent pas de largeur d'une manière continue, pour toute personne qui considère que, chez beaucoup de sujets, les dents sont situées assez loin l'une de l'autre pendant toute la vie pour qu'il se trouve entre elles des espaces considérables, ce qui ne pourrait avoir lieu si elles augmentaient sans cesse d'épaisseur.

On pourrait ajouter que, d'après cette hypothèse, les dents de sagesse devraient atteindre un volume énorme d'avant en arrière, puisque aucune pression n'y fait obstacle dans ce sens, et que chez les personnes qui n'offrent point de dent de sagesse à une mâchoire, ce qui est très-commun, la dent correspondante de la mâchoire opposée devrait acquérir une longueur inaccoutumée; mais on n'observe ni l'un ni l'autre de ces deux résultats.

Je n'ai pas besoin de dire que, lorsqu'une dent a perdu celle qui lui était opposée, elle devient réellement avec le temps plus longue que les autres de tout ce que ces dernières ont perdu par l'usure; je ferai remarquer que cette dent devient non-seulement plus longue, mais encore plus pointue : le sommet de la dent se loge dans l'espace vide, et ses deux faces latérales frottent contre les côtés des deux dents qui limitent cet espace.

Le mode de formation des dents démontre aussi que leur accroissement ne peut aller au delà d'un certain volume. Et je ferai observer ici que j'ai trouvé souvent sur des cadavres d'adultes la cuspidée gauche de la mâchoire supérieure dont la pointe faisait à peine saillie hors du procès alvéolaire, quoique cette dent fût complétement formée et plus longue que la dent correspondante de toute la pointe qui, sur cette dernière, était usée (pl. 6, fig. 8). Cette dent, au début de sa formation, s'était trouvée située dans la mâchoire plus profondément qu'à l'ordinaire, et, après s'être développée jusqu'à sa grandeur normale, elle avait cessé de s'allonger, quoique la prétendue résistance de la dent opposée ne pût en aucune manière mettre des bornes à son accroissement. Cependant, il arrive ordinairement, dans ces cas, que la dent continue à sortir de plus en plus de la gencive; non qu'elle s'allonge en réalité, mais parce que l'alvéole s'oblitère progressivement au niveau de la pointe de sa racine, et, de cette manière, la chasse insensiblement hors de sa cavité.

De la sensibilité des dents.

Les dents semblent être très-sensibles, car elles paraissent sujettes à de vives douleurs, et elles sont facilement et promptement affectées par la chaleur ou par le froid.

On peut supposer que la portion osseuse n'est point capable de transmettre par elle-même des sensations au cerveau, puisqu'elle est usée par la mastication, et que, pendant la vie, les dents peuvent être soumises à des opérations sans qu'il en résulte souvent aucun sentiment de douleur dans la partie même.

Il est bien connu que la cavité de la dent est le siége d'une sensibilité exquise, et l'on pense que cette sensibilité est due au nerf qui est situé dans cette cavité. Il semblerait que ce nerf est plus sensible que ne le sont les nerfs en général, car on n'observe dans aucun nerf du corps, mis à découvert soit à la suite d'une blessure, soit dans un ulcère, les effets violents qui résultent de la dénudation des nerfs des dents. Peut-être l'intensité et la rapidité avec lesquelles la sensation du chaud et celle du froid sont perçues dans les dents, dépendent-elles de ce que, dans ces organes, ces sensations sont communiquées au nerf plus tôt que dans toute autre partie du corps (*).

(*) Il est facile de prouver que la substance des dents est *capable de transmettre par elle-même des sensations au cerveau,* malgré la conclusion contraire émise par Hunter. En effet, d'où viendrait la vive sensation que l'on éprouve si communément quand le collet d'une dent est touché avec l'ongle ou avec un instrument dur et acéré, ou lors-

HISTOIRE NATURELLE

Des dents surnuméraires.

On observe souvent des dents surnuméraires ; cette anomalie, ainsi que quelques autres, se présente plus souvent à la mâchoire supérieure qu'à

qu'une portion de l'émail seulement est brisée à la surface d'une dent? Dans ce dernier cas, tous les autres points de la dent peuvent être touchés sans qu'aucune sensation soit produite ; mais aussitôt que l'instrument vient en contact avec la portion dénudée de l'os, une sensation vive et douloureuse est perçue à l'instant.   T. B.

« Les dents, dit le professeur Graves (*The Dublin journal*, n° 25, et *Archives générales de médecine*, t. XL, p. 460), étant fixées d'une manière immobile dans les mâchoires, n'ont pas besoin de recevoir des nerfs du mouvement ; mais elles reçoivent un grand nombre de filets naissant de la cinquième paire, qui est un nerf du sentiment ; leur appareil nerveux est développé et répandu dans leur substance, de manière à faire voir que la nature a disposé cette partie du système nerveux avec plus de soin qu'aucune partie des nerfs destinés à la fonction du toucher. Sous ce rapport, l'appareil nerveux dentaire approche jusqu'à un certain point de la perfection des appareils nerveux des organes des sens. Certainement aucune partie de l'économie animale ne semble plus admirable que celle où un nerf mou et pulpeux se trouve associé, pour l'accomplissement d'une fonction, avec une substance osseuse et solide ; car les dents, bien qu'encroûtées d'une couche d'émail aussi dure que l'acier, sont des organes très-délicats du toucher. Les corps les plus petits, s'ils sont durs, sont distinctement sentis quand ils sont placés entre les bords des dents ; et même, la présence des corps moins résistants, comme un morceau de papier ou une feuille de rose, peut être appréciée.

« On n'a pas assez fait attention au tact délicat dont jouissent les dents ; on ne s'est pas suffisamment arrêté sur l'usage de cette faculté à qui sont dues la facilité et la précision avec lesquelles les dents, considérées comme instruments, remplissent la fonction qui leur est dévolue et qui consiste à diviser, à déchirer et à broyer les aliments. C'est la sensibilité spéciale départie à leurs bords qui nous donne, à l'instant même, la conscience de la position du bol alimentaire, et de plusieurs de ses qualités physiques, telles que sa dureté, sa consistance, sa forme, son volume, etc. En conséquence de l'espèce d'examen que les dents exercent sur le bol alimentaire, celui-ci est soumis à l'action des dents à l'instant même, ou bien il est transporté dans une autre partie de la bouche afin que les dents d'une autre forme puissent agir sur lui. Sans ce tact exquis, les deux rangées de dents ne pourraient pas agir de concert ; les incisives et les molaires de la mâchoire inférieure ne pourraient pas adapter leur bord tranchant ou leur surface de broiement aux mêmes parties des dents de la mâchoire supérieure ; les muscles de la mâchoire inférieure ne seraient pas convenablement instruits des mouvements qu'ils ont à exécuter.

« Dans le fait, les dents ne sont pas seulement des instruments coupants ; elles semblent douées d'une sorte d'intelligence. Il est vrai qu'elles sont aidées par la langue et la surface interne des joues, dans la fonction qui consiste à apprécier le volume, la position, la dureté et les autres qualités physiques du bol alimentaire. Mais elles remplissent, en outre, une fonction spéciale, celle d'apprécier la texture intime des substances qui sont soumises à leur action immédiate, et de nous avertir à l'instant même quand le bol alimentaire renferme quelque principe qui soit nuisible à leur propre substance. Sans cette faculté tactile, nos dents seraient bien vite usées ou brisées par des corps très-petits mais très-durs, tels que les grains de sable qu'il est impossible, malgré les plus grands soins, d'écarter d'une manière complète de nos aliments, mais que les dents découvrent au moment même où ils viennent en contact

l'inférieure, et porte toujours, si je ne me trompe, sur les incisives et les cuspidées. Je n'ai rencontré qu'un cas de cette espèce; c'était à la mâchoire supérieure d'un enfant âgé d'environ neuf mois; on voyait les corps de deux dents semblables pour la forme aux cuspidées et placées directement derrière les corps des deux premières incisives permanentes; de sorte qu'il se trouvait trois dents placées l'une derrière l'autre sur la même ligne; savoir, l'incisive temporaire, le corps de l'incisive permanente et la dent surnuméraire. Ce qu'il y avait de plus remarquable, c'est que ces dents surnuméraires étaient renversées; leurs pointes étaient tournées en haut et avaient été courbées par la résistance du tissu osseux situé au-dessus d'elles, qui n'avait pas cédé à leur développement comme le procès alvéolaire.

Il arrive souvent que les incisives et les cuspidées, surtout à la mâchoire supérieure, sont placées si irrégulièrement qu'elles offrent l'aspect d'une double rangée de dents. J'en ai vu un exemple remarquable chez un enfant: la seconde incisive de chaque côté était placée plus en arrière qu'il n'arrive ordinairement; la cuspidée et la première incisive étaient plus près l'une de l'autre que lorsque la seconde incisive est placée directement entre elles, de sorte que l'on croyait voir deux rangées de dents l'une derrière l'autre.

Ce déplacement n'a lieu que pour les dents permanentes, et dépend d'un défaut d'ampleur suffisante dans la mâchoire pour la seconde dentition; car l'os maxillaire se développe avec les premières dents et ne s'accroît jamais ensuite; de sorte que si la série des dents permanentes n'empiète pas sur la partie postérieure de la mâchoire, elles sont forcées de chevaucher les unes sur les autres, et elles présentent l'aspect de deux rangées (*).

De l'usage des dents relativement à la parole.

Les dents servent principalement à la mastication, et cet usage n'a pas besoin d'être expliqué davantage.

Elles ont aussi une fonction secondaire, celle de donner de la force et de la netteté à la voix, ainsi qu'on peut en juger par l'altération que subit la parole quand les dents sont perdues.

avec leurs bords, et sur lesquels elles refusent d'agir. Sous ce point de vue, les dents peuvent être considérées comme des espèces de doigts fixés dans la bouche, qui sont destinés à sentir, à explorer et à ajuster le bol alimentaire, avant de le placer dans la position la plus convenable pour la mastication. » G. Richelot.

(*) Les dents surnuméraires sont loin d'être rares, et cette anomalie ne porte pas seulement, comme Hunter le suppose, sur les incisives et les cuspidées, car on en trouve assez souvent auprès des dernières molaires. Celles que l'on voit à la partie antérieure de la bouche ressemblent toujours à une cuspidée petite et mal conformée, et celles qui sont près des molaires ont la couronne plus large et tronquée, un peu comme les dents voisines. Il est presque inutile d'ajouter que l'espèce d'irrégularité citée dans le second alinéa de ce chapitre se présente très-fréquemment. T. B.

Toutefois, cette altération peut ne pas dépendre entièrement de l'absence des dents, considérée en elle-même ; elle peut être due, jusqu'à un certain point, à ce que les autres organes de la voix, s'étant accoutumés à leur présence, ne se trouvent plus dans les mêmes conditions mécaniques lorsqu'elles sont tombées, et ne s'adaptent qu'imparfaitement au nouvel instrument. Je crois cependant que l'habitude n'a pas ici une grande influence, car les personnes qui sont dans ce cas peuvent rarement, ou même ne peuvent jamais surmonter cette défectuosité ; et les jeunes enfants dont les dents tombent, et qui sont peut-être pendant six mois ou davantage sans dents de devant, présentent toujours, jusqu'à ce que les nouvelles dents aient poussé, ce vice de la prononciation qui redevient nette à mesure que les dents poussent.

Cet usage paraît appartenir exclusivement aux dents de devant, car la perte de l'une d'elles cause une grande altération de la parole, tandis que la perte de deux ou trois molaires ne paraît point avoir d'effet sensible. Un fait qui est en faveur de l'opinion que les dents servent à modifier le son de la voix, c'est que les dents de devant apparaissent à l'époque où les enfants commencent à articuler des sons ; or, à cette époque, elles ne sont pas assez affermies dans les gencives pour pouvoir être d'une grande utilité dans la mastication.

Tout vice de la parole, provenant de cette défectuosité de l'organe, s'accompagne en général de ce qu'on appelle *grasseyer*. Les personnes qui ont perdu toutes leurs dents, et par conséquent surtout les vieillards, perdent une grande partie de leur voix. Cela dépend un peu de la perte des dents de devant, mais principalement de la perte de toutes les dents et des procès alvéolaires des deux mâchoires, qui fait que la bouche se trouve trop petite pour la langue ; en outre, les lèvres et les joues étant devenues flasques, ne sont plus susceptibles de mouvements précis dans l'articulation des sons, de sorte que les mots et les syllabes sont prononcés d'une manière peu distincte, et se confondent les uns dans les autres.

De la classification des dents humaines dans le règne animal.

Les naturalistes se sont donné beaucoup de peine pour prouver, en s'appuyant sur la forme des dents, que l'homme n'est point un animal carnivore ; mais en cela, comme en beaucoup d'autres choses, ils n'ont point été exacts dans leurs définitions, et ils n'ont pas su déterminer ce que c'est qu'un animal carnivore.

S'ils entendent par là un animal qui saisit sa proie et la tue avec ses dents, et qui mange la chair de cette proie aussitôt qu'elle est tuée, ils ont raison ; l'homme n'est point un animal carnivore dans ce sens, aussi ses dents ne sont pas semblables à celles du lion ; c'est, je pense, ce qu'ils ont voulu dire.

Mais s'ils veulent exprimer que les dents humaines ne sont point appropriées pour manger de la chair qui a été prise, tuée, et apprêtée d'après les règles de l'art, sous les formes diverses que l'esprit humain a pu inventer, ils ont tort.

D'après cette manière étroite de raisonner, il serait difficile de dire à quelle nourriture les dents humaines sont appropriées, car, pour des raisons semblables, l'homme n'est point un animal graminivore, attendu que ses dents ne sont point disposées pour broyer des aliments tirés du règne végétal, etc.; elles ne sont point faites, par exemple, comme celles des vaches et des chevaux.

Le point de vue sous lequel nous devons envisager ce sujet, c'est que l'homme est un animal plus parfait ou plus compliqué que tous les autres; qu'il n'est point destiné comme les autres à se procurer sa nourriture avec ses dents, mais au moyen de ses mains, en se dirigeant par son industrie supérieure; que ses dents lui ont été données seulement pour mâcher les aliments afin d'en faciliter la digestion. Ses dents, comme ses autres organes digestifs, sont convenablement disposées pour la conversion en sang des substances animales et des substances végétales. Il résulte de là qu'il peut vivre dans des circonstances beaucoup plus variées que tous les autres animaux, et qu'il a plus d'occasions d'exercer les facultés de son esprit. On doit donc le considérer comme un être composé, dont l'organisation comporte également une alimentation animale et une alimentation végétale.

Des maladies des dents.

Les dents sont sujettes à des maladies, aussi bien que les autres parties du corps. En général, leurs lésions s'accompagnent de douleur, et c'est même ordinairement par ce symptôme que leurs affections morbides s'annoncent.

La douleur des dents est causée en grande partie par le contact de l'air avec le nerf de la cavité dentaire, car cette douleur existe rarement sans que la cavité soit exposée à l'air.

Il n'est pas facile de dire par quel mécanisme la cavité de la dent est ainsi mise à découvert.

La maladie la plus commune à laquelle les dents soient sujettes, commence par une petite tache noirâtre qui est située généralement sur le côté de la dent qui n'est exposé à aucune pression; on ignore jusqu'à présent quelle est la cause qui la fait naître. La substance de la dent dont la couleur est ainsi altérée se détruit peu à peu, et une ouverture se forme dans la cavité dentaire. Aussitôt que l'air a pénétré par cette voie, il survient une vive douleur qu'on est en droit d'attribuer à l'introduction de l'air, car on peut la faire cesser en remplissant la cavité avec du plomb, de la cire, etc. Cette douleur ne se fait pas toujours sentir; les aliments ou d'autres substances remplissent peut-être le trou de temps en temps, et préviennent l'accès de l'air et par conséquent la douleur pendant le temps qu'elles y restent. Quand une ouverture est faite dans la cavité de la dent, sa surface interne commence à se détruire; elle devient plus grande; l'haleine contracte souvent en même temps une odeur fétide, et la substance osseuse continue à perdre de son épaisseur jusqu'à ce qu'elle ne puisse plus supporter la pression de la dent opposée; alors elle se brise et met la cavité largement à découvert.

On n'a encore trouvé aucun moyen de prévenir ni de guérir cette maladie. Tout ce que l'on peut faire, c'est de remplir le trou avec du plomb; on empêche ainsi la douleur et l'on retarde la destruction de la dent; mais cette obturation n'est pas praticable après que la dent s'est brisée, et par conséquent, il vaut mieux alors l'arracher.

Le mode d'extraction le plus convenable est celui dans lequel la dent est tirée suivant la direction de son axe; mais comme on ne peut procéder ainsi avec les instruments qui sont en usage à présent, et qui agissent latéralement, ce qu'on a de mieux à faire c'est d'extraire la dent du côté où le procès alvéolaire est le plus faible, c'est-à-dire, en dedans pour les deux dernières molaires de chaque côté de la mâchoire inférieure, et en dehors pour toutes les autres dents.

Il arrive généralement, lorsqu'on arrache une dent, et surtout une molaire, que le procès alvéolaire est brisé; mais cette fracture n'a point de conséquences fâcheuses, car la partie du procès alvéolaire d'où la dent a été extraite se détruit toujours.

Lorsqu'on arrache une dent, le malade perçoit un bruit rauque et désagréable, qui se fait toujours entendre quand un frottement violent est exercé sur les os de la tête (*).

Du nettoyage des dents.

D'après ce qui a été dit sur la nature et les usages de l'émail, il est évident que tout ce qui est capable de le détruire doit être considéré comme dangereux. Ainsi, tous les acides, les poudres mêlées de gravier et les autres procédés vicieux qu'on emploie pour nettoyer les dents sont préjudiciables. Mais il est convenable et utile de débarrasser les dents des concrétions pierreuses qui se forment fréquemment au niveau de leur collet, en ayant soin de ne rien gratter que cette substance étrangère. Si cette matière n'est pas enlevée artificiellement, sa quantité augmente de plus en plus, et elle peut altérer la gencive. Elle se forme d'abord sur la dent, auprès de la gencive, mais non dans l'angle rentrant que forme la gencive avec la dent, parce que le mouvement de la gencive empêche son accumulation dans cet endroit. J'ai vu cette concrétion couvrir non seulement toute la dent, mais encore une grande partie de la gencive; dans de tels cas, on observe toujours en même temps une accumulation de matière très-putride, fréquemment une grande sensibilité et l'ulcération de la gencive, et il est absolument nécessaire de nettoyer les dents (**).

(*) Les pinces de diverses formes et les simples élévateurs dont l'usage a été introduit dans la pratique, ont rendu beaucoup plus facile l'extraction des dents à une seule racine et des chicots; mais on doit reconnaître que la clef est encore l'instrument le plus certain dans beaucoup de cas, et peut-être dans le plus grand nombre.   T. B.

(**) Les fluides animaux, lorsqu'ils sont hors de la circulation générale, surtout

De la transplantation des dents.

Si l'on considère la différence presque constante de grandeur et de forme qui existe dans la même classe de dents chez les différents sujets, il paraîtra presque impossible de trouver chez une personne une dent qui puisse s'adapter avec exactitude à l'alvéole d'une autre. Cette observation est confirmée et semble être démontrée sans réplique par l'étude des dents sur le squelette. Cependant on peut, sans de grandes difficultés, transplanter une dent d'une personne à une autre; la nature se prête à cette opération, si elle est pratiquée convenablement; et pour ce qui concerne le volume et la forme de la dent, le seul moyen d'être secondé par les forces naturelles, c'est de faire en sorte que la racine de la dent transplantée soit un peu plus petite que l'alvéole; l'alvéole, dans ce cas, se façonne sur la dent. Si la racine est trop grosse, il est impossible de l'introduire. Toutefois, on peut la diminuer artificiellement, et il paraît que cette opération ne l'empêche point de remplir aussi bien le but.

Le succès de la transplantation des dents est fondé sur la disposition que possède tout tissu vivant pour s'unir à un autre avec lequel on le met,

lorsqu'ils sont stagnants dans des cavités, tendent à déposer une terre absorbante et à former des concrétions. Cette terre est quelquefois contenue dans les fluides et est seulement déposée, comme il arrive dans la formation des calculs urinaires; dans quelques cas, il peut arriver que les fluides subissent un changement par lequel la terre est formée d'abord pour être déposée ensuite. Cette déposition se fait particulièrement dans les parties affaiblies, dans celles où la circulation est languissante, dans celles où il y a peu d'artères, par exemple autour des articulations et des tendons, comme si elle avait pour but de fortifier ces parties dans le cas où elles viendraient par la suite à céder. Ainsi, lorsqu'une artère cède à l'action du cœur et se dilate d'une manière anormale, ces concrétions se forment ordinairement partout dans les interstices de ses parois. La même chose arrive aussi dans les enveloppes des tumeurs enkystées qui sont constamment distendues, dans les cas de distension de la tunique vaginale du testicule, etc. On l'observe encore dans les parties qui ont perdu l'exercice de leurs fonctions naturelles, comme dans les enveloppes de l'œil dans les cas de cécité, dans les glandes lymphatiques malades, etc., et lorsque l'énergie vitale est affaiblie dans toute l'économie, comme on le voit dans les artères, les membranes, etc., des vieillards. Cette déposition terreuse peut enfin se produire dans quelques constitutions particulières, comme celles qui sont affectées par la goutte. (Cette substance se compose en grande partie de phosphates terreux combinés avec du mucus. T. B.)

La même espèce de déposition est provoquée aussi par la présence de tout corps capable de servir de base à la cristallisation, comme lorsque des corps étrangers sont logés dans la vessie; de là vient qu'on trouve souvent de tels corps formant le noyau d'une pierre. La même chose s'observe dans les intestins de beaucoup d'animaux; ainsi, il arrive souvent que le noyau de concrétions intestinales, ou de bézoards, est formé par un clou ou par quelque autre substance réfractaire à la digestion, qui a été avalé. La croûte qui se forme sur les dents paraît être une cristallisation de la même nature.

J. HUNTER.

6.

en contact, bien que celui-ci soit de structure différente, et lors même que la circulation ne se continue que dans l'un d'eux.

Cette disposition est moins prononcée chez les animaux les plus parfaits ou les plus complexes, tels que les quadrupèdes, que chez les plus simples ou les plus imparfaits, et chez les vieux animaux, que chez les jeunes; car, dans les jeunes animaux et dans ceux dont l'organisation est simple, le principe vital est moins limité à une partie du corps, ou en dérive moins essentiellement; de telle sorte qu'il se conserve plus longtemps dans les parties qui sont séparées de leur corps, et qu'il paraît même y être engendré pendant un certain temps. Au contraire, une partie séparée d'un animal plus âgé ou plus élevé dans l'échelle meurt plus tôt, et sa vie semble être entièrement dépendante du corps auquel elle appartenait.

C'est une expérience ancienne et bien connue que celle qui consiste à enlever l'ergot d'un jeune coq et à le fixer sur son crâne après avoir enlevé la crête.

Souvent aussi j'ai enlevé le testicule d'un coq, et je le lui ai replacé dans le ventre; là, il a contracté des adhérences et sa nutrition s'est conservée. J'ai même placé le testicule d'un coq dans le ventre d'une poule, et j'ai obtenu le même résultat (*).

De la même manière, une dent récemment arrachée, qui est transplantée d'un alvéol dans un autre, devient, selon toute apparence, une partie du corps auquel elle est ainsi fixée, au même titre qu'elle l'était de celui dont elle a été extraite; tandis qu'une dent arrachée depuis assez de temps pour avoir perdu toute sa vitalité, ne peut jamais être fixée d'une manière solide. Dans ce dernier cas, l'alvéole tend à s'oblitérer comme s'il était vide, ce qui n'arrive pas lorsque la dent qu'on y place est récemment arrachée.

Ces faits prouvent que le principe vital existe dans les diverses parties du corps, indépendamment de l'influence du cerveau ou de la circulation, mais qu'il subsiste par ces deux agents, ou, en d'autres termes, qu'il leur doit sa continuation. Moins le cerveau et la circulation ont de prépondérance, moins le principe vital en dépend, et plus il devient un principe actif par lui-même. Chez beaucoup d'animaux où il n'y a ni cerveau ni circulation, le principe vital peut être continué également par chacune des parties du corps. De tels animaux sont, sous ce rapport, à peu près semblables à des végétaux (**).

(*) Ces expériences sont rapportées dans le tome IV de cette édition.

(**) La transplantation des dents d'une personne à une autre a été proposée, je crois, pour la première fois par Hunter, sous la direction duquel elle a été souvent pratiquée. Si le résultat de toutes les opérations de cette nature qu'il a fait faire lui eût été connu, il est probable qu'il n'eût point préconisé une telle pratique. Je ne pense pas qu'il existe un seul cas où elle ait eu un succès complet, et souvent elle a été suivie d'accidents fâcheux. Fox, dans son excellent ouvrage sur les dents, la condamne fortement; il a probablement prévenu beaucoup de douleurs et de maladies en faisant connaître son insuccès constant et ses résultats quelquefois funestes. La dent désignée par Fox comme ayant été soumise à cette opération, est maintenant dans la collection anatomique de l'hôpital de Guy; sa racine est profondément corrodée par l'absorption.   T. B.

TRAITÉ DES DENTS.

SECONDE PARTIE.

MALADIES DES DENTS.

INTRODUCTION.

Les dents sont pour nous d'une telle importance qu'elles méritent toute notre attention, tant sous le rapport de leur conservation lorsqu'elles sont saines, que sous celui des méthodes de guérison à employer lorsqu'elles sont malades. Elles réclament toute cette attention, non-seulement pour leur propre conservation, comme instruments utiles au corps, mais aussi à cause des autres parties avec lesquelles elles ont des connexions; car les maladies des dents peuvent produire, dans les parties environnantes, des maladies qui entraînent souvent des suites très-graves, ainsi qu'on le verra plus loin.

On pourrait croire, au premier abord, que les maladies des dents doivent être très-simples, et analogues à celles que l'on observe dans les autres tissus osseux de notre corps; mais l'expérience prouve le contraire. Les dents, différant de toutes les autres parties sous le rapport de leur texture et sous plusieurs autres rapports, ont des maladies qui leur sont propres. Ces maladies, considérées en elles-mêmes, sont en effet très-simples; mais elles deviennent extrêmement compliquées à raison des relations que les dents ont avec le reste de l'économie, et avec les parties auxquelles elles sont liées immédiatement.

Les maladies des dents peuvent donner naissance à beaucoup d'autres maladies de nature diverse, comme des abcès, des caries, etc.; et plusieurs de celles-ci, quoique ayant leur point de départ dans les dents, sont du ressort du chirurgien plutôt que du dentiste, qui, dans ces cas, se trouverait aussi embarrassé que si on lui présentait un abcès ou une carie à la jambe ou dans toute autre partie plus ou moins éloignée des dents. Toutes les maladies des dents qui sont communes à ces organes et aux autres parties du corps, doivent être confiées aux soins du médecin ou du chirurgien ; mais celles qui sont particulières aux dents ou à leurs dépendances immédiates appartiennent au dentiste.

Je n'ai pas l'intention d'énumérer ici toutes les maladies capables de produire des symptômes propres à faire soupçonner l'existence d'une maladie des dents, car les mâchoires peuvent être le siége de presque tous les genres de lésions. Je me bornerai, en conséquence, aux maladies des dents, des gencives et des procès alvéolaires ; car ces parties ayant entre elles d'étroites connexions, leurs maladies rentrent particulièrement dans les attributions du dentiste. J'aurai soin aussi de ne pas empiéter sur la chirurgie proprement dite, afin de ne pas entraîner le dentiste dans des questions sur lesquelles il n'est pas censé avoir acquis des connaissances spéciales.

Pour que le lecteur puisse comprendre parfaitement ce qui va suivre, il faut qu'il ait d'abord étudié et compris l'anatomie et les usages de chaque partie des dents, tels que je les ai décrits dans mon *Histoire naturelle des dents humaines*, à laquelle je serai obligé de renvoyer fréquemment. S'il n'a pas fait cette étude préalable, le dentiste sera embarrassé pour se rendre compte de plusieurs des maladies et des symptômes qui sont exposés dans cet ouvrage, et il conservera beaucoup d'erreurs vulgaires dont il se sera imbu en conversant avec des personnes ignorantes, ou en lisant des ouvrages sur l'anatomie et sur la physiologie des dents, dont les auteurs n'avaient pas une connaissance suffisante du sujet.

Quelle que soit celle des parties qui ont des connexions avec les dents, qui ait été primitivement malade, ce sont ordinairement les dents qui manifestent la plus grande souffrance. Aucune de ces parties ne peut subir un désordre quelconque sans qu'il en résulte pour les dents des effets morbides qui tendent à détruire ces organes.

CHAPITRE I.

DES MALADIES DES DENTS, ET DE LEURS EFFETS CONSÉCUTIFS.

§ Ier. *De la destruction des dents causée par la carie.*

La maladie la plus commune des dents est une destruction qui paraît être l'effet d'une véritable mortification. Mais il y a là quelque chose de plus, car la simple mort de la partie ne produirait que peu d'effet, puisque les dents ne se putréfient point après la mort; aussi est-il probable qu'il se fait, pendant la vie de la dent, un travail qui produit un changement dans la partie malade. Cette affection commence presque toujours extérieurement, dans une petite étendue du corps de la dent, et ordinairement elle apparaît d'abord comme une tache blanche et opaque. Cet aspect provient de ce que l'émail a perdu sa texture régulière et cristallisée, et est réduit à l'état pulvérulent par la destruction de l'attraction de cohésion, ce qui produit le même effet que la pulvérisation du cristal. Lorsque l'émail est détruit, la partie osseuse de la dent est mise à découvert, et quand la maladie s'en est emparée, elle s'annonce généralement par une tache brune foncée. Quelquefois, cependant, il ne s'opère aucun changement de couleur, et alors la maladie n'est visible que lorsqu'elle a produit une excavation considérable dans la dent. La partie morte est ordinairement ronde d'abord, ce qui n'a pas toujours lieu, car sa forme dépend surtout de la région de la dent où le mal commence. On observe souvent cette maladie dans les anfractuosités de la surface triturante des dents molaires, et là elle se présente sous la forme d'une crevasse remplie d'une substance très-noire. Dans les incisives, elle commence ordinairement assez près du collet de la dent, et l'excavation morbide fait des progrès transversalement à la longueur de la dent, de manière à diviser presque celle-ci en deux portions. Quand une dent malade de cette manière se brise, c'est son corps qui est le siége de la fracture.

Quand la maladie attaque la partie osseuse de la dent, elle paraît détruire d'abord la substance terreuse, car l'os se ramollit de plus en plus, et devient enfin si mou qu'il peut être traversé par une épingle, et que, lorsqu'on le laisse se dessécher, il se fendille comme de l'argile sèche.

Cette affection commence quelquefois, mais rarement, dans l'intérieur de la dent. Dans ce cas, la dent devient d'un noir brillant, qui provient de ce que la coloration morbide est vue à travers ce qui reste de la coque solide de la dent, et l'on n'observe aucun trou qui conduise dans la cavité.

Cette coloration noire est ordinairement l'effet de la désorganisation ou de la mortification d'une portion seulement de la substance osseuse; mais il arrive souvent que le reste de la dent meurt de la mort simple, et alors sa coloration peut se modifier.

Comme l'altération a lieu généralement à la surface externe de la dent, on pourrait croire qu'il ne doit pas en résulter de grands inconvénients; mais la tendance à la mortification s'étend toujours de plus en plus profondément, jusqu'à ce qu'elle ait pénétré dans la cavité de la dent, et la mortification la suit de près. La mortification peut envahir toutes les parties du corps vivant; mais, dans beaucoup de parties, la disposition pour ce mode d'altération a son point de départ principalement dans la constitution, de sorte qu'en modifiant la constitution on peut faire cesser la disposition. Ici, la disposition est locale, et il semble, en conséquence, que nous n'ayons aucun moyen de lui résister. Lorsque la carie est arrivée à ce degré avancé, elle fait des progrès plus rapides et marche comme dans les cas où elle naît dans la cavité de la dent; en effet, la disposition morbide est communiquée à toute la cavité de la dent, qui offre une surface plus étendue que celle sur laquelle agissait la maladie auparavant, et les progrès de la carie semblent s'accroître en proportion de cette étendue. Enfin, la substance interne de la dent se détruit, jusqu'à ce qu'il ne reste presque plus rien qu'une coque très-mince.; cette coque étant ordinairement brisée dans la mastication, il se fait une ouverture plus ou moins grande, et toute la cavité de la dent est à la fin mise à découvert.

Le canal situé dans la racine de la dent est affecté avec plus de lenteur; le travail de destruction paraît s'y arrêter, car on voit rarement une racine devenir très-creuse jusqu'à sa pointe lorsqu'elle ne constitue plus qu'un chicot, et souvent elle paraît saine lors même que le corps de la dent est presque entièrement détruit. Je conclus de là que la racine des dents a plus de vitalité que leur corps, et que c'est cette énergie vitale qui retarde les progrès de la maladie. A la fin, cette partie semble perdre simplement son principe vital, sans contracter le travail de mortification ci-dessus décrit; de sorte qu'elle constitue simplement une racine morte, mais elle ne reste pas dans une inaction parfaite (*).

C'est lorsqu'elle est arrivée à cette période que la dent est appelée un *chicot*. Elle commence alors à perdre sa sensibilité, et ensuite elle cause rarement de la douleur.

Elle peut rester ainsi, pendant plusieurs années, sans modifications apparentes; cependant il s'y opère un changement plus ou moins notable. La nature essaye de réparer la perte en s'efforçant d'accroître le chicot; car, dans beaucoup de cas, on voit que ce dernier s'est épaissi et allongé à son extrémité. C'est un travail qu'elle ne peut compléter, et il n'en résulte aucun avantage. Que la nature échoue dans cette opération ou qu'elle se trouve dans des conditions telles qu'elle ne puisse l'entreprendre, le nouvel

____

(*) La mortification et la mort d'une partie sont deux choses très-différentes. Voyez à ce sujet le *Traité de l'inflammation*, tome III de cette édition.   T. B.

état de la dent communique aux procès alvéolaires un stimulus en vertu duquel l'alvéole s'oblitère à partir du fond de sa cavité, ce qui fait que le chicot est poussé peu à peu au dehors. Mais, quoique chassé par le fond de l'alvéole, il arrive rarement, ou même jamais, qu'il s'élève plus qu'auparavant au-dessus de la gencive; la portion qui fait saillie semble se détruire en proportion de cette saillie. Outre cette destruction de l'extrémité externe du chicot, il se fait une absorption de la racine du côté du fond de l'alvéole. Cette absorption est indiquée par les caractères suivants : l'extrémité du chicot, qui était logée dans la gencive ou dans la mâchoire, devient irrégulièrement mousse et souvent raboteuse, et n'offre plus l'aspect de l'extrémité de la racine d'une dent saine.

Ces chicots sont, en général, faciles à extraire, parce que souvent ils ne tiennent presque qu'à la gencive, à laquelle ils sont même quelquefois attachés peu solidement.

Quoique la maladie paraisse résider principalement dans la dent elle-même et ne dépende que peu des causes extérieures, cependant la partie déjà cariée semble avoir, dans beaucoup de cas, une certaine influence sur le reste de la dent. En effet, si l'on enlève parfaitement la partie cariée avant qu'elle soit parvenue jusqu'au canal de la dent, on arrête quelquefois les progrès de la carie, au moins pour un temps. Mais il n'en est pas toujours ainsi, et le contraire arrive plus souvent; toutefois il est convenable, dans la plupart des cas, de faire cette tentative, car il est toujours bien de tenir les dents nettes et exemptes de taches.

La carie des dents ne paraît pas dépendre aussi entièrement qu'on pourrait le croire de causes accidentelles, car elle affecte souvent les dents par paires, et, dans ce cas, on peut supposer qu'elle est l'effet d'une cause originelle qui agit dans un temps donné; de sorte que les dents sont disposées par paires sous le rapport des maladies aussi bien que sous celui de la situation, de la forme, etc.

Un fait qui est assez favorable à cette opinion, c'est que les dents de devant de la mâchoire inférieure sont moins sujettes à la carie que celles de la mâchoire supérieure, quoiqu'elles soient également soumises à toutes les influences extérieures capables, en général, de produire la maladie. Les dents de devant de la mâchoire inférieure sont moins sujettes à cette maladie que toutes les autres. Les dents de devant de la mâchoire supérieure et les molaires des deux mâchoires sont plus fréquemment affectées.

La carie et ses conséquences semblent appartenir en propre à la jeunesse et à l'âge adulte. Les dents temporaires y sont aussi sujettes, si elles ne le sont davantage, que les dents permanentes; et il est bien rare, si même cela s'observe jamais, de voir les dents commencer à se carier après l'âge de cinquante ans. On pourrait supposer que cette dernière circonstance doit être attribuée à ce que le nombre des dents, après l'âge de cinquante ans, n'est pas le même qu'avant cet âge; mais le nombre des dents malades après cinquante ans n'est pas en proportion de cette différence.

Jusqu'à présent, on n'a point expliqué la maladie qui nous occupe : si elle avait toujours son siége dans l'intérieur de la cavité dentaire, on pourrait supposer qu'elle provient d'un défaut de nutrition causé par quelque lésion du système vasculaire; mais comme elle débute le plus souvent à l'extérieur, dans une partie où il ne s'opère que peu ou point de nutrition dans l'état le plus sain de la dent, nous ne pouvons lui assigner cette origine.

Elle n'a point pour cause une lésion extérieure ni l'action de certains menstrues capables de dissoudre une partie de la dent, car aucune cause de ce genre ne pourrait agir si partiellement; et l'on observe, dans les dents où la maladie n'a pas encore pénétré profondément, qu'à partir de la tache noire extérieure, il existe une altération de tissu qui s'étend jusqu'à la cavité en devenant graduellement de moins en moins prononcée. On peut donc raisonnablement supposer que cette maladie a sa raison d'existence dans la dent même, puisque la cavité de la dent devient bientôt malade de la même manière, quand une fois la coque osseuse de la dent a été détruite jusqu'à cette cavité. Cette rapidité avec laquelle la maladie s'étend à toute la cavité aussitôt que la dent est perforée, ne dépend pas seulement de ce que la cavité est alors exposée au contact de l'air, car, lorsqu'une dent saine est fracturée par une violence extérieure de manière que sa cavité soit mise à découvert, il n'en résulte pas une destruction aussi prompte. Cependant il arrive quelquefois aussi, dans ces derniers cas, que l'exposition de la cavité au contact de l'air en amène la destruction et cause de la douleur, comme lorsqu'il y a primitivement une maladie de la dent; et, lorsque une dent est malade, il est d'observation que l'exposition de sa cavité à l'air extérieur favorise notablement les progrès de la maladie; car, si la dent est oblitérée de manière que son tissu ne soit plus soumis aux influences extérieures, sa cavité ne participera pas à la maladie aussi promptement. L'exposition au contact de l'air semble donc au moins favoriser la destruction de la dent.

On n'a pas encore bien déterminé jusqu'à quel point une dent cariée peut contaminer celles qui la touchent; quelques faits semblent être en faveur de cette opinion et beaucoup paraissent la contredire. On voit souvent deux dents atteintes de carie dans des points qui sont directement vis-à-vis l'un de l'autre, et, comme la maladie avait débuté dans une des deux dents, on est porté à en conclure que la dernière atteinte a été infectée par celle qui avait reçu la première l'impression morbide.

D'un autre côté, on voit souvent une dent en contact avec la partie cariée d'une autre dent rester parfaitement saine(*).

(*) Les raisons que Hunter apporte à l'appui de sa manière de voir sont peu concluantes, et même, sur beaucoup de points, peu en harmonie les unes avec les autres. Il n'est guère possible, il est vrai, avec les notions vagues données sur le caractère particulier du tissu osseux des dents, par Hunter, et même par quelques auteurs de nos jours qui suivent moins l'esprit que la lettre de ses écrits, de formuler une opinion rationnelle et conséquente sur ce sujet difficile. Fox est celui qui paraît avoir approché le plus de la vérité; mais en adoptant l'identité absolue de texture entre les dents et les véritables os, sans tenir compte des différences remarquables et bien connues qui les séparent, il est tombé dans l'erreur opposée, qui consiste

Symptômes de l'inflammation des dents. — La carie des dents n'offre guère d'autres symptômes que les caractères qui viennent d'être décrits, tant que la cavité de la dent n'est pas exposée au contact de l'air. Cependant il arrive souvent qu'une douleur se manifeste au toucher ou par d'autres influences extérieures longtemps avant cette époque. Mais, lorsque la cavité est mise à découvert, la douleur et les autres symptômes, qui sont ordinairement violents, commencent à se développer. Toutefois, l'exposition de la cavité dentaire au contact de l'air ne cause pas de la douleur dans tous les cas; quelques dents se détruisent entièrement sans jamais faire éprouver aucune sensation.

Dans beaucoup de cas, il se produit, lorsque la cavité est ouverte, une douleur très-vive, qui diminue et reparaît tour à tour sans donner lieu à

croire que l'on doit trouver dans les affections morbides des dents, les analogues de toutes les maladies auxquelles sont sujets les os les mieux organisés.

L'opinion que la carie des dents se communique par le contact, vieillit maintenant avec rapidité. C'est un fait vulgaire que celui de la carie de deux dents voisines, *dans des points qui sont directement vis-à-vis l'un de l'autre;* mais je pense qu'il n'est pas difficile d'en rendre compte sans avoir recours à une doctrine si peu en rapport avec tout ce que l'on connaît de la structure et de la composition chimique de ces organes. L'émail, lorsqu'il est intact, non-seulement empêche que les dents ne s'usent dans la mastication, mais encore garantit la portion de la dent qui est hors des gencives, contre toutes les causes extérieures d'irritation et de destruction; il est donc vraisemblable que tout ce qui tend à léser cette substance et à détruire l'unité de sa texture, devient une cause de destruction pour la substance osseuse sous-jacente. Ainsi, lorsque deux dents sont très-fortement pressées l'une contre l'autre, soit pendant, soit après leur accroissement, il arrive souvent que le tissu cristallisé de l'émail est brisé, ou au moins que la continuité de son tissu est altérée au point de donner prise aux causes extérieures qui peuvent produire l'inflammation de la dent ou détruire sa vitalité. Or, cet effet doit être produit *au point de contact* des deux dents; voilà pourquoi la maladie a si souvent son siége dans cet endroit. On peut aussi expliquer la fréquence de la carie dans les dents contiguës, par l'action de la même cause déterminante générale, telle que le froid, une lésion mécanique, etc. Du reste, on ne peut guère concevoir que *l'infection* se communique à travers une substance aussi complétement inorganique, aussi dense, aussi parfaite et aussi uniforme dans sa texture que l'est cet émail cristallisé. On doit ajouter, en outre, que dans le cours de la carie dentaire, il ne se développe aucun agent chimique qui puisse décomposer cette substance. Malgré l'absurdité de l'opinion qui admet la contagion de la carie des dents, il est probable qu'au temps où Hunter écrivait cet ouvrage, il était le seul pathologiste qui osât mettre en doute la réalité de cette doctrine.   T. B.

Dans l'excavation causée par la carie dentaire, il existe presque toujours une substance jaunâtre ou brune, qu'il est facile d'en détacher par le grattage; si l'on met cette substance en contact avec le papier de tournesol, elle le rougit immédiatement. Ce fait, dont j'ai été témoin un grand nombre de fois, a été signalé par M. Regnart et confirmé par M. Oudet : « Cette substance, dit M. Oudet, concourt puissamment, par elle-même, à l'extension du mal : c'est ce qui rend le contact des dents cariées si dangereux pour celles qui les avoisinent. » Il résulte de là que la doctrine de la contagion de la carie dentaire n'est pas aussi absurde qu'on veut bien le dire.

G. RICHELOT.

aucun autre effet. Mais il arrive plus souvent que cette douleur n'est que le premier symptôme de l'inflammation de la dent. Souvent elle est très-intense, et se montre plus vive que celle qui résulterait d'une inflammation semblable ayant son siége dans une autre partie. Les parties environnantes, telles que les gencives, les mâchoires et les téguments qui les recouvrent, sympathisent ordinairement à un haut degré; elles s'enflamment et se tuméfient au point de déformer tout le côté de la face qui correspond à la dent malade. La bouche peut à peine s'ouvrir; les glandes de ce côté du cou s'engorgent souvent; la sécrétion de la salive augmente, et l'œil est presque fermé; et, comme la dent ne cède pas à la tuméfaction des parties molles situées dans sa cavité, les effets locaux de l'inflammation ne sont pas apparents comme lorsque l'inflammation a son siége dans les parties molles.

Cette inflammation de la dent dure souvent pendant un temps considérable et diminue ensuite peu à peu. On peut supposer, d'après la loi qui régit l'inflammation en général, que celle-ci est d'abord de nature adhésive; aussi trouve-t-on quelquefois les dents tuméfiées à leur extrémité, ce qui est un des caractères de la période adhésive de l'inflammation; quelquefois aussi deux racines s'agglutinent ensemble. Si l'on observe rarement des adhérences entre les dents et les parties environnantes, c'est vraisemblablement parce que ces organes ont peu de disposition pour les connexions de cette nature. L'inflammation suppurative succède à l'inflammation adhésive; mais les dents n'ayant pas, comme les autres os, la propriété de contracter le travail de suppuration, qui tend à produire des granulations, et qui aurait pour résultat de les ensevelir, de les recouvrir, et d'en faire une partie du corps vivant, ce qui s'opposerait directement à l'accomplissement de leurs fonctions, cette inflammation se dissipe, ou plutôt, le tissu des dents n'étant pas susceptible de cette inflammation au delà d'un certain temps, celle-ci disparaît par degrés, et laisse la dent dans son état primitif de maladie. Ainsi, ce travail inflammatoire ne peut point opérer de guérison permanente; la dent, restant dans le même état qu'auparavant, est sujette à des récidives de l'inflammation, jusqu'à ce qu'il se produise quelque changement qui prévienne les récidives futures, changement qui consiste le plus souvent, sinon toujours, dans la destruction des parties qui sont le siége de l'inflammation, c'est-à-dire, des parties molles situées dans l'intérieur de la dent.

La nature semble en quelque sorte avoir considéré les dents comme des étrangers auxquels elle n'accorde la nourriture que lorsqu'ils sont sains et propres à remplir leurs fonctions, et qu'elle ne fait pas participer, lorsqu'ils sont malades, aux avantages communs de la société au sein de laquelle ils sont placés. Les dents ne peuvent s'exfolier, car à l'exception du travail d'accroissement, aucune action ne s'accomplit dans leur tissu; c'est pourquoi lorsqu'une portion d'une dent est frappée de mort, la portion vivante n'a pas la puissance de la rejeter, et de se former, comme les autres parties du corps qui ont été divisées, une surface externe capable de se conserver; et en effet, si elle possédait cette faculté, n'en résulterait rien d'avantageux, car une dent dont une partie est morte simplement est à peu près aussi utile qu'une dent entièrement vivante; c'est ce qu'on peut observer chaque jour.

Quoi qu'il en soit, la douleur paraît naître dans la dent comme dans un centre. On peut s'expliquer peut-être comment cette douleur est plus vive que celle qui est généralement produite par des inflammations semblables siégeant dans les autres parties du corps, si l'on considère que les dents ne cèdent que difficilement. Un effet semblable a lieu dans le panaris.

Il arrive quelquefois que l'esprit est induit en erreur sur le siége réel de la maladie, et que la sensation de la douleur ne paraît pas résider dans la dent malade, mais dans une dent voisine qui est parfaitement saine. Cette erreur a fait commettre plus d'une méprise, et souvent la dent qui sympathisait est tombée victime de l'ignorance de l'opérateur.

Dans tous les cas d'affection morbide des dents, la douleur est provoquée par des circonstances qui ne sont pas liées à la maladie, comme l'influence du froid, et c'est pour cela que les dents malades sont plus douloureuses en hiver qu'en été. Un corps étranger qui pénètre dans la cavité et qui vient en contact avec le nerf et les vaisseaux fait naître également de la douleur.

La douleur est quelquefois périodique; tantôt alors il y a intermission complète, tantôt seulement diminution de la douleur; le paroxysme se reproduit une fois dans les vingt-quatre heures, et ordinairement vers le soir. En conséquence, on a essayé le quinquina; mais ce remède étant sans effet, on a supposé que l'affection était de nature rhumatismale, et on l'a traitée d'après cette idée sans obtenir plus de succès, Enfin, après un examen plus attentif des dents, on en soupçonnait une d'être malade, et son extraction était suivie de la cessation des accidents. Les faits de cette espèce prouvent combien il est peu judicieux d'administrer des remèdes en pareil cas, avant de connaître l'état réel des dents.

La carie communique souvent une odeur fétide à l'haleine et produit cet effet à un plus haut degré qu'aucune autre maladie des mêmes parties, surtout lorsque la cavité de la dent est mise à découvert. Cela vient très-probablement de ce que les portions cariées de la dent, les humeurs de la bouche et les débris des aliments séjournent ensemble dans l'excavation morbide dont la température élevée hâte leur décomposition putride.

Traitement. — J'arrive maintenant aux moyens de prévenir et de guérir la maladie qui nous occupe.

La première chose que l'on doive se proposer pour but, c'est la suspension du travail de destruction de la dent; c'est-à-dire qu'il faut rechercher avant tout les moyens d'arrêter les progrès de cette destruction, et surtout avant qu'elle ait atteint la cavité; on peut ainsi conserver la dent jusqu'à un certain point, éviter la douleur et les inflammations que l'on connaît dans le monde sous le nom de *mal de dents*, et prévenir souvent les abcès consécutifs appelés *parulies*. Je crois cependant que jusqu'à présent on ne connaît point de moyens qui puissent arrêter complétement la maladie. Ses progrès ont paru être retardés dans quelques cas par l'ablation de la partie déjà cariée de la dent; mais l'expérience prouve que l'on ne peut guère compter sur cette pratique. J'ai vu des cas où la tache noire ayant été limée et enlevée entièrement, la carie a été arrêtée pendant plusieurs années. On suppose que cette pratique empêche au moins l'influence que la partie déjà gâtée peut avoir sur les parties saines; mais si c'est là le seul fruit qu'on doive en retirer, je crois que dans la plupart des cas on fera tout aussi bien de n'y point avoir recours. Lors même que ce moyen serait efficace, il ne pourrait être applicable à tous les cas. En effet, il n'est pas toujours au pouvoir du chirurgien d'enlever la portion cariée, soit à cause de sa situation, soit à cause des progrès trop étendus que la carie a faits avant d'être aperçue. Lorsque la portion malade est placée à la base d'une molaire ou à la partie postérieure de son collet, il n'est guère possible de l'atteindre. L'opération devient aussi impraticable lorsque, la maladie continuant ses progrès, la cavité finit par être mise à découvert. Le malade est alors exposé à tous les accidents consécutifs déjà décrits, et la dent marche rapidement vers une destruction totale. Dans un tel cas, si la carie n'est pas trop avancée, c'est-à-dire, si la dent n'est pas encore arrivée au point de ne plus pouvoir servir simplement comme dent, je suis d'avis qu'on l'arrache, qu'on la soumette immédiatement à l'action de l'eau bouillante, pour la nettoyer parfaitement et pour détruire tout ce qu'elle pourrait conserver de vitalité, et qu'on la replace ensuite dans l'alvéole. On prévient ainsi toute destruction ultérieure de la dent, car alors elle est morte et ne peut devenir le siége d'aucune maladie; elle ne peut être altérée que chimiquement ou mécaniquement.

Cependant, je ne recommande cette pratique que pour les molaires, où nous n'avons aucune autre ressource à cause du nombre des racines, ainsi que je l'expliquerai ci-après. Elle a quelquefois été suivie de succès, et dans les cas où elle réussit, elle répond au même but que la cautérisation du nerf, mais avec bien plus de certitude.

Si le malade ne veut pas consentir à faire arracher sa dent, on peut cautériser le nerf. Pour que cette cautérisation produise l'effet désiré, il faut qu'elle s'étende jusqu'à la pointe même de la racine, ce qui n'est pas toujours possible. Un acide concentré, tel que l'acide sulfurique, l'acide nitrique ou l'acide muriatique, introduit aussi loin que possible dans la racine de la dent, peut en détruire les parties molles, qui sont très-probablement le siége de la douleur; l'alcali caustique produit le même effet. Mais c'est une opération difficile que d'introduire un de ces agents chimiques jusque dans le point le plus reculé de la racine, à moins que la carie n'ait pénétré très-profondément, surtout s'il s'agit d'une dent de la mâchoire supérieure, car on a beaucoup de peine à diriger les liquides contre leur propre poids. Dans ces cas, le caustique commun est le meilleur topique que l'on puisse employer, parce qu'il est à l'état solide; on doit l'introduire à l'aide d'un petit bourdonnet de charpie; mais de cette manière même, il est difficile de le conduire assez loin. S'il s'agit de la mâchoire inférieure, il suffit d'introduire le caustique dans la cavité de la dent, car comme il devient bientôt liquide par l'effet de l'humidité de la partie, il descend alors dans la cavité de la racine; les acides s'insinuent de la même manière. Mais il arrive souvent que les malades ne se soumettent à cette opération que lorsqu'ils ont déjà souffert beaucoup de douleur et plusieurs inflammations.

On a recommandé pour les cas où il n'existe d'autre symptôme qu'une douleur qui a son siége dans la dent, plusieurs modes de traitement qui ne peuvent avoir que des effets temporaires; ils consistent dans des moyens dérivatifs, ou dans un stimulus appliqué à quelque autre partie du corps. Ainsi, on a quelquefois réussi à guérir le mal de dents par la cautérisation de l'oreille avec le cautère actuel.

Un médicament stimulant, comme de l'esprit de lavande, aspiré par le nez, enlève souvent la douleur.

Lorsqu'une inflammation a lieu dans les parties environnantes, elle est souvent augmentée par une cause additionnelle, comme le froid ou la fièvre; lorsqu'elle a atteint un haut degré, elle doit être l'objet d'une attention spéciale, car elle peut être diminuée comme toute autre inflammation qui est l'effet d'une cause analogue, ainsi qu'on le voit pour celles qui sont déterminées par la pression d'un corps étranger ou par l'exposition d'une cavité interne à l'air extérieur.

Si l'inflammation est très-intense, il est à propos de tirer un peu de sang. On peut aussi conseiller au malade de tenir longtemps dans sa bouche une liqueur alcoolique très-forte. Les acides étendus d'eau, tels que le vinaigre, etc., peuvent être employés de la même manière, ainsi que les préparations de plomb; mais ces dernières pourraient devenir dangereuses si, par accident, elles étaient avalées.

Lorsque la peau participe à la maladie, des cataplasmes contenant quelqu'une des substances dont il vient d'être fait mention, produisent du soulagement. La douleur, dans beaucoup de cas, étant souvent telle que le malade ne peut la supporter, on a recommandé, pour distraire l'esprit, des applications chaudes sur la partie, comme de l'eau-de-vie chaude, ou bien, des aromates, des huiles essentielles, etc.; ces derniers topiques sont peut-être les meilleurs. Un peu de charpie ou de coton imbibé de laudanum est souvent appliqué avec succès; on ferait bien aussi de prendre du laudanum à l'intérieur pour obtenir quelques intervalles de calme. Les vésicatoires sont utiles dans la plupart des inflammations des parties qui avoisinent les dents, qu'elles proviennent ou non d'une dent malade. Ils ne peuvent être appliqués sur la partie même, mais ils détournent la douleur et attirent ce stimulus vers une autre partie. On peut les placer soit derrière l'oreille, soit à la nuque.

Tous ces derniers moyens de traitement ne peuvent être considérés que comme des moyens temporaires de soulagement, et comme agissant seulement sur l'inflammation, de sorte que la dent reste toujours exposée à de nouvelles atteintes de la même maladie (*).

(*) La description qu'on vient de lire des symptômes qui accompagnent l'inflammation des dents ou qui lui succèdent, a été tracée avec beaucoup de soin et d'après une observation attentive. Cependant Hunter a confondu dans cette description trois maladies distinctes. La première est l'inflammation de la pulpe, mise à découvert par la carie de la dent; la seconde, la suppuration de la pulpe, qui a lieu souvent sans qu'elle soit exposée au contact de l'air; et la troisième, l'inflammation et la suppuration des parties environnantes, qui résultent aussi souvent de l'irritation produite par la présence de dents ou de racines mortes dans les alvéoles, où elles agissent comme corps étrangers, que de toute autre cause.

Une grande partie des remarques de Hunter sur le traitement de ces affections sont remplies de justesse et ont, sans aucun doute, servi de base aux meilleurs modes de traitement qui aient été employés jusqu'à ce jour. Cependant, il ne sera pas tout à fait inutile de placer ici quelques remarques qui porteront davantage sur des faits de détail.

Quand la maladie appelée *carie*, ou plus justement *gangrène*, vient seulement de naître au-dessous de l'émail, et qu'elle ne se présente encore que sous la forme d'une tache brune opaque, il n'y a pas de doute que l'excision complète de la tache ne retarde beaucoup les progrès du mal, en faisant disparaître une cause d'irritation pour le tissu osseux sain environnant. Mais si la carie s'est étendue à une certaine distance de la surface de la dent, la lime ne pourra emporter la totalité de la portion malade qu'en exposant une étendue considérable du tissu osseux à l'action des causes extérieures d'irritation, et par conséquent elle hâtera plutôt qu'elle ne retardera les progrès de la maladie.

Le replacement de la dent cariée, après qu'elle a été extraite et soumise à l'action de l'eau bouillante pour détruire sa vitalité, n'a été recommandé par Hunter que d'après des idées théoriques. Une objection évidente et sans réplique contre cette opération, c'est qu'en réalité on introduit de force un corps étranger privé de vie dans l'alvéole encore souffrant de l'extraction, ce qui doit nécessairement produire beaucoup d'irritation, souvent même de la suppuration, et tous les symptômes graves qui sont si souvent causés par la présence d'une racine morte, ou d'une dent dont les connexions avec l'alvéole ont été détruites par une violence extérieure.

La cautérisation du nerf ne mérite pas plus d'éloges que le replacement de la dent. Hunter, lui-même, fait observer, avec beaucoup de *naïveté*, qu'il faudrait que la cautérisation s'étendît « jusqu'à la pointe même de la racine, *ce qui n'est pas toujours possible.* » La vérité est que pour que la cautérisation, même superficielle, de la pulpe dentaire fût de quelque utilité, il faudrait qu'elle fût faite au moment où le fil métallique est élevé à la chaleur blanche; autrement, elle ne produit que de l'inflammation, et non la destruction subite de la surface avec laquelle l'instrument est mis en contact. Mais lorsque l'on considère le petit volume de l'instrument, la distance qu'il doit nécessairement franchir avant d'être mis en contact avec la pulpe, et le temps qui doit s'écouler avant son application, on est forcé de reconnaître l'impossibilité d'employer efficacement ce procédé. Les autres moyens thérapeutiques dont il est parlé dans le texte, et en réalité tous les autres agents caustiques, font en général plus de mal que de bien, et exaspèrent plutôt qu'ils ne diminuent l'inflammation et la douleur. Les sangsues, les purgatifs, et les narcotiques ou le camphre appliqués localement, etc., produisent souvent de bons effets; mais quand une fois la pulpe est mise à découvert, ils ne peuvent apporter qu'un soulagement temporaire, et le seul remède sur lequel on puisse compter est l'extraction de la dent.

T. R.

Du plombage des dents. — Si la vie de la dent n'a pas été détruite, soit par l'arrachement suivi du replacement, soit par le cautère actuel ou par le cautère potentiel, et que l'on ait eu seulement en vue la guérison de l'inflammation, il est un autre moyen de prévenir le retour de cette inflammation, qui consiste à faire en sorte qu'il se produise le moins d'irritation possible. La cavité de la dent n'étant pas susceptible de prendre l'alarme, à l'exemple des autres cavités de l'économie vivante, et par conséquent ne suppurant point, ainsi que je l'ai déjà fait remarquer, il suffit souvent, pour prévenir complétement l'inflammation ou pour empêcher qu'elle ne s'étende davantage, de s'opposer à l'introduction de toute matière étrangère irritante. Ainsi, l'oblitération de la cavité prévient, dans beaucoup de cas, les récidives de l'inflammation et retarde les progrès de la maladie, c'est-à-dire, de la destruction de la dent; et l'on voit un grand nombre de personnes, après cette opération, rester sans souffrir pendant plusieurs années. Mais il faut recourir de bonne heure à ce moyen, autrement son emploi ne peut être de longue durée; en effet, si la maladie a fait beaucoup de ravage à la surface interne de la dent et a beaucoup affaibli cette dernière, il est probable que le corps de cet organe ne tardera pas à être brisé dans la mastication; aussi doit-on alors avertir le malade de ménager la dent qui vient d'être plombée.

L'or et le plomb sont les métaux dont on fait généralement usage pour plomber les dents. L'or étant moins malléable que le plomb doit être employé en feuilles; le plomb est assez mou sous toutes les formes pour se laisser façonner de toutes les manières sous l'influence d'une force très-légère.

L'oblitération des dents excavées au moyen de la cire, du galbanum, etc., ne peut offrir que peu d'avantages, car, dans la plupart des cas, il est impossible de maintenir ces substances ou de les empêcher d'être bientôt détruites. Cependant elles sont de quelque utilité, parce que les malades peuvent facilement les introduire eux-mêmes.

Il arrive souvent que, par suite de négligence, ou, plus souvent encore, en dépit des moyens qui peuvent être employés, la dent devient si creuse qu'une portion de la couronne se brise; la perforation est alors trop grande pour qu'on puisse maintenir dans la cavité de la dent aucune des substances dont j'ai parlé. Dans ce cas, cependant, il arrive quelquefois qu'une portion considérable du corps de la dent reste debout; alors on peut pratiquer un petit trou dans cette partie, et, après avoir rempli la cavité, introduire dans ce trou une petite cheville qui maintienne le plomb, l'or, etc. Mais, quand ce moyen est impraticable, on peut considérer la dent comme entièrement inutile, ou, au moins, comme devant bientôt le devenir; et elle est exposée à des attaques inflammatoires que le malade est obligé de supporter, à moins qu'il ne la fasse extraire. Si le malade reste exposé aux inflammations répétées, la guérison arrivera en définitive avec le temps, par la mort totale du chicot; mais il vaut mieux le faire arracher, et souffrir une fois pour toutes.

Quand on arrache ces dents, on enlève généralement avec elles une

7

substance pulpeuse qui adhère assez fortement à la base de la racine. Quelquefois ce fragment est assez volumineux pour laisser une excavation considérable à la base de l'alvéole. Cette substance peut être l'origine d'une parulie, car parfois elle s'enflamme et suppure (*).

§ II. *De la destruction des dents par dénudation.*

Il existe un autre mode de destruction des dents, qui est beaucoup moins commun que celui qui vient d'être décrit, qui produit une altération très-remarquable, et qui diffère beaucoup du précédent. Dans tous les cas où je l'ai observé, la maladie avait commencé à la surface externe de la dent, près de l'arcade de la gencive. Le premier symptôme que l'on observe est la destruction de l'émail dans un point où la portion osseuse se trouve ainsi dénudée; mais la consistance de l'émail et celle de la partie osseuse n'éprouvent pas d'altération comme dans la carie déjà décrite. A mesure que cette destruction s'étend, la portion osseuse se trouve de plus en plus découverte, ce qui établit une nouvelle différence entre cette maladie et la première, et permet de l'appeler une destruction de la dent par dénudation. La substance osseuse de la dent se détruit aussi, et toute la surface altérée présente exactement l'aspect d'une dent qui aurait été limée avec une lime arrondie, et ensuite polie avec soin. Les parties osseuses qui se trouvent ainsi exposées au contact de l'air deviennent brunes.

J'ai vu des cas dans lesquels il semblait que la surface externe de la partie osseuse, qui est en contact avec la surface interne de l'émail, avait été détruite la première, de manière que l'attraction de cohésion ayant cessé

(*) L'opération qui consiste à oblitérer la cavité dentaire est beaucoup mieux comprise de nos jours qu'au temps où Hunter écrivait ces préceptes. Malgré les nombreuses expériences qui ont été faites et les innombrables spécifiques qui ont été offerts au public avec des promesses trop pompeuses pour qu'on ne doive pas tout d'abord révoquer en doute leurs vertus, il n'existe encore aucun moyen d'oblitérer les dents avec efficacité quand la pulpe est mise à découvert, et aucune matière qui, pour la durée et la convenance, puisse être comparée à l'or pur. Les amalgames, les pâtes, les ciments, les compositions métalliques fusibles, toutes ces inventions parmi lesquelles il en est quelques-unes qui sont ingénieuses et séduisantes, ont des inconvénients irremédiables. Je ne veux pas dire qu'elles ne puissent réussir dans quelques cas rares où la dent ne pourrait pas supporter la pression nécessaire pour que l'or fût solidement fixé; mais, dans presque tous les cas où elles peuvent être utiles, l'or offre encore plus d'avantages.

Pour que le plombage des dents retarde ou suspende les progrès de la carie avec le plus d'efficacité possible, il faut que la pulpe ne soit point encore découverte. En un mot, il faut y avoir recours aussitôt que l'émail est détruit, ou même plus tôt, et dès que l'on peut enlever de la dent la partie cariée. Lorsque la maladie a étendu plus loin ses progrès, il faut enlever la partie cariée avec les instruments qui sont destinés à cet usage, et lorsque la cavité est parfaitement desséchée, on y introduit avec soin l'or réduit à une épaisseur convenable, jusqu'à ce qu'elle soit complétement et solidement remplie.

T. B.

d'exister entre ces deux surfaces, l'émail s'était séparé faute de nutrition, car la perte de substance cessait brusquement.

J'ai vu chez un sujet les deux premières incisives de la mâchoire supérieure privées de la totalité de leur émail; leur face antérieure était excavée dans toute son étendue, comme si elles eussent été limées avec une lime ronde suivant leur longueur, et elles avaient le plus beau poli que l'on puisse imaginer. Les trois molaires de chaque côté étaient creusées en sens inverse, c'est-à-dire, transversalement à la direction de leur corps, auprès de la gencive, de telle sorte qu'elles présentaient autour de leur corps une gouttière qui était polie au plus haut degré. Quelques autres dents de la même mâchoire avaient commencé à se détruire de la même manière; les dents de la mâchoire inférieure étaient également malades.

J'ai vu tout dernièrement un cas dans lequel les quatre incisives de la mâchoire supérieure avaient perdu entièrement leur émail, à la face antérieure; presque toutes les dents paraissaient avoir été limées transversalement auprès de la gencive.

Chez les malades que j'ai observés, aucune cause n'a pu être assignée à cette affection; aucun d'eux n'avait rien fait de particulier à ses dents, et il n'y avait, en apparence, rien dans leur constitution qui eût pu donner naissance à une telle maladie. Dans le premier des cas cités ci-dessus, le malade était âgé de quarante ans environ; dans l'autre, il en avait à peu près vingt.

Comme la maladie attaque, chez la même personne, certaines dents plutôt que les autres, et certaines parties des dents, je suis porté à croire que c'est une maladie originelle de la dent elle-même, et qu'elle ne dépend ni d'une lésion accidentelle, ni du genre de vie, ni de la constitution, ni de la manière dont les dents sont soignées (*).

§ III. *Tuméfaction des racines des dents.*

Il est une maladie des dents qui consiste dans la tuméfaction de leur racine. Cette tuméfaction est très-probablement un effet de l'inflammation limitée à la racine, le corps de la dent restant sain; elle est de la même nature que celle qui, dans tout autre tissu osseux, recevrait le nom de *spina-ventosa*. Elle cause beaucoup de douleur, et ne produit aucune trace extérieurement.

(*) J'ai cité ailleurs un cas très-curieux d'une affection assez analogue à celle qui est décrite ici. Elle consistait dans une destruction graduelle du bord des dents de devant des deux mâchoires, jusqu'aux bicuspidées. La surface nouvelle était parfaitement lisse et polie, et la perte de substance s'étendait si loin, que les cavités des dents auraient dû être ouvertes; mais elles s'étaient remplies d'une nouvelle substance osseuse, solide et si transparente, que ce n'était qu'en la touchant qu'on pouvait s'assurer de son existence. Comme les dents ainsi raccourcies n'avaient jamais pu venir au contact par leur nouvelle surface avec les dents correspondantes, et qu'on n'avait jamais fait usage d'aucun moyen mécanique capable de donner lieu à cette singulière affection, la cause en reste tout à fait inconnue.   T. B.

La douleur peut avoir son siége dans la dent elle-même, ou dans l[e] procès alvéolaire qui est obligé de céder à l'augmentation de volume de l[a] racine.

La maladie n'a aucune tendance à l'inflammation suppurative ; je n'[ai] pu distinguer ses symptômes de ceux de l'odontalgie nerveuse, et elle peu[t] être une cause d'embarras pour le chirurgien ; en effet, le seul moyen d[e] guérison qui soit connu jusqu'à présent est l'extraction de la dent, e[t] souvent on néglige d'y recourir dans la pensée que la douleur est nerveus[e].

Les maladies des dents qui ont pour point de départ l'inflammation de[viennent] souvent la source de plusieurs maladies des procès alvéolaires e[t] des gencives, que je vais décrire (*).

§ IV. *De la parulie.*

Si la suppuration ne s'établit que difficilement au dedans de la cavit[é] dentaire, il arrive souvent que l'inflammation, se propageant au delà d[u] tissu de la dent, est assez intense pour produire de la suppuration dans l[a] mâchoire, au fond de l'alvéole qui contient la dent malade, et pour déter[-] miner en cet endroit un petit abcès que l'on appelle communément *parulie*.

L'inflammation est souvent très-violente, surtout quand la premièr[e] suppuration se forme. Dans beaucoup de cas, elle prend plus d'extensio[n] que celle qui a son siége dans les autres parties, et affecte toute l[a] face, etc.

Le pus, comme dans tous les autres abcès, se fraye un chemin à l'ex[-] térieur ; et, comme il ne peut être évacué à travers la dent, il détrui[t] le procès alvéolaire et vient produire la tuméfaction de la gencive, géné[-] ralement à la partie antérieure ; ensuite, il s'évacue, soit en perçant di[-] rectement la gencive au niveau de la racine de la dent, soit en décollant l[a] gencive de cette dernière. Cette évacuation se fait rarement par la fac[e] interne de la gencive ; cependant cela a lieu quelquefois.

Les parulies sont rarement produites par d'autres causes ; cependant il arrive quelquefois qu'elles tirent leur origine d'une maladie qui a son siég[e] dans l'alvéole ou dans la mâchoire, et qui n'a aucun rapport avec la den[t] qu'elle n'affecte que secondairement. Lorsque dans ce cas on arrache l[a] dent, on la trouve ordinairement altérée à sa pointe, ou auprès ; dans ce[t]

(*) L'affection qui vient d'être décrite n'est pas autre chose qu'un dépôt de matièr[e] osseuse qui se fait autour de la racine de la dent, et qui reconnaît sans doute pour caus[e] une inflammation du périoste. Le tissu osseux de nouvelle formation est un peu plus jaun[e] et moins opaque que le tissu primitif. Il est probable que les douleurs nerveuses don[t] parle Hunter, et qui ont lieu dans ces cas, sont causées par la pression du tissu osseu[x] nouveau sur les nerfs du périoste de l'alvéole, ou du procès alvéolaire, car on ne peut les distinguer des douleurs névralgiques locales qui sont produites par tout[e] autre cause analogue. J'ai rapporté, ainsi que Fox, des cas de cette espèce. Dan[s] tous, le seul moyen à l'aide duquel on pût arriver à reconnaître le siége réel du ma[l] consistait à frapper sur la dent affectée, ce qui faisait renaître la douleur, et l'extrac[-] tion de la dent démontrait la cause de la douleur, en même temps qu'elle en opérai[t] la guérison.   T. B.

endroit, sa surface est inégale et raboteuse, et ressemble à une surface osseuse en voie d'ulcération. Il n'y a aucune apparence de maladie dans le corps de la dent; ici, l'altération de la racine n'est qu'un effet.

Les abcès qui nous occupent, soit qu'ils proviennent d'une maladie des dents, soit qu'ils aient leur point de départ dans les alvéoles, détruisent toujours le procès alvéolaire du côté où ils s'ouvrent, comme on le voit évidemment sur les mâchoires de beaucoup de têtes; il en résulte que les dents deviennent plus ou moins branlantes; c'est ce qu'on peut reconnaître sur le vivant. En effet, lorsque le procès alvéolaire est entièrement détruit dans le point correspondant à la face externe de la dent, si l'on fait mouvoir cette dent, le mouvement se fait sentir sous la gencive, dans toute la longueur de la racine.

Ainsi les dents, les procès alvéolaires et les gencives, deviennent malades comme par une sorte de *consensus*.

Il est commun de voir la cicatrisation se faire par-dessus ces abcès, et la guérison s'opérer en apparence. Cette circonstance est particulière à ceux qui s'ouvrent à travers la gencive; mais ceux qui s'évacuent entre la gencive et la dent ne peuvent jamais se cicatriser, parce que la gencive ne peut pas s'unir avec la dent. Cependant l'évacuation devient de temps en temps moins considérable parce que la suppuration diminue, et c'est cette raison qui, dans ceux de la première espèce, permet à la cicatrisation de se faire. Mais l'influence du froid, ou toute autre cause accidentelle qui donne naissance à une nouvelle inflammation, augmente la quantité du pus, qui rouvre la fistule de la gencive, ou augmente l'évacuation qui se fait le long de la face externe de la dent; toutefois, je crois que l'inflammation, dans ce dernier cas, n'est pas si violente que dans le premier, où une nouvelle ulcération est nécessaire pour le passage du pus.

Une parulie dure ainsi pendant plusieurs années, se cicatrisant et s'ouvrant tour à tour; il en résulte que le procès alvéolaire est absorbé à la longue, et que la dent devient de plus en plus branlante, jusqu'à ce qu'elle tombe ou qu'on en fasse l'extraction.

Il est très-probable que dans de tels cas la communication entre la cavité de la dent et la mâchoire est détruite; cependant la dent conserve en partie ses attaches latérales, surtout quand la gencive continue à embrasser la dent; mais, dans les cas où le pus passe entre la gencive et la dent, ces attaches restent en plus petit nombre; quelques-unes d'entre elles se conservent cependant, principalement du côté opposé à celui par où passe le pus.

Les parulies sont faciles à reconnaître. Celles qui s'ouvrent à travers la gencive se manifestent par une petite élévation située entre l'arcade formée par la gencive et l'insertion de la lèvre. Si l'on comprime la gencive à côté de cette élévation, on en fait ordinairement sortir un peu de pus. Cette tumeur disparaît rarement d'une manière complète; car, lors même qu'il ne se fait point d'évacuation, et que l'ouverture est cicatrisée, on aperçoit encore une petite inégalité qui indique l'endroit qu'occupait la parulie.

On découvre toujours le siége des parulies qui s'évacuent entre la gencive et la dent en pressant sur la gencive; par ce moyen, le pus est porté vers l'extérieur, et on l'aperçoit dans l'angle rentrant que fait la dent avec le bord de la gencive.

Ces abcès se présentent beaucoup plus fréquemment à la mâchoire supérieure qu'à l'inférieure, et plus fréquemment aussi aux cuspidées, aux incisives et aux bicuspidées de cette mâchoire qu'aux molaires; ils ont rarement pour siége les dents de devant de la mâchoire inférieure.

Les parulies étant, en général, un effet de la carie dentaire, on les rencontre plus souvent chez les sujets jeunes et chez les adultes que chez les sujets âgés; elles paraissent être très-communes à l'époque de la chute des dents de lait. Cela peut provenir de ce que ces dents sont plus susceptibles que les autres de se carier; il peut y avoir aussi une autre raison, savoir que le travail d'ulcération auquel ces dents sont soumises passe quelquefois à la suppuration.

Il arrive quelquefois qu'un fongus s'engage dans l'ouverture fistuleuse, par suite d'une trop grande disposition pour le développement des granulations à la surface interne de l'abcès et du défaut d'énergie suffisante pour la cicatrisation. On observe fréquemment une chose semblable au pourtour des cautères, où les parties ont une disposition pour produire des granulations, mais ne peuvent se cicatriser à cause de la présence du corps étranger. Dans le cas en question, la dent agit comme un corps étranger, et la sécrétion non interrompue du pus empêche l'abcès de se cicatriser.

Le traitement est le même, soit que l'abcès ait été causé par une dent cariée, soit qu'il provienne d'une maladie de l'alvéole.

Les dents étant, au sein de l'économie animale, dans des conditions telles qu'elles ne peuvent, comme les autres parties, passer par les phases salutaires d'un travail de restauration, lorsqu'un abcès se forme autour de la racine d'une dent, cette dent perd ses connexions avec les autres parties, et se trouve privée de tout moyen d'union, parce qu'elle n'est pas douée du pouvoir de produire des granulations; elle devient donc un corps étranger, ou du moins elle agit comme tel, et elle constitue un corps étranger de la plus mauvaise espèce, car la machine ne peut s'en débarrasser par aucune opération. Il n'en est ainsi pour aucune autre partie du corps, car lorsqu'une autre partie, quelle qu'elle soit, est frappée de mort, l'économie a le pouvoir de la séparer des parties vivantes, ce qui s'appelle élimination ou exfoliation, et de l'expulser; ainsi s'opère la guérison. Mais dans les cas de parulie, le seul moyen de guérison est l'extraction de la dent. Comme cette opération est la dernière ressource, on doit tout faire pour améliorer l'état des parties malades, afin de pouvoir la différer.

Lorsque l'abcès s'est ouvert à travers la gencive, le meilleur moyen de prévenir de nouvelles collections de pus, c'est, je crois, d'empêcher l'abcès de se refermer; on peut y parvenir en agrandissant l'ouverture et en la tenant élargie jusqu'à ce que toute la surface interne de la cavité de l'abcès soit cicatrisée, ou que la perforation de la gencive ait perdu toute disposition à se refermer. On prévient ainsi toute nouvelle formation de pus, ou du moins on fournit une issue facile à celui qui doit se former, et l'on évite pour l'avenir ces accumulations. Par ce moyen, à la vérité, l'extrémité de la racine se trouve exposée au contact de l'air, mais ce n'est pas une condition plus funeste pour elle que de baigner dans le pus.

Une méthode de faire cette opération consiste à ouvrir la tumeur par une incision cruciale, dans toute la largeur de l'abcès, et à remplir complétement la plaie avec de la charpie qu'on aura trempée dans de l'eau de chaux ou dans une solution de nitrate d'argent préparée en faisant dissoudre une drachme de ce caustique dans deux onces d'eau distillée; la plaie doit être pansée très-souvent, car ce n'est qu'avec difficulté qu'on peut y maintenir l'appareil de pansement. Si cela ne suffit pas pour tenir la plaie ouverte, on peut y appliquer le nitrate d'argent de manière à produire une escarre, et répéter ce moyen si on le juge nécessaire.

Un grand inconvénient de cette pratique, c'est la difficulté de maintenir le pansement; mais des soins continuels peuvent suppléer à la disposition défavorable des parties.

Une méthode meilleure que toutes les autres est celle qui consiste à toucher la surface de la tumeur avec la potasse caustique, et à empêcher la lèvre de venir en contact avec la partie cautérisée pendant une minute; cet espace de temps suffit pour que la potasse pénètre jusqu'au fond de l'abcès. Il faut d'abord essuyer la surface de la tumeur et la tenir aussi sèche que la nature de la partie peut le permettre, afin d'empêcher autant que possible le caustique de s'étendre, ce qui avec du soin peut être évité, car le chirurgien doit surveiller l'action du caustique pendant tout le temps de l'opération.

On a essayé d'extraire la dent, d'en limer toute la partie malade et de la replacer immédiatement; mais, dans beaucoup de cas, cette pratique n'a pas été suivie du succès désiré; car il est arrivé souvent que la dent a été replacée dans une mâchoire malade. Néanmoins cette méthode a quelquefois réussi.

Quand la parulie a pour siége une dent molaire, ou dent de derrière, il n'est pas nécessaire d'employer un traitement aussi minutieux que lorsqu'elle a son siége sur les dents de devant, parce que dans la région occupée par les dents molaires l'aspect des parties a beaucoup moins d'importance; c'est pourquoi on peut diviser la gencive sur la racine, dans toute la longueur de celle-ci, depuis l'ouverture de la parulie jusqu'au bord gyngival, ce qui empêche définitivement l'oblitération de l'abcès; la surface entière de l'abcès se cicatrisant, toute collection nouvelle de pus devient impossible. La plaie qui résulte de cette opération offre l'aspect d'un bec de lièvre, et c'est ce qui fait que l'on ne peut conseiller cette pratique pour les cas où la partie malade est exposée à la vue, par exemple, lorsque la maladie a son siége sur les dents de devant. Dans ces cas, lorsque les granulations végètent hors de la petite ouverture, elles peuvent être guéries par la méthode qui a été décrite ci-dessus; mais, si ce moyen est repoussé, on peut sans crainte les exciser avec un bistouri ou une lancette. Toutefois, cette excision n'amène point une guérison durable, car ordinairement les granulations s'élèvent de nouveau. On a souvent, dans ce cas, fendu la gencive, mais c'est une mauvaise pratique toutes les fois que la maladie est exposée à la vue (*).

§ V. *Excroissances de la gencive.*

Sous l'influence des altérations des dents il se forme quelquefois des excroissances, qui naissent, par une végétation rapide, de la gencive, près de la dent malade et en contact avec elle.

En général, on les excise facilement avec un bistouri, ou tout autre instrument approprié, ce qui peut varier selon la position qu'elles occupent et l'étendue de leur base.

Elles se reforment souvent après avoir été excisées, et redeviennent, dans l'espace d'un ou deux jours, aussi volumineuses que jamais; mais, en général, ces chairs nouvellement formées ne tardent pas à mourir, et la maladie se termine favorablement.

Ces excroissances offrent souvent une apparence cancéreuse qui détourne le chirurgien d'y mettre la main. Mais lorsqu'elles naissent tout d'un coup de la gencive, et que leur présence est le seul signe de maladie, il est probable qu'elles n'ont aucune disposition de mauvaise nature.

J'ai vu des cas où elles avaient une base très-large, et où il n'était pas possible de les extirper complétement; cependant leur excision n'était suivie d'aucune conséquence fâcheuse. Elles se reproduisent souvent au bout de quelques années, et alors elles constituent une maladie très-incommode.

Après leur extirpation, il est souvent nécessaire d'appliquer le cautère actuel pour arrêter l'hémorragie, car les artères qui pénètrent dans les parties morbidement développées, augmentant elles-mêmes de volume, deviennent malades aussi et perdent la faculté contractile qui appartient aux artères saines (**).

§ VI. *Abcès profonds des mâchoires.*

Il se forme quelquefois des abcès plus profondément situés que ceux qu'on appelle communément des parulies. Ces abcès ont souvent des conséquences très-graves, car ils donnent naissance à la carie, etc. Ils

(*) Tout chirurgien qui a vu beaucoup de maladies des dents, sentira que ces longs détails sur le traitement de la parulie, ou mieux de *l'abcès alvéolaire*, sont tout à fait surérogatoires. *Il faut* extraire les racines qui sont la cause de la parulie, sans quoi tous les autres moyens resteront sans succès. 　　　　　T. B.

(**) Toutes les fois que les tumeurs qui viennent d'être décrites ont pour cause l'irritation qui résulte de la présence d'une dent malade ou privée de vie, elles renaissent toujours après leur excision, tant qu'on ne fait point cesser leur cause par l'extraction de la dent; et il arrive souvent qu'après cette opération, elles disparaissent spontanément. Il n'est pas rare de voir les tumeurs de cette espèce masquer si complétement le chicot qui a déterminé leur développement, que ce n'est qu'après leur excision qu'on reconnaît quelle en était la cause. C'est pourquoi, dans tous les cas de ce genre, il est nécessaire de rechercher soigneusement, après l'enlèvement de la tumeur, s'il n'existe point une racine dans la mâchoire. 　　　　　T. B.

proviennent ordinairement d'une maladie de quelque dent, et plus particulièrement d'une cuspidée, parce que les dents de cette classe pénètrent plus avant dans la mâchoire que les autres. Comme ces dents s'enfoncent dans la mâchoire au delà de l'union de la lèvre avec la gencive, si un abcès se forme au niveau de leur pointe, il se fraye un chemin à travers les téguments communs de la face plus facilement qu'entre la gencive et la lèvre, ce qui déforme le visage; lorsque l'abcès est situé dans la mâchoire inférieure, le malade paraît être atteint d'une affection scrofuleuse.

A la mâchoire supérieure la maladie produit une cicatrice désagréable sur le visage, à un demi-pouce environ du nez.

Ces abcès, bien qu'ayant souvent pour point de départ une maladie des dents ou des gencives, appartiennent cependant en propre à la chirurgie commune; mais le chirurgien doit avoir recours au dentiste, si son assistance est nécessaire pour arracher une dent, ou pour pratiquer toute autre opération qui rentre dans ses attributions.

Il arrive quelquefois que l'abcès est situé à une certaine distance de la racine de la dent malade; cela s'observe dans les deux mâchoires, mais plus fréquemment, je crois, dans la mâchoire inférieure. Lorsqu'il menace de s'ouvrir à l'extérieur à travers la peau de la face, il faut se hâter d'empêcher cette terminaison, en pratiquant de très-bonne heure une ouverture à la tumeur, en dedans de la lèvre, où il est généralement très-facile de la sentir. Cette pratique est plus nécessaire encore quand l'abcès est situé dans la mâchoire inférieure que lorsqu'il a son siége dans la mâchoire supérieure, parce que le pus tend alors par son poids à produire l'ulcération inférieurement d'une manière plus rapide. J'ai vu cette méthode réussir, même dans les cas où le pus était arrivé assez près de la peau pour l'enflammer. Lorsque la maladie occupe la mâchoire supérieure, on peut faire une ouverture moins grande, attendu que le pus s'écoule de haut en bas.

Pour prévenir une récidive, il est nécessaire dans la plupart des cas, d'arracher la dent qui est la cause première de l'abcès ou qui est devenue malade consécutivement, et dont la présence peut, dans l'un ou l'autre cas, amener la reproduction de la maladie.

Il faut faire laver fréquemment la bouche, et, tandis que l'eau y est renfermée, comprimer la peau au niveau de l'abcès.

Si la vitalité de l'os est détruite, il s'exfoliera; et très-probablement deux ou trois dents seront éliminées avec le séquestre. Il y a peu de chose à faire dans de tels cas, si ce n'est que le malade doit tenir sa bouche aussi propre que possible en la rinçant fréquemment; et lorsque l'os s'exfolie, il faut enlever les fragments nécrosés le plus promptement possible. Il n'arrive alors que trop souvent que le dentiste croie devoir agir beaucoup, et qu'il fasse du mal faute de connaissances suffisantes.

§ VII. *Abcès du sinus maxillaire.*

Le sinus maxillaire est très-sujet à s'enflammer et à suppurer, consécutivement à des maladies des parties environnantes, et surtout par suite de l'oblitération du pertuis par le moyen duquel il communique avec les fosses nasales. Il n'est pas facile de déterminer si cette oblitération agit comme cause, ou est simplement un effet; mais à en juger par quelques-uns des symptômes, il y a beaucoup de raisons pour croire qu'elle constitue un phénomène consécutif. Si l'on admettait que cette oblitération agît comme cause, on pourrait supposer que le mucus qui se produit naturellement dans cette cavité, venant à s'y accumuler, en irrite les parois et y allume de l'inflammation pour favoriser sa propre évacuation, de même qu'une obstruction au passage des larmes à travers le canal destiné à les conduire dans le nez, produit un abcès du sac lacrymal.

Cette inflammation du sinus produit une douleur que l'on prend d'abord pour une douleur de dent, surtout s'il se trouve une mauvaise dent de ce côté; dans ces cas, cependant, le nez participe plus à la maladie qu'il ne le fait communément dans un simple mal de dents.

L'œil s'affecte également, et l'on voit souvent une vive douleur se faire sentir au front dans le point correspondant aux sinus frontaux; mais ces symptômes ne sont point assez tranchés pour faire distinguer la maladie. C'est au temps à dévoiler la cause de la douleur; en effet, cette douleur dure ordinairement plus longtemps que celle qui provient d'une dent malade, et devient de plus en plus intense. Ensuite, on observe une rougeur située à la partie antérieure de la joue, un peu au-dessus des racines des dents, et au même endroit une induration très-circonscrite. Cette induration peut être sentie assez haut en dedans de la lèvre.

Comme il est souvent question de cette maladie dans les ouvrages de chirurgie, je me bornerai sur ce sujet aux remarques suivantes.

La première partie du traitement, aussi bien que pour tous les autres abcès, consiste à faire une ouverture, mais non pas dans la partie où l'abcès menace de s'ulcérer, car ce serait ordinairement dans la peau de la joue.

Si la maladie a été reconnue de bonne heure, avant qu'elle ait produit la destruction de la partie antérieure du sinus, il y a deux manières d'ouvrir l'abcès : l'une consiste à perforer la cloison située entre le sinus et la fosse nasale correspondante; on peut y recourir; l'autre consiste à arracher la première ou la seconde molaire de ce côté, et à perforer la cloison qui sépare la racine du procès alvéolaire du sinus, de manière qu'à l'avenir le pus puisse être évacué par cette voie.

Mais si la partie antérieure de l'os a été détruite, on peut faire une ouverture en dedans de la lèvre, où l'on sent le plus souvent la tumeur formée par l'abcès. Cette ouverture est plus susceptible que la précédente de se cicatriser et de déterminer consécutivement une nouvelle accumulation; pour éviter ces récidives autant que possible, il faut mettre en usage tous les moyens qui sont propres à empêcher les plaies de se cicatriser ou de s'oblitérer. Or, cette pratique devient fatigante pour le malade; c'est pourquoi il vaut mieux donner la préférence à l'extraction de la dent, opération à laquelle on ne peut adresser la même objection (*).

(*) La véritable nature de cette affection est généralement méconnue, et l'erreur est perpétuée par l'application impropre du mot *abcès*. La maladie n'est pas autre chose qu'une altération de sécrétion de la membrane muqueuse qui tapisse le sinus, altération qui est l'effet d'une condition locale parfaitement analogue à celle dans laquelle se trouve la membrane urétrale affectée de gonorrhée. L'orifice naso-maxillaire n'est pas toujours oblitéré dans cette maladie. Mais, lors même que cette communication reste libre et permet l'évacuation facile de la sécrétion mucoso-purulente, on ne peut porter aucun remède sur la membrane malade sans arracher une dent, afin de pouvoir perforer le plancher du sinus. Pour cette dernière opération, on emploie ordinairement un petit trocart, et le traitement est semblable à celui de la gonorrhée, pour ce qui concerne les injections stimulantes ou astringentes qui, ici, sont à l'abri des objections qu'on a opposées à leur emploi dans la maladie qui vient d'être citée.

T. B.

CHAPITRE II.

DES MALADIES DES PROCÈS ALVÉOLAIRES, ET DE LEURS EFFETS CONSÉCUTIFS.

Après avoir traité des maladies des dents elles-mêmes, et de celles des alvéoles et des gencives, qui en proviennent ou qui sont de même nature que celles qui en proviennent, je dois maintenant m'occuper des maladies qui ont leur siége primitif dans l'alvéole, la dent étant parfaitement saine. Ces maladies se réduisent à deux, et même je ne répondrais pas qu'elles ne sont point essentiellement la même maladie, soit qu'elles proviennent toutes deux de la même cause, soit qu'elles se trouvent sous la dépendance l'une de l'autre.

La première de ces deux affections est la destruction des procès alvéolaires qui, chez beaucoup de personnes, sont absorbés peu à peu et emportés dans le torrent de la circulation. Cette destruction commence au bord de l'alvéole et s'étend graduellement vers sa racine ou son fond.

La gencive, qui est soutenue par le procès alvéolaire, se détache du corps de la dent et s'en éloigne à mesure que l'alvéole se détruit, ce qui fait que le collet d'abord, et ensuite une étendue plus ou moins grande de la racine, se trouvent mis à découvert. Il en résulte que la dent devient très-branlante et finit par tomber.

L'autre affection consiste en ce que l'alvéole s'oblitère par son fond, ce qui pousse la dent de plus en plus au dehors. Commé cette maladie existe rarement sans être accompagnée de l'autre, il est très-probable qu'elles dérivent, en général, toutes deux de la même cause. La seconde, dans ces cas, peut être un effet de la première. Le plus souvent elles combinent leur action pour hâter la chute de la dent. Mais il arrive quelquefois qu'elles agissent séparément; car j'ai vu des cas où la gencive quittait la dent, sans que celle-ci fût poussée en dehors le moins du monde. D'un autre côté, j'ai vu des cas où la dent faisait saillie de plus en plus, quoique la gencive conservât sa hauteur. Mais lorsque les gencives cèdent, elles deviennent, en général, très-malades; et, comme elles sont séparées à la fois des dents et du procès alvéolaire, il se fait une suppuration sur toute la surface qui a perdu ses adhérences.

Bien qu'on doive considérer comme des maladies la destruction progressive du bord des alvéoles et leur oblitération par leur partie profonde, lorsque cette destruction et cette oblitération se manifestent à une époque peu avancée de la vie, ce ne sont cependant que des phénomènes naturels qui s'accomplissent trop tôt. En effet, ainsi que nous l'avons vu dans la première partie de ce traité, c'est une chose très-commune dans la vieillesse. En outre, comme on observe ces effets à tout âge, lorsque par l'avulsion d'une dent on a détruit les connexions qui existaient naturellement entre la dent et son alvéole, on est admis à supposer que la cause première de ces maladies consiste dans la cessation de l'harmonie parfaite qui doit exister entre la dent et l'alvéole, d'où il peut résulter un stimulus semblable, jusqu'à un certain point, à celui que produirait la perte de la dent, et qu'on peut rétablir les dispositions naturelles des parties en faisant cesser ce stimulus morbide d'où dépendent l'absorption du procès alvéolaire et l'oblitération de l'alvéole. Cette dernière opinion est fortifiée par le cas suivant.

Chez une jeune dame, une des premières incisives de la mâchoire supérieure descendait graduellement hors de l'alvéole. Cette dame demandait qu'on lui transplantât une dent qui fût mieux proportionnée à l'alvéole devenu moins profond. Elle me consulta à ce sujet, et je lui objectai qu'il était à craindre que la même disposition morbide ne se continuât, et qu'alors la nouvelle dent serait probablement repoussée au dehors au bout de six mois environ, espace de temps qui avait suffi à l'abaissement de la dent ancienne ; qu'une amélioration de si courte durée serait peut-être tout l'avantage qu'elle retirerait de l'opération. Mais je fis remarquer en même temps qu'il était possible que l'opération eût pour effet de détruire la disposition de l'alvéole à s'oblitérer, de manière que la nouvelle dent pourrait peut-être conserver sa position. Cette idée fit pencher la balance en faveur de l'opération, qui fut pratiquée. Le temps prouva la justesse de mon raisonnement ; la dent se fixa, et resta en place pendant plusieurs années.

Les maladies qui nous occupent sont souvent produites par des causes visibles. Tout ce qui détermine dans les organes qui avoisinent les dents une inflammation considérable et longtemps continuée, comme la salivation, en particulier, peut donner naissance à ces effets. Le scorbut, lorsqu'il est porté très-loin, attaque aussi les gencives et les procès alvéolaires, et devient une cause de destruction pour ces parties. C'est ce qu'on remarque surtout dans le scorbut qui se développe en mer.

Quand la maladie provient de ces deux dernières causes, les gencives sont affectées de la même manière que les procès alvéolaires, soit idiopathiquement, soit par sympathie. Elles se gonflent, deviennent molles et sensibles, et saignent très-abondamment à la moindre pression ou au moindre frottement.

Jusqu'à quel point ces maladies peuvent-elles être prévenues ou guéries ? C'est, je crois, ce qui ne peut être déterminé.

La pratique la plus généralement suivie consiste à scarifier largement les gencives ; on se propose ainsi de raffermir les dents rendues branlantes par la maladie, qui, par conséquent, a déjà fait beaucoup de progrès le plus souvent avant que l'on ait fait même une tentative pour amener la guérison. Ces scarifications ont certainement un bon effet dans certains cas, car les dents deviennent beaucoup plus solides; mais on ne peut déterminer quel était le degré de destruction du procès alvéolaire dans ces cas. Peut-être n'y avait-il qu'un engorgement général de la membrane qui est située entre la dent et le procès alvéolaire, comme cela a lieu dans une légère salivation, ce qui repoussait un peu la dent hors de l'alvéole, de sorte que la dent ne devenait plus solide que parce que cet engorgement se dissipait sous l'influence de l'écoulement sanguin abondant; ou bien il est possible qu'en produisant une inflammation d'une autre nature, on détruise la première inflammation ou disposition à l'inflammation; c'est ce qui a eu lieu évidemment chez la jeune dame dans le cas qui a été rapporté ci-dessus.

Si ce moyen de traitement est sans succès et que la dent continue à sortir de son alvéole, elle devient très-gênante, ou, au moins, constitue une grande difformité. A la vérité, quand la maladie déplace une dent de devant, elle n'est point d'abord aussi incommode que lorsque c'est une molaire, parce que les dents de la première classe se recouvrent ordinairement, mais elle produit un effet très-désagréable à l'œil.

Si la cause ne peut être détruite, l'effet doit être l'objet de notre attention. La seule chose que l'on puisse faire, c'est de limer la partie qui déborde; mais il faut avoir soin de ne pas limer jusqu'à la cavité de la dent, car il en résulterait probablement de la douleur, de l'inflammation et d'autres accidents plus ou moins graves. Toutefois, ce moyen est très-pénible, car il est difficile de limer une dent branlante. A la longue, la dent finit par tomber, ce qui fait cesser les inconvénients.

S'il est vrai que les alvéoles étaient réellement détruits dans les cas où des dents branlantes se sont raffermies, ces alvéoles se sont-ils reproduits en vertu d'une force analogue à celle par laquelle ils se développent primitivement, ou bien la consolidation de la dent a-t-elle été l'effet de la contraction de la gencive et du procès alvéolaire autour de la dent? Il est difficile de répondre à cette question. Quand la maladie est causée par le scorbut, les premières tentatives doivent avoir pour but la guérison de l'affection scorbutique; ensuite, le traitement local qui vient d'être indiqué peut être utile.

En même temps qu'on tire du sang des gencives, on y applique toujours des astringents pour les raffermir. Mais quand la maladie provient, non d'une cause constitutionnelle qui peut être détruite, comme le scorbut de mer ou la salivation, mais d'une disposition qui a son siége dans les parties mêmes, ces médicaments n'ont guère d'efficacité.

La teinture de myrrhe, celle de quinquina et l'eau de mer, font partie des topiques qui ont été recommandés.

J'ai vu retirer de très-bons effets de l'usage de la teinture de quinquina mêlée avec le laudanum, dans la proportion de deux parties de teinture de quinquina pour une de laudanum : ce mélange doit être employé fréquemment, et tenu chaque fois dans la bouche pendant dix, quinze ou vingt minutes (*).

(*) La pratique qui a été conseillée plus haut et qui consiste à limer une dent lorsqu'elle est poussée hors de son alvéole, ne peut être que très-nuisible sous plus d'un rapport. La cause immédiate de la sortie de la dent est, comme Hunter le fait observer, la production d'une matière osseuse qui se dépose dans l'alvéole; or, ce travail d'ossification ayant pour cause une irritation quelconque du périoste, on doit éviter tout ce qui est susceptible d'augmenter cette irritation ; et c'est sans aucun doute ce que ferait l'action de la lime, qui, en outre, tendrait à détruire les adhérences de la dent avec l'alvéole, et à diminuer l'appui que lui prête ce dernier. Ce qui paraît être le plus convenable, c'est d'appliquer des sangsues de temps en temps, particulièrement lorsqu'en touchant la dent on produit une sensation extraordinaire, qui annonce un certain degré d'inflammation dans le périoste de l'alvéole. Cette pratique peut être suivie de l'usage des lotions astringentes. Il est inutile d'ajouter que toute violence doit être éloignée de la dent, et qu'on doit même éviter de la toucher. Les ligatures surtout sont nuisibles. T. B.

CHAPITRE III.

DES MALADIES DES GENCIVES, ET DE LEURS EFFETS CONSÉCUTIFS.

§ Ier. *Affection dite scorbutique des gencives.*

Les gencives sont très-sujettes à une maladie dont les symptômes, lorsqu'elle est arrivée à une période avancée, sont semblables, en général, à ceux qui ont été décrits dans le chapitre précédent.

Elles se tuméfient, deviennent extrêmement sensibles, et saignent avec une grande facilité. Ces symptômes ont de l'analogie avec ceux qu'on observe dans le vrai scorbut; la maladie est désignée généralement par le nom de scorbut des gencives.

Mais cet aspect des gencives paraît être la principale forme morbide que revêtent ces organes, et il est probable que ces mêmes symptômes peuvent être produits par des causes très-diverses. En effet, j'ai vu souvent des apparences semblables chez des enfants de constitution évidemment scrofuleuse, et j'ai soupçonné la même cause chez des adultes. Ces symptômes se montrent fréquemment aussi chez des sujets qui sont parfaitement sains sous tous les autres rapports.

Le ramollissement des gencives commence à leur bord libre. Leur surface cesse d'être lisse en cet endroit, et il s'y forme comme un rebord épaissi et raboteux. La portion de gencive qui est située entre les dents se gonfle, s'élève dans beaucoup de cas comme les chairs fongueuses, et se montre souvent très-douloureuse au toucher.

L'inflammation est souvent portée assez loin pour déterminer l'ulcération de la gencive. Voilà pourquoi, dans beaucoup de cas, on aperçoit sur la gencive un ulcère commun qui amène la dénudation d'une partie de la dent. Ce travail d'ulcération s'établit tantôt dans un point circonscrit, tantôt sur une seule mâchoire, et quelquefois sur la totalité des gencives, dans les deux mâchoires.

Quand la gencive est détruite par l'ulcération, il arrive souvent que le procès alvéolaire disparaît par le mécanisme qui a été décrit ci-dessus (p. 109), par suite de sa participation à l'inflammation, soit que la même cause agisse sur lui, soit par sympathie. Il se fait toujours alors, de la surface intérieure des gencives et des procès alvéolaires, un écoulement abondant de pus, qui suit le trajet de la dent pour s'évacuer au dehors.

On observe dans beaucoup de cas que, pendant que les gencives s'ulcèrent dans un point, elles se tuméfient dans un autre où elles deviennent spongieuses et pendent lâchement sur les dents. Ces dernières altérations existent souvent lors même qu'il n'y a aucune ulcération.

Le traitement consacré dans cette maladie, lorsque les gencives se tuméfient au point de former des espèces de végétations, consiste généralement à exciser toutes les saillies fongueuses de la gencive. J'ai vu ce moyen réussir plusieurs fois. Cependant je ne le considère point comme la meilleure pratique à suivre; car ce n'est pas une substance accidentelle qui est ainsi enlevée, comme dans les cas de granulations exubérantes dans un ulcère; mais on détruit une partie de la gencive elle-même, comme on pourrait, au moyen du bistouri, réduire à son volume naturel une partie qui a subi un grand accroissement par l'inflammation, ce qui serait certainement une mauvaise pratique. Je pense que les avantages qu'on retire de cette opération sont dus à l'écoulement de sang qui a lieu, d'autant plus que je me suis assuré par l'expérience que la simple scarification des gencives produit le même résultat. Lorsqu'il y a des raisons de croire que la maladie a son point de départ dans un état particulier de la constitution, le traitement doit être dirigé de manière à détruire cette condition particulière.

Si la constitution est scorbutique, il faut avoir en vue, dans le traitement, la maladie primitive. Si elle est scrofuleuse, le traitement local qui consiste à faire une plaie aux parties peut être nuisible; les bains de mer et les lotions fréquentes dans la bouche avec l'eau de mer, sont alors les moyens de guérison les plus puissants que je connaisse (*).

§ II. *Engorgement calleux des gencives.*

Les gencives sont aussi sujettes à d'autres maladies, qui sont indépendantes de leurs connexions avec les alvéoles et avec les dents, et qui n'appartiennent pas tout à fait à notre sujet actuel.

Une de ces maladies, qui est très-commune, consiste dans un épaississement particulier de la gencive. Il se forme alors en un point circonscrit, une tumeur dure et comme calleuse, qui ressemble à une excroissance. Plusieurs de ces tumeurs ont une apparence cancéreuse qui empêche le chirurgien d'y toucher; mais, en général, de telles craintes ne sont pas fondées.

On peut souvent, mais pas toujours, enlever ces tumeurs avec le

(*) Dans les cas les plus graves que j'aie eu l'occasion d'observer, après qu'aucun autre moyen n'avait réussi à produire un soulagement durable, les bains de mer et les lotions d'eau de mer se sont montrés efficaces, ainsi que Hunter l'a remarqué. Il est très-probable que l'effet tonique général du changement d'air et de lieu, et l'éloignement de toutes les influences débilitantes qui résultent de l'application assidue aux affaires, de la vie des villes et des habitudes de cette vie, ont puissamment aidé ces moyens thérapeutiques. Mais il paraît que l'emploi local de l'eau de mer a réellement beaucoup d'efficacité.   T. B.

bistouri. L'hémorragie qui succède à l'excision est ordinairement si considérable qu'il est souvent nécessaire d'appliquer le cautère actuel.

Ces tumeurs se reproduisent quelquefois, ce qui oblige le malade à subir de nouveau la même opération. J'en ai vu qu'on a dû extirper six fois. Mais quand il en est ainsi, il est probable qu'elles ont réellement une disposition cancéreuse; c'est du moins ce que j'ai constaté dans deux cas qui se sont présentés à mon observation.

Ici, c'est l'habileté du chirurgien qui est requise plutôt que celle du dentiste.

CHAPITRE IV.

DOULEURS NERVEUSES DES MACHOIRES.

Il est une maladie des mâchoires qui semble n'avoir en réalité aucun rapport avec les dents, mais dont on croit en général que les dents sont le point de départ. Il est important d'en parler ici, car souvent les praticiens ont été trompés par elle, et des dents saines ont été quelquefois arrachées par une fâcheuse méprise.

La douleur qui constitue cette maladie a son siége dans un point limité des mâchoires. Comme une simple douleur ne démontre rien, on soupçonne souvent une dent d'être altérée, et quelquefois on en fait l'extraction. Néanmoins la douleur persiste, avec cette différence cependant qu'elle semble maintenant siéger dans la racine de la dent voisine. Le malade ou le chirurgien suppose alors qu'on n'a point arraché la dent malade, et dans cette idée, on arrache également celle qui paraît être le siége actuel de la douleur, mais sans un meilleur résultat. J'ai vu des cas de ce genre dans lesquels on avait extrait toutes les dents du côté affecté, et la douleur persistait dans la mâchoire. D'autres fois, cette pratique a eu un effet différent : la sensation douloureuse est devenue plus diffuse et a enfin attaqué le côté correspondant de la langue. Dans le premier cas, j'ai vu recommander de faire une incision sur la mâchoire, et même de la perforer et de la cautériser ; mais ces moyens ont été sans effet.

Il paraîtrait d'après cela, que la douleur en question ne provient d'aucune maladie locale, mais que c'est une affection entièrement nerveuse.

Elle est quelquefois produite ou exaspérée par les émotions morales ; j'en ai vu un exemple remarquable chez une jeune dame.

Elle se montre souvent périodique, et dans beaucoup de cas ses périodes sont très-régulières. Cette régularité porte à penser que l'emploi du quinquina est alors indiqué ; cependant ce médicament échoue fréquemment.

J'ai vu des cas où la maladie durait depuis quelques années, et où la ciguë a amené la guérison, tandis que le quinquina avait échoué. Mais quelquefois tous les moyens restent sans succès. Les bains de mer ont produit quelquefois des effets extrêmement heureux (*).

(*) La maladie qui est indiquée ici est évidemment celle sur laquelle on a tant écrit depuis le temps de Hunter, et qu'on a désignée par les noms de *névralgie* et de *tic*

8.

douloureux. Je ne pense pas qu'il soit nécessaire de parler, dans cette note, des cas où le mal s'est produit sous l'influence de causes constitutionnelles; son caractère de périodicité le fait alors presque toujours distinguer. Mais il ne sera pas inutile d'offrir quelques remarques sur les cas de névralgie locale qui sont plus ou moins en connexion avec les dents, et qui simulent plus ou moins le tic douloureux, surtout lorsqu'ils se présentent chez des sujets prédisposés à cette affection. Il paraît que la pression d'un corps étranger quelconque sur un filet nerveux produit la douleur particulière dont il s'agit. Il n'est donc pas rare de voir l'accumulation de matière osseuse accidentelle à l'extrémité de la racine d'une dent, la présence d'une dent privée de vie et toute autre cause semblable, donner naissance à cette douleur. J'ai vu un cas dans lequel tous les remèdes internes employés ordinairement contre le tic douloureux, avaient été mis en usage sans résultat contre une affection de cette nature dont les attaques étaient devenues excessivement violentes. Ayant appris que la douleur existait depuis l'extraction d'une dent, j'examinai avec soin la partie, et je découvris sous le bord de la gencive une petite pointe osseuse appartenant au procès alvéolaire. En touchant ce fragment osseux on excitait à l'instant le paroxysme douloureux. L'extraction de cette pointe osseuse fut suivie d'une guérison complète. Je rapporte ce fait pour faire voir comment une cause très-légère peut produire les plus vives douleurs de ce genre, et pour faire sentir la nécessité d'un examen attentif et même minutieux de la partie dans laquelle la douleur paraît avoir son origine.   T. B.

CHAPITRE V.

DE LA MATIÈRE ÉTRANGÈRE QUI SE FORME SUR LES DENTS.

Certaines parties des dents se trouvent en dehors de tout frottement ; ce sont celles qui sont comprises dans les angles rentrants que forment les dents par leur contact réciproque, et dans la dépression légère qui existe entre la dent et la gencive.

Les humeurs buccales sont refoulées et stagnent dans ces points, où elles font d'abord paraître le tissu de la dent taché ou sale. A cette époque, la dent se montre ordinairement très-nette dans une certaine étendue à partir de son bord tranchant, à cause du mouvement qu'exécutent les lèvres sur cette partie et du contact des aliments, etc. La dent est encore assez propre tout près de la gencive, à cause des mouvements du bord libre de cette dernière; mais cette circonstance ne s'observe que chez les sujets dont les gencives sont parfaitement saines, car chez les autres, ce bord libre de la gencive est détruit ou ne possède plus sa mobilité.

Si l'art n'intervient pas alors, comme le mouvement naturel des parties ne suffit point pour nettoyer la dent, l'incrustation augmente et recouvre une portion de plus en plus grande de la dent. En général, la mastication conserve propre la partie voisine du bord et des surfaces triturantes, et le mouvement des lèvres retarde jusqu'à un certain point les progrès de l'incrustation sur la face extérieure des dents, de sorte que la matière s'accumule dans les angles rentrants formés par les dents adjacentes, jusqu'à ce qu'elle s'élève presque jusqu'à la gencive; son augmentation étant alors retardée dans ces points, elle s'accumule sur le bord de la dent voisin de la gencive, de manière qu'elle finit par passer par-dessus cette dernière, dont elle recouvre une étendue plus ou moins grande. Lorsqu'elle est parvenue jusqu'à la gencive, ce qui arrive très-promptement, surtout dans l'angle qui se trouve entre les dents, elle en détermine l'ulcération, et devient l'origine d'un grand nombre d'accidents. Souvent les gencives, *reculant* devant l'accumulation de cette matière, deviennent très-douloureuses au contact et sujettes à saigner.

Les procès alvéolaires participent souvent à la souffrance des gencives, et s'ulcèrent; d'où il résulte que les dents sont privées de leur soutien et finissent par tomber, comme dans les maladies déjà décrites de ces parties.

Toutes nos humeurs contiennent une quantité considérable de terre calcaire, qui y est à l'état de dissolution, et qui s'en sépare par l'exposition au contact de l'air, mais en restant associée avec le mucus ; de sorte que la matière étrangère qui incruste les dents se compose de terre et de mucus ordinaire (voyez la *note* de la page 82).

La disposition qu'ont les humeurs de la bouche à présenter une grande quantité de terre, semble être particulière à quelques individus, peut-être à certaines constitutions. Mais je n'ai pu déterminer quelle est la nature de ces constitutions. On voit des personnes qui paraissent n'avoir rien de particulier dans la constitution ou dans le mode de vie, et chez qui cependant cette accumulation se fait si abondamment, que les moyens ordinaires de la prévenir, comme de laver ou de brosser les dents, restent complétement inefficaces.

Cette disposition est si forte chez quelques personnes, que la concrétion se forme sur tout le corps de la dent. J'ai vu même s'encroûter ainsi la surface triturante des molaires, et souvent deux ou trois dents sont comme cimentées ensemble. Je pense qu'un tel effet ne peut guère se produire que chez ceux qui ne font que rarement ou jamais usage des dents ainsi réunies. La matière est très-portée à s'accumuler sur une dent lorsque la dent correspondante de l'autre mâchoire n'est plus dans son alvéole.

J'ai vu un cas de ce genre dans lequel l'accumulation, qui s'était faite sur une molaire, constituait au dedans de la bouche une véritable tumeur qui faisait faire à la joue une saillie considérable. Toutes les personnes qui palpaient cette tumeur, la prenaient pour une tumeur squirreuse de la joue. Mais la matière se brisa, et la nature de la tumeur fut ainsi mise au jour.

Cette accumulation débute très-souvent dans le cours d'une maladie, pendant laquelle les liquides étrangers séjournent dans la bouche. Peut-être les humeurs ont-elles alors une plus grande tendance à déposer la matière qui encroûte les dents.

Elle peut aussi être produite par toute circonstance qui empêche une personne de manger des aliments solides, parce qu'alors les différentes parties de la bouche exercent moins de frottement les unes sur les autres. Les femmes en couche en offrent un exemple ; en outre, dans ce dernier cas, l'art n'intervient point ordinairement pour tenir les dents propres.

La matière accidentelle, comme il a été dit plus haut, est composée de mucus, ou d'humeur animale, et de terre calcaire ; la terre est adhérente à la dent sur laquelle elle est cristallisée, et le mucus est enchevêtré dans les cristaux.

Le dentiste doit être très-circonspect dans l'opération qui consiste à enlever cette matière accidentelle. Il doit connaître parfaitement la différence qui existe entre le tissu primitif de la dent, et la matière qui s'est déposée dessus ; et il faut qu'il mette autant de soin à conserver la dent qu'à enlever tout ce qui n'est pas naturel. Beaucoup de personnes ont eu les dents tout à fait perdues par un nettoyage peu judicieux.

Comme la cause de cette incrustation n'est point une maladie constitutionnelle ou locale connue, mais bien une propriété de la matière sécrétée, en tant que matière inanimée seulement, le remède doit naturellement être mécanique ou chimique.

Les moyens mécaniques consistent dans les frictions, et dans l'emploi de la lime et de la curette. Le premier suffit quand les dents ne font que commencer à présenter une coloration anormale; ou bien, lorsqu'elles sont déjà propres, il peut les maintenir dans cet état. On a proposé des méthodes diverses pour l'emploi de ce moyen : quelques dentistes pensent qu'il suffit de laver les dents avec de l'eau froide et de les frotter en même temps avec un morceau de toile placé sur l'index; d'autres ont recommandé la cendre de liége, le pain brûlé, etc., dans le but d'agir sur la matière accidentelle avec plus de force qu'on ne pourrait le faire au moyen d'une brosse douce ou d'un linge.

Dans les cas où cette incrustation est plus considérable, on a employé des poudres de plusieurs espèces, comme le tartre en poudre, le bol d'Arménie, et beaucoup d'autres.

On se sert souvent de la crème de tartre, qui, en même temps qu'elle agit mécaniquement, exerce une action chimique sur la matière accidentelle qu'elle dissout.

Les autres moyens mécaniques sont les instruments qui sont destinés à curer, à ratisser et à limer le dépôt calcaire; on ne doit en faire usage que lorsque celui-ci est considérable, et alors il faut les manier avec beaucoup de prudence, parce que les dents peuvent être un peu branlantes, et parce qu'on pourrait briser une partie de la dent avec l'incrustation.

Les moyens chimiques sont des dissolvants : ce sont des alcalis ou des acides. Le sel ammoniac est très-utile à une époque peu avancée, car alors l'incrustation se compose surtout de mucus, que l'alcali enlève très-facilement. Mais il ne faut pas en user trop légèrement, parce qu'il ramollit un peu les gencives, et les rend très-douloureuses au contact.

On emploie aussi les acides avec succès, parce qu'ils dissolvent la terre calcaire; mais ils ont le grave inconvénient d'agir avec plus de force encore sur la dent elle-même, dont ils dissolvent une partie; or, c'est ce qu'on doit éviter, s'il est possible, car on ne saurait être trop avare de toutes les parties d'une dent saine.

Il est à remarquer que les personnes qui mangent beaucoup de salade et de fruits ont les dents plus propres qu'on ne les a ordinairement, ce qui est dû aux acides que contiennent ces aliments; et par la même raison, les dents sont généralement plus propres l'été que l'hiver, dans les pays qui produisent beaucoup de fruits.

Quand l'accumulation était considérable, les dents et les gencives sont douloureuses après que la concrétion a été enlevée, et sont même sensibles à l'air froid. Mais cette disposition ne persiste pas longtemps.

CHAPITRE VI.

DE L'IRRÉGULARITÉ DES DENTS.

Nous avons vu plus haut que la partie de chaque mâchoire où sont placées les dix dents de devant, est exactement de la même grandeur lorsqu'elle contient les dents de lait que lorsqu'elle contient celles de la seconde dentition, et que ces dernières tiennent souvent plus de place que les premières : quand il en est ainsi, les dents permanentes sont obligées de se ranger très-irrégulièrement.

Cette irrégularité s'observe plus souvent à la mâchoire supérieure qu'à l'inférieure, parce que la différence de grandeur entre les dents des deux dentitions y est beaucoup plus grande. Elle n'a guère lieu que pour les incisives et les cuspidées, car les dents de ces deux classes sont les seules qui soient plus larges à la seconde dentition qu'à la première. Ce sont les cuspidées qui en sont atteintes le plus souvent, parce qu'elles sont souvent formées plus tard que les bicuspidées, et qu'alors tout l'espace est pris avant qu'elles fassent leur apparition : dans ce cas, elles sont forcées de pousser en avant ou en dehors, par-dessus la seconde incisive. Cependant, la même chose arrive fréquemment aux incisives, mais rarement à un aussi haut degré. Cela vient souvent de ce que la cuspidée temporaire d'un côté ou des deux côtés ne tombe point. J'ai vu ces irrégularités aller jusqu'à produire l'apparence d'une double rangée de dents.

Les bicuspidées ont en général assez de place pour se développer, parce que les molaires temporaires occupent plus d'espace qu'elles (page 60). Cependant il n'en est pas toujours ainsi ; car j'ai vu des cas où les bicuspidées se trouvaient rejetées hors de l'arcade dentaire, très-probablement parce qu'elles avaient poussé plus tard qu'à l'ordinaire.

Ce qui prouve que l'irrégularité des dents dépend du manque d'espace dans la mâchoire, et non d'une influence que les dents de la première dentition exerceraient sur celles de la seconde, c'est que 1° dans tous les cas d'irrégularité des dents, il est à remarquer que l'espace est réellement insuffisant pour que toutes les dents puissent se placer convenablement ; de sorte qu'il en est qui se trouvent nécessairement en dehors de la courbe, et d'autres en dedans, tandis que d'autres ont leurs bords tournés obliquement et sont comme déjetées ; et 2° que les bicuspidées bien ne se placent pas ordinairement en dehors de l'arcade dentaire, qu'elles soient exposées autant que les autres aux influences des dents de la première dentition.

Puisque les dents permanentes ne reçoivent dans leur sortie aucune influence des premières dents, il ne peut être d'aucune utilité d'arracher la dent correspondante à celle qui pousse irrégulièrement, car elle se détruit à mesure que celle-ci avance. Toutefois, la seconde dent étant plus large que la dent primitive, il arrive souvent qu'elle est gênée par la dent de lait la plus rapprochée, dont la racine ne reçoit aucun stimulus du développement de la dent qui doit lui succéder, et ne se détruit point en proportion des progrès que fait la dent trop large; ainsi, l'extraction de la dent de lait contiguë est souvent utile (page 74).

Dans les cas de grande irrégularité par défaut d'espace, un point essentiel c'est d'enlever les dents qui sont le plus déviées, afin de faire de la place pour les autres et de leur permettre de venir se placer dans la courbe.

L'extraction d'une dent placée irrégulièrement serait de peu d'utilité si aucune modification ne pouvait être apportée à la situation des autres; mais on voit que le principe même en vertu duquel les dents poussent irrégulièrement est la cause qui les ramène à une position régulière s'il est convenablement dirigé. Ce principe, c'est la faculté que possèdent beaucoup de parties, et surtout les os, de se dévier sous l'influence d'une pression mécanique.

L'irrégularité des dents est l'effet d'une pression mécanique; en effet, une dent qui prend les devants sur une autre, et qui se fixe solidement dans sa place, offre un obstacle à la dent peu avancée et mobile qui se forme, et lui fait prendre une direction oblique. La même chose a lieu pour une dent complétement formée toutes les fois qu'une pression est exercée sur elle. Il est probable qu'une dent pourrait être transportée lentement et par degrés dans une partie quelconque de la bouche, car j'ai vu des cuspidées amenées par la pression jusqu'à la place des incisives. Toutefois, il est d'observation que les dents se déplacent plus facilement d'avant en arrière que dans le sens inverse, et que, quand elles ont été mues en arrière, elles sont stables dans leur nouvelle position, tandis que, lorsqu'elles ont été poussées en avant, elles ont souvent beaucoup de tendance à reculer.

L'époque la plus favorable aux déplacements des dents est celle de la jeunesse, pendant laquelle les mâchoires ont une disposition à s'adapter à toute espèce d'arrangement; plus tard, elles ne s'accommodent pas si facilement aux irrégularités des dents. Cette différence de disposition devient manifeste quand on étudie les effets de la perte d'une dent à l'âge de quinze ans et à celui de trente ou quarante ans. Dans le premier cas, nous voyons que les deux dents voisines s'approchent l'une de l'autre, également dans tous leurs points, jusqu'à ce qu'elles se touchent; mais, dans le second cas, l'espace de la mâchoire qui est devenu vacant entre les deux dents voisines reste le même, tandis que ces deux dents s'inclinent l'une vers l'autre faute d'être soutenues latéralement. Or, cette circonstance que les dents cèdent à la pression qui est exercée sur leur base, fait voir que, même chez l'adulte, elles peuvent être rapprochées les unes des autres par des moyens artificiels convenablement appliqués.

Le déplacement des dents s'opérant au moyen d'une pression qui agit latéralement sur leur corps, il faut, pour que cette pression puisse être pratiquée, que le corps de la dent ait dépassé la gencive suffisamment pour pouvoir être saisi. La meilleure époque paraît être celle qui suit immédiatement la chute des deux molaires de lait; car alors une modification naturelle s'opère dans la partie de la mâchoire qu'occupent ces dents.

Je ne décrirai que succinctement les moyens de pratiquer cette compression, car ils varient tellement suivant les circonstances, que l'on trouve à peine deux cas où l'on doive procéder de la même manière; et, en général, les dentistes connaissent assez bien les méthodes à suivre.

En général, on se sert de ligatures ou de plaques d'argent. Les ligatures conviennent mieux lorsqu'il ne s'agit que de rapprocher l'une de l'autre deux dents qui sont bien situées dans la courbe de l'arcade dentaire. Ce moyen ne donne que peu de peine, puisqu'il consiste seulement à lier les dents une fois par semaine ou par quinzaine.

Lorsqu'on veut ramener dans la courbe des dents qui poussent hors de cette ligne, il faut employer des plaques d'argent recourbées, construites d'une manière appropriée. Elles sont généralement faites pour agir sur trois points, deux points fixes pris sur les dents qui sont en place, et le troisième sur la dent que l'on veut déplacer. La partie de la plaque qui repose sur les deux dents bien placées doit être d'une certaine longueur, tandis que la partie recourbée est courte, et doit être dirigée du côté opposé à celui où tend à se porter la dent que l'on veut changer de direction. L'effet de cette plaque dépend beaucoup de l'attention qu'y donne le malade, qui doit souvent appuyer fortement dessus avec les dents de la mâchoire opposée; de sorte que cette méthode est beaucoup plus gênante pour le malade que la ligature.

Il est impossible d'indiquer d'une manière absolue quelle est la dent, ou quelles sont les dents, que l'on doit arracher dans les cas d'irrégularité. Il faut abandonner cette décision au jugement de l'opérateur, mais on pourra tirer quelque utilité des idées générales qui suivent.

1° S'il se trouve une dent qui soit de beaucoup en dehors de la rangée, tandis que toutes les autres sont régulières, on peut enlever cette dent et rapprocher l'une de l'autre les deux dents adjacentes.

2° S'il y a du même côté deux dents, comme, par exemple, la seconde incisive et la cuspidée, ou un plus grand nombre, qui soient placées très-irrégulièrement, et qu'il paraisse indifférent, sous le rapport de la régularité, que l'une ou l'autre soit arrachée, je conseillerai l'extraction de celle des deux qui est située le plus en arrière, c'est-à-dire, de la cuspidée, parce que s'il se trouve un espace qui ne soit pas rempli quand l'autre dent aura été ramenée dans la rangée, cet espace vide ne s'apercevra pas si facilement.

3° Si les deux dents que je viens d'indiquer, n'étant pas dans l'arcade dentaire, n'en sont cependant pas très-éloignées, et qu'il n'y ait pas de place pour toutes deux, il faut extraire la première bicuspidée, lors même qu'elle serait parfaitement dans la rangée, parce qu'ensuite les deux autres seront facilement ramenées à leur place, et que, s'il reste quelque vide, il se trouvera assez loin en arrière pour n'être nullement visible.

La mâchoire supérieure est souvent trop étroite d'un côté à l'autre, dans sa portion antérieure qui supporte les dents de devant, et elle déborde beaucoup en avant la mâchoire inférieure, ce qui donne à la bouche l'aspect de celle du lapin, bien que les dents soient régulièrement placées dans la courbe de la mâchoire. Dans un tel cas, il est nécessaire d'arracher une bicuspidée de chaque côté; par ce moyen, la partie antérieure de la courbe que forme l'os se reporte en arrière. On pourrait, en outre, placer transversalement au plan supérieur de la bouche une barre qui s'arc-bouterait avec force sur les deux cuspidées, et qui élargirait la courbe. Les dents de devant pourraient aussi être attachées à cette barre, ce qui aiderait la nature à les porter en arrière. Ce procédé a été employé, mais il est fort pénible.

La forme du corps et de la racine des dents, qui n'offre point une rondeur parfaite, est souvent la cause qui fait prendre aux dents une direction vicieuse. En effet, pendant leur développement, elles peuvent n'appuyer sur la dent complétement formée que par un de leurs angles, ce qui les force de tourner un peu sur leur axe. Les dents qui sont déviées de cette manière sont plus difficiles à modifier dans leur position que celles qui ont été citées précédemment, car il n'est pas possible, en général, d'exercer assez longtemps et assez constamment la pression qui serait nécessaire pour faire tourner la dent sur son axe. Cependant, pour les incisives, cet effet peut être obtenu quelquefois par les mêmes forces qui produisent le mouvement latéral; mais, lorsque l'application de ces forces n'est pas possible, ce qui arrive fréquemment, il faut arracher la dent d'une manière définitive, ou bien l'arracher pour la replacer, ou enfin lui imprimer dans son alvéole un mouvement de rotation suffisant pour lui donner une position convenable, ainsi qu'on l'a pratiqué souvent.

Un cas qui se présente souvent, et qu'il convient de mentionner ici, est celui qui consiste dans la carie de la première molaire permanente à une époque peu avancée, c'est-à-dire, avant la chute des molaires temporaires et la sortie de la seconde molaire permanente hors de la gencive. Dans ce cas, je crois qu'on doit enlever la dent malade immédiatement, lors même qu'elle ne cause aucune douleur. En effet, si cette dent est arrachée avant que les molaires temporaires soient tombées et avant que la seconde molaire permanente ait percé la gencive, les inconvénients de son absence ne tarderont pas à disparaître, car la bicuspidée du même côté se portera un peu en arrière, en même temps que la seconde et la troisième molaires viendront un peu en avant; de cette manière, l'espace vide sera comblé et ces dents seront suffisamment soutenues; en outre, l'extraction de la dent donnera de la place pour les dents de devant, qui en ont souvent très-grand besoin, surtout à la mâchoire supérieure (*).

(*) Les considérations précédentes sur l'irrégularité des dents sont en général très-judicieuses, et il serait à désirer que plusieurs des auteurs qui ont écrit sur ce sujet, eussent imité la modération de Hunter au sujet du mode de traitement à suivre. C'est surtout dans le traitement des dents pendant la seconde dentition que nous avons maintenant à déplorer les soins trop entreprenants d'une ignorance intéressée, qui consistent à extraire de bonne heure les dents temporaires, sous prétexte de *faire de la place* aux dents permanentes. On ne saurait trop condamner une telle pratique; sa cruauté est peut-être son moindre défaut, car la douleur et la frayeur qu'elle fait éprouver ne sont que momentanées; mais elle entraîne un grave inconvénient qui est permanent: c'est que si les dents temporaires sont enlevées avant que les dents permanentes soient prêtes à prendre leur place, la mâchoire se rétrécit pendant la croissance de l'enfant, d'où il résulte une fâcheuse disproportion entre le volume des dents nouvelles et l'étendue de l'arc osseux qui doit les loger.   T. B.

CHAPITRE VII.

DES IRRÉGULARITÉS QUI DÉPENDENT D'UN DÉFAUT DE PROPORTION ENTRE LES DENTS ET LES MACHOIRES.

Les mâchoires présentent quelquefois un défaut de proportion avec les dents. Ce défaut de proportion consiste quelquefois en ce que le corps de la mâchoire inférieure n'est pas assez long pour loger la totalité des dents. Alors, la dernière molaire ne sort jamais complétement de dessous l'apophyse coronoïde, et son bord antérieur seulement est mis à découvert. La gencive, qui recouvre encore en partie la dent, est froissée par ses pointes aiguës et se trouve souvent serrée entre cette dent sur laquelle elle repose, et la dent correspondante de la mâchoire supérieure. Il en résulte tant de souffrance pour le malade qu'il devient nécessaire, pour soulager la gencive, si cela est possible, de la diviser largement dans plusieurs endroits, afin qu'elle puisse se retirer et laisser la surface de la dent entièrement à découvert. Si ce moyen ne réussit pas, ce qui arrive quelquefois, il faut extraire la dent.

Lorsque les dents de sagesse existent à la mâchoire supérieure et non à la mâchoire inférieure, ces dents compriment la partie antérieure de la racine de l'apophyse coronoïde, quand la bouche est fermée; car, dans ces cas, les apophyses coronoïdes sont situées plus en avant que quand la mâchoire inférieure possède aussi ses dents de sagesse; en un mot, la correspondance exacte entre les deux mâchoires n'existe plus, et il en résulte quelquefois des inconvénients.

Dans de tels cas, je ne connais d'autre remède que l'extraction de la dent.

Des dents surnuméraires. — Lorsqu'il y a des dents surnuméraires (p. 78), il convient en général de les arracher, car ordinairement elles sont gênantes ou déforment la bouche.

CHAPITRE VIII.

DE LA SAILLIE ANORMALE DE LA MACHOIRE INFÉRIEURE.

Il n'est pas rare de voir la mâchoire inférieure faire une saillie trop considérable en avant, de façon que les dents de devant de cette mâchoire passent au-devant de celles de la mâchoire supérieure quand la bouche est fermée (p. 55), ce qui a des inconvénients et déforme le visage.

Cette difformité peut être considérablement diminuée chez les sujets jeunes. Les dents de la mâchoire inférieure peuvent être poussées en arrière par degrés, chez ceux dont les dents ne sont pas tout près les unes des autres, tandis que celles de la mâchoire supérieure peuvent être doucement amenées en avant, ce qui est beaucoup plus facile.

Ces deux effets sont produits par les mêmes forces mécaniques. Quand la saillie en avant de la mâchoire inférieure n'est pas très-prononcée, et que le malade peut porter les bords des dents inférieures derrière ceux des supérieures, il est en son pouvoir d'augmenter de plus en plus ce retrait jusqu'à ce que la mâchoire soit tout à fait à sa place, c'est-à-dire, jusqu'à ce que les molaires correspondantes se rencontrent; et il n'est pas nécessaire d'aller plus loin. On obtient ce résultat en portant souvent la mâchoire inférieure aussi loin que possible en arrière, et en serrant alors les dents avec beaucoup de force les unes contre les autres.

Mais lorsqu'il n'est pas au pouvoir du malade de porter la mâchoire inférieure assez en arrière pour permettre aux bords des dents de devant de passer derrière les dents de la mâchoire supérieure, il est nécessaire d'employer des moyens artificiels.

Le meilleur moyen artificiel est un instrument d'argent qui est creusé d'une gouttière longitudinale convenablement façonnée pour loger les dents de devant de la mâchoire inférieure, sur lesquelles l'instrument peut être fixé solidement. Cet instrument s'incline en arrière vers son bord supérieur, de manière à s'élever derrière les dents de devant de la mâchoire supérieure; de sorte que lorsqu'on ferme la bouche, les dents de la mâchoire supérieure viennent se placer sur la partie antérieure de la surface oblique de l'instrument, et sont poussées en avant par la force du plan incliné. Le malade qui porte un tel instrument doit fermer sa bouche souvent pour atteindre ce but.

Ce moyen n'a besoin d'être continué que jusqu'à ce que le bord des dents inférieures puisse être porté par la volonté seule derrière ceux des supérieures, car alors il est au pouvoir du malade d'achever la guérison comme dans le cas que j'ai supposé premièrement.

CHAPITRE IX.

DE L'EXTRACTION DES DENTS.

Dans quelques cas, l'extraction d'une dent est une opération extrême-ment délicate; dans d'autres, c'est la plus facile des opérations.

La plupart du temps on ne pense à se soumettre à cette opération que lorsque l'inflammation s'est développée; il importe donc de rechercher s'il est convenable d'arracher une dent pendant que l'inflammation existe, ou s'il faut attendre que l'inflammation ait cédé. A mon avis, il vaut mieux attendre que les parties se soient rétablies parfaitement, car lors-qu'elles sont dans un état d'irritation, elles sont plus sensibles à la dou-leur. La pratique contraire peut aussi paraître rationnelle, car on pourrait croire qu'en ôtant la dent on enlève la cause de l'inflammation. Mais lors-que l'inflammation s'est une fois allumée, l'effet se continue indépen-damment de la cause, et arracher la dent dans une telle condition, c'est plutôt faire naître une cause nouvelle d'inflammation que détruire celle qui existe déjà : il s'en est offert à moi un exemple. Cependant, on arra-che la plupart des dents au moment où l'inflammation est à son plus haut degré d'intensité, et nous ne voyons pas qu'il en résulte aucun in-convénient. Il est donc peut-être convenable d'opérer quand le malade est soutenu par une ferme résolution. Il est possible d'ailleurs que la sensibi-lité morale soit moins vive dans ce moment.

Les dents sont plus ou moins difficiles à arracher suivant leur fixité ou leur mobilité dans l'alvéole, et jusqu'à un certain point suivant la classe à laquelle elles appartiennent, et suivant leur situation (page 82). Elles sont naturellement assez fortement fixées dans l'alvéole pour exiger l'em-ploi des instruments et une main prudente et adroite; et pourtant elles sont quelquefois si peu solides, qu'elles se laissent arracher avec les doigts.

Quand les alvéoles et les gencives ont subi une altération considérable et que les dents sont très-vacillantes, il convient, dans la plupart des cas, de faire l'extraction de ces dernières. En effet, si on les laisse en place, peut-être même en les attachant aux dents voisines, elles agissent comme corps étrangers sur ce qui reste de la gencive et de l'alvéole, en déterminent l'ulcération, et produisent une destruction et un affaissement beaucoup plus considérables de ces parties que si elles eussent été arra-chées plus tôt. Il en résulte deux graves inconvénients : les dents voisines perdent une partie de leur appui, et il devient plus difficile de fixer une dent artificielle. Mais si l'on ne fait connaître vivement au malade le danger auquel il est exposé, on obtient difficilement de lui qu'il consente à la perte d'une dent qui tient encore, et surtout d'une dent qui paraît saine.

L'extraction d'une dent ne doit jamais être faite avec rapidité, car il pourrait en résulter de graves accidents, comme la fracture de la dent ou de la mâchoire; de même qu'une balle qui vient heurter contre une porte ouverte, la traverse si elle a une grande vitesse, tandis qu'elle la ferme si sa vitesse est médiocre. C'est chez les adultes, c'est-à-dire pour les dents permanentes, que cette précaution est le plus nécessaire (page 60), car chez les jeunes sujets, qui n'ont que leurs dents de lait (page 60; planche 8, fig. 16, 17, 18), la mâchoire étant moins dure, on n'a guère à craindre que la dent se brise (*).

On a assez généralement l'habitude de séparer la gencive de la dent avant de faire l'extraction, et cette pratique offre bien peu d'avantages, parce qu'elle ne peut jamais être faite qu'imparfaitement, et que la partie de la gencive qui est adhérente à la dent se détruit lorsque celle-ci est perdue. Mais si cette séparation, telle qu'elle peut être faite, épargne en somme un peu de douleur, je ne puis que la recommander; elle peut au moins, dans quelques cas, empêcher que la gencive ne soit déchirée. C'est aussi une pratique ordinaire de *fermer* la gencive, suivant l'expression vulgaire. Cette précaution est plutôt pour la forme que dans un but d'utilité réelle; car la gencive ne peut être rapprochée assez pour se réunir par première intention, et par conséquent il faut que la cavité d'où la dent est sortie suppure comme toute autre plaie. Mais comme les sensations de ces parties sont appropriées à une telle perte, et qu'il doit se faire un travail très-différent de celui qui suit la perte d'une aussi grande quantité de substance dans toute autre partie du corps, l'inflammation et la suppuration consécutives sont moins intenses (voyez page 27, *absorption des alvéoles*). On peut admettre que c'est une opération naturelle et non une action violente qui s'accomplit dans la gencive et dans l'alvéole. C'est ainsi que la sortie prématurée d'un fœtus, qui est un phénomène analogue à l'extraction d'une dent solidement fixée dans son alvéole, produit une violence locale considérable, parce qu'elle a lieu avant que les parties contenantes soient préparées à cette perte, sans cependant causer un trouble proportionné au désordre local. Il est donc en général très-inutile de rien faire à la gencive.

Quelques circonstances particulières accompagnent et suivent soit naturellement, soit accidentellement, l'extraction des dents; mais elles sont en général de peu d'importance.

Il se fait un écoulement de sang qui provient des vaisseaux de l'alvéole

(*) Je dois à M. Spence la justice de dire que ces principes paraissent être les siens, et qu'il est le seul dentiste, à ma connaissance, qui consentît à se laisser instruire, ou même qui admît qu'on pût l'égaler en savoir; je dois rendre la même justice à ses deux fils.   J. HUNTER.

et de ceux qui passent de l'alvéole à la dent (page 44; planche 8, fig. 1 à 8). L'hémorragie est ordinairement peu abondante; cependant il se présente des cas où elle est très-considérable, et alors la conformation incommode des parties fait qu'il est très-difficile de l'arrêter. Il suffit, en général, de remplir l'alvéole avec de la charpie sèche ou avec de la charpie imbibée d'huile de térébenthine, et d'appliquer par-dessus une compresse ou un morceau de liége ayant plus de hauteur que les dents adjacentes, de manière que les dents de la mâchoire opposée puissent exercer une compression sur cet appareil. On a conseillé d'emplir l'alvéole de cire molle, dans l'idée que cette cire se moulerait à la forme de la cavité, et qu'elle arrêterait ainsi l'écoulement du sang. Cette méthode peut avoir plus de succès que la précédente dans certains cas; on doit donc l'essayer lorsque la première n'a pas réussi.

Il est difficile d'arracher certaines dents sans briser le procès alvéolaire. Cette fracture est, en général, de peu d'importance; car, par suite du mode d'union qui existe entre les dents et les alvéoles, ces derniers ne peuvent guère être brisés au delà de la portion qui correspond aux pointes des racines, et même il est rare que la fracture occupe toute cette étendue. Par conséquent, il ne peut en résulter que peu d'inconvénients. En effet, la fracture n'intéresse que la partie de l'alvéole qui doit se détruire naturellement après la perte de la dent, et la partie qui ne se détruit pas s'oblitère pour servir de base et de point d'appui à la gencive. On a supposé que les esquilles sont une source d'accidents; j'ai de la peine à le croire : si elles ne sont pas assez détachées pour avoir perdu leur principe vital, elles continuent à faire partie du corps vivant, et leurs pointes s'arrondissent comme il arrive dans les autres fractures, d'autant plus qu'ici les parties ont une plus grande disposition à se détruire par absorption; si elles sont entièrement détachées, elles sont éliminées avant la contraction complète de la gencive; sinon, elles agissent comme corps étrangers, donnent naissance à un petit abcès dans la gencive, et sont expulsées de cette manière.

Il arrive quelquefois que la dent est brisée, et que la pointe ou une plus grande partie de la racine reste dans l'alvéole, ce qui suffit souvent pour que les douleurs persistent. Il faut donc extraire le fragment avec soin, si cela est possible. S'il ne peut être enlevé, la gencive le recouvre en partie, et l'alvéole se détruit jusqu'à l'endroit qu'il occupe. Le principe en vertu duquel l'alvéole se détruit donne naissance à une disposition qui a pour tendance l'oblitération du fond de la cavité, d'où il résulte que le chicot est repoussé au dehors, mais non peut-être sans avoir causé plus d'un accès de douleur. Cependant l'expulsion du chicot n'entraîne pas toujours ce dernier accident.

CHAPITRE X.

DE LA TRANSPLANTATION DES DENTS.

Quoique cette opération ne présente en elle-même aucune difficulté, elle n'en est pas moins une des plus délicates de toutes les opérations; et, parmi celles qui rentrent dans les attributions du dentiste, il n'en est point qui exige autant de connaissances chirurgicales et physiologiques. Certaines précautions sont indispensables, surtout si c'est une dent vivante qui doit être transplantée, car, alors, il faut retenir la vitalité de la dent, et nous n'avons pas à choisir parmi un grand nombre de moyens. Le malade peut faire beaucoup aussi; il doit s'y prendre de bonne heure, et donner au dentiste tout le temps que ce dernier juge nécessaire pour recueillir un nombre suffisant de dents qui paraissent être d'une grandeur convenable, etc. Il ne faut pas non plus qu'il soit trop impatient de sortir des mains du dentiste.

Les incisives, les cuspidées et les bicuspidées sont les seules dents qui puissent être changées, parce que leur racine est simple. La transplantation réussit mieux pour les incisives et les cuspidées que pour les bicuspidées, parce que la racine de ces dernières est souvent bifurquée à son extrémité, ce qui empêche l'opération d'être aussi parfaite.

Il n'est guère possible de transplanter une molaire, car il y a très-peu de chances de trouver une dent qui s'adapte parfaitement à l'alvéole. Le dentiste peut, il est vrai, réussir à y adapter une dent privée de vie, lorsqu'après avoir arraché une molaire, il trouve l'alvéole dans un état d'intégrité parfaite.

De l'état des gencives et des alvéoles. — Ce qui doit attirer l'attention tout d'abord, c'est l'état des alvéoles et des gencives de la personne qui doit recevoir la dent nouvelle.

Si la dent qui doit être enlevée n'est pas malade dans sa totalité, il est très-probable que l'alvéole est sain et entier. Mais si le corps de la dent est détruit depuis un certain temps, et que la racine ne forme plus que ce que l'on appelle communément un chicot, il y a tout lieu de croire que cette racine a commencé à se détruire à sa surface externe et à sa pointe, et alors l'alvéole aura commencé à s'oblitérer dans la même proportion. S'il en est ainsi, on ne peut espérer aucun succès. Toutefois, dans la transplantation des dents, il faut commencer par arracher la dent malade, on connaîtra par elle l'état de l'alvéole; de sorte qu'on abandonnera qu'on arrachera la dent *scion* (*); selon l'aspect que présentera la dent malade.

Si les apparences ne sont pas favorables, et qu'il ne soit pas probable que la dent *scion* puisse être introduite de manière à s'unir à l'alvéole à la place du chicot, il est bon que le dentiste ait sous la main quelques dents privées de vie, afin de chercher s'il ne s'en trouvera pas une qui puisse s'adapter à l'alvéole. J'ai vu de ces dents qui sont restées en place un grand nombre d'années, surtout quand elles étaient bien soutenues par les dents voisines. Cette dernière pratique est même conseillée par quelques dentistes de préférence à la première. Du reste, cette seconde opération elle-même ne doit être tentée qu'autant que l'alvéole sera sain et offrira encore une assez grande capacité; autrement, la dent ne pourrait avoir que très-peu de solidité.

Toutes les fois que la gencive est atteinte de parulie, il faut renoncer à la transplantation; car l'alvéole est toujours malade, bien que la maladie ait son origine dans la dent. A la vérité, dans un ou deux cas que j'ai observés, la parulie a été guérie par cette opération.

Si les gencives sont malades et présentent l'état spongieux qui a été décrit plus haut, la transplantation est contre-indiquée et n'offre que peu de chances de succès; il en est de même si les alvéoles ont une disposition à s'atrophier, et que la dent ait perdu une partie de ses adhérences. En un mot, il faut que les alvéoles et les gencives soient parfaitement sains. On ne doit jamais pratiquer la transplantation sur un malade qui fait usage de mercure, lors même que les gencives n'en sont pas encore affectées, car elles peuvent l'être avant que la dent soit fixée. Je vais encore plus loin : on ne doit même pas pratiquer cette opération chez une personne atteinte de quelque affection qui puisse l'obliger à prendre du mercure avant que la dent soit suffisamment consolidée. C'est pourquoi les personnes qui se sont soumises à la transplantation doivent éviter avec un soin particulier, pendant quelque temps, toutes les causes des maladies pour la guérison desquelles le mercure pourrait être nécessaire. Je ne conseillerais même pas la transplantation dans les cas où l'usage du mercure n'est suspendu que depuis peu de temps.

Il n'est pas facile de déterminer à quelle époque l'usage du mercure peut être sans inconvénients après la transplantation d'une dent. J'ai vu l'opération manquer par cette cause, selon toute apparence, après six semaines, et lorsqu'il y avait tout lieu de supposer qu'elle aurait été suivie de succès.

De l'âge qui convient pour la transplantation. — Il faut que l'alvéole soit arrivé à son entier développement; il faut aussi qu'une ou deux molaires de chaque côté des deux mâchoires aient atteint leur volume nor-

(*) Comme la transplantation des dents a beaucoup d'analogie avec l'opération qui consiste à greffer un *scion* sur un arbre, ne trouvant pas d'autre mot qui exprimât aussi bien le phénomène en question, j'ai pensé que ce terme pouvait être emprunté à l'horticulture et transporté dans le langage chirurgical. J. HUNTER.

mal, afin que les deux mâchoires soient tenues à une distance convenable l'une de l'autre, et que la dent transplantée ne soit point troublée par les mouvements de la mâchoire, pendant qu'elle se consolide. Ces conditions se trouvent réunies à l'âge de dix-huit ou vingt ans.

Il arrive cependant quelquefois qu'une dent de devant se carie avant cet âge, et même avant d'être complétement formée; on ne peut alors compter sur les avantages qui viennent d'être signalés. Mais, en pareil cas, il importe peu que la transplantation soit pratiquée ou ne le soit pas, car la simple extraction de la dent malade suffit dans la plupart des cas, attendu que les deux dents voisines peuvent être rapprochées l'une de l'autre de manière à remplir l'espace vide, et que les autres dents suivent ce déplacement, bien qu'à un moindre degré, ainsi que je l'ai fait observer en parlant des irrégularités des dents.

De la dent scion. — La dent *scion*, ou la dent à transplanter, doit être une dent jeune et arrivée à son entier développement. Il faut qu'elle soit jeune, parce que la vitalité et la tendance à s'unir sont beaucoup plus énergiques dans les jeunes dents que dans les vieilles.

Il est à peine besoin de faire observer que la dent nouvelle doit toujours être parfaitement saine, et prise dans la bouche d'une personne qui paraisse saine et bien portante. Ce n'est pas que je croie qu'une infection quelconque puisse être communiquée par les humeurs en circulation, bien que nous sachions par expérience que cet effet peut être produit par l'introduction d'une matière sécrétée de ces mêmes humeurs.

La dent *scion* doit être plus petite que celle dont elle est destinée à tenir la place. On ne peut savoir d'avance avec certitude quel est le volume de cette dent, mais on peut le connaître approximativement, dans la plupart des cas, en jugeant d'après la grosseur des corps des deux dents; cependant, comme les racines ne sont pas toujours en proportion du corps, il arrive quelquefois que cette comparaison conduit à des résultats inexacts. Il n'est pas non plus toujours en notre pouvoir d'avoir recours à ce procédé, car le corps de la dent qui doit être remplacée peut être entièrement détruit, de manière qu'il ne reste plus que la racine. Dans ce cas, il faut juger d'après la dent correspondante du côté opposé; mais celle-ci peut être elle-même détruite.

On ne court aucun risque de se tromper, a-t-on dit, en prenant la dent *scion* chez un jeune sujet. Mais l'âge n'est point une garantie, car une dent arrivée à son développement complet est de la même grandeur chez les jeunes sujets et chez ceux qui sont avancés en âge (p. 76, *développement des dents*). Pour remédier autant que possible à ces inconvénients, on peut prendre la dent *scion* sur une femme, car les dents des femmes sont, en général, plus petites que celles des hommes. Mais la difficulté subsiste lorsque c'est une femme qui est soumise à l'opération. Il est des femmes qui ont des dents si petites qu'il est presque impossible de les sortir. Quand la racine de la dent *scion* est plus volumineuse que celle de la dent qu'elle doit remplacer, il faut la diminuer, et seulement dans les points où elle est trop forte. Mais il faut tout faire pour éviter de recourir à cette opération préparatoire, car, lorsque la dent a été limée, elle a perdu toutes ses inégalités, qui contribuent à la rendre plus solide. Si, cependant, il est nécessaire d'en enlever quelque portion, il faut le faire de manière à imiter, autant que possible, la forme de la vieille dent. Le meilleur moyen, c'est d'avoir à sa disposition plusieurs personnes dont les dents soient, selon toute apparence, du volume approprié, car si la première ne convient pas, la seconde peut convenir. Je suis convaincu que l'opération a manqué plus d'une fois parce que la dent a été introduite de force dans un alvéole trop étroit. En effet, qu'arrive-t-il alors? Une partie de l'enveloppe molle de la dent, c'est-à-dire, de la membrane qui tapisse l'alvéole, est comprimée entre deux os très-durs, et toute circulation y est interceptée; la mortification s'empare de cette partie; il en résulte une parulie, et la perte de toute union entre l'alvéole et la dent; de sorte que celle-ci doit tomber.

Il n'est pas nécessaire d'ajouter que le succès est d'autant plus certain que la dent *scion* est plus promptement implantée, car tout retard a pour effet la diminution du principe vital d'où dépend l'union des deux parties (voyez pages 83 et 84).

Du replacement d'une dent saine qui a été arrachée par méprise. — Il arrive quelquefois que l'on arrache une dent qu'on croit malade parce qu'elle cause de la douleur, et que cette dent se trouve parfaitement saine. Je suis d'avis qu'on doit la replacer pour qu'aucune perte ne résulte de l'opération; probablement alors c'est la dent voisine qui sera le siége de la douleur. Une dent qui a été chassée de son alvéole par une violence extérieure doit être replacée de la même manière. Ce remplacement doit être fait aussitôt que possible; mais je pense qu'il faut le tenter même vingt-quatre heures après l'accident, ou enfin tant que l'alvéole voudra recevoir la dent, ce qui peut avoir lieu après plusieurs jours.

Cette pratique peut s'appliquer à toutes les dents sans exception; car bien que les molaires aient plusieurs racines, ces racines rentrent dans leurs cavités respectives aussi bien que le ferait une seule racine dans son alvéole unique, et il est probable d'ailleurs que lorsque la dent a été arrachée par une violence extérieure, l'alvéole s'est agrandi en cédant à la cause vulnérante. Du reste, les molaires ne sont pas aussi sujettes à cet accident que les dents de devant, à cause de leur situation et de leur solidité.

Lorsqu'une dent a été seulement luxée ou expulsée en partie, le malade ne doit pas hésiter à la repousser immédiatement dans son alvéole. Le fait suivant vient à l'appui des préceptes que je viens de donner.

M.*** reçut un coup qui chassa la première bicuspidée hors de l'alvéole et luxa la seconde. La première était tombée dans sa bouche; il la cracha par terre, mais il la ramassa aussitôt et la mit dans sa poche. Quelques heures après, il me fit appeler, me raconta l'accident et me montra la dent. En examinant sa bouche, je trouvai la seconde bicuspidée très-mobile, mais assez bien à sa place. La dent qui avait été extraite n'était pas tout à fait desséchée; mais comme elle était tombée par terre et qu'elle avait été quelque temps dans la poche, elle était très-sale. Je la plongeai immédiatement dans de l'eau chaude, et après l'y avoir laissée séjourner pour qu'elle se ramollît, je la nettoyai aussi bien que possible, et je la replaçai après avoir introduit une sonde dans l'alvéole pour briser le caillot sanguin qui le remplissait. Je liai alors cette dent et la seconde à la cuspidée et à la première molaire avec un fil de soie qui fut laissé en place pendant quelques jours et ôté ensuite. Au bout d'un mois ces deux dents étaient aussi solides que toutes les autres, et sans le souvenir des circonstances qui viennent d'être rapportées, M.*** n'aurait aucune conscience de l'accident arrivé à ses dents. Il y a maintenant quatre années que cet événement s'est passé.

De la transplantation des dents privées de vie. — On a conseillé l'implantation des dents mortes, et j'ai vu de ces dents rester en place pendant beaucoup d'années. Si l'opération réussissait toujours aussi bien avec ces dents qu'avec celles qui sont encore douées de vitalité, je leur donnerais la préférence, parce qu'il est bien plus facile de les assortir, attendu qu'on peut se procurer une bien plus grande variété de dents mortes que de dents vivantes. Mais elles ne conservent pas toujours leur couleur et elles sont très-susceptibles de se tacher. Cependant, j'en ai vu se conserver pendant plusieurs années sans aucune altération, et même, quelques-unes ont paru acquérir une transparence qui n'est pas ordinaire aux dents mortes.

Des moyens de fixer immédiatement la dent transplantée. — Lorsqu'une dent a été transplantée, la première chose à faire c'est de la fixer dans la position qu'elle doit garder, c'est-à-dire qu'il faut l'attacher aux deux dents voisines avec de la soie ou de l'algue marine (*sea-weed*). Si c'est une incisive ou une cuspidée, on doit nouer d'abord la soie au collet d'une des dents voisines, aussi près que possible de la gencive; puis, on ramène les deux bouts de la soie autour du corps de la dent *scion*, mais moins près de la gencive que pour la précédente, et on les noue à cet endroit; ensuite, on les ramène autour du collet de l'autre dent adjacente, aussi près que possible de la gencive comme pour la première, et on les y noue. Cette différence de hauteur dans la place que doit occuper la soie a pour but, ainsi que cela doit être évident, d'assujettir la dent au fond de l'alvéole.

Si la dent transplantée est une bicuspidée, on peut la fixer de la même manière; mais on peut aussi ramener la soie sur la surface triturante, entre les deux pointes; par là, la dent est maintenue plus solidement que par tout autre moyen. Il arrive quelquefois que le corps de la dent *scion* est trop long, trop épais, ou dans une position telle que les dents de la mâchoire opposée exercent une compression sur lui. Il faut avoir grand soin de prévenir cette disposition, car les dents opposées venant heurter la dent *scion* à chaque mouvement de la mâchoire, empêcheraient constamment sa consolidation. Pour remédier à cet inconvénient, on a recommandé de choisir des dents plus petites que celles qui sont remplacées; mais lors même qu'elles sont d'une grandeur convenable sous les autres rapports, elles touchent quelquefois encore les dents correspondantes de la mâchoire opposée. Lorsque cela vient de la longueur de la dent, on peut sans crainte limer une petite partie de son bord tranchant. Si cela dépend de l'épaisseur de la dent nouvelle, et que celle-ci soit placée dans la mâchoire inférieure, on peut limer une partie de la surface creuse ou concave de la dent qui lui est opposée directement. Lorsque cet inconvénient est dû à la position de la dent, on doit recourir au même moyen. En faisant attention à cette circonstance, lorsqu'on fixe définitivement la dent, on peut dans beaucoup de cas prévenir la gêne qui doit en résulter. Cependant, s'il n'était pas au pouvoir du dentiste d'y porter remède par les moyens qui viennent d'être indiqués, il faudrait alors attirer la dent en avant ou en arrière en la liant à une plaque d'argent recourbée et reposant par chacune de ses extrémités, sur les dents voisines.

Lorsque la dent qui doit être placée dans l'alvéole est trop courte, le malade hésite entre ce qui est le plus utile et ce qui est le plus agréable à l'œil. Mais la dent doit être introduite dans l'alvéole aussi avant que possible sans violence, bien qu'elle soit trop courte, et il faut négliger ici l'aspect extérieur.

C'est au malade à achever la guérison. Il faut pendant un certain temps que toute son attention se porte vers la dent qui a été implantée, et qu'il veille à lui communiquer le moins de mouvement possible. Dans beaucoup de cas, il y a de la douleur pendant quelques jours, et la gencive se tuméfie; dans d'autres, il n'y a ni douleur, ni gonflement.

Le malade doit avoir grand soin de ne pas s'exposer au froid ni à aucune autre cause de fièvre, car il compromettrait vraisemblablement le succès de l'opération. Ces précautions sont plus nécessaires en hiver qu'en été.

Dans certains cas, la dent commence à se consolider au bout de quelques jours, et la gencive l'embrasse étroitement; d'autres fois, au contraire, il se passe plusieurs semaines avant que ce résultat se manifeste, quoique la dent finisse par se fixer.

J'ai vu quelquefois la dent transplantée sortir un peu de l'alvéole, et y rentrer au même degré qu'auparavant sans que l'on eût employé aucun moyen artificiel.

La soie doit être enlevée plus tôt ou plus tard, selon le degré d'affermissement de la dent : chez quelques personnes, au bout d'une quinzaine de jours ; chez d'autres, plusieurs mois après l'opération.

Ainsi qu'il arrive pour toutes les opérations, celle que je viens de décrire n'est pas toujours suivie de succès. Il arrive quelquefois que les deux corps osseux ne contractent pas d'adhérences, et alors la dent agit souvent (*) comme un corps étranger ; au lieu de se consolider, elle de-

(*) Je dis *souvent*, car je ne pense pas qu'il en soit toujours ainsi. On sait, en effet, que des dents mortes sont restées en place pendant des années, sans affecter le moins du monde les alvéoles ou les gencives. On peut donc admettre que la même chose arrive quelquefois pour les dents vivantes qui ont été transplantées.

J. HUNTER.

vient de plus en plus mobile; la gencive se tuméfie, et il se développe une inflammation intense qui se termine fréquemment par une parulie. Dans quelques cas où l'opération n'a pas réussi davantage, ces symptômes ne se présentent point : les parties paraissent assez saines ; seulement la dent ne se consolide point, et quelquefois elle tombe.

On remarque aussi parfois un phénomène très-singulier qui s'accomplit dans la dent transplantée : l'alvéole vivant où elle est logée et la gencive, ne pouvant expulser ce corps qui est maintenu par une force supérieure, ont recours à un autre moyen pour s'en débarrasser ; ils en rongent la racine jusqu'à ce qu'elle soit entièrement détruite, par un mécanisme tout à fait analogue à celui de la destruction des racines des dents temporaires chez les jeunes sujets (page 67 ; planche 8, fig. 16, 17).

J'ai toujours pensé que dans les cas où cette pratique est suivie de succès la dent s'unit à l'alvéole par l'intermédiaire d'une substance vivante, et que cette dent reçoit dès lors les matériaux de sa nutrition de son nouveau possesseur. Cette opinion avait pour fondement des expériences faites sur d'autres parties du corps vivant (page 83), et des observations puisées dans cette pratique elle-même : ainsi, les dents transplantées conservent leur coloration, qui est très-différente de celle d'une dent morte ; car une dent vivante a un certain degré de transparence, tandis qu'une dent morte est d'un blanc opaque semblable à celui de la craie. D'un autre côté, on a vu de ces dents devenir malades de la même manière que les dents primitives vivantes ; du moins, le cas suivant prouve fortement en faveur de cette opinion : En octobre 1772, un habitant de la cité de Londres eut une dent transplantée qui était parfaitement saine et qui se fixa très-bien dans son nouvel alvéole. Au bout d'un an et demi environ, on observa à la partie antérieure du corps de cette dent, deux points qui annonçaient une carie imminente. Ces points étaient exactement semblables aux taches ou premiers signes de carie qui se forment sur les dents naturelles vivantes. Les dents transplantées font aussi quelquefois éprouver de la douleur.

Mais ce qui met ma doctrine hors de doute, c'est que si l'on greffe une dent vivante sur une partie vivante d'un animal, cette dent conserve sa vitalité, et que les vaisseaux de l'animal viennent communiquer avec elle, comme le prouve l'expérience suivante :

J'arrachai à un homme une dent saine, et après avoir fait avec une lancette une plaie assez profonde dans la partie la plus épaisse de la crête d'un coq, j'introduisis la racine de la dent dans cette plaie, et je la consolidai avec des fils qui furent passés au travers de la crête. Quelques mois après, le coq fut tué et j'injectai sa tête avec une injection très-fine. En suite la crête fut enlevée et mise dans un acide affaibli. La dent ayant été ramollie par l'action de cet acide, je divisai en deux parties égales la crête et la dent, suivant la longueur de cette dernière. Les vaisseaux de la dent étaient bien injectés, et je remarquai aussi que la surface externe de la dent adhérait partout à la crête par des vaisseaux, présentant ainsi un mode d'union semblable à celui des dents avec la gencive et les alvéoles. Je dois faire remarquer ici que cette expérience est loin d'être toujours suivie de succès. Sur un grand nombre de tentatives je n'ai réussi qu'une seule fois (*).

(*) Il me paraît inutile de discuter maintenant la valeur d'une opération qui, je crois, est tout à fait abandonnée. Les succès obtenus par Hunter dans des expériences qui consistaient à greffer des dents sur diverses parties vivantes, firent de la transplantation des dents son opération favorite, et il paraît qu'elle a été pratiquée très-souvent par lui ou d'après ses conseils. Des insuccès fréquents, même au moment de l'opération, et surtout les accidents graves qui suivirent très-souvent son exécution, ont justement porté presque tous les praticiens qui sont venus après Hunter à y renoncer. Les vives espérances que firent naître dans son esprit ardent les résultats intéressants de ses premières expériences, peuvent seules expliquer comment un homme d'un jugement aussi sain que Hunter a pu adopter une méthode contre laquelle on peut élever des objections si évidentes.

Il se rattache toutefois à l'expérience dont on vient de lire les résultats, un intérêt bien plus important que celui d'avoir fait adopter momentanément une opération défectueuse. On y trouve, en effet, un argument indirect, mais intéressant, en faveur de l'opinion qui admet que les dents sont organisées, et qu'elles ont avec le corps des connexions vivantes. On voit que les vaisseaux de la dent étaient bien injectés, et que sa surface externe adhérait partout au tissu de la crête par des vaisseaux. Dans quel but ces vaisseaux sont-ils formés; à quelle destination peut répondre l'existence d'une pulpe vasculaire dans la cavité dentaire, et d'un périoste vasculaire à la surface externe de la dent, si ce n'est pour subvenir à la nutrition de la substance osseuse qui constitue la dent, et pour servir d'intermédiaire entre cet organe et le reste de l'économie? or, ces tissus sont si évidemment vasculaires, qu'ils avaient été *bien* injectés par l'intermédiaire des vaisseaux d'une crête de coq, dans l'épaisseur de laquelle la dent avait été implantée.　　　　　　　T. B.

CHAPITRE XI.

DE LA DENTITION.

Les dents, au début de leur formation et pendant une période assez longue de leur développement, sont complétement renfermées au dedans des alvéoles et des gencives (p. 57 et 58; pl. 8, fig. 15); et, dans leur accroissement, elles agissent jusqu'à un certain point comme des corps étrangers sur les parties qui les renferment. En effet, en même temps que le travail d'accroissement s'opère dans ces organes, il s'accomplit un autre phénomène, qui consiste dans la destruction de la partie de la gencive et de l'alvéole qui recouvre la dent, phénomène qui devient la cause des symptômes douloureux et même dangereux qui se manifestent quelquefois à cette époque. A mesure que les dents augmentent de volume, elles exercent une pression de plus en plus forte contre les alvéoles ou la gencive, ce qui produit de l'inflammation et détermine l'ulcération.

Cette ulcération est une de celles qui ne s'accompagnent que rarement ou même jamais de suppuration. Cependant, dans quelques cas rares, j'ai trouvé les gencives ulcérées et le corps de la dent entouré de pus; mais je crois que cela n'arrive guère avant que la dent soit sur le point de percer la membrane qui recouvre la gencive.

Comme la dentition constitue une maladie du premier âge, maladie qui, en effet, commence presque avec la vie, ses symptômes sont plus diffus, plus généraux et plus incertains que ceux de toute autre affection propre à l'âge adulte ou de développement parfait, et produisent les apparences d'un grand nombre de maladies diverses. Mais ces symptômes deviennent moins variés et mieux caractérisés à mesure que l'enfant avance en âge, de sorte que les dents de lait qui poussent les dernières, et surtout les dents de la seconde dentition, opèrent ordinairement leur sortie sans causer beaucoup de trouble dans la constitution.

Ces symptômes sont si divers chez les différents enfants, et souvent chez le même, qu'on a peine à concevoir qu'ils viennent de la même source, et le nombre en est si considérable qu'il semble que nous ne puissions arriver à les connaître tous.

Ils constituent des maladies locales et des maladies constitutionnelles avec sympathie locale.

Les symptômes locaux s'accompagnent de douleurs dont nous pouvons supposer l'existence lorsque l'enfant est agité, mal à l'aise, lorsqu'il frotte ses gencives et porte à sa bouche tout ce qu'il tient. On observe généralement de l'inflammation, de la chaleur et du gonflement aux gencives, et la sécrétion de la salive est augmentée.

Les symptômes consécutifs constitutionnels ou généraux sont la fièvre et des convulsions générales. La fièvre est tantôt légère et tantôt violente. Elle est très-remarquable par la rapidité avec laquelle elle s'élève et s'abaisse : ainsi, dans la première heure de cette indisposition, l'enfant est parfaitement frais; dans la seconde, il est animé et d'une chaleur brûlante, et, dans la troisième, il revient à une température modérée.

Les symptômes consécutifs partiels ou locaux sont extrêmement variés et compliqués; les formes qu'ils présentent étant déterminées jusqu'à un certain point par la nature des parties où ils ont leur siége, ils simulent un grand nombre de maladies différentes. Voici ces symptômes dans l'ordre de leur plus grande fréquence :

On observe de la diarrhée; de la constipation; la perte de l'appétit; des éruptions à la peau, principalement sur la face et sur le péricrâne; de la toux; une haleine courte, avec une sorte de respiration convulsive, semblable à celle qui est commune dans la coqueluche; des spasmes locaux, soit continus, soit intermittents; tantôt une augmentation, tantôt une diminution dans la sécrétion de l'urine; un écoulement de pus par le pénis, avec émission difficile et douloureuse des urines, simulant exactement une violente gonorrhée.

Les glandes lymphatiques du cou ont de la tendance à se tuméfier à cette époque; et, si l'enfant a une forte prédisposition pour les scrofules, cette irritation provoquera le développement de cette maladie.

Il peut exister beaucoup d'autres symptômes qui n'arrivent pas à notre connaissance, car, en général, les malades ne sont pas capables d'exprimer leurs sensations.

Parmi les symptômes de la dentition, il en est plusieurs qui sont dangereux; ce sont les symptômes constitutionnels et ceux des symptômes locaux qui attaquent une partie vitale. La fièvre, à la vérité, dure rarement assez longtemps pour devenir fatale; mais les convulsions, surtout lorsqu'elles sont générales, le sont fréquemment. Les convulsions locales, quoiqu'elles se montrent souvent très-violentes, ne causent pas la mort si elles n'ont point leur siége dans une partie vitale; et, quand une partie non vitale entre en sympathie, le malade est généralement à l'abri de tout danger, car la souffrance d'une partie qui est de peu d'importance pour la vie est un motif de sécurité pour l'ensemble de l'économie.

L'irritation qui émane du phénomène de la dentition semble avoir pour premier effet la sympathie générale, et il en est ainsi ordinairement chez les sujets chez lesquels la sensibilité et l'irritabilité locales et partielles ne sont pas encore développées. Chez de tels sujets, lorsqu'une partie est irritée, tout l'ensemble sympathise, et il en résulte des convulsions générales. Mais, à mesure que la sensibilité et l'irritabilité partielles se manifestent, chaque partie, agissant en quelque sorte pour elle-même, acquiert les dispositions qui lui sont propres. Ainsi, quand une maladie locale prend naissance chez un sujet très-jeune, elle développe une disposition générale à sympathiser; mais, à mesure que l'enfant avance en âge, la faculté de sympathie se particularise, et l'on ne retrouve plus dans la constitution le même *consensus* universel des parties. Alors, quelque partie montre plus de tendance que les autres à sympathiser avec l'irritation locale; de sorte que toute la disposition pour la sympathie se concentre sur un organe particulier, qui manifeste sa sympathie suivant l'action particulière qui lui est propre. Cela vient de ce que les divers organes acquièrent de plus en plus l'indépendance de leurs sensations propres, à mesure que l'enfant avance en âge, et perdent graduellement les connexions sympathiques qui les unissaient les uns avec les autres. Ainsi, à l'âge de six ans, il n'y a plus guère que les parties affectées immédiatement qui souffrent. Chez les adultes qui font des dents, la douleur et les autres symptômes sont presque toujours bornés à la partie, ou au moins il ne se manifeste qu'une sympathie purement locale, comme la tuméfaction de la joue du côté affecté.

Mais, lorsque les symptômes se circonscrivent davantage, la partie souffrante se montre souvent beaucoup plus violemment affectée que quand elle avait la faculté de provoquer le *consensus* des autres parties. Ainsi, chez l'adulte, la douleur que cause la sortie d'une molaire est souvent excessive, l'inflammation locale est très-intense et fréquemment de longue durée (voyez ci-après, *observation* 3). Il n'en est point ainsi chez les enfants; la douleur ne paraît pas chez eux aussi vive, et il est certain que l'inflammation locale n'est pas considérable, qu'elle est bornée aux parties mêmes qui souffrent et ne s'étend point à la face; de sorte que, chez les enfants, les symptômes sympathiques sont souvent plus violents que ceux qui se manifestent dans les parties elles-mêmes. Quoique généralement les symptômes de la dentition chez l'adulte soient limités aux parties immédiatement intéressées, il n'en est pas toujours ainsi. Quelquefois, comme on peut le voir dans l'*observation* 4, les symptômes sympathiques les plus violents se développent, selon toute apparence, par suite d'une disposition particulière de la constitution pour la sympathie générale.

Chez l'adulte, la douleur est souvent intermittente, présentant des retours fixes et réguliers. Cette circonstance fait souvent supposer qu'elle est de la nature des fièvres intermittentes, et l'on administre le quinquina, qui reste sans effet. On prescrit aussi un traitement antirhumatismal, avec aussi peu de succès, jusqu'à ce qu'enfin la sortie d'une dent vienne faire connaître la cause de la douleur. On opère souvent la guérison en incisant la gencive; mais la maladie se reproduit si la gencive vient à se cicatriser par-dessus la dent, ce qui arrive très-promptement si la dent est à une certaine profondeur. Comme ces dents, et surtout celles qui poussent très-tard, sont généralement plus lentes dans leur développement que les autres, elles déterminent de fréquentes récidives.

Il n'est pas facile de déterminer jusqu'à quel point la maladie en question se montre sous forme de paroxysmes chez les enfants; toutefois, la disparition et le retour des symptômes sympathiques chez eux donnent à penser qu'ils ont aussi leurs exacerbations.

Traitement. — La cure des maladies qui naissent de la dentition ne peut être, à raison de leur nature, que temporaire et locale, lors même que les moyens curatifs sont dirigés vers le véritable siége de la maladie; et, certainement, toute méthode de traitement qui n'est pas ainsi dirigée doit être inefficace, car elle ne pourrait agir qu'en détruisant l'effet. A la vérité, les opiacés enlèvent jusqu'à un certain point l'irritation, en détruisant la sensibilité de la partie; mais il vaudrait certainement mieux enlever une bonne fois la cause, que de s'efforcer à diverses reprises de faire disparaître ou de pallier l'effet. Lorsque la sympathie est partielle, et qu'elle n'a point son siége dans une partie vitale, il vaut mieux la laisser persister que de la guérir, parce qu'on pourrait ainsi faire naître une sympathie générale. Par exemple, si l'affection sympathique est une diarrhée, la meilleure conduite est de la laisser suivre son cours, ou du moins de se borner à la diminuer si elle est trop abondante, ce qui arrive souvent. J'ai vu des cas où l'estomac et les intestins sympathisaient au point que la mort était presque imminente. La petite quantité d'aliments que l'estomac pouvait admettre était rejetée rapidement par les intestins.

Incision de la gencive. — D'après ma propre expérience, le seul moyen de guérison consiste à inciser la gencive jusqu'à la dent. Ce moyen agit, soit en faisant disparaître la tension de la gencive causée par l'accroissement de la dent, soit en prévenant l'ulcération qui sans cela aurait lieu.

Il arrive souvent, surtout quand l'opération est pratiquée à une époque peu avancée, que la gencive se réunit par-dessus la dent; dans ce cas, les mêmes symptômes se reproduisent, et l'on doit recourir à la même opération pour les faire cesser. J'ai été obligé quelquefois d'inciser plus de dix fois sur les mêmes dents, parce que les accidents avaient reparu, et toujours l'incision a été suivie de la disparition complète des symptômes.

On a avancé qu'il suffisait d'inciser la gencive une fois, non-seulement pour faire cesser les symptômes existants, mais encore pour prévenir tous ceux qui pourraient à l'avenir naître de la même cause. Cette assertion est contraire à l'expérience et aux lois connues de l'économie animale; dans beaucoup de cas, la gencive doit nécessairement se refermer à cause de son épaisseur au-dessus de la dent, ou pour d'autres causes, et la récidive est aussi inévitable que la maladie primitive.

Il existe contre cette pratique un préjugé vulgaire, qui repose sur cette objection, que si la gencive est incisée à une époque assez peu avancée pour que la réunion puisse s'effectuer, la partie cicatrisée sera plus dure que la gencive primitive, et que par conséquent la dent éprouvera plus de difficulté pour se frayer un passage et causera plus de douleur. Mais cette opinion aussi est contraire aux faits; car il est d'observation que toutes les parties qui ont été le siége de plaies ou d'ulcères cèdent toujours plus facilement que les autres à la pression ou à toute cause morbide qui attaque, soit la partie elle-même, soit la constitution; de sorte que chaque incision tend à rendre plus facile le passage de la dent.

Quand les dents commencent à faire éprouver de la douleur, elles sont généralement assez formées pour qu'on puisse aisément les distinguer à travers la gencive.

On aperçoit d'abord les dents de devant, non au bord de la gencive, mais à sa partie antérieure, où elles font une saillie blanchâtre; en même temps, la gencive paraît plus large qu'à l'ordinaire. A cette époque, il faut pratiquer les incisions assez profondément, et jusqu'à ce qu'on sente la dent avec l'instrument; autrement, l'opération ne produirait que peu d'effet. Telle est la règle générale dans tous les cas, relativement à la profondeur de l'incision.

Lorsque les molaires viennent exercer leur pression contre la gencive, elles rendent le bord de celle-ci plus plat et plus large. Ces dents sont atteintes par l'instrument avec plus de facilité que les dents de devant.

L'opération ne doit pas être faite avec un instrument à pointe fine, comme une lancette ordinaire, car, très-probablement, la pointe se briserait contre la dent; et l'instrument ne pourrait plus servir, s'il était nécessaire de faire plusieurs incisions.

Une lancette ordinaire, à pointe arrondie, peut très-bien convenir; mais l'instrument le plus commode est un instrument dont la forme se rapproche de celle d'une *flamme*.

Il n'est pas nécessaire de mettre beaucoup de délicatesse dans l'opération; car les gencives sont des parties très-insensibles; et il faut une certaine force pour inciser toute l'épaisseur de la gencive jusqu'à la dent, lorsque celle-ci est profondément située.

Il s'écoule un peu de sang des gencives, ce qui peut être utile en diminuant l'inflammation. Je n'ai jamais vu un cas où l'écoulement de sang fût incommode ou dangereux. S'il devenait trop abondant, on n'éprouverait aucune difficulté à l'arrêter. En général, aucune application n'est nécessaire : la gencive se réunit bientôt dans sa portion la plus éloignée de la dent, si celle-ci est située profondément; et si la dent est plus superficielle, la gencive se contracte sur elle, la laisse à découvert, et se détruit.

La sortie des dents de sagesse est souvent accompagnée d'accidents qu'on n'observe point dans celle des autres dents; je crois qu'ils n'ont lieu que lorsque ces dents poussent très-tard, c'est-à-dire, lorsque les mâchoires ont cessé de prendre de l'accroissement. Ils sont l'effet du défaut d'espace, circonstance qui s'ajoute à tous les autres inconvénients de la dentition. A la mâchoire supérieure, la dent est souvent obligée de pousser en arrière; et, dans cette position, elle appuie quelquefois contre le bord interne de l'apophyse coronoïde lorsqu'on ferme la bouche, et cause beaucoup de douleur. A la mâchoire inférieure, une partie de la dent reste cachée sous cette apophyse et couverte par les parties molles, qui sont toujours exposées à être pincées entre cette dent et la dent correspondante de la mâchoire supérieure. Dans ces cas, il est absolument nécessaire d'inciser largement; mais cette incision même est souvent insuffisante. Dans beaucoup de cas, le seul remède est l'extraction de la dent.

Observations.

Il serait beaucoup trop long de rapporter des observations qui offrissent des exemples de chacun des symptômes de la dentition. Je n'en citerai que quelques-unes qui présentent des circonstances remarquables, et qui, pour cette raison, seront tout à fait propres à démontrer l'utilité du mode de traitement que je recommande.

Observation 1. — Une petite fille fut prise de contractions des muscles fléchisseurs des doigts et des orteils. Ces contractions étaient si violentes que ses doigts et son pouce étaient serrés les uns contre les autres d'une manière permanente et assez irrégulièrement pour paraître tordus. Tous les remèdes antispasmodiques ordinaires furent administrés et continués pendant plusieurs mois, mais sans succès. Je scarifiai les gencives jusqu'aux dents, et, en moins d'une demi-heure, toute contraction avait cessé. Cette opération ne produisit néanmoins de soulagement que pour un temps. Les gencives se cicatrisèrent; les dents continuèrent à pousser et remplirent le nouvel espace qui avait été gagné par suite des scarifications, et les mêmes symptômes se manifestèrent une seconde fois. Alors, l'opération fut pratiquée immédiatement, et avec le même succès.

Observation 2. — Un garçon d'environ deux ans fut pris de douleur et de difficulté pour uriner; et il s'écoula du pus par l'urètre. Je soupçonnai chez cet enfant l'existence du virus vénérien, et le soupçon tomba naturellement sur la nourrice. Les symptômes diminuaient, disparaissaient entièrement, et revenaient ensuite. On observa enfin qu'ils ne se reproduisaient que lorsque l'enfant faisait une nouvelle dent. Ce phénomène se montra si souvent, si régulièrement et avec tant de constance, que l'on ne put douter de la réalité de cette cause.

Observation 3. — Une dame, âgée de vingt-cinq ou vingt-six ans environ, fut atteinte d'une violente douleur qui, d'abord limitée à la mâchoire supérieure, s'étendit ensuite à tout un côté de la face, comme un violent mal de dents déterminé par le froid, et s'accompagna de fièvre. On traita d'abord cette affection comme un *refroidissement;* mais sa persistance fit supposer ensuite qu'elle était de nature nerveuse. Consulté par correspondance, je donnai les meilleurs conseils que je pus, d'après le récit qu'on me fit des symptômes. Cependant cette dame vint à Londres quelques mois après, souffrant encore de la même douleur. En examinant sa bouche, j'observai une des pointes d'une dent de sagesse, qui était sur le point de percer la gencive. J'incisai cette dernière, et les accidents se dissipèrent immédiatement.

Observation 4. — Une dame, à peu près du même âge, fut atteinte d'une violente douleur dans le côté gauche de la face. Cette douleur était périodique; elle revenait tous les jours à six heures du soir. La malade prit du quinquina, qui ne produisit point d'effet. Elle fit usage des antimoniaux et de la poudre de Dover, qui furent également inefficaces. Mais la présence d'une des pointes de la dent de sagesse de ce côté de la mâchoire supérieure fit connaître la cause des souffrances, et mit sur la voie du remède. La gencive fut incisée, et la douleur disparut.

TRAITÉ

DE

LA SYPHILIS,

ANNOTÉ PAR

GEORGE G. BABINGTON,

CHIRURGIEN DE L'HÔPITAL SAINT-GEORGE, EX-CHIRURGIEN DU LOCK-HOSPITAL, ETC.,

ET PAR

PHILIPPE RICORD,

CHIRURGIEN DE L'HÔPITAL DES VÉNÉRIENS DE PARIS, PROFESSEUR DE PATHOLOGIE
SPÉCIALE, ETC.

De tous les ouvrages de John Hunter, il n'en est point auquel il ait consacré plus de travail et qu'il ait été plus désireux de perfectionner, que son *Traité de la syphilis.* « Je ne veux point, disait-il à un ami, que ce soit une simple affaire de librairie, un ouvrage dont chaque nouvelle édition rende la précédente inutile. J'ai soumis à une assez longue épreuve les doctrines qui y sont consignées, pour qu'elles soient désormais un objet de conviction; et afin d'en rendre le style plus facile à comprendre, je rassemble un comité de trois médecins (*), aux corrections desquels chaque page est soumise. » Il paraît que ces corrections du style ont été adoptées dans la seconde édition, car, en comparant celle-ci avec la première, on y remarque un grand nombre de modifications qui portent sur la forme, et qui ont été faites dans l'intention évidente de rendre les phrases plus claires et plus élégantes. Il est douteux toutefois que l'on ait beaucoup gagné au change. Le style est certainement devenu moins rude, mais il est aussi moins énergique,

(*) Sir Gilbert Blane, George Fordyce et David Pitcairn; il paraît qu'ils s'adjoignirent le Dr Marshall.

10.

et parfois moins net et moins arrêté. Cependant, comme les corrections se sont étendues dans quelques endroits à des points plus importants que le style, la seconde édition doit être considérée, sans aucun doute, comme l'expression des dernières recherches de Hunter, et comme renfermant ses conclusions définitives. La troisième édition a été publiée après sa mort par Sir Everard Home, qui a généralement adopté le texte de la première édition, et a ajouté quelques passages qui n'ont certainement jamais été écrits par John Hunter. Nous avons donc suivi le texte de la seconde édition comme étant le plus exact; mais comme les additions faites par Sir E. Home sont tirées de matériaux laissés par Hunter, nous avons jugé convenable de ne pas les omettre entièrement, et celles qui ne portent pas seulement sur la forme ont été placées au bas des pages sous forme de notes.

Il est incontestable que l'ouvrage, ainsi présenté, porte l'empreinte de l'esprit qui l'a conçu et exécuté. Pour en apprécier justement tout le mérite, il est nécessaire de le comparer avec les livres qui, jusque-là, avaient été publiés sur le même sujet en Angleterre. Presque tous semblent avoir été écrits, moins pour augmenter la masse des connaissances que l'on possédait alors sur la maladie vénérienne, que dans la vue d'obtenir un éclat momentané et d'en recueillir les avantages. John Hunter se proposait toujours un but plus élevé. Il s'est efforcé d'appliquer à cette maladie les principes généraux de la pathologie, et de la soumettre à l'analyse investigatrice qui lui servait toujours de guide dans ses philosophiques recherches. Les faits qui sont dus à son expérience quotidienne sont importants, non à cause de leur singularité, mais pour les inductions auxquelles ils conduisent. Dans beaucoup de circonstances où la pratique était auparavant incertaine et contradictoire, il a établi des principes méthodiques de traitement; et pour les cas où la pratique était bonne, il lui a donné une base solide, en substituant les inductions de la raison à la routine de l'empirisme. C'est surtout sur les maladies de la vessie et de l'urètre que les observations contenues dans cet ouvrage ont répandu les premières lumières; aussi ces observations ont-elles servi de fondement aux connaissances exactes que nous possédons maintenant sur ces maladies.

Il faut reconnaître cependant que cet ouvrage n'est point sans défauts. On y trouve plusieurs considérations qui sont plus théoriques que pratiques, et quelques-unes des doctrines qu'il renferme n'ont pas obtenu cet assentiment général qui a couronné la plus grande partie des autres travaux de Hunter. On doit chercher l'origine de ces imperfections et dans la nature du sujet, et dans le caractère même du génie de Hunter.

Si l'on veut réfléchir un peu, on comprendra que la maladie vénérienne était un des sujets qui convenaient le moins au génie particulier de Hunter. Les facultés qui le distinguaient principalement des autres savants et qui assurèrent généralement ses succès, étaient une ardeur et une énergie que rien ne pouvait abattre, une industrie que rien ne pouvait fatiguer. Soutenu par de telles qualités, il poussa ses investigations avec une activité sans exemple, et mit en lumière une multitude de faits qui avaient échappé aux recherches moins énergiques

des autres observateurs. Partout où nos connaissances
étaient incomplètes et confuses, les nouveaux faits qu'il
a rassemblés par l'observation, découverts par la dissection, ou établis par l'expérience, ont répandu sur le
sujet tout entier la clarté la plus vive à la place de l'incertitude et de l'obscurité. Ses vues étaient toujours
grandes et généralisatrices; en combinant ses nouvelles
découvertes avec ce qui était déjà connu, il en déduisait
sans peine des lois qui avaient échappé aux recherches
antérieures, et il vérifiait ensuite ses conclusions par de
nouvelles observations et par une expérience plus étendue. C'est plus à l'activité de ses investigations qu'à sa
puissance de raisonnement, que nous sommes rede-
vables de ses découvertes. En effet, sa puissance de raisonnement n'était peut-être pas aussi pleinement développée que ses autres facultés; mais ses erreurs de
logique étaient continuellement rectifiées par le nombre
considérable et l'exactitude de ses recherches expérimentales.

Or, dans ses études sur la maladie vénérienne, il avait
peu d'occasions d'exercer ses moyens ordinaires d'investigation. Les expériences sur les animaux sont impos-
sibles, puisque la maladie paraît être limitée à l'espèce
humaine. Les dissections fournissent peu de renseignements, car le virus syphilitique échappe entièrement à
notre vue, et ceux de ses effets qui ne sont pas très-
évidents sont pour la plupart si peu apparents, que
l'œil ne peut point les distinguer. Comme la plus grande
partie des symptômes syphilitiques se manifestent dans
des parties superficielles et exposées à la vue, leur
forme et leurs caractères généraux sont connus depuis

longtemps des chirurgiens; mais les modifications morbides plus intimes ne sont point appréciables à la simple inspection, et ne sont pas faciles à démontrer aux sens. Les observations que l'on peut puiser dans la pratique quotidienne s'offraient à Hunter comme aux autres pathologistes; mais il devait rencontrer toutes les difficultés qui avaient arrêté les progrès de ses prédécesseurs, et il était exposé à être égaré par les mêmes causes d'erreur. Nous possédons, sur la maladie vénérienne, un grand nombre de faits qui sont bien établis. Ce dont nous avons besoin, ce n'est pas d'un accroissement de matériaux, mais d'une appréciation plus exacte de ceux qui sont en notre pouvoir, qui nous mette à même de les mieux comprendre, et qui dissipe les incertitudes et les contradictions apparentes qu'ils nous offrent. Les faits signalés par John Hunter ne sont pas assez neufs et assez importants pour ajouter beaucoup, par eux-mêmes, aux notions pathologiques que nous possédons sur la syphilis. Hunter s'est donc trouvé dans la nécessité de raisonner d'après l'expérience anciennement acquise, et de borner ses efforts à la rectification des erreurs et au perfectionnement des connaissances de ses prédécesseurs, en soumettant les résultats de cette expérience à une induction plus parfaite. Dès lors, il n'est pas surprenant que ses travaux n'aient pas été aussi heureux ici que dans les autres branches de la pathologie, et qu'il ait souvent échoué dans ses tentatives pour dissiper l'obscurité qui enveloppe la maladie en question. On peut même se demander si son penchant naturel pour les généralisations ne l'a pas quelquefois égaré, et si, dans le désir de déterminer une loi générale, il n'a pas quelquefois perdu de vue l'ensemble des faits connus, et laissé cette loi plus incertaine encore qu'auparavant.

Une voie qui aurait conduit à des résultats plus élevés, s'offrait aux investigations. Les symptômes de la maladie vénérienne, quoique très-apparents, sont en même temps si variés, que jusqu'à ce jour ils n'ont jamais été distingués avec un soin suffisant. Si Hunter avait employé toute la force et toute la pénétration de son esprit à décrire avec exactitude chaque symptôme isolé, puis à rechercher, pour chaque variété, quel est le tissu spécialement affecté et quelle est la nature particulière de l'altération morbide, il aurait établi un fondement solide à ses raisonnements, et il aurait certainement répandu des lumières sur l'affection syphilitique et sur plusieurs autres qui lui ressemblent. Il est probable qu'il aurait déterminé les lois qui régissent l'action propre du virus vénérien, de manière à empêcher qu'on ne puisse confondre les effets de cet agent morbide avec les maladies qui proviennent d'une autre source; qu'il aurait expliqué les contradictions apparentes que l'on observe dans l'effet des remèdes, et qu'en appropriant chacun de ces derniers à sa classe propre de symptômes, il aurait rendu le traitement certain et rationnel, de douteux et empirique qu'il est. Il est certain qu'il aurait ouvert, pour de nouvelles découvertes, une voie dont on ne peut calculer l'étendue, et cela non-seulement pour la maladie qui fait l'objet de cet ouvrage, mais encore pour d'autres maladies qui jusqu'ici ont été peu étudiées par les pathologistes, et surtout pour les éruptions et les autres affections de la peau.

On ne peut révoquer en doute que Hunter ne fût parfaitement bien organisé pour remplir une semblable tâche. Les descriptions qu'il a données dans l'ouvrage qui est sous nos yeux, suffisent pour établir sa réputation. Elles n'ont jamais été surpassées en exactitude et en clarté, et elles constituent encore après un demi-siècle, les types qui ont servi de point de départ à tous les auteurs plus modernes. Mais le plan que je viens d'esquisser aurait été pénible et long à remplir; il aurait exigé le travail de toute une vie; le fruit qu'on pouvait en attendre était éloigné et incertain; ce fruit, l'auteur lui-même ne l'aurait jamais recueilli, mais il serait resté pour devenir le butin d'une autre génération. Hunter suivit son penchant naturel. Il préféra la route la plus décevante, celle qui paraît être la plus directe, et qui a séduit tant de philosophes. Il voulut parvenir tout d'une fois, conjecturalement, à la connaissance des lois générales de la nature, au lieu d'y arriver pas à pas, par une étude minutieuse de ses opérations les plus élémentaires, et par une induction lente et graduelle :

« Altera (via) a sensu et particularibus advolat ad
« axiomata maximè generalia, atque ex iis principiis eo-
« rumque immotâ veritate judicat et invenit axiomata
« media ; altera a sensu et particularibus excitat axiomata,
« ascendendo continenter et gradatim, ut ultimo loco
« perveniatur ad maximè generalia (*). »

Mais quoique ce traité mérite, plus que tous les autres ouvrages de Hunter, le reproche de renfermer des généralisations prématurées, il est cependant rempli d'ob-

(*) Bâcon, dix-neuvième aphorisme.

servations pratiques de la plus grande valeur, et doit
toujours former une partie essentielle des études de tout
chirurgien qui désire se familiariser avec la maladie dont
il traite. Dans cette édition, on a tâché de le rendre d'une
utilité plus générale en y associant les résultats des travaux des autres chirurgiens. Les opinions de Hunter ont
été traitées avec le respect qui est dû à sa haute réputation; mais on a exposé tous les faits importants qui ont
été mis en lumière par d'autres pathologistes, soit qu'ils
confirment, soit qu'ils rectifient ses doctrines, afin que
les lecteurs puissent embrasser d'un seul coup d'œil l'état
actuel de la science, et qu'en comparant les idées des
autres pathologistes avec celles de Hunter, ils puissent
juger du degré de confiance qu'ils doivent avoir dans les
opinions de ce dernier.

G. G. BABINGTON.

TRAITÉ DE LA SYPHILIS.

INTRODUCTION.

Deux motifs m'ont conduit à publier le traité suivant : le premier, c'est que j'ai l'espoir que plusieurs faits nouveaux qui y sont consignés seront jugés dignes de l'attention publique; le second, c'est que je ne suis pas fâché d'avoir une occasion de faire connaître la véritable source de quelques opinions qui ont cours actuellement dans le monde médical.

La plupart des idées théoriques sur lesquelles je m'appuie dans le cours de cet ouvrage m'étant personnelles, je crois devoir, avant d'entrèr en matière, donner quelques explications à ce sujet, afin que mes lecteurs comprennent plus facilement les expressions que j'ai adoptées.

§ Ier. De la sympathie.

Je divise la sympathie en sympathie *générale* et en sympathie *locale*. La sympathie générale est une *affection* dans laquelle l'ensemble de l'économie sympathise avec une sensation ou une action quelconque. La sympathie locale est une *affection* dans laquelle une ou plusieurs parties distinctes sympathisent avec une sensation ou une action locale.

La sympathie générale varie dans les différentes maladies; mais, dans la maladie vénérienne, elle se présente sous deux formes principales, la *fièvre symptomatique* et la *fièvre hectique*. La fièvre symptomatique est l'effet immédiat d'une lésion locale; elle se manifeste rarement à un haut degré dans la maladie vénérienne, sous quelque forme que celle ci se présente, excepté lorsqu'il y a une orchite blennorragique, maladie qui est elle-même un exemple de sympathie locale; dans ce dernier cas, la fièvre symptomatique est une sympathie générale provenant d'une sympathie locale. La fièvre hectique est une sympathie de l'ensemble de la constitution avec une maladie locale dont la constitution ne peut effectuer la guérison. On l'observe dans la syphilis constitutionnelle plus souvent et à un plus haut degré que dans toute autre forme de la maladie véuérienne.

Je divise la sympathie locale en trois espèces : la sympathie *éloignée*, la sympathie de *contiguïté*, et la sympathie de *continuité*. La sympathie éloignée est celle qui a lieu entre des parties qui n'ont aucune connexion visible au moyen de laquelle on puisse s'expliquer les effets sympathiques, comme dans les cas où l'épaule est le siége d'une douleur sympathique d'une inflammation du foie. La sympathie de contiguïté s'exerce entre des parties distinctes qui n'ont d'autres connexions que celles qui naissent de la proximité ou du contact; on en trouve un exemple dans la sympathie de l'estomac et des intestins avec les téguments de l'abdomen. La sympathie de continuité est celle dans laquelle il y a continuité des parties, et où l'affection sympathique gagne de proche en proche, à partir du point irrité comme d'un centre; elle est la plus commune de toutes : nous en avons un exemple dans la manière dont l'inflammation s'accroît en étendue.

§ II. *De l'incompatibilité des actions morbides les unes avec les autres.*

Non-seulement on soupçonne l'existence de la maladie vénérienne dans beaucoup de cas où la nature des symptômes n'est pas bien caractérisée, mais même on suppose qu'elle peut se trouver combinée avec d'autres maladies, telles que la gale et le scorbut; ainsi, on parle de *gale vénérienne*, du mélange de la maladie vénérienne avec le scorbut. Cette hypothèse me paraît être fondée sur une erreur. Je n'ai jamais vu aucun cas de cette nature, et ces faits me semblent incompatibles avec les lois qui président à la manifestation des actions morbides dans l'économie animale. Il est hors de doute, pour moi, que deux actions ne peuvent avoir lieu simultanément dans la même constitution ou dans la même partie. Deux fièvres différentes ne peuvent exister dans la même constitution, ni deux maladies locales dans la même partie, en même temps. Comme les symptômes de la maladie vénérienne, lorsqu'elle attaque la peau, offrent de la ressemblance avec les symptômes vulgairement appelés *scorbutiques*, on croit souvent que ces deux affections sont unies et qu'elles existent dans la même partie.

Ce qu'on appelle une constitution scorbutique n'est autre chose qu'une constitution douée d'une très-grande susceptibilité pour une action qui détermine des éruptions à la peau, et qui se produit sous l'influence d'une cause immédiate. Parmi les diverses parties du corps, il en est qui sont plus susceptibles de cette action que les autres; aussi suffit-il d'une cause immédiate plus légère pour y exciter l'action. Mais, de ce qu'une constitution est très-susceptible d'une maladie, il n'en résulte pas que cette constitution ne soit pas également susceptible de contracter d'autres maladies. Un homme peut avoir en même temps la syphilis et la petite vérole; c'est-à-dire que, certaines parties de son corps ayant été infectées par le poison vénérien, la petite vérole peut se manifester chez lui, et que les deux maladies peuvent se montrer ensemble; mais ce n'est point dans les mêmes parties. Si ces deux maladies étaient la conséquence d'une fièvre, et que chacune succédât à la fièvre qui la produit à peu près à la même distance du début, il serait impossible que les deux éruptions particulières se développassent en même temps, même dans des parties différentes. Des fièvres, que l'on supposerait précéder ces deux maladies différentes, pourraient exister simultanément(*).

(*) Hunter ne croit pas à la possibilité de l'existence simultanée de deux actions morbides différentes. Mais la doctrine de Hunter, prise à la lettre, constituerait une

D'après ce principe, je crois pouvoir poser les questions suivantes. S'il arrive souvent que l'inoculation n'est suivie d'aucun résultat, et que beaucoup de personnes bravent impunément différentes causes d'infection, cela ne peut-il pas quelquefois dépendre de ce que les sujets qui se trouvent soumis à ces influences sont déjà atteints de quelque autre maladie, et sont par conséquent incapables de contracter une nouvelle action morbide? Ne peut-on pas rattacher à la même loi, dans beaucoup de cas, les différences si nombreuses que l'on observe dans l'espace de temps qui s'écoule entre l'application de la cause et l'apparition de l'effet? Dans les cas où la piqûre faite au bras n'a donné des signes d'inflammation que quatorze jours après l'application du *poison* varioleux, n'existait-il pas une autre maladie dans la constitution au moment de l'inoculation? La guérison de quelques maladies ne repose-t-elle pas sur le même principe? La suspension ou la cure d'une gonorrhée déterminée par une fièvre peut offrir un exemple de cette dernière circonstance.

A l'appui de ces idées, je rapporterai le cas suivant que je choisis parmi les faits nombreux qui ont été soumis à mon observation. Le jeudi 16 mars 1775, j'inoculai un enfant, aux bras duquel je fis de larges piqûres. Le dimanche suivant, il se manifesta des symptômes qui étaient de nature à faire croire que l'enfant avait reçu l'infection : ainsi, un peu d'inflammation ou de rougeur entourait chaque piqûre, et l'on remarquait un peu de tuméfaction à la surface de la peau. Le 20 et le 21, l'enfant eut la fièvre; mais je déclarai que ce n'était point la fièvre variolique, car l'inflammation locale n'avait fait aucun progrès depuis le 19. Le 22, il se manifesta une éruption considérable, qui était évidemment la rougeole ; alors les plaies des bras parurent rétrograder et se montrèrent moins enflammées. Le 23, l'enfant était entièrement couvert par l'éruption rubéolique, et les piqûres des bras étaient dans le même état que le jour précédent. Le 25, la rougeole commença à disparaître. Le 26 et le 27, les piqûres redevinrent un peu rouges. Le 29, l'inflammation augmenta, et il se forma un peu de pus. Le 30, l'enfant fut pris de fièvre. La petite vérole parut à l'époque habituelle, suivit son cours ordinaire et se termina favorablement (*).

erreur fort grave. La pratique montre tous les jours des individus ayant en même temps la gale et la syphilis primitive ou constitutionnelle, le scorbut et les scrofules avec les mêmes accidents syphilitiques. Dans ces cas, il n'y a pas gale vénérienne proprement dite ou scorbut syphilitique, mais complication de deux affections concomitantes qui s'aggravent isolément ou à la fois, et qui fournissent alors des indications précises dans le traitement.

Si la doctrine de Hunter peut être soutenue dans les cas d'affections aiguës et surtout fébriles, où, par les lois de la révulsion, le mal le plus fort peut enrayer ou suspendre le mal actuellement le plus faible, dans les maladies analogues à la syphilis elle est fausse. Il n'est pas de maladie qui empêche, d'une manière absolue, de contracter la syphilis; celle-ci, à son tour, ne saurait, pendant sa durée, garantir d'aucune autre.

P. RICORD.

(*) J'ai pensé qu'il serait curieux de rapprocher de ce fait l'observation suivante

On observe de même que la maladie vénérienne fait son apparition à différentes époques après l'infection; ne peut-on pas expliquer ce fait par la même loi pathologique?

§ III. *De la force relative des différentes parties du corps, suivant leur situation et leur structure.*

Ainsi que nous aurons occasion de l'observer, les parties affectées con-tractent les actions morbides plus facilement, et leur font parcourir leurs périodes plus rapidement lorsqu'elles sont situées près du centre de la circulation, que lorsqu'elles en sont éloignées; car le cœur exerce son influence sur les différentes parties du corps en proportion de la proximité où elles sont de lui, et plus les parties sont éloignées de cet organe, moins elles ont d'énergie vitale.

C'est un fait qui est mieux démontré par la maladie que par aucune des actions qui s'accomplissent dans l'état de santé. En effet, dans l'état de santé nous ne pouvons faire d'épreuves comparatives, car deux parties de la machine animale, situées à des distances inégales du cœur, ne peuvent être amenées à une action égale, et par conséquent on ne peut tirer aucune conclusion. Il est à remarquer que toutes les parties vitales sont situées dans le voisinage du cœur.

Dans l'état morbide, on voit la faiblesse produire la mortification aux extrémités plus souvent que dans les autres parties, surtout chez les sujets de haute taille, parce que le cœur ne pousse pas le sang vers ces parties éloignées avec autant de force que dans les autres. Lorsque la constitution est affaiblie, les malades qui sont atteints d'hémiplégie

que je trouve dans le journal allemand *Zeitschrift für die gesammte Medicin* (no-vembre 1836), et qui a été consignée par le docteur Glehn dans les *Transactions de la société de médecine de Saint-Pétersbourg*, sous le titre de *Combat entre la scarlatine et la petite vérole.*

Le 25 novembre 1834, dans un moment où la scarlatine et la petite vérole régnaient épidémiquement, un jeune officier de marine fut pris de vomissements sans cause apparente. Il se sentit mieux le 26; mais le 27 il éprouva de la céphalalgie, des ver-tiges et de l'accablement : son pouls était fréquent, sa langue était blanche et ses yeux étaient injectés. Il avait tantôt des frissons et tantôt des bouffées de chaleur. Ces symp-tômes s'élevèrent à une violence extrême le 28, et le 29 une éruption marbrée de scarlatine, d'une couleur rouge sombre, apparut sur le visage, le cou, la poitrine et les membres supérieurs. En même temps, on observait quelques pustules isolées sur le front et sur la face. Le voile du palais et la luette étaient enflammés, et la déglutition était très-difficile. Le lendemain, l'éruption scarlatineuse pâlit et disparut, tandis que d'un autre côté, les pustules devinrent de plus en plus nombreuses et nettement des-sinées, et furent promptement reconnues comme appartenant à la forme de petite vérole désignée par le nom de varioloïde. L'éruption varioleuse s'étendit ensuite à tout le corps. Dès le moment où la scarlatine disparut, tous les symptômes alarmants se dissipèrent, et la maladie parcourut ses périodes avec une grande bénignité.

Hufeland raconte un fait semblable dans ses *Observations sur la petite vérole et la vaccine à Weimar en 1798.* Dans ce cas, la petite vérole eut également le dessus.

G. RICHELOT.

finissent souvent par succomber à la gangrène des extrémités du côté paralysé. Dans quelques-uns de ces cas, les artères se rompent, ce qui donne lieu à une extravasation du sang. On peut donc raisonnablement supposer que ces vaisseaux sont relativement plus faibles que les autres dans l'état de santé. Nous voyons aussi que les extravasations de cette espèce commencent ordinairement dans les extrémités.

Cette loi devient évidente, non-seulement dans ces deux maladies, mais aussi dans toutes celles qui peuvent affecter le corps vivant. Elle est démontrée par la facilité avec laquelle les maladies se développent et s'accroissent dans les parties éloignées du centre de la circulation, ainsi que par la manière dont elles marchent vers la guérison.

La force vitale des parties ne diffère pas seulement en raison de leur distance plus ou moins grande du cœur, mais encore en raison de leur structure particulière; ce qui fait que les actions morbides qui se manifestent dans les diverses parties du corps varient autant que les actions qui s'y accomplissent dans l'état de santé.

Le corps vivant se compose de tissus divers, comme les muscles, les tendons, le tissu cellulaire, les ligaments, les os, les nerfs, etc. Nous pouvons étudier comparativement la marche des maladies dans chacun de ces tissus, et par conséquent connaître leur force relative de restauration: cette étude nous apprend que ces diverses parties diffèrent beaucoup les unes des autres sous ce rapport. Je n'ai pas encore pu déterminer jusqu'à quel point ces différences se manifestent dans toutes les maladies; mais je suis porté à croire que pour les maladies spécifiques, comme les scrofules et le cancer, le mode d'action morbide ne diffère pas, en général, dans les divers tissus (*), et que ces maladies produisent les mêmes effets spécifiques dans toutes les parties qui sont susceptibles d'en être affectées. Pour les maladies causées par des lésions intérieures, il n'en est plus ainsi; on observe une grande différence dans l'intensité de l'action, car les parties soumises à une telle influence agissent suivant leur nature spéciale; cette remarque s'applique également à la maladie vénérienne. Cette différence paraît consister principalement dans le degré plus ou moins grand de force de résistance à l'action morbide. Les tissus ont d'autant moins de force pour résister aux maladies, que leurs pouvoirs vitaux sont moins énergiques. C'est pour cette raison que les actions morbides ont une évolution beaucoup plus lente dans les os, dans les tendons, dans les ligaments et dans le tissu cellulaire, que dans les muscles ou la peau. Ce principe trouve son application entière dans la maladie vénérienne (**).

(*) Il est bien entendu que je fais ici exception des parties qui ont plus de tendance que les autres pour certaines maladies spécifiques, comme les ganglions lymphatiques pour les scrofules, la glande mammaire pour le cancer.   J. HUNTER.

(**) Pour les maladies vénériennes, il faut cependant faire quelques exceptions : après les membranes muqueuses et la peau, le tissu cellulaire est incontestablement le plus propre aux évolutions des actions morbides syphilitiques, et, de tous les tissus, celui des muscles est celui qui leur résiste le plus.   P. RICORD.

§ IV. *Des parties susceptibles de maladies particulières.*

Il est des parties qui se montrent beaucoup plus susceptibles que les
autres de certaines maladies spécifiques. Les *poisons* ont un siége d'élec-
tion dans le corps vivant, comme si des tissus déterminés leur étaient
assignés. Ainsi, la peau est le siége de ce que l'on appelle vulgairement
des *éruptions scorbutiques*, et de diverses autres maladies; elle est aussi
le siége de la petite vérole et de la rougeole. La gorge est le siége de
l'hydrophobie et de la coqueluche. Les scrofules attaquent le système
absorbant, et principalement les glandes. Les mamelles, les testicules,
les glandes conglomérées sont le siége du cancer. La peau, la gorge et le
nez sont plus susceptibles d'être affectés par la syphilis constitutionnelle
que les os et le périoste; et ces derniers en sont plus promptement
atteints que plusieurs autres parties, notamment les parties vitales, qui,
peut-être, ne sont pas du tout susceptibles de cette maladie (*).

§ V. *De l'inflammation.*

Je considère l'*inflammation commune* comme un accroissement d'action des capillaires, qui, en même temps, sont le siége d'un mode particulier d'action, sous l'influence duquel ils produisent les effets suivants:
l'adhérence des parties, la formation du pus, et la destruction d'une portion plus ou moins grande des solides. Ces effets ne dépendent pas d'un
simple accroissement d'action ou d'une simple dilatation des vaisseaux,
mais d'une action spéciale qui, jusqu'à présent, ne me paraît pas avoir été
comprise.

J'ai envisagé ces trois effets de l'inflammation comme trois espèces
distinctes, et j'ai appelé *inflammation adhésive*, celle qui détermine
l'adhérence des parties; *inflammation suppurative*, celle qui est caractérisée par la formation du pus, et *inflammation ulcérative*, celle qui
s'accompagne d'une perte de substance.

Dans l'inflammation adhésive, les artères versent de la lymphe coagulable qui devient le moyen d'union. Cette lymphe n'est point simplement épanchée, mais elle a subi une modification avant d'abandonner la
cavité des artères, car on en trouve dans les veines enflammées qui forme
un coagulum étendu en couche à la surface interne de ces vaisseaux,
qui ne pourrait avoir lieu si sa coagulation était l'effet de sa seule extravasation. Dans l'inflammation suppurative, le sang, avant d'être versé par
les artères, subit une modification encore plus profonde, en vertu de laquelle il est transformé en pus : ce changement est, sans doute, l'effet
d'un travail semblable à celui des sécrétions. Dans l'inflammation ulcérative,
ce ne sont point les artères qui emportent les tissus; cette fonction appartient aux vaisseaux absorbants, qui sont stimulés à entrer en action.

(*) J'ai montré à l'Académie royale de médecine des tubercules syphilitiques du
cerveau, coïncidant avec des nodus (tubercules du tissu cellulaire), chez un individu
affecté des symptômes tertiaires de la syphilis. Mon collègue, M. Cullerier, en présenta un nouvel exemple à la même société savante, peu de temps après.

P. RICORD.

La disposition et le mode d'action des artères doivent être différents dans les deux premières espèces d'inflammation. En effet, l'inflammation suppurative ne peut point être considérée comme un simple accroissement de l'action qui constitue l'inflammation adhésive, car ses effets diffèrent complétement de ceux de cette dernière. Mais dans la troisième espèce, il est probable que l'action des artères reste telle qu'elle était dans la seconde espèce, et qu'à cette action s'ajoute seulement celle des vaisseaux absorbants, qui a pour effet la destruction des parties solides, et, par conséquent, des artères elles-mêmes.

§ VI. *De la Gangrène.*

La gangrène est de deux espèces, suivant qu'elle est précédée par l'inflammation ou qu'elle en est indépendante. Je ne m'occuperai ici que de la première, car c'est à cette espèce qu'appartiennent les cas de gangrène qui seront cités dans le cours de cet ouvrage.

L'inflammation est un accroissement de l'action qui s'accomplit sous l'influence de la force vitale dont chaque partie est douée naturellement. Cet accroissement d'action, au moins dans les inflammations saines, s'accompagne probablement d'une augmentation de force; mais cette augmentation de force n'a pas lieu dans les inflammations qui se terminent par gangrène. Au contraire, il y a alors diminution de l'énergie vitale, et c'est cette diminution qui, unie à une action trop intense, devient la cause de la gangrène, en faisant cesser l'équilibre qui doit exister dans toute partie entre la force vitale et l'action.

Si cette manière d'envisager la gangrène est exacte, il ne sera pas difficile de poser les règles d'une pratique rationnelle. Examinons d'abord le traitement qui a été recommandé jusqu'à présent, et cherchons jusqu'à quel point il peut s'accorder avec la doctrine que je viens d'exposer.

Il est évident que, dans la pratique ordinaire, on a pris en considération la faiblesse; mais il est clair également qu'on n'a tenu aucun compte de l'accroissement d'action, de sorte qu'on s'est proposé pour but unique d'augmenter l'intensité de l'action, dans l'intention de faire disparaître la faiblesse. Le quinquina, la confection cardiaque, la serpentaire, etc., ont été administrés à aussi haute dose que le cas paraissait l'exiger, ou que la constitution pouvait le supporter. Par ces moyens, on a produit une apparence de force artificielle ou temporaire, qui n'était en réalité qu'un accroissement d'action. L'emploi des cordiaux et du vin, d'après les principes qui ont conduit à leur administration, est rationnel; mais il y a de fortes raisons pour en proscrire l'usage, et ces raisons sont fondées sur l'effet général de tous les cordiaux, qui est d'augmenter l'action sans donner un accroissement réel de force; de sorte que les forces vitales s'affaissent ensuite d'autant plus qu'elles ont été plus stimulées. Par une telle pratique, on ne peut rien gagner, et l'on peut perdre beaucoup; car, dans tous les cas, lorsqu'on a laissé les forces s'abaisser au-dessous d'une certaine limite, il n'est plus possible de les relever.

Le traitement local n'est pas moins absurde que le traitement constitutionnel. On a pratiqué des scarifications s'étendant jusqu'aux tissus vivants, afin d'appliquer sur eux des substances stimulantes et antiseptiques, telles que la térébenthine, les baumes, et quelquefois les huiles essentielles. On a eu recours aussi aux fomentations chaudes, parce qu'on a considéré la chaleur comme une des causes de la vie. Mais la chaleur augmente toujours l'action, et les stimulants ne peuvent convenir là où les actions sont déjà trop intenses.

D'après les principes que je viens de poser, le quinquina est le seul médicament qui puisse être utile, car il accroît les forces et diminue l'action. Dans beaucoup de cas, l'usage de l'opium peut être très-avantageux, bien qu'il ne donne aucune force réelle, parce qu'il diminue l'action. Je l'ai vu produire de bons effets, soit appliqué localement, soit donné à l'intérieur à hautes doses. Il convient de maintenir les parties malades dans un état de fraîcheur; tous les topiques doivent être froids.

Ces règles de pratique doivent être suivies dans les cas où la maladie vénérienne s'accompagne de gangrène.

PREMIÈRE PARTIE.

CHAPITRE I.

DU VIRUS OU POISON SYPHILITIQUE.

La maladie vénérienne a pour cause immédiate un *poison* ou virus, et comme ce *poison* est le produit d'une maladie, et jouit de la propriété de produire une maladie semblable, je l'appelle un *poison morbide*, pour le distinguer des autres poisons animaux, végétaux ou minéraux.

Les *poisons* morbides sont nombreux, et diffèrent les uns des autres sous le rapport du mode et de la puissance d'infection. J'appelle *poisons morbides simples* ceux qui ne peuvent infecter le corps que localement ou constitutionnellement, mais non des deux manières; et *poisons morbides composés*, ceux qui possèdent ces deux modes d'infection. Le virus syphilitique, quand il a été communiqué au corps humain, a la faculté de se propager ou de se multiplier, et, comme il peut agir également d'une manière locale et sur toute la constitution, il constitue un *poison* morbide composé. Comme tous les *poisons* de cette espèce, il peut être communiqué d'un grand nombre de manières différentes, et produit toujours la même maladie sous l'une ou l'autre de ses formes.

§ I. *De la première origine du virus syphilitique.*

Bien que la première apparition de ce *poison* appartienne certainement à l'histoire des temps modernes, cependant l'époque précise et le mode de son origine ont échappé jusqu'à présent à nos recherches, et l'on est encore dans le doute pour savoir s'il a pris naissance en Europe ou s'il a été importé d'Amérique. Je ne chercherai point à discuter cette question. Ceux qui voudraient examiner longuement les faits, les autorités et les arguments qui ont été cités en faveur de la dernière de ces deux opinions, peuvent consulter l'ouvrage d'Astruc; et pour la première, on peut lire un court traité qui a été-publié en 1751, sans nom d'auteur (*). L'auteur

(*) Cet ouvrage a pour titre : *A dissertation on the Origin of the venereal Disease, proving that it was not brought from America, but began in Europe from an epidemical Distemper. Translated from the original Manuscript of an eminent Physician. London, printed for Robert Griffiths,* 1751.

de ce livre paraît avoir étudié profondément ce sujet, et il démontre, autant qu'on peut le faire par le raisonnement, que la maladie syphilitique n'a pas été apportée des Indes occidentales. Non content d'avoir établi ce fait, il cherche à expliquer la naissance de cette maladie en Europe; mais il n'est pas aussi heureux dans cette partie de sa tâche. C'est un sujet difficile à traiter, et le défaut d'un nombre suffisant de faits laissé trop de champ aux conjectures.

Nous ne pénétrerons donc pas plus avant dans cette question. Il importe peu, en effet, de savoir à quelle époque et dans quel pays cette maladie a pris naissance. Les animaux ne sont point formés naturellement dans un état de maladie, et les actions morbides ne naissent point spontanément dans l'économie animale; mais les corps vivants sont doués de susceptibilité pour des impressions capables de produire ces actions morbides, de sorte que les maladies ont toujours pour point de départ une impression qui s'exerce sur le corps. Or, comme il est probable que l'homme est de tous les animaux celui qui est susceptible du plus grand nombre d'impressions capables de devenir des causes immédiates de maladie, et qu'il est en outre le seul animal qui crée des impressions artificielles agissant sur lui-même, il est aussi celui qui est sujet au plus grand nombre de maladies. C'est sans doute dans une de ces conditions créées artificiellement qu'a été produite l'impression qui a donné naissance à la maladie vénérienne.

§ II. *C'est dans l'espèce humaine et dans les parties de la génération que le virus syphilitique a pris naissance.*

De quelque manière que le virus syphilitique ait pris naissance, il a certainement débuté dans l'espèce humaine, car nous ne connaissons aucun autre animal que l'homme qui puisse en être infecté (*). Il est probable aussi que ce sont les parties de la génération qui en ont été affectées les premières. En effet, s'il avait pris naissance dans toute autre partie du corps, il n'aurait sans doute pu se propager à d'autres personnes que celle qui en eût été atteinte d'abord, et par conséquent il n'aurait jamais été connu; tandis qu'ayant pour siége les parties de la génération, qui sont les seuls moyens de connexion naturelle qui existent entre les êtres humains, à part les rapports qui ont lieu entre la mère et l'enfant. En s'est trouvé dans la condition la plus favorable à sa propagation. En outre, comme nous le verrons dans l'histoire même de la maladie,

(*) Cette opinion de Hunter paraît vraie. J'ai tenté l'inoculation du pus syphilitique, pris dans toutes les conditions possibles, sur des chiens, sur des chats, sur des lapins, sur des cochons d'Inde, sur les pigeons qu'on avait dit être bientôt tués par l'absorption du virus vénérien. Dans aucun cas, et malgré la diversité des expériences, il n'a été possible de transmettre la maladie.

Il ne faut pas, comme l'a fait dans ces derniers temps l'école physiologique, confondre les ulcérations simples et les affections catarrhales, dont les animaux peuvent être affectés comme l'homme, avec la véritable syphilis.   P. Ricord.

effets constitutionnels de ce *poison* n'étant pas susceptibles d'être communiqués, nous sommes nécessairement amenés à cette conclusion, que ses premiers effets ont été locaux.

§ III. *De la nature du virus syphilitique.*

Nous ne connaissons point le virus syphilitique lui-même; nous ne connaissons que les effets qu'il produit sur le corps humain. Il se présente communément sous forme de pus, ou uni soit avec du pus, soit avec quelque autre sécrétion analogue, et produit une matière semblable chez les sujets auxquels il est inoculé, ce qui prouve qu'il est le plus ordinairement, mais non d'une manière nécessaire, un produit d'inflammation. Il détermine donc le plus souvent une inflammation dans les parties affectées; outre cette inflammation, il se développe dans ces parties un mode particulier d'action, différent de toutes les autres actions qui se manifestent sous l'influence du travail inflammatoire; et c'est ce mode spécifique d'action qui produit la qualité spécifique de la matière sécrétée. La présence de l'inflammation n'est pas nécessaire pour que ce mode particulier d'action persiste, car le *poison* continue à se former, longtemps après que tous les signes d'inflammation ont disparu. C'est ce qui résulte des faits suivants : des hommes qui n'ont que ce qu'on appelle un suintement habituel ou un chancre en voie de guérison, communiquent la maladie à des femmes qui étaient saines, et l'on voit des gonorrhées syphilitiques qui se sont établies sans aucun signe visible d'inflammation (*).

Chez les femmes, l'inflammation est souvent très-légère; dans beaucoup de cas même on n'en observe pas le plus léger signe; car il n'est pas rare de voir des femmes qui communiquent la maladie à des hommes, bien qu'elles n'aient éprouvé aucun des symptômes de l'inflammation, et qu'elles ne présentent aucune trace de la syphilis sous quelque forme que ce soit (**). L'inflammation et la suppuration, quand elles existent, ne sont donc que

---

(*) Il est bien constant que par inflammation, Hunter entend ici l'inflammation aiguë, car, autrement, il ne serait pas conséquent avec sa propre doctrine, qui veut que le pus soit le produit d'une inflammation et le véhicule obligé du virus. Les chancres en voie de *réparation absolue* passent à l'état d'ulcères simples et cessent d'être contagieux. Les expériences que j'ai faites sur l'inoculation mettent cette vérité hors de doute. Dans les cas où on a cru observer le contraire, la période de réparation était incomplète, et quelques points de l'ulcération devaient être encore à la période ulcéreuse spécifique.   P. Ricord.

(**) Si cette observation était vraie, Hunter serait encore en contradiction complète avec lui-même. Les femmes ne peuvent transmettre la syphilis que lorsqu'elles en sont actuellement affectées. Quand on a cru qu'elles avaient pu communiquer la maladie sans en présenter aucune trace, c'est qu'elles étaient atteintes de symptômes profonds et cachés, qu'on ne découvrait pas alors faute d'exploration à l'aide du spéculum; ou bien qu'ayant eu des rapports préalables avec des hommes infectés, elles avaient momentanément recueilli, dans leurs organes, du pus virulent qu'elles avaient pu transmettre ensuite, sans devenir elles-mêmes malades.   P. Ricord.

des phénomènes concomitants du mode particulier d'action qui constitue la maladie vénérienne, et leur degré d'intensité dépend plus de la nature de la constitution que de celle du virus.

La formation du pus, bien qu'elle s'observe généralement dans les cas de maladie vénérienne, n'en est pas un symptôme constant, car il arrive quelquefois que l'inflammation produite par le virus syphilitique ne se termine point par suppuration; je suppose qu'alors l'inflammation est de nature érysipélateuse. C'est le pus qui est formé, soit sous l'influence de l'inflammation, soit sans inflammation, qui seul renferme le virus, car, sans la formation du pus, il ne peut point y avoir de virus syphilitique. Il résulte de là qu'une personne qui est atteinte de l'irritation syphilitique, sous quelque forme que ce soit, ne peut communiquer la maladie à une autre s'il n'y a point de sécrétion purulente. Il est donc nécessaire, pour que la maladie soit communiquée, que l'action syphilitique prenne naissance d'abord, que du pus soit formé comme conséquence de cette action, et que ce pus soit appliqué sur une personne ou sur une partie saine (*).

Les faits qui prouvent que la maladie vénérienne ne se propage que par l'intermédiaire du pus, s'observent tous les jours en grand nombre. Des hommes mariés contractent la maladie, et, ne sachant pas qu'ils sont en proie à l'infection, ils cohabitent avec leurs femmes pendant une ou plusieurs semaines; puis, voyant des symptômes se manifester, ils cessent leurs relations. Eh bien, dans tout le cours de ma pratique, je n'ai jamais vu que la maladie se soit communiquée dans de telles circonstances, si ce n'est dans les cas où les malades, faisant peu d'attention aux symptômes, continuaient à avoir des rapports avec leurs femmes après que le pus avait commencé à être sécrété. J'ai conseillé à des maris, malgré l'infection, mais avant tout écoulement, de voir leurs femmes, afin de sauver les apparences, et je n'ai jamais eu à m'en repentir. Je crois même qu'on pourrait aller plus loin, et qu'on pourrait laisser un homme atteint de gonorrhée avoir commerce avec une femme saine, pourvu qu'il eût soin de bien nettoyer préalablement les parties de tout le pus qui peut les recouvrir, en injectant de l'eau dans l'urètre, en urinant, et en lavant le gland (**).

(*) La proposition de Hunter est absolue et vraie : il n'y a pas de virus syphilitique produit sans suppuration, et pas de contagion ou de transmission possible sans pus virulent. L'exception que Hunter lui-même semble apporter à cette loi n'est qu'apparente, et tient à ce qu'il n'a pas reconnu les deux propriétés distinctes du pus virulent, qui peut agir comme agent simple et à la manière des autres pus, pour produire des inflammations non spécifiques, érysipélateuses ou autres, mais qui, lorsqu'il agit primitivement en vertu de sa spécificité, produit de rigueur des *ulcères et la suppuration*.

P. Ricord.

(**) La dernière proposition a été omise dans l'édition de Home, et ce n'est point sans raison, car cette doctrine, pour ne rien dire de plus, est très-contestable, et la pratique qui en est déduite est dangereuse.

La doctrine de Hunter, c'est que le virus réside dans le pus ou dans un produit de sécrétion analogue, et il en tire deux conclusions pratiques :

1° Que lorsqu'il n'y a ni pus, ni sécrétion puriforme, la maladie ne peut être com-

Lorsque le pus qui est imprégné du *poison syphilitique* vient en contact avec une partie vivante, il irrite cette partie et y fait naître commu-
muniquée ; de sorte que l'infection n'est point possible avant l'apparition d'une gonorrhée, ou après la cicatrisation d'un chancre.

2° Que lors même qu'il existe du pus, si l'on a la précaution de l'enlever préalablement au moyen d'un lavage exécuté avec beaucoup de soin, on peut avoir des rapports avec une femme saine sans courir le risque de l'infecter.

On ne saurait trop s'élever contre la seconde conclusion ; elle est en contradiction avec l'expérience de tous les jours. Et d'après l'omission de ce passage dans l'édition de sir E. Home, on peut supposer que de nouvelles observations avaient porté Hunter lui-même à modifier son opinion avant la fin de sa vie.

La première conclusion elle-même n'est point sans dangers, comme on peut le voir par les faits suivants, qui sont loin d'être rares :

Une femme mariée fut prise des symptômes ordinaires de la gonorrhée, ce qui la surprit beaucoup, car son mari était exempt de toute maladie. Toutefois, le mari ayant été questionné, avoua qu'il avait eu commerce avec une femme suspecte, huit jours environ avant que sa femme se sentît malade ; mais il affirma positivement qu'il n'avait eu aucun écoulement ni aucune sensation morbide, et certainement alors il n'offrait aucun signe de maladie. Au bout de quatre jours, c'est-à-dire à peu près une quinzaine après le commerce impur, et une semaine après l'époque où il avait dû communiquer la maladie à sa femme, il se manifesta chez lui un écoulement gonorrhéique.

Un voyageur s'exposa aux chances d'une infection syphilitique, et arriva chez lui au bout de trois jours. Quatre jours environ après son arrivée, sa femme fut atteinte de gonorrhée ; ce ne fut que dix jours après l'infection qu'il s'aperçut pour la première fois d'un écoulement et qu'il fut pris des autres symptômes de gonorrhée.

Mais on peut dire que si ces faits démontrent que la conclusion à laquelle Hunter est arrivé ne peut s'appliquer à la pratique avec sécurité, ils ne détruisent pas cependant le principe général sur lequel cette conclusion s'appuie. On peut avancer que c'est à tort qu'on admet qu'il n'y avait point eu de sécrétion purulente ; que dans la première période de la gonorrhée, il est probable que le pus est formé en trop petite quantité pour s'écouler hors de l'urètre ; que le pus se dépose dans les lacunes de ce canal et est emporté par le jet d'urine, et qu'il échappe ainsi à l'observation, mais que son existence n'en est pas moins réelle, et que par conséquent, la proposition de Hunter, savoir, que quand il n'y a point de pus l'infection n'est point possible, reste dans toute sa force.

Mais il est un autre ordre de faits qui ébranlent davantage la doctrine de Hunter.

Un homme marié s'exposa à l'infection à Londres. Un ou deux jours après, il se rendit en Irlande où résidait sa famille. Il séjourna quelque temps à Cheltenham, et tandis qu'il était dans cette ville, deux ou trois petites indurations ou tubercules se formèrent à la surface interne du prépuce. Il les montra à un chirurgien qui s'assura qu'il n'y avait aucune ulcération, et qui pensa que l'affection n'était point de nature vénérienne. Peu de temps après, il retourna en Irlande, portant encore ces indurations, et il infecta sa femme qui eut des chancres primitifs.

Un jeune homme portait sur la verge une induration qui avait succédé à la cicatrisation d'un chancre. Il éprouva à plusieurs reprises des symptômes secondaires qui, chaque fois, furent dissipés par un traitement approprié ; mais l'induration persista. A la fin, après qu'il se fut écoulé un long espace de temps sans rechute, et lorsqu'il se croyait définitivement guéri, il se maria, bien que l'induration existât toujours, et sa femme fut infectée.

nément une inflammation. Il faut qu'il soit appliqué à l'état liquide, ou qu'il soit rendu tel par les humeurs de la partie sur laquelle il est appliqué.

Il serait facile de multiplier ces faits qui mènent presque nécessairement à cette conclusion, que l'infection peut avoir lieu par suite du contact d'un simple épaississement chancreux, bien qu'il n'existe aucune ulcération. Une appréciation inexacte de cette vérité a souvent produit des conséquences déplorables. Parmi les cas où une femme a reçu l'infection par suite de son mariage avec un homme atteint de la syphilis, il en est un très-grand nombre où la maladie paraît avoir été communiquée par la cicatrice d'un chancre guéri. G. G. B.

Il est impossible, dans l'état actuel de la science, d'accueillir les observations par lesquelles M. G. Babington réfute les propositions de Hunter.

Je soutiens, par les lois immuables de l'expérimentation, que toute surface qui n'est point actuellement souillée de pus virulent et qui n'en sécrétera pas pendant des rapports plus ou moins prolongés, ne pourra jamais transmettre la syphilis.

D'après cette doctrine, conforme à celle de Hunter, on ne saurait toutefois permettre, comme il l'a fait, des rapports à une personne malade, sur la seule garantie de lotions plus ou moins bien faites, car la sécrétion morbide est incessante, et s'active encore avec l'accroissement de vitalité qui arrive dans les rapports sexuels. Mais avant toute suppuration et dans les circonstances où celle-ci ne s'est point développée pendant les rapports mêmes, la maladie peut-elle être transmise? Non sans doute. Il faut du pus virulent; la quantité peut en être bien petite, passer inaperçue des malades dans les premiers temps, mais il n'est pas d'effet sans lui. Pour être convaincu de la vérité de ces assertions, il faut suivre les résultats de l'inoculation artificielle. Souvent au second jour la pustule naissante fournit déjà le pus contagieux, mais cela, dans des proportions si minimes, que si elle était cachée dans l'urètre ou le vagin, l'observation la plus minutieuse du linge des malades ou des parties extérieures des organes affectés, n'en laisserait rien apercevoir. D'un autre côté, on sait ce qu'il faut de ce pus à la pointe d'une lancette pour communiquer l'affection.

A ces faits si incontestables, est-il possible d'opposer les deux observations de blennorrhagie de M. Babington, dont la valeur absolue est basée sur la moralité seule des malades? Sans entrer ici dans la discussion relative à la nature et au diagnostic de la blennorrhagie, qui ne voit, dans ces deux cas, que la maladie avait été, en réalité, communiquée aux maris par leur femme, d'après l'ordre dans lequel les symptômes se sont développés chez les époux; soit qu'alors il y ait eu seulement affection par irritation mécanique, abus du coït après un voyage et de longues privations, soit que les deux femmes eussent des affections génitales antérieures qu'elles ignoraient ou qu'elles avaient intérêt à cacher, jusqu'au moment d'un aveu opportun. Ces cas sont si communs dans la pratique, qu'ils n'ont pas besoin d'autres commentaires.

Une induration sans suppuration, une cicatrice parfaite d'un chancre, permettent-elles la transmission de la syphilis, comme le veut M. Babington? C'est encore sur la moralité des femmes que ses observations sont basées, et en admettant, dans tous ces cas, que la maladie n'avait pas pu leur être transmise par d'autres que par leurs maris.

Voici ce que les faits autrement observés m'ont appris:

Des chancres peuvent se développer dans un follicule, dans le tissu cellulaire, dans les voies lymphatiques superficielles et s'accompagner d'une induration périphérique qui leur forme alors une sorte de coque ou de kyste. Dans ces circonstances on peut croire à une induration simple et sans suppuration, tandis que dans les rapports sexuels, les parois de ces abcès virulents venant à s'ouvrir, le pus s'en échappe et transmet le mal qu'on croit à tort dû à un ulcère consécutif. Ces cas sont communs et j'en ai montré un

car il n'existe aucun cas où il ait causé l'infection sous forme de vapeur, comme cela a lieu pour plusieurs autres *poisons* (*).

§ IV. *De l'acrimonie plus ou moins grande du virus syphilitique.*

Le pus vénérien est le même dans tous les cas. Une quantité donnée de ce pus ne peut point avoir plus de virulence qu'une autre; et, si ce liquide présente quelques différences, ce n'est qu'en ce sens, qu'il peut être à l'état de solution plus ou moins étendue; mais cette circonstance ne peut amener aucune différence dans ses effets. On conçoit cependant qu'il puisse être à l'état de solution tellement étendue, qu'il n'ait plus le pouvoir d'irriter les tissus. C'est ainsi qu'un liquide qui, introduit dans la bouche, a la propriété de stimuler les nerfs du goût, peut être affaibli au point de ne plus avoir aucune saveur. Mais, pour peu que le *poison* syphilitique puisse irriter la partie sur laquelle il est appliqué et y produire une action, toutes les conditions sont remplies. L'action morbide est la même, que la quantité du pus soit petite ou considérable, qu'il soit à l'état de solution étendue ou concentrée (**).

L'expérience nous apprend que le pus vénérien ne présente point des espèces diverses, et qu'aucune différence ne peut être produite dans la manifestation de la maladie par une différence de force dans la matière purulente. Mais le même pus affecte très-différemment des personnes différentes. De deux hommes qui ont eu commerce avec la même femme et qui ont contracté la syphilis, l'un aura une gonorrhée intense ou des chancres, et l'autre n'aura qu'une gonorrhée légère. J'ai vu un homme communiquer la maladie à plusieurs femmes, parmi lesquelles les unes furent gravement atteintes, tandis que les autres n'eurent qu'une affection très-légère. Il en est de même aussi bien pour les chancres que pour la gonorrhée. Les symptômes différents qu'on observe chez les divers

grand nombre à ma clinique. Mais toutes les fois qu'il s'est agi d'induration complète sans pus primitif incarcéré; et que par une cause quelconque, des ulcérations consécutives ou des lésions mécaniques sont survenues sur ces indurations, sans nouvelle infection, le pus alors fourni n'a jamais pu être inoculé.

Quoi qu'il en soit, dans l'incertitude d'une cicatrisation parfaite, et dans la possibilité de quelques points de suppuration cachés, toutes les fois qu'il restera des symptômes suspects, il faudra s'abstenir de rapports sexuels et surtout du mariage.

P. Ricord.

(*) Cette observation de Hunter est très-juste; le pus virulent, pour agir, doit être liquide ou rendu tel. Les croûtes qui se forment sur les chancres et qui s'y dessèchent, conservent la propriété virulente, et, délayées dans un liquide, après une longue conservation, elles peuvent, comme les croûtes de la variole et du vaccin, servir à l'inoculation.

P. Ricord.

(**) Dans l'édition de Home, cette dernière phrase est terminée par les mots suivants : « .... puisque les hommes qui ont eu grand soin de laver leur verge immédiatement après le coït ont contracté la maladie, et que les symptômes qu'ils ont éprouvés ont été aussi graves que ceux qui se sont manifestés chez les malades qui n'avaient point pris cette précaution. »

sujets dépendent de la constitution et de l'état général de l'économie
moment de l'infection. Ce qui a lieu dans l'inoculation de la variole cor-
bore cette opinion : que le malade sur lequel on recueille le pus varioli-
présente des symptômes graves ou benins; qu'il ait un grand nombre
pustules, ou qu'il n'en ait que très-peu; que sa variole soit confluente
discrète; que le pus soit introduit en petite ou en grande quantité, l'eff-
produit est toujours le même. C'est un fait qui n'a pu être connu que p-
le nombre considérable de sujets qui ont été inoculés sous l'influence
toutes ces circonstances différentes (*).

§ V. *De l'identité du virus dans le chancre et dans la gonorrhée.*

On a supposé que la gonorrhée et le chancre sont produits par deux p-
sons distincts; et cette opinion semble avoir quelque fondement, pour p-
que l'on se borne à considérer l'aspect extérieur de ces deux affections
les méthodes différentes de traitement que l'on emploie pour les combattr-
tels sont trop souvent les seuls guides que nous ayons pour nous condui-
à la connaissance de la nature d'un grand nombre de maladies. Mais si l'-
envisage cette question sous d'autres points de vue, et surtout si l'on
recours à des expériences sur le résultat desquelles on puisse compter d'u-
manière absolue, on reconnaît toute l'inexactitude de l'opinion qui vie-
d'être indiquée.

On trouve, dans le mode suivant lequel le *poison* vénérien a été communiqué aux habitants des îles de la mer du Sud, plusieurs circonstance-
qui peuvent contribuer à répandre de la lumière sur la question présen-
Comme il n'est fait mention d'aucune gonorrhée qui eût été observée dan-
l'île d'Otaïti, on en a conclu que c'était le chancre qui avait été introdu-
d'abord dans cette île; que, par conséquent, le chancre seul avait pu s-
propager, et que la gonorrhée n'avait pu y prendre naissance, puisqu'ell-
n'avait point été communiquée à ses habitants. Mais, en raisonnant d'aprè-
les conditions probables où se trouvaient les voyageurs qui se sont dirig-
vers cette partie du monde, on arrive à une conclusion toute contrair-
En effet, il est presque impossible qu'un chancre existe pendant toute l-
durée d'un si long voyage sans produire la destruction de la verge, tandi-
que l'observation nous a appris que la gonorrhée peut persister pendant u-
temps très-long. On dit, dans le voyage du capitaine Cook, que les habitants d'Otaïti qui contractèrent la maladie se retirèrent dans la campagn-
et furent guéris; mais que, lorsque la maladie se transforma en vérole-

(*) Sir E. Home a placé ici une note dans laquelle il révoque en doute l'exactitud-
de cette doctrine, pour ce qui regarde la variole. Il dit que plusieurs fois il a étendu
le pus varioleux, et que toujours la maladie produite par l'inoculation de ce pus ains-
s'est montrée moins intense que dans les cas où le pus avait été introduit dans son
état naturel. Quoi qu'il en soit de cette assertion, il faut reconnaître qu'aucun fait n-
prouve qu'une telle différence existe dans la virulence de la syphilis, et ne saurait justifier l'opinion qui admettrait que la diversité des symptômes de cette maladie a son
point de départ ailleurs que dans la constitution et dans les conditions où se trouve l-
sujet qui reçoit l'infection. G. G. B.

elle se montra incurable. C'était donc la gonorrhée qu'ils avaient, car on sait que la gonorrhée seule peut être guérie par des moyens simples. En outre, si leur maladie eût été le chancre, et qu'ils eussent connu les moyens de le guérir, ils auraient su également guérir la vérole constitutionnelle.

Wallis quitta Plymouth en 1766, et arriva à Otaïti en juillet 1767, onze mois après son embarquement, et si tous les hommes de son équipage étaient exempts de la maladie au moment où il mit à la voile, il n'est guère possible qu'ils l'aient contractée pendant le voyage. Or, il n'est pas probable qu'une gonorrhée puisse durer pendant un temps aussi long. Mais supposons que Wallis ait importé la maladie dans son navire et qu'un ou deux des hommes de son équipage fussent infectés : comme il séjourna pendant cinq semaines à Otaïti, l'infection pouvait se communiquer assez rapidement pour s'étendre secondairement à tout son équipage; c'est même le résultat auquel on aurait dû s'attendre. Or, comme il n'arriva rien de semblable, on doit voir dans ce fait une présomption en faveur de l'opinion qui admet que l'importation de la syphilis à Otaïti ne doit point être attribuée à Wallis.

Bougainville quitta la France en 1766, mais il aborda en plusieurs pays où quelques-uns de ses matelots peuvent avoir contracté la maladie. Le dernier de ces pays fut Rio de la Plata; il quitta ce port en novembre 1767, et il arriva à Otaïti en avril 1768, c'est-à-dire au bout de cinq mois. Cet espace de temps s'accorde beaucoup mieux que le long voyage de Wallis avec la durée ordinaire de la maladie, et cette circonstance suffit pour que l'on admette comme probable que c'est Bougainville qui a importé la syphilis à Otaïti. En outre, Bougainville fut moins à même que Wallis de garantir son équipage contre toute atteinte de la maladie. Wallis choisit les hommes qui l'accompagnèrent, et c'était tout ce qu'il fallait pour qu'il fût certain de ne pas apporter la maladie sur son bâtiment, car il n'y avait aucun risque qu'ils la contractassent pendant le voyage. Bougainville, il est vrai, eut le même avantage à son départ; mais ensuite il en fut privé; car ses hommes purent être infectés en plusieurs endroits, et il n'eut pas la facilité de les changer; probablement même il n'eut guère de moyens de les guérir. Bougainville trouva la maladie à Otaïti peu de temps après son arrivée, et l'on doit voir dans cette circonstance une preuve que c'est lui qui l'avait apportée. En effet, ainsi que je l'ai fait remarquer ci-dessus, si un seul homme de l'équipage de Wallis avait pu la communiquer aux indigènes, la propagation s'en serait opérée en peu de jours avec assez d'extension pour que tous ses compagnons de voyage en pussent être atteints. Bougainville étant arrivé dix mois après Wallis, il s'était écoulé assez de temps pour que l'infection eût pu s'étendre à tous les habitants de l'île, et les ravages causés par la maladie auraient dû être évidents pour les Français au moment même de leur arrivée. Bougainville ne resta que neuf jours à Otaïti, et ce ne fut que plusieurs semaines après son départ de l'île qu'il s'aperçut que plusieurs de ses matelots étaient infectés, ce qui était probablement la conséquence de l'importation du *poison* dans ce pays par quelques-uns d'entre eux. Cook a rapporté d'ailleurs que les Otaïtiens at-

tribuaient à Bougainville l'introduction de la syphilis, et l'on ne p...
guère supposer qu'ils eussent poussé la complaisance envers nos com...
triotes jusqu'à accuser Bougainville, eux qui devaient savoir si cette...
ladie avait été ou non apportée par Wallis, et qui n'avaient aucune rai...
pour faire un tel acte de partialité en faveur de ses compagnons de vo...
Or, nous voyons dans la relation du dernier voyage de Cook que la mal...
vénérienne sévit actuellement sous toutes ses formes dans l'île d'Ota...
et, comme aucun récit ultérieur ne nous a fait connaître que la gono...
y ait été introduite depuis, nous devons admettre que toutes les for...
de la maladie vénérienne se sont propagées dans ce pays d'une sou...
unique, qui a été très-probablement une gonorrhée.

Si l'on conservait des doutes sur l'identité de nature des deux malad...
le chancre et la gonorrhée, on les verrait se dissiper en considérant qu...
matière produite dans les deux cas a les mêmes caractères et les mêm...
propriétés; on en trouve la preuve dans ce fait, que le pus de la gono...
produit indistinctement une gonorrhée, un chancre, ou la syphilis cons...
tutionnelle, et que le pus d'un chancre peut produire également une g...
norrhée, un chancre, ou la syphilis constitutionnelle (*).

On trouvera dans l'observation suivante un exemple de syphilis cons...
tutionnelle causée par une gonorrhée. M.*** contracta deux fois la go...
rhée, et fut guéri chaque fois sans l'emploi du mercure. Deux mois ap...
chacune de ces maladies, il fut pris des symptômes de la syphilis cons...
tutionnelle. La première fois, ces symptômes consistèrent dans des cha...
cres de la gorge, qui furent combattus avec succès par l'usage externe...
mercure; la seconde fois, la syphilis constitutionnelle se manifesta par...
pustules cutanées, contre lesquelles on eut recours également aux fricti...
mercurielles, et qui furent guéries. Quant à la production de la syphi...
constitutionnelle comme conséquence des chancres, c'est un fait qui...
présente si souvent à l'observation de chacun, qu'il n'est pas nécessa...
d'en apporter ici des preuves.

Puisque la gonorrhée et le chancre sont les effets du même *poison*,...
est digne d'intérêt de rechercher d'où vient une telle différence dans...
forme de la même maladie.

Pour s'expliquer cette différence si remarquable dans les effets du mê...
poison, il suffit de prendre en considération la différence qui existe d...
le mode d'action des parties intéressées, sous l'influence de l'irritati...
quelle qu'en soit la nature. La gonorrhée a toujours pour siége une su...
face *sécrétante* (**), et le chancre une surface *non sécrétante* : or, dans c...

(*) Dans l'édition de Home, on trouve ici le passage suivant : « Voici un fait q...
tend à prouver que le chancre peut être la conséquence de la gonorrhée : A. B. co...
tracta une gonorrhée vers le commencement de janvier 1788. L'inflammation dispa...
mais l'écoulement persista. Un mois après cette époque, il apparut sur le gland...
chancre, pour lequel le malade prit du mercure et qui fut guéri au bout d'un moi...

(**) Sous cette dénomination, *surfaces sécrétantes*, je comprends tous les canaux q...
donnent passage aux matières étrangères, ainsi que les conduits excréteurs des gland...
tels sont la bouche, le nez, les yeux, l'anus, l'urètre. Les surfaces *non sécrétan...*

dernière forme de la maladie, il faut que la partie sur laquelle le *poison* est appliqué devienne une surface sécrétante pour que du pus puisse y être produit. Toutes les surfaces sécrétantes du corps ayant probablement les mêmes propriétés, un seul et même mode d'application suffit pour produire la maladie dans tous ces tissus, et ce mode d'application consiste dans le simple contact de la matière virulente. Mais, pour la production d'un chancre, le pus vénérien peut être appliqué de trois manières différentes : la première et la plus sûre, au moyen d'une plaie dans laquelle on l'introduit ; la seconde, par la déposition du virus sur une surface revêtue d'un épiderme dont la finesse plus ou moins grande lui permet de pénétrer plus ou moins vite jusqu'au derme ; et la troisième, par l'application du pus sur une ulcération commune déjà formée.

Mais si le *poison* est le même dans le chancre et dans la gonorrhée, pourquoi ces deux formes morbides ne s'observent-elles pas toujours sur la même personne ? Il est naturel, en effet, de supposer que la gonorrhée une fois établie ne puisse manquer de donner naissance à des chancres, et que le chancre, quand il apparaît d'abord, doive avoir pour effet consécutif la production d'une gonorrhée. S'il n'en est pas souvent ainsi, cependant ce sont des faits qu'on observe quelquefois ; au moins ai-je de puissantes raisons pour le croire. J'ai vu des cas où une gonorrhée s'était montrée primitivement, et où ensuite des chancres se sont formés, tantôt au bout de quelques jours, tantôt au bout de quelques semaines. J'ai vu de même des cas où des chancres s'étaient manifestés d'abord, et où, dans le cours du traitement, il est survenu un écoulement accompagné de douleur en urinant. On peut admettre que les deux maladies avaient leur origine dans l'infection primitive, et que seulement elles s'étaient manifestées à des époques différentes ; et l'on est presque forcément amené à expliquer ainsi pourquoi elles ne se présentent pas plus souvent ensemble, puisque la matière morbide est la même dans les deux et peut produire indifféremment l'une ou l'autre.

Je soupçonne que l'existence de l'une de ces deux irritations a pour effet général de prévenir le développement de l'autre. J'ai déjà fait remarquer que les deux parties qui sont le siége de ces maladies sympathisent dans leurs affections morbides, et il est possible que ce soit précisément cette sympathie qui empêche la manifestation de la maladie réelle. En effet, une action morbide non vénérienne prend naissance, et, tant que cette action existe, il est impossible que la même partie en contracte une autre ; il est probable aussi que cette action sympathique persiste aussi longtemps que l'affection morbide qui en est la cause excitante. Ainsi, quand les deux

sont représentées par le tégument externe en général. A ces deux ordres de surfaces je puis en ajouter un troisième qui forme la transition de l'un à l'autre, comme le gland, le pourtour de la bouche, la surface intérieure des lèvres, la vulve. Ces organes, participant aux propriétés de chacune des deux premières espèces de surfaces, mais à un moindre degré que ces surfaces elles-mêmes, peuvent être affectées des deux manières, c'est-à-dire qu'elles peuvent être stimulées à une sécrétion morbide et devenir le siége d'une ulcération.   J. HUNTER.

maladies se manifestent en même temps sur la même personne, je pens[e]
que cela vient ou de ce que la sympathie de l'urètre n'a point été évei[llée]
par le chancre, ou de ce que cette sympathie a cessé et a permis au vir[us]
syphilitique de développer dans la partie qui en a subi l'influence son acti[on]
morbide spécifique (*).

(*) Il y a un argument plus fort que tous ceux qui sont donnés ici. Hunter a inoc[ulé]
sur lui-même le pus de la gonorrhée, et le résultat de cette opération a été la prod[uc-]
tion de chancres, suivis de bubons et de symptômes constitutionnels. L'expérie[nce]
est rapportée avec détail ci-après partie vi, chap. ii, § ii.

Cependant l'identité du virus de la gonorrhée et de celui du chancre a été révoq[uée]
en doute, et combattue par des raisons qui méritent d'être pesées.

Relativement aux arguments tirés du transport de la maladie vénérienne aux îles [de]
la mer du Sud, on a répondu en niant que cette maladie y ait jamais existé. M. Wils[on,]
chirurgien du vaisseau *le Marsouin*, a visité Otaïti en 1801, et après une investig[a-]
tion faite avec soin, il est arrivé à cette conclusion, que la maladie vénérienne ét[ait]
alors inconnue dans cette île.

On peut d'ailleurs objecter que lors même que cette maladie y sévirait actuel[le-]
ment, ainsi que d'autres personnes l'ont rapporté, il ne s'ensuivrait point qu'elle [y]
ait été importée sous forme de gonorrhée. Les faits établis par Hunter ne compor[tent]
point la conclusion qu'il en a tirée. Bougainville quitta Rio de la Plata en novem[bre]
1767, et arriva à Otaïti en avril 1768. Il est très-possible qu'un chancre ait exis[té]
parmi les gens de son équipage pendant les cinq mois que dura sa traversée. On [voit]
souvent des chancres primitifs persister pendant un espace de temps plus considérab[le]
sans produire une destruction remarquable de tissu, et certainement sans rend[re le]
coït impossible.

Hunter affirme qu'on observe des cas dans lesquels de véritables chancres sont pr[o-]
duits sur les parties qui sont baignées par la matière de l'écoulement gonorrhéiq[ue;]
en même temps il reconnaît que ces cas sont extrêmement rares. Mais rien n'est pl[us]
commun que de voir des excoriations se former sur la surface du gland ou à la fa[ce]
interne du prépuce, par suite du contact du pus de la gonorrhée. Si ces excoriatio[ns]
sont négligées, elles peuvent durer indéfiniment; si, au contraire, la matière irritan[te]
est enlevée avec soin par des lavages fréquents, elles se guérissent en deux ou tro[is]
jours, sans que l'usage du mercure soit le moins du monde nécessaire. Pourquoi [ne]
revêtent-elles pas les caractères du chancre, et pourquoi n'infectent-elles pas toute l'é[-]
conomie ? A coup sûr, leur innocuité apporte, en faveur de la diversité des virus, [une]
preuve négative plus concluante que la preuve positive qui pourrait être déduite, [en]
faveur de l'identité, de la production très-rare de chancres véritables. En effet, [on]
ne doit point perdre de vue que dans ces cas le chancre peut être attribué à une au[tre]
cause. Le malade peut s'être exposé de nouveau à la contagion, et le chancre pe[ut]
provenir d'une seconde infection. Dans de telles circonstances, le malade est naturel[-]
lement porté à cacher sa conduite coupable. Souvent, par un interrogatoire attenti[f]
on peut amener le malade à avouer la vérité; et lorsqu'un tel aveu n'est poi[nt]
obtenu, il est peut-être rationnel d'admettre que la honte seule en est la cause.

On ne peut nier qu'il ne se présente des cas dans lesquels des symptômes constitu[-]
tionnels paraissent être la conséquence d'une gonorrhée; mais ces cas sont si rar[es]
qu'ils doivent être plutôt considérés comme des anomalies dont nous ne pouvons poi[nt]
encore rendre compte, que comme des faits capables de renverser les résultats d[e]
l'expérience de chaque jour. Il est rare que la nature des symptômes constitutionne[ls]
soit alors parfaitement évidente. On peut révoquer en doute que des tubercules cuiv[rés]

§ VI. *De la cause qui communique au pus vénérien ses propriétés virulentes.*

Je m'arrêterai quelques instants sur ce sujet, dont l'étude et l'élucidation peuvent jeter de la lumière sur la nature et le traitement de la maladie

bien distincts aient jamais succédé à une simple gonorrhée. Ce qu'on observe ordinairement, c'est un aspect marbré de la peau, ou bien ce sont les formes les plus légères et les plus fugitives du lichen, ou enfin de légères excoriations de la superficie des amygdales.

On a dit que souvent des femmes qui ne sont atteintes que de gonorrhée communiquent des chancres aux hommes qui ont des relations avec elles. Sans vouloir nier positivement ce fait, je dois faire remarquer qu'il a rarement été démontré d'une manière satisfaisante, si même il l'a été jamais. Les investigations des chirurgiens ont été évidemment limitées aux parties externes de la génération; l'intérieur du vagin n'a point été exploré. Or, il est certain que des chancres peuvent exister dans cette région profonde, bien qu'ils y soient moins communs que dans des points plus apparents, et alors leur présence ne peut être constatée qu'au moyen du spéculum. Si, en outre, on prend en considération les moyens de déception dont on enveloppe toujours tout ce qui concerne les relations sexuelles, on sera obligé de convenir que l'assertion qui précède mérite peu de confiance.

Il reste encore l'expérience de John Hunter; si de pareilles expériences étaient présentées en grand nombre, on ne peut nier qu'elles ne fussent décisives. On ne peut guère révoquer en doute que, dans ce cas, l'économie entière n'ait été infectée du virus syphilitique; mais on peut se demander si ce virus n'est point provenu de quelque autre source que de l'inoculation du pus gonorrhéique. Les chances d'erreur sont si nombreuses, que de semblables expériences doivent être fréquemment répétées. Tel qu'il est, ce cas reste seul opposé aux résultats de l'expérience générale et à des expérimentations qui ont pour appui l'autorité du nom de Benjamin Bell. Ce furent des élèves en médecine qui se soumirent à ces expérimentations dans la vue expresse d'arriver à la solution de la question. Les expériences sont rapportées de la manière suivante par Bell (*On venereal Disease*, t. I, p. 439) :

« Le pus, raconte un des jeunes gens soumis aux expériences, fut recueilli dans un chancre situé sur le gland, avant qu'on y eût fait aucune application; après l'avoir placé à l'extrémité d'une sonde, on l'introduisit complétement dans l'urètre, dans l'intention de produire une gonorrhée. Pendant les huit premiers jours qui suivirent cette application, je ne ressentis aucun malaise local; mais au bout de ce temps, l'écoulement de l'urine s'accompagna de douleur. En dilatant l'orifice de l'urètre autant que possible, on aperçut la plus grande partie d'un large chancre, et peu de jours après, il se forma un bubon dans chaque région inguinale. Il ne se fit aucun écoulement par l'urètre pendant toute la durée de la maladie; mais on ne tarda pas à constater la présence d'un autre chancre sur la paroi opposée du canal de l'urètre. Ces deux chancres furent traités par le précipité rouge, qu'on appliqua sur leur surface au moyen d'une sonde préalablement mouillée. On pratiqua en même temps à la partie externe de chaque cuisse des frictions mercurielles qui déterminèrent une salivation abondante. Les bubons, qui jusque-là avaient fait des progrès continuels, devinrent stationnaires, et disparurent enfin entièrement. Les chancres se nettoyèrent, et après un usage suffisamment prolongé du mercure, une guérison complète fut enfin obtenue.

« L'expérience suivante fut faite avec le pus de la gonorrhée, dont on plaça une

qui nous occupe. Quelques pathologistes ont supposé que les qualités virulentes du pus vénérien sont l'effet d'une fermentation qui s'opère aussitôt

certaine quantité entre le prépuce et le gland, où on le laissa agir sans être troublé.
Le second jour, il se manifesta une légère inflammation à laquelle succéda une sécrétion purulente qui disparut en deux ou trois jours.

« Le même élève répéta cette expérience plusieurs fois, après avoir préalablement
irrité la partie sur laquelle le pus gonorrhéique fut appliqué; mais il n'en résulta
jamais aucun chancre.

« Deux jeunes gens, qui se livraient à l'étude de la médecine, conçurent le désir de
décider la question. En conséquence, ils résolurent de faire les expériences suivantes. Ils n'avaient jamais eu ni l'un ni l'autre, ni gonorrhée, ni vérole; et le pus fut
recueilli, comme dans les expériences précédentes, sur des malades qui n'avaient
jamais fait usage de mercure :

« Un petit plumasseau de charpie imbibée de pus gonorrhéique fut placé et maintenu
pendant 24 heures entre le prépuce et le gland. Ils s'attendaient à voir cette application produire des chancres; mais il n'en fut rien. Chez l'un, il se développa sur tout
le gland et sur le prépuce une violente inflammation qui présenta tout l'aspect de ce
qu'on appelle ordinairement une fausse gonorrhée; un pus abondant et fétide s'écoula
des surfaces enflammées, et il se forma un paraphimosis pour lequel on craignit pendant plusieurs jours d'être obligé de recourir à l'instrument tranchant. Toutefois, par
l'usage des cataplasmes unis aux préparations saturnines, des laxatifs et d'un régime
sévère, l'inflammation céda, l'écoulement cessa, aucun chancre ne fut produit, et la
guérison ne tarda pas à être complète.

« L'autre jeune homme ne fut pas aussi heureux. L'inflammation extérieure, il est
vrai, fut légère; mais le pus s'étant introduit dans l'urètre, il se développa, le second jour, une gonorrhée intense qui persista pendant un temps considérable et devint
extrêmement pénible. La guérison entière s'en fit attendre plus d'un an.

« Ce dernier expérimentateur, frappé des dangers de cette sorte d'expériences, refusa
de les pousser plus loin pour son compte, mais son ami les poursuivit avec ardeur. Peu
de temps après la guérison de l'inflammation qui avait été causée par sa première
expérience, il introduisit avec la pointe d'une lancette du pus gonorrhéique sous la
peau du prépuce et dans le tissu du gland; mais cette opération, bien que répétée
trois fois, ne produisit pas un seul chancre. Il en résulta une légère inflammation qui
se dissipa bientôt sans aucun traitement. Sa dernière expérience eut des suites beaucoup plus graves. Le pus d'un chancre fut introduit, sur l'extrémité d'une sonde, à
un quart de pouce, ou un peu plus, de profondeur dans le canal de l'urètre.
Il ne survint point de gonorrhée; mais au bout de cinq ou six jours on aperçut un
chancre enflammé et douloureux dans le point sur lequel le pus avait été appliqué. Il
se forma ensuite un bubon, qui suppura malgré l'application immédiate du mercure,
et donna lieu à une plaie aussi douloureuse que difficile à guérir. Enfin des ulcères se
montrèrent dans la gorge, et le malade ne put être guéri qu'après avoir employé une
très-grande quantité de mercure et gardé la chambre pendant plus de trois mois. »

Ces expériences, dont les résultats s'accordent avec l'observation de chaque jour,
renversent entièrement l'argument qu'on peut tirer de la différence qui existe entre
une surface sécrétante et une surface non sécrétante, et tendent puissamment à faire
admettre que le *poison* de la gonorrhée, au moins dans la grande majorité des cas,
n'est point identique à celui du chancre.   G. G. B.

On a longtemps discuté et l'on discute encore aujourd'hui la question de savoir si
la blennorrhagie, quant à sa cause et à ses effets généraux, est une affection identi-

qu'il est formé. Or, je vais maintenant examiner si cette cause est admissible, ou si ces propriétés virulentes ne dérivent point de la faculté dont

que au chancre dont elle ne différerait que par sa forme primitive, due elle-même au siége particulier et aux conditions anatomiques et physiologiques des tissus qu'elle affecte?

Il faut convenir que malgré les nombreux travaux faits jusqu'à ce jour pour résoudre cet intéressant problème, travaux à la tête desquels, depuis Tode, je placerai l'ouvrage remarquable d'Hernandez, couronné en 1810 par la Société médicale de Besançon; on n'est point arrivé à une solution qui ait satisfait tous les esprits. Les faits propres à élucider la question et les expériences capables de la résoudre n'ont cependant pas manqué; mais l'esprit de système qui a présidé à l'observation des uns et dirigé faussement les autres, a dû conduire le plus souvent à des conclusions erronées. Il a fallu fréquemment éluder un cas contradictoire, suspecter la bonne foi d'un expérimentateur opposé, ou même nier formellement un fait: l'ouvrage d'Hernandez, le plus complet dans ce sens, en est un exemple.

Pour moi, c'est dans la concordance absolue de tous les écrivains, c'est dans l'acceptation complète des matériaux qu'ils ont fournis, que je trouve les plus puissants arguments; car un fait est une chose matérielle qu'on ne saurait détruire par un autre fait; mais une bonne explication peut en détruire de fausses.

Hunter a inoculé du pus fourni par une blennorrhagie, et a déterminé un chancre suivi d'accidents généraux caractéristiques. Harrisson a porté, à l'aide d'une sonde, du pus de chancre dans l'urètre, et a produit une blennorrhagie, d'où on a conclu à l'identité de cause. D'un autre côté, Tode et Duncan, comme dans les expériences rapportées par Bell, n'ont jamais pu produire le chancre avec la matière de la gonorrhée, tandis que le pus du chancre, introduit dans l'urètre, y a déterminé un chancre; ce qui, de nécessité, a dû faire admettre une différence absolue dans la nature intime des deux maladies. Et cependant toutes ces expériences sont vraies, quoique contradictoires, car leur différence n'est qu'apparente et tient à une mauvaise interprétation.

Pour tirer une conclusion rigoureuse des faits, il ne faut négliger aucune de leurs conditions. Toutes les fois que les expérimentateurs ont pris du pus à la surface d'un chancre, et qu'ils l'ont appliqué sur une surface facile ensuite à observer directement, ils ont donné lieu à des chancres, à quelque doctrine qu'ils aient appartenu. Ce n'est donc que lorsque la matière morbide a été prise venant de parties profondes et cachées, et dont les conditions matérielles de tissu ne pouvaient être directement observées, ou qu'elle y avait été portée dans les mêmes conditions, que les résultats ont pu paraître différents et les conclusions opposées. On ne trouve dans aucun des expérimentateurs, que du muco-pus provenant d'une ophthalmie blennorrhagique, d'une balanite non ulcéreuse, et inoculé sur la peau ou une muqueuse visible, ait donné lieu à un chancre. D'un autre côté, quand le pus du chancre a été convenablement inoculé, quels qu'aient été les tissus sur lesquels on l'a inséré, il a, de nécessité, produit le chancre, et lorsque des symptômes de blennorrhagie ont semblé seuls succéder à son application sur les muqueuses, de deux choses l'une, ou bien, comme je l'ai dit ailleurs, il n'avait point alors agi d'une manière spécifique, et n'avait donné naissance qu'à une affection catarrhale incapable à son tour d'être inoculée, ou bien le chancre produit, échappant à l'observation à cause de son siége, ne fournissait extérieurement qu'un écoulement, pris à tort pour une blennorrhagie.

Voici, en résumé, le résultat de mes expériences et des observations recueillies depuis plus de sept années:

1° Toutes les fois que du muco-pus a été pris sur une surface non ulcérée, quels

II. 12

jouit le corps vivant de produire telle ou telle matière suivant le mode d'irritation auquel il est soumis, faculté en vertu de laquelle les forces

qu'aient été les antécédents du malade, le siége actuel de l'affection, sa durée, son degré d'intensité, les résultats de l'inoculation artificielle ont été négatifs, quels que fussent les tissus sur lesquels elle a pu être faite.

2° La présence d'une ulcération sur des muqueuses actuellement affectées de blennorrhagie, ne suffit pas, sans distinction d'espèce, pour que celle-ci donne lieu à un chancre. Une blennorrhagie, comme toute autre inflammation, peut entraîner l'ulcération simple des tissus qu'elle affecte; mais il faut, pour produire le chancre, du pus provenant d'un chancre à la période de progrès spécifique.

3° Lorsque j'ai pris du muco-pus ou du véritable pus provenant d'une muqueuse que je n'avais pas préalablement explorée, et que j'ai pu obtenir des résultats positifs de l'inoculation, j'ai dû conclure à l'existence d'un chancre caché. Ce diagnostic rationnel a toujours été vérifié chez la femme à l'aide du spéculum, qui, dans ces cas, n'a jamais manqué de mettre le chancre à découvert. Chez l'homme, il a été souvent facile de voir l'ulcère spécifique, plus ou moins profondément dans l'urètre, par l'écartement des lèvres du méat. D'autres fois, trop profondément situé, le chancre ne s'est trahi au dehors que par le développement d'une induration plus ou moins étendue, ou bien encore par la perforation du canal et l'envahissement des parties extérieures. Enfin, l'anatomie pathologique est venue ajouter le dernier argument qui devait emporter la conviction. J'ai montré à l'Académie de médecine deux urètres appartenant à des individus morts avec des symptômes de blennorrhagie, chez lesquels j'avais diagnostiqué des chancres urétraux et qui en étaient effectivement affectés à des profondeurs différentes, et, l'un d'eux, jusque dans la vessie. (Voy. pl. 61 et 62) (*).

4° Les chancres profonds du vagin et de l'utérus sont plus communs que les chancres profonds de l'urètre; et, d'un autre côté, ces derniers affectent plus fréquemment la femme. Aussi voit-on, et cela est d'accord avec ce qu'ont dit les auteurs, les femmes plus souvent que les hommes communiquer des chancres avec de prétendues blennorrhagies, et chez elles encore bien plus que chez ces derniers, arriver des accidents généraux qui n'ont été précédés que d'un écoulement dont on n'avait point exploré la source.

5° La rareté des symptômes secondaires, chez l'homme, à la suite d'écoulements blennorrhoïdes, est encore plus grande que celle des chancres urétraux : tout chancre, quel que soit son siège, ne devant pas de nécessité donner lieu à l'empoisonnement général.

6° Il n'existe pas un seul fait authentique dans la science, qui prouve qu'un individu dont on a pu inspecter la muqueuse, pendant le cours d'une affection blennorrhagique sans complication de chancre, ait offert plus tard des accidents de syphilis constitutionnelle.

7° Il n'y a pas deux espèces de blennorrhagie, l'une virulente et l'autre bénigne, et qui ne différeraient que par la nature de leur cause, la qualité de leur sécrétion et leurs conséquences possibles, *sans différence dans l'altération des tissus primitivement affectés.* Ce que les auteurs ont appelé blennorrhagie virulente, n'est qu'un chancre caché dans l'urètre, le vagin, etc., reconnaissant d'une manière absolue une cause spécifique, ne se montrant souvent que sous les apparences d'un écoulement blennorrhoïde, mais n'existant qu'en vertu d'une ulcération qui seule peut alors donner lieu à l'empoisonnement général. Il n'y a pas une exception à cette règle qui soit déduite de faits rigoureusement observés.

(*) Voir mon *Traité pratique des maladies vénériennes*, pages 271-276.

vitales, toutes les fois qu'elles sont irritées d'une certaine manière, font naître dans les parties affectées une action particulière qui a pour effet la production d'une matière semblable à celle qui a agi comme cause excitante de l'action.

Dans l'examen de ce sujet, je me bornerai à la gonorrhée. Pour soutenir l'une ou l'autre de ces deux opinions, il faut admettre que le pus vénérien, en vertu de ses qualités spécifiques, jouit d'une puissance d'irritation plus considérable que le pus ordinaire. J'ai déjà fait observer qu'il a la propriété d'exciter l'inflammation même sur le tégument commun, et de donner naissance à des chancres, propriété que le pus ordinaire ne possède point. Dans la doctrine de la fermentation, il faut supposer que l'application du pus vénérien produit, non une inflammation et une suppuration spécifiques, mais seulement une inflammation et une suppuration communes; que la matière qui est capable de déterminer ces effets agit comme un ferment sur le pus nouvellement formé, de manière à le rendre vénérien aussitôt, ou presque aussitôt après qu'il est formé; et que la fermentation succède immédiatement à la formation du pus, à mesure qu'il est sécrété.

Voyons donc jusqu'à quel point ces idées s'accordent avec les phénomènes variés de la maladie. Premièrement, on peut demander ce que devient le ferment dans tous les cas où la suppuration ne se forme que plusieurs semaines après que l'irritation et l'inflammation se sont développées. Dans les cas de cette espèce, on ne peut guère supposer que le pus vénérien qui a été déposé sur les tissus soit resté là pour agir comme un ferment. Secondement, quand l'écoulement et toute formation du pus viennent à cesser, ce qui a lieu quelquefois pendant un temps fort long, et que tous les symptômes se reproduisent ensuite, quel est l'agent qui détermine la

Depuis mes expériences, il n'est plus permis de chercher les différences de formes et d'effets entre la blennorrhagie et le chancre,

1° Dans la nature des tissus, avec Hunter qui voulait qu'une surface sécrétante ne fût propre qu'à la blennorrhagie, tandis que les surfaces non sécrétantes se prêtaient au développement du chancre;

2° Dans une différence d'intensité dans l'action de la cause spécifique. Car ici, tandis que Swédiaur dit qu'une action trop forte de la part du virus produit un écoulement qui, en garantissant les surfaces, les empêche de s'ulcérer, et prévient l'absorption et les effets constitutionnels; M. Lagneau soutient la thèse opposée, et ne voit dans la blennorrhagie qu'un effet superficiel du virus vénérien, qui alors est insuffisant pour produire le chancre, et qui même *pour être absorbé par les surfaces voisines, exige l'intégrité de celles-ci;*

3° Avec Thomas Rose, dans les dispositions idiosyncrasiques;

4° Avec Hufeland, dans certaines conditions du virus : libre dans le chancre, et incarcéré dans la blennorrhagie dans une *coque de mucus qui, en l'isolant des surfaces qui le sécrètent, empêche celles-ci de s'ulcérer !*

Aujourd'hui *l'inoculation* a prouvé que la blennorrhagie et le chancre sont deux maladies distinctes; elle seule constitue le signe pathognomonique différentiel entre deux affections qu'il importe plus de distinguer entre elles que ne le pensait Hunter.

P. Ricord.

12.

fermentation cette seconde fois? on ne peut rien concevoir qui puisse produire cet effet, si ce n'est une nouvelle application de pus vénérien récemment formé. Par exemple, lorsque l'irritation se porte sur le testicule et que l'écoulement est entièrement supprimé, ce qui s'observe souvent, que devient le virus; et comment un nouveau virus se forme-t-il quand l'irritation se rétablit dans le canal de l'urètre? Troisièmement, si la virulence du pus vénérien était produite par une fermentation qui s'opérât dans ce pus déjà formé, il ne serait pas facile de s'expliquer comment les symptômes vénériens pourraient jamais cesser, car d'après l'idée que je me fais d'un ferment, il n'y aurait pas de raison pour qu'une telle substance cessât d'agir tant que du pus nouveau viendrait s'ajouter à celui qui existe déjà, et l'on ne pourrait en arrêter les effets que par l'emploi d'une substance capable de suspendre ou de prévenir la fermentation dans le pus nouvellement formé, et qui serait appliquée directement sur la partie malade. Mais comme dans cette forme de la maladie (la gonorrhée), l'inflammation vénérienne ne persiste pas au delà d'un certain temps, la production du virus ne peut point dépendre de la fermentation. Quatrièmement, si la production du virus était l'effet de la fermentation du pus sécrété, tous les cas d'affection vénérienne seraient semblables entre eux, aucun ne serait plus grave que les autres, et la seule différence sous ce dernier rapport ne consisterait que dans l'étendue plus ou moins considérable des surfaces en fermentation. Tous les cas seraient aussi également faciles à guérir, car la fermentation aurait le même degré d'intensité dans les cas légers et dans les cas graves. Le pus ne peut entrer en fermentation qu'après qu'il est sorti des vaisseaux.

Quand du pus vénérien, appliqué sur une plaie, vient à l'irriter, il y produit une irritation et une inflammation vénériennes. Mais cet effet n'a pas toujours lieu, car le pus ordinaire qui s'écoule de la plaie peut emporter le pus vénérien qu'on y applique, avant qu'il ait eu le temps d'affecter la plaie et d'y produire l'inflammation et la suppuration vénériennes. J'ai fait cette expérience plusieurs fois, et je n'ai réussi qu'une seule fois à produire l'inflammation vénérienne. Or, si le pus vénérien pouvait agir comme un ferment, il produirait dans tous ces cas du pus vénérien sans modifier la nature de la plaie.

Les effets du virus syphilitique découlent de l'irritation particulière ou spécifique à laquelle il donne naissance, et de la susceptibilité du principe vital à être irrité par lui; les parties qui sont soumises à ce mode d'irritation agissent en conséquence de ces deux causes, qui combinent leurs effets. Je le considère comme un *poison* qui, en exerçant sur les tissus vivants une irritation qui lui est propre, détermine une inflammation particulière à cette irritation, d'où il résulte une matière purulente qui n'est produite que par cette espèce d'inflammation. Examinons jusqu'à quel point cette manière de voir s'accorde avec les phénomènes variés qui caractérisent la maladie.

1° Le pus vénérien ayant une plus grande force d'irritation que le pus ordinaire, éveille plutôt l'idée d'irritation que celle de fermentation.

2° Comme il produit une maladie spécifique dont les symptômes et les formes extérieures sont spécifiques, il en résulte qu'il est doué d'une faculté spécifique d'irritation, les forces vitales agissant nécessairement conformément à cette irritation.

3° L'inflammation qu'il produit a son époque déterminée d'apparition et de terminaison, ce qui s'accorde avec les lois auxquelles l'économie animale est soumise dans la plupart des cas, car on observe la même circonstance dans d'autres maladies qui ont une crise; et lorsque la maladie dure plus longtemps chez certains sujets que chez les autres, c'est que les premiers ont beaucoup plus de susceptibilité pour cette espèce d'irritation que les derniers. Du reste, il peut se présenter d'autres circonstances concomitantes.

4° La distance spécifique dans laquelle se limite l'inflammation vénérienne s'accorde mieux avec l'idée d'une irritation spécifique qu'avec celle d'une fermentation.

5° Ce qui vient encore à l'appui de mon opinion, c'est que les symptômes apparents de la maladie peuvent se transporter d'une partie du corps à une autre, comme on le voit dans les cas de testicules vénériens, où l'écoulement est souvent arrêté, ou modifié d'une autre manière.

6° Souvent il arrive que l'écoulement s'arrête lorsque l'économie devient le siége de la fièvre, et qu'il se reproduit au bout de quelques jours ou au bout de quelques semaines, ou qu'il ne se reproduit pas du tout, suivant que la fièvre cesse ou continue. Or, on voit évidemment pourquoi la fièvre suspend l'écoulement gonorrhéique. En effet, la disposition qu'elle fait naître dans les parties est très-différente de celle en vertu de laquelle le pus a été produit. On voit aussi pourquoi la même disposition syphilitique se rétablit dans beaucoup de cas, tandis que dans la théorie de la fermentation, il est impossible de concevoir comment cette disposition pourrait se reproduire vénérienne.

7° Une irritation non spécifique produite artificiellement fait disparaître l'irritation spécifique. Or, une irritation ordinaire peut bien détruire une irritation vénérienne, mais elle ne saurait empêcher la fermentation de s'opérer.

8° La différence de disposition que manifestent les diverses parties du corps à être irritées par le *poison* vénérien, quand il infecte la constitution, est une nouvelle preuve qu'il provient d'une irritation, et que cette irritation est d'une nature particulière (*).

(*) Pour bien comprendre les idées de Hunter, il ne faut pas perdre de vue qu'il emploie souvent le mot *irritation* dans un sens qui diffère beaucoup de celui qu'on lui accorde presque généralement aujourd'hui. Sous sa plume, ce mot exprime l'influence *immédiate* de la cause excitante de toute action vitale, morbide ou non morbide; en d'autres termes, la modification des parties qui se trouve *immédiatement* interposée entre l'application de la cause et l'accomplissement de l'action. Par exemple, qu'un homme, après avoir été exposé à l'influence de certains miasmes, soit pris de fièvre, Hunter exprime ce fait en disant que les miasmes introduits dans la constitution y déterminent une irritation qui produit une action, laquelle action est une

9° On ne connaît aucun autre animal que l'homme qui soit susceptible de l'irritation vénérienne, car des essais répétés ont démontré qu'il est impossible de la communiquer à un chien, à une chienne et à un âne (*). Il est beaucoup plus naturel de supposer qu'un chien ou un âne n'a point de susceptibilité pour certaines irritations dont le corps humain est susceptible, comme on l'observe en effet dans toutes les autres maladies spécifiques, et pour la plupart des *poisons*, que d'admettre que le pus sécrété par le corps humain peut subir une altération que ne pourrait pas subir celui qui est sécrété par un chien ou par un âne (**).

Ce dernier argument emprunte une nouvelle force de la comparaison du *poison* vénérien avec les autres *poisons* morbides. Le *poison* animal qui donne naissance à l'hydrophobie paraît être produit par une irritation particulière qui affecte certaines parties, d'où il résulte que si le corps, ou une partie quelconque du corps, est irrité, il s'y développe une disposition à agir d'une manière particulière, et que ce nouveau mode d'action a pour effet la sécrétion d'un liquide qui a la propriété de développer la même action morbide chez un autre individu. Dans l'hydrophobie, c'est la gorge et les glandes qui avoisinent cette région qui sont spécialement affectées;

fièvre. L'*irritation* causée par les miasmes n'est autre chose que la modification organique, quelle qu'elle soit, qui résulte *immédiatement* de l'application de l'agent morbide, et qui est suivie de l'action morbide appelée *fièvre*. Autre exemple : Hunter admet que le pus vénérien est absorbé et qu'il se mêle à la circulation générale; alors, dit-il, *it irritates to action*, il irrite à l'action, il stimule à une action, en d'autres termes, il produit une *irritation* ou une *stimulation* qui a pour conséquence une action morbide. Ainsi, l'*état* qui précède immédiatement toute action dans l'organisme et qui est produit par l'influence directe de la cause excitante de cette action, voilà l'*irritation* de Hunter. J'ai cru devoir donner ces explications, dans la crainte qu'on n'accordât à certaines phrases de Hunter une importance théorique qu'elles n'ont point en réalité.

G. Richelot.

(*) Il m'est arrivé souvent de tremper de la charpie dans le pus d'une gonorrhée, d'un chancre ou d'un bubon, et de l'introduire dans le vagin d'une chienne, sans produire aucun effet. J'ai fait la même expérience sur des ânesses sans plus de résultat. J'ai placé inutilement aussi de la charpie imbibée du même pus sous le prépuce chez des chiens; j'ai même pratiqué des incisions, afin de porter le pus au-dessous de la peau, et il n'en est résulté qu'une plaie ordinaire. J'ai fait aussi cette dernière expérience sur des ânes et je n'ai rien pu obtenir.

J. Hunter.

(**) Il est bien certain qu'on ne connaît pas la nature intrinsèque du virus vénérien, ni la modification intime qu'il fait subir aux tissus qu'il affecte et qui le reproduisent. Ce qui est incontestable, c'est qu'il ne doit pas sa naissance à une altération subie par le pus sécrété, mais bien à un état particulier des tissus. C'est ainsi que si l'on enlève un chancre avec l'instrument tranchant, et qu'on emporte toute la surface ulcérée, on voit quelquefois un nouveau chancre succéder au premier, bien qu'on ait coupé dans des tissus non suppurés, pourvu, toutefois, que cette section ne porte pas à une trop grande distance de la partie d'abord contaminée.

Comme Hunter, j'ai vu des surfaces de vésicatoire en suppuration, baignées par le pus virulent venu d'un chancre voisin, sans qu'il en résultât toujours une infection de ces surfaces et un changement dans la nature de leur sécrétion.

P. Ricord.

et il n'est pas facile de s'expliquer comment la salive peut contracter de telles propriétés, soit par suite de l'introduction du *poison* dans l'ensemble de la constitution, soit par la sympathie générale de la constitution avec une infection locale; et plus particulièrement avec celle des parties qui sont situées près de la gorge, si l'on n'admet ou que le *poison* qui a été absorbé et qui est emporté dans le torrent circulatoire peut déterminer une action constitutionnelle spécifique capable d'affecter la gorge et les glandes voisines, de la même manière que le *poison* de la petite vérole affecte la peau, ou que le *poison* mêlé à la circulation générale a la propriété d'affecter ou d'irriter les glandes de la bouche seulement, ou bien que ces parties seules ont la faculté de sympathiser immédiatement avec la partie irritée, comme il arrive pour les muscles de la mâchoire inférieure dans les cas de trismus.

Si cette théorie est exacte, elle explique comment des maladies épidémiques qui ont leur source dans certaines saisons, dans certaines constitutions atmosphériques, etc., irritent de manière à produire une fièvre, dont les effluves ont la propriété de communiquer le même mode d'irritation. Peu importe, en effet, de quelle manière l'irritation primitive prend naissance; il suffit que le corps vivant soit doué de la faculté d'agir conformément au stimulus qu'il reçoit de cette irritation.

CHAPITRE II.

DU MODE DE COMMUNICATION DE LA MALADIE VÉNÉRIENNE.

Toutes les maladies contagieuses ont leur mode particulier de propagation; et la vie sociale s'accompagne généralement d'un certain nombre d'usages qui exposent les hommes, dans un temps ou dans un autre, à contracter ces maladies, dont la propagation serait empêchée si les circonstances qui viennent d'être indiquées étaient évitées. La gale, par exemple, se communique généralement dans l'acte de politesse qui consiste à donner la main; aussi la main est-elle le plus souvent la partie qui est affectée la première. De même, comme l'infection vénérienne est ordinairement contractée dans les relations sexuelles, ce sont les organes de la génération qui, en général, souffrent les premiers. Il résulte de cette circonstance que les malades ne soupçonnent pas la présence de la syphilis lorsque les symptômes de cette maladie se présentent dans toute autre partie, et qu'ils croient la voir dans toutes les affections de ces organes.

Dans les classes inférieures de la société, on est porté naturellement à voir la gale dans toute éruption qui apparaît entre les doigts, de même que les jeunes gens supposent une affection vénérienne dès que les organes génitaux sont malades; mais comme toute surface sécrétante, ainsi qu'il a été dit déjà, qu'elle soit recouverte ou non par un épiderme, peut être infectée par le *poison* vénérien lorsqu'il y est appliqué, il y a beaucoup d'autres parties qui sont susceptibles de contracter la maladie. Ainsi, on la voit apparaître à l'anus, dans la bouche, au nez, aux yeux, aux oreilles, et, comme on l'a dit, aux mamelons des nourrices qui donnent à teter des enfants dont la bouche est le siége de l'infection parce que ces enfants ont reçu la maladie en traversant les parties génitales infectées de leurs mères (*).

(*) La question d'infection des nourrices par les enfants, et des enfants par les nourrices, est peut-être une des plus intéressantes de l'histoire de la propagation de la syphilis, et celle à laquelle on est chaque jour appelé à répondre.

Comme Hunter, je crois que les enfants ne peuvent transmettre que l'accident primitif (le chancre), contracté soit en naissant, soit après la naissance. P. RICORD.

CHAPITRE III.

DES DIFFÉRENTES FORMES DE LA MALADIE VÉNÉRIENNE.

Le *poison* vénérien peut affecter le corps de l'homme de deux manières différentes : localement, c'est-à-dire, dans les parties seulement sur lesquelles il est appliqué directement; et constitutionnellement, c'est-à-dire, consécutivement à l'absorption du pus vénérien, qui, mêlé à la circulation générale, affecte un certain nombre de parties.

Entre le mode d'affection local et le mode d'affection constitutionnel (*), on observe certaines maladies intermédiaires qui se développent pendant les progrès de l'absorption : ce sont des inflammations et des suppurations qui forment ce qu'on appelle des bubons, et qui produisent un pus de même nature que celui de la maladie primitive.

Quand le pus vénérien a passé dans la constitution et circule avec le sang, il détermine dans l'économie une irritation qui a pour conséquence une action morbide. De cette irritation naissent plusieurs maladies locales, telles que des pustules sur la peau, des ulcères sur les amygdales, l'épaississement du périoste et du tissu osseux.

Le mode d'affection local comprend ce que j'appelle les effets *immédiats* du virus syphilitique, ou effets qui résultent de l'application directe de ce virus. Cette classe de maladies renferme deux espèces, en apparence très-différentes l'une de l'autre. Dans la première, il y a formation de pus sans perte de substance, c'est ce qu'on appelle une *gonorrhée;* dans la seconde, il y a une perte de substance qu'on appelle un *chancre.* La différence qui existe entre ces deux modes de manifestation de la maladie est due, non à une différence de nature dans le *poison* appliqué, mais à la différence de structure des parties infectées (**).

Dans cette espèce d'inflammation, les parties affectées deviennent plus ou moins facilement le siége d'une action violente suivant leur nature particulière, ce qui ne dépend probablement point d'une différence spécifique entre elles, mais plutôt de la dose de sensibilité et d'irritabilité qui leur a été dévolue. Ainsi, chez la femme, le vagin a moins de tendance à s'en-

(*) Je désigne par le mot *constitutionnel* cette forme de la maladie; cependant, à la rigueur, elle ne mérite pas cette qualification, car chacune des affections morbides qui en sont la conséquence est véritablement locale, et est produite par le simple contact du *poison* avec les parties affectées.　　　　　J. Hunter.

(**) Voyez la *note* de la page 176 *et suiv.*

flammer dans cette maladie que l'urètre (*), parce qu'il est moins sensible que ce dernier canal. Cependant il est possible que chez l'homme l'urètre soit doué d'une disposition spécifique pour l'irritation et pour l'inflammation; ce qui me porte à le croire, c'est que ce canal est plus souvent affecté qu'aucun autre, et se montre le siége de symptômes très-variés.

Des nuances diverses que présente la syphilis dans les différentes constitutions.

La maladie vénérienne, soit sous forme de gonorrhée, soit sous celle de chancre, varie beaucoup sous le rapport de la violence des symptômes chez les différents sujets. Chez les uns, elle est très-bénigne; chez les autres, elle offre une grande intensité. Quand elle est peu violente, elle est ordinairement simple dans ses symptômes, qui sont peu nombreux, ne prennent pas une grande extension, et se renferment dans leurs limites spécifiques; mais, quand elle est grave, ses symptômes sont plus compliqués, plus variés, et s'étendent au delà de la distance spécifique. Cette différence dans les phénomènes morbides ne dépend nullement d'une différence correspondante dans la propriété spécifique du *poison*, mais bien d'une différence dans la disposition et dans le mode d'action du corps ou des parties affectées. Tantôt, en effet, le virus agit sur des sujets ou sur des parties qui n'ont presque aucune susceptibilité pour cette irritation et pour toute autre; tantôt la susceptibilité pour l'irritation vénérienne et pour toutes les irritations est si forte, qu'une action morbide intense se manifeste avec la plus grande facilité.

Toutefois, l'irritation vénérienne ne suit pas toujours la même loi que les autres irritations. Ainsi, j'ai vu des jeunes gens chez qui une plaie ordinaire se guérissait rapidement, et chez lesquels cependant l'irritation produite par la gonorrhée prenait un haut degré d'intensité, ou bien un chancre s'enflammait, s'étendait avec rapidité, et même déterminait la gangrène. D'un autre côté, chez de jeunes sujets chez lesquels une plaie causée par une violence extérieure s'était guérie avec la plus grande peine, j'ai vu la gonorrhée ou les chancres se montrer bénins et faciles à guérir.

Chez chaque malade en particulier, l'affection vénérienne est douce ou violente, d'une manière uniforme. Cependant, lorsque la disposition naturelle du sujet est pour la bénignité, il n'en est pas toujours ainsi invariablement; mais, dans les cas exceptionnels, je crois que l'intensité des symptômes dépend de la présence de quelque fâcheuse disposition. Ainsi, j'ai connu des sujets dont les gonorrhées étaient habituellement si légères qu'elles se guérissaient souvent d'elles-mêmes. Or, il arrivait quelquefois qu'une gonorrhée se montrait chez eux extrêmement violente, et qu'ils étaient forcés de réclamer les secours de la médecine. Eh bien, dans ces

(*) Cette proposition de Hunter n'est pas rigoureuse. On sait que, contre l'avis de Swédiaur, j'ai soutenu, avec Bell et autres, que la blennorrhagie urétrale, chez la femme, est plus commune qu'on ne le croit généralement; mais l'expérience de tous les jours prouve que la vaginite est encore bien plus fréquente.   P. RICORD.

derniers cas, ils ne tardaient pas à être pris des symptômes d'une affection fébrile, et, lorsque la fièvre était dissipée, les symptômes de la gonorrhée reprenaient immédiatement leur bénignité ordinaire.

Je ferai encore remarquer ici que lorsque la maladie vénérienne existe sous la forme de syphilis constitutionnelle, les différentes constitutions en sont affectées d'une manière très-différente. Tantôt ses progrès sont rapides, tantôt ils sont extrêmement lents.

CHAPITRE IV.

DES MALADIES SUR LA PRODUCTION DESQUELLES LA SYPHI-LIS CONSTITUTIONNELLE PEUT EXERCER UNE INFLUENCE.

On peut dire que tout animal a ses tendances naturelles pour certaines actions morbides. Ces tendances peuvent être considérées comme des causes prédisposantes; elles peuvent être transformées en actions par l'application d'une cause immédiate qui souvent n'a aucune connexion avec elles, et qui, par conséquent, ne peut point être regardée comme la cause de la maladie. Une maladie peut agir comme cause excitante d'une autre maladie, et l'on suppose alors qu'elle en est la cause unique. Ainsi, une fièvre légère, un rhume, la variole et la rougeole, deviennent fréquemment la cause immédiate de la maladie scrofuleuse, et souvent certains troubles apportés aux actions naturelles du corps donnent naissance à la goutte, à des fièvres intermittentes et à d'autres maladies. Mais ces maladies sont toujours plus ou moins en rapport avec l'état de la constitution et des parties affectées; et les diverses constitutions diffèrent entre elles suivant un grand nombre de circonstances, parmi lesquelles il faut compter l'âge et la localité habitée par le malade.

En Angleterre, la tendance aux scrofules naît du climat, qui, sur beaucoup de sujets, agit comme cause prédisposante; de sorte qu'il suffit de quelque trouble qui vienne jouer le rôle de cause immédiate, pour que la maladie se développe complétement.

La syphilis devient souvent aussi la cause immédiate de plusieurs autres maladies, en stimulant à l'action des dispositions latentes. Cet effet ne résulte point de la nature particulière de cette affection, mais seulement de ce qu'elle détruit les actions naturelles, ce qui permet à la nouvelle maladie de se manifester dès que la disposition et l'action syphilitiques n'existent plus. J'ai même vu dans beaucoup de cas la nouvelle tendance tellement forte, que la manifestation en avait lieu avant que la disposition syphilitique fût entièrement détruite. En effet, si l'on persévérait dans l'emploi du traitement mercuriel, les symptômes nouveaux s'aggravaient; tandis que si l'on combattait la nouvelle disposition et qu'on la rendît moins active que la disposition vénérienne, l'action de cette dernière se manifestait de nouveau; et ces effets se sont reproduits plusieurs fois alternativement. Dans de tels cas, c'est une condition heureuse que de pouvoir associer les deux traitements; mais la conduite du médecin est fort difficile lorsque les moyens thérapeutiques que réclament les deux affections sont en opposition les uns avec les autres.

Si la maladie vénérienne affecte les poumons, elle peut donner naissance à la phthisie, lors même qu'on parvient à détruire entièrement la disposition syphilitique. De même, lorsque ce sont les os ou le nez qui sont affectés, des tuméfactions scrofuleuses ou la fistule lacrymale peuvent en être la conséquence, bien que la maladie vienne à être guérie.

Parmi les maladies auxquelles la syphilis donne naissance, il en est plusieurs qui semblent appartenir en propre à ce genre de cause, et qui paraissent dériver de l'état de la constitution, de la maladie existante et du traitement dirigé contre cette dernière; aussi est-il très-difficile de dire quelle est leur nature. Toutefois, elles reçoivent ordinairement de la constitution une tendance particulière; et, lorsqu'on connaît la tendance générale de la constitution, on peut la considérer comme celle des causes qui agit avec le plus de force, et admettre que l'affection nouvelle participe plus à cette tendance qu'à toute autre. En Angleterre, ces maladies ont le plus ordinairement une tendance scrofuleuse, et souvent ce sont de véritables scrofules, attendu que c'est de cette espèce de disposition que la syphilis se rapproche le plus dans ce pays.

Les diverses parties du corps ont aussi leurs tendances propres, qui sont encore plus puissantes que celles de la constitution en général; de sorte que, sous l'influence d'une lésion morbide, elles contractent l'action morbide qui découle de ces tendances. Ainsi, quand l'irritation vénérienne a détruit les actions naturelles des parties, les dispositions particulières passent à l'état d'action; il faut donc tenir compte des causes de maladies qui résident dans les tendances spéciales des parties. Ces tendances peuvent être favorisées en outre dans leur manifestation par l'âge et par le siége de la maladie.

Dans certains pays, la tendance scrofuleuse est celle qui prédomine chez les jeunes sujets; de sorte que, chez eux, les bubons deviennent facilement scrofuleux. Chez les sujets avancés en âge, c'est la disposition cancéreuse qu'on observe; et, lorsque les bubons ont leur siége dans des parties qui ont une tendance particulière pour le cancer, cette dernière maladie se développe très-facilement.

Le peu de connaissances qu'on possède sur ce sujet et le peu d'attention qu'on y a accordé ont été causes d'un grand nombre de méprises. Toutes les fois que les effets dont je viens de parler se sont produits consécutivement à la maladie vénérienne, non-seulement on les a considérés comme des effets de cette dernière, mais encore on les a confondus entièrement avec elle. C'était le résultat d'une induction qui est assez naturelle à ceux qui ne savent point reconnaître que des causes très-variées peuvent produire un seul et même effet, ou, en d'autres termes, que, lorsque la cause prédisposante est la même, des causes immédiates diverses peuvent donner naissance à la même action. Quoi qu'il en soit, c'est montrer une grande ignorance que d'admettre que la maladie vénérienne puisse agir ici à la fois comme cause prédisposante et comme cause immédiate.

Quand la maladie vénérienne affecte l'urètre, elle devient souvent elle-même une cause prédisposante d'abcès et de plusieurs autres maladies; quand elle se manifeste sous forme de chancres, à la surface extérieure de la verge, ces chancres peuvent s'ulcérer assez profondément pour aller s'ouvrir dans l'urètre et y déterminer une fistule; on voit encore, dans beaucoup de cas, ces chancres produire un phimosis permanent.

Dans la description d'une maladie qui, comme la syphilis, présente des symptômes si nombreux et si variés, il faut suivre une ligne moyenne: exposer d'abord les symptômes qu'elle offre le plus communément dans chacune de ses formes, puis les phénomènes exceptionnels qui s'observent le plus souvent, puis enfin ceux de ces derniers qui sont les plus rares. Mais il n'est pas facile de n'omettre aucun des phénomènes morbides dont elle est susceptible de s'accompagner; si donc une des formes morbides de la syphilis ne se trouve point mentionnée dans ce traité, il ne faut point en conclure que l'auteur cherche à tromper ses lecteurs ou ne connaît qu'imparfaitement son sujet. Si les principes généraux posés par lui sont exacts, ils serviront à expliquer la plupart des anomalies de la maladie qui fait l'objet de cet ouvrage.

SECONDE PARTIE.

CHAPITRE I.

DE LA GONORRHÉE. (*Blennorrhagie.*)

Toute matière irritante appliquée à une surface sécrétante en augmente la sécrétion, et fait passer le liquide sécrété de son état naturel, quel qu'il soit, à un état qui en diffère. Dans la maladie vénérienne, le liquide sécrété se transforme en pus.

Quand la suppuration vénérienne a son siége dans le canal de l'urètre, on lui donne le nom de gonorrhée; et comme cette forme de la maladie résulte de l'application de la matière virulente sur une surface sans épiderme, qui naturellement sécrète un liquide, il importe peu, pour la maladie considérée en elle-même, que la surface affectée appartienne à telle ou telle partie du corps : l'écoulement est le même à l'anus, à l'intérieur de la bouche et du nez, aux yeux et dans les oreilles.

Quelques pathologistes admettent que la gonorrhée peut être produite sans l'influence de la cause immédiate ci-dessus indiquée, c'est-à-dire, qu'elle peut dériver d'une action de la constitution. Si cette doctrine était vraie, il en serait pour la gonorrhée comme on suppose qu'il en est pour l'ophthalmie vénérienne. Mais si l'on juge par analogie d'après les affections vénériennes réellement constitutionnelles, il est probable que cette opinion est erronée aussi bien pour l'une que pour l'autre de ces deux maladies. En effet, quand le *poison* se porte constitutionnellement sur la bouche, la gorge ou le nez, il y détermine des ulcères et non un accroissement de sécrétion comme dans la gonorrhée; tandis que dans l'ophthalmie vénérienne la face interne des paupières ne présente aucune ulcération. Quant à la gonorrhée, elle est trop fréquente pour qu'on puisse lui assigner une telle cause.

Jusqu'à l'année 1753, on croyait généralement que le pus qui s'écoule de l'urètre, dans la gonorrhée, provenait d'un ou de plusieurs ulcères situés dans ce canal; mais l'observation a prouvé qu'il n'en est rien (*). Il ne sera peut-être pas sans utilité de raconter ici en peu de mots comment a été découvert ce fait, savoir, que l'inflammation peut pro-

(*) Voir la *note* de la page 176 *et suiv.*

duire du pus sans ulcération. Dans l'hiver de 1749, le cadavre d'un enfant fut apporté dans la salle de dissection, à Covent-Garden. Quand on ouvrit le thorax de ce sujet, on y trouva une grande quantité de pus qui était libre dans la cavité, et l'on remarqua que la surface des poumons et de la plèvre était tapissée par une matière plus solide, semblable à de la lymphe coagulable. Cette matière ayant été enlevée, la surface sous-jacente ne présenta aucune perte de substance. Cette circonstance parut neuve à William Hunter, et il envoya chercher Samuel Sharp, dont il désirait avoir l'avis; le fait parut également nouveau à ce médecin. Quelque temps après, en 1750, Samuel Sharp publia son ouvrage intitulé *Critical Enquiry*, et il y plaça cette proposition, « que du pus peut être formé sans aucune perte de substance; » mais il ne dit pas à quelle source il avait puisé cette notion. William Hunter enseigna ensuite cette vérité dans toutes ses leçons; et nous voyons bien des auteurs qui l'ont adoptée sans faire mention ni de Sharp, ni de William Hunter. Ce fait étant ainsi connu, j'éprouvai le désir de m'assurer si le pus de la gonorrhée se forme de la même manière. Dans le printemps de 1753, on exécuta huit hommes dont deux étaient atteints d'une violente gonorrhée au moment de leur mort. Je me procurai les deux cadavres et je les soumis à une investigation exacte; mais je ne trouvai aucune ulcération. Les deux urètres parurent seulement un peu plus injectés de sang qu'à l'ordinaire, surtout dans le voisinage du gland. C'était encore un fait nouveau qui ne pouvait échapper au Dr Gataker qui, toujours attentif à faire son profit de tout, suivait les leçons de William Hunter et disséquait sous ma direction. Il publia bientôt après, en 1754, un traité sur la maladie en question, dans lequel il professa hautement que le pus de la gonorrhée ne provient point d'un ulcère, sans faire connaître comment il avait acquis la connaissance de ce fait; après lui plusieurs auteurs ont répété la même proposition (*). Depuis l'époque que

---

(*) On a longtemps cru que l'écoulement gonorrhéique était uniquement formé de pus. Mayerne (*), qui du reste l'attribuait toujours à un ulcère du canal, lui avait donné, à cause de cela, le nom de πύρροια. Aujourd'hui on sait que ces écoulements consistent dans un mélange de pus et de mucus, auquel j'ai donné le nom de muco-pus, et ce qui rend l'expression de blennorrhagie, inventée par Swédiaur, aussi incorrecte que celle de Mayerne, attendu que ce n'est pas plus du mucus pur que du pus sans mélange.

Quand on étudie avec soin les sécrétions réputées blennorrhagiques, suite de l'inflammation des muqueuses, on trouve que plus l'inflammation est intense, plus elle pénètre en profondeur et gagne le tissu cellulaire interstitiel ou sous-muqueux, plus les globules de pus l'emportent en nombre sur l'élément muqueux; et quand la sécrétion vient d'un abcès voisin ou d'un ulcère de la muqueuse, le mucus peut manquer complétement.

On est étonné que Hunter ait eu besoin, pour comprendre le mode de sécrétion morbide de la muqueuse urétrale, de l'observation de pleurésie avec fausses membranes, qu'il cite. Ce qui se passe sur le gland et le prépuce dans la balanite, ce qui a lieu dans le coryza et la bronchite, dans l'ophthalmie purulente, aurait dû l'éclairer ainsi que ceux qui l'ont suivi.

On voit dans le reste de ce paragraphe, si admirablement fait pour prouver que

(*) *Syntagmata praxeos*. Londin. 1690.

j'ai indiquée ci-dessus, mon attention n'a cessé de se porter d'une manière spéciale sur cette question d'anatomie pathologique, et j'ai ouvert l'urètre d'un grand nombre de sujets qui avaient une gonorrhée au moment de leur mort, sans jamais y trouver une seule ulcération; du reste, j'ai toujours trouvé l'urètre plus rouge qu'à l'état normal, dans le voisinage du gland, et souvent il y avait du pus dans les lacunes de ce canal. J'ai observé une fois, il est vrai, une plaie située à la surface interne du canal de l'urètre; mais cette plaie n'était point le résultat d'une ulcération de cette surface : un point d'inflammation s'était développé, probablement dans une des glandules de cette région, et avait donné lieu à un abcès qui s'était ouvert dans l'urètre. Le même abcès s'était ouvert également en dehors auprès du frein, de sorte qu'il en était résulté une fistule urinaire. D'ailleurs, les moyens de traitement qui réussissent dans la gonorrhée auraient dû donner à penser que cette maladie ne dépend point d'un ulcère vénérien, car on pourrait à peine citer un cas de chancre vénérien guéri sans l'emploi du mercure, ou au moins des escarotiques; or, on sait que la plupart des gonorrhées peuvent se guérir sans mercure, et ce qui est encore plus remarquable, sans l'emploi d'aucun moyen médical, ce que je crois toujours impossible pour un chancre. Cette doctrine qui admet que la gonorrhée n'est liée à la présence d'aucun ulcère a été enseignée pour la première fois par William Hunter, dans ses leçons publiques, en 1750; mais il n'a point cherché à l'expliquer.

§ 1. *De l'intervalle de temps qui sépare l'application du poison de la manifestation de ses effets.*

Dans la plupart des maladies, il s'écoule un certain espace de temps entre l'application de la cause et la manifestation des effets. Dans la maladie vénérienne, ce temps varie d'une manière considérable, ce qui dépend probablement de l'état où se trouve la constitution au moment de l'infection. Les diverses formes de la maladie diffèrent aussi entre elles sous ce rapport. La gonorrhée et le chancre apparaissent plus tôt après le contact impur que la syphilis constitutionnelle, et des deux premières affections c'est la gonorrhée qui se manifeste le plus promptement. Dans la gonorrhée, l'époque d'apparition est très-variable. J'ai des raisons de croire que dans quelques cas l'effet s'est produit au bout d'un petit nombre d'heures, tandis que chez d'autres sujets, il s'est écoulé six semaines avant la manifestation des symptômes; entre ces deux extrêmes, j'ai observé tous les intervalles intermédiaires. Toutefois, autant qu'on peut s'en rapporter à

chancre et la blennorrhagie sont deux affections différentes, que Hunter fait de vains efforts pour prouver que la muqueuse urétrale n'est pas susceptible de s'ulcérer, bien que lui-même en donne un exemple.

Comme toutes les autres muqueuses, celle de l'urètre peut être le siége d'ulcères soit sous l'influence d'un chancre, soit sous celle d'une simple inflammation; et si Hunter croit n'avoir jamais rencontré d'ulcérations dans ce canal, Astruc, Franc, Bell, Wiseman, Howard, Capuron, Spangenberg, Swédiaur, Thomas Bartholin, Teytau, M. Lisfranc et moi en avons trouvé à différentes profondeurs.   P. RICORD.

la véracité des malades, et l'on ne peut guère avoir d'autres preuves, le temps d'incubation est le plus communément de six, huit, dix ou douze jours, bien qu'il puisse être beaucoup plus court chez certains malades et beaucoup plus long chez certains autres. Un homme marié venant de la campagne, où il avait laissé sa femme, se rendit dans une maison publique où il eut commerce avec une femme qu'il quitta le lendemain matin. Il était à peine arrivé chez lui, lorsqu'il sentit de l'humidité à l'extrémité de la verge, et ayant recherché quelle en pouvait être la cause, il reconnut une gonorrhée commençante, qui devint très-intense. Un autre malade ayant passé une nuit avec une femme, éprouva les symptômes de la gonorrhée le matin même; la même chose lui est arrivée deux fois. Chez un troisième l'écoulement apparut trente-six heures après l'application du poison. Chez ces malades on ne peut reporter l'infection à une autre époque que celle qui est indiquée, car aucun d'eux ne s'y était exposé depuis plusieurs semaines (*).

Ces témoignages qui viennent d'hommes dignes de foi et n'ayant aucun intérêt à tromper doivent être admis avec confiance. D'un autre côté, je tiens de sources également bonnes, qu'il s'est écoulé dans un cas six semaines entre l'infection et l'apparition des symptômes gonorrhéiques. Avant l'écoulement, il se manifesta des phénomènes morbides bizarres et extraordinaires, comme une sensation inaccoutumée dans la partie affectée, accompagnée de la plupart des symptômes de la gonorrhée sauf l'écoulement. Un an après, le même malade fut atteint d'une nouvelle gonorrhée, et l'écoulement ne se forma qu'au bout d'un mois pendant une partie duquel il éprouva les mêmes sensations pénibles qui ont été indiquées tout à l'heure; mais cette fois, instruit par sa propre expérience, il prévit ce qui allait lui arriver. De ce fait je suis porté à conclure que le virus ne reste que rarement ou jamais dans une inaction complète aussi longtemps qu'on pourrait le croire, et que la période inflammatoire peut exister pendant un temps assez long avant la période suppurative (**). Dans les cas

(*) Le fait suivant est ajouté dans l'édition de Home : « Un malade était atteint d'un chancre qui fut guéri par l'usage du mercure à l'intérieur; au moment où le chancre était presque guéri, une gonorrhée se manifesta. Il s'était écoulé près de cinq semaines depuis l'apparition du chancre. »

(**) L'incubation des affections virulentes et de la syphilis en particulier est généralement admise et regardée même comme une condition propre à ces affections. Mais l'expérimentation ne permet pas d'admettre l'incubation des accidents primitifs de la vérole. Il n'y a pas, ainsi qu'on l'a professé, un temps qui s'écoule entre l'application de la cause et ses premiers effets. Du moment que le virus est déposé dans les tissus et dans les conditions nécessaires à la contagion, l'action commence et arrive à la production des phénomènes par une évolution plus ou moins rapide. En un mot, ainsi qu'on peut s'en assurer par l'inoculation artificielle du chancre, il n'y a pas plus d'incubation après l'insertion du pus virulent sous l'épiderme, qu'à la suite d'une épine plantée dans les chairs; et le chancre se forme dans le premier cas par une action graduelle, comme l'abcès se produit dans le second, après le temps voulu pour la suppuration. Il n'y a pas de bronchite, de pneumonie, de phlegmon, etc., qui arrive au terme de la suppuration

de cette espèce, la tendance à la guérison est peu énergique, car la disposition qui a pour effet l'écoulement est une disposition salutaire, et constitue un degré intermédiaire entre la maladie ou l'inflammation, et la guérison. En effet, lorsque la suppuration se forme, les vaisseaux ont subi une modification d'où résulte la production du pus; si cette modification n'avait point lieu, peut-on savoir quelles en seraient les conséquences? Il ne m'a pas été possible de m'assurer si l'inflammation pourrait disparaître sans suppuration, comme l'inflammation commune, mais il est probable que la maladie durerait plus longtemps qu'à l'ordinaire, parce que les parties affectées n'auraient point complété leurs actions. D'ailleurs, je pense que ces faits dépendent de quelque particularité de la constitution (*).

§ II. *De la difficulté de distinguer la gonorrhée virulente de la gonorrhée simple.*

Indépendamment du *poison* vénérien, il est beaucoup d'autres causes qui peuvent produire l'inflammation et la suppuration à la surface du canal de l'urètre; quelquefois même il survient spontanément des écoulements auxquels on ne peut assigner aucune cause immédiate. Ces écoulements peuvent être désignés sous le nom de *gonorrhées simples*, pour exprimer qu'ils n'ont rien de syphilitique, bien que ce soient les sujets qui ont eu antérieurement des *gonorrhées virulentes* qui les présentent le plus communément.

On a indiqué comme marque distinctive entre la gonorrhée simple et la gonorrhée virulente, que la gonorrhée simple se manifeste immédiatement après le coït et présente tout de suite toute son intensité, tandis que la gonorrhée virulente se montre au bout de quelques jours et s'établit graduellement. Mais la gonorrhée simple n'est pas toujours consécutive au commerce de l'homme avec la femme; elle ne s'établit pas d'emblée dans tous les cas, et elle n'est pas toujours sans douleur. D'un autre côté, on voit beaucoup de gonorrhées vénériennes qui débutent sans aucune apparence d'inflammation, et dans beaucoup de cas de cette espèce j'ai été fort embarrassé pour décider si la maladie était syphilitique ou non, car il est un certain nombre de symptômes qui sont communs à presque toutes les maladies de l'urètre, et desquels il est difficile de distinguer les phéno-

tout de suite après l'action des causes qui ont présidé au développement de ces maladies.

La blennorrhagie pouvant reconnaître des causes autres que le coït, il faut se méfier de la valeur des observations dans lesquelles la maladie s'est montrée fort tard après les rapports suspects, et qu'on a citées de préférence comme preuve d'incubation.

P. Ricord.

(*) On voit des malades, comme l'a observé Hunter lui-même, et cela est plus commun chez les femmes, qui s'étant exposés aux causes d'une blennorrhagie, en éprouvent bientôt les prodromes : les parties sont quelquefois rouges, chaudes, tuméfiées; les sécrétions naturelles peuvent être momentanément taries, comme dans les cas auxquels Fabre donnait le nom de blennorrhagie sèche, ou bien être accrues; et cependant la maladie cesse complétement, souvent d'une manière rapide, sans retour et sans qu'il se soit formé de pus. P. Ricord.

13.

mènes peu nombreux qui dépendent uniquement de l'affection spécifique. J'ai vu le canal de l'urètre sympathiser avec la sortie d'une dent (*), et présenter sous cette influence tous les symptômes de la gonorrhée; ce fait s'est reproduit plusieurs fois chez le même malade. On sait que l'urètre peut devenir le siége de la goutte (**); je l'ai vu atteint de rhumatisme. L'urètre des sujets qui ont eu des maladies vénériennes a plus de tendance à présenter des symptômes semblables à ceux de la gonorrhée que le même canal chez les personnes qui n'ont jamais été atteintes de ces maladies; et c'est, en général, par suite de la lésion que ces maladies ont fait éprouver au canal que la gonorrhée simple tend à se produire; peut-être est-ce aussi pour cette raison que la gonorrhée virulente et la gonorrhée simple ont tant de points de ressemblance. Le canal de l'urètre devient le siége d'un écoulement, et même d'une douleur plus ou moins vive; des sensations inaccoutumées s'y font ressentir de temps en temps. Ces symptômes peuvent être un retour de l'affection vénérienne sans nouvelle application du virus, ou se produire en quelque sorte spontanément, ou enfin être la conséquence de quelque autre maladie. Quand l'écoulement se manifeste comme conséquence d'une gonorrhée vénérienne antérieure, il est rarement continu; il disparaît pendant un temps pour se reproduire ensuite, et on peut le désigner sous le nom de blennorrhée temporaire, mais alors il est rare que les parties se tuméfient; le gland ne présente point la coloration rouge-cerise, ni aucune espèce de suintement. On reconnaît que cette affection n'est constituée que par un écoulement sans propriétés virulentes, quand elle se manifeste chez des sujets qui n'ont eu depuis longtemps aucune relation sexuelle, ou qui n'ont jamais eu aucune maladie vénérienne et ne s'y sont jamais exposés. Sa guérison, ordinairement prompte aussi bien chez les sujets qui ont eu commerce avec des femmes que chez ceux qui n'en ont point eu, rend très-difficile, dans beaucoup de cas, de déterminer si elle est syphilitique ou non. Aussi, arrive-t-il souvent qu'on la considère à tort comme vénérienne, tandis que dans d'autres cas on prend pour un retour d'une ancienne blennorrhée un écoulement qui est réellement vénérien. Du reste, cette difficulté de diagnostic est peut-être moins importante qu'on ne serait tenté de le croire d'abord.

Cette affection, quand elle est la conséquence d'anciennes maladies syphilitiques, peut être considérée simplement comme une infirmité attachée aux personnes qui ont eu des gonorrhées virulentes. On ne connaît aucun moyen de traitement qui puisse lui être opposé avec certitude; elle ressemble aux fleurs blanches chez les femmes (***).

(*) Voyez *Traité des dents*, part. II, p. 143.

(**) *Essays and obs. phys. and literary* (Edinburgh), t. III, p. 425.

(***) Un coït suspect pour antécédent, un temps prétendu d'incubation, le plus ou moins d'intensité dans les symptômes, leur plus grande durée avec ou sans rémission, la couleur plus ou moins foncée, verdâtre, de l'écoulement, son odeur particulière, la teinte des parties affectées et le siége particulier de la maladie, ne sauraient en indiquer la nature intime ou faire reconnaître la cause rigoureuse à laquelle on doit la rapporter. J'en appelle aux aveux de Hunter, qui élude la question comme l'

§ III. *Dans la gonorrhée, la suppuration n'atteint pas le but final auquel elle répond habituellement.*

Dès qu'une surface sécrétante a contracté l'action inflammatoire, sa sécrétion est augmentée et manifestement altérée; de même, lorsqu'une cause irritante a fait naître l'inflammation et l'ulcération dans un des tissus de l'organisme, du pus est sécrété. Dans les deux cas, l'écoulement du pus paraît avoir pour objet d'emporter la cause d'irritation. Les irritations ont donc pour but final d'amener leur propre destruction; c'est ainsi qu'un corps étranger qui pénètre entre l'œil et les paupières détermine un accroissement de la sécrétion des larmes, et devient la cause médiate de sa propre expulsion. Mais dans les inflammations qui sont produites par des *poisons* morbides ou spécifiques, cet effet ne peut pas être obtenu. En effet, la matière irritante primitive peut bien être entraînée, mais le pus nouvellement formé possède les mêmes qualités; il devrait donc se former une série non interrompue d'irritations, et, par conséquent, de sécrétions, lors même que la maladie n'aurait pas d'autre cause de continuation que son propre produit purulent. Or, dans la gonorrhée, l'inflammation vénérienne n'est pas entretenue par la présence du pus qui est sécrété sous son influence, mais, de même que plusieurs autres maladies spécifiques, par la qualité spécifique de l'inflammation elle-même. Cependant, il paraît que cette inflammation ne peut durer qu'un certain temps, et que les symptômes qui lui sont propres s'éteignent d'eux-mêmes, parce que les tissus affectés perdent de plus en plus de leur susceptibilité pour ce mode d'irritation. Cette particularité n'appartient pas exclusivement à la forme de la maladie vénérienne qui nous occupe; on la retrouve dans presque toutes les maladies qui peuvent affecter le corps humain. Il résulte de là que le pus vénérien consécutif n'a point la faculté de continuer l'irritation primitive; et en effet, s'il n'en était pas ainsi, la maladie durerait perpétuellement.

Dans la gonorrhée comme dans un grand nombre de maladies, le principe vital ne peut accomplir indéfiniment la même action morbide, et l'irritation cessant graduellement, l'effet définitif cesse enfin de se produire. L'époque de cette cessation varie suivant les circonstances : si les parties irritées ont une grande susceptibilité pour l'irritation à laquelle elles sont soumises, l'action consécutive sera très-intense selon toute probabilité, et durera très-longtemps. Mais dans tous les cas, la différence, sous ce rapport, dépend de l'état de la constitution, et non d'aucune différence dans les qualités du *poison* lui-même.

La cessation spontanée de la maladie n'est possible que quand celle-ci attaque une surface sécrétante, et quand il se produit une sécrétion de pus; quand la maladie affecte une surface non sécrétante et y produit

fait Hecket, et surtout à la discussion récente qui a eu lieu au sein de l'Académie royale de médecine, et de laquelle il est ressorti, pour tous les bons esprits, qu'il n'y a de blennorrhagie virulente que celle qui est compliquée ou qui dépend d'un chancre caché et rigoureusement reconnaissable par la voie de l'inoculation.   P. RICORD.

l'effet qui lui est propre en pareil cas, c'est-à-dire, une ulcération, les parties affectées ont la faculté de continuer indéfiniment la maladie ou le mode d'action syphilitique, ainsi que j'aurai occasion de le dire plus tard en parlant du chancre. Mais cette différence dans la terminaison de la syphilis ne paraît pas tant dépendre des caractères différents des surfaces malades que d'une différence dans les deux modes d'action. En effet, lorsque la maladie donne naissance à une ulcération sur une surface sécrétante, comme il arrive souvent dans la syphilis constitutionnelle, par exemple sur les amygdales, cette ulcération ne manifeste aucune disposition à se guérir spontanément. De même, les ulcérations qui se forment dans l'urètre ne se guérissent pas plus facilement que celles qui se forment partout ailleurs.

La pratique de chaque jour met ces faits hors de doute. On voit tous les jours les hommes les plus ignorants guérir des gonorrhées ; tandis que pour les chancres et pour la syphilis constitutionnelle, il faut plus de talent. La raison en est manifeste : la gonorrhée se guérit d'elle-même, et les autres formes de la maladie ne peuvent se guérir que par les secours de l'art (*).

On observe quelquefois que les parties qui ont été irritées les premières se guérissent, en même temps qu'une autre partie de la même surface devient le siége de l'irritation, ce qui continue la maladie ; c'est ce qui arrive quand l'irritation passe du gland au canal de l'urètre.

Il résulte de ce fait, savoir, que toutes les gonorrhées peuvent se guérir sans le secours de la médecine, qu'il est très-douteux qu'un sujet déjà atteint d'une gonorrhée puisse en contracter une nouvelle avant la guérison de la première, ou que celle qui existe déjà puisse être exaspérée par l'application d'un nouveau pus de même nature (**). Cette remarque s'applique d'ailleurs à toutes les formes de la maladie : il est prouvé que l'application du pus d'une gonorrhée sur un bubon ne retarde en rien la guérison de ce dernier ; de même, le pus d'un chancre appliqué sur un

(*) Quand on lit avec attention ce que dit Hunter sur les différences qui existent entre la gonorrhée et la forme ulcéreuse des maladies vénériennes, sous le rapport des symptômes, de la marche, des terminaisons, et, d'après sa doctrine même, sous celui du traitement des deux maladies, on est étonné de le voir persister dans l'idée qu'elles ne reconnaissent qu'une seule et même cause spécifique, et que, ne différant que par le siége et la forme, elles peuvent produire les mêmes effets généraux, surtout, lorsque pour se rendre compte de ceux-ci, dans de prétendus cas de gonorrhée, on admet, comme il le fait lui-même, l'existence possible d'ulcères urétraux.

P. RICORD.

(**) Cette assertion est trop contraire à l'observation journalière, pour qu'on la laisse passer sans réfutation. On peut établir la proposition contraire : plus les maladies ont été fréquentes et plus elles sont de nouveau contractées aisément. Comme aussi les affections successives se développent d'autant plus vite et avec d'autant plus de facilité que la maladie précédente n'est pas encore éteinte. On sait que la cause la plus commune des rechutes, dans la blennorrhagie surtout, est la répétition trop prompte des rapports sexuels avant la guérison parfaite et même avant le temps de convalescence voulu.

P. RICORD.

bubon et celui d'un bubon appliqué sur un chancre ne produisent aucun effet fâcheux, tandis que si du pus vénérien est mis en contact avec une plaie ordinaire, il y fait naître le plus souvent l'irritation vénérienne (*). Tous ces faits confirment mon opinion, que le pus vénérien qui se forme dans la gonorrhée ne concourt en rien à entretenir la maladie (car la présence de ce pus ne peut être considérée que comme l'application d'une matière dont le *poison* n'est pas différent de celui qui a agi antérieurement et dont les effets sont exactement semblables à ceux qui sont déjà produits dans les solides), et que la maladie ne peut être exaspérée ou perpétuée que par un agent qui ait la propriété d'accroître la disposition ou la susceptibilité des parties déjà affectées pour cette espèce d'inflammation. On observe, en outre, qu'une gonorrhée peut être guérie pendant qu'un chancre existe, et *vice versá :* or, si une nouvelle application de pus vénérien pouvait perpétuer la gonorrhée, aucune gonorrhée ne pourrait jamais se guérir tant que persisterait cette source de pus vénérien. De tout ce qui précède il est permis de conclure que la surface du canal de l'urètre n'est point susceptible d'être irritée par le pus qu'elle a sécrété elle-même, et qu'elle ne peut être irritée que pendant un certain temps, de sorte que si l'on continuait à appliquer du pus vénérien nouveau sur la surface de l'urètre d'un homme atteint de gonorrhée, sa gonorrhée se dissiperait tout aussi promptement que si une pareille application n'était point faite et qu'au contraire on prît beaucoup de peine à déterger la surface malade du pus formé par elle. Le même raisonnement s'applique également aux chancres (**).

(*) Prises à la lettre, ces propositions pourraient conduire à de fâcheuses erreurs. Il est bien certain que le pus de la gonorrhée, qui n'est point une affection virulente, ne peut rien faire, pas plus sur une surface de chancre que sur celle de toute autre plaie. De même, le pus d'un chancre appliqué sur un bubon virulent ulcéré et à la période de progrès, n'ajoute rien à la maladie; mais le pus de ce bubon, dans les mêmes circonstances, mis sur une surface de chancre en voie de cicatrisation, ferait repasser celui-ci à la période ulcérative virulente.   P. RICORD.

(**) J'ai dit dans mes leçons, en faisant l'histoire du pus, que je ne croyais pas qu'aucune matière sécrétée, de quelque espèce qu'elle fût, pût exercer une action quelconque sur la partie qui l'a produite. De même, je ne crois point que le pus d'une plaie, quelles que soient d'ailleurs ses propriétés, puisse jamais affecter cette plaie d'une manière nuisible. En effet, les parties qui ont formé du pus sont empreintes des mêmes qualités que ce liquide et ne sauraient, par conséquent, être irritées par lui, à moins qu'une matière étrangère n'y soit mêlée. La glande qui sécrète le poison de la vipère et le conduit qui porte ce poison dans la dent ne sont point irrités par lui, et il paraît résulter des expériences de Fontana que la vipère ne peut point être affectée par son propre venin. Voyez *Traité sur le venin de la vipère*, par M. F. Fontana, t. I, p. 22. Si la doctrine que je viens de soutenir est exacte, c'est toujours une pratique dénuée de fondement que celle qui consiste à essuyer le pus et à l'enlever par des lotions dans le but de tenir propres les parties qui suppurent.   J. HUNTER.

Le pus sécrété par la partie malade elle-même n'a peut-être pas d'influence fâcheuse sur celle-ci, tant qu'il n'a pas subi d'altération putride postérieure à sa sécrétion. Mais, comme nous l'avons déjà dit, que sur une surface affectée de blennor-

Mais je porte ces idées encore plus loin, et j'affirme que les parties qui sont le siége de l'irritation vénérienne deviennent par cela seul moins susceptibles de cette irritation, et que non-seulement une gonorrhée ne peut être perpétuée par l'application de son propre pus ou d'un pus nouveau, mais encore qu'un homme ne peut contracter une nouvelle gonorrhée ou un nouveau chancre en mettant une nouvelle matière vénérienne en contact avec les parties, dans le moment où la guérison est sur le point d'être complète, et en continuant cette application soit d'une manière non interrompue, soit au moins à des intervalles tels, que les effets de l'habitude (*) n'aient pas le temps de s'éteindre. On peut concevoir, en effet, qu'avec le temps les tissus s'habituent tellement à cette application qu'ils finissent par y devenir insensibles. Par une application constante, on empêche que les parties n'oublient ce mode d'irritation, ou plutôt qu'elles ne s'en *désaccoutument*. Le contact renouvelé d'un pus vénérien nouveau ne peut donc plus affecter les parties de manière à y reproduire la maladie, tant que ces dernières ne sont pas encore revenues à leur état primitif et naturel; mais, une fois qu'elles ont recouvré cet état, elles sont susceptibles d'être affectées de nouveau.

Cette opinion n'est point seulement déduite de la théorie; elle est fondée sur l'expérience et sur l'observation. Un homme peut, immédiatement après avoir eu une gonorrhée, avoir de fréquentes relations avec des femmes publiques, et cela pendant plusieurs années consécutives, sans être infecté; tandis qu'un homme qui n'aura point encore eu la maladie, la contractera immédiatement avec les mêmes femmes. Le premier, s'il perd pendant quelque temps l'habitude de cette irritation, deviendra tout aussi suscep-

---

rhagie et en voie de guérison, on applique un nouveau pus irritant, on fera repasser la maladie à l'état aigu, comme aussi, sur un chancre qui allait se cicatriser, une application nouvelle d'un pus pris sur un autre chancre à la période de progrès spécifique reproduira l'ulcère virulent.

En opposition à ce que dit Hunter de l'innocuité du séjour du pus virulent sur les ulcères qui le sécrètent, et de l'inutilité des lotions et des soins de propreté, je signalerai les inconvénients généralement reconnus de la rétention du pus simple dans un grand nombre d'abcès, surtout lorsque l'air pénètre dans les foyers et les clapiers où il stagne, et les qualités irritantes qu'il contracte par sa décomposition et par les altérations que lui fait subir la putréfaction. J'insisterai spécialement sur les ravages plus grands que font les chancres incarcérés dans un prépuce trop étroit et dont la surface reste constamment couverte de matière virulente, et plus encore sur ce qui se passe dans la pustule d'inoculation, qui s'étend davantage quand on ne la rompt pas vite ou qu'on permet à l'ulcère qui lui succède de se couvrir de croûtes qui retiennent le pus.

La comparaison que Hunter fait du venin de la vipère et du pus virulent n'est pas juste; il y a toute la différence et toute la distance qui séparent les phénomènes physiologiques des phénomènes morbides : la vésicule biliaire n'est point irritée par la bile, pas plus que la vessie ne l'est par l'urine; mais si ces deux liquides viennent à pénétrer dans le tissu cellulaire, ils y déterminent de graves accidents.   P. RICORD.

(*) On a vu (t. I, p. 318) que Hunter établit une distinction subtile entre l'*habitude* et la *coutume*; mais ici, et dans le reste de cet ouvrage, ces mots sont pris dans leur acception ordinaire.   G. RICHELOT.

tible que l'autre de l'infection. Lorsque cette habitude n'est pas assez forte pour empêcher complétement que les parties ne soient affectées, elle s'y oppose cependant encore en partie. Ce qui vient fortement à l'appui de cette proposition, c'est que la plupart des sujets ont d'abord leur gonorrhée la plus intense, et que celles qui succèdent à cette première se montrent de plus en plus douces, jusqu'à ce que le danger d'être infecté soit presque entièrement anéanti (*).

Ces idées paraissent être confirmées par les faits suivants : Un homme marié, qui pendant plusieurs années n'avait eu de relations sexuelles qu'avec sa femme, coucha avec une ancienne maîtresse et contracta avec elle une violente gonorrhée; cette femme assura qu'elle ignorait complétement qu'elle fût malade. Ils se confièrent tous deux à mes soins. Pendant toute la durée du traitement, ils continuèrent à avoir commerce ensemble, d'après la permission que je leur avais accordée sans peine. L'homme se guérit très-bien, et il parut en être de même pour la femme. Les mêmes relations durèrent entre eux pendant plusieurs mois, sans aucun inconvénient pour lui, et sans qu'il se manifestât rien qui pût faire soupçonner chez elle un reste de maladie. Enfin leur union fut rompue, et la femme forma une autre liaison. Son nouvel amant contracta immédiatement avec elle une gonorrhée. Aussitôt elle vint réclamer mes soins, affirmant qu'elle n'avait cohabité qu'avec les deux personnes citées ci-dessus, et que par conséquent sa maladie actuelle ne devait pas être autre chose que celle pour laquelle je l'avais déjà traitée. Son second amant ne fut pas traité par moi. Je prescrivis à cette femme des médicaments qu'elle ne prit qu'avec beaucoup de négligence. Son nouvel amant continua à la voir, comme avait fait le premier, pendant plusieurs mois après sa guérison, sans contracter au-

(*) Sans revenir sur ce que j'ai dit plus haut, j'ajouterai que ce que Hunter regarde comme une règle générale, n'est qu'une exception dont nous aurons à nous occuper plus tard. En effet, vous trouvez bien plus de malades qui se plaignent de ne pouvoir toucher à une femme sans voir reparaître leur maladie, que vous n'en voyez qui soient dans les circonstances opposées. La plupart, qu'une sotte confiance ou de la bonhomie empêche d'accuser les femmes qui les ont de nouveau rendus malades, rapportent à la première affection toutes celles qui arrivent après, et cette opinion est si répandue, qu'il est des hommes qui croient à cette répétition après des années même d'interruption; mais ce n'est le plus souvent qu'un préjugé.

Il est vrai que plus les blennorrhagies se répètent chez un même individu, et moins aussi elles entraînent de douleur; mais ce n'est pas à dire pour cela qu'elles soient absolument moins fortes. Elles peuvent occuper une étendue du tissu aussi considérable, donner lieu à une sécrétion aussi purulente et aussi abondante; être tout autant contagieuses, durer aussi longtemps, et le plus souvent davantage, que la première qui était seulement accompagnée de plus de douleur. Ici, comme on le voit, l'habitude n'aurait aucune influence sur l'action de la cause, qui agit d'une manière tout aussi énergique une seconde qu'une première fois dans la plupart des cas; mais la répétition de l'inflammation dans un même point qui, par cela même, tend primitivement ou consécutivement à la forme chronique, émousse la sensibilité et diminue ou éteint la douleur, qui n'est pas un phénomène obligé de toute inflammation.

P. RICORD.

cune affection nouvelle. Malheureusement, son premier amant revint au bout d'un an, et croyant n'avoir rien à craindre, puisqu'elle vivait avec l'autre sans inconvénient pour lui, il se livra au coït avec elle, et cela une seule fois; il y gagna une gonorrhée.

Cette femme avait-elle eu la gonorrhée pendant tout ce temps? et pourquoi ces hommes n'ont-ils contracté la maladie avec elle qu'après que leurs relations avaient été interrompues pendant un certain temps? Doit-on considérer ce résultat comme l'effet de l'habitude, en vertu de laquelle les parties perdirent leur susceptibilité pour cette irritation? Une preuve frappante de l'exactitude de cette dernière manière de voir est fournie par le cas suivant d'une jeune femme de l'hôpital de la Magdeleine (maison de refuge pour les filles de joie), autant que de pareilles circonstances peuvent prouver un fait. Cette femme fut admise dans cette maison et y resta le temps ordinaire, qui est de deux ans. Au moment où elle en sortit, elle fut enlevée par un homme qui l'attendait dans une chaise de poste pour l'emmener immédiatement : elle lui donna une gonorrhée.

L'opinion qui admet que l'habitude de l'irritation vénérienne rend les parties moins susceptibles d'en être affectées est corroborée par cette circonstance que, dans la gonorrhée, on voit souvent cesser les symptômes violents, tandis que la maladie continue et se prolonge même pendant un temps considérable, ne présentant aucun autre symptôme qu'un écoulement, qui cependant est de nature vénérienne. C'est ce que j'ai vu souvent. Voici un extrait d'un fait de cette espèce qui est fort singulier :

Un homme eut commerce avec une femme publique, et contracta une gonorrhée vénérienne, au commencement d'avril 1780. D'abord il eut de la peine à admettre que sa maladie fût vénérienne, car il avait gardé cette femme à la campagne où il ne l'avait presque jamais perdue de vue; mais la vive douleur qu'il éprouvait en urinant, l'abondance de l'écoulement, la *cordée* (*) et le gonflement d'un testicule ne lui laissèrent plus de doutes sur la nature de cette affection. Plus tard, la guérison marchait d'une manière assez favorable, et il avait triomphé de l'engorgement de son testicule, lorsque l'autre testicule commença à se tuméfier. Cependant tous les symptômes disparurent graduellement, excepté la *cordée*, l'induration de l'épididyme et un écoulement visqueux peu abondant. Le 12 juin, il alla à la campagne; pendant son séjour en cet endroit, la *cordée* se dissipa et l'induration de l'épididyme disparut entièrement; mais il lui resta un écoulement visqueux presque insignifiant.

Le 1ᵉʳ septembre, cet homme se maria avec une jeune demoiselle, et les difficultés qu'il éprouva à introduire la verge déterminèrent le retour de la *cordée* et une augmentation de l'écoulement. Le 10, la jeune femme se plaignit de chaleur et de douleur dans les parties génitales; elle éprouvait de la difficulté pour uriner; le besoin d'uriner se renouvelait fréquemment;

(*) Ce mot n'est employé en français que comme adjectif, dans cette expression *chaudepisse cordée* ; j'ai cru devoir en faire un substantif à l'exemple de Hunter.

G. RICHELOT.

et, lorsque l'urine était expulsée, elle entraînait avec elle un peu de pus. La malade ressentait en outre une douleur gravative et sourde, et une sensation de pesanteur dans le bas-ventre et autour des hanches; lorsqu'elle s'asseyait, les parties sexuelles devenaient le siége d'une vive souffrance. Ces symptômes avaient été précédés par une démangeaison autour de l'orifice du vagin.

L'usage des pilules mercurielles et des frictions avec l'onguent mercuriel fit tomber la violence des symptômes dans l'espace d'environ huit jours. On permit alors au mari de cohabiter avec sa femme; mais, toutes les fois qu'ils s'unirent, cette dernière éprouva des douleurs excessives. On fit sur les parties des lotions avec une solution de sublimé corrosif et d'acétate de plomb, et des frictions avec l'onguent mercuriel; ces applications-ayant été continuées pendant quelque temps, les douleurs se dissipèrent. Le mari fut soumis à un traitement approprié, et tout alla bien ensuite.

Dans ce cas, on voit une gonorrhée vénérienne qui a été contractée au commencement du mois d'avril. Tous les symptômes avaient disparu le 1er juin, et il ne restait plus que quelques phénomènes morbides consécutifs, comme la cordée, l'induration de l'épididyme, et l'écoulement d'une petite quantité de mucus visqueux qui ne s'observait que le matin. Peu de temps après, la cordée et l'induration de l'épididyme se dissipèrent entièrement, et il ne resta que le petit écoulement qui n'était appréciable que le matin. Cependant, trois mois après cette dernière époque, cet homme communiqua la maladie à sa femme.

Pour le cas suivant, je fus consulté par le chirurgien du malade. Le 13 juillet 1783, un homme eut commerce avec une femme publique; le 30, c'est-à-dire au bout de dix-sept jours, il lui survint une gonorrhée violente. Il prit des pilules mercurielles et quelques purgatifs doux. Après douze jours de traitement, les symptômes perdirent de leur violence, et, vers le 4 septembre, l'écoulement cessa. Le 9, l'écoulement reparut, mais il ne dura que peu de jours; ensuite, il se reproduisit ainsi, quelquefois tous les deux jours, souvent tous les six ou sept jours. Le 28 septembre, cet homme eut des rapports avec sa femme, tandis qu'il avait un léger écoulement. Le 9 octobre, il la vit encore; et, trois jours après, elle éprouva de la chaleur en urinant, puis elle fut prise d'un écoulement et des autres symptômes de la gonorrhée, qui furent intenses. Vers la fin d'octobre, la maladie de la femme était presque entièrement guérie; il ne restait plus que quelques symptômes qui parurent et disparurent alternativement jusqu'au mois de janvier 1784. A cette époque, c'est-à-dire trois mois après la seconde cohabitation, le mari se livra au coït avec sa femme pour voir si elle lui communiquerait la maladie, et, en effet, au bout de quatorze jours, il fut pris de tous les symptômes de la gonorrhée. Le 29 avril, il n'était pas parfaitement guéri; il avait encore un écoulement accompagné de douleur au périnée; sa femme avait aussi un écoulement. Si la maladie contractée par le mari en janvier 1784 était une gonorrhée vénérienne, sa femme avait dû être infectée, et il devait avoir été radicalement guéri dans la période qui s'écoula du 9 octobre 1783 au mois de janvier 1784; car s'il eût été, lui aussi, infecté encore, le contact du virus n'aurait produit aucun effet sur lui.

Il était impossible de décider si ces deux malades avaient réellement alors l'infection vénérienne; tous les essais qu'ils auraient pu faire sur eux-mêmes n'auraient à peu près rien prouvé, à moins que l'un des deux seulement n'eût eu la maladie de manière à pouvoir la communiquer à l'autre; mais, si tous deux en étaient atteints, aucune modification n'eût pu s'opérer chez l'un ou chez l'autre. Comme on ne pouvait reconnaître s'ils étaient atteints ou non d'une gonorrhée vénérienne, et que les symptômes qu'ils présentaient, joints à toutes les circonstances antécédentes, étaient très-suspects, je pensai, ainsi que le chirurgien ordinaire des malades, qu'il était prudent de les traiter comme s'ils étaient atteints actuellement d'une gonorrhée.

S'il est vrai, comme on l'affirme dans le *Voyage autour du monde*, que la maladie vénérienne ait été importée à Otaïti, c'est une preuve qu'on peut en rester affecté longtemps après qu'on a cessé d'avoir la conscience de son existence; lorsqu'elle persiste aussi longtemps, c'est très-probablement sous forme de gonorrhée.

De même, si un bubon vénérien pouvait se conserver pendant un temps considérable entre la période de suppuration et celle de résolution, il deviendrait *indolent* par l'effet de l'habitude, resterait dans cet état de suspension, et serait probablement à peu près incurable. Je crois avoir vu des cas de cette espèce (*).

(*) Il est des conditions d'*habitude* ou d'une sorte d'*acclimatement*, qu'on me passe le mot, que tous les observateurs ont pu constater (*); mais il faut bien se garder d'envisager l'habitude dans le sens absolu que lui donne Hunter, et d'expliquer par elle toutes les observations qu'il rapporte en sa faveur.

Il est des hommes qui, chaque fois qu'ils ont des rapports avec des femmes pendant la durée de leurs menstrues, contractent des écoulements, tandis que d'autres n'en contractent point. La leucorrhée communique un écoulement aux uns et rien aux autres. La même femme affectée de catarrhe utérin détermine souvent, à des intervalles plus ou moins longs, des écoulements répétés à l'homme qui vit habituellement avec elle; j'ai vu ainsi bien des liaisons se rompre, des ménages se désunir, les conjoints finissant par croire qu'ils ne pouvaient se convenir. Dans quelques cas plus heureux, devenant moins impressionnable, l'homme ne contractait plus rien, bien que la femme restât dans les mêmes conditions de maladie, mais alors, comme l'a dit Hunter, s'il y avait interruption dans les rapports et qu'ils fussent repris plus tard, la maladie se reproduisait, comme aussi elle pouvait avoir lieu lorsque la femme, dans ces conditions, avait de nouveaux amants.

Dans toutes ces circonstances, si l'habitude d'un même irritant, *toujours au même degré*, peut rendre moins impressionnable, il faut tenir compte des autres circonstances qui peuvent cependant exister. Ainsi, dans le mariage ou dans la longue fréquentation d'une même femme, les rapports sont moins fréquents, moins passionnés, les organes sont moins disposés à l'irritation. Les femmes, prévenues des conditions dans lesquelles elles peuvent se trouver et dont elles n'aiment pas à convenir, sont plus soigneuses et prennent souvent des précautions de toilette, qui n'ont pas tou-

(*) Voir mon *Mémoire sur la blennorrhagie chez les femmes*.

§ IV. *De la gonorrhée vénérienne.*

Dans ma description du siége, de la marche et des symptômes de la gonorrhée, j'exposerai d'abord les phénomènes morbides qui sont constants ou au moins les plus fréquents, puis ceux qu'on observe moins souvent, et ainsi de suite, autant que possible, dans un ordre décroissant; car ces phénomènes morbides varient considérablement dans les différents cas.

§ V. *Du siége de la gonorrhée dans les deux sexes.*

Dans les deux sexes, ce sont les parties de la génération qui sont le siége ordinaire de la gonorrhée. Chez l'homme, elle se manifeste dans le canal de l'urètre, et quelquefois à la face interne du prépuce et à la surface du gland; chez la femme, elle occupe le vagin, l'urètre, les grandes lèvres, le clitoris ou les nymphes (*).

La gonorrhée s'établit dans l'une ou l'autre de ces parties suivant la manière dont elle a été contractée. Mais si l'on devait prendre en considération, chez l'homme, la surface qui arrive au simple contact, on serait naturellement porté à admettre que c'est le gland (**) ou l'orifice de l'urètre qui doit être la partie la première affectée ou même la seule affectée. Cependant le plus souvent il n'en est rien; car, s'il est des cas où la maladie occupe le gland et ne s'étend pas au delà, je crois qu'il est rare qu'elle se développe à l'orifice de l'urètre sans se propager plus ou moins le long de ce canal. Je ne saurais décider jusqu'à quel point la gonorrhée peut

jours lieu dans de nouveaux rapports fréquemment imprévus, et dans lesquels plus d'orgasme et surtout des répétitions précipitées disposent les parties à l'inflammation. J'ai vu des femmes affectées de leucorrhée qui, après avoir communiqué une blennorrhagie à leur amant sous l'influence d'une excitation nouvelle, donnaient lieu à la même maladie chez leurs maris, qui les avaient vues impunément jusque-là; toutefois, s'il est possible qu'on s'habitue, jusqu'à un certain point, aux causes qui peuvent donner lieu à des écoulements blennorrhoïdes, et auxquelles la femme échappe peut-être plus souvent que l'homme, on peut affirmer qu'il n'est aucun privilége, si ce n'est celui d'une parfaite intégrité des tissus, qui puisse soustraire à la contagion du chancre. Je n'entreprendrai point ici le commentaire des observations rapportées par Hunter, et dont on doit comprendre le peu de valeur, d'après les considérations qui précèdent. P. RICORD.

(*) L'application générale que j'ai le premier faite du spéculum à l'étude des maladies vénériennes chez la femme a prouvé, comme l'avait déjà annoncé Brugnone, que la matrice même peut aussi être le siége de la blennorrhagie et explique, comme l'a fait Daran, la fréquence de la leucorrhée à la suite des écoulements réputés vénériens.

Il faut incontestablement ajouter ici, sous le rapport du siége, la muqueuse oculaire, celle de la partie inférieure du rectum et de l'anus, la muqueuse pituitaire, celle de la bouche selon quelques auteurs, le conduit auditif externe, l'ombilic et les régions où la peau peut subir une sorte de transformation muqueuse, comme le pli génito-crural, etc. P. RICORD.

(**) Dans l'édition de Home les mots suivants se trouvent ajoutés ici : « La face interne du prépuce auprès du gland, »

affecter le prépuce seul; mais je crois que cela arrive quelquefois (*). J'ai vu, en effet, des cas où cette partie était le siége d'une inflammation qui tantôt s'accompagnait d'un écoulement urétral, tantôt se montrait complètement seule, et qui me paraissait de nature vénérienne. J'ai vu alors l'inflammation s'étendre dans le tissu cellulaire lâche du prépuce, et produire un phimosis. Je pense que cette inflammation a un caractère érysipélateux.

Quand la gonorrhée s'établit sur le gland ou sur les autres parties extérieurement situées, comme le prépuce (**), elle a ordinairement son siége à la racine du gland et à l'origine du prépuce, parce que c'est dans ces points que l'épiderme est le plus mince et que le *poison* affecte le plus facilement le derme; mais quelquefois elle envahit toute la surface du gland, et même toute la face interne du prépuce. Elle produit dans ces points de la cuisson et de la douleur au toucher, et la sécrétion d'un pus clair; plus ordinairement elle ne s'accompagne d'aucune excoriation ou ulcération; cependant je ne suis pas certain que les parties ne soient pas quelquefois excoriées sous cette influence (***), car j'ai vu un cas où l'épiderme s'était détaché dans presque toute l'étendue du gland. Le malade m'assura que cette affection était vénérienne, et d'après les circonstances qu'il me fit connaître, je n'ai aucune raison de croire que son opinion fût erronée. Il n'avait jamais contracté auparavant aucune maladie vénérienne. Peut-être la maladie commence-t-elle plus souvent sur les parties en question qu'on ne le croit communément. Ces parties sont protégées par un épiderme, et ont par conséquent peu de susceptibilité pour cette irritation; il est possible que ce soit là la raison pour laquelle l'effet qui y est produit n'est point permanent et est souvent assez peu intense pour échapper à l'observation. Lorsque le gland ou le prépuce, ou tous les deux à la fois, sont le siége de l'inflammation vénérienne, celle-ci se limite souvent à ces parties, ne s'étend pas plus loin, et ne provoque dans le canal

(*) C'est cette variété de la blennorrhagie externe à laquelle M. Desruelles a donné le nom de *posthite.*   P. RICORD.

(**) On lit dans l'édition de Home : « Je crois que cela a lieu surtout chez les hommes dont le gland est habituellement recouvert par le prépuce, et qu'elle a ordinairement....... »

(***) Les excoriations, les ulcérations plus ou moins superficielles sont très-communes dans la balanite, dont il est ici question. Elles se présentent sous deux aspects bien différents et dont il faut tenir compte. Dans la balanite simple, ces ulcérations sont mal circonscrites, de forme irrégulière, ressemblant à une surface de vésicatoire à des termes différents de durée; tandis que, dans la balanite consécutive à une syphilide qui s'est développée sur le gland ou à la face interne du prépuce, ces ulcérations, qu'on observe en même temps que les éruptions cutanées secondaires, sont bien définies, comme celles-ci, et présentent la forme arrondie. Dans la balanite simple ulcéreuse ou non, comme dans celle qui accompagne les accidents secondaires de la syphilis, on ne peut rien produire par l'inoculation, ce qui distingue ces cas de ceux que complique une ulcération virulente primitive ou chancre, dont la matière est toujours inoculable.   P. RICORD.

de l'urètre ni écoulement de pus, ni sensation douloureuse. Le cas suivant en est un exemple.

Un jeune Irlandais coucha avec une femme à Bristol, et une quinzaine de jours après il eut commerce avec une autre femme à Londres. Ce dernier rapprochement eut lieu un lundi, et le mardi, c'est-à-dire le lendemain, il aperçut un écoulement à l'extrémité de sa verge quand elle était recouverte par le prépuce. Le samedi suivant il vint me consulter. A l'examen des parties, je reconnus que l'écoulement provenait de la face interne du prépuce, dans le voisinage du gland; la couronne du gland, ainsi que la portion du prépuce qui est située en arrière de cette couronne, se montraient dans un état douloureux d'excoriation, et couvertes de pus. Le malade me dit qu'il avait eu déjà auparavant une gonorrhée, et lorsque je lui demandai si le siége de la maladie avait été le même, il répondit affirmativement. Ne sachant jusqu'à quel point cette affection devait être considérée comme vénérienne, je demandai au malade s'il avait été sujet à de pareilles excoriations avant d'avoir vu des femmes. Sa réponse fut négative; et il ajouta qu'il n'était pas affecté de cette manière toutes les fois qu'il se livrait au coït, mais que cela ne lui était arrivé que deux fois, ainsi qu'il vient d'être dit, et que c'était cette circonstance qu'il l'avait porté à regarder cet état comme un symptôme syphilitique.

Je soupçonne que le gonflement du prépuce, qui s'observe souvent dans les cas de gonorrhée de l'urètre et qui produit un phimosis, dépend de ce que la même maladie a aussi son siége à la face interne de ce repli; n'ayant pas en ce point assez d'intensité pour donner naissance à des ulcérations, elle ne fait pas de progrès ultérieurs. Il est très-probable que cette inflammation appartient à l'érysipèle, et c'est une circonstance qu'il est très-nécessaire de connaître pour le traitement.

Le canal de l'urètre est le siége le plus fréquent de la gonorrhée vénérienne. Bien que l'inflammation qui accompagne la maladie, dans cette région, présente plusieurs des phénomènes ordinaires de l'inflammation, cependant la gonorrhée mérite à peine l'épithète d'inflammatoire quand elle a peu d'intensité, du moins ne détermine-t-elle pas constamment tous les effets de l'inflammation commune, quoiqu'elle ait de la tendance à les produire. Les parties affectées offrent rarement tous les symptômes caractéristiques de l'inflammation : ainsi, on n'y perçoit point de battements; il n'y a que peu de douleur, excepté celle qui résulte du contact irritant de l'urine et de la distension des parties; l'inflammation ne s'étend guère au delà de la superficie des tissus, d'où il résulte que ceux-ci se tuméfient et s'épaississent rarement. On serait tenté de croire que c'est l'effet d'une *erreur de lieu* à la surface de l'urètre, comme dans l'injection sanguine de l'œil.

La formation du pus, avec si peu d'inflammation, est peut-être due à ce que les parties malades ont pour condition naturelle de sécréter, de sorte que la transition d'une sécrétion normale à une sécrétion morbide s'opère avec une grande facilité. Toutefois, il arrive quelquefois que les tissus s'enflamment considérablement et que l'inflammation pénètre pro-

fondément dans le tissu cellulaire, ou plutôt réticulaire, du corps spongieux de l'urètre, surtout auprès du gland. Parfois même elle se propage
plus loin le long du corps spongieux de l'urètre, et produit de la tuméfaction, c'est-à-dire une extravasation de lymphe coagulable : telle est la
cause commune de la cordée. Il est à remarquer, en général, que dans
la plupart des cas, l'inflammation décroît dès que la suppuration se forme.
L'inflammation qui envahit le tissu réticulaire des parties environnantes
ne s'arrête pas toujours à la période adhésive; en effet, on voit quelquefois des suppurations se former dans ces parties, principalement au périnée, et je suppose que ces suppurations ont leur siége dans les glandes,
ainsi que j'aurai occasion de le faire remarquer ci-après.

La gonorrhée ne se développe pas toujours dans des urètres sains d'ailleurs, ou chez des sujets chez lesquels les organes qui ont des connexions
avec l'urètre sont dans leur état d'intégrité. Ainsi on voit la gonorrhée
survenir chez des personnes qui sont affectées de rétrécissements, qui
ont la prostate tuméfiée, dont les testicules sont malades ou très-disposés
à le devenir; toutes ces circonstances compliquent la maladie et nécessitent
une plus grande attention relativement aux moyens thérapeutiques qui
doivent être employés. Les maladies coexistantes sont tantôt amendées,
tantôt exaspérées par la gonorrhée.

§ VI. *Des symptômes les plus ordinaires de la gonorrhée et de l'ordre suivant lequel ils apparaissent.*

Bien que l'irritation doive toujours exister la première, on ne peut dire
quel est, parmi les symptômes qui sont la conséquence de cette irritation,
celui qui apparaîtra le premier, car chacun d'eux peut se montrer isolément des autres, ce qui du reste est rare. Le premier symptôme, qui
le malade porte son attention de ce côté, c'est ordinairement une démangeaison qui a son siége à l'orifice de l'urètre, et qui s'étend quelquefois à
toute la surface du gland (*); en même temps, il y a un peu de tuméfaction aux lèvres de l'orifice urétral. Les effets ordinaires de l'inflammation s'observent ensuite, et bientôt après on voit apparaître un
écoulement. Le prurit se transforme en douleur, surtout au moment de
la sortie de l'urine. Souvent la douleur n'est perçue qu'un certain temps
après l'apparition de l'écoulement et des autres symptômes; et dans beaucoup de cas elle est presque nulle, lors même que l'écoulement est
très-abondant. D'autres fois la douleur, ou plutôt une cuisson très-vive,
se fait sentir longtemps avant qu'aucun écoulement se soit établi (**).
A cette époque, la verge est généralement tuméfiée, surtout au ni-

(*) Ces symptômes sont observés avec plus de soin par les personnes qui sont en
proie à la crainte d'avoir contracté la maladie, et qui pour cette raison épient la
moindre sensation perçue dans les parties intéressées.   J. HUNTER.

(**) Dans l'édition de Home la phrase est terminée par ces mots : « Et s'étend plus
ou moins loin le long du canal. J'ai vu des cas où cette sensation était perçue dans la
moitié de la longueur du canal de l'urètre. »

du gland; mais elle n'est pas aussi distendue que dans l'érection, et elle se montre plutôt dans un état de demi-érection. Outre cette turgescence, le gland offre une sorte de transparence, principalement auprès de l'orifice de l'urètre, où la peau est tendue, polie et rouge, et rappelle la couleur d'une cerise mûre; cet aspect dépend de ce que le tissu réticulaire est gorgé alors de sérosité extravasée, et de ce que les vaisseaux sont remplis de sang. Dans beaucoup de cas, il existe à l'orifice de l'urètre une excoriation évidente, qui est indiquée par l'interruption de l'épiderme au pourtour de cet orifice. La surface du gland est souvent aussi dans un état de demi-excoriation, qui y détermine plus ou moins de sensibilité, et donne lieu à l'écoulement d'une espèce de pus, comme il a été dit plus haut (*). Le canal de l'urètre se rétrécit, ce qui se reconnaît au jet d'urine qui est moins gros qu'à l'ordinaire. Ce rétrécissement résulte de l'engorgement général de la verge, du gonflement inflammatoire de la membrane muqueuse, et d'un état spasmodique du canal. Indépendamment de ces modifications matérielles, la crainte du malade tandis qu'il urine, contribue à diminuer la grosseur du jet. Celui-ci est ordinairement brisé et s'éparpille au moment même où il sort du canal. Ce phénomène est causé par l'altération de forme qu'a subie l'urètre; il n'appartient point exclusivement à la gonorrhée vénérienne, mais il est commun à toutes les maladies qui détruisent la régularité du canal de l'urètre, lors même que l'altération de forme est située très-loin de l'orifice externe du canal. C'est ce qu'on observe dans beaucoup de cas de maladies de la prostate (**).

Il se fait souvent une hémorragie par l'urètre. Ces hémorragies proviennent de la distension des vaisseaux, surtout quand il y a une cordée ou une disposition à la cordée.

On observe souvent aussi de petites tumeurs le long de la face inférieure de la verge, sur le trajet de l'urètre. Je pense que ces petites tumeurs sont formées par les glandes de l'urètre qui sont assez engorgées pour être manifestement senties extérieurement. Dans quelques cas leur inflammation est si violente qu'elles suppurent; alors, conformément aux lois de l'ulcération, le pus est porté vers la peau, et forme un ou deux abcès, ou un plus grand nombre, le long de la face inférieure de l'urètre; lorsque quelques-uns de ces abcès s'ouvrent au dedans du canal, il en résulte ce qu'on appelle des ulcères internes. J'ai observé plusieurs fois à la face inférieure de la verge, sur le trajet de l'urètre, une tumeur qui acquiert

(*) On lit ici dans l'édition de Home : « Mais cet état s'observe plus manifestement chez les personnes dont le gland est habituellement recouvert par le prépuce, car lorsque le gland reste découvert, l'épiderme devient plus épais, et la surface est moins facilement irritée. »

(**) On lit dans l'édition de Home à la fin de ce paragraphe : « Dans quelques cas, les premiers symptômes consistent dans des sensations inaccoutumées de la verge, surtout lorsque le malade urine, qui se font ressentir peu de jours après l'infection, et qui s'accompagnent d'une irritabilité générale, de sensations pénibles dans les testicules, au col de la vessie et à l'anus; ces sensations persistent pendant environ dix jours; à cette époque, l'écoulement se manifeste et elles disparaissent. »

parfois un volume considérable et peut même atteindre la grosseur d'une petite noix aplatie; cette tumeur s'enflamme, puis une grande quantité de pus s'écoule de l'urètre, et la tumeur s'affaisse presque immédiatement. L'écoulement de pus persiste pendant quelque temps, en diminuant peu à peu jusqu'à ce qu'il cesse complétement, et alors la tumeur se trouve presque entièrement réduite. Cependant, au bout de quelques mois, elle se gonfle de nouveau de la même manière et présente la même terminaison. Ces tumeurs et le pus qui en provient sont-ils de nature vénérienne à leur première apparition (*)? C'est ce qu'on peut révoquer en doute; et il est difficile de résoudre cette question, parce que les malades ont en général recours tout de suite aux secours de la médecine. Mais lorsque ces tumeurs récidivent, elles ne sont certainement pas vénériennes, car elles se guérissent d'elles-mêmes.

Je pense que ces tumeurs ne sont autre chose que les conduits excréteurs ou lacunes des glandes de l'urètre, dont l'orifice externe est oblitéré, et qui sont distendus par du mucus, comme il arrive pour le conduit qui fait communiquer le sac lacrymal avec le nez. Comme conséquence de la distension de ces conduits ou lacunes, l'inflammation et la suppuration s'établissent, et l'ulcération ouvre une voie au pus dans le canal de l'urètre; mais cette ouverture se referme bientôt, et la maladie récidive. On a admis l'inflammation des glandes de Cowper, et l'on a observé à l'extérieur des indurations et des tumeurs dans des points correspondant à la situation de ces glandes; ces tumeurs venant à suppurer, il en résulte des abcès considérables au périnée. Ces abcès peuvent s'ouvrir à l'intérieur ou à l'extérieur, et quelquefois dans ces deux directions à la fois; dans ce dernier cas, elles fournissent une nouvelle issue à l'urine, et c'est ce qu'on appelle une fistule du périnée (**).

Dans la gonorrhée, le malade éprouve souvent dans toute l'étendue de

---

(*) Oui, quand elles sont la conséquence d'un chancre urétral, et non quand elles dépendent de l'inflammation phlegmoneuse simple des follicules de l'urètre ou du tissu cellulaire interstitiel ou sous-urétral.

Il n'est jamais bon, dans tous les cas, d'attendre que ces abcès s'ouvrent d'eux-mêmes dans l'urètre.

P. RICORD.

(**) Dans le cours de la blennorrhagie aiguë, il se forme souvent, soit dans les follicules des différentes régions des muqueuses affectées, soit dans le tissu cellulaire, de véritables abcès. Ces abcès sont beaucoup plus communs chez l'homme sur les parties latérales du frein, puis, par ordre de fréquence, sur le trajet de la région spongieuse et enfin dans les parties périnéales et postérieures de l'urètre. L'inflammation à laquelle succèdent ces abcès, ne se termine pas toujours par suppuration, et alors l'induration en est quelquefois une conséquence dont la durée peut être illimitée. Dans l'engorgement qui les précède, ou dans l'induration qui les suit, surtout au voisinage du frein, on sait que Widekind avait cru trouver un signe capable de faire distinguer la blennorrhagie virulente de la bénigne. Mais d'après ce que j'ai dit ailleurs, on comprendra aisément que ce n'est que dans les cas où il existe un chancre urétral, que cette induration peut avoir quelque valeur sous le rapport du diagnostic.

P. RICORD.

la face inférieure de la verge une cuisson qui est l'effet de l'état inflammatoire de l'urètre. Cette cuisson s'étend souvent jusqu'à l'anus, et devient une cause de souffrance très-vive, surtout dans les érections; cependant ce phénomène morbide diffère de la cordée, car la verge reste droite.

Les érections sont fréquentes dans la plupart des cas. Ces érections, qui sont déterminées par l'irritation présente, s'élèvent presque jusqu'au priapisme chez quelques sujets, principalement lorsque la cuisson que je viens d'indiquer se fait sentir, ou quand il y a une cordée.

Le priapisme détermine souvent chez l'homme l'imminence de la gangrène; je l'ai vu amener ce résultat chez un chien : l'érection ne put jamais céder, et il fut impossible de recouvrir le gland avec le prépuce, à cause de la tuméfaction du bulbe; la verge se gangrena et tomba; l'os de la verge fut dénudé et s'exfolia. L'opium étant très-utile dans le priapisme, il y a lieu de croire que cette affection est de nature spasmodique.

§ VII. *De l'écoulement.*

Le mucus clair, transparent et visqueux que sécrètent naturellement les glandes de l'urètre, se change d'abord en un liquide aqueux et blanchâtre, et le produit d'exhalation qui a pour but d'humecter les parois de ce canal et qui paraît être de même nature que tous les produits analogues qui lubrifient les cavités en général, devient moins transparent. Ces deux liquides deviennent graduellement plus épais, et contractent de plus en plus les caractères du pus. Il est certain que les glandes qui produisent le mucus qui est sécrété sous l'influence de pensées lascives ne sont pas toujours atteintes par la maladie, car j'ai vu des cas où, sous l'influence de ces pensées, ce mucus sortait dans toute son intégrité par l'extrémité de la verge, après que l'urètre avait été nettoyé, par la sortie de l'urine, de tout le pus vénérien qu'il contenait. Quand ce mucus est formé en plus grande quantité qu'il ne faut pour lubrifier le canal de l'urètre, il est poussé vers l'orifice externe de celui-ci par l'action péristaltique du canal, et vient se montrer au dehors (*).

Le pus de la gonorrhée change souvent de couleur et de consistance; quelquefois il passe du blanc au jaune et souvent du blanc au vert. Ces changements dépendent de la disposition des parties qui le sécrètent; ils sont liés à l'augmentation ou à la diminution d'intensité de l'inflammation, et non aux propriétés virulentes du pus lui-même. En effet, une irritation quelconque des mêmes tissus, égale en intensité à celle de la gonorrhée, produit les mêmes apparences. Ces changements de couleur

---

(*) Un grand nombre de faits prouvent que l'urètre est doué d'une puissance d'action considérable; son action s'exécute principalement d'arrière en avant. On sait qu'une bougie peut être rejetée hors de l'urètre par l'action de ce canal. Je crois que cette action est souvent intervertie, par exemple, dans les stranguries spasmodiques.

J. HUNTER.

Cette opinion de Hunter, dont on peut tous les jours vérifier l'exactitude, est en opposition avec celle qu'on a cherché à faire prévaloir, dans ces derniers temps, d'après M. Amussat, et qui ferait rejeter les rétractions ou strictures spasmodiques de l'urètre, d'une manière absolue.

P. RICORD.

14.

s'observent surtout lorsque le pus s'est écoulé sur le linge et s'y est desséché. Examiné ainsi, il présente diverses nuances : au centre de chaque tache il est plus épais ou plus abondant, et par conséquent il offre en général une couleur plus foncée; à la circonférence il est plus pâle, parce que sa partie aqueuse ou séreuse s'étend plus loin que sa partie épaisse; mais à la partie la plus éloignée du centre de la tache, il est plus foncé que partout ailleurs, et cette dernière circonstance dépend de ce que dans cet endroit il n'est constitué que par de la sérosité avec un peu de mucus, tenant en suspension une certaine quantité de matière colorante, de sorte qu'en se desséchant il donne à l'étoffe une transparence qui tranche avec la couleur blanche du linge. Il est probable qu'il y a un peu de sang rouge extravasé dans tous les cas où le pus ne présente pas sa coloration ordinaire, et que c'est à sa présence en quantité variable que sont dues les diverses nuances. Comme le pus de la gonorrhée est le produit d'une inflammation spécifique, il a plus de tendance à se putréfier que celui qui se forme à la surface d'une plaie saine, et il exhale souvent une odeur qui paraît lui être propre (*).

La surface enflammée de l'urètre n'est point assez étendue pour pouvoir fournir la grande quantité de pus qui est produite dans beaucoup de cas; le plus souvent, en effet, l'inflammation ne s'étend pas à plus de deux ou trois pouces de l'orifice externe du canal; aussi est-il naturel de supposer que l'écoulement est fourni par d'autres parties, dont la fonction est de sécréter du mucus pour des usages naturels, et qui, pour cette raison, sont très-propres à former une sécrétion abondante sous l'influence d'une irritation légère s'élevant à peine jusqu'à l'inflammation. J'ai déjà fait remarquer que ces parties sont les glandes de l'urètre. Dans beaucoup de cas où ces glandes n'étaient point assez tuméfiées pour être senties à l'extérieur, et où j'ai eu occasion d'examiner le canal de l'urètre après la mort, j'ai toujours trouvé les lacunes ou conduits excréteurs de ces glandes remplis de pus et plus apparents qu'à l'état normal. J'ai constaté, en outre, que la sécrétion du pus gonorrhéique n'appartient point exclusivement aux glandes en question, car la surface interne de l'urètre est ordinairement dans un état tel que le passage de l'urine ne peut s'effectuer sans douleur, et, par conséquent, il est extrêmement probable qu'elle est affectée de manière à sécréter du pus.

Dans les cas ordinaires, l'écoulement ne paraît pas venir d'un point du canal beaucoup plus profond que le siége de la douleur, bien qu'on croie communément qu'il provient de toute la surface de l'urètre, et même des glandes de Cowper, de la prostate, et de ce qu'on désigne sous le nom de vé-

(*) Ce serait une grave erreur que de chercher un signe spécifique dans l'odeur particulière des sécrétions; comme aussi de croire que le pus virulent a plus de tendance à se putréfier. J'ai conservé pendant des temps fort longs, du pus venant de chancres inoculables, du *muco-pus* de la blennorrhagie, ainsi que le pus fourni par des affections non vénériennes, et je n'ai observé aucune différence notable, si ce n'est que le pus virulent reste plus longtemps liquide. Quant à la différence des odeurs, elle tient au siége particulier de la sécrétion.   P. RICORD.

sicules séminales (*). Mais je doute beaucoup que cette croyance soit exacte. Ma raison pour admettre que le pus ne provient que de la surface qui correspond au siége de la douleur est la suivante. Si le pus provenait de toute la surface de l'urètre et des glandes qui sont dans le voisinage de la vessie, il se manifesterait certainement plusieurs autres symptômes que ceux qui s'observent communément. Par exemple, si les parties qui sont situées au delà du bulbe, ou même dans le bulbe, étaient affectées de manière à sécréter du pus, ce pus serait graduellement poussé dans le bulbe comme la semence, et il serait chassé par jets de la cavité de ce dernier; car on sait qu'aucune substance ne peut être introduite dans la partie bulbeuse de l'urètre sans la stimuler à agir, c'est-à-dire, à se contracter, surtout quand elle est dans un état d'irritation et d'inflammation. Dans un tel état, en effet, nous voyons qu'il ne peut pas même y rester une goutte d'urine; de même, si l'on injecte seulement de l'eau chaude dans l'urètre jusqu'au bulbe, les muscles accélérateurs (bulbo-caverneux) sont dans un état de malaise jusqu'à ce qu'ils puissent agir et la rejeter. De là, il est naturel de supposer que si les portions membraneuse et bulbeuse de l'urètre, ainsi que les vésicules séminales, la prostate et les glandes de Cowper, concouraient à la formation du pus, ce liquide serait immédiatement chassé par les muscles qui viennent d'être nommés, toutes les fois qu'il se rassemblerait dans le bulbe, et que le malade sentirait cette éjaculation à chaque instant. Or, ce symptôme s'observe très-rarement. Quelquefois, il est vrai, ces muscles sont le siége d'une contraction spasmodique qui peut sans doute provenir de cette cause; mais c'est surtout immédiatement après la sortie de l'urine que cette contraction survient (**).

(*) Ces poches ne sont certainement point des réservoirs de la semence. Ce qui m'a porté d'abord à soupçonner que telle n'est point leur fonction, c'est la différence qui existe entre le liquide qu'elles contiennent et le sperme. Ensuite, de nombreuses expériences sur le corps humain et la comparaison de ces organes chez l'homme avec les mêmes parties chez d'autres animaux m'ont mis à même de prouver ce que j'avais d'abord soupçonné.
J. HUNTER.

(**) Le siége de la douleur, pris d'une manière absolue, comme indiquant le siége unique de la maladie dans la blennorrhagie urétrale, pourrait souvent tromper. Tous les points de l'urètre ne sont pas également sensibles. On sait les différences qui existent à cet égard au gland et à la fosse naviculaire, par rapport au reste de l'étendue du canal. Ces différences s'observent, non-seulement dans les effets directs, mais encore dans les sensations sympathiques; ce qui a fait dire à M. Jourdan que la fosse naviculaire est le rendez-vous des sympathies urétrales. Cependant, lorsque la maladie a gagné en étendue et en profondeur, les douleurs ordinairement senties dans toutes les parties malades pendant l'émission de l'urine, sont encore augmentées dans la plupart des cas par des pressions extérieures ou l'application directe de corps étrangers, tels qu'une sonde; etc.

Quant à la suppuration, il est bien certain que son abondance est de nécessité en rapport avec le plus ou moins d'intensité de l'inflammation, et surtout avec l'étendue des parties malades; et que si des régions voisines, non encore affectées, peuvent fournir du mucus pur qui vient s'y mélanger, elles ne doivent donner de la matière purulente que dans les cas où la maladie les a gagnées.

Quand l'inflammation est intense, il arrive souvent que quelque vaisseau de l'urètre se déchire, et il en résulte un écoulement de sang qui est plus abondant immédiatement après la sortie de l'urine. L'écoulement du sang a lieu cependant dans d'autres moments, et généralement il procure un soulagement temporaire. Quelquefois le sang sort en très-petite quantité, et ne fait que colorer le pus, ainsi que je l'ai fait remarquer en traitant de la couleur de l'écoulement gonorrhéique. Souvent les érections de la verge déterminent une distension telle des parties malades, qu'elles deviennent une cause d'extravasation sanguine. Cette extravasation augmente généralement la douleur qui est ressentie au moment du passage de l'urine, et alors le canal de l'urètre est ordinairement douloureux à la pression. Cependant, l'écoulement du sang diminue l'inflammation et procure souvent du soulagement (*).

§ VIII. *De la cordée.*

La cordée est tantôt inflammatoire, tantôt spasmodique. Je traiterai d'abord de la cordée inflammatoire.

Lorsque l'inflammation, ne se limitant point à la surface de l'urètre et à ses glandes, se propage plus profondément et affecte le tissu réticulaire, elle détermine dans ce tissu une extravasation de lymphe coagulable, comme cela a lieu dans tous les cas d'inflammation adhésive ; cette lymphe faisant adhérer ensemble les cellules de ce tissu, enlève au corps spongieux de l'urètre sa faculté d'expansion, et le rend incapable de suivre l'accroissement de volume des corps caverneux de la verge, d'où il résulte une incurvation de la verge pendant l'érection : c'est ce qu'on appelle une *cordée*. La

Il ne serait pas exact de supposer, avec Hunter, que dans beaucoup de circonstances la matière de la blennorrhagie ne vient pas des parties postérieures au bulbe, ou de cette région elle-même, parce que la sécrétion morbide ne serait pas immédiatement expulsée par une sorte d'éjaculation.

Il est facile de s'assurer, sur un grand nombre de malades, que la matière blennorrhagique est très-souvent fournie par les parties postérieures du canal et que, qu'elle vienne ordinairement s'accumuler en plus grande quantité dans l'évasement de la fosse naviculaire, surtout pendant la station droite, on peut encore la ramener du périnée, par des pressions exercées d'arrière en avant. Il arrive ici ce qui a lieu pour l'urine dans certains cas où le canal a, en quelque sorte, perdu de son ressort et dans lesquels, longtemps après l'émission, l'urine continue à filtrer, ou nécessite de la part des malades des pressions répétées dans toute l'étendue accessible de l'urètre.

Quant à son siége absolu, la blennorrhagie commence dans le point qui a été soumis à l'action de la cause, et peut s'étendre de proche en proche aux follicules, au tissu cellulaire et aux parties accessoires ou voisines par continuité ou contiguïté.

P. Ricord.

(*) Soit par suite de lésions mécaniques, comme le fait observer Hunter, soit par le fait de l'intensité de l'inflammation, les écoulements sont souvent teints de sang. On a imprimé, dans ces derniers temps, que la *couleur rouge* sanguinolente des écoulements indiquait qu'ils avaient été déterminés par la cohabitation avec une femme ayant ses règles. Je n'ai pas besoin de faire ressortir l'inexactitude de cette assertion.

P. Ricord.

courbure a son siége en général à la partie inférieure de la verge, et provient de ce que les parois des cellules du corps spongieux de l'urètre se sont agglutinées ensemble (*). Outre cet effet de l'inflammation, quand la cordée est violente, la membrane interne de l'urètre est soumise à une tension telle, qu'elle éprouve des déchirures ; d'où il résulte fréquemment une hémorragie urétrale abondante, qui souvent soulage le malade et même amène quelquefois la guérison. Comme la cordée est le résultat d'une intensité plus grande qu'à l'ordinaire de l'inflammation, elle peut persister et persiste en effet souvent après que l'infection est détruite ; elle n'est rien autre chose qu'un effet de l'inflammation adhésive.

La cordée spasmodique n'est qu'un phénomène nerveux ; du moins ne peut-elle être produite par la même cause que la cordée inflammatoire, si mes idées sur la maladie qui nous occupe sont exactes. En effet, la cordée spasmodique paraît et disparaît, mais non à des époques fixes. Tantôt elle ne se manifeste point du tout au moment de l'érection, tantôt elle se montre avec une grande violence ; souvent elle se reproduit à de courts intervalles (**).

§ IX. *De la manière dont l'inflammation envahit l'urètre.*

Le mode suivant lequel la maladie est communiquée au canal de l'urètre constitue une question qui n'a pas encore été résolue complétement. Je suppose que la cause de l'infection s'insinue du gland dans l'urètre, ou au moins de l'orifice, c'est-à-dire des lèvres de l'urètre à sa surface interne. En effet, il est impossible d'admettre, bien qu'on l'ait affirmé assez généralement, qu'une quantité quelconque du pus vénérien fourni par la femme pénètre dans le canal de l'urètre pendant le coït. Il est impossible, au moins, que ce pus s'introduise de cette manière jusqu'à la profondeur du siége ordinaire de la maladie ; et à plus forte raison qu'il puisse se mettre en contact avec les parties où la maladie se développe dans plusieurs cas, c'est-à-dire, avec toute l'étendue de la surface interne du canal. Le fait suivant constitue presque une preuve en faveur de mon opinion.

Un homme, dans la véracité duquel j'ai une entière confiance, étant en Allemagne et n'ayant vu aucune femme depuis plusieurs semaines, entra dans un cabinet d'aisances. En se levant de dessus le siége, il sentit au gland un petit tiraillement douloureux, et il aperçut un petit morceau de plâtre qui y adhérait. Il ne fit point alors attention à cette circonstance, et se borna à ôter ce qui s'était collé à sa verge ; mais, au bout de cinq ou six jours, il fut pris des symptômes d'une gonorrhée qui se montra assez intense.

La seule manière de se rendre compte de ce fait, c'est d'admettre que cet homme avait été précédé dans le cabinet d'aisances par une personne atteinte de gonorrhée qui avait laissé tomber du pus vénérien sur le siége,

(*) Cette phrase est supprimée dans l'édition de Home.
(**) Cet alinéa a été omis dans l'édition du D'r J. F. Palmer.   G. R.

et que l'extrémité de sa verge était restée en contact avec ce pus assez longtemps pour que celui-ci s'y fût desséché(*).

Quand la gonorrhée envahit l'urètre, elle s'étend rarement à plus d'un pouce et demi ou deux pouces de l'orifice externe du canal. Cette distance paraît être véritablement spécifique; c'est ce que j'appelle l'*extension spécifique* de l'inflammation (**).

La cause de la gonorrhée étant communément une inflammation, cette maladie s'accompagne de douleur et de suppuration. Dans cet état, les sensations du malade et les actions des parties ne sont point limitées au siége réel de la maladie. Par suite de la sympathie des parties voisines, il se produit des symptômes très-variés, dont plusieurs ne dépassent pas ce qui pourrait être l'effet d'un état d'irritabilité. On sent dans tout le bassin un malaise qui tient de la cuisson et de la douleur, et une sorte de lassitude; le scrotum, les testicules, le périnée et les hanches, deviennent le siége d'une sensibilité désagréable pour le malade, et les testicules ont souvent besoin d'être soutenus; ces derniers organes sont même tellement irritables, que la moindre violence ou le moindre exercice, qui dans tout autre temps n'aurait eu aucun effet fâcheux, en détermine le gonflement inflammatoire. Les glandes de l'aine s'affectent souvent par sympathie, et même se tuméfient un peu, mais elles ne suppurent point; tandis qu'elles suppurent, en général, quand elles s'enflamment par suite de l'absorption du pus. J'ai vu des cas où l'irritation s'était étendue si loin, que les cuisses, les fesses et les muscles abdominaux, étaient le siége d'une véritable douleur, de sorte que le malade était obligé de rester sans mouvements dans la position horizontale. La douleur était quelquefois très-aiguë, et les parties étaient très-sensibles au toucher; ces dernières se tuméfiaient même quelquefois, mais la tuméfaction n'était pas de nature inflammatoire, car, malgré l'état visible de pléthore, les tissus n'étaient point durs et tendus. J'ai connu un homme qui était pris immédiatement de douleurs rhumatismales générales toutes les fois qu'il avait une gonorrhée, ce qui lui est arrivé plusieurs fois. Dans de telles circonstances, le sang n'offre

----

(*) On pourrait se contenter de cette explication, si tous les écoulements blennorrhoïdes devaient de nécessité être la conséquence d'une contagion.

P. Ricord.

(**) Les maladies spécifiques, parmi lesquelles je range toutes celles qui naissent d'un *poison* morbide, ont entre autres propriétés celle d'avoir leur *distance* ou *extension spécifique*. Mais cette propriété ne peut avoir son effet que lorsque la constitution n'est point susceptible d'érysipèle, ni d'aucun autre mode d'action anormal; car lorsqu'il existe une disposition érysipélateuse, l'inflammation n'a point de limites déterminées.

J. Hunter.

Beaucoup de syphilographes ont voulu assigner un siége spécifique à la blennorrhagie, comme le fait encore Hunter. Il est bien certain que quelques régions plus exposées à l'action des causes, s'affectent aussi plus aisément que d'autres; mais on ne saurait, dans l'état actuel de la science, conclure de là que la maladie s'y arrête sans pouvoir s'étendre, et établir le diagnostic, comme on l'a fait souvent, d'après ce siége absolu.

P. Ricord.

point ordinairement l'aspect inflammatoire, de sorte qu'on peut admettre que la constitution n'est que peu affectée.

Quand la gonorrhée, abstraction faite des symptômes sympathiques, n'est pas plus violente que dans la description que je viens d'en donner, on peut l'appeler une gonorrhée vénérienne ordinaire ou simple; mais si le malade a une grande susceptibilité pour cette espèce d'irritation, ou pour tout autre mode d'action qui puisse accompagner l'action syphilitique, les symptômes sont d'autant plus intenses que cette susceptibilité est plus forte. Alors, on observe quelquefois que l'irritation et l'inflammation dépassent la distance spécifique et s'étendent à toute la surface de l'urètre. Le périnée est aussi le siége d'une douleur très-vive, et il existe un symptôme pénible qui est fréquent, mais non constant, c'est une contraction spasmodique des muscles accélérateurs de l'urine, qui s'accompagne toujours de contractions des muscles érecteurs (ischio-caverneux). Je n'ai pas pu m'assurer si ces spasmes dépendent d'une sécrétion de pus, qui, se rassemblant dans la portion bulbeuse de l'urètre, y produit du malaise et y excite des contractions pour sa propre expulsion, comme il arrive pour les dernières gouttes d'urine. J'ai vu des spasmes semblables survenir pendant l'émission de l'urine, parce que ce liquide irritait cette partie dans son passage à travers l'urètre et déterminait des contractions dans les muscles accélérateurs, de sorte que l'urine sortait par jets. Tantôt l'inflammation est considérable, s'étend profondément dans le tissu cellulaire et produit de la tuméfaction et rien de plus (*); tantôt elle passe à la suppuration, et devient souvent une cause de fistule au périnée. Quelquefois, ainsi que je l'ai déjà fait remarquer, j'ai soupçonné que les glandes de Cowper étaient le siége de ces suppurations, car j'ai observé extérieurement des tumeurs circonscrites dans les points correspondant au siége de ces glandes. Les petites glandes de la portion bulbeuse de l'urètre peuvent également être affectées de la même manière, et l'irritation s'étend même souvent à la vessie (**).

Quand la vessie est affectée, elle devient susceptible de tous les degrés possibles d'irritation, et il en résulte souvent des symptômes très-pénibles. Ainsi, elle est privée de son extensibilité habituelle, et le malade, ne pouvant retenir ses urines aussi longtemps qu'à l'ordinaire, est obligé de satisfaire le besoin d'uriner aussitôt qu'il se fait sentir, ce qui s'accompagne d'une douleur très-vive dans la vessie, et surtout au niveau du gland,

(*) Dans l'édition de Home on lit en cet endroit : « On éprouve souvent, après avoir uriné, de la douleur dans le même point du canal de l'urètre où l'on en ressent habituellement en urinant; je pense que cette douleur est l'effet de la contraction de la membrane interne, qui dure quelque temps après que l'action a cessé. »

(**) Dans l'édition de Home les mots suivants sont ajoutés : « Cela arrive plus communément vers la fin de la gonorrhée qu'à toute autre époque. » Il est très-rare en effet que la vessie s'affecte dès le début de la blennorrhagie. Sans être dans tous les cas un phénomène de terminaison, cette irritation, à des degrés variés, arrive bien plus souvent après un certain temps de durée de la maladie.

P. Ricord.

exactement comme dans les cas de calculs vésicaux. Si la vessie n'est pas vidée promptement, la douleur devient presque intolérable; et même, après que l'urine a été évacuée, il reste pendant quelque temps une douleur considérable dans la vessie et au gland, parce que la contraction de la tunique musculaire de la vessie devient elle-même une cause de souffrance.

Les uretères et même les reins entrent quelquefois en sympathie, quand la vessie est très-enflammée ou en proie à une irritation considérable; mais cette complication est rare. J'ai aussi des raisons pour croire que l'irritation peut se communiquer au péritoine par l'intermédiaire du canal déférent. Cette opinion est confirmée, jusqu'à un certain point, par le cas suivant: un homme contracta une gonorrhée qui fut traitée par la méthode antiphlogistique; l'écoulement était en partie dissipé, lorsqu'il se manifesta une tension à la partie inférieure du ventre, du côté droit, immédiatement au-dessus du ligament de Poupart, un peu plus près de l'os des iles que de pubis. Le palper y faisait reconnaître une induration et déterminait une sensation douloureuse; cette douleur s'étendit à tout l'abdomen; des frissons eurent lieu tous les trois jours; le pouls était déprimé. Je reconnus à ces symptômes une inflammation péritonéale, qui, suivant moi, provenait de ce que le canal déférent du côté droit était affecté dans son trajet à travers l'abdomen et le bassin.

Quand l'inflammation, ou même seulement l'irritation, se propage à toute la surface de l'urètre, à la vessie, et jusqu'aux uretères et aux reins, de manière à déterminer une sensation pénible dans toutes ces parties, la maladie est en général très-violente, et je soupçonne qu'alors elle a quelque chose de la nature érysipélateuse; elle décèle au moins une constitution irritable et dont les sympathies s'éveillent facilement.

La maladie qui nous occupe donne naissance quelquefois à des symptômes extraordinaires. Un homme contracta une gonorrhée; lorsque les symptômes inflammatoires étaient sur leur déclin, l'urètre perdit la faculté involontaire aussi bien que la faculté volontaire de retenir l'urine. Ce liquide s'écoulait involontairement, sans que le malade pût l'arrêter. Je conseillai à celui-ci de ne rien faire, et d'attendre quelque temps, parce que les moyens de traitement auraient été probablement plus pénibles que la maladie elle-même, bien qu'elle lui fût fort désagréable, surtout dans le monde. L'incontinence d'urine diminua peu à peu, et se dissipa enfin entièrement.

§ X. *De l'engorgement des testicules.*

Un symptôme qui s'observe très-fréquemment dans la gonorrhée, c'est la tuméfaction des testicules. Je pense que cette tuméfaction, de même que l'affection morbide de la vessie et plusieurs des symptômes qui viennent d'être mentionnés, est purement sympathique et ne doit point être considérée comme étant de nature vénérienne, car les mêmes symptômes succèdent à toute espèce d'irritation ayant son siége dans l'urètre, soit qu'elle ait pour cause des rétrécissements de ce canal, soit qu'elle ait été produite par des injections ou par la présence des bougies. Il est à remarquer d'ailleurs que ces phénomènes morbides ne présentent point de ressemblance avec ceux qui sont l'effet de l'application du véritable pus vénérien, soit par suite de son absorption, soit de toute autre manière, car ils ne donnent que rarement ou même jamais naissance à la suppuration, et quand ils produisent du pus, ce pus n'est point vénérien.

Dans beaucoup de cas, les testicules semblent, en quelque sorte, agir pour l'urètre plutôt que pour leur propre compte. Cette remarque peut s'appliquer à toutes les affections sympathiques. Ainsi, l'engorgement et l'inflammation apparaissent subitement et disparaissent de même, ou bien passent en quelques minutes d'un testicule à l'autre, l'affection dépendant de l'état de l'urètre et non de la partie affectée elle-même. Toutefois, une partie du testicule, l'épididyme, revêt tous les caractères de l'inflammation, et reste même tuméfiée longtemps après que l'inflammation s'est dissipée.

Le premier signe de l'engorgement du testicule est ordinairement une sorte d'empâtement mou et pulpeux du corps de cet organe, qui est sensible au toucher; cet empâtement se change en un gonflement avec induration, accompagné d'une douleur considérable. La partie la plus dure est généralement l'épididyme, et principalement la portion de cet organe qui correspond à l'extrémité inférieure du testicule, ainsi qu'on peut le sentir distinctement. Cependant, il arrive souvent que l'induration et le gonflement s'étendent à toute la longueur de l'épididyme et produisent une nodosité à sa partie supérieure. Le cordon spermatique est aussi affecté souvent; cela a lieu surtout pour le canal déférent qui s'épaissit et devient douloureux au toucher. Les veines du testicule deviennent quelquefois variqueuses. J'ai vu cet état des veines coïncider avec l'engorgement du testicule dans deux cas. Les inflammations du testicule, de quelque espèce qu'elles soient, s'accompagnent généralement d'une douleur dans les lombes, et d'une sensation de faiblesse dans cette région et dans le bassin. Les intestins sympathisent ordinairement avec la plupart des maladies du testicule; cette sympathie se manifeste tantôt par des coliques, tantôt par une sensation anormale qui a son siége dans l'estomac et dans les intestins. Les nausées et même le vomissement constituent un symptôme fréquent. Par là, les forces digestives sont altérées, et il se forme des accumulations de gaz, qui sont souvent très-pénibles. Voilà donc, par les testicules, une longue chaîne de sympathies, comme lorsque l'irritation se propage dans toute l'étendue des voies urinaires : d'abord, le testicule est affecté par sympathie avec l'urètre malade; ensuite ce sont le cordon spermatique, les lombes, l'intestin, l'estomac; puis tout le corps, en quelque sorte, par l'intermédiaire de ces parties.

J'ai vu les fesses se tuméfier dans un cas de gonflement du testicule, mais la tuméfaction n'était pas de nature inflammatoire; lorsque le malade urinait il ressentait de la douleur dans cette région. Il n'est pas facile de déterminer si ce symptôme dépendait du gonflement du testicule, ou de la même cause commune, c'est-à-dire de la gonorrhée, mais cette dernière supposition est la plus probable.

On a avancé, mais sans preuve, que dans les cas de gonflement du testicule par suite de gonorrhée, c'est l'épididyme et non le testicule qui se tuméfie. La vérité est que l'un et l'autre participent au gonflement. Tout homme habitué à distinguer la tuméfaction de tout le testicule de celle de l'épididyme seul, doit reconnaître immédiatement que dans la hernie humorale la totalité du testicule est tuméfiée. Le testicule revêt la même forme que nous lui voyons prendre sous l'influence d'autres causes, dans les cas où, étant obligés d'en faire l'extirpation, nous pouvons constater qu'il est tuméfié dans sa totalité. La douleur se fait ressentir dans tous les points du testicule. J'ai vu les tumeurs de cette espèce suppurer à leur partie antérieure, et, dans plusieurs cas, des adhérences s'établir entre la tunique albuginée et la tunique vaginale; cette dernière circonstance n'a pu être constatée qu'après la mort, ou dans l'opération pour la cure d'une hydrocèle partielle. Or, ces phénomènes morbides n'auraient pu avoir lieu si le corps du testicule n'avait pas été dans un état d'inflammation. Cette inflammation du testicule naît probablement de sa sympathie avec l'urètre, et dans plusieurs cas elle paraît provenir de ce qu'on appelle le transport de l'irritation de l'urètre au testicule. Ainsi, la tuméfaction du testicule fait cesser la douleur que le malade éprouvait en urinant, et suspend l'écoulement, qui ne reparaît que lorsque le gonflement du testicule commence à se dissiper; ou bien la cessation de l'irritation de l'urètre détermine le gonflement du testicule, qui persiste jusqu'à ce que la douleur urétrale et l'écoulement se reproduisent; de sorte qu'il est très-difficile de décider quelle est la cause, quel est l'effet. J'ai néanmoins observé des cas où le testicule s'est engorgé, et où cependant l'écoulement est devenu plus intense; j'en ai même vu où le testicule s'étant tuméfié après que l'écoulement avait cessé, celui-ci s'est reproduit avec violence, et a duré aussi longtemps que le gonflement testiculaire. Quelquefois l'épididyme s'affecte seul, quelquefois c'est le canal déférent, d'autres fois c'est le cordon spermatique, dont les veines deviennent variqueuses. On ne voit aucune raison pour que l'une de ces parties s'affecte plutôt que l'autre, et il faut l'avouer, la cause immédiate de l'affection morbide nous est inconnue dans tous les cas. Car bien que l'action morbide qui s'accomplit dans l'urètre doive être considérée comme cause éloignée, il est impossible de dire si c'est la cessation de cette action qui est la cause de la tuméfaction du testicule, ou si c'est la tuméfaction du testicule qui est la cause de la suspension de l'action morbide de l'urètre. On a considéré l'inflammation du testicule comme provenant d'une irritation qui prend naissance à l'orifice des vaisseaux déférents. Mais s'il en était ainsi, cette inflammation se développerait en général dans les deux testicules en même temps. D'ailleurs j'ai vu ce phénomène morbide arriver aussi souvent lorsque l'inflammation de l'urètre ne s'étendait qu'à un pouce et demi ou deux pouces de son orifice externe, que lorsqu'elle occupait une plus grande étendue du canal; et le passage subit du gonflement d'un testicule à l'autre démontre que cette affection est liée à un autre principe de l'économie animale.

La hernie humorale s'accompagne souvent de strangurie, symptôme qui se manifeste plus fréquemment lorsque l'écoulement se supprime, que lorsqu'il marche en même temps que le gonflement testiculaire. En général, toute suppression subite de l'écoulement fait naître une disposition à la strangurie (*).

Une circonstance très-digne de remarque, c'est que le gonflement du testicule ne survient pas toujours au moment où l'inflammation de l'urètre est à son plus haut point. Je pense, au contraire, qu'il se manifeste plus souvent lorsque l'irritation urétrale est à son déclin; il arrive même quelquefois après que cette irritation a entièrement disparu, et lorsque le malade se sent tout à fait bien.

Je ferai observer ici que la coïncidence du gonflement des testicules avec une irritation vénérienne de l'urètre qui en est le point de départ, a fait naître la pensée que tout gonflement de ces organes est de nature syphilitique. Mais d'après ce que j'ai dit de la nature de ce gonflement quand il est lié à une affection vénérienne, c'est-à-dire, qu'il n'est rien autre chose qu'un phénomène sympathique, et d'après mon expérience personnelle qui ne m'a jamais offert un testicule atteint d'une maladie vénérienne soit locale, soit constitutionnelle, on doit conclure qu'une telle opinion est toujours mal fondée. Cette assertion trouvera peut-être peu de partisans (**).

J'ai vu la goutte produire un gonflement inflammatoire du testicule, qui par conséquent était semblable au gonflement sympathique d'une affection vénérienne, et qui offrait plusieurs de ses caractères. Les lésions traumatiques des testicules y déterminent de la tuméfaction; mais cette espèce de tuméfaction diffère de celles qui viennent d'être citées, en ce qu'elle est plus permanente, et que la maladie, ou sa cause, réside dans la partie même. Le cancer et les scrofules produisent des gonflements des testicules; mais ces gonflements sont généralement très-lents dans leurs progrès, et ne ressemblent en rien à ceux qui dépendent d'une irritation du canal de l'urètre (***).

(*) La phrase suivante se trouve ici dans l'édition de Home : « Quand le testicule est tuméfié, le sperme sort mêlé avec du sang; ce sang peut être extravasé dans l'acte même de la sécrétion, ou provenir des vaisseaux sanguins de l'urètre au moment de l'éjaculation. »

(**) Cette assertion, en effet, est contredite par l'expérience. Il y a une affection du testicule qui se montre si souvent liée aux symptômes de la syphilis qu'on ne peut s'empêcher de la considérer comme un des effets constitutionnels du virus syphilitique. Elle sera décrite plus loin à l'occasion des symptômes secondaires ou constitutionnels de la maladie vénérienne.　　　　　　　　　　G. G. B.

(***) L'importance que l'Académie de médecine a donnée à la question des affections des testicules à la suite de la blennorrhagie, et les discussions qui ont suivi le mémoire que j'ai lu à ce sujet à cette société savante, m'engagent à formuler ici, d'une manière précise, ce que l'expérience de tous les jours peut apprendre aux observateurs sans préjugés.

Il est rare que ce soit avant les premiers quinze jours de durée d'une blennorrhagie urétrale, que la maladie gagne les organes contenus dans les bourses.

§ XI. *Du gonflement sympathique des glandes.*

Maintenant que nous savons comment les diverses substances pénètrent dans la circulation, et qu'il a été démontré que plusieurs substances

La balanite et, à plus forte raison, les autres écoulements étrangers au canal n'ont aucune influence sur cette affection. C'est le plus ordinairement à partir de la troisième, quatrième, cinquième, sixième semaine, ou plus, de la durée d'un écoulement, qu'elle se produit. Quand elle arrive plus tard, on trouve ordinairement que l'écoulement ancien qui l'avait précédée, avait été récemment avivé.

C'est presque toujours lorsque l'écoulement a gagné les parties postérieures de l'urètre, que la maladie a lieu.

Les relevés que j'ai fait faire établissent, contradictoirement aux idées généralement professées par ceux qui regardent la maladie comme un fait de répercussion, qu'elle est incontestablement plus fréquente chez les malades qui ne sont soumis à aucun traitement.

Les fatigues, la constipation, la continence, les rapports sexuels intempestifs, les violences extérieures, et surtout le défaut d'usage d'un bon suspensoir, y prédisposent plus que l'usage des injections, accusées souvent à tort, à moins qu'elles n'aient été faites par trop irritantes et contre toutes les règles de l'art. Les variations brusques de la température, surtout le passage de la chaleur au froid, ont beaucoup d'influence et produisent quelquefois de véritables épidémies dans ce genre d'affections.

Le côté gauche est le plus souvent malade. Cette différence de fréquence entre les deux côtés est précisément en rapport avec la position que les malades donnent à leur scrotum, relativement à la couture du pantalon : ceux qui portent à gauche, et ce sont les plus nombreux, sont affectés du côté gauche, et *vice versâ* : de telle façon que c'est l'organe qui n'est pas soutenu par le pantalon qui devient plus aisément malade. Les exceptions à cette règle sont rares et s'expliquent par l'action des autres causes prédisposantes qui peuvent quelquefois prévaloir.

La maladie se propage de l'urètre aux organes sécréteurs du sperme de deux manières bien distinctes : ou bien par sympathie et sans altération de tissu appréciable entre l'urètre et la partie du testicule affectée, ou bien encore, de proche en proche par propagation de l'inflammation, avec engorgement des tissus que celle-ci parcourt.

Il n'y a pas d'affection blennorrhagique des organes contenus dans les bourses sans engorgement de l'épididyme. L'épididyme est la première partie où la maladie se manifeste, c'est aussi la dernière qui se guérit ou celle qui peut rester définitivement engorgée. Dans les cas d'inflammation par propagation directe, le canal déférent peut bien être pris en même temps, mais jamais seul.

Cette régularité dans le début de la maladie, qui reste très-souvent limitée pendant toute sa durée à l'épididyme, et qui, dans tous les cas, se termine encore par lui, doit la faire désigner, si l'on veut être correct, sous le nom d'*épididymite blennorrhagique*.

Il est plus commun de voir un seul côté affecté, que les deux l'un après l'autre ou à la fois. Lorsque la maladie passe brusquement d'un côté à l'autre, ce que je désigne sous le nom d'*épididymite à bascule*, on a ordinairement affaire à une affection sympathique; aussi il n'est pas rare, quand l'épididyme de l'autre côté se prend, de voir souvent et d'une manière brusque revenir le premier à l'état normal. Dans l'épididymite double d'emblée, on trouve presque toujours les cordons engorgés.

Dans son état de plus grande simplicité, la maladie se borne, comme je l'ai dit, aux épididymes ou aux canaux déférents en même temps; mais pour peu qu'elle s'étende intense, que la constitution s'y prête et que les causes accessoires agissent, elle s'étend

principalement les *poisons*, par leur présence dans le torrent circulatoire, excitent de l'inflammation et du gonflement dans les ganglions lympha-ou se complique. L'épiphénomène le plus commun est, sans contredit, l'épanchement dans la tunique vaginale, ou l'hydrocèle. Cet épanchement, que M. Rochoux, au savoir duquel j'aime à rendre justice, avait cru être la maladie principale, est tantôt un simple exhalation de sérosité citrine, transparente, comme dans les hydro-pisies passives ou par gêne de la circulation; tantôt au contraire, et ce sont les cas les plus rares, il est la conséquence d'une véritable inflammation de la séreuse du testicule, et présente alors toutes les nuances de pus, de fausses membranes, de mé-langes de sang, qui se rencontrent dans les autres inflammations des séreuses en général. Ces différences, qu'on peut déjà établir par le plus ou moins de transparence du liquide épanché, sont mises hors de doute dans les cas où on l'évacue par une ponction.

L'épanchement dans la tunique vaginale arrive le plus ordinairement d'une manière brusque, et s'en va souvent de même. Cependant il se produit quelquefois d'une ma-nière lente, pour persister tant que dure l'engorgement de l'épididyme, et constitue alors une des variétés de l'hydrocèle chronique.

Après l'épiphénomène dont il vient d'être question, la complication la plus com-mune est l'engorgement du tissu cellulaire sous-scrotal et celui du cordon. Alors la peau cesse d'être mobile sur les parties sous-jacentes, le canal déférent se perd dans un cordon solide, dont tous les éléments sont confondus, et qui devient parfois assez volumineux pour subir un étranglement de la part des parties qu'il traverse. Ces engorgements, qui dans quelques circonstances ne sont qu'œdémateux, deviennent aussi franchement inflammatoires, et peuvent se terminer par la suppuration et des abcès. Enfin la peau peut à son tour participer à la maladie par l'œdème ou l'état érysipélateux.

Le corps du testicule lui-même est très-certainement une des parties les moins sou-vent envahies. Et cependant on a cru, et quelques personnes croient encore, que c'est le siége principal de l'affection, ainsi que l'indique le nom d'orchite ou de testicule vénérien, que beaucoup de pathologistes conservent à la maladie. On peut, dans le plus grand nombre des cas, s'assurer du contraire et de l'exactitude de mon opinion, en examinant avec minutie la maladie à ses différentes phases.

D'abord, on ne sent qu'un point engorgé, plus ou moins étendu et douloureux, placé en bas et en arrière du corps du testicule, et bien facile à distinguer. Lorsque la maladie fait les progrès que nous avons signalés plus haut, on ne tarde pas à reconnaître, quand il y a épanchement, une fluctuation plus ou moins prononcée, due au liquide contenu dans la tunique vaginale et placé, dans la grande majorité des cas, à la partie antérieure du scrotum du côté malade, où l'on trouve fréquemment, comme je l'ai indiqué, une transparence dans une partie de la tumeur, et qui ne laisse plus de doute sur sa nature. Les signes fournis par le liquide épanché ne sauraient être con-fondus avec les caractères qui appartiennent au testicule à l'état normal ou à l'état d'in-flammation, que dans les circonstances où la distension trop considérable de la tunique vaginale, empêchant le déplacement de ce liquide et son ballottement facile par la percussion, transforme momentanément la fluctuation en véritable sensation de réni-tence que présente le testicule sain. Mais alors une pression superficielle de cette partie de la tumeur détermine une douleur complétement différente de celle que fait sentir le testicule du côté opposé, examiné comparativement. Du reste, la tumeur du côté malade est divisée, dans ces cas, en deux moitiés : l'une dure, placée en arrière; l'autre, fluctuante ou rénitente et occupant la partie antérieure. En comparant encore le côté malade au côté resté sain, on trouve que la moitié la plus molle de la face anté-

tiques, il est naturel de supposer que lorsque de pareilles tuméfactions
manifestent sous l'influence d'une maladie de l'urètre dont un é[...]

rieure est, ou du même volume que le testicule opposé, ou d'une grosseur plus con[...]
dérable. Dans ce dernier cas, qui tient à la présence de l'épanchement, si on é[...]
celui-ci par une ponction, on ne tarde pas à retrouver, enchâssé dans l'épididyme, [...]
corps du testicule, dont la forme, la position et la consistance sont tout à l[...]
analogues aux mêmes conditions de l'organe du côté opposé resté sain. Du res[...]
en faisant la ponction dans les cas d'épididymites compliquées d'hydrocèle, on p[...]
s'assurer que, si une grande partie de la tumeur peut être due à cet épanchem[...]
le reste, et cela dans des proportions considérables, tient uniquement à l'épidid[...]
et au tissu cellulaire ambiant. Toutes les fois que le testicule se prend d'inf[...]
mation et que le gonflement en est la conséquence, les douleurs deviennent inte[...]
rables par l'étranglement que fait subir la tunique albuginée. Mais le signe pathog[...]
monique constant, qu'on peut vérifier sur le vivant et sur le cadavre, c'est l'indurat[...]
rapide, générale ou partielle, qui fait de suite perdre à l'organe cette consistan[...]
élastique que j'appellerais presque *sui generis*. Dans ces circonstances, les plus rares [...]
toutes, si on a évacué un épanchement coexistant, on ne trouve plus qu'une mas[...]
dure où tous les éléments restent plus ou moins confondus.

Les auteurs ne sont pas d'accord sur ce qui se passe relativement à l'écoulement [...]
n'est jamais, règle générale, à la suite de la suppression brusque de celui-ci que l'é[...]
didymite se déclare. S'il est vrai qu'on ne voie pas cette dernière se développer plus [...]
pendant la période très-aiguë et très-abondante des écoulements, ce n'est ordinair[...]
ment qu'après son arrivée et un certain accroissement que ceux-ci commencent [...]
diminuer, mais rarement à se tarir complétement, à moins que l'épididymite n'ait l[...]
à l'époque où la blennorrhagie était tout à fait sur son déclin. La constance et la p[...]
sistance de l'écoulement pendant la durée de l'épididymite blennorrhagique const[...]
même un signe diagnostique important. Dans le passage de l'inflammation de l'urè[...]
tre à l'épididyme, il y a plutôt des phénomènes réciproques de révulsion que d[...]
métastase.

Quoi qu'il en soit, la sécrétion du sperme est ou activée ou ralentie et supprim[...]
les désirs vénériens exaltés ou éteints. Le sperme chassé dans des pollutions noctur[...]
ou évacué dans les rapports sexuels, conserve le plus ordinairement ses caract[...]
normaux. Cependant je l'ai vu, dans quelques cas rares, combiné avec du pus qu'il [...]
semblait pas provenir d'un mélange opéré dans l'urètre; dans d'autres cas, il était [...]
compagné de sang, se présentant surtout à l'état de combinaison intime, alors q[...]
par exception, le corps du testicule était affecté.

Maladie locale, et le plus ordinairement à marche aiguë, l'épididymite peut créer [...]
une réaction générale fébrile, des symptômes analogues à ceux des étranglements [...]
ninaires et des douleurs sympathiques des régions lombaires : le hoquet, les vomi[...]
ments, les difficultés de défécation, de l'émission de l'urine, et, dans quelques [...]
rares, la péritonite.

La résolution est la terminaison la plus ordinaire; elle se fait, dans les cas les [...]
compliqués, des parties superficielles aux plus profondes : le tissu cellulaire sous-[...]
se dégorge, la sérosité de la tunique vaginale disparaît, l'induration du cordon [...]
et quand le corps du testicule a été pris, il peut s'atrophier, tandis que l'épidid[...]
reste induré ou se résout le dernier.

Quand la suppuration survient, elle a plus souvent lieu dans le tissu cellulaire [...]
cutané, puis aux environs de l'épididyme, et enfin dans le corps même du testic[...]
Dès que le pus est réuni en foyer, si le scrotum n'était pas déjà adhérent dan[...]
point, il ne tarde pas à le devenir; un cercle induré circonscrit le *foyer* au cen[...]

symptômes est un écoulement de pus, elles sont dues à l'absorption de ce pus, et que par conséquent si l'écoulement est de nature vénérienne, elles doivent être également de nature vénérienne. Mais il ne faut pas trop se hâter de tirer une telle conclusion, car on sait que les ganglions lymphatiques se tuméfient quelquefois sous l'influence d'une irritation qui a son siége à l'origine des vaisseaux lymphatiques, dans des cas où aucune absorption ne peut avoir lieu. Il arrive souvent qu'ils se tuméfient et qu'ils deviennent douloureux au début de l'inflammation, avant qu'aucune suppuration se soit formée, et se résolvent au moment où la suppuration commence, parce qu'alors l'inflammation cède. J'ai vu, à la suite d'une piqûre du doigt avec une aiguille à coudre très-propre, survenir une raie rouge dans toute la longueur de l'avant-bras, une douleur le long du bord interne du muscle biceps, une tuméfaction du ganglion lymphatique qui est situé au-dessus du condyle interne de l'humérus, ainsi que des glandes de l'aisselle, suivies immédiatement de nausées et de frissons; tous ces symptômes, cependant, se dissipèrent promptement. Ainsi donc, le sys-

duquel la fluctuation se dessine et que couvre une peau plus lisse et d'une teinte plus foncée que celle des parties voisines. Le cercle induré nettement dessiné, la différence de teinte de la peau, et la fluctuation centrale, sont des signes qui empêchent de confondre l'abcès avec le testicule qu'on distingue souvent dans le voisinage, ou avec l'œdème, les engorgements diffus, et surtout les simples épanchements de la tunique vaginale.

Dans les cas simples, le pronostic de l'épididymite blennorrhagique n'est pas grave, car la terminaison est presque toujours prompte et heureuse, et cela surtout dans l'épididymite sympathique. L'épididymite blennorrhagique n'est point une affection virulente, et sa présence, à la suite d'une blennorrhagie, n'indique en aucune façon qu'on ait à redouter les accidents de la syphilis. Quand la suppuration a lieu, le pus n'est pas susceptible de s'inoculer.

La gravité de cette maladie n'est qu'en raison de ses complications. Ainsi, chez les scrofuleux, elle peut être la cause adjuvante du développement ou de l'évolution du sarcocèle tuberculeux, pris à tort, en Allemagne, pour une conséquence spéciale de la blennorrhagie réputée virulente; dans la diathèse cancéreuse, elle peut être suivie du cancer du testicule, et chez les malades déjà affectés de syphilis constitutionnelle, devenir l'occasion du sarcocèle syphilitique proprement dit.

Quoi qu'il en soit, l'anatomie pathologique a confirmé tout ce que l'observation bien faite avait fait prévoir au lit des malades. Dans les cas simples, comme je l'ai montré à l'Académie royale de médecine, l'épididyme est seul affecté. Sur un sujet, les altérations de tissu (engorgement, injection sanguine, induration, suppuration de surface) s'étendaient de l'épididyme à la vésicule séminale, et de là au canal éjaculateur. J'ai trouvé la tunique vaginale avec ou sans liquide, présentant du pus ou de fausses membranes. Quand le testicule a offert des altérations, on voyait qu'elles avaient commencé du côté de l'épididyme, et qu'elles consistaient, dans les cas simples, en un épanchement de lymphe plastique, ainsi que l'a si bien signalé Astley Cooper, avec compression ou annihilation plus ou moins complète des vaisseaux séminifères, mais, dans tous les cas, avec perte absolue de la rénitence ou élasticité normale de l'organe. Des faits d'anatomie pathologique, analogues à ceux que j'ai recueillis, ont été présentés récemment, avec des explications systématiques différentes, par MM. Gosselin, Rochoux, Velpeau, etc.

P. RICORD.

II.

15

tème absorbant pouvant être affecté aussi bien par l'irritation que par l'absorption du pus, on doit, dans tous les cas de maladies de ce système qui dépendent d'une lésion locale accompagnée de suppuration, avoir toujours en vue ces deux causes, et s'efforcer de distinguer, s'il est possible, de laquelle des deux dérive la maladie actuelle. En effet, dans les affections du système lymphatique qui dépendent de l'irritation d'une surface par l'action d'un *poison*, et principalement du *poison* vénérien, il est très-important de savoir quelle est celle de ces deux causes qui a agi, puisqu'il arrive quelquefois, quoique rarement, que les glandes de l'aine sont affectées dans la gonorrhée simple, de manière à présenter l'apparence d'un bubon commençant; mais je considère cette affection des glandes comme analogue au gonflement du testicule, c'est-à-dire, comme étant purement sympathique. La douleur que produisent ces engorgements glandulaires est très-peu intense en comparaison de celle qui est perçue dans les tumeurs véritablement vénériennes causées par l'absorption du pus, et ils suppurent très-rarement. Mais les glandes lymphatiques peuvent s'engorger par suite de l'absorption du pus, dans le cours de la gonorrhée, et par conséquent l'engorgement est alors réellement syphilitique; ainsi, un tel cas étant possible, il faut toujours en soupçonner l'existence. Le gonflement des glandes de l'aine coïncidant quelquefois, de même que celui des testicules, avec la cessation de l'irritation du canal de l'urètre, on a supposé que dans ces cas le pus était *repoussé*, en quelque sorte, dans ces glandes par un traitement mal dirigé. Nous savons, d'après les notions que nous possédons sur le système absorbant, que le pus peut suivre une telle voie, mais nous savons aussi qu'il n'existe aucun moyen connu de l'y *pousser;* et en supposant même que la chose nous fût possible, on ne voit pas pourquoi il cesserait alors de se former du pus dans l'urètre. Cette hypothèse ne rend donc point compte de la cessation de la sécrétion du pus dans ce canal.

Il est difficile de dire quelle est la nature de ces affections sympathiques. Elles ne sont point vénériennes, puisqu'elles se dissipent sous l'influence du traitement ordinaire de l'inflammation, sans qu'on ait recours au mercure : j'ai vu, en effet, un cas où un gonflement testiculaire chez un malade atteint de gonorrhée vénérienne se termina par suppuration; d'après mes conseils, cette affection fut traitée comme une suppuration ordinaire, et la guérison s'en effectua sans qu'on eût administré un seul grain de mercure. On ne peut pas non plus les considérer comme véritablement inflammatoires, car elles présentent rarement les vrais caractères de l'inflammation, tels que l'épaississement des tissus, la fièvre symptomatique, l'état couenneux du sang, etc. Le gonflement du testicule présente plusieurs phénomènes qui lui sont propres : il est souvent très-rapide dans son accroissement, et comme il n'est pas lié à une disposition véritablement inflammatoire, l'inflammation n'a pas besoin d'autant de temps qu'à l'ordinaire pour se dissiper; et lors même qu'il paraît plus lié à une véritable action inflammatoire, on remarque encore que la résolution de l'inflammation et du gonflement s'opère plus rapidement que quand ils dérivent d'une autre cause. La résolution d'un testicule tuméfié consécutivement au traitement pour la cure radicale de l'hydrocèle exige plus de semaines, après que l'inflammation a cédé, qu'il ne faut de jours pour celle du gonflement sympathique de cet organe. Il est probable que c'est parce que l'affection est sympathique que la résolution en est si rapide, car une inflammation qui a pour cause une maladie idiopathique de la partie enflammée, ou une lésion extérieure, comme dans l'hydrocèle, doit persister jusqu'à ce que la maladie soit dissipée, ou que la lésion soit guérie. L'inflammation sympathique varie comme sa cause, et celle-ci peut se développer très-rapidement; aussi voit-on souvent un testicule se tuméfier dans l'espace de quelques minutes, et revenir à son volume primitif en aussi peu de temps; de même le gonflement passe subitement d'un testicule à l'autre. Ces sympathies dépendent souvent de la constitution; elles peuvent même dépendre d'une constitution temporaire, au point qu'elles se montrent quelquefois épidémiquement; l'atmosphère exerce souvent, en effet, sur le corps une influence qui le prédispose à cette espèce d'irritation, et alors, pour peu que la cause immédiate agisse, l'effet ne peut manquer d'être produit (*).

§ XII. *Des maladies des vaisseaux lymphatiques dans la gonorrhée.*

Un autre symptôme que l'on observe quelquefois dans la gonorrhée

(*) Sans entrer ici dans tous les détails relatifs aux bubons en général, et sur lesquels nous reviendrons plus tard, qu'il me soit permis de signaler ce que l'expérience et l'expérimentation m'ont appris.

Relativement à la fréquence de la blennorrhagie, le bubon qui peut l'accompagner est très-rare.

Il se développe le plus souvent au début et pendant la période aiguë des écoulements.

À moins qu'il n'arrive chez des personnes autrement disposées aux engorgements glandulaires, par le fait d'un tempérament lymphatique ou des scrofules, il a peu de tendance à suppurer, et sa résolution est ordinairement rapide.

Le plus ou moins d'inflammation et de douleur qui accompagnent le bubon que nous appellerions volontiers blennorrhagique, ne peut servir, comme semble le penser Hunter, à différencier le bubon d'absorption du bubon sympathique. L'acuité de l'inflammation et de la douleur, la durée, le mode de terminaison et les influences du traitement tiennent à des causes accessoires, individuelles, et en dehors de la blennorrhagie, qui n'est point ici une cause spécifique.

Le bubon qui accompagne la blennorrhagie n'est jamais syphilitique, comme le croit Hunter, à moins qu'il n'existe actuellement un chancre dont il soit la conséquence. Les engorgements glandulaires survenus pendant le cours d'une blennorrhagie, et qui se sont terminés par suppuration, n'ont jamais fourni un pus inoculable; aussi dans ces circonstances on n'a jamais observé d'accidents généraux consécutifs. Nous verrons plus tard que les bubons, suite de l'absorption du pus du chancre, ou ce qu'on appelle les bubons virulents, fournissent un pus qui peut toujours s'inoculer.

Dans les cas où on a eu un véritable bubon virulent, avec des symptômes de blennorrhagie pour antécédents, c'est qu'il y avait un chancre quelque part.

P. RICORD.

15.

consiste dans la présence d'un cordon dur qui, partant du prépuce, occupe la face postérieure de la verge et souvent se dirige vers l'une des deux régions inguinales, dont les glandes lymphatiques sont affectées. Le plus souvent le prépuce est tuméfié dans le point où ce cordon prend son origine. Ce symptôme existe quelquefois lorsque le prépuce ou le gland présente des excoriations, ou est le siége d'un écoulement qu'on peut appeler une gonorrhée vénérienne de ces parties. Il y a tout lieu d'admettre que la tuméfaction de la région inguinale et le cordon dur dont il est question sont un effet de l'absorption du pus, et que c'est par conséquent le premier pas vers une infection générale. Mais comme la syphilis constitutionnelle survient rarement consécutivement à la gonorrhée, je ne m'en occuperai pas davantage ici. Toutefois, je ferai remarquer qu'il résulte de ce que la syphilis constitutionnelle succède rarement à la gonorrhée, qu'une surface qui n'a point subi de perte de substance et qui n'est qu'enflammée, n'absorbe que difficilement le *poison* vénérien; de sorte que, bien que le pus vénérien reste pendant plusieurs semaines en contact avec le canal, ou avec la totalité de la surface du gland, il arrive rarement qu'il soit absorbé (*). J'ai vu le symptôme indiqué ci-dessus se produire dans un cas où il s'était écoulé beaucoup de sang par l'urètre. Je supposai d'abord que l'absorption s'était faite dans le point où le vaisseau s'était rompu; mais comme le symptôme en question se montre rarement, lors même qu'il y a eu des hémorragies abondantes, je suis porté à en conclure que les plaies sont aussi de mauvaises faces d'absorption, surtout quand je considère que peu de poisons morbides sont absorbés par des plaies.

§ XIII. *Résumé des divers symptômes de la gonorrhée.*

Il résulte de ce qui a été dit jusqu'à présent, que la variété des symptômes de la gonorrhée et les nuances qui les différencient dans les divers

---

(*) Ici se trouve le passage suivant dans l'édition de Home : « Un cas qui prouve que souvent ces cordons naissent d'une excoriation et d'une tuméfaction inflammatoires du prépuce, c'est celui d'un homme qui avait un chancre à droite, à la naissance du prépuce, près du corps de la verge, et qui en outre était atteint d'une excoriation étendue à tout le prépuce, avec tuméfaction de cette partie. Quoique le chancre fût du côté droit, il y avait cependant le long du côté gauche de la verge un cordon dur qui conduisait à une glande tuméfiée de l'aine de ce côté; or, l'excoriation occupait principalement le côté gauche. »

Cette explication de Hunter pourrait être fausse, attendu que nous voyons tous les jours des chancres d'un côté, donner lieu à des bubons du côté opposé, ce qui prouve que les lymphatiques croisent la ligne médiane, ainsi que l'ont très-bien démontré du reste les recherches anatomiques, et plus particulièrement celles de M. Huguier (*).

Du reste, je suis tout à fait de l'avis de Hunter sous le rapport de la nature des cordons qui se forment sur le dos de la verge : ce sont de véritables lymphites ou angéioleucites, et non des phlébites dorsales dans tous les cas, comme on a semblé le croire dans ces derniers temps.   P. Ricord.

(*) Archives générales de médecine.

cas, sont presque infinies. Je vais maintenant faire la récapitulation de quelques-unes des variétés les plus importantes et les plus communes.

L'écoulement se montre souvent sans douleur, et la manifestation de celle-ci n'a point d'époque fixe et déterminée après l'apparition de l'écoulement. Quelquefois la douleur est tout à fait nulle bien que l'écoulement soit très-abondant et de mauvais caractère. Souvent la douleur se dissipe quoique l'écoulement persiste, puis quelquefois elle se reproduit. Dans quelques cas, le malade perçoit pendant un temps très-long un prurit auquel la douleur succède quelquefois, mais qui souvent dure jusqu'à la fin de la maladie. D'un autre côté, la douleur est souvent très-pénible et extrêmement vive, lors même que l'écoulement est peu abondant ou même nul. En général, l'inflammation n'occupe pas plus d'un ou deux pouces dans le canal de l'urètre à partir de son orifice externe ; quelquefois elle envahit la totalité du canal et s'étend jusqu'à la vessie, et même jusqu'aux reins ; dans plusieurs cas elle se propage à la substance des parois de l'urètre, ce qui produit une cordée. Les glandes de l'urètre s'enflamment et suppurent souvent ; je soupçonne qu'il en est de même quelquefois pour les glandes de Cowper. Les parties voisines du siége de la maladie peuvent être affectées sympathiquement ; tels sont les glandes de l'aine, les testicules, la région lombaire, le pubis, la partie supérieure des cuisses, et les muscles abdominaux. Tantôt la maladie se manifeste très-peu de temps après l'application du *poison*, par exemple, dans l'espace de quelques heures ; tantôt elle n'apparaît qu'au bout de six semaines. Il arrive souvent qu'on ne peut déterminer si la maladie est vénérienne, ou si elle n'est constituée que par un écoulement accidentel dépendant de quelque cause inconnue.

Je crois devoir dire ici que j'ai vu un chancre situé sur le prépuce s'accompagner de douleur de l'urètre au moment de la sortie de l'urine, ce qui dépendait très-probablement d'une sympathie semblable à celle en vertu de laquelle l'application du pus vénérien sur le gland produit un écoulement de l'urètre, ainsi qu'il a été dit ci-dessus. Si l'application du pus vénérien sur le gland peut déterminer un écoulement de l'urètre, le même effet peut être produit par toute matière âcre, quoique non vénérienne. L'écoulement que fournit le vagin, dans ce qu'on appelle les flueurs blanches, est quelquefois très-irritant, au point que les grandes lèvres et les cuisses en sont excoriées ; le cas suivant prouve qu'il peut produire des effets semblables à ceux du pus vénérien.

M. et Mme *** sont mariés depuis plus de vingt ans. Mme *** a été affectée à différentes reprises, depuis plusieurs années, de flueurs blanches. Lorsque son mari a eu commerce avec elle pendant qu'elle était ainsi affectée, il en est résulté le plus souvent, mais pas toujours, une excoriation du gland et du prépuce, et un écoulement abondant de l'urètre accompagné d'une légère douleur. Ordinairement ces symptômes persistent très-longtemps, soit qu'on les traite comme une gonorrhée, soit qu'on les considère comme un effet de l'atonie du canal.

Est-ce là un nouveau *poison* ? Ne limite-t-il ainsi ses effets que parce que le commerce sexuel n'a lieu qu'entre ces deux personnes? Qu'adviendrait-il si cette femme s'unissait avec d'autres hommes, et si ces hommes voyaient ensuite d'autres femmes? Dans tous les cas de ce genre que j'ai eu occasion d'observer, la maladie s'est toujours présentée sous la forme d'une gonorrhée; jamais elle n'a produit d'ulcérations aux parties génitales, et je ne sache pas qu'elle ait jamais donné naissance à une affection constitutionnelle.

CHAPITRE II.

DE LA GONORRHÉE CHEZ LA FEMME.

Lorsque la maladie vénérienne se présente sous forme de gonorrhée chez la femme, elle n'est pas aussi compliquée que chez l'homme; les parties affectées sont plus simples et moins nombreuses. Mais il n'est pas aussi facile de la diagnostiquer, parce que les parties qui en sont communément le siége chez la femme sont très-sujettes à une autre maladie qui ressemble à la gonorrhée et que l'on appelle *flueurs blanches*. Les signes distinctifs de ces deux maladies, s'il en existe, n'ont pas encore été complétement déterminés. Un simple écoulement des parties génitales chez la femme a moins de valeur comme preuve de l'existence d'une affection vénérienne que l'écoulement le moins douloureux chez l'homme; aussi les malades elles-mêmes n'accordent-elles que peu ou point d'attention à ce symptôme, et l'on voit souvent le virus syphilitique se former dans ces parties sans aucune augmentation de l'écoulement habituel. Les caractères du liquide n'aident en rien à distinguer les deux maladies l'une de l'autre, car il arrive souvent que la matière des flueurs blanches revêt toute l'apparence du pus vénérien; l'augmentation de l'écoulement n'est pas un meilleur signe distinctif; il en est de même de la douleur et de toute autre sensation particulière ayant son siége dans les parties affectées, qui ne sont point un symptôme nécessaire de la gonorrhée chez la femme.

L'aspect extérieur des parties ne fournit souvent que peu de renseignements; j'ai souvent examiné les parties génitales chez des femmes qui avouaient tous les symptômes de la maladie, tels que l'augmentation de l'écoulement, la douleur en urinant, la cuisson quand elles marchaient ou quand on les touchait, et je n'ai pu trouver aucune différence entre ces parties et les mêmes parties à l'état sain. Dans les cas où il n'existe aucun symptôme appréciable à la malade elle-même, et dans ceux où la malade a intérêt à nier qu'elle éprouve des symptômes inaccoutumés, je ne vois pas d'autre moyen, pour établir un jugement, que de prendre en considération les circonstances qui ont précédé ou accompagné l'apparition de l'écoulement, comme lorsque la malade a eu des connexions avec des hommes qu'on soupçonne infectés, ou lorsqu'elle a pu communiquer l'infection; mais cette dernière circonstance étant fondée sur le témoignage d'une autre personne, on ne peut pas toujours y avoir confiance, pour des raisons très-évidentes. Ainsi une femme peut être atteinte de cette forme de la maladie vénérienne sans en avoir connaissance, et sans que le chirurgien puisse constater l'existence de cette maladie, même à l'examen de[s] parties.

Il peut paraître très-extraordinaire qu'une maladie qui est si violent[e] et si bien caractérisée chez l'homme soit si obscure chez la femme; ma[is] on se rend compte jusqu'à un certain point de cette différence, quand o[n] réfléchit que les effets du *poison* vénérien dépendent en général de la natur[e] des parties affectées.

Lorsqu'on fait attention à la manière dont les femmes contractent cett[e] maladie, on voit évidemment qu'elle doit attaquer principalement le vagi[n,] partie qui est douée de peu de sensibilité et à laquelle il a été départi pe[u] d'action. Tant que la gonorrhée est limitée au vagin, elle peut être assi[-] milée à la même affection occupant le gland, chez l'homme. Mais, dan[s] beaucoup de cas, elle s'étend hors du vagin; alors elle donne naissance[à] des sensations pénibles, et produit une cuisson très-vive dans toutes le[s] parties qui sont le siége d'une sensibilité spéciale, comme la partie intern[e] des grandes lèvres, les nymphes, le clitoris, les caroncules myrtiforme[s] et l'orifice du canal de l'urètre qui est souvent affecté dans toute sa lon[-] gueur. Quelquefois ces parties sont si douloureuses, qu'on ne peut pa[s] même les toucher; la malade ne marche qu'avec peine; la douleur est trè[s-] vive quand l'urine traverse le canal de l'urètre et quand elle se met e[n] contact avec les parties indiquées, ce qui ne peut guère être évité. Ce[s] symptômes ne présentent pas beaucoup plus d'intensité à une époque qu[à] une autre, si ce n'est au moment de la sortie de l'urine, surtout dans le[s] cas où le canal de l'urètre participe à la maladie. En effet, les parties gé[-] nitales de la femme ne sont point exposées aux mêmes changements qu[e] celles de l'homme, de sorte que l'accroissement d'irritation qui est dé[-] terminé par ces changements doit nécessairement être beaucoup moindr[e] chez elle. Chez l'homme, au contraire, l'urètre, qui est le siége le plu[s] ordinaire de la gonorrhée, jouit d'une grande sensibilité, est susceptibl[e] d'une inflammation intense, est souvent distendu par un liquide irritant[,] et les tiraillements que subissent le corps de la verge, l'urètre et le glan[d] dans les érections, déterminent toujours une exaspération des symptôme[s] et surtout de la douleur.

Mais la maladie qui nous occupe attaque fréquemment des parties plu[s] sensibles et plus susceptibles d'inflammation que le vagin, ainsi que je l'a[i] fait remarquer, et alors il se développe chez la femme des symptômes [à] peu près semblables à ceux qu'on observe chez l'homme, tels sont : un[e] sensation de plénitude dans les parties génitales, analogue à celle qui es[t] produite par l'inflammation des amygdales, un écoulement fourni pa[r] l'urètre, une douleur vive en urinant, et un malaise très-pénible détermin[é] par la compression des parties affectées, dans l'attitude assise.

Quelquefois la vessie s'affecte sympathiquement, ce qui donne naissanc[e] aux mêmes symptômes que chez l'homme; et il est probable que l'irrita[-] tion peut se communiquer même jusqu'aux reins. On a affirmé que les ovaires s'affectent quelquefois de la même manière que les testicules chez l'homme. Je n'ai jamais rien vu de semblable, et je doute fort que ce fai[t]

ait jamais été observé. On ne voit point, en effet, dans les autres maladies des mêmes organes, que les ovaires entrent en sympathie, ou du moins qu'ils manifestent des symptômes qui nous permettent de constater qu'ils sympathisent. Toutefois, le cas suivant prouve qu'on observe de temps en temps des symptômes extraordinaires.

Chez une dame qui présentait tous les signes d'une gonorrhée vénérienne, écoulement, douleur en urinant, envies fréquentés ou plutôt continuelles d'uriner, et pesanteur allant presque jusqu'à la douleur dans la région lombaire et dans les hanches, le symptôme extraordinaire consistait dans une disposition venteuse très-remarquable de l'estomac et des intestins. Ce dernier symptôme dépendait probablement d'une sympathie avec l'utérus; il est donc possible qu'il se manifeste des sympathies semblables avec les ovaires.

L'inflammation pénètre souvent plus loin que la surface des parties affectées; elle se propage fréquemment le long des conduits excréteurs des glandes, et envahit les glandes elles-mêmes de manière à produire, au dessous de la membrane muqueuse qui tapisse la face interne des grandes lèvres, des tumeurs dures qui suppurent quelquefois, et forment de petits abcès qui s'ouvrent auprès de l'orifice du vagin. Ces inflammations et ces suppurations sont semblables à celles qui ont leur siége dans les glandes de l'urètre chez l'homme. La différence des surfaces ou des parties que la maladie attaque ne change point la nature de la maladie; sous ce rapport, il importe peu que la surface malade soit large ou peu étendue; mais les parties ont plus de susceptibilité pour cette espèce d'irritation dans un cas que dans l'autre, et la méthode de traitement peut être plus compliquée.

Il arrive quelquefois que le pus vénérien sortant du vagin s'écoule le long du périnée et arrive jusqu'à l'anus, où il produit une gonorrhée ou des chancres.

Il m'est impossible de dire d'une manière positive si la gonorrhée peut se guérir d'elle-même chez la femme comme chez l'homme; mais je suis porté à le croire, car j'ai connu plusieurs femmes qui ont été délivrées d'une violente gonorrhée sans avoir fait usage d'aucun moyen curatif. D'ailleurs, cette opinion est corroborée par le grand nombre de méthodes diverses que l'on emploie contre cette maladie, et qui ne peuvent être toutes également efficaces, bien que les malades guérissent sous leur influence. Une circonstance très-curieuse, c'est qu'il paraît que la maladie peut se continuer dans le vagin pendant des années; au moins, il y a tout lieu de le penser, si l'on peut s'en rapporter au témoignage des malades. Cette tendance de la gonorrhée à se continuer longtemps, sans s'épuiser comme elle le fait chez l'homme, dépend probablement de ce qu'elle est moins violente dans le vagin que dans l'urètre de l'homme (*).

(*) Le passage suivant se trouve ici dans l'édition de Home : « Le fait qu'on va lire et qui concerne une femme chez laquelle tous les symptômes de la gonorrhée se sont manifestés immédiatement après le coït, montre avec quelle promptitude la maladie se développe dans certains cas. Cette observation, rédigée par le médecin ordinaire de la malade, m'a été envoyée de Bath, afin que je donnasse mon opinion.

*Des moyens à l'aide desquels on peut s'assurer de l'existence
de la gonorrhée chez la femme.*

On peut demander quelles sont les preuves de l'existence d'une gonorrhée chez une femme, quand cette femme n'a pas la conscienc...

« Madame ***, de constitution délicate, de sensibilité très-vive, ayant le systè-
nerveux extrêmement irritable, a joui généralement d'une bonne santé jusqu'à sa maladie actuelle qui s'est manifestée de la manière suivante : le lendemain du jour de so-
mariage elle se plaignit d'une vive douleur et d'une grande tuméfaction aux partie-
externes de la génération ; l'émission de l'urine était difficile et douloureuse. On considéra ces symptômes comme la conséquence naturelle des premières relations sexuelles
et la malade voyagea toute la journée, bien qu'elle éprouvât de vives douleurs. Le
matin suivant, tous les symptômes s'étaient aggravés et les parties génitales étaient
le siége d'un écoulement abondant. Elle arriva dans cet état à Bath, au bout de quelques jours, et je fus consulté. Je la trouvai en proie à la plus vive anxiété, car son
mari lui avait dit que des symptômes qu'il éprouvait lui-même lui faisaient craindre
que cette affection ne fût vénérienne. Il m'apprit, en effet, que quelques mois auparavant il avait eu un écoulement de l'urètre accompagné de chaleur en urinant ; qu'il
s'était confié aux soins d'un chirurgien de la campagne, qui lui avait assuré que sa
maladie n'était pas vénérienne ; que, se fiant à cette assurance, il s'était marié, ne doutant pas que sa santé ne fût intacte, à cela près d'une blennorrhée insignifiante qui
durait encore. Il ajouta que dans ses rapports avec sa femme il n'avait pu pénétrer à
cause de l'étroitesse naturelle des parties, et que dans les tentatives qu'il avait faites
elle avait accusé beaucoup de douleur et qu'il s'était écoulé du sang. En examinant
sa chemise, j'y trouvai quelques traces d'écoulement ; il éprouvait encore de la chaleur
en urinant. Comme les femmes ne sont pas si facilement infectées que les hommes par
le *poison* vénérien, je pensai d'abord que tous les symptômes éprouvés par cette dame
pouvaient bien n'être que le résultat d'une première connexion suivie d'un voyage
long et rapide en voiture. C'est pourquoi je prescrivis une potion laxative et des fomentations sur les parties avec une décoction de têtes de pavots dans un mélange d'eau
et de lait, suivies de l'application d'un cataplasme de mie de pain et de lait. Voyant
que l'emploi de ces moyens n'avait aucun bon résultat, j'explorai les parties malades,
et je reconnus un écoulement purulent très-abondant qui était fourni principalement
par l'urètre, dont l'orifice était considérablement tuméfié et enflammé, ainsi que les
conduits des glandes de chaque côté de l'urètre. Il ne paraissait pas qu'aucun écoulement fût fourni par le vagin. On voyait encore la membrane hymen entière ; elle était
résistante et charnue. Les lacunes appartenant aux glandes de Cowper de chaque
côté étaient très-enflammées, et il y avait sur un des côtés de l'hymen une petite tumeur dure qui ensuite suppura. Il n'y avait aucune apparence de maladie sur toute la
surface des grandes et des petites lèvres. L'affection fut considérée comme vénérienne,
et je prescrivis un traitement mercuriel qui fut suivi pendant quelque temps. L'abcès
indiqué ci-dessus s'ouvrit ; la bouche devint un peu douloureuse. A cette époque, les
symptômes s'étaient tellement amendés, qu'on ne pouvait plus douter d'une prompte
et heureuse terminaison de la maladie, lorsque la jeune dame fut prise d'une diarrhée
très-violente qui fut dissipée avec beaucoup de peine. On abandonna alors toute
préparation mercurielle. Les premiers symptômes empirèrent ; l'ardeur causée par
l'urine augmenta et s'étendit jusqu'à la vessie, ainsi qu'on pouvait en juger à la persistance de la douleur pendant une ou deux heures après que la malade avait uriné.
On fit alors des frictions avec une drachme d'onguent mercuriel sur les cuisses, les

d'un seul des symptômes de cette maladie, et qu'aucun signe matériel ne se présente à l'exploration du chirurgien. Dans une telle occurrence, la seule base sur laquelle nous puissions asseoir notre jugement, c'est le témoignage des hommes que nous considérons comme dignes de foi. Si un homme véridique affirme qu'il a contracté la maladie avec une femme qui se trouve dans cette condition, et qu'il n'a eu commerce avec aucune autre femme depuis plusieurs mois, il est raisonnable d'attribuer son affection à la cause qu'il lui assigne; et la chose est mise hors de doute si la même femme communique la maladie de la même manière à plus d'un homme. Le cas où l'on voit une femme donner la maladie à deux hommes alternativement, à un intervalle d'une année chaque fois (*), ce qui fait supposer que la maladie a duré au moins deux ans, prouve que la transmission de cette dernière est presque le seul moyen certain

grandes lèvres et la partie interne de la vulve. Dans ce temps, il se forma un second abcès à peu près dans le même endroit que le premier; ce second abcès fut ouvert avec la lancette, ce qui produisit beaucoup de soulagement. L'ardeur de l'urine disparut en grande partie, mais l'écoulement de l'urètre resta aussi abondant qu'auparavant. Les frictions mercurielles furent continuées largement pendant la cicatrisation de l'abcès, et la bouche s'étant affectée considérablement, on les suspendit pendant quelque temps; mais bientôt après, l'orifice de l'urètre se tuméfia et s'enflamma vivement, l'écoulement augmenta et le vagin en fournit un semblable. Je prescrivis deux ou trois fois par jour une injection de mercure cru broyé avec du mucilage de gomme arabique jusqu'à extinction et mêlé avec de l'eau. La malade avait toujours pris pour boisson habituelle une émulsion d'amandes avec de la gomme arabique, dont elle faisait un usage abondant. Elle reprit comme précédemment les frictions, qui de temps en temps rendirent sa bouche extrêmement malade.

« Maintenant la maladie dure depuis près de cinq mois. Les règles ont toujours paru régulièrement. A la dernière époque menstruelle, la malade était délivrée de toute douleur, son écoulement était moins abondant qu'il n'avait jamais été jusqu'alors, et elle resta sans souffrance pendant toute cette époque; mais peu de temps après la cessation des règles, l'ardeur de l'urine reparut avec une nouvelle violence, se faisant ressentir pendant une heure ou deux sans aucune diminution; l'orifice de l'urètre se tuméfia de nouveau comme auparavant. L'écoulement du vagin est resté le même; il s'y est ajouté une douleur lancinante qui se reproduit souvent dans la journée, et qui traverse ce canal et les parties adjacentes dans toutes les directions. Je ne rencontre aucune tuméfaction aussi loin que le doigt peut atteindre, et la pression ne cause de douleur dans aucune direction. Convaincu que le virus vénérien doit être maintenant complètement neutralisé, j'ai supprimé les préparations mercurielles; la malade fait seulement des injections avec de l'opium dissous dans une légère solution d'amidon, et de temps en temps elle se purge avec un peu d'huile de ricin. Chaque retour de l'ardeur d'urine est accompagné d'une série de phénomènes nerveux et hystériques très-pénibles, et d'un grand abattement moral; la douleur est, en général, plus violente la nuit que le jour, bien que la malade prenne une quantité énorme de boissons délayantes avec de la gomme arabique, de la poudre de gomme adragant composée, etc., et qu'elle ait fait un fréquent usage des opiacés. Ces derniers médicaments ont certainement procuré du soulagement; mais comme ils augmentent toujours les phénomènes nerveux, elle est extrêmement fatiguée par leur emploi. »

(*) Voyez page 201.

d'en constater la présence. Le cas de la jeune femme de l'hôpital de la
Madeleine confirme aussi cette opinion (*). Cependant cela ne constitue
point une preuve absolue. En effet, il peut arriver qu'une femme saine
s'unisse avec un homme atteint de gonorrhée ou de chancres, et que peu
de temps après, c'est-à-dire, dans les vingt-quatre heures, elle ait commerce avec un homme bien portant. Il est très-possible, dans un tel cas,
que ce dernier reçoive l'infection par le contact du pus qui a été déposé
dans le vagin par l'homme infecté, et que pourtant la femme ne contracte
pas la maladie, parce que le pus aura été emporté par le lavage avant
d'avoir irrité le vagin ; or, la femme pourra être soupçonnée, en apparence
avec beaucoup de raison, d'être atteinte d'une gonorrhée. La répétition de
cette circonstance peut faire qu'une femme paraisse atteinte de la maladie
pendant des années, bien qu'en réalité elle ne l'ait point. D'un autre côté,
j'ai vu un bubon survenir chez une femme qui jusque-là n'avait rien
éprouvé qui pût lui faire croire qu'elle fût malade ; on pourrait penser que
c'est là une preuve absolue qu'il peut exister une gonorrhée sans que
la malade en ait connaissance. Mais ce fait lui-même peut devenir une
cause d'erreur ; en effet, du pus vénérien déposé dans le vagin par un
homme infecté, peut avoir été absorbé sans avoir produit aucune irritation
locale (**).

(*) *Voyez* page 202.

(**) Les trois dernières phrases ont été omises dans l'édition de Home.

Ainsi qu'on peut s'en assurer par ce qu'en ont dit les devanciers de Hunter,
Hunter lui-même, et ceux qui ont suivi ce grand maître, l'étude de la blennorrhagie
chez la femme avait dû rester incomplète et enveloppée de bien des mystères, jusqu'au
moment où l'emploi du spéculum m'a permis de mieux apprécier une foule de circonstances importantes qui s'y rattachent.

1° *Du siége.* La blennorrhagie peut affecter la vulve, l'urètre, le vagin, l'utérus
isolément ou bien toutes ces parties à la fois, ou encore donner lieu à différentes combinaisons, telles que la vulve et l'urètre en même temps, ou ces parties et le vagin seulement, etc., ce qui constitue autant de variétés.

2° *Fréquence par rapport au siége.* 1° Le vagin, 2° l'urètre, 3° la vulve, 4° l'utérus.
Dans les cas de combinaisons : 1° la vulve, l'urètre et le vagin en même temps ; 2° le
vagin et l'utérus concurremment ; 3° la vulve, l'urètre, le vagin et l'utérus à la fois.

3° *Propagation.* S'étend du vagin aux parties voisines. La maladie marche aussi des
parties superficielles et extérieures aux parties profondes, qui s'affectent les dernières
et qui sont les plus difficiles à guérir.

4° *Début.* Difficile à bien apprécier chez les femmes, à cause d'écoulements antérieurs qui peuvent exister.

5° *Altérations de tissu.* Rougeurs simples, circonscrites ou générales ; tuméfactions
plus ou moins prononcées ; érosions et ulcérations offrant les mêmes variétés que
dans la balanite et l'urétrite chez l'homme. Les follicules du vagin sont souvent très-
développés et donnent un aspect granulé, boutonneux, qui m'avait fait donner à cette
variété le nom de *psorélytrie.* Le col de l'utérus présente souvent au museau de tanche
des ulcérations granulées. Ces granulations, qui ressemblent aux bourgeons charnus en
général, et à celles qui se montrent sur certaines surfaces de vésicatoire, ou aux
granulations qu'on rencontre sur d'autres muqueuses enflammées, peuvent persister
très-longtemps ; elles sont ordinairement mal circonscrites, et peuvent, quoi qu'on en
ait dit, occuper indifféremment les deux lèvres de l'orifice du col utérin, ou filer même

dans la cavité de celui-ci. Il n'est pas très-rare de voir passer ces granulations à l'état de véritables végétations.

Ces granulations ne sont pas forcément, comme l'ont présumé quelques observateurs superficiels, la conséquence de telle inflammation spécifique plutôt que de telle autre.

6° *Symptômes.* Tous ceux des inflammations catarrhales avec des différences seulement dues au siége : ainsi, pour l'urètre, douleur en urinant ; pour la vulve, douleur dans les frottements, dans la marche, tension, souvent prurit incommode, désirs vénériens quelquefois accrus ; pour la vulve et le vagin, douleur dans la copulation ; pour l'utérus, quelquefois des symptômes de métrite, toujours ceux du catarrhe utérin.

— *Écoulement.* Muqueux au début, il devient bientôt purulent ; puis à l'état chronique, ou vers la fin, il est souvent lactescent ou crémeux. Sanguinolent, dans les circonstances analogues à celles que j'ai signalées chez l'homme ; il faut tenir compte du mélange que peuvent lui fournir les menstrues. Liquide, sans adhérence, pour l'urètre, la vulve et le vagin, il est visqueux, en flocons, ou sous forme de glaires, comme des blancs d'œufs, lorsqu'il est fourni par l'utérus. Alcalin, pour la vulve, l'urètre et l'utérus, tandis qu'il est acide pour le vagin, il peut avoir une odeur plus ou moins prononcée et qui se rapproche de celle de certains poissons en état de décomposition putride, ou prendre même dans les profondeurs du vagin celle très-prononcée de l'hydrogène sulfuré.

7° *Complications.* Inflammations phlegmoneuses voisines, se terminant fréquemment à l'état aigu par des abcès dans l'épaisseur des lèvres de la vulve. Des *chancres* extérieurs ou cachés dans le vagin, dans l'urètre, sur le col et dans la cavité du col, peuvent coexister, et c'est dans ces cas seulement que la matière, en apparence blennorrhagique, peut propager des chancres, en coulant sur l'anus ou sur les parties voisines, ou bien encore en communiquer aux personnes qui s'exposeraient à l'infection.

Les ovaires peuvent s'affecter comme les épididymes chez l'homme. Ce que Hunter n'ose ni nier ni admettre d'une manière absolue, j'ai eu l'occasion de l'observer, et quand on voudra s'en donner la peine, on l'observera encore assez souvent pour s'en convaincre.

Je rappellerai les deux observations suivantes :

Une première malade, couchée au n° 4 de la seconde salle des femmes de mon service, âgée de trente-deux ans, affectée d'une blennorrhagie urétro-génitale très-aiguë, fut prise tout à coup de tension dans la fosse iliaque du côté gauche. Le toucher, qui faisait bien sentir la tuméfaction, occasionnait beaucoup de douleur et permettait d'y apprécier une augmentation de température ; il survint des nausées et un mouvement fébrile, avec plénitude du pouls.

La malade restait couchée sur le dos, et, de préférence, inclinée du côté gauche, les cuisses un peu fléchies sur le bassin. L'écoulement de l'urètre et des parties génitales avait presque entièrement disparu. En touchant par le vagin, voici ce que je pus constater : la pression du col utérin par le doigt indicateur n'était pas douloureuse, tandis qu'on déterminait de la douleur lorsque le doigt, placé sur le côté gauche de la matrice, tendait à refouler l'organe vers la fosse iliaque droite, en faisant éprouver une sorte de tension au ligament large gauche ; la même manœuvre exercée de l'autre côté, afin de comparer, ne produisait presque pas de gêne ; la défécation, l'émission de l'urine et en général tous les mouvements abdominaux, étaient pénibles. Ces symptômes, combattus par les antiphlogistiques, disparurent vers le douzième jour, et à mesure qu'ils perdaient de leur intensité, l'écoulement redevenait de plus en plus abondant ; quand tout à coup, l'écoulement diminuant de nouveau, la même série de phénomènes se manifesta, mais cette fois du côté droit.

Enfin, au n° 2 de la première salle des femmes, les élèves qui suivent mes leçons cliniques ont pu constater un cas à peu près semblable à celui que je viens de rapporter; toutefois, dans cette seconde observation, le côté gauche a seul été affecté.

Les bubons sont très-rares; ils ne se montrent guère que lorsque l'urètre est affecté.

8° *Marche.* Aiguë au début, avec une grande tendance à l'état chronique, forme sous laquelle elle peut même débuter.

9° *Durée.* Rarement courte, souvent indéfinie.

10° *Terminaisons.* Rarement spontanée, la guérison de la blennorrhagie est le plus souvent due à des médications convenables. Il est cependant des circonstances nombreuses dans lesquelles, peut-être à cause de l'insouciance des femmes, bien différentes en cela des hommes, on serait porté à croire à une véritable incurabilité, qui se dissimule alors sous le nom si commode et si banal de flueurs blanches.

11° *Causes.* De tout ce qui précède, peut-on conclure à l'existence d'une cause spéciale distincte? Je ne reviendrai pas sur ce que j'ai dit autre part. Qu'on s'en souvienne et qu'on ajoute aux raisons déjà émises ce que dit encore Hunter dans ce chapitre, et on restera convaincu que des causes différentes peuvent produire des effets analogues à ceux qu'on a crus caractéristiques de l'action d'un virus particulier.

12° *Diagnostic.* Rien, si ce n'est la présence d'un chancre et de ses conséquences, ne peut établir d'une manière absolue ce que Petronius appelait *la femme grêlée.*

Les signes de Gault, Charleton, Van Swieten, de Graff, qui placent le siège de la blennorrhagie aux environs du méat urinaire chez la femme, ne signifient rien, comme nous l'avons prouvé.

La cessation de l'écoulement blennorrhagique pendant les règles, tandis que la leucorrhée peut continuer, comme le pensaient Jean Fernel, Liebault, Mercatus, etc., signe que Baglivi regardait comme infaillible, est tout aussi illusoire (*).

La douleur qui n'accompagne pas la leucorrhée suivant Pinel, celle qu'on sent pendant l'émission de l'urine selon Charleton, n'ont pas plus de valeur que les taches blanchâtres et cuivreuses et la teinte rouge pâle indiquées par M. Richerand.

Nous savons encore à quoi nous en tenir, d'après ce que j'ai dit plus haut, sur la valeur des altérations de tissu, pour lesquelles M. Lagneau est complétement de mon avis.

Quant à la contagion de l'écoulement chez la femme comme chez l'homme, elle dépend plutôt de sa nature âcre irritante que de toute autre chose, et ne saurait conduire à aucune conclusion rigoureuse.

Enfin, si nous nous en rapportons à l'âge, aux présomptions morales et aux antécédents, comme le fait si bien remarquer M. Colombat, nous restons dans l'incertitude reprochée mal à propos à Cullerier; car, quelles que soient les causes, les phénomènes produits sont identiques.

On ne peut donc constater, à l'aide des signes qui précèdent, que les différentes variétés des inflammations réputées blennorrhagiques chez les femmes, sans aller plus loin quant à la connaissance de la cause; mais dans tous les cas on distinguera, comme je l'ai fait, la blennorrhagie du chancre à l'aide du spéculum ou de l'inoculation.

Un fait que je dois signaler, en ne lui accordant que le degré d'importance qu'il mérite, c'est que dans tous les cas où j'ai rencontré une blennorrhagie urétrale, les femmes convenaient que l'écoulement leur avait été communiqué, ou qu'au moins elles s'y étaient exposées.   P. RICORD.

(*) *Traité des maladies des femmes,* par M. Colombat de l'Isère, 1838.

CHAPITRE III.

DES EFFETS DE LA GONORRHÉE SUR LA CONSTITUTION DANS LES DEUX SEXES.

La maladie que je viens de décrire chez l'homme et chez la femme, est locale et limitée le plus souvent à la partie affectée; cependant il arrive quelquefois que toute la constitution est plus ou moins affectée par elle. Ainsi, quelques malades éprouvent de légers frissons avant qu'il se soit formé du pus sur les surfaces malades; ces frissons sont plus intenses quand la suppuration est lente à s'établir que lorsqu'elle survient promptement. Un homme qui contracta la maladie deux fois en a offert un exemple remarquable (*). Il m'assura que la première fois il s'était écoulé six semaines entre la manifestation de la maladie et les dernières relations sexuelles auxquelles il se fût livré auparavant, et que, pendant la plus grande partie de ce temps, il avait été fréquemment tourmenté par de légers frissons, accompagnés de fièvre peu forte et d'agitation, symptômes auxquels il ne pouvait assigner aucune cause, et qui ne furent point amendés par les moyens thérapeutiques usités en pareil cas. La gonorrhée qui survint fut violente, et après son apparition les symptômes précurseurs disparurent, ce qui ne me laissa aucun doute sur la cause de ces derniers. La seconde fois, il s'écoula un mois depuis le moment de l'infection jusqu'au développement de la gonorrhée, et pendant une grande partie de ce temps le malade fut en proie aux mêmes symptômes que ci-dessus, qui se dissipèrent comme la première fois quand l'écoulement s'établit. On peut considérer ces symptômes comme constituant une sorte de fièvre de suppuration, et peut-être ont-ils lieu souvent dans la maladie qui nous occupe; mais l'inflammation étant peu intense, et par conséquent la fièvre très-légère, les malades y font en général peu d'attention. Le malade que je viens de citer, ne se doutant nullement la première fois de ce qui le menaçait, eut commerce avec sa femme; aussi, quand la maladie se développa, eut-il la crainte de la lui avoir communiquée; mais elle n'éprouva jamais aucun symptôme suspect, ce qui est puissamment en faveur du principe que j'ai établi plus haut, savoir, que la maladie ne peut être communiquée que par le pus.

Ces sympathies constitutionnelles qui ont pour point de départ une maladie spécifique, sont les mêmes, quelle que soit la maladie primitive: ce sont les effets sympathiques de l'irritation ou d'une violence quelcon-

(*) Ce cas a été mentionné page 201.

que ; et il est probable que toutes les sympathies éloignées se ressemblent
au moins sous ce rapport, car si elles étaient semblables à leur cause
elles produiraient très-probablement dans la constitution une maladie de
même nature que celle qui leur a donné naissance (*).

(*) Ce que Hunter dit ici des effets de la gonorrhée sur la constitution dans les deux
sexes, est de la plus grande justesse et conforme à l'observation rigoureuse. Ce sont
des raisons de plus qui font de la blennorrhagie et du chancre deux affections absolument différentes.　　　　　　　　　　　　　　　　　　　　　　　P. Ricord.

CHAPITRE IV.

TRAITEMENT DE LA GONORRHÉE.

L'idée générale que je me suis efforcé de donner de la maladie vénérienne, c'est qu'elle provient toujours de la même cause morbide, sous quelque forme qu'elle se présente. On pourrait conclure de là que, puisque nous avons un spécifique pour quelques-unes des formes de la maladie, ce spécifique doit être un moyen thérapeutique sûr contre toutes les autres; et que, par conséquent, il ne doit pas être difficile de guérir la maladie quand elle se manifeste sous forme d'inflammation et de suppuration, et qu'elle a pour siége la surface sécrétante d'un des conduits du corps. Mais l'expérience nous apprend que de toutes les formes de la maladie vénérienne la gonorrhée est celle qui varie le plus sous l'influence des agents thérapeutiques, et qui offre le plus d'incertitude quant à sa guérison; en effet, plusieurs cas se terminent dans l'espace de huit jours, tandis que d'autres, traités de la même manière, persistent pendant des mois.

La seule indication curative est de détruire la disposition et le mode spécifique d'action qui ont leur siége dans les tissus des organes malades; en produisant cette modification, on fera disparaître les propriétés virulentes de la matière sécrétée. On obtiendra ainsi la guérison de la maladie, mais pas toujours celle de ses effets consécutifs.

J'ai déjà dit que la forme de la maladie vénérienne qui nous occupe ne peut se perpétuer au delà d'un certain temps dans aucune constitution, et que lorsqu'elle se montre très-intense ou qu'elle dure très-longtemps, cela vient de ce que les parties ont une grande susceptibilité pour cette espèce d'irritation et la retiennent avec facilité. Comme il n'existe aucun spécifique contre la gonorrhée, il est heureux que le temps seul suffise pour en amener la guérison, et l'on peut établir comme règle générale, que toutes les inflammations de cette espèce cessent d'elles-mêmes. Toutefois, bien que cette proposition ne paraisse admettre que peu d'exceptions, il importe de rechercher si l'usage des médicaments peut être de quelque utilité dans la gonorrhée. Je suis porté à croire qu'ils ne servent que dans un très-petit nombre de cas, peut-être pas une fois sur dix. Cependant, ce serait une chose assez importante que de pouvoir distinguer les cas où ils peuvent être efficaces de ceux où ils ne doivent point l'être. D'après cette idée, que toute gonorrhée se guérit d'elle-même, j'ai donné à plusieurs malades des pilules de mie de pain qui ont été prises très-régulièrement. Ces malades ont toujours été très-

bien ; mais quelques-uns d'entre eux ne se sont pas guéris aussi promptement que si l'on eût employé les méthodes artificielles de traitement.

Les méthodes thérapeutiques qui ont été préconisées jusqu'à présent,
et qui sont encore suivies par les divers praticiens, sont de deux
espèces ; elles consistent soit dans des médicaments pris à l'intérieur, soit
dans des applications locales. Mais, quelle que soit celle de ces deux
voies par laquelle on attaque la maladie, il faut toujours accorder moins
d'attention à la maladie elle-même qu'à la nature de la constitution, ou
aux maladies concomitantes, qui peuvent avoir leur siége dans les parties
intéressées ou dans les organes qui sont en connexion avec elles.

C'est surtout par les effets locaux de la gonorrhée qu'on connaîtra la
nature de la constitution. En effet, les symptômes locaux du virus gonorrhéique sont si différents chez les différents sujets, qu'ils exigent les
moyens de traitement les plus divers. C'est une circonstance à laquelle on
a fait trop peu d'attention ; chaque pathologiste s'est efforcé d'attaquer les
symptômes immédiats, comme s'il possédait un spécifique pour la gonorrhée.

La première chose que l'on doive prendre en considération, c'est la
nature de l'inflammation, c'est-à-dire, qu'il faut rechercher si elle est violente ou peu intense, si c'est une inflammation *commune* ou une *inflammation irritative*. Lors même que ces circonstances ont été déterminées,
la cure de la maladie n'est pas toujours en notre pouvoir ; car, ainsi que
je l'ai déjà fait remarquer, il est des sujets qui ont une extrême susceptibilité pour cette espèce d'irritation, et qui sont, en quelque sorte, insensibles pour les autres, tandis qu'il en est d'autres chez lesquels l'inflammation commune se développe avec une grande facilité, et qui se montrent
insensibles à celle qui nous occupe. Cette dernière disposition est assez
rare, et comme la cure est toujours facile chez les sujets qui la présentent,
elle mérite peu notre attention. Lorsque les symptômes sont violents,
mais qu'ils appartiennent à l'inflammation commune, ce qu'on reconnaît
aux circonstances concomitantes, et en particulier à ce que l'inflammation
n'excède pas la distance spécifique, le traitement local peut être ou irritant ou adoucissant. L'emploi des topiques irritants s'accompagne alors
de moins de dangers que lorsque l'inflammation est de nature irritative (*).

(*) Il est très-difficile de donner une idée claire des distinctions qui existent entre
les maladies, quand ces distinctions ne sont pas caractérisées par quelque chose de
permanent sous le rapport du temps, de l'étendue, etc. J'ai adopté l'expression *inflammation irritative*, parce que je crois que l'espèce d'inflammation que je veux désigner
par ces mots se développe chez les sujets à constitution faible et irritable plutôt que
chez les autres : les lois qui président à sa manifestation me sont entièrement inconnues.
On pourrait l'appeler une inflammation *mal formée*, en ce sens qu'elle n'arrive point,
en passant par les phases ordinaires, à une terminaison naturelle, mais qu'elle se
continue en présentant peu de changements, et que lorsqu'elle se développe dans le
tissu cellulaire, le gonflement qu'elle produit est œdémateux et ne ressemble point à
celui que détermine l'extravasation de la lymphe coagulable dans ce que je serais tenté
d'appeler la véritable inflammation.   J. Hunter.

et il peut modifier l'action spécifique ; mais, pour que l'irritation que ces topiques font naître soit suivie de cet effet, il faut qu'elle soit plus forte que
celle qui résulte de la lésion primitive. Les parties malades se rétablissent
ensuite d'elles-mêmes, comme elles se rétabliraient de toute autre inflammation commune. Après tout, cependant, je crois qu'au début la méthode
adoucissante est la meilleure. Si l'inflammation est intense et de l'espèce
irritative, il faut éviter dans le traitement toute espèce de violence, car
on ne pourrait ainsi qu'exaspérer les symptômes, à moins qu'on ne
soit certain que la grande intensité de l'inflammation dépend entièrement
d'une susceptibilité particulière pour l'irritation gonorrhéique, et que la
constitution ne présente point d'irritabilité générale, ce dont on peut rarement s'assurer. Dans le cas où les symptômes s'élèvent très-haut, on ne
doit point chercher à arrêter l'écoulement, soit par des moyens internes,
soit par des agents thérapeutiques appliqués à l'extérieur. On ne gagnerait
rien à agir ainsi, car on peut suspendre l'écoulement, mais non mettre
fin à l'inflammation. Il faut modifier la constitution, si cela est possible,
par l'emploi de médicaments appropriés aux diverses dispositions qu'elle
peut présenter, dans le but de modifier les actions locales qui dérivent de
ces dispositions, et de ramener la maladie à sa forme la plus simple. Si la
constitution ne peut être modifiée, il n'y a rien à faire que de laisser
l'action morbide s'user d'elle-même.

Lorsque l'inflammation a diminué beaucoup, et que la maladie ne se
montre plus qu'avec des symptômes modérés, on peut en tenter la cure
par des moyens internes ou par des applications locales. Si l'on choisit un
traitement local, il faut éviter toute thérapeutique violente, car elle pourrait renouveler l'irritation. A cette période, on peut employer de légers
astringents avec des chances de succès.

Quand la maladie est peu intense dès le début, et que rien n'annonce
une disposition inflammatoire commune ou irritative, on peut, pour
faire cesser promptement le mode spécifique d'action, employer des injections irritantes qui exaspéreront momentanément les symptômes, mais
à la cessation desquelles les symptômes diminueront dans la plupart des
cas, ou même disparaîtront entièrement. Dans de telles conditions des
parties, on peut avoir recours aux astringents ; car la seule indication qui
se présente alors, c'est de faire cesser l'écoulement, qui est en effet le
symptôme principal (*).

Dans les cas où le prurit, la douleur, et d'autres sensations inaccoutumées se font sentir pendant quelque temps avant que l'écoulement apparaisse, je crois qu'on doit préférer la méthode calmante ou adoucissante à
la méthode irritante, afin de déterminer l'écoulement, qui est un pas vers
la résolution de l'irritation ; mais je n'ai pas assez d'observations par
devers moi pour pouvoir dire, d'une manière absolue, jusqu'à quel point

(*) On trouve de plus dans l'édition de Home : « Il arrive très-souvent que lorsque
l'écoulement a été supprimé par une injection, même très-douce, le malade perçoit
au périnée une sensation pénible qui se propage à la vessie, détermine de fréquentes
envies d'uriner, et cesse dès que l'écoulement se reproduit. »

16.

cette manière de procéder est réellement la plus convenable dans les cas en question. Toutefois, ce que l'on peut établir par le raisonnement, c'est que l'emploi des astringents constituerait une mauvaise pratique, car ces médicaments ne doivent tendre qu'à empêcher l'écoulement de se former, ce qui peut prolonger l'inflammation et retarder la cure. Dans les cas où il y a rétrécissement de l'urètre ou engorgement du testicule, il faut éviter les astringents; car il est d'observation que dans l'un et l'autre de ces deux cas, l'affection concomitante présente de l'amélioration tant que l'écoulement persiste. Il faut donc, dans les cas de cette espèce, agir avec plus de réserve que lorsque les organes sont sains d'ailleurs. Lors même que nous aurions un spécifique pour la gonorrhée vénérienne, on aurait encore à se demander si ce spécifique pourrait guérir ce mode d'irritation, avant que l'action morbide se soit manifestée dans toute sa plénitude.

§ I. *Des divers agents thérapeutiques employés dans le traitement de la gonorrhée; des évacuants; des astringents.*

On peut comprendre dans deux classes, les *évacuants* et les *astringents*, les moyens internes qui ont été communément recommandés contre la gonorrhée. Les évacuants appartiennent principalement aux purgatifs et aux diurétiques, et ne sont point limités à certains médicaments particuliers, car chaque praticien croit posséder le meilleur. Quelques médecins emploient les évacuants mercuriels, tandis que d'autres évitent avec soin l'usage du mercure sous quelque forme que ce soit. Les sels neutres ont été recommandés, dans la pensée qu'ils sont rafraîchissants. Certaines personnes ont insisté principalement sur l'emploi des diurétiques, soit qu'elles aient pensé qu'ils sont propres à agir mécaniquement sur les voies urinaires et à les débarrasser du pus vénérien, soit qu'elles les aient considérés comme des agents spécifiques relativement à ce dernier effet : le nitre a été employé dans cette vue; on a supposé en outre qu'il avait la propriété de diminuer l'inflammation; mais ce fait me paraît très-douteux. Sous l'influence de ces diverses méthodes de traitement, les malades se guérissent toujours, et chaque médecin attribue le succès à la méthode qui lui est propre.

Sans aucun doute, il convient, dans la plupart des cas, d'entretenir le ventre libre, lors même que le malade jouit d'ailleurs d'une bonne santé. Mais comment peut-on concevoir qu'une irritation déterminée dans le canal intestinal guérisse une inflammation spécifique qui a son siége dans l'urètre? Cependant on a vu dans plusieurs cas un purgatif drastique produire d'heureux résultats, et même quelquefois amener la guérison. Mais je soupçonne que dans ces cas l'écoulement n'était plus entretenu que par l'effet de l'habitude, et que cette pratique n'aurait point eu le même succès au début de la maladie. Un homme qui avait une gonorrhée dont tous les symptômes duraient depuis deux mois, fut immédiatement guéri après avoir pris en une seule dose dix grains de calomel qui le purgèrent violemment. Le calomel n'a pu agir spécifiquement, mais seulement comme dérivatif; c'est-à-dire, qu'une irritation produite dans un organe en a guéri une qui existait dans un autre. Mais, en accordant même que dans certaines constitutions les purgatifs aient la propriété de rendre les solides moins susceptibles de l'irritation gonorrhéique, on ne saurait admettre qu'ils ont cette vertu dans tous les cas; dans quelques constitutions, ils peuvent diminuer les forces, accroître l'irritabilité, et par conséquent exaspérer les symptômes. Ces effets opposés doivent être produits dans les différentes constitutions, lorsque les agents thérapeutiques n'exercent point sur elles une action spécifique. Lors même qu'on supposerait que la guérison pût être hâtée par l'évacuation d'une certaine quantité de liquide qu'on extrait du sang, quel avantage peut-on retirer, pour combattre une inflammation qui a son siége dans une partie, d'une pareille évacuation qui se ferait dans une autre partie sous la forme d'une sécrétion? Si ce phénomène pouvait avoir quelque utilité, ne pourrait-on pas guérir également la gonorrhée en provoquant d'abondantes sueurs, en déterminant un accroissement de la sécrétion salivaire par l'usage du tabac, ou en stimulant la sécrétion des fosses nasales à l'aide de la même substance réduite en poudre? Mais on a considéré *les humeurs* comme étant la cause de toutes les maladies, et surtout de celles qui s'accompagnent de la formation du pus et de la production d'un écoulement : or, les purgatifs étant supposés guérir *les humeurs*, on a dû naturellement recourir aux purgatifs dans le traitement de la gonorrhée, et, comme les malades se sont toujours guéris, cette pratique s'est établie d'une manière générale.

Les thérapeutistes qui ont recommandé l'emploi du mercure dans la maladie qui nous occupe, l'ont fait très-probablement dans la pensée que cette substance est le spécifique de la maladie vénérienne, quelle que soit la forme de cette dernière. Dans cette supposition, leur pratique se montre rationnelle; car le médicament étant absorbé dans les intestins, est porté, avec le sang qui circule, dans les vaisseaux enflammés de l'urètre, et doit y détruire l'irritation vénérienne. Ici, on ne peut supposer qu'une chose, c'est que le mercure agit par sa vertu spécifique. Mais je doute beaucoup que le mercure soit doué d'aucune propriété spécifique contre la gonorrhée, car j'ai observé que cette maladie se guérit tout aussi vite lorsqu'on n'a point recours au mercure que lorsqu'on l'emploie. Dans les cas où ce métal n'est administré qu'à titre de purgatif et où il est promptement expulsé de l'économie, de manière qu'il n'ait pu agir que sur l'intestin, il est impossible d'admettre qu'il exerce sur l'inflammation vénérienne de l'urètre une autre influence que celle qui résulterait d'une irritation quelconque produite sur l'intestin par tout autre purgatif. Et en effet, le mercure est si peu efficace contre la gonorrhée, que j'ai vu une gonorrhée survenir au milieu d'un traitement mercuriel suffisant pour guérir un chancre. Je ne saurais dire si la gonorrhée provenait de l'infection qui avait produit le chancre ; c'est ce qu'il est difficile de déterminer dans de tels cas. On a vu aussi des hommes contracter la gonorrhée dans le temps même où ils étaient saturés de mercure pour la cure d'une syphilis constitutionnelle, et alors la guérison de la gonorrhée a été tout aussi difficile qu'à l'ordinaire.

Un homme se confia à mes soins, le 27 juin, pour être traité de deux chancres et d'un bubon. J'obtins la résolution du bubon; mais le malade ayant de la répugnance pour les frictions mercurielles, je fus obligé de les remplacer par l'emploi quotidien du mercure calciné, que je prescrivis à la dose de deux grains le soir et un grain le matin. Vers le milieu de juillet, la bouche s'affecta et l'usage du mercure fut suspendu. Huit jours après, ce médicament fut repris, et le malade parut complétement guéri de sa maladie vénérienne; cependant je le fis persévérer dans l'emploi du mercure, qui entretint un ptyalisme constant. Dans cet état, le 16 août, cet homme eut commerce avec une femme; il renouvela cette relation le lendemain. Cinq jours après, il fut pris d'une gonorrhée qui se montra très-violente (*).

Les mêmes considérations générales qui ont été exposées ci-dessus peuvent être appliquées aux effets produits par les diurétiques considérés comme évacuants.

Il serait possible que des médicaments spécifiques (si nous en possédions), introduits dans l'économie, fussent éliminés avec l'urine qui servirait de véhicule, et qu'ils exerçassent leur influence sur la paroi interne de l'urètre au moment de leur passage à travers ce canal. Les baumes et les térébenthines sont éliminés par cette voie et deviennent des spécifiques contre plusieurs irritations de l'appareil urinaire. Mais je ne sais jusqu'à quel point des médicaments qui ont la faculté d'affecter certains organes déterminés, soit à l'état de santé, soit atteints de maladies qui leur sont propres, je ne sais, dis-je, jusqu'à quel point ces médicaments ont aussi la propriété d'exercer une influence sur une irritation spécifique de ces mêmes organes; mais je ne pense pas que cette influence puisse être bien considérable. Il est possible, toutefois, qu'ils aient le pouvoir de faire cesser une irritation concomitante quelconque, bien qu'ils ne puissent enlever l'irritation spécifique. Quoi qu'il en soit, les diurétiques ont leurs avantages; car s'ils augmentent la quantité de l'urine, par cela seul ils font du bien; mais je crois que le meilleur moyen d'obtenir cet effet, c'est l'eau simple, ou l'eau unie à des substances propres à encourager le malade à boire beaucoup, comme le thé, le sirop de capillaire, l'orgeat, et autres semblables.

Les astringents, quoique souvent prescrits, ont toujours été condamnés par les médecins qui se sont posés comme des praticiens judicieux et réguliers. Suivant ces médecins, il y a toujours quelque chose qui doit être rejeté hors de l'économie, et qui amène consécutivement une syphilis constitutionnelle s'il n'est éliminé. Cette manière de raisonner n'est pas exacte. La question doit être posée de la manière suivante : Les astringents sont-ils utiles, ou non, dans le traitement de la gonorrhée? Je ne pense pas

____

(*) On trouve en outre dans l'édition de Home : « Un autre homme étant sous l'influence d'un traitement mercuriel pour la cure de plusieurs chancres, eut des relations avec une femme avant d'avoir cessé l'usage du mercure, et deux jours après il survint une gonorrhée. »

qu'ils atténuent dans aucun cas l'inflammation vénérienne ; mais certainement ils diminuent souvent l'écoulement ; or, comme cet effet ne constitue
point une guérison, il n'est point nécessaire de le produire.

Je conçois qu'une combinaison des astringents, principalement des astringents spécifiques de ces organes, comme les baumes, avec tout autre
médicament dont l'emploi puisse être jugé efficace, ait pour effet salutaire
de diminuer l'écoulement en proportion de la décroissance de l'inflammation ; c'est en effet ce que j'ai observé souvent, ainsi que je le dirai plus
loin avec détails.

§ II. *Des applications locales. Des diverses espèces d'injections : irritantes, sédatives, émollientes, astringentes.*

Les agents thérapeutiques locaux peuvent être appliqués soit à la surface
interne de l'urètre, soit à la surface externe de la verge, ou bien à l'une
et à l'autre surface à la fois ; dans beaucoup de cas il est nécessaire de
combiner ces divers procédés. Les médicaments appliqués à la surface
interne de l'urètre semblent être ceux qui doivent avoir le plus d'efficacité
pour guérir la gonorrhée, puisqu'ils viennent immédiatement en contact
avec les parties malades ; en effet, s'ils sont de nature à provoquer une
action, quelle qu'elle soit, ce doit être une action opposée à l'irritation
vénérienne. C'est pourquoi on pourrait supposer que la plupart des irritations, pourvu qu'elles ne soient pas vénériennes, doivent tendre à produire
la guérison ; mais certainement cela n'a pas lieu dans tous les cas. Si, au
contraire, ces médicaments sont de nature à calmer l'irritation, ils auront aussi de l'utilité.

Les agents thérapeutiques qui sont appliqués à la surface de l'urètre
peuvent être solides ou liquides ; les uns et les autres ont des avantages
et des inconvénients. Un médicament liquide ne peut constituer qu'une
application temporaire et même de très-courte durée ; son emploi ressemble à l'action qui consiste à laver une plaie, ce qui me paraît inutile dans
la plupart des cas, car je pense que le pus qui est fourni par une plaie
quelconque n'est jamais de nature à pouvoir exciter aucune action dans
cette plaie. Il importe donc peu que le pus séjourne ou ne séjourne pas
sur la surface qui l'a sécrété ; seulement, lorsqu'il est enlevé, les agents
thérapeutiques peuvent venir en contact immédiat avec la surface enflammée. Je suis très-porté à croire que ce n'est que de cette manière que la
détersion du pus peut être utile. Les médicaments solides peuvent rester
appliqués longtemps ; sous ce rapport, ils ressemblent aux pièces de pansement qu'on emploie dans le traitement des plaies. Quand les parties ne
sont pas assez enflammées pour qu'on doive en rejeter l'emploi, ils paraissent avoir sur les médicaments liquides un avantage qu'ils doivent à la
durée de leur application ; mais en général ils irritent immédiatement,
par le fait seul de leur solidité. On est obligé de les employer sous forme
de bougies ; mais je suis porté à penser que lorsque les parties malades
sont dans un état d'inflammation, l'usage le moins fréquent des bougies
est le meilleur, bien que je ne puisse pas dire que j'aie jamais vu leur

emploi produire des effets fâcheux, lorsqu'elles étaient appliquées avec les précautions convenables.

L'application des médicaments liquides à la surface interne de l'urètre constitue ce qu'on appelle communément des injections. Le nombre de ces dernières, comme celui des médicaments internes, est infini, car chaque praticien a pensé ou a voulu faire penser à tout le monde que celle qu'il avait adoptée était la meilleure. Mais toutes les inflammations vénériennes se dissipent sous l'influence des injections les plus variées (ce qui a été signalé également pour les médicaments internes), et cela vient puissamment à l'appui de l'opinion que toutes les maladies de cette espèce se guérissent d'elles-mêmes avec le temps. Il me semble toutefois qu'il résulte de l'expérience, que les injections exercent souvent sur les symptômes gonorrhéiques une influence presque immédiate, et que, par conséquent, elles doivent avoir quelque vertu; et pourtant l'injection douée de la plus grande vertu spécifique n'est point encore connue. Toute injection qui n'a aucune vertu spécifique doit être très incertaine dans ses effets, et n'est de quelque utilité qu'autant qu'elle peut être appropriée à quelque particularité de la constitution ou des parties malades. Les injections n'étant que des applications temporaires, il est nécessaire de les renouveler souvent, surtout dans les cas où l'on observe qu'elles produisent de bons effets. Il faut, en conséquence, les appliquer aussi souvent qu'on le juge convenable, peut-être toutes les heures ou même plus souvent. Mais la fréquence de leur emploi doit être réglée jusqu'à un certain point par la nature de l'injection; en effet, si elle est de nature irritante, son application trop fréquemment renouvelée pourrait avoir des suites fâcheuses.

Parmi les injections que l'on emploie contre la gonorrhée, il en est plusieurs qui ont la propriété de faire cesser les symptômes immédiatement, ou du moins très-peu de temps après leur application, et qui empêchent la suppuration de s'établir, ce qui a fait naître l'idée qu'elles refoulent la maladie dans la constitution. Mais cette hypothèse se trouve directement en opposition avec ce qui a lieu en réalité. En effet, ainsi que j'ai déjà cherché à le prouver, le pus est la seule substance qui serve de véhicule au *poison*, et la formation du *poison* est impossible sans la formation du pus. Si donc cette dernière peut être empêchée, la première ne pourra avoir lieu, et alors il n'y aura rien à faire pour l'absorption; de sorte que le malade n'aura point à craindre une infection générale, et ne sera point susceptible de communiquer l'infection à d'autres individus (voyez p. 166).

Lorsque l'écoulement est l'effet d'une inflammation qui existe actuellement, on peut l'arrêter par des injections, bien que l'inflammation persiste jusqu'à un certain point et qu'elle puisse être dissipée ensuite sans que l'écoulement ait reparu. Mais je crois que par cette pratique on gagne peu de chose, car on ne guérit ainsi que l'effet de l'inflammation, et ce n'est pas là la maladie qu'on se propose de guérir. Cependant, on voit dans certains cas le mode de traitement qui arrête l'écoulement

lement guérir aussi l'inflammation; mais je pense que cela n'a lieu que lorsque l'inflammation est peu intense.

Je divise les injections, d'après leurs effets particuliers sur l'urètre, en quatre classes : elles sont irritantes, sédatives, émollientes ou astringentes. Je ne pense pas qu'une injection spécifique ait été encore découverte, bien qu'un grand nombre de personnes croient que les injections mercurielles, sous une forme ou sous une autre, possèdent une telle vertu, et que par suite de cette croyance ce métal fasse partie de plusieurs des injections qui sont actuellement en usage.

Je pense que toutes les *injections irritantes*, de quelque nature qu'elles soient, agissent en vertu du même principe, savoir, en produisant une irritation d'une autre nature que celle qu'elles sont destinées à combattre, irritation qui doit être plus considérable que l'irritation vénérienne, d'où il résulte que cette dernière est détruite, et que la maladie est guérie, bien que la douleur et l'écoulement puissent être encore entretenus par l'injection. Ces derniers effets ne tardent point à se dissiper quand l'injection est abandonnée, parce qu'ils dépendent seulement des qualités irritantes de celle-ci. On peut admettre que les bougies, ainsi que plusieurs injections, amènent la guérison de cette manière; bien que ces moyens exaspèrent les symptômes pour le moment, ils ne peuvent jamais accroître la maladie elle-même, pas plus que l'injection qui produirait les mêmes symptômes, si elle était appliquée à la surface de l'urètre d'un homme sain, ne peut faire naître la maladie vénérienne. La plupart des injections irritantes ont une action astringente, et ne sont qu'astringentes quand elles sont mitigées; leur qualité irritante dépend principalement de leur concentration.

Les injections irritantes ne convenant pas contre toutes les inflammations qui dérivent du *poison* vénérien (*), il se présente naturellement une question, c'est celle de savoir dans quels cas les injections irritantes peuvent être employées avec avantage. C'est une chose que je n'ai pas pu déterminer d'une manière absolue. Toutefois, je pense que les injections irritantes ne doivent jamais être prescrites lorsqu'il y a déjà beaucoup d'inflammation, et surtout chez les sujets dont la constitution n'est pas capable de supporter une forte dose d'irritation, ainsi qu'on peut le savoir dans certains cas, lorsque le malade a déjà été atteint de la même affection. Elles ne doivent pas être prescrites non plus, lorsque l'irritation s'est étendue au delà de la distance spécifique; ni lorsque les testicules sont douloureux; ni lorsque ces organes se sont engorgés à la suite de la cessation rapide de l'écoulement; ni lorsque le périnée est très-susceptible d'inflammation, surtout s'il a suppuré antérieurement; ni enfin lorsque la vessie a de la disposition à s'irriter, ce qu'on reconnaît lorsque le malade est pris depuis quelque temps de besoins fréquents d'uriner. Dans tous les cas de ce genre, je les ai employées sans succès;

(*) En effet, j'ai déjà fait remarquer que l'inflammation varie suivant la constitution.

J. **Hunter**.

et non-seulement elles ne font pas de bien, mais encore elles font souf[...] du mal, car je les ai vues déterminer une extension plus grande de l'i[...] flammation dans le canal de l'urètre (*); et je crois être fondé à l[...] attribuer la formation de certains abcès du périnée. Mais lorsque l'i[...] flammation est peu intense et que la constitution n'est point irritabl[...] ces injections sont souvent suivies de succès, et elles font disparaître [...] maladie presque immédiatement. Néanmoins, ce moyen de traiteme[...] doit être employé avec précaution, et peut-être ne doit-on y av[...] recours que lorsque les moyens plus doux ont échoué. Une solution [...] deux grains de sublimé corrosif dans huit onces d'eau distillée consti[...] une des meilleures injections de cette espèce qu'on puisse prescrir[...] Mais on peut se servir d'une solution moitié moins forte, lorsqu'on [...] se propose pas d'obtenir une guérison aussi prompte. Si cependant[...] même dans cette dernière proportion, l'injection détermine une vi[...] souffrance ou augmente beaucoup la douleur en urinant, il faut enco[...] l'affaiblir.

Les *injections sédatives* sont toujours utiles lorsque l'inflammati[...] est intense, non qu'elles amendent la maladie en elle-même, mais par[...] qu'elles diminuent l'intensité de l'action morbide, ce qui permet toujou[...] aux actions naturelles de la partie de s'accomplir plus facilement. Ell[...] sont aussi très-utiles pour adoucir les sensations douloureuses du malad[...] L'opium peut être considéré comme le meilleur sédatif que nous ayon[...] aussi bien lorsqu'il est administré par la bouche ou par le rectum, qu[...] lorsqu'il est appliqué sur la partie malade sous forme d'injection. Mai[...] l'opium lui-même ne convient pas à toutes les constitutions et à tout[...] les parties, et n'agit pas toujours comme sédatif. Souvent au contrair[...] il produit des effets tout opposés, et développe une grande irritabilit[...] Le plomb doit être rangé parmi les sédatifs, en ce sens qu'il abat l'in[...] flammation, en même temps qu'il agit comme un doux astringent. Qua[...] torze grains d'acétate de plomb dans huit onces d'eau distillée forme[...] une bonne injection sédative et astringente.

L'usage abondant des boissons délayantes peut être considéré comm[...] ayant un effet sédatif, car il fait disparaître quelques-unes des cause[...] d'irritation en rendant l'urine moins stimulante soit pour la vessi[...] lorsque cet organe est dans un état d'irritation, soit pour l'urètre, dan[...] son passage à travers ce canal; il est même possible que ces boisson[...] délayantes diminuent la susceptibilité des organes pour l'irritation. On [...] recommandé l'emploi des mucilages qui sont fournis par certaines semen[...] ces et par certains végétaux, ainsi que celui des gommes émollientes[...] Mais je crois que cette pratique est fondée sur des idées trop mécaniques[...] et qu'aucune de ces substances n'est d'une grande utilité; suivant moi[...] l'avantage qu'on en retire dépend principalement de la quantité d'ea[...] qui est bue, et l'on peut atteindre parfaitement le but qu'on se propos[...]

(*) Cependant, on ne doit pas toujours leur attribuer cette extension, car on l'ob- serve souvent dans des cas où l'on n'a point eu recours à leur emploi.   J. HUNTER.

en ajoutant à l'eau toute substance propre à engager le malade à boire abondamment, pourvu qu'on en écarte les spiritueux. Cependant quelques malades m'ont dit qu'ils croyaient avoir remarqué que la douleur en urinant était moins forte lorsque des substances mucilagineuses étaient mêlées avec leurs boissons.

Les *injections émollientes* sont le meilleur de tous les topiques lorsque l'inflammation est très-grande. Très-probablement, leur utilité consiste d'abord à enlever simplement le pus, et ensuite à offrir un contact très-doux à la surface malade; de cette manière, je conçois qu'elles puissent être extrêmement avantageuses, en atténuant les effets irritants de l'urine. Et en effet, c'est ce que l'expérience démontre; on voit souvent une solution de gomme arabique, un mélange d'eau et de lait, ou de l'huile douce, diminuer la douleur et les autres symptômes, lorsque les injections les plus actives n'avaient rien fait, ou paraissaient avoir fait du mal. Il arrive très-souvent que l'irritation est si intense à l'orifice de l'urètre, que le malade ne peut supporter l'introduction de la canule de la seringue. Quand il en est ainsi, il faut s'abstenir de toute injection jusqu'à ce que l'inflammation ait perdu de son intensité. Les émollients peuvent aussi être employés sous forme de fomentations.

Les *injections astringentes* ne peuvent agir qu'en diminuant l'écoulement. Elles ne peuvent exercer aucune influence spécifique sur l'inflammation; mais, puisqu'elles peuvent modifier les actions du principe vital, il est possible qu'elles aient la faculté de modifier la disposition vénérienne. On ne doit les employer que vers la fin de la maladie, lorsque celle-ci a perdu sa violence, et que les parties malades commencent à devenir le siége d'un prurit. Mais l'application de ce précepte doit être dirigée d'après les circonstances; car si les symptômes sont modérés au début de la maladie, ces injections peuvent être prescrites tout de suite. En diminuant graduellement l'écoulement sans augmenter l'inflammation, on obtient par leur emploi une guérison complète, et l'on prévient la continuation de l'écoulement ou suintement habituel. Il est très-probable que les injections de cette espèce produisent une stimulation qui est de nature à faire contracter les vaisseaux et à empêcher l'acte même de la sécrétion. On ne peut guère supposer qu'elles agissent chimiquement en coagulant les fluides. Les injections astringentes trop fortes deviennent irritantes; elles perdent par là une grande partie de leurs propriétés astringentes, ou plutôt il résulte de cette nouvelle influence, que les parties deviennent le siége d'une action contraire à celle qu'elles accompliraient sous l'influence d'un simple astringent. Ainsi, elles augmentent souvent l'écoulement au lieu de le diminuer : de cette manière, elles peuvent aussi guérir la maladie comme les injections irritantes, c'est-à-dire, en modifiant la disposition inflammatoire. Quand elles sont plus douces, elles font souvent cesser l'écoulement, sans cependant hâter la guérison dans tous les cas; car alors l'inflammation peut durer encore plus longtemps qu'elle n'aurait fait si la tendance à la sécrétion purulente n'eût été arrêtée. J'ai déjà fait remarquer que lorsqu'une surface est en voie de suppuration, c'est qu'elle a contracté l'action de la maladie dans toute sa plénitude, ce qui est un pas vers la terminaison, c'est-à-dire vers la guérison. Néanmoins, il arrive quelquefois qu'une injection astringente guérit une irritation légère en très-peu de jours. Mon expérience ne m'a point appris qu'il y eût une substance astringente qui fût préférable à toute autre.

Les gommes astringentes, comme le sang de dragon, les baumes et les térébenthines, dissoutes dans l'eau; les sucs de plusieurs végétaux, tels que l'écorce de chêne, le quinquina, la racine de tormentille; et peut-être aussi tous les sels métalliques, comme les vitriols bleus, verts et blancs, les sels de mercure et l'alun, agissent probablement de la même manière, bien qu'on puisse affirmer que ces diverses substances n'agissent pas toujours également bien dans toutes les gonorrhées, car une nouvelle injection réussit quelquefois après que plusieurs autres ont été essayées en vain.

Les applications externes se composent en général de cataplasmes et de fomentations; mais ces moyens ne peuvent être que de peu d'utilité à moins que les parties extérieures, telles que le prépuce, le gland et l'orifice de l'urètre, ne participent à l'inflammation; il est vrai que l'orifice de l'urètre est presque toujours plus ou moins affecté.

Lorsque les glandes de l'urètre sont assez tuméfiées pour être senties à l'extérieur, il peut être convenable de faire des frictions sur la partie tuméfiée avec l'onguent mercuriel; mais il est très-probable que ces frictions sont plus utiles après la chute de l'inflammation que pendant qu'elle existe dans toute sa force. Quoi qu'il en soit, on applique souvent l'onguent mercuriel sur toute la surface externe des parties malades lorsqu'elles sont dans un état d'inflammation, et on les recouvre ensuite d'un cataplasme. Mais je ne suis pas entièrement convaincu de l'utilité de cette pratique.

CHAPITRE V.

DU TRAITEMENT DE LA GONORRHÉE CHEZ LA FEMME.

Chez la femme, le traitement de la gonorrhée est à peu près le même que chez l'homme; mais chez elle, la maladie en elle-même est moins violente, et les symptômes secondaires ou sympathiques sont moins nombreux. Cette différence dépend de ce que le nombre des parties qui peuvent être affectées est moins considérable, et de ce que ces parties ont moins d'étendue ou ont moins de susceptibilité pour l'inflammation. Il résulte de là que le traitement est plus simple.

Quand la maladie n'occupe que le vagin, elle est facile à guérir. Les injections sont le meilleur moyen qu'on puisse employer; il peut être utile, après les injections, de frictionner l'intérieur du vagin, aussi haut que possible, avec l'onguent mercuriel (*), et de laver souvent les parties externes de la génération avec le liquide qui sert aux injections.

Lorsque l'inflammation a envahi l'urètre, les injections ne conviennent point autant, car il est presque impossible aux malades de pousser une injection dans ce canal.

Les injections qui ont été recommandées contre la gonorrhée chez les hommes, peuvent être employées ici également; mais on peut leur donner moitié plus de force, car les parties qui sont affectées chez la femme ne sont pas à beaucoup près aussi irritables que celles qui sont ordinairement le siége de la maladie chez l'homme.

Si ce que j'ai dit de la gonorrhée chez la femme est exact, on voit qu'il doit être très-difficile de dire avec quelque certitude à quelle époque la malade est guérie. En effet, lorsque tous les symptômes ont disparu, le chirurgien et la malade sont naturellement portés à considérer la cure comme complète; mais le commerce de la femme avec un homme sain peut prouver le contraire. Dans les cas où la maladie n'a point affecté l'urètre, mais seulement le vagin, et surtout dans ceux où aucun symptôme n'a jamais été observé, il est encore plus difficile de fixer l'époque de la guérison. Le praticien doit se laisser guider par l'expérience générale.

Quand l'inflammation s'étend le long des canaux excréteurs des glandes, soit de celles qui occupent le vagin, soit de celles de l'urètre, ou qu'elle

(*) Je n'ai pas pu déterminer jusqu'à quel point l'onguent mercuriel contribue à la guérison; l'emploi de ce moyen est fondé plutôt sur l'analogie que sur l'expérience.

J. Hunter.

affecte les glandes elles-mêmes, il faut suivre le même mode de traitement; les frictions mercurielles, en particulier, doivent être employées largement sur les parties mêmes. Si l'inflammation qui occupe les orifices des conduits excréteurs des glandes est assez intense pour en amener l'oblitération, les conduits et les glandes suppurent et forment des abcès. Il faut ouvrir ces abcès, ou agrandir l'ouverture déjà faite, et les panser comme un chancre ou un bubon.

Pour les cas de simple écoulement, le traitement interne sera indiqué ci-après. Lorsqu'il se forme de la suppuration, il faut prescrire le traitement constitutionnel comme pour les cas de chancres ou de bubons, car il est très-probable que l'absorption du pus vénérien aura lieu, et il faut se tenir en garde contre les effets de cette absorption.

CHAPITRE VI.

DU TRAITEMENT INTERNE OU CONSTITUTIONNEL DE LA GONORRHÉE.

Dans le traitement de la gonorrhée, il faut quelquefois prendre en considération l'état de la constitution autant que celui des parties affectées, sinon davantage; mais cette précaution n'est pas nécessaire en général. On puise en grande partie dans les symptômes locaux la connaissance de l'état de la constitution, et l'on doit mettre autant que possible le traitement interne en harmonie avec le traitement local.

Chez beaucoup de sujets à constitution forte et pléthorique, chez qui les actions et la puissance d'action sont également énergiques, on observe que les symptômes sont violents. Ces constitutions ont généralement une grande disposition pour la fièvre inflammatoire; et ce qui peut être considéré avec le plus de probabilité comme étant leur trait caractéristique, c'est que les symptômes locaux ne s'étendent pas au delà de la distance spécifique. Plusieurs agents thérapeutiques qui pourraient être utiles dans d'autres constitutions se montrent souvent nuisibles dans celles-ci, et exaspèrent les symptômes mêmes qu'ils étaient destinés à combattre. J'ai même vu des lavements opiacés, qui pourtant avaient soulagé d'abord, faire naître enfin ou augmenter la fièvre, et de cette manière exaspérer tous les symptômes. J'ai vu le baume de copahu, dans de tels cas, accroître les symptômes inflammatoires, probablement parce qu'il suspendait l'écoulement, qui paraît être un phénomène salutaire. Lorsque la gonorrhée atteint des sujets doués d'une telle constitution, le traitement doit se composer principalement de moyens évacuants, et les meilleurs sont la saignée et les purgatifs doux. Il est nécessaire de suivre un régime sévère, et surtout de prendre peu d'exercice; bien que ce mode de traitement ne fasse pas disparaître l'irritation vénérienne, il diminue la violence de l'inflammation et permet aux tissus malades de se rétablir. Il résulte de là que dans ces constitutions la maladie se guérit très-promptement dans sa seconde période, attendu qu'il n'existe aucune disposition pour la perpétuation de l'inflammation.

Chez les sujets à constitution faible et irritable les symptômes se montrent souvent très-violents, ce qui dépend de ce que les parties sont le siége d'une action très-intense; et l'inflammation, dépassant la distance spécifique, se propage fréquemment le long de l'urètre, et même envahit la vessie. Loin d'employer ici les évacuants, qui aggraveraient les

symptômes au lieu de les amender, il faut fortifier la constitution, afin de
la rendre généralement moins susceptible d'irritation.

J'ai vu des malades qui étaient doués d'une constitution telle, qu'ils
n'étaient jamais assurés de jouir de vingt-quatre heures de santé : chez
eux l'inflammation était intense et en même temps prenait beaucoup
d'extension. Si l'on essayait les moyens évacuants, les symptômes s'exas-
péraient; mais lorsqu'on donnait le quinquina largement, les symptômes
perdaient presque immédiatement leur violence, et les malades ne tardaient pas à se guérir sans avoir recours à aucun autre médicament. Ici,
le quinquina agissait sur la constitution, détruisait l'irritabilité, donnait
aux parties *le sentiment exact et sain de l'irritation vénérienne*, et
ramenait l'inflammation à la condition qu'elle doit présenter chez un
sujet sain, ce qui donnait à la constitution la faculté de produire la guérison elle-même.

La gonorrhée est si capricieuse dans sa curation, qu'on voit quelquefois l'établissement tout accidentel d'une fièvre arrêter l'écoulement,
faire cesser la douleur en urinant, et finalement la gonorrhée se terminer avec l'affection fébrile; tandis que chez d'autres malades tous les
symptômes de la gonorrhée ne cessent à l'invasion d'une fièvre que pour
se reproduire après que celle-ci a été dissipée. D'autres fois, la gonorrhée
débute d'une manière bénigne, mais il survient une fièvre intense qui
dure plusieurs jours, et les symptômes gonorrhéiques s'exaspèrent; puis,
la fièvre disparaissant, la gonorrhée disparaît avec elle. Bien qu'une
affection fébrile n'amène pas toujours la guérison de la gonorrhée, cependant comme elle peut avoir ce résultat, on ne doit rien faire tant que
la fièvre existe; mais si la gonorrhée persiste quand la fièvre a cessé, il
faut alors la traiter suivant les symptômes (*).

Malheureusement, il y a des cas où aucun mode de traitement connu
ne peut diminuer les symptômes : les évacuants ne produisent aucun
amendement; les toniques ont aussi peu de succès; les sédatifs et les
émollients ne procurent aucun soulagement; le temps seul amène la guérison. Dans de tels cas, la méthode adoucissante me paraît être la meilleure, jusqu'à ce que la maladie soit mieux connue. On ne doit pas avoir
recours aux astringents, dont l'influence sur les parties enflammées est
incertaine; souvent, en effet, ils ne diminuent ni l'inflammation, ni la
douleur, bien qu'ils puissent rendre l'écoulement moins abondant. Les
térébenthines, et principalement le baume de copahu et le baume du
Canada, diminuent la disposition des tissus à sécréter du pus, ce qui paraît
toujours salutaire; mais comme elles n'ont pas en même temps la faculté
d'atténuer l'inflammation, elles ne peuvent être que de peu d'utilité.

Indépendamment de la différence des effets de la gonorrhée suivant les

(*) On lit ici dans l'édition de Home : « Un homme qui faisait une injection pour
combattre une gonorrhée fut pris de vomissements et de diarrhée, à la suite desquels
des hémorroïdes se manifestèrent. Ces hémorroïdes saignèrent abondamment. Lorsque cette nouvelle affection fut guérie, il s'aperçut que tous les symptômes de gonorrhée avaient disparu. »

différentes constitutions, il est à remarquer que les symptômes de la maladie sont modifiés d'une manière notable par le régime de vie du malade dans la période inflammatoire, et par l'invasion des autres maladies qui peuvent attaquer la constitution à cette époque. Mais ce fait est commun à toutes les maladies; en effet, toutes les maladies locales (et c'est sous ce point de vue que j'ai envisagé la gonorrhée) sont toujours affectées par tout ce qui affecte la constitution. La plupart des choses qui précipitent ou excitent la circulation aggravent les symptômes : tels sont, un exercice immodéré, l'usage trop abondant des liqueurs fortes, le choix d'aliments forts et difficiles à digérer, parmi lesquels il en est qui agissent spécifiquement sur les organes affectés, et qui ainsi aggravent les symptômes plus puissamment que ceux qui ne font qu'échauffer l'ensemble de l'économie, tels sont les poivres, les épices et les spiritueux.

De tout ce qui a été dit plus haut, il résulte que la gonorrhée doit être traitée de la même manière que toute autre inflammation, et que toutes les méthodes de traitement qui ont été employées doivent être considérées comme des correctifs de l'irritation en général et du trouble de la circulation. Dans les cas où la maladie se montre bénigne à son début, où l'inflammation est légère, et dans ceux où les symptômes violents qui ont été décrits ci-dessus ont cédé, on peut administrer, conjointement avec les remèdes locaux que j'ai indiqués, les médicaments qui ont pour effet de diminuer l'écoulement. Parmi ces derniers, ceux qui me paraissent les plus efficaces sont les térébenthines. Les cantharides, les sels de quelques métaux, comme ceux de cuivre, de zinc et de plomb, quelques terres, comme l'alun, ont été fortement recommandés à l'intérieur comme astringents.

Quelle que soit la méthode qu'on ait adoptée pour le traitement de la gonorrhée, soit localement, soit à l'intérieur, il ne faut jamais perdre de vue qu'une certaine quantité de la matière de l'écoulement peut être absorbée et se montrer ensuite sous la forme de syphilis constitutionnelle. Pour prévenir cet effet, je pense qu'on doit donner intérieurement de petites doses de mercure. Il n'est pas facile de déterminer à quelle époque ce traitement mercuriel doit commencer; mais s'il est vrai, ainsi que je l'ai expliqué antérieurement, que la disposition syphilitique une fois formée ne peut point être guérie par le mercure, tandis que cet agent thérapeutique a la faculté d'empêcher une pareille disposition de se former, il importe de commencer de bonne heure et de continuer jusqu'à la fin de la maladie, non-seulement jusqu'à ce que la sécrétion du pus ait cessé de se faire, mais encore quelque temps après. On peut employer les frictions mercurielles, lorsque l'estomac et les intestins ne peuvent supporter le médicament.

Cette pratique est d'autant plus nécessaire que l'écoulement dure depuis plus longtemps, surtout lorsque le traitement s'est composé seulement des simples évacuants. En effet, lorsque l'écoulement a une longue durée, l'absorption a plus de temps pour s'exercer; et lorsqu'on n'a eu recours

II.

qu'aux évacuants, il y a plus de raisons de craindre qu'elle n'ait eu lieu, car ces médicaments n'ont aucunement la faculté de repousser le virus hors de l'économie.

Pour empêcher l'établissement d'une syphilis constitutionnelle par suite de l'absorption du pus vénérien, il suffit de prescrire un grain de mercure calciné chaque soir, ou soir et matin; mais il faut en continuer l'emploi en proportion de la durée de la maladie.

On ne peut jamais constater le succès de cette pratique dans aucun cas particulier, parce qu'il est impossible de dire si le pus a été absorbé, excepté dans les cas où il se forme des bubons; et toutes les fois qu'on reste incertain sur la réalité de l'absorption virulente, il est impossible d'affirmer qu'une syphilis constitutionnelle se serait manifestée, si l'on n'avait point donné de mercure; car parmi les malades mêmes qui n'ont point pris de mercure, on en voit peu qui soient atteints de symptômes constitutionnels consécutivement à une gonorrhée. Quoi qu'il en soit, il est prudent de prescrire un traitement mercuriel, car on peut admettre avec raison qu'on préviendra souvent ainsi l'établissement d'une syphilis constitutionnelle, comme cela a lieu lorsqu'on l'administre à des malades affectés de chancres ou de bubons qui sans ce traitement détermineraient certainement une infection générale, ainsi que l'expérience nous l'a appris (*).

(*) Les principes sur lesquels Hunter a établi le traitement de la gonorrhée, bien que corrects en général, demandent cependant quelques rectifications. Sur quelques points, il paraît avoir été égaré par des opinions qui sont au moins très-douteuses.

Il est assez bien établi maintenant qu'un traitement mercuriel n'est ni indispensable, ni même utile dans la gonorrhée. L'emploi du mercure n'exerce aucune influence particulière sur la marche de la maladie, et c'est une erreur que de croire que l'usage en est nécessaire pour prévenir des symptômes constitutionnels. Cette pratique est également inutile lors même qu'il se forme de la suppuration dans les glandes de l'urètre ou dans celles de l'aine, ou une perte de substance sur les surfaces malades par quelque cause que ce soit. Du reste, l'emploi du mercure ne s'accompagne d'aucun danger, à moins qu'on ne l'élève à une dose assez forte et qu'on ne l'administre assez longtemps pour qu'il amène une dépression notable de la tonicité générale, un état alcalin de l'urine, et une irritabilité universelle de l'économie.

D'après l'opinion que le pus, de quelque nature qu'il soit, ne peut exercer aucune influence sur la partie qui le sécrète (p. 199), Hunter n'accorde aucune importance à l'écoulement de la gonorrhée, et conclut qu'en aucun cas l'inflammation n'est augmentée par la stimulation de cette sécrétion de pus, ni diminuée par sa cessation. Cette doctrine ne paraît pas s'accorder entièrement avec les résultats de l'expérience. Il est difficile de se rendre compte de l'effet que produisent les astringents, au début de la maladie, autrement qu'en supposant qu'ils délivrent l'urètre de la stimulation du virus en s'opposant à la sécrétion du pus, et qu'ils enlèvent ainsi la cause même de l'inflammation. En outre, la distinction entre la gonorrhée virulente et les simples écoulements purulents qui ne dérivent point d'une infection vénérienne, doit être appuyée moins sur la violence des symptômes que sur leur ténacité. L'urètre est souvent le siége d'une inflammation aussi violente que celle de la gonorrhée, dans des cas où on ne peut admettre aucune infection. L'écoulement peut être aussi abondant, et parfaitement semblable pour la couleur et pour l'aspect. Mais dans ces cas, les symptômes inflammatoires s'éteignent spontanément en peu de jours, et l'écoulement diminue en même temps qu'eux; tandis que, sous l'influence de circonstances semblables, l'inflammation et l'écoulement de la gonorrhée persistent pendant des semaines et même pendant des mois, sans diminution apparente. D'où vient cette différence, si ce n'est que dans les cas d'inflammation simple la cause est temporaire, et que par conséquent l'inflammation qu'elle a excitée ne tarde point à s'épuiser d'elle-même, tandis que dans la gonorrhée il s'engendre un *poison,* qui agit comme stimulus perpétuel et renouvelle constamment l'excitation qui primitivement a donné naissance aux symptômes morbides?

On ne voit pas pourquoi le traitement de la gonorrhée différerait de celui des autres inflammations de l'urètre. Mais on doit se rappeler que l'inflammation des membranes muqueuses en général, et en particulier celle de la membrane de Schneider et celle de la membrane interne de la vessie, ne demandent pas qu'on réduise beaucoup les forces du malade et ne sont point amendées par cet affaiblissement; et qu'il arrive souvent, si la constitution devient irritable par suite d'un tel affaiblissement, que ces inflammations s'aggravent et se montrent très-rebelles. Cette remarque, qui s'applique aux inflammations de toutes les membranes muqueuses en général, acquiert surtout un haut degré d'importance dans les cas d'inflammation de la vessie et de l'urètre, peut-être parce que les moyens déplétifs ont pour effet de modifier les propriétés de l'urine et de la rendre alcaline et irritante.

La durée et la violence de la gonorrhée dépendent beaucoup de la partie de l'urètre où elle a son siége. On observe de grandes différences sous ce rapport. Dans la plupart des cas, l'inflammation est limitée au voisinage du gland; mais souvent elle envahit aussi la portion membraneuse, ainsi qu'on peut s'en assurer non-seulement pendant la vie par les symptômes, mais encore après la mort par la dissection. Lorsque la maladie est bornée aux trois derniers pouces du canal de l'urètre, il est très-rare qu'elle soit longue ou intense; lorsqu'elle s'étend au bulbe et aux parties environnantes, les symptômes sont très-opiniâtres et très-pénibles. A quelques rares exceptions près, la maladie commence au niveau du gland; lorsqu'elle affecte la portion membraneuse, c'est par suite de l'extension graduelle de l'inflammation, qui se propage le long du canal de l'urètre. Cette extension n'a guère lieu que lorsque la maladie existe au moins depuis quinze jours, et si la guérison peut être obtenue dans cet espace de temps, elle est évitée presque certainement.

Les véritables principes qui doivent servir de base au traitement découlent naturellement des considérations qui précèdent.

Si le médecin est consulté au début de la maladie, lorsque l'écoulement vient à peine de se manifester et est encore très-peu abondant, avant que l'orifice de l'urètre se soit tuméfié et que le canal soit devenu sensible au stimulus de l'urine, la maladie peut, dans beaucoup de cas, être entièrement arrêtée par des injections astringentes ou par des médicaments internes qui ont la propriété d'agir comme astringents sur le canal de l'urètre, tels que le baume de copahu ou le poivre cubèbe. Mais on ne peut obtenir un tel résultat que lorsque les symptômes inflammatoires ont à peine commencé à se manifester et sont encore au moindre degré possible d'intensité. Souvent il est trop tard au bout de vingt-quatre heures, et presque toujours après quarante-huit heures de durée. Quand il existe une inflammation vive, on peut rarement opérer la suspension complète de l'écoulement, et quand on y parvient, ce n'est presque jamais d'une manière permanente. L'écoulement peut être diminué considérablement, mais cette diminution aggrave l'inflammation plutôt qu'elle ne l'atténue, car elle amoindrit une sécrétion qui a pour effet de dégorger les vaisseaux distendus, et l'inflammation, qui persiste, reproduit inévitablement en peu de temps l'écoulement avec autant d'abondance qu'auparavant. Il est à remarquer que pour que ce

17.

mode de traitement réussisse, il est nécessaire que l'écoulement soit supprimé entièrement. S'il en reste une seule goutte, elle fera renaître l'inflammation et la maladie suivra sa marche ordinaire.

Lorsque la maladie est dans des conditions telles, que ce mode de traitement n'offre aucune chance de succès, il est nécessaire de lui laisser suivre sa marche naturelle. Il arrive une époque où le canal s'accoutume à l'impression du virus, et alors l'inflammation se dissipe spontanément. En même temps, le chirurgien doit s'efforcer d'en atténuer la violence en écartant tous les stimulants qu'il est possible d'éviter. Les principaux stimulants sont l'urine et la matière de l'écoulement. Il faut adoucir l'urine en neutralisant son acidité et en la délayant considérablement. Il faut modérer l'écoulement par des médicaments astringents administrés à dose suffisante pour mettre un léger obstacle à l'accroissement de la sécrétion sans déterminer aucune diminution immédiate ou notable dans son abondance. Tout ce qui réagit sur les parties affectées doit être évité. Le régime doit être léger et même peu abondant. Le malade ne doit prendre aucun exercice violent. Mais on ne trouve aucun avantage dans une abstinence rigide et dans un repos absolu, et dans les privations capables d'affecter la santé générale ou d'abaisser d'une manière notable le ton de l'économie.

Toutefois, si l'inflammation s'étend aux parties qui environnent l'urètre, ou si elle dépasse la distance spécifique, suivant l'expression de Hunter, ces principes ne sont pas toujours applicables. Lorsqu'il y a de la douleur et du gonflement au périnée, lorsque le col de la vessie est enflammé, la position horizontale et le régime le plus modéré peuvent être nécessaires. Cependant, même alors, la saignée locale est préférable à la saignée générale, et il ne faut pas que l'alimentation soit réduite beaucoup au-dessous de ce qu'elle est habituellement dans l'état de santé.

Quand les symptômes inflammatoires ont presque entièrement disparu, que l'ardeur de l'urine et la cordée n'existent plus, que l'orifice de l'urètre a perdu sa rougeur et sa turgescence, et que l'écoulement est devenu moins abondant et moins purulent, les astringents peuvent être de nouveau administrés largement, et, généralement, ils achèvent la cure.   G. G. B.

Qu'il me soit permis ici de donner les résultats de mon expérience personnelle, d'après des relevés que j'ai fait faire, soit dans mon hôpital, soit dans ma pratique privée, par M. Léon Rattier.

La blennorrhagie est une maladie primitivement et presque toujours définitivement locale.

Des accidents ou des complications se développent quelquefois dans des parties voisines, par continuité ou contiguïté de tissus; mais les effets sympathiques à distance sont beaucoup plus rares.

Le nombre et la gravité des accidents sont, non-seulement en raison de l'intensité de la maladie première, mais encore en raison de sa durée. La blennorrhagie n'atteint pas de suite sa plus grande violence; elle n'a pas non plus de phases régulières à parcourir, ni un temps de durée limité. Malgré les idées contraires de Hunter, nous sommes trop éloigné du stahlisme pur pour croire, comme on le fait vulgairement, à la nécessité de la suppuration, et au besoin de laisser aller l'écoulement. L'abondance de la suppuration est en raison du degré de l'inflammation, et non la cause qui fait diminuer celle-ci. Les prétendus dangers de la répercussion des écoulements ou de leur guérison rapide sont chimériques, et l'on peut établir la proposition contraire, qui veut que plus vite on guérit et plus tôt aussi on se met à l'abri des accidents. Il résulte de ces propositions que le traitement de la blennorrhagie doit tendre à empêcher son développement, à diminuer l'intensité de ses symptômes quand on n'a pas pu l'arrêter au début, et enfin, dans tous les cas, à en abréger la durée autant qu'il est possible. Il faut donc diviser le traitement en abortif, en palliatif et en curatif.

Les agents de la méthode *abortive* sont ou directs ou indirects. On peut les employer isolément ou à la fois.

Tant qu'il n'y a pas encore de signes de vive inflammation au premier, au second, au troisième, au quatrième jour, ou même plus tard, j'emploie les injections de solution de nitrate d'argent, ou ce sel à l'état solide, en faisant prendre concurremment à l'intérieur le cubèbe ou le copahu. S'il existe déjà un peu trop d'inflammation et de douleur, ou que ces conditions se manifestent sous l'influence des injections, il faut renoncer à celles-ci, tout en continuant les moyens internes, aidés du reste du régime et d'autres moyens que nous allons signaler.

Dès que l'état inflammatoire est franchement établi, la médication abortive n'est plus applicable, car elle pourrait plutôt nuire que servir.

Alors doit être employé le traitement *palliatif* de la période aiguë, qu'on peut ainsi résumer :

Repos général de l'individu, mais, par-dessus tout, repos local de la partie malade; usage d'un suspensoir pendant la marche et la station droite; régime sévère, en rapport toutefois avec les forces de l'individu et l'intensité du mal; éviter les excitants de tous genres, et plus particulièrement les liqueurs, la bière, les asperges, etc.; boissons rafraîchissantes abondantes, au goût du malade.

Liberté du ventre à l'aide de lavements ou de légers purgatifs; bains entiers tièdes et prolongés, en tenant compte toutefois de leurs effets, quelques malades ne s'en trouvant pas bien; bains locaux comme soin de propreté, ou comme sédatifs, en évitant encore qu'ils ne congestionnent ou ne favorisent l'œdème; lotions, injections, fomentations, cataplasmes, en suivant les mêmes règles.

Évacuations sanguines locales quand la maladie existe sans réactions générales, saignée du bras dans les conditions opposées. Dans le premier cas, en donnant la préférence aux sangsues, on doit mettre celles-ci aussi près que possible de l'endroit malade, en évitant, en cas de complication de chancres, les points déclives que pourrait atteindre le pus, et les régions où le tissu cellulaire trop lâche favorise l'œdème et expose à de graves accidents d'inflammation érysipélateuse et même de gangrène, comme on l'a vu pour les bourses, la verge, les paupières, etc.

Lorsque l'état aigu cède, ce qui est indiqué par la diminution ou la cessation complète de la douleur en urinant, bien plus encore que par l'absence de celle-ci dans les érections, qui, comme l'observe avec raison Hunter, peuvent faire encore longtemps souffrir après la cessation de tout écoulement, il ne faut plus insister autant sur la médication antiphlogistique, qui, loin de guérir dans la plupart des cas, comme on l'a avancé, tend au contraire à faire passer la maladie à l'état chronique indéfini.

On doit aussitôt abandonner l'usage des bains généraux, qui non-seulement alors pourraient entretenir la maladie, mais qui même la font revenir, quand on les reprend trop tôt après la guérison.

Le régime doit être rendu graduellement plus tonique, tandis qu'on va prescrire les antiblennorrhagiques proprement dits. Ici, comme dans la méthode abortive, deux ordres de médications se présentent: moyens directs, moyens indirects.

1° *Moyens directs.* La médication directe, ou locale, doit être mise en première ligne. Les indications qu'elle doit remplir sont: d'isoler les muqueuses malades, en les empêchant de se toucher entre elles; de s'opposer au séjour ou à la stagnation des sécrétions morbides, et de tarir l'écoulement.

La première indication n'est pas facile à remplir dans la blennorrhagie urétrale, bien que je l'aie tentée avec succès dans une foule de cas, comme je le dirai plus tard. Quant aux autres conditions de la médication directe, on y satisfait surtout par l'usage des injections.

Sans chercher ou rejeter d'une manière absolue un spécifique dans les injections, il est bien certain que, parmi les médicaments qu'on emploie sous cette forme, il en est qui donnent plus souvent que d'autres d'heureux résultats. Sous ce rapport, il faut mettre en première ligne le nitrate d'argent, qui a une action si remarquable dans le traitement de la plupart des inflammations des muqueuses.

La formule à laquelle je donne la préférence, et qui est celle dont on doit se servir dans le traitement abortif, est la même qu'a proposée le professeur Serre, de Montpellier :

> Nitrate d'argent cristallisé............. 2 grains.
> Eau distillée........................... 8 onces.
> M.

Les injections à l'aide de ce liquide doivent être faites avec une seringue en verre dont la canule se termine par un bout d'ivoire flexible, ainsi que j'en ai fait fabriquer par M. Charrière.

Il faut que les injections soient froides, et qu'on ne les empêche pas de parcourir toute la longueur du canal, afin qu'elles puissent atteindre dans tous les cas les régions malades.

Le nombre journalier des injections doit être limité : six par jour suffisent ordinairement, sans fatiguer le canal. Si après un jour ou deux l'écoulement augmente, et qu'il surtout il devienne un peu sanguinolent, on les suspend. Alors la sécrétion morbide ne tarde pas à diminuer pour se tarir ensuite, ou tout au moins à revenir au taux où elle était d'abord. Dans le premier cas, les injections ne sont plus utiles ; dans le second, il faut y revenir. Quelquefois cependant, à la dose indiquée, le nitrate d'argent a peu d'effet sur la marche de la maladie ; alors, il faut augmenter graduellement cette dose jusqu'à production d'un des résultats signalés.

En donnant la préférence aux injections de nitrate d'argent, il ne faut cependant pas exclure les autres de la pratique ; on pourrait peut-être en formuler ainsi l'emploi :

Injections avec l'acétate de plomb, quand le nitrate d'argent irrite sans bénéfice ; avec le zinc, quand les dernières restent sans effets ; avec le vin, lorsqu'il existe du relâchement et de l'atonie ; laudanisées, quand on a besoin d'un astringent sédatif ; enfin avec le sublimé, l'iode, l'iodure de fer, les caustiques même, quand il faut obtenir, comme nous le verrons plus tard, une modification ou perturbation plus profonde, etc.

On a reproché aux injections : 1° d'exposer les malades à des attouchements répétés et *dangereux*. Cette objection est ridicule.

2° On les a accusées de pousser la matière contagieuse plus profondément et de prolonger la maladie. Cet effet n'est rien moins que prouvé.

3° On a pensé qu'elles donnaient souvent lieu à l'inflammation du col de la vessie et aux engorgements des épididymes. Mal administrées, et à des degrés de concentration ou avec des substances non convenables, elles peuvent produire ces effets ; mais, dans ces cas, la faute n'est pas au remède, il faut l'imputer à ceux qui l'ont mal appliqué.

4° Enfin l'objection la plus terrible, la plus opiniâtre, est celle qui veut que les injections soient la cause la plus fréquente des rétrécissements de l'urètre.

On peut, en opposition avec les idées qu'on tend à propager à ce sujet, dire que non-seulement les injections ne déterminent pas dans tous les cas des coarctations, mais qu'au contraire elles les préviennent quand elles font cesser une blennorrhagie promptement, et que même, dans certaines circonstances d'hypertrophies molles de l'urètre, elles peuvent guérir les rétrécissements qui en dépendent.

Les individus qui ont des rétrécissements après avoir fait des injections, sont ceux chez lesquels l'écoulement n'a pas été guéri, et a entraîné, par sa persistance, l'altération des tissus, comme cela arrive dans toutes les inflammations qui durent trop longtemps.

En somme, les mauvais résultats des injections tiennent encore à leur mauvaise administration, ou à un défaut d'action.

2° *Moyens indirects.* On doit y recourir dès qu'on commence l'usage des injections. Dans quelques cas même, lorsque l'urètre est encore trop impressionnable, ou qu'il s'irrite sous l'influence de celles-ci, il faut les employer seuls de prime abord, ou après coup.

On peut les ranger, d'après leur plus ou moins d'efficacité, dans l'ordre suivant : copahu, cubèbe, térébenthines, purgatifs, diurétiques, astringents, toniques, iode, révulsifs cutanés, etc.

Le copahu, auquel Hunter semble n'accorder que la propriété de diminuer la sécrétion morbide sans avoir d'influence bien marquée sur l'inflammation qui la produit, a cependant un effet tel, lorsqu'il est bien employé, qu'on est forcé, malgré les préventions de M. Jourdan, de lui accorder une sorte de propriété spécifique antiblennorrhagique.

Le copahu agit sur l'estomac, les intestins, les voies urinaires, la peau, et, dans quelques cas rares, sur les centres nerveux.

Sur l'estomac, il excite des nausées, des *rapports*, des vomituritions et des vomissements par intolérance, ou bien il détermine des irritations franches et de véritables inflammations. Ces différents effets sur l'estomac sont en pure perte et sans résultats curatifs pour la blennorrhagie.

Dans le canal intestinal, il peut purger simplement, donner quelquefois lieu à de la constipation, ou exciter aussi l'inflammation à différents degrés. C'est toutefois dans cette région des voies digestives que l'action du copahu est efficace. Chez quelques malades, ses bons effets sont en raison directe des évacuations alvines qu'il excite, tandis que chez d'autres on observe les résultats opposés. Ces différentes conditions de succès ne peuvent être déterminées que *à posteriori*.

Mais l'action la plus puissante du copahu a lieu surtout lorsqu'il est admis à traverser les voies urinaires, ce qui n'arrive que dans les cas où le canal intestinal a pu le tolérer. Cette action se manifeste par un peu d'augmentation dans la sécrétion de l'urine, dont l'odeur change en se combinant à celle du remède ; par une excitation quelquefois assez vive du col de la vessie, qui entraîne de plus fréquents besoins d'uriner, et enfin par une chaleur ordinairement accrue dans l'urètre pendant l'émission. C'est vraiment ici qu'on reconnaît l'action presque spécifique du baume de copahu, et cela est tellement vrai, qu'on peut dire qu'il est aussi puissant contre la blennorrhagie urétrale des deux sexes, qu'il est nul pour les autres variétés de cette affection.

Le copahu détermine souvent dans les temps froids et humides, au printemps, en automne, des éruptions cutanées, qui se rapportent, par ordre de fréquence, à la roséole, à l'urticaire, ou à de simples érythèmes. Ces éruptions ont surtout lieu lorsque les voies digestives sont en mauvais état. Elles s'accompagnent ordinairement de vives démangeaisons et durent rarement au delà du premier septenaire, lorsque, reconnaissant la cause à laquelle elles sont dues, on fait cesser celle-ci. Non-seulement cette action du copahu sur la peau, qui tourmente plus ou moins les malades, est sans bénéfice dans le traitement de la blennorrhagie, mais encore il n'est pas rare de voir des malades chez lesquels l'écoulement, d'abord tari, reparaît dès qu'une éruption cutanée vient à se manifester. D'après ces observations pratiques, qu'on peut répéter tous les jours, il faudra bien se garder d'adopter l'opinion récemment professée dans le dictionnaire de médecine et de chirurgie pratiques, qui veut que l'action du remède sur la peau ne soit pas une contre-indication à son emploi.

De tous les effets du copahu, le plus rare est, sans contredit, celui qui a lieu sur les centres nerveux. J'ai cependant eu occasion de voir des malades chez lesquels ce médicament, administré à des doses trop fortes, ou d'une manière intempestive, avait produit des symptômes alarmants de congestion et d'excitation de la moelle épinière et du cerveau. Chez une femme, il donna lieu à une hémiplégie passagère, qui disparut aussitôt qu'une vive éruption rubéolique se manifesta; tandis que chez une autre, son emploi fut suivi de violentes convulsions, dont la crise fut encore un exanthème aigu.

On a appliqué le copahu sur les parties malades : en pansements, en injections, en suppositoires. On le fait prendre par l'estomac ou par le rectum.

L'emploi direct est nul ou nuisible. Son meilleur mode d'administration est par l'estomac : il est dix fois plus puissant par cette voie que par le rectum, et ce n'est que dans les cas où l'estomac ne peut le tolérer qu'il faut le faire prendre par le gros intestin.

Plus le copahu est pur et sans mélange, mieux il agit. Toutes les préparations pharmaceutiques qui tendent à le solidifier, à lui ôter son goût et son odeur, nuisent souvent à son efficacité.

On peut le faire tolérer par l'estomac en l'associant aux antispasmodiques, aux opiacés, aux toniques, etc. Les boissons gazeuses réussissent très-bien dans ce sens, la limonade, l'eau de Seltz.

La forme capsulaire sous laquelle on l'administre aujourd'hui a constitué un véritable progrès en pharmacie.

Lorsque le copahu purge trop, sans bénéfice, il faut l'associer aux opiacés et aux astringents, tandis qu'on doit l'aider de substances purgatives dans les conditions opposées. C'est ainsi encore que, lorsque son action n'est pas assez prononcée sur les voies urinaires, il faut lui donner les diurétiques pour adjuvants.

Par le rectum, c'est en quarts de lavement, ou sous forme de suppositoire qu'on le fait prendre. Quelques personnes conservent mieux des capsules introduites dans l'intestin au-dessus des sphincters.

Ce n'est pas en commençant par de petites doses qu'on obtient les meilleurs effets. On peut en donner de deux à trois gros par jour et jusqu'à plus d'une once, selon les susceptibilités individuelles. Quand le copahu a produit son effet, il ne faut pas le suspendre l'emploi brusquement : on doit aller par doses décroissantes.

Après le copahu, et peut-être sur la même ligne, on doit placer le cubèbe comme antiblennorrhagique. Ce dernier médicament est moins nauséabond que le premier, mais il est plus irritant, comme aussi il détermine plus souvent la constipation que la diarrhée. Il communique bien moins d'odeur à l'urine, et son action sur la peau est infiniment plus rare.

Plus facile à obtenir pur dans le commerce, et d'un prix moins élevé, il mérite le plus souvent la préférence, en tenant compte de quelques-unes des propriétés que nous venons de signaler, et qui trouvent fréquemment leur application.

La dose est de six gros à une ou deux onces même par jour. On peut, comme le copahu, auquel on l'unit souvent, le faire prendre sous bien des formes pharmaceutiques; la plus simple est la poudre, la plus agréable et la plus commode est celle des capsules.

Les térébenthines, celles de Venise en particulier, sont bien moins puissantes, quoi qu'on en ait dit dans ces derniers temps. Les purgatifs ne servent tout au plus qu'à remplir certaines indications, ainsi que les diurétiques, sur lesquels on ne compte plus autant que le faisaient Tode et ceux qui l'ont suivi. Quant aux astringents, aux toniques, à l'iode, que MM. Richond et Henry avaient tant recommandé, comme aussi les révulsifs cutanés, vésicatoires, bains froids, bains de vapeurs, etc., il ne faut véritablement les considérer que comme des moyens purement accessoires et d'une bien moindre efficacité.

Hunter ne disant rien du traitement de la balanite, ou blennorrhagie externe, qu'il me soit permis d'en dire un mot.

Le meilleur traitement de cette forme de la blennorrhagie consiste dans la cautéri-sation superficielle des parties malades à l'aide du nitrate d'argent solide, qu'on passe rapidement sur les surfaces de manière à les blanchir, et sans donner le temps au caustique de les pénétrer en profondeur. Cela fait, si le gland peut être mis à découvert, on place entre lui et le prépuce un linge sec à demeure, qu'on renouvelle deux fois par jour. Lorsque la balanite existe sans érosions, de simples lotions d'eau blanche et l'interposition du linge sec suffisent. Quand il y a un phimosis plus ou moins prononcé, la cautérisation en passant la pierre infernale entre le gland et son enveloppe, pour faire ensuite des injections avec l'eau de Goulard, donne les plus heureux résultats. Là où les autres médications émollientes, antiphlogistiques, et celles réputées spéci-fiques, échouent ou prolongent le mal, on obtient les plus rapides guérisons. Le plus ou moins d'inflammation n'est pas une contre-indication, et ce n'est que dans les cas où l'inflammation est excessive, que des évacuations sanguines peuvent être ajoutées au trai-tement, comme aussi ce n'est que dans les cas de menace de gangrène qu'on opère le phimosis aigu qui peut compliquer la balanite.

Chez la femme, la blennorrhagie vulvaire est la plus facile à guérir. Elle cède aux mêmes moyens que la balanite. Pour celle qui affecte le vagin, l'état aigu réclame les antiphlogistiques, l'usage surtout des injections émollientes et sédatives. Mais aussitôt que celui-ci cède, ou quand l'état chronique le précède ou le suit, le moyen qui m'a donné les plus heureux résultats, que j'ai le premier préconisé et dans lequel j'ai depuis été imité, c'est l'emploi du nitrate d'argent, soit solide, soit liquide. Dans le premier cas, on met les parties à découvert à l'aide de mon speculum brisé, et, en commençant par les régions profondes, on passe le nitrate d'argent sur toute l'étendue des parois vagi-nales en retirant l'instrument pour sortir. A la suite de ces cautérisations, on tient le vagin écarté par de la charpie sèche qui en isole les parois, comme dans le traitement de la balanite. Ces cautérisations sont suivies, le jour d'après, d'injections résolutives, ou astringentes, répétées trois ou quatre fois par jour. L'application du nitrate d'argent solide réussit surtout lorsque les follicules muqueux sont plus fortement affectés, dans la forme que j'ai désignée sous le nom de *psorélytrie*. Il faut la répéter à trois ou quatre jours d'intervalle, si la maladie reste dans le *statu quo*, ou l'abandonner, si le flux s'aggrave ou se tarit. Dans les autres cas, il suffit d'injections faites, deux ou trois fois par jour, avec une solution de nitrate d'argent cristallisé, d'un demi-grain à un grain par once d'eau distillée.

Dans tous les cas où les injections sont indiquées, l'action du liquide qui constitue celles-ci est bien plus efficace, lorsqu'il est maintenu en contact avec les tissus malades, à l'aide de tampons qui en sont imbibés. Du reste, on réussit souvent par l'usage de la charpie sèche seule introduite dans le vagin pour en isoler les parois.

Quand la maladie a gagné l'utérus, les moyens que nous venons d'indiquer peuvent encore agir par continuité ou contiguïté de tissus; mais, il faut le dire, le plus souvent ils restent impuissants. Alors encore, on peut espérer beaucoup de la cautérisation du col et de celle de sa cavité, à l'aide d'un crayon de nitrate d'argent qu'on y introduit avec toute la prudence nécessaire. On fait de la même manière des injections, avec la solution de ce sel, aux doses que je viens de signaler.

Le nitrate d'argent employé convenablement dans ces cas, ne produit pas plus d'ac-cidents qu'aucune autre méthode, et c'est faute d'avoir lu, vu ou compris, qu'on a pu le blâmer.

Enfin la blennorrhagie urétrale de la femme rentre, pour le traitement, dans ce que j'ai dit de celle de l'homme, et, pour elle, le copahu et le cubèbe retrouvent leur efficacité.

Je n'ajouterai que peu de mots à ce que dit Hunter du traitement constitutionnel de la blennorrhagie, relativement au mercure. On peut dire qu'il est presque toujours nui-

sible employé comme médication générale, et à plus forte raison en applications locales. Les *demi-traitements* de M. Lagneau ne sont pas rationnels, et on ne doit recou-
à ce genre de remède que lorsque d'autres indications se présentent, telles que la coexis-
tance d'un chancre induré, pour motiver un traitement général, ou celle d'un engorgement persistant, contre lequel on peut appliquer directement le mercure comme fondant.

P. RICORD.

CHAPITRE VII.

DU TRAITEMENT DES SYMPTOMES ACCIDENTELS DE LA GONORRHÉE.

Les symptômes dont je vais m'occuper n'étant que des phénomènes accidentels de la gonorrhée vénérienne, et n'étant point de nature syphilitique, puisqu'ils ne sont que l'effet de l'irritation de l'urètre, on doit les traiter de la même manière que s'ils étaient produits par toute autre cause.

§ I. *Hémorragie de l'urètre.*

J'ai déjà fait observer que quand l'inflammation est violente ou s'étend le long du canal de l'urètre, il se fait souvent un écoulement de sang, qui est fourni par les vaisseaux de ce canal. Le baume de copahu pris à l'intérieur a été employé avec avantage pour combattre ces hémorragies, et il est à supposer que toutes les térébenthines peuvent être également utiles. Les injections astringentes ne m'ont offert aucun avantage en pareil cas, et quelquefois je les ai soupçonnées d'avoir été la cause de l'hémorragie urétrale. Ces hémorragies disparaissent toujours à l'époque ordinaire de la guérison de la gonorrhée (*).

§ II. *Des moyens de prévenir les érections douloureuses.*

Dans beaucoup de cas, l'opium donné à l'intérieur paraît avoir une

---

(*) Les hémorragies de l'urètre dans la gonorrhée sont avantageuses et doivent être rarement combattues. Cependant, si la perte de sang devenait très-abondante et qu'il fût nécessaire de l'arrêter, le meilleur remède consisterait dans l'application du froid, au moyen d'une vessie remplie de glace qu'on placerait sur le périnée.   G. G. B.

Les hémorragies de l'urètre arrivent par exhalation ou sont la conséquence d'une déchirure qui a souvent lieu dans la blennorrhagie avec érection cordée. Elles peuvent être quelquefois avantageuses. Contrairement à l'observation de Hunter, le copahu et les térébenthines ont peu d'action contre elles, et peuvent même être nuisibles. Lorsque la perte de sang est considérable, il faut la combattre. Le repos, les injections froides, la glace sur les parties voisines, arrêtent souvent l'écoulement du sang; mais lorsque l'hémorragie tient à une rupture de vaisseau, comme cela arrive chez les malades qui se rompent la corde, comme on le dit vulgairement, on est quelquefois forcé d'avoir recours à la compression. Cette compression se fait, pour l'urètre, à l'aide d'une sonde; et si l'hémorragie persiste, on peut y ajouter l'action extérieure d'une bandelette circulaire, pour la partie antérieure de la verge, et d'un tampon sur la région du périnée.   P. RICORD.

grande efficacité pour prévenir les érections douloureuses. Vingt gouttes de teinture thébaïque prises en se couchant procurent du soulagement pendant toute la nuit. La ciguë paraît aussi être douée de quelque vertu.

§ III. *Du traitement de la cordée.*

Au début de ce symptôme morbide, la saignée du bras est souvent utile, mais il est plus immédiatement avantageux de tirer du sang de la partie même, au moyen des sangsues; et, en effet, on observe souvent un soulagement remarquable à la suite de la rupture d'un vaisseau de l'urètre qui fournit une hémorragie considérable. On diminue souvent la souffrance en soumettant la verge à un courant d'eau chaude. Les cataplasmes ont aussi des effets avantageux, et les fomentations ainsi que les cataplasmes peuvent devenir plus efficaces, dans beaucoup de cas, pour dissiper l'inflammation, par l'addition du camphre. L'opium pris à l'intérieur est remarquablement utile, surtout s'il est associé avec le camphre. Mais l'opium agit plutôt en diminuant la douleur qu'en faisant cesser l'inflammation, bien qu'on puisse dire qu'en prévenant les érections il écarte la cause immédiate de la cordée (*).

Quand la cordée persiste après la cessation des autres symptômes, il n'y a plus rien ou presque rien à faire sous forme d'évacuations, car l'inflammation est domptée, et il ne reste plus qu'un de ses effets, qui doit se dissiper graduellement par l'absorption de la lymphe coagulable extravasée. Les émissions sanguines ne peuvent donc plus être employées ici. Les frictions mercurielles sur le siége du mal favorisent l'absorption de la lymphe, car l'expérience a démontré que le mercure a beaucoup d'efficacité pour exciter l'absorption. Le frottement en lui-même est utile. Dans un cas que j'ai observé, après que tous les modes de traitement employés ordinairement avaient été essayés en vain, l'usage de la ciguë parut amener des résultats très-marqués. L'électricité peut être avantageuse. Souvent il arrive que la cordée est beaucoup plus longue à se dissiper que l'écoulement ou la douleur; mais il n'en résulte aucune fâcheuse conséquence. Sa décroissance est graduelle et uniforme, comme celle de la plupart des effets de l'inflammation.

J'ai vu le quinquina contribuer puissamment à guérir la cordée ou ses suites, dans les cas où ce symptôme paraît être de nature spasmodique. Les moyens évacuants, soit locaux, soit généraux, sont alors généralement nuisibles.

§ IV. *Du traitement de la suppuration des glandes de l'urètre.*

Les suppurations des glandes de l'urètre doivent être traitées comme les chancres. On doit donc prescrire le mercure, comme il sera expliqué plus loin.

(*) Je suis absolument de l'avis de Hunter. Le camphre est le plus puissant de tous les sédatifs pour les érections, quoi qu'aient écrit des théoriciens modernes; et l'on doit ajouter que l'expérience, plus forte que toutes les doctrines et tous les raisonnements, enseigne que l'opium est son meilleur adjuvant. P. RICORD.

Si la suppuration s'établit dans les glandes de Cowper, il faut donner une attention spéciale à ce phénomène morbide. L'abcès doit être ouvert largement et de bonne heure, car le pus pourrait se frayer une route dans le scrotum ou dans l'urètre, ce qui aurait des conséquences graves. Ici également il faut prescrire l'emploi du mercure, et peut-être même aussi largement que dans les cas où il y a un bubon. En un mot, le traitement doit être le même que celui des ulcères vénériens; et, sous ce rapport, il diffère du traitement des abcès qui sont la conséquence d'un rétrécissement (*).

§ V. *Du traitement de l'irritation sympathique de la vessie.*

Quand la gonorrhée s'étend jusqu'à la vessie, elle donne naissance à une affection qui est extrêmement pénible, mais qui entraîne rarement des accidents sérieux. Cependant je pense que, dans certains cas, elle a jeté dans ce viscère les germes d'une irritation qui est devenue très-douloureuse et s'est accompagnée de dangers.

Les lavements opiacés, si rien dans la constitution ne s'oppose à leur usage, procurent un soulagement temporaire très-marqué. Les bains chauds sont utiles, mais non dans tous les cas; et souvent on retire de bons effets de la saignée pratiquée largement, si le malade est pléthorique. Les applications de sangsues au périnée sont également avantageuses. Mais, dans quelques constitutions, la saignée est plus nuisible qu'utile; et il faut être prudent dans l'emploi de ce moyen évacuant, car, dans beaucoup de cas, ainsi que je l'ai déjà fait remarquer, les symptômes qui ont leur siége dans la vessie sont plutôt l'effet d'une affection sympathique que celui d'une véritable inflammation. Comme cette affection de la vessie persiste souvent pendant un temps considérable, donne naissance à d'autres sympathies dans les organes environnants, et n'est pas le moins du monde amendée par les méthodes de traitement qui sont communément employées, je conseille de tenter les moyens suivants : appliquer un emplâtre opiacé sur le pubis, ou dans la région lombaire où les nerfs de la vessie prennent leur origine; placer un petit vésicatoire sur le périnée; ce dernier moyen produit de bons effets dans les irritations de la vessie qui reconnaissent d'autres causes (**).

§ VI. *Du traitement du gonflement des testicules.*

Lorsque le testicule sympathise avec l'urètre ou avec la vessie, et qu'il

(*) L'expérience n'a point confirmé cette doctrine. Les suppurations des glandes de l'urètre ne sont pas très-rares dans la gonorrhée; elles se guérissent facilement sans l'usage du mercure, et ne sont jamais suivies de symptômes d'infection générale.

G. G. B.

(**) Je partage complétement l'opinion de M. Babington.   P. RICORD.

L'irritation du col de la vessie est une chose assez fréquente dans le cours de la blennorrhagie urétrale. Cette irritation, qui s'accompagne de ténesme vésical et d'une excrétion souvent sanguine, par un mécanisme analogue à celui des hémorroïdes, cède surtout à l'emploi des quarts de lavements *froids* opiacés.   P. RICORD.

est enflammé, le repos est le meilleur moyen de traitement auquel [...]
puisse avoir recours. La position horizontale du corps est celle où le malade souffre le moins, car c'est celle où la circulation se fait le plus librement. Si le malade ne peut garder la position horizontale, il est absolument
nécessaire que le testicule soit bien soutenu; les malades s'empressent [...]
recourir à cette précaution, dès qu'ils ont ressenti le bien-être qui [...]
résulte.

On ne peut établir aucune méthode particulière de traitement co[...]
cette affection (*); elle doit être traitée comme l'inflammation en géné[...]
par les émissions sanguines et les purgatifs, si la constitution réc[...]
l'emploi de ces moyens, par les fomentations et par les cataplasmes[...]
saignée au moyen des sangsues se montre souvent utile. Il est imposs[...]
de se rendre bien compte de l'efficacité de ce dernier moyen, car les va[...]
seaux du scrotum ont bien peu de connexions avec ceux du testicule.

(*) Le traitement de l'épididymite est peut-être celui qu'on peut le plus méth[...]
quement formuler.

Saignée du bras lorsqu'il existe une réaction générale. Application de sangsues [...]
le trajet du canal inguinal et au périnée, lorsque les symptômes inflammatoires [...]
tent locaux.

S'il existe un épanchement dans la tunique vaginale, il faut l'évacuer à l'aide d[...]
ponction, quelle que soit la période de la maladie à laquelle on est arrivé.

Lorsque le cordon n'est pas trop engorgé, que le tissu cellulaire sous-scrotal [...]
pas le siége d'une inflammation phlegmoneuse, et à plus forte raison quand il n'y a [...]
de tendance à la suppuration, ou d'abcès formé, qu'on a déjà calmé la réaction in[...]
matoire par les antiphlogistiques, et évacué la sérosité de la tunique vaginale, [...]
les cas de complication d'hydrocèle, la meilleure méthode de traitement est celle [...]
j'ai empruntée à M. Frike de Hambourg, et qui consiste dans l'emploi de la c[...]
pression. Cette compression se fait à l'aide de bandelettes de sparadrap de vigo [...]
mercurio, placées circulairement sur l'organe malade, en commençant par un b[...]
placé à la naissance du cordon testiculaire, et en descendant cylindriquement jus[...]
la partie inférieure du testicule. Cela terminé, on comprime la partie inférieure [...]
de petites bandelettes croisées et serrées de bas en haut en sautoir, pour former [...]
espèce de panier qui complète l'appareil.

La compression ainsi exactement appliquée, doit donner, pour condition de succ[...]
une demi-heure ou une heure après son application, un soulagement qui n'avait [...]
suivi jusque-là les autres moyens. Dans le cas contraire où la douleur irait en cr[...]
sant, il faut se hâter de l'enlever si on ne veut pas avoir d'accidents.

Lorsque les malades peuvent supporter la compression, il faut avoir le soin de [...]
renouveler à mesure que l'organe malade diminue ou se flétrit en quelque sorte [...]
son influence. Si on n'est pas attentif à remplir cette indication, on ne tarde pas [...]
de fâcheuses réactions.

Lorsqu'à cause des contre-indications signalées, on ne peut pas avoir recours [...]
compression, tout en remplissant les autres conditions du traitement, on reti[...]
très-bons effets des onctions mercurielles directes employées concurremment av[...]
fomentations ou les cataplasmes émollients.

Les sangsues en applications répétées et en petit nombre, d'après la méthode [...]
M. Lisfranc, sont d'un très-grand secours, ainsi que le calomel pris à l'intérieur.

P. Ricord.

Comme je ne considère point le gonflement du testicule comme étant de nature vénérienne, je ne crois pas que l'emploi du mercure soit utile dans les cas qui nous occupent, tant que l'inflammation persiste; mais il offre des avantages quand l'inflammation est dissipée et que l'induration seule reste (*).

On a recommandé les vomitifs contre le gonflement testiculaire, et quelquefois ils produisent de bons effets. J'ai vu un vomitif faire disparaître presque subitement un gonflement de cette nature. Les effets du vomissement dépendent probablement de la sympathie qui existe entre l'estomac et le testicule. Les opiacés sont utiles, comme ils le sont dans la plupart des irritations de ces organes. Lorsque le gonflement du testicule vient à passer à la suppuration, ce qui arrive rarement, il ne réclame pas d'autre traitement que celui des suppurations ordinaires, et il n'est pas nécessaire d'administrer le mercure.

Dans la description de la maladie qui nous occupe, j'ai fait remarquer que, lorsque le testicule vient à s'engorger consécutivement à une gonorrhée, l'écoulement cesse, ou que, lorsque l'écoulement cesse, le testicule se tuméfie; c'est ce que la plupart des auteurs ont observé. Mais quel est le phénomène qui agit comme cause, quel est celui qui n'est qu'un effet? C'est ce qu'on n'a pas encore bien déterminé. On a observé aussi que c'est lorsque l'écoulement reparaît que le testicule manifeste les premiers symptômes de guérison; de sorte que le testicule ayant perdu son action sympathique, l'action primitive est rétablie dans l'urètre. Ici encore, on n'a point déterminé où est la cause, où est l'effet; mais, partant de l'hypothèse que la suppression de l'écoulement urétral est la cause de l'engorgement testiculaire, on a attribué ce dernier aux moyens employés dans le traitement de la gonorrhée, et quelques personnes en ont accusé les injections (**).

Un grand nombre de médecins ont conseillé, et quelques-uns ont tenté de provoquer le retour de l'écoulement; mais les méthodes suivies pour atteindre ce but n'étaient point fondées sur des principes exacts. Bromfield paraît être le premier qui ait recommandé un traitement en harmonie avec cette théorie; ce traitement consistait à renouveler l'irritation suppurative dans l'urètre par l'introduction des bougies. Je n'ai point observé que cette pratique ait été suivie des avantages qu'on en attendait, et que l'idée première pouvait faire espérer. Quelques médecins ont été plus loin, ils ont recommandé d'introduire du pus vénérien dans l'urètre; mais cette pratique n'est qu'une création imaginaire, et est fondée sur la supposition

(*) Bien que l'emploi des mercuriaux ne soit point indiqué ici dans le but de neutraliser le virus vénérien, cependant l'expérience a démontré que le calomel est de la plus grande utilité, même dans la période aiguë de l'inflammation du testicule. Il est probable que ce médicament agit ici, comme dans beaucoup d'autres cas d'inflammation adhésive, par l'influence qu'il exerce sur la circulation capillaire de la partie enflammée. Il faut toujours en combiner l'emploi avec celui des purgatifs, et, en général, avec celui des saignées locales. G. G. B.

(**) Voir la *note*, p. 222.

que le gonflement du testicule n'est produit que par une irritation vé-
rienne; mais j'ai déjà fait remarquer qu'il peut reconnaître d'au-
causes (*).

Il s'écoule, en général, beaucoup de temps avant que le gonflement
testicule se soit dissipé entièrement, bien qu'il diminue d'abord plus ra-
dement que les gonflements de la même glande produits par d'au-
causes. Avant de diminuer de volume, le testicule devient ordinaireme
plus mou, et c'est ordinairement à sa face antérieure que ce ramollisseme
s'observe d'abord. Peu à peu, la totalité de la tumeur se ramollit, et p
suite elle diminue. Il se passe encore beaucoup plus de temps, quelqu
même des années, avant que l'épididyme soit revenu à son état natu
Quelquefois, il ne recouvre jamais son volume et sa mollesse ordinair
Mais cela importe peu, car la persistance de la simple induration de l'é
didyme n'entraîne ordinairement aucun inconvénient, bien qu'il puiss
arriver parfois que des testicules dans cet état deviennent complétem
inutiles. Je n'ai jamais eu occasion d'examiner le testicule d'un hom
qui eût été atteint d'une manière authentique de la maladie en questi
mais j'ai disséqué des testicules dont l'épididyme offrait extérieureme
au toucher la même apparence, et dont le conduit déférent était oblité
Toutefois, je pense que cet accident arrive rarement; car on voit des m
lades dont les deux testicules sont atteints d'engorgement, et qui cepe
dant ensuite conservent la faculté d'éjaculer comme auparavant (**).

C'est dans cette période de la maladie que l'on peut retirer des ava
tages des applications résolutives, telles que les frictions avec le merc
uni au camphre. De même, on peut avec avantage employer des fum
tions aromatiques, afin de stimuler les vaisseaux absorbants à s'empar

(*) L'expérience m'a appris que non-seulement il n'y a pas de bénéfice à rappe
l'écoulement, mais que souvent il y a danger, et qu'on ne peut compter sur une ent
guérison de l'épididymite blennorrhagique que lorsque aussi l'écoulement est complè
ment tari.

Mais si la méthode de Bromfield est dangereuse, il y a encore bien plus d'incon
nient à introduire un nouveau pus vénérien dans l'urètre; car, en prenant du pus ré
puté vénérien qu'on n'aurait pas préalablement essayé par l'inoculation, on s'expose
à communiquer la syphilis à un malade qui jusque-là n'avait qu'une simple blenn
rhagie.   P. RICORD.

(**) L'induration qui persiste après l'inflammation du testicule, ne paraît pas, d
la plupart des cas, gêner en rien ses fonctions. L'oblitération du conduit défér
est un accident rare, et l'induration qui souvent persiste dans l'épididyme est or
nairement l'effet de la déposition de la lymphe plastique dans le tissu cellulaire q
unit ses circonvolutions, ou d'un simple épaississement des membranes qui l'env
loppent. Et, bien qu'il ne soit pas rare que quelques-uns des vaisseaux efféren
soient complétement oblitérés et convertis en des cordons solides, une telle altérati
ne peut avoir de gravité si elle ne porte sur la totalité de ces vaisseaux, car ceux d
la cavité reste libre suffisent pour porter la semence dans le conduit déférent.
                                                                  G. G. B.

Quelques dissections m'ont donné les mêmes résultats.   P. RICORD.

de la substance superflue. L'électricité a rendu de grands services dans quelques cas.

§ VII. *Du déclin et de la terminaison des symptômes de la gonorrhée.*

Le déclin de la maladie se reconnaît, en général, à la diminution de quelques-uns ou de la totalité des symptômes que j'ai décrits plus haut. La douleur locale devient moins vive ou se réduit à un prurit semblable à celui qui est ressenti au début de plusieurs gonorrhées, et enfin disparaît entièrement; la sensation de lassitude qui avait son siége dans le voisinage des lombes et des hanches, dans les testicules et dans le scrotum, cesse d'être perçue; enfin la coloration rouge-cerise et la transparence du gland disparaissent graduellement. Tels sont les signes les plus certains de la diminution de la maladie.

L'écoulement devient moins abondant, ou, s'il ne diminue pas, il se montre plus blanc, puis plus pâle encore, et peu à peu il devient de plus en plus gluant et visqueux, ce qui a toujours été considéré comme le signe le plus certain d'une guérison prochaine. Quand la matière de l'écoulement devient plus visqueuse, c'est qu'elle perd ses qualités pour revêtir les caractères du liquide qui lubrifie naturellement le canal, et de celui qui semble préparer le coït. Mais elle est très-variable dans son aspect, ce qui dépend souvent du genre de vie, de l'exercice que prend le malade, et de diverses autres causes.

Souvent les symptômes disparaissent complétement et les malades se croient guéris; puis les mêmes symptômes se renouvellent, le plus souvent avec moins d'intensité que la première fois, mais, dans quelques cas, avec autant et même avec plus de violence. Quelquefois cette récidive a lieu après un temps très-long. J'ai vu les symptômes de la gonorrhée se reproduire un mois après que toute trace de la maladie avait disparu. Toutefois, ces récidives durent rarement longtemps. On n'a point encore décidé jusqu'à quel point cette seconde attaque doit être considérée comme étant de nature vénérienne. La seule circonstance qui pût en démontrer la qualité vénérienne, ce serait que la maladie eût été communiquée à une personne saine. Je ne prétends point dire quelle est la nature de la maladie lorsqu'elle récidive peu de temps après la cessation des premiers symptômes; mais je suis très-porté à croire que, lorsque le malade est resté bien portant pendant un mois, la récidive ne peut pas être vénérienne. Cela n'est qu'une conjecture; et, si nous voulions poursuivre nos raisonnements sur ce sujet, il nous serait facile de déduire une opinion précisément opposée. En effet, si les parties peuvent revenir à un certain mode d'action, l'inflammation et la suppuration, on ne voit pas pourquoi elles ne contracteraient pas également de nouveau le mode spécifique d'action. Toutefois, comme l'effet ordinaire de l'irritation est la suppuration, et que la suppuration spécifique exige pour être formée une irritation de nature particulière, il est plus facile de concevoir que les parties puissent con-

tracter de nouveau le mode d'action le plus ordinaire, que les deux mo[des]
d'action à la fois. Il est possible, cependant, que dans les cas qui [nous]
occupent l'action syphilitique soit seulement suspendue, comme cela a li[eu]
pendant l'espace de temps qui sépare l'infection de la manifestation de l[a]
maladie.

Chez les femmes, la récidive des symptômes, et principalement de l'[é]
coulement, est plus fréquente que chez les hommes. L'écoulement gon[or]
rhéique étant semblable à celui qu'on désigne sous le nom de flue[urs]
blanches, il est souvent pris pour ce dernier, et il n'attire point l'atte[n]
tion, bien qu'il soit peut-être aussi virulent que les écoulements du can[al]
de l'urètre chez l'homme.

On n'a point encore établi la ligne de démarcation entre la gonorrhée [et]
la blennorrhée ou le suintement habituel. En effet, la cessation de l'[in]
flammation et de la douleur, et la modification de la matière de l'éco[u]
lement, ne sont point des preuves de la destruction du virus. La persis[-]
tance de l'inflammation n'est pas plus nécessaire pour la production d[u]
poison spécifique que pour celle de la blennorrhée. C'est ce qui résulte [de]
deux observations qui ont été rapportées plus haut (p. 202 et p. 203).

La première de ces observations démontre que l'inflammation n'e[st]
point nécessaire à l'existence du *poison* vénérien; tandis que, au contraire[,]
l'inflammation peut exister après que le pus sécrété a cessé d'être syphili[-]
tique. J'ai vu des cas où l'inflammation et l'écoulement ont persisté pen[-]
dant une année, même avec une grande intensité, et où pourtant des
relations sans réserve avec les femmes qui en étaient atteintes ne faisai[ent]
point contracter la maladie. Toutefois, ce résultat n'est point une preu[ve]
absolue qu'il n'existait plus de virus dans la matière de l'écoulement (*).

(*) La distinction que Hunter veut établir entre la gonorrhée et la blennorrhée [est]
loin d'être admise de la même manière par tous les syphilographes.

Ainsi qu'on a pu le voir, Hunter, qui croit la gonorrhée virulente, pense que l[a]
principale différence, à part la moindre intensité des symptômes, tient à l'abse[nce]
complète du virus dans la blennorrhée proprement dite; mais les raisons qu'il don[ne]
sont loin de le convaincre lui-même de la justesse de cette distinction. La possibili[té]
de transmettre la maladie, ou le défaut de contagion, ne saurait conduire à une con[-]
clusion absolue dans ce sens.

La blennorrhée est à la blennorrhagie ou à la gonorrhée, ce que l'état chronique [est]
à l'état aigu, dans les inflammations en général. Il n'y a pas plus de cause virule[nte]
en action dans un cas que dans l'autre, mais seulement des différences d'intens[ité]
dans l'état morbide, d'où résultent des différences dans les symptômes, et, en partic[u]
lier, dans la sécrétion, plus ou moins purulente dans l'état aigu, plus ou moi[ns]
muqueuse dans l'état chronique.

En ramenant ainsi la blennorrhagie aux conditions générales des autres inflamma[-]
tions catarrhales, on s'explique, sans besoin d'hypothèses, les récrudescences facile[s,]
les interruptions plus ou moins longues, les récidives et les nouvelles affections. O[n]
trouve, sans la nécessité de la présence ou de l'absence du virus, la raison des qua[-]
lités contagieuses ou de l'innocuité des sécrétions morbides. Et, tandis qu'on se[ra]
avec l'opinion rationnelle de Bell, de l'incertitude dans laquelle Hunter nous lais[se]
ici, on arrive à conclure, d'une manière certaine, que plus la sécrétion est pur[u]

lcule, et plus alors, en vertu de ses qualités irritantes, elle peut agir comme cause de contagion, restant au contraire sans effet, quand elle passe à l'état muqueux. On comprend facilement qu'un écoulement devenu inoffensif, dans ces dernières conditions, puisse, en repassant à l'état aigu, devenir de nouveau transmissible, et se rendre compte des observations que Hunter fait de vains efforts pour expliquer, ainsi que de l'opinion, par trop réservée, de Wathely, qui croit les écoulements purement muqueux encore contagieux.

P. Ricord.

CHAPITRE VIII.

DES SYMPTOMES QUI PERSISTENT SOUVENT APRÈS LA GUÉRISON DE LA GONORRHÉE.

Il arrive souvent, après que le virus est détruit et que l'inflammation est dissipée, qu'un ou deux ou un plus grand nombre des symptômes persistent, et même se montrent plus opiniâtres que la maladie primitive. Quelques-uns de ces symptômes se continuent pendant toute la vie, et quelquefois même il en naît de nouveaux aussitôt que les premiers ont cédé. Tous ces symptômes sont attribués ordinairement par les malades, et ce qui est pis encore, par quelques médecins, à ce que la maladie primitive n'a pas été bien traitée. Mais certainement, autant qu'on peut en juger d'après ce que nous savons de la maladie et des méthodes de traitement, l'accusation est fausse. On peut dire, en effet, que les méthodes de traitement, quoique nombreuses, se ressemblent toutes; et l'on observe que les symptômes en question, loin d'être la conséquence de l'une ou de l'autre d'entre elles, se montrent indistinctement après toutes. Cependant on conçoit que certaines constitutions et certaines parties puissent souvent exiger un mode de traitement de préférence à un autre, et même en réclamer un entièrement nouveau. Mais si, comme il doit arriver souvent, ces conditions particulières de la constitution ou des parties ne sont point encore connues, c'est une témérité que d'accuser le praticien d'ignorance.

Dans mon introduction, j'ai dit que la maladie vénérienne peut transformer en action des susceptibilités très-fortes qui sont propres à certaines constitutions et à certains pays; et que, comme les scrofules sont très-communes en Angleterre, quelques-uns des effets de la gonorrhée dans ce pays peuvent participer de la nature scrofuleuse.

Les symptômes qui persistent après la destruction du virus doivent leur continuation, non aux qualités spécifiques du virus, mais aux effets qu'il a déterminés dans les parties malades, c'est-à-dire à l'inflammation et à ses conséquences; car le même degré d'inflammation, provenant de toute autre cause, laisserait à sa suite la plupart des mêmes effets. Mais je soupçonne que la continuation de l'écoulement, qu'on appelle un suintement habituel, fait exception à ce que je viens d'avancer; car il est à remarquer que le suintement habituel est souvent guéri par le même mode d'action qui serait de nature à donner naissance aux autres symptômes, savoir, l'inflammation; et l'expérience apprend qu'en général un écoulement qui est l'effet d'une violence qui n'a rien de spécifique, ne dure pas plus longtemps que la violence, lors même que la cause a agi pendant un certain temps ; c'est ce qu'on observe souvent pendant l'emploi des bougies (*).

Je dois placer en tête des symptômes qui survivent à la gonorrhée, la continuation de la douleur que la maladie primitive a fait naître dans le canal de l'urètre ;

Secondement, l'écoulement appelé *suintement habituel ;*

Troisièmement, la cordée ;

Quatrièmement, l'irritabilité de la vessie ;

Cinquièmement, l'augmentation de volume et l'induration de l'épididyme.

§ Ier. *De la continuation de la douleur causée par la gonorrhée.*

La douleur qui a pour siége l'urètre et le gland, et qui survit à la gonorrhée, s'observe le plus souvent dans les cas où la vessie a sympathisé avec l'urètre pendant la maladie. Alors, en effet, on retrouve souvent des restes des anciennes douleurs lancinantes qui se faisaient sentir dans l'épaisseur du gland ou à sa surface, et qui ont leur point de départ dans la vessie. Toutefois, cette souffrance se dissipe ordinairement, et il est rare qu'elle soit l'avant-coureur d'aucun symptôme fâcheux ; de sorte qu'on doit la considérer, non comme une partie, mais comme une simple conséquence de la maladie. Cependant elle est souvent très-pénible et très-fatigante pour le malade, qu'elle porte à douter de sa guérison, et qu'elle expose fréquemment à devenir la dupe des hommes ignorants ou malintentionnés.

Ce reste de douleur variant beaucoup dans sa nature, il est probable que la même méthode de traitement ne doit pas toujours convenir. J'ai vu l'introduction d'une bougie, répétée un petit nombre de fois, faire disparaître entièrement la sensation douloureuse de l'urètre, et j'ai vu le même moyen rester sans effet. Des injections légèrement irritantes, pratiquées de temps en temps, produisent souvent du soulagement. Un grain de sublimé cor-

---

(*) La cessation rapide d'un écoulement, après l'éloignement d'une cause matérielle qui aurait pu le produire, comme une bougie, par exemple, ne doit pas faire admettre, par opposition forcée, l'existence d'une cause spécifique pour celui qui viendrait à durer plus longtemps, en dehors de l'action d'une cause mécanique. Il faut, sans la nécessité du virus vénérien, plusieurs conditions pour qu'une inflammation catarrhale se développe et suive ses phases. On excite momentanément la muqueuse nasale avec du tabac ; on augmente sa sensibilité et sa sécrétion ; mais d'autres conditions sont nécessaires pour qu'un coryza régulier s'établisse ; et ces conditions ne sont, certes, pas celles de l'existence d'une cause spécifique. Il en est de même pour la blennorrhagie : sans les causes accessoires obligées, la cause excitante, quelle qu'elle soit, reste sans effets ; témoin ceux qui résistent à toutes les chances de contagion ; tandis que, avec les prédispositions voulues, les causes les plus simples : le flux caménial, la leucorrhée, l'introduction d'une bougie, des injections irritantes, comme dans les expériences de Swédiaur, suffisent pour donner lieu à des écoulements analogues, en tout, aux blennorrhagies les plus complètes.

P. RICORD.

rosif, dissous dans huit onces d'eau, constitue une bonne injection pour cet objet; mais tous ces topiques ne sont, en général, rien de plus que des palliatifs.

J'ai vu l'usage de la ciguë apporter un grand soulagement, et même dans quelques cas, procurer une guérison complète, tandis que, d'autres fois, ce médicament ne produisait pas le moindre effet.

Un vésicatoire appliqué sur le périnée guérit entièrement quelques-uns des symptômes survivant à la gonorrhée, lors même qu'ils s'étendent à la vessie, ainsi qu'il sera expliqué ci-après. C'est de tous les moyens thérapeutiques celui qui paraît être le plus efficace. Un vésicatoire appliqué sur la région lombaire procure aussi du soulagement, mais non avec la même efficacité que lorsqu'il est appliqué au périnée. Les faits suivants viennent, d'une manière fort remarquable, à l'appui de ce qui précède.

Un Portugais, âgé d'environ vingt-cinq ans, avait contracté une gonorrhée vénérienne dont il fut guéri. Deux ans après, plusieurs des symptômes de cette maladie existaient encore, et même sévissaient avec beaucoup d'intensité. Ces symptômes étaient les suivants : besoins fréquents d'uriner auxquels il était impossible de résister; ténesme et douleur dans la vessie après la sortie de l'urine; douleur permanente dans la région de la vessie; douleur lancinante qui avait son siége dans l'urètre, et qui s'étendait souvent jusqu'à l'anus; sensations anormales dans le périnée; sensation de pesanteur dans les testicules. Dès que le malade rapprochait fortement les cuisses, la douleur ou sensation anormale du périnée était réveillée. On crut à Lisbonne qu'il avait une pierre dans la vessie, et il vint à Londres pour se faire guérir de cette maladie. La vessie fut explorée, mais on n'y trouva aucune pierre. On lui conseilla de baigner tous les matins les parties génitales dans de l'eau froide, ce qu'il fit pendant une quinzaine de jours sans en retirer aucun avantage. Je fus alors consulté, et l'on me fit connaître toutes les circonstances qui viennent d'être rapportées. Puisqu'on avait introduit une sonde dans la vessie, il ne pouvait y avoir de rétrécissement. Toutefois, je pensai que la prostate pouvait être malade, et je fis l'exploration par l'anus, mais je lui trouvai son volume et sa consistance naturels. Ne pouvant constater nulle part une altération appréciable de texture, je considérai cette affection comme le seul effet d'une action vicieuse des parties, et, en conséquence, je prescrivis l'application d'un vésicatoire au périnée. Ce vésicatoire ne fut entretenu que pendant quelques jours, et tous les symptômes se dissipèrent entièrement. Le malade put retenir son urine comme à l'ordinaire; toute souffrance cessa de se faire sentir, et on laissa guérir la plaie faite par le vésicatoire. Quinze jours environ après ce résultat, le malade contracta une nouvelle gonorrhée vénérienne qui l'alarma beaucoup, car il craignait qu'elle ne fît renaître les symptômes dont il venait d'être délivré; mais il n'en fut rien, et il fut promptement guéri de cette nouvelle affection. Il séjourna à Londres quelque temps après sa guérison, et pendant tout ce temps il n'y eut aucune récidive.

Un domestique de la campagne, à la suite d'une affection vénérienne, éprouvait une sensation douloureuse toutes les fois qu'il urinait; il avait, en outre, un écoulement et une cordée peu intense; il était en proie à ces symptômes depuis un temps considérable. Dans la pensée que le virus vénérien n'avait pas été détruit, on le soumit à un traitement mercuriel qui dura deux mois, mais sans avantage; ensuite on le saigna; puis il fit usage de poudre de gomme arabique et de gomme adragant, et prit du calomel à petites doses, sans que son état s'améliorât. Alors il eut recours à des injections et à des bougies de toute espèce, mais avec aussi peu de succès. Me fondant sur l'opinion que les symptômes n'étaient point vénériens, mais qu'ils dépendaient seulement d'une action vicieuse des parties, je fis appliquer un vésicatoire sur le périnée; ce vésicatoire fut entretenu pendant six jours, au bout desquels les symptômes disparurent complétement. Un an après, il n'y avait point eu de récidive.

Cette pratique n'est pas seulement utile lorsqu'il y a eu précédemment une gonorrhée; j'ai fait disparaître ainsi, presque immédiatement, des suppressions d'urine qui dépendaient d'autres causes, dans des cas où les térébenthines et l'opium, pris à la fois par la bouche et par l'anus, étaient restés inefficaces, et où il était nécessaire de sonder le malade deux fois par jour pour vider la vessie. Mais je reviendrai plus amplement sur ce sujet.

L'électricité s'est montrée utile dans quelques cas; on peut donc l'essayer, soit tout d'abord, soit quand les autres moyens ont échoué(*).

§ II. *Du suintement habituel.*

Quelle que soit la méthode à laquelle on a eu recours dans le traitement de l'inflammation vénérienne, soit qu'on ait employé les injections, soit qu'on ait fait usage de médicaments internes (mercuriaux, purgatifs ou astringents), il arrive souvent que la sécrétion du pus persiste et se montre plus longue et plus difficile à guérir que la maladie primitive. En effet, ainsi que je l'ai déjà dit, l'inflammation vénérienne est d'une telle nature, qu'elle cesse ou s'use d'elle-même; en d'autres termes, c'est une action du principe vital qui ne peut s'accomplir que pendant un certain temps. Mais

(*) La persistance de la douleur après la cessation d'un écoulement, doit rendre les malades plus réservés que de coutume, attendu que, dans ces circonstances, les récidives sont très-faciles.

Il est des cas dans lesquels la persistance de la douleur constitue une véritable névrose, une urétralgie, à type continu, ou quelquefois irrégulier, ou franchement intermittent.

Aux moyens thérapeutiques signalés par Hunter, il faut surtout ajouter les quarts de lavements froids opiacés; les frictions laudanisées, ou avec l'extrait de belladone, sur le trajet de l'urètre; ces substances portées dans le canal à l'aide d'une bougie; mais par-dessus tout, d'après les idées de M. le professeur Lallemand de Montpellier, et à l'aide de son instrument, la cautérisation superficielle du canal.

L'emploi du vésicatoire saupoudré d'un sel de morphine, dans les cas qui résistent, et l'usage du sulfate de quinine uni au camphre, quand une intermittence un peu prononcée a lieu, m'ont souvent bien réussi.   P. RICORD.

il n'en est point ainsi pour le suintement habituel, qui semble avoir pour cause une habitude de l'action que les parties ont contractée; ces dernières n'ayant aucune disposition à abandonner cette action, l'action se continue, et l'on observe que cette habitude est d'autant plus enracinée, que la gonorrhée a duré plus longtemps et a été plus difficile à guérir.

Cependant le suintement habituel ne manifeste pas toujours une disposition à se perpétuer; on le voit souvent s'arrêter de lui-même, et cela après que tous les modes de traitement ont été employés sans succès. Il est très-probable que cette cessation est l'effet de quelque changement accidentel qui s'opère dans la constitution, et qu'elle ne dépend point de la nature même de la maladie.

J'ai soupçonné quelque chose de scrofuleux dans certains suintements habituels. En effet, on observe fréquemment qu'un trouble apporté aux actions naturelles d'une partie est la cause qui fait que cette partie devient le siége d'une nouvelle maladie pour laquelle il y avait une grande disposition dans la constitution. Ainsi, un rhume qui se porte sur les yeux produit une atonie scrofuleuse de ces organes avec écoulement abondant; certaines tuméfactions scrofuleuses des amygdales reconnaissent la même cause.

Cette opinion sur la nature de certains suintements habituels est corroborée par le résultat du traitement; en effet, les bains de mer guérissent plus de suintements habituels que les bains froids ordinaires et toute autre espèce de bains. Je n'ai jamais essayé dans ces cas les médicaments internes que l'on prescrit généralement contre les scrofules; mais j'ai vu l'eau de mer étendue, employée en injections, guérir quelques suintements habituels, bien qu'elle ne soit pas toujours efficace.

On admet généralement que le suintement habituel naît de la faiblesse. Cette explication ne nous donne certainement aucune idée de la maladie, et, en vérité, aucune idée ne peut être attachée à cette expression. Par *faiblesse mécanique*, on entend l'inhabileté à accomplir une certaine action, à supporter une certaine force. On attache la même idée à la *faiblesse animale*. Mais si l'on emploie cette expression pour désigner l'accomplissement d'une action non ordinaire ou additionnelle, il m'est impossible d'y attacher un sens précis.

Les moyens thérapeutiques employés ordinairement sont fondés en grande partie sur cette idée de faiblesse. Mais il est à remarquer que le traitement qui dérive de cette manière de voir, loin de répondre dans tous les cas au but qu'on se propose, fait souvent du mal, tandis que la pratique contraire est suivie de succès.

Le suintement habituel diffère de la gonorrhée par les circonstances suivantes : 1° bien que le suintement habituel soit une conséquence de la gonorrhée, il est parfaitement innocent sous le rapport de la contagion; 2° quand l'écoulement dépend d'un véritable suintement habituel, il diffère de celui de la gonorrhée, en ce que les globules nagent ou sont en suspension dans un mucus visqueux et non dans de la sérosité. Mais l'urètre est dans une telle condition, qu'il passe facilement à la formation du pus, et qui arrive souvent sous l'influence de la moindre augmentation d'exercice, après l'usage d'aliments ou de boissons de difficile digestion, ou par toute cause qui accélère la circulation ou échauffe le malade. Toutefois, je ne pense pas que le virus se reproduise; mais c'est une chose dont je ne suis pas certain, car, ainsi qu'il a été dit plus haut, il y a des cas qui rendent difficile la solution de cette question.

Je suis porté à admettre que la matière du suintement habituel naît de la surface de l'urètre seulement, et non des glandes de ce canal. En effet, j'ai remarqué plusieurs fois que lorsque le canal venait d'être nettoyé par le passage de l'urine ou par une injection, si une idée lascive faisait couler le liquide muqueux naturel, ce liquide était très-pur, ce qui, sans doute, n'aurait pas eu lieu si les organes qui sécrètent ce liquide concouraient à la production de la matière du suintement habituel (*).

On suppose que le suintement habituel est une maladie propre à ce qu'on appelle une *constitution relâchée*. Mais c'est une doctrine que mes observations ne justifient point complétement; au moins ai-je vu des cas où j'aurais dû m'attendre à voir la gonorrhée se terminer ainsi, si la cause générale assignée au suintement habituel était réelle, et où cependant aucun suintement habituel ne se manifesta; tandis que j'ai vu ce dernier survenir chez des sujets à constitution robuste, au moins en apparence, sous tous les autres rapports. Le suintement habituel ne succède pas toujours à une gonorrhée; il peut être la conséquence d'une autre maladie de l'urètre. Je crois que les rétrécissements de l'urètre sont presque toujours accompagnés de ce suintement. Il peut dépendre aussi d'une maladie de la prostate.

Quand on ne peut assigner aucune cause évidente à un suintement habituel, et qu'on ne peut admettre qu'il soit le retour d'un ancien écoulement chronique consécutif à une gonorrhée, on doit soupçonner la présence d'un rétrécissement ou d'une maladie de la prostate, et l'on doit rechercher si le jet de l'urine est plus petit qu'à l'ordinaire, si l'émission de ce liquide est difficile, si enfin les besoins d'uriner sont fréquents. Si ces symptômes existent, il faut introduire une bougie de médiocre grosseur. S'il y a un rétrécissement, la bougie s'arrêtera au niveau de l'obstacle; mais si elle pénètre avec assez de facilité jusque dans la vessie, il est probable que c'est la prostate qui est le siége de la maladie (**), et cette glande doit être explorée. Mais je reviendrai plus amplement sur ce double sujet (***).

(*) On lit ici dans l'édition de Home : « Un malade est atteint d'un suintement habituel, qui s'accompagne quelquefois de douleur en urinant : l'écoulement est provoqué lorsque le malade voyage en diligence, s'il s'assied sur un coussin, et non s'il s'assied sur un corps dur; l'écoulement ne se produit jamais après l'équitation, pourvu que le malade ne repose pas sur une selle rembourrée. »

L'anatomie pathologique m'a appris, contrairement à ce qu'avance Hunter, qu'on trouve les mêmes éléments des membranes muqueuses affectés dans la blennorrhée ou état chronique, et dans la blennorrhagie ou état aigu.　　　　P. Ricord.

(**) Une bougie pénétrant avec assez de facilité dans la vessie, ne saurait indiquer, comme le veut Hunter, la probabilité d'une maladie de la prostate, pour rendre compte de la persistance d'un écoulement.　　　　P. Ricord.

(***) Le suintement habituel peut dépendre de toute cause d'irritation ayant son

§ III. *Traitement du suintement habituel : traitement constitutionnel; traitement local.*

Comme la matière du suintement habituel ne possède aucune qualité spécifique, et que cette affection dépend de la constitution du malade ou de la nature des parties elles-mêmes, il ne peut y avoir aucune méthode certaine ou invariable de traitement; et, comme il est très-difficile de reconnaître la véritable nature des diverses constitutions et les véritables conditions des parties malades, il est aussi très-difficile d'indiquer les agents thérapeutiques qui doivent combattre la maladie avec efficacité. Telle est, en effet, la diversité des constitutions, que ce qui amène la guérison dans un cas aggrave la maladie dans un autre.

Il y a deux manières de traiter le suintement habituel, constitutionnellement ou localement.

On peut supposer que les médicaments pris à l'intérieur dans le but de guérir le suintement habituel agissent de l'une des trois manières suivantes : comme spécifiques (*), comme fortifiants, comme astringents.

L'action spécifique des médicaments internes sur les organes en question n'est pas très-puissante; cependant l'observation prouve que quelques-uns d'entre eux, comme les baumes, les térébenthines, les cantharides, sont utiles, surtout lorsque la maladie est peu intense. Je crois avoir constaté

siége dans une partie quelconque des voies urinaires, ou même dans leur voisinage. Les hémorroïdes et, chez les enfants, les vers intestinaux, lui donnent naissance fréquemment. De même, il peut être produit par un calcul ou par toute autre maladie de la vessie ou des reins, et surtout, ainsi que Hunter vient de le dire, par un rétrécissement du canal de l'urètre. Mais ce qui, à part les rétrécissements, agit peut-être le plus souvent comme cause de suintement habituel, c'est une altération de la sécrétion urinaire, en vertu de laquelle l'urine contracte des qualités trop acides ou trop alcalines, et devient ainsi une cause permanente d'irritation, qui amène des désordres variés des organes urinaires, dont l'un des plus fréquents, au moins chez les sujets qui ont été atteints de gonorrhée, est le suintement habituel.

Le traitement du suintement habituel consiste principalement à rechercher et à enlever les causes d'où il dépend. Tant que ces causes existent, les moyens thérapeutiques qui s'adressent directement à l'écoulement sont généralement inefficaces, ou n'ont qu'un effet temporaire. Quand la cause d'irritation, quelle qu'elle soit, a été détruite, il est rare qu'on éprouve beaucoup de difficulté à combattre la sécrétion excessive de l'urètre.

La même remarque s'applique à la leucorrhée chez les femmes. Cette affection est généralement entretenue par quelque trouble de l'utérus, comme l'aménorrhée ou l'irritabilité de l'orifice utérin. Tant que ce trouble persiste, aucun remède n'est efficace; mais lorsqu'il a été réprimé d'abord par un traitement approprié, il est ordinairement assez facile de faire cesser l'écoulement, en persévérant un peu dans l'usage des astringents les plus ordinaires.   G. G. B.

(*) Je dois faire remarquer ici que, par le mot *spécifiques*, je ne veux point désigner des médicaments qui agissent spécifiquement sur la maladie, mais seulement des substances qui agissent spécifiquement sur les organes malades, comme les térébenthines, les cantharides, etc.   J. HUNTER.

ce fait, savoir, que quand les baumes, les térébenthines ou les cantharides sont efficaces, ils le sont presque immédiatement; de sorte que si je ne vois pas ces médicaments faire cesser complétement ou diminuer le suintement habituel dans l'espace de cinq ou six jours, je n'en continue jamais l'emploi plus longtemps. Lors même qu'ils l'ont diminué ou complétement détruit dans cet espace de temps, il se reproduit souvent quand on en cesse l'usage; c'est pourquoi il faut les continuer pendant un certain temps après que les symptômes ont disparu. J'ai vu des cas où le suintement habituel disparaissait immédiatement par l'usage du baume de copahu, et reparaissait dès qu'on le suspendait. J'en ai vu d'autres où la maladie a été suspendue pendant plus d'un mois par le même médicament, et s'est manifestée de nouveau dès qu'on en a cessé l'usage, pour s'arrêter une seconde fois aussi promptement lorsque le malade y est revenu. Dans de tels cas, il faut recourir aux autres méthodes de traitement. On peut administrer les baumes, soit seuls, soit mêlés à d'autres substances, afin de les rendre moins désagréables (*).

Les fortifiants généraux de la constitution ne sont utiles que lorsque les parties intéressées agissent simplement comme parties de cette constitution. En disposant tout l'ensemble à agir normalement, on dispose aussi les parties malades à agir de la même manière. Par fortifiants généraux, j'entends les bains froids, les bains de mer, le quinquina et le fer. Les astringents pris à l'intérieur n'ont pas une influence bien marquée, et s'ils étaient plus puissants leur emploi pourrait être accompagné de dangers, car une substance capable d'agir sur la constitution avec la force qui serait nécessaire ici, pourrait affecter gravement plusieurs des opérations naturelles de l'économie animale. On donne communément les gommes astringentes et l'oxyde de fer.

La seconde méthode de traitement consiste dans les applications locales. Ces dernières sont de quatre espèces, savoir : les médicaments spécifiques, les astringents, les irritants, et ceux qui agissent par dérivation.

On peut admettre avec raison que les spécifiques appliqués localement doivent avoir des effets plus marqués que lorsqu'ils sont pris à l'intérieur, parce qu'on peut les employer à un degré de concentration plus fort que celui auquel ils peuvent être introduits sans danger dans la circulation générale. C'est une chose que je crois avoir constatée par l'expérience.

Les astringents que l'on emploie communément sont la décoction de quinquina, le vitriol blanc, l'alun et les préparations de plomb. L'eau vitriolique bleue (*aqua vitriolica cærulea*) de la pharmacopée de Londres, étendue dans huit parties d'eau, constitue une très-bonne injection astringente. Les remarques que j'ai faites à l'occasion des spécifiques doivent s'appliquer aux astringents. Je crois qu'ils agissent à peu près de la même manière et qu'ils produisent les mêmes effets. Il est difficile de dire quel est leur mode d'action.

(*) On lit dans l'édition de Home : « Je crois que le baume de copahu guérit le suintement habituel d'une manière plus durable que les injections, parce qu'il exerce une action spécifique sur les parties malades. »

Quand l'une ou l'autre de ces méthodes a été employée et a produit l'effet qu'on en attendait, on doit la continuer pendant un temps considérable après la cessation des symptômes, et ce temps doit être en proportion de la durée de la maladie ou de la fréquence de ses récidives. Si la maladie dure depuis longtemps, on peut être sûr qu'il existe une forte disposition pour elle, et si elle s'est reproduite fréquemment sous l'influence du moindre accroissement de la circulation, on doit s'attendre à la voir renaître encore. Dans ces cas, pour modifier la disposition morbide, il faut continuer le traitement pendant un temps considérable.

Les applications irritantes sont des injections, ou des bougies, soit simples, soit enduites d'une substance irritante. Un violent exercice peut être considéré comme ayant le même effet. On ne doit jamais recourir à ces applications qu'après que les autres modes de traitement ont été essayés suffisamment et sont restés inefficaces. Elles diffèrent des précédentes en ce qu'elles produisent d'abord un écoulement plus considérable que celui qu'elles sont destinées à guérir; et cet accroissement de l'écoulement peut, ou non, continuer aussi longtemps que l'application elle-même. Il résulte de là qu'il est nécessaire de rechercher combien de temps leur application doit durer pour amener la guérison d'un suintement habituel. En général, la durée de cette application doit être proportionnée à la violence du remède et à la nature des parties qui sécrètent la matière de l'écoulement; elle doit dépendre aussi de la force plus ou moins grande et du degré d'ancienneté de la disposition, et enfin du plus ou moins d'irritabilité des parties. Quand les parties sont faibles ou irritables, ou faibles et irritables à la fois, il ne faut point avoir recours aux injections irritantes; mais lorsqu'elles sont fortes et non irritables, on peut les employer avec sécurité. Dans ce dernier cas, si l'on fait usage d'une injection qui stimule très-vivement, il suffit souvent de l'employer deux ou trois fois par jour. J'ai connu un malade qui, pour un suintement habituel dont il était atteint depuis deux ans, s'injecta dans l'urètre de l'extrait de Saturne non étendu. Il en résulta une inflammation intense; mais quand l'inflammation fut guérie, le suintement habituel se trouva guéri également.

On obtiendra une très-bonne injection irritante en faisant dissoudre deux grains de sublimé corrosif dans huit onces d'eau.

Lorsque le suintement habituel est ancien, il peut exiger une semaine ou davantage pour sa guérison, même sous l'influence des injections irritantes; et si l'injection est peu irritante, de manière qu'elle ne produise que peu de douleur et n'augmente que peu l'écoulement, la guérison peut se faire attendre pendant quinze jours. Mais il est une précaution très-importante à prendre dans l'emploi des injections irritantes; il faut s'assurer d'abord, s'il est possible, qu'elles ne feront aucun mal. Dans beaucoup de cas, il peut être difficile d'arriver à une pareille connaissance; mais il faut s'enquérir de la nature des parties malades aussi exactement que possible; c'est-à-dire, s'informer si déjà elles n'ont point souffert du traitement qu'on se propose d'employer, et si elles ont une telle susceptibilité pour l'irritation, qu'on doive craindre que celle qu'on veut faire naître ne se propage le long de l'urètre et ne produise des symptômes dans la vessie, car alors les applications irritantes, loin de réussir, produisent souvent des accidents plus graves que ceux qu'elles sont destinées à guérir.

Les bougies peuvent être classées parmi les applications irritantes, et, dans beaucoup de cas, elles agissent comme des irritants très-violents. Elles paraissent avoir plus d'efficacité que les injections, mais elles mettent plus de temps à produire leur plein et entier effet. Une bougie simple ou non médicamenteuse suffit en général pour la cure du suintement habituel; elle doit être appliquée pendant un mois ou six semaines pour produire une guérison sur laquelle on puisse compter. Si les bougies sont disposées de manière à ne pas stimuler seulement comme corps étrangers, la guérison sera obtenue plus promptement. Je pense que la meilleure manière de les rendre médicamenteuses consiste à mêler un peu de térébenthine ou un peu de camphre à la composition, de manière qu'elles puissent agir spécifiquement sur les parties qu'elles touchent; mais il faut avoir grand soin de ne pas produire une irritation trop forte.

Le volume des bougies doit être plus petit qu'à l'ordinaire; il n'est pas nécessaire qu'elles aient plus de cinq ou six pouces de long, car il est rare que la disposition au suintement habituel occupe une plus grande étendue de l'urètre; mais il n'y a aucun inconvénient à introduire une bougie de la longueur ordinaire dans toute l'étendue du canal.

Dans le traitement du suintement habituel par les bougies, nous n'avons aucune règle fixe pour nous indiquer quand il faut en cesser l'usage, car souvent l'écoulement continue aussi longtemps que dure l'emploi des bougies. Si l'écoulement cesse au moment où l'on abandonne les bougies, après en avoir fait usage pendant plusieurs semaines, on peut espérer que la cure est accomplie; mais si alors il ne présente aucune diminution, il est plus que probable que les bougies sont incapables d'amener la guérison; c'est pourquoi il n'est guère utile d'y avoir recours de nouveau. Cependant, si le suintement habituel a subi une diminution, il est rationnel de recommencer, et il est convenable d'augmenter les propriétés irritantes de la bougie, afin de l'accommoder à l'irritabilité moins vive des tissus.

Le quatrième mode de traitement est fondé sur la sympathie; il consiste à produire dans une autre partie du corps une irritation qui fasse cesser l'action morbide de l'urètre.

J'ai vu un suintement habituel très-opiniâtre, accompagné d'une douleur assez vive de l'urètre, principalement au moment du passage de l'urine, cesser complétement à l'apparition de deux chancres sur le gland. Le malade avait pris tous les remèdes recommandés généralement et avait fait usage des bougies, sans aucun effet.

Un homme m'a dit avoir guéri deux personnes de suintements habituels par l'application d'un vésicatoire à la face inférieure de l'urètre; et j'ai vu l'électricité triompher de plusieurs suintements habituels anciens qui avaient résisté à tous les moyens employés ordinairement. Ces divers modes de traitement modifient la disposition locale.

Quelle que soit la méthode de traitement que l'on ait choisie, le repos et la tranquillité sont d'une haute importance dans la plupart des cas; en effet, j'ai souvent observé que l'exercice était une cause, non-seulement de persistance, mais encore d'accroissement et de récidive de l'écoulement. Mais il ne faut pas adopter ce principe trop rigoureusement, surtout dans les cas qui ont été traités sans succès, car j'en ai vu quelques-uns où la maladie a été guérie immédiatement après que le malade eut repris l'usage du cheval, qui était interrompu depuis longtemps.

On doit s'attacher d'une manière toute particulière à mettre une grande régularité et une grande modération dans le régime; car les irrégularités qui portent sur ce point empêchent la guérison ou déterminent le retour de la maladie.

Le coït produit souvent une récidive ou une augmentation du suintement habituel, et alors on soupçonne une nouvelle infection. Mais il y a, entre la simple exaspération de la maladie et une nouvelle infection, cette différence, que dans le premier cas l'augmentation ou le retour de l'écoulement suit de si près le coït, que la manifestation en est presque immédiate; et cette circonstance, réunie aux autres symptômes, permet en général de reconnaître la nature de l'écoulement.

Le traitement du suintement habituel chez les femmes est, à peu de chose près, le même que chez les hommes, sauf l'emploi de ce que j'appelle les médicaments spécifiques; car cette affection chez la femme a son siége dans le vagin, et je pense que la membrane muqueuse de ce canal n'est pas plus affectée par les térébenthines que les autres parties du corps; mais le vagin étant moins irritable que l'urètre de l'homme, les astringents qui sont injectés doivent être beaucoup plus énergiques. L'emploi des bougies n'est point applicable aux cas d'écoulement chronique du vagin; et, lorsque le suintement habituel a son siége uniquement dans l'urètre chez la femme, je pense que la maladie n'attire presque jamais l'attention (*).

(*) Rien n'est plus commun que la persistance de certains écoulements à l'état chronique, ou de blennorrhée, arrivant chez quelques malades à un léger suintement muqueux habituel, se présentant sous la forme d'une goutte plus ou moins forte, surtout le matin, et à laquelle on donne vulgairement le nom de goutte militaire.

Aux moyens dont il a été question, et à ceux que signale Hunter, qu'il me soit permis d'ajouter ceux qu'une expérience journalière me permet de recommander.

Injections. Dans les cas rebelles, et dans lesquels aucune altération de tissu n'existe encore, l'iode a souvent réussi, surtout dans les conditions si bien observées par Hunter, dans lesquelles les scrofules semblaient prendre part à la maladie, ou l'entretenaient. On fait alors faire des injections avec de l'eau distillée, additionnée d'une goutte de teinture d'iode par once. On augmente la dose de l'iode, en suivant les règles que j'ai posées autre part, jusqu'à ce que l'écoulement s'arrête, ou qu'augmentant sous l'influence de ces injections, on soit forcé de les suspendre.

D'après les mêmes données, j'ai employé avec succès, dans une foule de cas rebelles, le proto-iodure de fer en solution, en commençant par un demi-grain par once d'eau distillée.

Mèches. Une pratique récente m'a aussi fourni de nombreux résultats favorables

§ IV. *De la cordée persistante.*

J'ai déjà dit que la cordée persiste souvent après que toute trace de virus a été détruite, et qu'il n'est aucun des autres symptômes persistants avec lequel elle ne puisse se montrer.

J'ai posé ailleurs, comme principe, qu'une première condition de guérison dans les inflammations des muqueuses, consistait à les isoler, en empêchant leurs surfaces de se toucher. Cette condition dans la blennorrhagie urétrale serait encore plus importante que celle qui mettrait les parois de l'urètre à l'abri du contact de l'urine. Mais dans l'état aigu, les inconvénients de l'introduction plus ou moins pénible de corps étrangers, pour satisfaire à cette indication, l'emportent sur les bénéfices, qui restent seuls à la période de chronicité. Ici j'emploie souvent, avec succès, quand la plupart des autres moyens ont échoué, une mèche de linge sec introduite dans le canal à l'aide d'une canule en gomme élastique et d'un mandrin. Cette mèche est laissée en place jusqu'à la prochaine émission d'urine, pour être renouvelée, et ainsi de suite jusqu'à la guérison, qui a quelquefois lieu dans sept à huit jours, ou plus tard (*).

Ces mèches, que j'emploie d'abord sèches, peuvent être enduites de substances médicamenteuses; on peut aussi les remplacer par les petits sacs cylindriques de baudruche de Ducamp, comme vient de le faire M. Crespiat; petits sacs qu'on introduit d'abord vides, et à l'aide d'un mandrin placé dans leur intérieur, et qu'on peut ensuite distendre avec de l'air ou de l'eau.

Bougies, sondes. Les bougies et les sondes triomphent souvent de quelques écoulements réfractaires à tout autre moyen. Ces instruments, simples ou médicamenteux, peuvent être employés d'une manière temporaire ou à demeure.

Dans quelques circonstances, il suffit d'introduire une bougie, une ou deux fois par jour, et de la laisser séjourner dix minutes, un quart d'heure, ou plus, dans l'urètre, pour obtenir le résultat voulu. Toutefois, la guérison ne s'effectue pas toujours de la même manière. Le plus ordinairement, la sécrétion morbide est d'abord augmentée, l'instrument agissant, comme le fait observer Hunter, à la manière des irritants; tandis que, dans d'autres circonstances, peut-être plus rares, elle se tarit insensiblement, sans avoir été préalablement avivée. Dès que la sécrétion morbide a été assez fortement accrue, ou qu'elle a cessé d'exister, il faut suspendre l'usage de l'instrument, qui entretiendrait ou aggraverait même la maladie dans le premier cas, ou pourrait la ramener dans le second, après avoir guéri.

Lorsque, par l'emploi temporaire des bougies, on reste dans le *statu quo*, ou que de leur introduction répétée il résulte trop d'irritation, il faut donner la préférence aux sondes à demeure. Avec ces instruments encore, ou obtient ou la cessation graduelle de l'écoulement, ce qui est plus rare, ou bien on arrive à une véritable et forte suppuration qui force à y renoncer, et à la suite de laquelle on obtient ordinairement la guérison définitive.

Lorsque les bougies et les sondes restent sans action marquée, elles réussissent mieux enduites d'un peu de cérat mercuriel, ou d'onguent mercuriel pur, jusqu'à production d'accroissement de l'écoulement. On peut tirer un très-bon parti d'une pommade faite avec un grain de nitrate d'argent par gros d'axonge.

Cautérisation. Pour les écoulements qui résistent, la plus puissante médication consiste encore dans la cautérisation à l'aide du nitrate d'argent, et d'après les règles que j'ai posées autre part.

(*) Voir mon *Traité pratique des maladies vénériennes.*

Des frictions locales avec l'onguent mercuriel peuvent être utiles; en ajoutant du camphre à cet onguent, on peut augmenter sa vertu. J'ai vu l'électricité guérir une cordée très-ancienne. Lorsque c'est une cordée spasmodique qui persiste après la gonorrhée, on doit prescrire le quinquina.

§ V. *De la continuation de l'irritation vésicale.*

L'irritation de la vessie persiste quelquefois après que tous les autres symptômes ont cessé, et elle peut accompagner tous les autres symptômes persistants, soit qu'ils se montrent réunis, soit qu'ils existent isolément. Elle conserve rarement la même violence qu'elle avait d'abord, bien qu'elle soit souvent très-pénible. Quand cette irritation est entretenue avec son intensité première, on est en droit de soupçonner une maladie de la vessie, à moins qu'elle ne dépende d'une lésion des parties voisines, comme l'urètre ou la prostate; car sa persistance peut être causée par un rétrécissement qui vient à se former dans le canal de l'urètre, ou par une maladie de la prostate.

En général, ces deux dernières maladies succèdent rarement à la gonorrhée assez vite pour entretenir l'irritation de la vessie, mais elles peuvent exister avant la gonorrhée, et contribuer ainsi à son accroissement et à sa persistance; c'est ce dont on peut s'assurer dans beaucoup de cas, en s'informant de l'état où étaient les parties avant la maladie actuelle. Toutefois, avant d'essayer de guérir la vessie elle-même, il faut passer une bougie, et, si l'on ne trouve aucun rétrécissement, il faut explorer la prostate, ainsi que j'aurai occasion de le dire.

Quand l'affection qui nous occupe est limitée entièrement à la vessie, la douleur se fait principalement sentir au moment où l'on achève d'uriner et quelque temps après. Le traitement consiste dans l'emploi des lavements opiacés, de la ciguë, du quinquina, des bains de mer; l'application d'un vésicatoire au périnée chez les hommes me paraît être une pratique utile.

Régime. Il est bon de rappeler ici, contrairement à ce que recommande Hunter, que le régime, au lieu d'être aussi sévère, doit devenir tonique et fortifiant, en tenant compte, du reste, des effets produits, pour le modifier en plus ou en moins.

Révulsifs. Tout en partageant les idées de Hunter sur les effets des révulsifs en général, je dois dire que, d'après des relevés d'observations faits sur une grande échelle, je n'ai jamais observé que le développement d'un chancre fût la condition de cessation d'un écoulement, *et vice versâ.*

Moyens internes ou généraux. Lorsqu'on est arrivé aux derniers termes des écoulements, les toniques ferrugineux, les astringents peuvent bien avoir encore de bons résultats; mais il faut beaucoup moins compter sur les antiblennorrhagiques proprement dits. Les moyens directs doivent être préférés.

Coït. Les rapports sexuels sont souvent la condition définitive de la guérison. Chez quelques malades, il ne faut que des rapports éloignés; chez d'autres, par la répétition, on doit arriver à produire un peu d'irritation.

La condition de succès, dans la plupart des cas, est de faire passer momentanément l'état chronique à l'état aigu.

P. Ricord.

Je ne saurais dire si les lavements opiacés peuvent agir sur la vessie chez la femme comme ils font chez l'homme (*). .

§ VI. *De l'induration de l'épididyme qui succède à la gonorrhée.*

Ainsi que je l'ai fait remarquer, ce symptôme persiste longtemps après que tous les autres se sont dissipés, et même il peut durer pendant toute la vie; mais il est bien rare qu'il en résulte rien de fâcheux si le conduit déférent n'est point oblitéré et lors même que cette oblitération a lieu, pourvu qu'elle n'existe que sur un testicule, car l'autre testicule suffit à l'acte de la génération. Il est facile de juger du premier coup d'œil qu'aucune méthode certaine pour obtenir la résolution n'est encore connue. On peut essayer l'action d'un courant d'eau camphrée chaude, surtout dans les cas où l'induration n'a pas de disposition à être permanente; on peut en même temps faire sur le scrotum des frictions avec l'onguent mercuriel uni au camphre. Mais, dans la plupart des cas, cette pratique est trop ennuyeuse, ou plutôt trop inefficace, pour qu'on insiste longtemps sûr son emploi.

(*) L'irritation dont parle ici Hunter persiste surtout au col de la vessie, et il est rare que le corps de l'organe y participe. Lorsque les moyens ordinaires ont échoué, on peut encore employer la cautérisation par le nitrate d'argent, avec de grandes chances d'un prompt succès.   P. Ricord.

TROISIÈME PARTIE.

CHAPITRE I.

DES MALADIES QUI SONT CONSIDÉRÉES COMME UN EFFET CONSÉCUTIF DE L'INFLAMMATION SYPHILITIQUE DE L'URÈTRE CHEZ L'HOMME.

Outre les symptômes qui ont été décrits ci-dessus, la gonorrhée produit, ou du moins est supposée produire, plusieurs autres phénomènes morbides qui diffèrent complétement de la maladie primitive. Jusqu'à quel point peut-on affirmer que tous ces phénomènes morbides, ou quelques-uns d'entre eux, sont une conséquence de la gonorrhée? C'est un problème dont la solution n'est pas bien claire; mais comme ils constituent des maladies du canal de l'urètre, et qu'ils sont à la fois nombreux et importants, je me propose d'en traiter ici avec détails. Si quelques-uns de ces symptômes ont pour point de départ la gonorrhée, il est très-probable qu'ils ne sont la conséquence d'aucune propriété spécifique du *poison vénérien*, mais qu'ils sont de telle nature qu'ils auraient pu être produits par l'inflammation commune des mêmes parties, ainsi que je l'ai fait remarquer pour les symptômes qui survivent à la gonorrhée.

Dans cette étude, nous verrons quelquefois ces maladies naître les unes des autres et s'enchaîner dans une véritable succession. Ainsi, un rétrécissement de l'urètre produit l'irritabilité de la vessie, des besoins fréquents d'uriner, l'accroissement de l'énergie musculaire de la vessie, la dilatation de la portion de l'urètre comprise entre la vessie et le rétrécissement, l'ulcération de ce canal, des fistules du périnée, la dilatation des uretères et du bassinet des reins, sans compter d'autres maladies qui sont sympathiques, telles que la tuméfaction du testicule et des glandes de l'aine.

Je décrirai les maladies en question dans l'ordre suivant lequel elles se montrent le plus communément.

Il est à remarquer que la plupart de ces maladies, principalement la diminution de l'extensibilité de la vessie, attaquent les hommes qui ont dépassé l'âge moyen de la vie. Cependant plusieurs d'entre elles, sinon toutes, s'observent quelquefois chez des sujets moins avancés en âge, cela dépend, sans doute, en grande partie de la longue habitude d'un genre de vie contraire à la nature, genre de vie qui fait naître plusieurs maladies, comme la goutte; car certainement ces affections morbides sont moins fréquentes chez les nations moins avancées dans la civilisation.

La maladie la plus fréquente de l'urètre est celle qui consiste dans un obstacle au passage de l'urine; on l'observe chez les jeunes gens et chez les vieillards, mais plus fréquemment chez ces derniers. Avant de commencer ce sujet, je crois devoir, pour en faciliter l'intelligence, me livrer à quelques considérations sur les usages de l'urètre dans son état naturel.

Observons d'abord que l'urètre, chez l'homme, est destiné à l'accomplissement de deux fonctions. A cette occasion, qu'il me soit permis de faire la remarque générale suivante, savoir, que la nature n'a pu approprier avec avantage une seule et même partie à deux usages différents, ainsi qu'on en voit des exemples frappants chez divers animaux. Les animaux dont les jambes sont conformées à la fois pour nager et pour marcher ne s'acquittent bien ni de l'un ni de l'autre de ces deux exercices, tels sont le veau marin, la loutre, le canard et l'oie; ceux dont les mêmes membres sont destinés à la marche et au vol ne sont qu'imparfaitement organisés pour l'une et pour l'autre, telle est la chauve-souris. Les mêmes considérations s'appliquent également aux poissons, car le poisson volant n'est habile ni à nager, ni à voler. Toutes les fois que des parties qui ont ainsi une double fonction sont malades, les deux fonctions s'accomplissent imparfaitement. C'est ce qui a lieu pour l'urètre, qui est destiné à donner passage et à l'urine et au sperme. Le passage de l'urine n'exige qu'un canal extrêmement simple, et dont la longueur n'a pas besoin d'être plus considérable que la distance qui sépare la vessie de la surface externe du corps, ainsi qu'on l'observe pour l'urètre des femmes, des oiseaux, des amphibies et des poissons; mais le passage de la semence exige dans les quadrupèdes un canal compliqué, dont la longueur soit suffisante pour porter le liquide fécondant dans les organes de la femelle, et qui soit pourvu de plusieurs parties additionnelles et nécessaires, telles que le corps spongieux de l'urètre, les muscles accélérateurs (bulbo-caverneux), les glandes de Cowper, la prostate et les vésicules séminales. Comme toutes ces parties sont destinées à servir à la génération, et que les maladies du canal de l'urètre y ont principalement leur siége, on voit du premier coup d'œil combien les organes urinaires doivent souffrir de leur connexion avec des parties si nombreuses et si sujettes à être malades; et ce qui rend ces inconvénients plus graves, c'est que les actions des organes urinaires sont constantes et indispensables au bien-être de toute la machine, tandis que l'évacuation du sperme n'a lieu que pendant une certaine période de la vie, et même, pendant cette période, ne s'accomplit qu'occasionnellement et n'est jamais essentielle à l'existence de l'individu. Il est facile de comprendre toute la force de cette remarque en étudiant comparativement, chez l'homme et chez la femme, les troubles morbides qui peuvent intéresser l'expulsion de l'urine.

Le canal de l'urètre est sujet à des maladies qui ont pour effet de s'opposer en partie au passage de l'urine, et, dans quelques-unes de ces maladies, le conduit s'oblitère à la fin complétement. Dans tous les cas, il y a une diminution de l'aire du canal, mais cette diminution peut exister de diverses manières. Il y a cinq modes d'obstruction du canal, dont quatre dépendent d'une maladie du canal lui-même, et dont le cinquième est produit par des maladies des parties environnantes. Parmi les quatre premiers, trois consistent dans une diminution du diamètre du canal; le quatrième a pour cause une excroissance qui se développe à la surface des parois de l'urètre; le cinquième est l'effet de la compression de l'urètre, soit par une tumeur située extérieurement et qui lui est contiguë, soit par la prostate tuméfiée (*).

(*) Quelquefois simplement spasmodiques, les rétrécissements de l'urètre sont le plus souvent dus à une altération organique du canal, ou dépendent, dans des circonstances un peu moins communes, de maladies des parties environnantes, ou de diverses combinaisons des états précédents.

1° SPASME. C'est avec raison que Hunter, ainsi que tous les bons observateurs, admet des rétrécissements sans altérations de tissus. En effet, l'expérience journalière en présente des exemples non-seulement dans la région dite *musculeuse* de l'urètre, mais encore dans tous les autres points de l'étendue du canal.

Irréguliers dans les époques de leur manifestation, dans leur marche, leur durée, leur siége particulier, leur terminaison définitive, ou leur réapparition, il est vrai qu'on ne saisit pas dans tous les cas, avec facilité, les causes immédiates et les causes plus ou moins éloignées des rétrécissements spasmodiques; mais si on n'en trouvait pas l'explication plausible dans l'irritabilité générale et locale de certains individus, ils n'en resteraient pas moins prouvés par l'expérience, que les plus ingénieuses réfutations théoriques ne sauraient détruire.

2° ALTÉRATIONS ORGANIQUES. Le plus grand nombre des rétrécissements est incontestablement dû, soit à une altération de la surface de l'urètre, soit à une altération dans l'épaisseur de ses parois.

Première variété. *Altération de surface*. Des ulcérations à bords plus ou moins saillants, ainsi que j'en ai montré des exemples à ma clinique, et à surface plus ou moins fongueuse, peuvent être cause de rétrécissements, comme Brunner et Méry l'avaient déjà signalé.

Dans quelques circonstances, plus communes que ne semblent le croire quelques écrivains modernes, le calibre de l'urètre est obstrué et son aire rétrécie par de véritables végétations (caroncules, carnosités des anciens), niées à tort par Morgagni, Desault et autres, mais que Hunter, Bell, André et Baillie, ont admises avec raison. Ces végétations, comme le font observer Wegelin d'après Lobstein, et Sœmmering lui-même, peuvent siéger dans toute l'étendue de l'urètre, même en arrière du vérumontanum. J'en ai rencontré de bien organisées au méat urinaire, où elles sont très-communes dans l'un et l'autre sexe; dans la fosse naviculaire, ainsi que j'en ai récemment montré un exemple à ma clinique; dans la région membraneuse et dans la région prostatique, sur un même sujet mort à l'hôpital des Vénériens. Chez les femmes, ces végétations sont encore plus fréquentes; M. Amussat lui-même en cite un exemple; et parmi un très-grand nombre que j'aurais pu rapporter, j'en ai signalé un fort remarquable dans mon Traité pratique des maladies vénériennes (*).

Laënnec pensait qu'il pouvait se former sur la muqueuse urétrale des exsudations plastiques, qui, en s'organisant ensuite, pouvaient donner lieu à de fausses membranes susceptibles d'oblitérer plus ou moins le canal.

Depuis les travaux de Brunner et de Méry, les nombreuses observations qui rendent

(*) Ouvrage cité, page 691.

§ Ier. *Des rétrécissements du canal de l'urètre.*

Je vais m'occuper maintenant des trois premiers modes d'obstruction de l'urètre: le premier est le rétrécissement proprement dit, rétrécissement

l'opinion de Littre moins exagérée qu'on n'a bien voulu le dire, ont mis hors de doute l'existence fréquente des cicatrices dans les différentes régions de l'urètre. Des ulcérations de différente nature et de siége divers; des déchirures, telles que celles qui arrivent dans la blennorrhagie cordée; d'autres solutions de continuité produites par différentes causes, par une sonde, une violence extérieure, etc.; des destructions par gangrène, sont fréquemment suivies de cicatrices, qui rétrécissent l'urètre, le raccourcissent dans quelques cas, ou produisent à sa surface des saillies, des brides, des arêtes, des valvules, des diaphragmes plus ou moins complets, de forme, de nombre et d'étendue variables.

L'hypertrophie et l'engorgement des rides ou replis de l'urètre peuvent bien aussi concourir à la formation de saillies plus ou moins analogues à celles qui dépendent des cicatrices; mais tandis que celles-ci sont définitives et qu'elles restent stationnaires, les autres, qui peuvent toujours s'accroître par la continuation de l'état morbide auquel elles sont dues, sont aussi susceptibles de résolution quand celui-ci vient à cesser.

On trouve aussi sur la muqueuse de l'urètre des développements vasculaires plus ou moins-considérables, et qui, jusqu'à un certain point, en diminuent le calibre. Cette vascularité variqueuse, quelles que soient les explications qu'on adopte avec Sœmmering, Larbaud et autres, est plus commune dans les parties postérieures du canal, et à l'embouchure du col de la vessie, où elle représente une espèce d'état hémorroïdal. On la rencontre encore assez souvent à la partie antérieure de certains rétrécissements, et par suite de la gêne que ceux-ci occasionnent à la circulation en retour.

Il est des malades, dans ces conditions, qui, après avoir éprouvé des difficultés dans l'émission de l'urine, voient le jet se rétablir après une perte de sang spontanée, ou à la suite de celle qu'a sollicitée le passage d'une sonde.

Deuxième variété. *Altérations dans l'épaisseur des tissus.* L'engorgement de toute l'épaisseur des parois urétrales est encore une cause bien fréquente de rétrécissements. Mais cet engorgement ne se présente pas toujours dans les mêmes conditions : circonscrit ou diffus, il occupe soit un point des parois, soit toute la circonférence de l'urètre, et, comme dans tous les autres tissus, il existe avec ramollissement ou induration. De véritables dégénérescences fongueuses en sont quelquefois les conséquences, tandis que dans de nombreuses circonstances surviennent des callosités plus ou moins voisines de l'état cartilagineux.

Mais il est une altération à laquelle les théories en vogue ont empêché d'accorder toute l'attention nécessaire; je veux parler des engorgements, plus fréquents qu'on ne le pense, qui dépendent de l'*induration spécifique* qui accompagne souvent le chancre de l'urètre, comme celui des autres régions. Ces indurations, qui constituent un grand nombre de rétrécissements, résistent le plus ordinairement aux traitements directs ordinaires, ou s'aggravent sous l'influence des moyens mécaniques, tandis qu'on les voit céder, dans quelques cas, avec une étonnante facilité à un traitement antisyphilitique bien dirigé.

Le cancer, les scrofules, peuvent donner lieu à des engorgements de l'urètre et produire des rétrécissements.

3° Maladies extérieures au canal. Les affections les plus communes qui, provenant des parties extérieures à l'urètre, peuvent le déprimer ou l'étreindre, sont les inflammations du tissu cellulaire voisin, qui se terminent par suppuration, entraînent des pertes de substance et produisent des cicatrices, ou à la suite desquelles restent des

permanent qui dépend d'une altération dans la structure d'une partie de
l'urètre; le second est un rétrécissement mixte dans lequel il y a à la fois
rétrécissement permanent et spasme; le troisième est un véritable rétrécissement spasmodique. La plupart des obstacles au passage de l'urine,
sinon tous, font naître à peu près les mêmes symptômes; de sorte que
c'est à peine si l'on possède des signes suffisants à l'aide desquels on puisse
distinguer l'une de l'autre les différentes causes de ces obstacles. Il est peu
de malades qui fassent attention aux premiers symptômes d'un rétrécissement avant qu'ils aient acquis beaucoup d'intensité ou qu'ils aient entraîné
d'autres accidents. Ainsi, un malade peut être atteint d'un rétrécissement
considérable sans remarquer qu'il n'urine pas librement; il peut même,
par suite du rétrécissement, avoir une disposition à l'inflammation et à la
suppuration du périnée, sans avoir la conscience d'aucun obstacle au passage de l'urine, et sans se douter qu'il est en proie à une autre maladie
que l'inflammation du périnée. Dans tous les cas de cette espèce, le jet
d'urine diminue en proportion du rétrécissement; mais ce symptôme, bien
qu'il soit probablement le premier, n'est pas toujours remarqué par le malade. Chez quelques personnes, l'urine ne sort que goutte à goutte, et ce
phénomène morbide ne peut passer inaperçu; chez d'autres, le jet est bifurqué ou s'éparpille en sortant du canal. Dans de tels cas, il faut explorer
le canal avec une bougie; si une bougie de grosseur moyenne est introduite
avec assez de facilité, on doit soupçonner l'existence du cinquième mode
d'obstruction, et l'on reconnaîtra très-probablement que la cause de
l'obstacle consiste dans la tuméfaction de la prostate; car toute autre cause
de compression capable de rapprocher les parois de l'urètre au point de
faire obstacle au passage de l'urine, comme une tumeur qui se serait développée dans le voisinage de l'urètre, en un point quelconque, ou une
inflammation qui aurait son siège le long des parois de ce canal, arriverait
à la connaissance du malade. Si donc l'existence de l'une ou de l'autre de
ces causes morbides n'est pas constatée, il faut explorer la prostate suivant
la manière que je décrirai plus loin.

Les rétrécissements spasmodiques se montrent ordinairement d'eux-
mêmes lorsqu'on étudie les symptômes avec une attention suffisante, car
l'obstacle qui naît de cette cause n'est point permanent. Ces obstructions,
mais plus particulièrement celles qui dépendent d'un rétrécissement per-

indurations sous forme de nodosités ou de véritables viroles qui font dévier le canal,
le bossellent en soulevant ses parois, ou finissent par l'étrangler complétement. Viennent ensuite les engorgements et les maladies de la prostate, qui, de l'avis commun,
rendent le plus souvent compte des changements apparents ou réels du calibre des
régions profondes de l'urètre.

On conçoit de la même manière que tout ce qui peut agir sur l'extérieur du canal,
ou s'arrêter dans sa cavité, soit, jusqu'à un certain point, une cause de rétrécissement.

4° CONDITIONS MIXTES. Les états morbides que je viens de signaler existent seuls,
ou bien, en se combinant de différentes manières, ils donnent lieu à des rétrécissements
mixtes.

P. RICORD.

manent, s'accompagnent, en général, d'un écoulement, c'est-à-dire d'un suintement habituel. Cet écoulement est souvent considéré par le malade comme constituant toute la maladie, et il consulte un chirurgien pour en être guéri. Le chirurgien fait des efforts persévérants pour guérir cette affection, mais ses tentatives restent sans succès, et enfin d'autres symptômes sont observés qui font soupçonner un rétrécissement, soit par le chirurgien, soit par le malade. Dans les maladies de l'urètre, de la prostate et de la vessie, il existe ordinairement une sensation désagréable au périnée, à l'anus et dans la partie inférieure de l'abdomen, et le malade ne peut croiser ses jambes sans éprouver de la douleur (*).

(*) L'aperçu général symptomatologique et de diagnostic différentiel des variétés admises par Hunter, est, comme on peut le voir, bien incomplet, et laisserait plus à faire que ne le comporte le cadre d'une note; aussi ne me permettrai-je que quelques réflexions.

Hunter dit, et beaucoup d'autres ont répété, que le jet de l'urine diminue en proportion du rétrécissement. Cette assertion, vraie au fond, ne doit pas être prise d'une manière absolue : il est des malades qui ont un jet encore assez volumineux et chez lesquels une sonde d'un diamètre inférieur ne saurait franchir l'obstacle; d'autres, au contraire, par inertie de la vessie, ou par une trop grande tonicité du canal, ont un jet très-mince, ou ne pissent que goutte à goutte sans avoir d'obstacle dans l'urètre. Le plus ou moins de projection du jet s'explique de la même manière.

La bifurcation du jet n'a pas, dans tous les cas, la même valeur comme signe diagnostique. Quelques mucosités arrêtées dans l'urètre peuvent former momentanément un bouchon plus ou moins complet, ou faire adhérer les parois dans quelques points, de manière à diviser le jet de l'urine à son passage; mais alors celui-ci, qui était bifurqué au commencement de l'émission de l'urine, après avoir entraîné ces mucosités, ne tarde pas à redevenir unique. Au contraire, quand la bifurcation du jet tient à un obstacle, cette bifurcation se maintient pendant toute la durée de l'émission, ou tout au moins, se montrant au début, et pouvant disparaître au moment où la vessie exerce ses plus fortes contractions, elle reparaît vers la fin de l'émission.

La bifurcation, dans ces derniers cas, indique ou une saillie dans l'urètre, ou une adhérence permanente des parois urétrales dans quelques points de leur étendue. J'ai montré à ma clinique un malade dont le canal était devenu adhérent de droite à gauche, dans une étendue de près d'un pouce, en arrière de la fosse naviculaire, et ressemblait ainsi à un fusil à deux coups et à canons superposés. Chez ce malade, il y avait deux jets parfaitement distincts. Cette adhérence fut facilement détruite par la section.

Les autres changements de forme du jet, l'éparpillement, la spirale, ne sont pas toujours bien jugés. Pour que ces changements aient de la valeur comme symptômes, il faut qu'ils aient lieu à la sortie immédiate de l'urètre; autrement, on sait que, selon la force avec laquelle l'urine est chassée par la vessie dans un urètre du reste sain, il se fait dans le jet un tournoiement plus ou moins prononcé, et à des distances variables du méat urinaire.

Hunter ne dit presque rien de l'exploration du canal, et cependant c'est bien là le moyen le plus certain de diagnostic. Cette exploration peut se faire avec des bougies coniques ou cylindriques, avec des sondes flexibles, molles ou solides. On peut employer des explorateurs particuliers ou des porte-empreintes. L'exploration peut se faire d'avant en arrière, ou d'arrière en avant.

Il arrive souvent qu'une bougie fine est arrêtée chez un malade qu'on soupçonne de rétrécissement, tandis qu'un instrument plus volumineux pénètre ; on croit quelquefois avec un instrument droit, rencontrer un obstacle, qui est bientôt franchi par un instrument courbe. Là où un instrument rigide s'arrête, un instrument flexible passe sans difficulté, en étant même d'un calibre plus gros ; de telle façon que tant que tous les modes d'exploration n'ont pas été successivement employés, surtout pour les rétrécissements des régions postérieures de l'urètre, on ne peut pas conclure à l'existence de ceux-ci. J'en dirai autant des empreintes par le procédé de Ducamp. Le porte-empreinte est quelquefois arrêté, comme l'observe avec justesse M. Amussat, dans des points où il n'y a pas de rétrécissement ; et mieux encore, pour la région du bulbe et celles qui lui sont postérieures, on peut obtenir des empreintes là où il n'existe aucune altération de tissu. L'exploration d'arrière en avant, à l'aide de l'explorateur lenticulé de M. Amussat, ou du stylet précurseur à boule de M. Tanchon, n'offre pas toute la certitude qu'on veut bien lui prêter. Au début cependant, quelques rétrécissements peuvent être reconnus par le procédé de M. Amussat.

La certitude de l'existence d'un rétrécissement, à part les phénomènes qui se passent du côté de l'émission de l'urine et de l'éjaculation du sperme, est toute ou dans l'impossibilité absolue d'introduire les différents explorateurs successivement indiqués, ou dans la constriction d'un de ceux-ci engagé dans l'aire du point rétréci.

Le suintement habituel, conséquence de l'inflammation chronique, à laquelle succède le plus grand nombre des rétrécissements, persiste surtout lorsque ceux-ci ont lieu, et peut même s'accroître par l'inflammation des tissus placés immédiatement en arrière des points rétrécis, qui, à cause de cela, ont de la tendance à s'étendre dans ce sens.

Cependant si un écoulement rebelle, quelque léger qu'il soit, peut faire présumer l'existence d'un rétrécissement, il faut se garder de croire que tout collement des lèvres du méat urinaire, que le moindre flocon de mucus, ou que ces fils qui serpentent dans l'urine de quelques malades, soient les signes incontestables d'une coarctation, alors même, comme le veut M. Amussat, que l'exploration la mieux faite n'aurait encore rien indiqué.

P. RICORD.

CHAPITRE II.

DES RÉTRÉCISSEMENTS PERMANENTS DE L'URÈTRE.

Dans les rétrécissements permanents de l'urètre (voyez pl. 9, fig. 1), le malade ne se plaint le plus souvent que lorsqu'il ne peut presque plus expulser son urine; souvent alors il est en proie à une strangurie intense, et même à plusieurs autres symptômes qui s'observent chez les sujets qui ont la pierre ou la gravelle, ce qui fait que l'on considère trop fréquemment ces deux affections comme la cause des accidents. En général, la maladie n'occupe pas une grande étendue du canal; au moins, dans la plupart des cas que j'ai vus, le siége du mal n'avait pas plus de largeur que si l'urètre eût été étranglé au moyen d'une ficelle, et, dans un bon nombre, les parties présentaient, à peu de chose près, l'aspect qu'aurait produit un tel étranglement. Cependant j'ai vu l'urètre rétréci irrégulièrement dans une étendue de plus d'un pouce; ce rétrécissement était l'effet d'un épaississement irrégulier de ses parois ou de sa membrane interne, qui en avait fait un canal tortueux.

Les rétrécissements de l'urètre ne dépendent pas toujours d'une coarctation uniforme de toute la circonférence du canal; dans quelques cas, la coarctation n'existe que d'un seul côté, et c'est là probablement ce qui a donné l'idée que le rétrécissement avait pour cause une ulcération située dans le point correspondant. Cette contraction d'un seul côté des parois de l'urètre reporte le canal de l'autre côté et rend difficile l'introduction des bougies. La portion contractée est plus blanche que les autres parties du conduit, et présente un tissu beaucoup plus résistant. Dans quelques cas, il y a plus d'un rétrécissement. J'en ai vu jusqu'à six, parmi lesquels il y en avait quelques-uns qui étaient plus prononcés que les autres. Du reste, il n'est pas rare de voir des urètres atteints de rétrécissement présenter de petites coarctations dans d'autres points. On reconnaît cette disposition aux résistances successives qu'on éprouve en introduisant une bougie (*).

(*) Ducamp prétend qu'on ne trouve le plus ordinairement sur le même sujet qu'un ou deux rétrécissements, et il a raison. Cependant Hunter en a rencontré six, M. Lallemand de Montpellier sept, et Colot, dont on a constamment cru devoir suspecter la bonne foi, dit en avoir observé huit. Les élèves qui ont suivi mes visites à l'hôpital des Vénériens ont pu voir un malade qui avait été dans d'autres hôpitaux de la capitale, et l'urètre était rétréci dans toute son étendue, offrant çà et là des points d'inter[illegible], et dix ouvertures fistuleuses, dont la plus antérieure se trouvait sur un des côtés [illegible] tandis que les autres étaient réparties entre la portion spongieuse du canal, [illegible] le bulbe et le périnée.   P. RICORD.

Toutes les parties de l'urètre ne sont pas également sujettes aux rétrécissements; en effet, il est une région qui paraît y être plus disposée que tout le reste du canal, c'est la portion bulbeuse. On en trouve cependant quelquefois entre le bulbe et l'orifice interne de l'urètre, mais très-rarement au delà du bulbe. Je n'en ai jamais vu dans la portion de l'urètre qui traverse la prostate (*). Non-seulement le bulbe en est le siége le plus fréquent, mais encore c'est là que se forment ceux de l'espèce la plus grave. Les rétrécissements de l'urètre s'établissent, en général, lentement; souvent ils ne deviennent très-incommodes que plusieurs années après que leur présence a été reconnue.

Les rétrécissements de l'urètre ne sont pas toujours également pénibles; il est d'observation qu'ils font moins souffrir quand la température est douce que quand elle est froide. Ce changement s'opère souvent d'une manière très-rapide. Il suffit d'une journée et même d'une heure de froid pour produire une modification dans les symptômes; et le même rétrécissement est presque toujours plus grave en hiver qu'en été. Cependant cette remarque n'est point sans exceptions : j'ai vu un cas où les accidents étaient constamment plus intenses en été que dans les autres saisons. Outre le froid, il y a d'autres influences qui aggravent les rétrécissements de l'urètre. Un malade qui avait une fièvre intermittente remarquait toujours un accroissement de son rétrécissement pendant l'accès fébrile. Le même effet est produit par l'abus des boissons alcooliques, par un exercice immodéré, et lorsque le malade retient son urine après avoir ressenti le besoin de la rendre. Cette dernière cause est souvent assez énergique pour produire une rétention complète, mais temporaire. La présence d'un petit calcul, dont la formation a été probablement causée par le rétrécissement, et qui s'engage dans l'urètre, vient quelquefois augmenter beaucoup les

---

(*) Il est vrai que les rétrécissements des environs du bulbe sont les plus fréquents de tous, et on a même dit que lorsqu'il en existait plusieurs, on en rencontrait toujours un dans cette région. Cependant cette règle souffre de si nombreuses exceptions pour les rétrécissements de la partie antérieure, que je suis étonné que M. Civiale n'en ait rencontré que deux cas. Quant à la région prostatique, dans laquelle Hunter dit n'avoir jamais rencontré de rétrécissements, on peut affirmer, malgré les observations de lui et la négation de Sœmmering, qu'elle est quelquefois le siége de coarctations qui ne sont point la conséquence d'une maladie de la prostate, et, au cas cité et figuré par M. Crosse, on pourrait en ajouter beaucoup d'autres.

Du reste, à part les observations faites après la mort, il est assez difficile de préciser la profondeur réelle des rétrécissements, quels que soient les instruments employés à cet effet. Tantôt, comme le fait observer avec justesse M. Civiale, on refoule l'obstacle et on l'éloigne du méat urinaire; dans d'autres circonstances, prenant sur lui un point d'appui avec l'instrument explorateur, on fait éprouver un allongement artificiel et momentané à la verge, dont la longueur peut avoir été encore exagérée par les tractions habituelles que quelques malades lui font éprouver dans les souffrances de la rétention d'urine. L'exploration du canal dans l'état de relâchement, comme le veut M. Malgaigne, donne tout autant d'illusions, quand on songe aux variations de retrait que peut subir le membre viril sous l'influence morale, et sous celle de la douleur et du froid.

P. Ricord.

accidents; le calcul, ne pouvant passer, produit une rétention d'urine complète dont il est difficile de reconnaître la cause immédiatement, et à laquelle, dans tous les cas, on ne peut remédier que par une opération (voyez pl. 12).

Il est impossible de dire quelle est la cause de l'altération de structure qui amène la diminution du canal de l'urètre. On a considéré cette altération comme un effet de la maladie vénérienne, et souvent on l'a attribuée à la méthode curative; mais je doute beaucoup qu'elle soit produite communément par de telles causes, si même elle en est jamais un effet. Toutefois, comme il est peu d'hommes qui n'aient eu quelque affection vénérienne dans un temps ou dans un autre, il semble naturel d'attribuer les rétrécissements de l'urètre à cette influence; de sorte que c'est une opinion qu'il est très-difficile de réfuter. Cependant on peut citer plusieurs raisons qui sont de nature à faire supposer que ces rétrécissements ne sont point ordinairement une conséquence de l'inflammation syphilitique. Les rétrécissements s'observent fréquemment dans la plupart des canaux du corps humain : on les rencontre souvent dans l'œsophage; dans les intestins, et surtout dans le rectum; dans l'anus; au prépuce, ce qui produit le phimosis; dans le conduit lacrymal, ce qui donne naissance à une maladie qu'on appelle *fistule lacrymale*, bien qu'aucune maladie n'ait existé préalablement dans ces divers organes. Ils se forment quelquefois dans l'urètre chez des sujets qui n'ont jamais eu aucune maladie vénérienne. J'en ai vu un exemple chez un jeune homme de dix-neuf ans qui était atteint de rétrécissement depuis huit années, et chez qui, par conséquent, la maladie avait commencé lorsqu'il n'était âgé que de onze ans. On l'avait cru d'abord atteint de la pierre ou de la gravelle, et on l'avait traité en conséquence. Il était de constitution scrofuleuse; il avait les lèvres épaisses et les yeux malades; il était atteint d'une opacité de la cornée d'un côté; sa complexion générale était débile; le rétrécissement était situé dans la région du canal qu'il occupe ordinairement, c'est-à-dire, vers la portion membraneuse. J'ai même vu un enfant de quatre ans atteint d'un rétrécissement de l'urètre, qui avait produit consécutivement une fistule du périnée. On observe cette maladie aussi souvent chez les sujets qui ont eu la gonorrhée d'une manière légère, que chez ceux qui l'ont eue avec intensité.

J'ai connu un jeune homme qui était atteint d'un rétrécissement très-grave. Il avait eu plusieurs gonorrhées; mais toutes avaient été si légères, qu'elles avaient rarement duré plus de huit jours, et que jamais la douleur ne s'était fait ressentir au delà du frein; or, le rétrécissement était situé vers la partie membraneuse de l'urètre. Tous les jours on observe des cas semblables. On ne voit jamais les rétrécissements se former pendant la durée de l'inflammation vénérienne, ni même dans les premiers temps qui suivent sa cessation. On a vu s'écouler trente ans, et quelquefois quarante, entre la guérison d'une gonorrhée et le début d'un rétrécissement, bien que la santé eût été parfaitement bonne pendant tout ce temps. Si les rétrécissements de l'urètre étaient une conséquence de l'inflammation syphilitique, on pourrait s'attendre à les voir occuper une certaine étendue, car l'inflammation syphilitique occupe une surface plus ou moins grande. En outre, on les rencontrerait plus fréquemment dans la partie de l'urètre qui est le plus ordinairement le siége de la maladie vénérienne, que partout ailleurs. Mais j'ai déjà fait remarquer qu'ils sont moins fréquents dans cette partie que dans les autres portions du canal (*).

Plusieurs personnes croient que les rétrécissements de l'urètre sont un effet de l'usage des injections dans le traitement de la gonorrhée. Mais cette opinion est fondée sur un préjugé, car j'ai observé que les rétrécissements sont tout aussi fréquents après les gonorrhées qui ont été guéries sans injections, qu'après celles dans le traitement desquelles elles ont été employées.

Ces deux manières d'expliquer la formation des rétrécissements de

(*) Il est bien certain que la blennorrhagie n'est pas la cause unique de tous les rétrécissements. J'ai montré récemment à ma clinique un jeune homme de vingt-cinq ans qui avait été pris de dysurie dès sa première jeunesse, sans jamais avoir eu d'écoulement et sans qu'aucun corps étranger pût en rendre compte. Ce jeune homme, à son entrée à l'hôpital, était affecté d'un rétrécissement de la dernière portion de l'urètre, et l'examen le plus attentif n'a fait reconnaître ni vice de forme ni altération pathologique de la prostate. Je donne en ce moment des soins à un jeune homme de Versailles qui est dans des circonstances analogues, avec cette seule différence qu'il s'agit d'un rétrécissement calleux de la région membraneuse.

Mais si d'autres causes peuvent déterminer des rétrécissements de l'urètre, il est incontestable que les accidents réputés vénériens sont les plus fréquentes de toutes, et que, parmi ceux-ci, la blennorrhagie doit être mise en première ligne.

Toutefois, la blennorrhagie, qui, comme nous l'avons prouvé ailleurs, n'est qu'une affection virulente identique au chancre, entraîne des altérations de l'urètre, et par suite, des rétrécissements, soit à l'état aigu, contrairement'a ce que dit Hunter, soit le plus souvent, à l'état chronique.

En effet, rien n'est plus commun que de rencontrer la dysurie à ses divers degrés jusqu'à la rétention plus ou moins complète, dans les urétrites à l'état aigu, et cela quelquefois même dès les premiers jours de leur existence, pour donner lieu à ce qu'on appelle les rétrécissements inflammatoires. Ces rétrécissements sont la conséquence d'un engorgement en quelque sorte phlegmoneux, ou d'une infiltration œdémateuse du tissu cellulaire sous-muqueux, et disparaissent quand l'état aigu cesse; mais il n'est pas rare de les voir se prolonger et devenir permanents en passant à l'état chronique avec l'inflammation qui les a produits. Ils sont ordinairement assez étendus et se rencontrent le plus fréquemment dans les régions antérieures au bulbe, et d'autant plus près de l'entrée du canal, qu'on est plus rapproché du début de la maladie. Dans ce cas, si l'on accordait quelque valeur au siége que Hunter regarde comme spécifique, ces rétrécissements devraient être la conséquence immédiate de l'affection virulente; mais on sait déjà, par ce que j'ai dit ailleurs, que l'inflammation de l'urètre, en partant des parties antérieures pour gagner celles qui sont placées plus en arrière, ne change pas de nature par le seul fait du changement de siége, et que si les altérations de tissu qui entraînent des rétrécissements à leur suite sont plus fréquentes en arrière qu'en avant, c'est qu'aussi l'inflammation chronique persiste là plus que partout ailleurs.

D'un autre côté, si Hunter, moins influencé par ses idées théoriques, avait bien reconnu l'existence assez fréquente des chancres urétraux, il aurait trouvé, comme nous, des rétrécissements dus à des indurations spécifiques, et sous la dépendance immédiate de l'affection virulente.

P. RICORD.

l'urètre sont complétement insuffisantes pour les cas où il n'y a eu antérieurement aucune gonorrhée, et pour ceux où la gonorrhée n'a pas été
traitée par les injections; et certes, si l'on considère le mode de traitement
qui est employé contre les rétrécissements, on ne peut s'empêcher de regarder les injections comme un topique très-doux pour l'urètre, en comparaison des bougies; cependant on n'a jamais reconnu ni supposé que les
bougies fussent une cause de rétrécissement. D'ailleurs, il est arrivé quelquefois qu'on a injecté par erreur des liquides très-irritants, tels que l'extrait de Saturne non étendu et l'alcali caustique, sans qu'il en soit résulté
la moindre tendance à un rétrécissement, bien que ces injections eussent
été suivies d'une inflammation violente, et même de la cautérisation de la
membrane interne de l'urètre.

On a supposé aussi que les rétrécissements de l'urètre sont produits par
la cicatrisation d'ulcères qui auraient leur siége dans ce canal. Mais comme
je n'ai jamais vu d'ulcères dans le canal de l'urètre, si ce n'est comme
conséquence d'un rétrécissement, et que je ne crois point que la gonorrhée
ordinaire s'accompagne d'ulcération, je ne puis admettre cette doctrine (*)

(*) Des faits nombreux et authentiques réfutent le préjugé communément répandu
qui attribue exclusivement les rétrécissements de l'urètre à la gonorrhée et à l'usage
des injections. Mais lorsque Hunter va jusqu'à révoquer en doute l'influence de ces
deux causes dans tous les cas, il se met en opposition avec le raisonnement et l'expérience. Toute irritation exercée sur le canal de l'urètre, si elle est prolongée suffisamment, peut donner naissance à un rétrécissement. Cet effet peut être produit par la présence d'une pierre dans la vessie; par une maladie de la prostate ou de la vessie; par
l'influence d'une urine acide; par des attaques répétées de strangurie, qui reconnaissent
pour cause l'application successive d'un grand nombre de vésicatoires. Mais, de toutes
les sources d'irritation de l'urètre, la plus commune et la plus grave est la gonorrhée;
et, dans un grand nombre de cas, le rétrécissement suit si immédiatement cette maladie, qu'il est raisonnable de le lui attribuer. Il est peu de cas de gonorrhée où le jet
d'urine ne soit diminué de volume par suite d'une contraction spasmodique plus ou
moins marquée de la portion membraneuse de l'urètre. Si la gonorrhée dure longtemps, ce spasme peut devenir habituel et se terminer par la formation d'un rétrécissement; résultat qui sera encore plus probable si l'inflammation, loin d'être limitée à
l'extrémité de l'urètre, s'étend au bulbe et au col de la vessie.

Quant à l'influence des injections sur la production des rétrécissements, elle est
moins évidente. Lorsqu'elles sont employées avec succès dès la première apparition de
l'écoulement, il est probable qu'en faisant cesser brusquement les désordres, elles
préviennent plutôt qu'elles ne favorisent la formation des rétrécissements; mais, lorsqu'elles échouent, il est indubitable que dans beaucoup de cas elles étendent la sphère
de l'inflammation, et font envahir les points de l'urètre qui sont dans le voisinage du
bulbe et qui sont le siége de prédilection des rétrécissements. En outre, ainsi que
Hunter l'a fait remarquer ailleurs, l'écoulement fait cesser le spasme qui accompagne
un rétrécissement. Dans les cas où il y a déjà contraction spasmodique de l'urètre, les
injections, en diminuant ou en supprimant l'écoulement, doivent nécessairement tendre
à accroître le spasme et à le rendre permanent.

L'ancienne opinion admettait que les rétrécissements de l'urètre sont constitués par
la cicatrice d'un ulcère qui accompagnerait la gonorrhée. Hunter repousse avec raison
cette doctrine; mais il ne veut pas dire pour cela qu'il ne se forme point quelquefois

§ Ier. *Des bougies.*

Les bougies, avec leurs applications actuelles, sont peut-être une des améliorations les plus importantes dont la chirurgie se soit enrichie depuis trente ou quarante années. Quand je compare la pratique actuelle avec celle qui était en usage en 1750, j'ai de la peine à croire que je traite la même maladie. Je me rappelle que lorsqu'à cette époque je fréquentais les hôpitaux de Londres, les bougies ordinaires étaient ou une tige de plomb (*), ou une petite chandelle de cire; et, bien que les bougies qu'on emploie maintenant fussent connues alors, on ne leur accordait point la préférence qu'elles méritent, ou bien on méconnaissait les avantages qui leur sont propres, ainsi qu'on peut le voir par les publications de cette époque.

Daran fut le premier qui perfectionna les bougies et qui en répandit l'usage. Il écrivit *ex professo* sur les maladies dont elles constituent le moyen de traitement, et sur la manière de les préparer; mais son livre inspire le dégoût par les absurdités qu'il a émises, soit dans ses descriptions des maladies, soit au sujet des méthodes de traitement, soit enfin sur les vertus et la composition de ses bougies. Cependant cette production absurde a beaucoup mieux réussi à faire adopter généralement l'usage des bougies, que n'aurait pu le faire tout ce que la science possédait alors de connaissances réelles, dirigé par la raison. Ces éloges exagérés de certains remèdes particuliers ne sont pas toujours sans utilité. L'inoculation ne serait encore pratiquée qu'avec hésitation sans l'enthousiasme des Sutton; les préparations saturnines n'auraient pas été si généralement employées si elles n'avaient été préconisées par Goulard dans les termes les plus ex…

dans l'urètre, par suite d'autres causes, des ulcérations qui laissent après elles un rétrécissement. Lorsque l'urètre a été déchiré par une violence extérieure, comme par un coup sur le périnée, il en résulte ordinairement un rétrécissement qui, dans la plupart des cas, se montre opiniâtre et difficile à traiter.   G. G. B.

Rien n'est moins prouvé que la propagation de l'inflammation blennorrhagique d'avant en arrière par l'usage des injections; car, sans qu'il soit besoin de cette cause, on sait que la maladie abandonnée à elle-même gagne bientôt les parties postérieures du canal.

D'un autre côté, lorsque les injections favorisent la résolution des tissus engorgés, et qu'elles tarissent graduellement un écoulement, loin qu'elles ajoutent aux accidents inflammatoires ou spasmodiques, on voit ceux-ci diminuer en même temps que la suppuration, et disparaître avec elle. Les cas contraires sont exceptionnels. Quant aux ulcérations, je n'ai pas besoin de revenir sur ce que j'ai déjà dit: l'anatomie pathologique a mis leur existence hors de doute, ainsi que celle des cicatrices qui en sont la conséquence.   P. RICORD.

(*) Lorsque l'on employait des tiges de plomb en guise de bougies, il arrivait quelquefois que l'extrémité de ces tiges se brisait et tombait dans la vessie, et l'on en obtenait la dissolution en injectant du mercure. Je pensai d'abord que le mercure ne pouvait pas se mettre assez exactement en contact avec le plomb, tant qu'il était séparé du liquide contenu dans la vessie, pour en amener la dissolution; mais ayant expérimenté ce procédé, je trouvai qu'il était suivi de succès.   JOHN HUNTER.

travagants; l'usage de la ciguë ne se serait pas répandu comme il l'a fait, si l'on s'était borné à faire connaître seulement ses véritables propriétés. Les perfectionnements de l'art sont souvent exaltés outre mesure, mais on apprécie enfin à leur juste valeur. Sutton a dit que le régime froid porté à l'excès est infiniment meilleur que l'ancienne méthode; mais l'expérience de tous les praticiens a démontré qu'un régime modéré est celui qu'on doit préférer, et c'est tout ce qui est resté acquis à la science.

Lorsque Daran publia ses remarques sur les bougies, tous les chirurgiens s'efforcèrent de découvrir sa composition, et tous crurent l'avoir trouvée, parce qu'ils obtenaient avec les bougies construites par eux les mêmes effets qui avaient été décrits par Daran. Il ne leur vint jamais à l'esprit que tout corps étranger, de même forme et de même consistance, devait agir de la même manière.

§ II. *Traitement des rétrécissements permanents.*

Le traitement des rétrécissements permanents ne doit se composer que d'applications locales. On les a traités, mais sans succès, par l'emploi du mercure, dans la supposition erronée qu'ils sont de nature vénérienne. La guérison des rétrécissements consiste dans la dilatation de la portion de canal contractée, ou dans la destruction, par l'ulcération ou par les escarotiques, du tissu altéré. La dilatation est obtenue par l'introduction des bougies, et dans la plupart des cas, sinon toujours, elle n'amène qu'une guérison temporaire; car, bien que le canal puisse être suffisamment dilaté pour donner passage à l'urine, il conserve toujours sa tendance primitive à se contracter, qui se reproduit en général tôt ou tard (*). Le travail ulcératif est déterminé également par l'introduction d'une bougie, et la destruction du rétrécissement par la formation d'une escarre s'opère au moyen des caustiques. Il arrive fréquemment, dans les cas de rétrécissements, que le canal s'efface au point qu'il peut à peine passer une petite quantité d'urine, et que la rétention est souvent même complète; la bougie ne peut passer immédiatement, ou, si l'on peut parvenir à la faire pénétrer jusque dans la vessie, aucun jet d'urine ne lui succède au moment où on la retire. Dans ces cas, on doit avoir recours aux moyens propres à

(*) Lorsqu'on est appelé à traiter un malade atteint de rétrécissement de l'urètre, il est souvent utile de connaître les circonstances antécédentes de la maladie avant d'introduire une bougie, et surtout de s'informer si le malade a déjà fait usage de ce moyen. S'il en a fait usage, il faut demander quel en a été le résultat, si on introduisait les bougies facilement, ou si elles ne franchissaient pas du tout le rétrécissement. Dans le premier cas, on n'a plus rien à demander; dans le second cas, il faut savoir si le malade ou le chirurgien a remarqué qu'il gagnât du terrain avec la bougie, c'est-à-dire, si la bougie pénétrait plus avant quand on en a cessé l'usage que dans le commencement; s'il en est ainsi, il faut demander de combien la bougie a pénétré plus avant. Si l'on a gagné visiblement du terrain sans pouvoir franchir le rétrécissement, il est à craindre que l'usage de la bougie ne doive être discontinué, car il est très-probable qu'il existe une fausse route qui rend impossible l'introduction de la bougie dans le rétrécissement.   JOHN HUNTER.

produire un soulagement temporaire, tels que le bain chaud, qui neutralise les effets du froid et calme le spasme qui peut exister dans les organes malades, et les lavements opiacés, dont les effets sont encore plus prononcés. Souvent en produisant une évacuation alvine on diminue le spasme, car il n'est pas rare de voir la constipation déterminer une rétention spasmodique, même chez des sujets qui n'ont point de rétrécissement.

Le traitement par la dilatation est en grande partie mécanique, lorsque celle-ci est opérée par le moyen des bougies, qui agissent en général à la manière d'un coin. Cependant l'effet définitif des bougies n'est pas toujours aussi simple que celui d'un coin sur la matière inanimée, car la pression détermine une action du principe vital, qui a pour objet d'adapter les parties à leur nouvelle position ou de les faire disparaître par ulcération; d'où il résulte que les bougies produisent deux effets très-distincts, et qu'on peut se proposer deux buts différents dans leur application, l'un qui consiste à produire la dilatation, l'autre à déterminer l'ulcération; ce dernier effet n'est pas toujours aussi facile à obtenir que l'autre.

Le plus souvent, ainsi que je l'ai fait remarquer déjà, la maladie existe depuis un temps considérable lorsqu'on réclame les secours de l'art, de sorte que le rétrécissement est très-prononcé, et que souvent même on éprouve beaucoup de difficulté à faire passer une bougie d'un petit volume. Si le rétrécissement est tel qu'on puisse y faire pénétrer sans peine l'extrémité d'une bougie fine, quelque étroit que soit le canal, la guérison est en notre pouvoir. Toutefois, il arrive souvent que le rétrécissement résiste d'abord, et même après des essais répétés, à l'introduction d'une bougie fine; mais il faut persévérer dans ses tentatives avec cette bougie, car il arrive quelquefois que ce qui arrête la bougie, c'est que le canal du rétrécissement ne se trouve pas sur la même ligne que le canal de l'urètre lui-même. Je soupçonne qu'alors le rétrécissement n'est pas égal dans tout le pourtour de l'urètre, ce qui fait que le petit passage qui reste ne se trouve plus au centre de l'aire du canal.

Dans beaucoup de cas où le rétrécissement est très-intense, il survient parfois des spasmes très-pénibles qui s'opposent complétement à l'introduction des bougies, ou ne permettent que celle des bougies du plus petit calibre, bien que l'on puisse d'autres fois en faire passer de plus grosses. Dans de tels cas, j'ai pu réussir quelquefois à faire pénétrer l'extrémité de la bougie, en frictionnant le périnée avec un doigt d'une main, tandis que je poussais la bougie avec l'autre main. Bien que ce procédé ne réussisse pas toujours, il mérite cependant d'être essayé. Je ne saurais décider d'une manière absolue si par ce moyen on change les rapports du rétrécissement, de manière à faciliter l'introduction de l'extrémité de la bougie, ou si l'on fait cesser le spasme par sympathie, mais je pense que cette dernière opinion est la plus vraisemblable. Dans les cas de cette espèce, où le rétrécissement devient le siége d'un spasme, j'ai souvent réussi en laissant la bougie pendant quelque temps contre le rétrécissement, pour la pousser ensuite; ce procédé est si souvent suivi de succès, qu'on doit toujours l'essayer lorsque la bougie ne peut être introduite, ou lorsqu'elle ne l'est qu'à certains moments. Je reviendrai plus amplement sur ce point en traitant des rétrécissements spasmodiques.

On peut dissiper le spasme en plongeant le gland dans de l'eau froide. Ce moyen réussit quelquefois dans la strangurie simple; mais il n'est pas aussi facile d'y avoir recours tandis qu'il y a une bougie dans le canal.

Dans les cas de rétrécissement permanent, bien que la bougie ne puisse passer d'abord, cependant, après des essais répétés, elle peut s'engager de temps à autre, ce qui a pour avantage de rendre plus sûre et plus facile une tentative ultérieure. Toutefois, il n'arrive que trop souvent que le succès des efforts subséquents ne dépende point immédiatement de ce qu'on a réussi une ou deux fois à passer la bougie, car elle peut franchir l'obstacle un jour et se trouver arrêtée le lendemain, et cette alternative peut durer des semaines, quelques tentatives que l'on fasse. Cependant je dois faire observer qu'en général l'introduction de la bougie devient de moins en moins difficile; c'est pourquoi il ne faut jamais dans aucun cas désespérer du succès. Quelques personnes pensent que c'est lorsque le malade vient d'uriner que le moment est le plus favorable pour faire des tentatives dans ces cas, parce qu'alors le canal est nettoyé et plus en ligne droite; mais la pratique n'a pas confirmé cette supposition.

Lorsque le passage est très-étroit, il n'est pas facile de reconnaître si la bougie a réellement pénétré dans le rétrécissement, car les bougies fines qu'on est obligé d'employer d'abord fléchissent si facilement, que l'opérateur peut croire qu'elles passent, tandis qu'elles ne font que plier de plus en plus. Toutefois, le chirurgien doit, en général, s'assurer du siége du rétrécissement au moyen d'une bougie d'un volume moyen, puis en employer une plus fine, et, quand il arrive au rétrécissement, pousser avec douceur, et seulement pendant un certain temps. Si la bougie est entrée plus avant dans l'intérieur de la verge, on constate s'il est bien vrai qu'elle ait pénétré dans le rétrécissement, en suspendant la pression qu'on exerçait sur elle; car si elle revient en arrière on peut être sûr qu'elle n'a point pénétré, ou au moins qu'elle a pénétré fort peu, et qu'elle n'a fait que plier; en effet, la bougie est forcée d'opérer un mouvement rétrograde, tant à cause de son élasticité naturelle, que parce que la direction du canal, qui a été changée, se rétablit. Mais si la bougie reste fixe dans sa position et ne subit aucun recul, il est certain qu'elle a pénétré dans le rétrécissement.

Toutefois, quand on se sert d'une bougie extrêmement fine, ces remarques ne sont plus d'une application aussi entière, car elle peut se fléchir sans qu'on s'en aperçoive. Il arrive souvent qu'une bougie ne pénètre que dans une très-petite étendue, peut-être dans un dixième de pouce tout au plus, et qu'ensuite elle se courbe si l'on continue la pression. Pour s'assurer s'il en est ainsi, il est nécessaire de retirer la bougie et d'en examiner le bout. Si la bougie est émoussée à son extrémité, on peut être sûr qu'elle n'a pas pénétré le moins du monde; mais si elle est aplatie dans une étendue d'un huitième ou d'un dixième de pouce, si elle est cannelée, si sa

II.

couche extérieure de cire est refoulée en haut dans cette longueur, ou bien si la bougie porte une impression circulaire au niveau du rétrécissement, ou seulement une empreinte d'un seul côté, deux effets que je suppose dépendre d'un spasme qui a lieu au moment du passage de la bougie, alors la bougie a certainement pénétré dans le rétrécissement jusqu'au point où ces signes s'étendent. Il est alors nécessaire d'introduire de la même manière une autre bougie exactement de la même grosseur, et de la laisser en place autant de temps que le malade pourra la supporter ou qu'on le jugera convenable; en répétant cette opération, on peut surmonter l'obstacle. On peut quelquefois reconnaître que la bougie a franchi le rétrécissement, en l'attirant doucement au dehors; si à la première traction elle fait éprouver de la résistance, il est certain qu'elle a passé. Mais c'est l'aspect même de la bougie qui donne les meilleurs renseignements (*). Dans de tels cas, je recommande toujours au malade de conserver la bougie exactement dans l'état où elle était au moment où il l'a retirée, afin que je puisse l'examiner. Mais quand la bougie passe avec facilité, ces précautions ne sont pas nécessaires.

La durée du séjour de chaque bougie dans le canal doit être déterminée par les sensations du malade, car il ne faut jamais qu'elle cause de la douleur, s'il est possible. Si on la laisse séjourner trop longtemps, on manque le but qu'on s'était proposé, on exaspère les symptômes mêmes qu'on voulait dissiper, et l'on donne naissance à une irritation qui rend impossible une nouvelle introduction de la bougie pendant un certain temps. Si l'introduction de la bougie fait éprouver au malade une vive douleur, il ne faut la laisser séjourner dans l'urètre que de cinq à dix minutes au plus, et même moins longtemps si la douleur est très-considérable. A chaque introduction, on doit prolonger la durée de son séjour, mais d'une manière assez graduelle pour que cette augmentation n'éveille ni les sensations du malade ni l'irritabilité des parties. J'ai vu des cas où il s'écoulait des jours, et même, chez plusieurs malades, des semaines avant qu'on pût parvenir à laisser la bougie dans le rétrécissement pendant dix ou même cinq minutes, et cependant, avec le temps, ces mêmes malades ont pu la conserver pendant des heures, et enfin la supporter sans aucune difficulté. Il

---

(*) Il est à remarquer qu'il existe (voy. pl. 9, fig. 2), auprès et à quelque distance du gland, des lacunes qui souvent arrêtent la bougie et donnent au premier abord l'idée d'un rétrécissement; j'ai vu commettre cette méprise. C'est une chose qu'on doit soupçonner quand la bougie se trouve arrêtée à une très-petite distance du gland; alors, il faut changer la direction de la pointe de la bougie et la porter contre la face inférieure du canal de l'urètre. Quand la bougie s'arrête dans une de ces lacunes, le malade manifeste plus de douleur que lorsqu'elle appuie contre le rétrécissement lui-même. La portion valvulaire de la prostate (*luette vésicale*), morbidement développée (voy. pl. 13), arrête très-souvent la bougie, et est prise pour un rétrécissement par les chirurgiens qui ne connaissent pas bien les diverses causes d'obstruction du canal de l'urètre, tandis que pour les autres c'est un moyen de reconnaître cette maladie de la prostate; et, en effet, dans l'état naturel des parties, je crois pouvoir dire quand la bougie arrive à ce point.   JOHN HUNTER.

meilleur moment pour placer une bougie qui doit rester dans le canal pendant un certain temps, c'est lorsque le malade a le moins d'occupations, ou le matin, tandis qu'il est au lit, pourvu qu'il puisse l'introduire lui-même.

La grosseur des bougies doit être augmentée selon la facilité avec laquelle le rétrécissement se dilate, et selon la manière dont le malade supporte la dilatation. Si les parties sont très-résistantes ou très-irritables, il faut que l'augmentation de volume des bougies soit très-lente, qu'elle *s'insinue* graduellement sur les parties, si l'on peut ainsi dire, de manière que celles-ci puissent adapter leur structure à cette augmentation de volume. Mais lorsque la sensibilité des parties le permet, l'augmentation de volume des bougies peut être un peu plus rapide, sans jamais cependant l'être assez pour que le malade en éprouve du malaise. Cette augmentation doit être continuée jusqu'à ce qu'on puisse faire passer facilement la bougie du plus gros volume; et l'on ne doit abandonner cette dernière qu'au bout de trois semaines ou un mois, afin d'habituer la portion dilatée à sa nouvelle condition, ou de détruire autant que possible l'habitude des tissus à se contracter. Mais, ainsi que je l'ai fait observer ci-dessus, on peut rarement compter sur la permanence de la guérison.

Au lieu de procéder avec les précautions qui viennent d'être recommandées, on a tenté une pratique qui a été suivie d'un succès temporaire, et qui consiste à introduire de force une bougie de moyenne grosseur dans un rétrécissement qui ne peut en admettre qu'une très-fine. Je suppose que par ce procédé on déchirait le rétrécissement, ou l'on affaiblissait les tissus en les soumettant à une tension brusque qui leur faisait perdre leur contractilité pour un temps considérable. J'ai vu des cas où cette méthode a produit de bons effets, et où elle a dissipé le rétrécissement et prévenu le spasme pendant un certain temps. Toutefois, je n'ai jamais essayé ce procédé, et j'ai toujours donné la préférence au mode de traitement le plus doux, dans les cas où il était possible de passer une bougie.

J'ai vu l'introduction d'une bougie faire disparaître presque immédiatement un gonflement du testicule qui dépendait d'un rétrécissement; ce symptôme n'est donc point de nature à empêcher l'emploi des bougies.

Dans les cas de rétrécissement où l'on fait usage des bougies, le malade est ordinairement bien portant sous tous les autres rapports; ce n'est qu'avec peine qu'on le persuade de retrancher quelque chose de ses habitudes, et souvent il met trop peu de réserve à manger, à boire et à prendre de l'exercice; or, ces choses ont de graves inconvénients dans beaucoup de cas, surtout quand l'inflammation et la suppuration se sont développées. C'est donc le devoir du chirurgien de maintenir le malade dans certaines limites pendant un temps suffisant, jusqu'à ce que l'expérience lui ait appris que les parties peuvent supporter les bougies sans inflammation (*).

(*) On ne saurait, dans tous les cas, considérer les rétrécissements de l'urètre comme étant des états maladifs incessants, auxquels il faille toujours opposer un traitement. Il en est qui sont le terme définitif d'une maladie de l'urètre, et qui sont à ce canal ce que les cicatrices, en général, la réunion, la soudure, sont à d'autres tissus. Ici, l'urètre peut être dévié dans sa direction ou diminué dans son calibre; mais s'il n'en

§ III. *Traitement des rétrécissements de l'urètre par ulcération.*

Le traitement des rétrécissements de l'urètre par ulcération s'effectue également au moyen des bougies. On peut avoir recours à cette méthode

résulte pas un écoulement morbide, ou une gêne par trop grande dans ses fonctions, et que les parties voisines, telles que la prostate, les voies spermatiques, la vessie, etc., n'aient point à en souffrir, il n'est pas besoin, parce que le canal aura perdu un quart de ligne, une demi-ligne ou plus de son calibre, que le jet de l'urine sera plus ou moins régulier, d'appliquer un traitement souvent plus nuisible qu'utile. Je sais que plus on attaque les rétrécissements à leur début, et plus vite ou les guérit; mais cette règle, pour être générale, n'en comporte pas moins des exceptions en faveur de ces espèces de rétrécissements que j'appellerai *définitifs*.

Ce n'est donc qu'alors que les rétrécissements tendent sans cesse à croître, ou qu'ils entravent et compromettent les fonctions directes de l'urètre et celles des organes voisins qui lui sont liés, qu'il faut les soumettre à un traitement.

Hunter, comme on a pu le voir, et beaucoup d'autres qui l'ont ou imité ou servilement copié, ne veulent, pour le traitement des rétrécissements permanents, que des applications locales. Cependant, des conditions individuelles différentes, des indications tirées de la force générale ou de la faiblesse des individus, des dispositions inflammatoires ou des états nerveux de différentes nuances, etc., peuvent exiger des moyens directs ou généraux autres que ceux indiqués pour la simple destruction d'un obstacle dans le canal. Des complications, ou des maladies des organes dont les fonctions sont plus ou moins liées à l'urètre, réclament aussi des modifications importantes. Mais, par-dessus tout, l'espèce de rétrécissement qui constitue l'exception la plus absolue aux préceptes de Hunter, est celle qui dépend de l'induration spécifique du chancre, et qui, ordinairement réfractaire au traitement local, cède aux moyens généraux employés contre le chancre induré.

On doit donc diviser le traitement des rétrécissements en général et en local. Le premier peut être simple et dirigé contre l'inflammation, le spasme, les différentes complications, etc.; ou spécial, et appelé à combattre la cause spécifique de la maladie, comme dans le cas de chancre induré. Le second comprend les résolutifs simples, la dilatation, les caustiques, et l'emploi des instruments propres à faire des mouchetures, des scarifications, des incisions, etc.

Résolutifs. La plupart des rétrécissements inflammatoires ou de la période aiguë des blennorrhagies, cèdent aux antiphlogistiques généraux ou locaux; mais, soit à cette époque, soit surtout quand ils sont passés à l'état chronique, sans qu'il y ait encore des altérations de tissu trop profondes, on les guérit souvent par le simple emploi des résolutifs. C'est ainsi que les pommades fondantes et l'onguent mercuriel en particulier réussissent si fréquemment, soit appliqués sur les parties extérieures à l'urètre, soit dans l'intérieur de ce canal, contre ces engorgements qu'on peut quelquefois même apprécier à l'extérieur et sans le besoin d'autre exploration.

Si, dans tous les cas d'écoulements morbides par l'urètre, on s'était assuré d'avance de l'état des tissus, comme je l'ai fait bien des fois à mon hôpital et dans ma pratique privée, on aurait pu se convaincre qu'un grand nombre de rétrécissements, dus à des hypertrophies molles, cèdent aux injections résolutives, qu'on accuse à tort de les produire, quand il leur arrive de rester sans effet.

Dilatation. Cependant il est vrai de dire que le plus grand nombre des rétrécissements résistent à ces moyens et en réclament de plus puissants, parmi lesquels, comme le fait Hunter, il faut d'abord placer la dilatation. La dilatation est la méthode la plus

dans les cas où les bougies peuvent être introduites et dans ceux où elles ne peuvent point passer.

généralement applicable, celle de toutes qui réussit le mieux seule, et qui devient, dans le plus grand nombre des cas, l'adjuvant obligé des autres.

En tenant compte des excellentes observations pratiques de Hunter, on peut, dans l'état actuel de la science, résumer ainsi ce qui a trait à la dilatation :

1° Elle peut être *brusque*, comme dans la méthode attribuée à l'ingénieux chirurgien de Lausanne, M. Mayor, quoique déjà mentionnée, sans approbation, par Hunter, et qui a pour principe *d'opposer à l'obstacle un instrument d'autant plus volumineux, qu'il est plus difficile à franchir.*

2° Elle peut être *rapide*, c'est-à-dire que, commençant par un instrument qui traverse le rétrécissement sans violence, on le remplace par d'autres, de calibres croissants, toutes les deux ou trois heures, plus tôt ou plus tard, à mesure que le premier instrument cesse d'être étreint par le point rétréci. Cette méthode, vantée surtout à Montpellier par MM. Lallemant, Chrestien, etc., a reçu à Paris quelques éloges de M. le professeur Velpeau, bien que la plupart des praticiens, et Hunter en particulier, la blâment, et cela souvent avec raison, à cause de la fréquence des récidives.

3° Il vaut mieux qu'elle soit *graduelle*, l'observation ayant prouvé, conformément à l'opinion de Hunter, que les résultats étaient d'autant plus durables, qu'ils avaient été obtenus avec moins de violence et plus de lenteur.

4° Enfin elle est *temporaire* ou *permanente.*

Comme méthode curative, la dilatation ne réussit bien et d'une manière définitive que dans les cas de rétrécissements dus à des hypertrophies simples et surtout avec ramollissement des tissus. Quand l'induration est prononcée et calleuse, lorsqu'il existe du tissu inodulaire, de véritables cicatrices ou des végétations, on a des succès moins durables; on ne fait alors que distendre avec peine des parties qui reviennent bientôt sur elles-mêmes dès qu'on cesse de les écarter.

En adoptant le procédé de la dilatation graduelle, dans les termes qu'indique si bien Hunter, il faut, pour se décider entre son application temporaire ou permanente, tenir compte des conditions suivantes:

On doit préférer la dilatation temporaire toutes les fois que la réintroduction d'une bougie n'est ni trop difficile, ni trop douloureuse; que cet instrument, après un temps limité, cesse d'être retenu dans le point rétréci; que dans les séances successives il peut non-seulement être replacé avec facilité, mais encore être remplacé par un plus volumineux. Dans les circonstances opposées, il faut employer la dilatation permanente. Dans tous les cas, dès que les instruments laissés momentanément ou définitivement à demeure excitent trop, produisent du spasme, de la douleur, des réactions directes ou sympathiques un peu trop vives, il faut les enlever, éloigner leur application, en attendant que, par le repos ou un traitement adjuvant approprié, on ait fait disparaître les accidents qu'ils avaient produits.

Dans tous les cas, la dilatation, agissant à la manière de la compression, amène la résolution simple des tissus, ou détermine une sorte de fonte purulente. Elle déchire quelquefois les parties malades, comme cela arrive par la méthode de M. Mayor, ou bien enfin elle détermine l'ulcération, ce qui n'est pas toujours favorable, soit à cause des accidents immédiats signalés par Hunter, soit à cause des *cicatrices* qui doivent en être les conséquences nécessaires et quelquefois fâcheuses.

Pour pratiquer la dilatation, il faut de nécessité que l'instrument dilatateur pénètre dans les points rétrécis. Cette condition nécessaire n'est cependant pas toujours facile, ni même possible. Sans insister ici sur les préceptes de cathétérisme qu'on doit suivre pour franchir les obstacles, je rappellerai l'observation judicieuse de Hunter sur les

Dans les cas de la première espèce, l'ulcération n'est point aussi nécessaire que dans ceux de la seconde, car toutes les fois qu'une bougie peut passer,
il ne résulte aucun danger immédiat du rétrécissement, que l'on peut dilater
ainsi qu'on l'a vu précédemment. Mais si l'on préfère cette méthode à une
dilatation lente qui donne aux tissus le temps de s'adapter à leur nouvelle
condition, on peut détruire le rétrécissement en y faisant naître l'ulcération, surtout si les parties ne sont pas irritables et qu'elles puissent supporter une grande violence.

Quand on s'est décidé pour la méthode de l'ulcération, il faut introduire
la bougie aussi avant que possible dans le rétrécissement, et en augmentant
la grosseur aussi rapidement que le permettent les sensations du malade.
Par ce moyen, on fait naître l'ulcération dans le point qui supporte la compression, ce qui produit une guérison plus durable que celle qu'on obtient
au moyen de la méthode précédente, parce qu'on détruit ainsi une plus
grande partie du rétrécissement que par la simple dilatation. Cependant
je crois qu'il est peu de malades qui veuillent se soumettre à cette pratique
ou qui puissent la supporter; en effet, je l'ai vue déterminer des spasmes
violents qui ont produit une rétention complète de l'urine, et qui sont devenus extrêmement pénibles. C'est pourquoi, comme il n'est point d'une
absolue nécessité, dans les cas qui nous occupent, d'insister sur l'emploi
de cette méthode, je ne la recommande point comme méthode générale,
bien qu'il y ait des cas où elle a réussi. Si l'on doit y avoir recours, on
fera sans doute bien d'accoutumer le canal aux bougies, quelque temps
avant d'en venir à une telle violence.

Dans les cas de la seconde espèce, c'est-à-dire, dans ceux où la plus
fine bougie qu'on puisse se procurer ne peut franchir l'obstacle lors même
qu'elle est poussée avec une certaine force, la méthode de la dilatation
est impraticable, et il faut chercher quelque autre moyen de soulager le
malade, car il est indispensable de faire disparaître le rétrécissement.
Dans plusieurs cas, il peut être convenable de chercher à atteindre ce but
par la voie de l'ulcération; l'expérience apprend, en effet, qu'un rétrécissement peut être détruit par la simple pression d'une bougie. Il est probable que cet effet dépend de ce que le stimulus de l'absorption est produit
dans les parties malades; or, le rétrécissement étant formé par un tissu
accidentel qui n'a pas autant de résistance vitale que les tissus primitifs
qui l'avoisinent, ce tissu est plus susceptible d'ulcération que ces derniers

avantages incontestables de la compression de la partie antérieure des rétrécissements
qu'on ne peut pas traverser; précepte auquel Dupuytren attachait tant d'importance, et
qu'un écrivain moderne n'a pu blâmer que faute d'avoir su l'appliquer convenablement.
En effet, quelle que soit la théorie qu'on adopte, du dégorgement par la pression, de la
fonte purulente, ou de la destruction progressive par l'ulcération des tissus du point
rétréci, il est incontestable que, sans avoir encore franchi certains obstacles, on voit
sous l'influence de cette méthode, l'émission de l'urine, d'abord à peine possible, se rétablir peu à peu, et faire cesser les accidents d'une rétention plus ou moins complète,
bien avant que les instruments soient arrivés à la vessie.

Cautérisation (voir page 315.)

P. RICORD.

et par conséquent il est absorbé. Les bougies qui ne sont destinées qu'à produire l'ulcération par suite de leur pression contre le rétrécissement, n'ont pas besoin d'être aussi minces que dans les méthodes précédentes, puisqu'on n'a pas l'intention de les faire passer au delà de l'obstacle, et leur volume même rend leur application contre le rétrécissement plus certaine. Dans cette opération, la bougie doit être maintenue avec une force modérée. En effet, le rétrécissement est la partie la plus dure de l'urètre; quand la bougie est appliquée avec beaucoup de force et laissée en place pendant un certain temps, il arrive quelquefois que son extrémité glisse de dessus le rétrécissement avant que l'ulcération ait eu le temps de s'établir, et s'enfonce dans la substance du corps spongieux de l'urètre, à côté du rétrécissement; et si la compression est continuée plus long-temps, la bougie fait une fausse route, au delà du rétrécissement, dans le corps spongieux. Cet accident arrive plus facilement quand le rétrécissement a son siége dans la portion recourbée du canal, car alors il est difficile d'appliquer exactement la bougie sur le rétrécissement, parce qu'elle n'a pas la même courbure que le canal. J'ai observé ce résultat fâcheux plus d'une fois. Quelquefois même la bougie a pénétré assez avant pour perforer le rectum.

Il faut souvent beaucoup de temps pour que la totalité du rétrécissement soit ulcérée au point de livrer passage à la bougie, ce qui ennuie le malade et le porte presque à désespérer de sa guérison. Dans cette méthode, il faut observer avec beaucoup d'attention les progrès d'une guérison qui pourrait n'être qu'apparente; si le chirurgien parvient à faire pénétrer la bougie plus avant sans que la moindre amélioration se fasse sentir dans la manière dont l'urine est évacuée, on peut être sûr que la bougie s'engage dans une fausse route (*).

Quand le rétrécissement a été suffisamment détruit pour admettre une petite bougie, il faut opérer la dilatation comme dans les cas où une bougie a pu être introduite tout d'abord. Dès qu'une bougie d'une grosseur ordinaire passe avec facilité, et que les parties ainsi que le malade s'y sont accoutumés, il n'est plus nécessaire que le chirurgien l'introduise lui-même. Il faut la faire placer par le malade, et quand celui-ci s'acquitte convenablement de cette tâche, il faut lui en confier l'accomplissement. Il peut faire usage des bougies dans les moments les plus convenables, d'où il résulte qu'elles pourront être appliquées plus souvent et pendant un temps plus long, le chirurgien n'ayant besoin que d'examiner l'état des choses de temps en temps. L'emploi des bougies introduites par le malade lui-même sous les yeux du chirurgien, qui lui enseigne la manière de les faire pénétrer, est d'autant plus nécessaire, que les rétrécissements de l'urètre sont des maladies qui ordinairement se reproduisent. Aussi, tout

(*) Il résulte de là qu'il est nécessaire, dans tous les cas où les bougies ne passent point, de s'informer avec le plus grand soin si le malade a fait usage des bougies antérieurement, et s'il n'y a point lieu de croire qu'une fausse route ait été pratiquée.

J. Hunter.

homme qui a été une fois atteint de rétrécissement, et qui en a été guéri, loin de considérer sa guérison comme durable, doit toujours être préparé à une récidive et avoir des bougies à sa disposition. Il ne doit faire aucun voyage, même d'une semaine, sans en avoir avec lui, et le nombre doit en être proportionné à la durée de son absence et varier suivant le pays où il doit voyager, car, dans beaucoup de pays, il ne pourrait s'en procurer. Il faut que les bougies qui sont réunies dans ce but soient de différentes grosseurs, car on ne sait point d'avance à quel degré la maladie peut récidiver.

Dans tous les cas, les bougies s'échappent facilement, à cause de leur forme et de l'action des parties où elles sont placées, ce qui retarde la guérison. Mais c'est une chose beaucoup plus grave quand elles passent dans la vessie, accident qui ne peut avoir lieu que dans les cas où le rétrécissement est en partie dissipé. Les conséquences de la chute d'une bougie dans la vessie doivent se présenter à chacun dans toute sa force : dans la plupart des cas, elle soumet le malade à la nécessité de subir l'opération de la taille; et, en effet, si la bougie n'est pas promptement rejetée au dehors, ou retirée au moyen d'une opération, elle devient la base d'une concrétion calculeuse. Un jeune homme fut taillé pour une bougie qui était tombée dans la vessie quinze jours seulement auparavant, et cette bougie était déjà presque entièrement encroûtée de matière calculeuse. On a vu des bougies, même repliées plusieurs fois sur elles-mêmes, être chassées avec l'urine hors de la vessie, par l'action de ce viscère. Il est probable que la vessie dans son état naturel n'a pas assez de force pour accomplir un tel acte; mais j'aurai occasion de faire voir que dans les cas de rétrécissement où la résistance au passage de l'urine devient considérable, la force de la vessie s'accroît en raison de l'obstacle. C'est ce qui arrive principalement dans les cas de rétrécissements très-anciens.

Il arrive souvent qu'on est appelé auprès du malade avant que l'extrémité externe de la bougie se soit enfoncée au delà de la partie saillante de la verge; mais même alors l'extraction de la bougie est difficile. Dans quelques-uns de ces cas j'ai réussi à la retirer de la manière suivante : je fixais la bougie dans le canal de l'urètre à quelque distance au-dessous de son extrémité externe, par exemple au niveau du périnée, en exerçant une pression sur elle avec une main, tandis qu'avec l'autre je retirais la verge en arrière sur elle; alors, saisissant fortement la verge sur la bougie, et cessant la pression inférieurement, j'attirais le tout en avant; en accomplissant ces deux mouvements alternativement, j'ai pu parvenir à saisir l'extrémité externe de la bougie. Toutefois, ce procédé ne réussit pas toujours. En effet, lorsque la bougie est peu volumineuse ou s'est ramollie, on ne peut ramener la verge en arrière sur elle, sans la plier; d'ailleurs, toutes les fois que l'extrémité externe de la bougie a pénétré au delà de la portion mobile ou saillante de la verge, le moyen que je viens d'indiquer est impraticable. J'ai réussi dans ces derniers cas, avec la pince destinée à extraire les calculs de l'urètre. Mais si l'extrémité externe de la bougie est arrivée dans la courbure du canal, cet instrument doit échouer. Alors, ce qu'on peut faire de mieux, c'est d'introduire un cathéter jusqu'à la bougie et d'inciser l'urètre sur ce cathéter ; ensuite la pince qui vient d'être indiquée, introduite par la plaie, peut suffire pour saisir l'extrémité de la bougie; sinon, en étendant l'incision un peu plus loin, de manière à mettre la bougie à découvert dans une certaine étendue, on peut extraire celle-ci facilement, sans être dans la nécessité d'inciser la vessie. Toutefois, cette opération serait très-difficile à exécuter sur un homme très-gras.

Pour prévenir la sortie de la bougie et sa chute dans la vessie, il est nécessaire de fixer autour de l'extrémité externe de la bougie un fil de coton très-doux dont on entoure ensuite la racine du gland. Cette dernière ligature doit être très-peu serrée, pour des raisons qui sont évidentes. Il faut en outre recourber sur la verge la partie de la bougie qui reste en dehors du canal, ce qui la rend moins gênante et la consolide (*).

§ IV. *De l'application du caustique aux rétrécissements de l'urètre.*

Quand une bougie peut être introduite facilement, il n'y aucune raison d'avoir recours à une autre méthode pour dissiper le rétrécissement; mais il ne se présente que trop de cas qui résistent entièrement à l'introduction des bougies, ou qui ne les admettent qu'à de si rares intervalles qu'on ne peut compter sur l'influence de ce moyen pour amener la guérison. Ces difficultés peuvent dépendre de plusieurs causes : 1° le rétrécissement peut être tel, qu'il ne puisse livrer passage à la bougie la plus fine; 2° l'orifice du rétrécissement peut n'être pas sur la même ligne que l'axe de l'urètre, ce qui rend l'introduction des bougies très-incertaine, sinon impossible; 3° il peut n'y avoir plus aucun canal, la maladie ayant amené l'oblitération complète de l'urètre, et l'urine s'écoulant par des fistules du périnée.

Le premier cas est très-rare, car pour peu que la cavité du rétrécissement soit dans la même direction que l'axe du canal de l'urètre, on peut ordinairement y faire passer une bougie fine; et, bien que la bougie ne

(*) La chute d'une bougie ou d'une sonde dans la vessie, quoiqu'étant arrivée quelquefois, est cependant chose rare. Pour prévenir ce fâcheux accident, il suffit, dans la plupart des cas, que les bougies soient garnies à leur extrémité extérieure de la virole en cire d'Espagne, qu'on leur ajoute, et que ne laisse pas passer le méat urinaire; ou bien on peut les courber en crochet sur le gland, quand elles sont en cire molle, ou encore augmenter leur extrémité en l'entourant de fil pour former un bourrelet d'une certaine épaisseur. Dans tous les cas, si on désire fixer encore mieux l'instrument, surtout dans l'emploi de la sonde à demeure, il est toujours préférable de porter les liens de la sonde sur un suspensoire, ce que je préfère, ou d'employer l'anneau dont se servait Dupuytren. De cette manière, on permet sans gêne, et surtout sans douleur, les changements de volume de la verge.

Du reste, dans le cas où un instrument tomberait dans la vessie, on aurait aujourd'hui moins souvent recours à la cystotomie que du temps de Hunter. Les perfectionnements récents apportés à l'extraction des corps étrangers de la vessie par MM. Civiale, Leroy d'Étiolles, Amussat, Horteloup, Ségalas, etc., laissent des ressources dans le plus grand nombre des cas.

P. RICORD.

pénètre pas facilement à chaque tentative, pourvu qu'avec une bougie on prépare la voie à une autre, c'est tout ce qu'il faut.

Le second cas, celui où la cavité du rétrécissement n'est point sur la même ligne que le reste du canal, peut reconnaître l'une des trois causes suivantes : 1° le siége du rétrécissement : lorsque le rétrécissement est situé dans la courbure de l'urètre, bien que la cavité du rétrécissement occupe la partie centrale du canal, cependant, comme la bougie ne peut avoir exactement la même courbure que les parties, son application devient très-incertaine; 2° l'irrégularité du rétrécissement, d'où il résulte que la cavité du rétrécissement peut se trouver portée vers un des côtés de l'urètre, lors même que le rétrécissement a son siége dans la portion rectiligne de ce canal; 3° une ulcération qui a donné naissance à des fistules du périnée, et qui souvent rend le trajet rétréci très-irrégulier.

Le troisième cas où l'application des caustiques puisse être nécessaire est celui où il ne reste plus aucune cavité, ce qui est la conséquence de l'ulcération de l'urètre et de l'ouverture au dehors des abcès du périnée; dans la cicatrisation de ces ulcérations et de ces abcès, il arrive souvent que le canal s'oblitère entièrement.

Dans tous les cas qui viennent d'être cités, j'ai réussi par l'emploi du caustique au delà de mes espérances.

Lorsque l'oblitération est située en un point quelconque entre la partie membraneuse de l'urètre et le gland, c'est-à-dire, dans la portion où le canal est presque droit ou peut être rendu tel par l'introduction d'un instrument droit, il est facile de la détruire par l'emploi du caustique; mais si elle a son siége au delà de cette portion, l'opération est plus difficile. Toutefois, si elle existe au commencement de la courbure de l'urètre, elle peut être modifiée suffisamment pour laisser passer une bougie, ou au moins pour fournir un passage assez libre à l'urine. J'ai vu plusieurs cas où l'on crut devoir suivre cette pratique, qui, en effet, réussit si bien qu'on put passer une bougie après avoir touché l'obstacle un petit nombre de fois avec le caustique; or, c'est là tout ce qui est nécessaire. Tel a été le succès dans ces cas, que je m'empresse d'avoir recours à la cautérisation de très-bonne heure, en un mot, toutes les fois que je ne puis faire franchir le rétrécissement à une bougie d'un petit volume. Je considère l'emploi du caustique comme une méthode beaucoup plus sûre que celle qui consiste à exercer une compression avec une bougie contre le rétrécissement, pour la raison que j'ai déjà indiquée, c'est-à-dire, à cause du danger que l'on court de pratiquer une fausse route sans rien détruire de l'obstruction.

Il m'a semblé que la plupart des rétrécissements que j'ai examinés sur le cadavre auraient pu être guéris par le traitement que j'indique. Mais j'ai vu un ou deux cas où le canal était contracté d'une manière irrégulière et dans une assez grande longueur. Or, si, chez ces sujets, j'eusse essayé d'employer la cautérisation, je me serais trouvé extrêmement embarrassé, car en voyant que je gagnais du terrain, sans pourtant soulager le malade, j'aurais pu croire que je faisais une fausse route.

J'ai essayé également cette méthode dans des cas où le rétrécissement était accompagné de fistules de l'urètre, et où l'urine s'écoulait par plusieurs orifices. Ces cas n'étaient pas les plus favorables; cependant j'ai réussi dans le plus grand nombre, c'est-à-dire, que j'ai pu détruire le rétrécissement et faire passer une bougie avec facilité. Dans plusieurs cas de fistules urinaires, où le conduit naturel était oblitéré par un rétrécissement, l'emploi de la cautérisation m'a réussi complétement, et les orifices fistuleux se sont promptement guéris.

Il n'arrive pas toujours qu'une bougie puisse être introduite complétement, lors même que l'obstruction a été détruite par la cautérisation et que l'urine s'écoule facilement. Je pense que cette difficulté dépend de ce que le caustique n'a pas détruit le rétrécissement dans la direction de l'urètre, d'où il résulte que la bougie ne peut s'engager dans la portion saine de ce canal, au delà du rétrécissement. Mais cette circonstance me paraît peu importante, car les bougies ont alors tout autant d'efficacité pour prévenir la récidive, que si elles étaient introduites jusque dans la vessie. En effet, si l'urine s'écoule facilement, il est certain que la cautérisation a pénétré au delà du rétrécissement, bien qu'elle n'ait pas agi en ligne droite. Or, le retour de l'obstruction ne peut avoir lieu que dans l'ancien rétrécissement; et comme les bougies peuvent désormais passer au delà de ce point, elles font autant de bien que si elles pénétraient dans la vessie; c'est ce que j'ai observé plusieurs fois.

L'application du caustique n'a pas besoin de durer plus d'une minute; on peut la répéter tous les jours, ou tous les deux jours, afin de donner le temps à l'escarre de se séparer. Mais il y a d'autres causes qui peuvent s'opposer au renouvellement de la cautérisation, indépendamment de la nécessité d'attendre l'élimination de l'escarre. Quelquefois, en effet, l'emploi du caustique produit de l'irritation, de l'inflammation ou des spasmes qui peuvent entraîner une suppression momentanée de l'urine. Ces accidents doivent être combattus par tous les moyens qui sont employés ordinairement en pareil cas, et il faut attendre qu'ils soient dissipés. Il est utile de faire uriner le malade, s'il le peut, immédiatement après la cautérisation; l'urine, en s'écoulant, emporte toutes les portions de caustique qui peuvent se trouver en dissolution dans le canal et dont la présence pourrait irriter les parties. On peut atteindre le même but en injectant un peu d'eau dans l'urètre.

Vers l'année 1752, j'ai traité un ramoneur pour un rétrécissement de l'urètre. C'était la première fois que je soignais un malade atteint de cette affection. Voyant que je n'avais obtenu aucune amélioration après six mois de traitement par les bougies, j'eus la pensée que je pourrais détruire le rétrécissement au moyen des escarotiques (*), et ma première tentative

(*) J'ai lu dernièrement quelques auteurs qui ont écrit sur cette maladie, et j'ai vu que cette idée n'était pas nouvelle.   J. HUNTER.

Alphonse Ferri est un des premiers qui aient employé ce moyen; Ambroise Paré assurait déjà avoir obtenu de belles cures par la cautérisation, qu'il faisait précéder de *la rup-*

fut faite avec le précipité rouge. Après avoir enduit l'extrémité de la bougie avec une pommade quelconque, je la plongeai dans du précipité rouge; ensuite j'introduisis la bougie jusqu'au rétrécissement. Mais il en résulta une inflammation très-vive à toute la face interne de l'urètre, effet que j'attribuai à l'action du précipité rouge sur la surface du canal, dans l'introduction de la bougie. Je plaçai alors une canule d'argent jusqu'au rétrécissement, et j'introduisis par la cavité de cette canule la bougie recouverte de précipité comme auparavant. Après cette opération, ne trouvant point que le malade urinât mieux et ne pouvant pas davantage faire passer la plus fine bougie à travers le rétrécissement, je pensai que le précipité rouge n'avait point assez de force pour le détruire. En conséquence, je fixai avec de la cire à cacheter un petit morceau de nitrate d'argent fondu à l'extrémité d'un fil d'archal et je le poussai à travers la canule jusqu'au rétrécissement. Après avoir fait cette opération trois fois à deux jours d'intervalle, je m'aperçus que mon malade urinait plus largement; après la quatrième application du caustique, la canule franchit le rétrécissement (*). Ensuite, la guérison fut achevée par l'emploi des bougies.

Le succès que j'obtins dans ce cas, m'encouragea à chercher un instrument qui fût mieux approprié que celui qui vient d'être cité, au but qu'il devait atteindre, et j'ai réussi en grande partie, bien que mon instrument ne s'applique pas encore avec une égale perfection à tous les rétrécissements de l'urètre quel qu'en soit le siége. L'indication consiste à empêcher que le caustique ne vienne en contact avec aucune autre partie du canal que celle où est le rétrécissement. Le meilleur moyen de remplir cette indication, c'est d'introduire le caustique au moyen d'une canule à l'extrémité de laquelle on lui fait faire saillie; de cette manière, il n'agit que sur le rétrécissement. Le caustique doit être fixé dans un petit porte-crayon. L'appareil se compose en outre d'une tige d'argent, de la même longueur que la canule, munie d'un anneau à une extrémité, et terminée, à l'autre extrémité, par un bouton de même diamètre que la canule et propre à lui servir d'obturateur; cet obturateur doit dépasser

---

ture, de l'*usure* et de la *comminution*, lorsqu'il existait des carnosités dures, procédé qui, pour le dire en passant, pourraient bien rendre compte de certaines inventions modernes. Loyseau, comme on le sait, guérit Henri IV à l'aide de la cautérisation non sans des accidents assez graves, et pour lesquels même il fut mis en accusation.

Comme Hunter, les premiers qui ont pratiqué la cautérisation ont employé le précipité rouge, ou bien encore l'orpiment, le vert-de-gris, etc. Dans ces derniers temps, M. Jobert, chirurgien de l'hôpital Saint-Louis, auquel la science doit déjà beaucoup, a proposé l'alun calciné, d'après le procédé que Hunter mit en usage avec le précipité rouge, chez le ramoneur dont il parle. Je dois dire que, dans quelques cas où j'ai eu recours à cette pratique, j'ai eu, avec l'alun, les inconvénients que Hunter eut avec le précipité.   P. RICORD.

(*) Wiseman a eu la même idée; mais la manière grossière dont il essaya de le mettre à exécution pourrait bien être la raison qui l'empêcha de la poursuivre.
                                                                        J. HUNTER.

l'extrémité de la canule qui est introduite dans l'urètre, de manière à former à cette extrémité un bout arrondi. On peut placer le porte-crayon à l'une des extrémités de la tige d'argent au lieu d'un anneau. Le bouton étant placé dans la canule, il faut faire pénétrer celle-ci dans l'urètre. Lorsqu'on a atteint le rétrécissement, on retire l'obturateur d'argent et l'on introduit à sa place le porte-crayon armé du caustique; ou bien, si l'obturateur et le porte-crayon sont sur la même tige, on se borne à retirer cette tige pour l'introduire par l'autre bout. L'obturateur, outre qu'il donne à la canule une extrémité douce et arrondie, a encore pour but utile d'empêcher que la canule ne se remplisse du mucus de l'urètre quand elle pénètre dans ce canal; sans cette précaution, le mucus se rassemblant à l'extrémité de la canule dissoudrait le caustique trop tôt, et empêcherait qu'il ne fût appliqué sur le rétrécissement. (Voy. pl. 11, fig. I).

Si le rétrécissement a son siége dans la courbure de l'urètre, il est nécessaire que l'extrémité de la canule présente une courbure semblable, mais il serait très-difficile d'introduire le caustique à travers une telle canule, car il faut que l'obturateur et le porte-crayon soient également courbés à leur extrémité, et cette extrémité recourbée ne pourrait être engagée dans la portion droite de la canule. J'ai triomphé jusqu'à un certain point de cette difficulté en faisant fabriquer une canule qui est flexible dans toute sa longueur, à l'exception de la portion qui doit présenter une courbure. (Voy. pl. 11, fig. II et III).

Dès qu'on a pu faire passer une bougie, on doit continuer le traitement comme pour les cas de rétrécissements ordinaires, soit par la dilatation lente, soit en augmentant rapidement le volume des bougies afin d'entretenir le travail d'ulcération.

Quelquefois il existe plusieurs rétrécissements; mais il est rare qu'ils soient tous également intenses. Un seul attire l'attention du chirurgien. Cependant le moins important peut suffire pour empêcher que la canule ne pénètre jusqu'à celui qui doit être détruit par le caustique. Quand il en est ainsi, il faut dilater ces légers rétrécissements au moyen des bougies, comme à l'ordinaire, jusqu'à ce qu'ils permettent facilement l'introduction de la canule (*).

(*) On lit dans l'édition de Home : « A. B., soldat au seizième régiment de dragons légers, entra à l'hôpital Saint-Thomas pour un rétrécissement qui datait de vingt années. On employa les bougies, et le malade s'en trouva bien. Au bout de huit ans environ, le rétrécissement commença à se manifester de nouveau, et devint de plus en plus intense, au point que depuis deux ans il ne pouvait plus faire son service et ne rendait son urine que goutte à goutte, lorsqu'il réclama mes soins. La bougie la plus fine ne pouvant passer, je lui prescrivis de faire pénétrer une bougie d'un gros volume jusqu'au rétrécissement, en exerçant une pression contre ce dernier, opération qu'il devait renouveler et faire durer autant que possible sans produire cependant trop de douleur; je lui conseillai de continuer ce mode de traitement pendant quelques semaines. Il suivit mes prescriptions sans en retirer aucun avantage. Craignant alors une rétention complète de l'urine, qui ne pourrait être combattue par les moyens ordinaires de traitement, et voyant que le malade éprouvait au périnée une sensation qui pouvait faire craindre le développement d'une inflammation, je pris la résolut[…] d'employer le caustique. Je l'appliquai trois fois en tout, à deux jours d'interval[…] Après la troisième cautérisation, le malade me dit qu'il urinait beaucoup plus faci[…] ment et moins souvent qu'auparavant. J'introduisis une bougie plus grosse de de[…] ou trois numéros que la plus fine; elle franchit le rétrécissement sans difficulté[…] pénétra dans la vessie. Je prescrivis alors au malade de placer des bougies et d'en a[…] menter graduellement la grosseur jusqu'à ce qu'il pût faire passer celle du numér[…] plus élevé. C'est ce qu'il fit en effet, et maintenant il est parfaitement bien. »

Depuis le temps où Hunter écrivait, on a donné beaucoup d'extension à l'empl[…] de la cautérisation dans le traitement des rétrécissements. Ce résultat est dû prin[…] palement aux travaux de Sir E. Home, dont l'excellent ouvrage sur les rétréc[…] ments de l'urètre et de l'œsophage devrait être consulté par tous les pathologi[…] qui désirent connaître d'une manière complète les effets variés de ce mode de trai[…] ment.

On a considérablement perfectionné les moyens d'application du caustique. On[…] abandonné la canule, et on lui a substitué une bougie *armée*, c'est-à-dire un[…] bougie ordinaire, au bout de laquelle se trouve placé un petit morceau de nitrat[…] d'argent qui est tellement entouré par la composition emplastique dont la bougie[…] formée, qu'il n'apparaît qu'à la surface de l'extrémité de la bougie. Cet instrumen[…] peut être appliqué avec bien plus de précision que la canule; la bougie s'adapt[…] facilement à la courbure de l'urètre, et les parois du canal sont garanties de l'actio[…] du caustique. Il paraît que ce procédé fut découvert par Hunter lui-même, qui, pl[…] sieurs années avant sa mort, l'employa de préférence à celui qu'il a décrit dans so[…] ouvrage.

Quand on veut cautériser un rétrécissement de l'urètre, il est nécessaire de faire péné[…] trer préalablement, jusqu'à l'obstacle, une bougie ordinaire d'une grosseur suffisan[…] pour remplir à peu près le canal, et d'une consistance assez molle pour recevoir facile[…] ment l'empreinte de la partie contre laquelle elle est poussée. En introduisant d'abo[…] cette bougie et en la tenant pendant une minute pressée contre le rétrécissement, l[…] chirurgien se procure plusieurs avantages : le canal de l'urètre est ouvert, et l'intr[…] duction consécutive de la bougie armée est rendue plus facile et plus prompte; o[…] connaît la distance précise qui sépare le rétrécissement de l'orifice du canal, e[…] l'empreinte produite par le rétrécissement est telle, qu'elle présente exactement l[…] forme et la grandeur de ce dernier, et peut donner une juste idée de l'effet obten[…] par des applications antérieures du caustique. Ce renseignement est si nécessaire, qu[…] sans lui le traitement par la cautérisation ne pourrait être continué. Souvent la des[…] truction du rétrécissement est partielle et irrégulière. Malgré toutes les précaution[…] il arrive quelquefois que la bougie armée n'est pas appliquée avec précision sur l'ori[…] fice du rétrécissement, ou que le caustique se dissout dans le liquide qui humect[…] le canal, et coule à la partie inférieure ou profonde de l'urètre sans en avoir presqu[…] touché la partie supérieure. Il faut prendre une connaissance exacte de ces imper[…] fections, afin de les corriger dans les applications suivantes.

Après cette opération préparatoire, il faut introduire la bougie armée, sur l[…] quelle on marque préalablement la distance à laquelle est situé le rétrécissement. L[…] bougie armée doit être assez grosse pour remplir le canal de l'urètre, et il faut l'ap[…] pliquer contre le rétrécissement pendant un quart de minute ou davantage. Relative[…] ment à la durée de cette application, on doit se régler en partie sur les sensation[…] du malade. Aussitôt qu'une douleur brûlante commence à se faire sentir, on doit re[…] tirer l'instrument. La cautérisation ne doit être renouvelée que tous les trois ou quatr[…] jours; cet espace de temps doit être accordé à l'élimination de l'escarre.

La pratique a fait reconnaître que les effets de la cautérisation sur les rétréciss[…]

ments ne s'accordent pas tout à fait avec les suppositions de ceux qui l'ont proposée les premiers. Son premier, son grand effet, c'est la cessation du spasme. L'irritabilité morbide de la partie est épuisée par la violence du stimulus. Quand la contraction est purement spasmodique, elle est entièrement dissipée dans la plupart des cas par une ou deux cautérisations. Alors, l'évacuation de l'urine cesse d'être difficile, et l'on peut facilement faire pénétrer dans la vessie une bougie d'un volume ordinaire. Lorsqu'il y a un rétrécissement permanent plus ou moins compliqué de spasme, le spasme est guéri avec la même rapidité, mais la contraction permanente persiste. Le rétrécissement n'est pas détruit, mais son irritabilité est diminuée. La cavité est assez dilatée pour admettre un instrument plus gros qu'auparavant, mais la dilatation n'est pas portée au point de rendre à l'urètre son calibre naturel.

Ces effets sont obtenus aussi complétement par une ou deux cautérisations que par l'emploi plus longtemps continué du caustique. La déstruction actuelle du rétrécissement est un phénomène très-lent qu'on ne peut guère produire dans les rétrécissements anciens et indurés. L'escarre qui est produite par le nitrate d'argent est très-superficielle, et l'on ne peut obtenir une destruction notable de tissu, qu'en répétant l'application du remède un grand nombre de fois. En même temps, il est fort à craindre qu'on ne dévie de la vraie direction de l'urètre, et le malade est exposé à de graves accidents pendant le cours du traitement.

Le premier de ces accidents est la rétention de l'urine, qui est un effet très-ordinaire de la cautérisation. Cette rétention résulte quelquefois de la violence de l'irritation; mais quelquefois elle paraît être causée par l'obstruction qu'entraîne la présence de l'escarre, qui, pendant la période de suppuration, pend comme une frange au pourtour du rétrécissement, et, pour peu que le passage soit étroit, oppose un obstacle mécanique à la sortie de l'urine. L'hémorragie est un autre effet fréquent de la cautérisation. Souvent elle présente une intensité effrayante. Cependant, ce symptôme, quelque alarmant qu'il soit pour le malade, n'est jamais funeste; et comme il facilite constamment la guérison, on peut à peine le considérer comme un phénomène dont on doive craindre la présence. En outre, la cautérisation cause souvent des frissons, surtout chez les malades qui en ont souffert antérieurement, et il n'est pas rare de la voir suivie du développement d'un abcès au périnée.

La cautérisation n'a aucun avantage sur l'emploi des bougies quant à la cure permanente des rétrécissements de l'urètre. L'expérience a pleinement démontré que les bougies sont encore nécessaires après que le rétrécissement a été dissipé par l'emploi du caustique, et que si elles ne sont introduites de temps en temps, le rétrécissement se reproduit presque certainement.

Pour ces raisons, le traitement par la cautérisation a beaucoup perdu, dans ces derniers temps, de son ancienne célébrité. Les avantages mêmes qu'il offre incontestablement dans quelques cas, n'ont pas suffi pour empêcher qu'il ne soit délaissé de plus en plus. Maintenant, les chirurgiens préfèrent généralement le traitement par les bougies, qui remplit les mêmes indications, plus lentement quelquefois, il est vrai, mais en somme avec plus de certitude et avec moins d'inconvénients et de dangers.

G. G. B.

Les modes qui naissent dans un pays sont souvent tombées en désuétude quand elles commencent à faire fureur dans un autre : telle est l'histoire de la cautérisation. Prônée outre mesure en Angleterre, depuis les travaux de Hunter, cette méthode est aujourd'hui presque entièrement abandonnée par les praticiens anglais, ainsi qu'on peut le voir d'après ce qu'en dit M. Babington, et cela, malgré les efforts de Home, de Charles Bell, de Wathely, de Macilwain, etc. Adoptée avec une sorte d'enthousiasme, sur la recommandation et d'après la théorie séduisante de Ducamp, qu'ont suivie MM. Lallemand de Montpellier, Amussat, Ségalas, Pasquier, etc., elle serait aussi sur le point de perdre la nouvelle faveur qu'elle avait acquise en France, si nous en croyions M. Civiale et quelques autres antagonistes.

Si on veut faire de la cautérisation une méthode absolue, unique, applicable à tous les cas, sans distinction et sans nuances, nul doute qu'elle ne soit plus souvent nuisible qu'utile, et que, dans une foule de circonstances, il ne semble qu'on puisse s'en passer; mais, si, avec discernement et prudence, on l'emploie alors qu'elle est indiquée, elle devient sinon la condition unique de la guérison d'un grand nombre de rétrécissements, au moins un adjuvant puissant de la dilatation.

C'est ainsi que bien des rétrécissements spasmodiques ne cèdent qu'à une cautérisation superficielle, employée non pour détruire les tissus, mais simplement pour en modifier la vitalité; que des rétrécissements qu'accompaguent des ulcérations, ou qui dépendent de granulations sur ces surfaces ulcérées, de fongosités végétantes, d'hypertrophies molles, ou d'engorgements simples, guérissent plus vite et d'une manière plus complète par le caustique seul ou combiné avec la dilatation, que par ce dernier procédé. Mais si la cautérisation est employée, dans tous les cas, à détruire des cicatrices, que d'autres cicatrices, alors plus étendues, doivent remplacer; si on l'applique sur des rétrécissements durs, calleux, et dans lesquels le travail de résolution n'est plus possible, loin d'améliorer la maladie on l'aggrave, et l'on empêche une guérison que d'autres moyens mieux appropriés auraient pu faire obtenir.

Hunter, comme on a pu le voir, ne recommande la cautérisation que dans les cas où on ne peut pas franchir l'obstacle; et, alors, le caustique doit être appliqué sur la partie antérieure du rétrécissement; tandis qu'après lui, et surtout depuis Ducamp, on n'a prescrit la cautérisation que dans les circonstances où le rétrécissement pouvait être franchi et le caustique appliqué sur ses propres parois.

Si Hunter n'a pas cru devoir recommander la cautérisation pour détruire les rétrécissements que pouvaient franchir les bougies, on a eu tort, d'un autre côté, de la rejeter dans ceux que de vains efforts, par tout autres moyens, laissent infranchissables; et si, aux observations favorables de Hunter, ne s'ajoutaient pas celles d'observateurs tout aussi dignes de foi, ma propre expérience m'engagerait à recommander cette pratique, dans des cas rares sans doute, mais de préférence alors au cathétérisme forcé. Il faudrait y avoir recours, à moins qu'on n'eût affaire à une rétention d'urine complète, datant déjà d'un certain temps, et avec urgence d'une prompte évacuation; cas dans lequel le cathétérisme, devenu nécessaire, pourrait être rendu immédiatement plus difficile et moins sûr par l'usage préalable du caustique.

Dans les cas plus nombreux où la cautérisation doit être pratiquée dans l'intérieur même du rétrécissement, il vaut mieux attendre un certain degré de dilatation pour l'appliquer. Car, si elle éteint le plus souvent le spasme; si, dans de certaines mesures, elle est résolutive; si, comme je l'ai dit ailleurs, le nitrate d'argent jouit, par rapport aux muqueuses, d'une sorte de puissance antiphlogistique, il n'en est pas moins vrai que, dans quelques cas, la cautérisation est suivie d'inflammation et de gonflement; que des hémorragies en sont la conséquence; que des sécrétions plus ou moins concrètes peuvent la suivre et produire, comme les escarres qu'elle détermine, l'oblitération du point rétréci, et que ces circonstances sont alors d'autant plus graves, que celui-ci offrait déjà plus de difficultés au passage des instruments.

On pourrait, ce me semble, formuler ainsi l'emploi de la cautérisation :

1° Cautériser d'avant en arrière, toutes les fois que le rétrécissement permet encore le passage de l'urine, et qu'il s'oppose cependant à l'introduction de tout instrument dûment et assez longtemps employé.

2° Cautériser l'intérieur du rétrécissement, lorsque la dilatation reste sans effet, qu'elle est trop lente, ou qu'après s'être effectuée dans une certaine proportion, elle reste stationnaire, et que des efforts qu'on fait pour la continuer et l'accroître, il résulte des réactions inflammatoires et la perte d'une partie du bénéfice qu'on avait d'abord obtenu.

La cautérisation d'avant en arrière peut se pratiquer d'après le procédé de Hunter, celui de Home, de Wately; mais, dans les cas où j'ai eu à m'en servir, j'ai employé une canule renfermant un stylet portant la cuvette à son extrémité, au lieu de l'avoir sur ses côtés, comme dans les procédés imités de Ducamp.

Chez un malade, à l'hôpital, affecté d'un rétrécissement circulaire, situé en avant du bulbe, et dans lequel, depuis plus d'un mois, une bougie du plus petit numéro ne pouvait que s'engager, sans le franchir, une seule cautérisation a suffi pour permettre l'introduction de bougies plus volumineuses qui ont ensuite complété la cure. Dans ce cas, l'instrument que j'ai fait confectionner par M. Charrière se composait d'une bougie fine, destinée à s'engager dans le rétrécissement, d'un stylet creux renfermant celle-ci et portant à son extrémité une gouttière circulaire chargée du nitrate d'argent fondu, et enfin de la canule conductrice.

Dans ce procédé, comme dans celui de Hunter, la canule conductrice est d'abord introduite jusqu'au rétrécissement, garnie d'une bougie qui la remplit assez exactement pour empêcher les mucosités de l'urètre de s'y introduire, et qu'on retire ensuite, pour faire arriver le porte-caustique et la bougie fine dont j'ai parlé.

Toutefois, c'est à la cautérisation de *dedans en dehors*, ou dans l'intérieur même du rétrécissement, qu'on a le plus souvent recours. Perfectionnée depuis les recherches de M. Arnott, cette méthode de cautérisation se pratique de différentes manières, et à l'aide d'instruments différents.

Dans le procédé de Ducamp, après avoir trouvé la profondeur de l'obstacle, reconnu sa forme, à l'aide du porte-empreinte, et mesuré sa longueur, on dirige sur lui l'instrument auquel ce chirurgien avait donné le nom de porte-caustique, et qui se compose d'une canule graduée, flexible, de sept à huit pouces de longueur et garnie à une extrémité d'une douille en platine, que traverse un petit cylindre de même métal. Ce cylindre, d'une ligne de diamètre et de dix lignes de long, est fixé à une tige plus longue que la canule qui la renferme, et est creusé, sur un de ses côtés, d'une rainure ou cuvette, de trois lignes de long sur trois quarts de ligne de large. Dans cette cuvette, on place du nitrate d'argent en poudre, en le fondant à l'aide du chalumeau, ou tout simplement à la flamme d'une bougie, avec le soin de ne pas trop chauffer, pour ne pas produire la décomposition de ce sel. Dès qu'il est chargé de nitrate d'argent, le cylindre à cuvette est retiré dans la canule, à l'aide de la tige à laquelle il est fixé. Alors, la canule, enduite d'un corps gras, est introduite jusqu'à l'obstacle; et, tandis qu'elle s'y arrête, on pousse la tige qui supporte le cylindre, pour que celui-ci, en s'échappant de la douille, s'introduise dans le rétrécissement. Si le rétrécissement est circulaire, on fait exécuter à l'instrument un mouvement complet de rotation, ou bien on dirige la cuvette sur un des côtés de l'urètre, auquel le rétrécissement peut être borné. Le caustique est maintenu en place une minute; la quantité employée est d'un dixième de grain, et son application est répétée tous les trois jours environ, jusqu'à ce qu'il soit possible d'introduire une bougie du n° 6, époque à laquelle la dilatation termine la cure.

Dans ce procédé, il arrive souvent que le nitrate d'argent est fondu avant de pénétrer dans le rétrécissement, quelque soin qu'on ait pris de mettre le cylindre porte-nitrate en rapport avec son aire, à l'aide d'une canule droite ou courbe, à ouverture centrale, ou excentrique selon les cas; d'où il résulte que Ducamp, qui blâmait la cautérisation d'avant en arrière, d'après le procédé de Hunter, ne faisait, en définitive, pas autre chose.

Pour éviter l'inconvénient reproché à cette méthode, l'ingénieux professeur de

Montpellier, M. Lallemand, a proposé de remplacer la canule flexible de l'instrument de Ducamp, par une canule métallique droite, pour le région droite de l'urètre, et courbe pour la portion courbe du canal. Cette canule renferme la cuvette porte-nitrate fixée à un stylet métallique simple, pour les instruments droits, ou tordu en spirale, dans les instruments courbes, afin de permettre les mouvements de rotation. Ici l'instrument est destiné, non plus à s'arrêter devant l'obstacle, mais bien à s'y introduire avant de mettre le nitrate d'argent à nu ; car ce n'est que lorsqu'on est dans le point rétréci, que, par un mouvement de retrait de la canule, on laisse la cuvette à découvert, en la dirigeant sur le point malade, ou dans toute la circonférence, selon les cas. Les porte-caustique de M. Lallemand, gradués ou garnis d'un curseur à vis pour indiquer la profondeur à laquelle ils doivent être introduits, sont de différents diamètres, du n° 1 au n° 6, pour s'adapter aux différents degrés de coarctation. Mais on a dit, avec raison, que, par ce procédé, la cuvette porte-nitrate sortait quelquefois, en avant ou en arrière du point rétréci, dans le mouvement de retrait de la canule, et qu'alors le caustique n'était plus exactement et uniquement appliqué sur les parties malades.

Dans la crainte des inconvénients que je viens de signaler, M. Amussat, se servant des instruments de M. Lallemand, a rendu l'orifice de la canule excentrique, en même temps qu'il a placé à l'extrémité du cylindre à cuvette une lentille excentrique aussi, et destinée à compléter le bout de l'instrument, quand elle est dans les rapports convenables avec la canule, mais à laquelle on fait faire saillie quand on exécute un mouvement de demi-cercle. A l'aide de l'instrument de M. Amussat, on franchit l'obstacle ; puis revenant d'arrière en avant, après avoir fait saillir la lentille, on cherche à accrocher la partie postérieure de celui-ci. Dès qu'on est arrêté, on retire à soi la canule, et, laissant la cuvette à découvert, on la met en rapport avec les points de la circonférence du canal qu'on veut cautériser.

Cependant, quelque précises et séduisantes que soient les idées de M. Amussat, auquel la science doit de si bonnes choses, il est constant, pour tous ceux qui ont fait de la pratique, que la cautérisation à l'aide de ses instruments n'est pas plus exacte que dans les autres procédés. Dans le procédé de Ducamp, on a l'avantage de reconnaître la partie antérieure de la stricture ; dans celui de M. Lallemand, on la traverse avec le caustique à couvert : deux conditions d'exactitude et de sûreté, qui ont paru telles à M. Ségalas, qu'il a cru devoir les réunir dans l'instrument qui lui est propre, et dont une manque dans le porte-caustique de M. Amussat. Aussi m'a-t-il semblé que si chacun des procédés avait un avantage incontestable, on pouvait, en perfectionnant l'instrument de M. Ségalas, les réunir tous dans un. L'instrument que j'ai fait confectionner, et dont je donne le dessin, planches 61 et 62, a ainsi l'avantage de s'arrêter à la partie antérieure du rétrécissement, de permettre de franchir celui-ci, de mettre le nitrate d'argent à découvert ; et dès qu'on a saisi sa partie postérieure à l'aide de la lentille excentrique, on est sûr en découvrant la cuvette, de ne toucher que les parties malades. Pour éviter un dernier inconvénient, qui tient à ce que la cuvette peut se détacher de sa tige, et rester dans l'urètre, ou tomber dans la vessie, on peut se servir du système adopté par M. Dubouché, et dans lequel la cuvette porte-nitrate, au lieu de sortir de la canule, tourne dans celle-ci qui présente une fenêtre, à l'aide de laquelle elle est mise à découvert. Du reste, en faisant faire la cuvette, la spirale et la tige d'une seule pièce en platine, on n'a plus rien à redouter.

Toutefois, dans le plus grand nombre des cas où j'ai recours à la cautérisation superficielle, employée moins comme moyen de destruction, que comme résolutive et propre à modifier l'état des tissus, résultats auxquels arrivait Ducamp, si on songe à la très-petite quantité de nitrate d'argent qu'il employait, je ne me sers que des instruments de M. Lallemand, plus simples et plus faciles à manier, et sans craindre de toucher un peu aux parties saines. On sait que, pour arriver à une plus grande simplicité encore, M. Civiale, du reste peu partisan de la cautérisation, préfère se servir de bougies en cire, qui, d'abord placées dans le rétrécissement, en donnent l'empreinte, et qui, garnies de nitrate d'argent dans le point déprimé, sont remises ensuite en rapport avec les parties malades.

Pour terminer ce qui a trait à la cautérisation, modifiée de tant de manières depuis Hunter, disons que ses antagonistes auraient probablement beau jeu, si on mettait en pratique le procédé que vient tout récemment de proposer M. le docteur Berton, et qui consiste à aller attaquer les obstacles à l'aide du cautère actuel, cautère formé ici d'une éponge en platine, portée dans un instrument semblable à celui de Hunter ou à celui de Ducamp, selon qu'on veut cautériser d'avant en arrière, ou de dedans en dehors, et qu'on rougit à l'aide d'un courant de gaz hydrogène, d'après le procédé de Dœbereiner.

Mais, il faut le dire, il est des rétrécissements qui ne cèdent pas à la dilatation, et qui s'aggravent sous l'influence du caustique. Tels sont, dans un grand nombre de cas, ceux qui dépendent de cicatrices, de brides, de callosités, d'indurations inodulaires. Ici, cependant, l'art offre encore, aux véritables praticiens, des ressources que toutes les spéculations de la théorie ne sauraient contredire. A ces rétrécissements réfractaires on peut, à travers des difficultés sans doute, opposer l'action des instruments tranchants, dont Hunter ne dit rien, quoiqu'ils aient été employés avant lui.

Ponction, mouchetures, scarifications, incisions, etc. Comme pour la cautérisation, on en a proposé l'application à la partie antérieure des rétrécissements qu'on ne pourrait pas franchir et dont on devait alors faire la ponction; ou bien, pour ceux dans l'intérieur desquels on pouvait déjà pénétrer, on s'est contenté de scarifications plus ou moins profondes, comme moyen de dégorgement et de résolution; ou encore, par de véritables incisions, on a cherché à diviser toute l'épaisseur de certaines coarctations. La ponction d'un rétrécissement d'avant en arrière est sans doute une chose difficile, souvent dangereuse, et qu'on est encore loin de pouvoir exécuter à coup sûr, avec les données incomplètes que nous avons et les instruments imparfaits qu'on possède, malgré les efforts ingénieux de M. Reybard. Mais des problèmes plus difficiles ont trouvé une solution, il ne faut point désespérer d'en obtenir pour celui-ci. Et si, comme l'anatomie pathologique semble y autoriser dans quelques cas, on doit moins redouter certaines fausses routes, *dans des circonstances extrêmes,* et qu'il fût peut-être préférable, dans l'alternative de la ponction de la vessie et du risque de la fausse route, d'aller gagner le réservoir de l'urine par le chemin le plus rapproché de la voie naturelle, il vaudrait encore mieux tenter une division nette du point rétréci.

Toutefois, comme pour la cautérisation, l'instrument tranchant ne doit en général être employé que lorsque l'obstacle peut être franchi, et qu'on peut l'attaquer de dedans en dehors. Qu'on ne dise pas ici que dès qu'un rétrécissement peut admettre des bougies, il n'est pas besoin d'autres moyens; car, si c'est là la règle générale, il est, pour les praticiens sans prévention et de bonne foi, des exceptions encore assez nombreuses.

Quand on a recours aux instruments tranchants, il faut faire des scarifications d'autant plus superficielles que l'aire du rétrécissement offre plus de largeur, et n'opérer de véritables sections que lorsqu'il existe des brides très-étendues ou des coarctations d'une grande épaisseur.

Aux instruments proposés par MM. Amussat, Ségalas, Tanchou, Guillou, etc., j'en ai substitué un à l'aide duquel on peut ou faire de simples scarifications, ou pratiquer des incisions plus ou moins profondes. Cet instrument, plus simple que tous les autres, plus facile à manier et plus commode pour le nettoyage, est figuré planches 61 et 62.

Du reste, qu'on ait fait de simples mouchetures, des scarifications ou de véritables incisions, pour lesquelles, au méat urinaire ou dans l'épaisseur du gland, on peut se servir de l'urétrotome de M. Civiale, il faut encore compléter la cure par les bougies ou les sondes.

Excision. Quant aux végétations, aux fongosités, aux excroissances pour lesquelles l'excision avait été dès longtemps proposée, les tentatives récentes de M. Leroy d'Étiolles méritent un autre jugement que celui qu'en a porté un écrivain récent. Les idées de ce chirurgien, presque approuvées par l'Académie des sciences, me paraissent plus saines que celles qui ont présidé à l'invention des limes, conseillées dans ces derniers temps pour *user* les rétrécissements.

Injections forcées. Pour ce qui a trait aux injections forcées, qu'on a aussi voulu renouveler, si la théorie sur laquelle on s'appuie pour les recommander était vraie, et que les obstacles ne fussent souvent accrus que par la présence d'un bouchon de mucus concret ou de sang coagulé, elles ne seraient encore que d'un faible secours.

P. Ricord.

CHAPITRE III.

DES RÉTRÉCISSEMENTS CHEZ LA FEMME.

Les obstacles à l'émission de l'urine chez les femmes dépendent, en général, d'un rétrécissement, mais cette cause n'existe pas dans tous les cas; en effet, j'ai vu les obstructions de cette espèce produites par la pression d'une tumeur située dans le voisinage de l'urètre, et elles sont fréquentes pendant la grossesse et chez les femmes atteintes d'hydropisie ou de squirre de l'ovaire. Mais la présence de ces dernières causes est ordinairement reconnue longtemps avant qu'elles aient produit l'effet en question, et il est facile alors de se rendre compte de la rétention de l'urine. Cet accident peut également être causé par une production morbide, comme chez les hommes.

Je ne saurais dire jusqu'à quel point les rétrécissements de l'urètre chez la femme peuvent être considérés comme une conséquence réelle de l'inflammation vénérienne. Mais je suis porté à croire qu'il n'en est rien, et cette opinion s'appuie sur des raisons encore plus fortes que celles que j'ai présentées en discutant les causes des rétrécissements chez l'homme. Je puis affirmer, en effet, qu'aucun des rétrécissements que j'ai observés chez des femmes n'était une conséquence de la maladie vénérienne; au moins n'ai-je eu aucune raison de croire qu'ils provinssent d'une telle source. D'ailleurs, j'ai déjà fait remarquer que chez les femmes qui sont atteintes de la maladie vénérienne sous forme de gonorrhée, cette maladie envahit rarement l'urètre. C'est pourquoi lorsqu'on observe un rétrécissement chez une femme qui a eu une gonorrhée, on ne doit point attribuer le rétrécissement à cette maladie, au moins avant de s'être assuré si l'urètre y a participé, et même dans ce dernier cas doit-on rester dans le doute.

Les rétrécissements ne sont pas à beaucoup près aussi communs chez la femme que chez l'homme. Cela peut dépendre de la grande différence de longueur des deux canaux, mais plutôt de ce que le canal de l'urètre chez la femme est plus simple dans sa structure, et n'est destiné qu'à une seule fonction. Les rétrécissements de l'urètre ne produisent point des symptômes aussi nombreux et des désordres aussi graves chez la femme que chez l'homme, parce que le nombre des parties affectées est moins considérable (*).

(*) Les rétrécissements de l'urètre sont peut-être moins rares chez la femme qu'on ne le pense. Ce qui a fait croire à leur moindre fréquence, c'est qu'ils ne déterminent

§ Ier. *Traitement des rétrécissements de l'urètre chez les femmes.*

Le traitement des rétrécissements de l'urètre chez la femme, est semblable à celui qui a été conseillé pour la même maladie chez l'homme. Mais il est un peu plus simple, parce que les parties malades elles-mêmes sont moins compliquées. Cependant, l'introduction des bougies chez la femme présente un inconvénient qui n'existe point chez l'homme, c'est que dans la plupart des cas il faut qu'elles soient placées par une main étrangère, parce qu'il est très-difficile pour une femme de s'introduire elle-même une bougie. Il est également plus difficile chez les femmes de maintenir la bougie en place; en effet, s'il est aisé d'empêcher que la bougie ne tombe dans la vessie, en recourbant son extrémité extérieure au devant de la vulve, il est beaucoup moins facile de l'empêcher de s'échapper du canal; de sorte qu'il est nécessaire de placer un bandage en T. dont un des chefs, passant entre les grandes lèvres, s'applique sur l'extrémité recourbée de la bougie.

Je pense que la cautérisation réussirait très-bien ici; aussi la préférerais-je à l'emploi des bougies, tant à cause de son efficacité que pour la commodité des malades (*).

§ II. *Du suintement habituel entretenu par un rétrécissement.*

J'ai déjà dit que les rétrécissements de l'urètre s'accompagnent généralement, sinon toujours, d'un suintement habituel. Je suppose que ce suintement a pour cause une irritation qui a son siége dans l'urètre au delà du rétrécissement, et qui est produite par la distension anormale que l'urine fait éprouver à cette partie avec d'autant plus de violence que la force musculaire de la vessie est accrue davantage. Dans beaucoup de cas, c'est ce symptôme qui fait reconnaître la présence d'un rétrécissement, ou au moins qui en fait soupçonner l'existence. Quand il a été reconnu que le suintement habituel est causé par un rétrécissement, il ne faut faire aucune tentative pour le guérir, car il se dissipe généralement quand le rétrécissement est détruit. Si le suintement habituel persiste après la guérison du rétrécissement, il faut le traiter ainsi qu'il a été recommandé pour les cas ordinaires, et en chercher la cause ailleurs que dans le rétrécissement du canal.

---

pas aussitôt que chez l'homme des phénomènes appréciables, et que ce n'est guère qu'à un terme de dysurie très-considérable ou de rétention complète qu'on s'en aperçoit.

Quant à la blennorrhagie qui, chez la femme comme chez l'homme, est la cause la plus commune des rétrécissements, on sait qu'elle affecte bien plus souvent l'urètre de la femme que ne semblait le croire Hunter.　　P. RICORD.

(*) Les mouchetures, les scarifications et les incisions des points rétrécis sont chez la femme d'une application facile et à l'abri de la plupart des dangers qu'on doit redouter chez l'homme.　　P. RICORD.

CHAPITRE IV.

DES RÉTRÉCISSEMENTS DE L'URÈTRE COMPLIQUÉS D'UNE AFFECTION SPASMODIQUE.

Il y a très-peu de rétrécissements qui ne s'accompagnent plus ou moins de spasme. Mais dans certains cas, le spasme est beaucoup plus intense que dans d'autres ; quelquefois même, il constitue la maladie plutôt que le rétrécissement lui-même. Les véritables rétrécissements peuvent se compliquer parfois de contractions spasmodiques qui font qu'à certaines époques le passage de l'urine devient beaucoup plus difficile. Dans tous les cas de cette espèce que j'ai observés, la maladie était peu inquiétante lorsqu'il n'y avait point de spasme ; mais lorsque les parties se trouvaient en proie à un état spasmodique, les symptômes étaient aussi violents que lorsque l'obstruction est l'effet seulement d'un rétrécissement organique. Ces cas étant mixtes présentent tous les caractères des rétrécissements permanents et des rétrécissements spasmodiques réunis. En effet, le canal de l'urètre est dans un état semblable à celui qu'il présente dans les cas de rétrécissement spasmodique pur. Il est irritable, et très-douloureux dans l'introduction de la bougie, que souvent il ne peut supporter, ainsi que j'aurai occasion de le dire en traitant de cette dernière maladie.

L'examen du sujet nous mène à cette conclusion, qu'il est difficile de croire que le spasme ait son siége dans le rétrécissement même, qu'on ne peut guère supposer capable de contraction. On pourrait donc naturellement le rapporter à la partie saine de l'urètre, en admettant qu'il est déterminé par l'obstacle que rencontre l'écoulement de l'urine. Si cette manière de voir est juste, on doit supposer que la contraction s'effectue dans la partie qui est située derrière le rétrécissement, puisque c'est la seule partie qui soit dilatée par l'urine. L'urètre étant alors très-irritable, cette partie peut se contracter assez pour arrêter complétement le jet d'urine. Mais quelques circonstances qui se présentent dans la pratique fournissent des raisons de croire que les rétrécissements eux-mêmes sont susceptibles de se contracter. On trouve, en effet, que les bougies ont été serrées par le rétrécissement lorsqu'elles sont restées quelque temps dans l'urètre, et ce qui prouve encore cette assertion, c'est que le rétrécissement tantôt s'oppose au passage de la bougie, et tantôt la laisse pénétrer.

Les cas qui nous occupent présentent quelquefois une circonstance singulière ; c'est que lorsqu'il survient une gonorrhée ou tout autre écoulement de pus par l'urètre, ou qu'un suintement habituel ancien augmente d'intensité, le canal devient libre et laisse passer l'urine comme à l'état normal. Mais une telle amélioration est incertaine et seulement temporaire, car toutes les fois que l'écoulement cesse, les premiers symptômes se reproduisent. Il est probable que c'est le spasme seulement et non le rétrécissement réel, qui est modifié par l'écoulement. Voici deux cas remarquables de cette espèce, qui se sont présentés à mon observation:

Un homme était affecté depuis longtemps d'une maladie de l'urètre compliquée d'un rétrécissement auquel on supposait pour origine une affection vénérienne. Il se manifestait souvent un écoulement dont le début s'accompagnait toujours d'une fièvre légère. Tant que l'écoulement durait, la difficulté de l'évacuation de l'urine était diminuée, et cela, en proportion de l'abondance de l'écoulement. Le même résultat fut produit toutes les fois que le malade contracta une nouvelle gonorrhée.

Un autre homme éprouvait une difficulté d'uriner que l'on attribuait à un rétrécissement. Cet obstacle à l'émission de l'urine s'accompagnait plus souvent d'un écoulement semblable à celui qui existe ordinairement dans les cas de rétrécissement. Mais quand l'écoulement augmentait beaucoup, le rétrécissement diminuait; il y avait une proportion constante entre ces deux phénomènes. Pendant la durée de cette maladie, il contracta deux gonorrhées qui toutes deux s'accompagnèrent temporairement d'une diminution dans les symptômes de rétrécissement.

La maladie qui nous occupe étant une maladie mixte, elle doit être traitée par l'emploi des bougies pour le rétrécissement réel, et par les moyens qui seront recommandés plus loin, à l'occasion des affections spasmodiques de l'urètre, pour ce qu'il y a de spasmodique en elle.

Dans ces cas mixtes, il arrive quelquefois que la bougie ne pénètre pas immédiatement et qu'elle est rejetée par le spasme. Mais on parvient souvent à la faire passer, en la laissant séjourner dans l'urètre presque en contact avec le rétrécissement, pendant dix, quinze ou vingt minutes; on insinue la bougie *clandestinement* en quelque sorte. Souvent alors l'urine s'écoule, lors même qu'on n'a point essayé de franchir l'obstacle. Les rétrécissements compliqués de spasme s'amendent souvent sous l'influence d'injections légèrement irritantes (*).

(*) On lit dans l'édition de Home : « Une gonorrhée ou un suintement accidentel fait cesser le spasme d'un rétrécissement en vertu du même principe pathologique que l'introduction d'une bougie à la profondeur de quelques pouces dans l'urètre : l'irritation qui a son siège auprès du gland enlève sympathiquement le spasme d'une autre partie du canal. »

CHAPITRE V.

QUELQUES CONSIDÉRATIONS SUR L'EMPLOI, LA FORME ET LA COMPOSITION DES BOUGIES.

Dans les cas où l'on a employé les bougies, non à titre de stimulants, mais en leur faisant faire l'office d'un coin, et où le rétrécissement a été surmonté assez pour laisser passer la bougie, il se présente une question, c'est celle de savoir s'il faut faire pénétrer la bougie dans toute la longueur de l'urètre, de manière que son extrémité arrive jusque dans la vessie, ou s'il faut seulement lui faire franchir un peu le rétrécissement, de manière que cette extrémité reste dans le canal. L'expérience seule peut fournir une réponse à cette question. Or, dans de tels cas on fait rarement des essais comparatifs, et l'on introduit en général la bougie jusque dans la vessie; et cependant, si l'on observe ce qui arrive dans les cas où les bougies ne peuvent pas franchir de beaucoup le rétrécissement ou ne peuvent pas le franchir du tout, on voit qu'il ne résulte aucun inconvénient de cette circonstance, à moins que la bougie ne soit poussée avec assez de force pour faire une fausse route. L'opinion générale, c'est qu'il est plus dangereux de laisser séjourner l'extrémité de la bougie dans l'urètre que dans la vessie. Mais cette opinion paraît être fondée plutôt sur la théorie que sur la pratique.

Il est des sujets dont l'urine contient une si grande quantité de matière calculeuse ou a une si grande disposition à laisser déposer sa matière calculeuse, qu'il suffit de la présence d'un corps étranger dans la vessie pour amener immédiatement la formation d'une pierre. J'ai remarqué, en effet, que chez quelques personnes l'extrémité d'une bougie ne peut séjourner dans la vessie pendant quelques heures sans être recouverte par une couche de matière calculeuse. Je conseille généralement à ces personnes de prendre autant d'exercice qu'il leur est possible.

La première introduction des bougies détermine souvent des envies de vomir et quelquefois même des défaillances. J'ai vu un malade éprouver des nausées, pâlir, se couvrir d'une sueur froide, et enfin s'évanouir. Mais tous ces symptômes disparaissent promptement, et il est rare qu'ils se reproduisent à la seconde ou à la troisième tentative. L'introduction des bougies détermine d'abord dans l'urètre une irritation qui devient une cause de douleur en urinant, mais qui se dissipe lorsque l'opération est répétée plusieurs fois. Leur présence produit la sécrétion du pus dans les cas où il ne s'en formait point, et augmente en général l'écoulement dans ceux où la suppuration existait antérieurement à leur application; mais cet effet s'efface graduellement.

Souvent la présence des bougies donne naissance à la tuméfaction des ganglions lymphatiques de l'aine; mais je n'ai jamais vu ces engorgements aller jusqu'à la suppuration. Comme, dans la plupart de ces cas, il y avait déjà un écoulement de pus avant l'emploi des bougies, ces tumeurs et peuvent être le résultat de l'absorption du pus, mais elles doivent être un effet sympathique.

En parlant des rétrécissements de l'urètre, j'ai dit qu'ils sont souvent la cause de l'engorgement inflammatoire d'un ou des deux testicules, et j'ai ajouté que l'introduction d'une bougie fait souvent disparaître cette dernière affection. Je ferai remarquer maintenant que la tuméfaction des testicules est une conséquence très-commune de la présence des bougies dans l'urètre. C'est encore un effet de la sympathie; et, de même que la tuméfaction des glandes de l'aine, c'est un effet ordinaire de toutes les irritations qui ont leur siége dans le canal de l'urètre (*).

Il ne sera point inutile de placer ici quelques remarques sur la forme et sur la composition des bougies. Elles doivent être d'environ deux pouces plus longues que la distance qui existe entre le gland et le rétrécissement. Si elles peuvent franchir l'obstacle facilement, leur longueur doit être plus considérable, afin qu'il y ait toujours un pouce qui puisse être recourbé sur le gland et un autre qui dépasse intérieurement le rétrécissement. Leur grosseur doit être proportionnée au rétrécissement; d'abord, il

(*) On lit dans l'édition de Home : « Un homme avait depuis plusieurs années un rétrécissement qui de temps en temps s'accompagnait d'un spasme très-intense; mais jamais ses testicules n'étaient devenus le siége d'aucune irritation. Après l'introduction d'une bougie enduite d'une huile stimulante, qui fut maintenue dans le canal pendant quelques minutes pour dissiper le spasme, il survint une irritation et un gonflement du testicule gauche. Quelque temps après, il contracta une gonorrhée pendant toute la durée de laquelle le spasme se trouva entièrement guéri, mais qui détermina aussi un gonflement du testicule. »

Ce ne sont pas là, à beaucoup près, tous les inconvénients qui résultent de la présence des sondes ou des bougies dans la vessie. Comme accidents directs, on observe souvent l'inflammation du col, ce qui amène des besoins vifs et pressants d'uriner, le ténesme vésical et l'incontinence d'urine, à différents degrés et de plus ou moins de durée, soit par suite de trop d'irritabilité, ce qui est le plus ordinaire, soit par suite d'une sorte de fatigue des fibres musculaires du col de la vessie et d'un véritable relâchement. L'inflammation de la vessie elle-même, à différents degrés, n'est pas non plus très-rare après l'emploi d'instruments qui séjournent plus ou moins long-temps dans la cavité de ce viscère. Des ulcérations et des perforations s'observent dans ces circonstances, lorsque la sonde ou la bougie vient toujours appuyer sur un même point. Mais outre ces accidents directs, on rencontre encore des phénomènes sympathiques, soit simplement nerveux, soit véritablement fébriles; et parmi ces derniers, les plus communs sont des accès de fièvre intermittente, soit quotidienne, soit tierce, mais rarement d'un autre type, et qui se reproduisent ou cessent, selon qu'on laisse un instrument dans la vessie ou qu'on l'en retire.

P. RICORD.

faut qu'elle soit telle, que la bougie passe avec un léger degré de constriction; ensuite cette grosseur est augmentée graduellement à mesure que
la partie contractée se dilate. Quand l'urètre a atteint sa largeur naturelle, il n'est plus nécessaire d'augmenter la grosseur de la bougie,
mais il faut encore en continuer l'usage, ainsi qu'il a été déjà dit.

Relativement à la forme, lorsque les bougies sont très-fines elles ne
doivent point être coniques d'une extrémité à l'autre. Il faut qu'elles présentent une grosseur à peu près uniforme jusqu'à un pouce de leur petite
extrémité, pour décroître ensuite de manière à former une pointe arrondie convenablement disposée pour pénétrer dans le rétrécissement. Avec
cette forme elles ont plus de force que lorsqu'elles vont en décroissant d'un
bout à l'autre.

Leur consistance doit varier suivant le cas et suivant leur grosseur. Si
le rétrécissement est situé près du gland, on peut employer une bougie
inflexible, et l'on peut lui donner une forme conique dans toute sa longueur, parce qu'une bougie courte a toujours assez de force pour supporter la pression qui peut être nécessaire. Mais si le rétrécissement est
situé plus profondément, par exemple vers le bulbe, où le canal commence
à se courber, il faut donner un peu plus d'épaisseur au corps de la bougie
afin qu'elle puisse mieux supporter la pression. Si le rétrécissement occupe un point quelconque de la courbure de l'urètre ou est situé près de
la vessie, il faut que la bougie soit très-flexible (bien que cela soit contraire à la règle générale que je viens de poser), parce qu'il faut qu'elle
s'adapte avec facilité à la courbure du canal. Si elle se fléchit difficilement,
la pression s'exerce non sur le rétrécissement, mais sur la partie postérieure de l'urètre, et par conséquent on a plus de peine à la faire pénétrer. C'est cette circonstance qui fait qu'il est plus difficile de franchir un
obstacle lorsqu'il est situé auprès de la vessie que lorsqu'il est voisin du
gland.

Dans la composition des bougies, la consistance est ce qui doit le plus
attirer l'attention, car leurs propriétés médicamenteuses, autant qu'on a
pu le constater par l'expérience, sont de peu d'importance. Les substances
dont on se sert ordinairement pour les fabriquer sont la cire, l'huile et la
litharge. La litharge leur donne le poli de leur surface et fait disparaître
les propriétés adhésives qu'elles auraient si elles étaient faites avec la cire
et l'huile seulement. Une composition qui atteint très-bien le but est la
suivante : on fait bouillir ensemble sur un feu doux, pendant six heures,
trois chopines d'huile d'olive, une livre de cire et une livre et demie
d'oxyde rouge de plomb (*).

(*) On est loin, depuis Hunter, d'être d'accord sur la forme absolue à donner aux
bougies.

Les bougies coniques ont l'inconvénient de dilater plus les parties saines du canal
que les parties malades, et de fatiguer beaucoup le méat urinaire, quand elles sont
d'un calibre assez fort. D'un autre côté, lorsqu'elles sont inflexibles, ou par trop rigides, elles exposent plus que toutes les autres aux fausses routes. Mais lorsqu'on a
affaire à un rétrécissement assez considérable et pour lequel il faut un petit instru-

Des fausses routes.

L'accident le plus grave et le plus dangereux qui puisse résulter de l'emploi mal dirigé des bougies, c'est ce qu'on appelle une fausse route,

ment, les bougies coniques bien souples sont incontestablement préférables, même aux conducteurs de Ducamp et au moyen ingénieux récemment proposé par M. Féniqué, et qui consiste à introduire dans l'urètre un faisceau de petites bougies indépendantes les unes des autres, et qu'on pousse successivement jusqu'à ce qu'on introduise celle qui correspond au point rétréci.

Les bougies que j'emploie, et dont le cône ne commence que près de l'extrémité destinée à franchir le rétrécissement, ont la solidité nécessaire et favorisent tellement l'introduction, qu'avec elles on passe avec facilité là où s'arrêtent des instruments cylindriques d'un calibre souvent bien inférieur; donnant à la partie antérieure des rétrécissements la forme d'un entonnoir, elles s'y introduisent sans brusquerie, par une pression qui s'accroît graduellement, et qui est incomparablement moins douloureuse et moins dangereuse que celle des bougies cylindriques d'un volume égal. Du reste, si mon expérience personnelle, dans un vaste hôpital, ne m'avait pas enseigné tout le parti qu'on peut tirer des bougies de cette forme, l'opinion de Dupuytren et suffirait pour les recommander, en dépit des théoriciens qui prétendent qu'elles sont aujourd'hui généralement abandonnées.

Que les bougies soient coniques ou cylindriques, arrivées à un certain calibre, on ne peut éviter qu'elles ne fatiguent, comme je l'ai dit, des parties saines du canal, et surtout le méat urinaire et la portion de l'urètre qui correspond au gland, ou celle qui est immédiatement en arrière. Pour obvier à cet inconvénient, on a proposé des bougies fusiformes, ou à ventre, préconisées avec raison par Ducamp. Ces bougies ont l'avantage incontestable de ne dilater que le point rétréci. La principale objection qu'on a bien voulu leur faire, de franchir avec peine le méat urinaire, et les autres points qu'elles doivent violenter en passant, n'est pas soutenable; car le volume extrême de leur partie renflée ne devant avoir en définitive que le diamètre des bougies cylindriques qu'on emploierait dans le même cas, on voit de suite qu'il vaut mieux n'avoir qu'à franchir le méat urinaire, et les autres parties du canal qu'on doit ménager, que d'y laisser séjourner inutilement un instrument d'un volume partout égal.

Je ne dirai rien des bougies coniques terminées par une petite boule; elles constituent une subtilité que la saine pratique a su réduire à sa juste valeur.

On emploie plus généralement les bougies flexibles, et, parmi celles-ci, un grand nombre de chirurgiens donnent la préférence aux bougies en cire; mais si ces dernières ont l'avantage, quand elles sont convenablement faites, de donner des empreintes des parties malades et de se mouler aussi sur les courbures naturelles ou accidentelles du canal, il arrive, quand on veut les introduire, qu'elles sont ou trop dures pour quelques malades, ou trop peu résistantes, quand on est resté assez longtemps en cherchant à franchir un obstacle pour qu'elles aient pu se ramollir.

Quant à moi, j'aime mieux les bougies dites en gomme élastique; mais on emploie encore assez souvent des bougies rigides; et, dans ces derniers temps, on a reproduit avec raison, l'usage des bougies métalliques. Je sais bien, avec Desault, que leur faible poids n'ajoute rien à la dilatation ordinaire faite avec des instruments plus doux et plus faciles à supporter; mais je me garderai, comme on l'a fait, de taxer d'empirisme ceux qui les ont recommandées comme un moyen simple et économique pour les pauvres et pour les hôpitaux, dont beaucoup de malades se servent très-aisément sans dangers, et qui convient surtout lorsqu'il ne s'agit plus que de maintenir une guérison, ou

Aux bougies rigides, on en rapporte qui ne le sont pas d'une manière absolue;

(voyez pl. X). J'ai dit plus haut que les fausses routes sont généralement produites par des tentatives qui ont pour but de faire naître l'ulcération en appliquant l'extrémité de la bougie sur le rétrécissement, dans des cas où cette bougie ne peut passer. Dans ceux, en effet, où l'introduction de la bougie est possible, il n'y a aucun danger qu'une fausse route soit pratiquée.

Les fausses routes sont rarement portées assez loin pour déterminer une augmentation de la maladie présente ou une maladie nouvelle, bien qu'il en soit ainsi quelquefois. Mais elles mettent obstacle à la guérison de la maladie primitive en rendant l'introduction des bougies et l'application du caustique sur le rétrécissement si incertaines, que la continuation de ces moyens devient dangereuse, car on pourrait, en persévérant dans ces tentatives, accroître le désordre et amener enfin des conséquences funestes.

Quand la fausse route est faite dans la portion de l'urètre qui est au-devant de sa courbure, elle est située généralement à côté de l'ancien canal et parallèlement à lui, et elle est pratiquée dans le tissu spongieux de l'urètre; mais quand elle est faite au commencement de la courbure de ce canal, elle passe en ligne droite à travers le corps de l'urètre, vers le commencement de sa portion membraneuse, et se dirige vers le rectum en traversant le tissu cellulaire du périnée. Lorsque la fausse route a son siége entre le gland et la courbure de l'urètre, elle peut exister également de l'un ou de l'autre côté du canal, soit dans son tissu spongieux, soit entre le canal et la peau de la verge ou du scrotum, soit enfin entre le canal et le corps de la verge. La situation de la fausse route apporte quelques différences dans l'opération qui est nécessaire pour en effectuer la guérison.

Dans les cas où il existe une fausse route, je ne connais aucun autre moyen de guérison que l'incision du canal de l'urètre. L'ouverture doit être pratiquée dans la partie de l'urètre la plus convenablement située pour permettre d'atteindre le rétrécissement, en ménageant les organes exter-

au moins permanente; telles sont les bougies en baleine que vante M. Lallemand de Montpellier, les bougies en corde à boyau, et les bougies plus récentes en ivoire flexible. Ces dernières, composées d'ivoire qu'on a réduit à l'état demi-gélatineux en le privant d'une partie de son phosphate de chaux, ont l'avantage de fournir un instrument solide auquel on donne des courbures convenables, selon les cas, et d'offrir ensuite, sous l'influence de l'humidité de l'urètre, un ramollissement et un gonflement qui, tout en suivant les formes du canal, tendent à le dilater de plus en plus. Les reproches faits aux bougies en baleine, et surtout à celles en corde à boyau, peuvent encore s'adresser à ces dernières. Le principal inconvénient tient à ce que la dilatation se fait dans le point rétréci, de manière à y fixer l'instrument et à l'y faire adhérer avec tant de force qu'on ne peut ensuite l'enlever que par un véritable arrachement qui n'est pas toujours sans danger. Cependant, en obviant à ce défaut par la connaissance qu'on peut avoir préalablement de la dilatation extrême à laquelle l'instrument peut arriver en le laissant tremper dans de l'eau, on pourra peut-être tirer un très-grand parti de cette invention germanique si heureusement naturalisée en France par M. Charrière,

P. RICORD.

nes, tels que le scrotum, dont la lésion aurait des inconvénients. Si le rétrécissement est situé au-devant du scrotum, la fausse route est égalemen[t]
au-devant de lui, et par conséquent l'opération doit être faite au-devan[t de]
cet organe. Si le rétrécissement a son siége vis-à-vis du scrotum, le fon[d]
de la fausse route peut se trouver aussi vis-à-vis de cet organe. Mais si [la]
fausse route a une longueur considérable, son fond ou sa terminaison pe[ut]
répondre au commencement du périnée. Dans l'un et l'autre cas, l'incisio[n]
doit être commencée en arrière du scrotum, mais elle peut être continuée de manière à empiéter un peu sur ce dernier. Si le rétréciss[e]-
ment et la fausse route ont leur siége dans le périnée, il faut opére[r]
dans cette région.

Cette opération s'exécute de la manière suivante : on introduit [un]
cathéter ou tout autre instrument analogue dans l'urètre aussi loin qu[e cela]
est possible, c'est-à-dire, jusqu'en un point qui est probablement le fon[d]
ou le cul-de-sac de la fausse route, et qui est certainement au delà d[u]
rétrécissement. On reconnaît extérieurement au toucher l'extrémité d[u]
cathéter, et l'on incise sur elle. L'incision doit avoir environ un pouce [de]
long si la maladie a son siége au-devant du scrotum; un pouce et dem[i]
ou davantage, au périnée. Si la fausse route est située entre l'urètre [et]
le corps de la verge, il est très-probable qu'on pénétrera dans la portion saine de l'urètre avant d'arriver à l'instrument, c'est-à-dire à l[a]
fausse route; dans ce cas, il n'est point nécessaire de continuer l'incisio[n]
pour pouvoir communiquer avec la vessie, car on peut être sûr que l[a]
portion de l'urètre où l'on est arrivé est en arrière du rétrécissement.

On introduit ensuite dans l'urètre, par la plaie, une sonde ou quelq[ue]
autre instrument, qu'on dirige vers le gland, c'est-à-dire, d'arrière e[n]
avant vers le rétrécissement. Si l'extrémité de l'instrument vient heurte[r]
contre un obstacle, cet obstacle est certainement le rétrécissement, à tra[-]
vers lequel il faut passer, et qui ensuite sera facilement dilaté.

Pour achever l'opération, on retire la sonde et l'on introduit à s[a]
place une canule creuse que l'on dirige vers le rétrécissement. On introduit ensuite une autre canule par l'orifice naturel de l'urètre, et on l[a]
dirige également vers le rétrécissement jusqu'à ce que les deux canule[s]
se trouvent opposées l'une à l'autre, n'ayant entre elles que le rétréciss[e]-
ment. Un aide saisit en dehors le canal de l'urètre entre le pouce e[t]
l'indicateur, au niveau du point où les deux canules se rencontrent, afi[n]
de les maintenir solidement. Dans ce moment, on introduit par la canul[e]
supérieure un stylet avec lequel on perfore le rétrécissement, et qui pénètre ainsi dans la canule inférieure. Cela fait, on retire le stylet et l'o[n]
introduit une bougie par la même canule et de la même manière, [en]
ayant bien soin qu'elle passe dans la canule inférieure. Alors on retire l[a]
canule inférieure, et l'extrémité inférieure de la bougie apparaît dans l[a]
plaie. On saisit cette extrémité et l'on retire la canule supérieure sur l[a]
bougie, en laissant cette dernière dans l'urètre. Ensuite, on dirig[e]
l'extrémité inférieure de cette bougie dans la portion de l'urètre qui conduit à la vessie, et on la pousse jusque dans la cavité de ce viscère.

Il peut devenir nécessaire ensuite d'inciser la fausse route dans toute sa longueur pour qu'elle se cicatrise entièrement. Car les bougies, dont on doit continuer l'application, pourraient s'engager fréquemment dans cette fausse route, ce qui serait pénible et s'opposerait à la guérison.

Si la fausse route est située entre la peau et le canal de l'urètre, après avoir incisé jusqu'au cathéter, il faut continuer l'incision jusqu'à ce qu'on ait pénétré dans le canal de l'urètre. Alors on y introduit une sonde que l'on dirige du côté du gland afin de rencontrer le rétrécissement. Ensuite on continue l'opération comme il vient d'être dit.

Il faut laisser la bougie dans le canal; et, comme l'introduction d'une autre bougie dans la vessie peut présenter de grandes difficultés, il faut laisser séjourner la première le plus longtemps possible; l'introduction de la seconde en sera d'autant plus facile. Je ne saurais encore décider s'il ne vaudrait pas mieux pousser d'abord la canule creuse dans le rétrécissement et la maintenir en place pendant quelques jours, au moins jusqu'à ce que l'inflammation soit dissipée et que les parties se soient adaptées à ce corps étranger. L'introduction des bougies serait ensuite plus facile. Il faut que la grosseur des bougies soit augmentée graduellement et qu'on en continue l'usage jusqu'à ce que la plaie soit cicatrisée.

Ce fut à l'hôpital du troisième régiment des gardes, vers l'année 1765, que j'observai pour la première fois une fausse route produite par l'introduction des bougies. Un jeune soldat avait un rétrécissement pour le traitement duquel on avait employé les bougies régulièrement pendant près de la moitié d'une année, sans aucune amélioration. Les bougies pénétraient de deux pouces plus avant qu'au début, de sorte qu'on paraissait avoir gagné du terrain sur le rétrécissement, et ce résultat semblait justifier la continuation du traitement. Mais dans la pensée que l'état réel des parties n'était peut-être pas bien apprécié, on m'appela en consultation. Sans chercher à deviner ce qui existait en réalité, je proposai de faire une ouverture à l'urètre, au niveau de l'obstruction, et de la prolonger en arrière, s'il était nécessaire, pour arriver à la portion saine de l'urètre. Cette opération fut faite de la manière suivante : on introduisit d'abord un cathéter aussi loin qu'il put pénétrer, c'est-à-dire jusqu'au fond de la fausse route; on releva le scrotum sur la verge, et l'extrémité du cathéter apparut, faisant faire une saillie à la peau un peu au-dessus du périnée. On pratiqua une incision d'un demi-pouce sur l'extrémité du cathéter, qui fut dégagée et qu'on poussa entre les lèvres de la plaie. Alors on se mit à chercher l'orifice du canal qui devait conduire à la vessie, en supposant qu'on se trouvât au rétrécissement. Ces recherches étant infructueuses, on essaya de rendre cet orifice apparent en soufflant avec un chalumeau dans le fond et dans la partie inférieure de la plaie; mais il fut impossible de constater aucune ouverture. Nous commençâmes alors à soupçonner que nous n'étions point dans l'urètre. Pour déterminer si nous étions dans le canal, je disséquai avec soin les parties qui correspondaient au fond de la plaie, et je mis à découvert les muscles accélérateurs (bulbo-caverneux). Je fis alors une incision dans le corps même de l'urètre, et je parvins au vrai canal qu'il fut facile de découvrir. Nous passâmes alors une sonde de côté de la vessie; puis l'ayant changée de direction, nous l'introduisîmes du côté du gland. Mais de ce côté, elle ne put pas pénétrer à beaucoup plus de deux pouces, et elle s'arrêta contre un obstacle. Cette circonstance nous donna une idée nouvelle de l'état des choses; nous étions sûrs maintenant que l'extrémité du cathéter n'était point dans l'urètre, mais bien dans une fausse route qui avait été pratiquée dans le tissu spongieux de ce canal, et qui s'étendait à deux pouces au delà du rétrécissement. Nous passâmes alors deux sondes dans l'urètre, l'une par l'orifice du gland et l'autre par la plaie, afin de voir à quelle distance les extrémités des deux instruments se trouveraient l'une de l'autre, ce qui devait nous donner la longueur du rétrécissement. Nous trouvâmes, en saisissant l'urètre extérieurement entre le pouce et l'indicateur, que les bouts des deux instruments étaient complétement rapprochés l'un de l'autre. Cherchant alors ce que nous avions à faire, nous fûmes frappés tout d'abord de l'idée que l'on pouvait franchir de force le rétrécissement sans danger. Le chirurgien qui m'assistait dans l'opération introduisit par la plaie vers le rétrécissement un chalumeau d'un cinquième de pouce de diamètre (nous n'avions pas à notre disposition les instruments qui nous eussent été nécessaires). Ensuite je pris une canule d'argent ouverte à ses deux extrémités et munie d'un stylet de fer plus long qu'elle, et je l'introduisis par l'orifice naturel de l'urètre. L'extrémité de la canule fut opposée à l'extrémité du chalumeau, et les deux instruments se trouvèrent presque en contact l'un avec l'autre. On les maintint dans cette position avec l'indicateur et le pouce appliqués sur la surface externe de la verge, comme des attelles sur un os fracturé. J'introduisis alors et je poussai en avant le stylet, qui traversa le rétrécissement et parvint dans la cavité du chalumeau. Nous eûmes grand soin de ne pas pousser avec trop de force, dans la crainte que les deux bouts des tubes ne glissassent l'un à côté de l'autre, ce qu'ils auraient fait si on ne les avait tenus très-solidement. Cet accident nous arriva deux fois dans cette opération, mais à la troisième fois nous réussîmes. je poussai alors la canule à travers le rétrécissement, et par ce moyen je fis sortir le chalumeau. Il s'agissait ensuite de passer une bougie creuse par le canal de l'urètre dans la vessie. Pour y parvenir, nous engageâmes la petite extrémité de la bougie dans la canule, et l'ayant poussée, nous fîmes sortir la canule par la plaie. Une sonde cannelée fut placée dans la portion du canal de l'urètre située du côté de la vessie, et l'extrémité de la bougie, placée dans la cannelure de cette sonde, fut poussée sur ce guide jusque dans la cavité même de la vessie. Avant de retirer la sonde cannelée, on retourna sa face convexe du côté de la bougie, afin que l'extrémité de cette dernière ne heurtât pas contre l'extrémité de la cannelure, ce qui aurait pu ramener la bougie au dehors. Après cette opération, on fit un point de suture à l'urètre; mais la plaie de la peau fut laissée béante pour l'écoulement de l'urine, afin d'éviter que ce liquide ne s'infiltrât dans le tissu cellulaire. La plaie fut pansée à plat, et l'appareil fut maintenu par un bandage en T dont la bande moyenne fut fendue afin d'offrir deux chefs, qui furent dirigés de chaque côté du scrotum. Ces deux chefs furent noués ensemble autour du scrotum pour soutenir ce dernier et le maintenir au-devant de la verge ; et les deux bouts qui sortaient de ce nœud furent attachés à la partie circulaire du bandage, qui faisait le tour du corps. Le malade eut une fièvre légère pendant un jour ou deux, et l'urine s'écoula en partie à travers la bougie et en partie le long de sa surface externe à travers la plaie. Il survint un gonflement inflammatoire d'un des testicules et des glandes de l'aine. Le ventre devint douloureux ; il y eut des nausées et parfois des vomissements. Mais tous ces symptômes étaient sympathiques, et ils se dissipèrent dans l'espace de cinq ou six jours. Dans le même temps à peu près, l'urine s'écoula entièrement par sa voie naturelle. On changea de temps en temps la bougie, jusqu'au moment où la guérison fut complète (*).

(*) D'après ce que Hunter dit des fausses routes, on peut se convaincre que si ces accidents n'étaient pas plus rares de son temps, leur histoire était beaucoup moins complète que de nos jours.

Si, sans exception aucune, tous les points de l'urètre peuvent être le siége de rétrécissements, on peut, en conséquence, faire ou rencontrer des fausses routes dans toute l'étendue de ce canal. Les portions mobiles, comme celles qui ne le sont pas, en offrent d'assez fréquents exemples. Ainsi Hunter parle des fausses routes dans la région spongieuse ; Charles Bell et beaucoup d'autres en signalent aussi, sans compter toutes celles dont on n'a pas parlé. Toutefois, il est bien certain que les fausses routes les plus communes ont lieu dans la partie courbe du canal, dans la région membraneuse, quoiqu'elles puissent encore arriver dans la région prostatique, dans l'épaisseur de la prostate et au col de la vessie. Bien qu'elles soient le plus ordinairement produites dans la paroi inférieure du canal, surtout à la courbure et dans la région membraneuse, elles peuvent avoir lieu dans tous les points de la circonférence de l'urètre. De longueur et de largeur variables, elles se terminent par un cul-de-sac, pénètrent dans un organe voisin, comme le rectum, ou bien, après avoir traversé une certaine épaisseur de tissus, elles parviennent à la vessie, soit par sa paroi antérieure, soit, le plus souvent, en traversant une portion du canal placée en arrière du rétrécissement, ou l'épaisseur de la prostate, ou encore, en arrière de cette glande, en perforant les parties latérales ou le bas fond de la vessie, cas dans lequel l'instrument qui pratique la fausse route, file entre cet organe et le rectum, ou vient l'atteindre après avoir pénétré dans cet intestin et en être ressorti, comme dans l'observation rapportée par Deschamps. Hunter n'a pas insisté sur les conditions qui favorisent les fausses routes. A part le siége des rétrécissements, le plus ou moins de fixité des régions malades de l'urètre au-dessous du pubis, les changements de direction imprimés plus particulièrement par certaines conditions anormales ou pathologiques de la prostate, l'accumulation de matières fécales dans le rectum, et la distension de cet intestin au moment du cathétérisme pour certains rétrécissements profonds, il faut encore en chercher les causes dans la nature des rétrécissements, dans l'état des tissus placés en avant des coarctations, dans la qualité des instruments employés pour les franchir ou les combattre, et dans le plus ou moins de prudence ou d'habileté des chirurgiens.

Plus un rétrécissement est dur, calleux, résistant, peu dilatable, plus les fausses routes sont faciles ; plus l'aire est étroite, et plus aussi on doit redouter cet accident ; surtout encore si la coarctation a une grande longueur, ou si plusieurs rétrécissements se suivent, de manière qu'un premier gêne le cathétérisme d'un second, et ainsi de suite. Lorsque, sous l'influence d'une inflammation chronique, ou autrement, les parties placées au-devant d'un rétrécissement sont ramollies, des perforations peuvent aisément avoir lieu, sans que celui-ci ait toujours besoin d'être très-prononcé.

Quant aux instruments, ils ont sur la production des fausses routes une grande influence. Les instruments souples, flexibles, y exposent moins; les instruments rigides sont les plus dangereux. Leur volume doit être proportionné à l'embouchure du point rétréci. Cependant, dans les rétrécissements mous, ainsi que dans les circonstances où on a affaire à des spasmes, il est préférable qu'ils soient un peu plus volumineux. Mais, règle générale, plus le diamètre diminue et plus le danger s'accroît. Les instruments droits et rigides, pour les parties de l'urètre placées en arrière du bulbe, ont occasionné de fréquents accidents.

Cependant, si les instruments produisent des fausses routes avec d'autant plus de facilité qu'ils tendent à devenir pointus, comme les sondes coniques, trop préconisées et peut-être trop blâmées, les lésions qu'ils déterminent sont moins graves que celles qui résultent de l'emploi d'instruments plus gros et dont le volume n'est pas en rapport avec le point rétréci. En effet, dans le premier cas, on n'a souvent qu'une perforation simple, une sorte d'acupuncture, tandis que dans le second, on produit des attritions, des déchirures étendues, avec arrachement même de lambeaux du canal.

La pression sur la partie antérieure des rétrécissements, dans le procédé de l'opération, comme le signale Hunter, la cautérisation, et plus particulièrement celle qu'on pratique d'avant en arrière, donnent aussi lieu aux fausses routes, ainsi que les opérations tranchantes dont nous avons parlé ailleurs.

Toutefois la cause la plus puissante est peut-être encore dans la main qui opère. Un défaut de connaissances anatomiques, le manque d'habitude et une trop grande précipitation, ont été cause d'accidents, là où on aurait souvent pu les éviter, en dépit des autres causes réunies. Tenir la sonde aussi près de son bec que possible, afin de mieux apprécier les obstacles à vaincre et la route à parcourir, en ramenant la verge à la rencontre de l'instrument, pour tendre l'urètre et faire disparaître autant que possible le cul-de-sac placé au-devant de la coarctation; suivre à l'extérieur l'instrument dans sa course jusqu'à la fin du périnée; introduire un doigt dans le rectum pour l'accompagner à son entrée dans la région prostatique et pour empêcher qu'il ne se dévie dans aucun cas; mettre d'autant plus de lenteur dans l'opération qu'elle présente plus de difficultés, et n'employer de sages efforts pour avancer, qu'alors que, par une constriction, on sent que l'instrument est engagé dans le point rétréci, voilà pour le chirurgien, les conditions qui, jointes au choix de bons instruments, le mettront à l'abri d'accidents malheureusement trop fréquents, lorsqu'à l'ignorance se joint le désir de briller par la rapidité de l'exécution.

Hunter, comme on a pu le voir, ne dit rien des signes à l'aide desquels on peut reconnaître les fausses routes. L'écoulement du sang au moment de l'introduction des sondes ou des bougies, n'a que peu de valeur dans ce sens. Il est des malades dont l'urètre saigne avec une grande facilité, sans qu'on soit sorti des routes naturelles. Chez d'autres, le saignement tient à un ramollissement de la muqueuse. Il est absolument faux que le premier cathétérisme, chez un sujet, soit le plus souvent suivi d'un écoulement de sang, alors même qu'il n'existe pas d'altération du canal. Les sensations qu'éprouve le malade sont également trompeuses. Quelques-uns exagèrent leurs souffrances, se sentent piqués à chaque instant, et cela surtout à la fosse naviculaire, au bulbe et au col de la vessie, ce qui fait croire, même à ceux qui n'ont rien, que ces régions sont le siége d'altérations, tandis que d'autres, souffrant moins qu'ils ne s'y attendaient, vous laissent traverser les parois urétrales sans vous en avertir par l'expression d'une nouvelle douleur. Cependant, quand les malades accusent une sensation de déchirure ou de piqûre, il faut redoubler d'attention et de prudence. En général, ils souffrent plus quand on déchire l'urètre que lorsque l'instrument passe sur le rétrécissement : la sensibilité de celui-ci n'étant pas toujours aussi grande qu'on a bien voulu le dire. Quoi qu'il en soit, il faut ajouter qu'une fois engagée dans une fausse route, une sonde ou une bougie est moins douloureuse que lorsque les instruments séjournent dans un point rétréci. Sous le rapport de la résistance, il est bien certain que dans le plus grand nombre des cas, les parties saines résistent moins que les parties malades, et qu'on pourrait dans quelques circonstances être trompé par la facilité avec laquelle on traverse les tissus. La sensation de déchirure dont les chirurgiens et les malades s'aperçoivent bientôt, peut tenir à la rupture d'une bride, à l'éraillure brusque du point rétréci, comme aussi à la division des parties placées au-devant. Cependant, quand on a pénétré dans un rétrécissement qui a offert une certaine résistance, l'instrument reste étreint; ce qui n'a pas lieu quand on a fait fausse route. La direction absolue des instruments par rapport à l'axe de l'urètre; la possibilité ou non de faire exécuter des mouvements de rotation aux instruments courbes, supposés dans la vessie ; l'arrivée de l'urine par la sonde, quand celle-ci a été employée, sont autant de signes souvent trompeurs. En effet, on peut avoir fait fausse route, en suivant à peu de chose près l'axe du canal, et l'instrument être arrivé dans la vessie par une des voies accidentelles dont nous avons parlé ailleurs, sans qu'on s'en aperçoive, à moins d'accidents ultérieurs, qui n'arrivent heureusement pas toujours; tandis qu'en n'étant pas sorti des voies normales, l'instrument, serré dans le point coarcté, et géné par une vessie qui a perdu de sa capacité par l'épaississement de ses parois et le retrait, peut faire croire à une déviation, surtout si les yeux d'un instrument creux sont momentanément bouchés par du mucus ou du sang qui empêche l'urine de s'échapper. Mais aux signes que je viens d'examiner, il faut ajouter, comme ayant plus de valeur, les empreintes qu'on peut quelquefois prendre à l'aide de la sonde exploratrice de Ducamp ou des bougies en cire molle, le toucher à travers le rectum, et surtout le plus ou moins de constriction que subit l'instrument.

Si nous nous arrêtions à ce que dit Hunter, la plupart des fausses routes seraient graves, et nécessiteraient des opérations plus graves encore; et cependant il n'en est pas ainsi. Lorsque les malades peuvent débarrasser leur vessie, qu'il n'y a pas rétention complète, que la fausse route a été faite avec un instrument d'un petit diamètre, qu'elle n'est pas allée gagner la vessie en arrière du point rétréci, c'est le plus souvent un accident peu grave, dont les malades et quelquefois même des chirurgiens inexpérimentés ne s'aperçoivent pas. Il suffit, quand on le sait, de laisser reposer les malades plusieurs jours avant d'introduire de nouveaux instruments. Dans ce cas les parties se rapprochent et se cicatrisent, l'urine, à cause de la position et surtout de la direction du trajet, tendant plutôt à en rapprocher les parois qu'à s'y engager, à moins d'une fausse route *en retour,* ce qui peut arriver lorsqu'une bougie se courbe et fait crochet devant un rétrécissement.

Dans les cas de plus fortes déchirures, d'attritions par de grosses sondes, ou de destructions par le caustique, etc., il peut survenir des accidents inflammatoires locaux, ou des réactions sympathiques. Mais, tant que la fausse route n'est pas en communication avec le réservoir de l'urine, soit par l'instrument qui l'a pratiquée, soit par un travail d'ulcération consécutif, et que le malade peut encore uriner, en tâchant d'attendre et en combattant convenablement les accidents, on peut encore beaucoup espérer. Ce n'est donc que dans les déchirures vastes, étendues, avec rétention complète d'urine, dans l'urgence d'un cathétérisme évacuatif plus ou moins prompt, ou dans les circonstances où la fausse route communique avec la vessie, et à plus forte raison avec le rectum, qu'on doit s'attendre aux conséquences les plus

22.

fâcheuses, soit qu'il faille recourir à des opérations analogues à celles dont parle Hunter, soit qu'il faille pratiquer la ponction de la vessie, soit enfin qu'on ait à combattre les accidents, suite de l'épanchement d'urine. Toutefois, il est des circonstances dans lesquelles, lorsque l'instrument a pénétré dans la vessie par une fausse route, que les malades peuvent et surtout veulent le conserver, tout se passe sans accidents, et bientôt on voit s'organiser un nouveau canal définitif et pourvu d'une fausse membrane muqueuse. Dans tous les cas, quand il existe une fausse route, il faut se souvenir du sens dans lequel on l'a faite, ou s'assurer autant qu'on le peut, par des empreintes, de celui qu'elle a, quand un autre chirurgien a sondé avant vous, afin de donner aux instruments une courbure et une direction qui vous empêchent d'y retomber dans un nouveau cathétérisme.

P. RICORD.

CHAPITRE VI.

DES MALADIES QUI SONT LA CONSÉQUENCE D'UN RÉTRÉCISSEMENT PERMANENT DE L'URÈTRE.

Les rétrécissements de l'urètre déterminent presque toujours des maladies dans les parties qui sont situées au delà de l'obstacle, c'est-à-dire, dans la partie de l'urètre qui est située entre le rétrécissement et la vessie. Ils produisent dans la plupart des cas un suintement habituel, ainsi qu'il a été dit, et souvent une distension considérable de la portion du canal qui est située au delà du rétrécissement. Ils produisent aussi l'inflammation et l'ulcération, et consécutivement à ces dernières, des maladies qui ont leur siége dans les parties environnantes, telles que les glandes de Cowper, la prostate et le tissu cellulaire environnant, où il se forme des abcès, et enfin une ulcération, pour fournir un passage à l'urine. Souvent la vessie participe à la maladie; quelquefois les uretères sont affectés ainsi que le bassinet des reins, et, dans quelques cas, les reins eux-mêmes. Tous ces accidents sont les effets de tout obstacle permanent à l'écoulement de l'urine. Quelques-uns d'entre eux sont des procédés que la nature emploie pour délivrer les parties de la maladie immédiate; telles sont la dilatation de l'urètre au delà du rétrécissement, et celle des uretères et du bassinet des reins, dilatations qui ne doivent être considérées que comme l'acte par lequel les organes s'accommodent aux effets immédiats de l'obstruction, c'est-à-dire, à l'accumulation de l'urine. Je vais parler de ces maladies dans l'ordre de leur manifestation.

§ Ier. *De la dilatation de l'urètre.*

Ainsi que je l'ai dit, la portion de l'urètre qui est située au delà du rétrécissement se dilate, parce qu'elle est plus passive que la vessie et qu'elle cède à la pression de l'urine. Cette partie est, en effet, naturellement passive, tandis que la vessie a une action propre; aussi se dilate-t-elle en raison de la force avec laquelle la vessie agit et de la résistance qu'oppose le rétrécissement. Sa surface interne devient souvent irrégulière et fasciculée; elle se montre aussi plus irritable, sa distension agissant comme cause immédiate de spasmes qui y sont très-probablement excités dans le but de contre-balancer l'action de la vessie (*).

(*) Quand il existe plusieurs rétrécissements, ce n'est guère qu'en arrière de celui qui est voisin de la vessie, qu'on observe des dilatations. Entre celui-là et les autres, l'urètre paraît souvent rétracté, sans que ses parois soient altérées. Le plus ordinai-

§ II. *Du passage de l'urine à travers des voies accidentelles.*

Quand les méthodes de traitement qui ont été recommandées ci-dessus pour la guérison des rétrécissements de l'urètre, n'ont point été employées ou sont restées sans succès, la nature s'efforce de se soulager en pratiquant un nouveau canal pour la sortie de l'urine; mais bien que ce trajet fistuleux prévienne dans beaucoup de cas une mort immédiate, cependant si l'on n'y porte remède, il devient une cause de souffrance pour le malade pendant toute sa vie. Le moyen que la nature emploie pour se délivrer, c'est l'ulcération de la face interne de la portion de l'urètre qui est dilatée, et qui est située entre le rétrécissement et la vessie. L'ulcération commence ordinairement dans un point très-rapproché du rétrécissement, lors même que celui-ci est situé à une très-grande distance de la vessie. Aussi doit-on supposer qu'indépendamment de la distension de l'urètre par l'urine, il existe quelque autre cause qui fait que l'ulcération s'établit dans un point déterminé. Cette cause est probablement le voisinage du rétrécissement, et l'on peut l'appeler une sympathie de contiguïté. Souvent, le rétrécissement est compris dans l'ulcération. Alors l'obstacle est détruit, la maladie se guérit, et quelquefois le travail d'ulcération s'arrête. Mais, malheureusement, il n'en est point toujours ainsi. Il est à remarquer que cette ulcération s'établit toujours sur la partie qui est le plus rapprochée de la surface externe, comme cela a lieu ordinairement dans les abcès.

L'ulcération n'étant point l'effet d'une inflammation antécédente, et l'urine n'agissant point exactement comme un corps étranger, puisqu'elle est dans sa voie naturelle, on remarque que cette ulcération ne s'accompagne que de très-peu d'inflammation adhésive. Cependant on doit admettre que l'urine produit ici la disposition ulcérative, comme le pus à la surface interne d'un abcès, bien qu'elle ne la fasse pas naître avec autant de facilité.

C'est pourquoi, dès que la membrane interne et la substance de l'urètre ont été enlevées par l'absorption, l'urine s'écoule rapidement dans le tissu cellulaire lâche du scrotum et de la verge, et s'infiltre dans toute l'étendue de ces parties, parce qu'aucune inflammation adhésive ne lui a élevé préalablement une barrière; et l'urine ayant des qualités extrêmement irritantes pour le tissu cellulaire, les parties s'enflamment et se tuméfient. La présence de l'urine empêche le développement de l'inflammation adhésive; elle devient une cause de suppuration partout où elle se répand, et l'irritation est souvent si grande, surtout dans les cas où l'urine a pu contracter une grande âcreté par un long séjour, que la gangrène survient, d'abord dans tout le tissu cellulaire, et ensuite dans plusieurs

rement ceux-ci ne présentent même plus cet état d'inflammation chronique et de sécrétion morbide qu'on rencontre en arrière du plus profond.

Du reste, ces dilatations ont été comparées avec assez de justesse aux dilatations anévrismales, dont elles semblent offrir quelques-unes des phases.

P. RICORD.

points de la peau ; si le malade survit, toutes les parties gangrenées se détachent, laissant l'intérieur de l'urètre communiquer largement avec la surface externe du corps, ce qui produit une fistule du périnée.

Toutefois, je dois faire remarquer que cette absence d'inflammation adhésive dans les ulcérations qui nous occupent paraît être particulière à la partie de l'urètre qui est comprise entre sa portion membraneuse et le gland ; car l'expérience nous apprend que quand ce travail morbide prend naissance plus loin en arrière, par exemple, dans la portion prostatique, il se forme en général un abcès circonscrit. Cette différence peut provenir de la différence de texture du tissu cellulaire dans ces diverses parties ; dans les premières, le tissu cellulaire admet très-facilement l'infiltration urineuse à cause de sa laxité, tandis que dans les dernières il contracte, avant que l'urine ait pu s'épancher, des adhérences qui ensuite servent de digues à ce liquide.

Il arrive quelquefois que l'urine s'infiltre dans le tissu spongieux du corps de l'urètre, se répand immédiatement dans la totalité de l'organe, même dans le gland, et qu'elle en détermine la gangrène. J'en ai vu plus d'un exemple.

Quand l'urine a pénétré dans le tissu cellulaire, elle passe généralement avec facilité dans le scrotum, lors même que l'ulcération de l'urètre s'ouvre dans le périnée, parce que le tissu cellulaire du scrotum est le plus lâche de tout le corps. Quand l'ulcération a son siége dans la portion membraneuse ou dans la portion bulbeuse de l'urètre, et que le pus ainsi que l'urine se sont frayé un chemin jusqu'au scrotum, on trouve toujours une induration qui se dirige le long du périnée et s'étend au scrotum tuméfié ; c'est l'indice du trajet du pus.

L'ulcération ne peut être prévenue que par la destruction du rétrécissement. Mais une fois que l'urine s'est répandue dans le tissu cellulaire, la guérison du rétrécissement arrive ordinairement trop tard pour arrêter tout le mal, bien qu'elle soit indispensable pour que la cure puisse être complète. On doit donc essayer de passer une bougie, car le rétrécissement peut être compris dans l'ulcération, comme il a été dit ci-dessus, et par conséquent il est possible qu'il en permette l'introduction. Quand on peut y parvenir, il faut faire un usage presque constant des bougies, afin de rendre le trajet naturel de l'urine aussi libre que possible. Dans les cas où les bougies ne peuvent passer, il est à craindre que le caustique ne soit souvent trop lent dans son action, ou qu'on ne puisse y avoir recours à cause du siége du rétrécissement.

Dans les tentatives qu'on fait pour guérir un rétrécissement, on doit employer tous les moyens qui peuvent dissiper l'inflammation, et en particulier la saignée. On peut obtenir un grand soulagement en exposant les parties à la vapeur de l'eau chaude ; mais ce n'est qu'un moyen palliatif. Le bain chaud, l'opium et les térébenthines, soit ingérés dans l'estomac, soit administrés par l'anus, contribuent à faire cesser le spasme. Mais tous ces moyens sont trop souvent insuffisants, et il faut recourir à un moyen de soulagement immédiat, autant pour débarrasser la vessie que pour prévenir une nouvelle infiltration d'urine dans le tissu cellulaire. Ce soulagement immédiat ne peut être obtenu que par une opération qui consiste à pratiquer dans le canal de l'urètre, au delà du rétrécissement, une ouverture qui sera d'autant plus utile qu'elle sera plus rapprochée de ce dernier.

Le procédé opératoire consiste à introduire un cathéter ou quelque autre instrument semblable dans l'urètre jusqu'au rétrécissement, et ensuite à faire en sorte que l'extrémité de l'instrument devienne aussi saillante que possible à l'extérieur, de manière qu'on puisse la sentir, ce qui, en pareil cas, est souvent difficile et quelquefois même impossible. Si l'on peut parvenir à sentir l'instrument, on incise sur la cannelure et l'on prolonge l'incision un peu en arrière vers la vessie ou l'anus, de manière à ouvrir l'urètre au delà du rétrécissement; cela suffit pour donner une issue à l'urine et pour détruire le rétrécissement. Si l'on ne peut sentir l'instrument avec le doigt, on incise dans sa direction présumée, ce qui permet au doigt de l'atteindre, et on continue l'opération comme il vient d'être dit.

Si le rétrécissement de l'urètre a son siége au niveau du scrotum, comme il est impossible de pratiquer l'ouverture dans ce point, on doit la faire dans la région périnéale; et alors on ne peut se diriger sur aucun instrument, car aucun ne peut pénétrer aussi loin; l'opérateur doit donc être guidé par ses connaissances anatomiques. Une fois l'incision faite, il faut chercher le rétrécissement, comme je l'ai déjà dit pour les cas où une fausse route a été pratiquée, en introduisant une sonde par la plaie dans la direction du gland. Les autres temps de l'opération sont à peu près les mêmes que dans ces cas. De quelque manière qu'on ait procédé à l'opération, il faut ensuite placer une bougie, ou mieux une algalie, dans le canal de l'urètre, et faire cicatriser la plaie par-dessus.

Il faut faire une grande attention à l'inflammation qui se développe consécutivement à l'infiltration urineuse du tissu cellulaire. Si cette inflammation s'accompagne de suppuration et de gangrène, il est nécessaire, aussi bien dans le cas qui nous occupe que dans ceux où aucune opération n'est requise, de scarifier largement les parties, afin de donner un écoulement à l'urine et au pus. Lorsque la gangrène a envahi la peau, il faut pratiquer les scarifications dans les tissus gangrenés, si toutefois on peut le faire avec un égal avantage pour le but qu'on se propose, afin d'éviter l'irritation que peut produire l'incision de la peau vivante.

Dans les cas de rétention complète de l'urine, quelle qu'en soit la cause, on ne doit jamais laisser l'urine s'accumuler; et pour cela, on doit, ou l'évacuer fréquemment au moyen du cathétérisme, ou placer à demeure une sonde dans la vessie. On ne doit en aucune manière laisser la vessie se distendre au point qu'il en résulte une sensation de malaise. La distension anormale de ce viscère produit toujours des symptômes débilitants et redoutables, comme sa paralysie. Dans les cas de rétention d'urine, comme dans les cas de rétrécissement, il est souvent impossible d'évacuer l'urine. Dans quelques cas où l'urètre est ulcéré et où l'urine s'est infiltrée dans le tissu cellulaire de la verge et du prépuce, de manière à distendre considérablement ces parties et à produire un phimosis, il devient impossible de trouver l'orifice de l'urètre.

Le cas suivant justifie la plupart des doctrines qui précèdent.

Un homme de constitution scrofuleuse avait contracté plusieurs gonorrhées vénériennes, qui avaient été intenses et qui avaient déterminé, le plus souvent, des tumeurs ou des nodosités le long du canal de l'urètre. Aussi lui avait-on donné le conseil de faire tout ce qui dépendrait de lui pour éviter cette maladie. Étant à la campagne en novembre 1782, il fut pris d'une légère fièvre précédée de frisson, et d'un écoulement peu abondant par l'urètre, auquel il ne pouvait assigner aucune origine vénérienne. Dans cet état, il partit pour Londres; mais il fut pris en route d'une suppression d'urine qui le retint deux jours dans une auberge. A son arrivée à Londres, je le trouvai dans un état fébrile. Il ne me parla que d'un écoulement de l'urètre; mais comme je ne pensais pas que la fièvre pût provenir d'une telle cause, je lui conseillai de rester tranquille sur ce point. Je lui prescrivis six grains de la poudre de James; son médecin le vit ensuite, et ordonna ce qu'il jugea convenable pour combattre la fièvre. Un frisson qui survint nous fit penser que le malade pouvait bien être atteint d'une fièvre intermittente, et nous attendîmes le résultat. Le malade se plaignit encore de l'écoulement, et accusa une douleur au périnée, soit quand il urinait, soit quand il pressait extérieurement cette région. En explorant le périnée, j'y remarquai un peu de tuméfaction, ce qui me fit soupçonner l'existence d'un rétrécissement et me porta à demander au malade comment il urinait habituellement. Il me répondit qu'il urinait très-bien, ce qui me détourna de la vraie cause du mal. Cette tuméfaction fut considérée comme l'effet d'une inflammation développée sous l'influence de la fièvre ou d'une disposition locale, ou des deux à la fois, et augmentée par l'attitude assise que le malade avait été obligé de garder pendant plusieurs jours en voiture. La partie fut couverte de fomentations et de cataplasmes, et des sangsues y furent appliquées plusieurs fois. Le malade eut un autre frisson trois jours après le premier, ce qui eût constitué une fièvre quarte si la maladie eût été une fièvre intermittente. Mais un autre frisson qui survint quelques heures après nous ôta la pensée d'une fièvre intermittente. Nous commençâmes alors à soupçonner qu'il se formait du pus dans la tumeur, bien que je ne pusse sentir aucune espèce de fluctuation, et que la douleur ne fût point lancinante, ni aussi aiguë qu'elle l'est ordinairement dans l'inflammation suppurative. Ce qui me surprit, ce fut que la tumeur s'étendît en avant le long du corps de la verge et vers l'os pubis, tandis qu'elle semblait diminuer dans la région périnéale. Le malade commença alors à éprouver de la difficulté pour uriner, à en ressentir fréquemment le besoin, et ces symptômes s'aggravèrent jusqu'à ce qu'il y eût rétention complète. Je comprimai la partie inférieure du ventre, afin de m'assurer si l'urine était sécrétée et si elle s'accumulait dans la vessie, mais je ne pus trouver aucune tuméfaction, et cette compression ne fit éprouver aucune douleur au malade.

Cependant, environ 24 heures après, il se plaignit d'un vif besoin d'uriner, et accusa de la douleur dans la partie inférieure de l'abdomen. La main appliquée sur l'hypogastre sentit facilement la tumeur produite par la vessie distendue. Il était clair alors qu'il fallait évacuer l'urine artificiellement; mais comme je soupçonnais toujours qu'une altération de l'urètre était la cause de la maladie, je pris les précautions nécessaires. Je me pourvus de sondes et de bougies de différentes grosseurs; et pour être sûr mes gardes autant que possible, j'introduisis d'abord une bougie d'un petit diamètre, qui fût arrêtée complétement vers la partie bulbeuse de l'urètre. J'en pris alors une plus fine, qui passa, mais avec difficulté. J'introduisis ensuite une petite sonde d'argent jusqu'au rétrécissement, au niveau duquel elle s'arrêta. Mais comme il était absolument indispensable que l'urine fût évacuée, j'employai plus de force que je ne l'eusse fait sans cette nécessité. L'instrument passa, mais avec peine, et je ne savais pas s'il pénétrait dans le canal naturel ou dans une fausse route. Quand l'instrument fut entré assez avant pour être certainement parvenu dans la cavité de la vessie, en supposant qu'il eût pénétré réellement dans le canal de l'urètre, je remarquai qu'il ne s'écoulait point d'urine. C'est pourquoi je comprimai l'hypogastre, et aussitôt l'urine s'écoula par la sonde, ce qui semblait indiquer que la vessie avait perdu sa puissance contractile. On évacua l'urine trois fois par jour, c'est-à-dire toutes les huit heures, afin de mettre la vessie dans les conditions les plus favorables possibles. Mais il était encore nécessaire de comprimer l'abdomen pour aider à l'évacuation du liquide; et il se passa plus de quinze jours avant que la vessie eût commencé à recouvrer sa contractilité. La tuméfaction du périnée faisait toujours des progrès, s'avançant le long du corps de la verge et se prolongeant un peu sur le pubis; elle parut s'étendre le long de la portion saillante de la verge, et enfin elle envahit tout le tissu cellulaire du prépuce, mais elle n'affecta nullement le scrotum. Cette tuméfaction paraissait être due à la présence de l'urine, qui s'était fait jour dans le tissu cellulaire du périnée, et qui, de là, s'avançait le long des parties latérales de la verge. Quand le prépuce fut très-distendu par le liquide, il se forma un énorme phimosis qui rendit très-difficile l'introduction de la sonde dans l'orifice de l'urètre, tant le prépuce gonflé faisait saillie au-dessus du gland. Je fus obligé de refouler le liquide en arrière dans le corps de la verge par la pression, d'introduire un doigt dans l'ouverture du prépuce, afin de sentir le gland, et de me guider sur ce doigt pour introduire la sonde. En général, je trouvais l'orifice de l'urètre au bout d'un petit nombre de minutes.

La nature de la maladie était alors évidente. Il s'était formé une ulcération au delà du rétrécissement, et la tuméfaction était l'effet de l'épanchement de l'urine, qui s'était infiltrée dans le tissu cellulaire du périnée. A mesure que l'urine s'épanchait hors de l'urètre, elle était poussée en avant dans les points où le tissu cellulaire est le plus lâche, jusqu'à ce qu'enfin elle atteignît l'extrémité du prépuce, ainsi qu'il a été dit.

A cette époque, le malade était devenu extrêmement faible et irritable.

On observait les symptômes suivants : pouls petit et fréquent; langue brune, sèche et contractée; anorexie; soif vive; insomnie; commencement de délire. La découverte de la véritable nature de la maladie fit changer le mode de traitement. Au lieu des moyens évacuants, qui étaient destinés à diminuer l'inflammation, on administra le quinquina et les cordiaux, et l'on accorda autant d'aliments que l'estomac put en supporter. L'effet de ce nouveau traitement sur la constitution fut presque immédiat; le malade commença à se rétablir, mais lentement. Je pratiquai deux mouchetures à l'extrémité du prépuce, afin de diminuer la distension des parties et d'évacuer l'urine qui remplissait les mailles du tissu cellulaire entre la verge et la peau.

Des vésicules commencèrent à se former sur la peau de la verge, et à la fin la gangrène se manifesta dans plusieurs points, principalement sur le prépuce, que je divisai au niveau de la partie gangrenée, de manière que le gland fut mis à découvert et que l'introduction de la sonde devint facile.

En exerçant une compression sur la tumeur, du périnée vers la verge, je faisais sortir par les points gangrenés des gaz, de l'urine, et un peu de pus; le tissu cellulaire sous-cutané était presque entièrement gangrené. Quand le développement de la gangrène fut borné, le tissu cellulaire commença à se séparer, et l'on en excisa une grande quantité pour nettoyer les parties et pour laisser un écoulement plus libre au pus. Cette élimination une fois commencée, il était clair que l'urine ne pouvait plus s'infiltrer davantage dans le tissu cellulaire environnant. C'est pourquoi il n'était plus nécessaire de passer une sonde, et on laissa le malade uriner naturellement suivant qu'il en éprouvait le besoin. Chaque fois qu'il urinait, le liquide s'écoulait à la fois par l'urètre et par les ouvertures que l'élimination des escarres gangréneuses avait laissées à la peau. A mesure que le tissu cellulaire gangrené se détachait, il se portait d'arrière en avant à la partie latérale du scrotum, où je pouvais facilement l'extraire. Quand la plus grande partie du tissu cellulaire gangrené fut éliminée, je reconnus que la membrane fibreuse qui recouvre le corps caverneux était gangrenée dans une étendue qui égalait à peu près la largeur d'un sixpence. On laissa cette portion gangrenée se séparer comme les autres; alors la plus grande partie de l'urine s'écoula par la plaie. Les parties devinrent plus douloureuses; le malade se montra plus agité, et un matin il fut pris d'un frisson. J'essayai de passer une bougie de haut en bas dans la plaie entre la peau et la verge, mais je ne pus y parvenir. Dans la soirée du même jour, il sortit un flot de pus et de sang par la plaie, ce qui produisit un soulagement immédiat. A partir de ce moment, l'état des parties et la santé générale commencèrent à s'améliorer de nouveau et d'une manière continue. L'urine sortit par l'urètre et par la plaie, s'écoulant en quantités relativement très-variables par l'une et l'autre de ces deux issues. Toutefois, le conduit naturel l'emporta de plus en plus, jusqu'à ce que le passage accidentel se trouvât entièrement fermé.

Tandis que les parties extérieures se cicatrisaient, j'introduisis de temps en temps une bougie afin de tenir le canal propre et béant. Pour connaître le siége de l'orifice interne du trajet fistuleux, je prescrivis au malade d'exercer une compression sur divers points du périnée, pendant qu'il urinait. Il remarqua, en effet, que quand il appuyait sur un certain endroit, il empêchait l'urine de passer par le trajet accidentel. Je lui conseillai cependant de ne pas presser trop fort, dans la crainte qu'il ne rapprochât aussi l'une de l'autre les parois du canal naturel. Dans les érections, la verge se recourbait d'abord du côté qui avait été le siége du mal, mais, avec le temps, les parties recouvrèrent peu à peu leur forme naturelle.

§ III. *De l'inflammation des parties qui entourent le canal de l'urètre.*

L'inflammation qui naît de la distension et de l'irritation du canal de l'urètre, s'étend souvent beaucoup au delà de la surface de ce canal, et les parties environnantes s'enflamment également. Les parties qui s'enflamment varient en général suivant le siége du rétrécissement. Ainsi l'inflammation peut s'allumer dans la prostate, dans la portion membraneuse de l'urètre, probablement aussi dans les glandes de Cowper, et enfin dans d'autres parties de l'urètre situées entre le bulbe et le gland. Mais l'inflammation des parties qui environnent l'urètre n'est pas toujours une conséquence de la distension ou d'un rétrécissement de ce canal; elle peut être produite par d'autres irritations ayant leur siége dans l'urètre, telles qu'une violente gonorrhée et des injections très-irritantes. Quand l'inflammation attaque ces parties, elle est franchement adhésive; de sorte que quand la suppuration survient, il se forme un abcès, à moins que l'inflammation ne se résolve. D'après la loi générale des abcès, le pus vient faire saillie extérieurement. Quand l'abcès a son siége dans la prostate, dans la portion membraneuse ou dans le bulbe, le pus vient faire saillie au périnée. Dans d'autres cas, l'abcès peut se former dans la partie antérieure du scrotum ou au-devant de cette partie, suivant la situation du rétrécissement.

Le plus souvent, le siége de ces abcès est si rapproché de la surface interne de l'urètre, que dans beaucoup de cas la cloison qui les sépare de la cavité du canal se rompt, et qu'ils s'ouvrent intérieurement, comme il arrive fréquemment pour les abcès qui sont en contact avec le rectum; alors le pus est évacué tout d'un coup par l'urètre, ou s'écoule en arrière dans la vessie, pour sortir ensuite avec l'urine. Quand l'abcès ne s'ouvre qu'intérieurement, je pense que cela est dû à l'ulcération de la surface interne de l'urètre, comme il a été déjà dit; dans ces cas, le rétrécissement se trouve quelquefois compris dans le travail d'ulcération et dans l'abcès, ce qui fait que l'urine trouve un écoulement facile en avant. Mais l'urine a aussi un écoulement facile dans l'abcès, ce qui en retarde la cicatrisation et devient souvent la cause qui le fait s'ouvrir à l'extérieur. Toutefois ici l'inflammation adhésive s'étant développée d'abord, l'urine ne peut s'infiltrer dans le tissu cellulaire environnant, de manière à produire les effets qui ont été décrits dans le chapitre précédent. Dans les cas qui nous occupent, si l'on exerce extérieurement une pression sur l'abcès, le pus est chassé dans l'urètre et vient sortir par le gland. Il arrive quelquefois qu'on peut introduire une sonde dans l'orifice de ces abcès; on peut alors nettoyer le foyer au moyen des injections, ce qui doit en hâter la cicatrisation. Il arrive plus souvent que ces abcès s'ouvrent intérieurement et extérieurement, et laissent écouler leur contenu par les deux orifices à la fois.

Ces ulcérations et ces suppurations de l'urètre doivent être considérées comme des efforts de la nature, ou, pour parler un langage plus physiologique, comme une conséquence naturelle de l'irritation en vertu de laquelle, l'urine ne pouvant s'écouler par son ancien conduit, une issue accidentelle lui est pratiquée afin d'éviter de nouveaux désordres.

Quand ces lésions déterminent la formation d'une ouverture au dehors et qu'elles ne sont pas convenablement traitées, elles sont souvent le point de départ de la maladie que l'on appelle communément *la fistule du périnée*, et qui doit son existence à ce que le fond de l'abcès a moins de disposition à se cicatriser que les parties extérieures. On peut admettre en même temps que l'urine, pénétrant dans le foyer par son orifice interne pour s'écouler par l'orifice extérieur, entretient dans la plaie une irritation permanente qui peut jusqu'à un certain point empêcher la réunion des bords et les disposer à se transformer en un tissu dur et calleux, dont la surface interne perd toute disposition à s'unir et revêt la nature des conduits qui communiquent naturellement avec l'extérieur.

Mais il est plus que probable que la cause qui s'oppose à la cicatrisation de ces abcès consiste souvent en ce que leur action morbide primitive se continue dans toute sa force; c'est-à-dire, que l'état morbide des parties internes persiste, ainsi que j'aurai occasion de le dire en traitant des fistules du périnée. Ces abcès se cicatrisent souvent à l'orifice qui a son siége dans la peau, surtout si l'urine a un libre écoulement par son canal naturel; mais si l'orifice interne n'est pas parfaitement consolidé, il pénètre dans l'ancienne plaie un peu d'urine qui devient la cause de nouvelles inflammations et de nouvelles suppurations dans les parties environnantes. Ces suppurations s'ouvrent fréquemment à l'extérieur en différents endroits, et ne suivent point l'ancien trajet, bien qu'elles communiquent quelquefois avec lui et forment comme les branches d'un tronc principal. J'ai vu le scrotum, le périnée et la face interne de la cuisse remplis d'ouvertures fistuleuses qui étaient les orifices d'autant de sinus communiquant avec l'abcès primitif. Quand l'abcès s'ouvre seulement au dehors, ce qui est rare, on doit le considérer comme un abcès ordinaire.

Quand ces inflammations sont l'effet d'un rétrécissement, la difficulté de l'émission de l'urine est augmentée dans le moment de l'inflammation, qui est, en général, assez intense pour mettre les parois de l'urètre en contact dans une certaine étendue. En outre, le rétrécissement devient plus prononcé par l'inflammation du tissu contracté lui-même. L'inflammation de ces parties, lors même qu'elle ne provient pas d'un rétrécissement, détermine la rétention de l'urine; mais dans de tels cas, on peut passer une bougie ou une sonde, et ce dernier instrument est celui qui convient quand l'obstruction dépend du rapprochement de deux surfaces tuméfiées, comme dans les cas de tumeurs, dans les inflammations, dans les tuméfactions de la glande prostate; en effet, les parois de l'urètre seraient également rapprochées l'une contre l'autre immédiatement après la sortie de la bougie, et l'écoulement de l'urine serait tout aussi empêché qu'avant l'introduction de cette dernière.

§ IV. *Du traitement de l'inflammation des parties qui environnent l'urètre.*

L'inflammation de ces parties doit être traitée comme les autres inflammations. On doit en désirer vivement la résolution; mais il est presque impossible qu'elle ait lieu quand la cause de l'inflammation est un rétrécissement. Lorsque le rétrécissement a été détruit par l'ulcération ou par l'emploi des bougies, on n'a plus que l'inflammation à combattre. Mais cela arrive rarement, et l'inflammation n'est que trop souvent accompagnée de suppuration.

Quand la suppuration s'établit, il faut ouvrir l'abcès le plus tôt possible; car c'est le moyen d'empêcher quelquefois, bien que rarement, qu'il ne s'ouvre à l'intérieur. On peut au moins empêcher ainsi que l'orifice interne ne soit aussi grand qu'il le serait sans cette précaution. Il faut inciser largement, et si le rétrécissement n'est pas compris dans la suppuration, il faut le détruire artificiellement; car aucune guérison n'est possible tant que l'urine passe par le trajet accidentel. J'ai réussi par la méthode de la cautérisation, même dans les cas où le rétrécissement était très-ancien. Quand le rétrécissement peut admettre une bougie, on doit en maintenir une presque constamment dans l'urètre, et la retirer seulement au moment d'uriner. Par ce moyen, l'urine passe plus librement par l'urètre sans s'échapper par la plaie. Il faut faire cicatriser cette dernière du fond à la superficie (*).

On a recommandé d'employer dans ces cas des bougies creuses après que le rétrécissement a été détruit, afin d'empêcher que l'urine ne passe par la plaie. La présence de la bougie creuse permet un écoulement constant de l'urine par son canal; on peut la tenir bouchée habituellement, et la déboucher pour laisser sortir l'urine. Mais cet instrument peut devenir le pire de tous sous l'influence de certaines circonstances. En effet, si son canal n'est pas d'un diamètre suffisant pour laisser couler l'urine aussi largement que le requiert la force de contraction de la vessie, l'urine

---

(*) On lit dans l'édition de Home : « Dans beaucoup de ces cas d'abcès au périnée où le rétrécissement a été détruit, le canal est si irrégulier dans l'endroit qu'il occupait, qu'une sonde d'argent est le meilleur instrument qu'on puisse employer. Lorsque les parties sont très-contractées, on peut facilement introduire une sonde flexible jusqu'au rétrécissement. Alors on introduit dans la sonde un mandrin recourbé, à l'aide duquel on peut la diriger jusque dans la vessie. J'ai quelquefois réussi de cette manière dans des cas où toutes les autres tentatives avaient échoué. »

...sse facilement le long de la surface externe de la bougie, en se dirigeant vers l'abcès, et ne pouvant continuer à marcher en avant au delà du rétrécissement, elle pénètre dans le foyer. Pour éviter cet accident autant que possible, il importe que la bougie soit aussi grosse que la partie contractée le permet, et il faut que ses parois soient aussi minces que possible, afin que sa cavité soit plus grande. La gomme élastique permet de réunir ces deux conditions à un plus haut degré que le fil métallique contourné en spirale et recouvert d'une étoffe enduite de cire. Mais comme je doute beaucoup que le passage de l'urine soit un obstacle à la cicatrisation de la plaie, j'attache peu d'importance à une telle pratique. On sait en effet, qu'après la lithotomie les parties se cicatrisent sans difficulté; et même dans les cas qui nous occupent, les parties externes qui ne sont pas malades se cicatrisent très-facilement. Je soupçonne que le défaut de disposition à se cicatriser dépend de ce que le rétrécissement n'est pas suffisamment dilaté, ou de ce que les parties profondes ne sont pas dans un état sain.

Quand ces suppurations ont été abandonnées à elles-mêmes, qu'on n'a employé aucun moyen pour guérir le rétrécissement, et que par conséquent rien n'a été introduit dans le canal de l'urètre, la partie contractée s'oblitère entièrement; de sorte qu'aucune goutte d'urine ne peut s'écouler par l'urètre. Quand il en est ainsi, avant de faire aucune tentative pour guérir les orifices fistuleux, il faut rétablir un passage à travers les parties qui se sont réunies morbidement. Cela ne peut être fait avec les bougies; et si cette coarctation a son siége au-devant de la courbure de l'urètre, comme cela a lieu le plus souvent, la cautérisation seule peut offrir des chances de succès, ainsi que je le dirai plus amplement en traitant de la fistule du périnée (*).

(*) Depuis Hunter, l'histoire des infiltrations d'urine n'a fait quelques progrès qu'en raison de ceux de l'anatomie, et surtout de l'anatomie chirurgicale des organes génito-urinaires, du bassin, et en particulier du périnée. Nul doute que la connaissance de la disposition des plans aponévrotiques, qu'on a étudiés avec tant de soin dans ces derniers temps, n'ait mieux expliqué la route que pouvait suivre l'urine, selon le siége de la rupture qui lui donnait passage, et qu'on ne soit arrivé dans quelques cas à un diagnostic plus sûr. Mais, en somme, les travaux récents n'ont pas de beaucoup changé l'état de la question.

Comme on a pu le voir, d'après ce que dit Hunter, et surtout comme l'ont enseigné depuis de nombreux faits d'anatomie pathologique, il n'est pas de point des voies urinaires qui ne puisse livrer un passage anormal à l'urine. Les ouvertures accidentelles par lesquelles ce fluide s'échappe alors, se font, ou par une rupture brusque, ou par les progrès plus ou moins lents d'une ulcération qui commence à l'intérieur des voies urinaires ou qui les atteint de dehors en dedans. Dans le premier cas, elles peuvent être la conséquence d'opérations, telles que la taille, la boutonnière, l'ouverture de certains abcès, l'introduction de sondes et la production de quelques fausses routes, ou bien arriver à la suite des efforts que font la vessie et les puissances musculaires qui l'aident, pour surmonter un obstacle en arrière duquel les tissus ordinairement altérés finissent par céder. Dans le second cas, on voit souvent survenir les accidents dont il a été question, alors même que le malade urine encore assez bien et débar-

§ V. *Des effets de l'inflammation des parties qui environnent l'urètre sur la constitution.*

Ces efforts de la nature pour procurer une nouvelle issue à l'urine exercent sur la constitution une influence considérable et beaucoup plus marquée qu'on ne serait porté à s'y attendre au premier abord. Les cas qui se montrent les plus formidables sont ceux où le désordre commence par l'ulcération de la surface interne de l'urètre, et où l'urine s'infiltre dans le tissu cellulaire du scrotum et de la verge. Ceux où l'inflammation est circonscrite se rapprochent davantage des vrais abcès, et les lésions des parties sont alors beaucoup moins graves que quand l'urine s'épanche dans le tissu cellulaire.

Dans les premiers cas, si les malades ne sont pas promptement soulagés, ils s'affaissent et la mortification s'établit. Si avant l'affaissement du malade, l'escarre se sépare, cette séparation tient lieu de l'opération qui consiste à pratiquer une ouverture, et le malade peut guérir. Il ne faut pas attendre cette séparation des parties gangrenées pour opérer; mais il faut pratiquer une ouverture de très-bonne heure, et dès qu'on a reconnu que l'urine s'est infiltrée dans le tissu cellulaire. Quant au point où l'on doit opérer, il faut se guider sur un cathéter que l'on introduit dans l'urètre jusqu'au rétrécissement. Dans quelques cas, on ne peut suivre ce précepte; en effet, quand l'urine pénètre dans le corps spongieux, elle produit la gangrène de toutes les parties voisines, et confond tellement tous les tissus, que souvent on ne peut trouver le canal de l'urètre (*).

rasse sa vessie sans faire de grands efforts. Dans tous les cas, la rapidité des infiltrations et leur étendue sont en rapport non-seulement avec la grandeur de l'ouverture accidentelle, mais surtout avec l'intensité de l'obstacle qui s'oppose au cours de l'urine. Quand l'ouverture est étroite, que l'urètre est encore assez libre, que l'urine filtre plutôt qu'elle n'est en quelque sorte injectée dans les tissus, les épanchements se circonscrivent et sont limités, soit par l'inflammation qui les précède ou les accompagne, soit par la disposition anatomique des tissus et des aponévroses en particulier. Dans ces cas, les abcès qui se forment restent en communication avec le point qui a donné passage au liquide, et se vident, soit dans la vessie, soit dans l'urètre, selon leur siège et le plus ou moins de liberté du canal, ou finissent par s'ouvrir au dehors pour donner lieu à une fistule complète. Mais dans quelques circonstances dont n'a pas parlé Hunter, l'urine ne s'étant échappée qu'à travers de petites ouvertures ou de légères éraillures qui s'oblitèrent ensuite, les abcès qui succèdent, bien qu'ayant d'abord tous les caractères des abcès urineux au moment où on les ouvre, ne laissent plus ultérieurement passer d'urine ou s'établir de trajet fistuleux.

Toutefois, dans la production des inflammations qui surviennent autour de l'urètre et dans les environs de la vessie, il faut tenir compte de l'influence qu'exercent les instruments employés à combattre les rétrécissements, et qui sont souvent la seule cause des accidents, alors même qu'en raison du degré de dilatabilité obtenu, on devrait le moins s'y attendre.　　　　　　　　P. RICORD.

(*) Le cathéter ne sert pas toujours à diriger les instruments pour les incisions à faire, dans les cas d'infiltrations d'urine ou d'abcès urineux. La règle à suivre est d'inciser là où on trouve les collections urineuses et purulentes; d'ouvrir vite, largement et profondément, et cela d'autant plus qu'on sent déjà de la crépitation dans les tissus

Les effets constitutionnels de l'inflammation circonscrite sont ordinairement moins sérieux que les précédents, car la gangrène survient dans ces cas aussi rarement que dans les abcès en général. Quand l'abcès est situé au delà du bulbe, il y a presque toujours une fièvre sympathique très-vive, parce qu'il faut que l'abcès soit d'un volume considérable pour qu'il puisse atteindre jusqu'à la peau du périnée, et parce qu'il s'accompagne ordinairement d'une vive douleur; mais cette douleur se dissipe quand le pus se forme, surtout si l'on ouvre l'abcès de bonne heure.

Comme il se développe dans ces cas, surtout dans ceux de la première espèce, une disposition très-prononcée pour une action violente, accompagnée d'une grande débilité, il est convenable de prescrire le quinquina de bonne heure et à haute dose; mais je pense qu'il est nécessaire de donner en même temps des sudorifiques, comme quelques-unes des préparations antimoniales, parce qu'il y a presque toujours beaucoup de fièvre. Le quinquina relève les forces et diminue aussi l'irritabilité jusqu'à un certain point; mais il faut faire agir conjointement avec lui d'autres agents thérapeutiques (*).

§ VI. *Des fistules du périnée.*

Il arrive fréquemment que les nouveaux trajets qui se sont formés pour l'écoulement de l'urine ne se cicatrisent point, parce que le rétrécissement n'a point été détruit; souvent même, quand le rétrécissement est guéri, ils ne présentent aucune disposition à se cicatriser. Dans l'un et l'autre cas, ils deviennent fistuleux et donnent naissance à de nouvelles inflammations et à de nouvelles suppurations qui ne s'ouvrent pas toujours dans l'ancien foyer, mais qui produisent de nouvelles ouvertures au dehors. Ces nouvelles ouvertures se font quelquefois parce que celles qui se sont formées les premières ne sont pas suffisamment larges, ce qui fait qu'elles se cicatrisent longtemps avant le fond du foyer ou longtemps avant que l'urètre soit guéri. On voit même souvent l'orifice externe du trajet accidentel, lorsqu'il a une étendue aussi considérable que possible, se cicatriser plus rapidement que les parties profondes et devenir à la fin fistuleux.

Il est très-commun de voir ces maladies affecter la constitution de telle manière qu'il en résulte des affections intermittentes. J'ai vu plu-

cellulaires, que les parties érysipélateuses menacent de gangrène, que l'infiltration n'est pas circonscrite, que l'obstacle au cours de l'urine est plus complet, et qu'il existe déjà des accidents généraux. Si l'on peut temporiser dans quelques cas, c'est également lorsqu'on a affaire à des abcès circonscrits et que le malade urine encore avec facilité. Une sage hardiesse est, dans tous les cas, la condition du succès; car plus tôt on arrive à débarrasser les tissus de l'urine qui les baigne et les détruit, et plus tôt aussi on fait cesser les accidents.   P. RICORD.

(*) Aux circonstances signalées ici par Hunter et à la fièvre urineuse si caractéristique, s'ajoutent quelquefois d'autres phénomènes de résorption, tels que des abcès articulaires, ou des collections purulentes dans différentes régions où l'infiltration directe n'avait pu se faire.   P. RICORD.

sieurs fois des malades atteints de fièvres périodiques contre lesquelles le quinquina restait sans résultat, tandis qu'elles disparaissaient entièrement dès que l'obstruction allait mieux ou que l'orifice fistuleux s'ouvrait et se montrait en voie de guérison.

Pour amener la guérison des fistules du périnée, il est nécessaire avant tout de rendre le conduit naturel aussi libre que possible, afin qu'il ne puisse être le siége d'aucune obstruction ; dans quelques cas cette précaution suffit. L'urine trouvant un libre écoulement en avant n'est point repoussée vers l'orifice accidentel, et les fistules se guérissent. La présence des bougies peut développer de l'inflammation dans la portion de l'urètre qui correspond à la fistule, et y déterminer des adhérences ; mais lorsque cet effet n'est pas produit de bonne heure, les bougies font plutôt du mal que du bien si elles sont introduites trop souvent et si on les laisse séjourner trop longtemps chaque fois, ainsi que je le démontrerai plus amplement. Mais la dilatation du rétrécissement ne suffit pas toujours ; il est souvent nécessaire de pratiquer une opération sur les fistules quand elles sont le seul obstacle à la guérison, et je vais maintenant décrire cette opération.

§ VII. *De l'opération pour les fistules du périnée.*

Quand le traitement qui a été décrit ci-dessus ne suffit pas pour la guérison des trajets fistuleux, il faut avoir recours à une méthode semblable à celle qui est employée pour la cure des fistules qui ont leur siége dans d'autres parties du corps ; c'est-à-dire qu'il faut les ouvrir largement jusque dans leur partie profonde, et même, s'il est possible, transformer l'orifice de la fistule qui correspond à l'urètre en une plaie récente. Dans beaucoup de cas, cette opération présente des difficultés, à cause de la situation de l'orifice interne ; du reste, le mode suivant lequel on doit inciser, et les autres circonstances qui accompagnent l'opération, doivent varier suivant le siége de la maladie.

Afin de diviser le moins possible de la portion saine de la surface interne de l'urètre, et pour parvenir à mettre pleinement à découvert la partie morbide, il est nécessaire de bien connaître la position de l'orifice interne du trajet anormal ; et pour y parvenir, on se sert de deux guides : l'un est un cathéter que l'on introduit dans l'urètre aussi loin qu'on le juge nécessaire, ou bien aussi loin qu'il peut pénétrer ; dans ce dernier cas, l'instrument s'arrête au niveau du rétrécissement, si celui-ci existe encore, ou bien il peut parvenir jusque dans la vessie, dans les cas où le rétrécissement a été détruit ; l'autre est une sonde que l'on introduit dans l'orifice fistuleux. Cette sonde doit être courbée préalablement, afin qu'elle puisse suivre plus facilement les contours de la fistule et pénétrer aussi loin que possible ; si l'on parvient à la mettre en contact avec le cathéter, c'est une circonstance très-favorable, parce qu'alors l'opérateur divise précisément ce qu'il est nécessaire de diviser. Une sonde cannelée est le meilleur instrument sur lequel on puisse opérer, si le trajet fistuleux est assez droit pour qu'on puisse l'y introduire. Si l'on ne peut faire parvenir une sonde ordinaire ou une sonde cannelée jusqu'au cathéter, il faut inciser jusqu'à la profondeur à laquelle pénètre celui de ces instruments dont on se sert, puis se diriger de nouveau dans la portion restante du trajet fistuleux avec le même instrument, et continuer ainsi jusqu'à ce que la totalité du trajet fistuleux soit dilatée. Quand il y a des sinus, il faut les ouvrir s'il est possible; mais il arrive souvent que ces sinus ne peuvent être suivis avec le bistouri, les uns se dirigeant le long de la verge, au niveau de l'attache du scrotum, les autres marchant vers le pubis, d'autres enfin se portant vers la portion membraneuse de l'urètre. Dans ces cas, on peut avoir recours à un certain degré de violence; plusieurs fois j'ai introduit un doigt dans ces sinus, et j'ai déchiré les tissus de manière à donner naissance à une inflammation considérable. Par ce moyen, on obtient souvent que les parois des sinus suppurent, produisent des granulations et adhèrent ensemble.

Si l'orifice interne de la fistule est situé au niveau du scrotum, il est difficile de l'atteindre. Mais je pense qu'on peut agir sans trop de ménagements sur les parties externes, quelles qu'elles soient, car elles sont généralement dans un état d'induration calleuse. Toutefois cette opération demande du discernement.

Dans les cas où la maladie est située au-devant de la portion membraneuse de l'urètre et où le rétrécissement n'est pas détruit, on ne peut pas faire pénétrer le cathéter jusqu'à l'orifice interne de la fistule. Alors on doit suivre le trajet fistuleux au moyen d'une sonde ordinaire ou d'une sonde cannelée, et dilater sur cet instrument jusqu'à ce qu'on soit parvenu dans l'urètre au delà du rétrécissement. Ensuite il faut introduire une sonde vers le gland, à la rencontre de l'extrémité du cathéter qui s'est arrêtée au niveau du rétrécissement, de la même manière que dans les cas où une fausse route a été faite par l'emploi mal dirigé des bougies. Il faut détruire le rétrécissement et passer une bougie, comme il a été recommandé pour ces derniers cas.

Si l'ulcération ou l'abcès s'est formé dans la prostate ou auprès de cette glande, il est probable que le rétrécissement n'en est pas éloigné. Dans ce cas, un cathéter doit être introduit aussi loin que possible; ensuite une sonde ordinaire ou une sonde cannelée est introduite par l'orifice externe de la fistule, et l'on dirige l'opération en conséquence. La différence qui existe entre ce cas et le précédent relativement à l'opération, c'est qu'ici on est obligé ordinairement d'inciser l'urètre des deux côtés du rétrécissement, de sorte qu'une plus grande partie du canal est mise à découvert.

Cette opération consistant dans la dilatation de tous les trajets fistuleux et dans la destruction du rétrécissement, s'il y en a un, on peut toujours ensuite faire pénétrer un instrument dans la vessie. Il est très-probable que dans tous les cas il sera convenable de placer un instrument dans la vessie et de l'y maintenir presque constamment, afin de conserver au canal de l'urètre sa forme régulière pendant le travail de cicatrisation des ouvertures artificielles; une algalie est le meilleur instrument, parce qu'il n'est pas nécessaire de le retirer, comme les bougies, toutes les fois que le besoin d'uriner se fait sentir; or, il pourrait arriver souvent, si l'on était obligé de retirer l'instrument, qu'il ne fût plus possible de l'introduire de nouveau, car son extrémité peut s'engager dans les plaies.

Dans tous les cas où il faut laisser une algalie ou une bougie creuse dans la vessie pour l'écoulement de l'urine, il est absolument nécessaire que l'instrument soit fixé dans sa position; sans cette précaution, il serait chassé hors du canal par l'action des parties. Pour cela, il faut attacher l'extrémité de l'instrument qui est en dehors de l'urètre avec la partie du corps qui est la moins mobile. Ce qui convient très-bien ici, c'est la ceinture d'un suspensoir, munie seulement de deux sous-cuisses qui y sont fixés en arrière, et que l'on fixe en avant au moyen d'un nœud ou d'une boucle; deux ou trois anneaux très-petits ou de courts rubans de fil sont adaptés à ces sous-cuisses dans l'endroit qui correspond entre la cuisse et le scrotum. Il ne faut pas que les sous-cuisses soient fixés en arrière à la ceinture à une trop grande distance l'un de l'autre, car leur degré de constriction varierait beaucoup par les mouvements des cuisses. On peut rendre ces sous-cuisses plus commodes en ajoutant à chacun d'eux un ressort plat (*).

On peut se servir avec avantage d'un suspensoir ordinaire auquel on adapte deux ou trois anneaux de chaque côté, dans les points correspondant à la partie latérale du scrotum. Au moyen d'un petit ruban de fil on attache l'anneau de l'algalie à celui de ces anneaux qui convient le mieux à raison de la situation de l'instrument.

Quel que soit l'instrument auquel on a accordé la préférence pour maintenir l'urètre ouvert et entretenir l'écoulement de l'urine pendant la cicatrisation des plaies, soit que les plaies soient la conséquence de l'opération, soit qu'elles dépendent des causes qui ont produit les fistules, ainsi que je l'ai décrit, le temps pendant lequel il doit être gardé doit avoir des bornes dans beaucoup de cas; et, en effet, si sa présence est prolongée au delà d'une certaine limite, il produit souvent un effet opposé à celui qu'on en attendait. D'abord, il favorise souvent la guérison; mais vers la fin de la cicatrisation, il peut mettre obstacle à la guérison des ouvertures fistuleuses en agissant au fond de la plaie comme un corps étranger. C'est pourquoi, toutes les fois que les plaies se montrent stationnaires, on doit retirer l'instrument et ne le replacer que de temps en temps. L'algalie est encore le meilleur instrument pour atteindre ce but, parce qu'elle passe plus facilement et qu'elle donne en même temps un écoulement à l'urine. Toutefois, j'ai souvent employé une bougie, et en prenant de grandes précautions, je l'ai passée avec succès. Lors même que la cicatrisation est complète, il est utile d'avoir recours à cet instru-

____

(*) Les ressorts de Vanbutchell conviennent très-bien (*ces ressorts se composent d'un fil de laiton tourné en spirale; vulgairement des élastiques.*)   J. HUNTER.

ment de temps en temps, afin de s'assurer si le canal est libre de toute altération.

Il faut placer d'abord des pièces de pansement autant que possible dans le fond de la fistule et de la plaie, afin d'empêcher la réunion des parties qui viennent d'être divisées, et de provoquer, jusque dans les parties les plus profondes, le développement des granulations, ce qui rendra la cicatrisation plus solide.

Lorsque l'urètre a été lésé au point que des abcès se soient formés au delà du scrotum, le malade doit éviter avec le plus grand soin de contracter à l'avenir une nouvelle gonorrhée, car il échapperait difficilement au retour des mêmes accidents ; et même, s'il n'est pas très-prudent sous beaucoup d'autres rapports, la maladie peut récidiver. Si, malgré ces précautions, il est atteint d'une gonorrhée, il faut qu'il évite avec soin tous les moyens échauffants et en particulier les injections irritantes.

Le cas suivant fait voir que la présence des corps étrangers dans l'urètre peut empêcher la cicatrisation des plaies qui sont faites à ce canal.

Un homme âgé de vingt-six ans entra à l'hôpital Saint-Georges le 2 mars 1783. Il était atteint depuis près de deux ans d'une fistule du périnée, qui était l'effet d'un rétrécissement de l'urètre, et qui s'accompagnait de vives douleurs et d'une grande difficulté pour uriner. On observait quatre orifices fistuleux au périnée et au scrotum. Malgré des essais répétés, on ne put faire pénétrer dans la vessie la bougie la plus fine. On eut recours à la cautérisation, mais sans succès.

L'opération pour la fistule du périnée fut pratiquée le 19 septembre. On introduisit d'abord une sonde en argent aussi loin qu'elle put pénétrer, pour servir de guide, et tous les sinus furent dilatés jusqu'à cet instrument, qui fut mis ainsi à découvert dans une étendue de près d'un pouce. Ensuite, on retira en partie la sonde, afin d'exposer à la vue la portion de l'urètre qui venait d'être mise à nu. Après qu'on eut épongé le sang, on se mit à la recherche de l'orifice du rétrécissement, et quand on l'eut trouvé, on en opéra la dilatation. Alors, la sonde fut poussée jusque dans la vessie, non sans quelque difficulté, et son extrémité externe fut fixée à une bande qui fut roulée autour des cuisses. On plaça de la charpie dans la plaie afin de la tenir ouverte. On fit prendre deux potions calmantes au malade, l'une après l'opération, et l'autre le soir.

Le 20 septembre, le malade éprouvait quelques douleurs de tête, qui étaient l'effet des opiacés ; son pouls était naturel, et il avait assez bien dormi.

Le 21, la sonde s'étant échappée du canal de l'urètre, il fallut l'introduire une seconde fois, et cette réintroduction produisit une douleur considérable. On renouvela la potion calmante.

Le 1er octobre, on sentait encore la sonde en introduisant une autre sonde dans la plaie. Depuis ce jour jusqu'au 25, il ne survint rien d'important, si ce n'est qu'un fragment de charpie du premier pansement sortit par l'urètre.

Le 20 novembre, la plaie restant stationnaire depuis quelque temps et ne montrant aucune disposition à se cicatriser, je pensai que la sonde agissait alors comme un corps étranger sur la partie profonde de la plaie. C'est pourquoi je prescrivis qu'on la retirât, et qu'on ne l'introduisît que de temps en temps. La plaie ne fut pas plutôt délivrée de la présence de cet instrument qu'elle prit un aspect favorable; et le 10 décembre, l'urine ne s'écoulait point par la plaie, mais passait assez bien à travers l'urètre.

Le 12 du même mois, la plaie était entièrement cicatrisée, et l'urine sortait par un jet assez gros, et sans douleur, bien qu'ensuite il fût impossible de jamais introduire ni sonde ni bougie, probablement à cause de l'irrégularité du canal de l'urètre (*).

(*) Il est possible qu'il se présente des cas où l'opération décrite par Hunter soit nécessaire, mais ces cas sont certainement très-rares. La destruction complète du rétrécissement est presque toujours suivie de l'oblitération spontanée des fistules du périnée. Si la portion contractée n'est pas dilatée au point d'offrir le même calibre que le reste de l'urètre, il ne se fait que peu d'amélioration; mais aussitôt que cette indication est remplie, l'urine cesse de s'engager dans le sinus et s'écoule naturellement par le canal qui lui est destiné; la cause qui entretenait la fistule étant ainsi détruite, l'ouverture se resserre graduellement et se guérit en peu de temps sans aucun traitement chirurgical.   G. G. B.

L'histoire des fistules urinaires est tellement importante, qu'il serait sans doute à propos de remplir ici les lacunes que laisse le court chapitre de Hunter; mais cette tâche, pour être complète, exigeant un cadre plus grand que celui que je me suis tracé, je me bornerai aux considérations suivantes.

Les fistules urinaires peuvent prendre leur source dans tous les points de l'étendue des voies que parcourt l'urine. Elles sont incomplètes ou complètes, soit qu'elles aboutissent à un clapier, ou qu'elles viennent s'ouvrir à l'extérieur. Elles ont rarement plus d'un orifice interne, tandis qu'au dehors elles en présentent souvent plusieurs. Le siége le plus commun de ces derniers est sur le trajet de l'urètre, il procédant, par ordre de fréquence, du périnée aux environs du frein. Toutefois, on n'est pas de parties, plus ou moins voisines, qui ne puissent devenir le terme d'un trajet fistuleux : le rectum chez l'homme et le vagin chez la femme en sont ainsi souvent les aboutissants.

Les trajets fistuleux sont uniques ou multiples; directs, obliques, droits ou sinueux. Au delà du col de la vessie, l'urine les traverse sans cesse, au fur et à mesure qu'elle est sécrétée et sans intermission. En deçà, elle ne s'échappe que dans les émissions volontaires. Quelques circonstances cependant pourraient tromper à cet égard. Lorsque l'orifice interne est très-près du col de la vessie, que cet organe contient habituellement peu d'urine, le liquide, s'accumulant dans le bas-fond, n'est souvent rendu que pendant les contractions volontaires de cet organe. Il serait même arrivé, dans des cas analogues à celui que mon savant ami, M. le docteur Jobert, de l'hôpital Saint-Louis, a observé sur une femme, que l'orifice interne, placé à la base du trigone vésical, n'aurait pas toujours permis une sortie continue de l'urine. Des poches ou des clapiers plus ou moins étendus ou multiples, sur le trajet des fistules; l'arrivée de l'urine, ou son séjour dans le rectum ou le vagin, ont pu aussi en imposer. Dans le rectum, quelle que soit la situation de l'orifice interne d'une fistule, l'urine n'est le plus ordinairement rendue qu'avec les garderobes naturelles, bien que, par sa présence, elle irrite et excite souvent un ténesme insupportable et habituel.

Quant au vagin, si l'urine s'y arrête pendant le décubitus, elle s'échappe bientôt dans les positions qui donnent de la déclivité à la vulve et dans les divers efforts qui abaissent l'utérus, rapprochent les parois vaginales et diminuent ainsi la capacité du canal vulvo-utérin, dont l'entrée est bien moins souvent rétrécie, que ne l'ont prétendu quelques spéculateurs. La disposition des aponévroses, la longueur et les sinuosités de quelques trajets fistuleux, la suppuration que ceux-ci fournissent, expliquent encore quelquefois des écoulements continus. Dans tous les cas, plus les fistules sont nombreuses et plus aussi les tissus qu'elles traversent subissent d'altération : la peau s'amincit, se décolle, s'ulcère, ou bien elle s'indure et se racornit; la gangrène détruit encore le tissu cellulaire partout où l'inflammation plastique n'oppose pas de barrière à l'urine; des lames aponévrotiques s'exfolient; les os eux-mêmes sont quelquefois dénudés, cariés ou perforés, et enfin des dégénérescences, souvent de mauvaise nature, peuvent survenir là où il n'existait d'abord que de simples engorgements.

Tant qu'un obstacle s'oppose à la sortie naturelle de l'urine par l'urètre, les fistules ont peu ou pas de tendance à se guérir; mais dès que le canal redevient libre, leur guérison est d'autant plus rapide qu'elles avaient moins duré; condition dont il faut se souvenir pour le traitement; car les trajets fistuleux récents ne sont point encore pourvus de ces fausses membranes muqueuses, qui s'organisent dans ceux que l'urine a longtemps traversés.

Il suffit souvent, pour la cure des fistules, de l'emploi temporaire des bougies. Au fur et à mesure qu'on rétablit le calibre de l'urètre, l'urine tend de moins en moins à traverser les voies accidentelles qu'elle s'était frayées, et la guérison, dans un grand nombre de cas, ne tarde pas à s'effectuer. Mais ce traitement auquel Hunter semble accorder la préférence, n'est pourtant pas celui qui réussit le mieux et le plus souvent. Le grand nombre de fistules ne cèdent qu'à l'usage des sondes à demeure. Outre la nécessité de rendre à l'urètre son calibre, il faut encore éviter que, pendant l'émission de l'urine, ce liquide ne filtre à travers le trajet fistuleux. Et cependant, dans l'application des bougies pleines, l'urine peut filer entre elles et les parois de l'urètre, pour gagner l'orifice de la fistule, ou s'y introduire encore plus aisément lorsqu'on les retire pour uriner. Aussi, la plupart des praticiens donnent-ils la préférence aux sondes à demeure laissées ouvertes, et qui, sans violenter le canal, le remplissent partout avec assez d'exactitude pour que l'urine, trouvant une issue facile et continue, s'échappe plutôt par là que par le trajet fistuleux. Mais arrivé à un certain terme de dilatation, si on l'exagère, comme le faisait si bien observer Dupuytren, on s'oppose souvent à la cicatrisation de l'orifice interne en tenant ses bords écartés, et l'on n'obtient la guérison qu'en revenant à des instruments successivement plus petits, ou en cessant même d'en appliquer.

Dans quelques circonstances, on a cru pouvoir favoriser l'évacuation complète de l'urine par la sonde, en garnissant le bec de celle-ci d'un morceau d'éponge, ou, mieux encore, de fils, qui, traversant ses yeux, pussent agir par la capillarité. On a aussi cherché, dans ce sens, à appliquer la théorie du siphon; mais, par l'instrument même de M. Soyer, dans lequel la succion ou le vide tend sans cesse à se faire à l'aide d'un courant d'eau continu, on n'obtient pas toujours un résultat complet. Quoi qu'il en soit, lorsqu'on emploie une sonde à demeure ouverte, on doit, jusqu'à un certain point, s'opposer à la pénétration trop libre de l'air, à l'aide d'une vessie vide adaptée à son pavillon.

Cependant, les instruments irritent quelquefois les parties qu'ils traversent, et déterminent de l'inflammation et des suppurations plus ou moins abondantes : alors, si l'on continue l'usage, loin de s'améliorer, la maladie se complique et s'aggrave, ou l'entretient souvent par le pus qui traverse le trajet fistuleux. Il faut ici, jusqu'à cessation des accidents, sinon suspendre le traitement d'une manière complète, au moins ne le suivre, avec les interruptions voulues, qu'autant que cela est nécessaire pour ne pas perdre ce qu'on aurait obtenu. Conformément à l'opinion de M. Babington, et ainsi que j'ai déjà eu occasion de le faire observer, les opérations dont parle Hunter sont d'une application bien plus rare que ne semblerait le faire croire ce qu'il en dit. Cependant, sans faire de ces opérations une méthode banale, souvent très-inutile ou même dangereuse, peut-être n'y a-t-on pas assez souvent recours dans les cas qui, rebelles aux autres moyens plus simples, laissent, pendant des mois et des années même, les malades en proie à une infirmité dégoûtante et dont le terme devient fatal. Qu'on se rappelle qu'il ne suffit pas toujours de rendre à l'urètre son calibre, et qu'il faut encore, pour guérir, détruire les trajets qui se sont organisés. L'incision de ces trajets doit se faire comme celle des autres fistules, afin de les remplacer par des plaies susceptibles alors de se cicatriser. Toutefois, avant de recourir à ces opérations dont l'exécution peut offrir de grandes difficultés, on doit d'abord tenter les moyens cathérétiques. Il ne faut pas ici appliquer la cautérisation seulement à l'orifice externe, qui a assez de tendance naturelle à se fermer, mais on doit principalement la faire agir sur les parties profondes. J'ai réussi avec le nitrate d'argent, en cautérisant l'urètre, dans le rétrécissement et en arrière de celui-ci, pour tâcher d'atteindre l'orifice interne de la fistule, puis en injectant le trajet avec une solution assez concentrée de ce sel : quarante grains et plus par once d'eau distillée. Lorsque les trajets fistuleux étaient assez grands, j'ai porté dans leur intérieur une sonde cannelée dont la cannelure était garnie de ce caustique, ou bien je me suis servi d'un stylet entouré d'un fil imprégné de nitrate acide de mercure. J'ai obtenu quelquefois de bons résultats par le cautère actuel, qui du reste ne donne guère de succès qu'alors qu'on a affaire à des trajets directs et de peu d'étendue.

Mais un assez grand nombre de fistules, situées en avant des bourses, et sur les différents points de la région spongieuse de l'urètre, résistent à tous ces moyens. Quelques-unes de ces fistules consistent dans de simples pertuis dont le trajet se sent à peine entre la peau et le canal. D'autres, au contraire, sont dues à des pertes de substance plus ou moins considérables, et constituent en quelque sorte des hypospadias, accidents auxquels le nom de fistule ne convient plus, puisqu'il n'existe ici qu'une seule ouverture sans trajet fistuleux.

Il faut avoir eu à traiter des cas semblables, pour se faire une idée des difficultés qu'on a à les guérir; difficultés qui naissent du peu d'épaisseur du tissu cellulaire, très-lâche dans ces régions, et du dérangement qu'éprouve le travail de la cicatrice, par les changements fréquents de volume qu'éprouve la verge dans l'érection et le collapsus.

J'ai essayé chez trois malades, à l'hôpital des Vénériens, la suture conseillée par mon savant ami M. Dieffenbach[1], et qui consiste à entourer le court trajet des fistules de la région spongieuse de l'urètre d'un fil qu'on passe, à la manière du cordon d'une bourse, entre la peau et le canal. Dans ces trois cas, l'opération a échoué, quoique faite avec toutes les précautions possibles. Bien plus, deux des malades ont été opérés trois fois, et le troisième deux! Dans chaque nouvelle opération, j'ai apporté quelques modifications, sans cependant arriver au but définitif. Tantôt le trajet avait été préalablement avivé avec de la teinture de cantharides, tantôt avec le nitrate acide de mercure ou le nitrate d'argent. Une fois, chez le même malade, j'avais mis une sonde à demeure ouverte, puis après, une sonde qu'on ne débouchait que lors de la nécessité de l'émission de l'urine, et enfin à la troisième opération, j'ai laissé le canal libre de tout instrument, sans avoir été plus heureux.

On sait le peu de succès des diverses sutures employées pour remédier aux différents degrés de l'hypospadias; les effets ont été semblables, quand on a voulu les pliquer aux destructions accidentelles. Sur un malade qui avait perdu les deux tiers de la paroi inférieure de la portion spongieuse de l'urètre, entre les bourses et le gland, et auquel M. Breschet avait déjà pratiqué deux fois la suture simple sans succès, j'ai appliqué également sans succès, il y a environ quatre ans, l'un des procédés de M. Dieffenbach, qui consiste à diviser la peau de chaque côté de l'ouverture normale, en se tenant à une certaine distance de ses lèvres avivées, pour former, avec les téguments, deux bandelettes qui permettent ensuite le rapprochement sans faire craindre de traction. Chez ce même malade, j'eus ensuite recours à l'urétro-plas-tie à l'aide d'un lambeau emprunté aux bourses; mais ici l'opération échoua encore en partie, la réunion ayant manqué dans un tiers de l'ouverture, et cela par une circonstance qu'il n'est pas indifférent de signaler, et qui tient à ce que, dans ce point, le bord du lambeau rapporté était ecchymosé au moment de la réunion. Enfin le procédé qui consiste à couvrir les ouvertures accidentelles en déplaçant une virole de peau empruntée au fourreau lui-même, ne me paraît point encore devoir être jugé.

P. RICORD.

CHAPITRE VII.

DE QUELQUES AUTRES AFFECTIONS DU CANAL DE L'URÈTRE.

Le tissu de l'urètre est musculaire, et par conséquent ce canal peut se contracter, de même que le tube intestinal, de manière à s'oblitérer complétement. L'urètre est donc sujet aux maladies qui sont propres aux muscles en général, et c'est même la seule preuve que nous ayons de sa muscularité (*).

§ Ier. *Du rétrécissement spasmodique de l'urètre.*

Dans l'état sain, le tissu musculaire de l'urètre n'est jamais excité à agir avec violence ; son action est simplement celle des muscles sphincters. Mais sous l'influence d'une irritation, il peut agir avec énergie, ainsi qu'on le voit dans quelques cas où l'on fait des injections pour la première fois ; souvent alors l'urètre repousse entièrement le liquide qu'on veut y injecter. Ce phénomène paraît être l'effet d'un mouvement salutaire qui a pour but d'empêcher les corps étrangers de pénétrer dans la vessie. Mais il arrive fréquemment que ce tissu musculaire se contracte dans différents points du canal, au point d'en amener l'oblitération et de faire obstacle à l'écoulement de l'urine, dont souvent il ne peut passer une seule goutte. Ce qui démontre que cette coarctation dépend d'un spasme des fibres musculaires de l'urètre, c'est que dans quelques cas on peut faire passer une bougie d'un gros calibre, lors même que la contraction est au plus haut degré. Quand la contraction a son siége auprès de la vessie, on la désigne sous le nom de *strangurie.* Dans l'état sain des parties, cette affection peut être produite par l'usage de certains médicaments irritants, tels que les cantharides, dont l'action s'exerce sur les organes génito-urinaires ; mais quand l'urètre est dans un état d'irritabilité, les causes qui peuvent donner naissance à ce spasme sont très-nombreuses : tels sont l'usage des diverses espèces de poivre, celui des liqueurs fermentées, un exercice violent, etc.

Dans les cas de rétrécissement spasmodique, l'urètre est plus irritable que dans ceux où il y a un rétrécissement véritable, et c'est même cette

(*) La conséquence de structure que Hunter tire ici de l'observation pathologique est loin d'être rigoureuse. Pour que des affections spasmodiques s'observent dans l'urètre, il n'est pas besoin de tissus musculaires ; la tonicité du tissu spongieux suffit pour cela. Cependant les prévisions de Hunter ont été réalisées en partie ; car l'anatomie a prouvé que la région dite membraneuse du canal est formée de fibres musculaires.

P. RICORD.

...abilité qui est en grande partie la cause du spasme. Les rétrécisse-ments spasmodiques présentent souvent une si grande analogie avec les crampes, qu'on est porté à les attribuer à la même cause qui produit cette dernière affection. En effet, ce spasme se dissipe en produisant un ...otement dans la partie qui en est le siége, ainsi que cela a lieu quand la crampe disparaît.

Toutes les fois que l'urètre est très-irritable et que des spasmes s'y ...duisent très-facilement, le malade ne doit jamais retenir son urine quand il éprouve le besoin de la rendre ; j'ai vu des cas où cela a suffi ...r faire naître le spasme. On voit même que dans l'état de santé par-..., si l'urine est retenue trop longtemps dans la vessie, les organes ...aires deviennent le siége d'une affection spasmodique ; d'un autre ..., une certaine plénitude de la vessie, c'est-à-dire, une légère réten-...de l'urine, provoque une contraction plus énergique de la vessie, et ...sécutivement l'urètre se dilate plus largement ; de sorte que dans les ...où il y a une tendance à la strangurie, il est rare qu'on éprouve ...que inconvénient à attendre un peu après que le besoin d'uriner ...t fait sentir.

...u'il me soit permis ici de donner un conseil aux chirurgiens qui n'ont ...s en l'occasion de voir un grand nombre de ces cas : lorsqu'ils sont ...elés à soigner des malades atteints de rétrécissements permanents ...pénibles, qui s'accompagnent de besoins fréquents d'uriner, et ...ne difficulté dans l'émission de l'urine qui va jusqu'à faire craindre ...strangurie, ils ne doivent jamais leur conseiller, ni même leur ...mettre, de faire de longs voyages à cheval ou en voiture, surtout en ...t. J'ai connu plusieurs malades qui étaient dans ce cas et qui, ayant ...pris de symptômes graves au milieu d'un voyage, ont été obligés de ...rêter en route plusieurs jours, et ont achevé leur voyage d'une ma-...douloureuse ; arrivés au lieu de leur destination, ils ont gardé le lit ...dant des mois, et ont éprouvé la plupart des accidents qui ont été ...nts plus haut (*).

§ II. *Traitement du rétrécissement spasmodique de l'urètre.*

Dans les maladies qui portent seulement sur les actions de l'urètre et ...la vessie, qu'elles soient de nature spasmodique et qu'elles dépendent ...ne trop grande irritabilité, ou qu'elles soient de nature paralytique, ...que ces deux ordres d'affections soient opposés l'un à l'autre, une ...tation produite hors du siége de la maladie a des effets extraordi-

(*) Les rétrécissements spasmodiques, qu'il faut de nécessité admettre, offrent ceci ...articulier, et qui les distingue des autres rétrécissements : qu'ils ne restent pas défi-...ement limités à un même point du canal ; que chez un même sujet, et souvent ...courts intervalles, on les trouve à des profondeurs variables ; qu'ils ne donnent ...d'empreintes répétées, régulières et identiques ; qu'ils disparaissent pour se repro-...t à des époques variables ; que leur durée aussi ne saurait être précisée, et qu'en ...al, on les franchit mieux avec un instrument un peu volumineux.

P. RICORD.

naires, aussi bien pour diminuer l'action dans un cas que pour l'augmenter dans l'autre. On en verra la preuve quand je traiterai de l'irritabilité et de la paralysie de l'urètre et de la vessie : dans ces deux affections de ces organes, les vésicatoires placés sur la partie inférieure de la région lombaire ou sur le périnée, et plusieurs autres topiques appliqués sur cette dernière région, produisent souvent des effets très-marqués.

Un simple spasme n'étant point une altération de texture, mais seulement une action morbide ou anormale, on peut le faire cesser subitement. Quelle que soit la partie de l'urètre où le spasme a son siége, il faut, si l'on en a le temps, essayer des moyens internes et des applications externes pour le faire cesser. Les médicaments internes dont on peut dire que l'action est immédiate sont les opiacés et les térébenthines (**), administrés par la bouche ou par l'anus : leurs effets, et surtout ceux de l'opium, sont plus prompts quand ils sont donnés sous forme de lavements. Le quinquina est souvent employé dans les affections spasmodiques, et l'on croit qu'il est avantageux dans ces affections; mais dans celles de l'urètre, je crois l'avoir vu souvent produire des effets nuisibles.

Les applications extérieures sont la vapeur de l'eau chaude mêlée avec l'alcool, les pédiluves, le bain chaud, des vessies remplies d'eau chaude qu'on place sur le périnée, et autres applications semblables. On a procuré du soulagement en appliquant sur le périnée la mie d'un pain tout chaud et sortant du four. J'ai vu un vésicatoire placé sur la région lombaire dissiper en grande partie le spasme de l'urètre : le même moyen appliqué sur le périnée est également efficace. Mais dans la plupart des cas ces agents thérapeutiques sont trop lents dans leur action ; aussi, lorsque les accidents existent depuis quelque temps et qu'un soulagement immédiat est nécessaire, il faut avoir recours sans délai aux sondes d'argent ou aux bougies.

Si la contraction a son siége près de la vessie, une sonde d'argent convient mieux qu'une bougie; mais dans la plupart des cas une bougie suffit, et elle offre beaucoup plus de sécurité. Dans beaucoup de mains, en effet, la sonde d'argent est un instrument très-dangereux : son emploi exige une dextérité que l'on n'acquiert que par une connaissance précise du trajet de l'urètre et par l'habitude de l'introduire. La bougie a aussi

(*) On admet généralement que les organes qui concourent à l'expulsion de l'urine, comme la vessie et l'urètre, sympathisent énergiquement avec la peau du périnée, car on fait souvent des applications sur cette région dans les cas de rétention d'urine.

Un homme, qui n'avait aucune maladie de ces organes, était atteint d'une petite fistule située à côté du rectum, pour laquelle il s'était exposé souvent à la vapeur d'un mélange d'eau et de vinaigre. Cette fumigation, qui agissait sur le périnée, n'avait jamais manqué de provoquer la sortie de l'urine. — JOHN HUNTER.

(**) Le docteur Home, dans ses expériences sur la térébenthine, a reconnu que ce médicament, donné à hautes doses, détermine la strangurie chez les femmes. L'usage de l'essence de térébenthine prolongé pendant quelque temps produit souvent la strangurie. — JOHN HUNTER.

avantage que, dans beaucoup de cas où le canal affecté de spasme ne permet pas l'introduction, on peut la laisser en contact avec le rétrécissement, car il n'est pas toujours nécessaire que la bougie traverse la partie contractée. On a vu quelquefois une bougie qui n'avait été enfoncée qu'à une petite profondeur dans l'urètre, devenir efficace lorsqu'on l'avait laissée en place jusqu'à ce que le besoin d'uriner se fût fait sentir.

Lors même que la bougie pénètre dans la vessie, il est nécessaire de la laisser séjourner dans l'urètre jusqu'à ce que le besoin d'uriner se fasse sentir. Si l'urine ne suit pas la bougie à une première tentative, il faut en faire une autre; si la bougie n'est suivie que d'une partie de l'urine, il est nécessaire de l'introduire une seconde fois. Cette circonstance, savoir, que l'urine suit le retrait de la bougie plus sûrement lorsque la bougie est restée en place jusqu'à ce que le malade éprouve le besoin d'uriner, prouve que la disposition de la vessie à se contracter aid à dissiper dans l'urètre la disposition à la contraction.

L'emploi des bougies exige beaucoup d'attention dans les cas qui nous occupent, car l'urètre étant plus irritable qu'à l'ordinaire s'oppose souvent à l'introduction de la bougie avant qu'elle ait atteint la partie qui est le véritable siége du spasme. Quand il en est ainsi, loin d'employer la force, il faut attendre avec patience, et faire ensuite une autre tentative pour faire passer la bougie. Quelquefois, l'immersion de l'extrémité de la verge dans de l'eau très-froide fait cesser le spasme, et l'urine s'écoule immédiatement et avec facilité.

Dans la plupart des cas, le malade perçoit à l'extrémité de la verge une sensation désagréable qui le porte à exercer des frictions sur cette partie; quelquefois, quoique rarement, l'urine s'écoule sous l'influence de ces frictions. Des injections légèrement irritantes, poussées seulement à une petite distance, produisent souvent du soulagement. On doit supposer que ces injections agissent à peu près comme une bougie qui ne traverse pas l'obstacle, et qu'elles produisent la relaxation d'une partie de l'urètre, en irritant une autre partie de ce canal. Dans quelques cas, elles agissent comme moyen prophylactique (*).

§ III. *De la paralysie de l'urètre.*

Une affection qui est opposée à la précédente, est celle qui consiste dans un défaut de puissance de contraction de l'urètre; mais cette dernière est moins fréquente. Elle se manifeste par des symptômes qui sont contraires à ceux de la maladie qui vient d'être décrite : la vessie ne se remplissant point assez pour que le malade perçoive le stimulus de réplétion, l'urine s'écoule goutte à goutte et insensiblement à mesure qu'elle est sécrétée par les reins; ou si la vessie se remplit assez pour recevoir le stimulus qui la porte à opérer l'expulsion de l'urine, cette expulsion a lieu immédiatement, et l'urine s'écoule, si les muscles

(*) Voir les notes des pages 292 et 320.

accélérateurs n'agissent pas ; or, quelquefois, dans ces cas, ces muscles eux-mêmes ont perdu leur puissance de contraction, et alors l'urine est expulsée bon gré mal gré, car le malade n'a conservé que peu ou point de pouvoir pour la retenir. Cette maladie varie beaucoup quant à l'intensité.

§ IV. *Traitement de la paralysie de l'urètre.*

Il faut traiter cette affection par l'emploi des stimulants, tels qu'un vésicatoire sur la région lombaire ou sur le périnée. Il peut être utile de plonger les pieds dans de l'eau froide. Dans quelques cas, on emploie avec beaucoup de succès la teinture de cantharides prise à l'intérieur, à la dose de quinze à vingt gouttes une ou deux fois par jour, suivant l'effet produit.

Un homme entra à l'hôpital Saint-Georges pour cette maladie. Je prescrivis la teinture de cantharides ; ce médicament produisit un tel effet, qu'il en résulta l'affection contraire à celle pour laquelle le malade était en traitement, c'est-à-dire, une affection spasmodique de l'urètre, de sorte qu'il ne pouvait plus uriner quand il en éprouvait le besoin. Une injection opiacée dissipa cette nouvelle maladie, et tout alla bien. Dans ce cas, il est probable que si l'on eût donné quelques gouttes de moins de la teinture cantharidée, on aurait déterminé la guérison sans causer aucun accident.

§ V. *Des carnosités ou excroissances de l'urètre.*

Les rétrécissements ne sont pas considérés comme les seules causes d'obstacle au passage de l'urine dans le canal de l'urètre ; les auteurs citent également les excroissances ou carnosités de ce canal comme des productions fréquentes. A la manière dont ils en parlent, comme de choses qui leur sont familières, et à la rareté des cas où ces excroissances existent réellement, on est tenté de croire que cette cause d'obstruction a été primitivement admise par théorie et non par l'observation, et qu'ensuite cette manière de voir a été transmise comme l'expression d'un fait. Si ces carnosités avaient été décrites d'abord d'après l'examen même des faits, ce qu'on en a dit se trouverait d'accord avec les résultats de l'observation, et on les aurait considérées comme des causes rares d'obstruction en comparaison des rétrécissements. Cependant, quoique rares, elles s'observent quelquefois : dans toutes mes autopsies cadavériques je n'en ai vu que deux fois, et c'était dans des cas de rétrécissements très-anciens où l'urètre avait souffert considérablement. C'étaient des corps qui naissaient de la surface de l'urètre comme des granulations, et qu'on aurait appelés des polypes dans d'autres parties du corps. Il est possible que ce soit une espèce de poireau interne, car j'ai vu des poireaux qui s'étendaient un peu dans le commencement du canal de l'urètre et qui avaient beaucoup de ressemblance avec les granulations. Il est très-probable qu'il n'est pas possible de distinguer sur le vivant les carnosités ou excroissances de l'urètre, des rétrécissements; car on ne peut guère admettre que ces productions puissent déterminer des symptômes nouveaux ou communiquer une sensation particulière à l'exploration des parties.

§ VI. *Traitement des excroissances ou carnosités.*

Je ne pense pas que cette maladie doive être traitée par les bougies, du moins ne doit-on pas essayer la dilatation, car il n'existe aucune contraction du canal. Si donc les bougies sont de quelque utilité, c'est en déterminant par leur pression l'ulcération des carnosités; or, cet effet doit être obtenu par l'emploi d'une grosse bougie exerçant une pression extrêmement forte. Lorsque cette méthode ne produit point l'effet qu'on en attend, il ne faut point hésiter à recourir à la cautérisation si les carnosités sont situées de telle sorte que l'application du caustique soit possible; et je ne doute point que ce moyen n'amène la guérison. Mais la difficulté consiste à distinguer la maladie qui nous occupe du véritable rétrécissement; car, bien que les auteurs parlent des carnosités de l'urètre comme d'une chose commune et qu'ils nous indiquent la manière de les traiter, ils ne nous ont point appris comment on peut les diagnostiquer.

Je n'ai jamais rencontré ces carnosités chez les femmes (*).

(*) Les végétations de l'urètre sont plus communes chez la femme que chez l'homme. Voir les notes des pages 292, 309, 320 et 324.   P. RICORD.

CHAPITRE VIII.

DE LA TUMÉFACTION DE LA PROSTATE.

Parmi les maladies des organes qui environnent l'urètre, il en est une qui est souvent formidable, c'est la tuméfaction de la prostate. Cette affection a des conséquences plus graves que toutes les autres causes d'obstruction qui viennent d'être décrites, parce que les moyens de guérison que nous pouvons diriger contre elle sont bien moins nombreux. En effet, on ne peut détruire cet obstacle comme on détruit un rétrécissement, et la nature ne peut se soulager en formant un nouveau passage pour l'urine. Cependant, nous avons souvent en notre pouvoir les moyens de procurer un soulagement temporaire, ce qui n'a pas lieu dans les cas de rétrécissement, car le plus souvent lorsque la prostate est tuméfiée, on peut évacuer l'urine au moyen du cathétérisme.

La tuméfaction de la prostate est très-commune chez les sujets avancés en âge. Les usages de cette glande ne sont pas assez connus pour qu'on puisse juger des conséquences fâcheuses qui peuvent dépendre de son état morbide, abstraction faite de l'effet mécanique de sa tuméfaction. Sa situation est telle, que les effets funestes de sa tuméfaction doivent être évidents pour tout le monde. On peut dire qu'elle forme une partie du canal de l'urètre, et par conséquent, lorsqu'elle est morbidement développée, de manière à altérer la forme et la capacité de ce canal, elle doit apporter un obstacle au passage de l'urine. Quand la prostate se tuméfie, la surface de la portion correspondante de l'urètre ne diminue point d'étendue comme dans les cas de rétrécissement; cette surface s'étend plutôt, au contraire. Mais les deux parois opposées du canal sont comprimées l'une contre l'autre, et c'est ainsi que le passage de l'urine se trouve interrompu. Cette obstruction irrite la vessie et détermine la production de tous les symptômes que fait naître ordinairement dans ce viscère un rétrécissement ou la présence d'une pierre. La prostate est située principalement de chaque côté du canal de l'urètre; elle ne correspond que très-peu ou même point du tout à sa partie antérieure, et très-peu également à sa partie postérieure; il résulte de là que sa tuméfaction ne peut agir que sur les parties latérales de l'urètre, et qu'elle presse les deux côtés de l'urètre l'un contre l'autre, en même temps qu'elle met les parois latérales de ce canal, d'avant en arrière, dans un état de tension qui fait qu'au lieu d'être arrondi, il est aplati et n'offre plus qu'une fente étroite. Quelquefois la prostate se tuméfie plus d'un côté que de l'autre ; alors la portion de canal qui la traverse devient oblique.

Indépendamment de la tuméfaction des masses latérales de la prostate, une petite portion de cette glande, qui est située derrière la naissance même de l'urètre, se tuméfie d'arrière en avant, en représentant une espèce de cône qui s'enfoncerait dans la vessie, et joue le rôle d'une valvule à l'orifice interne de l'urètre. On peut voir cette tumeur sur le cadavre, lors même qu'elle n'est pas considérable, en explorant l'orifice interne de l'urètre par la cavité de la vessie. Cette portion de la prostate se développe quelquefois au point de former une tumeur qui fait dans la vessie une saillie de quelques pouces (Pl. 13 et 15). Cette saillie rend l'urètre concave en avant, et apporte un obstacle à l'introduction des sondes, des bougies et des autres instruments. Souvent, elle est cause que la sonde passe par-dessus une petite pierre située dans la vessie, et qui par là échappe à l'explorateur. La sonde devrait alors présenter pour cette partie du canal une courbure plus forte que celle qui est nécessaire pour les autres. Dans de tels cas, il m'est arrivé souvent d'introduire d'abord une sonde élastique creuse jusqu'à la portion prostatique du canal, et de faire passer ensuite dans la cavité de la sonde un stylet ou un fil de laiton auquel j'avais donné une courbure convenable pour qu'il pût passer par-dessus la prostate. Les avantages de ce procédé sont les suivants : si la sonde élastique passe, il n'y a plus rien à faire. Sinon, le fil de laiton recourbé passe dans la cavité de la sonde beaucoup plus commodément pour le chirurgien et pour le malade que s'il eût été introduit tout d'abord avec la sonde ; en effet, il aurait fait effort contre l'urètre pour adapter ce canal à sa courbure, tandis qu'étant introduit après la sonde, il ne porte que contre la surface interne de celle-ci, et le malade le sent à peine.

Un homme avait été sondé souvent sans qu'on eût jamais constaté qu'il existât un calcul dans sa vessie. On reconnut ensuite que sa mort avait été causée par la présence d'une pierre compliquée de gonflement de la prostate.

John Doby, pauvre pensionnaire de la Chartreuse, après avoir éprouvé pendant plusieurs années tous les symptômes d'une affection calculeuse, en fut délivré par suite de l'hypertrophie de la portion moyenne de la glande prostate, parce que la tumeur empêchait que les pierres qui étaient dans sa vessie ne vinssent heurter contre le col de cet organe et n'irritassent cette partie. Une année après la cessation des symptômes de la pierre, le malade fut pris d'une strangurie que l'on essaya en vain de faire cesser par l'introduction des bougies et des sondes, et qui fut bientôt suivie de la mort. A l'examen des parties, sur le cadavre, on trouva que la prostate avait acquis un volume six fois plus considérable que celui qu'elle a ordinairement ; la portion d'urètre qui la traversait représentait une fente d'environ un pouce et demi de long, dont les deux parois latérales étaient rapprochées jusqu'au contact réciproque, et dont l'extrémité supérieure était dirigée vers le pubis, et l'extrémité inférieure vers le rectum. Cette fente était formée par les masses latérales de la prostate, simplement tuméfiées. La portion droite était la plus tuméfiée des deux ; sa face urétrale était convexe. La portion gauche s'adaptait exactement à la première ; sa face était excavée en proportion. La saillie conique de la prostate était tellement développée qu'elle pénétrait d'arrière en avant dans la cavité de la vessie, et qu'elle en oblitérait entièrement le col. La vessie elle-même était considérablement agrandie et ses parois étaient épaissies. Elle contenait environ vingt pierres, dont la plupart étaient situées derrière la saillie formée par cette portion de la prostate. Les autres étaient logées dans de petits sacs formés par la membrane interne, qui était poussée entre les faisceaux des fibres musculaires.

Lorsque la glande prostate est tuméfiée, son tissu devient, en général, plus consistant. Les effets de cette tuméfaction sont très-graves ; les parois latérales de l'urètre sont rapprochées l'une de l'autre, et le lobe moyen, par la saillie qu'il fait, empêche en partie l'urine de pénétrer dans l'urètre, et même dans plusieurs cas oblitère complétement l'orifice de ce canal. L'induration du tissu de la prostate empêche cette glande de céder à l'effort de l'urine, qui ne franchit qu'en petite quantité ou même ne peut franchir cet obstacle. Il n'est pas nécessaire de décrire les symptômes particuliers qui naissent de cette maladie ; ce sont ceux que produit tout obstacle au passage de l'urine qui détermine l'irritabilité de la vessie.

Lorsque l'émission de l'urine devient difficile, c'est à l'emploi des bougies que le chirurgien a recours naturellement, et lorsqu'il trouve le passage libre, ce qui arrive souvent dans les cas qui nous occupent, il est très-porté à soupçonner l'existence d'une pierre. Si dans l'exploration de la vessie on ne trouve aucun calcul, on doit soupçonner une maladie de la prostate, surtout si l'extrémité de la sonde, ou de l'instrument dont on se sert, se trouve arrêtée ou ne passe qu'avec quelque difficulté au niveau du col de la vessie. Il faut alors examiner la prostate : pour cet examen, il est nécessaire d'introduire dans l'anus le doigt enduit d'un corps gras, dont on dirige la face antérieure du côté du pubis. Si les parties, dans le point le plus éloigné où le doigt puisse atteindre, sont dures et forment une éminence d'avant en arrière dans la cavité du rectum, de sorte qu'on soit obligé de porter le doigt d'un côté à l'autre pour explorer toute l'étendue de la tumeur, et qu'en outre la saillie s'étende au delà du point qui est à la portée du doigt, on peut être certain que la prostate est considérablement tuméfiée, et qu'elle est la principale cause des symptômes.

J'ai vu des cas où l'on a fait pénétrer une sonde ordinaire dans la vessie, à travers la partie proéminente de la prostate, et où l'urine a été évacuée de cette manière. Chez un malade où l'on avait agi ainsi, le sang qui s'écoula de la plaie faite à la glande tomba dans la vessie et augmenta la quantité de liquide qui était renfermée dans ce viscère. On recourut une seconde fois au cathétérisme, et l'opération n'ayant pas réussi, et je fus appelé en consultation. J'introduisis la sonde jusqu'à l'obstacle, et alors, soupçonnant que la partie moyenne de la prostate faisait une saillie d'arrière en avant, j'introduisis un doigt dans l'anus, et je reconnus que la prostate était en effet considérablement tuméfiée. Abaissant alors le pavillon de la sonde, ce qui naturellement en éleva le bec, je fis passer l'instrument par-dessus la tumeur. Mais le sang qui avait coulé dans la vessie s'y était coagulé, et il boucha les yeux de la sonde, qu'il me fallut retirer plusieurs fois pour la nettoyer. Je renouvelai le cathétérisme plusieurs jours de suite; mais pensant que le caillot finirait par déterminer la mort, je proposai l'opération de la taille. Le malade mourut avant qu'on eût pu pratiquer cette opération dans des conditions convenables, et l'on reconnut à l'inspection cadavérique les lésions dont j'avais annoncé l'existence.

Dans des cas où la partie moyenne de la prostate s'était tuméfiée et faisait saillie dans la vessie, la sonde ne donnait issue à aucun liquide, bien qu'elle parût avoir pénétré; et lorsqu'après la mort des malades, on a examiné les parties, on a pensé que dans le cathétérisme pendant la vie, l'instrument s'était enfoncé dans la tumeur, de sorte que ses ouvertures s'y étaient trouvées oblitérées (Pl. 15.)

D'après ces faits, toutes les fois que je ne vois point l'urine couler immédiatement après que la sonde a pénétré dans la vessie, j'abaisse son pavillon en la poussant de manière que son bec atteigne le fond de la vessie, et je réussis constamment. Pour que l'introduction de l'instrument soit plus facile, on peut se servir d'une sonde qui ne soit flexible qu'à son extrémité interne dans l'étendue d'un pouce environ; une sonde qui présente cette condition obéit mieux à la main que lorsqu'elle est entièrement flexible.

Si l'on emploie de préférence une bougie, il faut la faire chauffer, lui donner une courbure très-prononcée à son extrémité interne, et la laisser se refroidir avec cette courbure. Ensuite, il faut la faire passer rapidement, la concavité tournée en haut, avant qu'elle ait perdu sa courbure dans son passage. Mais la bougie ne remplit pas l'indication aussi bien que la sonde, parce que les portions latérales de la glande tuméfiée se rapprochent de nouveau dès qu'on la retire. J'ai vu des cas où l'urine s'écoulait avec plus de facilité en suintant le long des côtés de la bougie pendant que celle-ci était en place, que lorsque la bougie était retirée du canal, parce que la présence de cet instrument donnait à la portion rétrécie de l'urètre une rectitude qu'elle n'a plus dès que la bougie en est retirée.

L'observation suivante est un exemple frappant des dangers qui accompagnent la tuméfaction de la prostate.

Un homme fut atteint de suppression d'urine; une sonde n'ayant pu passer, on eut recours à une bougie, et l'emploi de cet instrument le soulagea. Il continua à être bien pendant cinq années. Mais alors, la même maladie s'étant reproduite, il ne fut plus possible de faire pénétrer une bougie, et la maladie fut considérée comme un rétrécissement. Cependant une sonde pénétra, bien qu'avec beaucoup de difficulté, et la bougie, ayant été présentée un grand nombre de fois, ne put passer qu'une seule fois, immédiatement après qu'on venait d'introduire la sonde. Ayant été appelé auprès du malade, j'essayai avec aussi peu de succès à faire pénétrer la bougie, et je fus obligé d'avoir recours à une algalie. J'introduisis cet instrument avec beaucoup de facilité, et l'urine fut évacuée. Le docteur Tomkyns, qui avait une bougie de Daran, fut appelé. Ayant échoué dans ses tentatives, il fut obligé comme moi de présenter une algalie; mais il mit une telle violence dans l'opération, qu'il s'écoula de l'urètre une grande quantité de sang, et après tout il ne réussit point. Je fus appelé de nouveau, et j'introduisis une algalie, mais avec beaucoup plus de difficulté que la première fois, ce qui me fit penser que le canal avait été assez gravement déchiré. Après avoir retiré l'algalie, je fis pénétrer une grosse bougie dans la vessie avec beaucoup de facilité; je la laissai en place pendant trois jours, et le malade urina assez abondamment le long des côtés de cet instrument. Dès que j'eus retiré la bougie, j'essayai d'en passer une autre, mais je ne pus y parvenir, bien que je donnasse à la seconde bougie la courbure naturelle du canal. En retirant les bougies qui ne pouvaient pénétrer, je remarquai qu'elles avaient toutes, à leur extrémité interne, une courbure contraire à la direction du canal. Je conclus de cette circonstance que l'obstacle qui arrêtait la bougie était situé à la face postérieure de l'urètre, et qu'au moment où la pointe de la bougie venait heurter contre lui, la bougie s'arquait en avant dans le canal, de manière que cette pointe se retournait naturellement en arrière. En conséquence, je pris une bougie épaisse, et avant de l'introduire je lui donnai une courbure extrêmement forte, afin que son extrémité interne ne pût atteindre la face postérieure de l'urètre, sur laquelle je supposais que siégeait l'obstacle. La pointe de cette bougie frotta tout le long de la face antérieure et supérieure de l'urètre; par ce moyen, elle ne vint point au contact de la face postérieure du canal, et elle pénétra avec beaucoup de facilité dans la vessie. Le malade urina le long des côtés de la bougie, comme auparavant. Depuis quelque temps, il était tourmenté par des accès de fièvre intermittente, qui d'abord avaient été très-irréguliers, mais qui ensuite s'étaient montrés plus régulièrement. Dans le frisson d'un de ces accès, la bougie qui était placée dans l'urètre lui causa une douleur si vive, qu'il ne put résister au besoin de la retirer, ce qui lui procura un soulagement immédiat. D'après la sensation qu'il éprouvait, il lui semblait que la bougie mettait le canal dans un état de distension trop forte, et il ne la retira qu'avec difficulté. Ce fait tend à prouver que le frisson s'accompagne de la contraction de l'urètre aussi bien que de celle des vaisseaux de la peau; cette disposition morbide existe donc profondément. En donnant aux bougies la courbure considérable que j'ai indiquée plus haut, le malade les introduisit ensuite facilement lui-même. Je dois ajouter, qu'en portant le doigt dans l'anus, je trouvai la prostate très-tuméfiée.

Plusieurs malades éprouvent une vive douleur, une sensation brûlante, dans l'éjaculation de la semence, quand ils sont atteints de l'une des affections de l'urètre qui viennent d'être décrites, quelle qu'elle soit, et quelquefois même après qu'ils en sont guéris. Ce symptôme est l'effet de l'irritabilité des muscles de la partie, dont l'action propre est alors extrêmement douloureuse (*).

Traitement de la tuméfaction de la prostate.

Les moyens thérapeutiques employés dans les cas qui viennent d'être décrits ne procurent qu'un soulagement temporaire; cependant il faut y avoir recours afin de prévenir les conséquences fâcheuses d'une rétention trop prolongée de l'urine. On doit prescrire les lavements opiacés une ou deux fois par jour, comme propres à dissiper momentanément la douleur et à faire cesser le spasme. Je ne pense pas qu'on ait encore découvert une méthode certaine de guérison.

J'ai vu la ciguë produire de bons effets dans plusieurs cas; elle était administrée dans la supposition d'un état scrofuleux de la constitution. D'après la même idée, j'ai conseillé les bains de mer, et j'en ai retiré de grands avantages. J'ai même obtenu par ce moyen deux guérisons de quelque durée.

Dans un cas pour lequel je fus consulté, le chirurgien avait remarqué que l'emploi de l'éponge brûlée avait amené une diminution considérable de la glande tuméfiée.

La tuméfaction de la prostate, de même que les rétrécissements de l'urètre, est une cause de maladies pour la vessie. Mais ici la vessie est,

(*) Depuis E. Home, aux travaux duquel M. Babington renvoie avec raison pour ce qui a trait aux maladies de la prostate, les anatomistes ne sont pas restés d'accord sur la conformation de ce corps glandulaire, et particulièrement sur la région inférieure que Home a considérée comme formant un lobe moyen. Mais, quoi qu'il en soit de cette partie, que sa séparation apparente ne soit due qu'au sillon creusé par les vaisseaux éjaculateurs, ou qu'elle soit vraiment distincte, comme quelques faits d'anatomie comparée ou des arrêts de développement sembleraient le faire croire, il est important, comme le fait observer Hunter, d'être prévenu des états pathologiques dont elle peut être le siége isolé. D'un autre côté, je rappellerai une remarque faite par Sir Everard Home, que j'ai eu occasion de vérifier, et qui constate que le côté gauche de la prostate, ou, si l'on veut, le lobe gauche, est plus souvent affecté d'hypertrophie ou d'altérations morbides, que le droit; condition importante à connaître, pour donner des courbures convenables aux instruments, en cas de cathétérisme. J'ajouterai que lorsqu'il s'agit de maladies de cet organe, ou d'opérations à pratiquer sur les parties qu'il avoisine ou entoure, on ne saurait avoir trop présentes à l'esprit, non-seulement ses conditions pathologiques, mais encore quelques variétés anatomiques mieux signalées dans ces derniers temps. La prostate peut manquer, ou bien être d'un très-petit volume, tandis qu'on la voit quelquefois acquérir un grand développement, sans altération morbide. Chez quelques sujets, elle n'enveloppe pas complétement l'urètre et le col de la vessie, et alors la partie qui manque en dessus est remplacée, selon M. Amussat, par des fibres de nature musculaire. M. Senn a signalé une autre anomalie dans laquelle la région supérieure de la prostate est plus épaisse que l'inférieure, de telle façon que l'urètre et le col de la vessie se trouvent beaucoup plus près du rectum que dans l'état normal; M. Lisfranc possède et a souvent montré dans ses cours d'opérations deux belles pièces d'anatomie qui se rapportent à cette variété.

P. Ricord.

en général, plus irritable, peut-être parce que la cause est plus rapprochée de ce viscère.

On parle beaucoup des maladies des vésicules séminales, mais je n'en ai jamais vu d'exemples. Dans des cas d'induration considérable de la prostate et de la vessie, où les parties environnantes étaient très-gravement comprómises, j'ai vu ces poches enveloppées aussi dans la maladie générale; mais je n'ai jamais vu un cas où elles parussent avoir été primitivement affectées (*).

Dans un cas de tuméfaction de la prostate, avec symptômes d'irritabilité de la vessie, chez un jeune homme d'environ vingt ans, M. Earle tenta l'application d'un vésicatoire au périnée; mais n'obtenant pas de ce moyen l'effet qu'il désirait, et jugeant qu'une irritation et un écoulement considérables étaient nécessaires, il plaça un séton dans la direction de la région périnéale. Les deux ouvertures de ce séton étaient éloignées l'une de l'autre d'environ deux pouces. Les symptômes d'irritabilité de la vessie commencèrent à diminuer, et au bout d'un certain temps, ils disparurent entièrement. En examinant la prostate de temps en temps, on observa qu'elle décroissait graduellement jusqu'à ce qu'enfin elle fût revenue à peu de chose près à son volume naturel. Le malade conserva le séton pendant quelques mois, et lorsqu'on l'eut retiré les symptômes se reproduisirent. On jugea à propos de le replacer; mais cette nouvelle application ne fut pas suivie des mêmes effets que la première (**).

(*) Les lésions des vésicules séminales sont peut-être beaucoup plus fréquentes qu'on ne le pense. Ces vésicules sont toujours plus ou moins affectées dans ce que j'appelle les épididymites de succession, c'est-à-dire celles dans lesquelles les voies spermatiques sont prises depuis l'urètre jusqu'aux épididymes. Entre autres faits d'anatomie pathologique, je rappellerai ceux présentés par M. Gaussail, et ceux que moi-même j'ai montrés à l'Académie royale de médecine. Il résulte de mes observations, que les vésicules séminales sont susceptibles des états morbides les plus variés, depuis l'inflammation simple et la suppuration jusqu'aux diverses dégénérescences, dont une des plus communes est la dégénérescence tuberculeuse, soit que les tubercules se soient isolément développés dans ces poches, ou qu'ils s'y soient formés en même temps que dans d'autres régions, et plus particulièrement dans les cas de sarcocèle scrofuleux. Un bel exemple emprunté au service de mon savant collègue, M. Cullerier, a été publié dans les bulletins de la Société anatomique, et moi-même j'en ai montré plusieurs à ma clinique. P. RICORD.

(**) La tuméfaction de la prostate qui a lieu chez les vieillards ne cède que rarement, ou même jamais, au traitement chirurgical. Cependant on peut faire beaucoup pour prévenir ou pour diminuer les effets funestes qu'elle produit dans les organes voisins. Ce sont, en réalité, ces effets seulement qui donnent de l'importance à la maladie. Le développement morbide de la prostate ne donne naissance dans la plupart des cas à aucun symptôme que l'on puisse rapporter à la glande elle-même; mais il peut mettre obstacle à l'écoulement de l'urine, produire une inflammation chronique de la vessie, et consécutivement une maladie des reins, ou déterminer une irritabilité douloureuse du rectum. Le mode suivant lequel sont produits ces effets consécutifs, et le traitement qu'on doit leur opposer, sont exposés d'une manière remarquable dans l'ouvrage de Sir E. Home, *sur les maladies de la prostate*, auquel je renvoie le lecteur. G. G. B.

CHAPITRE IX.

DES MALADIES DE LA VESSIE, ET PRINCIPALEMENT DE CELLES QUI RECONNAISSENT POUR CAUSE LES OBSTACLES AU COURS DE L'URINE PRÉCÉDEMMENT DÉCRITS.

Après avoir décrit les maladies de l'urètre et de la prostate, je vais faire connaître maintenant les effets de ces maladies sur la vessie, de même que les maladies de ce viscère qui sont indépendantes des affections de l'urètre.

Les effets de la simple obstruction au cours de l'urine sur la vessie sont l'accroissement de l'irritabilité de ce viscère et les conséquences de cet accroissement : la vessie devient peu extensible et prompte à entrer en action ; ses parois acquièrent une grande épaisseur et une grande force.

Mais avant de donner la description des effets des maladies de l'urètre sur la vessie, je crois devoir, pour faciliter l'intelligence de ce sujet, me livrer à quelques considérations sur les maladies dans lesquelles ces deux organes s'affectent l'un l'autre ; ces considérations seront déduites au point de vue, non des causes, mais seulement des effets morbides généraux.

Il est à remarquer que dans le corps des animaux chaque organe se compose de différentes parties dont les fonctions ou actions diffèrent totalement les unes des autres, bien qu'elles tendent toutes à produire un seul et même effet définitif. Dans la plupart des organes, sinon dans tous, quand ils sont parfaits, il existe une succession de mouvements dont l'un naît naturellement de l'autre, et qui, en dernière analyse, aboutissent au résultat final ; une seule irrégularité dans ces actions peut constituer une maladie, ou au moins produire des effets très-pénibles, et souvent empêcher complétement l'organe d'accomplir la fonction à laquelle il a été destiné.

Remarquons aussi que l'urètre, avec son ampleur naturelle, offre à la force ou à la puissance de la vessie, dans l'expulsion de l'urine, une résistance qui est facilement surmontée par l'action propre de cette poche contractile. Mais lorsque le canal est diminué par l'effet d'un rétrécissement, d'un spasme, de la tuméfaction de la prostate ou par toute autre cause, le rapport naturel étant perdu, la vessie éprouve une difficulté anormale ; elle est par conséquent stimulée à une action exagérée pour surmonter cette résistance ; telle est la cause de son irritabilité et de l'accroissement de force de ses parois dans les maladies en question.

Il est bien entendu que dans l'état sain de la vessie et de l'urètre, la contraction de l'une produit le relâchement de l'autre, et *vice versá*; de sorte que leurs actions naturelles sont alternatives, et qu'on peut considérer ces deux parties, l'une à l'égard de l'autre, comme deux muscles antagonistes. Ainsi, quand le stimulus de l'expulsion de l'urine est produit dans la vessie, ce qui détermine immédiatement la contraction de cet organe, l'urètre se relâche, et, par ce moyen, l'urine trouve un passage à travers l'urètre en même temps qu'elle est chassée hors de la vessie. Lorsque l'action de la vessie vient à cesser, l'urètre se contracte de nouveau comme un muscle sphincter (*), afin de retenir l'urine qui s'écoule des reins dans la vessie, jusqu'à ce qu'elle fasse naître de nouveau le stimulus de son expulsion.

Mais dans plusieurs maladies de ces deux organes, cette action alternative nécessaire ne s'accomplit pas régulièrement, l'un d'eux n'obéissant pas aux injonctions de l'autre. Cette irrégularité provient plus souvent, je crois, d'une maladie de l'urètre que d'une maladie de la vessie, car l'action de l'urètre est subordonnée à celle de la vessie, si l'urètre n'est pas disposé à céder à l'impulsion qui émane de la vessie, il doit en résulter une irrégularité d'action, quant au temps, qui ne peut être qu'une source de symptômes très-pénibles.

Dans plusieurs maladies de l'urètre, telles que les rétrécissements et les spasmes, de même que dans les maladies de certaines parties qui appartiennent à ce canal, comme la prostate et les glandes de Cowper, le canal de l'urètre présente une plus grande disposition à se contracter qu'à l'ordinaire. Il suit de là que quand la vessie a commencé son action, l'urine ne trouve point d'issue, parce que l'urètre ne se relâche pas immédiatement. Dès qu'un tel symptôme survient, toutes les autres forces de l'économie prennent l'alarme et sont stimulées à venir en aide à la vessie, d'où il résulte une tension violente des muscles abdominaux et des muscles de la respiration, et une douleur très-vive dans toutes les parties immédiatement intéressées, principalement dans le gland (**).

Cette affection présente des degrés divers d'intensité. Lorsqu'elle est légère, l'espace de temps qui existe entre la contraction de la vessie et le relâchement de l'urètre, est très-court; la douleur et les efforts ne sont que momentanés, et l'urine s'écoule en raison de la dilatation de

---

(*) Plusieurs muscles sphincters ont deux causes d'action : l'une, que l'on peut appeler involontaire, dépend des usages et des actions naturelles des parties; l'autre est volontaire : elle existe là où un plus haut degré d'action peut être produit par l'influence de la volonté. Quand il se manifeste une action morbide de ces muscles, elle est liée probablement à l'action volontaire; car l'action morbide est une action portée au delà de l'action naturelle; or, telle est précisément l'action volontaire.

J. HUNTER.

(**) On lit ici dans l'édition de Home : « Un homme dont la vessie était dans un état d'irritabilité, remarqua que s'il introduisait une bougie à une petite profondeur dans l'urètre, l'irritation de la vessie était enlevée, et qu'il pouvait ainsi retenir son urine pendant plusieurs heures. »

l'urètre, qui, dans plusieurs de ces cas, est très-peu considérable. D'autres fois, cet espace de temps est très-long; il faut faire de grands efforts avant qu'une petite quantité d'urine puisse passer, et souvent elle ne sort que par gouttes; quelquefois même, avant que la totalité de l'urine ait pu être expulsée de cette manière, le spasme de l'urètre survient de nouveau, et il se fait une rétention complète qui détermine une douleur atroce pendant un temps plus ou moins long. Enfin la vessie, fatiguée en quelque sorte, cesse d'agir; mais comme l'urine est rarement expulsée en totalité, et que souvent il s'en écoule très-peu, les symptômes se reproduisent bientôt, et de cette manière, éprouvant le besoin d'uriner d'heure en heure, le malade traîne une vie misérable.

Dans tous les cas d'obstruction au cours de l'urine, que cette obs-truction soit continué, comme dans les rétrécissements permanents de l'urètre et dans les cas où la prostate est tuméfiée, ou qu'elle ne soit que temporaire, comme dans les rétrécissements spasmodiques, la vessie est ordinairement maintenue dans un état de distension, et cela a lieu surtout dans les cas de rétrécissements permanents. Lorsque le stimulus de plénitude survient, ce qui est très-fréquent, la contraction de ce viscère de-vient d'autant plus violente que la résistance est plus grande. Les muscles abdominaux se contractent spasmodiquement, et cette contraction est également violente. Cependant l'urine ne fait que couler goutte à goutte, il ne sort qu'en petite quantité; dans les rétrécissements spasmodiques, il n'en sort souvent même pas une seule goutte. Ainsi, la vessie n'est jamais vide; ce qui s'écoule du liquide n'est que juste ce qu'il faut pour faire cesser le stimulus de plénitude. Il résulte de là que les efforts de-viennent de plus en plus fréquents, et qu'il se fait un suintement presque constant d'urine à l'extrémité de la verge dans l'intervalle des émissions. Cependant, les choses ne se passent pas toujours ainsi, car il arrive quelquefois que la vessie est si irritable, qu'elle ne cesse d'agir qu'après avoir évacué la totalité du liquide qu'elle renferme, et que même alors, elle n'est pas délivrée de toute sensation pénible, mais qu'elle fait encore des efforts, bien qu'il n'y ait plus rien à chasser. Ici, l'action de la vessie devient la cause de sa propre continuation.

Dans toutes ces affections de la vessie, le gland devient le siége d'un mélange de douleur et de prurit (*).

Si les symptômes sont trop intenses pour qu'on puisse les expliquer par la présence d'un rétrécissement ou d'une maladie de la prostate, on doit soupçonner l'existence d'un calcul.

Traitement de l'affection qui consiste en ce que l'action de l'u-rètre et celle de la vessie ne sont pas exactement alternatives.

Lorsque la maladie dépend seulement d'un spasme, le traitement con-

(*) Ici se trouve dans l'édition de Home : « Dans les maladies de la vessie, les symp-tômes de dissolution se développent plus tôt dans la constitution que lorsque ce sont d'autres organes qui sont affectés, bien qu'au même degré en apparence ; le malade devient assoupi, insensible, et meurt bientôt. »

siste à faire disparaître la disposition de l'urètre à sur-agir, et la disposition irritative de la vessie, quand l'urètre n'obéit pas à cette dernière. Les lavements opiacés, considérés comme moyens temporaires de soulagement, me semblent être les meilleurs médicaments qu'on puisse administrer. J'ai vu le spasme de l'urètre disparaître en grande partie sous l'influence d'un vésicatoire appliqué à la région lombaire ou au périnée.

Lorsque l'accomplissement des actions définitives de ces parties est irrégulier par suite d'un rétrécissement ou d'une tuméfaction de la prostate ou par toute autre cause d'obstruction, il faut faire disparaître la cause, ainsi qu'il a été dit à l'occasion du traitement de ces maladies.

§ II. *De la paralysie de la vessie par obstacle au passage de l'urine.*

La vessie est un organe qui perd facilement sa contractilité; en effet, dans un grand nombre d'affections débilitantes, de maladies de longue durée, quelle qu'en soit la cause, comme les fièvres, la goutte et les maladies locales graves qui détruisent les forces, on voit souvent la vessie se paralyser, et il faut évacuer l'urine. Il est à remarquer aussi que lorsque la vessie a été fortement distendue par une cause quelconque, de manière que sa faculté contractile ait été détruite, il se fait une extravasation sanguine considérable à toute sa surface interne, et l'urine qui est évacuée est souvent très-sanguinolente. Dans des cas où le malade était mort avec une obstruction au passage de l'urine, j'ai vu la membrane interne de la vessie presque noire, coloration qui provenait de ce qu'elle était chargée de sang extravasé. Mais l'état sanguinolent de l'urine disparaît à mesure que la vessie recouvre sa puissance de contraction.

Dans les maladies de l'urètre qui ont été décrites précédemment, lorsqu'elles ne sont pas traitées convenablement ou en temps opportun, et dans les cas de rétrécissement où la nature n'a pas été capable de se délivrer elle-même, l'urine est retenue dans la vessie, et cette rétention produit presque toujours une autre maladie, savoir, la perte de la contractilité de ce viscère. Bien que la rétention de l'urine puisse dépendre de causes très-différentes, ainsi qu'il a été dit précédemment, cependant il faut procurer dans tous les cas un soulagement immédiat, qui ne peut être obtenu que par l'évacuation de l'urine. Le mode d'évacuation diffère suivant la nature de l'obstacle. Les méthodes opératoires se réduisent à deux; elles consistent à faire sortir l'urine, l'une, par son conduit naturel, au moyen d'un tube creux, et l'autre, par une ouverture artificielle pratiquée dans la vessie.

Si les causes de la rétention d'urine sont une affection spasmodique de l'urètre, une tuméfaction de la prostate, l'inflammation des parties voisines de l'urètre, ou des tumeurs qui compriment ce canal, comme cela arrive chez les femmes enceintes, on peut procurer un soulagement immédiat au moyen d'une sonde; dans ces cas, en effet, une sonde doit passer très-probablement, parce que les parois du canal sont seulement rapprochées violemment l'une contre l'autre par un spasme ou par une pression extérieure.

Les bougies, bien qu'elles puissent pénétrer également dans les cas de cette espèce, ne réussissent pas aussi bien. En effet, pour que l'urine puisse s'écouler, il faut retirer la bougie, et aussitôt la cause de l'obstruction agit de nouveau dans toute sa force ; et en admettant même que le spasme n'existe plus, la bougie ne réussit pas davantage si la puissance d'action de la vessie n'est pas conservée, car ce n'est pas sans difficulté qu'on parvient à faire sortir l'urine par l'urètre au moyen de la seule compression de l'abdomen.

Lorsque la sonde est introduite, il faut prescrire au malade de faire des efforts avec les muscles abdominaux et avec les muscles de la respiration, afin d'expulser l'urine, attendu que la vessie n'a plus de force contractile ; ces efforts ne suffisent même point, car il est nécessaire de comprimer l'hypogastre avec la main pour faire couler l'urine.

Lorsque la vessie est profondément débilitée, et dans les cas de strangurie intense et de longue durée, où il suffit d'une petite quantité d'urine pour communiquer à la vessie le stimulus de plénitude toujours accompagné d'un besoin extrêmement pressant d'uriner, où, la vessie ne se vidant pas chaque fois, il ne s'écoule au dehors qu'une faible quantité de liquide, et enfin une sonde flexible ou inflexible peut être introduite avec facilité, la question est de savoir quel est en définitive le meilleur moyen pour évacuer l'urine. Il se présente trois manières d'accomplir cette évacuation. La première consiste à laisser les parties accomplir leur propre fonction autant qu'elles le peuvent, et au premier abord c'est cette méthode qui paraît la meilleure ; mais dans quelques cas elle est la plus défectueuse de beaucoup, car la fréquence du besoin d'uriner provenant de ce que l'urine n'est pas évacuée en totalité à chaque émission, cette évacuation incomplète et difficile provoque des efforts plus considérables et produit pendant quelques minutes une douleur atroce que peu de malades peuvent supporter. Une autre méthode consiste à évacuer l'urine, chaque fois que le besoin s'en fait sentir, au moyen d'une sonde ; mais dans beaucoup de cas cela est presque impraticable, car en supposant même que l'opération ne dût être faite que deux ou trois fois par jour, ce serait déjà trop souvent pour l'état des parties. La troisième méthode est de laisser la sonde presque constamment dans la vessie.

Quelle est, en somme, celle de ces trois méthodes qui doit, selon toute probabilité, causer le moins d'irritation ? cela dépend des circonstances particulières que peuvent présenter les différents cas. Lorsque le besoin d'uriner se renouvelle fréquemment et d'une manière pressante, et que l'écoulement de l'urine est difficile, il faut avoir recours à la seconde ou à la troisième méthode ; lorsque, à raison des symptômes, il est nécessaire de passer une sonde très-souvent, il est préférable de laisser l'instrument en place, et de ne le retirer que de loin en loin. Cette pratique me paraît fondée sur l'observation et sur l'expérience.

Il arrive quelquefois, dans les cas de tuméfaction de la prostate, que la sonde ne peut passer qu'avec la plus grande difficulté. Quand il en est ainsi, je ne retire pas la sonde de la vessie, dans la crainte de ne pouvoir plus l'introduire, et je la laisse en place jusqu'à ce que la vessie ait suffisamment recouvré sa tonicité, c'est-à-dire, jusqu'à ce que ce viscère puisse expulser l'urine à travers la sonde; alors, on peut retirer l'instrument.

Si le spasme, dans les cas où la maladie dépend de cette cause, persiste après que la vessie a recouvré sa tonicité, il faut continuer l'usage de la sonde. Mais il arrive souvent que le spasme de l'urètre cesse avant que la vessie ait recouvré sa puissance de contraction, et que la maladie se réduit à une paralysie de ce viscère.

Un des premiers symptômes qui annoncent que la vessie commence à recouvrer sa contractilité, c'est la perception par le malade d'une sensation de plénitude, c'est-à-dire, du besoin d'uriner. Dès que cette sensation se manifeste, il faut que le malade satisfasse à ce besoin; mais il ne faut pas qu'il fasse pour cela des efforts violents, car cette circonstance seule suffit pour reproduire le spasme si l'urètre n'est pas très-disposé à se dilater. Cependant, d'après quelques cas que j'ai observés, il ne faut pas s'en rapporter entièrement à une sensation légère; il vaut mieux retenir un peu l'urine afin que la vessie soit stimulée plus efficacement à agir; l'urine s'écoule ensuite plus largement.

La contraction spasmodique de l'urètre ne cède pas par l'effet seul du stimulus ou du besoin d'uriner; elle ne cesse que quand la vessie commence à jouir de la faculté de se contracter; dans les cas où la vessie est paralysée et cependant sensible au stimulus qui naît de sa plénitude, comme elle ne se contracte point, l'urètre ne se relâche point, et l'urine ne peut pas s'écouler au dehors.

A mesure que la vessie se rétablit de sa paralysie, elle perd la faculté de conserver la quantité d'urine qu'elle contenait auparavant. C'est pour quoi les malades sont obligés d'uriner souvent, et par conséquent en petite quantité à la fois.

§ III. *Traitement de la paralysie de la vessie qui reconnaît pour cause une obstruction au cours de l'urine dépendant d'une compression ou d'un spasme.*

J'ai indiqué les moyens de détruire les causes de la paralysie de la vessie, quand j'ai traité des maladies qui produisent cette affection, et je viens de faire connaître comment on peut procurer un soulagement immédiat dans les cas où la vessie est devenue inactive. Je n'ai plus à m'occuper que de la paralysie en elle-même. Dans cette maladie, il se présente souvent des indications opposées les unes aux autres; car le spasme est une affection très-différente de la paralysie; or, si la rétention d'urine a été produite par un spasme, et que ce spasme persiste, ce qui doit être bon pour la paralysie peut être mauvais pour le spasme. Comme on peut, dans ces cas, évacuer l'urine, il faut d'abord diriger son attention vers la vessie. Les stimulants et les toniques sont utiles; les rubéfiants appliqués sur la région lombaire pour stimuler la vessie à agir, et sur le périnée pour faire cesser le spasme de l'urètre, sont souvent suivis de succès. L'électricité, dirigée vers le périnée, est quelquefois extraordinairement utile. La sensation qui est causée par la distension de la vessie étant très-fatigante pour le malade, il faut, pendant le traitement, évacuer souvent l'urine, afin d'éviter que la vessie ne se distende, ce qui arriverait certainement sans cette précaution.

Un homme éprouvait de temps en temps une difficulté d'uriner à laquelle il ne faisait aucune attention parce qu'elle s'était toujours dissipée d'elle-même. Mais, à la fin, il fut obligé d'avoir recours à l'emploi de la sonde, qui ne produisit qu'un soulagement temporaire. Le spasme persista, et je fus appelé auprès du malade. Quand j'eus introduit la sonde, je fus obligé de comprimer la partie inférieure de l'abdomen pour faire sortir l'urine, car la vessie ne paraissait concourir que faiblement à l'expulsion de ce liquide. Je prescrivis l'application d'un vésicatoire sur la région lombaire ; ce moyen rendit à la vessie un peu de contractilité et diminua le spasme de l'urètre, mais l'amélioration fut peu considérable. Je fis alors appliquer un vésicatoire sur le périnée, ce qui amena la guérison immédiatement (*).

(*) Dans les cas d'inertie de la vessie, j'ai souvent réussi à l'aide d'injections d'eau froide, ou d'infusions aromatiques ; j'ai quelquefois obtenu de bons résultats de la cautérisation du col. Mais dans quelques circonstances je ne suis parvenu à rendre la contractilité à l'organe, qu'en tenant pendant quelque temps une sonde ouverte dans sa cavité. Ce dernier procédé est souvent avantageux lorsque la vessie a perdu son ressort à la suite d'une distension trop prolongée. Par là on empêche l'urine de s'accumuler dans ce viscère, qui revient alors sur lui-même, et qui finit bientôt par évacuer, lorsqu'en ôtant l'instrument, une certaine quantité de liquide à laquelle il n'est plus habitué vient de nouveau le stimuler.   P. RICORD.

CHAPITRE X.

DE LA RÉTENTION D'URINE ET DES OPÉRATIONS PRATIQUÉES DANS LE TRAITEMENT DE CETTE MALADIE.

Dans les cas de rétention complète de l'urine causée par un rétrécissement ou par tout autre obstacle qui s'oppose à l'introduction d'une sonde, lorsque tous les moyens recommandés jusqu'à présent sont impraticables, il faut faire une ouverture artificielle dans la vessie pour l'évacuation de l'urine. Cette ouverture peut être faite dans trois endroits différents, ce qui constitue trois méthodes dont chacune a eu ses partisans. On n'a point envisagé cette opération au point de vue de toutes les circonstances qu'elle peut présenter chez les différents malades, et de manière à offrir un guide aux jeunes chirurgiens dans les cas nombreux et variés qui peuvent se présenter. En effet, dans certaines conditions, l'opération convient mieux dans un endroit que dans les autres, et même il arrive quelquefois qu'il est presque impossible d'accomplir l'opération dans un endroit déterminé.

L'ouverture peut être faite d'abord au périnée, dans le point où l'on incise maintenant pour la pierre; secondement, au-dessus du pubis, dans l'endroit où l'on pratiquait autrefois l'opération de la taille; et troisièmement, au dedans du rectum, dans le point où la vessie est en contact avec l'intestin.

La première question qui se présente est celle-ci : laquelle de ces trois méthodes est la plus convenable, tant pour la sûreté du malade que pour l'évacuation du liquide et la facilité de l'opération, quand aucune circonstance particulière n'exclut l'une ou l'autre d'entre elles?

Au premier abord, on est porté à préférer la méthode qui consiste à inciser au-dessus du pubis, ou celle dans laquelle on perfore la vessie par le rectum; parce que la vessie est plus rapprochée du point où l'on opère dans ces deux méthodes que dans la première, et que les parties sont plus convenablement disposées pour l'opération que celles qui constituent la région périnéale, où il faut inciser au hasard. Mais ces deux méthodes, bien que plus favorables sous ce rapport dans certaines conditions, peuvent cependant devenir les moins convenables, car les parties sur lesquelles on opère sont sujettes à de plus grands changements que celles qui ont leur siège au périnée.

L'opération au-dessus du pubis devient impraticable lorsque le malade est très-gras, ou que la vessie n'est pas assez distendue pour s'élever au-dessus du pubis, ce qui est assez commun dans les maladies des organes urinaires.

Chez les sujets très-gras, l'épaisseur des tissus à diviser peut être de trois à quatre pouces; cette épaisseur rend l'opération non-seulement très-pénible, mais souvent même inadmissible, car elle empêche de constater avec précision les rapports de la tumeur produite par la vessie. Dans beaucoup de cas, la vessie est tellement malade qu'elle n'est susceptible que de peu de distension, et dans les cas de cette espèce, les symptômes de plénitude se manifestent de très-bonne heure, quelquefois même quand il ne s'est rassemblé dans la vessie que quelques onces d'urine. Mais si la rétention dure depuis un temps considérable, depuis vingt-quatre heures, par exemple, alors on peut supposer que la vessie s'est laissé distendre à un bien plus haut degré, et l'on peut, dans quelques cas, s'en assurer en introduisant le doigt dans le rectum.

Mais dans les cas où la vessie peut se distendre, et où les parties ont si peu d'épaisseur qu'elle peut être manifestement sentie au-dessus du pubis, je ne vois aucune objection sérieuse à ce qu'on opère dans cette région; et cette méthode a un avantage sur celle qui consiste à pénétrer dans la vessie par le rectum, c'est qu'il est plus facile de placer une sonde dans la vessie et de l'y maintenir, ce qui est nécessaire jusqu'à ce que la cause de la rétention d'urine soit détruite.

Il me paraît utile de faire connaître ici quelques précautions relatives au séjour de l'instrument dans la vessie, et d'indiquer celui auquel il faut donner la préférence. Ce doit être un tube creux, assez long pour atteindre jusqu'à la face postérieure de la vessie, car dans la contraction de la vessie, la partie antérieure de ce viscère se porte en arrière et en haut, vers son point fixe, en s'éloignant de l'abdomen, de sorte que sans la précaution indiquée, elle pourrait abandonner l'instrument qu'on a laissé dans sa cavité. Comme on ne peut déterminer d'une manière exacte la distance qui existe entre les téguments de l'abdomen et la face antérieure de la vessie, il peut arriver que la canule soit ou trop longue ou trop courte. Si elle est trop longue, son extrémité peut exercer une pression nuisible sur la face postérieure de la vessie, y produire une ulcération, et finir par pénétrer dans le rectum. Pour éviter cet accident, aussi bien que les inconvénients qui peuvent résulter du défaut de longueur suffisante de l'instrument et du retrait de la vessie de dessus son extrémité, il faut faire usage d'un tube recourbé, et le placer de manière que sa convexité réponde à la partie postérieure de la vessie. Cette partie ayant une large surface, et présentant une courbure à peu près semblable à celle du tube, on a moins à craindre que le contact de cet instrument n'y produise une lésion. On peut placer les ouvertures de la canule sur sa face concave.

Il est probable qu'il serait plus sûr et moins douloureux pour le malade de faire pénétrer de la vessie dans l'urètre l'extrémité recourbée de la sonde; c'est une opération très-praticable, et l'on sait que la présence d'un tel corps dans l'urètre n'entraîne aucun inconvénient. Une algalie ordinaire, introduite de cette manière, peut pénétrer assez loin pour que son pavillon vienne se placer presque en contact avec l'abdomen. Il suffit de placer une petite compresse pliée en plusieurs doubles entre l'algalie et l'abdomen ; ensuite, au moyen d'un ruban de fil fixé au pavillon de la sonde, on peut attacher cette dernière au corps ; ou bien, on peut employer une algalie courte, munie d'oreilles auxquelles le ruban de fil est attaché (*). Lorsque la sonde est restée quelque temps en place, l'ouverture artificielle devient permanente jusqu'à un certain point, de sorte qu'on peut retirer l'instrument de temps en temps et le nettoyer de la matière calculeuse qui peut s'y être attachée. Pour éviter cette partie de l'opération, on a recommandé de placer deux canules l'une dans l'autre, afin qu'on pût facilement retirer la canule interne pour la nettoyer, et l'introduire de nouveau ; mais dans la plupart des cas, il devient nécessaire également de retirer la canule externe, car sa surface extérieure doit aussi se recouvrir de matière calculeuse.

La méthode qui consiste à pénétrer dans la vessie par le rectum, doit trouver son application plus souvent que la précédente, car elle n'exige pas la même distension de la vessie, et il est probable que le seul obstacle qui puisse se présenter ici, c'est la tuméfaction de la prostate. Dans les maladies de l'urètre dont il est question, la glande prostate est souvent très-tuméfiée, et l'on conçoit que cette circonstance puisse jeter beaucoup d'incertitude sur le choix du point où l'on doit pratiquer la ponction. Dans ces cas, en effet, la prostate est dirigée en bas, vers l'anus, au-devant de la vessie, et c'est la première chose qui se présente au contact du doigt. Il faut donc mettre beaucoup de soin à distinguer la vessie de la prostate, et l'on ne peut y parvenir qu'en plaçant le doigt au delà de cette dernière, ce qui peut n'être pas praticable. Lors même qu'on peut pousser l'exploration jusque-là, il n'est pas toujours facile d'établir cette distinction, car la vessie épaissie et distendue peut être prise pour la continuation de la tumeur formée par la glande. Toutefois, si les conditions que j'ai signalées comme des obstacles à l'opération au-dessus du pubis existent, je pense qu'on doit donner la préférence à l'opération par le rectum ; car bien que la probabilité du succès ne soit pas plus grande en apparence dans l'une que dans l'autre des deux méthodes, cependant les chances sont en faveur de cette dernière.

Je dois cependant faire remarquer que les objections que je viens d'exposer ne se sont élevées dans mon esprit que par suite des connaissances que je puis avoir sur les maladies des organes génito-urinaires, et non d'après l'observation de cas de rétention d'urine présentant toutes les circonstances ci-dessus mentionnées.

(*) Lorsqu'on pratique l'opération qui nous occupe pour une rétention d'urine causée par un rétrécissement de l'urètre, on pourrait introduire une sonde par la vessie dans ce canal jusqu'au rétrécissement. Si l'on faisait pénétrer alors une canule droite dans l'urètre par son orifice externe, les deux instruments se trouveraient presque en contact, n'ayant que le rétrécissement entre eux. Un stylet, introduit par cette canule, serait dirigé jusque dans le bout de la sonde placée dans la vessie ; on pourrait ensuite faire passer, soit une bougie, soit une sonde.   JOHN HUNTER.

Le Dr Hamilton, de Kings-Lynn, en Norfolk, a rapporté dans les *Transactions philosophiques* (*) un cas de rétention complète d'urine par suite de rétrécissement, où aucun instrument ne put être introduit par les voies naturelles, et où une ponction fut pratiquée avec succès à la vessie par le rectum.

Ce qui porta le Dr Hamilton à opérer ainsi, ce fut la difficulté qu'on éprouva pour introduire la canule de la seringue dans le rectum. Ayant introduit son doigt dans l'anus, il trouva la vessie tellement saillante dans le rectum, qu'il conçut l'idée d'opérer dans cet endroit.

Le malade fut placé dans la même position que pour l'opération de la taille. Un trocart que l'on fit pénétrer sur le doigt dans l'anus, fut enfoncé dans la partie inférieure et saillante de la tumeur, suivant la direction de l'axe de la vessie, et lorsqu'on en retira le stylet, l'urine s'écoula par la canule. On introduisit alors une sonde droite dans la cavité de la canule, de peur que l'ouverture de la vessie n'abandonnât cette dernière ; ensuite, la canule fut retirée sur la sonde qui fut laissée en place jusqu'à ce que tout le liquide fût évacué, et qui fut ensuite retirée. Malgré cette perforation, la vessie retint l'urine comme à l'ordinaire, jusqu'à ce que le besoin d'uriner se fût fait sentir. Lorsque le malade voulut satisfaire ce besoin, l'ouverture artificielle de la vessie se rouvrit et le liquide s'échappa par l'anus. Il en fut ainsi pendant deux jours, au bout desquels l'urine commença à sortir par sa voie naturelle. Une bougie fut introduite dans la vessie par l'urètre, ce qui donna un libre écoulement à l'urine et rendit naturellement moindre la quantité de ce liquide qui sortait par l'anus, de telle sorte que six jours après l'opération, la totalité de l'urine s'écoulait par son canal naturel. Le malade continua l'emploi des bougies jusqu'à ce que le rétrécissement fût complétement dilaté.

Le Dr Hamilton fait remarquer qu'en général dans ces cas de rétention d'urine, le calomel et l'opium donnés à hautes doses se montrent plus efficaces que tous les autres moyens qu'il a essayés. Il est convaincu, d'après des essais répétés, que l'efficacité spécifique réside dans le calomel, car de fortes doses d'opium données seules sont restées sans effet mais il ne dit pas si le calomel réussit seul. Il prescrit dix grains de calomel avec deux grains d'opium, à répéter au bout de six heures si aucun effet n'a été produit à cette époque ; et il ajoute qu'il a été rarement obligé de donner une troisième dose.

Cette méthode de faire la ponction de la vessie fut conseillée pour la première fois par Fleurant, chirurgien de la Charité à Lyon, dans l'année 1750. L'opération fut pratiquée à cette époque, et Pouteau en donna la description en 1760, avec l'histoire de trois cas dans lesquels l'opération avait été exécutée par Fleurant. L'idée d'opérer par le rectum fut suggérée à ce dernier de la même manière qu'au Dr Hamilton. Ayant introduit le doigt dans le rectum pour explorer l'état de

(*) Philosophical transactions for the year 1776, T. LXVI, p. 578.

la vessie, dans un cas où il se disposait à pénétrer dans ce viscère par le périnée, il trouva la vessie tellement proéminente en cet endroit et si bien à la portée des instruments, qu'il changea immédiatement d'avis et opéra dans ce point. Il évacua l'urine très-facilement et maintint la canule en place au moyen d'un bandage en T, jusqu'à ce que l'urine eût repris son cours naturel; ensuite il retira l'instrument, et les suites de l'opération furent heureuses. Mais le malade fut gravement incommodé par la présence de la canule au moment des garde-robes et par l'écoulement constant de l'urine à travers cette canule. Le D' Hamilton évita ces inconvénients en retirant la canule aussitôt après l'évacuation de l'urine. Cette pratique eut un autre effet également utile; c'est que l'urine fut retenue dans la vessie jusqu'à ce que le stimulus de plénitude se fût fait sentir, et alors elle s'écoula par l'ouverture artificielle comme par un conduit naturel. Si cette dernière circonstance est un effet constant de la ponction de la vessie par le rectum, on doit reconnaître que c'est un résultat inattendu qui n'aurait pas pu être prévu par la théorie (*).

Chez un autre malade de Fleurant, la canule fut maintenue dans l'anus et dans la vessie pendant trente-neuf jours sans aucun inconvénient, de sorte que cette partie de l'opération ne peut être l'objet d'une objection sérieuse. Pouteau a cité un cas dans lequel il a pratiqué cette opération en 1752, et le malade est mort (**). Il s'exprime ainsi : « Je fus appelé pour voir un homme du peuple atteint d'une rétention d'urine si rebelle et si violente, qu'il y avait déjà des symptômes de ce que l'on appelle un reflux d'urine dans le sang; aussi le mal durait-il depuis plus de trois jours. Un empirique, aux soins duquel ce malade avait été confié, après avoir donné sans doute, et fort mal à propos, des diurétiques très-forts, s'était aussi enhardi à le sonder. Il me parut vraisemblable que ses tentatives, qui avaient d'abord été sans succès, ne pouvaient qu'avoir augmenté le mal; une sonde ne pouvait être conduite dans ces parties par des mains ineptes sans y accroître l'inflammation; aussi, ne fis-je que très-peu d'efforts pour tenter d'entrer dans la vessie par cette voie, qui me paraissait bien malade tant par l'effusion de sang que par les signes de la douleur la plus forte : je me déterminai aussitôt, comme ci-devant, et je plongeai mon trocart par le rectum jusque dans la vessie. Le succès en fut d'abord le même; j'évacuai parfaitement toute l'urine, et je laissai la canule une nuit et un jour, pendant lequel temps il découla sans cesse de l'urine. Le tout se passa sans aucun accident que l'on pût soupçonner être relatif à l'opération, et la mort, qui la suivit un jour après, en fut entièrement indépendante. »

On doit supposer avec Pouteau, que la mort de ce malade fut le résultat, non de l'opération, mais de ses maladies antécédentes.

(*) Reid, chirurgien à Chelsea, a publié, en 1778, un cas de rétention d'urine avec une description de cette opération.   JOHN HUNTER.

(**) Pouteau, *Mélanges de chirurgie*, Lyon, 1760, p. 506 à 508.

On a cité les poches appelées vésicules séminales et les vaisseaux hémorroïdaux comme des parties qui sont exposées à être lésées dans l'opération, et qui, par conséquent, doivent être une cause de préoccupation pour le chirurgien. Mais en admettant que l'une ou l'autre de ces parties soit lésée, il ne peut en résulter rien de grave. Pour éviter les vésicules séminales, on a recommandé de faire la ponction dans un point élevé, exactement à la partie moyenne de la vessie; par là, on opère en même temps sur l'endroit où les vaisseaux hémorroïdaux sont le moins volumineux, et où par conséquent leur lésion a le moins d'importance.

Il résulte de l'observation suivante, qui m'a été envoyée par un médecin, qu'une communication entre la vessie et le rectum ne constitue qu'un simple inconvénient, et même un inconvénient beaucoup moins grand qu'on ne serait porté à le croire.

« Relativement au matelot qui rendait son urine par le rectum, j'ai examiné le peu de notes que j'ai conservées, mais je n'ai pu trouver les remarques que j'avais faites sur lui; toutefois, comme ce cas était curieux, il me frappa, et je me rappelle que le malade me dit que quelques années auparavant (c'était à l'hôpital de Madras, en décembre 17..), il avait eu une maladie vénérienne qui s'était montrée très-violente et très-opiniâtre; que son urine s'était écoulée par l'anus, mais que cette voie anormale s'étant fermée, elle avait repris son cours ordinaire par la verge, et qu'elle avait continué à sortir naturellement jusqu'au moment où il avait contracté la maladie de nouveau; alors l'urine prit son cours une seconde fois par l'anus, et continua ainsi pendant plusieurs années. Lorsque cet homme fut confié à mes soins pour la première fois, à l'hôpital de Bombay, en février 1779, il n'éprouvait aucune douleur ni aucune incommodité de cette manière de rendre son urine. Lorsqu'il avait besoin d'uriner, il s'accroupissait. Souvent je l'ai fait se coucher sur la poitrine, ayant les cuisses fléchies sur l'abdomen, et le jet d'urine sortait de l'anus avec beaucoup de force (*). »

Il est des cas où, par suite d'abcès qui se sont formés entre la vessie

(*) On lit dans l'édition de Home : « John Conway, matelot appartenant au Saint-Antonia, entra à l'hôpital Haslar, le 24 novembre 1770, pour une syphilis constitutionnelle. Outre les symptômes ordinaires de cette maladie, il était affecté d'une communication entre la vessie et le rectum, qui durait depuis quatre mois. Quand il voulait uriner, le liquide s'écoulait à la fois par l'urètre et par l'anus, sortant par cette dernière ouverture en un jet peu volumineux qui fournissait souvent jusqu'à une chopine de liquide. L'urine s'écoulait aussi en grande quantité par l'anus quand le malade allait à la garde-robe, bien qu'alors il n'en sortît point par l'urètre. Dans le commencement de la maladie, quelques fragments de chairs mortes, disait le malade, étaient sortis par le rectum; mais quand il entra à l'hôpital, il n'y avait ni douleur, ni suppuration dans cet organe, et l'urine passait sans faire éprouver aucune souffrance. Il n'y avait jamais eu extérieurement aucun orifice fistuleux communiquant avec la vessie ou le rectum, et quand le malade était tourmenté par des gaz dans les intestins, il ne remarquait point qu'il s'échappât aucun gaz par l'urètre. »

et le rectum, et qui ne se sont point cicatrisés, il y a passage réciproque des matières contenues dans ces deux cavités.

Il me reste à parler de la ponction par le périnée. L'oblitération de l'urètre, qui s'oppose au passage de l'urine, empêche le chirurgien, dans la plupart des cas, d'introduire un instrument, et le prive des avantages qu'il pourrait retirer d'un tel guide dans l'opération. Cependant, il peut se trouver des cas où en incisant l'urètre au delà du rétrécissement, l'urine s'écoule par la plaie. Mais cette incision elle-même doit être faite sans aucun guide, et exige une connaissance exacte et complète des parties sur lesquelles on doit opérer. Si l'obstacle reconnaît pour cause le développement morbide de la portion valvulaire de la prostate (luette vésicale), on peut faire pénétrer un cathéter jusqu'à la tumeur et inciser dessus comme pour la pierre, en faisant seulement une incision plus petite, et en se servant d'un petit gorgeret ou d'un trocart d'une forme particulière, qu'on peut faire pénétrer le long du cathéter et de là jusque dans la vessie; car bien que le cathéter ne pénètre pas dans ce viscère, la distance qui reste à franchir sans guide est bien petite. Lorsque ce procédé opératoire ne peut être mis en usage, on peut faire au périnée, avec une lancette à abcès, une incision étroite et profonde dirigée vers la vessie. Le chirurgien enfonce la pointe du trocart dans cette ouverture, et en même temps il introduit le doigt indicateur de l'autre main dans l'anus, pour lui servir de guide, tant pour la direction à donner à l'instrument que pour éviter la perforation du rectum. Avec ces précautions, on ne peut commettre d'erreur grave.

Je dois avouer toutefois que je n'ai pas vu un assez grand nombre de cas pour pouvoir décrire toutes les variétés qui se présentent dans la pratique ordinaire, et par conséquent pour pouvoir indiquer tous les avantages et tous les inconvénients de chaque méthode (*).

(*) Dans les cas de rétention d'urine par suite d'un rétrécissement, il est toujours plus prudent d'inciser l'urètre que de perforer la vessie. La vessie est plongée dans un tissu cellulaire lâche qui l'enveloppe de toutes parts et qui est nécessairement lésé dans la ponction de la vessie, quel que soit le point sur lequel l'opération est pratiquée. Or, une telle plaie ne peut être faite sans un grand danger, parce que l'urine pénètre dans ce tissu cellulaire lâche, s'y infiltre souvent et peut produire des escarres et des abcès étendus. Ces accidents ne sont point une conséquence rare de la ponction de la vessie, et ils sont presque toujours mortels. L'incision de l'urètre n'est pas accompagnée des mêmes dangers, parce que le tissu cellulaire du périnée est ordinairement chargé de graisse, et que, dans tous les cas, la sortie de l'urine est directe et facile; et lors même qu'à la suite de cette opération il se forme un abcès, cet abcès est voisin de la surface du corps et on peut l'ouvrir avec la plus grande facilité.

Dans l'état naturel des parties, les parois de l'urètre sont affaissées, et il n'est pas facile de trouver ce canal si quelque instrument n'y a été introduit préalablement pour servir de guide. Mais dans les cas de rétention d'urine par suite de rétrécissement, l'urètre est toujours considérablement dilaté entre la coarctation et la vessie, et la même difficulté n'existe plus. Comme le siége du rétrécissement est variable, le procédé opératoire doit aussi varier un peu.

Quand le rétrécissement est situé au-devant du bulbe, la dilatation de l'urètre en

§ I. *Du séjour prolongé des sondes dans l'urètre et dans la vessie.*

Dans les cas d'affaiblissement de la vessie, dans ceux où les sondes ne passent qu'avec difficulté ou avec une grande incertitude, dans ceux où il faut les introduire fréquemment et pendant un assez long espace de temps, il est nécessaire de laisser un instrument dans l'urètre et dans la vessie, afin de donner un libre écoulement à l'urine. Une algalie ordinaire ou une sonde de gomme élastique est l'instrument qui paraît convenir le mieux, mais cet instrument doit être fixé dans le canal; on y parvient en attachant son extrémité externe à quelque corps extérieur, ainsi que je vais le décrire. Quand l'algalie est bien placée dans la vessie, son extrémité extérieure doit être portée en bas, de manière qu'elle soit presque sur la même ligne que le tronc. Pour la maintenir dans cette position, on peut se servir de la ceinture d'un suspensoir, munie de deux sous-cuisses qui y sont fixés ou seulement accrochés, et qui contournent chaque cuisse d'arrière en avant, pour remonter sur les côtés du scrotum et venir s'attacher à la ceinture, dans les points où les montants de la poche du suspensoir sont ordinairement fixés. Un ou

arrière de l'obstacle se perçoit distinctement au périnée, surtout quand le malade fait les efforts pour uriner. Dans cet état des choses, rien n'est plus facile que d'ouvrir la portion dilatée du canal avec une lancette ordinaire.

Mais le rétrécissement a beaucoup plus souvent son siége dans le point où la portion membraneuse de l'urètre se continue avec le bulbe. Alors la difficulté est plus grande. Cependant, la portion dilatée de l'urètre peut être sentie en général par le rectum, et même, plus ou moins distinctement, au périnée; et si l'on fait une incision préalable dans les parties superficielles, comme pour la taille, on peut l'atteindre et l'ouvrir. L'opérateur peut trouver quelque avantage à introduire dans l'urètre, jusqu'au rétrécissement, une sonde qui lui indiquera la direction du canal; mais son principal guide doit être le pubis, puisque, dans le cas qui nous occupe, la partie où l'on doit pratiquer l'ouverture est située immédiatement au-dessous de la symphyse.

Quand le rétrécissement est situé encore plus en arrière, c'est-à-dire, près du sommet de la prostate, il peut être impossible de sentir aucune dilatation; alors, il faut modifier l'opération. On introduit d'abord un cathéter dans l'urètre, et on le fait pénétrer jusqu'au rétrécissement. On pratique ensuite une petite incision sur la cannelure du cathéter auprès de sa pointe, et cela permet à l'opérateur d'introduire une sonde cannelée, qui peut être poussée jusqu'au rétrécissement, et à laquelle il est facile de faire franchir l'obstacle. Cela fait, il n'est pas difficile de faire passer une algalie au travers du rétrécissement dans la vessie, et d'évacuer l'urine.

Ces procédés opératoires ne sont point applicables aux cas où l'obstruction est causée par une tuméfaction de la prostate. Dans ce dernier cas, l'orifice de l'urètre est fermé, et il ne pénètre pas une goutte d'urine dans ce canal; cependant, même la ponction de la vessie offre plus de dangers que la perforation de la prostate enflammée. On peut introduire une sonde d'argent à travers la prostate jusque dans la cavité de la vessie; on a eu recours à cette pratique dans plusieurs occasions, et elle n'a été suivie ni d'accidents graves, ni même d'inconvénients sérieux. Quelquefois l'ouverture ainsi faite reste béante; d'autres fois elle paraît se fermer, et l'urine est évacuée de la même manière qu'avant l'opération, et avec la même facilité.

G. G. B.

deux petits anneaux peuvent être adaptés à chaque sous-cuisse à la hauteur du scrotum ou de la racine de la verge. Au moyen d'un ruban de fil, on attache l'extrémité de l'algalie à ces anneaux, et l'instrument se trouve ainsi solidement fixé dans la vessie. Enfin, on prend un morceau de linge de quatre à cinq pouces de long ayant un trou à l'une de ses extrémités; on l'adapte à l'extrémité externe de l'algalie, et l'on fait pendre son extrémité libre dans un bassin placé entre les cuisses du malade; ce linge a pour objet d'entraîner l'urine qui adhère à l'instrument et d'empêcher que le malade ne se mouille. On peut atteindre le même but en plaçant dans l'algalie un tube recourbé.

Par ce moyen, la vessie ne se distend jamais, et quand le malade a besoin de la vider en partie, il n'a qu'à contracter ses muscles abdominaux; une grande quantité d'urine s'échappe à chaque contraction.

Lorsque la vessie commence à recouvrer son action, le malade remarque que l'envie d'uriner se fait sentir, et, dans ce moment, l'urine s'écoule sans qu'il ait besoin de contracter ses muscles abdominaux. Quand l'émission de l'urine se fait facilement de cette manière, on peut retirer la sonde, et le malade peut ensuite uriner sans le secours d'aucun instrument. Si l'on est obligé de garder la sonde pendant un temps très-long, la présence de cet instrument amène la production d'une grande quantité de glaires et de mucosités dans l'urètre et dans la vessie; mais je crois que cela n'a aucune importance. J'ai vu une sonde rester ainsi en place pendant cinq mois sans inconvénient.

Dans tous les cas où il est nécessaire de tenir un corps étranger très-longtemps dans la vessie, soit à travers une ouverture artificielle, soit par l'intermédiaire du canal de l'urètre, il est utile de le retirer quelques jours après sa première introduction et d'examiner s'il ne se recouvre point à sa surface externe de la matière calculeuse de l'urine, ou si cette matière ne se dépose point dans sa cavité. Si, après quelques jours de séjour dans la vessie, il ne s'est formé aucun dépôt calculeux à sa surface, on ne doit plus avoir de crainte à ce sujet; mais si, comme il arrive souvent, il s'est recouvert d'une incrustation abondante, il sera nécessaire de le retirer de temps en temps pour le nettoyer. Le meilleur moyen de nettoyer l'instrument consiste à le plonger dans du vinaigre, qui ne tarde point à dissoudre la matière calculeuse.

§ II. *De l'accroissement de force (hypertrophie) de la vessie.*

Dans les maladies qui ont été décrites précédemment, la vessie, étant obligée de fonctionner plus qu'à l'ordinaire, est presque constamment dans un état d'irritation et d'action; il résulte de là, d'après une propriété qui est commune à tous les muscles, que sa tunique musculeuse devient de plus en plus forte.

Je soupçonne que cette tendance à acquérir une plus grande force par la répétition de l'action, est plus prononcée dans les muscles involontaires que dans ceux qui sont soumis à la volonté; et la raison de ce fait me paraît très-évidente : dans les muscles involontaires, en effet, faut que la puissance soit, dans tous les cas, capable de surmonter la résistance, car la puissance accomplit toujours quelque action naturelle et nécessaire. Ainsi, toutes les fois qu'une maladie produit une résistance insolite dans les parties involontaires, si la puissance n'est pas accrue en proportion, la maladie devient formidable. Au contraire, pour les muscles volontaires, cette nécessité n'existe point, parce que la volonté peut s'arrêter toutes les fois que les muscles ne peuvent exécuter ce qu'elle leur commande. Si la volonté est assez malade pour ne pas s'arrêter, la puissance ne s'accroît point dans les muscles volontaires en proportion de la résistance.

J'ai vu la tunique musculeuse de la vessie présenter une épaisseur de près d'un demi-pouce; ses faisceaux étaient si forts, qu'ils formaient des crêtes saillantes à la surface interne de sa cavité (*). J'ai vu aussi ces faisceaux extrêmement minces; je les ai même vus manquer dans quelques parties de la vessie, de sorte que la tunique interne faisait hernie entre les autres faisceaux et formait de petites poches (**). Ces poches se forment parce que les parties minces des parois ne peuvent soutenir les actions des parties les plus robustes, comme il arrive dans les hernies qui sont produites soit à l'ombilic, soit aux anneaux de l'abdomen.

§ III. *De la dilatation des uretères.*

Il arrive quelquefois que l'irritation produite par la distension de la vessie et la difficulté que ce viscère éprouve à expulser le liquide qu'il contient sont si grandes, que l'urine ne peut passer librement des uretères dans sa cavité; il en résulte une dilatation anormale des uretères. Le bassinet et les calices des reins se dilatent également. Mais je ne saurais décider si la dilatation des uretères et du bassinet est réellement due à une cause mécanique, ou s'il ne s'y développe pas une disposition à la dilatation ayant son origine dans le stimulus qui émane de la vessie. Dans quelques cas anciens où la vessie était devenue très-épaisse et avait agi très-longtemps avec une grande violence, les mamelons avaient participé à la maladie, au point que la surface de ces éminences, et peut-être même les organes sécréteurs des reins, produisaient du pus; de sorte que l'urine sécrétée était accompagnée de pus provenant d'une irritation qui avait son siége dans toutes ces parties.

(*) On a cru longtemps que cette disposition était due à une maladie de la vessie; mais, à l'examen des pièces, j'ai trouvé les parties musculeuses saines et très-distinctes; elles avaient seulement augmenté de volume en proportion de la force qu'elles avaient eue à exercer; et cet état n'était point l'effet de l'inflammation, car, lorsqu'il en est ainsi, les parties sont confondues en une masse dans l'épaisseur de laquelle on ne peut les distinguer les unes des autres. — JOHN HUNTER.

(**) Telle est peut-être la cause qui fait qu'on trouve souvent les calculs vésicaux dans une poche : car dans les cas où il y a une pierre, la vessie devient souvent très-puissante, par suite des violentes contractions auxquelles elle se livre tant à cause de l'irritation que la pierre exerce sur ses parois, que parce que celle-ci se place souvent à l'orifice de l'urètre au moment de l'émission de l'urine. — JOHN HUNTER.

Dans les cas ci-dessus indiqués, l'urine est généralement décomposée avant même qu'elle soit rejetée hors de la vessie, et comme le linge des malades est constamment mouillé par l'écoulement presque continuel de l'urine, il en résulte une odeur très-fétide, et il est presque impossible de tenir les malades propres.

§ IV. *De l'irritabilité de la vessie, indépendante de toute obstruction au passage de l'urine.*

Il est une autre maladie de la vessie, qui est liée au sujet qui nous occupe, et qui consiste dans une irritabilité extrême de ce viscère, qui n'est plus susceptible de sa distension habituelle. Les symptômes de cette maladie ressemblent beaucoup à ceux qui proviennent d'un obstacle au cours de l'urine dans l'urètre, mais avec cette différence que, dans la maladie dont il est question ici, l'urine coule facilement, parce que l'urètre obéit et se relâche. Cependant, il y a souvent des efforts considérables après que l'urine a été expulsée entièrement, parce que la tunique musculeuse de la vessie continue encore à se contracter.

L'irritabilité de la vessie naît souvent de causes locales, comme une pierre, un cancer ou des tumeurs qui se forment à sa surface interne. Dans les cas de cette espèce, les efforts sont violents, car la cause est toujours présente et donne sans cesse le stimulus de quelque chose qui doit être expulsé. La vessie se contracte sans relâche jusqu'à ce que, fatiguée comme dans les cas de simple irritabilité, elle tombe dans un calme momentané. Mais ce repos est de peu de durée, car l'urine ne tarde point à s'accumuler de nouveau.

Cette maladie finit par amener la mort, en donnant naissance à la fièvre hectique.

§ V. *Traitement de la simple irritabilité de la vessie.*

Quand les symptômes proviennent de l'irritabilité seulement, et non de la présence d'un calcul ou de quelque maladie locale, la nature de l'affection peut d'abord ne pas se montrer d'une manière évidente. Toutefois, on peut procurer un soulagement temporaire par l'emploi de l'opium, qui est très-efficace dans les cas récents et légers, et dont les effets sont d'autant plus prononcés qu'on l'applique plus près de l'organe malade, de sorte qu'on peut l'administrer en lavements aussi bien que par la bouche (*).

Toutefois, je suis porté à accorder plus de confiance à un vésicatoire appliqué soit au périnée, soit sur la région lombaire, soit enfin sur la partie supérieure du sacrum, si on le jugeait plus convenable, qu'à tout autre moyen.

Dans tous les cas où la vessie est le siége d'une irritation, le malade ne devrait jamais s'efforcer de retenir son urine après que le besoin de la rendre s'est fait sentir. Ces tentatives sont douloureuses pour la vessie

---

(*) On lit en outre dans l'édition de Home : « J'ai vu le petit-lait aluminé produire de bons effets. »

dont elles augmentent l'irritabilité ; et je suis porté à croire que cette circonstance, même quand les organes urinaires sont sains, est souvent une cause prédisposante de maladie pour la vessie et l'urètre. J'ai vu plusieurs fois cette mauvaise habitude produire un rétrécissement spasmodique de l'urètre chez des individus bien portants, et elle est souvent une cause immédiate de strangurie chez les sujets qui sont atteints de rétrécissement ou qui ont une disposition aux spasmes des voies urinaires.

Un homme qui se portait parfaitement bien fut pris, pour avoir résisté au besoin d'uriner tandis qu'il était au spectacle, de tous les symptômes de l'irritabilité de la vessie. Ces symptômes persistèrent pendant plusieurs années, et le firent beaucoup souffrir.

§ VI. *De la paralysie des muscles accélérateurs de l'urine* (bulbo-caverneux).

Dans beaucoup d'irritations de la vessie, non-seulement l'urètre se relâche directement par l'effet du besoin d'uriner qui est perçu dans ce viscère, ainsi que je l'ai dit, mais encore les muscles volontaires de l'urètre peuvent se paralyser, de sorte que la volonté ne peut plus leur commander de se contracter pour prévenir les inconvénients d'une évacuation immédiate de l'urine. Si l'on essaye de retenir le liquide, ce qui est un acte de la volonté, les efforts sont vains ; les accélérateurs n'obéissent point, et l'urine s'écoule.

Un vésicatoire appliqué sur le périnée est d'une grande utilité pour dissiper cette maladie.

CHAPITRE XI.

DE L'ÉCOULEMENT DU MUCUS NATUREL DES GLANDES DE L'URÈTRE.

Les glandules de l'urètre et les glandes de Cowper sécrètent un mucus glaireux qui ressemble à du blanc d'œuf non coagulé. Ce mucus se montre rarement au dehors et ne s'écoule de l'urètre en quantité notable que lorsqu'on se livre à des pensées lascives; son écoulement n'attire guère l'attention que des hommes qui, éprouvant la crainte de voir se manifester une gonorrhée ou s'imaginant que leur dernière maladie n'est pas entièrement dissipée, sont tenus dans une frayeur constante par cet écoulement naturel. Quelquefois il se montre en assez grande quantité pour former des taches sur la chemise, mais ces taches sont incolores; souvent, après certains jeux qui ont excité des désirs, les lèvres de l'orifice urétral sont comme agglutinées ensemble par ce mucus desséché, et cet aspect fait naître des alarmes qui ne sont point fondées. Bien que la production de ce mucus ne soit qu'un phénomène naturel, et qu'il soit sécrété, dans tous les cas, sous la même influence qui le produit normalement, on doit reconnaître qu'il est formé en quantité beaucoup plus considérable dans certains cas de débilité qui dépendent de l'imagination; c'est une chose qu'il n'est pas facile de s'expliquer. Il semble que la lutte entre l'imagination et le corps en rende la sécrétion plus active, car on ne peut pas voir, dans cet accroissement de sécrétion, une maladie des parties sécrétantes.

De l'écoulement des liquides sécrétés par la prostate et par les vésicules séminales.

On considère cette affection comme la conséquence d'une maladie vénérienne de l'urètre; mais on ne saurait dire jusqu'à quel point cette opinion est vraie, et il est très-probable qu'il n'en est rien. Cette affection est caractérisée par l'écoulement d'un mucus qui sort de l'urètre et qui, en général, s'échappe avec les dernières gouttes d'urine, principalement lorsque la vessie est dans un état d'irritabilité, mais plus abondamment encore au moment des garde-robes, surtout quand il y a de la constipation; alors, en effet, les efforts ou les actions des muscles qui avoisinent les parties génitales sont plus énergiques. La matière de cet écoulement a été regardée généralement comme du sperme, et la maladie a été appelée *une faiblesse séminale;* mais il résulte d'un grand nombre d'expériences et d'observations que cette matière n'est certainement point de la semence. C'est tout simplement du mucus qui est sécrété, soit par la prostate, soit par les poches qu'on a improprement nommées vésicules séminales, soit par la prostate et les vésicules séminales à la fois. Il ne sera point sans utilité d'indiquer ici les caractères distinctifs de ces deux liquides. La matière de l'écoulement en question n'est point de la même couleur que le sperme ; sa coloration est exactement la même que celle du mucus de la prostate et des vésicules dites séminales ; elle n'a point non plus la même odeur, et même elle est presque complétement inodore ; la quantité qui en est évacuée en une seule fois est souvent beaucoup plus considérable que les plus abondantes émissions possibles de sperme, et son évacuation se reproduit plus souvent que cela ne pourrait avoir lieu si c'était du liquide spermatique. Cette maladie attaque souvent les vieillards, chez qui on ne peut guère supposer qu'il se fasse une abondante sécrétion de sperme ; et l'on remarque que les sujets qui en sont atteints sécrètent et évacuent naturellement la semence aussi bien qu'auparavant. Lorsque l'esprit est dans une condition favorable, cet écoulement peut se produire immédiatement après une évacuation de semence, aussi bien qu'auparavant, ce qui ne pourrait avoir lieu si l'écoulement morbide était un écoulement séminal. En outre, si les sujets qui sont atteints de cette maladie n'ont pas de relations sexuelles, ils sont sujets à des pollutions nocturnes causées par l'imagination, comme les hommes qui sont dans un état de santé parfaite ; et la plupart des malades, lorsqu'ils sont informés de ces circonstances, reconnaissent eux-mêmes que le liquide qu'ils perdent n'est point du sperme (*).

L'état morbide d'où dépend cet écoulement est fort obscur : y a-t-il simplement sécrétion plus abondante qu'à l'ordinaire de ce mucus, ou bien l'écoulement est-il dû entièrement à une action anormale et insolite des organes ? Si cette dernière manière de voir doit être adoptée, il n'est pas facile d'expliquer pourquoi ces organes sont mis en action quand les muscles abdominaux, la vessie et le rectum agissent pour l'expulsion des matières contenues dans la cavité de ces deux derniers viscères. Il est évident que les actions les plus violentes des parties qui viennent d'être nommées sont nécessaires pour la production de cet écoulement ; car il ne survient point avec les premiers jets d'urine, ni ordinairement avec les garde-robes faciles.

L'écoulement qui nous occupe étant considéré comme une perte séminale, on a pensé qu'il provenait d'une faiblesse des organes de la génération ; et comme des émissions naturelles de semence fréquemment répétées affaiblissent ordinairement, on a admis, en conséquence, que cet écoulement devait aussi affaiblir beaucoup ; et l'imagination agissait si fortement sur les malades, qu'ils se croyaient réellement affaiblis. Je ne

(*) On lit dans l'édition de Home : « Un homme est atteint d'un écoulement de mucus qui se reproduit souvent ; le mucus s'échappe de l'urètre, soit avec les dernières gouttes d'urine, soit pendant les garde-robes ; mais cet écoulement n'a point lieu après les relations sexuelles. »

prétends point décider si la cause de cet écoulement est capable d'affaiblir; mais je crois que l'écoulement en lui-même ne peut point produire un tel effet. La crainte et l'anxiété de l'esprit peuvent débiliter réellement un malade. Dans tous les cas de cette espèce que j'ai observés, l'esprit était plus affecté que le corps.

D'après ma propre expérience, il n'est guère de médicament ni de régime de vie que je puisse recommander pour le traitement de cette maladie. Dans un cas, j'ai retiré de grands avantages de l'usage interne de la ciguë.

L'idée qu'on s'est faite de cette affection a amené la pratique qui est généralement recommandée, et qui consiste à faire prendre des médicaments fortifiants de toute espèce; mais je n'ai jamais vu ces moyens produire aucun bon effet, et je serais plutôt porté à prescrire un traitement adoucissant afin de prévenir toute action violente. On peut modérer l'écoulement, et probablement amener à la fin la guérison, au moyen de légères purgations (*).

(*) Sans partager les idées de Hunter sur les fonctions des vésicules séminales qui sont bien les réservoirs du sperme, ainsi que l'ont prouvé d'une manière incontestable toutes les recherches qui ont été faites depuis lui, j'adopte presque complètement sa manière de voir sur les pertes séminales. L'observation journalière m'a prouvé que les cas de spermatorrhée réelle sont moins fréquents qu'on n'a bien voulu le dire dans ces derniers temps. La plupart des malades ou des hypocondriaques que j'ai eu l'occasion de voir en si grand nombre, ne rendaient que du mucus absolument privé d'animalcules et des autres caractères du sperme. Je sais que dans quelques circonstances le contraire a pu être observé; mais ce fait est aussi rare qu'on l'a cru fréquent.

Sans doute il est des hommes qui perdent le sperme avec une très-grande facilité; une idée lascive, le moindre contact, la timidité unie à de vifs désirs près des femme, les premiers rapports sexuels, amènent des éjaculations sans que l'union des sexes ait été nécessaire ou même possible; comme aussi la continence prolongée, le décubitus dorsal, quelques excitations des voies digestives, etc., sont la cause des pollutions nocturnes chez beaucoup de sujets. Mais de là au tableau un peu trop chargé qu'on nous a fait récemment, il y a une immense distance; et les écrits sur la spermatorrhée n'ont fait que confirmer ce qu'a dit Montesquieu, que « si les médecins effrayent par la description qu'ils donnent des maladies, ils rassurent bientôt en proclamant un remède certain. »

Quoi qu'il en soit, ceci ne s'applique qu'à l'exagération d'une idée qui, mise à la connaissance du public, a créé, dans ces derniers temps, une véritable épidémie de spermatophobes, hommes tourmentés, hypocondriaques, sombres, vétilleux, et chez lesquels la cautérisation du col de la vessie ne parvient pas toujours à guérir le cerveau.

En résumé, sans le grand nom de M. Lallemand, et, par-dessus tout, sans les observations remarquables que ses deux volumes sur les pertes séminales renferment, je me serais demandé avec Hunter, si de semblables écrits ne sont pas plus nuisibles qu'utiles; mais je le répète, afin qu'on ne me prête pas des idées que je n'ai point, si je défends la lecture de ces écrits aux gens du monde, je ne saurais trop la recommander à l'attention des praticiens. P. RICORD.

CHAPITRE XII.

DE L'IMPUISSANCE.

Quelques personnes attribuent cette affection à l'onanisme pratiqué dans un âge peu avancé ; mais, dans beaucoup de cas, il est fort difficile de déterminer jusqu'à quel point une telle manière de voir est exacte. Et en effet, si l'on examine attentivement ce sujet, il semble que la maladie en question est beaucoup trop rare pour avoir sa cause dans un vice si commun.

Il est douteux qu'il soit utile à la société d'attribuer l'impuissance à l'onanisme, d'autant plus que cette pratique vicieuse est suivie le plus souvent, dans un âge où l'on fait peu d'attention aux conséquences possibles des choses mêmes qui flattent moins les sens. Mais ce que je puis affirmer, c'est que parmi les sujets qui sont atteints de la maladie qui nous occupe, il en est beaucoup pour qui cette idée est très-pénible, et c'est une consolation pour eux de savoir que leur maladie peut être due à d'autres causes. Je suis convaincu que les livres qui ont été écrits sur ce sujet ont fait plus de mal que de bien (*).

Dans les cas de cette espèce que j'ai eus à soigner, bien que les malades eux-mêmes fussent très-disposés à attribuer leur maladie à la cause qui vient d'être indiquée, cependant rien ne portait à croire qu'ils se fussent livrés à cette pratique plus que les autres ; et même le cas le plus grave que j'aie jamais vu est celui d'un homme qui s'était très-peu livré à la masturbation, et beaucoup moins que cela n'arrive ordinairement chez les jeunes garçons (**).

Rien n'affecte aussi péniblement l'esprit d'un homme que la pensée de son incapacité à remplir les fonctions de son sexe. Si son scrotum est pendant, il en est tourmenté ; il s'imagine aussitôt que cette circonstance doit lui ôter la faculté d'accomplir l'acte dont il s'enorgueillit le plus. Il est certain que le relâchement et la contraction du scrotum décèlent jusqu'à un certain point l'état de la constitution, mais ils indiquent l'état de l'ensemble de la constitution et non celui des parties génitales en par-

(*) Il est certain que beaucoup de collégiens se rappellent le peu d'influence répressive qu'a eue sur eux la lecture de Tissot ; cependant, depuis cet auteur remarquable, on n'a rien fait de mieux que le livre de M. Deslandes, dont on peut à coup sûr recommander la lecture, au moins aux médecins. P. RICORD.

(**) On lit dans l'édition de Home : « Ce vice est surtout dangereux par la fréquence de la répétition, car on peut se livrer à la masturbation à tout moment et sans avoir besoin d'attendre une occasion. »

ticulier. Les garde-malades savent si bien que la contraction des bourses est un signe de santé chez les enfants qui sont confiés à leurs soins, qu'elles ne manquent jamais d'y faire attention ; or, le relâchement de cette partie, chez les enfants, ne peut provenir d'une incapacité plus grande dans un temps que dans un autre pour l'acte de la génération. L'expression de la figure est un des signes qui décèlent l'état général de la constitution ; et elle a tout autant de liaison avec cet acte particulier que l'aspect du scrotum. Quoi qu'il en soit, on doit convenir que cette partie est généralement beaucoup plus lâche, même chez les jeunes sujets qui sont en bonne santé, qu'il n'a dû entrer dans les intentions de la nature. Mais comme cette disposition est très-générale, je suppose qu'elle provient de ce que les bourses sont tenues trop chaudement, et de ce que les muscles n'acquièrent que peu de force, parce que cette partie étant toujours soutenue, ils n'ont presque aucune action. Je n'ai pas été à même de constater si la même disposition s'observe dans les pays où les parties génitales ne sont pas immédiatement soutenues par les vêtements. La chaleur paraît être une cause de relâchement pour le scrotum ; car on remarque que le froid a généralement pour effet immédiat de le contracter. Peut-être cela vient-il de ce que la partie n'est point accoutumée au froid, auquel elle pourrait devenir aussi insensible qu'à la chaleur. Je ne sais quelles différences présente le scrotum, toutes choses égales d'ailleurs, dans les climats chauds et dans les climats froids. Mais si le scrotum est généralement plus relâché que ne le voulait la nature, quelle que puisse être la cause de ce relâchement, il n'est d'aucune importance quant à la puissance de reproduction. Les testicules sécrètent aussi bien quand ils sont situés un peu plus bas que lorsqu'ils sont un peu plus élevés (*).

§ I. *De l'impuissance qui dépend de l'imagination.*

Les parties de la génération n'étant pas nécessaires à l'existence ou à la conservation de l'individu, mais étant destinées à une autre fonction dans laquelle l'imagination a la principale part, elles ne peuvent devenir le siége d'une action complète s'il n'existe une harmonie parfaite entre l'esprit et le corps. En effet, l'imagination est sujette à mille caprices qui exercent une influence sur les actions des parties génitales.

Le coït est un acte du corps qui a son point de départ dans l'esprit, mais non dans la volition, et dont l'accomplissement est en rapport avec l'état de l'esprit. Pour que cet acte s'accomplisse bien, il faut que le corps soit sain et que l'esprit ait une conscience parfaite de la puissance du corps. Il faut que l'esprit soit entièrement dégagé de toute autre pensée ; qu'il n'éprouve aucune difficulté, aucune crainte, aucune appréhen-

(*) Sir E. Home a ajouté ici une note dans laquelle il manifeste l'opinion que l'onanisme est plus nuisible que Hunter ne le pensait, et que lorsque des sujets dont la constitution est faible s'y livrent avant que les organes soient arrivés à leur maturité, il peut empêcher ceux-ci d'atteindre jamais toute leur puissance et tout leur développement. Non-seulement cette opinion est raisonnable, mais encore elle est confirmée par l'expérience.   G. G. B.

tion, pas même un vif désir d'accomplir bien cet acte, car ce désir lui-même est un état de l'esprit différent de celui qui doit prédominer. Il ne faut pas même que l'esprit puisse craindre de rencontrer une difficulté au moment où l'acte doit être accompli. Peut-être n'est-il aucune fonction de la machine animale qui soit autant que celle-là sous la dépendance de l'état de l'esprit.

La volonté et le raisonnement n'entrent pour rien dans la faculté génératrice; ils ne concourent à l'acte de la génération qu'en tant que des parties soumises à la volonté sont mises en jeu; et lorsqu'ils y participent, ce qui arrive quelquefois, ils produisent souvent un état de l'esprit qui détruit celui qui convient à l'accomplissement de l'acte; ils font naître un désir, un vœu, un espoir, ce qui n'est autre chose que la défiance et l'incertitude, et par conséquent ils créent dans l'esprit l'idée de la possibilité d'un insuccès, idée qui détruit l'état convenable de l'esprit, c'est-à-dire, l'état indispensable de confiance.

Il n'y a peut-être aucun acte dans lequel un homme sente son amour-propre plus intéressé, et qu'il soit plus désireux de bien accomplir; son honneur y est fortement engagé. Ce sentiment, renfermé dans certaines limites, devrait produire un grand degré de perfection dans un acte dépendant de la volonté, c'est-à-dire, ayant pour siége des parties soumises à la volonté; mais ici il peut devenir précisément une cause d'insuccès, en produisant un état de l'esprit contraire à celui d'où dépend la perfection de l'acte vénérien.

Non-seulement le corps devient incapable d'accomplir l'acte générateur lorsque l'esprit est sous l'influence indiquée ci-dessus, mais encore lorsque l'esprit a la conscience qu'il ne convient pas que l'acte soit accompli, bien qu'il ait toute confiance dans son pouvoir, ce sentiment produit, dans beaucoup de cas, un état de l'esprit qui détruit toute faculté génératrice. Tel est l'effet qui résulte de l'état où se trouve l'esprit d'un homme auprès de sa sœur. On a vu un homme consciencieux perdre toute faculté pour le coït, en reconnaissant que, contre son attente, la femme qu'il allait obtenir était vierge.

L'action de pleurer, quoique moins compliquée que l'acte générateur, provient entièrement de l'état de l'esprit; car il n'est aucune personne qui soit assez faible de corps pour ne pouvoir verser des pleurs. Cette action ne dépend pas, autant que l'acte générateur, de l'état de l'esprit et de la force corporelle réunis; cependant si nous craignons ou si nous désirons de pleurer, et que cette crainte ou ce désir persiste pendant toute la durée d'une scène qui nous émeut, nous ne verserons certainement pas de larmes, ou au moins nous ne pleurerons pas si abondamment que nous l'eussions fait en nous abandonnant à nos sentiments naturels.

Il résulte de cette nécessité d'une indépendance complète de l'esprit relativement à l'acte de la génération, que l'état de l'esprit doit être très-souvent tel, que l'individu ne puisse mettre en jeu ses facultés naturelles; or, chaque insuccès accroît le mal. Il résulte aussi de ces circonstances, que cet acte doit souvent être interrompu; la cause de cette interruption n'étant point connue, on en accuse le corps, c'est-à-dire, le défaut de puissance physique. Comme ces cas d'insuccès ne dépendent point d'une incapacité réelle, il faut les distinguer avec soin de ceux qui en dépendent; et peut-être le seul moyen d'établir cette distinction consiste-t-il à rechercher quel est l'état de l'esprit relativement à l'acte en question. Souvent la circonstance qui produit cette incapacité liée à l'imagination est si peu de chose, que le seul désir de procurer des sensations peut avoir cet effet, comme lorsqu'on est uniquement préoccupé de l'idée de satisfaire la femme.

On voit tous les jours des cas de cette espèce; je vais, pour exemple, en rapporter une observation, en faisant connaître la méthode de traitement que j'ai suivie.

Un homme me dit qu'il avait perdu sa virilité. Après plus d'une heure d'investigation, je parvins à mettre en évidence les faits suivants. Il avait, dans des moments où elles étaient inutiles, de fortes érections qui prouvaient qu'il était doué de la faculté virile; ces érections s'accompagnaient de désirs, ce qui constitue tout ce qui est nécessaire pour l'accomplissement de l'acte vénérien. Il y avait cependant en lui quelque chose de défectueux que je supposai avoir son siége dans son imagination. Je lui demandai s'il était le même avec toutes les femmes. Sa réponse fut négative; avec certaines femmes il pouvait avoir des relations sexuelles aussi bien que jamais. Par cette circonstance, la défectuosité, quelle qu'elle fût, se trouvait renfermée dans un cercle plus étroit; il devint évident que l'incapacité n'était produite qu'avec une seule femme, et qu'elle provenait d'un vif désir d'accomplir bien l'acte ou rien avec cette femme, désir d'où naissait dans l'esprit un doute ou une crainte de ne pas réussir qui était la cause directe de l'impuissance. Comme cette impuissance dépendait entièrement d'un état de l'esprit qui avait pour cause une circonstance particulière, c'était vers l'esprit se qu'il fallait diriger les moyens de traitement. Je lui dis donc qu'il se guérirait s'il avait assez d'empire sur lui-même pour résister à ses désirs. Quand je lui eus expliqué ce que je voulais dire, il m'assura qu'il était sûr de tout acte dépendant de sa volonté, de toute résolution prise par lui. Je lui dis alors que s'il avait toute confiance en lui-même sous ce rapport, il devait coucher avec cette femme, mais après s'être promis de n'avoir aucune union avec elle pendant six nuits, quels que fussent d'ailleurs ses désirs et ses facultés physiques; il s'engagea à suivre cette prescription et à m'en faire connaître le résultat. Au bout d'environ quinze jours, il m'annonça que cette résolution avait produit un tel changement dans l'état de son esprit, que la faculté génératrice s'était manifestée très-promptement. En effet, au lieu de se coucher avec la crainte d'être incapable, il entrait dans le lit avec celle d'éprouver trop de désirs et d'avoir trop de puissance, et d'en être incommodé; c'était, en effet, ce qui arrivait, de sorte qu'il eût été heureux d'abréger le temps indiqué; et dès que le charme eut été rompu une fois, son imagination et ses facultés physiques se trouvèrent en harmonie, et son esprit ne retomba plus dans son premier état (*).

§ II. *De l'impuissance par défaut de corrélation entre les actions des différents organes qui constituent l'appareil de la reproduction.*

Lorsque j'ai traité des maladies de l'urètre et de la vessie, j'ai fait remarquer que tous les organes, sans exception, dans l'économie animale, se composent de diverses parties ayant des fonctions ou des actions complétement différentes bien qu'elles tendent toutes à produire le même effet définitif. Dans les organes ainsi constitués, quand ils sont à l'état de perfection, il y a une succession de mouvements dérivant naturellement les uns des autres et aboutissant au résultat définitif. Une seule irrégularité dans ces actions constitue une maladie, ou au moins peut produire des effets très-pénibles, et souvent empêche l'accomplissement de la fonction à laquelle l'organe est destiné. Je vais maintenant faire l'application de cette notion aux actions des testicules et de la verge; car on observe quelquefois, dans les actions de ces parties, une irrégularité qui a pour effet l'impuissance; et il est probable que la stérilité, chez les femmes, peut dépendre quelquefois d'une cause semblable.

Chez l'homme, les parties qui concourent à la génération peuvent être divisées en deux classes, *les parties essentielles* et *les parties accessoires.* Les testicules sont les parties essentielles; la verge, etc., sont les parties accessoires. Comme cette division est fondée sur les usages, c'est-à-dire sur les actions de ces parties dans l'état de santé, actions qui sont en harmonie parfaite les unes avec les autres, le défaut de corrélation exacte entre ces actions peut aussi être de deux espèces : 1° Lorsque les actions sont renversées, les parties accessoires agissant sans le concours des parties essentielles, comme on le voit dans les érections qui ont lieu lorsque ni l'esprit ni les testicules ne sont stimulés à l'action; 2° lorsque le testicule accomplit l'acte de la sécrétion trop rapidement pour la verge, qui n'a pas d'érections correspondantes. La première espèce de désordre fonctionnel est appelée *priapisme*, et la seconde est ce qui devrait être désigné sous le nom de *faiblesse séminale.*

L'esprit exerce une influence considérable sur la corrélation des actions de ces deux ordres de parties; mais dans beaucoup de cas, il paraît que les érections dépendent plus de l'état de l'esprit que la sécrétion de la semence. En effet, il arrive à beaucoup d'hommes de sécréter du sperme sans avoir d'érections; alors, le défaut d'érection paraît dépendre de l'esprit seulement.

Le priapisme se produit souvent spontanément; souvent aussi il dépend d'une irritation évidente de la verge, comme cela a lieu dans la gonorrhée vénérienne, surtout quand celle-ci est violente. La sensation que ces érec-

____

(*) On lit dans l'édition de Home : « J'ai rencontré plusieurs cas semblables dans ma pratique, mais il existe des raisons évidentes pour qu'on ne multiplie pas sans nécessité des observations de cette espèce. »

§ II.

tions font éprouver est plutôt pénible qu'agréable. De même, la sensation dont le gland est le siége alors ne ressemble point à celle qui est perçue dans la même partie lorsque l'érection est l'effet d'un véritable désir; elle se rapproche davantage de celle qui se manifeste sur le gland immédiatement après le coït. Le priapisme qui naît spontanément est plus grave que celui qui est l'effet de l'inflammation, car il y a tout lieu de croire qu'il a pour cause une lésion incurable en elle-même, ou contre laquelle nous ne possédons aucun moyen de traitement.

Le priapisme qui est l'effet de l'inflammation des parties génitales, par exemple celui qui complique la gonorrhée, s'accompagne à peu près des mêmes symptômes que le priapisme spontané; mais, en général, la sensation qu'il fait éprouver est une sensation de douleur qui dérive de l'inflammation des parties affectées.

Ce que je dis du priapisme ne doit s'appliquer qu'à celui qui constitue une maladie en lui-même, et non à celui qui n'est qu'un symptôme d'une maladie, comme cela s'observe fréquemment (*).

La pratique la plus répandue, dans le traitement de cette maladie, consiste à prescrire les antispasmodiques et les toniques de toute espèce, tels que le quinquina, la valériane, le musc et le camphre, ainsi que les bains froids. J'ai vu ce dernier moyen produire de bons effets; mais quelquefois il ne peut être supporté par la constitution, et alors les bains chauds sont utiles. Dans beaucoup de cas, l'opium paraît avoir une action spécifique; d'après cette circonstance, ce que je crois le plus convenable, en résumé, c'est d'essayer un traitement adoucissant.

La faiblesse séminale, ou la sécrétion et l'émission de la semence sans érections, est l'inverse du priapisme, et elle constitue une maladie beaucoup plus grave que ce dernier. Elle peut se montrer à des degrés très différents, car elle comprend toutes les nuances d'irrégularité qui peuvent exister entre la corrélation exacte des actions des deux ordres d'organes et l'accomplissement isolé de la seule action des testicules; dans tous les cas il se fait une sécrétion et une évacuation trop promptes de la semence. De même que le priapisme, l'émission isolée du sperme n'a point sa source dans des désirs et dans des dispositions pour l'acte générateur; cependant, quand l'affection est légère, ces désirs et ces dispositions peuvent exister, mais non dans la proportion convenable, un désir très faible amenant, dans beaucoup de cas, l'effet plein et entier. La semence peut être sécrétée si rapidement qu'il suffise d'une pensée, ou même d'un simple attouchement pour la faire couler.

Les rêves peuvent déterminer cette évacuation plusieurs fois dans la même nuit; et même ces rêves peuvent être assez légers pour que le

(*) On lit dans l'édition de Home: « Un homme est atteint de priapisme depuis deux ans. Cette affection a pour origine une irritation de la vessie qui a disparu lorsque le priapisme s'est manifesté. Ce dernier ne se produit que pendant la nuit, et le plus souvent pendant le sommeil, qu'il interrompt immédiatement. Les relations sexuelles le rendent plus intense. »

malade n'en ait pas la conscience lorsque son sommeil est interrompu par l'émission du sperme. J'ai vu des cas où les testicules avaient une telle tendance à sécréter, que le moindre frottement sur le gland produisait une éjaculation. La simple action de marcher ou de monter à cheval a produit cet effet, à ma connaissance, et cela, à plusieurs reprises dans un très-court espace de temps.

Un jeune homme, âgé de vingt-quatre à vingt-cinq ans, qui se livrait moins que la plupart des hommes de son âge aux plaisirs vénériens, était affecté de la maladie qui nous occupe. Il éjaculait trois ou quatre fois dans la nuit, et la même chose lui arrivait le jour s'il marchait vite ou s'il montait à cheval. Il lui était presque impossible de s'unir à une femme avant l'évacuation séminale, et dans cette évacuation il n'y avait presque aucune contraction spasmodique. Il avait essayé tous les prétendus toniques, de même que les bains froids et les bains de mer, mais il n'en avait retiré aucun avantage. En prenant, le soir, en se couchant, vingt gouttes de laudanum, il fit cesser les éjaculations nocturnes; et l'usage du même moyen, le matin, lui permit de marcher et de monter à cheval sans inconvénient. Bien que la maladie ne récidivât pas, je l'engageai à continuer ce traitement pendant quelque temps, afin que les parties s'accoutumassent à leur nouvel état d'intégrité; et j'ai lieu de croire que ce jeune homme est maintenant bien guéri. Comme la constitution s'habituait de plus en plus à l'opium, on jugea nécessaire d'en élever la dose.

Dans les cas de cette espèce, les mouvements spasmodiques qui accompagnent l'émission de la semence sont extrêmement faibles, et ils se reproduisent bientôt, car une première émission n'en prévient point une seconde. La constitution n'en est que peu affectée (*). Quand les testicules agissent seuls et que les parties accessoires ne contractent point du tout l'action qui en est la conséquence naturelle et nécessaire, cela constitue une maladie encore plus pénible; car la sécrétion n'est déterminée par aucune cause visible ou sensible, elle ne donne naissance à aucun effet visible ou sensible, et la liqueur séminale s'écoule comme les matières fécales et l'urine dans les cas où elles s'échappent sans le concours de la volonté. Dans quelques-uns de ces cas, on a remarqué que le sperme est plus liquide qu'à l'ordinaire.

Les actions morbides des organes génitaux présentent de nombreuses variétés; le cas suivant en offre un exemple.

Le malade a été atteint pendant plusieurs années d'un rétrécissement de l'urètre pour lequel il a eu souvent recours à l'emploi des bougies; depuis quelque temps il a négligé ce moyen de traitement. Redoutant

---

(*) Dans l'acte vénérien, ce sont les spasmes qui affectent ordinairement la constitution, et cela, en proportion de leur violence, indépendamment de la sécrétion et de l'évacuation de la semence. Mais dans quelques cas, l'érection produit le même affaiblissement, lors même qu'elle se dissipe sans les spasmes qui accompagnent l'émission du sperme.   J. HUNTER.

les conséquences du coït, il n'a eu aucune relation sexuelle depuis un temps considérable. Il a souvent dans son sommeil des émissions involontaires de sperme qui le réveillent généralement au moment du paroxysme ; mais ce qui le surprend le plus, c'est qu'il éprouve souvent la sensation de l'éjaculation sans qu'il sorte aucune goutte de sperme par la verge, ce qui lui fait penser que dans ces cas la semence suit une marche rétrograde et pénètre dans la vessie. Il n'en est point toujours ainsi, car d'autres fois le sperme s'écoule au dehors. Lorsque la semence lui semble passer dans la vessie, il a une érection, un rêve, et s'éveille avec le même mode d'action, la même sensation et la même volupté, que lorsque le liquide spermatique traverse l'urètre, soit pendant un songe, soit pendant l'état de veille. Je pense que chez ce malade il se produit dans le bulbe de l'urètre, sans la présence de la semence, cette irritation semblable à celle qui a lieu quand la semence arrive dans cette partie consécutivement à tous les phénomènes préparatoires naturels, d'où il résulte que les mêmes actions qui prennent naissance quand le sperme pénètre dans le bulbe, se manifestent également sous l'influence de cette irritation anormale. Il faut donc admettre, ou que la semence n'est point sécrétée, ou que si elle l'est, une action rétrograde se développe dans les muscles accélérateurs (bulbo-caverneux). Si la première hypothèse est l'expression de la vérité, on doit supposer que, dans l'état naturel, les actions des muscles accélérateurs n'ont pas pour cause excitatrice unique le stimulus de la présence de la semence dans le bulbe, mais qu'elles ont lieu parce qu'elles sont la terminaison de certaines actions qui les précèdent et qui font partie d'une série naturelle d'actions qui doivent se succéder. Ainsi, elles peuvent être déterminées par un frottement ou par la pensée d'un frottement exercé sur la verge, sans que les testicules prennent part au phénomène, et alors le spasme est l'effet du frottement et non de la sécrétion du sperme.

Dans beaucoup de ces cas de trouble fonctionnel, quand l'érection n'est pas forte, elle se dissipe sans émission de sperme ; d'autres fois, il se produit une émission presque sans érection : mais cette circonstance n'est point un effet de la débilité, elle dépend de la manière dont l'esprit est affecté.

Dans un grand nombre des cas dont il vient d'être question, on retire souvent de grands avantages de lotions faites sur la verge, sur le scrotum et sur le périnée avec de l'eau froide ; pour rendre l'eau plus froide qu'elle n'est naturellement dans certaines saisons de l'année, on peut y ajouter du sel commun, et alors, il faut faire les lotions dans le moment où le sel est sur le point d'être entièrement dissous.

CHAPITRE XIII.

DE L'ATROPHIE DES TESTICULES.

Il résulte de plusieurs faits que les parties de la génération doivent être considérées, non comme des parties indispensables de la machine animale, mais seulement comme des parties surajoutées pour remplir des fonctions spéciales, et qui, par conséquent, ne sont nécessaires que lorsque ces fonctions spéciales doivent être remplies. En effet, de toutes les parties du corps ce sont elles qui arrivent les dernières à maturité et qui sont les plus sujettes à se détruire. Sous ces rapports, elles diffèrent par leurs propriétés naturelles de la plupart des autres parties du corps, à l'exception des dents qui leur ressemblent dans quelques-unes de ces circonstances.

Les testicules sont plus sujets aux maladies spontanées que toutes les autres parties du corps; mais ce qu'il y a de plus remarquable, c'est la destruction de ces organes. Un testicule ou les deux peuvent disparaître entièrement, comme chez l'enfant le thymus, ou la membrane pupillaire, etc. On n'observe rien de semblable dans aucune des parties du corps qui sont essentielles à son économie, excepté pour celles qui ne sont plus d'aucun usage et qui pourraient être nuisibles, comme la membrane pupillaire. Mais ce changement, dans les testicules, ne se présente point comme la conséquence d'une propriété qui leur aurait été imprimée primitivement, ainsi que cela a lieu pour le thymus, et qui produirait son effet à l'âge où ces organes sont devenus inutiles; il peut s'effectuer à tout âge. La disposition est donc dans les testicules eux-mêmes, indépendamment de toute connexion avec l'économie animale. Un bras ou une jambe peut perdre son action et s'atrophier en partie, mais jamais complétement.

On a vu les testicules s'atrophier chez des sujets atteints de hernie, probablement par suite de la pression constante du paquet intestinal. Pott a fait connaître des cas de cette espèce. J'ai vu, dans des cas d'hydrocèle, le testicule réduit presque à rien, sans doute par suite de la compression exercée par le liquide. Mais dans tous ces cas, les causes de l'atrophie sont évidentes, et elles auraient produit sans aucun doute des effets semblables sur d'autres parties du corps placées dans les mêmes conditions; tandis qu'un testicule peut disparaître entièrement sans aucune maladie antécédente; ou bien, il s'enflamme, soit spontanément, soit par sympathie avec l'urètre, se tuméfie, puis commence à diminuer de volume, comme dans la résolution de l'inflammation commune de toute autre partie, mais il ne s'arrête pas à son volume naturel, et il continue à s'amoindrir jusqu'à ce qu'il ait entièrement disparu. Les observations suivantes en offrent des exemples.

Observation I. — Un homme a eu, il y a neuf ans, une gonorrhée accompagnée d'un bubon qui a suppuré. Un des testicules fut pris de tuméfaction, et cet accident fut traité, en apparence avec succès, par les moyens résolutifs employés ordinairement. Tous les autres symptômes étant dissipés, le malade se considéra comme entièrement guéri. Cependant, quelque temps après, il remarqua que le testicule qui avait été engorgé était un peu plus petit que l'autre, ce qui le porta à diriger son attention sur cet objet. Le testicule continua à diminuer de volume jusqu'à ce qu'il fût complétement détruit. Depuis plusieurs années, il ne reste aucune trace de ce testicule. Cet homme n'a rien perdu de ses désirs vénériens et de ses facultés pour les satisfaire.

Observation II, *communiquée par M. Nanfan.* — « Un jeune homme d'environ 18 ans, qui n'avait jamais eu aucune maladie vénérienne, a perdu ses deux testicules de la manière suivante : le 3 février 1776, après avoir patiné pendant quelques heures, sans avoir, à sa connaissance, reçu aucune lésion, il éprouva une violente douleur dans le testicule gauche, qui s'enflamma et qui, en peu de jours, acquit un volume considérable. Un chirurgien qui fut appelé auprès du malade, employa les moyens de traitement ordinairement usités en pareil cas. L'inflammation et le gonflement se dissipèrent graduellement dans l'espace d'environ six semaines, et il ne resta plus qu'un peu d'induration. On appliqua alors un emplâtre mercuriel qui fut abandonné après avoir été porté pendant quelque temps. Depuis cette époque le testicule a continué à décroître graduellement, et maintenant il n'est pas plus gros qu'une fève de marais ; le corps du testicule est entièrement détruit, et ce qui reste paraît n'être autre chose qu'une partie de l'épididyme. Cette portion n'est le siége d'aucune douleur, à moins qu'on ne la comprime ; elle est très-dure et inégale à sa surface. Le cordon spermatique n'est pas le moins du monde altéré. Le 20 octobre 1777, le malade fut pris des mêmes symptômes dans le testicule droit, sans cause appréciable, et je fus appelé à lui donner des soins. Il fut saigné immédiatement, prit une mixture laxative, puis une mixture saline avec le tartre stibié ; on fit des fomentations et des embrocations sur le testicule avec l'esprit de Mindererus et l'alcool. Le 27, on appliqua un cataplasme de farine de graine de lin arrosé d'eau végéto-minérale. Ce traitement fut continué jusque vers le milieu du mois de novembre. L'inflammation se dissipa, et le testicule parut être dans son état naturel. Le 19 décembre, on m'appela de nouveau. Le testicule paraissait s'indurer et diminuer de volume de la même manière que l'autre, ce qui affectait vivement le malade. Je prescrivis quelques pilules de calomel et d'émétique, dans l'espoir d'accroître la sécrétion des glandes en général et de déterminer quelque modification dans le testicule. Ce traitement parut d'abord produire un bon effet, mais il ne tarda pas à devenir inefficace, et le testicule commença à s'atrophier comme avait fait l'autre. »

Je fus appelé en consultation avec Adair et Pott, mais nous ne trouvâmes rien qui pût offrir quelques chances de succès. Je conseillai au malade de faire fonctionner l'organe autant que ses penchants naturels pourraient l'y porter, mais tout fut sans résultat. Le testicule continua à décroître jusqu'à ce qu'enfin il n'en restât plus aucun vestige.

Observation III, *communiquée par le Dr Cothom, de Worcester.—* « Un jeune homme de 16 ans fut pris subitement d'un froid intense, accompagné d'un tremblement et de frissons qui se reproduisirent à plusieurs reprises. Pendant cet accès, qui dura trois heures, le pouls était petit et serré, et si fréquent qu'il était très-difficile de compter les battements de l'artère. A cette période de froid succéda une chaleur très-vive avec pouls fort, dur et plein, ce qui engagea à pratiquer une saignée abondante. Immédiatement après, on administra au malade un purgatif maliu, puis un lavement pour en hâter l'effet. Le soir, la saignée fut répétée. Pendant toute la journée, le malade accusa une douleur atroce qui avait son siége dans la région lombaire et dans la partie latérale de l'abdomen, et qui descendait jusque dans le scrotum. A l'examen des parties douloureuses, je reconnus des traces d'inflammation dans l'aine du côté gauche, une grande tension au niveau de l'anneau inguinal et une augmentation du volume du testicule gauche. J'ordonnai de faire sur ces parties des fomentations avec des compresses fortement imprégnées de sel ammoniac cru, et de les bassiner avec de l'esprit de Mindererus et de l'esprit volatil aromatique avant chaque fomentation. Je prescrivis en outre six grains de poudre antimoniale, avec quinze grains de nitre, à prendre toutes les trois heures. La nourriture se composa de gruau léger, de fruits et de suc de citron; la boisson fut de l'orge sucrée et nitrée. Malgré ce traitement antiphlogistique, dans la composition duquel entrèrent en outre les purgatifs fréquemment répétés, les anodins, trois vomitifs, et treize saignées, la fièvre continua, et la douleur ainsi que l'inflammation et le gonflement augmentèrent jusqu'au huitième jour y compris le jour du frisson. N'espérant plus résoudre la tumeur, et le testicule étant presque aussi gros que la tête d'un enfant, j'essayai d'amener la suppuration au moyen de fomentations émollientes et de cataplasmes maturatifs. Le 10, on sentit de la fluctuation; le 12, la fluctuation était encore plus évidente, et le scrotum avait une coloration livide. J'employai tous les arguments possibles pour décider le malade à me laisser ouvrir l'abcès; mais comme il ne souffrait plus, il ne voulut pas y consentir. Le 15, il fut pris de nouveau de frissons, suivis d'une chaleur fébrile très-intense, qui se termina promptement par une sueur abondante; cependant cet accès ne fut accompagné d'aucune douleur. Dans la soirée, la tumeur formait une saillie telle, que je pensai qu'elle s'ouvrirait spontanément avant la matinée du lendemain, et j'espérais qu'alors le malade me permettrait de dilater la plaie. Mais l'ouverture spontanée ne s'étant point faite, et tous les efforts que je fis pour démontrer la nécessité d'une incision étant restés sans succès, je me bornai à prescrire du quinquina et de l'élixir de vitriol. A partir de cette époque, après chaque accès de fièvre, on remarqua que le testicule perdait de son volume. N'ayant pas la permission de faire une incision, et le malade conservant ses forces et son appétit, je commençai à espérer de réussir sans cette opération, et je conseillai au malade de persévérer dans l'emploi des médicaments toniques et antiseptiques, et de maintenir appliquées constamment des compresses imbibées de décoction de quinquina. Sous l'influence de ces moyens, le pus se trouva entièrement absorbé un mois après le premier frisson. Le testicule avait alors le volume d'un œuf de poule, et présentait la dureté du squirre. Je prescrivis, matin et soir, des frictions avec l'onguent mercuriel et le liniment volatil camphré à parties égales, et je fis prendre à l'intérieur quelques mercuriaux, à titre d'altérants, avec la décoction de quinquina. Pendant l'emploi de ces moyens, les sueurs nocturnes et tous les autres symptômes pénibles se dissipèrent graduellement. Le malade acquit promptement de la force, de l'embonpoint et de la gaieté, et le testicule malade diminua lentement, mais d'une manière constante pendant près d'une année. Au bout de ce temps, il n'en restait plus d'autre trace qu'un amas confus de fibres lâches qu'on sentait facilement dans la partie supérieure du scrotum. »

Le malade m'a permis de l'examiner il y a un mois. Il n'y avait pas le moindre vestige de testicule; je ne pus reconnaître la tunique vaginale dans l'aine de ce côté; mais sur l'os pubis et un peu au-dessous de lui, je pus saisir le cordon spermatique entre les doigts et le pouce, et distinguer les vaisseaux qui le composent et qui n'offraient pas la moindre induration; lorsque je comprimais un de ces vaisseaux je déterminais une douleur momentanée mais très-vive. La santé de cet homme est parfaite, sa constitution est robuste; il a de beaux enfants qui se portent très-bien. Le seul changement qu'il ait remarqué dans sa constitution, c'est une tendance à engraisser, que ni la sobriété, ni l'exercice violent qu'il prend à cheval chaque jour, ni enfin le soin avec lequel il évite le repos, ne peuvent faire cesser (*).

(*) On lit en outre dans l'édition de Home : « *Obs.* 4. — Un homme avait un rétrécissement qu'il combattait par l'emploi des bougies. Un des testicules s'enflamma et se tuméfia. L'inflammation fut guérie et le gonflement se dissipa. Le testicule continua ensuite à s'atrophier jusqu'à ce qu'il eût été réduit à un volume extrêmement petit.

Obs. 5. — Un homme se froissa un testicule en montant à cheval; ce testicule s'enflamma et se tuméfia énormément. Les symptômes se dissipèrent et le malade se crut guéri. Cependant le testicule ne resta point à son volume naturel, mais il diminua graduellement jusqu'à ce qu'il eût disparu entièrement.

Obs. 6. — Un homme qui était couché sur la terre fut enlevé par les mains avec une violente secousse. Il sentit immédiatement une vive douleur dans l'aine, du côté gauche, et le testicule droit fut pris d'inflammation et de gonflement. Quand ce gonflement se dissipa, le testicule s'atrophia de plus en plus au point de ne présenter que le volume d'un pois; son tissu resta très-dur.

Obs. 7. — Un jeune homme de 18 ans fut pris de gonflement d'un des testicules pour avoir couché sur l'herbe humide. Ce testicule diminua ensuite de volume, et se réduisit au quart de sa grosseur naturelle.

Obs. 8. — Un jeune homme de 20 ans a éprouvé à diverses reprises, depuis huit ans, une vive douleur qui avait son siége dans le testicule et dans le cordon spermatique du côté droit, et qui s'accompagnait de tuméfaction de ces organes. Ces accidents s'étaient dissipés entièrement; mais il y a deux ans, ils se montrèrent avec plus de violence qu'auparavant : pendant huit heures la douleur fut intolérable; la tuméfaction devint énorme; le malade fut obligé de garder la chambre pendant six semaines. Depuis ce temps, le testicule a constamment diminué de volume en acquérant plus de dureté. Maintenant, il est gros comme une fève de marais, et le cordon spermatique est contracté. Le testicule gauche s'est tuméfié quelquefois, mais il a toujours recouvré son volume naturel. Pendant la durée de ces *attaques*, le malade ressentait par intervalles une douleur qui avait son siége vers le col de la vessie; cette douleur se manifestait principalement quand il urinait, mais elle n'atteignait point un haut degré de violence; il percevait fréquemment aussi, pendant ces attaques, une sensation semblable à celle que produirait un liquide en circulation dans les testicules. »

QUATRIÈME PARTIE.

CHAPITRE I.

DU CHANCRE.

J'ai fait connaître jusqu'ici les effets du *poison* syphilitique lorsqu'il est appliqué sur une surface sécrétante et dépourvue d'épiderme, le but que se propose la nature en produisant ces effets, et enfin les conséquences tant réelles que supposées de ces effets. Je vais maintenant décrire les phénomènes morbides auxquels il donne naissance lorsqu'il est appliqué sur une surface recouverte par l'épiderme, comme les téguments communs, et l'on verra que ces phénomènes morbides sont très-différents de ceux que j'ai décrits précédemment. Je dois ici faire remarquer que la verge, qui est le siége ordinaire du chancre, est, comme toutes les parties du corps, susceptible d'affections ulcératives, et même, à raison de certaines circonstances, y est plus sujette que les autres parties. En effet, il suffit dans beaucoup de cas que les soins de propreté soient négligés pour qu'il s'y forme des excoriations ou ulcères superficiels. En outre, à l'exemple de presque toutes les autres parties quand elles ont été lésées, cet organe, lorsqu'il a été une fois affecté de la maladie vénérienne, a beaucoup de tendance à s'ulcérer de nouveau. Il faut donc examiner avec beaucoup d'attention les ulcérations qui ont leur siége dans cette partie, puisqu'elle n'est point exempte des maladies communes au reste du corps, et que l'on est porté à considérer comme vénériennes toutes les maladies qu'on y observe.

Les ulcères vénériens ont ordinairement un caractère qui cependant ne leur est pas entièrement particulier, car plusieurs plaies qui n'ont aucune disposition à se guérir, ce qui a lieu pour le chancre, ont aussi le même caractère : le chancre a communément une base épaissie, et bien que quelquefois l'inflammation commune s'étende beaucoup au delà, cependant l'inflammation spécifique est limitée à cette base. Les ulcères consécutifs sont, en général, faciles à distinguer des ulcères primitifs ou ulcères vénériens que je décrirai ci-après.

C'est une loi invariable que lorsqu'une partie d'un corps vivant est irritée jusqu'à un certain degré, elle s'enflamme et forme du pus qui a pour objet de repousser la cause de l'irritation. Ce travail s'accomplit avec facilité quand l'irritation s'exerce sur une surface dont la condition

naturelle est de sécréter ; mais quand elle s'exerce sur une surface à laquelle cette fonction n'a point été dévolue, le travail de suppuration
devient plus difficile, car il faut qu'il s'en établisse préalablement un
autre qui est l'ulcération. Il en est ainsi non-seulement pour l'irritation
commune, mais encore pour les irritations spécifiques qui sont l'effet
des *poisons* morbides, tels que la syphilis et la petite vérole. Le pus varioleux, aussi bien que le pus vénérien, produit des ulcères à la peau ;
mais quand il affecte une surface sécrétante, il détermine une sécrétion
morbide, sécrétion qui diffère dans les diverses parties. Sur la langue,
à la face interne de la bouche, sur la luette et sur les amygdales, la
lymphe coagulable est sécrétée sous forme d'escarres assez semblables à
celles qu'on observe dans l'angine putride ; mais dans le pharynx et le
long de l'œsophage, c'est un liquide assez épais et offrant l'apparence du
pus. Quand l'irritation syphilitique s'exerce sur une surface dont l'épiderme est mince et où il se fait naturellement une sécrétion, comme le
gland ou la face interne du prépuce, elle se borne quelquefois à irriter
de manière à donner naissance à une sécrétion morbide, ainsi qu'on l'a
vu plus haut. Mais il n'en est pas toujours ainsi ; souvent l'irritation
des tissus va jusqu'à l'ulcération, c'est-à-dire jusqu'à la production du
chancre.

En général, le *poison* syphilitique n'a point la disposition ou la force
suffisante pour produire des excoriations à la surface de la peau ; si cela
pouvait avoir lieu, les symptômes qui en résulteraient seraient probablement au début à peu près, sinon entièrement, semblables à ceux de
la gonorrhée ; c'est-à-dire qu'ils consisteraient dans un écoulement de
pus provenant d'une surface sans épiderme récemment enflammée. En
effet, on peut supposer avec raison que le virus produirait sur cette surface excoriée une sécrétion de pus, qui constituerait d'abord une gonorrhée, et qui très-probablement passerait ensuite au second mode
d'action ou à l'ulcération, et deviendrait alors un chancre.

Le chancre peut être produit de trois manières : 1° par l'inoculation du *poison* dans une plaie ; 2° par son application sur une surface
non sécrétante ; et 3° par son application sur un ulcère commun. Quelle
que soit celle de ces trois surfaces différentes sur laquelle il est
appliqué, le pus produit son inflammation et son ulcération spécifiques, accompagnées d'une sécrétion de pus. La matière qui est produite comme conséquence de ces différents modes d'application est de
la même nature que la matière appliquée, parce que l'une et l'autre sont
le produit d'une même irritation.

Le *poison* produit l'infection beaucoup plus facilement lorsqu'il est
mis en contact avec une plaie récente que lorsqu'il est appliqué sur un
ulcère, et en cela son inoculation ressemble à celle de la variole. Il n'a
pas encore été constaté s'il est des parties de la peau, ou certains
organes, qui soient plus susceptibles que les autres de cette espèce d'irritation par voie d'application locale.

Cette forme de la maladie vénérienne, comme la première, ou la gonorrhée, est communiquée, en général, aux parties de la génération dans les rapports sexuels; mais toutes les parties du corps peuvent être affectées par l'application du pus vénérien, surtout si l'épiderme est très-mince.

J'ai vu un chancre de la largeur d'un sixpence, qui s'était formé à la lèvre, sans que le malade pût dire comment il l'avait contracté (*). La verge et principalement le prépuce, qui sont les parties les plus ordinairement affectées par cette forme de la syphilis, sont organisés de manière à en souffrir beaucoup, surtout quand ils ont une grande susceptibilité pour cette espèce d'irritation; leur structure seule entraîne plusieurs inconvénients, indépendamment d'une douleur très-vive, quand ils sont en proie à cette maladie, et retarde généralement la guérison.

Le *poison* vénérien ne produit pas si souvent le chancre que la gonorrhée, et je crois qu'on peut donner de bonnes raisons pour expliquer cette circonstance, bien que le chancre ait trois manières de se communiquer, ainsi que je viens de le dire. En effet, dans les cas où la maladie pourrait se communiquer par le contact du pus avec une plaie ou un ulcère, il est rare que les parties soient mises à même d'être infectées; le chancre est donc contracté ordinairement par le même mode d'application que la gonorrhée. Mais l'épiderme n'étant point affecté par le *poison* et servant de protecteur à la peau, cette enveloppe empêche souvent le poison de venir en contact avec le derme; et même il est presque étonnant que la peau puisse être affectée par le virus syphilitique dans les points où elle est revêtue de l'épiderme, si ce n'est au gland, à la face interne du prépuce, et dans les autres parties où cette membrane est très-mince. Le rapport des cas de gonorrhée à ceux de chancre est comme quatre ou cinq à un.

Chez les hommes, le chancre affecte en général le frein, le gland, le prépuce, ou la peau du corps de la verge, et quelquefois la partie antérieure du scrotum, mais le plus souvent le frein et l'angle rentrant que forme le gland avec la verge. Si le chancre affecte de préférence ces parties, cela dépend de la manière dont il est contracté et non d'aucune tendance spécifique de ces parties à le contracter plutôt que les autres; et sa prédilection pour le frein, etc., comparativement aux autres parties de la verge, dépend de la forme irrégulière de cette partie, dans les replis de laquelle la matière vénérienne peut séjourner de manière qu'elle a tout le temps de l'irriter, de l'enflammer, et d'y produire l'inflammation suppurative et l'inflammation ulcérative. Au contraire, la matière vénérienne est facilement enlevée de dessus les parties qui font saillie, par

---

(*) Je ne doute point que ce ne fût un véritable chancre; en effet, indépendamment de l'aspect morbide de l'ulcération, il se forma un bubon dans une des glandes situées au-dessous de la mâchoire inférieure, du même côté que le chancre. Il est très-probable que ce furent les doigts mêmes du malade qui portèrent la matière vénérienne.

JOHN HUNTER.

tout ce qui les touche, et l'on conçoit comment ces dernières parties échappent si souvent à la maladie.

L'intervalle de temps qui existe entre l'application du virus et la manifestation de ses effets n'est pas déterminé ; mais, en somme, le chancre apparaît plus tard que la gonorrhée. Toutefois, cette circonstance dépend en partie de la nature des tissus affectés. Sur le frein et au niveau de la terminaison du prépuce autour de la base du gland, la maladie apparaît ordinairement plus tôt qu'ailleurs, parce que ces parties sont affectées plus facilement que la surface du gland, la peau de la verge et le scrotum ; en effet, dans quelques cas où le gland et le prépuce avaient été infectés en même temps par la même application du virus, le chancre s'est montré plus tôt sur le prépuce que sur le gland.

J'ai vu des cas où des chancres se sont manifestés vingt-quatre heures après l'application du virus, et d'autres où ils ne se sont montrés qu'au bout de sept semaines. Un cas remarquable de cette espèce est celui d'un homme qui n'avait pas eu commerce avec une femme depuis sept semaines lorsqu'il fut atteint d'un chancre. Ce qui prouva que c'était bien un chancre vénérien, c'est qu'il eut consécutivement une syphilis constitutionnelle et qu'il fut obligé d'avoir recours à un traitement mercuriel. Un officier fut atteint d'un chancre qui apparut deux mois après toute relation sexuelle. Après les derniers rapports qu'il eut avec une femme, il fit une marche de plus de cent milles, après laquelle apparut ce chancre, qui ne céda qu'à l'emploi du mercure.

Cette affection, comme la plupart des autres inflammations qui se terminent par une ulcération, débute par une démangeaison locale. Si c'est le gland qui est enflammé, il apparaît en général une petite vésicule remplie de pus, sans induration notable ou inflammation apparente, et avec très-peu de tuméfaction, attendu que le gland se tuméfie moins facilement sous l'influence de l'inflammation que plusieurs autres parties, surtout le prépuce ; de même, les chancres qui siégent sur le gland sont moins douloureux et entraînent moins d'inconvénients que ceux du prépuce. Mais si la maladie attaque le frein, et surtout le prépuce, il se manifeste bientôt une inflammation plus considérable que dans le premier cas, ou au moins les effets de l'inflammation s'étendent davantage et sont plus apparents. Ces parties étant constituées par un tissu cellulaire très-lâche se prêtent facilement à l'infiltration des liquides extravasés ; la sympathie de continuité y prend naissance aussi plus facilement. Le prurit se change graduellement en douleur ; dans quelques cas la surface du prépuce s'excorie et ensuite s'ulcère ; dans d'autres, il apparaît, comme sur le gland, une petite vésicule ou un petit abcès, qui forme un ulcère. Il survient un épaississement local qui d'abord et tant qu'il est de nature vraiment vénérienne, est très-circonscrit, ne se perd point d'une manière graduelle et insensible dans les parties environnantes, mais se termine brusquement. Sa base est dure et ses bords un peu proéminents. Quand le chancre débute sur le frein ou dans son voisinage, cette partie est ordinairement détruite entièrement, ou perforée par l'ulcération, ce qui offre des inconvénients pour le traitement, de sorte qu'il serait préférable, dans de tels cas, que le frein fût divisé d'abord (*).

Lorsque le virus est appliqué sur un point de la peau où l'épiderme est plus dense que celui du gland ou du frein, par exemple sur la peau du corps de la verge ou sur la face antérieure du scrotum, parties qui sont très-exposées à l'application du pus vénérien, le chancre apparaît ordinairement sous la forme d'une vésicule, qui le plus souvent se recouvre d'une croûte, à cause de l'évaporation du liquide qui y est contenu. La croûte est généralement enlevée par le frottement, ou arrachée, et il s'en forme une nouvelle plus large que la première. Je crois que l'inflammation qui accompagne ces derniers chancres est moins considérable que celle qui accompagne ceux du frein et du prépuce, mais qu'elle est plus intense que celle qui coïncide avec ceux du gland.

Lorsque rien n'arrête les progrès de la maladie, et que celle-ci vient à participer de l'inflammation qui est particulière à la constitution du malade, elle devient, dans beaucoup de cas, plus diffuse, et peut aller souvent jusqu'à donner naissance à des symptômes douloureux, tels que le phimosis et quelquefois le paraphimosis, qui retardent beaucoup la guérison. Mais il y a toujours une induration propre au *poison*, qui entoure les ulcères, surtout ceux qui se sont formés sur le prépuce.

Quand ces ulcères sont en voie de formation et après qu'ils se sont développés, c'est-à-dire dans la période inflammatoire, il n'est pas rare de voir l'urètre sympathiser avec eux et faire éprouver une douleur lancinante, surtout quand le malade urine; mais je ne saurais décider si l'urètre peut être ou non le siége d'un écoulement, sous l'influence d'une telle cause. S'il ne s'établit jamais d'écoulement que quand la maladie envahit positivement l'urètre, on doit supposer que cette sympathie n'est pas réellement inflammatoire; ou au moins, si elle est portée assez loin pour produire de l'inflammation, celle-ci n'est-elle point de nature spécifique. Toutefois, il est possible que dans les cas où il y a une gonorrhée précédée par un chancre, cette gonorrhée soit un effet sympathique et non une maladie qui dérive de l'infection primitive ou du contact du pus fourni par le chancre. La remarque suivante démontre que la sensation perçue dans l'urètre, dans les cas où il n'y a point d'écoulement, dépend de la sympathie, et non de ce que l'urètre aurait été envahi par la maladie dans le moment où la matière vénérienne agissait pour produire un chancre : j'ai vu plus d'une fois, dans des cas où le siége du chancre s'était ouvert une seconde fois et où aucune infection nouvelle n'avait été contractée, que le malade éprouvait le même prurit, ou douleur légère,

---

(*) On lit dans l'édition de Home : « L'excoriation ou la plaie primitive peut se cicatriser, bien qu'infectée, et devenir ensuite un chancre. Un homme s'excoria, dans l'acte du coït, tout le pourtour de la racine du prépuce, et au bout de deux jours tout était guéri. Mais il se forma en un point un chancre à base indurée, qui céda promptement à l'emploi du mercure. Une chose semblable a lieu dans l'inoculation de la variole. »

dans l'urètre, avant qu'aucune sécrétion purulente se fût formée dans les ulcérations commençantes. En vertu de la même connexion qui existe entre ces parties, j'ai vu un chancre, en se développant sur le gland, guérir d'une manière absolue un suintement habituel et une irritation qui existait dans toute la longueur de l'urètre; cette irritation était si considérable, que j'avais soupçonné l'existence d'un rétrécissement; mais l'introduction d'une bougie me démontra qu'il n'en était rien.

L'urètre sympathisant avec le chancre, les testicules et le scrotum s'affectent par sympathie avec l'urètre. J'ai vu cette sympathie s'étendre à tout le pubis et devenir si intense, qu'il suffisait de toucher légèrement les poils qui recouvrent cette région, pour produire une sensation désagréable et même de la douleur.

En parlant des effets locaux ou immédiats de la maladie vénérienne, j'ai dit qu'il est rare qu'ils soient entièrement spécifiques, mais qu'ils participent et de l'inflammation spécifique et de l'inflammation constitutionnelle; c'est pourquoi il est toujours indispensable de faire attention à la manière dont le chancre apparaît à son début, ainsi qu'à la marche qu'il suit, car on peut découvrir par là quelles sont les conditions où se trouve alors la constitution. Si l'inflammation s'étend rapidement et devient considérable, cela indique que la constitution est plus disposée à l'inflammation que cela n'a lieu ordinairement; si la douleur est très-vive, cela indique une grande disposition à l'irritation. Il arrive aussi quelquefois que les chancres commencent de très-bonne heure à former des escarres; quand il en est ainsi, c'est qu'il y a une tendance très-prononcée pour la gangrène.

Ces symptômes additionnels font connaître l'état de la constitution et servent de guides dans la détermination du traitement qu'on doit suivre.

Quand il y a une perte considérable de substance, soit par suite de la formation des escarres, soit par l'ulcération, il n'est pas rare de voir survenir une hémorragie abondante, surtout si l'ulcère a son siége sur le gland. Il semble, en effet, que dans cette partie, l'inflammation adhésive ne se développe point assez pour faire adhérer ensemble les parois des veines du gland de manière à empêcher que leur cavité ne soit mise à découvert, de sorte que le sang s'échappe de ce qu'on appelle le corps spongieux de l'urètre. L'ulcération ou la gangrène pénètre quelquefois jusqu'au corps caverneux, ce qui produit le même accident (*).

(*) Dans ce chapitre, Hunter a tracé avec sa sagacité et sa précision ordinaires les véritables caractères de l'ulcère syphilitique primitif; au moins sa description s'applique-t-elle à la grande majorité des cas; et elle a d'autant plus de valeur, qu'il n'a fait tirer ses signes distinctifs simplement des apparences extérieures, qui, bien que frappant les yeux, ne peuvent guère se communiquer par le langage, mais des lois qui président à la manifestation des effets du virus vénérien et dont on peut reconnaître l'action lors même que les apparences sont différentes.

L'application du virus vénérien sur nos tissus entraîne deux phénomènes morbides, l'induration et l'ulcération; ces deux conséquences semblent être distinctes et

§ I. *Du phimosis et du paraphimosis.*

La cause du phimosis et du paraphimosis est un épaississement du tissu cellulaire du prépuce, déterminé par une irritation qui est de na-

indépendantes l'une de l'autre, car bien qu'elles existent généralement réunies, on les trouve quelquefois isolées, l'une ou l'autre manquant dans quelques cas. Quoique l'induration ne soit pas toujours aussi évidente que l'ulcération, elle est, en somme, plus constante, plus caractéristique, plus spéciale et plus tranchée dans son aspect. C'est donc avec raison que Hunter a insisté plus particulièrement sur l'épaississement de tissu comme signe distinctif de l'ulcère syphilitique primitif.

On ne peut guère ajouter à la description qu'il donne de cet épaississement particulier. Il est, dit-il, « très-circonscrit; il ne se perd point graduellement et d'une manière insensible dans les parties environnantes, mais il se termine brusquement. Ces caractères, bien que masqués en partie quelquefois par d'autres circonstances concomitantes, il les conserve dans toutes ses périodes.

L'épaississement de tissu précède, en général, l'ulcération. Le premier effet de l'infection vénérienne est de produire cette modification particulière dans la texture de la partie. Le second effet est de produire l'ulcération de la portion indurée. Le caractère de l'infection vénérienne primitive est essentiellement une induration passant ensuite à l'ulcération. Dans la première période de l'existence d'un chancre, cette succession est moins appréciable, parce qu'il y a fréquemment à cette époque une ulcération superficielle et commençante avec très-peu d'épaississement apparent, mais dans les progrès de la maladie les deux périodes deviennent, en général, en très-faciles à distinguer l'une de l'autre. Si l'on observe attentivement l'ulcère, on remarque que l'épaississement devient de jour en jour plus distinct et plus étendu, jusqu'à ce que l'ulcère ait revêtu le véritable caractère syphilitique, c'est-à-dire qu'il soit situé sur une base indurée. L'induration environne l'ulcère de toutes parts; elle est à la fois au-dessous et autour de lui; elle lui forme en quelque sorte un lit, et en même temps, elle encadre son bord de manière à lui servir partout de moyen d'union avec les parties saines environnantes. Dans le fait, elle indique la partie la plus récemment infectée, celle qui n'a pas encore passé à l'état d'ulcération. Dans les progrès de la maladie, c'est l'induration qui s'étend d'abord, de sorte qu'aucune partie n'est comprise dans l'ulcère sans avoir passé préalablement par cette modification de texture. L'ulcère syphilitique primitif est rarement stationnaire. L'ulcération en elle-même peut être stationnaire, mais une observation attentive fait reconnaître une augmentation graduelle de la base épaissie, ce qui prouve avec autant de certitude que l'agrandissement de l'ulcération elle-même, que le virus s'étend d'une manière constante.

Ces remarques expliquent certaines variations accidentelles qui s'observent dans l'aspect des ulcères vénériens, et qui, faciles à comprendre quand on les examine de près, embarrassent beaucoup ceux qui basent leur diagnostic uniquement sur les apparences extérieures.

Il n'est pas très-rare de voir un ulcère vénérien primitif revêtir les caractères suivants : Une portion du prépuce, environ de la grandeur d'un sou d'argent, s'épaissit légèrement de manière à perdre sa souplesse naturelle; la surface peut en être légèrement excoriée. En peu de jours, si la partie est tenue très-propre, l'excoriation peut disparaître dans beaucoup de cas; mais l'induration augmente progressivement, prend un caractère plus déterminé, et forme à la fin une grande masse aplatie de la largeur d'une demi-couronne, si inflexible et si roide, que le prépuce ne peut être renversé qu'avec beaucoup de difficulté. Il peut n'y avoir ni sensibilité morbide,

ture à produire une inflammation très-vive et très-diffuse, et qui elle-même est ordinairement l'effet d'un chancre situé dans cette partie.

ti inflammation; tantôt il n'y a point d'ulcération du tout, tantôt il n'y a qu'une légère excoriation brunâtre de la surface. Cependant c'est une altération syphilitique. Si les antisyphilitiques ordinaires ne sont point administrés, tous les doutes sur ce sujet seront dissipés au bout de huit ou dix semaines par l'apparition de symptômes constitutionnels très-évidents.

Dans ces cas, l'aspect de la partie malade n'offre point de ressemblance manifeste avec celui du chancre ordinaire; mais la différence est plus apparente que réelle. Le virus vénérien produit son induration habituelle; mais, à raison de la lenteur de la marche de la maladie et de l'absence d'inflammation, la portion indurée ne passe pas à l'état d'ulcération. A cette seule exception près, le cours de la maladie est le même que celui d'un chancre ordinaire. L'accroissement de l'induration est progressif tant que le mercure n'est point administré. Dès que la constitution est affectée par ce médicament, la masse épaissie commence à diminuer de volume, et elle disparaît graduellement de la circonférence au centre, exactement comme l'induration que laisse le chancre après lui. Comme une nouvelle preuve de l'identité de ces deux maladies, on peut citer cette circonstance que, malgré l'absence d'ulcération, la surface contiguë est souvent affectée de la même manière : une induration semblable est produite dans la partie du gland qui est en contact avec la tumeur primitive, ou sur la nymphe opposée quand la maladie a pour siége une des nymphes chez la femme.

D'un autre côté, la marche habituelle de la maladie syphilitique peut être intervertie d'une manière opposée. L'ulcération peut être assez rapide pour prendre les devants sur l'induration, et pour la détruire aussi promptement qu'elle est formée. On voit fréquemment, surtout sur la face externe du prépuce, des ulcères qui s'étendent rapidement, tantôt par gangrène, tantôt par ulcération, déterminent une suppuration abondante, et présentent un peu d'inflammation à leur pourtour, mais ne s'accompagnent que peu ou même point de l'induration caractéristique. Mais l'absence de ce caractère distinctif des ulcères vénériens n'est qu'accidentelle et est occasionnée par la rapidité des progrès de l'ulcère. En effet, si l'extension de l'ulcère est enrayée par des moyens locaux, ce qui peut souvent s'effectuer, l'induration environnante apparaît et devient chaque jour plus évidente, jusqu'à ce que ses progrès ultérieurs soient arrêtés par les agents thérapeutiques qui agissent directement sur le virus, et qui détruisent ainsi la cause d'où elle tire son origine.

Il est évident que ces variations accidentelles ne détruisent point la vérité de cette proposition générale, savoir, que le résultat naturel de l'infection vénérienne est une induration passant à l'état d'ulcération. Mais dans l'application pratique de ce principe comme moyen de juger de la véritable nature d'un ulcère, il faut prendre en considération quelques circonstances qui souvent modifient les apparences et rendent le diagnostic embarrassant.

La véritable induration vénérienne est « circonscrite, et se termine brusquement; » mais quand elle est accompagnée de beaucoup d'inflammation, ces caractères ne sont pas appréciables. L'épaississement spécifique se confond avec l'épaississement général causé par l'inflammation, et ne peut se distinguer de celui qui accompagne les ulcères communs. On ne peut constater son existence d'une manière évidente et incontestable avant que l'inflammation générale soit dissipée ou atténuée; alors, quand la lymphe a été absorbée à l'entour du siége de la maladie, il reste encore dans le point occupé par l'ulcère, une base et une circonférence indurées offrant un bord bien défini et cessant brusquement.

Toutefois, cette irritation et l'inflammation qui en résulte envahissent quelquefois le prépuce, lors même que la maladie se présente sous la forme

Des ulcères qui se trouvent dans de mauvaises conditions, bien que libres de tout virus spécifique, peuvent s'entourer d'un épaississement de tissu. Si la surface de l'ulcère est gangréneuse, sa base peut être indurée. Dans de tels cas, il est quelquefois impossible de dire de prime abord avec certitude si l'on doit attribuer l'épaississement à la présence du virus vénérien, ou s'il est la simple conséquence des mauvaises conditions de l'ulcère. En général, on doit suspendre son jugement et employer des moyens locaux propres à faire disparaître l'état gangréneux. Quand on a obtenu ce résultat, dans les ulcères simples, l'induration qui était produite par l'irritation gangréneuse disparaît en même temps que cette dernière; dans les ulcères vénériens, quoique la surface de l'ulcère ait subi la même modification, cependant l'induration persiste et continue à s'étendre; ensuite l'ulcère prend de nouveau un mauvais aspect et peut même redevenir gangréneux.

Il est donc évident que pour établir le diagnostic d'un ulcère syphilitique il faut moins s'appuyer sur l'aspect extérieur de l'ulcère à une époque donnée de son existence, que sur sa marche et sur ses progrès. Plusieurs circonstances peuvent mettre de la confusion dans les caractères extérieurs de la maladie, à une période quelconque, et induire le chirurgien en erreur; mais il est presque impossible qu'il se trompe s'il suit attentivement la marche de la maladie, et s'il fait usage des moyens que nous avons d'éviter les causes d'erreur. Si l'ulcère est vénérien, il ne tardera pas à reconnaître les modifications de texture qui décèlent l'infection syphilitique, savoir, l'induration d'abord, et secondement l'ulcération.

Je ne prétends point dire que les autres caractères des ulcères vénériens doivent être négligés dans l'établissement du diagnostic. L'aréole d'un rouge brillant qui les encadre; leur mode d'extension qui se fait également dans toutes les directions; la tendance que manifeste le pus qui s'en écoule à produire des ulcères semblables sur les surfaces avec lesquelles il se trouve en contact; toutes ces circonstances constituent autant de signes distinctifs importants et doivent être prises en considération. Mais il arrive souvent que ces moyens de diagnostic ne peuvent trouver leur application. Souvent l'inflammation environnante rend l'aréole rouge plus obscure et même entièrement inappréciable. Des ulcères qui ne sont point vénériens s'étendent quelquefois régulièrement et uniformément du centre à la circonférence. Dans les cas où les soins de propreté sont remplis exactement et où on ne laisse pas le pus se rassembler, il ne se forme point d'autres ulcères, et le chancre primitif reste seul. En somme, le caractère et la marche de l'induration constituent le moyen de diagnostic qui offre le plus de certitude, celui qui peut s'observer le plus généralement.

Mais on ne doit pas oublier qu'il y a une classe d'ulcères vénériens à laquelle la description qui vient d'être donnée ne s'applique point. Dans les ulcères appelés *phagédéniques,* les progrès de l'ulcération ne sont point précédés par l'induration vénérienne, et cette induration ne s'observe point après que l'ulcère est cicatrisé. Les autres signes distinctifs manquent aussi. L'extension se fait irrégulièrement, un des bords s'étendant, en général, tandis que l'autre se cicatrise; et le pus ne communique pas l'infection aux parties sur lesquelles on le laisse séjourner. Cependant ces ulcères sont indubitablement le résultat d'un coït impur et sont suivis de symptômes constitutionnels; de sorte qu'il est difficile de nier leur origine vénérienne, bien que les lois qui les régissent soient très-différentes de celles qui président à la marche des chancres ordinaires. Les ulcères phagédéniques sont rares en comparaison de ces derniers. La description de Hunter s'applique à quarante-neuf cas sur cinquante, et sa valeur pratique ne perd presque rien à l'existence accidentelle des ulcé-

que je considère comme une gonorrhée du gland et du prépuce (page 206), et quelquefois même dans la gonorrhée ordinaire; mais c'est dans les cas phagédéniques, qui peuvent être facilement reconnus aux caractères qui leur appartiennent en propre, et dont une description plus particulière sera donnée ci-après.

G. G. B.

Le chancre est à la vérole ce que la morsure du chien enragé est à l'hydrophobie; et, à moins d'hérédité, il n'est pas de syphilis constitutionnelle sans cet accident primitif obligé.

Cette proposition, comme on le voit, est contraire à la doctrine de Hunter et à l'opinion de ceux qui ont suivi les mêmes errements. Je ne reviendrai pas ici sur ce que j'ai dit ailleurs pour prouver, d'une manière incontestable, que la blennorragie et le chancre sont deux affections différentes, non-seulement quant à leur cause, mais encore quant à leurs effets. Ce que je dois établir, c'est qu'il n'est pas vrai que le chancre soit du seul domaine des surfaces non sécrétantes, et que du moment où le virus syphilitique agit sur une muqueuse, il ne puisse plus y produire cette ulcération. Ce qui est conforme à l'observation rigoureuse, c'est qu'il faut des conditions accessoires pour que le virus produise ses effets spéciaux, et que ces conditions se rencontrent plus facilement sur la peau et sur les muqueuses dont la texture se rapproche de celle du derme, que partout ailleurs. Mais si ces conditions s'observent plus rarement sur les muqueuses proprement dites, elles n'en existent pas moins, dans quelques circonstances, de manière à permettre le développement de l'ulcère syphilitique sur tous les points qui peuvent être soumis directement à la contagion. C'est ainsi qu'on rencontre le chancre, non-seulement sur les différentes régions de la peau sans exception, mais encore sur la muqueuse de la partie inférieure du rectum, dans toute l'étendue du vagin, sur le col de l'utérus, dans la cavité même de cet organe, dans l'urètre de l'homme et de la femme à différentes profondeurs, dans la cavité buccale, sur le bord libre des lèvres, à leur face interne, sur celle des joues, sur la langue, sur les parois postérieure et supérieure du pharynx, et enfin sur la muqueuse palpébrale et oculaire. Dans tous les points que je viens de citer, j'ai trouvé le chancre régulier, soit sur le vivant, soit sur le cadavre; et les observations authentiques recueillies à ma clinique de l'hôpital des vénériens, ont été publiées dans mon Traité pratique des maladies vénériennes.

Pour que le virus syphilitique agisse, il faut qu'il soit introduit sous l'épiderme ou l'épithélium, qu'il s'insinue dans un follicule béant, qu'il soit appliqué sur une surface dénudée ou excoriée, qu'il pénètre dans une solution de continuité, dans une plaie, ou qu'il atteigne par ces voies le tissu cellulaire, les vaisseaux lymphatiques et les ganglions. Cependant, pour qu'une de ces parties s'infecte, il faut que le pus contagieux soit laissé un certain temps en contact avec elle, sans subir d'altération pendant son séjour. Sur des tissus protégés par un bon épiderme ou un bon épithélium, le virus reste ordinairement sans effet; mais Hunter a peut-être poussé trop loin la confiance à ce sujet; car si du pus contagieux peut rester longtemps sur une peau intègre, sans l'altérer, il arrive encore assez souvent qu'il finit par l'irriter, l'excorier même à la manière de toutes les sécrétions morbides âcres qui viennent à mouiller le derme, et à la suite de ces excoriations, jusque-là simples, de véritables inoculations peuvent avoir lieu, ainsi que des chancres successifs, tels qu'on les observe tous les jours chez des malades qui d'abord n'en présentaient qu'un. De même, sur des surfaces, quelles qu'elles soient, peau ou muqueuse, constamment baignées ou lavées par des sécrétions normales ou morbides, la cause contagieuse peut rester sans effet, faute de pouvoir les atteindre à travers l'enduit qui les protège, ou parce qu'elle a été altérée, ou trop tôt entraînée par ces sécrétions. Il n'y

27.

de chancres du prépuce qu'elles se développent le plus fréquemment. Quand cette tuméfaction du prépuce est la conséquence d'un chancre, on

n'a pas d'autres prédispositions locales ou générales au chancre. Mettez matériellement tous les points de la peau et des muqueuses accessibles, dans des conditions telles que le pus virulent les pénètre et y séjourne, et vous ne trouverez plus ni idiosyncrasies privilégiées, comme quelques personnes le croient, ni tissus ou régions invulnérables. Si le frein, si le limbe du prépuce et la portion du feuillet interne de cette enveloppe qui se porte sur la base du gland, sont plus souvent affectés de chancres, c'est que ces régions sont aussi celles qui, dans les rapports sexuels, s'éraillent ou se déchirent avec le plus de facilité. Il en est de même chez la femme pour la fourchette et les environs des caroncules myrtiformes, et, dans les deux sexes, pour les points de l'anus que coupe la ligne médiane, et plus particulièrement pour la partie antérieure de cet orifice en arrière du raphé.

Si, à propos de la production des chancres, Hunter était remonté des effets aux causes d'une manière plus rigoureuse, il aurait vu, comme moi, que la plupart des femmes qui ne communiquent que des blennorrhagies ne sont actuellement affectées que d'écoulements, ou même que souvent elles n'ont rien du tout; et que s'il en est qui aient alors des chancres, la blennorrhagie qui en est la conséquence chez l'homme, est ou le résultat d'un chancre urétral ou le produit d'une simple inflammation catarrhale, telle que nous savons que le pus du chancre peut en déterminer quelquefois. Si la blennorrhagie était un des effets spécifiques du virus qui produit le chancre, elle serait aussi rare qu'elle est commune; car, n'en déplaise aux idées de Hunter, les écoulements blennorrhagiques sont dans des proportions autrement élevées que le chiffre qu'il a donné. Le grand nombre des blennorrhagies s'explique aisément, quand on songe que toutes les causes des inflammations catarrhales peuvent les produire, et qu'il n'est pas de raisons qui empêchent qu'elles ne puissent à la rigueur se développer spontanément. D'un autre côté, on se rend compte de la plus grande rareté relative des chancres, quand on se rappelle les conditions nécessaires à leur développement. Du reste, chez les gens du monde qui s'observent et se soignent, la blennorrhagie est considérablement plus fréquente que les chancres, et le nombre de ceux-ci ne s'accroît un peu que chez les gens des classes inférieures moins en garde et moins soigneuses. Qui pourrait dire le nombre des écoulements contractés dans des rapports *non suspects*, ou qui ne devraient pas l'être; écoulements qu'on nomme alors bénins ou qu'on décore, sans autres raisons, du titre vulgaire et banal d'*échauffements*? Mais pour ce qui regarde le chancre, est-il quelqu'un qui voulût le considérer comme un ulcère simple, par cela seulement qu'on ne croirait pas devoir suspecter la moralité de celle qui l'aurait communiqué?

J'ai prouvé d'une manière incontestable que le pus virulent agissait toujours de la même manière, quel que fût le siége de l'ulcère primitif dont il provenait; qu'il n'était pas besoin des rapports sexuels pour qu'il donnât lieu à ses effets spécifiques; que pour produire ceux-ci il n'était pas non plus nécessaire qu'il fût récemment sécrété et doué encore de chaleur. En effet, les chancres de toutes les régions, sans exception, fournissent le pus contagieux spécifique; les résultats de l'inoculation artificielle sont plus certains que ceux de la contagion ordinaire, et on peut inoculer du pus virulent qui a été conservé longtemps dans des tubes, comme on inocule le virus vaccin.

J'ai démontré expérimentalement que la formation du chancre n'était pas précédée d'une incubation, et que du moment où la cause spécifique était mise en contact avec les tissus, de manière à ce que ceux-ci pussent s'infecter, un travail incessant s'établissait pour arriver sans interruption, d'une manière plus ou moins régulière et rapide,

doit admettre qu'il y a dans la constitution une disposition irritative. En effet, il y a dans ce phénomène pathologique quelque chose de plus à la production de l'ulcère complet; ainsi qu'on peut le voir dans l'histoire de l'inoculation artificielle (*).

Mais si l'expérience rigoureuse ne permet plus d'admettre l'incubation pour les accidents primitifs, prise dans un sens absolu, il faut aussi de nécessité nier les temps d'incubation relatifs aux différents tissus. Seulement il est des parties qui, par leur organisation propre ou par des circonstances accessoires, se prêtent plus aisément que d'autres aux états morbides, et dans lesquelles, par exemple, on voit l'inflammation, l'ulcération, la suppuration marcher plus vite que partout ailleurs, sans que ces différences dans la rapidité avec laquelle la maladie parcourt ses phases puissent être rapportées, comme le veut Hunter, à des différences de temps d'incubation.

On conçoit du reste l'apparition tardive de quelques chancres, non-seulement par le fait d'une évolution beaucoup plus lente chez certains individus et dans certaines régions, mais encore par diverses circonstances qu'on est à même d'observer tous les jours. C'est ainsi que beaucoup de malades ne s'aperçoivent de l'existence d'une ulcération que lorsqu'elle a déjà acquis un assez grand développement, ou qu'elle est devenue douloureuse; que d'autres voient survenir des chancres successifs et à des époques plus ou moins éloignées de la première infection et de l'apparition du premier ulcère, par suite d'inoculations postérieures, dues au pus que celui-ci avait fourni plus tard, et qui, pour agir, attendait dans son voisinage, les conditions locales dont j'ai parlé plus haut.

C'est de la même manière que des chancres peuvent être produits par une sécrétion blennorrhoïde fournie par une muqueuse voisine, affectée de chancres profonds, qui, existant les premiers, deviennent quelquefois la cause d'un écoulement. En se souvenant encore que le pus virulent peut rester longtemps séparé de l'ulcère qui l'a produit, sans que ses propriétés contagieuses se perdent, et qu'il peut séjourner sans action sur les tissus, jusqu'à ce que ceux-ci lui offrent une porte d'entrée, on se rend compte aisément de ces chancres que Hunter a vus arriver sept semaines après le coït infectant, ainsi que des blennorrhagies qui ont pu les suivre ou les précéder.

Dans tous les cas, il est permis de dire, contrairement à ce qu'avance Hunter, que le chancre se montre plus tôt à la suite de sa cause spécifique, que la blennorrhagie proprement dite n'arrive après les causes diverses qui peuvent lui donner lieu.

Mais, pour bien s'entendre sur l'histoire du chancre, il est des distinctions importantes que je crois utile de rappeler ici.

Le chancre n'a pas de prodromes; la démangeaison n'est pas constante; elle appartient plutôt à d'autres maladies qu'à celle-ci, et surtout aux éruptions herpétiques et eczémateuses, si communes aux organes génitaux et si souvent cause d'erreurs. Lorsque la démangeaison survient, elle accompagne plutôt les débuts du chancre qu'elle ne les précède.

Le chancre ne débute pas toujours de la même manière. Si le pus virulent est introduit sous l'épiderme ou l'épithélium, il en résulte une pustule (**); s'il pénètre dans

(*) Voir mon *Traité pratique des maladies vénériennes*, page 89.

(**) Il est curieux de voir M. Gibert, qui nie le début pustuleux du chancre, écrire, page 258 de son *Manuel des maladies de la peau* (édition 1839): « L'inoculation par la lancette du virus vénérien est suivie d'une pustule à laquelle succède un ulcère qui a tous les caractères du chancre. » Il me semble qu'une fois ce point admis, mon savant confrère aurait bien pu convenir qu'il n'est pas difficile que dans des rapports sexuels, ou autres, il puisse se rencontrer une circonstance analogue à celle que fait naître la lancette, c'est-à-dire, l'insinuation du pus sous l'épiderme ou l'épithélium.

que l'action spécifique du virus, car l'inflammation s'étend au delà de sa distance spécifique (*).

le tissu cellulaire, dans un vaisseau lymphatique ou dans un ganglion, il y détermine une inflammation et bientôt un abcès; mais si, comme cela arrive le plus ordinairement, c'est sur une surface dénudée que le pus virulent a été appliqué, un chancre d'emblée en est la conséquence. Toutefois, quelle que soit sa forme de début et son siége, le chancre offre dans sa marche ultérieure des variations qu'il faut bien connaître, si on ne veut pas se tromper à tous moments. Sous ce point de vue, il faut diviser les chancres en réguliers et irréguliers : les premiers sont ceux qu'aucune complication locale ou générale ne vient déranger dans leur marche, tandis que les seconds subissent, sous l'influence de différentes causes étrangères au virus, d'importantes modifications.

Les chancres, à quelque variété qu'ils appartiennent, ont deux périodes, l'une qu'on doit appeler spécifique ou de progrès, l'autre qui est celle de réparation. La première période commence du moment où la cause a agi, et se prolonge tant que l'ulcération qui s'accroît ou qui peut rester stationnaire fournit un pus inoculable; tandis que la seconde s'établit du moment où l'ulcère spécifique, passant à l'état d'ulcère simple, cesse de fournir un pus contagieux pour marcher vers la cicatrisation.

Le chancre régulier, lorsqu'il siége sur la peau ou sur une muqueuse, consiste dans une ulcération de peu d'étendue en surface, et qui traverse ordinairement toute l'épaisseur des téguments, pour s'arrêter au tissu cellulaire sous-cutané ou sous-muqueux qui lui sert de plancher. La forme du chancre est généralement circulaire; mais elle peut subir de nombreuses variations. Quand tous les points de l'ulcère ne portent pas sur des tissus homogènes, comme cela arrive lorsqu'une partie est placée sur la face intérieure de la base du prépuce et l'autre sur la couronne du gland, il cesse d'être parfaitement rond. Il en est de même dans les circonstances où le chancre s'établit dans une solution de continuité préalable et à forme déjà déterminée, comme dans les fissures du prépuce, de la fourchette, de l'anus, etc., et lorsqu'il se développe dans des replis et des enfoncements qui permettent aux parties voisines de se toucher, en Plusieurs chancres empiétant plus ou moins l'un sur l'autre, peuvent perdre ainsi, en apparence, leur forme circulaire. La base du chancre n'est pas toujours le siége d'un épaississement ou d'un engorgement prononcé et nettement circonscrit, comme pourraient le faire croire les assertions de Hunter et surtout celles de M. Babington. Il y a un grand nombre de chancres réguliers dont la base n'est, en aucune façon, distincte des parties voisines. Leur fond est ordinairement couenneux, grisâtre, rugueux et inégal; leurs bords, assez nettement taillés à pic, plus ou moins dentelés et offrant le même aspect que le fond, sont ordinairement décollés et légèrement renversés en dehors, ce qui rend l'ulcère un peu infondibuliforme; enfin la circonférence du chancre peut être entourée d'une aréole rougeâtre plus ou moins brune et foncée selon l'intensité de l'inflammation des parties circonvoisines, mais surtout selon le degré de décollement et d'altération des bords. Le pus sécrété par des chancres, à cette période, est mal lié, ichoreux, chargé de détritus organiques ou de sang; et, à moins de quelque mélange avec d'autres sécrétions normales ou morbides, il est alcalin et reur-

(*) Tout ulcère qui a son siége à la face interne du prépuce peut donner naissance à un phimosis, parce qu'il peut s'accompagner d'un épaississement assez considérable pour détruire la souplesse naturelle du prépuce. Un chancre produit ce symptôme morbide plus facilement que tout autre ulcère, parce qu'il s'accompagne nécessairement d'une induration, et que cette induration est beaucoup plus opiniâtre que l'épaississement de l'inflammation commune.   G. G. B.

Remarquons que le prépuce n'est autre chose qu'un repli de la peau de la verge; quand celle-ci n'est pas en érection, la peau qui la recouvre ferme souvent des animalcules accidentels. Restant fluide sur les parties soustraites à l'action de l'air, comme sur la plupart des muqueuses, il se sèche pour former des croûtes sur presque tous les points de la peau. Assez abondant dans quelques régions (gland, prépuce, vulve, anus, etc.), ce pus contracte aisément de l'odeur, pour peu qu'il séjourne, tandis qu'il devient plus rare et en quelque sorte plus concret dans d'autres lieux, comme dans la cavité buccale en particulier, où la salive entraîne sans cesse les parties qui n'adhèrent point à l'ulcération.

La durée de la période spécifique du chancre ne saurait être limitée; cependant, dans le chancre régulier, elle peut se terminer du premier au quatrième septénaire, rarement plus tôt, souvent plus tard. Alors la période de réparation s'annonce par la disparition de l'aréole, si celle-ci existait, par l'affaissement des bords, dont la marge prend une teinte gris pâle à mesure qu'ils se recollent et s'inclinent vers le fond, sur lequel ils projettent bientôt des cercles concentriques de cicatrice; le fond, à son tour, se déterge, et se couvre de bourgeons charnus de bonne nature, tandis que sa base se résorbe et disparaît.

Le chancre régulier, qui n'est alors le plus souvent qu'une affection purement locale, peut parcourir ces différentes phases et arriver à une parfaite guérison, sans aucun secours de l'art.

Cependant, soit dans sa période de progrès, soit dans celle de réparation, le chancre peut dévier de sa marche type et offrir alors des variétés, qui, mal étudiées ou mal comprises, ont pu paraître à quelques observateurs des affections entièrement différentes.

C'est ainsi que le chancre reste quelquefois superficiel et masqué par une inflammation catarrhale voisine, comme dans quelques cas de balanite, de blennorrhagies urétrales, vaginales, etc.; mais les trois variétés les plus importantes sont : 1° le chancre induré, 2° le chancre phagédénique diphthéritique ou pultacé, et 3° le chancre phagédénique gangréneux par excès d'inflammation.

Première variété : chancre induré. — Dans cette variété, la base de l'ulcération s'épaissit et s'indure, comme l'avait déjà bien observé Jean de Vigo et comme l'a si bien appelé Hunter. L'induration qui survient est ordinairement bien circonscrite, et ressemble assez, comme le disait Bell, à la moitié d'un pois sec qui serait placée au-dessous de l'ulcération. Cette induration est parfaitement circulaire, quand elle siége dans du tissu cellulaire lâche et qui cède également dans tous les points de sa circonférence; mais pour peu qu'elle rencontre des tissus plus denses, ou qu'elle éprouve des compressions, elle varie de forme, peut devenir elliptique, ou ressembler à une crête, comme on en voit de fréquents exemples à la rainure de la base du gland. Dans tous les cas, elle est plus étendue que l'ulcération qu'elle supporte, et, quand elle soulève celle-ci, il en résulte une variété de l'*ulcus elevatum.* Quoi qu'il en soit, cette induration spécifique du chancre donne au toucher une sensation élastique particulière et caractéristique qu'on reconnaît bien quand on l'a une fois éprouvée, et qu'on ne confond que rarement avec l'œdème dur et le tissu inodulaire, qui s'en rapprochent le plus. Jamais, dans aucun cas, un chancre n'est précédé de cette induration, comme l'avance M. Babington; bien plus, elle ne survient guère qu'après le cinquième jour de l'infection, et le plus ordinairement plus tard. Ce qui a pu tromper quelques observateurs, ce sont les cas dans lesquels la maladie avait débuté dans un follicule dont l'orifice avait pu d'abord s'oblitérer ou être le siége d'une très-petite ulcération; ceux où elle avait pris naissance dans le tissu cellulaire, dans un vaisseau lymphatique ou dans un ganglion, circonstances dans lesquelles, comme je l'ai dit ailleurs, il se forme

devient trop abondante, et l'excédant vient recouvrir et protéger le gland
dans le temps où on n'en fait point usage; il est probable que cette pro-

autour d'un point infecté une surface de chancre et une coque indurée ou espèce de
kyste calleux; et enfin ceux où il survient des ulcérations consécutives sur les indurations qui peuvent rester après la cicatrisation des premiers chancres.

Quoi qu'il en soit, l'induration de la base et des bords d'un ulcère semble souvent
en limiter l'étendue; cependant il arrive quelquefois que les progrès du chancre sont
la conséquence d'un excès d'induration, et surtout de la rapidité avec laquelle elle se
fait. Les tissus qu'envahit alors cette espèce d'apoplexie plastique sont bientôt détruits,
la circulation est ralentie ou complétement suspendue par l'oblitération des vaisseaux,
et la gangrène survient. La mortification commence ici dans le centre des points indurés; elle est en quelque sorte moléculaire, et ne donne jamais lieu à des escarres
étendues, à moins d'une autre variété que nous aurons à examiner.

Du reste, l'induration, qui occupe presque toujours la base des ulcères, gagne aussi
les bords, qui ne sont plus décollés et qui peuvent donner aux chancres certaines
formes apparentes dont on a voulu faire à tort des variétés, telles que le chancre
cannelé, etc. Dans quelques circonstances plus rares, les bords seuls étant le siége de
l'induration, il en résulte un anneau, que Wallace désignait sous le nom de syphilis
annulaire. Quoi qu'il en soit, le chancre induré est ordinairement indolent et a peu
de tendance à se compliquer d'inflammation.

Deuxième variété : chancres phagédéniques pultacés ou diphthéritiques. — Dans cette
seconde variété, l'induration si caractéristique dont il vient d'être question manque
complétement, et s'il existe quelquefois un engorgement de la base et des bords, ce
n'est plus qu'un œdème de mauvaise nature.

Les ulcères qui se rapportent à cette variété, et qui constituent les chancres phagédéniques par excellence (chancres rongeurs ou rongeants), s'étendent plus aisément
en surface qu'en profondeur; il semble que la peau, les muqueuses, et le tissu cellulaire sous-muqueux et sous-cutané, leur résistent beaucoup moins que les plans aponévrotiques et les couches musculaires. La forme de ces chancres peut rester arrondie;
mais, le plus souvent, labourant les tissus d'une manière irrégulière, ils deviennent
serpigineux. Dans ce cas, bien qu'ils puissent en même temps irradier de divers points
de leur circonférence, ils s'étendent plutôt vers les régions qui, plus déclives, favorisent la filtration du pus dans le tissu cellulaire sous-cutané ou sous-muqueux.

Ces chancres offrent du reste, dans bien des circonstances, une analogie frappante
avec les diverses variétés de la pourriture d'hôpital. Leur fond, ordinairement inégal,
est le plus souvent couvert d'une couche grisâtre, espèce de fausse membrane qu'on
prendrait volontiers pour une escarre gangréneuse, mais qui n'est en réalité que le
résultat d'une sécrétion diphthéritique particulière. Dans quelques cas, il existe seulement une matière pultacée, irrégulièrement répartie à leur surface, et qui laisse
échapper çà et là des bourgeons charnus que des ecchymoses, des hémorrhagies ou
la gangrène détruisent bien des fois avant qu'ils amènent la cicatrisation.

Les bords de ces ulcères sont ordinairement très-minces, irrégulièrement découpés,
et perforés dans les endroits surtout où il y a le plus de décollement. Privés de leur
tissu cellulaire de doublure, ils sont renversés, ou tout au moins affaissés sur les portions de l'ulcère qu'ils couvrent encore, bien qu'ils puissent être quelquefois épaissis
par l'œdème. Leur couleur est généralement brune, violacée, comme celle de l'aréole
plus ou moins diffuse qui les circonscrit.

Dans presque tous les cas, les chancres dont je m'occupe ici sont très-irritables,
et sont le plus souvent accompagnés de douleurs très-vives et d'inflammation.

Troisième variété : chancres phagédéniques gangréneux. —Dans quelques circons-

lection lui conserve une sensibilité plus vive. Dans l'érection, la verge remplit ordinairement la totalité de la peau qui la recouvre, d'où il résulte tances, les chancres deviennent la cause, ou se compliquent d'une inflammation suraiguë, dont la gangrène est la conséquence. Ici, l'ulcère spécifique est le plus ordinairement détruit par les progrès rapides de la mortification; et, à la chute des escarres et du sphacèle, il ne reste plus qu'un ulcère simple, siégeant sur des tissus que l'œdème ou une inflammation phlegmoneuse peut encore tenir engorgés, mais qui n'offre aucun des caractères de l'induration qui appartient à la première variété.

Les trois variétés que je viens de signaler existent souvent seules, ou se combinent diversement entre elles. Mais si le chancre à la période de progrès spécifique peut offrir ces différences, ainsi que de nombreuses nuances intermédiaires, la période de réparation présente aussi ses irrégularités. Souvent elle n'est que partielle, soit sur un point de la circonférence, soit sur un point du fond. Un tiers, une moitié de l'ulcère se cicatrisent, tandis que le reste est encore à la période de progrès, cas dans lequel il n'est pas rare de voir arriver une récrudescence, et l'ulcération regagner les parties qui commençaient à se guérir, comme dans les cas de chancres serpigineux. Mais il est d'autres variétés de cette période dont quelques observateurs ont voulu faire des espèces distinctes d'ulcérations. C'est ainsi que, quelquefois, le fond de l'ulcère s'élève au-dessus du niveau de ses bords, en présentant une surface plus ou moins granulée et convexe, comme on en voit si souvent sur le col utérin, et qu'on rapporte ailleurs encore à une variété de l'*ulcus elevatum*. D'autres fois, de véritables végétations, plus ou moins bien organisées, succèdent aux bourgeons charnus qu'on n'a pas su réprimer à propos, et donnent lieu à ce qu'on a appelé le chancre fongueux ou végétant. Enfin le chancre peut être cicatrisé et l'induration persister encore, ou bien il peut subir une transformation *in situ*, passer à l'état de symptôme secondaire, et revêtir le caractère des ulcères de cette période de la syphilis, et plus particulièrement ceux des pustules plates humides ou des tubercules muqueux.

Sans entrer ici dans d'autres considérations qui m'entraîneraient trop loin, il est facile de voir, par ce qui précède, que les signes auxquels on s'est arrêté jusqu'à présent pour établir le diagnostic n'ont qu'une valeur relative, et qu'on se tromperait bien souvent si, comme l'indique Hunter, et surtout comme semble le vouloir d'une manière plus absolue M. Babington, on voulait toujours reconnaître le chancre à la présence de l'induration de sa base.

Tous les chancres, à quelque variété qu'ils appartiennent, fournissent du pus contagieux à leur période de progrès ou d'ulcération spécifique, et ce pus inoculé donne lieu à une pustule et à une ulcération toujours les mêmes au début, qu'il ait été fourni par un chancre régulier, par un chancre induré, ou par un chancre phagédénique diphthéritique. Les différentes variations ne se produisent ensuite dans le chancre d'inoculation, comme dans les autres, que sous l'influence des idiosyncrasies des malades, des conditions hygiéniques dans lesquelles ils sont placés, des maladies antérieures ou concomitantes qui peuvent exister, et des résultats nuisibles de quelques agents thérapeutiques mal administrés.

L'induration de la base, ou des bords du chancre, n'a d'importance réelle, dans le diagnostic, que lorsqu'elle existe; car, je le répète, des chancres privés de ce caractère n'en conservent pas moins toutes leurs propriétés, tant sous le rapport de la contagion, que sous celui de la production des accidents consécutifs.

En somme, les signes pathognomoniques univoques du chancre sont l'inoculation possible avec le pus qu'il fournit à la période de progrès et les symptômes d'empoisonnement général. Mais comme il n'est pas toujours possible de recourir à l'inoculation pour éclairer le diagnostic, et qu'il n'est pas permis d'attendre les phénomènes

que le repli qui formait le prépuce dans l'état de non érection se trouve développé et est employé à recouvrir le corps de la verge.

Les affections appelées phimosis et paraphimosis étant constituées par un épaississement du tissu cellulaire du prépuce, leur intensité est en proportion de celle de l'inflammation et de l'extensibilité de ce tissu cellulaire. L'inflammation s'élève souvent très-haut, et se montre fréquemment de nature érysipélateuse; en outre, comme dans toutes les parties où le tissu cellulaire est très-lâche, la tuméfaction est considérable; l'extrémité du prépuce étant une partie déclive, la sérosité s'y accumule, ainsi qu'il arrive dans beaucoup de cas où les parties situées au-dessous du point enflammé se gorgent de sérosité. C'est ainsi que dans les inflammations de la jambe ou de la cuisse, le pied se tuméfie communément ou devient œdémateux par suite de l'infiltration de haut en bas de la sérosité qui a été extravasée dans une région plus élevée.

Il est très-commun de rencontrer une contraction naturelle de l'orifice du prépuce; contraction qui, chez quelques sujets, est tellement prononcée, que ceux dont les organes génitaux sont ainsi conformés sont atteints d'un phimosis naturel et permanent. Cette disposition des parties entraîne de graves inconvénients dans le traitement, quand un sujet qui présente cette conformation vient à contracter des chancres. Une inflammation diffuse considérable détermine un phimosis morbide semblable au phimosis naturel.

Le phimosis, soit naturel, soit morbide, peut produire le paraphimosis par le simple retrait du prépuce sur le corps de la verge. La partie contractée, agissant alors comme une ligature autour de la verge, en arrière du gland, ralentit la circulation des parties situées en dehors de la constriction, et détermine une inflammation œdémateuse dans la portion retournée du prépuce. Quand le paraphimosis est seulement l'effet d'une étroitesse naturelle du prépuce, il n'a aucune connexion, même dans les cas de chancres, avec l'état de la constitution et n'est qu'un phénomène accidentel. Toutefois, dans l'un et l'autre cas, le paraphimosis doit être considéré, jusqu'à un certain point, comme une violence locale.

Le phimosis naturel est si prononcé chez quelques enfants, que l'urine ne passe qu'avec difficulté; mais, en général, l'ouverture devient de plus en plus large, à mesure que l'enfant grandit, par suite des efforts fréquemment réitérés qui sont faits pour porter le prépuce au-dessus du gland; et ainsi se trouvent prévenues les fâcheuses conséquences qui auraient été le résultat de cette disposition vicieuse dans les cas d'affection morbide de cette partie.

L'orifice du prépuce, qui, chez la plupart des hommes, est assez libre

généraux pour se prononcer, on est forcé de s'en tenir, dans le plus grand nombre des cas, à un diagnostic rationnel d'autant plus incertain, qu'on a affaire à des chancres privés d'induration, ou à des ulcérations qui peuvent s'accompagner d'œdème dur.

P. RICORD.

pour n'entraîner aucun inconvénient dans l'état naturel, se contracte quelquefois sans aucune cause appréciable, et devient si étroit que l'urine ne peut plus s'écouler au dehors, lors même qu'elle est sortie du canal de l'urètre. Il résulte de là que toute la cavité du prépuce se trouve remplie et distendue par l'urine, ce qui détermine une vive douleur. C'est principalement chez des vieillards que j'ai observé les cas de cette espèce.

Quand le prépuce est dans sa position naturelle, il recouvre entièrement le gland, et pend ordinairement un peu au-devant de lui; mais quand ce repli commence à se tuméfier et à s'épaissir, une partie de plus en plus considérable de la peau de la verge est attirée d'arrière en avant sur le gland, et en même temps le gland est repoussé en arrière par la tuméfaction qui comprime son extrémité antérieure. J'ai vu le prépuce faire une saillie de plus de trois pouces au-devant du gland par cette cause; son ouverture était considérablement diminuée.

Il arrive souvent que le prépuce se retourne en partie, parce que la membrane muqueuse du prépuce cède plus facilement que la peau qui en forme le feuillet externe, et alors il existe une espèce de collet dans l'endroit où la peau extérieure se termine naturellement. A raison du resserrement de l'ouverture et de la distension des parties, qui sont dans un état de tuméfaction, il est impossible de porter le prépuce en arrière sur le corps de la verge de manière à le renverser et à mettre à découvert les ulcères qui existent à sa face interne.

Cet état du prépuce entraîne souvent des suites graves, surtout quand il y a des chancres derrière le gland. En effet, le gland se trouvant situé entre l'orifice du prépuce et les ulcères, remplit la totalité de la cavité du prépuce, et souvent si exactement que le pus qui provient des ulcères ne peut se frayer un passage en avant entre le gland et le prépuce, de sorte qu'il se forme une collection purulente en arrière de la couronne du gland, et, par conséquent, un abcès qui fait naître l'ulcération à la face interne du prépuce. Cet abcès s'ouvre à l'extérieur, et souvent le gland faisant hernie à travers cette ouverture, la totalité du prépuce se trouve rejetée du côté opposé, ce qui donne un aspect bifurqué à l'extrémité de la verge.

D'un autre côté, soit que le prépuce, suffisamment mobile et large, soit retenu habituellement, dans l'état sain, en arrière du gland, soit qu'on le maintienne renversé sur le corps de la verge pour le pansement des chancres, si, dans l'un et l'autre de ces cas, il survient de la tuméfaction tandis qu'il est dans cette situation, il en résulte ce que l'on appelle un *paraphimosis*. Lorsque le prépuce, après sa tuméfaction, est repoussé de force en arrière, il passe de l'état de phimosis, qui vient d'être décrit, à celui de paraphimosis.

Cette dernière position du prépuce est souvent beaucoup plus pénible que la première, et fait naître des symptômes plus graves, surtout si le paraphimosis a succédé à un phimosis. Cela vient de ce que l'orifice du prépuce est naturellement moins élastique que son feuillet interne renversé ou son repli externe; d'où il résulte que quand le prépuce est porté en arrière sur le corps de la verge, la partie qui correspond à cet orifice l'embrasse plus étroitement que toutes les autres parties de la peau de la verge, et cela d'autant plus que l'inflammation est plus vive. Le prépuce tuméfié se trouve ainsi divisé en deux bourrelets dont l'un est situé auprès du gland et l'autre en arrière du rétrécissement ou collet formé par l'orifice du prépuce. Ce rétrécissement est souvent si considérable que la circulation est interrompue dans les parties qui sont situées en dehors, ce qui contribue à augmenter le gonflement, rend le rétrécissement plus intense, et souvent produit la gangrène du prépuce lui-même. L'effet de cette gangrène est quelquefois la séparation de toute la partie morbide, conjointement avec le rétrécissement, ce qu'on peut appeler une guérison naturelle (*).

Dans plusieurs cas, l'inflammation n'affecte pas seulement la peau de la verge dans laquelle est compris le prépuce, mais elle attaque le corps même de la verge, et produit souvent des adhérences et même la gangrène dans les cellules des corps caverneux, altérations qui détruisent pour toujours l'extensibilité de ces parties et déterminent une courbure latérale de la verge dans les érections. Cette lésion a lieu quelquefois dans tout le tissu cellulaire de la verge, et il en résulte un moignon court et presque inflexible.

Les adhérences de ces cellules ne dépendent pas exclusivement de l'inflammation vénérienne. Elles sont souvent l'effet de diverses autres maladies, et quelquefois elles se forment sans aucune cause visible.

Un homme âgé de soixante ans, qui boitait depuis 20 ans par suite d'une affection goutteuse, a été pris, il y a dix-huit mois, d'une contracture de la partie gauche et supérieure de la verge, qui se recourbe en ce point d'une manière considérable dans les érections; les érections sont devenues plus fréquentes qu'à l'ordinaire.

Doit-on attribuer cette altération de structure à la goutte, qui, en produisant des adhérences dans les cellules de l'un des corps caverneux, aurait posé une barrière à l'afflux du sang dans ce côté de la verge? L'irritation goutteuse est-elle la cause de la fréquence anormale des érections (**)?

(*) Un jeune homme entra à l'hôpital Saint-George pour un paraphimosis qui était produit par des chancres situés à la face interne du prépuce. Toutes les parties situées au-devant du rétrécissement formé par le prépuce se gangrenèrent et furent éliminées. Je ne prescrivis rien autre chose qu'un pansement simple. La plaie se cicatrisa très rapidement, et le malade quitta l'hôpital, guéri de l'affection locale. Je ne sais si l'absorption s'était effectuée avant l'établissement de la gangrène, car je n'ai plus jamais entendu parler de ce jeune homme. — J. HUNTER.

(**) Le phimosis à différents degrés peut être congénital, et ne subir aucune modification pendant la durée d'une blennorrhagie urétrale, d'une balanite, ou même de chancres, car le prépuce, malgré ses rapports avec les parties malades, reste souvent étranger à l'inflammation et à l'ulcération. Cependant, dans un grand nombre de cas, qu'il y ait phimosis congénital ou non, le phimosis accidentel survient,

des circonstances et avec des particularités importantes à bien connaître, et sur lesquelles Hunter n'a peut-être pas assez insisté.

Si nous examinons les accidents auxquels le phimosis peut succéder, nous trouvons qu'il est rarement la conséquence d'une blennorrhagie urétrale. Cependant on le voit survenir dans quelques cas d'urétrite, et plus particulièrement lorsque celle-ci se complique de l'inflammation de quelques vaisseaux lymphatiques de la verge ou de phlegmon et d'abcès des environs de l'urètre. La blennorrhagie externe, surtout lorsque l'inflammation gagne le feuillet interne du prépuce, est la cause la plus fréquente du phimosis accidentel. Les chancres seuls, sans complication de balanite et de posthite, le produisent bien plus rarement. Mais, en dehors de ces circonstances qu'on peut mettre en première ligne, il en est d'autres qu'on ne doit pas ignorer. C'est ainsi que dans la vérole constitutionnelle, des éruptions diverses peuvent exister sur le gland et le prépuce; et alors, soit en vertu de l'inflammation qui quelquefois les précède ou les accompagne, soit par le fait de l'hypertrophie des tissus, comme dans les affections tuberculeuses, soit encore par le développement de végétations, le phimosis survient. Ce n'est pas tout : des irritations simples, des fatigues mécaniques, l'herpès et l'eczema si fréquents dans ces régions, peuvent aussi y donner lieu. J'ai vu une fois un phimosis très-intense qui était survenu à la suite de la rupture d'une veine et d'une infiltration sanguine, comme on le voit aussi arriver dans les infiltrations d'urine.

Si, après ces considérations, on étudie le phimosis quant à sa nature intime, on trouve qu'il dépend ou du développement des parties que le prépuce renferme, sans que cette enveloppe soit actuellement malade, ou de différentes conditions morbides dans lesquelles celle-ci peut se trouver. Au premier cas se rapportent les végétations, les tubercules, les hypertrophies de natures diverses dont le gland peut être le siége, et qui font que cette partie, que les malades découvraient bien à l'état normal, devient relativement trop volumineuse pour franchir le limbe du prépuce; tandis qu'au second se rattachent les altérations dont cette enveloppe peut devenir le siége. Là, il ne s'agit souvent que d'un œdème simple, que vient quelquefois compliquer un érysipèle, comme on l'observe à la suite d'applications de sangsues sur la peau de la verge. D'autres fois on a affaire à une véritable inflammation phlegmoneuse, soit qu'une blennorrhagie bâtarde en ait été l'occasion, soit que le phimosis soit survenu à la suite de chancres phagédéniques gangréneux par excès d'inflammation. Dans ces circonstances, des abcès se forment dans l'épaisseur du prépuce lui-même, abcès qui peuvent s'ouvrir du côté de sa surface balanique ou du côté de la peau, en respectant un des deux feuillets, ou bien la totalité de cette enveloppe est traversée par la production d'une escarre ou d'un ulcère qui procède de l'intérieur à l'extérieur. Alors, comme le fait si bien observer Hunter, à mesure que l'orifice du prépuce se rétrécit de plus en plus, la suppuration accumulée entre lui et le gland donne lieu à une collection purulente qui se vide par l'ouverture accidentelle qui survient, et à travers laquelle s'échappe souvent le gland. Ce qu'il y a de remarquable, c'est que toujours la partie supérieure du prépuce se détruit, la portion inférieure résistant le plus souvent; comme aussi dans un grand nombre de cas l'orifice est épargné. Quelle que soit du reste la cause de ces phimosis aigus, à tendance gangréneuse, si on attend les seuls efforts de la nature, il arrive souvent que, par la rétention du pus virulent ou ichoreux, le gland et les corps caverneux sont plus tard détruits, quoiqu'ils fussent d'abord étrangers à l'affection. Mais, avons-nous dit, les chancres seuls peuvent être la cause du phimosis, et dans ce cas le prépuce peut offrir des différences intéressantes à noter, selon l'étendue et la position des ulcères. Le plus ordinairement, ce n'est que dans un point que le prépuce perd la faculté de se laisser dilater, pour le passage du gland, surtout, lorsque les ulcérations siégent à son ori fice, cas dans lequel le rétrécissement s'effectue, sans qu'il soit besoin d'autres complications. Une autre circonstance remarquable est celle dans laquelle le prépuce est le siége d'une induration appartenant plus particulièrement au chancre calleux; il n'est pas rare, dans ce cas, de trouver le prépuce avec ses dimensions ordinaires, mais ayant seulement perdu sa souplesse et la possibilité de se renverser, par le fait de cette induration qui le rend comme cartilagineux. Enfin, comme je l'ai dit plus haut, le phimosis est quelquefois la conséquence d'un tissu inodulaire développé dans l'épaisseur du prépuce, ou de cicatrices qu'on observe plus particulièrement à son limbe à la suite des différentes pertes de substances qu'il peut subir. Dans quelques cas encore, il existe des adhérences congénitales ou accidentelles entre le gland et le prépuce.

Toujours est-il que, d'après ce qui précède, on doit diviser le phimosis en permanent et en temporaire. Au premier se rapportent le phimosis congénital et celui qui est la conséquence de cicatrices vicieuses; au second, toutes les altérations qui, pouvant être guéries, laissent ensuite le prépuce dans des conditions normales. Ces différences ne sont pas inutiles à établir dans la pratique, attendu que si une opération est presque toujours indiquée dans le premier cas, on peut, et on doit même fréquemment s'en abstenir dans le second.

Quant au paraphimosis, qu'il me soit permis de rappeler quelques circonstances pratiques dont il faut tenir compte dans le traitement. C'est ainsi que, le plus souvent consécutif à un phimosis congénital ou accidentel, il peut aussi être primitif, c'està-dire, survenir chez des individus qui ont le gland habituellement découvert. Le paraphimosis qui succède à un phimosis, atteint bientôt son plus haut degré d'intensité; tandis que la marche est au contraire plus ou moins lente et graduelle quand il est primitif. Il est œdémateux simple, ou œdémateux avec diverses espèces d'indurations, ou franchement inflammatoire. Le paraphimosis peut survenir pendant le cours d'une urétrite, d'une balanite, ou en même temps que des ulcérations de différentes natures. Lorsqu'il est très-intense, les parties qu'il étrangle, comme le fait observer Hunter, s'engorgent, et j'ai vu survenir ainsi la gangrène du gland. Le plus ordinairement cependant, c'est l'anneau du prépuce qui se détruit et s'ulcère; mais cette ulcération qui tend d'abord à séparer le feuillet muqueux du feuillet cutané du prépuce, n'amène pas toujours d'une manière prompte un véritable débridement. Il en résulte assez souvent des adhérences, des vices de conformation accidentels, et des œdèmes durs persistants.

Au reste, il faut encore distinguer, sous le point de vue pratique, le paraphimosis réductible du paraphimosis irréductible, et tenir compte des circonstances qui peuvent les accompagner. Mais j'aurai l'occasion d'y revenir à propos du traitement.

P. RICORD.

CHAPITRE II.

DES CHANCRES CHEZ LA FEMME.

Les femmes peuvent, comme les hommes, contracter des chancres, mais chez elles la maladie est moins compliquée, à cause de la simplicité des parties qui en sont le siége. Chez la femme, en effet, on n'a à combattre que la maladie en elle-même et l'infection constitutionnelle; la structure des parties malades ne donne naissance à aucun symptôme particulier.

Quand le pus vénérien est introduit dans le vagin ou dans l'urètre, il irrite une surface sécrétante, ainsi que je l'ai dit en traitant de la maladie vénérienne, en général, et de cette maladie chez les femmes, en particulier. Lorsque ce pus est mis en contact avec la face interne des grandes lèvres ou des nymphes, ces parties deviennent souvent le siége d'une gonorrhée seulement, mais, de même que le gland chez l'homme, elles peuvent aussi devenir le siége d'une ulcération. Les ulcérations sont, en général, plus nombreuses chez les femmes que chez les hommes, parce que la surface sur laquelle elles se forment est beaucoup plus étendue. On les observe sur le bord des grandes lèvres, quelquefois sur la face externe de ces mêmes parties, et même sur le périnée.

Les ulcères qui se forment à la partie interne des grandes lèvres ou des nymphes, ne se dessèchent jamais et ne se recouvrent jamais d'une croûte; mais quant à ceux qui sont situés à la face externe, le pus se dessèche souvent sur eux et leur forme une croûte semblable à celle qui recouvre les chancres du corps de la verge et du scrotum.

Le pus vénérien qui s'écoule de ces ulcères a beaucoup de tendance à s'écouler le long du périnée jusqu'à l'anus, comme dans la gonorrhée, et à excorier les parties, surtout aux environs de l'anus, où la peau est mince; et souvent il produit des chancres dans ces parties.

On a observé des chancres dans le vagin, et je pense que ces chancres n'étaient point primitifs, mais qu'ils étaient le résultat de l'extension des ulcères situés à la face interne des grandes lèvres (*).

Cette forme de la syphilis, de même que la gonorrhée, est entièrement

(*) On observe de temps en temps dans le vagin des chancres primitifs qui sont situés soit sur la membrane muqueuse qui tapisse le vagin, soit sur le museau de tanche lui-même. La présence de ces chancres ne peut être reconnue qu'avec l'aide du spéculum. Cependant, les ulcères sont très-rares sur ces parties profondes, bien qu'elles soient très-exposées au contact du virus vénérien pendant le coït.

G. G. B.

locale, aussi bien chez la femme que chez l'homme, la constitution n'y prenant part que sympathiquement, et bien plus rarement, je crois, qu'elle ne le fait dans les cas de gonorrhée (*).

(*) Je n'ajouterai rien à ce que j'ai dit en parlant du chancre en général (p. 419) et je ne reviendrai point sur mes opinions, que M. Babington adopte, quant aux chancres du vagin et de l'utérus. Seulement, je ferai remarquer que le chancre est loin d'être toujours, chez la femme, une affection aussi simple que semblait le croire Hunter, et qu'il n'est pas rare, au contraire, de le voir compliqué de tous les accidents qui peuvent survenir chez l'homme, qu'il ait pour siége la vulve, l'urètre, le vagin ou l'utérus.

Toutefois, ce chapitre mérite encore de fixer notre attention; car mal compris et mal expliqué dans quelques passages, il a fait prêter à Hunter des idées que ce grand maître n'a jamais eues. En effet, Hunter reconnaît ici, comme dans tout le reste de son livre, que le chancre, aussi bien que la blennorrhagie, dans les deux sexes, est d'abord une affection entièrement locale, dont les effets consécutifs, quand il y en a, sont de deux ordres distincts, suivant qu'ils sont ou le résultat de l'absorption du virus, qui produit la syphilis constitutionnelle, ou le fait de simples réactions symphatiques qui déterminent la fièvre, l'agitation, etc. C'est donc à tort que quelques syphilographes, fauteurs de l'école dite physiologique, ont cru trouver dans les écrits de Hunter, l'aveu de la doctrine des sympathies telle qu'ils l'ont professée; car Hunter avait trop bien observé pour tomber dans une telle erreur.

Mais en admettant les distinctions si vraies et si pratiques de Hunter, en reconnaissant avec lui que la blennorrhagie provoque plus souvent des réactions sympathiques que le chancre, je n'accorde cependant qu'au chancre la faculté de déterminer l'infection constitutionnelle ou l'empoisonnement général par voie d'absorption.

P. Ricord.

CHAPITRE III.

CONSIDÉRATIONS GÉNÉRALES SUR LE TRAITEMENT DU CHANCRE.

Lorsque l'inflammation qui naît du *poison* vénérien produit l'ulcération, elle persiste le plus souvent, sinon toujours, jusqu'à ce que l'art en opère la guérison; il n'en est point ainsi pour la gonorrhée, ainsi que je l'ai dit précédemment. Ce n'est sans doute point une chose facile que d'expliquer cette différence si tranchée entre deux espèces d'une même maladie; mais je suis porté à croire qu'elle dépend de ce que dans le chancre l'inflammation s'étend et attaque toujours un nouveau terrain, ce qui produit une série non interrompue d'irritations et empêche que la maladie ne se guérisse spontanément.

De même que la gonorrhée, il est extrêmement rare que les chancres ne présentent rien autre chose à prendre en considération que leur qualité vénérienne. Ils sont presque toujours modifiés par certaines conditions particulières où se trouve la constitution au moment de leur développement. C'est pourquoi leur traitement, tant local que constitutionnel, est susceptible de varier beaucoup; et c'est la connaissance de ces variations qui constitue le principal mérite du chirurgien. Pour cette raison, les symptômes concomitants réclament une grande attention. Le mercure est le moyen curatif des symptômes vénériens considérés abstractivement; mais il n'existe aucun spécifique pour les autres symptômes, dont le traitement doit varier suivant la constitution; il résulte de là, qu'il n'existe aucune espèce de médicament qui, joint avec le mercure, puisse réussir dans tous les cas, quoique les prétendus remèdes secrets qu'on a préconisés soient de cette nature. Quelques cas, en effet, ne réclament rien autre chose que le mercure; d'autres demandent en outre l'usage de divers médicaments qui soient en rapport avec les conditions de la maladie, conditions que, dans beaucoup de cas, il n'est pas facile de déduire de l'apparence extérieure du chancre lui-même, mais qu'il faut découvrir par des essais répétés.

C'est probablement à cause de ces circonstances que le chancre est ordinairement plus long à guérir que la plupart des effets locaux qui dépendent d'une infection constitutionnelle, que ceux au moins qui ont leur siége dans les tissus muqueux, et cela, bien que le chancre puisse être traité constitutionnellement et localement, tandis que la syphilis constitutionnelle ne peut être ordinairement traitée que constitutionnellement. Il se passe le plus souvent un certain temps avant que le chancre paraisse être affecté par le traitement. La circulation peut être chargée de mercure pendant trois ou quatre semaines ou même plus longtemps, avant que le chancre commence à se nettoyer et à présenter une surface vermeille et vivante ; mais quand une fois ce changement s'est opéré, les progrès vers la cicatrisation sont plus rapides. Dans beaucoup de cas, une syphilis constitutionnelle est parfaitement guérie avant que des chancres qui existent chez le même sujet aient subi la moindre modification.

D'après les mêmes raisons, le traitement interne réclame une grande attention ; il faut rechercher si l'on doit prescrire des médicaments affaiblissants, toniques, ou calmants ; en effet, tantôt c'est une espèce de médicaments, tantôt c'est une autre, qui convient.

Les chancres sont susceptibles de deux modes de traitement : dans l'un on se propose de détruire ou d'enlever le chancre au moyen des escarotiques ou par l'extirpation ; dans l'autre on a pour but de vaincre l'irritation vénérienne au moyen de son antidote spécifique.

J'ai cherché à démontrer que le chancre est une maladie locale. Une nouvelle preuve en faveur de cette opinion, c'est qu'il peut être détruit ou guéri par un traitement purement local. Mais pour le chancre, de même que pour la gonorrhée, on a discuté la question de savoir si le mercure doit jamais être employé localement. Les uns ont repoussé cette pratique, les autres l'ont adoptée, et il est probable que la discussion n'est pas encore généralement terminée.

D'après l'idée générale que je me suis efforcé de donner de la maladie vénérienne, il n'est pas difficile de résoudre cette question.

Il faut observer que dans le traitement des chancres nous avons deux objets en vue : guérir le chancre lui-même, et prévenir une infection générale.

Le premier objet, c'est-à-dire, la guérison du chancre, doit être obtenu par l'emploi du mercure, appliqué soit extérieurement dans les pansements, soit intérieurement par l'intermédiaire de la circulation, ou de ces deux manières à la fois. On remplit le second objet, qui consiste à préserver la constitution de l'infection, premièrement, en diminuant la durée du chancre, ce qui diminue le temps pendant lequel l'absorption peut s'effectuer, et ensuite par un traitement interne, qui doit être en proportion du temps pendant lequel l'absorption a pu se faire.

Si la puissance d'un chancre pour infecter la constitution, ou, ce qui est la même chose, si la quantité de virus absorbée est en raison de la largeur du chancre et de la durée de l'absorption, et il y a tout lieu de croire qu'il en est ainsi, il en résulte que tout ce qui abrége la durée du chancre doit diminuer sa puissance d'infection ou la quantité de virus absorbée ; et si la dose de mercure nécessaire pour garantir la constitution est en raison de la quantité de virus absorbée, tout ce qui diminue la quantité de virus absorbée doit contribuer à préserver la constitution d'une manière proportionnelle à cette diminution. Par exemple, supposons que la puissance d'un chancre pour infecter la constitution en quatre semaines soit égale à 4, et que la quantité de mercure nécessaire à l'intérieur, tant pour la guérison du chancre que pour la préservation de la constitution, soit aussi égale à 4, tout ce qui abrége la durée du chancre diminuant dans la même proportion la quantité de mercure nécessaire, si les applications locales combinées avec l'usage interne du mercure produisent la guérison du chancre dans l'espace de trois semaines, il ne faudra plus donner à l'intérieur que les trois quarts de la dose précédente de mercure. Les applications locales, en tant qu'elles abrégent la durée du chancre, diminuent donc le temps pendant lequel l'absorption s'effectue, ce qui diminue aussi la durée nécessaire du traitement mercuriel interne, et tout cela dans la même proportion. Par exemple, admettons que quatre onces d'onguent mercuriel guérissent un chancre et garantissent la constitution en quatre semaines, il suffira de trois onces pour préserver la constitution si la guérison du chancre peut être effectuée par tout autre moyen au point d'être effectuée dans l'espace de trois semaines. Cela n'est point une spéculation de l'esprit, c'est le résultat de l'expérience; la destruction des chancres confirme cette assertion (*).

(*) L'expérience de Hunter sur ce point est en opposition avec celle des autres pathologistes. Il ne paraît pas qu'en pratique on puisse avec sécurité prendre la durée de la cicatrisation d'un chancre pour mesure de la durée du traitement mercuriel. Si l'on s'en rapporte à l'expérience générale, un traitement mercuriel dirigé contre les symptômes primitifs, bien que commencé avant que le chancre ait atteint huit jours de durée, ne peut être suivi pendant moins d'un mois, sans que le malade soit exposé au danger imminent d'une rechute. — G. G. B.

Les observations générales de Hunter, sur le traitement des chancres, sont loin d'avoir été toutes confirmées par l'expérience.

Sans doute, le plus ordinairement les chancres ne cèdent qu'aux moyens que l'art leur oppose; mais on peut affirmer qu'il en est beaucoup qui guérissent d'eux-mêmes, et cela d'autant plus vite, qu'on les tourmente moins par une mauvaise médication. Tel chancre, sans complications, qui pourrait se guérir en trois ou quatre semaines à l'aide de soins de propreté et d'un pansement simple, sera souvent entretenu et même agrandi par un pansement mercuriel inopportun.

Si, sous le point de vue de la guérison, nous comparons la blennorrhagie au chancre, nous serons forcés, par l'observation journalière, de reconnaître que les idées de Hunter sur ce sujet étaient plutôt théoriques que pratiques; car on peut affirmer que, somme toute, on guérit plus vite un chancre qu'une blennorrhagie, au moins dans un très-grand nombre de cas, et sans le secours des mercuriaux. En abandonnant les deux maladies à elles-mêmes, ou aux seules ressources de la nature, on rencontre un plus grand nombre de blennorrhées interminables, que d'ulcères vénériens sans fin. Du reste, si Hunter n'avait pas été sous l'influence d'un système qui le suivait sans cesse dans ses explications, il aurait trouvé des circonstances dans lesquelles l'analogie entre le chancre et certains écoulements blennorrhoïdes est parfaite, et que ces circonstances sont celles où les écoulements dépendent de chancres qui ont pour siége l'urètre, les profondeurs du vagin ou les cavités de l'utérus. Une observation fort juste de Hunter et qui explique bien des choses, c'est que le chancre n'existe pas toujours seul, c'est-à-dire que l'accident syphilitique se trouve fréquemment compliqué d'autres circonstances pathologiques, qui l'altèrent ou le masquent, et qui, en même temps qu'elles le font dévier de sa marche régulière, offrent des éléments tellement complexes ou même opposés, qu'un moyen unique de traitement ne saurait être rationnellement employé dans tous les cas. C'est surtout à propos de la blen-

§ I. *De la destruction des chancres.*

La méthode la plus simple de traiter un chancre consiste à le détruire ou à l'extirper ; de cette manière on le réduit à l'état d'ulcère ou de

norrhagie qu'il faut dire avec Hunter, que cette affection n'est que *rarement*, on peut être même *jamais entièrement vénérienne ;* cela n'ayant lieu, comme je l'ai démontré ailleurs, que dans les cas où l'écoulement existe en même temps qu'un chancre.

Il n'est pas vrai, comme l'a prétendu Hunter, que l'inflammation spécifique empêche la guérison spontanée du chancre, en s'étendant et en gagnant sans cesse de nouveau terrain ; car bien certainement, toutes choses égales d'ailleurs, l'ulcère syphilitique se circonscrit et se limite plutôt que ne le fait l'inflammation blennorragique, qui a la plus grande tendance à envahir toute l'étendue des muqueuses dont elle n'affectait d'abord qu'un seul point.

Si on considère le chancre en lui-même, abstraction faite de ses complications, il faut bien se garder d'envisager le mercure comme son antidote absolu. Ce puissant agent thérapeutique n'a véritablement de propriétés en quelque sorte spécifiques que dans le cas où le chancre s'indure, circonstance qui n'est pas précisément inhérente à la cause virulente, mais bien à l'individu qui l'a subie.

Hunter, qui a si bien dit que l'*induration* était une des conditions fréquentes du chancre, n'a pas assez insisté ensuite sur l'importance de ce signe, sous le point de vue du pronostic quant à l'accident primitif, quant à la possibilité de la production des accidents généraux, et surtout quant aux indications thérapeutiques qu'il fournit toujours.

Une expérience étendue et attentive, jointe à une expérimentation rigoureuse, m'a permis d'établir les propositions suivantes, qu'on pourra vérifier :

1º Le chancre est d'abord une affection essentiellement locale, et il reste tel, tant qu'il ne survient pas d'induration. La durée de la maladie, l'étendue des surfaces affectées et leur nombre n'ajoutent rien aux chances de l'empoisonnement général. Il y a peu d'exceptions à cette règle.

2º Dès que le chancre est accompagné d'induration (et celle-ci n'arrive jamais avant le cinquième ou le sixième jour), la maladie n'est plus simplement une affection locale : l'*induration est la preuve certaine de l'empoisonnement général.*

Je ne sais pas s'il y a des exceptions à cette loi.

3º Il y a deux choses à considérer dans la guérison d'un chancre : 1º la cicatrisation ou la disparition de l'ulcère ; 2º l'état des tissus où celui-ci siégeait. Dans le chancre induré la cicatrisation de l'ulcère n'indique pas la guérison. La cure n'est réelle que lorsque l'induration n'existe plus. De telle façon qu'un chancre induré qui s'est cicatrisé très-vite sera suivi d'accidents généraux, si l'induration persiste, tandis qu'un chancre non induré qui aura mis longtemps à se guérir, pourra ne produire aucun accident de ce genre, l'induration étant la condition de la production des phénomènes constitutionnels de la syphilis, quelle qu'ait été la durée des phénomènes primitifs.

4º On doit regarder le traitement mercuriel comme le traitement spécial le plus efficace qu'on puisse opposer au chancre induré, qui est déjà une manifestation de la syphilis constitutionnelle, contre laquelle le mercure a souvent plus de force, comme l'a judicieusement observé Hunter, que contre l'accident primitif lui-même, surtout dans les cas où celui-ci n'est accompagné d'aucune induration.

5º Un traitement mercuriel administré de bonne heure, dans le cas de chancre induré, peut prévenir le développement des accidents généraux.

6º Le traitement mercuriel peut être local et général dans le chancre induré sans complication.

simple, et il se cicatrise comme tout ulcère ou plaie de cette nature. Cette pratique ne peut être suivie qu'au début de la formation du
chancre, quand les parties environnantes ne sont pas encore infectées,
et il est absolument nécessaire que toute la partie morbide soit enlevée,
ce qui est très-difficile à faire quand le chancre a pris beaucoup d'extension. On peut opérer cette destruction, soit par l'excision, soit par le
caustique. Si le chancre s'est formé sur le gland, la cautérisation avec
le nitrate d'argent fondu est préférable à l'excision, parce que cette
dernière méthode donnerait lieu à une hémorragie considérable provenant des cellules de cet organe.

La sensibilité ordinaire du gland n'étant pas très-vive, la cautérisation
de cette partie ne produit que peu de douleur. Il faut que le caustique
soit taillé en pointe comme un crayon, afin qu'il ne touche que les parties qui sont réellement malades. Ce traitement doit être continué
jusqu'à ce que la surface de l'ulcère ait un aspect sain et vermeil après
la chute des dernières escarres. Lorsque l'ulcère est arrivé à cet état, il
se guérit comme toute autre plaie produite par la cautérisation.

Lorsque l'ulcère a pour siége le prépuce ou les téguments communs
de la verge, et qu'il est à son début, on peut suivre avec succès la même
pratique. Mais s'il a pris beaucoup d'extension, le caustique, appliqué
d'une manière aussi lente, ne peut pénétrer assez profondément pour
devancer le travail d'ulcération spécifique. Dans de tels cas, la potasse
caustique doit réussir très-bien. Quand cette dernière substance ne peut
être employée convenablement, on peut atteindre le but au moyen de
l'excision.

J'ai enlevé un chancre par la dissection, et la plaie s'est cicatrisée à
l'aide d'un pansement simple.

Toutefois, comme nous ne connaissons pas toujours d'une manière
certaine le degré d'extension de la maladie, et que cette incertitude augmente en proportion de la grandeur du chancre, il est nécessaire jusqu'à
un certain point de favoriser la guérison par des pansements appropriés,
et, par conséquent, il est prudent de panser l'ulcère avec l'onguent
mercuriel. Au moyen d'un tel traitement, il y a peu de danger d'infection pour l'économie générale, surtout si le chancre a été détruit presque
aussitôt après son apparition et à une époque où l'on peut raisonnablement supposer que l'absorption n'a pas eu le temps de se faire. Mais
comme dans la plupart des cas il doit être incertain s'il y a eu ou non
absorption, on ne doit pas toujours se fier à cette pratique ; et même,
d'après cette remarque, ne devrait-on peut-être jamais se reposer entièrement sur elle. De sorte qu'il serait prudent de prescrire, même dans
les cas où le chancre a été détruit presque immédiatement, quelque mé-

[1] La somme totale du traitement mercuriel ne doit pas être mesurée sur la cicatrisation du chancre, *mais bien sur la disparition absolue de l'induration.*
Qu'on réfléchisse aux propositions qui précèdent, et on y trouvera la concordance
des opinions en apparence les plus opposées émises par les auteurs.   P. RICORD.

dicament interne, dont la quantité doit être proportionnée à la durée et à la marche de l'ulcère. Quand le chancre a acquis une grandeur considérable avant son extirpation, l'emploi du mercure est absolument nécessaire, et peut-être ne gagne-t-on pas grand'chose à l'extirper (*).

(*) Le traitement des chancres par le caustique ou par l'extirpation est plus beau en théorie que digne d'être recommandé en pratique. Il est impossible de savoir d'une manière certaine jusqu'où le virus s'est étendu, et par conséquent on ne peut être sûr de détruire par la cautérisation la totalité des parties infectées. Ce résultat fâcheux n'est pas toujours appréciable au moment du traitement; l'ulcère peut se cicatriser sous l'influence de la cautérisation sans que le virus soit complétement détruit, de sorte que l'économie générale peut se trouver infectée plus tard. En outre, la cautérisation semble augmenter la tendance à l'absorption, ce qui fait que si le but qu'on se propose n'est pas atteint par la première application du caustique, on n'y parvient pas, en général, par la répétition de ce moyen. C'est pour cela que, dans tant de cas, l'emploi du caustique est suivi immédiatement du développement d'un bubon, et, à une époque plus avancée de la maladie, des symptômes secondaires de la syphilis; et le malade qui d'abord aurait pu être guéri par un traitement mercuriel modéré, se trouve ensuite exposé à la nécessité d'en subir un longtemps prolongé, qui non-seulement est très-pénible et très-fatigant, mais encore peut compromettre gravement la santé générale. On doit donc réserver le traitement des chancres par la cautérisation pour les cas où, en raison de circonstances particulières, il faut éviter à tout prix un traitement mercuriel immédiat.

Dans les cas où la cautérisation paraît être suivie de succès, les ulcères ne sont point des chancres, pour la plupart, mais de simples pustules ou des vésicules herpétiques.

G. G. B.

La destruction des chancres à leur début, ou, autrement dit, leur traitement abortif, constitue un des points les plus intéressants de l'histoire de la syphilis, et aussi un de ceux qui ont donné lieu aux théories les plus erronées et aux pratiques les plus dangereuses.

Si le chancre est une affection d'abord locale, comme l'a si bien dit Hunter, et comme l'expérience et l'expérimentation le prouvent, il faut être conséquent et faire ici ce que tout le monde est d'accord de faire lorsqu'il s'agit de la piqûre de la vipère ou de la morsure du chien enragé, c'est-à-dire, détruire l'accident local le plus tôt possible, afin de prévenir l'absorption et les phénomènes consécutifs. Qu'on y réfléchisse bien, là est tout l'avenir de la vérole et la possibilité d'éteindre cet épouvantable fléau; tandis que dans la proposition contraire se trouve son éternelle conservation. Prêchez la vérité aux gens qui s'exposent, dites-leur que jamais on n'a vu d'accidents secondaires survenir à la suite des chancres détruits avant le cinquième ou le sixième jour qui a suivi *le coït infectant;* et en les obligeant alors à une attention minutieuse et à la destruction rapide et complète de tout phénomène primitif douteux, vous les sauverez de l'empoisonnement général.

On a dit que les chancres qu'on attaquait par la cautérisation étaient plus souvent suivis d'accidents que les autres, et aucun de ceux qui ont soutenu cette proposition n'a pris la peine d'indiquer les circonstances particulières dans lesquelles les chancres pouvaient se trouver au moment de la cautérisation, comme si le chancre n'avait qu'une manière d'être et qu'il fût toujours le même chez tous les individus, à toutes ses phases et en dépit de toutes les complications possibles.

Or, en entrant dans ces détails, sans lesquels il est impossible de raisonner, on peut établir les propositions suivantes :

1° Lorsque la cautérisation a détruit un chancre avant le sixième jour qui suit

§ II. *Traitement des chancres. — Applications locales.*

Le traitement d'un chancre n'est pas la même chose que sa destruction ; il consiste, non dans la destruction de l'ulcère, mais dans la destruction ṣoit infectant, la guérison est très-rapide, et le malade est à l'abri de l'empoisonnement général.

1° Lorsqu'un chancre a déjà duré un certain temps, et qu'il est surtout accompagné d'induration, la cautérisation n'empêche ni ne favorise l'infection générale. Elle ne constitue plus ici une méthode abortive, et ne peut tout au plus servir qu'à modifier l'ulcère et à en hâter la cicatrisation toujours utile, attendu que ce n'est pas en raison de la rapidité de cette cicatrisation, mais bien en raison de la persistance de l'induration que surviennent les accidents constitutionnels.

3° On a eu tort de dire qu'en cautérisant un chancre et en obtenant une cicatrice trop prompte, on se privait d'un guide pour le traitement. Le seul guide absolu fourni par l'accident primitif, c'est l'induration ; or, quand l'induration existe, la cautérisation, telle qu'on la pratique ordinairement, ne la détruit pas.

4° Ceux-là même qui blâment la cautérisation vous disent qu'à la suite des chancres, les accidents secondaires sont en raison de l'étendue, du nombre et de la durée de ces accidents primitifs ; et ils croient être logiques, en rejetant un moyen qui, dans leur doctrine même, diminue l'étendue des surfaces malades et les limite, en abrégeant aussi la durée totale du mal local qui est le foyer permanent de l'infection générale.

5° On a dit que la cautérisation favorisait le développement des bubons. C'est une erreur qu'a accréditée le mince relevé statistique de Bell. Les relevés journaliers faits sur un cadre immense à l'hôpital des vénériens de Paris, donnent un démenti formel à cette assertion. La cautérisation peut, comme toute autre cause d'irritation, déterminer des engorgements sympathiques des ganglions lymphatiques voisins ; mais les bubons virulents ne paraissent pas naître sous son influence, ils obéissent à d'autres lois que nous examinerons plus tard.

6° Il est très-curieux de voir appliquer tous les jours la cautérisation au traitement de toutes les plaies envenimées : de la pustule maligne, du charbon, de la rage ; de la voir aussi employer contre la petite vérole, dans les expériences sur le vaccin, etc., et qu'il ne soit venu à la pensée de personne de lui attribuer les accidents généraux qui suivent le plus souvent, tandis que pour la syphilis, par un privilége que personne n'explique, et dont on trouve pourtant la raison dans un défaut d'observation, on a voulu trouver une exception qui ne saurait logiquement et expérimentalement exister.

7° Les trois moyens proposés par Hunter pour détruire localement le chancre peuvent être ainsi formulés :

a. Le nitrate d'argent taillé en crayon constitue le moyen le plus généralement applicable et qui suffit quand la maladie est tout à fait au début, quel que soit son siége.

b. La potasse caustique ne doit être employée que lorsqu'on veut pénétrer plus avant dans des tissus profondément infectés ; mais alors je préfère la pâte de Vienne, plus facile à manier et surtout plus facile à limiter dans son action (*).

c. Quant à l'excision, lorsqu'on la pratique trop près du siége du chancre, la

(*) Formule de la pâte de Vienne :

℞ chaux vive........ cinq parties.
potasse à l'alcool... six parties.

M

de la disposition vénérienne de cet ulcère qui par là se trouve guéri, en tant qu'ulcère vénérien.

Les chancres peuvent être guéris de deux manières différentes, soit par des applications externes, soit par des médicaments internes qui agissent par l'intermédiaire de la circulation générale. Le même agent thérapeutique est nécessaire dans l'une et l'autre méthode, c'est le mercure.

J'ai démontré que la gonorrhée et le chancre présentent la même disposition morbide, au point qu'ils produisent la même espèce de pus. J'ai fait remarquer aussi que le mercure n'a pas plus d'efficacité dans le traitement de la gonorrhée que tout autre médicament; de sorte qu'on pourrait supposer que le mercure ne doit pas avoir plus de vertu contre la maladie qui nous occupe. Cependant l'observation apprend que dans le traitement du chancre, le mercure est un remède spécifique, et que ce médicament guérit tout ulcère véritablement syphilitique. Mais comme les ulcères de cette nature peuvent être atteints de diverses autres dispositions morbides, il est souvent nécessaire de recourir à d'autres moyens thérapeutiques, ainsi que j'aurai occasion de le dire. L'action du mercure doit être la même, de quelque manière qu'on l'administre, car il doit exercer son influence sur les vaisseaux de la partie malade; seulement il agit extérieurement dans une méthode et intérieurement dans l'autre (*).

L'onguent mercuriel est le topique qu'on emploie ordinairement dans le traitement local du chancre. Cependant, si le mercure était combiné avec un excipient aqueux au lieu d'un corps gras, le médicament se mêlant avec le pus resterait appliqué plus longtemps sur la surface de l'ulcère, et agirait avec plus d'efficacité : tel est l'avantage que les cata-

plaie reprend bientôt les caractères de l'ulcère virulent. Lorsqu'on fait l'excision complète d'un chancre induré, ou seulement l'extirpation d'une induration après la cicatrice du chancre, la plaie peut encore passer à l'état d'ulcère spécifique, et une nouvelle induration survenir; mais dans tous les cas, même ceux où il n'y a pas d'ulcère consécutif et où la plaie se cicatrice comme une plaie simple, l'excision de l'induration ne prévient pas les autres phénomènes de l'empoisonnement général.

L'étude des plaies récentes et anciennes dans le voisinage des chancres, et l'excision de ceux-ci étudiée dans leurs différentes variétés et à leurs diverses périodes, sont le sujet d'un travail que je publierai bientôt.   P. Ricord.

(*) On voit un exemple de ce fait de thérapeutique générale dans ce qui arrive pour certains organes dont les actions sont immédiates et visibles; le même effet immédiat est produit, soit qu'on applique le médicament localement, soit qu'on l'introduise dans l'économie générale. Par exemple, si l'on injecte dix grains d'ipécacuanha dans l'estomac d'un chien, cette substance ne tarde point à déterminer le vomissement; de même, si l'on injecte une solution de cinq grains d'ipécacuanha dans une veine, le vomissement est produit avant l'époque où l'on peut admettre que le médicament est parvenu aux vaisseaux de l'estomac. Une infusion de jalap injectée dans les veines produit des effets semblables à ceux qui sont ordinairement le résultat de l'introduction de ce médicament dans l'estomac et dans les intestins.

J. Hunter.

flasmes présentent sur les appareils ordinaires de pansement. J'ai souvent employé le mercure uni à quelque conserve au lieu d'onguent, et ce moyen m'a très-bien réussi. Le calomel, employé de la même manière, et les autres préparations mercurielles mélangées avec un mucilage quelconque ou avec du miel, sont également avantageux. Les pansements faits avec ces substances amènent la guérison lorsque les ulcères sont purement vénériens; mais il est rare que la constitution soit entièrement libre de toute autre tendance morbide.

Il est des malades qui présentent une disposition indolente. Pour combattre cette disposition, il faut associer au mercure quelque baume excitant en petite proportion, ou la quantité de précipité rouge qui suffit pour stimuler sans produire la cautérisation; quelquefois même ces deux espèces de médicaments sont nécessaires.

Le calomel, mêlé avec quelque onguent ou avec quelque autre substance qui le tienne en suspension, est plus actif que l'onguent mercuriel ordinaire, et se montre plus efficace dans les cas qui réclament des applications stimulantes.

On a recommandé plusieurs autres applications, telles que des solutions de vitriol bleu, de vert-de-gris, de calomel, avec l'esprit de nitre dulcifié, et plusieurs autres.

Mais toutes ces substances n'offrent d'utilité que pour remédier aux dispositions particulières dont les parties peuvent être atteintes, car elles n'ont aucune action spécifique sur le *poison* vénérien, et comme ces dispositions sont innombrables, il est presque impossible de déterminer laquelle doit être efficace dans chacune de ces dispositions. Les unes réussissent dans certaines conditions des ulcères, les autres dans certaines autres conditions. Il arrive souvent que les parties malades sont douées d'une grande irritabilité; dans ces cas, il est nécessaire d'unir au mercure l'opium ou les préparations saturnines, comme la céruse ou l'oxyde rouge de plomb, afin de diminuer l'action de ces parties.

Il est avantageux de renouveler souvent les pansements, car le pus sécrété par l'ulcère s'interpose entre le topique et la surface morbide, et qui diminue ou empêche l'action du remède. Dans beaucoup de cas, ce n'est pas trop de panser trois fois par jour, surtout si le topique a pour excipient un corps gras; car les substances de cette nature ne se mêlent point comme les topiques aqueux avec le pus, de manière à lui communiquer une partie de leur vertu, ce qui exercerait une influence salutaire sur l'ulcère.

Il arrive souvent que les chancres, après avoir perdu leur disposition syphilitique, deviennent stationnaires, et même acquièrent des dispositions morbides nouvelles en vertu desquelles ils exercent de nouveaux ravages dans les parties où ils siégent, ainsi que j'aurai occasion de le dire ci-après. Quand ils deviennent seulement stationnaires, on peut souvent les guérir en les touchant légèrement avec le nitrate d'argent fondu. On dirait qu'il faut que la surface qui a été infectée, ou le tissu nouveau qui se forme sur cette surface, soit détruite ou mo-

442   DU CHANCRE.

diliée, pour qu'une cicatrice s'y forme; et c'est une chose surprenante,
dans beaucoup de cas, que la rapidité avec laquelle ces ulcères se guérissent après avoir été touchés; une ou deux cautérisations peuvent suffire (*).

(*) 1° Bien qu'en général on ne doive pas panser trop fréquemment un ulcère, une
plaie, pour ne pas déranger le travail de cicatrisation, il faut se garder de suivre
le même précepte pour le chancre à la période de progrès; ici, il faut se rappeler
que la matière de la sécrétion devient une cause permanente de la maladie, et qu'il
importe de ne pas la laisser séjourner. Les pansements seront donc répétés, selon
l'abondance de la suppuration, trois ou quatre fois par jour.

2° Comme il est de précepte, sauf les exceptions que nous indiquerons plus
tard, que les parties malades soient à découvert, il faudra avoir bien soin, pour les
chancres cutanés, de ne pas les laisser se couvrir de croûtes, sous lesquelles le pus
croupit et creuse.

3° Tant que le chancre reste à la période d'ulcération, il faut répéter la cautérisation avec le nitrate d'argent aussi souvent qu'à la chute des escarres produites,
on retrouve, soit au fond de l'ulcère, soit à ses bords, les caractères qui appartiennent à cette période; mais dès que la réparation a lieu, on doit s'abstenir de
porter le caustique sur la partie en voie de guérison, tout en redoublant de soins
pour en continuer l'emploi sur les points encore en progrès d'ulcération spécifique.

4° Si les corps gras, en général, sont le plus ordinairement nuisibles dans le traitement du chancre, on peut dire que les pommades mercurielles en particulier, sauf
les cas exceptionnels, le sont encore plus que tous les autres. Rien de plus commun
que de voir les chancres se multiplier, s'étendre ou s'enflammer lorsque, exempts
d'induration, on les panse avec l'onguent mercuriel.

5° Si, comme nous l'avons dit, il est bon de ne pas laisser le pus du chancre en
contact avec la surface qui le sécrète, il est aussi bien avantageux d'en diminuer la
sécrétion. La charpie sèche, qui forme en quelque sorte une éponge, remplit une
de ces indications. Mais un des traitements qui donnent les guérisons les plus rapides, les cures locales les plus promptes, c'est le vin aromatique d'après la formule
du Codex. Voici la manière dont j'emploie ce médicament :

Les malades ont soin de bien laver l'ulcération avec ce liquide, sans cependant la
fatiguer ou la faire saigner, ensuite ils la recouvrent d'un peu de charpie fine qui en
est imbibée assez pour rester humide sans couler; car lorsqu'elle est trop mouillée,
l'espèce de macération qui en résulte en retarde les bons effets. A chaque pansement,
on a soin, pour détacher la charpie, de l'imprégner du même liquide, afin de ne pas
déchirer les parties auxquelles, en se séchant un peu, elle pourrait adhérer.

Toutes les personnes qui suivent ma clinique, à l'hôpital des vénériens, ont pu se
convaincre des bons effets de ce traitement, à la suite duquel, à moins qu'il ne soit
mal appliqué, *il n'arrive jamais de chancres successifs, comme cela a si souvent lieu
avec les autres pansements.* Le vin aromatique diminue la sécrétion purulente, tend
à amener la cicatrisation en modifiant la surface de l'ulcère virulent, et, en agissant sur les parties voisines comme astringent énergique, il les met dans l'impossibilité de s'inoculer.

Cependant j'ai rencontré des sujets chez lesquels la sécrétion continuait à être
très-abondante, et alors les pansements faits avec la décoction vineuse de tan ont
parfaitement réussi. Lorsqu'il existe de la douleur, et que le vin aromatique l'augmente, en le faisant additionner de huit à dix grains d'extrait gommeux d'opium
par once, il redevient encore le topique le plus avantageux. Il est bon de faire observer toutefois que parmi les sujets qui continuent à souffrir, chez les uns on fait

§ III. *Traitement du phimosis qui est un effet consécutif ou conco-mitant du chancre.*

D'après la description que j'ai faite du phimosis, on doit comprendre qu'il peut être de deux espèces : l'un naturel, auquel la ma-disparaître les douleurs en augmentant la dose de l'opium, tandis que chez les autres il faut la diminuer.

Il est pourtant des cas où il faut suspendre momentanément le vin médicamenteux ou même y renoncer complétement. C'est ainsi que chez quelques malades la suppuration venant à se tarir, l'ulcère reste stationnaire; alors on doit employer pendant quelques jours un pansement avec une décoction émolliente ou du cérat opiacé, pour reprendre le vin ensuite. Chez d'autres, l'ulcère étant accompagné d'induration, le vin accroît cette dernière, et la cicatrisation ne peut avoir lieu. Mais à part ces circonstances si faciles à saisir et à suivre, le moyen que je viens d'indiquer constitue la méthode générale de pansement à laquelle je donne la préférence.

6° Toutefois, lorsque la période de réparation arrive, tant qu'elle marche avec régularité, il faut continuer le pansement au vin, et ne reprendre la cautérisation que lorsqu'il devient nécessaire de réprimer des bourgeons charnus exubérants. Enfin il arrive souvent qu'il ne manque en quelque sorte que l'épiderme pour compléter la guérison : la surface de l'ulcère, arrivée au niveau des parties voisines, reste rouge et n'est presque plus couverte de sécrétion, et cependant l'ulcère ne guérit pas. Alors l'application superficielle du nitrate d'argent, de manière à blanchir la surface sans cautériser en profondeur, suffit pour terminer la cure.

7° Dans le chancre régulier sans complications, le traitement local suffit, *lorsqu'il ne laisse après lui aucune induration au point qui a été affecté*. On doit se contenter pendant ce traitement de faire garder au malade le plus de repos possible, et de le soumettre à une hygiène en rapport avec sa constitution. En effet, sous ce point de vue, il ne faut pas de système absolu : un régime débilitant, la diète, les boissons délayantes, et l'appareil des antiphlogistiques locaux et généraux qui sont indiqués chez des individus forts et portés à l'inflammation, seraient ou ne peut pas plus nuisibles chez des sujets faibles, lymphatiques et qui ont déjà souffert d'une mauvaise alimentation. Ici, on doit recourir avec soin à un régime tonique modéré, et, en général, à tout ce qui peut corriger les déviations du tempérament, ou remédier à un état maladif concomitant; car il faut se rappeler qu'une mauvaise constitution, ou des maladies actuellement existantes, sont la source des complications qui peuvent accompagner les chancres et de la marche vicieuse qu'ils peuvent prendre.

Lorsque le chancre régulier est cicatrisé, que les tissus sur lesquels il siégeait sont complétement revenus à l'état normal, le malade peut, après quelques jours de guérison, se livrer de nouveau et sans crainte aux rapports sexuels. Il n'en est pas de même lorsqu'il reste des indurations sur lesquelles se sont faites des cicatrices, qui, en se rompant, ne manquent pas de donner lieu à des récidives; aussi faut-il, dans ces cas, recommander une continence absolue jusqu'à plus parfaite guérison.

Mais maintenant examinons, sous le rapport thérapeutique, les principales variétés que nous avons admises dans le chancre.

1° *Chancre larvé.* — Lorsque l'urètre est le siége du chancre, que des symptômes de blennorrhagie aiguë l'accompagnent et le compliquent, c'est au traitement antiphlogistique qu'il faut d'abord recourir. Sangsues au périnée, au pénil, bains locaux émollients, opiacés, bains généraux, boissons abondantes. Il faut que le malade évite les érections, qui, en distendant les surfaces malades, les éraillent, les déchi-

ladie vient se surajouter; l'autre, produit par la maladie. Le premier peut être augmenté par la maladie; s'il n'en est point ainsi, il n'est pas

rent et augmentent l'ulcération. Pour cela, je lui fais prendre tous les soirs deux des pilules suivantes :

2 Camphre pulvérisé.......... Ɖij.
Extrait gommeux d'opium.... gr. viij.
Mucilage................. Q. S.
Mêlez pour seize pilules.

Si de petits abcès se forment sur les points du canal qu'occupe le chancre, il faut avoir soin de les ouvrir de bonne heure; enfin, quand les complications inflammatoires sont calmées, on fait pratiquer dans l'urètre des injections de vin aromatique, d'abord étendu de partie égale de décoction de têtes de pavots, puis pur, s'il ne produit pas d'irritation. On peut souvent, dès le début, quand les symptômes blennorrhagiques ne sont pas trop intenses, avoir recours à la cautérisation avec le nitrate d'argent, porté à l'aide de l'instrument de M. le professeur Lallement, de Montpellier; cette cautérisation de l'urètre devient très-avantageuse quand la blennorrhagie est calmée, ou que le chancre existe seul, et elle agit ici comme dans les cas de chancres extérieurs.

Lorsque le chancre a son siége à l'entrée du canal, et qu'il est visible, le traitement indiqué pour les autres chancres lui est tout à fait applicable; seulement il est très-utile, dans les cas où les malades peuvent le supporter, de faire tenir un petit cylindre imprégué des matières du pansement entre les lèvres du méat urinaire pour les empêcher de se toucher.

Quant à la blennorrhagie qui dans ces circonstances accompagne le chancre, elle disparaît avec lui, lorsque seul il en est cause, ou cède autrement aux moyens blennorrhagiques, qu'il faut en même temps employer quand elle constitue une affection concomitante.

Dans les cas où les chancres siégent dans les profondeurs du vagin, sur le col utérin ou dans sa cavité, on doit les mettre à découvert à chaque pansement avec le speculum, pour les cautériser et y faire les applications topiques nécessaires. Quant à ceux de la partie inférieure du rectum et de l'anus, ils réclament les plus grands soins de propreté et des pansements répétés, surtout après les garde-robes, qui doivent être rendues faciles par tous les moyens possibles, et qu'on doit toujours faire précéder autant qu'on le peut d'un quart de lavement fortement mucilagineux. Ce pour que des matières trop dures ne viennent pas érailler les parties malades, ne serait que dans le cas où la canule, du reste en gomme élastique, produirait plus de douleur que le passage des fèces, qu'il faudrait renoncer à ces soins presque toujours indispensables. Les pansements seront ici maintenus à l'aide d'une petite mèche, portés par des injections, ou seulement appliqués à plat lorsque la présence d'un corps étranger dans le sphincter pourra déterminer trop de spasme et de douleur. Il faut bien se garder, comme nous l'avons vu faire, de prendre des ulcères de cette nature pour des fissures simples, et d'en pratiquer l'incision, qui ne manque pas d'étendre la maladie.

2° *Chancres superficiels.* — Dans la majorité des cas, ces chancres ne présentent aucune indication particulière. Lorsqu'ils siégent sur le gland ou le prépuce, et qu'en même temps il y a des symptômes de balanite, on peut les confondre avec les érosions simples qui accompaguent cette inflammation catarrhale, quand ils ne sont point indurés; mais il suffit alors d'une cautérisation superficielle et de l'interposition d'un linge fin entre le gland et le prépuce, pour les faire disparaitre en peu de jours; s'ils résistent, on leur applique le traitement complet indiqué plus haut.

aussi pénible que le second. Le phimosis qui est entièrement un effet de la maladie, ainsi que je l'ai dit, dépend d'une condition particulière

3° *Chancres indurés.* — L'induration, l'un des caractères essentiels du chancre classique huntérien, est une condition qu'il ne faut jamais perdre de vue sous le rapport du traitement; car s'il est incontestable qu'on puisse le guérir par une foule de moyens ou que même la guérison se fasse quelquefois seule, il n'en est pas moins vrai que le plus souvent, après la cicatrisation, la dureté persiste, et l'on sait alors ce qui peut arriver. Le plus fréquemment dans ce cas, non-seulement l'induration, tendant à s'accroître, s'oppose à la cicatrisation, mais encore, en déterminant cette gangrène particulière dont nous avons parlé, elle donne à l'ulcération la forme phagédénique. Il est rare que beaucoup d'inflammation ou de douleur complique cette forme; aussi est-ce plutôt à l'induration que doivent en quelque sorte s'adresser les médicaments. Dans les circonstances les plus simples, les chancres indurés indolents doivent être pansés deux ou trois fois par jour, avec de la charpie fine sur laquelle on met une légère couche de la pommade suivante :

> ℞ Poudre de calomel à la vapeur......... gr. vj.
> Pommade de concombre ou cérat opiacé. ℥ ij.
>
> M.

Si la suppuration est forte, on fait précéder le pansement d'une lotion avec le vin aromatique. Si même elle reste trop abondante, on fait le pansement avec le vin seul. Mais s'il y a de l'irritabilité nerveuse et de l'inflammation, que la gangrène moléculaire fasse des progrès, c'est à la solution concentrée d'opium qu'il faut donner la préférence jusqu'à ce qu'on ait ramené le mal à un état plus simple par l'emploi simultané des émollients et des antiphlogistiques.

Dans le chancre induré d'un peu d'étendue, la cautérisation, qui ne peut dépasser les limites du mal, a beaucoup moins d'efficacité que dans les autres circonstances; mais cependant le nitrate d'argent trouve encore ici son application : il modifie favorablement la surface, arrête souvent les progrès de la gangrène, et dans la période de réparation réprime convenablement les bourgeons charnus, qui, dans cette forme, ont quelquefois de la tendance à devenir fongueux ou à végéter. On peut dire qu'ici le nitrate d'argent n'est nuisible qu'autant qu'il est mal appliqué.

Quant aux pommades mercurielles employées contre les indurations après la cicatrisation, si elles réussissent souvent, il faut savoir qu'il est des circonstances dans lesquelles, appliquées plus particulièrement sur des surfaces muqueuses, elles ne tardent pas le plus ordinairement à produire de l'irritation et le retour de la période ulcérative, surtout quand on emploie l'onguent mercuriel rance.

Mais lorsque l'induration occupe une grande étendue, qu'elle accompagne un bubon virulent, par exemple, on peut encore par des moyens locaux en obtenir la guérison. Les caustiques profonds, la dissection des parties indurées, les trochisques escarotiques, devront être bien rarement employés, si on sait mettre à profit l'usage combiné du vésicatoire, pansé alors avec l'onguent mercuriel, et de la compression. Le traitement consiste à couvrir la surface indurée d'un vésicatoire de grandeur proportionnée à son étendue et à panser ensuite ce vésicatoire avec de l'onguent mercuriel double, en mettant par-dessus un cataplasme. Quand le vésicatoire est sec, si la tumeur a diminué, on en remet un nouveau jusqu'à ce qu'on arrive à un *statu quo*; alors on comprime la partie, en unissant à la compression l'usage d'un liquide résolutif. On continue la compression à son tour tant qu'elle produit de bons effets, et on la suspend pour revenir au vésicatoire, dès qu'elle ne produit plus rien, et ainsi de suite jusqu'à guérison.

Quoi qu'il en soit, si un traitement local bien dirigé amène assez souvent la gué-

de la constitution. Dans l'un et l'autre cas, il est souvent impossible d'appliquer un appareil de pansement sur les chancres qui ont leur siége à la face interne du prépuce.

rison complète des chancres indurés, *cette guérison se fait le plus ordinairement longtemps attendre pour n'être encore alors qu'imparfaite.* La difficulté de guérir radicalement le chancre induré par les moyens ordinaires, et les bons effets des mercuriaux dans son traitement, ont été les principaux arguments qui ont fait considérer ce chancre comme le seul type de la vérole primitive, et le mercure comme le seul spécifique à lui opposer.

4° *Chancres phagédéniques pultacés ou diphtéritiques.* — Il faut étudier avec soin les conditions qui peuvent donner lieu à cette variété. Souvent l'habitation du malade est malsaine, froide et humide, et s'il la change, on voit le mal s'améliorer; c'est ainsi que des chancres contractés dans des pays chauds et transportés dans des climats du Nord, s'aggravent si souvent d'une manière effrayante, et que dans les conditions opposées, on les voit fréquemment atteindre avec rapidité un terme heureux.

Dans cette variété du chancre, on trouve le plus ordinairement quelque affection viscérale concomitante et sous l'influence de laquelle elle semble se développer. Ainsi que nous l'avons déjà dit, c'est le plus souvent un mauvais état des voies digestives qui l'entretient ou la favorise, et c'est alors contre cette cause qu'il faut principalement agir; si on la laisse persister, ou qu'une mauvaise médication l'aggrave, il ne faut pas espérer guérir l'ulcère syphilitique qu'elle tient sous sa dépendance.

En remplissant toutes les indications thérapeutiques que peuvent présenter d'autres états pathologiques, tels que les scrofules, le scorbut, les affections dartreuses, etc., qui accompagnent et compliquent souvent le chancre, dans la variété qui nous occupe ici, il faut se garder d'attribuer la marche fâcheuse et rapide de celui-ci à la nature de la cause spéciale, à la plus grande intensité du virus; c'est une erreur commune et qui cause beaucoup de mal, en engageant les praticiens, fauteurs exclusifs de l'ancienne doctrine, à recourir avec promptitude et énergie à l'usage du prétendu spécifique, et à administrer le mercure à des doses proportionnées à la force de la cause spéciale qu'ils veulent neutraliser.

Qu'on se rappelle que le principe des maladies syphilitiques est toujours identique, comme celui de la variole, et que les différences ne tiennent qu'aux conditions individuelles, et alors on fera pour les maladies vénériennes, comme pour toutes les autres, de la médecine rationnelle.

Je puis affirmer, qu'à part un très-petit nombre d'exceptions, l'usage banal des pansements mercuriels et celui des préparations mercurielles à l'intérieur sont on ne peut plus nuisibles dans le chancre pultacé ou diphtéritique, et cela d'autant plus que n'étant point accompagné d'induration, il se complique davantage d'accidents inflammatoires et d'irritabilité nerveuse. Il n'est pas rare même de voir de ces ulcérations sur le point de passer à la période de réparation, éprouver sous l'influence de ce médicament de fâcheuses récrudescences, et des chancres, primitivement limités et réguliers, devenir phagédéniques par le seul fait d'un traitement mercuriel.

Quelle qu'ait été l'origine de la variété que nous étudions, qu'elle ait succédé à un chancre de la peau, des muqueuses, ou à un bubon virulent, la médication la plus favorable, celle qui est le plus souvent et le plus promptement suivie de succès, consiste encore dans l'emploi combiné des cautérisations et des pansements avec quelque vin aromatique : ici les cautérisations doivent être profondes et répétées dans quelques cas deux fois par jour pour suivre le mal dans ses progrès; il doit en être de même des pansements, car la sécrétion, étant très-abondante, doit être souvent

Il faut prévenir le phimosis, s'il est possible. C'est pourquoi au moindre signe d'épaississement du prépuce, épaississement qui se

abstergée. Il est des malades chez lesquels l'ulcération ne s'est fermée qu'après l'emploi d'une sorte d'irrigation presque continue.

Il faut aussi avoir le soin de ne pas déchirer ou érailler les bords en renouvelant les pansements ; chaque écorchure s'inocule, chaque soulèvement de la peau favorise l'imbibition du pus virulent et une nouvelle étendue du mal.

Quand l'inflammation locale est très-vive, on a conseillé d'appliquer dans ces chancres quelques sangsues ; pour moi je suis très-sobre de cette pratique, dont les résultats sont loin d'avoir les avantages que quelques praticiens semblent lui accorder. Outre la difficulté de faire mordre ces animaux dans des points ulcérés, leurs piqûres sont une cause d'accroissement de l'ulcère dans toute la profondeur des tissus que la morsure a divisés. Toutefois s'il est rarement permis de mettre des sangsues dans le fond de l'ulcère lui-même, il faut encore plus se garder d'en appliquer auprès, car chaque piqûre que le pus vient à toucher forme une nouvelle ulcération. Lorsque l'inflammation locale nécessite une évacuation sanguine, les sangsues doivent être appliquées à une certaine distance dans des points non déclives, et leurs piqûres garanties ensuite par des compresses imbibées d'eau blanche, de manière qu'elles vient à l'abri du contact du pus jusqu'à complète cicatrisation. Dans ce cas encore de complication inflammatoire, les pansements avec des décoctions émollientes et narcotiques, l'emploi des cataplasmes de fécules ou de semoule au lait, aidés de l'usage des bains tièdes, mucilagineux ou de gélatine, ne tardent pas, avec une diète proportionnée à l'état général et local, le repos absolu et les boissons délayantes, à amener d'heureux résultats.

Lorsque ces chancres sont accompagnés de beaucoup d'irritabilité et de douleur, circonstances qui peuvent exister avec ou sans beaucoup d'inflammation, il faut, tant que ces conditions prédominent, avoir recours aux préparations opiacées, tant à l'intérieur que localement. Les pansements doivent être faits avec la solution suivante :

Ӟ Eau distillée de laitue.... ℥ viij.
Extrait gommeux d'opium. ℨ j.
M.

Et cela lorsqu'il existera en même temps de l'inflammation ; dans le cas contraire, l'opium sera uni au vin.

Mais ici encore, la cautérisation avec le nitrate d'argent constitue un puissant auxiliaire. Il faut bien se garder, en cédant à de fausses doctrines, de se laisser arrêter par la douleur ou l'inflammation. Le plus souvent le nitrate d'argent est le sédatif le plus efficace, et l'*antiphlogistique* le plus certain quand on sait bien l'appliquer. Tous les jours les élèves qui suivent ma clinique ont pu se convaincre de cette vérité, et voir les malades eux-mêmes réclamer la cautérisation. La douleur vive qu'elle excite au moment de l'application du caustique ne tarde pas à se calmer pour faire place à un mieux qu'on chercherait en vain par d'autres médications.

A cette règle, quoi qu'on en dise, il y a peu d'exceptions, et l'on voit peu de cas dans lesquels il faille momentanément renoncer à ces moyens combinés pour avoir recours à des pansements à l'aide de corps gras, et plus particulièrement de cérat opiacé.

Cependant le chancre phagédénique peut continuer à faire des progrès, ou rester dans un *statu quo* et ne point marcher vers la guérison. Dans ces cas rebelles où on ne peut saisir la cause du mal, on a vu quelquefois réussir les cataplasmes faits avec des carottes, la cire fondue chaude, les onguents digestifs. On a eu recours aux

reconnaît à la difficulté et à la douleur que l'on éprouve à le renverser: il faut mettre le malade au repos. Il est surtout avantageux pour le

caustiques les plus puissants, au beurre d'antimoine, à la potasse à l'alcool, au fer rouge appliqué d'une manière directe ou comme cautère objectif. J'ai employé avec succès la pâte de Vienne et des moyens bien moins violents, savoir, le vésicatoire et la poudre de cantharides.

Toutes les fois que, malgré l'emploi du nitrate d'argent, des émollients, des antiphlogistiques, des narcotiques, ou des pansements avec le vin, le chancre continue à faire des progrès, ou reste stationnaire, voici la médication que j'emploie : l'ulcération est-elle à découvert partout, j'applique dessus un vésicatoire, ou bien je la saupoudre de cantharides; est-elle au contraire profonde, a-t-elle succédé à un bubon virulent dont elle occupe le foyer, si la peau décollée est encore assez épaisse, j'ai également recours au vésicatoire, et en même temps à la poudre de cantharides introduite dans la cavité suppurante. Ce pansement est laissé vingt-quatre heures. Le lendemain on le fait avec de la charpie fine imbibée de vin aromatique, et on continue comme dans les chancres ordinaires. Sous l'influence de ce traitement, l'ulcération se déterge bientôt, et les bourgeons charnus de la période de réparation ne tardent pas à se montrer; enfin s'il existait un foyer, il se remplit, et la peau se recolle. Cependant chez quelques malades, il faut répéter l'application du vésicatoire et de la poudre de cantharides; mais on ne revient au premier de ces moyens que lorsqu'il n'a pas atteint son but au moment où il est sec, tandis que pour la poudre, on en remet tous les trois ou quatre jours, jusqu'à ce qu'on voie se former des bourgeons charnus.

Si le traitement dont il vient d'être question et qu'une expérience journalière m'autorise à recommander, venait cependant à échouer, et que la maladie continuât à faire des progrès, c'est à la cautérisation avec la pâte de Vienne qu'il faudrait donner la préférence, pour appliquer ensuite un des pansements indiqués, selon les conditions locales après cette cautérisation.

Mais fréquemment dans le chancre phagédénique, qui nous occupe ici, les bords de l'ulcération sont tellement décollés et amincis, que c'est perdre du temps que de chercher à en obtenir l'adhérence alors impossible. Ces tissus trop altérés doivent être détruits. Pour agir d'une manière efficace et prompte, il est important d'établir des distinctions. Lorsqu'une ulcération a succédé à un abcès, il peut y avoir beaucoup de décollement et la peau peut être fort mince par le seul fait du séjour du pus sans qu'elle ait pris la forme phagédénique dans le sens que nous attachons à cette expression; tandis que d'autres fois elle peut avoir subi cette déviation. Dans le cas où cette forme phagédénique n'a pas lieu, quelle que soit l'étendue des tissus dont on a à faire le sacrifice, on peut employer l'instrument tranchant, et les ciseaux courbes de préférence, pour les réséquer nettement, de manière à donner à la plaie la forme la plus favorable à la cicatrisation, en songeant à éviter le plus possible les difformités qui, dans certaines régions, restent comme signes accusateurs indélébiles d'un mal dont on a toujours intérêt à cacher même d'anciennes atteintes. Mais lorsqu'on a affaire à une ulcération qui continue à s'étendre, dans les dispositions dont il a été question, l'emploi de l'instrument tranchant est on ne peut pas plus nuisible. Loin de limiter le mal, il l'aggrave et l'augmente, à moins qu'on ne le fasse suivre de la cautérisation de la plaie saignante qu'on vient de produire; aussi vaut-il mieux, dans ces cas, avoir seulement recours au caustique, et toujours en première ligne à la pâte de Vienne. Non-seulement avec ce caustique on peut limiter nettement aussi les parties qu'on veut enlever, mais encore on court la chance de détruire complétement la surface virulente ou tout au moins d'affranchir d'une inoculation trop rapide

malade de garder le lit, parce que, dans la position horizontale, l'extrémité de la verge n'est pas aussi déclive et peut même être tenue élevée. Si

nouveaux bords de l'ulcère, par l'interposition d'une escarre et par une sorte de réaction vitale, dont l'absence, dans quelques cas, est une des principales causes des progrès de l'ulcération.

Cependant, d'après ce que j'ai dit autre part, faut-il toujours ici renoncer aux mercuriaux et aux différents moyens conseillés comme antisyphilitiques? S'il est absolument vrai que, dans la grande majorité des cas qui nous occupent, le mercure, les sudorifiques, etc., soient beaucoup plus nuisibles qu'utiles, il est pourtant des circonstances où seuls ils ont produit de bons résultats : c'est un fait que prouve bien souvent encore la pratique de ceux-là même qui ont porté le plus de haine aux mercuriaux. Mais est-il possible, dans l'état actuel de la science, d'indiquer d'une manière précise les circonstances dans lesquelles le mercure, par exemple, est très-utile ou même indispensable? Pour moi, je ne connais aucun signe qui puisse les caractériser. Toutefois, si la maladie marche en dépit des moyens indiqués plus haut, en désespoir de cause j'ai recours au traitement si longtemps et si souvent regardé comme spécifique, d'abord en pansements, en applications locales, puis comme agent général, à l'intérieur ou par la peau, selon les circonstances, que nous examinerons plus tard; et alors, d'après les effets obtenus, les pansements seuls, le traitement général seul, ou les deux moyens à la fois, sont continués s'il y a amélioration, ou suspendus si, sous leur influence, le mal empire. Dans les cas où on croirait, selon les anciens errements, devoir débuter par les mercuriaux, ce que je ne conseille pas, il faut au moins bien se garder d'un entêtement aveugle, et suspendre aussitôt qu'on voit des résultats fâcheux.

Quant aux autres agents dits antisyphilitiques, ils pourraient trouver leur emploi dans la nécessité des toniques généraux, des stimulants particuliers du tube digestif, de la peau, des voies urinaires, etc.; comme aussi bien souvent les adoucissants, les antiphlogistiques locaux et généraux, sont parfaitement indiqués et seuls efficaces, dans les mains qui, libres de préjugés, savent convenablement les employer.

5° *Chancre phagédénique gangréneux par excès d'inflammation.* — L'inflammation qui donne au chancre cette forme particulière doit être l'objet principal du traitement. Il faut, et on ne saurait trop le dire, oublier un moment la cause première du mal. Que d'accidents, en effet, n'avons-nous pas vus résulter, dans ces cas, du traitement mercuriel appliqué d'une manière empirique, intempestive, et dirigé contre la cause spécifique, en dépit de la complication qui venait le contre-indiquer. Je le répète, l'élément à combattre, l'épiphénomène qui pour le moment constitue la maladie principale, c'est l'inflammation; c'est contre elle que tous les moyens doivent être dirigés; il faut qu'ils soient proportionnés à son intensité. Si, malgré les efforts d'une médecine rationnelle et sage, la gangrène survient, celle-ci ne réclame pas d'autre traitement que dans les cas ordinaires et étrangers à la syphilis. Ce n'est qu'après que ces accidents ont disparu, que d'autres indications se présentent, laissant le chancre dans une des conditions déjà indiquées et le plus souvent remplacé par une plaie simple que les moyens locaux ordinaires conduisent à une rapide cicatrisation.

Lorsqu'un chancre phagédénique, quelle que soit sa variété, a perforé le frein, produit un trajet fistuleux, détaché des portions de parties molles en formant des ponts, il faut diviser ou exciser les parties ainsi décollées, affectées d'ulcération, et qui en se touchant s'entretiennent dans un état morbide, leurs conditions ne per-

l'on ne peut obtenir que le malade garde le lit, il faut au moins, s'il est possible, maintenir la verge relevée contre l'abdomen; mais c'est une chose qu'il est difficile d'exécuter lorsque le malade est obligé de marcher, et les liquides extravasés s'infiltrant de haut en bas et s'accumulant dans le prépuce, contribuent souvent plus que l'inflammation elle-même, à rendre impossible le renversement de ce repli.

Lorsque le phimosis morbide est complétement établi, il faut prendre les mêmes précautions; mais comme les ulcères qui l'ont produit ne peuvent être pansés d'après les procédés ordinaires, il faut avoir recours, soit à des topiques que l'on emploie sous forme d'injection, soit à l'opération pour le phimosis. Si l'on se borne aux injections, il faut les renouveler souvent, car elles ne constituent que des applications temporaires.

Le topique que l'on emploie sous forme d'injection doit être une préparation mercurielle, soit le mercure cru incorporé dans une épaisse solution de gomme arabique qui contribue à faire séjourner une certaine quantité de l'injection entre le gland et le prépuce, soit le calomel mêlé avec la même solution et une dose déterminée d'opium. Il n'est pas nécessaire de mettre beaucoup de précision dans les proportions de ces médicaments. Mais si l'on choisit pour injection une solution de sublimé corrosif, il faut faire quelque attention au degré de concentration du liquide. Un grain de sublimé pour une once d'eau produit une solution, en général, assez forte pour la sensibilité des parties; et si cette injection produit trop de douleur, on peut l'affaiblir en l'étendant avec de l'eau. Après que les parties malades ont été nettoyées aussi bien que possible avec cette injection, il est nécessaire d'y introduire quelque autre topique mercuriel qui puisse y séjourner jusqu'à ce qu'elles aient besoin d'être nettoyées de nouveau, ce qui ne doit pas tarder à arriver. Les préparations mercurielles qui ont été citées plus haut conviennent très-bien pour remplir cette indication; mais je doute qu'il soit convenable d'employer dans ces cas des injections ou des topiques irritants.

Toutes les fois que le malade urine, il doit, pour laver les parties malades, fermer l'orifice du prépuce de manière à forcer le liquide de refluer entre le prépuce et le gland. Immédiatement après, il faut renouveler l'application du topique mercuriel; autrement ce lavage serait nuisible, car l'urine emporte le médicament qui a été appliqué antérieurement. Mais dans beaucoup de cas, les parties sont tellement sensibles que ce lavage n'est pas praticable.

Il faut appliquer un cataplasme fait avec de la farine de graine de lin, soit seule, soit unie à partie égale de mie de pain, et délayée dans de l'eau contenant un huitième de laudanum. Mais avant cette application,

---

mettant pas l'adhérence. Pour le frein, par exemple, quand il est perforé, on guérit moitié plus vite en en faisant l'excision à l'aide de petits ciseaux courbes; on glisse une branche de ces ciseaux dans l'ouverture, puis on coupe près du gland et ensuite on résèque la portion qui reste adhérente au prépuce, en ayant le soin, après coup, de cautériser toute la surface de l'ulcération sous-jacente mise à nu et les points saignants résultant de l'opération.

P. RICORD.

immédiatement après le lavage, il est très-utile d'exposer la verge à la vapeur d'un mélange d'eau chaude avec un peu de vinaigre et d'alcool, ce qui constitue la meilleure manière de faire des fomentations.

Plus on répète l'emploi de ces moyens, plus on est en droit de compter sur des résultats favorables; car on parvient ainsi à tenir les préparations mercurielles en contact avec les surfaces malades un plus grand nombre d'heures par jour que si on laissait le pus séjourner sur les parties.

Lorsque indépendamment des symptômes qui ont été décrits, le chancre devient le siége d'une hémorragie, la maladie devient une des plus pénibles que je connaisse, parce que les cellules ou veines qui fournissent le sang n'ont pas beaucoup de disposition à se contracter (*). L'huile de térébenthine est le topique qui a le plus d'efficacité pour stimuler les vaisseaux de toute espèce à se contracter. Mais lorsque l'hémorragie dépend d'une action irritative des vaisseaux, ce qui arrive quelquefois, les topiques sédatifs sont ceux qui conviennent le mieux. Tout ce qu'on emploie dans l'état du prépuce qui nous occupe, doit être administré sous forme d'injection.

Lorsque par suite du traitement l'inflammation commence à se dissiper et les chancres à se cicatriser, il est nécessaire de mouvoir le prépuce sur le gland, autant que les chancres le permettent, afin d'empêcher des adhérences qui s'établissent quelquefois quand il y a des chancres sur les deux surfaces opposées. Du reste, les moyens de traitement qui viennent d'être recommandés sont propres à prévenir, en général, cet effet.

Si l'on n'a pas fait une attention suffisante à cette circonstance, et que les parties aient contracté des adhérences ensemble, il peut n'en résulter aucune conséquence fâcheuse. Mais cet accident doit être très-désagréable pour le malade et peut jeter de la défaveur sur le chirurgien.

J'ai vu l'ouverture du prépuce tellement contractée par suite de la cicatrisation et des adhérences de tous ces ulcères internes, qu'il y avait à peine un passage suffisant pour l'écoulement de l'urine. Lorsque l'ouverture du prépuce, ainsi contractée, se trouve sur la même ligne que l'orifice de l'urètre, on peut y introduire facilement une bougie; mais il n'en est pas toujours ainsi; il arrive souvent que ces deux ouvertures ne se correspondent point, et alors une opération est nécessaire. Cette opération consiste soit à diviser une partie du prépuce, soit à en exciser une portion. Mais, à raison des adhérences, ces deux méthodes opératoires présentent des difficultés. Toutes les fois qu'on peut mettre à découvert l'orifice de l'urètre ou qu'on peut l'atteindre au moyen d'une bougie, il faut avoir recours à l'emploi de cet instrument, et renouveler son application jusqu'à ce que le passage soit libre et qu'il ait contracté l'habitude de rester ouvert.

(*) Je suppose que lorsque des chancres saignent abondamment, le sang vient du gland, quand les chancres se sont formés sur cette partie, ou de la substance spongieuse de l'urètre, quand le chancre a débuté auprès du frein; en effet, il est rare que le prépuce présente des hémorragies abondantes quand le chancre est situé à la surface interne et peut être mis à découvert; mais il est vrai qu'alors l'inflammation n'est pas violente.   J. HUNTER.

J'ai déjà fait remarquer que la tuméfaction qui constitue le phimosis détermine quelquefois la rétention du pus sécrété par le chancre, et que tant que cette rétention persiste, l'inflammation et la tuméfaction ne peuvent subir aucun amendement; qu'en conséquence, ces phénomènes morbides continuent à exister, et que les parties qui se trouvent dans ces conditions rentrent dans la définition que j'ai donnée des abcès, savoir, la formation du pus à l'état d'incarcération. Bien que l'affection qui nous occupe n'ait jamais été envisagée sous ce point de vue, cependant le traitement qu'elle réclame impérieusement montre que cette manière de voir est exacte. Ce traitement consiste à inciser le prépuce depuis son orifice externe jusqu'au fond du repli, c'est-à-dire jusque dans le point où le pus séjourne comme dans un sinus, afin de procurer un écoulement à ce liquide. Cependant l'intention que l'on a attachée à cette pratique n'était point de procurer un écoulement au pus provenant du chancre, mais de permettre au chirurgien d'appliquer sur l'ulcère les topiques convenables, car on l'a recommandée et l'on y a eu recours dans des cas où il n'y avait aucune incarcération du pus. Or, cette opération ne me paraît pas nécessaire si l'on ne veut remplir que cette simple indication, puisque nous possédons un agent thérapeutique que l'on peut donner à l'intérieur; et si l'incision du prépuce n'a d'autre avantage que de permettre le pansement des ulcères, cet avantage est peu important, car on peut faire des lotions sur les ulcères au moyen des injections.

§ IV. *De l'opération ordinaire du phimosis déterminé par les chancres.*

L'opération ordinaire du phimosis consiste à diviser le prépuce dans presque toute sa longueur et dans la direction de la verge. Quelquefois même cette incision n'est pas jugée suffisante, et l'on conseille de diviser le prépuce en deux points différents et à peu près opposés. Lorsqu'on a jugé convenable de suivre ce dernier procédé, on a pensé qu'il était rarement nécessaire d'étendre l'incision à toute la longueur du prépuce. Ce sont les circonstances qui déterminent en grande partie quelle est la pratique qu'on doit suivre. Lorsqu'on a à traiter un phimosis naturel sans tuméfaction du prépuce, et que le chancre est situé près de l'orifice de ce dernier, ce qui a lieu le plus ordinairement dans les cas de cette espèce, comme le gland ne se découvre point dans le coït et que par conséquent il n'y a point de chancres situés plus profondément, on peut se contenter d'inciser seulement jusqu'au point que le chancre occupe.

D'après la situation ordinaire du chancre, le phimosis est le plus souvent l'effet de la tuméfaction des parties; et il résulte des idées que j'ai cherché à donner des inconvénients attachés à cette espèce de phimosis, lorsque les chancres sont placés derrière la couronne du gland et qu'il se forme une collection circonscrite de pus derrière cet organe, que l'incision du prépuce dans une petite étendue de sa longueur ne peut suffire; car, dans ces cas, il faut mettre à découvert le foyer jusqu'à sa partie la plus profonde, sans quoi l'opération ne peut être d'aucune utilité.

Bien que cette opération ne fasse pas disparaître le gonflement du prépuce de manière à en permettre le renversement, cependant elle donne une libre issue à l'écoulement purulent, et dans quelques cas elle permet l'application des topiques médicamenteux sur les ulcères; mais cette application est loin d'être toujours possible, car la tuméfaction qui existe encore, empêche le renversement du prépuce aussi bien qu'avant l'opération.

Il est beaucoup de cas où une opération si violente est loin d'être convenable. Souvent, en effet, lorsque l'inflammation présente une très-grande intensité, on court le risque de l'exaspérer par ce surcroît de violence, et la grangrène peut en être le résultat; tandis que dans d'autres cas, on prévient la gangrène en faisant cesser l'étranglement. Le chirurgien doit donc se laisser guider par l'aspect des parties et par toutes les autres circonstances. Indépendamment de ces raisons pour et contre l'opération, qui sont puisées dans la maladie elle-même, il en est une autre qui consiste dans le refus que font quelquefois les malades de s'y soumettre; car il est des personnes qui ont une telle crainte des opérations, qu'elles repoussent invinciblement tout emploi de l'instrument tranchant. Toutefois, dans les cas où du pus s'est rassemblé, il est absolument nécessaire qu'il se forme en un point quelconque une ouverture pour son écoulement. Souvent cette ouverture est produite par le travail ulcératif qui s'établit à la face interne du prépuce, et qui perfore directement la peau sur un des côtés de la verge, ce qui indique au chirurgien le procédé qu'il doit suivre. Il faut donc faire une ouverture, directement dans la cavité du prépuce, en perforant la peau sur la partie latérale de la verge, soit au moyen de la lancette, soit au moyen de la cautérisation, et dans ce dernier cas, c'est la potasse caustique qui convient le mieux.

Cette ouverture permet au pus de s'écouler et laisse pénétrer toute injection qui peut être jugée convenable pour déterger les surfaces morbides. Mais il ne faut pas qu'elle soit grande, car, dans beaucoup de cas, cette ouverture latérale donne lieu à des symptômes très-pénibles. En effet, par suite de la tuméfaction du prépuce, le gland est pressé de toutes parts, et surtout refoulé d'avant en arrière vers le corps de la verge. Il résulte de là que souvent il vient faire hernie à travers l'ouverture en question, de sorte que le gland se porte d'un côté et le prépuce de l'autre, ce qui donne à la verge un aspect bifurqué. En outre, cette disposition fait tendre la peau de la verge autour de la racine du gland, qui se trouve comprimée comme dans le paraphimosis. Quelquefois, la totalité du prépuce se gangrène et tombe, ce qui est souvent une chose heureuse; mais si cette élimination n'a pas lieu, l'amputation du prépuce devient nécessaire. Toutefois, cette amputation ne doit être faite que lorsque toute inflammation a disparu et que les chancres sont guéris; le plus souvent alors la tuméfaction du prépuce a considérablement diminué.

La gangrène du prépuce est quelquefois déterminée par les chancres,

DU CHANCRE.

quand ils s'accompagnent d'une inflammation violente, sans même qu'on ait pratiqué aucune opération, et j'ai vu des cas où le gland et une partie de la verge se sont gangrenés, tandis que le prépuce s'est conservé intact. Mais dans les cas de cette espèce, je soupçonne qu'il y a quelque vice de la constitution, et que l'inflammation est de nature érysipélateuse et non franchement suppurative.

J'ai vu la gangrène détruire la totalité des parties malades du prépuce, et les tissus présenter une apparence si favorable, que j'ai traité les plaies comme des plaies simples, et qu'il n'en est rien résulté de fâcheux. Dans ces cas, la maladie exécutait ce qui est souvent recommandé dans d'autres affections de la même partie, c'est-à-dire la circoncision. Mais il ne faut pas toujours s'en rapporter aux apparences, car si l'absorption du pus vénérien a eu lieu avant la mortification, il se formera consécutivement une syphilis constitutionnelle, bien que les parties se cicatrisent très rapidement.

§ V. *Traitement constitutionnel du phimosis.*

Dans les cas où il se développe dans le point occupé par un chancre, une inflammation violente qui produit un phimosis, comme il a été dit ci-dessus, et qui souvent rend la gangrène imminente, que faut-il faire? Faut-il administrer largement le mercure, pour détruire la cause première? ce médicament, tout en détruisant la cause, exaspère-t-il les effets? L'expérience seule peut résoudre ces questions.

Je suis porté à croire que l'emploi du mercure est nécessaire, car je crains bien que les moyens qui sont en notre pouvoir pour corriger les conditions fâcheuses où se trouve alors la constitution n'aient peu d'efficacité tant que la cause première subsiste. Cependant, d'un autre côté, je crois qu'il faut donner le mercure avec modération, car s'il contribue à disposer la constitution aux symptômes inflammatoires, on ne retire aucun fruit de son emploi, qui peut même être nuisible. Je pense donc qu'il faut administrer largement, en même temps que le spécifique, les médicaments qui paraissent nécessaires pour modifier la constitution. Le quinquina est celui auquel on doit avoir recours le plus souvent. Dans la plupart des cas aussi, l'opium peut être extrêmement avantageux. Il faut donner le quinquina à haute dose, et lui associer le mercure, tant qu'on suppose que le virus existe encore. Si l'inflammation se manifeste dès le début de la maladie, on peut les administrer ensemble, de manière à combattre les deux affections morbides, et à empêcher l'inflammation d'acquérir le degré d'intensité auquel elle pourrait s'élever si l'on donnait le mercure seul d'abord. Dans beaucoup de cas, l'inflammation est si considérable, ou du moins est si prédominante sur les autres symptômes, que le mercure peut accroître la disposition inflammatoire. Quand on a des raisons de supposer que ces conditions existent, le quinquina doit être administré seul (*).

(*) Dans beaucoup de cas de phimosis, le mercure n'est pas nécessaire, parce que souvent l'affection est causée, non par un chancre vénérien, mais par un ulcère simple, comme, par exemple, l'espèce d'ulcération que Hunter a désignée sous le nom

§ VI. *Traitement du paraphimosis causé par des chancres.*

Lorsque le prépuce enflammé et tuméfié a été maintenu sur le corps de la verge pendant que l'inflammation se développait, ou renversé au

de gonorrhée du gland et du prépuce. Si l'ulcère est un chancre, il faut avoir recours au mercure; on triomphe rarement de cet ulcère sans l'emploi de ce médicament, parce que les lotions et les autres applications locales, de même que les diaphorétiques et les purgatifs donnés à l'intérieur, malgré l'influence favorable qu'ils exercent sur l'inflammation, ne font point résoudre le véritable épaississement vénérien. Si le chirurgien est incertain sur la nature réelle de l'ulcère qui est situé en dedans du prépuce, il peut suspendre l'usage du mercure jusqu'à ce que l'inflammation ait été en partie dissipée par les autres moyens, et qu'il ait acquis la preuve de la véritable nature de l'ulcère par l'opiniâtreté de la contraction ou par la perception distincte de l'induration caractéristique du chancre. Mais la présence d'une inflammation aiguë ne constitue point une contre-indication à l'emploi du mercure. Au contraire, dans ces circonstances, le mercure est toujours utile; lors même que le prépuce se gangrène, son emploi n'est point contre-indiqué, en général, pourvu que la coloration artérielle brillante de la partie et l'état du pouls et de la peau démontrent que l'action des artères est au-dessus de l'énergie naturelle. Alors, la gangrène dépend de l'incarcération du pus au dedans du prépuce ou de la violence excessive de l'inflammation : dans le premier cas, on en arrête les progrès en faisant une ouverture avec la lancette dans le point où l'abcès fait saillie; dans le second, la manière la plus certaine de la limiter, c'est de dissiper promptement l'inflammation; or, le meilleur moyen d'atteindre ce but consiste à prescrire le repos absolu, l'usage de l'antimoine et du mercure à l'intérieur, et des injections fréquemment renouvelées sous le prépuce, avec une solution saturnine. G. G. B.

Le traitement du phimosis n'est pas toujours chose facile; et il me semble que Hunter, malgré ses bons préceptes, n'a pas encore assez précisé la conduite à tenir. Quel que soit l'accident vénérien que vient compliquer le phimosis, s'il est accompagné de beaucoup d'inflammation, c'est à la médication antiphlogistique qu'il faut d'abord recourir. La saignée du bras est fréquemment indiquée, lorsqu'il existe une réaction générale; mais le plus ordinairement c'est aux sangsues qu'on a recours, en ayant le soin de les appliquer au pénil, au périnée, sur les régions inguino-crurales, et jamais sur le pénis. Les bains entiers et les bains locaux sont fort utiles; tandis que l'usage des cataplasmes nuit le plus souvent, en favorisant l'œdème; il est tout au plus permis alors de faire des fomentations émollientes et sédatives. On doit répéter fréquemment des injections entre le gland et le prépuce, avec des décoctions émollientes, et mieux encore avec une solution d'un demi-gros d'extrait gommeux d'opium pour huit onces de décoction de têtes de pavot; à cela on joint le repos, un régime sévère, les boissons délayantes et la position élevée de la verge. A cette médication, on doit ajouter encore l'usage des laxatifs, choisis de préférence parmi les mercuriaux : le calomel, les pilules de Belloste, et surtout l'emploi des sédatifs spéciaux des organes génitaux : le camphre uni à l'opium est ici d'un grand secours. Si l'inflammation continue à faire des progrès; qu'il y ait des symptômes d'étranglement des parties que renferme le prépuce, des accumulations de pus, des menaces de perforation, et surtout imminence de gangrène, ou déjà la mortification, il faut alors recourir à une opération. Mais l'opération, que quelques personnes regardent comme la première chose à faire, ne doit être pratiquée, comme le veut Hunter, qu'avec beaucoup de réserve. Si avant la maladie actuelle il n'existait pas de phimosis congénital ou permanent, il ne faut pas trop se hâter d'opérer; on devra suivre

delà du gland après que l'inflammation s'est établie, il est rare qu'il puisse être ramené en avant tant qu'il est dans cet état. C'est pourquoi il faut lui faire subir aussi une opération qui consiste à le diviser, comme dans le phimosis, mais d'une manière différente à cause de la différence de la situation qu'il occupe. Le but de cette opération est de mettre le prépuce, une fois ramené en avant, dans la condition d'un phimosis qui a été opéré. L'opération est plus souvent nécessaire dans le paraphimosis que dans le phimosis, parce que les effets consécutifs du paraphimosis sont généralement plus graves. En effet, indépendamment de la maladie considérée en elle-même, c'est-à-dire de l'inflammation, du gonflement, de l'ulcération, etc., il y a une cause mécanique qui étrangle la verge et qui peut à elle seule produire l'inflammation, ainsi que je l'ai déjà dit, chez les sujets dont le prépuce est naturellement étroit. Quelle que soit la cause du paraphimosis, il produit souvent, si on ne le fait cesser, la gangrène des parties qui sont situées entre l'étranglement et le gland. La destruction des tissus s'opère quelquefois naturellement par l'ulcération de la partie contractée; mais le plus souvent, il est nécessaire d'employer l'instrument tranchant, et l'opération est plus pénible que dans le phimosis, parce que le siége de l'étranglement est recouvert et enveloppé par la tuméfaction des parties situées de chaque côté, et qu'il est très-difficile d'y arriver.

Le meilleur procédé opératoire consiste à écarter autant que possible

la même conduite s'il y a des chancres. Ici surtout il faut se souvenir que le bénéfice qu'on retire de l'opération, sous le point de vue du dégorgement, du débridement, etc., ne compense pas toujours l'inconvénient inévitable de l'inoculation de la plaie et de l'extension forcée du chancre. Mais lorsqu'il existe un phimosis naturel, qui par lui-même réclame une opération, lorsqu'il s'agit d'une balanite, ou qu'enfin les accidents s'aggravent, quels que soient les autres phénomènes concomitants, il faut opérer.

A part les conditions qui précèdent, on doit devenir de plus en plus sobre de l'emploi des instruments tranchants. Le repos, les diurétiques, les injections et les fomentations astringentes triomphent aisément du phimosis œdémateux, qui, dans les cas les plus rebelles, résiste rarement à une compression douce et méthodique, faite à l'aide de bandelettes de sparadrap de Vigo. Quant aux phimosis qu'entretiennent des indurations de chancres, ils ne cèdent qu'au traitement spécial du chancre induré. C'est ici seulement que les mercuriaux, employés soit localement, soit surtout d'une manière générale, peuvent et doivent être administrés avec succès.

Lorsqu'une opération est nécessaire, le procédé à employer n'est pas indifférent. Pour le phimosis congénital ou permanent, il faut toujours préférer la circoncision; c'est le procédé qui donne les plus beaux résultats. Si la circoncision ne peut pas être pratiquée à cause de l'état maladif, il ne faut jamais recourir à des opérations partielles, comme le veut Hunter, surtout si elles ne doivent porter que sur une petite étendue du limbe du prépuce, lorsqu'il existait déjà un phimosis permanent. Ces espèces de débridements sont ensuite suivis de cicatrices qui tendent à diminuer encore plus l'ouverture du prépuce. Dans le plus grand nombre des circonstances, il faut inciser le prépuce dans toute sa longueur. Quoi qu'il en soit, lorsqu'on opère, s'il y a des chancres, des indurations, des cicatrices vicieuses, il faut les enlever en réséquant les parties sur lesquelles elles siégent.   P. RICORD.

les deux bourrelets au niveau de l'endroit où l'on veut pratiquer l'incision, afin de mettre l'étranglement à découvert. Alors, on introduit un bistouri courbe et pointu sous la peau, au niveau de l'étranglement, et on la divise. Il n'est pas nécessaire d'intéresser dans l'incision les deux bourrelets tuméfiés qui sont de chaque côté de l'étranglement, car ils ne doivent leur tuméfaction qu'à la laxité de la peau qui entre dans leur composition. Après cette opération, on peut ramener le prépuce sur le gland. Mais comme la maladie avait pour cause des chancres qui peuvent réclamer un traitement local, et que l'état de phimosis ne s'accorde point avec un tel traitement, il peut être plus avantageux, après la destruction du rétrécissement, de laisser le prépuce dans la même situation, jusqu'à ce que la guérison soit complète.

Si le paraphimosis dépend d'une étroitesse naturelle du prépuce qui a été accidentellement porté en arrière du gland, il ne se présente aucune indication particulière à remplir après l'opération, et le traitement doit être continué comme il a été recommandé pour les chancres. Il est vrai que la violence produite par la situation même du prépuce et par l'opération peut avoir pour conséquence une inflammation considérable; mais cette inflammation étant seulement l'effet d'une violence extérieure, le traitement local de l'inflammation ordinaire suffit. Lorsque le paraphimosis succède à un phimosis morbide, il est nécessaire d'avoir recours au même traitement que pour le phimosis compliqué d'inflammation considérable, et même il faut donner encore plus d'attention au cas qui nous occupe, car une violence extérieure a été ajoutée à la maladie première (*).

§ VII. *Traitement des chancres par le mercure donné à l'intérieur.*

En même temps que les chancres sont sous l'influence d'un traitement local tel qu'il a été décrit ci-dessus, il est nécessaire de donner les pré-

(*) On ne doit réellement chercher à réduire un paraphimosis que dans le cas où il n'a pas été la conséquence d'un phimosis permanent; car alors on ne ferait cesser un accident qu'en rendant un vice de conformation, et cela le plus souvent au prix de douleurs quelquefois inutiles et cent fois plus vives que celles qu'entraîne le débridement. Les mouchetures, quand il existe de l'œdème, le froid et la compression méthodique, soit rapide, soit lente et continuée plusieurs heures à l'aide de bandages circulaires, suffisent presque toujours. Parmi d'autres procédés connus pour forcer le gland à franchir l'anneau qui l'étrangle, mon savant confrère et ami, M. Seutin, de Bruxelles, a proposé une pince dont les mors sont formés par deux espèces de cuillers qui l'emboîtent et le compriment plus aisément, dit-il, que ne pourraient le faire les doigts de l'opérateur. Dans les paraphimosis que j'ai autre part signalés comme étant de nature irréductible, il faut opérer tout de suite, et, comme le dit Hunter, pratiquer en arrière du gland une opération semblable à celle qu'on fait pour le phimosis. Il faut, pour que cette opération soit complète et vraiment utile, inciser non-seulement toute l'épaisseur du bourrelet placé en avant de l'étranglement, mais encore diviser la peau en arrière, dans une étendue égale à celle du gland; de cette manière on n'a plus besoin de réduire, et on n'est jamais exposé à voir survenir un phimosis, qui réclamerait après coup une seconde opération.   P. Ricord.

parations mercurielles à l'intérieur, tant pour concourir à la guérison des chancres, que pour prévenir une syphilis constitutionnelle; et l'on peut raisonnablement affirmer que la disposition syphilitique d'un chancre ne peut guère résister à l'action des mercuriaux donnés à la fois localement et à l'intérieur.

Dans les cas où les applications locales ne peuvent être faites facilement, comme dans les cas de phimosis, l'emploi interne des mercuriaux est absolument nécessaire et a bien plus d'importance que dans ceux où ces médicaments peuvent être employés extérieurement sans difficulté et d'une manière convenable. Toutefois, même dans de tels cas, les mercuriaux pris à l'intérieur amènent à la fin la guérison, de sorte qu'on ne doit avoir que très-rarement, ou même jamais, la crainte de ne pas guérir la maladie qui nous occupe.

Toutes les fois qu'il y a des chancres, quelque légers qu'ils soient, on doit donner le mercure à l'intérieur, lors même que les chancres ont été détruits à leur première apparition. Dans tous les cas, on doit le faire prendre pendant toute la durée du traitement, et le continuer quelque temps après que les chancres sont cicatrisés. Comme il est difficile que des chancres existent sans qu'il y ait absorption du virus, il est absolument nécessaire de faire agir intérieurement le mercure, afin d'empêcher que la disposition syphilitique ne se forme (*).

Il n'est pas facile de déterminer ce qu'on doit introduire de mercure dans la constitution pendant le traitement d'un chancre, pour empêcher que la constitution ne soit affectée. Comme il n'y a alors aucune maladie développée qui puisse nous servir de guide, la quantité du médicament qui doit être donnée à l'intérieur est incertaine. Cette dose doit être proportionnée, en général, à la grandeur, au nombre et à la durée des chancres. Si les chancres sont larges, on peut supposer que l'absorption est proportionnée à l'étendue de leur surface; s'ils durent longtemps, l'absorption est proportionnée à la durée de leur existence; enfin, s'ils sont nombreux, c'est alors qu'il faut employer la dose la plus élevée du médicament. Il faut donc, dans les soins qu'on prend pour la sûreté de la constitution, se laisser guider par les circonstances que présente le chancre, surtout dans les cas où l'on compte sur les applications locales.

Le mercure qui est destiné à agir intérieurement doit être introduit soit par la peau, soit par l'estomac, suivant les circonstances. Dans l'un et l'autre cas, la dose doit être suffisante pour affecter légèrement la bouche. Je reviendrai ci-après sur l'administration de ce médicament.

Lorsque l'ulcère présente une apparence saine, que sa base indurée

(*) On trouve de plus dans l'édition de Home : « Quand les chancres s'accompagnent d'un haut degré d'inflammation et de gonflement des glandes lymphatiques voisines, il y a dans la constitution des conditions particulières qui sont défavorables à l'emploi du mercure; il faut donc alors l'administrer avec précaution, et lui associer des médicaments qui le rendent moins irritant pour la constitution. »

s'est ramollie et que la nouvelle peau s'est formée normalement par-dessus, on peut le considérer comme guéri.

Mais lorsque les chancres sont très-larges, il n'est pas toujours nécessaire de continuer l'emploi du mercure, tant à l'intérieur que dans le traitement externe, jusqu'à ce que les ulcères soient cicatrisés, car l'action syphilitique est détruite aussi promptement dans un chancre qui a une grande étendue que dans un petit. En effet, toutes les parties du chancre sont également affectées par le mercure, et sont par conséquent guéries avec la même facilité. Mais le travail de cicatrisation n'a pas la même durée dans tous les cas. Un large ulcère est plus long à se cicatriser qu'un petit; un large chancre peut donc être délivré de son action syphilitique longtemps avant que la cicatrisation en soit complète, tandis qu'un petit peut se cicatriser complétement avant que le *poison vénérien* soit entièrement détruit. Dans ce dernier cas, tant pour l'affection locale que pour la constitution, il ne peut y avoir que de la prudence à continuer l'emploi du médicament un peu plus longtemps, ce qui certainement finira par amener la guérison; car on peut supposer raisonnablement que la quantité de mercure qui est capable de guérir un effet local, en supposant même qu'elle soit aidée par des applications locales, ou de produire dans la constitution une irritation mercurielle suffisante pour empêcher l'irritation vénérienne de se former, doit être à peu près égale à celle qui convient pour guérir une syphilis constitutionnelle légère.

J'ai posé en principe précédemment qu'aucune action morbide nouvelle ne peut se manifester dans une autre partie du corps que celle qui est le siége primitif du mal, quoique cette partie puisse être infectée, tant que le corps est sous l'influence salutaire du mercure; mais il se présente de temps en temps, pendant le traitement, des phénomènes qui embarrassent le praticien. J'ai tout lieu de croire que le mercure, se portant vers la bouche et vers le gosier, a produit quelquefois sur les amygdales des escarres qui ont été prises pour des escarres vénériennes; les cas suivants en offrent des exemples :

Un jeune homme avait un chancre sur le prépuce et éprouvait une légère douleur dans une des glandes inguinales. Je lui prescrivis des frictions mercurielles sur les jambes et sur les cuisses, principalement du côté de la glande tuméfiée, et je fis panser le chancre avec l'onguent mercuriel. Sous l'influence de ce traitement, le chancre se nettoya; l'induration de sa base se dissipa, et la douleur de l'aine disparut entièrement. Environ trois semaines après l'époque où la maladie s'était manifestée, il fut pris d'un mal de gorge, et à l'examen de sa bouche je remarquai sur l'amygdale droite une escarre blanche, qui paraissait être logée dans sa substance, et dont une petite partie seulement était à découvert. Persuadé que les maladies de cette espèce ont leur point de départ dans un chancre, je considérai immédiatement celle-ci comme vénérienne, et la seule manière dont je pus me rendre compte de cette contradiction apparente, savoir, que l'ulcère vénérien se guérissait dans une partie tandis qu'il se formait dans une autre, ce fut d'admettre que l'ulcère qui se cicatrisait était traité à la fois localement et constitutionnellement, tandis que l'amygdale, c'est-à-dire l'économie générale, n'était traitée que constitutionnellement, ce qui n'était pas suffisant.

Peu de temps après, je traitai un autre malade pour des croûtes ou éruptions vénériennes de la peau. Il fit des frictions mercurielles jusqu'à ce que sa bouche fût affectée, et, dans cet état, il les continua pendant trois semaines, au bout desquelles les éruptions avaient entièrement disparu, n'ayant laissé à leur place qu'une altération de couleur. Cependant, trois semaines plus tard, il se forma une escarre sur l'une des amygdales, exactement comme dans le premier cas. Je doutai alors de la nature vénérienne de ces ulcérations; je fis cesser les frictions afin de voir quelle marche suivrait la maladie. L'escarre se détacha et laissa un ulcère sanieux. J'attendis encore, et au bout d'un jour ou deux, l'ulcère se nettoya et se guérit.

Je n'ai pas suivi jusqu'à la fin le premier de ces deux cas; mais j'ai appris que le malade continua l'usage du mercure, et se rétablit. L'ulcère de l'amygdale fut considéré comme vénérien; cependant, d'après ce qui s'est passé chez le second malade, je doute beaucoup de l'exactitude de cette manière de voir.

Il est plus que probable que ces effets du mercure ne se manifestent que dans les constitutions qui ont de la tendance pour les ulcérations de la gorge. Je sais que tel était le cas pour le second malade. Il est probable aussi que la disposition peut se trouver augmentée dans le moment, soit par l'effet du mercure, soit par quelque cause accidentelle; j'ai lieu de croire que le mercure contribue à accroître cette disposition; c'est ce que j'aurai occasion de faire remarquer en décrivant le traitement de la syphilis constitutionnelle.

Dans le traitement des chancres, j'ai vu quelquefois, quand le chancre primitif suivait une marche favorable et était probablement à peu près guéri, que de nouveaux ulcères se formaient sur le prépuce, auprès du premier, et présentaient toute l'apparence d'un chancre. Mais je les ai toujours traités comme n'étant pas vénériens. Ils peuvent être semblables à quelques effets consécutifs des chancres, dont je parlerai plus loin.

Comme la tuméfaction des glandes absorbantes peut avoir lieu par suite d'absorptions autres que celle des *poisons*, nous devons dans tous les cas mettre beaucoup de soin à en déterminer la cause, ainsi que je l'ai déjà dit; et ici, il convient de faire remarquer que dans le traitement des chancres, on voit la tuméfaction des glandes de l'aine survenir lors même que la constitution est chargée d'une quantité de mercure suffisante pour la guérison des ulcères. Mais alors le mercure a pénétré dans la constitution par les membres inférieurs, de sorte qu'il y a tout lieu de croire que ces tuméfactions ne sont pas vénériennes, mais qu'elles sont l'effet de l'absorption du mercure. En effet, un véritable bubon, produit par l'absorption de la matière vénérienne, s'il n'est pas arrivé à l'état de suppuration, se dissipe sous l'influence des frictions mercurielles pratiquées sur les jambes et sur les cuisses. Dans les cas qui viennent d'être cités, j'ai toujours renoncé à l'emploi du mercure par les frictions, lorsque je pouvais le donner par la bouche (*).

(*) Dans le paragraphe qui précède, l'imagination de Hunter a beaucoup plus fait que l'observation pratique rigoureuse. La plupart des propositions qu'il renferme, sont en effet la conséquence d'idées théoriques que l'expérience de tous les jours dément.

Ainsi aujourd'hui, à moins de s'abandonner à un empirisme aveugle, il n'est plus permis d'administrer le mercure dans tous les cas d'accidents primitifs sans distinction. On sait d'une manière certaine, qu'un grand nombre de ceux-ci guérissent sans ce remède, qui, loin d'être toujours indiqué, est fréquemment nuisible, et doit faire place aux moyens rationnels que réclament les circonstances particulières dans lesquelles l'ulcère vénérien peut être placé.

On a cherché et on cherche encore la dose absolue de mercure à donner pour la cure des accidents primitifs, dans la doctrine qui veut que cet agent thérapeutique soit le neutralisant unique de la cause spéciale de la syphilis. Hunter dit que la quantité du remède doit être proportionnée à la grandeur des ulcères, à leur nombre et à leur durée; mais ces données sont absolument fausses, qu'on envisage la maladie comme affection locale, ou comme pouvant produire des accidents généraux.

Sous le point de vue de l'affection locale, il n'est pas vrai de dire que, dans tous les cas, la marche des chancres vers la guérison soit en rapport avec leur grandeur absolue et leur nombre. Il est des chancres très-étendus en surface qui se guérissent très-vite; tandis que de petites ulcérations durent quelquefois plus longtemps. Tel individu qui avait plusieurs ulcérations en est bien souvent plus tôt débarrassé que tel autre qui n'en avait qu'une, et ces circonstances sont si fréquentes, qu'on ne saurait les considérer comme de simples exceptions à la règle que Hunter semble vouloir établir. Quant à la durée, sans doute qu'une ulcération qui réclame le mercure nécessitera une quantité d'autant plus grande de ce remède, qu'on mettra plus de temps à guérir; mais voilà tout.

Si, d'un autre côté, on envisage le traitement mercuriel comme étant capable de prévenir l'empoisonnement général à la suite du chancre, et qu'on cherche à introduire dans l'économie une dose de mercure en rapport avec la quantité de virus absorbé, l'étendue, le nombre et la durée des ulcérations ne sauraient encore servir de guides. L'observation journalière prouve en effet que la fréquence des accidents généraux, leur nombre et leur intensité ne sont pas en rapport avec ces conditions des accidents primitifs.

Un seul chancre de peu d'étendue et d'une courte durée suffit souvent pour déterminer la vérole constitutionnelle, que ne produisent pas, dans un grand nombre de circonstances, des ulcérations étendues, multiples, et qui ont pu durer des temps excessivement longs.

Les indications thérapeutiques les plus précises que nous possédions, sont les suivantes :

Toutes les fois que le chancre est accompagné d'induration, il réclame le traitement mercuriel, qui est alors le plus puissant et le plus promptement efficace.

La dose journalière du médicament doit être augmentée (en partant d'une dose arbitraire) jusqu'à ce qu'on observe des effets curatifs, ou que les effets propres du mercure, tels que la salivation, etc., viennent vous avertir que le remède n'est plus toléré.

La dose absolue, ou le traitement complet, se mesure, non sur la cicatrisation de l'ulcère, et sur la disparition des accidents généraux, quand ceux-ci s'étaient déjà développés, mais bien sur *la fonte complète* de l'induration, qui est le dernier symptôme primitif à disparaître, et le guide le plus précieux quand il existe. Car, il faut bien le savoir, tant que l'induration continue, quels que soient les autres phénomènes morbides qu'on ait fait céder, les quantités de mercure employées, et les effets obtenus, le malade n'est pas guéri.

Lorsque l'accident primitif n'est pas accompagné d'induration, tout, dans le traitement général, devient vague et incertain; et quels que soient les efforts qu'on ait faits pour poser des méthodes, la routine des uns et l'empirisme aveugle des autres ne sauraient servir de loi.

Il serait sans doute commode de pouvoir dire : « Pour tant de lignes de surface de chancre, pour tant de durée, tant de grains de sublimé corrosif ou tant d'onces d'onguent mercuriel. — Pour la cure d'un accident primitif, donnez la quantité nécessaire à la guérison d'accidents généraux légers. — Continuez le traitement après la guérison d'un petit ulcère; suspendez-le avant qu'un plus grand soit cicatrisé; car dans le premier cas la cause générale persiste encore, tandis que dans le second elle a déjà disparu. » Mais en vérité pour ceux qui connaissent la marche des maladies et les différences individuelles qu'elles peuvent présenter, de semblables préceptes ne sauraient avoir aucune valeur.

Dans les cas où l'induration spécifique du chancre ne sert plus de guide, le mercure ne doit être employé que comme exception, et ne doit être continué qu'autant que, pendant son administration, les symptômes s'amendent, et que jusqu'à leur disparition ou après, rien ne vient en contre-indiquer l'emploi ou en réclamer la continuation.

Le mercure agit plus puissamment quand il est administré par les voies digestives que par la peau. Il affecte l'économie de deux manières différentes : ou bien comme agent curatif, ou bien comme agent morbifique. Dès que le mercure agit dans le dernier sens, ce qui s'annonce par la salivation, les irritations intestinales, les irritations cutanées, etc., ses effets curatifs sont ou simplement enrayés, ou complétement intervertis, de façon même qu'il peut agir quelquefois en apparence dans le sens de la maladie qu'on veut combattre.

Il est des idiosyncrasies qui semblent réfractaires à l'action de ce médicament, et ce sont celles ordinairement dans lesquelles la syphilis fait les plus grands ravages.

Hunter, trop confiant dans les vertus antisyphilitiques du mercure, et fidèle à son principe qui veut que deux actions morbides différentes ne puissent pas avoir lieu en même temps dans l'économie, croit que les accidents qui se manifestent pendant le cours d'un traitement mercuriel ne sauraient être vénériens. Cette doctrine, si mal appuyée par les raisonnements de Hunter et par les observations qu'il rapporte, est très-dangereuse, en ce qu'elle est cause qu'on attribue au mercure des accidents constitutionnels qui réclament souvent, plus que jamais, la continuation du médicament.

Si le mercure peut produire des accidents tardifs, ce qu'on n'a pas encore rigoureusement déterminé, dans tous les cas, il est bien certain que son action est généralement rapide, et que ses effets morbides ne persistent qu'autant qu'on en continue l'emploi. De telle façon qu'on peut dire à propos du mercure : *sublatâ causâ tollitur effectus;* tandis que pour la syphilis les accidents continuent ordinairement quand on cesse l'usage du remède, pour s'amender ou disparaître dès qu'on le reprend.

P. RICORD.

CHAPITRE IV.

TRAITEMENT DES CHANCRES CHEZ LES FEMMES.

Les parties qui sont ordinairement atteintes de chancres chez les femmes sont plus simples que celles qui en sont le siége chez les hommes, d'où il résulte qu'en général le traitement est aussi plus simple. Mais dans la plupart des cas, les chancres réclament, chez la femme, à peu près le même traitement mercuriel tant local qu'interne. Toutefois, on peut supposer qu'ici il est souvent nécessaire de faire pénétrer une plus grande quantité de mercure dans l'économie générale que chez les hommes, parce qu'ordinairement les chancres sont plus nombreux, et que par conséquent la surface d'absorption a plus d'étendue.

Comme il est difficile de maintenir des pansements sur les parties malades chez les femmes, il est utile de prescrire des lotions fréquentes avec des solutions mercurielles. Le sublimé corrosif est une des meilleures préparations qu'on puisse employer dans ce cas, parce qu'il agit à la fois comme spécifique et comme stimulant dans les cas où une stimulation est nécessaire. Lorsque les chancres s'accompagnent d'une grande irritabilité, il faut avoir recours au traitement qui a été recommandé pour les hommes. Ensuite, on peut appliquer sur les parties malades une préparation mercurielle unie soit à un corps gras, soit à un excipient aqueux, qu'il faut renouveler plus ou moins fréquemment suivant les circonstances.

Si les ulcères ont pris une grande extension, ou se sont développés dans le vagin, il faut donner une grande attention à leur cicatrisation, car il arrive quelquefois que les granulations se contractent tellement que le vagin en est rétréci. Quelquefois même, les granulations des ulcères qui sont opposés l'un à l'autre s'unissent ensemble et oblitèrent complétement le canal. Dans les cas de cette espèce, il est indispensable de maintenir dans le vagin un corps étranger, jusqu'à ce que les ulcères soient parfaitement cicatrisés ; un bourdonnet de charpie suffit pour remplir cette indication.

CHAPITRE V.

DE QUELQUES EFFETS CONSÉCUTIFS DU CHANCRE ET DE LEUR TRAITEMENT.

Lorsque les chancres sont guéris et que toute virulence est détruite, il arrive quelquefois que le prépuce reste encore considérablement tuméfié; cette tuméfaction entretient l'allongement et l'étroitesse morbides de ce repli qu'on ne peut porter en arrière sur le corps de la verge pour mettre le gland à découvert.

Dans beaucoup de cas, il n'existe aucun traitement à opposer à cet état morbide; cependant il faut essayer tous les moyens possibles. La vapeur de l'eau chaude, les fomentations avec la ciguë et les fumigations avec le cinabre sont souvent très-utiles.

Si malgré ces moyens les parties conservent leur volume et leur conformation vicieuse, il peut être utile d'exciser une partie du prépuce morbidement développé. C'est au chirurgien à déterminer la quantité de peau qui doit être enlevée. On peut en général exciser toute la partie qui fait saillie au delà du gland.

Le meilleur procédé opératoire consiste à enlever la partie exubérante avec le bistouri ; mais il faut avoir grand soin de bien distinguer d'abord le prépuce trop développé du gland. Après s'être parfaitement assuré de la position de ce dernier, la verge étant tenue horizontalement, on pratique à la face supérieure du prépuce une incision que l'on continue jusqu'à la face inférieure, avec précaution, car si l'incision était trop rapprochée du gland on courrait grand risque de le léser.

On peut faire cicatriser les parties sous l'influence de pansements simples ; car on peut considérer la surface divisée comme une plaie récente. Cependant la cicatrisation ne s'en effectue pas aussi facilement que celle d'une plaie pratiquée dans une partie entièrement saine. En effet, dans cette opération, on ne fait qu'enlever une portion superflue d'un organe malade, et ce qui reste est malade, mais non assez pour entraîner à la nir des accidents.

Quelques soins sont nécessaires pendant la cicatrisation de la plaie, car la cicatrice peut se contracter et produire de nouveau un phimosis. Le malade lui-même peut mieux que personne prévenir cet accident, en ramenant souvent le prépuce sur le corps de la verge ; mais cette manœuvre ne doit être tentée que lorsque la cicatrisation est presque achevée; il faut l'exécuter lentement et avec beaucoup de précaution (*).

(*) Voir les notes de la page 428.

§ I. *Des dispositions morbides nouvelles qui naissent pendant le trai-*
tement des chancres.

Les chancres, tant chez les hommes que chez les femmes, acquièrent souvent, pendant le traitement, des dispositions nouvelles qui varient quant à leur nature. Quelques-unes ont pour effet de retarder la gué- rison, comme je l'ai dit, et, quand les parties sont guéries, elles les laissent dans un état de tuméfaction et d'indolence, ainsi qu'on vient de le voir pour les cas d'engorgement chronique du prépuce. D'autres fois, la nouvelle disposition morbide empêche la cure ou cicatrisation des parties, et souvent donne naissance à une maladie plus grave que celle d'où elle tire son origine. Ces nouvelles dispositions morbides pro- duisent aussi dans les parties affectées des tumeurs dont il sera question ci-après.

Ces nouvelles dispositions morbides sont plus communes chez l'homme que chez la femme, et il est probable que cela dépend de la nature des parties qui en sont le siége. Elles ne se forment guère que lorsque l'inflam- mation a été violente; or, cette violence dépend de la nature des parties plutôt que de celle de la maladie, et par conséquent, elle est liée moins à la maladie qu'aux conditions que présentent les parties malades ou la constitution. Cependant on conçoit qu'elles puissent se développer lors même que l'inflammation n'a pas eu une grande intensité.

En général, on suppose qu'elles sont de nature cancéreuse; mais je pense qu'il en est rarement ainsi, bien que cela ne soit point impossible.

On doit considérer comme des effets de ces nouvelles dispositions morbides, ces inflammations, ces suppurations et ces ulcérations con- tinues et souvent avec exacerbations, qui s'étendent à la totalité du pré- puce et même se propagent tout le long de la peau de la verge qui con- tracte une couleur livide, et sous l'influence desquelles le tissu cellulaire s'engorge et s'épaissit dans toutes les parties de la verge, de manière à accroître considérablement le volume de cet organe.

L'ulcération qui a son siége à la face interne du prépuce s'accroît quel- quefois, se dirige entre la peau et le corps de la verge, et produit des perforations en différents points, jusqu'à ce que toute la surface de l'or- gane se trouve criblée d'ulcères à bords frangés. Le gland subit souvent le même sort, et une partie plus ou moins considérable en est détruite; dans beaucoup de cas, l'urètre est entièrement détruit dans ce point par l'ulcération, de sorte que l'urine s'écoule par une perforation située plus ou moins en arrière de son orifice naturel. Si l'on n'arrête les progrès de la maladie, l'ulcération continue ses ravages jusqu'à ce que les parties soient entièrement détruites. Je soupçonne que, parmi ces cas, il en est quelques-uns qui sont de nature scrofuleuse.

Comme c'est une affection aiguë, il est nécessaire de la combattre immédiatement, s'il est possible; mais comme elle peut dépendre de di- verses particularités de la constitution, et que ces particularités ne sont pas connues tout d'abord, aucune méthode rationnelle de traitement ne

II.   3o

peut être indiquée ici. La décoction de salsepareille est souvent utile, mais il faut la donner à hautes doses. On a administré avec beaucoup de succès la tisane allemande (*German diet-drink*). J'ai vu un cas de cette espèce où la guérison a été opérée par cette boisson, après que tous les moyens connus avaient échoué (*). L'extrait de ciguë est quelquefois utile. J'ai vu les bains de mer produire une guérison complète. Un malade qui était arrivé d'Irlande avec une affection de ce genre, après avoir essayé toutes les méthodes connues de traitement, comme la salsepareille, la ciguë, la tisane allemande, et après avoir eu recours à un grand nombre de topiques qui furent tous rejetés, excepté l'opium parce qu'il calmait la douleur, prit des bains de mer et se guérit. Quelquefois il est nécessaire d'introduire une bougie afin d'empêcher que l'orifice de l'urètre ne s'oblitère, ou ne devienne trop étroit pendant le travail de cicatrisation (**).

(*) On a beaucoup préconisé les formules suivantes :

Antimoine pulvérisé et renfermé dans un nouet de linge, pierre ponce pulvérisée, et enveloppée de la même manière, de chaque, une once; squine coupée par tranches, salsepareille effilée et contuse, de chaque, une demi-once; dix noix avec leur brou, contuses; eau de fontaine, quatre chopines. Faites bouillir jusqu'à réduction de moitié et filtrez la décoction. Cette boisson doit être prise dans la journée en plusieurs fois.

Salsepareille, bois de santal blanc et rouge, de chaque, trois onces; réglisse, mézéréon, de chaque, une demi-once; bois de Rhodes, gayac, sassafras, de chaque, une once; antimoine cru, deux onces. Mêlez ces substances, versez dessus dix chopines d'eau bouillante, laissez infuser pendant vingt-quatre heures, et faites ensuite bouillir jusqu'à réduction de moitié. Le malade doit en boire d'une chopine et demie à quatre chopines par jour.

J. HUNTER.

(**) La description de Hunter est si vague qu'il est difficile de déterminer avec certitude quelle est l'espèce d'ulcère qu'il a eu l'intention de décrire. Il est probable qu'il a eu principalement en vue les ulcères qu'on appelle *phagédéniques*, et qui sont d'ailleurs assez importants pour exiger une description particulière.

On a donné à ces ulcères le nom de *phagédéniques*, parce qu'on a supposé que ce sont les mêmes que ceux qui ont été décrits par Celse sous le nom de *phagedæna*. Bien qu'on puisse mettre en question l'exactitude de ce rapprochement, cependant il est convenable de conserver une dénomination qui donne une idée assez juste des ulcères qui nous occupent, soit que l'on envisage la rapidité qu'ils présentent quelquefois dans leur marche, soit qu'on ait en vue les traits les plus remarquables qui caractérisent leur aspect extérieur.

On ne peut guère douter que les ulcères phagédéniques ne reconnaissent pour cause l'application d'un virus, car il n'existe aucune preuve suffisante qu'ils se développent jamais dans des parties qui n'ont point été exposées à une infection, et ils sont suivis des symptômes secondaires de la syphilis aussi constamment que les formes ordinaires du chancre qui ont été décrites ci-dessus. En outre, malgré toute l'attention qui a été donnée à ce sujet, il n'a pas été possible d'établir, entre ces ulcères et le chancre huntérien, une ligne de démarcation assez constante pour que l'on pût admettre que le virus qui produit les premiers est différent de celui qui donne naissance à ce dernier. Les caractères de l'ulcère phagédénique diffèrent beaucoup de ceux du chancre ordinaire : si le virus n'était pas le même dans l'un et

§ II. *Des ulcérations qui ressemblent au chancre.*

Il arrive souvent qu'après que les chancres se sont cicatrisés et que le virus est entièrement détruit, les cicatrices s'ulcèrent de nouveau et se rouvrent sous forme de chancres.

l'autre cas, cette diversité serait constante; on pourrait la reconnaître également dans l'individu qui donne et dans celui qui reçoit, dans la partie d'où l'infection tire sa source, aussi bien que dans celle à laquelle elle est communiquée. Or, c'est ce qu'il n'a pas été possible de constater. Dans plusieurs cas, au contraire, l'ulcère phagédénique a paru provenir d'individus qui étaient atteints des formes ordinaires du chancre.

L'ulcère phagédénique débute par une légère tuméfaction locale et par une légère excoriation de la surface. Cette surface excoriée devient bientôt putride, se recouvre d'une escarre jaune, et laisse écouler une sanie aqueuse d'une teinte brunâtre. À mesure que l'ulcère détruit la partie sur laquelle il est situé, la surface devient de plus en plus inégale, et sa circonférence présente une ligne irrégulière qui lui donne un contour comme festonné. Cet aspect est l'effet du mode de progrès de l'ulcère, qui ne s'étend pas d'une manière régulière et uniforme dans tous les directions, mais se propage dans quelques points avec plus de rapidité que dans les autres. La partie centrale et quelquefois un des côtés de l'ulcère cessent alors leurs ravages, et quelquefois se nettoient; tandis que dans les autres points, l'aspect putride se conserve et l'ulcère continue à s'étendre. La partie qui fait des progrès est toujours un peu tuméfiée; mais cette tuméfaction est celle de l'inflammation commune et n'est point nettement circonscrite comme celle du chancre ordinaire. Loin de se terminer brusquement, elle se fond d'une manière insensible dans les tissus environnants. Dans le fait, cette tuméfaction est simplement causée par l'irritation que produisent les produits de l'ulcère; on ne l'observe pas dans les points qui ont pris un aspect sain. Aussitôt qu'une partie de l'ulcère se nettoie, la tuméfaction se dissipe, bien que l'ulcération reste longtemps encore non cicatrisée. On ne peut pas dire que la tuméfaction précède l'ulcération; elle accompagne plutôt la mortification des tissus, si l'on peut appeler ainsi ce qui n'est en général qu'une ulcération putride.

L'ulcère phagédénique peut détruire tout tissu, quel qu'il soit, sur lequel il s'est formé, mais ses ravages sont plus rapides dans le tissu cellulaire que dans la peau du prépuce ou le corps de la verge. Il en résulte qu'il se fraye une route entre le corps de la verge et la peau qui le recouvre, disséquant sur son trajet les corps caverneux qu'il sépare des téguments, et s'insinuant de bas en haut entre ces parties, souvent jusqu'au pubis. Dans ces circonstances, le fond de l'ulcère ne peut être mis pleinement à découvert. La partie de l'ulcère qui est accessible à la vue est ordinairement nette et quelquefois en voie de cicatrisation lente, tandis que la partie qui est cachée est putride et jaune, et sécrète une grande quantité d'un pus clair et brunâtre. Le côté de l'ulcère qui poursuit ses ravages est entouré par la tuméfaction ordinaire, que l'on peut sentir extérieurement comme un anneau induré embrassant le corps de la verge. Cet anneau indique la distance à laquelle l'ulcère s'est étendu, et dans les progrès de la maladie, il s'approche de plus en plus de la racine de la verge. Tant que ce bourrelet épaissi est appréciable au toucher, l'ulcère continue à s'étendre. Si le fond de l'ulcère se nettoie et revêt une tendance à se cicatriser, on reconnaît cette amélioration à la disparition du bourrelet, aussi promptement et aussi certainement que si toute la surface était exposée à la vue.

Dans les circonstances ordinaires, l'ulcère phagédénique se propage par une ulcération putride; il se creuse une voie très-lentement et d'une manière presque imper-

Bien que ce phénomène morbide s'observe le plus souvent dans le siége des anciens chancres, il ne se limite pas toujours à ces surfaces;

ceptible. Mais il devient parfois le siége d'une disposition gangréneuse accidentelle, par suite de laquelle de larges portions du prépuce, du gland ou des corps caverneux se mortifient et sont éliminées. Il y a peu de cas de longue durée dans lesquels ces gangrènes ne se soient pas présentées. Dans la plupart des cas une partie de l'urètre est détruite de cette manière, et il se forme à environ un pouce au-dessus du méat naturel, une ouverture par laquelle l'urine s'écoule. La manière soudaine dont ces gangrènes font irruption, et la destruction irrémédiable qu'elles entraînent, font une loi impérieuse de ne jamais perdre de vue dans le traitement la possibilité d'un tel accident.

La matière qui s'écoule de l'ulcère phagédénique est abondante et de mauvais caractère; mais elle ne paraît pas, comme le pus fourni par le chancre ordinaire, affecter les surfaces avec lesquelles elle vient en contact. Il est très-commun de voir le prépuce et le gland presque constamment baignés dans ce liquide, et cependant il est rare, si même cela arrive jamais, qu'il se forme d'autres ulcères sur ces parties par suite d'un tel contact. En outre, les surfaces contiguës ne sont point affectées. L'ulcère peut être situé sur le corps de la verge, tandis que le prépuce qui est en contact avec celui-ci reste libre de toute ulcération. Il n'est pas rare de voir l'ulcère phagédénique, situé sur un des côtés du méat urinaire, détruire une portion considérable du gland avant qu'on ait pu en arrêter les progrès; et cependant l'affection ne s'étend pas à l'autre côté du méat, bien que la surface ulcérée demeure constamment en contact avec lui.

L'ulcère phagédénique s'accompagne d'un peu d'inflammation, mais non d'inflammation aiguë. La douleur n'est pas très-vive, si ce n'est pendant une attaque de gangrène. Le prépuce est ordinairement rouge, quelquefois pourpre, presque toujours chargé de sérosité et tuméfié; mais il n'est pas ordinairement induré ou ferme au toucher, et il n'a pas cette coloration vermeille et brillante qui accompagne le phimosis aigu causé par le chancre ordinaire. Mais les symptômes généraux sont plus intenses : le pouls est ordinairement rapide et facile à exciter, la peau est chaude, l'appétit est diminué, et le sommeil est agité et interrompu.

Il est rare de voir un bubon suppurant provenir d'un ulcère phagédénique. Quelquefois une glande de l'aine se tuméfie, mais il est rare qu'elle soit très-douloureuse et, en général, elle reprend son état naturel en moins de huit jours.

Les symptômes secondaires qui succèdent à l'ulcère phagédénique sont d'une grande violence et difficiles à traiter. Ce sont ordinairement des rupia, des gangrènes de la gorge, l'ulcération du nez, des douleurs musculaires aussi cruelles qu'opiniâtres, et plus tard l'inflammation du périoste et des os. Des symptômes semblables succèdent au chancre ordinaire; mais quand ils surviennent consécutivement à un ulcère phagédénique, ils sont très-difficiles à guérir; et il n'est pas rare de voir la constitution s'affaiblir à la longue sous leur influence, et la mort en être l'effet.

Si l'on compare la description de l'ulcère phagédénique avec celle du chancre commun, qui a été donnée dans un chapitre précédent, les signes qui distinguent ces deux affections deviennent évidents. Le chancre commun est précédé et suivi par une induration de caractère particulier, qui suit son cours en quelque sorte indépendamment de l'ulcération elle-même. L'ulcère phagédénique ne montre aucune induration de ce genre; l'épaississement qui l'accompagne ne diffère point de celui qui coïncide avec tous les autres ulcères, et n'est qu'un phénomène lié à la malignité de l'ulcère. Le chancre commun s'étend également dans toutes les directions; l'ulcère phagédénique s'étend irrégulièrement, et se guérit fréquemment d'un côté tandis qu'il

car il se manifeste souvent des ulcères sur d'autres parties du prépuce ; mais ces derniers ulcères eux-mêmes paraissent dépendre de l'existence gagne du terrain de l'autre. Le chancre commun tend à se multiplier et à produire des ulcères semblables sur les surfaces qui lui sont contiguës ; l'ulcère phagédénique reste isolé et les surfaces contiguës ne s'affectent point. Il existe aussi une différence, quoique moins évidente, dans les symptômes secondaires qui succèdent à ces deux espèces d'ulcères, et le traitement doit différer dans l'un et l'autre cas.

Si l'on traite un ulcère phagédénique par l'usage du mercure largement administré, on observe le plus souvent que l'amélioration est plus immédiate et plus prononcée que dans le cas de chancre commun. En très-peu de jours, l'inflammation se dissipe, la surface malade se nettoie, et l'ulcère commence à se cicatriser ; mais cette amélioration n'est ordinairement que temporaire : en général, quelques jours plus tard, si l'usage du mercure est continué, et surtout si son influence sur l'ensemble de l'économie est très-marquée, l'aspect des parties change ; les tissus environnants deviennent noirs et violacés ; il se forme soudainement des gangrènes qui envahissent la totalité de l'ulcère et souvent une grande partie du prépuce et de la verge. D'un autre côté, si l'on omet entièrement l'emploi du mercure et qu'on n'applique à cette affection que le traitement usité pour guérir un ulcère commun, l'ulcère phagédénique conserve opiniâtrément son mauvais caractère et fait des progrès constants, quoique moins rapides, par une ulcération putride.

Le mercure est d'une grande utilité dans le traitement de l'ulcère phagédénique ; mais si on lui laisse produire ses effets déprimants, la conséquence en est presque toujours la production de la gangrène. Il faut donc l'employer de manière à prévenir ce tel résultat. Il faut l'administrer aux doses et sous les formes qui dépriment le moins la circulation, et le combiner avec des médicaments capables de soutenir en même temps la constitution. L'oxymuriate de mercure donné à la dose d'un huitième de grain deux fois par jour, et combiné avec la décoction de salsepareille, est la préparation la plus efficace et celle qui présente le plus de sécurité ; mais, même sous cette forme, il faut suivre attentivement les effets du mercure ; et si les téguments deviennent pâles ou livides dans le voisinage de l'ulcère, ou si on remarque de la langueur dans l'état général du malade, il faut suspendre ce traitement pour ne le reprendre qu'après que ces symptômes de gangrène imminente auront disparu.

Je ne dois pas oublier de dire que l'usage interne de l'hydriodate de potasse exerce souvent une influence marquée sur cette forme de la syphilis.   G. G. B.

Je ne saurais laisser passer la note de M. Babington, sans signaler des assertions qui à fait inexactes.

Ainsi, l'expérience prouve de la manière la plus positive que les accidents secondaires sont beaucoup plus rares après les chancres phagédéniques proprement dits, qu'à la suite du chancre induré. Ils deviennent bien moins fréquents dans les cas de chancres phagédéniques gangréneux, et manquent même constamment quand la gangrène arrive dès les premiers jours, qu'elle détruit rapidement tous les tissus qu'occupaient les chancres, et qu'il ne reste aucune induration spécifique. Il n'est plus permis, depuis mes expériences, de rester dans le doute sur la nature du virus qui produit les chancres phagédéniques. Ce virus est identiquement le même que celui qui donne naissance aux autres variétés. La forme phagédénique, comme les autres, n'est qu'une conséquence des conditions idiosyncrasiques de l'individu qui subit l'infection, et ne dépend nullement des conditions actuelles des ulcères de l'individu qui transmet.

Mes expériences ont encore prouvé qu'il n'y avait pas un début particulier pour le chancre phagédénique, l'inoculation donnant d'abord les mêmes résultats pour toutes

d'une maladie vénérienne antérieure, car ils attaquent rarement les sujets qui n'ont jamais eu ni gonorrhée, ni chancre. Ces ulcères ressemblent tellement aux chancres, que je suis convaincu que dans beaucoup de cas on les traite comme tels, bien qu'ils n'aient rien de vénérien. Ils diffèrent des chancres, en général, en ce qu'ils s'étendent beaucoup moins loin et beaucoup moins rapidement; ils ne sont point aussi douloureux ni aussi enflammés, ne présentent point la base indurée des ulcères vénériens, et ne produisent point de bubons. Cependant ces ulcères, quand ils sont très-graves et qu'ils attaquent une mauvaise constitution, peuvent être pris pour des chancres bénins, ou pour des chancres qui se sont formés dans une bonne constitution (*).

les variétés du chancre. Seulement, selon les individus, cette déviation de la forme régulière est plus ou moins rapide.

Le pus fourni par le chancre phagédénique diphtéritique, ou serpigineux, inocule tout aussi bien les parties voisines que celui fourni par le chancre induré; et mieux encore, il reste plus longtemps inoculable : il n'en est pas de même du pus du chancre phagédénique gangréneux proprement dit.

Les bubons sont loin d'être rares à la suite des chancres phagédéniques diphtéritiques; rien de plus commun au contraire que de les voir affecter eux-mêmes la forme phagédénique pendant la durée, ou après la disparition des ulcères auxquels ils avaient succédé. Ce qui est vrai, c'est que les bubons sont rares à la suite du chancre phagédénique gangréneux, et qu'il arrive assez souvent même qu'on les voit disparaître ou s'affaisser, lorsque déjà ils avaient commencé avant le développement de la gangrène.

Lorsqu'il arrive des symptômes secondaires à la suite des chancres phagédéniques, leur gravité n'est pas la conséquence de celle de l'accident primitif : elle est uniquement due à la cause qui avait rendu grave l'accident primitif lui-même; et cette cause se trouve encore dans les conditions individuelles du malade, et non dans une différence ou une modification antérieure du virus.

Quand on se rappelle les principales variétés que peut offrir le chancre et les nuances infinies qu'il présente, on sent le peu de valeur du diagnostic différentiel absolu qu'a voulu établir M. Babington, et qui ne porte même, avec de grandes inexactitudes, que sur le chancre induré et le chancre phagédénique mal défini.

Dans les chancres phagédéniques le mercure souvent est plus nuisible qu'utile. Donné à des doses insignifiantes, ses effets sont illusoires. Les cas où il réussit sont exceptionnels. Du reste, il n'est pas de remèdes qui n'aient réussi et échoué dans le traitement des ulcères phagédéniques. Jusqu'à présent il n'existe aucune méthode absolue. La chose principale, pour la cure, est de trouver la cause qui donne cette marche défectueuse au virus syphilitique; et cette cause, si souvent liée au scorbut, est fréquemment antipathique au mercure, qui redevient puissant quand il ne reste plus à combattre que l'accident syphilitique pur.

Faisons encore observer, comme le font déjà pressentir quelques-unes des assertions de Hunter, qu'on peut confondre avec les chancres phagédéniques des ulcères esthiomènes, cancroïdes, qui quelquefois succèdent à des ulcères syphilitiques ou surviennent après des antécédents dits suspects, ulcères qui ont été d'abord ou qui deviennent plus tard étrangers à la syphilis. Voir les notes des pages 419 et 442.

P. RICORD.

(*) On lit ici, dans l'édition de Home : « J'ai vu plusieurs cas de cette espèce qui m'ont extrêmement embarrassé. »

On doit s'en rapporter un peu au récit du malade ; mais quand il y a du doute, c'est au temps à le dissiper. J'ai vu les mêmes apparences après une gonorrhée, mais cela est plus rare. Il semble que le *poison* vénérien laisse après lui une disposition à une ulcération différente de celle qui lui est particulière. J'ai vu un cas où ces ulcères s'ouvraient régulièrement tous les deux mois.

Ces ulcères n'étant pas vénériens, leur traitement présente des difficultés, car l'indication consiste plus à empêcher le retour des ulcères qu'à produire la cicatrisation de ceux qui existent.

Ils réclament une attention toute particulière ; car s'ils ne sont point accompagnés de danger, ils sont souvent pénibles, parce qu'ils tiennent l'esprit en suspens pendant un temps plus ou moins long.

J'ai essayé un grand nombre de moyens divers, mais avec peu de succès ; cependant, ces ulcères finissent par se guérir. Dans le cas suivant, la lessive des savonniers a produit une guérison rapide.

Un homme fut atteint sur le prépuce de trois ulcères qui avaient la plus grande ressemblance avec des chancres bénins. N'étant pas fixé sur leur nature, j'attendis quelque temps, et je prescrivis seulement des soins de propreté. Ces ulcères ne prenant pas une marche favorable, plusieurs moyens thérapeutiques furent essayés. On les pansa avec l'onguent mercuriel ; mais ce topique produisait toujours une grande irritation, et l'on fut obligé de l'abandonner. Le mercure calciné fut prescrit comme moyen d'essai et afin de préserver la constitution ; mais les ulcères restèrent dans le même état. On les cautérisa avec le nitrate d'argent, ce qui parut produire un meilleur effet que tout ce qui avait été employé jusque-là, et pourtant, ils n'étaient pas cicatrisés au bout de cinq mois. Je prescrivis quarante gouttes de lessive des savonniers à prendre matin et soir dans une tasse de bouillon. Au bout de trois jours de l'emploi de ce moyen, le malade observa un changement remarquable dans les ulcères, et au bout de six jours, ceux-ci étaient parfaitement cicatrisés. Il avait eu plusieurs fois antérieurement des ulcères semblables, qui toujours avaient été traités comme vénériens ; mais il commença à douter qu'ils le fussent réellement quand il les vit se guérir si rapidement sous l'influence de la lessive des savonniers.

J'ai connu un homme qui pendant plusieurs années fut sujet à des ulcères de cette espèce, qui s'ouvraient et se cicatrisaient alternativement. Il prit des bains de mer pendant un mois ou deux, et sous cette influence les ulcères se guérirent définitivement (*).

(*) A part les ulcères de différente nature, tels que l'herpès et l'eczéma, qui peuvent survenir chez des individus qui ont actuellement ou qui ont eu des accidents syphilitiques primitifs, les organes génitaux, ainsi que toutes les autres parties du corps, deviennent quelquefois plus tard le siége d'accidents *secondaires*, qui embarrassent dans le diagnostic les gens peu versés dans la filiation des symptômes, parce qu'ils les confondent alors avec les accidents *primitifs*, comme semble l'avoir souvent fait Wallace.

P. RICORD.

§ III. *De l'épaississement et de l'induration des parties.*

Dans quelques cas, les parties ne s'ulcèrent point, mais elles s'épaississent et deviennent dures et résistantes. Le gland et le prépuce semblent se tuméfier, et forment une tumeur ou excroissance qui naît de l'extrémité de la verge sous la forme d'un chou-fleur. Cette excroissance, qui se montre extrêmement indolente dans toutes ses opérations, présente, quand on la divise, des rayons qui se dirigent de sa base ou origine à sa surface externe. Cette affection, plutôt que celles qui précèdent, fait naître l'idée d'un cancer, car elle consiste principalement dans une substance de nouvelle formation. Quoi qu'il en soit, elle n'est pas toujours une conséquence de la maladie vénérienne, car je l'ai vue se former spontanément.

Cette maladie est constituée par une tumeur de nature tellement indolente, que je ne connais aucun médicament sur lequel on puisse compter le moins du monde pour en accomplir la guérison. J'ai pratiqué l'amputation de ces tumeurs, et j'ai vu faire la même opération par d'autres chirurgiens, dans la pensée qu'elles étaient cancéreuses, et la plaie qui en est résultée s'est cicatrisée régulièrement.

Dans la plupart de ces cas, il faut enlever une portion considérable de la verge. Aussitôt après l'amputation, on introduit dans l'urètre une algalie de grosseur convenable. Sans cette précaution, il pourrait survenir des accidents très-pénibles. En effet, les premiers appareils de pansement adhèrent à l'orifice du canal par le moyen du sang extravasé, et s'opposent à l'écoulement de l'urine, ce qui doit entraîner des inconvénients faciles à prévoir. C'est ce qui est arrivé chez un malade dont j'ai amputé le verge (*).

§ IV. *Des poireaux.*

Une autre disposition que le *poison* vénérien développe dans les parties de la génération, c'est une disposition à former des excroissances ou tumeurs cutanées appelées *poireaux*. Cette disposition est plus intense dans les points qu'occupaient les chancres que partout ailleurs, et même ceux-ci se terminent souvent par un poireau. Peut-être les parties acquièrent-elles cette disposition par le contact longtemps prolongé la matière vénérienne, car elle se manifeste souvent après des gonorrhées qui ne s'étaient accompagnées d'aucun chancre ; il est probable que cela

---

(*) Le chancre peut laisser à sa suite de l'œdème, et souvent de l'œdème dur squirrhoïde ; des engorgements des vaisseaux lymphatiques voisins, plus ou moins limités en longueur, et offrant des canaux qui deviennent souvent fistuleux ; du tissu inodulaire ; et surtout des indurations spécifiques. Mais il arrive quelquefois qu'un chancre devient végétant, fongueux, ou passe sur place à l'état de tubercule muqueux avec plus ou moins d'hypertrophie. Ces tubercules peuvent être confondus, faute de connaissances ou d'attention, avec de véritables végétations, ou, ce qui est plus fâcheux encore, avec le cancer. J'ai vu, par suite de ces erreurs, amputer quelques verges qu'on aurait sauvées en y regardant de plus près ! — P. RICORD.

n'arrive que dans les cas où la matière vénérienne a fait naître l'excitation vénérienne sur le gland et sur le prépuce, et y a produit ce qu'on peut appeler une *gonorrhée insensible*.

Un poireau paraît être une excroissance de la peau ou une tumeur qui se forme sur elle; d'où il résulte qu'il est recouvert par un épiderme qui, de même que tous les autres épidermes, est fort et dur ou mince et mou, exactement comme l'épiderme qui recouvre la partie sur laquelle l'excroissance s'est élevée. Ces productions sont rayonnées de la base à la circonférence. Les rayons se manifestent à la surface extérieure par des points ou des granulations qui ressemblent beaucoup à des granulations de bonne nature, excepté que ces petites saillies sont plus dures que les véritables granulations et s'élèvent au-dessus de la surface. Il semblerait que la surface sur laquelle chacune de ces excroissances se développe n'a de disposition qu'à en former une seule, car la surface environnante qui lui est continue ne participe pas à la même végétation. Ainsi, une fois qu'un poireau a commencé à se montrer, il ne s'accroît point par sa base, mais il s'élève de plus en plus. Les poireaux ont en eux-mêmes une puissance d'accroissement, car lorsqu'ils se sont élevés au-dessus de la surface de la peau, au niveau de laquelle ils ne peuvent pas s'étendre en largeur, ils se gonflent de manière à former un corps épais et arrondi qui devient de plus en plus inégal.

Cette structure les expose à être lésés par tout corps qui frotte contre eux, ce qui souvent les fait saigner abondamment et les rend très-douloureux.

Beaucoup de pathologistes pensent que ces excroissances ne sont pas seulement un effet consécutif du *poison* vénérien, mais qu'elles sont douées de la disposition spécifique de ce *poison*; en conséquence, ils les traitent par l'emploi du mercure, et l'on affirme que ce traitement réussit souvent. Je n'ai jamais observé cet effet favorable du mercure, bien que je l'aie administré à une dose qui aurait suffi pour guérir chez les mêmes malades des chancres récents et quelquefois même une syphilis constitutionnelle.

Ces végétations étant des excroissances qui émanent du corps, on ne doit pas les considérer comme une véritable partie de l'animal, ni comme étant douées des forces vitales naturelles; ce qui fait que la guérison en est plus facile. Elles constituent si peu une véritable partie de l'économie, et elles sont tellement une production morbide, que plusieurs circonstances insignifiantes en amènent la destruction. Une inflammation qui s'allume dans les tissus naturels et sains autour d'un poireau y fait naître une disposition en vertu de laquelle il se détruit. Divers stimulants appliqués à la surface d'où naissent ces végétations les font souvent périr. L'électricité y détermine une action qu'elles ne sont pas capables de supporter; l'inflammation s'allume autour d'elles, et elles tombent.

D'après cette manière d'envisager les poireaux, il ne paraît pas qu'on doive toujours nécessairement avoir recours au bistouri et aux escarotiques, bien que ces moyens agissent plus rapidement que tout autre dans beaucoup de cas, surtout si le pédicule est petit. Pour les poireaux à pédicule étroit, une paire de ciseaux est le meilleur instrument. Lorsque le malade a une aversion insurmontable pour l'intrument tranchant, quel qu'il soit, on peut employer avec succès un fil de soie que l'on serre autour du pédicule. De quelque manière qu'on ait séparé ces végétations, il est nécessaire, en général, de cautériser la surface qui constituait leur base.

Les escarotiques agissent sur les poireaux de deux manières, c'est-à-dire, en frappant de mort une partie de l'excroissance et en produisant une stimulation dans la portion qui survit; de sorte qu'en renouvelant suffisamment les cautérisations, la totalité de l'excroissance se détruit assez rapidement, et qu'il est rarement nécessaire de cautériser jusqu'à la racine, parce que souvent la base ou racine se sépare d'elle-même et est éliminée. Cependant il n'en est pas toujours ainsi; la racine du poireau ne se sépare pas toujours et elle peut se développer de nouveau. Dans de tels cas, il est nécessaire de cautériser plus loin même que la surface de la partie, afin de détruire la racine.

Tous les caustiques, comme la potasse caustique, ainsi que les sels métalliques, tels que le nitrate d'argent, le vitriol bleu, etc., jouissent d'une force suffisante. Le vert-de-gris mêlé avec la poudre de feuilles de sabine constitue un des meilleurs stimulants.

Après que les poireaux ont été, en apparence, suffisamment détruits, il arrive souvent qu'ils se développent de nouveau, non parce qu'on en a laissé une portion, mais parce que la surface de la peau reste douée de la même disposition. Il faut alors renouveler le même traitement, afin de détruire cette surface (*).

(*) Le court paragraphe de Hunter sur les *poireaux* est loin de donner une idée exacte de toutes les variétés de végétations qui ont été à tort ou à raison rapportées à la syphilis.

Il ne s'agit souvent que de véritables verrues, dues à une maladie des follicules cutanés ou muqueux, que précèdent souvent de simples tannes. Dans ce cas, la sécrétion fournie par les follicules affectés devient de plus en plus concrète; tandis que les follicules eux-mêmes finissent par subir une sorte d'extroversion, et présentent un fond granulé d'où naissent des aspérités qui leur donnent quelque ressemblance avec les poireaux. Mais le plus fréquemment les végétations réputées vénériennes consistent dans un tissu épigénique de nouvelle formation, et qui tend ordinairement à croître. Ces végétations, dont la vascularité est plus ou moins régulière et qui jouissent, dans quelques cas, de beaucoup de sensibilité, sont tantôt sessiles, tantôt pédiculées. Dans le premier cas, elles peuvent être plus ou moins nombreuses et étendues, offrir une surface granulée, plate ou convexe, plus ou moins rouge, et dont l'aspect rappelle assez souvent celui des fraises ou mieux encore des framboises, auxquelles on les a comparées. Quand elles sont pédiculées, on voit, d'une tige unique plus ou moins épaisse, partir des branches qui irradient en tous sens, et qui représentent assez bien le chou-fleur, lorsque, par leur siége, elles n'éprouvent pas de gêne dans leur développement, tandis que dans des circonstances contraires, différemment comprimées et aplaties, elles peuvent affecter la forme de crête de coq. Humides, friables, facilement saignantes, et baignées souvent par une sécrétion

§ V. *Des excoriations du gland et du prépuce.*

Il arrive très-souvent que la surface du gland et la face interne du prépuce s'excorient, deviennent extrêmement douloureuses, et qu'il

muco-purulente lorsqu'elles siégent sur des muqueuses recouvertes, elles deviennent sèches, dures et même cornées, sur les points du derme exposés à l'air.

Du reste, quelle que soit la variété à laquelle elles appartiennent, les végétations ne naissent pas toujours dans les mêmes circonstances; très-souvent leur cause échappe. Dans quelques cas cependant elles succèdent à des irritations eczémateuses ou herpétiques. L'état de grossesse, la malpropreté dans les deux sexes peuvent les produire. Les différentes variétés de la blennorrhagie semblent quelquefois présider à leur développement; tandis qu'on les voit dans d'autres circonstances être la conséquence d'un chancre à la période de réparation vicieuse, ou le produit des tubercules muqueux.

Les végétations ont pour siége la muqueuse balanique et préputiale, et bien souvent les environs du frein et la rainure de la base du gland; l'entrée de la vulve; les anfractuosités des caroncules myrtiformes, qu'on prend souvent pour elles; les différents points de l'étendue du vagin; le col et les cavités de l'utérus; l'urètre et la partie inférieure du rectum dans les deux sexes; la langue, surtout à sa base, où les papilles fongiformes les simulent quelquefois; le voile du palais, et plus particulièrement les bords de la luette; le larynx, où les a si bien décrites mon savant condisciple M. Senn, de Genève; et enfin la peau dans différentes régions, et surtout aux environs des organes génitaux et de l'anus.

Quant à la cause spéciale qui détermine et entretient les végétations, on ne saurait, d'après ce que j'ai dit autre part, la chercher uniquement dans le virus syphilitique. Aussi leur distinction en primitives et secondaires n'a-t-elle aucune valeur ; car elles sont toujours matériellement les mêmes, et ne sauraient, dans aucun cas, servir à distinguer une infection locale d'une syphilis constitutionnelle. Il est faux qu'elles soient contagieuses, comme quelques personnes l'ont avancé. On peut rencontrer des individus qui, ayant eu des rapports avec des personnes affectées de végétations, en présentent ensuite, sans que cependant elles leur aient été communiquées. Dans ces cas, du reste fort rares, il n'y a certainement qu'une simple coïncidence et non un fait de contagion, comme on en trouve de plus nombreux exemples pour la phthisie et le cancer.

Les végétations ne sont ni la preuve d'une infection récente, ni celle de l'existence d'un empoisonnement général.

Quand elles ont été précédées par des accidents vénériens primitifs, ou par la syphilis constitutionnelle, elles semblent être une conséquence fortuite des irritations locales que ces conditions peuvent produire, mais non un effet spécifique, puisque d'autres causes peuvent les faire naître.

Les végétations peuvent être compliquées d'accidents vénériens primitifs ou secondaires, dans le lieu même qu'elles occupent ou à distance. Les complications les plus voisines sont la blennorrhagie, les chancres à la période de progrès ou de réparation, les chancres indurés, qui peuvent encore leur servir de base, les tubercules muqueux, etc. Elles déterminent souvent, ou tout au moins entretiennent dans beaucoup de cas, des écoulements blennorrhoïdes, gênent quelques fonctions, et peuvent donner lieu à des accidents plus ou moins graves, selon les siéges que j'ai énumérés plus haut.

Leur diagnostic est ordinairement facile, et il faut être bien peu attentif pour les confondre avec les tissus normaux de quelques régions, ou, par une erreur plus commune, avec les tumeurs condylomateuses dues à une hypertrophie des tissus, sans

s'y forme du pus. Dans ces cas, le prépuce s'épaissit souvent un peu, et même se contracte quelquefois à son orifice. Ces deux circonstances en rendent le renversement difficile et douloureux. Il n'est pas certain que cette maladie dépende jamais d'une cause vénérienne, car elle s'observe souvent chez des personnes qui n'ont jamais eu aucune affection de cette nature.

Cette maladie a son siége dans le derme, qui, sous l'influence de cette disposition, n'a pas la faculté de former un épiderme normal; elle ressemble à la gonorrhée de cette partie, mais elle n'est pas vénérienne.

Une solution de plomb dans laquelle on plonge la partie malade après avoir renversé le prépuce, fait souvent cesser l'irritation, et il se forme un bon épiderme. L'alcool étendu produit souvent le même effet. L'onguent citrin de la pharmacopée d'Édimbourg, mêlé à partie égale d'axonge afin d'en diminuer la force, est souvent extrêmement utile dans ces cas. Mais il arrive quelquefois que toutes les applications échouent, et alors j'ai réussi à obtenir la guérison en prescrivant au malade de conserver le gland découvert, ce qui faisait naître le stimulus de nécessité pour la formation d'un épiderme naturel.

productions épigéniques, comme dans quelques plaques muqueuses, et surtout dans les tubercules des rayons de l'anus. Souvent, développées dans des proportions énormes et incarcérées dans un prépuce étroit, elles compriment et atrophient le gland, ou contractent des adhérences avec le prépuce. Là, elles s'indurent dans un point, se ramollissent dans un autre, et, gênées dans leur circulation, elles se frappent de gangrène, fournissent des suppurations fétides et ichoreuses, et peuvent être prises pour des dégénérescences dues au cancer. Ces erreurs ont pu être encore plus faciles dans quelques circonstances où, indépendamment de la déformation des parties par leur grand développement et d'abondantes suppurations, elles déterminaient une pâleur souvent analogue à la teinte paille de la cachexie cancéreuse.

Quant au pronostic des végétations, s'il peut être grave, ce n'est jamais qu'en raison de circonstances accessoires.

Sous le point de vue de leur traitement, je suis tout à fait de l'avis de Hunter. Les traitements généraux : mercure, or, sudorifiques, etc., ne semblent avoir sur elles aucune influence. Elles continuent fréquemment à croître, pendant qu'on les traite; disparaissent ou tombent quand on ne fait plus rien, et sans qu'on saisisse toujours la raison de leur persistance ou de leur disparition.

Lorsqu'on a cru réussir par les mercuriaux ou par d'autres méthodes générales, c'est qu'on avait affaire à des tubercules muqueux, à des tumeurs condylomateuses, ou à des chancres indurés qui servaient de base aux végétations. Nous ne sommes plus au temps où Fabre et quelques autres syphilographes, aurifiants ou mercurialistes, disaient, après avoir administré un traitement général, que le virus était détruit, bien que la végétation persistât encore ou eût même pris de l'accroissement. Aujourd'hui, le traitement rationnel doit consister à combattre les complications quelles qu'elles soient, *quand elles existent réellement,* et à traiter les végétations comme accident local, par des moyens locaux auxquels la science, il faut le dire, a fort peu ajouté depuis Hunter, si ce n'est le nitrate acide liquide de mercure, comme caustique assez puissant, et les effets douteux de la solution concentrée d'opium.

P. RICORD.

CINQUIÈME PARTIE.

CHAPITRE I.

DU BUBON.

La connaissance du système absorbant, au point où elle est portée maintenant, jette une vive clarté sur plusieurs effets des *poisons* et permet de comprendre plusieurs symptômes de la maladie vénérienne, notamment la formation des bubons. Avant cette connaissance, les auteurs étaient bien embarrassés pour donner une explication vraie et conséquente de plusieurs des symptômes de la maladie qui nous occupe. La découverte de cette vérité, savoir, que les lymphatiques constituent un système de vaisseaux absorbants, a jeté plus de lumière sur un grand nombre de maladies que la découverte de la circulation du sang : dans beaucoup de cas, cette notion conduit directement à la cause de la maladie.

Le *bubon*, qui est la conséquence immédiate des maladies locales appelées *gonorrhée* et *chancre*, et la *syphilis constitutionnelle* (lues venerea), qui en est la conséquence éloignée, sont le résultat de l'absorption du pus vénérien récent sur une surface avec laquelle il a été mis en contact ou sur laquelle il s'est formé. Bien qu'on n'ait pu se refuser, en général, à accorder ce fait depuis que la maladie qui nous occupe et l'absorption sont connues, cependant on ne pouvait donner la véritable théorie de la formation du bubon avant de savoir que les vaisseaux lymphatiques sont les seuls absorbants. D'après l'ancienne doctrine qui considérait les veines comme chargées de la fonction d'absorber, il était facile de se rendre compte de la syphilis constitutionnelle; en effet, cette maladie pouvait être produite aussi bien par l'absorption des veines, si elles étaient douées réellement de cette faculté, que par celle des lymphatiques. Mais la difficulté était de dire comment se forment les bubons dans cette hypothèse. Les pathologistes étaient embarrassés pour expliquer ce phénomène morbide, et cependant ils s'exprimaient quelquefois comme s'ils en avaient une idée, bien qu'ils ne pussent avoir des notions bien claires de ce qu'ils avançaient : ils ne pouvaient démontrer leurs assertions par la connaissance anatomique et physiologique des parties.

Quelques médecins ont attribué les bubons à la suppression de la gonorrhée, ou, suivant leur expression, à sa rétrocession vers les glandes de l'aine; et en cela ils se sont montrés conséquents avec les idées qu'ils se faisaient de la cause de l'engorgement sympathique du testicule. Mais cette manière de voir n'est pas exacte, car nous ne connaissons rien qui ressemble à une force répulsive de cette nature ; et si l'on pouvait répercuter la gonorrhée sur les glandes de l'aine, ce ne serait point en faisant cesser la formation du pus, mais en augmentant l'absorption, phénomène physiologique qu'ils ne connaissaient point.

Si l'on examine les opinions que les auteurs ont émises sur la formation des bubons avant qu'on sût que l'absorption appartient aux lymphatiques, on voit qu'ils se sont servis d'expressions qu'ils ne pouvaient pas comprendre. Par exemple, Heister dit, *qu'il y en a deux espèces ; l'une vénérienne, l'autre qui ne l'est point ;* mais il ne dit point que le bubon vénérien ne provient que d'un coït impur.

Astruc dit, p. 326, que parmi les bubons, il en est qui naissent immédiatement d'un coït impur, et il les appelle *essentiels ;* d'autres qui proviennent de la suppression d'une gonorrhée, ou d'un écoulement trop peu abondant, ou de chancres situés sur la verge, et il les nomme *symptomatiques ;* d'autres enfin, selon lui, se forment spontanément sans avoir été précédés immédiatement par le coït, et ils sont un signe pathognomonique d'une syphilis latente. A la page 327, il démontre que cette dernière espèce ne peut dériver de ce que nous appelons maintenant une syphilis constitutionnelle. Mais à la page 328, il explique ce qu'il entend par une syphilis latente ; c'est une affection locale qu'il suppose produite par une syphilis constitutionnelle ; mais cela n'est probablement jamais arrivé ; et lors même qu'une affection locale de cette nature pourrait provenir d'une telle cause, l'absorption du pus produit par elle ne saurait produire un bubon vénérien, ainsi que je le démontrerai. En un mot, comme il ne connaissait pas le véritable système absorbant, ses idées sont maintenant inintelligibles (*).

Cowper, Drake et Boerhave, aussi bien qu'Astruc, parlent de la lymphe viciée qui ne peut franchir les glandes et qui, par conséquent, les enflamme. Ils parlent aussi de la lymphe épaissie qui arrive aux glandes par l'intermédiaire de la circulation sanguine, c'est-à-dire de la constitution à ces glandes, opinion qui a encore aujourd'hui des partisans, ou par une voie plus courte, savoir, les vaisseaux lymphatiques qui se rendent aux glandes de l'aine. Ils parlent encore de la tuméfaction des glandes de l'aine, ou des bubons vénériens, qui sont l'effet de la communication de la contagion par les lymphatiques absorbants. Drake est même plus explicite ; et si l'on n'examinait pas son texte plus loin, on croirait presque qu'il connaissait les fonctions des vaisseaux lymphatiques ; mais c'est une chose qu'on ne peut lui accorder, car lorsqu'il traite de ces vaisseaux d'une manière spéciale, il ne reproduit point cette idée. Voici ses paroles : « Il est très-probable que le bubon vénérien est produit par une certaine quantité du pus contagieux de la gonorrhée, qui est pompé par les lymphatiques de la verge et, de là, porté aux glan-

(*) Ces citations sont extraites de l'édition anglaise de l'ouvrage d'Astruc, qui a été publiée en 1754.

des inguinales; dans l'intérieur desquelles ces vaisseaux versent leur contenu. Il résulte de là qu'il faut ouvrir ces tumeurs le plus tôt possible, avant que les vaisseaux efférents de ces glandes emportent le *poison* dans le sang, ce qui peut arriver très-probablement lorsqu'elles proviennent immédiatement de la suppression d'une gonorrhée de même que la hernie humorale. Mais lorsque ces tumeurs se forment plusieurs mois après la cessation de la gonorrhée, on doit supposer que le *poison*, comme tous les autres *poisons* qui se mêlent au sang, est repoussé par les forces de la nature, et déposé dans ces émonctoires au moyen des lymphatiques ou des vaisseaux sanguins eux-mêmes, ou par l'intermédiaire des tubes nerveux, ainsi que Wharton l'a supposé. »

On voit que Drake compare la formation du bubon à celle de la hernie humorale, ce qui montre clairement qu'il ne comprenait ni l'une ni l'autre de ces deux maladies.

On ne trouve même pas en 1748 une idée nouvelle sur ce sujet. Freke dit : « Le *poison*, obstruant les orifices des glandes de l'urètre, est porté de là aux glandes inguinales par les canaux qui conduisent à ces glandes. »

Dans l'année 1754, huit ans après que le Dr William Hunter eut enseigné publiquement que les vaisseaux lymphatiques constituent un système de vaisseaux absorbants, Gataker publia sur cette maladie un traité où l'on ne trouve rien de plus neuf que dans tous les autres.

Si nous arrivons jusqu'à l'année 1770, nous voyons dans un abrégé de l'ouvrage d'Astruc par Chapman, où ce dernier a consigné ses connaissances et ses propres idées, que la faculté absorbante des lymphatiques est mise en avant comme cause de la formation des bubons. Mais à cette époque, la doctrine qui admet que l'appareil lymphatique est un appareil d'absorption était généralement répandue en Angleterre.

La théorie de l'absorption étant parfaitement comprise à présent, je n'ai qu'à expliquer les différents modes suivant lesquels elle peut s'accomplir.

Le pus vénérien est pris par les absorbants de la partie sur laquelle il est placé; et, bien que l'absorption du pus et les effets de cette absorption soient les mêmes, que le pus provienne de la gonorrhée ou du chancre, cependant j'admettrai trois espèces d'absorptions, d'après les trois surfaces différentes sur lesquelles le pus peut être absorbé, et je commencerai par la moins fréquente.

La première espèce d'absorption et la plus simple est celle dans laquelle le pus de la gonorrhée ou du chancre a été simplement appliqué sur une surface saine, et a été absorbé immédiatement sans avoir produit aucun effet local. J'en ai vu des exemples chez des hommes; et c'est seulement à ceux qui sont recueillis chez des sujets de ce sexe qu'on peut accorder quelque confiance, car il est impossible, dans beaucoup de cas, de décider si une femme est ou n'est pas atteinte de gonorrhée. Toutefois, je crois pouvoir affirmer que j'ai observé des cas de cette nature chez des femmes; au moins y avait-il toute raison de croire que les malades en question n'avaient eu préalablement ni chancre, ni gonorrhée, car elles n'en avaient présenté aucune trace visible, et n'avaient rien communiqué aux hommes qui avaient eu commerce avec elles.

Il faut avouer que ce mode d'absorption est très-rare. Si les parties étaient explorées avec beaucoup de soin, si les malades étaient minutieusement interrogés, il est probable qu'on découvrirait souvent qu'un petit chancre est la cause de l'infection ; c'est ce que j'ai vu plus d'une fois. En effet, quand on considère combien l'absorption est rare dans la gonorrhée, où le mode d'absorption est le même, on a peine à admettre que l'infection puisse être le résultat du simple contact du pus vénérien, lorsque l'application de ce pus a une si courte durée. On pourrait supposer, il est vrai, que la répétition du contact tient lieu de sa durée ; mais on ne peut admettre une telle opinion, car cette même répétition exposerait au développement d'une affection locale. On doit donc apporter une attention toute particulière à toutes les circonstances qui se rattachent aux cas de cette espèce.

Quoi qu'il en soit, il n'existe point de raison décisive pour qu'un pareil mode d'infection soit impossible, et cette considération diminue le degré de confiance que l'on doit accorder à l'hypothèse d'après laquelle la maladie vénérienne pourrait exister pendant plusieurs années dans la constitution avant de se manifester. En effet, toutes les fois que cette maladie se présente sous forme de syphilis constitutionnelle, on rapporte toujours sa date à l'époque de la dernière affection locale, chancre ou gonorrhée, et l'on ne tient jamais aucun compte des dernières relations sexuelles.

Le second mode d'absorption du pus vénérien est plus fréquent que le premier. Il a lieu lorsque le contact de ce pus a produit une gonorrhée, et il peut s'opérer pendant la durée de la maladie, soit que celle-ci soit soumise à un traitement, soit qu'on ne lui en oppose aucun. Une partie du pus sécrété par les surfaces enflammées ayant été absorbée et portée dans le torrent circulatoire, produit les mêmes affections que dans le cas précédent ; de sorte que le malade se donne lui-même la syphilis constitutionnelle.

Le troisième mode d'absorption est celui où le pus est absorbé à la surface d'un ulcère, qui peut être un chancre ou un bubon. Ce mode est le plus fréquent de beaucoup, et cette circonstance, jointe à plusieurs autres, tend à démontrer que la surface la plus favorable pour l'absorption est celle d'une plaie ou d'un ulcère. Je n'ai pas été à même de déterminer si les ulcères jouissent d'une faculté égale d'absorption dans toutes les parties du corps ; mais je soupçonne que les ulcères situés sur le gland ne présentent pas une surface aussi favorable à l'absorption que ceux du prépuce, car, bien que j'aie vu des bubons et la syphilis constitutionnelle se manifester consécutivement aux premiers, cependant j'ai observé ce résultat plus souvent après les autres.

A ces trois modes d'absorption on peut en ajouter un quatrième, l'absorption du pus vénérien déposé dans une plaie ; c'est peut-être, ainsi que je l'ai déjà fait remarquer, celui qui est le moins fréquent de tous.

Le *poison* vénérien, ayant la faculté d'infecter toutes les parties du corps avec lesquelles il vient en contact, peut attaquer le système absorbant et y produire des maladies vénériennes locales. Je n'ai pas besoin de dire que ce qu'on appelle maintenant communément un bubon est une tuméfaction qui a pour siége le système absorbant, principalement les glandes, et qui est l'effet de l'absorption d'un *poison* ou de quelque autre matière irritante; lorsque ces tuméfactions se développent dans l'aine on les appelle des bubons, qu'elles dépendent ou non de l'absorption, et le plus souvent on les considère comme vénériennes, lors même qu'il n'y a eu antérieurement aucune cause syphilitique appréciable. Cette opinion est tellement générale, que toutes les tumeurs situées dans cette région sont suspectées d'être de cette nature. On a pris pour des bubons vénériens des hernies crurales et des anévrismes de l'artère fémorale.

J'appelle *bubon* tout abcès formé dans le système absorbant, soit dans les vaisseaux, soit dans les glandes, et qui est la conséquence de l'absorption du pus vénérien.

Lorsque ce pus a été absorbé sur l'une des quatre surfaces indiquées, savoir, la surface commune, celle d'une plaie, une surface enflammée, et celle d'un ulcère, il est porté dans la circulation commune par les vaisseaux absorbants, et dans son passage à travers ces vaisseaux, il y fait naître souvent l'inflammation spécifique, qui a pour conséquence la formation de bubons, véritables abcès vénériens, exactement semblables au chancre dans leur nature et dans leurs effets, et n'en différant que par la grandeur. Les vaisseaux absorbants et leurs glandes étant irrités immédiatement par le pus spécifique, qui n'a subi aucun changement dans son trajet, l'inflammation consécutive doit avoir la même qualité spécifique, et le pus sécrété par ces organes doit être vénérien (*).

Le système absorbant pouvant se diviser en deux parties, dont la première comprend les vaisseaux eux-mêmes, et la seconde leurs ramifications et circonvolutions appelées glandes lymphatiques, je suivrai la même division en traitant de ses inflammations.

L'inflammation des vaisseaux absorbants est beaucoup moins fréquente que celle des glandes. Chez l'homme, ces inflammations, quand elles sont consécutives à des chancres situés sur le gland ou sur le prépuce, se manifestent en général par un cordon qui se dirige le long de la face dorsale de la verge, à partir du point où les chancres ont leur siége. Quelquefois, ces cordons naissent de l'épaississement du prépuce dans la gonorrhée, et alors, la surface interne de ce repli est ordinairement excoriée, ainsi que j'ai eu occasion de le dire en traitant de cette forme de la maladie vénérienne. Souvent, ces cordons se terminent insensi-

(*) Je ne sais jusqu'à quel point ce raisonnement peut s'appliquer à tous les cas où des *poisons* sont introduits dans l'économie. En effet, je suis très-porté à croire que le bubon qui se forme quelquefois consécutivement à l'inoculation de la variole, ne produit point un pus variolique. Les *poisons* naturels, quand ils produisent des bubons, n'entraînent certainement point la formation d'un *poison* semblable à eux.

J. HUNTER.

blement sur la verge, près de sa racine ou près du pubis. D'autres fois, ils s'étendent plus loin, et se rendent jusqu'à une glande lymphatique de l'aine. Ils peuvent être facilement saisis entre le doigt et le pouce, et déterminent souvent dans le prépuce un épaississement qui lui ôte tellement sa souplesse, que le renversement en est difficile, sinon impossible, et qu'il en résulte une espèce de phimosis.

Je crois avoir vu cette disposition morbide consécutivement à la gonorrhée, lorsque celle-ci s'accompagne de l'inflammation et de la tuméfaction du prépuce, aussi fréquemment qu'à la suite des chancres. Si mon observation est exacte, il n'est pas facile de s'en rendre compte. J'ai fait observer que l'absorption se fait plus facilement à la surface des ulcères que sur des surfaces enflammées; ou au moins, que la formation d'un bubon dans une glande et ses effets sur la constitution sont plus communs à la suite d'un ulcère. Mais il est à remarquer que la face interne du prépuce, d'où ce cordon paraît tirer son origine, est dans un état d'excoriation. Il est possible que l'inflammation en question provienne de la sympathie des vaisseaux lymphatiques avec l'urètre enflammé; mais je crois que l'affection est véritablement vénérienne. Il est encore possible que la lymphe coagulable qui a été sécrétée sous l'influence de l'inflammation vénérienne et qui est la cause de la tuméfaction, étant absorbée, ait la faculté de communiquer l'infection, comme cela a lieu dans le cancer.

L'épaississement, ou la formation de ce cordon dur, est causé probablement par l'épaississement des parois des vaisseaux absorbants, ainsi que par l'extravasation de la lymphe coagulable qui est sécrétée sur leur surface interne, comme dans les veines enflammées.

Ce cordon s'enflamme souvent jusqu'à suppurer, et quelquefois cette suppuration s'établit en plusieurs points, d'où il résulte un, deux, ou trois bubons ou petits abcès sur le corps de la verge. Tandis que ce travail s'effectue, on observe en quelques points du cordon une induration circonscrite; ensuite, la suppuration s'établit dans le centre de chaque point induré; la peau s'enflamme; le pus se rapproche de cette dernière, et l'abcès s'ouvre comme tout autre abcès.

J'ai vu ces bubons ou petits abcès former une espèce de chaîne sur la face supérieure de la verge, dans toute la longueur de cet organe.

On peut établir une comparaison très-exacte entre cette affection morbide et l'inflammation suivie de suppuration d'une veine qui a été lésée et mise à découvert.

L'inflammation des glandes est beaucoup plus fréquente que l'inflammation des vaisseaux. Elle a pour cause le transport du pus vénérien jusqu'aux glandes lymphatiques, dont la texture ne paraît être rien autre chose que des ramifications agglomérées des vaisseaux absorbants; agglomération qui constitue le corps de chaque glande.

A raison de cette structure, il est permis de supposer que le liquide absorbé est retenu pendant un temps plus ou moins long dans ces corps, et que par conséquent il se trouve dans de meilleures conditions pour leur communiquer la maladie, que dans la cavité des vaisseaux libres, où son trajet est probablement plus rapide. On peut s'expliquer ainsi pourquoi les glandes sont plus souvent infectées que les vaisseaux.

Les mêmes glandes sont sujettes à se tuméfier dans d'autres maladies, et ces dernières tuméfactions doivent être distinguées avec soin de celles qui dépendent du *poison* vénérien. Il faut s'informer avant tout de la cause, rechercher s'il n'existe point une maladie vénérienne dans quelque point plus distant du cœur, comme des chancres sur la verge, ou s'il n'y a point eu antérieurement quelque maladie de ce dernier organe. Il faut s'informer si des frictions mercurielles n'ont point été pratiquées sur la jambe et sur la cuisse du même côté, car on voit quelquefois le mercure appliqué sur ces parties pour la guérison d'un chancre, déterminer dans les glandes de l'aine une tuméfaction à laquelle on a supposé une nature syphilitique. En outre, il faut s'enquérir s'il n'y a point eu quelque maladie antécédente dans la constitution, comme un rhume, une fièvre, etc.; on doit aussi accorder beaucoup d'attention à la marche plus ou moins rapide de la tumeur, et la distinguer avec soin d'une hernie, d'un abcès par congestion, ou d'un anévrisme de l'artère crurale.

Peut-être les glandes lymphatiques sont-elles plus irritables ou plus susceptibles des stimulus que les vaisseaux absorbants. Elles sont certainement plus susceptibles de sympathie. Toutefois, nous ne connaissons pas encore assez les usages de ces glandes pour pouvoir nous rendre compte de cette différence d'une manière satisfaisante.

Il paraîtrait dans quelques cas que ce n'est qu'un certain temps après l'absorption du pus vénérien que ses effets sur les glandes se manifestent. Quelquefois il s'écoule au moins six jours; c'est une chose qu'on ne peut savoir que lorsque les chancres se trouvent guéris six jours avant que le bubon paraisse; or, dans les cas de cette espèce, il est plus que probable que le pus a été absorbé beaucoup plus longtemps auparavant, car sans doute le pus qui est sécrété le dernier par un chancre n'est pas vénérien; et d'ailleurs, il est naturel de supposer que le *poison* peut mettre autant de temps à déterminer une action dans les parties qu'il affecte, lorsqu'il est appliqué par voie d'absorption, que lorsqu'il est déposé dans l'urètre ou lorsqu'il forme un chancre à la surface extérieure du corps; or, j'ai déjà fait remarquer que, dans ces derniers cas, son action ne se manifeste quelquefois qu'au bout de six ou sept semaines.

Les glandes les plus rapprochées du siége de l'absorption sont ordinairement les seules qui soient affectées : telles sont celles de l'aine chez l'homme, quand le pus a été absorbé sur la verge; et chez la femme, celles de l'aine, et celles qui sont situées entre les grandes lèvres et la cuisse et autour des ligaments ronds, lorsqu'il provient de la vulve. Le plus ordinairement, il n'y a qu'une glande qui soit affectée à la fois par l'absorption du pus vénérien; et, si je ne me trompe sur ce point d'observation, on peut trouver dans cette circonstance un signe distinctif entre les bubons vénériens et les autres maladies de ces organes. On ne voit jamais s'affecter les vaisseaux lymphatiques ou les glandes qui sont en seconde ligne, par exemple, les glandes qui sont situées le long des vaisseaux iliaques et dans la région lombaire. De même, j'ai remarqué que lorsque la maladie a été contractée par une plaie ou par une coupure située sur le doigt, le bubon se forme un peu au-dessus du pli du bras, à la partie interne du muscle biceps ; et dans tous les cas de cette espèce où un bubon s'est développé dans le point que je viens d'indiquer, il ne s'en forme point dans l'aisselle, bien que les glandes situées dans cette région soient celles qui sont le plus ordinairement affectées par l'absorption. Mais cette remarque ne s'applique pas à tous les cas sans exception, quoiqu'elle soit vraie pour le plus grand nombre ; car je tiens d'un homme qui avait contracté la maladie par une plaie du doigt, qu'il fut affecté de bubons à la fois à la partie interne du muscle biceps et dans l'aisselle. J'ai eu connaissance depuis d'un autre cas semblable. Il n'est pas facile d'expliquer pourquoi cela n'est pas plus commun.

On pourrait supposer que la matière vénérienne est affaiblie ou très-étendue par son mélange avec les liquides absorbés dans les autres parties du corps, pendant qu'elle est charriée dans les ramifications du système absorbant les plus voisines, et que, par suite, elle n'a plus assez de force pour infecter celles qui sont au delà de ces premières. Mais il est très-probable que la particularité qui vient d'être signalée est due à d'autres causes. J'avais supposé que la nature du *poison* était modifiée dans son trajet à travers les premières glandes, et qu'on pouvait expliquer ainsi pourquoi il n'infectait pas une seconde et une troisième série de glandes, et aussi pourquoi il n'affecte pas la constitution de la même manière que les parties avec lesquelles il s'est trouvé primitivement en contact. Mais cette hypothèse n'explique point pourquoi les glandes qui font suite aux bubons en suppuration ne sont point affectées par l'absorption du pus vénérien. Je crois que c'est la situation profonde des autres glandes qui les empêche de devenir le siège de l'irritation vénérienne, et cette opinion est fortifiée par ce fait, que lorsqu'une des glandes superficielles suppure et forme un bubon, qui n'est rien autre chose qu'un vaste chancre, l'absorption qui s'exerce sur le pus de ce bubon et qui doit être considérable, n'infecte point les vaisseaux lymphatiques et les glandes qui font suite à la glande malade, bien que la matière vénérienne les traverse directement.

Si cette doctrine est exacte, il faut attribuer à la peau la susceptibilité des absorbants à recevoir l'irritation vénérienne. Soit que la peau ait cette faculté inhérente en elle-même, soit qu'elle l'acquière par quelque influence, comme celle de l'air, du froid, ou de la sensation du toucher, il paraît que le pus vénérien n'a pas par lui-même la propriété d'irriter, et que pour que son effet plein et entier soit produit, la double action de la nature du *poison* et de l'influence de la peau est nécessaire. Cette dernière influence doit agir par sympathie, et par conséquent moins énergiquement que si l'action morbide s'accomplissait dans la peau elle-même. Telle est peut-être la raison pour laquelle le pus vénérien n'affecte pas toujours les vaisseaux et les glandes en question, tandis qu'il affecte toujours la peau lorsqu'il est introduit dans son tissu.

Chez l'homme, les bubons qui proviennent d'une maladie vénérienne de la verge sont situés dans les glandes absorbantes de l'aine. Lorsque c'est une gonorrhée qui produit le bubon, une des régions inguinales n'est pas plus que l'autre à l'abri du mal. Elles peuvent être affectées toutes les deux. Mais lorsque le bubon est la conséquence d'un chancre, on peut en général déterminer le siége du bubon par celui du chancre; car le bubon est ordinairement situé dans l'aine qui correspond au côté de la verge occupé par l'ulcère vénérien. Toutefois, cette règle n'est pas sans exception; car j'ai vu des cas, bien peu nombreux il est vrai, où un chancre situé sur un côté du prépuce ou de la verge a donné naissance à un bubon dans l'aine du côté opposé. Si alors le bubon provenait bien réellement de ce chancre, ce phénomène morbide prouve que les vaisseaux absorbants s'anastomosent ou au moins s'entre-croisent. Si le chancre est situé sur le frein ou sur la ligne médiane de la verge, il est impossible de dire quelle sera l'aine affectée.

La situation des glandes de l'aine n'est pas toujours la même, et le trajet des vaisseaux absorbants varie en conséquence. J'ai vu un bubon vénérien qui provenait d'un chancre de la verge, occuper sur la cuisse une situation très-éloignée du pli de l'aine. J'en ai vu au contraire qui étaient situés sur la partie inférieure de l'abdomen, au-dessus du ligament de Poupart, et même quelquefois auprès du pubis. Ces variétés de situation peuvent amener quelques différences dans les moyens curatifs; c'est pourquoi il est nécessaire d'y faire attention.

Comme la maladie vénérienne est le plus souvent le résultat du coït, le siége des bubons est ordinairement la région inguinale. Mais aucune partie du corps, pourvu qu'elle soit mise dans certaines conditions, n'étant à l'abri de cette maladie, on voit, parmi les glandes superficielles qui sont situées entre le point où se fait l'absorption et le cœur, celles qui sont le plus rapprochées du siége primitif du mal s'affecter dans toutes les parties du corps comme celles de l'aine, et cela d'autant plus aisément qu'elles sont moins profondes.

CHAPITRE II.

DES BUBONS CHEZ LA FEMME.

Les maladies du système absorbant qui sont la conséquence de l'absorption du *poison* vénérien, s'observent chez la femme aussi bien que chez l'homme. Je n'ai vu qu'une seule fois les vaisseaux absorbants affectés chez une femme; mais ce chiffre présente à peu près la même proportion que pour les hommes, à raison de la différence du nombre des malades de l'un et de l'autre sexe auxquels j'ai donné des soins pour la maladie vénérienne sous toutes ses formes. La malade en question avait une gonorrhée accompagnée d'un prurit intense et d'une cuisson très-vive quand elle marchait ou s'asseyait; mais elle éprouvait très-peu de douleur en urinant. À l'examen des parties, je ne pus découvrir aucune différence entre ces organes et les mêmes parties parfaitement saines, si ce n'est que la grande lèvre du côté gauche était gonflée ou plus tendue que l'autre, et qu'un cordon dur, partant du centre de cette grande lèvre, se dirigeait en haut vers le pubis, marchait vers l'aine du même côté, et venait aboutir à une glande au niveau du ligament de Poupart. On ne pouvait percevoir ce cordon qu'en exerçant une pression assez forte, qui déterminait une douleur très-vive.

Cette tuméfaction de la grande lèvre me parut analogue à la tuméfaction du prépuce chez l'homme; de sorte qu'on peut penser que la cause doit être la même dans l'un et l'autre cas.

On est naturellement porté à supposer que ce qui a été dit au sujet de cette maladie quand elle envahit les glandes lymphatiques chez l'homme, doit s'appliquer entièrement à la même affection chez cette femme, et qu'il ne peut rien se présenter de particulier chez cette dernière. Mais chez la femme, la surface d'absorption est beaucoup plus étendue, et le trajet de quelques-uns des vaisseaux absorbants est différent. Il résulte de là que chez la femme le bubon peut occuper trois situations diverses, dont deux diffèrent complétement de celles que la maladie occupe chez l'homme, et, dans ces deux derniers cas, je soupçonne qu'elle occupe les vaisseaux absorbants.

La troisième situation des bubons chez la femme est semblable à celle qu'ils occupent chez l'homme; c'est pourquoi on y peut admettre une triple division comme chez ce dernier.

Chez la femme, lorsque des bubons se forment sans qu'il existe aucun chancre, il est plus difficile que chez l'homme de savoir s'ils sont vénériens ou non. Chez l'homme, en effet, lorsqu'ils se développent sans aucune maladie syphilitique locale, on peut constater l'absence d'une telle maladie, et par conséquent le bubon ne peut être vénérien, à moins qu'il n'ait été l'effet d'une absorption immédiate. Mais chez la femme, il est souvent difficile de reconnaître s'il existe ou non actuellement une maladie vénérienne. En conséquence, pour pouvoir déterminer la nature du bubon, il faut prendre en considération son mode de formation, sa marche, et les autres circonstances qu'il peut présenter.

Lorsque les chancres sont situés antérieurement, auprès du méat urinaire, sur les nymphes, sur le clitoris, sur les grandes lèvres, ou sur le mont de Vénus, le pus absorbé est porté le long d'un des ligaments ronds ou de tous les deux, et les bubons se forment dans ces ligaments au niveau du point où ils pénètrent dans l'abdomen, mais jamais, je crois, au delà de ce point. Je soupçonne que ces bubons ne sont point glandulaires, mais qu'ils sont constitués par des vaisseaux absorbants enflammés; et s'il en est ainsi, c'est encore un fait qui vient appuyer l'idée qu'il n'y a que des parties superficielles qui puissent être affectées par le pus vénérien absorbé.

Lorsque les chancres sont situés postérieurement, auprès du périnée, ou sur le périnée même, le pus absorbé est porté en avant le long de l'angle rentrant qui existe entre la grande lèvre et la cuisse, et arrive aux glandes de l'aine. Souvent, dans ce trajet, il se forme de petits bubons qui occupent les vaisseaux absorbants, et qui sont semblables à ceux de la face dorsale de la verge chez l'homme. Mais quand les effets du *poison* ne se limitent point ainsi, il se forme souvent des bubons dans l'aine, comme chez l'homme (*).

(*) Bien que Hunter ait en quelque sorte touché du doigt du génie ce qui a trait à l'histoire des bubons, et que là où les observations lui manquaient il ait souvent prophétisé ce que l'expérimentation devait un jour mettre en toute évidence, il est des points cependant où, entraîné par les doctrines de son époque et les systèmes qu'il s'était lui-même imposés, il a dû s'écarter des bornes d'une observation rigoureuse, ou tout au moins tomber dans de fausses interprétations.

Je n'entreprendrai point, dans le cadre d'une note, l'examen approfondi de tout ce qui peut se rapporter à l'étude du bubon, dont je me suis occupé d'une manière spéciale dans mes recherches sur l'inoculation, mais je crois nécessaire de formuler d'une manière précise le résultat de mes observations, en tant qu'elles confirment ou réfutent les plus importantes propositions de Hunter.

Pour être bien rigoureux, on devrait, comme Hunter, ne donner le nom de bubons syphilitiques qu'aux engorgements adéniques dus à l'absorption du virus vénérien. Cependant, dans l'état actuel de la science, et dans l'impossibilité de pouvoir toujours déterminer d'emblée la nature de certains engorgements glandulaires, on est convenu de ranger dans la classe des bubons vénériens non-seulement tous ceux qui sont précédés d'accidents réputés primitifs, tels que le chancre et la blennorrhagie, mais même encore ceux qui n'ont eu pour antécédents probables que des rapports sexuels suspects.

En adoptant cette manière de voir, qui présente quelques avantages, on doit forcément admettre, pour les bubons, les variétés suivantes :

1° *Bubons syphilitiques primitifs*, ou bubons virulents dus à l'absorption du virus syphilitique.

a Ces bubons ont toujours pour antécédent obligé, un chancre placé sur une muqueuse ou sur la peau.

b Ils surviennent rarement dans les premiers jours de l'existence de l'ulcère syphilitique qui fournit le pus qui les détermine. C'est le plus souvent après le premier, ou mieux encore, après le second septénaire et plus tard, qu'on les voit arriver.

c Le siège particulier de l'ulcère syphilitique a une grande influence sur la production des bubons. Les chancres de la partie inférieure de la verge, comme l'avait observé Hunter, et surtout ceux des environs du frein, y donnent bien plus souvent lieu que ceux de toute autre région. Chez la femme, ce sont incontestablement les chancres des environs du méat urinaire qui les déterminent le plus ordinairement; ce qui explique mieux que tout ce qu'on a pu dire, la différence de fréquence de cet accident dans les deux sexes.

d Il faut des rapports anatomiques entre l'ulcère virulent et les extrémités des vaisseaux lymphatiques, pour que les bubons aient lieu.

e Les bubons virulents primitifs sont le résultat du passage direct du virus syphilitique dans les vaisseaux et dans les ganglions lymphatiques.

f Le virus syphilitique traverse ordinairement les vaisseaux lymphatiques sans les infecter directement, mais quelquefois il s'y arrête et produit une angéioleucite virulente, ou bubon des vaisseaux lymphatiques, en tout semblable aux bubons adéniques.

g Il n'y a que les vaisseaux lymphatiques en rapport direct avec les ulcères virulents primitifs et les ganglions auxquels ils aboutissent qui puissent s'infecter. Ces vaisseaux et ces ganglions peuvent être infectés isolément ou à la fois.

h L'infection virulente ne se transmet pas d'un ganglion à un autre par la voie des lymphatiques inter-ganglionnaires.

i D'après les lois qui précèdent, et le siége ordinaire des ulcères qui donnent lieu aux bubons, il n'y a le plus souvent qu'un seul ganglion superficiel infecté. Mais on conçoit très-bien qu'un chancre qui aurait acquis une grande étendue, pourrait avoir, en même temps, des rapports avec plusieurs bouches lymphatiques, et qu'ainsi un plus grand nombre de ganglions pussent être infectés à la fois : circonstance encore plus facile dans le cas de chancres multiples.

k Lorsqu'un vaisseau lymphatique ou un ganglion a subi l'infection virulente, il devient une cause d'irritation et bientôt d'inflammation simple, non spécifique, pour les ganglions voisins, soit de périphérie, soit des plans plus profonds. La même chose a lieu pour le tissu cellulaire péri-adénique.

l Les inflammations spécifiques primitives et les abcès virulents qui ont aussi pour siége primitif le tissu cellulaire, ne peuvent avoir lieu qu'au voisinage d'un chancre et par filtration directe du pus virulent, ou imbibition.

m Le pus virulent n'éprouve aucune modification en traversant les premiers lymphatiques, et jusqu'aux premiers ganglions en rapport direct avec la surface qui l'a fourni. Au delà du premier ganglion, il perd le caractère distinctif des accidents primitifs, c'est-à-dire, la possibilité de s'inoculer. Les bubons virulents sont donc identiques aux chancres et ne constituent encore que des accidents primitifs.

n Si le pus virulent reste inoculable dans les vaisseaux lymphatiques et dans ces ganglions, pour perdre ensuite ce caractère, il doit passer par d'autres voies, et ces voies dans lesquelles il se modifie sont celles de la circulation sanguine. De là, deux modes d'absorption du pus virulent que Hunter a eu grand tort de ne pas admettre et qui expliquent tout admirablement bien, savoir : l'absorption lymphatique qui donne lieu aux bubons virulents inoculables, et l'absorption veineuse qui va produire l'empoisonnement général ou la syphilis constitutionnelle, qui ne s'inocule plus, et n'a pas besoin, pour survenir, du développement préalable d'un bubon.

° Les bubons virulents, comme les chancres qui les précèdent, sont modifiés par les conditions individuelles dans lesquelles se trouvent les malades, et non par les qualités du virus qui est toujours le même.

ᵖ Lorsque le chancre qui a précédé un bubon n'est pas induré, celui-ci a plus de tendance à devenir inflammatoire et à suppurer. Le contraire a lieu quand le chancre est induré.

ᵠ Le bubon n'est qu'un accident primitif de plus, et les accidents secondaires n'étant pas en rapport avec le nombre des accidents primitifs, la présence d'un bubon n'ajoute rien aux chances de l'infection générale.

ʳ Sous le rapport de l'infection constitutionnelle, il importe peu que les bubons suppurent ou non. Ce qui a pu embarrasser les auteurs et donner naissance à des opinions dissidentes, c'est qu'on n'a jamais tenu compte des différences qui existent entre les bubons indurés, analogues aux chancres de même nature, et les bubons qui ne s'indurent pas, et qui, comme les chancres sans induration, sont plus rarement suivis d'accidents généraux.

Quand un bubon induré abcède, l'infection constitutionnelle n'en est pas moins fréquente, tandis qu'elle manque souvent lorsqu'un bubon, suite d'un chancre non induré, se termine par résolution.

2° *Bubons d'emblée.* Les bubons d'emblée sont ceux qui n'ont pour antécédent que des rapports sexuels, sans aucune trace d'accidents primitifs.

ᵃ Les bubons qu'on pourrait rapporter à cette variété surviennent rarement avant la seconde semaine qui suit le coït suspect ; mais le plus souvent c'est beaucoup plus tard.

ᵇ Il est rare qu'un seul ganglion soit affecté ; le plus ordinairement plusieurs sont pris en même temps, et plus particulièrement encore les ganglions profonds.

ᶜ On a supposé que les bubons d'emblée étaient dus à l'absorption du pus virulent déposé sur une surface saine, comme l'admettent Hunter et un assez grand nombre de syphilographes. Mais cette supposition est tout à fait gratuite, et ne repose sur aucun fait incontestable.

ᵈ Si l'absorption sur une surface cutanée intègre, ou sur une surface muqueuse dans les mêmes conditions, doit toujours être précédée d'une sorte d'imbibition des tissus, avant d'atteindre les absorbants, il doit y avoir de nécessité une ulcération des points dans lesquels l'imbibition s'est faite, l'expérimentation ayant rigoureusement prouvé que du moment où on mettait du pus virulent en contact avec les parties placées au-dessous de l'épiderme ou de l'épithelium, il y avait de nécessité une action locale directe qui amenait l'ulcération.

D'un autre côté, en plaçant du pus sur une surface saine, et qui a pu rester telle malgré ce contact plus ou moins prolongé, on n'a jamais fait développer des bubons qui aient ensuite présenté les caractères du chancre, comme le font ceux qui sont la conséquence absolue de cet antécédent.

ᵉ Dans aucun cas de bubon *rigoureusement* d'emblée, il n'a été possible d'obtenir du pus inoculable, et jamais, dans ces circonstances, je n'ai vu survenir les accidents de la vérole constitutionnelle (*).

ᶠ Lorsqu'on sait combien il est facile de se tromper, ou de se laisser tromper par les malades, on s'explique aisément les cas qu'on a pu regarder comme offrant une exception à cette loi.

ᵍ Les bubons dits d'emblée sont ou des phénomènes accidentels de pure coïncidence et dus à d'autres causes, ou simplement, dans certaines conditions, le fait

(*) Un auteur dont j'estime fort le savoir, M. Gibert, dit avoir obtenu du pus inoculable de bubons d'emblée. Si cela était vrai, ce serait un argument de plus en faveur de l'inoculation dans les cas douteux ; mais mes expériences ont été trop nombreuses pour que je ne croie pas que M. Gibert s'est trompé, ou a été trompé.

d'un retentissement sympathique, à la suite de l'irritation des extrémités des absorbants pendant des rapports sexuels, comme à la suite de toute autre excitation sans spécificité.

3° *Bubons bénins.* Bubons simples, non virulents, quoique précédés d'accidents vénériens primitifs.

a Ces bubons peuvent se montrer à la suite d'un chancre ou d'une des variétés de la blennorrhagie.

b Ils sont plus prompts à se produire que les autres, et accompagnent ordinairement le début, ou la période aiguë des accidents auxquels ils paraissent dus.

c Le mécanisme de leur production s'explique de trois manières. Ou bien ils sont la conséquence d'une inflammation simple de proche en proche, à partir de l'extrémité d'un vaisseau lymphatique, jusqu'au ganglion où celui-ci aboutit; ou bien il y a transport matériel de pus non virulent dans un ganglion; ou bien enfin, comme nous l'avons admis ailleurs, il y a seulement retentissement sympathique. En effet, comme je l'ai dit plus haut, ces bubons ayant quelquefois un chancre pour antécédent, s'ils ne pouvaient pas se produire sympathiquement, il s'ensuivrait qu'ils seraient alors toujours virulents.

d Ainsi que les bubons d'emblée, ils ne fournissent jamais de pus inoculable, et quand ils ont pour antécédent une blennorrhagie qui, de nécessité, ne s'inocule pas, ils ne sont jamais suivis de l'infection constitutionnelle.

e Quand une affection générale a lieu dans un cas où un bubon sympathique a accompagné un chancre, c'est à cause du chancre et non à cause du bubon.

4° *Bubons secondaires* syphilitiques, constitutionnels. Si la syphilis primitive peut affecter le système lymphatique, comme nous venons de le voir, lorsque l'économie tout entière a subi l'infection, différentes parties de ce même système peuvent être aussi affectées secondairement.

a Ces bubons syphilitiques secondaires sont identiques, quant à leur nature intime, aux autres accidents de la vérole constitutionnelle, qu'ils accompagnent ou qu'ils précèdent souvent, comme dans les cas de ces engorgements des ganglions cervicaux qui se montrent chez quelques malades, bien avant les éruptions croûteuses si communes sur les téguments du crâne.

b On n'observe point ici, comme dans les bubons primitifs, le lien obligé, ou la succession entre un ulcère dépendant de la vérole constitutionnelle et un engorgement glandulaire. Celui-ci a pu précéder, comme je l'ai déjà dit, ou s'être développé dans une région où les rapports vasculaires directs ne sauraient exister.

c Des engorgements glandulaires peuvent se montrer pendant la durée d'une syphilis constitutionnelle, et rester tout à fait étrangers à sa cause, ou n'être qu'une conséquence locale consécutive, alors que le principe général de la syphilis a été détruit.

d Les bubons qui naissent sous l'influence de la syphilis constitutionnelle suppurent très-rarement, et jamais leur pus ne s'est inoculé, le pus des accidents secondaires ne s'inoculant jamais.

Diagnostic différentiel. Hunter a raison de dire qu'il ne faut pas confondre avec les véritables bubons, toutes les tumeurs lymphatiques ou autres, qui pourraient siéger dans les régions qu'affectent habituellement ces accidents vénériens. Mais les signes qu'il donne suffisent-ils pour établir un diagnostic rigoureux ou même rationnel dans la plupart des cas? non sans doute. Et cependant ce diagnostic est toujours très-important.

Le diagnostic est ou absolu, univoque, ou simplement rationnel.

Le diagnostic ne peut être absolu que lorsque la suppuration a eu lieu et que le pus est inoculable. Dans l'inoculation appliquée au diagnostic des bubons, faut pas s'en laisser imposer par des circonstances fortuites. Un ganglion infecté peut déterminer l'inflammation phlegmoneuse du tissu cellulaire voisin. Si dans ce cas on prend du pus fourni par le tissu cellulaire au moment de l'ouverture d'un bubon, et avant qu'il soit mélangé au pus virulent, l'inoculation reste négative, tandis que, lorsqu'on prend le pus du ganglion infecté, l'inoculation a lieu.

Quand l'inoculation manque, il faut remonter aux antécédents. Il ne peut plus y avoir ici qu'un diagnostic rationnel, surtout si on a affaire à un bubon déjà suppuré et en voie de réparation.

Lorsqu'un bubon existe en même temps que d'autres accidents primitifs caractéristiques, son diagnostic rigoureux n'est plus aussi important ou nécessaire. Il n'en est pas de même dans quelques cas de bubons réputés d'emblée, et dans lesquels les accidents précurseurs ont pu être cachés ou passer inaperçus (*).

Lorsque plusieurs ganglions voisins ou d'une même région sont pris de suppuration, il faut se rappeler qu'un seul peut être infecté, et que, tandis que le pus fourni par les autres reste sans effet, le sien est inoculable.

Les éléments du diagnostic rationnel des bubons sont : leurs antécédents, leurs concomitants, leur siége, le nombre des ganglions affectés, leur marche et leurs terminaisons. D'après ce que j'ai dit autre part, il n'est aucun de ces signes qui, pris isolément, ait une valeur absolue, et de leur ensemble il ne peut tout au plus résulter que des probabilités.

Mais, envisagés d'une manière générale et collective, le diagnostic des bubons en eux-mêmes doit encore plus particulièrement porter sur leur état d'indolence ou d'acuité, d'isolement comme symptôme, ou de complication. On doit encore s'attacher à bien distinguer leur siége superficiel ou profond, la présence du pus, la nature du foyer après leur ouverture spontanée ou artificielle, l'état de la peau qui les recouvre et des tissus voisins; les conditions qui amènent l'induration, quand ils restent indolents ou affectent ce mode de terminaison, et les dégénérescences qui peuvent en résulter; car de ces différentes circonstances ressortent des indications thérapeutiques importantes.

Sous le point de vue du pronostic :

Le bubon que précède un chancre sans induration suppure presque toujours.

Le bubon qui suit un chancre phagédénique diphtéritique, revêt bientôt lui-même cette forme.

Le bubon successif au chancre induré passe à son tour à l'état d'induration.

En général, les bubons suppurent bien plus souvent à la suite des chancres, que lorsqu'ils sont précédés par la blennorrhagie.

Les bubons superficiels abcèdent infiniment plus souvent que les engorgements profonds.

Les ganglions arrivent rarement à la suppuration sans que le tissu cellulaire ambiant soit en même temps pris aussi. Dès qu'un ganglion engorgé, d'abord libre et mobile, devient adhérent à la peau et aux tissus sous-jacents, on doit craindre la suppuration, surtout lorsqu'il s'agit de l'état aigu. P. RICORD.

(*) Depuis mes expériences, répétées par un grand nombre d'observateurs, mon savant collègue, M. Cullerier, qui en a reconnu la valeur, a récemment dit, dans un cas de médecine légale, qu'il n'émettrait une opinion absolue qu'après le *criterium* obligé de l'inoculation.

CHAPITRE III.

DE L'INFLAMMATION DES GANGLIONS LYMPHATIQUES QUI CONSTITUE LES BUBONS VÉNÉRIENS, ET DES SIGNES QUI DISTINGUENT CEUX-CI DES AUTRES TUMÉFACTIONS GLANDULAIRES.

Le bubon débute ordinairement par une sensation de douleur qui porte le malade à examiner le siége du mal, où il reconnaît la présence d'une petite tumeur dure (*). Cette tumeur s'accroît comme toute tumeur inflammatoire qui a de la tendance à suppurer; et si l'on ne s'oppose à ses progrès, elle arrive à la période de suppuration et à celle d'ulcération, et le pus s'approche rapidement de la peau.

Il existe cependant des cas où les bubons sont lents dans leur marche; je suppose qu'alors le travail inflammatoire est entravé par l'usage du mercure ou par d'autres moyens, ou qu'il est retardé par une tendance scrofuleuse; car lorsque les parties sont douées d'une telle disposition, la véritable action vénérienne ne s'y établit pas aussi facilement.

D'abord l'inflammation est limitée à la glande, qui est mobile dans le tissu cellulaire; mais à mesure que celle-ci augmente de volume, ou à mesure que l'inflammation et plus spécialement la suppuration font des progrès, ce qui dans tous les cas produit plutôt des phénomènes morbides ordinaires que des effets spécifiques, la distance spécifique est dépassée, le tissu cellulaire environnant s'enflamme davantage et la tumeur devient plus diffuse. Quelques bubons deviennent érysipélateux, et alors ils se montrent plus diffus, œdémateux, et ils ne marchent pas facilement vers la suppuration, circonstance qui accompagne souvent l'inflammation érysipélateuse.

Le premier pas dans le traitement des maladies, c'est de s'assurer quelle en est la nature; et quand deux ou plusieurs causes produisent des effets semblables, il faut beaucoup d'attention pour distinguer un effet d'un autre, de manière à pouvoir remonter à la véritable cause de chacun.

(*) Il est à remarquer que toutes les personnes qui ont une gonorrhée ou un chancre sont tourmentées de la crainte de voir survenir un bubon; et comme dans la gonorrhée, et quelquefois dans les cas de chancres, des sensations sympathiques sont perçues dans l'aine ou dans le voisinage de cette région, le malade les attribue à des bubons commençants, et il y porte la main immédiatement. Si alors ses doigts rencontrent une des glandes de l'aine, bien qu'elle ne soit pas tuméfiée le moins du monde, ses soupçons se trouvent confirmés, à cause de la croyance où il est que dans l'état naturel on ne doit point trouver de corps de cette espèce.					J. HUNTER.

Les glandes de l'aine, à raison de leur situation, sont sujettes à être suspectées ; outre qu'elles sont susceptibles pour leur part d'être atteintes des maladies communes, elles sont encore exposées à en contracter d'autres, à cause du passage qu'elles livrent dans leur intérieur à tout ce qui est absorbé. Comme c'est principalement à travers leur substance que le *poison* syphilitique se fraye une route pour pénétrer dans la constitution, et qu'elles sont, plus souvent que toutes les autres, affectées par cette cause morbide, elles sont fréquemment soupçonnées sans fondement d'être atteintes de la maladie vénérienne.

Il peut être très-difficile de distinguer avec certitude le véritable bubon vénérien des tuméfactions des mêmes glandes qui reconnaissent d'autres causes. Il faut donc examiner toutes les circonstances, afin de déterminer en quoi le bubon diffère des affections communes des glandes lymphatiques, soit à la région inguinale, soit ailleurs, et dans cet examen les causes apparentes ne doivent point être négligées. J'ai déjà donné en termes généraux les caractères du bubon vénérien ; mais je vais être maintenant plus précis, en opposant les deux affections l'une à l'autre.

Le véritable bubon vénérien, qui est la conséquence d'un chancre, est le plus ordinairement limité à une seule glande. Il garde à peu près la distance spécifique jusqu'à ce que la suppuration se soit établie, et alors il devient plus diffus (*). Il passe avec rapidité de la période inflammatoire à celle de suppuration et d'ulcération. La suppuration est ordinairement très-abondante eu égard au volume de la glande, et elle ne forme qu'un seul abcès. La douleur est très-aiguë. La peau, quand l'inflammation l'envahit, présente une couleur rouge vermeille.

Les bubons qui se forment consécutivement au premier mode d'absorption, c'est-à-dire, quand il ne s'est manifesté aucune maladie locale, sont toujours enveloppés d'une plus grande obscurité relativement à leur nature, que ceux qui sont accompagnés ou précédés par une maladie de la verge, car il ne suffit pas d'une simple inflammation avec suppuration de ces glandes pour qu'on puisse les considérer comme atteintes de la maladie vénérienne. Cette affection se présentant toujours à l'esprit quand les glandes de l'aine sont le siége d'une maladie, il n'est guère à craindre qu'un malade ne soit point soumis à un traitement approprié, dans le cas où sa maladie est vénérienne ; mais je crains bien qu'un bon nombre de malades n'aient subi un traitement mercuriel dans des cas où il n'y avait aucune raison pour y avoir recours.

Il peut être difficile de trouver une différence spécifique dans les deux maladies, considérées en elles-mêmes ; toutefois, je pense que les bubons qui naissent sans aucune cause visible, sont de deux espèces. Ceux de la première espèce sont semblables à ceux qui ont pour cause des chancres ou une gonorrhée ; c'est-à-dire qu'ils s'enflamment et sup-

(*) Il est à remarquer ici que les glandes et les parties environnantes sont des parties dissimilaires, et que l'inflammation, pour cette raison, ne devient pas aussi facilement diffuse que quand elle prend naissance dans un tissu commun.

J. HUNTER.

purent vivement. Ceux-là, je les ai toujours considérés comme vénériens, et bien qu'il n'y ait aucune preuve qu'ils le soient, ces circonstances le font présumer fortement.

Ceux de la seconde espèce sont ordinairement précédés et accompagnés d'une fièvre légère ou des symptômes ordinaires d'un rhume, et ils sont généralement indolents et d'une marche lente. S'ils marchent plus rapidement qu'à l'ordinaire, ils deviennent plus diffus que les bubons vénériens et peuvent n'être pas limités à une seule glande. Quand leurs progrès sont très-lents, ils ne produisent que peu de sensation; mais quand leur marche est plus rapide, la sensation qu'ils font percevoir est assez aiguë, bien qu'elle ne soit point aussi vive que dans les cas de bubons vénériens. Le plus ordinairement ils ne suppurent point, mais souvent ils deviennent stationnaires. Quand ils suppurent, la suppuration s'y établit lentement et souvent dans plusieurs glandes, parce que l'inflammation, qui ordinairement est peu considérable en proportion du gonflement, est plus diffuse. Le pus s'approche lentement de la peau, sans produire beaucoup de douleur, et la coloration de la tumeur diffère de celle du bubon vénérien en ce qu'elle tire davantage sur le pourpre. Quelquefois les suppurations sont considérables, mais non douloureuses.

Voyons maintenant quelles sont les autres causes qui peuvent déterminer la tuméfaction des glandes lymphatiques, indépendamment de l'infection vénérienne, à laquelle j'ai rattaché un des modes de tuméfaction; car il doit y avoir d'autres causes pour expliquer les autres modes de gonflement.

La première chose à laquelle on doive faire attention, c'est de savoir s'il existe ou non une maladie vénérienne. S'il n'en existe point, c'est une forte présomption pour que le bubon ne soit point vénérien, et pour qu'il dérive de quelque cause inconnue. Si la tumeur occupe une seule glande, si elle est lente dans sa marche et qu'elle ne cause que peu ou point de douleur, il est probable qu'elle est simplement scrofuleuse. Mais si la tuméfaction est considérable, diffuse, et accompagnée d'un peu d'inflammation et de douleur, il est très-probable qu'il existe simultanément une action morbide constitutionnelle qui consiste dans une affection fébrile peu prononcée, dont les symptômes sont de la lassitude, la perte de l'appétit, le défaut de sommeil, un pouls petit et fréquent, et l'apparence d'une fièvre hectique imminente. Ces tumeurs sont lentes dans leur guérison, et ne paraissent pas être affectées par le mercure, lors même qu'on l'emploie de très-bonne heure.

Un homme avait tous les symptômes d'une fièvre légère : pouls un peu fréquent et dur; défaut d'appétit et par suite amaigrissement; apathie, visage abattu. Tandis qu'il était dans cet état, les glandes de l'aine d'un côté se tuméfièrent. Il m'envoya chercher aussitôt, pensant que cette tuméfaction était vénérienne. D'après le récit qu'on me fit des circonstances antécédentes, j'affirmai qu'il n'y avait rien de syphilitique dans cette affection; mais le malade n'ajouta pas beaucoup de foi à ce jugement. Les tumeurs n'étaient pas très-douloureuses, et, après avoir acquis un volume considérable, elles restèrent stationnaires. Pour satisfaire le malade, je lui fis faire des frictions mercurielles, mais seulement sur la jambe et sur la cuisse du côté malade, de manière que tout en produisant un effet local suffisant, le mercure pénétrât dans la constitution en aussi petite quantité que possible; mais ces frictions ne parurent pas produire d'effet avantageux sur les tumeurs de l'aine, qui restèrent stationnaires et presque sans douleur. Les amis du malade s'inquiétèrent et lui envoyèrent leurs chirurgiens, qui, sans savoir que j'étais son médecin, et par conséquent sans connaître mon opinion, considérèrent la maladie comme vénérienne et parlèrent d'administrer le mercure. Quant au traitement à suivre, je fus d'avis que le malade devait aller prendre des bains de mer.

Accordant par voie de concession qu'il y avait autant de raisons de croire à l'existence qu'à la non-existence d'une maladie vénérienne, je raisonnai de la manière suivante : l'altération actuelle de la santé ne pouvait pas être attribuée à une cause de nature vénérienne, car elle était antérieure à la tuméfaction de l'aine; de sorte qu'en admettant que la tumeur fût vénérienne, le malade n'était point alors dans des conditions convenables pour faire usage du mercure, car la quantité de ce médicament nécessaire pour amener la guérison de la tumeur, pouvait causer la mort du malade; et si cette tumeur n'était point vénérienne, on était exposé à administrer encore plus de mercure qu'on ne l'eût fait dans le cas contraire, parce que le chirurgien, voyant que la tuméfaction ne cédait point, aurait été porté naturellement à augmenter la dose du mercure; outre cette circonstance fâcheuse, la maladie de l'aine pouvait être rendue plus difficile à guérir. Au contraire, le malade en allant prendre les bains de mer devait rétablir sa constitution; et si la maladie de l'aine était de nature vénérienne, il se trouverait dans de bonnes conditions pour subir un traitement mercuriel, et pourrait ainsi par ces deux modes de traitement être débarrassé des deux maladies. Tandis que si mon opinion, qu'il n'y avait rien de vénérien dans ce cas, était exacte, les bains de mer suffiraient probablement pour rétablir entièrement le malade.

Ces arguments produisirent l'effet que j'en attendais. Le malade se rendit immédiatement aux bains de mer, et sa santé commença à s'améliorer presque aussitôt. Au bout d'une quinzaine de jours, il se forma un peu de suppuration dans une des glandes. Je prescrivis l'application d'un cataplasme fait avec l'eau de mer, et, dans le cas où l'abcès s'ouvrirait, je recommandai qu'on ne dilatât pas l'ouverture et qu'on se bornât à l'emploi des cataplasmes jusqu'à ce que la guérison fût achevée. Au bout de six semaines, il revint parfaitement guéri sous tous les rapports.

J'ai vu des gonflements glandulaires de l'aine coïncidant avec des affections constitutionnelles, se présenter dans des cas où il existait des chancres, et alors j'ai été très-embarrassé pour décider s'ils étaient sympathiques d'un dérangement de la constitution, ou s'ils étaient l'effet de l'absorption du pus vénérien.

J'ai soupçonné longtemps qu'il existait des cas mixtes, et maintenant j'en ai la certitude. J'ai vu des cas où le pus vénérien, comme un rhume ou une fièvre, s'est borné à exciter une maladie dans les glandes, et y a déterminé la manifestation d'une affection scrofuleuse à laquelle elles étaient prédisposées.

Dans les cas de cette espèce, les tuméfactions se forment ordinairement d'une manière lente, ne produisent que peu de douleur, et paraissent être un peu hâtées dans leurs progrès si l'on administre le mercure pour détruire la disposition vénérienne. Quelques-unes passent à la suppuration tandis qu'elles sont sous l'influence de ce moyen résolutif; d'autres, qui probablement étaient de nature vénérienne d'abord, deviennent tellement indolentes que le mercure n'a aucune influence sur elles, et finissent par se guérir d'elles-mêmes ou par d'autres moyens thérapeutiques, et c'est là, je crois, ce qui a fait penser à quelques médecins que les bubons ne sont jamais vénériens. Ces cas exigent une grande attention, car il est difficile de les déterminer avec précision, et je pense que la plupart du temps, ils exigent un jugement tellement parfait, que l'on doit être exposé à commettre souvent des erreurs.

Les bubons sont indubitablement une maladie locale, ainsi que je l'ai expliqué.

Il n'est pas facile de décider jusqu'à quel point on peut considérer les glandes lymphatiques comme des remparts opposés aux progrès ultérieurs de la syphilis ou de toute autre maladie qui se propage par voie d'absorption. On peut, toutefois, admettre qu'elles ne peuvent empêcher le *poison* de pénétrer dans la constitution dans les cas où il produit des bubons, car toutes les fois qu'il affecte ainsi ces glandes dans son trajet, il y fait naître une maladie semblable à la maladie primitive, et qui peut fournir à la constitution une quantité plus considérable encore du même *poison*.

CHAPITRE IV.

CONSIDÉRATIONS GÉNÉRALES SUR LE TRAITEMENT DU BUBON.

Après ce qui a été dit sur l'histoire du bubon, il est inutile de discuter ici l'opinion qui le considère comme un dépôt provenant de la constitution, et la conclusion qu'on a déduite de cette opinion, savoir, qu'il ne faut pas chercher à en obtenir la résolution, parce que, d'après cette théorie, faire résoudre une tumeur de cette nature c'est repousser dans la constitution la matière vénérienne. S'il en était réellement ainsi, il n'y aurait aucune raison pour employer le mercure, et l'on n'aurait qu'à laisser marcher le bubon qui accomplirait lui-même sa propre guérison. Mais ceux-là même qui professaient une telle opinion ne s'en fiaient point au moyen de guérison qu'ils supposaient institué par la nature, car ils administraient le mercure, et même à forte dose. Dans la description que j'ai donnée du bubon, j'ai cherché à démontrer qu'il y a beaucoup de bubons qui n'ont rien de syphilitique, mais qui sont de nature scrofuleuse, et qu'il y en a aussi qui ne se montrent vénériens qu'en partie, ou qui ne sont peut-être rien autre chose qu'une glande douée d'une disposition scrofuleuse, dans laquelle l'action morbide a été déterminée par l'irritation vénérienne, phénomène qui est semblable à celui que produit souvent l'action du pus variolique dans l'inoculation. C'est pourquoi, avant de s'occuper du traitement des bubons, il faut distinguer le véritable bubon vénérien des autres, s'il est possible. Quand on s'est bien assuré que le bubon est vénérien, on doit sans aucun doute essayer d'en obtenir la résolution, s'il est seulement à l'état d'inflammation. Le degré d'opportunité d'une telle tentative dépend des progrès que la maladie a déjà faits. Si la tumeur est très-volumineuse et que la suppuration paraisse imminente, il est probable que la résolution ne peut être effectuée; lorsque la suppuration est établie, il est très-douteux qu'on puisse réussir, et les tentatives de ce genre peuvent n'avoir pour effet que de retarder la marche de la suppuration et de prolonger le traitement.

La résolution de ces inflammations dépend principalement du mercure, et, d'une manière presque absolue, de la quantité de ce médicament que l'on peut faire passer à travers la substance de la glande enflammée. Lorsqu'elles arrivent à la période de suppuration, leur guérison dépend des mêmes conditions. La quantité de mercure que l'on peut faire passer à travers un bubon dépend en grande partie de l'étendue de la surface externe sur laquelle l'absorption se fait en deçà de l'abcès.

Il faut appliquer le mercure de la manière la plus avantageuse, c'est-à-dire, sur les surfaces d'où, par l'absorption, il doit être porté à travers la glande malade. En effet, la maladie étant détruite dans ce point, la constitution court moins le risque d'être infectée. On peut souvent accroître la puissance du mercure par la manière dont on l'applique. Dans le traitement des bubons, il faut toujours le faire pénétrer dans la constitution par la même voie que le *poison* a suivie pour y entrer. Ainsi, on doit le présenter aux orifices des vaisseaux lymphatiques qui passent à travers la partie malade, et ces orifices sont toujours situés sur une surface plus excentrique que le siége de la maladie.

Mais dans beaucoup de cas la situation des bubons est telle que la surface qui existe entre eux et la superficie du corps est très-petite, et que, conséquemment, on ne peut introduire par cette voie une quantité suffisante de mercure; tels sont, par exemple, les bubons qui se développent sur la verge consécutivement à des chancres du gland ou du prépuce. Ces deux surfaces ne sont point assez étendues pour qu'on puisse par leur intermédiaire faire passer à travers les bubons la quantité de mercure nécessaire à leur guérison.

Il faut donc, toutes les fois que les premiers symptômes d'un bubon se manifestent, prendre en sérieuse considération le siége de la maladie, afin de déterminer si l'on a à sa disposition une surface suffisamment étendue pour le succès du traitement, sans qu'on ait besoin de recourir à d'autres moyens. Il faut observer d'abord si ce sont les vaisseaux absorbants du corps de la verge ou les glandes de l'aine qui sont affectés. Si la maladie a son siége dans l'aine, il faut constater laquelle des trois situations indiquées plus haut elle occupe, soit la partie supérieure de la cuisse et la région inguinale proprement dite, soit la partie inférieure de l'abdomen au-dessus du ligament de Poupart, soit enfin le voisinage du pubis. Si le bubon a son siége sur le corps de la verge, cela prouve que les vaisseaux absorbants qui naissent directement de la surface d'absorption sont eux-mêmes malades; dans la région inguinale et sur la partie supérieure de la cuisse, ou même un peu plus bas que ce qu'on appelle communément l'aine, on peut admettre que le mal occupe les glandes où aboutissent en commun les lymphatiques de la verge et ceux de la cuisse; plus haut, c'est-à-dire à la partie inférieure de l'abdomen, au-dessus du ligament de Poupart, on peut supposer que le bubon est traversé par les vaisseaux absorbants qui naissent des environs de l'aine, de la partie inférieure du ventre, et du pubis; et enfin, plus en avant, il est très-probable qu'il n'est traversé que par les vaisseaux absorbants de la verge et de la peau qui recouvre la région pubienne. L'appréciation de ces siéges divers est indispensable pour l'application du mercure, soit pour le traitement résolutif du bubon, soit pour sa guérison après que la suppuration s'est établie.

L'utilité de ces précautions devient évidente quand on réfléchit que de cette manière le médicament ne peut passer dans la circulation commune sans traverser les parties malades, dont il doit hâter la guérison dans son passage à travers leur substance, en même temps qu'il empêche que le virus qui a déjà passé et qui passe encore dans la constitution d'agisse sur ces parties; de sorte que le bubon est guéri et la constitution préservée.

Mais cette pratique seule n'est pas toujours suffisante; il y a beaucoup de cas où le mercure ne peut guérir par lui-même. Le mercure ne peut guérir que la disposition spécifique de l'inflammation; et nous savons que la maladie syphilitique s'accompagne souvent de diverses autres espèces d'inflammations, indépendamment de l'inflammation vénérienne. Quelquefois l'inflammation commune présente une grande intensité; d'autres fois l'inflammation est érysipélateuse, et souvent même, ainsi que je le soupçonne, scrofuleuse. Il faut donc avoir recours à d'autres moyens de traitement.

Lorsque l'inflammation s'élève très-haut, la saignée, les purgatifs et les fomentations sont généralement recommandés. Ces moyens diminuent certainement la puissance active des vaisseaux et rendent l'inflammation moins aiguë; mais ils ne peuvent jamais diminuer les effets spécifiques du *poison*, qui ont agi comme cause première, et qui entretiennent encore en grande partie l'inflammation. Leurs effets ne sont que secondaires, et tout ce qu'on peut en attendre, c'est qu'ils resserrent l'inflammation dans les limites de l'inflammation spécifique. Si l'inflammation est de nature érysipélateuse, on ne peut guère prescrire un meilleur médicament que le quinquina; si l'on soupçonne la présence de l'élément scrofuleux, on retirera quelques avantages de l'emploi de la ciguë et des cataplasmes faits avec l'eau de mer.

On a vu les vomitifs amener la résolution des bubons, même après que le pus s'y était formé et quand l'ouverture en était imminente. Ils agissent en vertu du principe qui veut qu'une irritation en détruise une autre. Peut-être aussi l'état de nausées et le vomissement font-ils naître une disposition pour l'absorption. Un officier qui avait contracté un bubon à Lisbonne m'a présenté un exemple remarquable de cette influence. Le bubon avait suppuré franchement et était sur le point de s'ouvrir; la peau était mince et enflammée, et l'on percevait une fluctuation manifeste. J'avais décidé de pratiquer une incision sur la tumeur; mais comme le malade devait s'embarquer le lendemain pour l'Angleterre, je jugeai convenable de différer l'opération. A peine était-il à bord qu'on mit à la voile, et le vent fut si violent que rien ne put être fait pendant quelques jours. Pendant tout ce temps, il eut un violent mal de mer, et vomit beaucoup. Quand les maux de cœur se dissipèrent, le bubon avait disparu, et il ne reparut plus ensuite. Lorsque le malade fut arrivé en Angleterre, il se soumit à un traitement mercuriel régulier.

§ I. *De la résolution de l'inflammation des vaisseaux absorbants de la verge.*

Ici, la surface qui est située en deçà du siége de la maladie, c'est-à-dire toute la partie de la verge qui est située au-devant du bubon, n'est point

32.

assez étendue pour absorber la quantité de mercure qui serait nécessaire pour empêcher les effets de l'absorption du *poison*. C'est pourquoi il faut avoir recours à d'autres moyens. Toutefois, il ne faut point négliger ce mode d'application, et cette surface, toute petite qu'elle est, doit être constamment recouverte d'onguent mercuriel, ce qui contribue à la guérison de la maladie locale. On peut demander s'il est possible qu'un médicament traverse des vaisseaux lymphatiques malades de manière à exercer sur eux une influence quelconque; mais l'expérience m'a appris que cela est certainement possible. La surface qui vient d'être indiquée étant trop petite, et la maladie exigeant qu'on fasse pénétrer dans la constitution une plus grande quantité de mercure que celle qui pourrait y être introduite par cette voie, il est convenable d'administrer ce médicament par la bouche ou de l'employer en frictions sur quelque surface plus étendue. Cette pratique est nécessaire pour prévenir la syphilis constitutionnelle, aussi bien que pour guérir l'affection locale elle-même. La quantité de mercure qui doit être absorbée ne peut être déterminée d'une manière générale; cette détermination appartient au chirurgien, qui doit se laisser guider par les symptômes apparents de la maladie primitive, et par la facilité plus ou moins grande avec laquelle elle se dissipe.

Il faut suivre la même méthode pour les femmes; mais comme ce sexe présente une surface plus étendue à l'absorption du mercure, on peut en faire pénétrer davantage par cette voie. On doit tenir une quantité suffisante d'onguent mercuriel constamment appliquée sur la face interne et sur la face externe des grandes lèvres.

§ II. *De la résolution des bubons qui sont situés dans la région inguinale.*

L'inflammation des glandes doit être traitée d'après les mêmes principes que celle dont il vient d'être question; mais, en général, on peut disposer d'une surface d'absorption plus étendue, de sorte qu'on peut faire passer une plus grande quantité de mercure à travers les parties malades.

La région sur laquelle il faut appliquer le mercure varie suivant la situation de la glande enflammée. Si le bubon est situé dans l'aine, il est nécessaire de faire les frictions mercurielles sur la cuisse. Cette surface peut, en général, absorber autant de mercure qu'il en faut pour amener la résolution du bubon et pour préserver la constitution de l'influence du *poison*. Mais si la résolution ne s'opère pas assez promptement, on peut accroître la surface soumise aux frictions en y comprenant la jambe.

Lorsque le bubon occupe la partie inférieure du ventre, c'est-à-dire la seconde des situations que j'ai indiquées plus haut, il faut en outre faire des frictions mercurielles sur la verge, sur le scrotum et sur le ventre; il doit en être de même si le bubon est situé plus en avant, car il est probable que les glandes de ces deux régions reçoivent les vaisseaux lymphatiques de toutes les surfaces qui viennent d'être mentionnées, aussi bien que ceux de la cuisse et de la jambe.

La durée du traitement par les frictions doit être déterminée d'après les circonstances. Si le bubon diminue, il faut les continuer jusqu'à ce qu'il ait entièrement disparu, et même quelque temps après, car sa cause, c'est-à-dire le chancre d'où il tire son origine, peut ne pas céder aussi promptement que lui. Si le bubon marche toujours vers la suppuration, on peut cesser ou continuer les frictions; mais je ne saurais affirmer si l'on retire quelque avantage de la continuation de ce moyen lorsque le bubon a suppuré.

La dose de mercure recommandée ici peut affecter la bouche; relativement à cet effet, on doit aussi se régler sur les circonstances.

§ III. *De la résolution des bubons chez la femme.*

En traitant du siége des bubons chez la femme, j'ai fait remarquer qu'il y a deux situations qui sont propres à ce sexe, et que les autres sont les mêmes que celles que peuvent occuper les bubons chez l'homme. Dans la première et dans la seconde situations, surtout dans la première, la surface d'absorption, entre la périphérie du corps et le bubon, est beaucoup trop resserrée pour qu'on puisse, par cette voie, faire pénétrer la quantité de mercure qui pourrait amener la résolution; dans la seconde, c'est-à-dire quand le bubon est situé entre la grande lèvre et la cuisse, le mercure peut être appliqué, il est vrai, sur tous les points qui avoisinent l'anus et autour des fesses, car il est probable que tous les vaisseaux absorbants de ces parties passent par la voie qu'occupe le bubon; on sait au moins qu'ils pénètrent dans le bassin, non par l'anus, mais par la région inguinale. Dans ces deux cas, il faut chercher d'autres moyens d'introduire le mercure, ainsi qu'il a été recommandé pour les hommes; toutefois il importe de frictionner autant que possible sur les surfaces qui viennent d'être indiquées.

Dans les situations communes aux deux sexes, nous avons un champ plus large. Ces situations se divisent en trois variétés; on doit appliquer ici les remarques qui ont été présentées pour l'autre sexe; le mode de traitement doit être le même.

§ IV. *Des bubons situés dans des régions plus ou moins éloignées des parties génitales.*

Indépendamment du coït, les bubons vénériens sont produits par divers autres modes d'application du *poison;* aussi en observe-t-on dans différentes parties du corps, mais le plus souvent aux mains. Ceux qui se forment dans l'aisselle ont pour origine des plaies de la main ou des doigts, qui reçoivent l'infection vénérienne et sont ainsi transformées en un chancre. Dans ces cas, il faut pratiquer les frictions mercurielles sur le bras et sur l'avant-bras; mais cette surface peut être insuffisante, et alors il faut chercher une autre route et s'adresser à d'autres parties pour obtenir les effets que le médicament doit produire sur la constitution. J'ai vu un véritable chancre vénérien situé sur la partie moyenne de la lèvre inférieure donner naissance à un bubon de chaque côté du cou, au-dessous de la mâchoire inférieure, et précisément sur la glande maxillaire. L'onguent mercuriel appliqué sur la lèvre inférieure, sur le menton et sur les tumeurs elles-mêmes, produisit la résolution de ces dernières.

§ V. *De la quantité de mercure nécessaire pour la résolution d'un bubon.*

La quantité de mercure nécessaire pour la résolution d'un bubon varie suivant que le bubon se montre plus ou moins rebelle; mais il faut avoir soin d'éviter certains effets que ce médicament peut produire dans la constitution. Si le bubon a son siége dans la première situation, qu'il cède facilement à l'emploi répété chaque soir d'une demi-drachme d'onguent mercuriel composé avec parties égales de mercure et d'axonge, et que la bouche ne s'enflamme point ou ne devienne que légèrement douloureuse, il suffit de continuer ce traitement jusqu'à ce que la glande soit réduite à son volume naturel; la constitution se trouvera ainsi mise à l'abri, pourvu que le chancre qui a donné lieu au bubon soit arrivé à sa guérison en même temps. Si la bouche n'est point affectée au bout de six à huit jours et que la glande ne marche pas bien vers la résolution, on peut appliquer chaque soir deux scrupules ou une drachme d'onguent; et si aucune amélioration ne se fait sentir, il faut porter la dose plus haut. En un mot, lorsque la résolution se fait attendre, il faut élever la dose du mercure aussi loin qu'il est possible de le faire sans amener la salivation.

S'il y a un bubon de chaque côté, on ne peut appliquer localement autant de mercure pour chacun d'eux; car la constitution ne pourrait probablement pas supporter le double de la dose qui est nécessaire pour la résolution d'un seul. Mais dans les cas de cette espèce, on ne doit pas craindre autant l'inflammation mercurielle de la bouche, que lorsqu'il n'y a qu'un seul bubon. Toutefois, il vaut mieux laisser suppurer les bubons que d'exercer sur la constitution une influence trop prononcée, par l'introduction d'une trop grande quantité de mercure. C'est pourquoi, lorsqu'il y a deux bubons, il y a plus de probabilités pour la suppuration que lorsqu'il n'y en a qu'un seul.

Lorsque le bubon occupe la seconde ou la troisième situation, si l'on juge que très-probablement il ne pourrait pas passer à travers la glande malade une quantité de mercure suffisante pour en amener la résolution, on peut faire des frictions sur la jambe et sur la cuisse, afin d'agir sur la constitution. La quantité de mercure introduite de cette manière doit être plus grande que celle qui eût été suffisante si l'on avait pu tout faire passer à travers le bubon. Il faut que la bouche s'affecte, et cela en proportion de l'état et des progrès du bubon.

Ce mode de traitement des bubons par résolution m'a été suggéré en 1761, à Belle-Ile, où j'ai eu de bonnes occasions de le mettre à l'épreuve sur les soldats; et je puis affirmer que, depuis cette époque, de tous les bubons que j'ai eus à traiter, trois seulement sont venus à suppuration; deux de ces derniers s'étaient formés chez un sujet sur la constitution duquel une petite quantité de mercure exerçait une influence tellement prononcée, qu'on ne put faire passer à travers les deux régions inguinales la quantité de mercure suffisante pour amener la résolution des deux tumeurs. Cependant, chez les deux malades, la suppuration fut beaucoup moins considérable qu'elle ne menaçait de l'être.

Quelquefois, malgré toutes les tentatives de traitement, les bubons restent tuméfiés sans se résoudre ni suppurer, et deviennent durs et comme squirreux. Je soupçonne que ces bubons sont primitivement scrofuleux, ou qu'ils le deviennent secondairement lorsque la disposition vénérienne est détruite. On doit s'efforcer d'en obtenir la guérison par l'emploi de la ciguë, des cataplasmes faits avec l'eau de mer, et par les bains de mer, ainsi qu'il sera dit ci-après.

§ VI. *Traitement des bubons qui suppurent.*

Lors même qu'on a employé tous les moyens de traitement connus, on ne peut pas toujours obtenir la résolution des bubons, et alors la suppuration s'y établit. Quand il en est ainsi, ils rentrent davantage dans le domaine de la chirurgie et doivent être traités, sous certains rapports, comme tous les autres abcès. Lorsqu'on juge convenable d'ouvrir un bubon, il faut laisser la peau s'amincir autant que possible. Le grand avantage qu'on retire de cette temporisation, c'est que les téguments, étant devenus très-minces, perdent leur disposition à se cicatriser, de sorte qu'il y a plus de chances pour que le fond de l'abcès se cicatrise en même temps que les parties superficielles; on évite encore ainsi une longue incision, et l'on n'a point besoin de recourir aux différents moyens qui sont employés pour empêcher la cicatrisation de la peau jusqu'à ce que celle du fond de l'abcès soit effectuée.

Faut-il continuer l'application du mercure pendant tout le temps de la suppuration ? Je pense qu'on doit le faire, mais à dose moins forte; car s'il est vrai que le travail de guérison ne peut commencer à s'opérer qu'après l'ouverture de l'abcès, on peut au moins faire naître dans les parties de meilleures dispositions pour se guérir. J'ai vu des cas où la suppuration s'était établie malgré le traitement décrit ci-dessus, et dans lesquels, bien que l'inflammation se fût montrée très-étendue, la suppuration resta très-limitée; or, j'ai attribué cet avantage à ce que les malades avaient fait usage du mercure, d'après les règles que j'ai exposées, avant et pendant la suppuration.

A l'occasion de ces collections purulentes, beaucoup plus qu'à l'occasion des autres, on a agité la question de savoir si l'on doit ouvrir l'abcès ou le laisser s'ouvrir de lui-même, et si l'ouverture doit être faite avec l'instrument tranchant ou au moyen du caustique.

Les abcès syphilitiques ne paraissent avoir rien qui les fasse différer des autres assez pour qu'on doive recommander telle pratique plutôt que telle autre. On doit suivre jusqu'à un certain point les désirs du malade : il est des malades qui redoutent les caustiques; il en est d'autres qui ont horreur de l'instrument tranchant. Lorsque le choix est laissé entièrement au chirurgien et que le bubon est petit, je pense qu'une incision pratiquée avec une lancette est suffisante; de cette manière aucune partie de la peau n'est perdue. Mais, lorsque le bubon est très-volumineux et que, par conséquent, il y a une grande quantité de peau décollée, le caustique convient peut-être mieux que le bistouri, tant parce qu'il produit la destruction d'une certaine quantité de peau, que parce que cette destruction s'accompagne de moins d'inflammation que l'incision. Lorsqu'on emploie le caustique, c'est la potasse caustique qui convient le mieux (*). Mais il n'est pas nécessaire d'ouvrir tous les bubons, et il est peut-être difficile de déterminer quels sont ceux pour lesquels l'ouverture doit être utile ou indispensable.

Le bubon, une fois ouvert, doit être pansé ensuite selon la nature de la maladie, qui, ainsi que je l'ai déjà fait observer, est souvent tellement compliquée, qu'elle déjoue, dans beaucoup de cas, toute la sagacité du praticien; en même temps, il faut attaquer la constitution avec le mercure, tant à l'intérieur qu'à l'extérieur. A l'extérieur, on doit l'appliquer du même côté que le bubon, entre ce dernier et la périphérie du corps, comme je l'ai dit en traitant de la résolution des bubons, car, en passant à travers la partie affectée, le mercure peut exercer une influence salutaire sur la maladie.

Dans ces cas, le mercure remplit un double but : il concourt avec les applications externes à la guérison des bubons, et il prévient les effets de l'absorption virulente qui se fait constamment à la surface de l'ulcère.

Il n'est pas possible de déterminer, au juste, jusqu'où il faut poursuivre le traitement mercuriel pour prévenir une infection générale. Mais on peut supposer qu'il est nécessaire, pour prévenir une maladie vénérienne, d'administrer la quantité de mercure qui suffirait pour guérir la même maladie déjà développée. Il est indispensable de continuer le traitement jusqu'à ce que le bubon soit cicatrisé, ou jusqu'à ce qu'il ait, depuis quelque temps, perdu ses caractères syphilitiques. Mais il peut être difficile de constater cette dernière circonstance. C'est pourquoi il faut s'en rapporter à l'expérience et non à la théorie, et continuer en général le traitement jusqu'à la cicatrisation complète, et même après la cicatrisation, surtout si le bubon se guérit avec beaucoup de rapidité, car, dans beaucoup de cas, la constitution se montre encore infectée après que tous les moyens conseillés ont été mis en pratique. Toutefois, il y a quelques restrictions à faire ici; j'ai déjà fait observer qu'il arrive souvent que les bubons contractent, indépendamment de la disposition syphilitique, d'autres dispositions que le mercure ne peut guérir et qui sont même aggravées par son emploi. Il est donc très-important de savoir distinguer ces différents cas, sur lesquels je reviendrai.

(*) J'ai ouvert sur le même malade deux bubons l'un immédiatement après l'autre. Le premier fut ouvert au moyen de la pierre à cautère, et la douleur fut si intense que le malade voulut que le second fût ouvert avec la lancette, espérant que la souffrance ne serait que momentanée. Mais l'instrument tranchant causa une douleur très-vive, à laquelle succéda une cuisson qui dura longtemps, tandis que l'autre bubon n'avait plus été le siége d'aucune douleur, à partir du moment où l'action du caustique avait été achevée.   J. HUNTER.

CHAPITRE V.

DE QUELQUES-UNES DES SUITES DU BUBON.

J'ai fait remarquer précédemment que la maladie vénérienne peut transformer en action des dispositions ou des susceptibilités latentes. Ce fait est très-remarquable dans les cas de bubons. Je crois que la disposition qui est ainsi éveillée, participe plus de la nature scrofuleuse que de toute autre. Cela vient-il de ce que les bubons ont pour siége des glandes lymphatiques ? C'est ce qu'il n'est pas facile de déterminer.

Il arrive quelquefois que les plaies produites par les bubons se transforment, soit dans le moment où elles perdent leur disposition vénérienne, soit quand elles en sont complétement délivrées, en ulcères d'une autre nature qui, très-probablement, présentent diverses espèces. Il n'est pas certain que ces maladies soient le résultat de l'action combinée de la syphilis et du traitement mercuriel; mais il est très-probable que ces deux causes concourent à leur développement.

Si l'influence syphilitique et l'influence mercurielle étaient les seules causes de ces affections, celles-ci constitueraient une maladie spécifique, et leur traitement se réduirait à une seule méthode. Mais je suis porté à croire que la constitution ou la partie elle-même a quelque part, sinon la principale, dans leur formation, c'est-à-dire que les parties contractent une maladie particulière qui est indépendante de la maladie constitutionnelle et de la méthode de traitement. En effet, si les deux causes indiquées les premières agissaient seules, on devrait rencontrer ces affections morbides plus souvent. Du moment que l'on admet que la constitution ou la partie prend part à la formation de ces maladies, il devient plus difficile de déterminer quelle en est la nature, car elles doivent, sous ce rapport, dépendre en partie de l'état de la constitution ou de celui de la partie malade.

Ces maladies rendent le traitement de l'affection vénérienne beaucoup moins certain; lorsque l'ulcère devient stationnaire ou que le mercure commence à n'être plus bien supporté, nous sommes portés à croire que le virus est détruit; mais il n'en est pas toujours ainsi. Peut-être le virus est-il seulement moins puissant que la maladie nouvellement formée, de sorte qu'il reste assoupi, si l'on peut ainsi dire, ou qu'il cesse d'agir; et quand l'autre affection devient plus faible, l'influence vénérienne commence à se manifester de nouveau.

Le traitement qui convient dans ces cas consiste à attaquer la maladie prédominante; mais la difficulté est de reconnaître la maladie, et de savoir quànd elle est vénérienne et quand elle ne l'est pas. Le cas suivant est très-propre à donner une idée de cette difficulté.

Un homme avait un bubon très-volumineux qui fut ouvert. Il prit une grande quantité de mercure pendant environ deux mois. Mais je soupçonne qu'il ne le prit pas à doses suffisamment élevées, et que sa constitution s'était habituée au mercure. Le bubon ne présenta aucune disposition à se cicatriser, et je fus consulté. D'après le récit que me fit le malade, je pensai que sa constitution avait contracté trop fortement l'habitude mercurielle, pour qu'il pût retirer alors quelque avantage de l'emploi du mercure. Je lui prescrivis donc de se mettre à un régime nourrissant pendant un mois. Après ce temps, je le soumis à un traitement mercuriel énergique, au moyen des frictions, et les parties malades prirent une apparence plus favorable. Ce traitement fut continué pendant près de deux mois, et, à cette époque, la plaie, bien que notablement améliorée, commença à devenir stationnaire. Considérant l'action vénérienne comme détruite, je fis cesser immédiatement le traitement mercuriel; je mis le malade à la diète lactée et je l'envoyai à la campagne. Cependant, comme la maladie ne marchait point, le malade fit usage d'une forte décoction de salsepareille avec le mézéréon. Mais ce moyen, bien que continué pendant plus d'un mois, ne produisit que peu ou point d'effet. Je prescrivis ensuite la ciguë autant que le malade put la supporter, et j'y associai presque constamment le quinquina. Tout cela fut sans effet. Il se forma de nouveaux sinus qui furent ouverts; l'ulcère devint extrêmement irritable et ses lèvres s'épaissirent. Les pansements furent faits avec des cataplasmes, dans la composition desquels entraient le suc de la ciguë, l'eau de mer, l'opium et une solution étendue de nitrate d'argent. Mais rien ne parut agir sur le mal. Je soupçonnai une affection scrofuleuse, et je conseillai les bains de mer; mais cette prescription ne put être exécutée alors. Ces différents traitements, après que le mercure avait été mis de côté, occupèrent environ quatre mois sans le moindre avantage. Ne sachant s'il ne restait point encore quelque chose de vénérien dans l'ulcère, d'autant plus que son aspect extérieur devenait plus mauvais, et qu'il y avait alors quatre mois que le malade n'avait pris de mercure, je crus devoir essayer de nouveau ce médicament, et j'envoyai au malade deux doses d'onguent, d'une demi-once chacune, qui devaient être employées en frictions deux soirs de suite. Le rhume qu'il avait contracté l'empêcha de faire les frictions prescrites. Le troisième jour, il m'apprit qu'il était beaucoup mieux. Dès lors, l'ulcère prit une marche favorable; l'inflammation œdémateuse ou transparente commença à se dissiper, les lèvres de la plaie s'abaissèrent et s'amincirent, et son pourtour commença à se cicatriser. Je conseillai alors au malade de ne point faire les frictions mercurielles, mais d'attendre un peu. Au bout de huit ou dix jours, la plaie était réduite aux trois quarts de sa grandeur, et présentait tout l'aspect d'une plaie en voie de cicatrisation.

Quelles conclusions peut-on tirer de ce fait? Les suivantes, à mon avis : 1° Que le virus peut être détruit, bien que la plaie ne manifeste aucune disposition à se cicatriser ; de sorte qu'on ne doit point considérer la non cicatrisation d'un bubon comme un signe de l'existence de la maladie primitive ; 2° que la salsepareille, le mézéréon, la ciguë et le quinquina sont sans efficacité dans les cas de cette espèce ; et 3° que dans les maladies qui nous occupent, la disposition morbide peut être détruite par la maladie même, et que nous ne devons pas trop nous presser d'attribuer la guérison à nos moyens de traitement ; en effet, si les frictions mercurielles avaient été faites, dans le cas qu'on vient de lire, et que les mêmes effets se fussent également produits, j'aurais certainement poursuivi avec vigueur l'emploi du mercure, et je lui aurais attribué la guérison. Mais je n'en serais pas resté là ; j'aurais publié ce fait comme un exemple de la persistance de la maladie vénérienne après des traitements mercuriels répétés, et j'aurais affirmé que, dans les cas de cette espèce, où le mercure paraît avoir perdu son efficacité et même être nuisible, il est nécessaire d'attendre que la constitution ait réparé ses forces et perdu l'habitude mercurielle, ce qui exige quelquefois jusqu'à quatre mois, puis recourir de nouveau à l'emploi de ce médicament.

Un homme eut une gonorrhée qui fut violente. Je lui prescrivis une injection composée d'un grain de sublimé corrosif dissous dans huit onces d'eau, et quelques pilules mercurielles. Après dix ou douze jours de l'usage de l'injection sans aucun avantage visible, je lui dis que je pensais qu'il ne gagnerait rien à la continuer plus longtemps, et en conséquence je lui conseillai de se reposer pendant quelque temps. Vers cette époque, il se forma un bubon dans chaque aine ; supposant que ces tumeurs étaient vénériennes, je prescrivis des frictions mercurielles sur les jambes et sur les cuisses, afin d'en obtenir la résolution s'il était possible. Le malade paraissait moins préoccupé des bubons que de sa gonorrhée, mais je lui dis que cette maladie se guérirait insensiblement en même temps que la résolution des bubons s'effectuerait. Je m'étais trop avancé relativement à la résolution des bubons, car ils suppurèrent tous deux, mais la suppuration fut très-modérée en comparaison du volume qu'ils avaient atteint dans la période inflammatoire. Les frictions furent abandonnées. Pendant que nous nous efforcions d'amener la résolution des bubons, la gonorrhée se guérit. La peau qui recouvrait les bubons devint très-mince ; alors ils furent ouverts, l'un au moyen du caustique, l'autre avec la lancette ; ensuite les frictions mercurielles furent ordonnées de nouveau sur les cuisses et sur les jambes pour achever leur guérison. Ils ne tardèrent point à prendre un aspect favorable, et se contractèrent rapidement ; mais à moitié cicatrisés, ils devinrent stationnaires. Je soupçonnai qu'une maladie nouvelle était en voie de se former. Les frictions mercurielles ayant été continuées encore pendant quelque temps, les bubons commencèrent à s'enflammer et à se tuméfier de nouveau, et il se forma à environ un demi-pouce au-dessus du siége primitif des suppurations, un abcès nouveau qui s'ouvrit dans le premier. Aux premiers signes d'inflammation, je fis cesser immédiatement l'usage du mercure, et je déclarai qu'il s'était formé une maladie nouvelle. Je fis appliquer des cataplasmes faits avec l'eau de mer, et je prescrivis une décoction de salsepareille. Mais ce mode de traitement se montra insuffisant pour amener la guérison de cette nouvelle maladie. Je prescrivis alors chaque soir un bain d'eau de mer tiède, à la température d'environ 90 degrés (Fahr.). Après le quatrième bain, l'inflammation et le gonflement avaient beaucoup diminué, et les premiers ulcères, ou bubons primitifs, commençaient à se cicatriser. Le malade continua à se baigner ainsi tous les soirs pendant environ trois semaines, au bout desquelles les ulcères manifestèrent une disposition moins favorable. Soupçonnant alors que la disposition vénérienne était devenue prédominante, je fis faire des frictions comme auparavant. Au bout d'une quinzaine de jours environ, les premiers bubons se cicatrisèrent; mais les secondes suppurations n'étaient point encore guéries. Je supposai qu'elles constituaient entièrement la maladie nouvellement formée, et le malade partit pour la campagne, où, d'après mes conseils, il prit chaque jour un bain de mer. Sous cette influence, il se rétablit parfaitement sans aucune récidive.

Dans ce cas, il est clair qu'indépendamment de la disposition syphilitique, il y en avait une autre qui fut mise en action par l'irritation vénérienne.

J'ai vu quelques bubons qui étaient excessivement douloureux, et qui étaient très-sensibles au moindre contact. Plus les pansements étaient doux, plus les parties devenaient douloureuses.

Dans quelques cas, la peau semble seule pouvoir contracter la maladie; l'ulcération fait des progrès dans la peau environnante, tandis qu'une nouvelle peau se forme au centre de la plaie, et marche en même temps que l'ulcération, d'où il résulte, à l'entour de la peau nouvelle, un ulcère irrégulier, semblable au sillon tracé par un ver. Cette inflammation, de même que l'inflammation érysipélateuse et quelques autres, paraît ne pouvoir se communiquer qu'aux parties qui n'ont pas encore contracté l'action; de sorte que celles où cette action s'est déjà manifestée perdent la disposition morbide et se cicatrisent facilement. Quelquefois ces affections s'étendent d'une manière étonnante, ainsi qu'on le voit dans l'observation suivante, qui présente des circonstances très-remarquables:

Un jeune homme âgé de dix-huit ans, à la suite d'une infection vénérienne, fut atteint de deux bubons qui furent ouverts. Ils furent traités d'après la méthode ordinaire, et présentèrent d'abord un aspect favorable. Mais lorsqu'ils étaient sur le point de se cicatriser, ils commencèrent à s'ulcérer à leurs bords, s'étendant dans toutes les directions, s'élevant au-dessus du pubis presque jusqu'à l'ombilic, et descendant au-devant de chaque cuisse. Les nuits devinrent agitées, et la santé générale s'altéra. On essaya un grand nombre de médicaments, et particulièrement le mercure sous différentes formes, mais avec peu ou point d'avantages. L'extrait de ciguë fut le médicament qui produisit les meilleurs effets, et il fut administré en quantité extraordinaire. Pendant quelque temps, le malade en prit une once dans la journée; la dose fut ensuite portée à une once et demie, à deux onces, et même à deux onces et demie. Ce médicament produisit des troubles de la vision et même la cécité, la perte de la voix, le prolapsus de la mâchoire inférieure, une paralysie temporaire des extrémités, et, une ou deux fois, la perte de la sensibilité; et, bien que chaque soir le malade fût en quelque sorte dans un état d'intoxication complète par l'emploi de la ciguë, sa santé générale, loin d'en souffrir, suivit dans son amélioration l'amendement des ulcères. Cependant, ces derniers ne purent être entièrement guéris par l'emploi de la ciguë, et entre autres médicaments, l'éthiops minéral et les pilules de Plummer furent administrés largement, en apparence avec avantage. On revint, de temps en temps, à la ciguë; on essaya un grand nombre de méthodes diverses de pansement, mais aucune ne parut préférable à l'application de la charpie sèche. Les ulcères étaient presque entièrement cicatrisés, après avoir tourmenté le malade pendant plus de trois ans, lorsque, après quelques irrégularités dans le régime, voyant que les ulcères allaient moins bien, il revint à l'extrait de ciguë qu'il avait abandonné depuis quelque temps, et, de son propre mouvement, il en avala dix drachmes dans la matinée. Cette dose n'était que la moitié de ce qu'il avait pris auparavant en vingt-quatre heures; mais à cette époque sa constitution avait été habituée graduellement à l'action de cette substance. Les dix drachmes de ciguë produisirent beaucoup d'agitation et d'anxiété, il tomba de sa chaise privé de sentiment, fut pris de convulsions et expira dans l'espace de deux heures.

Pour revenir au traitement des bubons, lorsqu'ils sont seulement devenus stationnaires et qu'ils ne manifestent que peu de disposition à s'étendre, ce qui est le cas le plus commun, lorsqu'il y a peut-être un ou deux sinus qui, partant de quelque autre glande, viennent y aboutir, je les vois céder à l'emploi de la ciguë plus souvent qu'à celui de tout autre médicament, surtout quand elle est associée au quinquina. La ciguë est encore plus efficace quand elle est appliquée à la fois à l'intérieur et à l'extérieur.

La salsepareille est souvent extrêmement utile dans ces cas, ainsi que dans d'autres qui paraissent provenir de la même cause. J'ai vu aussi les bains de mer et les cataplasmes faits avec l'eau de mer produire de bons effets.

Les médecins du Lock-Hospital emploient l'eau des affineurs d'or comme topique, et elle se montre utile dans quelques cas. Le Dr Fordyce recommande de faire boire du jus d'orange à grandes doses, et j'ai vu ce moyen produire quelquefois de bons effets. Dans quelques cas, le mézéréon est extrêmement utile (*).

(*) Hunter fait observer avec raison qu'il faut, dans le traitement des bubons, s'occuper non-seulement de la cause spécifique à laquelle ils peuvent être dus, mais encore de toutes les autres circonstances dont ils s'accompagnent souvent et qui, dans quelques cas, méritent seules de fixer l'attention, soit d'une manière définitive, lorsque le bubon non virulent est entièrement sous leur dépendance, soit seulement pendant le temps qu'elles constituent un épiphénomène grave, pour revenir ensuite

au traitement spécial de l'affection virulente, quand on a fait disparaître les complications. Mais, ce point établi, et fidèle à sa doctrine, Hunter ne cherche plus qu'à
reconnaître la quantité de mercure à faire absorber et les voies les plus convenables
à cet effet. Aux observations pratiques de Hunter, j'ajouterai les propositions
suivantes :

Il faut éviter le développement des bubons. Pour cela, à tout individu affecté d'un
des accidents primitifs qui peuvent y donner lieu, on doit recommander le repos le
plus absolu possible, tant général que des organes malades.

On doit chercher la guérison la plus rapide des accidents qui précèdent ordinairement les bubons, attendu que tant qu'ils persistent, le bubon peut se développer.

Dans le traitement des accidents précurseurs des bubons, il faut éviter les excitants
généraux et les irritants locaux ; cependant, d'après ce que nous avons dit autre part
relativement à la cautérisation des chancres, il ne faut pas que cette règle empêche
d'employer les moyens curatifs nécessaires.

Dès qu'un engorgement glandulaire suspect s'annonce, il faut en tenter le plus tôt
possible la résolution.

Les moyens les plus puissants et qui agissent au début comme abortifs, sont le
froid, la compression, la cautérisation médiate, les mercuriaux.

La glace réussit souvent tout à fait au début. Si, sous son influence, la tumeur prenait du volume ou devenait douloureuse, il faudrait de suite en suspendre l'emploi,
qui serait alors plus nuisible qu'utile.

La compression est un puissant moyen abortif; elle se fait à l'aide de bandes rou-
lées ou de bandages. On a proposé, dans ces derniers temps, l'emploi d'une brique
chaude qui agit en même temps par son poids et par le calorique sur la tumeur.
Pour que la compression soit utile, il ne faut pas qu'elle détermine de douleur. Un
fait à noter, c'est qu'il est rare de voir des bubons se développer sous un bandage
bien fait, chez les individus affectés de hernies.

Une méthode qui a récemment occupé l'attention des praticiens, et qui a été signalée d'abord par M. Malapert, et ensuite par M. Renault, consiste à tenter la résolution rapide des bubons par une sorte de cautérisation des téguments qui les
couvrent. Cette cautérisation se pratique en couvrant la tumeur d'un vésicatoire,
et en appliquant ensuite sur la surface de la peau privée de son épiderme, un
plumasseau de charpie, imbibé d'une solution de vingt grains de sublimé corrosif
par once d'eau. Ce plumasseau est laissé environ deux heures en contact avec la
surface vésiquée, pour être plus tard remplacé par un cataplasme de farine de
graine de lin laudanisé. A la chute de l'escarre, et selon son degré de profondeur et les effets produits, on répète l'application de la solution de sublimé, ou
seulement on se contente de toucher la surface dénudée à l'aide d'un pinceau qui
en est imbibé.

Cette méthode active est loin de donner des résultats heureux aussi fréquents
qu'on a bien voulu le dire. Comme dans le plus grand nombre des cas où on l'a employée, le diagnostic rigoureux de la nature intime de l'engorgement réputé bubon
n'avait pas pu être fait, il est probable, et je pourrais même dire certain, que le plus
grand nombre des guérisons obtenues sont arrivées dans des circonstances simples et
de non virulence. Cela n'est pas indifférent à noter, attendu qu'alors on peut guérir
par d'autres moyens bien moins désagréables que cette cautérisation toujours très-
douloureuse, et presque constamment suivie de cicatrices disgracieuses et indélébiles.

Le cautère actuel, soit objectif, soit direct, ne doit jamais être employé dès le
début, non plus que le cautère potentiel et le séton, préconisés encore dans ces derniers temps.

Lorsque l'accident qui précède le bubon réclame l'emploi du mercure; ce remède peut prévenir le développement du bubon, comme aussi à titre de résolvant héroïque et d'antiphlogistique actif, il peut agir d'une manière efficace dès le début d'un engorgement glandulaire quel qu'il soit. Ce n'est donc que dans les cas de contre-indications positives qu'on doit se priver de cette ressource dans le traitement abortif.

La meilleure voie d'absorption, dans les circonstances particulières qui nous occupent, est la peau. Il faut bien, comme le veut Hunter, chercher autant que possible, pour l'administration du mercure en frictions, les relations entre les bouches absorbantes et les ganglions malades; mais la précision ici est souvent impossible, et même inutile, car il suffit de se servir des surfaces cutanées voisines des points malades, qui offrent une étendue suffisante, et qui surtout ne sont le siége d'aucune irritation locale qui puisse s'opposer à l'absorption. Un moyen auquel j'accorde beaucoup de puissance, et que j'emploie dès le début dans un grand nombre de cas de bubons indolents; comme aussi à une époque plus avancée, quand il n'y a pas d'inflammation, c'est le vésicatoire, pansé ensuite deux fois par jour avec un demi-gros d'onguent mercuriel double, et recouvert d'un cataplasme de farine de seigle, qu'on renouvelle trois ou quatre fois par vingt-quatre heures.

Si le bubon continue à se développer, qu'il soit virulent ou non, il faut, s'il accompagne de symptômes d'acuité, lui opposer un traitement antiphlogistique d'une énergie appropriée. Parmi les agents antiphlogistiques, qu'il est ici inutile d'énumérer, les sangsues jouent ordinairement le principal rôle. Sous le point de vue de leur application, il faut les poser d'autant moins près de la tumeur, que celle-ci est plus voisine de la suppuration, dans les cas surtout où l'on doit croire à la virulence, car, dès que le bubon est ouvert, les piqûres des sangsues ne tardent pas à s'inoculer et à passer à l'état de véritables chancres, qui donnent alors une étendue considérable et très-fâcheuse à la maladie.

Dès que la suppuration est formée, si on croit avoir affaire à un bubon virulent, et que la marche ait été aiguë, il devient tout à fait inutile de tenter la résolution. Quels que soient les moyens qu'on emploie, si les parois du foyer sont des surfaces de chancre, et que le pus contenu soit virulent, la résolution n'est plus possible, et les prétendues transpirations purulentes obtenues par les méthodes de MM. Malapert et Renault ne sont que des ouvertures en crible ou en arrosoir, pratiquées par le caustique à la surface de la peau qui recouvre le foyer purulent. Si on a pu quelque-fois obtenir la résolution de bubons abcédés, ce n'a pu être qu'alors qu'il s'agissait de suppuration simple. Dans les cas douteux, où l'on croirait devoir, par crainte d'une cicatrice, ou pour satisfaire à la pusillanimité du malade, chercher la résolution après la formation du pus, il ne faudrait insister que tout autant que le foyer ne prendrait pas trop d'extension, et que surtout la peau ne serait déjà pas trop amincie.

Contrairement donc au conseil donné par Hunter, on doit, dans la grande majorité des cas, ouvrir de bonne heure, pour éviter les ravages inévitables qui résultent de l'incarcération du pus virulent.

Lorsqu'un bubon est indolent, soit de prime abord, soit consécutivement à l'état aigu, ou à l'état sub-aigu, encore plus fréquent, les antiphlogistiques sont plus rarement applicables. Les moyens signalés dans le traitement du début, ou dans la méthode abortive, trouvent ici leur emploi. C'est surtout dans le bubon indolent induré, compagnon fréquent et régulier du chancre induré, qu'on reconnaît l'action toute-puissante du traitement par le vésicatoire et l'onguent mercuriel, aidé de l'usage des frictions ou d'un traitement intérieur, selon l'état général de la peau ou des voies digestives. Une combinaison bien souvent efficace dans le traitement du bubon indolent, consiste à continuer le vésicatoire, l'onguent mercuriel et les cataplasmes,

tant qu'on obtient de l'amélioration ; mais dès qu'il y a un *statu quo,* on laisse
le vésicatoire pour recourir à la compression, qui est à son tour continuée
qu'elle produit de la diminution, et abandonnée de nouveau, si elle reste sans effet,
pour revenir au vésicatoire : ainsi de suite jusqu'à guérison ou état stationnaire.

Les bubons indolents indurés, qui ne cèdent pas aux moyens que je viens de signaler, ne sont pas ordinairement sous la seule dépendance de la syphilis ; le plus
ordinairement, surtout dans les bubons profonds, c'est à d'autres causes, et en particulier aux scrofules, qu'il faut les imputer. Si les moyens communs appliqués,
traitement des scrofules, les amers, les préparations iodurées, le quinquina, les
toniques de toute espèce à l'intérieur, combinés avec un régime et une habitation convenables, restent sans effet, bien qu'aidés des applications directes des fondants,
que les pommades avec l'iodure de plomb, l'hydriodate de potasse, la pommade
stibiée, la cautérisation avec la pommade de Gondret, les bains alcalins, iodurés, et
de mer, on peut avoir recours à l'extirpation des ganglions malades, ou en déterminer la destruction, soit par simple suppuration, soit par le caustique.

Mais la dissection n'étant pas toujours facile, ou même possible, c'est aux derniers
moyens qu'on a le plus souvent recours. Les maturatifs ou suppuratifs ordinaires sont
trop peu énergiques pour réussir ici ; aussi en cherche-t-on ordinairement de plus puissants. Les trochisques escarotiques, peut-être trop abandonnés de nos jours ; le
séton, vanté à tort outre mesure comme moyen nouveau ; l'écrasement ou broiement
des ganglions malades, un peu trop douloureux et surtout pas assez sûr, que l'on
doit à l'ingénieux et savant M. Malgaigne, peuvent, ainsi que le cautère actuel,
trouver dans ces engorgements glandulaires rebelles, un temps d'application en désespoir de cause. Mais comme moyen plus certain et d'un maniement plus facile, je
préfère la pâte de Vienne : avec ce caustique, on emporte les deux tiers de l'étendue
de la peau qui couvre les ganglions malades, puis à la chute de l'escarre, qu'on hâte
par l'usage du basilicum ou d'un autre digestif, on attaque successivement, couche par
couche, les ganglions indurés, en augmentant de prudence en même temps qu'on
gagne en profondeur, pour s'arrêter aux limites accessibles ou que bornent des parties
qu'on doit ménager. Par cette méthode, on va ordinairement très-vite, et les ganglions profonds se résolvent à mesure qu'on détruit les plus superficiels. Toutefois,
il est des engorgements réputés d'abord bubons vénériens, qui ont subi de telles dé-
générations, qu'ils n'appartiennent plus au cadre dans lequel nous devons rester, et
qui ne constituent plus que des écrouelles incurables ou des altérations carcinomateuses, que ni le fer ni le feu n'empêchent d'entraîner la mort.

Quoi qu'il en soit, lorsque les bubons indolents suppurent, la résolution est encore
possible, et, dans tous les cas, il ne faut pas autant se hâter d'évacuer le pus. Dans
ces bubons, plus souvent simples que virulents, on peut un peu plus se fier à la suppuration intérieure, comme propre à fondre le reste de l'engorgement, que dans le
cas de bubons aigus.

La suppuration dans les bubons est ordinairement facile à reconnaître ; mais quelquefois elle se fait dans les plans profonds, et alors, quoique très-abondante, elle
ne franchit les masses indurées qui la couvrent qu'en traversant des espèces de che-
minées, qui ne se décèlent à la surface que par de petits points fluctuants et ame-
qu'entoure un cercle adhérent et plus dur.

Dès qu'il faut ouvrir un bubon, on doit chercher à éviter le plus possible les
difformités d'une cicatrice trop étendue. On doit donc avoir pour règle de ne faire
que de très-petites ouvertures, à moins que le contraire ne soit nécessité par l'abondance
de la suppuration, le décollement, l'amincissement considérable et l'altération trop
grande de la peau. Dans quelques cas on a pu préférer plusieurs ponctions à une
incision trop étendue. Ce n'est guère que dans les bubons indolents et dans lesquels

on veut produire en outre un certain degré de stimulation, qu'il faut recourir aux caustiques pour donner issue au pus. Les escarotiques sont préférables, quand on doit détruire la peau, trop altérée pour qu'on puisse espérer le recollement, et cela surtout dans les bubons virulents, la section de la peau par les caustiques exposant moins aux inoculations consécutives des lèvres de la plaie que celle faite par l'instrument tranchant.

Quoiqu'il en soit, dans quelques circonstances de bubons avec décollement considérable, l'application répétée de vésicatoires, après l'ouverture, a pu amener la cicatrice, sans la nécessité de l'ébarbement ou de la résection, surtout en ayant le soin de remplir le foyer de poudre de cantharides pendant quelques jours de suite, et jusqu'à production de bons bourgeons charnus.

Du reste, après l'ouverture d'un bubon, le foyer est ou simple ou virulent. Dans le dernier cas, on a affaire à un véritable chancre, et c'est au traitement du chancre qu'il faut avoir recours.

P. RICORD.

SIXIÈME PARTIE.

CHAPITRE I.

DE LA SYPHILIS CONSTITUTIONNELLE (*lues venerea.*)

La syphilis constitutionnelle, ainsi que je l'ai déjà fait observer, reconnaît pour cause l'absorption de la matière virulente, qui est portée dans la circulation commune. Cette forme de la maladie, à laquelle j'ai donné le nom de *constitutionnelle* (*), se montre beaucoup plus compliquée que la gonorrhée et le chancre, soit dans ses effets, soit dans les différentes manières dont elle peut être contractée. En général, elle a sa source dans les affections locales que j'ai décrites précédemment, et dont le poison est absorbé et porté dans la constitution. Il paraît que le pus vénérien peut pénétrer dans la constitution consécutivement à son application pure et simple, et sans avoir produit d'abord l'un ou l'autre des effets locaux ci-dessus mentionnés, ainsi que je l'ai dit en traitant de la formation des bubons; mais cela ne semble avoir lieu que lorsqu'il est appliqué sur certaines parties du corps, comme le gland, que l'on peut appeler des surfaces *semi-internes*. Je crois qu'il ne peut être pompé par les vaisseaux absorbants de la peau saine (**), mais je ne fais ici qu'exprimer une opinion.

Il peut être porté également dans la constitution après avoir été appli-

(*) Le mot *constitutionnelle* n'est point, à proprement parler, celui qui convient pour désigner l'affection qui nous occupe. En effet, une maladie constitutionnelle est une maladie dans laquelle toutes les parties du corps agissent morbidement d'une seule et même manière, comme dans les fièvres de toute espèce, soit sympathiques, soit primitives. Mais le *poison* vénérien paraît être seulement répandu dans tous les liquides en circulation, et forcer, si l'on peut ainsi dire, certaines parties du corps à contracter l'action vénérienne, action qui est parfaitement locale et qui se manifeste dans diverses parties en suivant une succession régulière en rapport avec le degré plus ou moins grand de susceptibilité des parties pour cette action morbide. Il n'y a donc qu'un petit nombre de parties qui agissent en même temps, et un sujet peut être affecté constitutionnellement de cette manière, bien que presque toutes ses fonctions s'accomplissent d'une manière parfaite. J. HUNTER.

(**) Ici se trouve dans l'édition de Home : « Au moins je n'en connais aucun exemple. »

qué sur des ulcères communs, bien qu'il ne rende pas nécessairement ces ulcères vénériens. Il peut aussi pénétrer par une plaie, comme il a été déjà dit, mais je crois qu'il produit toujours préalablement une ulcération dans la plaie.

On a admis beaucoup d'autres modes d'infection, mais je crois que c'est à tort, et il est probable que ces hypothèses ont eu pour origine l'ignorance ou la fraude, deux grandes sources d'erreurs dans la maladie qui nous occupe.

Il est très-probable que l'infection générale se fait dès le début de la maladie locale, surtout quand celle-ci est un chancre. En effet, dans la plupart des cas, il y a moins de chances pour que l'infection se produise plus tard, parce que le malade se soumet ordinairement à un traitement, qui, en général, pose une barrière à l'infection. Si cette dernière pouvait prendre naissance pendant tout le temps du traitement, les parties seraient infectées à des époques différentes, et elles contracteraient l'action morbide dans des temps divers, chacune suivant le moment où elle aurait reçu l'infection, et cela même dans les parties qui sont similaires tant sous le rapport de leur nature que sous tous les autres. Mais comme ces parties similaires ne présentent guère de différence relativement à l'époque où l'action vénérienne s'y manifeste, il est raisonnable de supposer qu'elles ont reçu l'infection dans le même temps ou à peu de chose près, et que par conséquent aucune infection n'a lieu pendant la durée du traitement, bien qu'on puisse admettre que la faculté d'absorption est aussi énergique alors qu'en tout autre temps.

Lorsque l'infection dépend d'une gonorrhée dans le traitement de laquelle le mercure n'a pas été employé, on peut s'attendre à observer cette différence relativement à l'époque d'apparition des symptômes constitutionnels dans les parties similaires. Mais comme l'infection générale est très-rare après cette maladie, il n'est pas probable qu'on observe de grandes variétés par suite de cette cause. Toutefois, c'est un point qui mérite d'être éclairci, et l'on pourrait y parvenir en observant un grand nombre de faits.

Sans prétendre fixer d'une manière exacte les proportions diverses suivant lesquelles la syphilis constitutionnelle s'établit consécutivement aux trois modes d'infection énumérés ci-dessus, je crois pouvoir avancer, d'après ma pratique générale et mon expérience, que pour un sujet qui contracte l'infection générale de la première manière, c'est-à-dire, sans qu'il y ait d'effets locaux de produits, il y en a cent qui la contractent de la seconde manière, c'est-à-dire, consécutivement à une gonorrhée; et que pour un qui se trouve dans le second cas, on en trouve cent où la troisième cause, c'est-à-dire le chancre, a agi. Sur cinq cents hommes qui ont commerce avec des femmes infectées, peut-être n'en est-il pas un seul qui contracte la syphilis constitutionnelle de la première manière; de même sur cent qui ont de semblables relations n'en est-il pas un qui la contracte de la seconde; tandis qu'il n'y en a pas un sur cent qui pût échapper au troisième mode d'infection, en admettant qu'on n'eût pas

33.

recours aux moyens capables de prévenir l'infection, c'est-à-dire, au traitement ordinaire du chancre (*).

(*) La syphilologie, comme toutes les autres branches de la pathologie, a de tout temps subi sa part d'influence des doctrines en vogue. A toutes les époques, quand un grand système a régné, les syphilographes se sont empressés de mettre à la mode du jour les traités précédents.

Tantôt, dans ce que Hunter a désigné sous le nom assez généralement adopté de syphilis constitutionnelle, dans ce qu'on a aussi appelé accidents secondaires, consécutifs, généraux, vérole confirmée, etc., on a donné au virus les vaisseaux blancs pour moyen de transport, et la graisse pour réservoir; tantôt, au contraire, on l'a placé dans l'ensemble des humeurs, comme le fait Hunter, ou on lui a assigné le sang pour véhicule unique, soit qu'il y soit resté en suspension sans mélange intime, soit qu'il ait imprimé à ce liquide une profonde modification. D'un autre côté, tandis que le solidisme n'a cherché que des altérations organiques matérielles et sans l'intermédiaire des humeurs viciées, quelques métaphysiciens de cette école et des vitalistes purs n'ont voulu voir que des effets sympathiques ordinaires, ou le résultat d'un fluide électro-syphilitique expansif.

Mais sans nous perdre dans le champ des hypothèses, desquelles notre siècle, plus positif, tend de plus en plus à s'éloigner, à côté des propositions principales de Hunter, je placerai les propositions suivantes :

La syphilis constitutionnelle est le résultat de l'absorption matérielle du virus syphilitique.

L'expérimentation, l'analogie et l'observation rigoureuse, ont prouvé que c'était par l'absorption veineuse et le mélange direct au sang que l'empoisonnement général avait lieu, soit que celle-ci eût été ou non précédée de l'absorption par les lymphatiques.

Il ne peut pas y avoir d'absorption sans ulcération préalable. Le chancre est l'antécédent obligé, quels que soient les symptômes qui le dévoilent ou le masquent. Depuis Bernardin Tomatino, les assertions de Hunter, de Fabre, de Bell, etc., n'ont rien prouvé en faveur de la vérole constitutionnelle d'emblée. Il n'est pas une observation qui, avec nos connaissances du jour, ne soit contestable. Les chiffres proportionnels de Hunter prouvent que le fait exceptionnel qu'il croyait avoir observé, n'était qu'un fait apocryphe ou mal expliqué.

Ce n'est que pendant la gestation, et par voie d'hérédité, que la syphilis constitutionnelle peut être transmise de la mère à l'enfant, sans accident primitif préalable pour celui-ci.

L'expérimentation a prouvé qu'il n'y avait aucun tempérament, ou aucune idiosyncrasie réfractaire à l'action primitive du virus syphilitique.

L'observation la plus attentive a démontré, contrairement aux assertions de Hunter et aux fauteurs des mêmes doctrines, que certaines constitutions se refusaient absolument à l'empoisonnement général, soit seulement à certaines époques de la vie, soit toujours et dans des conditions physiologiques, hygiéniques, ou pathologiques qu'on ne peut ordinairement apprécier que par l'absence de toute induration lors de l'existence d'un chancre.

Il y a trois choses à considérer dans la syphilis constitutionnelle : la prédisposition individuelle, relative ou absolue, et sans laquelle l'empoisonnement ne saurait avoir lieu; la diathèse, ou la modification que le tempérament a subie par le fait de cet empoisonnement, modification particulière et qui peut persister plus ou moins longtemps sans manifestation; et enfin la cachexie à ses divers degrés, ou la production des accidents consécutifs proprement dits.

Si les dogmes de la médecine humorale étaient à jamais perdus, l'histoire de la sy

§ 1. *De la nature des plaies ou ulcères qui dérivent de la syphilis constitutionnelle.*

Le sang étant infecté par son contact avec du pus syphilitique véritable, on pourrait naturellement supposer que les effets locaux qui sont le philis suffirait pour les réhabiliter. En effet, dans cette maladie le sang se charge du principe toxique, et cherche par toutes les voies à s'en débarrasser; mais les cribles naturels qu'il traverse ou les émonctoires qu'il se crée, soumis alors à une nutrition vicieuse, s'infectent et s'altèrent d'une manière successive et régulière, et en quelque sorte par ordre de vitalité.

Cependant, pour le développement des symptômes constitutionnels, il faut quelque chose de plus que la diathèse syphilitique, car, sous son influence seule, on peut rester longtemps sans production d'accidents secondaires, et la manifestation de ceux-ci dans des points différents, sur divers individus ou sur un seul, à différentes époques ou dans un même temps, prouve la nécessité de causes adjuvantes.

Il faut donc que l'intégrité des fonctions soit accidentellement rompue, pour que, sous l'influence de la diathèse syphilitique, il survienne des symptômes secondaires, que des conditions physiologiques, hygiéniques, ou thérapeutiques peuvent retarder ou définitivement empêcher.

Aujourd'hui qu'un grand nombre d'accidents primitifs sont abandonnés à eux-mêmes sans traitement, on peut mieux observer l'époque d'apparition et la filiation régulière des symptômes de la syphilis. Lorsque rien n'entrave ou ne dérange la marche de la maladie, elle se compose toujours de trois périodes, savoir : de l'accident primitif, suite de la contagion directe et susceptible de s'inoculer sans pouvoir se transmettre par voie d'hérédité; des accidents secondaires, conséquences de l'absorption et transmissibles par voie d'hérédité, sans qu'ils soient inoculables; et enfin des accidents tertiaires, qui non-seulement ne s'inoculent plus, mais qui ne sauraient se transmettre par voie d'hérédité avec leur physionomie spéciale, et qui, en vertu d'une sorte de dégénérescence ou d'une modification de la syphilis, sont peut-être une des sources les plus fécondes des scrofules.

Les accidents primitifs se montrent tout de suite après la contagion et dans le temps d'évolution que j'ai autre part indiqué; les secondaires arrivent rarement avant la troisième semaine qui suit l'apparition des accidents primitifs, et plus rarement encore après le sixième mois; tandis que les tertiaires ne paraissent presque jamais avant le sixième mois et peuvent ne se manifester pour la première fois qu'après plusieurs années.

Le chancre et ses diverses modifications ou variétés constituent les accidents primitifs. Aux accidents secondaires se rapportent certaines affections de la peau, de quelques points des muqueuses, ainsi que de leurs dépendances; et des états pathologiques particuliers des yeux, des testicules, des ganglions lymphatiques, etc. Enfin des altérations spéciales du tissu cellulaire sous-cutané ou sous-muqueux, des tissus fibreux et osseux et des organes profonds, composent les accidents tertiaires. Si l'on était en droit d'admettre un temps d'incubation dans les maladies syphilitiques, comme l'entendait Jacques Catanée, on ne pourrait considérer comme tel que celui qui sépare l'accident primitif des symptômes constitutionnels.

Un traitement convenable de l'accident primitif peut à tout jamais détruire la diathèse, et empêcher la production des accidents secondaires et tertiaires. Très-souvent après la guérison du premier, il n'arrête que les seconds, ce qui explique chez les malades qui ont pris du mercure, la production tardive des maladies du périoste ou des os, sans le chaînon intermédiaire qui a dû manquer.

résultat de cette infection, doivent être de même nature que les effets locaux primitifs d'où ils tirent leur origine; mais d'après l'observation et l'expérience, j'ai tout lieu de croire qu'il n'en est rien.

Si l'on approfondit ce sujet, on voit d'abord que les effets locaux qui dérivent de la constitution sont tous d'une seule espèce, c'est-à-dire que ce sont tous des ulcères, quelle que soit la surface sur laquelle ils se manifestent, que ce soit la gorge ou la peau. Or, il n'en est point ainsi dans l'application locale du pus de la gonorrhée et du chancre; les effets produits par cette application varient suivant la nature des surfaces. Si le pus qui a pénétré dans la constitution agissait en vertu des mêmes principes spécifiques que celui qui est appliqué à la surface du corps, il produirait des gonorrhées lorsqu'il attaquerait des conduits muqueux, et des ulcères ou des chancres quand il exercerait son action sur d'autres surfaces : mais on n'a jamais démontré qu'il eût existé une gonorrhée ayant son point de départ dans la constitution, bien qu'on l'ait soupçonné. En effet, on a considéré comme provenant d'une infection constitutionnelle quelques gonorrhées, dont l'origine n'était pas bien claire, et qui n'avaient pas cédé facilement aux moyens ordinaires de traitement. Lorsque la syphilis constitutionnelle affecte la bouche ou le nez, on la considère toujours comme produisant un véritable chancre. Cependant, même dans ces cas, les ulcères syphilitiques diffèrent beaucoup des chancres dans leur mode d'apparition. Le véritable chancre, ainsi que je l'ai dit, produit une inflammation considérable, qui amène rapidement la suppuration et qui souvent s'accompagne d'une vive douleur; les effets locaux qui émanent d'une infection constitutionnelle sont lents dans leurs progrès, s'accompagnent de peu d'inflammation et ne sont que rarement ou jamais douloureux, si ce n'est dans certaines parties. Toutefois, cette lenteur dans l'évolution des effets du *poison* est plus ou moins prononcée suivant la nature des parties qui deviennent malades; car lorsque ce sont les amygdales, la luette, ou le nez, qui sont affectés, les progrès de la maladie sont rapides, et l'aspect extérieur des ulcères se rapproche plus de celui du chancre que lorsque l'action morbide a la peau pour siége; cependant je ne crois point que l'inflammation soit aussi intense dans ces ulcères que dans les chancres qui s'ulcèrent avec une vitesse égale.

L'accident primitif, une fois guéri, ne peut pas se reproduire à moins d'une nouvelle contagion. Les accidents secondaires et tertiaires peuvent se montrer à plusieurs reprises et à des temps différents, pendant des périodes qu'on ne saurait limiter.

Ce n'est que dans les cas où il y a eu des traitements faits ou des répétitions, qu'on a pu observer une interversion apparente dans l'ordre de succession des accidents secondaires et tertiaires.

Après la production des accidents constitutionnels, les conditions *diathésiques* peuvent avoir cessé, soit spontanément et par le *vis naturæ*, soit par le fait d'un traitement approprié, et les accidents persister encore sous l'influence de circonstances purement locales, comme je l'ai dit en parlant des végétations, et comme on l'observe dans beaucoup de cas de maladies des os en particulier. P. RICORD.

On a supposé que tous les liquides qui sont sécrétés du sang infecté peuvent être altérés au point d'être virulents, et que les parties de la génération, qui sont naturellement exposées à subir l'influence du virus vénérien, dans son application primitive, sont sujettes de même à souffrir ses ravages dans son retour sur ces parties après avoir parcouru l'ensemble de l'économie. Ainsi, on a supposé que les testicules et les vésicules séminales peuvent être affectés par la maladie; que le spérme peut devenir vénérien, communiquer la maladie à d'autres personnes, et même, dans l'acte de la fécondation, produire un fœtus vérolé. Mais toutes ces hypothèses sont sans fondement; autrement, chez un sujet atteint de syphilis constitutionnelle, aucune surface de sécrétion ne serait exempte de gonorrhée, toute plaie serait un ulcère vénérien. Contrairement à toutes ces idées, les sécrétions sont les mêmes qu'auparavant; et si une plaie est produite dans une partie saine par toute autre cause que l'affection syphilitique, cette plaie n'est point vénérienne, et le pus n'est point virulent, bien qu'il soit sécrété du même sang que le pus des ulcères vénériens.

On peut objecter contre ma doctrine, la salive des chiens enragés, qui est une sécrétion naturelle rendue virulente. C'est un phénomène dont il est facile de se rendre compte, et l'on pourrait à plus juste titre s'en servir pour étayer l'opinion que je défends. Chez le chien enragé, les glandes salivaires sont le siége d'une irritation qui est particulière à l'hydrophobie; mais les autres sécrétions naturelles du même animal ne peuvent pas communiquer l'infection, parce que les organes qui les produisent ne sont pas susceptibles de la même irritation spécifique.

On suppose que l'haleine et la sueur portent avec elles la contagion syphilitique; on croit que le lait des mamelles peut contenir le *poison* vénérien, et affecter l'enfant qui le suce. Mais plusieurs raisons renversent ces hypothèses. D'abord, l'observation apprend qu'aucune sécrétion n'est affectée par ce *poison*, à moins que l'organe sécrétant n'ait été préalablement affecté par l'inflammation ou irritation vénérienne, ou n'ait contracté son mode spécifique d'action. En outre, si l'organe sécrétant était infecté de manière à produire un pus semblable à celui qui est fourni par un ulcère de la gorge, ce pus ne serait point virulent, et ne posséderait point la faculté de communiquer la maladie, ainsi que je le démontrerai plus amplement ci-après. Enfin, le véritable pus vénérien, lors même qu'il est ingéré dans l'estomac, n'affecte ni ce viscère, ni la constitution, mais est digéré, ainsi qu'on le voit évidemment dans les deux observations suivantes :

Un homme atteint de chancres qui suppuraient abondamment, avait l'habitude de se laver les parties malades dans une tasse à thé, avec du lait dont il imbibait un peu de charpie, et il laissait ordinairement la charpie avec le lait dans la tasse. Un petit garçon de la maison déroba le lait, et le but; mais on ne put savoir si la charpie avait été avalée ou non. Le malade ne fit connaître ce qu'il en était ni à l'enfant ni à sa famille; mais à l'insu de celle-ci, il surveilla très-attentivement la santé de cet enfant pendant plusieurs années. Il ne survint rien qui pût donner le moindre soupçon qu'il eût été affecté de la syphilis, soit localement, dans l'estomac, soit constitutionnellement.

Un autre malade était atteint d'une violente gonorrhée, remarquable par l'intensité de l'inflammation et l'abondance de l'écoulement. Il avait aussi une cordée, qui était très-pénible pendant la nuit. Afin de rafraîchir les parties et de les tenir propres, il avait auprès de son lit un petit bassin rempli de lait, dans lequel, quand la cordée était trop douloureuse, il plongeait sa verge ou la lavait. Il répétait fréquemment cette opération pendant la nuit. Pendant qu'il était atteint de cette maladie, il laissa coucher avec lui une jeune femme qui était accoutumée à avoir auprès de son lit un bol de thé, qu'elle buvait le matin avant de se lever. Malheureusement, elle se trompa un matin, et avala le lait au lieu du thé. Cet événement ne fut connu que lorsqu'elle se leva, c'est-à-dire, au bout de cinq ou six heures. On m'envoya chercher immédiatement, et en même temps elle s'efforça de vomir, mais sans pouvoir le faire. Je prescrivis de l'ipécacuana qui opéra lentement. Elle vomit, mais ce ne fut que plus de huit heures après avoir bu le lait, et elle ne rendit rien autre chose que de l'écume, des mucosités ou de l'eau; le lait avait été digéré. Je surveillai attentivement les suites de cette méprise, mais il ne survint rien d'extraordinaire, au moins pendant plusieurs mois (*).

On suppose aussi que le fœtus renfermé dans la matrice d'une mère vérolée peut recevoir d'elle l'infection. Je suis très-porté à en douter, tant à cause de ce que l'observation nous a appris sur les sécrétions, que parce que le pus qui est produit par l'inflammation syphilitique constitutionnelle n'est point capable de communiquer la maladie. Toutefois, on conçoit que l'enfant, dans le sein de sa mère atteinte de la syphilis, puisse être affecté, non, il est vrai, par suite de la maladie de sa mère, mais par une partie du même pus qui a infecté la mère et qui a été absorbé par elle; ce pus, en effet, soit après avoir fait naître l'action syphilitique dans les tissus de la mère, soit sans avoir produit cette action, peut être porté à l'enfant tel qu'il a été absorbé, et développer chez lui la même action morbide qu'il a développée ou qu'il eût développée chez la mère.

On a été plus loin encore. On a supposé qu'un enfant infecté de cette manière peut communiquer l'infection aux mamelles d'une femme saine en la tetant; voyons si cette transmission est possible. Il est à remarquer que le sang même d'un sujet syphilitique n'a aucune qualité contagieuse,

(*) Ces deux observations, conformes à tout ce qu'on sait de positif sur le mode de transmission de la syphilis et à ce qu'a prouvé l'expérimentation, sont bonnes à rappeler, à une époque où on a accueilli, sans commentaire, l'observation d'un homme qui, pour se venger de sa femme infidèle et punir son amant, imagina de lui communiquer une blennorrhagie en lui faisant prendre du lait auquel, tous les matins, il ajoutait du muco-pus blennorrhagique, provenant d'un écoulement qu'il avait contracté à cette seule fin !   P. RICORD.

et ne peut par l'inoculation donner la maladie à un sujet sain. Si ce sang pouvait faire naître dans une plaie saine l'inflammation syphilitique, aucun sujet ayant la matière vénérienne en circulation, c'est-à-dire, ayant la syphilis constitutionnelle, ne pourrait éviter un ulcère vénérien toutes les fois qu'il serait saigné ou qu'il se ferait une égratignure avec une épingle; les petites plaies ainsi produites se transformeraient en autant de chancres. En effet, que le pus vénérien soit placé à la pointe d'une lancette ou d'une épingle, les piqûres faites avec ces instruments deviennent des chancres (*).

(*) Hunter a parfaitement raison, lorsqu'il affirme que les accidents secondaires de la syphilis sont différents des accidents primitifs; mais cette différence est moins dans la forme matérielle que dans la qualité des sécrétions morbides. En effet, l'aspect d'un ulcère, son siége, l'époque de son apparition, le plus ou moins d'inflammation qui l'accompagne, et l'appréciation du mode d'action de la cause présumable qui le produit peuvent souvent tromper; mais les qualités du pus inoculable, dans le seul cas d'accidents primitifs, ne tromperont jamais pour établir la différence. Qui serait, aujourd'hui, dire que les effets locaux de la syphilis constitutionnelle sont d'une seule espèce, et toujours des ulcères lents dans leur marche et indolents, tandis que les accidents primitifs qui, selon le siége, se montrent ou sous la forme de la blennorrhagie, ou sous celle du chancre, s'accompagnent constamment dans leur marche plus rapide, d'inflammation et de douleur? En effet, quand on réfléchit bien à ce que j'ai déjà eu occasion de dire relativement aux accidents primitifs, à la diversité des tissus que peut affecter la vérole constitutionnelle, et aux formes secondaires ou tertiaires qui peuvent résulter du siége, des fonctions physiologiques des organes devenus malades, de la période à laquelle on observe l'accident, des complications possibles et des influences imprimées par une foule de modifications souvent appréciables, mais quelquefois inconnues, on reste convaincu que la règle générale posée par Hunter est susceptible de trop d'exceptions pour n'être pas mise en doute bien souvent.

Ce qui est vrai, c'est que les humeurs, dans la vérole constitutionnelle, ne jouissent pas des mêmes propriétés que le pus de l'ulcère primitif, qui seul peut s'inoculer. Ainsi, comme l'a très-bien démontré Hunter, ni le sang, ni la salive, ni le lait, ni les sueurs, ni le sperme d'une personne infectée ne peuvent contaminer les tissus sur lesquels on les dépose; et comme complément des excellentes raisons et des bonnes observations de Hunter, j'ajouterai les résultats encore plus positifs de l'expérimentation: l'inoculation, dans ces cas, a toujours été négative. Si on a pu croire à l'existence de faits opposés à cette doctrine, c'est que ces faits avaient été mal appréciés, quelle que soit l'autorité du nom qui les appuie, pas même celle de Bell. Sans doute que de la salive ou du sperme qui, en passant sur un ulcère primitif, s'imprègne de pus inoculable, pourra donner lieu aux résultats de l'inoculation; mais, sans ce mélange direct indispensable, il resterait sans effets.

Cependant le sang qui fournit les mêmes résultats est le véhicule du virus que produit l'accident primitif. Mais comme nous l'avons vu ailleurs, dès que le virus est entraîné par la circulation sanguine, il subit une modification en vertu de laquelle il ne peut plus s'inoculer, et s'il agit alors sur l'individu lui-même, ce n'est en quelque sorte qu'en passant par le crible des organes, qui ne s'affectent, dans cette nutrition vicieuse, qu'en raison de certaines susceptibilités inhérentes, soit à leur structure, soit à leur siége, à leur fonction, ou soit encore, et le plus ordinairement, en vertu des causes adjuvantes nécessaires sans lesquelles aucun accident n'a lieu; causes qui

§ II. *Comparaison du pus qui est fourni par les ulcères de la syphilis constitutionnelle avec celui qui provient des chancres et des bubons.*

Quand le pus a affecté la constitution, il produit consécutivement, dans diverses parties du corps, plusieurs effets locaux qui consistent en une espèce d'inflammation, ou au moins dans un accroissement d'action qui donne lieu à une suppuration *sui generis*. On suppose que le pus qui est produit par ces inflammations, semblable à celui qui provient de la gonorrhée ou du chancre, est également virulent et syphilitique. Je crois que cette opinion n'a jamais été repoussée : et au premier abord, on pourrait être porté à admettre que le pus en question est réellement syphilitique, car, d'un côté, le pus vénérien en est la cause productrice, et d'un autre, c'est le même agent thérapeutique qui guérit les deux maladies; ainsi, le mercure guérit le chancre et la syphilis constitutionnelle; cependant, cette circonstance n'est point une preuve décisive; car le mercure guérit plusieurs autres maladies que la syphilis. Mais d'un autre côté, il existe plusieurs raisons puissantes pour croire que ce pus n'est point vénérien. Il y a un fait curieux qui démontre que ce pus n'est point vénérien, ou que s'il l'est, il n'a pas la faculté d'agir, à certains égards, sur le même individu ou dans les mêmes conditions de la constitution, de la même manière que le pus qui est produit par un chancre ou par une gonorrhée : lorsque le pus produit par ces dernières affections est absorbé, il détermine généralement la formation d'un bubon, ainsi qu'on l'a vu plus haut; mais jamais on n'observe qu'il naisse un bubon de l'absorption du pus provenant d'un ulcère qui dépend d'une syphilis constitutionnelle. Par exemple, lorsqu'il y a un ulcère vénérien dans la gorge, il ne se forme aucun bubon dans les glandes du cou; lorsqu'il y a des ulcères vénériens sur les bras, ou même des nodus en suppuration sur le cubitus, on ne voit survenir aucun gonflement des glandes de l'aisselle; au contraire, ces gonflements glandulaires ont lieu si l'on applique du pus vénérien récent sur un ulcère commun du bras, de la main ou des doigts. Aucune tuméfaction ne se manifeste dans les glandes de l'aine consécutivement aux nodus ou aux taches syphilitiques des jambes et des cuisses. On peut supposer que ces ulcères ne donnent lieu à aucune absorption; mais une telle supposition ne me paraît nullement fondée.

expliquent l'époque du développement, le siége relatif, la forme, etc., des symptômes secondaires chez les différents individus.

Par le fait encore de l'empoisonnement du sang, et sous l'influence d'une nutrition viciée, on explique, comme le présentait bien Hunter, malgré ses doutes, la transmission de la syphilis constitutionnelle de la mère à l'enfant; transmission aujourd'hui prouvée et incontestable, car elle est démontrée par l'observation simple et directe des faits, et n'a pas besoin, comme dans le cas d'hérédité directe du père à l'enfant, sans que la mère ait été ostensiblement malade, de garanties uniquement morales fournies par celle-ci et qu'on peut très-souvent contester.

P. RICORD.

Dans les cas d'infection générale, le mode d'irritation ou l'action des parties affectées diffère beaucoup du mode d'irritation ou de l'action morbide qui est propre au chancre, à la gonorrhée, ou au bubon, car les symptômes constitutionnels s'accompagnent à peine d'inflammation, tandis que les symptômes primitifs en présentent généralement une intense.

On pourrait croire qu'un sujet dont la constitution est réellement et universellement affectée par la syphilis ne peut être affecté localement par du pus de même nature. Mais il paraît résulter des expériences suivantes, que le pus d'une gonorrhée ou d'un chancre peut affecter localement un homme qui est déjà atteint de syphilis constitutionnelle; et que le pus fourni par des ulcères vénériens qui ont leur origine dans la constitution ne jouit point de la même puissance.

Un homme avait été affecté longtemps de la maladie vénérienne et avait salivé plusieurs fois; cependant la maladie éclata de nouveau. Il entra à l'hôpital Saint-George, présentant un grand nombre d'ulcères syphilitiques constitutionnels. Avant de le soumettre à un traitement mercuriel, je fis l'expérience suivante : je recueillis un peu de pus de l'un des ulcères sur la pointe d'une lancette, et je fis sur la région dorsale, dans un endroit où la peau était lisse et saine, trois petites plaies assez profondes pour qu'il sortît un peu de sang. Ensuite, avec une lancette propre je fis une quatrième plaie semblable aux trois premières. Ces quatre plaies occupaient les quatre angles d'une surface carrée. Elles guérirent toutes également, et il ne resta de traces d'aucune d'elles.

Cette expérience, que j'ai répétée plus d'une fois, et toujours avec le même résultat, démontre qu'un sujet atteint de syphilis constitutionnelle ne peut être affecté localement par le pus qui provient des ulcères produits par cette maladie. Mais voulant savoir si le pus vénérien primitif peut produire des chancres sur un sujet syphilitique, je fis l'expérience suivante :

Un homme qui avait des taches vénériennes ulcérées sur plusieurs parties du corps, fut inoculé sur les parties saines de la peau avec du pus d'un chancre et avec du pus provenant de ses propres ulcères. Les plaies où l'on avait introduit du pus fourni par un chancre devinrent des chancres; mais les autres se guérirent. Voilà donc une constitution syphilitique qui a pu être affectée localement par du pus syphilitique récent. J'ai répété également cette expérience plusieurs fois, et toujours avec le même résultat.

Je fis inoculer un malade, à l'hôpital Saint-George, avec du pus recueilli sur un ulcère vénérien de la gorge bien caractérisé et avec du pus provenant d'une gonorrhée. Les effets furent semblables à ceux de l'expérience précédente, c'est-à-dire, que le pus provenant d'une gonorrhée produisit un chancre, mais que celui qui avait été pris sur l'ulcère de l'amygdale ne produisit rien.

Une femme, âgée de 26 ans, entra à l'hôpital Saint-George, le 21 août 1782, portant des ulcères sur les jambes et des taches sur le

corps. Son mari lui avait communiqué la maladie vénérienne en décembre 1781. Elle avait présenté alors pour symptômes, un écoulement
vaginal et un léger gonflement des glandes de l'aine, accompagné de
douleur. Elle avait pris quelques pilules qu'on supposa être des pilules
mercurielles. En février 1782, environ trois mois après l'infection,
l'écoulement s'arrêta; mais la tumeur glandulaire, qui n'avait cessé de
s'accroître graduellement depuis sa première apparition, était alors en
pleine suppuration. La malade employa localement un onguent qui lui
fut donné par son mari, et au bout de deux mois, en avril 1782, l'affection locale se guérit. Après la guérison du bubon, l'écoulement vaginal
se reproduisit, et elle fit usage des pilules qu'elle avait prises précédemment, mais en plus grande quantité. Après cette époque, il lui survint
des taches sur tout le corps; quelques-unes qui étaient situées sur les
jambes, sur les bras et sur les mamelons, s'ulcérèrent. Deux jumeaux
qu'elle eut à huit mois, en mars 1782, lorsque le bubon était en voie de
cicatrisation, portaient des taches sur le corps au moment de leur
naissance, et moururent bientôt après. Une petite fille d'environ deux
ans, qu'elle allaitait, était aussi couverte de taches quand elle entra à
l'hôpital.

Pour constater si les ulcères secondaires de cette femme étaient contagieux, c'est-à-dire, si le pus provenant de ces ulcères pouvait produire
les effets spécifiques du pus vénérien, je lui inoculai du pus recueilli sur
un de ses propres ulcères et du pus provenant d'un bubon développé
chez un autre malade qui n'avait point encore fait usage de mercure.
Cette expérience fut faite le 18 septembre 1782. Le 19, la piqûre dans
laquelle on avait inoculé du pus provenant de la malade elle-même, était
devenue douloureuse trois heures après l'inoculation, et elle s'enflamma
un peu le jour suivant. L'autre ne s'était pas enflammée du tout.

Le 20 septembre, les deux piqûres avaient suppuré, et offraient l'aspect
extérieur d'une pustule variolique; elles s'étendirent considérablement,
et s'accompagnèrent d'une vive inflammation. Celle qui avait reçu le pus
appartenant à la malade se guérit sous l'influence des cataplasmes ordinaires et des onguents sans mercure; mais l'autre, bien que traitée de
la même manière, resta dans le même état, s'accompagnant de beaucoup
de douleur et d'inflammation.

Le 22 septembre, l'enfant fut inoculé avec du pus provenant de ses
propres ulcères et avec du pus ordinaire. Les deux piqûres s'enflammèrent légèrement, mais ni l'une ni l'autre ne suppura.

La mère et l'enfant furent placés, le 21 octobre 1782, dans la salle
destinée aux traitements mercuriels. L'enfant ne prit point de mercure.
On crut remarquer que ses gencives devinrent un peu malades, et ses
taches se guérirent. Pendant que la mère faisait usage du mercure,
l'ulcère produit par l'inoculation prit une marche favorable et tous les
symptômes vénériens disparurent.

Que conclure de ce fait? Les taches étaient-elles vénériennes? Toutes
les circonstances connues de l'histoire de cette maladie nous portèrent

le penser, et cette opinion fut corroborée par l'influence du traitement. Si elles étaient réellement vénériennes, on trouve dans cette observation une preuve à l'appui de ma doctrine, qui admet que les symptômes constitutionnels de la syphilis ne produisent point un pus semblable à celui d'où ils tirent leur origine. Si elles n'étaient pas vénériennes, alors nous n'avons aucune règle absolue pour diriger notre jugement dans les cas de cette espèce.

On a pensé et affirmé d'après l'observation, que des ulcères formés dans la bouche d'un enfant par suite d'une syphilis constitutionnelle que l'on a supposé provenir de ses parents, peuvent faire naître la même maladie sur les mamelons de la femme qui lui donne à teter; c'est-à-dire, que les enfants seraient infectés par leur mère ou par leur père ayant la maladie sous forme de syphilis constitutionnelle, ce dont je me suis efforcé de démontrer l'impossibilité. Si l'infection était possible une seule fois de cette manière, elle serait possible un nombre de fois indéfini (*).

Je ne sais jusqu'à quel point les observations qui servent de base à l'opinion ci-dessus mentionnée ont été faites avec assez d'exactitude pour détruire celles que j'ai faites moi-même dans la vue de découvrir la vérité. Mais ayant soumis à une investigation plus attentive quelques-uns de ces cas qui étaient considérés comme vénériens par la plupart des hommes de l'art, il m'a paru évident qu'ils ne l'étaient point. Expliquer ce qu'ils étaient, ce serait entrer dans l'étude de maladies étrangères à notre sujet. L'observation suivante contribuera à diminuer notre confiance dans les récits de ces cas prétendus vénériens.

Avant de rapporter cette observation, je vais d'abord donner quelques renseignements qui s'y rattachent directement.

Il s'agit d'un enfant que l'on supposait avoir communiqué la maladie vénérienne à sa nourrice. Ses parents étaient mariés depuis douze ans quand il naquit. Son père était un mari très-tendre, et sa mère était une femme douce et très-affectueuse. Le père avait eu une gonorrhée vénérienne deux ans avant son mariage, c'est-à-dire, quatorze ans avant la naissance de l'enfant. Neuf mois environ après leur mariage, ils eurent un premier enfant, et plus tard un second, qui tous deux avaient une belle santé au moment de leur naissance et sont encore dans les mêmes conditions. La santé de la mère s'affaiblit, et à sa troisième grossesse, elle fit une fausse couche à la fin du cinquième mois. Le quatrième enfant naquit à sept mois; il était petit, faible, et était à peine recouvert d'épiderme en venant au monde. Immédiatement après sa naissance, il fut atteint d'une violente dyssenterie qui le fit mourir en peu de jours, et son corps fut ouvert par moi. Toute la peau ne présentait presque qu'une surface excoriée; les intestins offraient de l'épaississement et des traces d'une forte inflammation. A force de soins, cette femme réussit à porter son cinquième enfant jusqu'au huitième mois, et l'on conçut l'espoir qu'elle pourrait

(*) Voyez les notes de la partie VII.

aller jusqu'à terme, et que cet enfant serait mieux portant que le précédent. Au moment de sa naissance l'enfant était très-chétif, mais il ne présentait aucune maladie appréciable. Quelques jours après sa naissance son corps se couvrit dans un grand nombre de points de vésicules remplies d'une espèce de liquide, et qui en se rompant laissaient écouler un pus clair. Les mêmes vésicules se formèrent dans l'intérieur de la bouche. On administra du quinquina à la nourrice. On fit avaler à l'enfant du quinquina dans du lait, et l'on fit sur son corps des fomentations avec une décoction de quinquina. Mais trois semaines après sa naissance, l'enfant mourut.

Quelques semaines après la mort de cet enfant, le mamelon (*) de la nourrice et son aréole s'enflammèrent, et il s'y forma des ulcères à base circonscrite. On traita ces ulcères par des cataplasmes, mais sans succès. La malade se plaignit aussi d'avoir mal à la gorge; mais la sensation morbide accusée par elle avait son siége si bas dans le pharynx, que l'on ne put constater s'il existait une affection locale. Les glandes de l'aisselle se tuméfièrent, mais elles ne suppurèrent point. La malade s'adressa à un médecin qui, d'après le récit qu'elle lui fit, affirma que sa maladie était vénérienne, et qu'elle avait donné à teter à un enfant *pourri*. Il lui ordonna de faire des frictions sur les jambes et sur les cuisses avec dix pots d'onguent mercuriel, dont huit avaient été employés lorsque je la vis, et alors, sa bouche était grièvement affectée.

Ces faits vinrent à la connaissance de la famille, qui prit l'alarme. Le mari alla de chirurgien en chirurgien et de médecin en médecin, demandant s'il était possible qu'il eût conservé en lui la maladie vénérienne pendant quatorze ans, sans en avoir jamais offert un seul symptôme pendant tout ce temps, et s'il était possible qu'il donnât le jour maintenant à des enfants atteints de la syphilis, quand ses deux premiers enfants étaient parfaitement sains. Il voulait aussi savoir si sa femme pouvait avoir gagné la maladie de lui dans de telles conditions, et si elle pouvait mettre au monde des enfants atteints de cette maladie, bien qu'elle-même n'en eût jamais présenté un seul symptôme.

Si l'on considère toutes les circonstances ci-dessus mentionnées comme des faits réels, on doit en conclure qu'il n'y avait rien de syphilitique dans le cas en question. Mais comme elles ne pouvaient être établies d'une manière absolue, il doit rester du doute dans l'esprit, et il y a encore quelque chose à prouver.

Examinons maintenant le résultat de ce cas. Lorsque je vis la nourrice pour la première fois, sa bouche était grièvement affectée par le mercure. Je désirai que Pott la vît avec moi, et nous fûmes d'avis tous deux que les ulcères situés sur le mamelon et à l'entour n'étaient point vénériens. Mais il fut allégué que comme elle avait pris du mercure, on devait attribuer à cette circonstance l'absence de tout caractère syphilitique dans les ulcères. On administra le quinquina et la salsepareille,

______
(*) Elle n'avait qu'un sein qui donnât du lait.

mais les ulcères ne changèrent ni en bien ni en mal, et la bouche ne s'améliora point par la cessation de l'emploi du mercure. Je prescrivis la ciguë, mais ce médicament ne parut avoir aucun effet. En même temps, une éruption se manifesta sur la peau; la peau des mains et des doigts se détacha, les ongles des doigts et des orteils se séparèrent, et il se forma à leur racine des ulcères qui furent considérés par plusieurs médecins comme syphilitiques. Mais je repoussai cette opinion en considérant que quelques-uns de ces ulcères apparaissaient dans le temps même où la constitution était saturée de mercure, tandis que d'autres disparaissaient sans que l'on continuât l'usage de ce médicament. Nous soupçonnâmes que le genre de vie de la malade contribuait beaucoup à la continuation de sa première maladie et était la cause productrice des nouveaux symptômes, car elle était pâle et abattue. On lui conseilla d'entrer à l'hôpital, ce qu'elle fit. Dès qu'elle fut couchée dans un lit bien chaud, qu'elle eut une alimentation bonne et saine, son état commença à s'améliorer, et au bout d'environ cinq ou six semaines elle était grasse et presque entièrement rétablie; seulement l'ulcère qui était situé vers la racine de l'ongle du gros orteil n'était point cicatrisé; mais ce retard provenait évidemment de ce que la racine de cet ongle, qui était détachée, agissait comme un corps étranger. La malade quitta l'hôpital avant l'entière guérison de cet ulcère, et ayant repris sa vie misérable, elle eut une récidive de l'affection morbide de la bouche; cependant, elle finit par se rétablir sans avoir recours de nouveau au mercure.

Je reviendrai sur cette observation quand je traiterai des maladies qui ressemblent à la syphilis.

Le cas suivant est une nouvelle preuve que l'on considère souvent comme vénériennes des maladies qui ne le sont point en réalité.

Un homme avait depuis quelque temps des taches sur la peau; le visage, les bras, les jambes et les cuisses en présentaient en plusieurs endroits; elles étaient à diverses périodes d'intensité. Dans cet état, il vint me consulter, et je dois avouer que ces taches avaient une apparence très-suspecte. Je lui demandai ce qu'il pensait de ces taches; il me répondit qu'il les croyait vénériennes. Il n'avait point eu d'affection syphilitique primitive depuis plus d'un an. Ses taches existaient depuis plus de six mois. Comme cet espace de temps était suffisant pour que l'on eût pu faire sur ces taches des remarques plus propres à éclairer sur leur nature que leur simple aspect, je m'informai si parmi celles qui s'étaient montrées les premières, il y en avait qui eussent disparu au moment où il me consultait, et il me répondit que cela était arrivé à plusieurs; je lui demandai de me faire voir les endroits où ces dernières avaient été placées; et ces parties ne m'offrirent qu'un simple changement de coloration, semblable à celui qu'on observe communément après la cicatrisation de tous les ulcères superficiels. Alors, je lui déclarai que ses taches n'étaient point vénériennes, car si elles l'eussent été, aucune n'aurait disparu. Il m'apprit alors qu'il avait fait usage de mercure, et ce renseignement me força de pousser plus loin mes investigations. Je lui demandai donc si, tandis qu'il prenait du mercure, plusieurs des taches les premières formées s'étaient guéries : la réponse fut affirmative; si la guérison de ces taches avait été attribuée au mercure : la réponse fut affirmative également; si, tandis qu'il prenait du mercure qui avait paru en guérir quelques-unes, celles qui existent maintenant avaient pris naissance : cela était arrivé, en effet; combien de temps il avait fait usage du mercure : il en avait fait usage pendant six mois. Je déclarai de nouveau que ces taches n'étaient point vénériennes et qu'elles ne l'avaient jamais été. Je lui demandai enfin quelle était actuellement l'opinion de son chirurgien, et il me répondit qu'il considérait cette affection comme vénérienne et qu'il se proposait de continuer l'emploi du mercure. Je lui conseillai de ne prendre aucune espèce de médicament, de vivre bien, en évitant tout excès, et de revenir me voir au bout de trois semaines. Il revint, en effet, à cette époque, et il était parfaitement bien; seulement la peau présentait une légère altération de couleur dans les points qui avaient été occupés par les taches. Il me demanda alors ce qu'il lui restait à faire. Je l'engageai à aller prendre des bains de mer pendant un mois. Il suivit mon conseil; à son retour il était sain et bien portant, et il est resté depuis dans les mêmes conditions de santé (*).

(*) Édition de Home : « Rien n'est plus évident que les inconvénients qu'il y a à donner du mercure, quand l'affection n'est pas vénérienne, pour céder aux désirs du malade; en effet, c'est confirmer ses soupçons, nuire à sa constitution, et, quand le traitement échoue, lui donner à penser que sa maladie est incurable, puisque les symptômes n'auraient pas cédé au seul médicament capable, dans son opinion, de les dissiper. »

Ainsi qu'on a pu le voir dans des notes précédentes, les nombreuses expériences que j'ai faites confirment celles de Hunter. Le pus fourni par les accidents secondaires ne s'inocule pas. J'ai bien souvent rencontré des individus ayant en même temps des ulcères de syphilis constitutionnelle, une blennorrhagie sans chancre urétral, et un chancre d'une autre région à la période de progrès, et, tandis que les ulcères secondaires et la blennorrhagie donnaient des résultats négatifs, par l'inoculation, le pus du chancre produisait la pustule caractéristique déjà si bien observée par Hunter.

Les accidents secondaires sont rarement accompagnés d'engorgements glandulaires voisins; mais il y a des exceptions à cette règle, et souvent, pour certaines régions, l'engorgement des glandes précède; pour la peau du crâne, par exemple, l'engorgement des glandes cervicales.

Les accidents secondaires sont essentiellement vénériens; le chancre seul peut y donner lieu : seulement la cause subit ici une modification par laquelle, en perdant ses qualités inoculables, elle acquiert la propriété de se transmettre par voie d'hérédité.

Quand on sait la facilité avec laquelle les accidents primitifs se propagent de proche en proche par l'écoulement du pus virulent, ou par transport à l'aide des ongles, en se grattant ou autrement, on peut se rendre aisément compte d'un grand nombre de cas d'accidents réputés secondaires, et qui doivent de nécessité fournir

§ III. *De l'opinion qui considère comme critiques les effets locaux qui émanent de la constitution. — Fièvre symptomatique.*

Il n'est point certain que les éruptions ou les effets locaux de la syphilis constitutionnelle soient le résultat d'un effort de la nature pour se délivrer de cette affection morbide. J'ai dit que la gonorrhée pourrait bien être produite en vertu d'une loi générale de l'économie, qui consisterait en ce que celle-ci s'efforcerait de se débarrasser de toute irritation au moyen d'un écoulement, et j'ai ajouté que, dans cette hypothèse, la perte de substance qui est causée par le chancre serait destinée à remplir la même intention, bien qu'en définitive le but ne soit atteint ni dans un cas, ni dans l'autre, parce que la nature n'a point de ressources préparées contre le *poison* vénérien. Mais je ne sais si l'on peut admettre un pareil effort, dans la syphilis constitutionnelle. S'il en était ainsi, on pourrait attribuer l'impuissance de la constitution à se délivrer de cette maladie à la même cause que j'ai signalée quand j'ai traité des accidents vénériens primitifs, c'est-à-dire, qu'on pourrait supposer que le pus formé ici est vénérien, aussi bien que celui qui est produit par les accidents primitifs, de sorte que ce pus, étant absorbé par la surface même qui l'a sécrété, comme cela a lieu dans le chancre, pourrait entretenir la maladie constitutionnelle. Si cette théorie était l'expression exacte de la vérité, la syphilis serait bien différente de plusieurs autres maladies spécifiques; en effet, si plusieurs maladies spécifiques se guérissent d'elles-mêmes, c'est que l'irritation qui leur est propre ne peut durer au delà d'un certain temps, et, en outre, pour un certain nombre d'entre elles, que les malades ne sont pas susceptibles de les contracter une seconde fois, comme on le voit pour la petite vérole. Sans cette double circonstance, toute personne qui aurait contracté une fois la petite vérole en serait toujours affectée. En effet, d'après une première supposition, savoir, que la maladie serait entretenue par l'absorption de son propre pus, et d'après une seconde qui admettrait que l'irritation ne s'use point, le malade ne serait jamais délivré de la maladie, ou bien la maladie se renouvellerait d'une manière indéfinie, puisque le pus

du pus inoculable. Cela surtout est plus commun chez les enfants qu'on ne le pense, et explique les observations dans lesquelles ils ont transmis la syphilis à leur nourrice. Ajoutez à cela que chez les jeunes enfants, les accidents primitifs sont plus rapidement suivis des accidents secondaires, et qu'ils éprouvent très-vite la transformation *in situ* qui leur donne l'aspect des tubercules muqueux, aspect que les chancres du mamelon ne tardent pas non plus à prendre chez les nourrices. On a ainsi l'explication rationnelle du plus grand nombre de ces problèmes, si souvent insolubles quand on ne sait pas les analyser et qu'on se laisse tromper par des maladies étrangères à la vérole, pour les enfants, ou par des gerçures des seins plus ou moins irritées, chez les nourrices, au point même de déterminer des engorgements des ganglions axillaires; sans compter encore les cas où les deux individus (nourrice et nourrisson) sont préalablement infectés et s'accusent réciproquement plus tard.

P. RICORD.

II.

34

sécrété par le malade lui-même lui communiquerait la maladie une seconde fois, puis une troisième fois, et ainsi de suite (*).

Mais la matière vénérienne, quand elle a pénétré dans la constitution, donne naissance à une irritation qui a la propriété de se perpétuer indépendamment de toute continuation de l'absorption, et à laquelle la constitution n'a nullement la puissance de résister; de sorte que les progrès de la syphilis constitutionnelle ne s'arrêtent point. Cette circonstance fournit peut-être les meilleurs signes distinctifs de la syphilis constitutionnelle. En effet, on retrouve souvent une imitation de ses ulcères et de ses taches dans d'autres maladies qui, n'ayant pas la même propriété, se guérissent dans la partie qu'elles occupent actuellement pour reparaître dans d'autres; les maladies qui se comportent ainsi indiquent d'elles-mêmes qu'elles ne sont pas vénériennes. Cependant, parce que des maladies ne se guérissent point d'elles-mêmes et ne cèdent qu'à l'emploi du mercure, il ne faudrait pas toujours en conclure qu'elles sont vénériennes, bien que cette circonstance réunie à d'autres donne une forte présomption qu'elles le sont (**).

Les altérations locales de la syphilis constitutionnelle s'accompagnent ordinairement de fièvre, d'agitation ou d'insomnie, et souvent de céphalalgie. Mais je crois que ces symptômes se manifestent plus particulièrement quand la maladie affecte les parties du second ordre, savoir, le périoste et les os (pag. 160), bien qu'on les observe quelquefois quand les parties du premier ordre, c'est-à-dire, la peau, la gorge ou le nez, sont malades. Ces symptômes proviennent-ils de ce que les irritations locales affectent la constitution? sont-ils purement sympathiques? Quelle qu'en soit la cause immédiate, ils ne disparaissent jamais que lorsque les irritations locales sont détruites. Cette fièvre ressemble d'abord beaucoup à la fièvre rhumatique; et au bout d'un certain temps, elle participe beaucoup de la nature de la fièvre hectique.

Ces symptômes se manifestent souvent indépendamment de toute action locale, et sans en être accompagnés; il est très-difficile alors de reconnaître la véritable nature de la maladie, et dans les cas qui ne sont pas susceptibles d'une démonstration bien claire, il faut rassembler et étudier avec soin toutes les circonstances. Plusieurs de ces symptômes cèdent à l'emploi du mercure, et c'est peut-être la seule circonstance qui puisse nous porter à admettre qu'ils dépendent de la présence du virus syphili-

(*) Cette considération suffit pour démontrer l'impossibilité de voir deux fois la variole chez le même sujet, si ce n'est après un certain intervalle de temps, pourvu que la première éruption ait été complète; car si la constitution n'était pas modifiée par une première variole, de manière à n'être plus susceptible de la même irritation, les malades la contracteraient une seconde fois immédiatement après la cessation de la première.   JOHN HUNTER.

(**) On sait positivement que des accidents secondaires caractéristiques, non-seulement peuvent guérir par d'autres moyens que par le mercure, mais que souvent ils disparaissent seuls, dans un point, pour se reproduire dans un autre, et cela à plusieurs reprises et pendant des temps plus ou moins longs.   P. RICORD.

tique (*). Ce qui paraît, il est vrai, s'élever contre cette manière de voir, c'est que, le plus souvent, il suffit, pour la guérison de ces symptômes, d'une quantité de mercure beaucoup moins considérable que celle qui est nécessaire pour la guérison des affections vénériennes locales. Mais si le mercure les guérissait toujours, il importerait peu de savoir quel nom on doit leur donner. La question qui est digne d'être éclaircie, c'est celle de savoir si le *poison* vénérien, quand il a pénétré dans la constitution, produit toujours, ou seulement dans certains cas, des effets locaux. Il est certain qu'il produit ces effets en général; mais il n'est pas certain qu'il puisse causer seulement des symptômes constitutionnels, tels que la perte de l'appétit, l'amaigrissement, la débilité, l'insomnie et une fièvre qui finit par prendre le caractère de la fièvre hectique. Il n'est pas plus certain qu'il puisse produire des actions morbides locales, seulement par irritation et sans altération de la structure des parties irritées, comme seraient la toux, une sécrétion morbide des bronches, la diarrhée, la céphalalgie, des nausées, des douleurs semblables aux douleurs rhumatismales dans diverses parties du corps, symptômes qui ne dépendraient pas de l'évolution d'une altération de tissu comme dans les nodus commençants. Si de tels symptômes se présentaient, il faudrait s'en rapporter entièrement à l'histoire de la maladie, et prononcer selon les probabilités. Les maladies de cette espèce sont soumises moins souvent à l'observation des chirurgiens qu'à celle des médecins, à l'attention desquels je les recommande vivement.

La fièvre qui est consécutive à l'irritation vénérienne, de même que la plupart des autres fièvres, trouble la constitution, qui, sous cette influence, souffre d'une manière conforme à sa tendance naturelle. Elle peut produire des gonflements glandulaires dans plusieurs parties du corps, et il est probable que plusieurs des nodus qui se forment pendant la durée de cette fièvre ont en elle leur point de départ. De même que tous les effets morbides analogues, quelle qu'en soit la cause, ces accidents locaux ne participent pas de la nature de la maladie qui les a fait naître, car ils ne sont point vénériens. Ils ne se manifestent que dans les constitutions très-susceptibles d'une telle action, lorsque la cause prédisposante est forte, et probablement dans les saisons qui sont les plus propres à produire cette action morbide, la disposition n'attendant plus alors qu'une cause immédiate pour se transformer en action. Les affections de cette espèce se dissipent d'elles-mêmes quand cesse la cause prédisposante, comme la saison (**).

(*) Il est bien entendu que la circonstance d'une gonorrhée ou d'un chancre qui aurait existé antérieurement ne doit pas être considérée comme une preuve bien forte.   John Hunter.

(**) Ici, dans ce qu'il appelle les symptômes généraux ou sympathiques, Hunter a quelquefois pris l'effet pour la cause, comme dans ce qui a trait au nodus. En effet, on voit bien plus souvent les nodus se développer sans fièvre, que précédés de ce symptôme, dans la succession régulière des accidents syphilitiques.   P. Ricord.

§ IV. *La syphilis primitive et la syphilis constitutionnelle n'exercent jamais l'une sur l'autre aucune influence.*

J'ai fait observer, en traitant de la gonorrhée et du chancre, que lorsque ces deux formes de la maladie se développent chez le même malade, l'une des deux n'accroît point les symptômes de l'autre, et n'en retarde point la guérison. De même, lorsque le chancre ou la gonorrhée et la syphilis constitutionnelle s'établissent chez le même sujet, les deux affections n'exercent l'une sur l'autre aucune influence réciproque, soit pour les symptômes, soit pour la guérison.

Pour mettre davantage en lumière la pensée que je viens d'exprimer, je rappellerai que si, chez un homme qui a une gonorrhée, il survient un chancre au bout de quelques jours, l'apparition du chancre n'augmente ni ne diminue la gonorrhée. De même, si un homme est atteint d'une gonorrhée ou d'un chancre, ou de tous les deux, et qu'il survienne chez lui une syphilis constitutionnelle comme conséquence de l'une ou de l'autre de ces deux affections primitives, la gonorrhée ou le chancre n'en reçoit aucune influence. Qu'un homme atteint de syphilis constitutionnelle contracte une gonorrhée ou un chancre, ou les deux, ces dernières affections n'exercent aucune influence sur la syphilis constitutionnelle, et leurs symptômes propres n'en sont point plus graves. La guérison de chacune des affections prise isolément n'est point retardée par la présence de l'autre ; en effet, la gonorrhée est guérie aussi facilement quand il y a des chancres que quand il n'y en a point, lors même qu'on ne dirige aucun moyen thérapeutique contre ceux-ci ; et le chancre peut être guéri localement indépendamment de la gonorrhée. En outre, la gonorrhée, le chancre, ou les deux réunis, peuvent être guéris aussi facilement quand la constitution est infectée soit par eux, soit antérieurement à leur manifestation, que lorsque le sujet est dans un état parfait de santé ; mais le chancre a cet avantage, que la constitution ne peut être guérie sans qu'il le soit en même temps.

Il est vrai que la gonorrhée et le chancre, ainsi que je l'ai dit plus haut, agissent l'un sur l'autre de telle sorte, que l'un peut jusqu'à un certain point prévenir la manifestation de l'autre ; mais je ne crois pas que cette influence réciproque agisse dans la curation de ces deux maladies. Cependant, je conçois la possibilité d'un tel résultat, en considérant que chacune de ces deux maladies peut agir comme un dérivatif par rapport à l'autre, sans accroître son propre mode spécifique d'action.

§ V. *De la prétendue terminaison de la syphilis constitutionnelle en d'autres maladies.*

Jamais la syphilis constitutionnelle ne se mêle ou ne se confond avec d'autres maladies, jamais elle ne se termine en une autre affection ; au moins cela est-il extrêmement rare, bien qu'on ait prétendu le contraire. En effet, la terminaison d'une maladie en une autre, ainsi que je la comprends cette expression, doit toujours être la guérison de celle qui se termine dans l'autre ; or, la maladie vénérienne ne cesse jamais, tant qu'on ne lui a pas appliqué son remède propre ; elle ne peut donc pas s'absorber dans une autre maladie quelle qu'elle soit.

Il est très-probable que les affections vénériennes peuvent devenir la cause de diverses autres affections. J'ai vu un chancre agir comme cause immédiate d'une inflammation érysipélateuse ; mais la maladie vénérienne ne s'est point terminée dans cette inflammation, car alors le chancre eût été guéri ; l'inflammation érysipélateuse n'était pas non plus vénérienne ; le chancre agit ici seulement comme un irritant ordinaire, indépendamment de la qualité spécifique de la maladie. J'ai vu un bubon vénérien devenir un ulcère scrofuleux dès que le *poison* vénérien eut été détruit par le mercure. Ce n'était point une affection vénérienne se terminant en une affection scrofuleuse, car, sous un tel point de vue, l'affection scrofuleuse aurait dû guérir l'autre. La maladie vénérienne semble seulement participer de la nature des troubles morbides auxquels la constitution était préalablement disposée, et avoir la faculté d'exciter à l'action les causes de ces troubles morbides. La même remarque et le même raisonnement s'appliquent également aux autres maladies. Toutefois, les symptômes ordinaires de la syphilis constitutionnelle, bien qu'en rapport jusqu'à un certain point avec l'état de la constitution, ne sont pas soumis à cette influence autant que le chancre et la gonorrhée, parce que la syphilis constitutionnelle ne s'accompagne que de très-peu d'inflammation. Or, de toutes les actions morbides, c'est l'inflammation qui participe le plus de la nature de la constitution.

§ VI. *De la distance spécifique de l'inflammation vénérienne.*

J'ai déjà dit que plusieurs maladies spécifiques, ainsi que celles qui naissent d'un *poison*, ont leurs effets locaux limités à une certaine distance, que j'ai appelée leur *distance locale spécifique*. L'observation nous apprend que l'irritation et l'inflammation vénériennes, de quelque espèce qu'elles soient, sont soumises à cette loi, car il est rare qu'elles s'étendent beaucoup au delà de la surface qui a reçu la cause de la maladie, les parties voisines n'ayant pas de tendance à entrer en sympathie, ou ne contractant pas facilement cette espèce d'inflammation. C'est pour cela qu'on voit des gonorrhées rester pendant des semaines limitées à un seul point de l'urètre chez des hommes, et pendant des mois dans le vagin chez des femmes, sans prendre aucune extension dans l'un et l'autre cas. De même, dans le chancre, l'inflammation est limitée au siège de l'ulcère et n'est point aussi diffuse que dans les cas où l'ulcère est l'effet d'une lésion commune. Ce qui prouve encore ce fait, c'est que l'inflammation est également confinée aux glandes de l'aine, dans les cas de bubons, jusqu'à ce qu'il s'y forme du pus ; ce pus agissant alors comme un irritant ordinaire, l'irritation spécifique s'efface en partie, et l'inflammation devient un peu plus diffuse, comme il arrive dans l'inflammation commune. La même loi s'applique aux ulcères vénériens qui ont leur point de départ dans la constitution : à leur début, leur étendue est très-peu considérable et ils sont purement locaux; à mesure que la maladie augmente, leur largeur s'accroît, mais ils restent encore circonscrits et ne deviennent point diffus. Peut-être tous les *poisons* et toutes les maladies spécifiques jouissent-ils de cette propriété commune, d'avoir leur inflammation limitée et circonscrite d'une manière qui leur est propre. On observe, en effet, que dans la variole, dans la rougeole et dans la petite vérole volante, l'inflammation est circonscrite d'une manière particulière pour chacune de ces maladies. De là, on doit conclure que le corps humain, en général, n'est pas aussi susceptible des irritations spécifiques que des irritations communes, qu'on peut appeler irritations *naturelles*. Mais il faut remarquer aussi que, dans les constitutions très-saines, l'inflammation commune a elle-même sa distance spécifique, bien qu'elle ne soit point aussi déterminée, aussi circonscrite que celle de l'inflammation spécifique dans les mêmes constitutions. On peut donc raisonnablement admettre que les constitutions très-saines sont celles qui ont le moins de disposition pour l'action inflammatoire, et, à plus forte raison, pour l'action inflammatoire spécifique. Ce qui vient à l'appui de cette idée, c'est que plus la constitution a de facilité pour contracter l'inflammation, et plus celle-ci a de tendance à s'étendre, chaque partie se montrant susceptible de cette action morbide. De même, on observe chez beaucoup de sujets que l'inflammation spécifique tend également à s'étendre; mais son extension n'est point aussi considérable que celle de l'inflammation ordinaire, d'où l'on peut conclure que l'inflammation spécifique est toujours liée à un mode d'action plus circonscrit. Je soupçonne que lorsque le corps est disposé à l'extension de l'inflammation au delà de la distance spécifique, l'inflammation est de nature érysipélateuse, ainsi que je l'ai déjà dit, et c'est une circonstance à laquelle il faut faire attention dans le traitement.

§ VII. *Des parties qui sont le plus susceptibles de la syphilis constitutionnelle; de l'époque à laquelle elles sont affectées, et du mode suivant lequel elles manifestent la maladie. — Ce qu'on doit entendre par infection, disposition et action. — Résumé.*

Lorsque j'ai indiqué les causes qui établissent entre les effets du même *poison* appliqué sur deux surfaces différentes, une différence telle, que dans un cas il en résulte une gonorrhée et dans l'autre un chancre, j'ai dit que je ne savais pas si les surfaces similaires sont dans toutes parties du corps également susceptibles de l'irritation syphilitique primitive, car je ne possède qu'un petit nombre d'essais comparatifs sur l'application directe du *poison* à d'autres parties que celles de la génération. Mais pour la syphilis constitutionnelle, il paraît qu'il est des parties qui en sont beaucoup moins susceptibles que les autres; et même, il en est plusieurs qui, autant qu'on peut en juger dans l'état actuel de nos connaissances, n'en sont pas susceptibles du tout. Jusqu'à présent, je n'ai point vu l'affection syphilitique dans toutes les parties du corps; je ne l'ai point observée dans le cerveau, dans le cœur, dans l'estomac, dans le foie, dans les reins, ni dans les autres viscères, bien que les auteurs aient décrit des cas de cette espèce. Comme l'époque d'apparition des symptômes syphilitiques constitutionnels varie suivant les parties qui en sont le siége, et que les malades cherchent ordinairement du soulagement, soit à la première, soit à la seconde manifestation, on peut supposer que toute la maladie qui s'est développée dans les parties actuellement affectées, est guérie avant que les autres parties aient eu le temps de contracter l'action morbide; de sorte que, dans ces dernières, l'affection syphilitique serait guérie à l'état de simple disposition, si l'on peut concevoir que la guérison d'une maladie puisse s'opérer avant que les parties aient manifesté l'action morbide. Mais si les parties visiblement affectées sont guéries, tandis que celles qui n'ont que la disposition ne le sont point, et que l'action se développe ensuite dans ces dernières, celles-ci constituent un second ordre de parties, sous le rapport de l'époque d'apparition de la maladie; et si, les parties du second ordre étant guéries, d'autres parties qui étaient également à l'état de disposition passent à celui d'action, elles forment un troisième ordre, toujours au point de vue de l'époque d'apparition des symptômes. On a cru voir les poumons affectés par la maladie vénérienne, tant à cause des circonstances qui avaient précédé la maladie, que parce que celle-ci avait été guérie par le mercure; si ces viscères sont affectés par la syphilis, tandis que les autres ne le sont pas, cela peut provenir de ce qu'ils constituent en quelque sorte une surface externe, ainsi que je l'expliquerai ci-après.

C'est donc la forme constitutionnelle de la syphilis qui nous donne la susceptibilité comparative des parties pour la disposition et pour l'action syphilitiques; car on doit admettre que toutes les parties sont exposées également et en même temps à l'influence du *poison*. Mais bien qu'il y ait divers degrés de susceptibilité, il suffit pour la pratique d'en admettre deux, auxquels on peut en ajouter un intermédiaire; j'appellerai *parties du premier ordre*, celles qui appartiennent au premier degré, et *parties du second ordre*, celles dont la susceptibilité ne vient qu'en seconde ligne.

On ne peut déterminer d'une manière absolue si les parties qui en réalité manifestent les premières la syphilis constitutionnelle sont naturellement plus faciles à affecter par l'irritation syphilitique, ou si cela dépend de quelque autre circonstance qui leur soit propre. Il semble résulter d'un examen attentif de ce sujet, que cette manifestation plus prompte de la maladie est due à quelque chose qui est étranger à la constitution et qui ne dépend pas davantage de la nature intime des parties. En effet, si l'on embrasse d'un coup d'œil toutes les parties qui sont affectées les premières par la syphilis, quand elle est constitutionnelle, et que je suppose être les parties qui ont le plus de susceptibilité pour elle, on voit que, dans l'état récent de la maladie, ces parties sont sujettes à une affection commune; or, il y a des parties similaires qui ne sont point affectées par la maladie, et qui ne sont point sujettes à cette affection commune. Il est très-possible que les parties du second ordre soient naturellement aussi susceptibles de l'irritation syphilitique que celles du premier ordre; mais n'étant pas sous l'influence d'une cause excitante, elles contractent l'action plus tard. Il est probable que ce retard reconnaît aussi d'autres causes qui dépendent de la nature même des parties; si, par exemple, ces parties sont indolentes dans toutes leurs actions, elles le sont également dans celle-ci, et l'évolution de la maladie doit s'y faire plus tardivement. Cependant, les parties que j'ai appelées du premier ordre ne le sont pas dans tous les cas sans exception; quelquefois, mais rarement, les ordres sont intervertis.

On ne peut pas supposer que la différence des époques d'apparition de la syphilis constitutionnelle dans les diverses parties dépende d'une force active du *poison*, ni d'une direction particulière qu'il aurait suivie; elle ne peut provenir que de certaines propriétés des parties elles-mêmes On doit accorder, en effet, que lorsque le *poison* vénérien a pénétré dans la circulation, il agit sur toutes les parties du corps avec la même force, c'est-à-dire, qu'il n'est déterminé par aucune force générale ou particulière de la machine animale à se rendre vers telle partie plutôt que vers telle autre; on ne voit rien non plus dans la nature du *poison* qui doive le porter plus facilement dans une partie du corps que dans une autre, quand elles sont toutes dans des conditions semblables. Il faut donc reconnaître que certaines parties sont affectées plus facilement que les autres par le virus syphilitique, en vertu de circonstances qui ne dépendent ni des lois de l'économie vivante, ni des propriétés du virus, et qu'il en est qui ont une plus grande tendance que les autres à être irritées par lui.

Les parties qui sont affectées par la syphilis constitutionnelle, quand elle est dans sa première période ou manifestation, et que j'ai appelées les parties du premier ordre, sont la peau, les amygdales, le nez, la gorge, la surface interne de la bouche et quelquefois la langue (*). Quand la maladie est dans sa seconde période, le périoste, les aponévroses et les os contractent l'action syphilitique; ce sont les parties du second ordre. Peut-être les os manifestent-ils la maladie par suite de l'affection morbide de leur membrane.

Afin de pouvoir expliquer jusqu'à un certain point comment il se fait que des parties de nature si diverse, comme la peau et les amygdales, produisent les mêmes effets quant à l'époque d'apparition des phénomènes morbides, examinons s'il n'est point quelque circonstance qui soit commune à ces parties, et recherchons pourquoi elles se montrent plus susceptibles de l'irritation syphilitique que d'autres parties, telles

---

(*) La langue est très-sujette à se couvrir d'ulcères, surtout sur ses bords; ces ulcères sont rarement très-larges; ils ne présentent pas souvent non plus une surface putride ou une base indurée. On les considère ordinairement comme vénériens; mais je crois qu'ils le sont rarement. Je ne sais si je connais suffisamment les caractères distinctifs des ulcères vénériens et non vénériens de la langue; mais je n'en ai jamais vu qu'un que j'aie soupçonné d'être vénérien ou cancéreux, à cause de son aspect putride et de sa base indurée. Il céda facilement au mercure, de sorte que je supposai qu'il était de nature vénérienne.   J. HUNTER.

que le périoste, les aponévroses et les os, qui probablement le sont naturellement autant, quoiqu'elles n'en soient pas aussi facilement affectées.

La circonstance la plus remarquable sous le point de vue qui nous occupe, c'est qu'il est une influence à laquelle la surface externe du corps est soumise, tandis que les parties internes y sont soustraites. Cette influence c'est celle du froid, ou plutôt d'une succession de différents degrés de froid. En général, l'atmosphère dans laquelle nous vivons présente une température plus basse que la température ordinaire du corps humain (*); de sorte que la peau, etc., est continuellement exposée à une température plus froide que les organes internes. Or, il est à remarquer que les parties qui sont le plus rapprochées du contact de l'air extérieur sont celles qui sont le plus facilement affectées par la syphilis et qui contractent le plus promptement l'action vénérienne.

Il est certain que le froid a une action très-puissante sur l'économie animale. Au moins paraît-il avoir une grande influence pour disposer le corps de l'homme à recevoir l'irritation vénérienne et à en manifester promptement les phénomènes morbides.

D'après cette remarque, on peut se rendre compte de plusieurs circonstances propres à la syphilis. Ainsi, la bouche, le nez et la peau sont les parties le plus souvent affectées par cette maladie, parce que l'influence qui vient d'être indiquée leur donne plus de susceptibilité pour elle; et la même raison fait que ces organes manifestent très-promptement l'action morbide.

Si l'on admet l'exactitude de cette explication, elle rend compte également de l'évolution de la maladie dans les parties du second ordre. En effet, si le *poison* a porté l'infection dans les parties qui sont les premières à la fois pour la susceptibilité et pour l'époque à laquelle l'action s'y manifeste, comme les surfaces externes, il est naturel de supposer que ces parties, qui sont les plus prédisposées, contracteront l'action les premières; les parties qui sont exposées au froid en seconde ligne, et qui forment les parties du second ordre, comme les os, le périoste, etc., entreront ensuite en action. Parmi ces dernières parties, l'époque d'apparition n'est pas la même pour tous les os, ni pour toutes les parties du même os; car la maladie apparaît d'abord dans les os, et même dans les parties des os, sur lesquels l'application du froid à la peau exerce l'influence sympathique la plus puissante. Ainsi, quand les parties profondément situées, c'est-à-dire les parties du second ordre, telles que le périoste et les os, manifestent l'action morbide, ce sont d'abord celles qui sont le plus rapprochées de la surface externe du corps, comme le péricrâne ou les os de la tête, le

(*) Il est bien entendu que cette assertion n'est pas universellement vraie; elle ne peut s'appliquer qu'aux régions froides ou tempérées; car sous la zone torride la température de l'atmosphère ambiante est quelquefois plus élevée que celle du corps humain.

John Hunter.

tibia, le cubitus, les os du nez, etc.; et ces parties ne se montrent pas affectées à la même époque dans tous leurs points, mais d'abord dans ceux qui sont le plus voisins de la surface extérieure. Toutefois, il paraît que pour les os, il est une autre cause, indépendamment des vicissitudes atmosphériques, qui agit sur la manifestation de la syphilis dans leur tissu; car le périoste et les os eux-mêmes ne sont pas susceptibles d'être affectés dans toutes leurs parties en raison de la proximité des téguments communs. Le périoste qui recouvre les malléoles et celui de diverses articulations sont aussi rapprochés de la surface externe que plusieurs autres portions de périoste et plusieurs os qui cependant sont affectés. Mais les os qui sont couverts par ce périoste diffèrent des autres dans leur structure; ils sont d'un tissu plus mou. De cette considération il semble résulter que les os sont affectés par la syphilis, en raison composée de leur proximité de la peau et de la dureté de leur tissu, et cela me porte à croire que les os sont plus facilement affectés que le périoste, et que ce sont eux qui, dans le développement de cette maladie, exercent une certaine influence sur ce dernier, plutôt que lui sur eux. Cette susceptibilité des os durs pour la syphilis, paraît être en raison composée de la quantité de terre calcaire qu'ils renferment et de l'influence que le froid peut exercer sur eux.

On peut objecter à cette théorie, que la partie antérieure du tibia, etc., ne peut être en réalité plus froide que sa partie postérieure. Mais on peut supposer qu'il n'est pas nécessaire que la partie soit actuellement froide, et qu'il suffit qu'elle soit dans la sphère d'action de la sympathie qui émane de l'influence du froid. Une partie qui n'est pas actuellement froide peut être affectée par sympathie avec une partie froide, avec moins d'intensité peut-être, de sorte qu'il lui faudra plus de temps pour entrer en action, mais de la même manière que si elle était actuellement froide. On remarque, par exemple, que quand la peau est actuellement froide, les muscles sous-jacents deviennent le siége d'une action alternative, qui fait que nous tremblons et que nos dents claquent; et cependant il est possible que ces muscles ne soient pas plus froids alors qu'à toute autre époque, bien qu'il y ait tout lieu de croire qu'ils le sont en réalité (*), et que par là l'action de la sympathie est favorisée. De même que le froid peut affecter les actions des parties sur lesquelles il agit directement, de même aussi les parties sympathisantes sont affectées en proportion de leur voisinage plus ou moins rapproché des parties actuellement froides. Voilà pourquoi les parties les plus profondément situées sont les dernières à manifester l'action syphilitique.

Les parties actuellement froides manifestent les premières l'action morbide; viennent ensuite celles qui le sont moins; puis, celles qui sont le plus étroitement liées par la sympathie, et ainsi de suite, à moins que les parties qui sont les premières dans l'ordre de la susceptibilité n'aient été guéries d'une manière incomplète; alors, le retour de l'action morbide

(*) Voyez *Transactions philosophiques*, t. LXVIII, partie I, pag. 7.

chez elles peut correspondre avec la manifestation de l'action morbide chez celles qui sont les secondes dans l'ordre de la susceptibilité, de telle sorte que toutes les parties soient en action à la fois. Ce qui semble fortifier cette opinion, c'est la différence qu'amène dans les effets morbides la différence des climats. Dans les climats chauds, la maladie vénérienne ne s'élève que rarement, ou même jamais, au même degré d'intensité qu'elle atteint dans les climats froids. Elle est plus lente dans ses progrès et beaucoup plus facile à guérir, au moins si je m'en rapporte aux récits qui m'ont été faits sur cette maladie observée dans les climats chauds.

Je ne sais si dans ces derniers climats la différence qui existe entre les parties superficielles et les parties profondes, sous le rapport de l'époque d'apparition de la maladie, est la même que dans les climats froids; mais d'après la théorie exposée ci-dessus, elle ne doit pas être aussi prononcée.

Outre les causes déjà mentionnées, il paraît qu'il en est d'autres qui contribuent à développer l'action de la syphilis constitutionnelle plus tôt que si les choses étaient entièrement abandonnées à la seule influence de la nature de la constitution. Je crois, en effet, avoir observé des cas où la disposition syphilitique, formée antérieurement, a été transformée en action par une affection fébrile. De même que la plupart des autres maladies, pour lesquelles il existe une susceptibilité ou une disposition, la syphilis constitutionnelle peut être développée par un trouble quelconque de la constitution. Les scrofules, la goutte et le rhumatisme sont souvent mis en action de cette manière.

J'ai dit que les parties profondément situées manifestent l'action syphilitique plus tard que les parties superficielles; je ferai remarquer maintenant que quand la syphilis constitutionnelle a été guérie suffisamment pour que les premières actions aient été détruites, mais pas assez complétement pour que la disposition qui a son siége dans les parties profondes, ainsi qu'il a été expliqué plus haut, ait été déracinée, la maladie n'attaque jamais une seconde fois les parties externes, c'est-à-dire, celles qui ont été affectées les premières; elle ne se montre que dans les parties profondes, qui sont les parties du second ordre. La raison de ce fait, c'est que les parties profondément situées ne sont pas affectées de l'action morbide dans le moment de la guérison des premières.

Les observations suivantes, que j'ai choisies parmi un grand nombre d'observations semblables, viennent à l'appui des doctrines que j'ai exposées.

A. B. eut commerce avec une femme en janvier 1781, et deux jours après, il éprouva une démangeaison au gland; au bout de quatre jours, il reconnut des chancres sur le prépuce; il prit environ vingt grains de calomel, et s'adressa ensuite à un chirurgien aux soins duquel il resta confié pendant trois mois, c'est-à-dire jusqu'en avril. Se croyant alors à peu près guéri, il partit pour la campagne, emportant avec lui quelques pilules, et un mois plus tard, il se considéra comme parfaitement délivré de sa maladie. Trois mois après cette époque, c'est-à-dire en août, il contracta un rhume et fut pris d'une fièvre intense pour laquelle on lui fit prendre la poudre de James. Peu de temps après, des taches de couleur cuivrée se montrèrent sur ses jambes et il éprouva de vives douleurs dans les tibias. Sur la prescription d'un chirurgien de la campagne, il employa en frictions environ une once d'onguent mercuriel, ce qui lui causa une légère salivation. Les douleurs cessèrent, les taches disparurent, et au bout d'un mois, il se crut encore complétement guéri. C'était en octobre 1781. En juin 1782, il eut la grippe. Environ une quinzaine de jours après, son œil gauche s'enflamma, et il fut pris de céphalalgie et de bourdonnements d'oreilles. Au bout de cinq jours, sa gorge devint douloureuse. Trois semaines après l'inflammation de l'œil, plusieurs pustules apparurent aux environs de l'anus. Ces symptômes persistèrent jusqu'à l'entrée du malade à l'hôpital Saint-George, le 21 août. Il fit des frictions avec l'onguent mercuriel jusqu'à ce que sa bouche fût affectée; il sua beaucoup. La céphalalgie persista; mais la maladie de l'œil, les pustules de l'anus et le mal de gorge disparurent totalement.

Il paraît que, dans ce cas, il fallait une force ou une cause additionnelle pour disposer le corps à manifester les symptômes vénériens. J'ai admis que le froid a une action puissante dans ce sens, et c'est lui, en effet, qui a agi chez ce malade, comme cause immédiate de la première manifestation de la syphilis constitutionnelle; mais une fièvre paraît avoir été également efficace pour produire la seconde manifestation des symptômes.

Ici, la disposition vénérienne resta dans la constitution depuis le mois d'avril 1781, époque où les symptômes locaux furent guéris, jusqu'en juin 1782, c'est-à-dire pendant quatorze mois; elle donna des signes de son existence, d'abord trois mois après la guérison complète des accidents primitifs, puis onze mois après cette première manifestation; et ces périodes auraient pu être plus longues si le développement des symptômes n'avait été provoqué par l'influence du froid et par celle d'une affection fébrile.

Examinons jusqu'à quel point ce fait se trouve en harmonie avec l'opinion que j'ai émise, savoir, que l'action morbide est plus facile à guérir que la disposition. La première action, c'est-à-dire les chancres, fut parfaitement guérie par la quantité de mercure dont le malade fit usage d'abord, car ces chancres ne récidivèrent jamais. Toutefois, le pus vénérien avait produit la disposition dans la constitution, et cette disposition ne fut point guérie par la même quantité de mercure, car il parut des taches cuivrées trois mois après. Mais les parties qui avaient reçu la disposition ne devinrent pas toutes à cette époque le siége de l'action, et celles qui contractèrent alors l'action furent les seules guéries par le second traitement mercuriel, tandis que les autres, qui n'avaient pas encore manifesté cette même action syphilitique, restèrent avec la disposition, jusqu'à ce que la grippe, qui survint onze mois après, les eût provoquées à entrer en action. La première série de symptômes syphilitiques constitutionnels fut parfaitement guérie par le second traitement mercuriel, de même que les accidents locaux primitifs l'avaient été par le premier traitement, car ils ne se reproduisirent point, pas même avec ceux de la seconde série. La seconde série de symptômes constitutionnels parut être parfaitement guérie par le troisième traitement. Le temps peut seul nous apprendre s'il y a une troisième série de symptômes constitutionnels dont la manifestation puisse être provoquée également.

Ce cas prouve en outre que la seconde série des symptômes constitutionnels peut quelquefois apparaître la première, et la première se montrer la seconde. Il montre aussi combien peuvent être différents l'espace de temps qui sépare l'apparition des premiers symptômes constitutionnels de la guérison des accidents primitifs, et celui qui sépare l'apparition des seconds symptômes constitutionnels de la guérison des premiers.

Un homme contracta un chancre en mai 1781; le même mois de l'année suivante, 1782, il eut une gonorrhée; en mai 1783, sa gorge devint malade. Il n'avait eu aucune relation sexuelle depuis le mois de septembre 1782 jusqu'au mois de mai 1783, environ quinze jours avant que sa gorge devînt malade, et il n'avait eu alors aucune affection locale primitive.

Lorsque je visitai la gorge de ce malade pour la première fois, j'affirmai que la maladie dont elle était le siége n'était point vénérienne; et comme il était d'une constitution hectique, je lui conseillai d'aller à Bristol. Pendant son séjour dans cette ville, il apparut à la racine de la luette un ulcère qui le fit revenir à Londres immédiatement. En voyant cet ulcère, je déclarai qu'il était vénérien. Le malade fut soumis alors à un traitement mercuriel que je supposai suffisant, et tous les symptômes parurent être guéris (*). Il partit pour la campagne vers le mois d'août, et vers le commencement de janvier 1784, c'est-à-dire quatre mois après la prétendue guérison, il éprouva de la douleur dans les tibias, qui en même temps devinrent le siége d'une tuméfaction. Ces symptômes furent combattus avec succès par un traitement mercuriel.

Dans ce cas, il y a tout lieu de supposer que la disposition syphilitique était établie dans les os et dans leurs enveloppes par la même cause qui avait affecté la luette; mais la luette devint malade la première parce qu'elle appartient aux parties du premier ordre. Qu'il en ait été ainsi ou non, on doit admettre que dans les parties du second ordre, la disposition, et non l'action, existait dans le moment où la luette manifesta l'action morbide, ainsi que dans celui où le malade subit un traitement mercuriel suffisant pour guérir l'ulcère de la luette; on doit admettre aussi que cette disposition ne fut point détruite par l'emploi du mercure en quantité assez considérable pour guérir cet ulcère.

(*) Je ferai remarquer que l'ulcère vénérien seul fut amendé par le mercure; l'antienne excoriation de la gorge persista, et fut ensuite guérie par le quinquina et la salsepareille.

JOHN HUNTER.

De ce qui précède je puis tirer les conclusions suivantes, qui tendent à confirmer la doctrine exposée ci-dessus : 1° Les parties qui entourent le gosier peuvent contracter l'action syphilitique plus tôt que les os ; 2° il est probable que le mercure ne peut guérir que l'action syphilitique et non la disposition ; et 3° le pus vénérien n'existe pas en substance dans la circulation quand les actions morbides des parties du second ordre ont lieu, car s'il en était ainsi, les parties du premier ordre seraient exposées à être infectées de nouveau et à entrer en action une seconde fois. En supposant que le pus vénérien existât encore dans la constitution après que les parties qui manifestent l'action morbide les premières sont guéries d'une manière absolue, de manière qu'il allât infecter les parties qui sont les secondes dans la manifestation de l'action, il en résulterait certainement que les parties du premier ordre contracteraient la maladie une seconde et même une troisième fois, et ainsi de suite, tandis que celles du second et du troisième ordre manifesteraient seulement leur première action ; de sorte que l'on pourrait voir les parties du premier ordre et celles du second ordre en action en même temps. On pourrait aller encore plus loin : les parties qui sont les premières dans l'ordre de la susceptibilité pouvant avoir la maladie une seconde fois pendant que les parties du second ordre sont sous l'influence de la première infection, comme elles peuvent aussi être infectées de nouveau par le fait d'une infection primitive nouvelle, cela constituerait une syphilis constitutionnelle sur une syphilis constitutionnelle, cas qui peut certainement arriver. Si le pus restait en réalité dans la constitution, il serait naturel de supposer que les parties qui en sont le plus facilement affectées conserveraient leur état morbide aussi longtemps que durerait la présence du *poison*. On pourrait objecter, il est vrai, que les parties qui ont été déjà accoutumées à cette irritation et guéries, sont rendues par cela même moins susceptibles d'en être affectées.

Si le *poison* pouvait rester encore dans la circulation générale après que ses effets visibles ont été guéris, l'emploi du mercure pendant la durée d'un chancre serait peu utile, car il ne pourrait que favoriser la guérison de ce chancre, mais non préserver la constitution de l'infection ; or, cette conclusion est en contradiction avec les résultats de l'expérience. En effet, la pratique de la médecine nous apprend que, sur cinquante malades atteints de chancres, il n'y en aurait pas un qui évitât la syphilis constitutionnelle si le chancre n'était guéri que localement. L'emploi du mercure peut donc empêcher que la disposition syphilitique ne se forme, et par conséquent, il est nécessaire tant qu'on suppose que l'absorption s'accomplit, ou tant qu'il y a du pus susceptible d'être absorbé.

Avant que l'action morbide soit formée, l'usage du mercure ne détruit point la disposition, et par conséquent il ne peut empêcher que l'action ne se manifeste dans la suite. Cependant, il est possible, et même cela est très-probable, que l'action ne puisse avoir lieu tant que dure la présence du médicament ; de sorte qu'aucun symptôme vénérien ne pourrait se manifester pendant la durée d'un traitement mercuriel, bien que les parties fussent infectées.

Cela n'est point propre seulement à la maladie vénérienne ; plusieurs autres maladies présentent la même circonstance. Dans quelques affections morbides, les choses sont renversées, car il en est dont la disposition peut être guérie et dont l'action se trouve prévenue par des agents thérapeutiques qui accroîtraient cette même action s'ils étaient administrés lorsqu'elle est une fois développée.

Conformément à ma doctrine, les parties qui sont affectées les premières sont plus faciles à guérir que celles du second ordre. Une partie qui a été parfaitement guérie ne peut plus jamais être irritée de nouveau par la même source d'infection, bien qu'il y ait dans la constitution quelques autres parties qui sont probablement encore sous l'influence de l'irritation vénérienne. Si les faits que je viens d'établir sont exacts, il est facile de s'expliquer les cas où la syphilis constitutionnelle paraît abandonner les parties qu'elle a attaquées d'abord pour envahir les parties secondaires ; c'est tout simplement que les premières parties sont guéries tandis que les parties secondaires ne le sont point ; de sorte que celles-ci deviennent le siége de la maladie et que les autres restent dans leur état d'intégrité.

Si cette théorie est exacte, elle prouve deux choses : 1° ce que j'ai avancé précédemment, savoir, que la maladie vénérienne, sous la forme de syphilis constitutionnelle, n'a pas la puissance d'infecter les parties qui ne sont pas déjà sous son influence, même dans la même constitution ; 2° que le *poison* vénérien n'est pas en circulation dans le sang tout le temps que la maladie existe dans la constitution ; de sorte qu'il est très-probable que ce *poison* n'irrite que lorsqu'il est récemment absorbé, et qu'il ne tarde pas à être rejeté au dehors par l'intermédiaire de quelque sécrétion.

Les considérations générales qu'on vient de lire sur la syphilis constitutionnelle peuvent se résumer dans les propositions suivantes :

1° Le plus grand nombre des parties qui sont affectées dans la syphilis constitutionnelle, sinon toutes, sont atteintes de l'irritation vénérienne, ou *infectées*, en même temps.

2° Les parties exposées au froid sont celles qui contractent l'*action* vénérienne les premières ; viennent ensuite les parties situées plus profondément, suivant leur susceptibilité pour cette action.

3° La *disposition* vénérienne, une fois formée dans une partie, persiste nécessairement pour donner naissance à l'action vénérienne.

4° Toutes les parties du corps, sous l'influence de la disposition syphilitique, ne contractent pas l'action également vite ; les unes exigent un intervalle de six ou huit semaines, les autres de six ou huit mois.

5° Dans les parties qui contractent l'action les premières, la maladie continue en s'accroissant et sans s'user, pendant que, dans celles qui sont les secondes pour l'époque d'apparition, la maladie prend naissance et suit la même marche.

6° Le mercure empêche la disposition syphilitique de se former, ou, en d'autres termes, il prévient l'infection.

7° Le mercure ne détruit point la disposition syphilitique une fois formée.

8° Le mercure empêche l'action de prendre naissance, bien que la disposition existe.

9° Le mercure guérit l'action syphilitique.

Ces principes étant établis, il est facile de se rendre compte des faits qui sont relatifs au traitement de la syphilis constitutionnelle.

CHAPITRE II.

SYMPTOMES DE LA SYPHILIS CONSTITUTIONNELLE.

Quand la matière vénérienne a affecté la constitution de l'une des manières indiquées ci-dessus, elle a tout le corps pour exercer ses ravages, et elle se manifeste sous un grand nombre de formes diverses, dont plusieurs simulent des affections différentes, de sorte que pour juger sainement la maladie, il faut, dans beaucoup de cas, prêter une grande attention aux circonstances antécédentes. Les apparences variées de la syphilis constitutionnelle peuvent être rapportées aux trois causes suivantes : conditions diverses de la constitution, nature différente des solides affectés, dispositions diverses dont les solides peuvent être le siége au moment où ils reçoivent l'infection. Je conçois très-bien, en effet, qu'une particularité de la constitution puisse apporter une différence très-notable dans l'aspect extérieur de la même maladie spécifique, et je suis certain que les solides, lorsqu'ils sont atteints de la maladie vénérienne, manifestent des symptômes apparents qui varient d'une manière très-marquée suivant la nature particulière de ces solides. Enfin, je conçois également qu'une pareille différence dans les apparences de la maladie puisse être l'effet d'une disposition non ordinaire des solides au moment de l'infection.

Les conditions différentes où se trouvent soit la constitution, soit les parties, aux diverses époques, peuvent exercer une influence considérable sur l'apparition prompte ou tardive de la maladie. Ce dont je suis certain, c'est que la différence des parties qui sont le siége de la maladie amène une grande différence dans l'époque de son apparition. Ce fait est très-manifeste dans le cas où, chez le même malade, des parties différentes sont affectées. On voit la maladie apparaître beaucoup plus tôt dans les unes que dans les autres; or, j'ai cherché à démontrer que toutes les parties infectées par la syphilis ont dû recevoir l'infection à peu près en même temps. Cette différence dans le temps d'apparition peut dépendre ou de ce que certaines parties sont naturellement plus faciles à entrer en action sous l'influence du virus syphilitique, ou de ce qu'elles sont naturellement plus actives en elles-mêmes, d'où il résulte qu'elles sont plus promptes à manifester les actions des maladies, quelles qu'elles soient, qui peuvent les affecter.

Quand j'ai tracé l'histoire générale de la syphilis constitutionnelle, j'ai divisé les parties en deux ordres sous le rapport de l'époque d'apparition des symptômes; j'ai fait remarquer aussi que les parties du premier ordre sont ordinairement les parties externes, telles que la peau, le nez, les amygdales; et que les parties du second ordre sont celles qui sont situées plus intérieurement, comme les os, le périoste, les aponévroses et les tendons.

L'intervalle de temps qui est nécessaire au virus syphilitique, après qu'il a pénétré dans l'économie générale, pour sa manifestation, c'est-à-dire, pour la production de ses effets locaux dans les parties du corps qui en sont le plus promptement affectées, ne peut être fixé d'une manière certaine. Mais, en général, il est d'environ six semaines. Toutefois, dans beaucoup de cas, cet intervalle est beaucoup plus long, et dans d'autres, il est beaucoup plus court. Quelquefois, les effets locaux constitutionnels apparaissent moins de quinze jours après l'époque où l'absorption du pus a dû se faire. Chez un malade qui avait contracté un chancre, il se forma une tumeur dans l'aine; à peine s'était-il écoulé quinze jours, que tout son corps se couvrit d'une éruption vénérienne. Il ne pouvait attribuer cette éruption à aucune maladie antérieure; toutefois, il ne serait pas impossible que l'infection générale eût été produite, au moment même où il avait contracté l'infection locale ou le chancre, par le premier mode d'infection, c'est-à-dire, par le simple contact du virus. On pourrait ainsi augmenter d'une semaine, ou un peu plus, l'espace de temps qui s'était écoulé avant l'apparition des symptômes constitutionnels; mais cela n'est pas probable. Dans un autre cas, il parut une éruption sur tout le corps, trois semaines après la cicatrisation d'un chancre, et seulement quinze jours après la cessation du traitement mercuriel qui avait amené la guérison de cet ulcère.

Les effets du virus sur les autres parties du corps qui sont moins susceptibles de l'irritation syphilitique, ou qui sont plus lentes dans leurs actions, se manifestent naturellement à une époque plus reculée, et cela n'a lieu en général, lorsque les deux ordres de parties ont reçu l'infection, que très-longtemps après la manifestation de l'action morbide dans les parties du premier ordre, et même quelquefois après que ces dernières ont été guéries : en effet, lorsque les parties du premier ordre sont malades et sous l'influence du traitement, celles du second ordre ne sont qu'à l'état de simple infection, et elles deviennent malades à leur tour plus tard; bien que la maladie ne puisse plus se reproduire dans les premières.

D'après cette circonstance, savoir, que les parties du second ordre contractent plus tard l'action morbide, on voit clairement pourquoi la maladie se manifeste dans ces parties, quoique celles du premier ordre aient été guéries; la maladie, détruite dans les parties externes ou du premier ordre, et non dans les parties internes ou du second ordre, telles que les tendons, les os, le périoste, etc, se trouve limitée exclusivement à ces dernières.

Cet ordre peut être interverti, car j'ai vu le périoste et le tissu osseux s'affecter avant toute autre partie. Je ne saurais dire si, dans ces cas, le virus n'aurait point affecté plus tard la peau ou la gorge, car on ne laissa point la maladie poursuivre ses ravages : il est possible que les parties du second ordre soient affectées sans que celles du premier aient reçu aucune infection.

Les effets du virus syphilitique, lorsqu'ils ont pour siége les parties profondément situées, sont tellement différents de ceux qui sont produits dans les parties externes, qu'ils semblent constituer une autre maladie, et qu'un médecin qui ne serait accoutumé à les voir que dans les parties du premier ordre, s'égarerait complétement en les observant dans les parties du second ordre.

Les parties qui contractent les premières l'action syphilitique sont aussi celles qui l'accomplissent le plus rapidement, et probablement ce sont les mêmes causes qui agissent dans l'un et l'autre cas. Cela dépend de la nature des parties, comme je l'ai déjà fait remarquer.

La maladie suit une marche de plus en plus lente dans chacune des parties qui s'affectent successivement, et ses symptômes, une fois produits, se montrent de plus en plus opiniâtres. Cela dépend aussi de la disposition naturelle des parties du second ordre, dont toutes les actions sont lentes, et dont l'indolence peut être favorisée par l'absence de la grande cause prédisposante, qui est le froid. Cependant, je ne crois pas que la chaleur contribue beaucoup à l'indolence de leur action; car si elle avait cette influence, elle favoriserait la guérison, ce qui ne paraît pas avoir lieu, puisque ces parties sont aussi lentes dans leurs opérations réparatrices que dans leurs actions morbides. Il est aussi à remarquer que les parties similaires contractent l'action d'autant plus tôt et paraissent l'accomplir d'autant plus rapidement qu'elles sont plus rapprochées de la source de la circulation. Les symptômes apparaissent plus tôt sur la face, sur la tête, sur les épaules et sur la poitrine que sur les jambes, et les éruptions arrivent plus promptement à la suppuration dans les premières parties que dans les dernières (voyez : *Introduction*).

L'apparition tardive de la maladie dans quelques parties, quand elle n'a été guérie que dans sa première manifestation, a fait supposer à plusieurs pathologistes que le *poison* restait caché quelque part dans les solides; et à d'autres, qu'il pouvait circuler avec le sang pendant des années.

Ce sont deux points de doctrine difficiles à éclaircir. La première de ces deux hypothèses ne peut être appuyée sur aucune bonne raison, car le virus ne présente jamais, antérieurement à sa première manifestation, cette disposition à rester à l'état latent. Par exemple, on ne voit jamais une éruption vénérienne se développer sur la peau, ou des ulcères se former dans la gorge, consécutivement à un chancre qui aurait existé un an auparavant. La lenteur de la marche de l'affection syphilitique constitutionnelle ne s'observe que lorsque les parties qui sont le moins susceptibles de son irritation en sont affectées (*).

(*) On a déjà pu voir, d'après les divisions que j'admets des accidents syphilitiques, en *primitifs, successifs, secondaires et tertiaires*, que mes opinions sont presque complétement conformes à celles de Hunter. Cependant il existe quelques différences que je crois importantes, et sur lesquelles je dois fixer un moment l'attention. Ainsi,

§ 1. *Symptômes de la première période de la syphilis constitutionnelle.*

Les premiers symptômes de la maladie, après l'absorption de la matière vénérienne, apparaissent sur la peau, dans la gorge ou dans la

pour moi, l'ordre de succession et l'époque à peu près précise d'apparition des divers groupes de symptômes de la syphilis, sont régis par des lois moins variables que ne semble le croire Hunter. On ne voit jamais, par exemple, les accidents secondaires se montrer avant l'accident primitif, et encore moins celui-ci être précédé par les accidents tertiaires. Toutefois, quelques observations qu'on pourrait croire contradictoires, semblent militer en faveur de l'opinion de Hunter, contre la doctrine que je professe ici d'une manière absolue. Mais ces observations bien analysées, ne sont pas contraires de fait, elles ne le sont qu'en apparence, et en vertu seulement de la manière dont elles ont été expliquées. Si un malade contracte pour la première fois un chancre, que l'ulcère s'accompagne d'induration, qu'on ne lui fasse subir aucun traitement, le chancre qui, dès les premiers temps de son apparition, a pu donner lieu à des accidents successifs, c'est-à-dire, à d'autres chancres dans son voisinage, par inoculation directe, ainsi qu'à l'infection primitive des lymphatiques et des ganglions superficiels avec lesquels il est en rapport d'absorption, ce chancre, dis-je, sera suivi d'accidents secondaires quelquefois dès la troisième semaine de sa durée, rarement avant, mais le plus souvent après la sixième; et enfin, en abandonnant toujours la maladie à elle-même, on verra ordinairement, après le sixième mois, bien moins fréquemment avant, et le plus ordinairement beaucoup plus tard, se développer des accidents tertiaires. Chaque phase de la maladie que nous venons d'indiquer, aura pu durer un temps plus ou moins long. Un ordre de phénomènes précédent aura pu disparaître avant que celui qui doit le suivre se soit montré, ou bien au contraire, l'accident primitif pourra encore persister, lors de l'apparition des accidents secondaires, comme aussi les accidents tertiaires pourront se montrer pendant le cours de ces derniers. Toutefois, il est rare que l'accident primitif se prolonge jusqu'à l'époque nécessaire au développement des accidents tertiaires.

Dans l'ordre de leur cessation, l'accident primitif disparaîtra ordinairement le premier; puis l'accident secondaire; et enfin l'accident tertiaire. Cependant, comme la guérison est rarement spontanée, selon l'efficacité des traitements et leur application opportune à tel ordre de symptômes plutôt qu'à tel autre, on observera de fréquentes interversions dans l'ordre que je viens d'indiquer : ainsi des accidents secondaires auront pu cesser et l'accident primitif n'être pas encore guéri; comme aussi des accidents tertiaires auront pu céder à un traitement auquel les secondaires auront résisté. D'un autre côté, chaque ordre d'accidents pourra se répéter un plus ou moins grand nombre de fois, indépendamment de l'accident qui l'a précédé, ou de celui qui doit le suivre. De telle façon qu'un malade qui a actuellement des symptômes de syphilis constitutionnelle, pourra de nouveau contracter un chancre, qu'un autre pourra avoir à plusieurs reprises des accidents secondaires pendant la durée, ou après la cessation d'accidents tertiaires; et qu'ainsi, pour des observateurs peu attentifs, il pourra y avoir une apparence d'interversion.

Dans une foule d'autres circonstances, les malades ayant subi, à des époques diverses, des infections primitives distinctes, les effets constitutionnels de celles-ci pourront s'entremêler.

Mais ce qui trompe le plus, ce sont les influences du traitement. Ainsi un traitement dirigé contre l'accident primitif peut prévenir complètement les accidents secondaires, en diminuer seulement l'intensité, ou en modifier la forme, en retar-

bouche. Ils diffèrent entre eux suivant la nature des parties malades ; c'est pourquoi je les divise en deux espèces, quoiqu'il ne paraisse y avoir aucune différence dans la nature de la maladie elle-même.

Je placerai dans la première division les symptômes qui ont la peau pour siége, bien qu'ils ne soient pas toujours la première manifestation de la maladie, car souvent les accidents de la gorge se montrent de très-bonne heure. Les altérations syphilitiques de la peau se développent généralement dans toutes les parties du corps, sans que telle partie paraisse en être plus susceptible que telle autre. Ce sont d'abord des altérations de couleur qui donnent à la peau un aspect marbré, et qui disparaissent en plusieurs endroits, tandis que dans les autres elles persistent et s'étendent à mesure que la maladie fait des progrès (*).

D'autres fois, la syphilis se manifeste par des taches circonscrites qui souvent ne sont remarquées que lorsque des croûtes se sont formées dessus. D'autres fois encore, ce sont de petites tumeurs inflammatoires circonscrites, contenant du pus et ressemblant à des papules, mais dont la forme n'est pas aussi conique, ni la base aussi rouge.

Les taches vénériennes sont souvent accompagnées à leur début d'une inflammation qui leur donne un certain degré de transparence ; d'après mes observations, ce caractère est généralement plus marqué en été qu'en hiver, surtout si le malade est tenu chaudement. En peu de temps, cette inflammation se dissipe et l'épiderme se détache sous forme de croûtes. Ce déclin de l'inflammation trompe le malade et le chirurgien, qui le considèrent comme un signe du déclin de la maladie, jusqu'à ce que la formation successive des croûtes vienne les tirer de leur erreur.

Ces altérations de couleur de l'épiderme sont l'effet de l'irritation vénérienne, et le plus souvent on ne peut les considérer comme une véritable inflammation, car elles en présentent rarement les traits caractéristiques, tels que la tuméfaction et la douleur. Toutefois cette remarque

dant plus ou moins l'époque de leur apparition. Le même traitement qui a de l'influence sur les accidents secondaires, qui tient en quelque sorte ceux-ci sous sa dépendance, tant que dure son action, peut être absolument sans effets préventifs contre les accidents tertiaires, qui se développent alors pendant son emploi, et que peuvent suivre encore les accidents secondaires, quand le traitement qui avait empêché leur manifestation a été suspendu trop tôt. Enfin, ce que le traitement fait le plus souvent de la manière la plus certaine et la plus facile à reconnaître, quand on veut se donner la peine de bien apprécier les faits, quelques circonstances fortuites d'hygiène, des états pathologiques antérieurs ou concomitants peuvent aussi le déterminer.

En résumé, si on ajoute à ce qui précède, les cas dans lesquels les malades se trompent, ou trompent sciemment le médecin ; si on met de côté, comme on doit le faire aujourd'hui, les observations apocryphes de vérole constitutionnelle d'emblée, l'ordre que nous avons établi dans la succession des symptômes et dans le temps de leur apparition, reste comme une règle générale, à laquelle il n'est peut-être pas d'exception qu'on ne puisse expliquer.   P. RICORD.

(*) Cette dernière circonstance n'appartient point exclusivement à la syphilis ; on l'observe souvent dans la variole.   JOHN HUNTER.

ne s'applique qu'à celles qui se forment sur les parties les plus à découvert ; car sur les parties habituellement couvertes et sur celles qui sont constamment en contact avec d'autres, principalement aux environs de l'anus, elles offrent davantage la véritable apparence inflammatoire.

Les parties commencent ensuite à s'altérer d'une manière plus profonde ; il se forme un épiderme sec, sans élasticité, de couleur cuivrée, qu'on appelle une croûte. Cette croûte est rejetée et il s'en forme de nouvelles. Ces croûtes s'étendent jusqu'à la largeur d'un six-pence ou d'un shilling, mais rarement davantage, au moins pendant un temps considérable. Chaque croûte qui succède aux autres devient de plus en plus épaisse, jusqu'à ce qu'enfin elle devienne une croûte ordinaire, sous laquelle la disposition à sécréter du pus s'établit dans le derme, de sorte qu'à la fin, il se forme un véritable ulcère qui s'étend ordinairement, mais avec lenteur.

Ce mode d'altération dépend primitivement de la perte graduelle de l'épiderme normal, car le derme malade a perdu sa disposition naturelle à le sécréter. Pour suppléer à ce défaut d'épiderme, il s'établit une exsudation qui forme une écaille ; cette écaille devenant ensuite plus épaisse, et le pus acquérant plus de consistance, l'écaille se transforme en une croûte ; mais avant que les choses en soient arrivées là, la peau cède, s'ulcère, et la matière sécrétée ressemble davantage à de véritable pus. Quand la lésion a son siége à la paume de la main ou à la plante du pied, où l'épiderme est épais, celui-ci se sépare et tombe ; il se forme immédiatement un nouvel épiderme qui se sépare également, et ainsi de suite. Cette série d'épidermes de nouvelle formation provient de ce que dans ces régions l'épiderme ne forme pas des croûtes aussi facilement que sur la peau commune. Quand la maladie est limitée à ces parties, il devient plus difficile de déterminer si elle est réellement vénérienne ; car, dans ces régions, la plupart des maladies du derme amènent la séparation de l'épiderme et produisent les mêmes apparences, sans que la maladie vénérienne y présente aucun signe qui la distingue des autres.

Ces altérations, telles que je viens de les décrire, sont propres aux parties de la peau commune qui sont habituellement à découvert ; mais dans les endroits où la peau est en contact avec une autre partie de la peau qui y entretient un certain degré d'humidité, comme entre les fesses, à la marge de l'anus, entre le scrotum et la cuisse, dans l'angle rentrant situé entre les deux cuisses, à la face interne des lèvres, et dans l'aisselle, l'éruption ne revêt jamais l'aspect décrit ci-dessus ; au lieu de présenter des écailles et des croûtes, la peau est soulevée et, en quelque sorte, tuméfiée par la lymphe extravasée, de manière à offrir une plaque blanche, molle, humide, aplatie, de laquelle suinte une matière blanche. Peut-être cela vient-il de ce qu'il y a dans ces régions plus de chaleur, plus de perspiration cutanée, moins d'évaporation, et de ce que la peau y est plus mince. Ce qui fortifie cette opinion, c'est que chez plusieurs sujets syphilitiques j'ai vu les lésions locales se rapprocher de cette dernière forme sur les téguments communs, mais seulement dans les parties de la peau qui étaient recouvertes par les vêtements, car sur celles qui étaient à découvert on n'observait que les croûtes aplaties. Cependant, chez ces sujets, les plaques étaient plus rouges que celles dont la description vient d'être donnée, et leur élévation n'était pas tout à fait aussi grande.

Je ne sais si ce mode de lésion appartient exclusivement à la maladie vénérienne; il peut s'observer dans la plupart des éruptions croûteuses de la peau. Dans la pensée que ces plaques pouvaient n'être point vénériennes, je les ai détruites à la marge de l'anus par la cautérisation, et le malade s'en est bien trouvé. Toutefois, d'après ma doctrine, qui établit que tous les effets constitutionnels de la syphilis sont purement locaux et peuvent par conséquent être guéris localement, on ne peut rien conclure de ce mode de guérison pour la solution de la question.

Cette maladie, dans sa première apparition, attaque souvent la partie du doigt où l'ongle prend naissance, et donne alors une coloration rouge à la surface que l'on aperçoit au travers de l'ongle; si on laisse la maladie continuer ses progrès, l'ongle se sépare comme l'épiderme; mais ici, il ne peut y avoir une succession régulière d'ongles, comme il y a, dans les autres cas, une formation successive d'épiderme.

Elle attaque aussi la surface qui est recouverte par les cheveux, fait tomber ces derniers, et s'oppose, tant qu'elle dure, au développement de nouveaux cheveux (*).

(*) Les éruptions vénériennes présentent des variétés si nombreuses, qu'il est presque impossible d'en donner une description. Aussi, les pathologistes se sont-ils ordinairement contentés d'insister sur quelque trait caractéristique applicable à la généralité des cas, et ont-ils négligé toute tentative de classification distincte, toute peinture plus exacte et plus détaillée. Ainsi, la couleur cuivrée a été indiquée par quelques médecins, et la forme circulaire par d'autres, comme le caractère distinctif des éruptions vénériennes. Cependant, ces indications générales ne peuvent qu'induire en erreur, puisque le premier de ces caractères manque dans un grand nombre d'espèces, et que le second appartient aussi à la grande majorité des éruptions qui ne sont pas vénériennes.

On doit reconnaître que, dans l'état actuel de nos connaissances, il est impossible de tracer une histoire complète de toutes les formes des éruptions vénériennes. Il y en a un grand nombre qui sont si vagues et si incertaines dans leurs caractères, qu'il serait difficile de leur trouver une place convenable dans une classification quelconque, et qu'il serait également difficile de signaler des signes constants et invariables au moyen desquels on pût toujours les reconnaître. Toutefois, les espèces d'éruptions qui se présentent le plus souvent, et qui ont le plus d'importance pour la pratique, sont assez bien caractérisées pour être susceptibles d'une classification, et il est évident qu'une description exacte de l'aspect extérieur et de la marche de ces formes les plus communes doit éclaircir beaucoup ce point de pathologie spéciale, et, en définitive, rendre plus facile la connaissance des autres variétés.

On trouve certainement chez les sujets syphilitiques l'aspect marbré de la peau, indiqué par Hunter; mais on observe souvent une altération semblable dans des circonstances où l'on ne peut lui assigner aucune cause vénérienne, et on ne remarque aucun caractère particulier qui puisse servir de signe distinctif entre les cas de na-

La partie où la syphilis constitutionnelle se manifeste en second lieu, est le plus ordinairement la gorge, et quelquefois la bouche et la langue,

ture différente. On peut révoquer en doute que cette coloration marbrée indique autre chose que l'irritabilité de la peau et une disposition générale aux maladies éruptives.

Les espèces d'éruptions vénériennes les plus tranchées peuvent être comprises dans les classes suivantes :

1. *Tubercules.* — Le siége primitif du tubercule est probablement dans les glandes sébacées : au moins, peut-on affirmer qu'il est dans quelque organe situé au-dessous de la surface de la peau. Ce fait est rendu assez évident par l'aspect que présente le tubercule dans sa période de début. Il apparaît d'abord sous la forme d'un petit corps dur, semblable à un pois, qui peut être senti avec le doigt avant que la peau soit assez altérée dans sa couleur pour attirer l'attention. Dans cette période, on peut à peine distinguer l'éruption si la lumière tombe directement sur la partie malade, bien que la saillie soit suffisante pour projeter une ombre appréciable si la lumière arrive de côté. Toutefois, cette période est de courte durée : l'inflammation atteint bientôt la surface; l'éruption se présente alors sous la forme d'une petite tumeur rouge, uniformément arrondie. Plus tard, l'épiderme meurt et s'isole du derme; mais ordinairement, il reste adhérent pendant un certain temps, et forme une calotte cornée qui recouvre la surface du tubercule et protége la formation d'un nouvel épiderme au-dessous d'elle. Dans cet état, le tubercule ressemble souvent à une grosse vésicule, mais cette apparence est trompeuse : si l'on enlève avec l'extrémité d'un sonde cannelée l'épiderme nécrosé, on ne trouve au-dessous de lui aucun liquide.

Le tubercule peut rester dans cet état, ne subissant que peu de changements, qui consistent en ce qu'il augmente légèrement de volume et qu'il se détache successivement de sa surface de nouvelles couches d'épiderme par voie de desquamation; mais il arrive souvent qu'il s'ulcère. Dans ce dernier cas, l'ulcération commence toujours dans un point central, qui est légèrement déprimé, que l'on peut voir distinctement dès que l'on enlève l'épiderme, et qui paraît être l'orifice du conduit sébacé. Dans ses progrès, l'ulcère se borne ordinairement à détruire le centre du tubercule, laissant autour de lui une portion indurée et saillante qui l'enveloppe et le sépare de la peau saine. Lorsque l'ulcère continue à s'étendre, cet épaississement de tissu continue à le précéder, de sorte qu'il présente toujours à son pourtour un rebord d'induration rouge, qui est plus ou moins marqué suivant que les forces de l'économie sont plus ou moins grandes; souvent d'une largeur considérable chez les sujets forts et vigoureux, il est ordinairement si peu marqué chez les sujets faibles que, dans beaucoup de cas, on peut à peine le distinguer. Du reste, à mesure qu'il disparaît, il laisse toujours après lui cette tache brune particulière, qui est le principal signe caractéristique du tubercule.

C'est à cause de cette tache que le tubercule a reçu la dénomination de tache cuivrée. La coloration varie suivant l'âge et suivant l'époque de l'éruption. Dans les premiers temps de la maladie, elle ne diffère en rien de celle de l'inflammation commune, et peut être effacée entièrement ou presque entièrement par la pression. Mais en peu de temps une teinte jaune ou cuivrée se mêle au rouge vermeil et lui donne un brillant particulier, dont on rend la cause évidente en appuyant le doigt sur la tache. Les vaisseaux sont ainsi vidés momentanément, et la couleur artérielle disparaît; mais la nuance jaune ou cuivrée reste sans changement, et l'on voit qu'elle dépend de la présence d'une matière qui s'est épanchée sur la surface malade et qui ne peut être refoulée par la pression. Tant que le tubercule reste stationnaire, la

Dans la gorge, sur les amygdales et à la surface interne de la bouche, la maladie se montre ordinairement d'emblée sous la forme d'un ulcère,

couleur devient de plus en plus profonde et de plus en plus jaune, retenant toujours beaucoup de son brillant; mais à mesure que la maladie est détruite et que l'épaississement de tissu cède à l'influence du traitement, la teinte cuivrée s'efface graduellement et fait place à une coloration d'un brun sale. Quoique la nuance soit changée, la coloration morbide reste également indélébile, alors même que toute élévation a disparu et que la tache est sur le même niveau que la peau environnante. Il y a encore une période plus tardive, pendant laquelle cette nuance brune se dissipe, de manière que le lieu occupé par l'éruption cesse d'être appréciable.

Cette tache particulière ne se retrouve pas dans toutes les éruptions vénériennes; elle semble être limitée aux variétés du tubercule, et il y a lieu de croire que nous pourrions arriver à déterminer sa nature et sa cause si nous connaissions plus complétement les causes de la coloration générale de la peau, ainsi que les fonctions des glandes sébacées.

2. *Lichen*. — Cette éruption est constituée par de petites papules acuminées, de couleur rouge, qui tantôt sont uniformément répandues sur la surface où elles ont leur siége, et tantôt sont réunies en groupes. Il n'est pas exact de donner, ainsi qu'on l'a fait quelquefois, l'absence de suppuration comme trait caractéristique de cette éruption. Plusieurs papules sont le siége d'une suppuration imparfaite; c'est-à-dire qu'il s'épanche sous l'épiderme, au sommet de la papule, une petite quantité de sérosité qui devient bientôt purulente. Mais le pus ne s'accumule jamais; en peu de jours la plus grande partie en est absorbée; le reste se dessèche en une petite croûte, et quand cette croûte tombe, elle ne laisse après elle ni ulcère, ni dépression, ni cicatrice. Le pus se forme à la surface du derme, et ne s'accompagne d'aucune ulcération.

Le lichen présente de grandes différences sous le rapport du volume des papules et de la profondeur de la coloration; mais il possède un caractère qui est très-général, et qui ne lui est commun avec aucune autre éruption vénérienne : les papules tendent naturellement à parcourir leurs périodes successives, et à disparaître spontanément. Dans les autres éruptions vénériennes, la marche de la maladie de la peau est un indice de la marche de la maladie dans la constitution; une diminution de l'éruption dénote une amélioration dans l'affection générale. Ici, au contraire, la coloration peut s'effacer et l'élévation de la peau diminuer, dans le moment même où les autres symptômes continuent à s'accroître et où il se fait une nouvelle éruption de lichen. Il résulte de là, que l'on voit fréquemment le même sujet présenter à la fois les diverses périodes de l'éruption, depuis la première manifestation de la petite papule, avant qu'elle soit arrivée à maturité, jusqu'à la période où toute inégalité de surface a disparu et où le siége de la maladie locale n'est plus indiqué que par une tache pâle ou violacée de la peau, qui s'efface sous la pression du doigt. Cette tendance vers la guérison, qui souvent se manifeste spontanément, peut être produite très-facilement par des agents thérapeutiques qui sont tout à fait incapables de guérir la maladie, surtout s'ils sont administrés lorsque l'éruption a parcouru ses périodes naturelles, c'est-à-dire, environ quinze jours ou trois semaines après le début de son apparition.

Cependant cette tendance naturelle à se dissiper souffre des exceptions. Il arrive quelquefois que la petite papule continue à s'accroître d'une manière lente mais non interrompue, et qu'elle finit par acquérir le volume, la teinte cuivrée et tous les autres caractères du tubercule. Un examen minutieux fait connaître le mode suivant lequel ce changement s'opère. La papule du lichen est située sur une de ces petites éléva-

sans tuméfaction préalable bien marquée, de sorte que les amygdales n'augmentent pas beaucoup de volume. En effet, quand l'inflammation

tions de la surface du derme qui indiquent les orifices des conduits qui perforent le derme et aboutissent aux glandes situées au-dessous. L'inflammation, qui a débuté à la superficie de cette élévation, se propage graduellement le long du conduit et envahit la glande sébacée qui se trouve à son extrémité profonde. Ce lichen tuberculiforme est beaucoup moins une forme particulière du lichen, qu'une éruption de lichen qui se transforme en une éruption de tubercules par un mécanisme très-facile à comprendre. Dans les cas de cette espèce, la marche ultérieure de l'affection cutanée et le traitement sont exactement les mêmes que dans les cas ordinaires de tubercules.

La plupart des formes du lichen ne donnent lieu à aucune tache ineffaçable. Mais dans les points où l'éruption a présenté une durée insolite, on voit, après la disparition de la papule, une marque brune, occupant un point central, et offrant communément l'apparence d'une dépression ou d'une des excavations de la variole. Toutefois, cette apparence est presque toujours trompeuse. Elle dépend de ce que la tache est située profondément dans le tissu du derme, et brille à travers les parties plus superficielles, qui sont transparentes. Ces marques ou stigmates semblent caractériser une forme peu avancée et imparfaite de l'espèce précédente : il y a eu tentative pour former un tubercule, mais la maladie a été arrêtée avant que la glande sébacée ait été complétement envahie.

3. *Psoriasis et lèpre.* — Les éruptions squammeuses sont très-communes dans la syphilis constitutionnelle, et elles diffèrent peu de celles qui sont produites par d'autres causes. Elles se présentent généralement sous la forme de petites plaques circulaires, qui varient beaucoup sous le rapport de l'élévation, de la largeur et de la profondeur de la coloration. Jamais elles ne prennent la teinte cuivrée du tubercule. Leur couleur tire sur celle du sable, et dans presque tous les cas elle s'efface en grande partie par la pression. La différence de couleur, l'origine superficielle de ces éruptions, et l'absence totale d'ulcération dans toutes les formes et à tous les degrés de la maladie, suffisent pour distinguer ces éruptions des tubercules.

4. *Rupia.* — Cette éruption se manifeste d'abord par une légère congestion sanguine superficielle. En peu d'heures le plus souvent, et quelquefois dans un espace de temps plus long, l'épiderme se soulève en une petite bulle par l'accumulation d'une sérosité opaque, qui devient bientôt purulente et ne tarde pas à se concréter en une croûte. La maladie s'étend par un mécanisme entièrement semblable à celui qui vient d'être décrit. Au pourtour de la première croûte, il se forme une accumulation de sérosité sous l'épiderme. Cette sérosité se concrète, ajoute au diamètre de la croûte, et lui donne une plus grande élévation au-dessus de la surface du derme. Il résulte de là, que la croûte, par suite de son mode d'accroissement, se compose d'une série de couches concentriques; celles de ces couches qui en occupent le sommet ont été formées au début de la maladie, et ont, par conséquent, peu d'étendue; celles qui en occupent la base et qui ont été formées par les dernières accumulations de sérosité, ont une étendue qui représente la grandeur actuelle de l'ulcère. L'agglomération totale forme un cône, qui fait une saillie semblable à celle d'une corne quand l'extension de l'ulcère a été lente, mais qui a une large base et fait comparativement peu de saillie quand l'ulcère s'est agrandi rapidement.

Il est évident, non-seulement par la marche de l'ulcère, mais encore par l'aspect de la cicatrice qu'il laisse après lui, que le rupia prend naissance à la surface de la peau. Très-souvent l'ulcère se cicatrice d'abord à sa partie centrale et il s'y forme un îlot de peau nouvelle, tandis que sa circonférence reste stationnaire ou même

syphilitique attaque ces parties, elle se montre toujours superficielle, et se termine très-promptement par ulcération.

Il faut distinguer avec soin les ulcères vénériens de la gorge de tous les autres ulcères qui peuvent occuper la même région. Il est à remarquer que lorsque la syphilis attaque la gorge, elle y produit toujours un ulcère, bien que cette opinion ne soit pas généralement admise, car j'ai vu considérer à tort comme vénériennes des affections de la gorge qui ne présentaient aucune ulcération. Il s'agit donc seulement de distinguer l'ulcère vénérien de la gorge des autres ulcères de la même partie. En général, cette espèce d'ulcère est assez bien caractérisée; cependant, il n'est pas toujours possible de la distinguer des autres espèces, car il arrive quelquefois que les ulcères non vénériens de la gorge présentent l'aspect de ceux qui le sont, et que ceux qui sont réellement de nature vénérienne ressemblent aux ulcères simples. Parmi les maladies non ulcéreuses de cette région, il en est une, l'inflammation gagne du terrain, et l'on sait que cette circonstance est extrêmement rare dans les ulcères qui ont détruit toute l'épaisseur de la peau. En outre, après la guérison de l'ulcère, la surface de la cicatrice, surtout auprès de la circonférence, présente souvent à l'œil, d'une manière distincte, les petits points indiquant les conduits qui perforent le derme et qui auraient dû être détruits si la destruction avait porté sur toute l'épaisseur de la peau.

On voit quelquefois des tubercules ulcérés qui ressemblent beaucoup au rupia; mais dans celui-ci, il n'y a ni épaississement de tissu, ni teinte cuivrée; quand ces caractères existent au pourtour de l'ulcère, on n'a point affaire à un rupia, mais bien à un tubercule qui passe rapidement à la période d'ulcération. Dans ces cas, les pustules qui ressemblent au rupia sont ordinairement entremêlées avec des tubercules bien caractérisés, et le traitement que la maladie réclame est celui du tubercule.

Toutes les éruptions pustuleuses vénériennes semblent participer des caractères du rupia, quant à leur origine superficielle, à leur mode d'extension et à l'accumulation de la croûte; mais elles en diffèrent beaucoup sous le rapport du degré d'inflammation qui précède la formation du pus, et sous celui du volume de la pustule primitive. Dans le véritable rupia, la vésicule n'est précédée que par une légère congestion inflammatoire, et, au début de son apparition, sa largeur est presque égale à celle d'un deux sous d'argent. Mais il arrive souvent que la partie enflammée est moins étendue, un peu plus élevée, et que le liquide qui s'y rassemble est purulent tout d'abord et forme immédiatement une petite croûte au sommet de l'éminence. Une telle production morbide ressemble à une pustule ordinaire, et le petit volume de la croûte, ainsi que la lenteur des progrès de l'éruption, lui donnent des caractères extérieurs qui empêchent qu'on ne la reconnaisse facilement pour un rupia. Il est difficile, en effet, de signaler une différence essentielle, et si on laisse l'ulcère s'accroître, l'aspect de la maladie devient exactement semblable à celui des pustules ordinaires dans les périodes plus avancées. La description qui vient d'être donnée peut donc s'appliquer aux éruptions pustuleuses vénériennes en général, sinon dans tous les phénomènes de détail, au moins quant aux caractères saillants et essentiels. On ne doit pas oublier que dans cette classification des éruptions vénériennes, je me suis borné à comprendre seulement les principales espèces, et qu'il se présente d'autres formes d'éruptions qui sont moins fréquentes et moins nettement caractérisées, mais qui cependant, d'après l'histoire de la maladie et les symptômes concomitants, doivent être rapportées à une origine vénérienne.   G. G. B.

commune des amygdales, qui se termine souvent par suppuration; il en résulté un abcès qui se vide par une petite ouverture; mais jamais cette perforation ne présente l'apparence d'un ulcère d'origine superficielle, comme cela a lieu pour les vrais ulcères vénériens. L'abcès en question coïncide toujours avec une inflammation, une douleur et un gonflement trop intenses pour dépendre d'une affection vénérienne. Lorsque l'inflammation des amygdales se termine par suppuration, dès que le pus a été évacué, la maladie marche vers la guérison. D'ailleurs, cette maladie est accompagnée, en général, par divers symptômes inflammatoires de la constitution.

Les mêmes parties sont sujettes à une autre maladie. Cette maladie, qui consiste dans une tuméfaction indolente des amygdales, s'observe particulièrement chez des sujets dont la constitution a quelque chose de scrofuleux, et nuit à la prononciation. Quelquefois, de la lymphe coagulable est sécrétée à la surface des amygdales; cette sécrétion morbide est prise par quelques personnes pour des ulcères de la gorge, par d'autres, pour des escarres gangréneuses, et des cas de cette espèce sont souvent désignés sous le nom de *maux de gorge putrides*. Dans ces cas, la tuméfaction est ordinairement trop considérable pour dépendre de la syphilis, et il est facile de distinguer la présence de la lymphe d'un ulcère, c'est-à-dire, d'une perte de substance. Cependant, quand l'état réel des parties n'est pas évident au premier coup d'œil, il faut chercher à enlever un lambeau de la lymphe déposée, et si la surface de l'amygdale ne présente pas d'ulcération, on peut être sûr que la maladie n'est pas vénérienne. J'ai observé un cas où une des lacunes de l'amygdale, remplie de lymphe coagulable, ressemblait beaucoup à un ulcère; mais après que la lymphe eut été enlevée, le tissu de l'amygdale parut parfaitement sain. J'ai vu des cas de gonflement des amygdales où une escarre qui s'était formée dans l'épaisseur de l'amygdale tuméfiée s'était frayé un passage au dehors; la perforation du tissu de l'amygdale, avec l'escarre adhérant, en quelque sorte, dans l'ouverture, présentait l'aspect d'un ulcère putride.

La période la plus embarrassante de la maladie est celle où l'escarre vient d'être éliminée, car alors la plaie présente la plupart des caractères de l'ulcère vénérien. Mais lorsque j'ai pu voir la maladie dans ses premières périodes, je l'ai toujours traitée comme une affection de nature érysipélateuse, ou comme appartenant aux affections charbonneuses. Lorsque la même maladie se présentait à mon observation seulement dans sa seconde période, j'ai été porté à la considérer comme vénérienne. Toutefois, aucun médecin ne doit être assez téméraire pour juger la nature d'une maladie d'après la seule inspection oculaire. Avant de former un jugement, il doit s'informer de toutes les circonstances propres à l'éclairer : s'il n'y a eu aucun symptôme local antécédent, dans un espace de temps suffisant, il doit suspendre son jugement, et temporiser, afin de voir si la nature ne sera pas capable de se soulager elle-même.

Lorsque l'affection de la gorge a été précédée par quelque fièvre, sa nature vénérienne est encore moins probable. Quoi qu'il en soit, sans prétendre dire quelle peut être la nature des cas de cette espèce, j'affirmerai seulement qu'ils ne sont point vénériens comme on le croit souvent. J'ai vu une de ces maladies prise pour une affection vénérienne et traitée par le mercure jusqu'à salivation; le mercure affecta, en effet, la bouche et détermina la gangrène de toutes les parties primitivement malades. Il résulte de ce fait que l'espèce de mal de gorge dont il est question est aggravée par l'emploi du mercure.

Il est une autre maladie des mêmes parties que l'on prend souvent aussi pour une affection vénérienne. Elle consiste dans une excoriation ulcéreuse qui s'étend à la surface des parties, devient très-large, présente quelquefois un aspect putride et se termine d'une manière régulière, mais ne pénètre jamais profondément dans l'épaisseur des tissus, comme l'ulcère vénérien. Aucun point de la surface interne de la bouche n'est à l'abri de cette excoriation ulcéreuse, mais on l'observe surtout vers la racine de la luette, et. elle s'étend alors en avant le long du voile du palais. Il est évident que cette espèce d'excoriation n'est pas vénérienne, car elle ne cède point, en général, à l'usage du mercure. J'ai vu de ces excoriations exister pendant des semaines, sans aucun changement, et un véritable ulcère vénérien se former au centre de la partie excoriée. Les deux affections sont tellement différentes l'une de l'autre, qu'il ne peut y avoir aucune méprise. Un traitement mercuriel, auquel on soumet les malades, guérit parfaitement les ulcères vénériens, mais n'exerce aucune influence sur les autres, et ces derniers sont guéris ensuite par le quinquina.

Le véritable ulcère vénérien de la gorge est peut-être, de toutes les formes de la maladie, celle qui est le moins susceptible de donner lieu à des erreurs de diagnostic. C'est une perte de substance bien caractérisée; on dirait qu'une portion du tissu de l'amygdale a été enlevée par arrachement; l'ulcère a des bords bien déterminés, son fond est ordinairement putride, et à sa surface adhère une matière blanche, épaisse, semblable à une escarre, qui ne peut être enlevée par le lavage.

Dans cette région, les ulcères sont toujours humides; le pus ne peut s'y dessécher et former des croûtes comme sur les ulcères de la peau. D'ailleurs, le pus étant emporté de la surface ulcérée par l'acte de la déglutition et par les mouvements propres aux parties, il ne peut se former, comme à la peau, une série de croûtes qui se succèdent.

La marche des ulcères vénériens est aussi beaucoup plus prompte dans cette région que sur les téguments communs; le travail ulcératif s'y effectue avec une grande rapidité.

Comme la plupart des ulcères rongeants, ils sont généralement très-putrides, et le plus souvent ils présentent des bords épaissis et saillants, ce qui est très-commun dans les ulcères vénériens ou cancéreux, et appartient, il est vrai, à la plupart des ulcères qui n'ont aucune disposition à se cicatriser, quelle que soit d'ailleurs la maladie spécifique à laquelle ils sont liés (*).

(*) Les affections vénériennes de la gorge présentent autant de variétés que les éruptions vénériennes de la peau; et, à raison de la situation des parties malades, leurs caractères distinctifs sont, en somme, plus difficiles à saisir. Cependant, quelques-unes des principales espèces sont assez tranchées pour pouvoir être décrites.

1. La forme la plus franche paraît débuter dans le centre de l'amygdale. Dans la première période il y a très-peu de douleur et de gonflement, et l'on fait rarement attention à la maladie avant qu'elle ait produit un ulcère distinct. Mais si, par une cause quelconque, l'attention est dirigée vers la gorge, on peut quelquefois saisir l'état morbide qui précède la période d'ulcération : l'amygdale est légèrement gonflée; on aperçoit quelque chose de jaune qui a son siége dans la substance de cet organe et brille à travers la membrane qui en recouvre la surface encore intacte. Au bout d'un ou deux jours, l'ulcération s'établit et laisse apparaître une escarre jaune ou blanchâtre qui pénètre profondément dans le centre de l'amygdale. Il y a peu de tuméfaction, et les parties environnantes ne sont pas violemment enflammées; la partie malade est le siége d'un peu de picotement, surtout dans le moment de la déglutition; mais, en résumé, il y a beaucoup moins de difficulté pour avaler et beaucoup moins de malaise qu'on ne s'y serait attendu à raison de la grandeur et de l'aspect de l'ulcère. Cependant, à mesure que la maladie s'étend, elle envahit de plus en plus les parties environnantes, et alors elle devient plus pénible; la voix s'altère, l'ouïe devient moins sensible, et l'inflammation du voile du palais gêne l'acte de la déglutition. Toutefois, la marche de la maladie est lente, et le trouble général qui l'accompagne est peu considérable.

Cette espèce d'ulcère de la gorge coïncide souvent avec les éruptions tuberculeuses du tégument commun. Il y a tout lieu de supposer que la sécrétion des amygdales est analogue à celle des glandes sébacées de la peau. Il est donc naturel que ces deux espèces d'organes soient attaquées simultanément.

2. Les ulcères vénériens de la gorge débutent souvent à la surface de la membrane muqueuse, par une petite ulcération putride, qui se transforme de bonne heure en une gangrène rapide et étendue. Ces ulcères ne sont pas limités à la membrane qui recouvre les amygdales; ils peuvent se former sur le voile du palais, sur les piliers du voile du palais, sur une partie quelconque du pharynx, mais le plus souvent ils se développent immédiatement derrière un des piliers postérieurs, ou à la partie supérieure et postérieure du pharynx, dans des points où le début de leur formation est caché par le voile du palais et par la luette. Ils sont quelquefois précédés et toujours accompagnés de beaucoup de douleur et d'inflammation. Le voile du palais se tuméfie et s'abaisse beaucoup; les tentatives pour l'élever dans l'acte de la déglutition provoquent une douleur atroce; dans la prononciation, il paraît rester entièrement immobile. L'irritation du voile tuméfié et la présence de l'escarre déterminent une abondante sécrétion de salive, et souvent beaucoup de toux. L'angoisse considérable qui est produite par ces causes, se peint d'une manière remarquable sur le visage; ce phénomène morbide, joint à un amaigrissement rapide, à l'accélération du pouls, et à l'expectoration de crachats puriformes, donne à penser que le malade court un grand danger, et fait naître souvent l'idée qu'il est atteint de phthisie. Les désordres que produisent ces ulcères sont très-étendus. Fréquemment le tissu osseux est dénudé à la partie postérieure des fosses nasales, et la maladie continue ses ravages par la destruction du nez; quelquefois même le corps des vertèbres est dénudé et devient le siége d'une carie mortelle.

D'autres fois, surtout dans les cas de longue durée, ces ulcères s'étendent, non

Quand la syphilis constitutionnelle attaque la langue, elle produit quelquefois un épaississement et une induration locale; mais cela n'a pas toujours lieu, car très-souvent il s'y forme un ulcère, comme dans les autres parties de la bouche.

par la gangrène, mais par un travail rapide d'ulcération. Leur aspect est moins formidable, mais leurs progrès ne sont pas moins destructeurs. Cette variété s'observe le plus souvent sur le voile du palais. Leur surface est putride, mais l'escarre qui la recouvre a peu de profondeur. L'ulcère est bordé par une frange très-étroite formée par une escarre jaune, au delà de laquelle, dans l'étendue d'un quart de pouce, il existe une zone enflammée d'une couleur cramoisie foncée; mais il y a peu de gonflement général des parties environnantes. Cependant l'ulcère s'étend chaque jour avec une rapidité extraordinaire; le tissu de l'organe semble fondre sous l'ulcération, et souvent la plus grande partie ou la totalité du voile du palais est détruite avant qu'on ait pu l'arrêter, bien qu'on ne puisse pas voir une escarre distincte se séparer dans tout le cours de la maladie.

Ces ulcères coïncident fréquemment avec le rupia.

3. Une troisième variété, qui est décrite très-brièvement par John Hunter sous le nom d'excoriation ulcéreuse, se montre très-fréquemment. Elle se distingue par la coloration blanche opaque de la surface ulcérée. On voit quelquefois un ulcère de l'amygdale prendre cet aspect vers ses bords. Plus souvent il n'y a aucune ulcération, mais seulement cette modification de la surface, avec plus ou moins de rougeur et d'apparence d'excoriation des parties environnantes, plus ou moins de gonflement de la muqueuse, beaucoup de cuisson, mais très-peu de douleur. Cette affection superficielle peut attaquer tous les points de la surface des amygdales, les piliers du voile du palais, le voile du palais, la luette, et même la langue et la face interne des joues. On l'observe très-souvent dans les commissures des lèvres. Elle occupe souvent le voile du palais, s'étendant de bas en haut vers la voûte palatine en prenant une forme semi-circulaire. On peut faire disparaître la coloration blanche en touchant légèrement avec le caustique, et alors la surface sous-jacente paraît comme excoriée.

Cette affection accompagne très-souvent le psoriasis de la peau, et l'on peut supposer avec raison que la couleur blanche qui la caractérise particulièrement est liée à une altération analogue à celle qui se manifeste à la surface du corps par l'épaississement de l'épiderme et sa desquamation.

Hunter semble croire que cette affection n'est jamais vénérienne; mais on voit des cas où elle existe conjointement avec d'autres symptômes syphilitiques et où elle n'est guérie en définitive que par l'emploi du mercure. Cependant on doit reconnaître que, dans la majorité des cas, elle n'est point vénérienne; que très-souvent le mercure l'aggrave au lieu de la guérir; qu'elle survient dans des cas où l'on ne peut soupçonner l'existence de la syphilis, chez des malades atteints de psoriasis ou de lèpre; et qu'en général, la présomption est tellement contre toute origine vénérienne, que, dans le traitement, l'indication principale est de diriger convenablement le régime et de prévenir toute sécrétion acide de l'estomac, plutôt que de s'occuper de la destruction d'un virus vénérien. Cette maladie est encore analogue sous ce rapport aux maladies squammeuses de la peau. Comme ces dernières, elle dépend le plus ordinairement de causes qui ne sont pas syphilitiques; et elle ne présente pas plus qu'elles des signes extérieurs à l'aide desquels on puisse distinguer les cas syphilitiques de ceux qui ne le sont pas.

Il existe d'autres formes d'affections de la gorge qui sont moins importantes, et qu'il est plus difficile de décrire de manière à en donner une juste idée.   G. G. B.

Les ulcères vénériens de la gorge sont plus douloureux que ceux de la peau, mais ils ne déterminent pas autant de douleur que les maux de gorge ordinaires qui dépendent de l'inflammation des amygdales. Ils rendent la prononciation épaisse, c'est-à-dire comme si la langue était trop volumineuse pour la bouche, et en même temps ils font nasiller un peu le malade.

Tels sont les symptômes les plus communs de la première période de la syphilis constitutionnelle; mais il est peut-être impossible de connaître tous les symptômes que le *poison* vénérien peut produire quand il a pénétré dans la constitution. J'ai vu un homme qui était atteint d'une toux fatigante qu'il attribuait à cette cause; en effet, elle était survenue avec la fièvre symptomatique, elle continuait avec elle, et l'usage du mercure les fit disparaître toutes deux.

Certaines inflammations des yeux sont considérées comme vénériennes. Ce qui a contribué à faire admettre cette opinion, c'est qu'après avoir essayé en vain les agents thérapeutiques que l'on emploie ordinairement contre l'inflammation, on a administré le mercure, dans la supposition que le cas était vénérien, et cela, souvent avec succès. Mais si ces inflammations sont vénériennes, la maladie se montre là très-différente de ce qu'elle est lorsqu'elle attaque d'autres parties après avoir affecté la constitution, car dans les cas en question, l'inflammation est beaucoup plus douloureuse que l'inflammation syphilitique constitutionnelle. D'ailleurs, je n'ai jamais vu alors l'inflammation s'accompagner d'ulcération, comme on le voit dans les affections syphilitiques de la bouche, de la gorge et de la langue, ce qui me fait douter beaucoup de la nature vénérienne de ces ophthalmies (*).

§ II. *Expérience faite pour étudier la marche et les effets du poison vénérien : (chancres produits par l'inoculation du pus de la gonorrhée.)*

L'expérience suivante a été faite dans le but de constater plusieurs faits relatifs à la maladie vénérienne. Elle a été commencée en mai 1767.

Deux piqûres furent faites, l'une sur le gland, l'autre sur le prépuce, avec une lancette chargée de pus vénérien provenant d'une gonorrhée.

Cette opération fut pratiquée le vendredi, et le dimanche suivant ces

(*) Hunter a été trompé ici, soit par le principe général qu'il croyait avoir découvert, et dont l'inexactitude est évidente dans un grand nombre de cas, soit par le défaut d'observations suffisantes sur les maladies des yeux. Il est hors de doute que l'iritis est souvent un symptôme secondaire de la maladie vénérienne. Les symptômes généraux de l'iritis sont bien connus. On a supposé que les signes distinctifs de l'iritis syphilitique sont principalement la déposition de petites masses de lymphe brunâtre ou rougeâtre à la surface de l'iris, et l'exacerbation nocturne de la douleur. Mais on peut révoquer en doute l'exactitude du diagnostic différentiel de l'iritis, car il est certain que, dans beaucoup de cas vénériens, l'iritis ne présente point ces symptômes particuliers, et l'apparence extérieure de la maladie ne diffère en rien de celle qu'offrent ses formes idiopathiques.   G. G. B.

parties étaient le siége d'un violent prurit qui dura jusqu'au mardi suivant. En même temps, ces parties étant examinées fort souvent, elles parurent offrir plus de rougeur et d'humidité qu'à l'ordinaire, ce que l'on attribua au frottement auquel elles étaient soumises. Le mardi matin, la partie du prépuce où la piqûre avait été faite était rouge, épaissie, et offrait une petite tache. Le mardi suivant, la tache avait gagné en étendue et sécrétait un peu de pus. Il y avait un peu d'engorgement aux lèvres du méat urinaire, et une légère douleur y était perçue au moment du passage de l'urine, de sorte qu'on s'attendait à voir survenir un écoulement urétral. La tache fut alors touchée avec le nitrate d'argent et pansée ensuite avec l'onguent au calomel. Le samedi matin l'escarre tomba; une nouvelle cautérisation fut faite, et une autre escarre se sépara le lundi suivant. Dans la nuit précédente, le gland avait été le siége d'un prurit assez intense, et le mardi une petite tache blanche fut remarquée dans l'endroit où la piqûre avait été faite. Cette tache ayant été examinée avec attention, on reconnut qu'elle était constituée par une petite vésicule remplie d'une matière jaunâtre. Cette tache fut touchée avec le caustique et pansée comme l'autre. Le mercredi, l'ulcère du prépuce était jaune, c'est pourquoi on le toucha de nouveau avec le caustique. Le vendredi, les deux escarres se séparèrent; l'ulcère du prépuce était rouge et sa base était moins dure; mais le samedi, son aspect étant moins favorable, il fut cautérisé de nouveau, et quand l'escarre produite par cette dernière cautérisation fut tombée, on le laissa se cicatriser, ainsi que l'autre, et il laissa après lui une dépression sur le gland. Cette dépression du gland se combla en quelques mois; mais il resta dans ce point pendant un temps considérable une teinte bleuâtre.

Quatre mois après, le chancre du prépuce se rouvrit et l'on essaya des applications très-stimulantes; mais ces topiques ne parurent pas agir favorablement, et toute application ayant été cessée, il se cicatrisa. Il se rouvrit plusieurs fois dans la suite, mais toujours il se cicatrisa sans aucune application. Celui du gland ne se reproduisit jamais, et ce fut en cela seulement qu'il différa du premier.

Pendant que les ulcères existaient sur le prépuce et sur le gland, une des glandes de l'aine droite se tuméfia. Depuis quelque temps, il m'était venu à la pensée que des frictions mercurielles sur la cuisse et sur la jambe du côté malade devaient être le moyen le plus efficace pour faire disparaître un bubon, parce qu'on devait ainsi établir un courant de mercure qui passerait à travers la glande enflammée. L'occasion était favorable pour mettre mon idée en pratique. J'avais souvent réussi par cette méthode; mais c'était le cas de la soumettre à une critique plus attentive (*). Les

(*) En 1767, la pratique vulgaire consistait à appliquer sur la partie malade un emplâtre mercuriel, ou à faire des frictions mercurielles également sur la partie malade. Ce mode de traitement ne pouvait guère agir que par sympathie.

JOHN HUNTER.

36

ulcères de la verge furent guéris avant qu'on entreprît de résoudre le bubon. Peu de jours après qu'on eut commencé à faire usage du mercure d'après cette méthode, la glande diminua considérablement. On suspendit alors le traitement, car on n'avait pas l'intention de guérir le bubon complétement à cette époque. Quelque temps après, la glande recommença à augmenter de volume, et l'on employa en frictions la quantité de mercure que l'on jugea suffisante pour la réduction entière de la glande. Mais on eut soin de se borner à guérir la glande localement, sans employer assez de mercure pour empêcher la constitution d'être infectée.

Environ deux mois après la récidive du bubon, une petite douleur lancinante et aiguë se fit ressentir dans une des amygdales pendant la déglutition ; l'inspection des parties fit reconnaître la présence d'un petit ulcère qu'on laissa marcher jusqu'à ce que sa nature syphilitique eût été constatée, et alors on eut recours au mercure. Le mercure fut introduit par la même jambe et la même cuisse que précédemment, afin d'agir avec plus d'efficacité sur la glande qui avait été le siége du bubon, bien que probablement cela ne fût plus nécessaire.

Aussitôt que l'ulcère fut cicatrisé, l'emploi du mercure fut suspendu, parce qu'on ne voulait pas détruire entièrement le *poison*, mais au contraire observer quelles seraient les parties qui en seraient affectées ensuite.

Environ trois mois après cette époque, il se forma sur la peau des taches de couleur cuivrée, et l'ulcère de l'amygdale se reproduisit. On employa une seconde fois le mercure pour combattre ces nouveaux effets de l'influence du *poison* sur la constitution, mais encore seulement dans la vue de pallier le mal.

Le mercure fut abandonné une seconde fois, et l'on s'occupa d'observer dans quelle partie la maladie se manifesterait ensuite ; mais elle se reproduisit de nouveau dans les mêmes parties. Comme il ne paraissait pas qu'il y eût d'autres renseignements à obtenir en palliant seulement la maladie une quatrième fois dans l'amygdale et une troisième fois dans la peau, le mercure fut alors pris en quantité suffisante et pendant un temps assez long pour compléter la guérison.

L'expérience dura environ trois ans, à partir de l'inoculation du virus jusqu'à la guérison complète.

Ce cas n'est remarquable que par la manière dont la maladie fut contractée, et par les vues particulières d'après lesquelles plusieurs parties du traitement furent dirigées ; mais comme l'expérience avait pour but de démontrer plusieurs faits qui, bien qu'ordinaires, ne sont cependant point remarqués, toutes les circonstances en furent examinées attentivement. Il met en lumière plusieurs vérités et ouvre le champ à diverses conjectures.

Il prouve d'abord que le pus de la gonorrhée peut produire un chancre.

Il donne à penser que le gland n'admet pas l'irritation vénérienne aussi rapidement que le prépuce. Le chancre du prépuce s'enflamma et suppura en un peu plus de trois jours, et celui du gland au bout de dix environ. C'est probablement pour cela que le gland n'élimina pas ses escarres aussitôt.

On peut en conclure qu'il est très-probable que l'application du mercure sur les cuisses et sur les jambes est la meilleure méthode d'obtenir la résolution des bubons, et par conséquent aussi la meilleure méthode d'appliquer le mercure pour favoriser la guérison, lors même que le bubon suppure.

Il démontre que les bubons peuvent être amenés à résolution de cette manière sans que la constitution soit à l'abri de l'infection; et que par conséquent il faut faire pénétrer, surtout dans les cas où la résolution est facile, une plus grande quantité de mercure que celle qui est nécessaire pour la simple résolution du bubon.

Il démontre que les parties peuvent être infectées et être le siége du *poison*, qui y est comme assoupi, tandis que l'économie est sous l'influence d'un traitement mercuriel destiné à combattre des symptômes appartenant à d'autres parties, et que le *poison* peut se manifester ensuite.

Il démontre enfin, que lorsque le *poison* n'a infecté primitivement que certaines parties, si la maladie n'est pas guérie complétement, elle ne peut éclater de nouveau que dans les mêmes parties (*).

§ III. *Symptômes de la seconde période de la syphilis constitutionnelle.*

La seconde période de la syphilis constitutionnelle n'est pas aussi bien caractérisée que la première, et, comme alors la maladie présente un plus haut degré d'importance, le médecin doit employer tout son discernement à en déterminer la nature.

Les parties qui sont le moins susceptibles de l'irritation syphilitique sont aussi celles qui sont le moins soumises à l'influence de la grande cause d'excitation, qui est l'air extérieur, ainsi que je l'ai dit plus haut. Elles peuvent devenir le siége de l'action vénérienne, soit que la maladie ait produit ses effets locaux sur les surfaces externes, soit qu'elle ne les ait point produits; et même, dans beaucoup de cas, elles contractent cette action, comme il a été dit déjà, après que les surfaces affectées les premières ont contracté l'action et ont été guéries. Ces parties plus profondément situées sont le périoste, les tendons, les aponévroses et les ligaments. Cependant, on ne peut pas toujours dire d'une manière certaine quelles sont les parties qui peuvent être affectées quand la maladie est dans sa seconde période. Je l'ai vue produire une surdité complète; quelquefois alors la maladie se termine par la suppuration, et s'accompa-

(*) Voyez la *note* de la page 174. Si l'expérience avait été faite par un homme moins exercé et moins exact que John Hunter, les détails de ce fait donneraient à penser que le virus vénérien avait été communiqué aux petites plaies par le caustique avec lequel elles furent touchées à plusieurs reprises. Certainement, elles suivirent une marche très-différente de celle qu'affecte ordinairement le chancre commun.

G. G. B.

36.

gne d'une vive douleur de l'oreille et du côté correspondant de la tête. On attribue généralement les affections de cette espèce à une autre cause, et rien, si ce n'est quelque circonstance particulière de l'histoire de la maladie ou quelque symptôme concomitant, ne peut mettre le chirurgien sur la voie de la nature du mal.

Dans ces parties plus profondément situées, les progrès de l'irritation vénérienne sont plus graduels que dans les premières. La maladie présente beaucoup des caractères des gonflements scrofuleux ou du rhumatisme chronique; seulement, les articulations sont moins sujettes ici à être affectées que dans le rhumatisme. Tantôt on observe qu'un os se tuméfie chez un sujet qui n'a pas pu contracter l'affection vénérienne depuis plusieurs mois, et cette tuméfaction est déjà devenue assez considérable quand on la remarque, parce qu'elle ne s'est accompagnée que de peu de douleur. Tantôt, au contraire, une douleur très-vive se fait sentir, et ce n'est que quelque temps après qu'on observe du gonflement. Les mêmes remarques s'appliquent également au gonflement syphilitique des tendons et des aponévroses.

Ces tuméfactions ne s'accroissant que lentement, ne font naître que peu de signes d'inflammation. Quand elles ont le périoste pour siége, elles offrent toute l'apparence d'un gonflement de l'os, à cause de leur dureté et des connexions intimes qu'elles ont avec ce dernier.

L'inflammation qui est produite à cette époque avancée, s'élève à peine au delà de la période adhésive; dans cet état, elle continue à présenter des conditions de plus en plus défavorables, et lorsque la suppuration a lieu, ce n'est pas du véritable pus, mais une matière visqueuse qui est formée. Cela peut provenir jusqu'à un certain point de la nature des parties, qui n'admettent pas facilement dans leur tissu le travail de suppuration. La même langueur se fait remarquer pendant le travail de suppuration; le pus n'étant pas capable de donner le stimulus d'un corps étranger, ne peut exciter ni une suppuration franche, ni l'ulcération, même après que la constitution a été délivrée de la cause primitive du mal; alors, la maladie est probablement scrofuleuse. On voit des nodus, soit sur les tendons, soit sur les os, durer pendant des années avant de produire la moindre suppuration; dans ce cas, il est très-douteux qu'ils soient vénériens, bien que l'on suppose généralement qu'ils le sont.

J'ai déjà fait observer que, dans les premières périodes de la syphilis, la douleur est beaucoup moins forte qu'on ne devrait s'y attendre d'après les effets produits par le *poison*. Ce qui rend compte du peu de douleur que la maladie produit, c'est sa lenteur et sa marche graduelle. Les ulcères syphilitiques de la gorge ne causent pas une grande douleur, et l'on peut en dire autant des taches de la peau, lors même qu'elles deviennent de larges ulcères.

Lorsque le périoste et les os sont affectés, la douleur est quelquefois très-vive, tandis que d'autres fois elle existe à peine. Il n'est pas facile de s'expliquer cette différence. On sait aussi que les parties tendineuses, quand elles sont enflammées, sont quelquefois le siége d'une grande douleur, qui est de nature gravative, tandis que, dans d'autres cas, elles se tuméfient considérablement sans causer aucune souffrance.

La douleur est ordinairement périodique, ou présente des exacerbations; elle est, en général, plus vive la nuit que le jour. Cette circonstance est commune à toutes les autres douleurs, surtout à celles de nature rhumatismale, auxquelles les douleurs syphilitiques ressemblent beaucoup.

Quand la douleur est le premier symptôme, elle ne donne aucun signe distinctif capable de caractériser la maladie, c'est pourquoi on l'attribue souvent au rhumatisme (*).

§ IV. *Des effets du poison sur la constitution.*

Le pus virulent, en tant que corps étranger seulement, ne produit aucun changement dans la constitution; tous les effets qu'il détermine

(*) Les affections vénériennes des os sont de différentes espèces :

1. La simple inflammation du périoste est caractérisée par l'épaississement de cette membrane, avec douleur vive et sensibilité à la pression, et se termine ordinairement par une déposition de matière osseuse au-dessous du périoste et par l'accroissement permanent du volume de l'os. Quelquefois, quoique plus rarement, le périoste suppure; alors il arrive souvent qu'une portion de l'os sous-jacent meurt et s'exfolie. Cette maladie constitue le nodus syphilitique le plus commun, et s'observe fréquemment sur le tibia, sur le cubitus et sur le crâne.

2. La carie commence dans le tissu réticulaire de l'os et perfore graduellement la lame externe. La maladie forme alors une tumeur molle que l'on peut voir et palper à l'extérieur. Si l'on ouvre cette tumeur, il s'en écoule un liquide glaireux, le périoste se montre un peu épaissi, et l'os sous-jacent est dénudé. Au centre de la portion dénudée, on aperçoit un petit trou qui traverse l'enveloppe corticale de l'os et communique avec son intérieur. Cette affection est très-commune au crâne, et s'observe de temps en temps sur le tibia, sur la mâchoire inférieure et sur le cubitus. Elle constitue, dans ses formes les plus graves, la carie *vermoulue* (worm-eaten), que l'on voit quelquefois envahir les os du crâne dans une grande étendue.

3. On observe moins souvent une troisième forme de la maladie, qui paraît être primitivement une simple inflammation de l'os et qui a son siége le plus souvent au crâne. L'épaisseur de l'os est considérablement augmentée, et le tissu osseux devient dense et pesant. La plupart du temps, le périoste reste intact; mais il arrive souvent, pendant le cours de la maladie, qu'il est pris d'inflammation dans des points circonscrits, et alors, il se soulève en formant de petits nodus. Ces nodus disparaissent généralement au bout d'une ou deux semaines, et sont remplacés par d'autres tumeurs semblables qui se forment ailleurs et qui disparaissent ordinairement à leur tour de la même manière. Quelquefois cependant, au lieu de disparaître, ces nodus suppurent, et la surface de l'os se carie; mais la portion osseuse qui meurt et qui s'élimine n'est point considérable. L'ulcère ne s'étend point; après un certain laps de temps, il se cicatrise, laissant la surface de l'os inégale et la cicatrice adhérant étroitement au tissu osseux. L'accroissement de volume de l'os disparaît en même temps que la maladie se guérit, excepté dans les cas où la maladie existe depuis très-longtemps.   G. G. B.

dans l'économie générale dépendent entièrement de sa qualité spécifique comme *poison*. Les effets généraux de ce *poison* sur la constitution sont semblables à ceux de toutes les autres irritations, soit locales, soit constitutionnelles. Il produit une fièvre lente; et quand il existe pendant un temps considérable, il détermine ce qu'on appelle une disposition hectique, qui n'est autre chose qu'une fièvre lente habituelle entretenue par une cause que la constitution ne peut surmonter. Tant que cette fièvre existe, il est impossible qu'il s'opère rien de salutaire dans la constitution. Le malade perd son appétit, et, lors même que l'appétit reste bon, il perd son embonpoint; il survient de l'agitation et de l'insomnie; les traits s'altèrent (*).

Dans la première période, avant que la maladie commence à se montrer extérieurement, le malade éprouve ordinairement des frissons, des accès de chaleur, de la céphalalgie, et tous les symptômes d'une fièvre imminente.

La persistance de ces symptômes pendant plusieurs jours, et souvent pendant plusieurs semaines, indique qu'il y a quelque cause d'irritation qui *travaille* lentement la constitution. Le médecin suppose alors l'existence de toutes les maladies qui se présentent à son imagination. Mais l'apparition des éruptions vénériennes ou des nodus sur le périoste, sur les os, sur les tendons, ou sur d'autres parties, fait connaître la cause des symptômes fébriles. Ceux-ci se dissipent alors en partie, et la constitution se trouve soulagée pendant quelque temps; mais ils ne tardent pas à reparaître.

Toutefois, on n'observe pas toujours ces symptômes généraux; souvent la stimulation produite par le *poison* est si lente, que la constitution en est à peine affectée, à moins qu'on ne laisse le *poison* exister longtemps dans la constitution.

Les auteurs ont cité un grand nombre de lésions locales que je n'ai jamais vues : telles sont les fissures à l'anus, etc. Il y a aussi un nombre presque infini de maladies décrites comme vénériennes par les auteurs, et principalement par Astruc et par son école. Le cancer, les scrofules, le rhumatisme et la goutte ont été considérés comme dérivant de la syphilis, ce qui peut être vrai en partie; mais ces affections sont des maladies qui existent par elles-mêmes. On attribue aussi à cette cause toutes leurs conséquences, comme la consomption, l'atrophie par défaut de nutrition, la jaunisse, et mille autres maladies, qui existaient bien des années avant l'apparition du virus vénérien.

De nos jours, dès qu'un praticien est embarrassé au sujet d'une maladie, l'infection vénérienne se présente immédiatement à son esprit. Si cette idée donnait lieu à une investigation attentive, elle pourrait amener

---

(*) Cette altération des traits, quoique liée entièrement à l'épuisement de la constitution, est toujours considérée comme appartenant en propre aux constitutions syphilitiques. Toutefois, cette idée n'a pas sa source dans l'état des traits seulement, mais aussi dans l'examen des principaux symptômes. — JOHN HUNTER.

de bons résultats ; mais beaucoup de médecins n'y puisent qu'une explication destinée seulement à satisfaire leur esprit (*).

(*) Les accidents secondaires se montrent le plus ordinairement sans prodromes, quels que soient leur siége et leur forme, et on ne trouve alors, pour seul antécédent, que le chancre auquel ils ont succédé.

Cependant il n'est pas rare d'observer un changement profond dans la physionomie du malade : les yeux perdent de leur brillant; le teint devient jaunâtre, terreux ; quelquefois les cheveux commencent à tomber; les ganglions cervicaux s'engorgent; des douleurs vagues, le plus ordinairement nocturnes, se font sentir : ces douleurs ont beaucoup de rapport avec les douleurs rhumatismales; leur siége, assez communément, est le sternum, les extrémités des os longs, et surtout les os du crâne, où elles simulent souvent la migraine ou des douleurs névralgiques. Cette variété de douleurs ostéocopes diffère, comme nous le verrons plus tard, des douleurs qui précèdent ou accompagnent le développement des périostoses, et des affections plus profondes et plus tardives du système osseux, appartenant aux accidents tertiaires. Enfin, dans quelques circonstances, on rencontre l'ensemble plus ou moins complet des prodromes d'une affection aiguë, et plus particulièrement ceux d'un exanthème ou d'une angine, selon la région où les symptômes de la maladie vont se manifester. Toutefois, dans le plus grand nombre des cas, ce n'est que par hasard que le malade s'aperçoit d'un premier accident constitutionnel, qui pouvait exister déjà depuis longtemps, et qui n'est souvent découvert que par le médecin, que dirigent la nature connue et les conséquences obligées de certain accident primitif, tel que le chancre induré.

En suivant l'ordre adopté par Hunter, et en nous occupant d'abord des accidents secondaires qui se manifestent du côté de la peau, bien que la maladie puisse se montrer en même temps sur elle et sur les muqueuses, ou commencer par celles-ci; je dirai que la peau peut se couvrir d'un seul trait d'une éruption générale, surtout lorsque celle-ci arrive peu de temps après l'accident primitif; tandis que plus tard elle se montre le plus souvent bornée à certaines régions.

Avec le même antécédent, le chancre, un malade peut présenter en même temps ou successivement les différentes éruptions syphilitiques, généralement confondues, autrefois, sous le nom de pustules vénériennes, et qu'on a groupées depuis sous celui de syphilides.

Il est absolument contraire à l'observation d'admettre que telle forme d'affection secondaire cutanée soit produite par une forme particulière de l'accident primitif. Le chancre est la source commune de toutes les maladies syphilitiques de la peau; et devant ce fait, vérifié tous les jours, l'ingénieux échafaudage de Carmichael, renouvelé en tout ou en partie par quelques écrivains plus récents, a dû s'écrouler. Si on a pu quelquefois observer, comme je l'ai dit ailleurs, quelques coïncidences de forme et de marche entre les accidents primitifs et les secondaires, elles ne tenaient jamais à une différence dans la nature du virus ou à une influence primordiale de l'accident primitif, mais bien aux conditions idiosyncrasiques du sujet au moment du développement de la maladie primitive, et pendant le cours des phénomènes constitutionnels.

Du reste, il n'est peut-être pas une seule forme des affections cutanées que ne puisse produire le virus syphilitique; et toutes les maladies de la peau, sans exception, peuvent compliquer la syphilis, soit à l'état de symptôme primitif, soit après l'empoisonnement constitutionnel.

L'observation, bien dégagée de système *a priori*, prouve non-seulement qu'il y a quelquefois fusion et mélange dans les causes qui peuvent amener des états morbides de la peau, mais encore que la syphilis peut agir, soit en déterminant des effets spéciaux sur le derme, effets qui restent sous la dépendance continue de la cause virulente, soit en donnant lieu, à l'instar des causes communes non spécifiques, à des effets simples, que toute autre cause aurait produits, et que la syphilis cesse ensuite de régir, si je puis m'exprimer ainsi. Ces vérités cliniques une fois reconnues, et elles sont incontestables, on comprend le grand nombre de maladies cutanées syphilitiques qu'on a dû admettre, les différences et la confusion souvent désespérantes dans les descriptions données par les auteurs, et la difficulté d'arriver toujours à une distinction absolue.

Pour sortir le plus méthodiquement possible de ce dédale, et circonscrire ce qui n'est pas toujours facile à limiter, on admet aujourd'hui des syphilides *exanthématiques, papuleuses, squammeuses, vésiculeuses, pustuleuses, tuberculeuses,* et enfin, pour quelques auteurs, une syphilide ulcéreuse, toujours la conséquence d'une des formes précédentes.

Niant de la manière la plus absolue la syphilis constitutionnelle d'emblée, si ce n'est dans les cas d'hérédité, où la transmission de la mère à l'enfant est si facile à comprendre, je n'admets pas de syphilide primitive, quelle que soit la forme. Les syphilides sont toujours consécutives au chancre. L'époque de leur apparition, à la suite de cet accident primitif, peut varier, comme je l'ai déjà dit, mais elle n'arrive jamais sans lui. On sait qu'elles peuvent se manifester pendant la durée même de l'accident primitif, et disparaître avant que celui-ci soit guéri; mais elles n'en sont pas moins sa conséquence, car elles ne le précèdent jamais et n'arrivent jamais sans lui. Diviser les syphilides en primitives et en consécutives, c'est donc commettre une erreur que ne justifient ni la forme de la maladie, ni sa marche, ni sa durée, ni ses terminaisons, ni surtout son traitement. La dénomination d'affections successives pour indiquer les états pathologiques qui suivent immédiatement l'accident primitif ne saurait être non plus adoptée, puisque des accidents en tout semblables peuvent se manifester beaucoup plus tard (*).

Il n'est ni âge, ni sexe, ni tempérament qui soit à l'abri des affections syphilitiques de la peau. Cependant les syphilides sont plus communes à l'âge adulte, ainsi qu'il est facile de le comprendre, bien qu'elles se développent très-aisément chez les enfants. Les femmes, les sujets lymphatiques et ceux dont la constitution est déjà affaiblie, ou qui préalablement étaient prédisposés aux maladies du derme, en sont peut-être encore plus souvent affectés. Quelques états pathologiques concomitants; des écarts de régime, ou des privations imposées par la misère; des exercices violents; des affections morales vives; l'usage des excitants des voies digestives, et surtout de la peau, semblent, ainsi qu'une température élevée ou basse, en favoriser le développement.

Si, dans quelques cas rares, une mauvaise administration du mercure peut exciter l'apparition de certaines syphilides, ou les aggraver lorsqu'elles existent déjà, il est faux que ce médicament puisse les produire de toutes pièces. Non-seulement les syphilides se développent chez des malades qui n'ont pas fait usage du mercure, mais encore on peut les prédire, presqu'à coup sûr, chez ceux qui, ayant un chancre *induré*, n'ont pas subi de traitement mercuriel; comme aussi, on peut presque toujours assurer la guérison des malades auxquels le mercure est convenablement administré.

Les syphilides présentent, en général, une teinte cuivrée; mais on a eu tort d'exagérer la valeur de ce signe, comme aussi il est contraire à la vérité de le nier absolument. Quoi qu'on en ait pu dire, les éruptions syphilitiques au début offrent quelquefois une teinte rouge franche, qui s'éteint sous la pression et reparaît bientôt; tandis que d'autres affections cutanées, complétement étrangères à la syphilis,

(*) J'ai réservé le nom de successifs aux accidents appartenant à un même ordre, et qui sont en tout semblables aux premiers, auxquels ils succèdent sans interruption : tels que des chancres successifs, se développant de proche en proche; des bubons successifs, etc.

offrent parfois une couleur cuivrée tellement prononcée, qu'un œil très-exercé a pu s'y tromper. On peut dire que plus on est près du début de l'éruption, et moins la teinte est foncée et caractéristique.

La forme des syphilides est le plus souvent circulaire; les cercles sont complets ou incomplets, isolés ou réunis, et, dans ce dernier cas, ils peuvent paraître irréguliers. Les squammes ne sont pas toujours aussi minces, aussi sèches, aussi colorées que semblent le croire quelques auteurs; et les croûtes ne sont pas toujours épaisses, verdâtres, noires, dures et sillonnées. Si ces signes sont les plus communs, il faut savoir qu'il existe plus d'exceptions qu'on ne l'a dit.

La peau des individus infectés est quelquefois terreuse, ou d'un jaune paillé, soit partout, soit seulement dans les intervalles ou aux environs des éruptions. Mais on peut s'assurer que le plus grand nombre des malades ne présentent rien de caractéristique dans l'odeur qu'ils exhalent, comme on l'a récemment annoncé, si ce n'est dans quelques cas exceptionnels.

Les syphilides peuvent se manifester sur tous les points de la peau. Voici, sous le rapport de la fréquence du siége, l'ordre dans lequel elles se sont montrées à moi dans les différentes régions : le tronc et les membres, le cuir chevelu, les environs des organes génitaux et de l'anus, la face (le front, les ailes du nez, la commissure des lèvres, le menton, etc.), l'intervalle des orteils, la plante des pieds et la paume des mains, la racine des ongles, le creux de l'ombilic, le conduit auditif externe.

Les formes sous lesquelles se présentent les syphilides tiennent à l'époque à laquelle elles se sont montrées après l'accident primitif; à leur durée; au siége particulier qu'elles affectent; à leur répétition, et aux influences qu'elles peuvent subir, soit de la part des traitements bien ou mal administrés, soit d'une foule de complications qui en modifient plus ou moins la physionomie.

Dans l'état de plus grande simplicité, et quand on observe les malades peu de temps après l'accident primitif, la forme la plus commune est l'exanthématique (taches, macules, roséoles, éphélides syphilitiques). Ces taches sont confluentes ou discrètes, pointillées ou d'une certaine étendue. Elles sont rarement accompagnées de symptômes sympathiques généraux et de démangeaisons. Elles sont souvent au début d'un rouge très-prononcé; mais elles pâlissent ou s'assombrissent bientôt. L'éruption peut se faire tout à coup, ou ne se montrer que successivement sous différents points et d'une manière lente. Ces taches syphilitiques sont quelquefois fugaces, éphémères; elles disparaissent, dans quelques circonstances, au bout de peu de jours, pour se remontrer de nouveau, à des intervalles plus ou moins éloignés, cesser enfin, ou se prolonger longtemps. On les voit souvent se manifester au début d'un traitement qui n'a pas encore eu le temps de neutraliser leur cause. Les malades, et quelques médecins, ne manquent pas alors de les rapporter à ce traitement.

Il est probable qu'on a souvent pris pour des macules syphilitiques des éruptions rubéoliques qui surviennent fréquemment, pendant le cours d'une blennorrhagie, chez les malades qui font usage de cubèbe ou de copahu; et que c'est ainsi qu'on a cru que cette forme d'éruption était souvent compagne des écoulements. Du reste, il ne serait pas impossible que quelques exanthèmes simples pussent agir sur les muqueuses génitales, comme on sait qu'ils agissent sur les autres muqueuses, et vice versâ.

Les macules, comme nous venons de le voir, sont, le plus ordinairement, le premier mode de manifestation d'une syphilis constitutionnelle; mais, dans une foule de circonstances, elles se présentent comme terminaison plus ou moins complète d'une maladie du derme qui a précédé. Quelquefois, en effet, elles constituent les seules traces d'une syphilide mal éteinte ou récemment guérie ; tandis que souvent on trouve encore, sur des points voisins, les éruptions cutanées auxquelles elles ront succéder, et qui en indiquent l'origine.

Lorsque les taches sont consécutives à d'autres éruptions, leur forme et leur étendue varient selon l'espèce particulière d'affection cutanée qui les a précédées. De moins en moins saillantes au-dessus du niveau des parties voisines, elles s'affaissent fréquemment et se dépriment par une sorte d'atrophie de la peau dans les points malades, qu'il y ait eu, ou non, ulcération préalable. Leur teinte est généralement plus foncée ou cuivrée que celle des macules de début, et cela d'autant plus qu'elles ont succédé à des maladies de longue durée, et que celles-ci ne sont pas encore complétement guéries. Cette teinte brune violacée des macules de terminaison est encore plus prononcée dans les parties déclives, et aux jambes en particulier, où des maladies étrangères à la syphilis offrent si souvent une couleur analogue. Mais, tandis que les macules de début semblent dues à une congestion sanguine capillaire, que la pression chasse et fait facilement disparaître, les macules de terminaison paraissent tenir au dépôt d'une matière colorante plus intimement combinée, et qu'on fait difficilement pâlir en comprimant. Enfin ces taches, dont la durée ne saurait être limitée, et sur lesquelles les traitements finissent par n'avoir plus d'influence, disparaissent dans le plus grand nombre des cas, sans laisser de traces, ou sont quelquefois remplacées, même lorsqu'il n'y avait pas eu d'ulcération, par un tissu blanc, comme celui des cicatrices, avec ou sans dépression.

Soit qu'on observe les malades à une époque un peu plus éloignée de l'accident primitif, ou que les causes adjuvantes soient plus actives, ou que le traitement manque ou soit mal appliqué, aux éruptions exanthématiques de début succèdent ou des papules, ou une affection squammeuse. On peut presque toujours, d'après l'étendue des macules, prédire un lichen ou un psoriasis.

Dans le premier cas, aux petites taches succèdent plus ou moins vite de véritables papules pleines, dures, saillantes au-dessus du niveau de la peau, et se terminant le plus ordinairement par résolution et par desquamation. Les papules sont ou disséminées, ou groupées. Le lichen syphilitique, ou scabies venerea, peut se développer d'une manière très-rapide peu de temps après l'accident primitif, ou pendant la durée de celui-ci, et sa première période, ou de simples macules, passer presque inaperçue. Il peut occuper tout le corps et la face en même temps, ou bien rester borné à certaines régions.

Quelquefois le lichen affecte une marche lente ; ses papules sont plus larges, plus plates, plus foncées en couleur ; se manifestant alors le plus ordinairement sur les membres ; sur le cuir chevelu ; à la face ; sur le dos, etc. Non-seulement il accompagne d'autres éruptions syphilitiques qui n'en sont fréquemment que les premières phases, mais encore il subit lui-même d'évidentes transformations. C'est ainsi que ses papules, larges, moins saillantes et couvertes de squammes, finissent par se confondre avec les syphilides squammeuses proprement dites, et que, dans d'autres circonstances, au lichen succèdent de véritables tubercules, comme l'a très-bien observé M. Babington. Bien qu'en général, lorsque l'éruption reste et se termine à l'état lichénoïde franc, les papules soient pleines, qu'elles ne suppurent point et ne s'ulcèrent pas, il arrive quelquefois qu'il se fait un soulèvement de l'épiderme, par un liquide d'abord séreux, puis purulent, qui se résorbe ou se dessèche plus ou moins vite ; et que, dans d'autres circonstances, ainsi que l'avait bien vu Bateman, les papules s'ulcèrent à leur sommet.

Dans tous les cas, les éruptions lichénoïdes, qui peuvent se montrer à différentes reprises dans le cours d'une syphilis constitutionnelle, persistent plus ou moins longtemps ; et, tandis que, parfois, on les voit rapidement céder au traitement qu'on leur oppose, dans d'autres circonstances elles semblent échapper à toute médication, et résistent aux agents thérapeutiques qui ont amené la guérison d'autres accidents syphilitiques concomitants. Du reste, ces éruptions, comme beaucoup d'autres, tendent à devenir d'autant plus graves qu'elles se montrent à une époque plus éloignée de l'accident primitif; que la constitution a déjà été altérée par de mauvaises médications ou des états pathologiques qui constituent des complications.

Mais aux macules plus étendues des formes exanthématiques, succèdent aussi fréquemment de petites élévations dont la couleur tend à devenir plus sombre ou plus cuivrée, si l'on veut, et que couvrent alors des écailles ordinairement sèches. Ces éruptions, dites squammeuses, se rapportent ou au psoriasis, ou à la lèpre.

Dans la première variété (*psoriasis*), les plaques sont ou bornées à une seule région, ou disséminées sur différents points de la surface de la peau; elles sont espacées, ou rapprochées, et même quelquefois confondues par leurs marges; d'étendue variable, depuis celle d'une lentille jusqu'à celle d'une pièce d'un franc, et au delà, elles sont plus ou moins irrégulièrement arrondies et saillantes au-dessus du niveau des parties voisines. Quand les squammes qui les recouvrent se détachent, leur surface est ordinairement lisse et d'une couleur foncée. M. Biett a observé que, lorsque cette forme se rapproche de celle du psoriasis guttata (syphilide lenticulaire, si commune et si caractéristique), à la chute des squammes, la plaque reste entourée d'un liséré blanc adhérent, qui, bien qu'assez constant, ne saurait cependant être considéré comme un signe pathognomonique.

Dans la seconde variété (*lèpre*), qui n'est probablement que l'affection décrite souvent sous le nom de *lepra nigricans*, et à laquelle conviendrait peut-être mieux le nom de *syphilide annulaire*, les plaques, exactement arrondies, de deux lignes à un demi-pouce et plus de diamètre, sont ordinairement d'une couleur brune foncée, ou même noirâtre à leur centre; leurs bords, en forme d'anneau plus ou moins complet, et élevés au-dessus du niveau des parties voisines, s'étendent excentriquement par la guérison de leur marge interne et le développement de l'externe; la couleur de ceux-ci est moins foncée que celle du centre des plaques, d'après les lois autre part établies; cependant, lorsque la maladie persiste sans que les cercles grandissent, la peau reprend sa couleur normale au centre, et les cercles seuls restent plus ou moins longtemps colorés. Le plus ordinairement, les anneaux sont dus à un gonflement des tissus, mais quelquefois ils ne sont formés que par des squammes qui, en se détachant, ne laissent sous elles qu'un cercle sans saillie, et distinct seulement par sa coloration. Dans d'autres circonstances, les anneaux sont manifestement formés par des papules plus ou moins développées, rapprochées et surmontées chacune d'une squamme distincte, ou même, dans quelques cas, d'une croûte plus ou moins épaisse, et qui donne au cercle un aspect gaufré. Du reste, les anneaux se touchent et se rencontrent dans différents sens, de manière à former souvent des figures telles que des huit de chiffres, des trois, des portions de cercle, etc. Cette forme de syphilide est infiniment plus commune que ne le pensent quelques écrivains.

Quoi qu'il en soit, les variétés que nous venons de rappeler se manifestent encore assez souvent à la paume des mains et à la plante des pieds; les seules différences qu'elles présentent alors, c'est que les squammes dont elles se couvrent sont plus épaisses, plus dures et comme cornées, à cause des conditions ordinaires de l'épiderme de ces régions; tandis que ces squammes sont molles, pultacées, ou manquent complétement, en laissant au-dessous d'elles des parties exulcérées, dans les régions où la peau est humide, en contact avec des parties voisines, ou se rapprochant de l'organisation des muqueuses, comme cela a lieu aux environs de l'anus, de la vulve, dans le pli génitocrural, à la face interne du prépuce, sur le scrotum, etc.

La forme vésiculeuse paraît être une des formes les plus rares que puissent revêtir les syphilides. Cependant j'ai rencontré, ainsi que d'autres observateurs, sans autre cause appréciable que l'infection syphilitique, des malades qui présentaient des éruptions de *boutons* à sommet vésiculeux, dus à un soulèvement de l'épiderme par de la sérosité plus ou moins transparente, et pouvant, jusqu'à un certain point, simuler une éruption de varicelle au début. Ces *boutons* vésiculeux se guérissent souvent dans un endroit, tandis qu'il s'en développe de nouveaux dans un autre. Ainsi qu'on l'a fait observer, les vésicules peuvent rester petites, et offrir une base plus ou moins large, entourée d'une auréole cuivrée, non inflammatoire; leur marche est lente, et elles se terminent tantôt par la résorption du liquide, tantôt par son épaississement et la formation de croûtes ou de squammes, et laissent enfin, dans tous les cas, une tache cuivrée plus ou moins persistante. En définitive, ces éruptions en accompagnent souvent d'autres, dont elles semblent n'être qu'une nuance ou une modification.

Les syphilides pustuleuses, plus communes que les précédentes, appartiennent tantôt à la forme *psydraciée*, tantôt à la forme *phlysaciée;* les premières ressemblent assez bien à l'*acne rosacea*, les secondes se rapportent à l'*ecthyma;* mais entre ces deux termes, il existe des nuances dont les limites sont souvent difficiles à bien préciser.

Les pustules syphilitiques, quelle que soit leur forme, ne sont en réalité qu'une modification des autres éruptions, qui survient comme conséquence d'une plus grande intensité de la maladie, d'une époque plus avancée dans son développement, d'une mauvaise disposition du sujet, etc., etc.

Dans les pustules psydraciées, on trouve le plus souvent la liaison intime qui les unit aux éruptions papuleuses, dont leur base est très-souvent encore formée; tandis que les pustules ecthymateuses succèdent fréquemment aux éruptions squammeuses qu'il n'est pas rare de rencontrer en même temps, et qui, selon leur variété et leur siége, impriment aux pustules leur forme particulière.

Celles qui semblent se rapporter aux mêmes éléments que le psoriasis guttata sont le plus souvent de la grandeur d'une lentille, assez nombreuses, peu proéminentes, à base parfois indurée, renfermant peu de pus d'un blanc jaunâtre, et entourées d'une auréole sombre. Par rapport au début, il est souvent difficile de préciser les limites entre les squammes et les pustules appartenant à cette variété, lorsqu'il s'agit de ces éruptions croûteuses si communes sur le cuir chevelu. A la face, sur le torse, elles sont assez rarement suivies d'ulcérations; alors elles se terminent par la formation d'une croûte brunâtre, qui, en tombant, laisse sous elle une cicatrice peu profonde ou une tache livide quelquefois dure et un peu saillante. Cependant il n'est pas rare que ces pustules se groupent, s'enflamment et suppurent plus abondamment, en se couvrant de croûtes épaisses, verdâtres, très-adhérentes, entourées d'un cercle violacé, et qui, lorsqu'elles se détachent, mettent à découvert des ulcérations plus ou moins profondes.

D'autres fois plus larges et fréquemment alors moins nombreuses, affectant plus particulièrement les membres et surtout les membres inférieurs, bien qu'elles puissent se développer sur d'autres points, les éruptions débordent en quelque sorte les limites assignées aux pustules, et se présentent sous la forme du rupia, surtout quant à leurs conséquences. Dans ces cas, sur de grandes taches, plus ou moins foncées en couleur, l'épiderme se soulève dans une étendue qui dépasse souvent la largeur d'une pièce d'un franc. Une bulle, ou tout au moins une large pustule, se forme quelquefois d'une manière lente; le liquide séro-purulent grisâtre qui la distend se concrète peu à peu et forme une croûte conique noirâtre très-dure, sillonnée et composée de disques superposés, et dont le diamètre est d'autant plus grand qu'ils se rapprochent de la base. A la chute de ces croûtes plus ou moins proéminentes et régulièrement arrondies, il

s'échappe souvent un pus ichoreux et fétide, et l'on trouve des ulcères qui peuvent
avoir plusieurs pouces de diamètre, à bords taillés à pic, avec ou sans décollement, à
fond grisâtre et de mauvais aspect. Les bords de ces ulcérations sont quelquefois
durs, calleux, renversés, le plus ordinairement entourés d'un cercle brun violacé.
Dans quelques circonstances, à la chute des croûtes, le fond présente des granulations
dans quelques points, et dans d'autres un commencement de cicatrice. Cette forme se
développant le plus souvent sans douleur et sans symptômes de vive inflammation, sa
marche est lente; à mesure que les croûtes tombent, ou qu'on les détache, il s'en forme
d'autres jusqu'au terme de la guérison, qui n'a le plus souvent lieu que sous l'influence
d'une bonne médication.

Les enfants qui naissent avec une syphilis constitutionnelle présentent souvent une
éruption de pustules plates, larges, arrondies ou ovalaires, se couvrant de croûtes,
le plus ordinairement assez minces, brunâtres, et qui sont surtout suivies d'ulcérations dans les régions qui supportent le poids du corps, aux fesses, dans le pli génito-
crural, aux environs de l'anus, aux organes génitaux, derrière les oreilles, etc. Cette
éruption est tout à fait analogue à celle qui se manifeste quelquefois chez l'adulte dans
ces dernières régions, où elle n'est souvent qu'une transition aux *tubercules muqueux*.

La forme tuberculeuse, l'une des plus fréquentes que puissent revêtir les syphilides,
n'est en effet qu'une modification des diverses éruptions que nous venons d'examiner,
et d'où naissent ses nombreuses variétés.

La première et la plus commune de toutes est le *tubercule muqueux;* c'est, sans
contredit, l'accident constitutionnel le plus prompt à se manifester, après l'accident
primitif. Dans beaucoup de circonstances, il succède tellement vite à celui-ci et si peu de
temps après les rapports sexuels, que bien des syphilographes l'ont cru parfois primitif
lui-même. Mais je puis affirmer qu'on ne l'a jamais vu bien caractérisé *avant le second
septénaire qui suit le coït infectant*, terme le plus court dans lequel il semble que puissent
aujourd'hui se développer les accidents secondaires proprement dits. *Il est toujours
heureusement précédé d'un chancre*, soit dans le lieu même où il s'est développé,
soit dans un autre point. Lorsqu'il succède au chancre, *in situ*, il constitue un phénomène de transition, sans interruption, de l'accident primitif à l'accident secondaire.
C'est alors à la période de réparation que le chancre revêt les caractères des tubercules
muqueux; et ce n'est que dans les circonstances où cette transformation n'est pas
encore partout complète, que la maladie conserve les caractères des accidents primitifs. Dans ces cas, le tubercule muqueux peut rester définitivement, ou plus ou moins
longtemps isolé, sans aucun autre symptôme d'empoisonnement général, ou bien il
ne tarde pas à s'accompagner d'autres tubercules muqueux des parties voisines de
celles qui ont d'abord subi l'infection primitive, ou de régions plus ou moins éloignées, et il n'est plus possible alors de le distinguer des accidents qui lui ont succédé. Lorsque la transformation *in situ* est complète, ou que le tubercule muqueux est
la conséquence, dans une autre région, de l'infection constitutionnelle, les sécrétions
morbides qu'il fournit ne sont point susceptibles de s'inoculer, comme le pus du
chancre à la période de progrès. Cependant, sans une observation attentive, on
pourrait quelquefois se tromper; car il n'est pas rare de trouver, parmi des tubercules
muqueux, des chancres encore à la période de progrès, soit qu'ils aient précédé, soit
qu'ils aient été plus tard ajoutés, par suite d'une nouvelle infection.

Quoi qu'il en soit, le chancre peut encore offrir, par suite d'un travail irrégulier
de cicatrisation, un aspect tout à fait analogue à celui du tubercule muqueux, par la
granulation et le soulèvement de son fond, l'affaissement et la disparition plus ou
moins complète de ses bords, et sans qu'il soit toujours possible de distinguer ces cas
de ceux qui sont le résultat d'une syphilis constitutionnelle, et qui **appartiennent**
déjà aux accidents secondaires.

Du reste, le tubercule muqueux est plus fréquent dans les tempéraments lymphatiques, surtout chez les femmes et chez les enfants.

Les régions où ils se montrent sont, dans l'ordre de fréquence, l'anus; la vulve, surtout à la face interne des grandes lèvres; le pli génito-crural; les bourses, et plus particulièrement l'angle rentrant que forment la verge et le scrotum; le gland et la face interne du prépuce; le creux ombilical; les lèvres; le conduit auditif externe; les points où les orteils se touchent, et la racine des ongles, qu'ils détruisent souvent.

Des sécrétions âcres voisines, l'humidité habituelle de certaines régions, le défaut de soins de propreté, le contact des surfaces, en favorisent singulièrement le développement. L'usage de la pipe, et ce qu'on appelle vulgairement le *brûle-gueule*, ou pipe à queue courte, est une des causes occasionnelles les plus fréquentes de ceux de la bouche.

Il n'est pas rare de les rencontrer, comme seul signe d'une syphilis constitutionnelle, limités à une des régions que j'ai énumérées, ou en occupant plusieurs à la fois, et surtout la cavité buccale (gorge, langue, face interne des joues, etc.), comme on le verra plus tard; mais ils sont aussi fréquemment accompagnés de quelque autre éruption, soit exanthématique, soit papuleuse ou squammeuse, dont ils ne sont en réalité qu'une modification due principalement au siége, comme l'avait si bien compris Hunter. Tantôt, au début, ce sont de petites papules plus ou moins saillantes, bientôt dépourvues d'épiderme; à surface grisâtre ou d'un jaune brun violacé plus ou moins foncé; rugueuses ou légèrement granulées, et offrant des érosions, tantôt superficielles ou de véritables ulcérations. C'est à ces papules, tantôt isolées, tantôt de groupées, qu'on peut conserver le nom de *papules muqueuses*. D'autres fois, ce sont de véritables tubercules dus au développement successif des papules, ou à leur réunion en plaques (*plaques muqueuses, condylômes*).

Le tubercule muqueux, qui ne diffère de la papule muqueuse que par son plus grand volume, est quelquefois d'un rouge foncé, violet ou livide; d'autres fois, n'offrant qu'une teinte grisâtre, sa couleur est peu tranchée sur celle des parties voisines. Du reste, la teinte particulière du tubercule muqueux varie selon une foule de circonstances dues au siége, à la durée de la maladie, etc. Sa forme est primitivement arrondie; mais lorsque plusieurs tubercules viennent à se réunir pour former des plaques ou des développements dits condylomateux, elle peut changer en apparence. La surface de ces tubercules est rugueuse ou plutôt chagrinée et formée de petites granulations, les unes rougeâtres, les autres d'un gris foncé, et couvertes d'une sécrétion muco-purulente particulière qui répand une odeur forte et repoussante lorsqu'ils siégent aux organes génitaux, à l'anus et surtout entre les orteils.

Si, de tous les accidents secondaires, les tubercules muqueux sont ceux qui peuvent se manifester le plus tôt, ce sont aussi ceux qui disparaissent le plus vite : le repos, des soins de propreté et l'isolement des surfaces, suffisent quelquefois pour cela. Toutefois, bien sujets à récidiver, quand on les abandonne à eux-mêmes ou qu'ils sont mal traités, ils deviennent le siége d'ulcérations irrégulières plus ou moins profondes, et auxquelles on donne souvent à l'anus, entre les orteils, etc., le nom de rhagades, qu'on applique aussi à quelques autres ulcérations. Enfin les papules muqueuses et les tubercules muqueux donnent parfois naissance à des végétations appartenant aux différentes variétés que nous avons autre part étudiées.

Quoi qu'il en soit, à mesure qu'on s'éloigne des conditions que nous venons d'examiner, qu'il s'agit d'autres régions, et qu'on est arrivé à une époque plus avancée de l'infection syphilitique, les tubercules constituent une affection plus grave et se montrent aussi plus rarement. Tantôt ce sont des cercles de lèpres qui se soulèvent et s'indurent, pour former ce que quelques personnes ont nommé des tubercules herpétiformes, et qui se terminent par résolution, se couvrant de squammes, ou finissant par s'ulcérer. D'autres fois, il ne s'agit que d'un peu plus de développement et d'induration de papules qui se couvrent aisément de petites croûtes ou squammes, et qu'on désigne sous le nom de tubercules granulés, si communs aux ailes du nez et aux commissures des lèvres, etc.

Enfin, constituant un symptôme encore plus grave, les tubercules peuvent prendre de plus en plus de volume et atteindre même celui d'une petite noisette. Ils sont alors arrondis, très-saillants, et ont été souvent décrits sous le nom de pustules merisées. Isolés, ou groupés plusieurs ensemble, on les rencontre surtout au dos, au cou, à la face, plus particulièrement au front, sur les joues, autour du nez; ils se montrent quelquefois sur le gland, où on peut les confondre avec les tubercules muqueux plus superficiels; j'en ai vu sur la langue et sur le col utérin, qu'on aurait pu prendre pour des affections squirrheuses ou carcinomateuses. Ces tubercules ont quelquefois une longue durée; ils peuvent se terminer par résolution, sans laisser de traces; tandis que dans un assez grand nombre de circonstances, après leur disparition, la peau est amincie dans le point qu'ils ont occupé, et il reste une cicatrice ou une dépression, sans cependant qu'il y ait eu d'ulcération. Chez quelques malades, la saillie tuberculeuse persiste, sa teinte rouge plus ou moins livide disparaît peu à peu, et finit par être moins colorée que celle de la peau voisine. J'ai vu des sujets chez lesquels les tubercules, dans ces circonstances, pouvaient être comparés, jusqu'à un certain point, et dans une étendue seulement moins grande, à l'espèce de tumeur cutanée qu'Alibert désignait sous le nom de *keloïde*. Cependant sur les membres, et plus particulièrement sur le tronc, les tubercules affectent souvent une marche serpigineuse et représentent des cercles plus ou moins complets, ou des espèces de lettres ou de chiffres, comme on l'observe pour les formes moins graves que nous avons déjà signalées, et dont ils ne sont qu'une modification.

Du reste, si les tubercules, quelle que soit la variété à laquelle ils appartiennent, se terminent souvent par résolution, ou par une suppuration plus ou moins incomplète, il leur arrive fréquemment, et surtout dans les formes serpigineuses, de s'ulcérer plus ou moins profondément et de se couvrir de croûtes.

Les affections syphilitiques des muqueuses, ainsi que je l'ai professé depuis près de neuf ans dans mes leçons cliniques, et comme le rappelle très-bien M. Babington, offrent autant de variétés que celles de la peau. J'ai dit, dans une autre partie de ces notes, que les accidents primitifs pouvaient se manifester sur toutes les muqueuses accessibles, et qu'il n'était presque pas de point de la cavité buccale, en particulier, qui ne m'en eût offert des exemples. L'entrée du rectum, les cavités du vagin, le col et les cavités utérines, les fosses nasales, etc., en sont, comme on le sait, fréquemment le siége. Or, dans toutes ces parties, il faut être prévenu qu'il n'est pas toujours facile de distinguer ces accidents des symptômes d'une infection constitutionnelle. Les antécédents, lorsque le malade n'a point intérêt à les cacher, le nombre des ulcérations, les phénomènes concomitants, leur marche et leurs conséquences, mettent bien le plus souvent sur la voie d'un diagnostic rationnel; mais c'est des circonstances dans lesquelles l'inoculation artificielle, faite dans le temps voulu, a seule pu décider la question, et cela dans des cas embarrassants, et qu'on avait intérêt à bien déterminer. Du reste, sous le rapport de la fréquence et de la gravité des accidents secondaires développés sur les muqueuses, nous trouvons rigoureusement les mêmes lois que pour les éruptions cutanées avec lesquelles elles marchent, ou qu'elles remplacent.

Ainsi, la forme la plus commune est l'érythémateuse, souvent si éphémère, et si peu caractérisée, comme dans quelques taches de la peau, qu'elle passe inaperçue, ou tout au moins méconnue; mais dans le plus grand nombre des cas, à la période érythémateuse succèdent bientôt des plaques tout à fait analogues aux plaques muqueuses que nous avons autre part décrites, et qui se trouvent si bien définies dans la troisième variété des ulcères de la gorge, dont parle M. Babington, qu'il y a peu de chose à ajouter, si ce n'est que ces plaques prennent très-souvent un développement vraiment tuberculeux ; qu'elles sont assez communes dans les fosses nasales, et sur le col de l'utérus, où on les a récemment confondues avec des ulcères granulés, le plus ordinairement étrangers à la syphilis. On trouve plus souvent des plaques muqueuses, ou des tubercules muqueux de la cavité buccale, sans symptômes analogues du côté de l'anus, que des tubercules muqueux de cette dernière région, sans quelque chose du côté de la gorge ou de la bouche.

La preuve, dans tous les cas, que cette affection des muqueuses est une modification des éruptions cutanées squammeuses qui l'accompagnent si souvent, c'est qu'elle se présente fréquemment sous la forme annulaire appartenant à la variété de la lèpre syphilitique dont j'ai parlé, et cela surtout à la face interne des lèvres et des joues, à la voûte palatine, sur le voile du palais ; les cercles bien déterminés de cette éruption offrent parfois une assez grande saillie, et sont tout à fait semblables à ceux dont il a été question sous le nom de tubercules herpétiformes, soit qu'ils s'ulcèrent ou non. En suivant encore l'analogie la plus rigoureuse, nous trouvons, surtout sur les bords de la langue, de petits tubercules granulés, bien souvent méconnus dans la pratique, et qui, plus ou moins étendus, irrégulièrement fendillés et ulcérés, ont un aspect qui les rapproche un peu de certaines éruptions de muguet.

Comme les tubercules muqueux de la peau, ceux des cavités des membranes muqueuses constituent peut-être, contrairement à l'opinion de Hunter, le symptôme le plus caractéristique de la vérole constitutionnelle ; et, comme eux aussi, ils sont peu graves, disparaissent aisément, surtout sous l'influence du traitement mercuriel, et se reproduisent avec la plus grande facilité quand ce traitement est incomplet, ou a été mal administré.

Les autres formes bien plus fâcheuses, et souvent bien moins caractéristiques, contrairement aux opinions reçues, qu'elles aient pour siége les fosses nasales, ou la cavité de la bouche, sont pour ces parties la conséquence d'un travail morbide analogue à celui qui détermine des éruptions pustuleuses ou tuberculeuses plus profondes sur le derme ; aussi des ulcérations plus ou moins étendues en sont la conséquence ; ulcérations qui détruisent les tissus dans une plus ou moins grande épaisseur, et dont la base est fréquemment indurée, comme celle des tubercules ulcérés des autres régions.

Dans tous les cas, comme nous le verrons bientôt, il est important de distinguer les ulcérations qui débutent par les muqueuses et peuvent mettre les os à nu, des ulcérations de ces membranes qui sont consécutives à une affection du tissu cellulaire sous-muqueux, ou des os eux-mêmes, et qui se rapportent aux accidents tertiaires proprement dits, ou à ceux que Hunter appelle de la seconde période des accidents constitutionnels.

Les yeux, comme les autres parties du corps, s'affectent de différentes manières dans le cours d'une maladie vénérienne. C'est ainsi qu'ils peuvent être le siége d'accidents primitifs, ou subir l'influence de l'infection constitutionnelle. Comme je l'ai dit dans d'autres parties de ces notes, l'ulcère primitif, le chancre, peut aussi bien se développer sur les paupières et sur la conjonctive que partout ailleurs ; s'il y est plus rare, c'est seulement parce que la cause infectante y est moins souvent et moins bien appliquée que sur les organes génitaux, ou sur d'autres parties. Mais il est un symptôme réputé primitif et d'une haute importance, sur lequel Hunter a gardé le silence : je veux parler de l'ophthalmie blennorrhagique. La blennorrhagie qui, comme nous l'avons prouvé, est essentiellement différente du chancre, produit des effets qui semblent lui être quelquefois particuliers.

Aux conséquences fréquentes de la blennorrhagie, que j'ai autre part examinées, j'ajouterai quelques réflexions sur l'ophthalmie blennorrhagique.

L'ophthalmie blennorrhagique appartient à l'ordre des ophthalmies catarrhales. Sous le rapport de ses causes, on l'a tantôt considérée comme la conséquence des sympathies qui peuvent exister entre les yeux et les organes génitaux malades, comme le résultat de la répercussion brusque d'un écoulement urétral, un fait de métastase; ou bien encore, on a cru qu'elle pouvait dépendre de la syphilis constitutionnelle. Mais l'opinion la plus raisonnable, celle que viennent étayer les meilleures observations, la rapporte à un effet direct, à l'action locale et immédiate du muco-pus blennorrhagique, ou des causes des autres blennorrhagies, dont elle n'est qu'une variété.

Cette maladie est bien plus commune chez l'homme que chez la femme, et encore plus fréquente chez les enfants, après la naissance, que chez l'adulte. Elle commence ordinairement par un seul œil, bien que les deux yeux puissent quelquefois être pris l'un après l'autre, ou plus rarement, si ce n'est chez les enfants, tous les deux à la fois. Si l'homme en est plus souvent affecté que la femme, c'est qu'aussi, dans le cours d'une blennorrhagie urétrale, il est plus sujet à se souiller les doigts, qui peuvent ensuite porter la matière irritante sur les yeux; si l'enfant y est plus exposé, et des deux yeux en même temps, c'est qu'en traversant les organes génitaux de sa mère malade, il subit le contact assez prolongé des sécrétions morbides qui vont déterminer l'inflammation. Du reste, l'ophthalmie blennorrhagique est rare relativement aux autres variétés de la blennorrhagie.

Elle débute souvent par un peu d'injection et de rougeur, quelquefois limitées, dans les premiers temps, à la muqueuse palpébrale inférieure. Dans quelques cas, l'œil est d'abord sec; l'inflammation, déjà plus ou moins prononcée, est comme érysipélateuse; mais, dès le début, ou bientôt après, la sécrétion des larmes est plus ou moins accrue, ainsi que celle des glandes de Meïbomius. Les paupières deviennent chassieuses, et la conjonctive elle-même commence à fournir une sécrétion, dont la nature et la quantité subissent toutes les modifications que subit l'écoulement blennorrhagique des organes génitaux. Si la maladie était limitée à un point de la muqueuse oculaire, elle s'étend très-vite sur les autres parties, et l'inflammation gagne en même temps en surface et en profondeur. La muqueuse, ainsi affectée, ne tarde pas à offrir des granulations plus ou moins prononcées et dues au gonflement inflammatoire de ses follicules. Mais, à ces phénomènes morbides, il s'en ajoute d'autres. Bientôt le tissu cellulaire sous-muqueux oculaire est atteint: tantôt par une infiltration œdémateuse simple, tantôt par un état véritablement phlegmoneux, donnant ainsi lieu à des variétés distinctes du chymosis. La cornée transparente, alors entourée d'un cercle plus ou moins saillant, et qui empiète souvent beaucoup sur son aire, paraît déprimée au fond d'une espèce d'infundibulum; jusque-là transparente, l'inflammation finit par l'atteindre, et y détermine rapidement l'ulcération; ou bien, soit par la compression qu'elle éprouve, ou la gêne plus ou moins grande apportée dans sa circulation et ses moyens de vie, elle est frappée de mort, perd sa transparence, et se flétrit. Le tissu cellulaire des paupières, affecté comme celui de l'œil, donne lieu à un gonflement qui peut être considérable; la paupière supérieure tombe sur l'inférieure qu'elle couvre, en renversant souvent ses cils sur le globe de l'œil; les parties voisines sont fréquemment rouges, tuméfiées, et la partie supérieure de la joue est même excoriée dans quelques cas. On dirait, à voir les malades, que l'œil affecté est descendu sur la joue, et plus bas que du côté resté sain.

Les douleurs, nulles au début, s'annoncent le plus souvent, comme dans d'autres circonstances, par la sensation d'un corps étranger, ou d'un sable que les malades croient avoir dans l'œil ; mais bientôt ces douleurs deviennent très-vives, et soit seulement par sympathie, soit parce que la maladie a gagné les parties profondes du globe oculaire, la photophobie à différents degrés ne tarde pas à se manifester. Alors, à la difficulté qu'éprouvent déjà les malades à soulever la paupière supérieure, s'ajoute, surtout chez les enfants, une contraction spasmodique de l'orbiculaire des paupières qui augmente la gravité de la maladie, en incarcérant le muco-pus dans l'espèce d'abcès que représente ainsi l'œil.

L'ophthalmie blennorrhagique est une inflammation catarrhale sur-aiguë. Sa marche est excessivement rapide ; un petit nombre d'heures ou tout au plus quelques jours lui suffisent pour atteindre son summum d'intensité et produire les plus grands ravages. Limitée, comme je l'ai dit, dans le plus grand nombre des cas, à un seul œil, il n'est cependant pas rare qu'elle gagne l'autre, soit par l'application directe du muco-pus fourni par le côté malade sur l'œil jusque-là resté sain, soit par sympathie et synergie de fonction entre les deux yeux. Chez les malades qui ont la racine du nez étroite et déprimée, et qui se tiennent couchés du côté non malade, les sécrétions morbides de l'œil affecté arrivent avec facilité sur l'œil sain, et ne tardent pas à y transporter le mal.

Enfin, des symptômes sympathiques, la céphalalgie, la fièvre, etc., peuvent exister à différents degrés. S'il y avait préalablement un écoulement blennorrhagique des organes génitaux, celui-ci diminue ou se supprime même par une sorte de révulsion pendant la période sur-aiguë de l'inflammation ; mais le plus ordinairement l'écoulement génital continue, ou reprend bientôt toute sa force, quand les symptômes du côté de l'œil perdent un peu de leur intensité.

Le diagnostic de l'ophthalmie blennorrhagique se base surtout sur sa cause présumée : sur la connaissance acquise que du muco-pus blennorrhagique a pu être appliqué sur l'œil, ou que l'individu, sans autre cause connue d'ophthalmie, est actuellement affecté d'une blennorrhagie des organes génitaux fournissant un pus irritant ; car, à la période de suintement muqueux, les écoulements urétraux, comme les simples flueurs blanches non purulentes chez les femmes, n'ont pas plus d'action sur la muqueuse des yeux que sur les autres muqueuses en général. A part ces circonstances, s'il y a dans l'ensemble de la maladie quelque chose qui la fasse ordinairement reconnaître à ceux qui l'ont déjà observée, on peut affirmer qu'il n'existe aucun signe pathognomonique qui la différencie des ophthalmies catarrhales sur-aiguës, et non blennorrhagiques vénériennes. Le muco-pus de la blennorrhagie oculaire, comme celui des autres blennorrhagies, ne fournit rien par l'inoculation.

Le pronostic de l'ophthalmie blennorrhagique était autrefois excessivement grave ; mais les améliorations apportées dans son traitement l'ont aujourd'hui rendu bien moins fâcheux.

Le premier principe à poser dans le traitement de l'ophthalmie blennorrhagique, c'est la rapidité et l'énergie dans l'emploi des moyens curatifs. Ici le tâtonnement et l'incertitude sont ordinairement suivis de la perte des yeux.

Après avoir recommandé aux malades (comme prophylaxie) d'éviter tout ce qui peut irriter directement ou indirectement les organes de la vue, et surtout de ne pas les toucher avec des doigts salis par du muco-pus blennorrhagique, dès que les premiers signes de l'ophthalmie se montrent, sans attendre que celle-ci ait atteint son entier développement pour établir un diagnostic plus certain, on doit avoir recours au traitement suivant :

Le malade est-il fort, on fait pratiquer une saignée du bras, et mettre des sangsues en nombre toujours considérable : trente, quarante, cinquante ; les sangsues sont appliquées en même temps au niveau de l'aile du nez du côté malade, à la tempe, en évitant la paupière, et sur le trajet des jugulaires du même côté. Cela étant fait, on renverse les paupières sans les fatiguer par une trop forte pression, et on passe dessus un crayon de nitrate d'argent, de manière à blanchir la surface de la conjonctive palpébrale, et ensuite, encore plus superficiellement celle de la conjonctive oculaire. On peut, comme je l'ai fait souvent depuis que je suis attaché à l'hôpital des vénériens, se servir d'une solution concentrée de nitrate d'argent, qu'il vaut mieux alors appliquer à l'aide d'un pinceau, pour épargner la cornée.

Après cette cautérisation qui, pour réussir, ne doit pas être profonde, il faut immédiatement faire une injection d'eau froide entre les paupières, de façon à ne pas laisser de nitrate d'argent sur la cornée. Aussitôt que cette opération est terminée, on couvre l'œil de compresses imbibées d'une décoction de têtes de pavot employée froide. Mais comme, dans cette ophthalmie grave, il existe le plus souvent beaucoup d'irritabilité sympathique ou même de l'inflammation successive des parties profondes, la douleur est fréquemment très-vive et accompagnée de photophobie. Ce dernier symptôme, et les conséquences fâcheuses qu'il produit par la contraction de la pupille et les adhérences qui peuvent se faire par les épanchements qui ont quelquefois lieu, sont avantageusement combattus par des applications d'extrait de belladone, faites à la base de l'orbite et dans la narine du côté malade.

Si déjà il existe un chymosis, accident auquel il faut apporter la plus grande attention, quelle que soit l'époque à laquelle on ait commencé le traitement, il faut, sans hésiter, en pratiquer l'excision, en soulevant la muqueuse avec de petites pinces à crochet, et en l'emportant à l'aide de ciseaux courbes. Lorsqu'on n'a encore affaire qu'à un chymosis œdémateux, les chances de succès sont bien plus grandes que lorsque le chymosis tient à un état vraiment phlegmoneux et qu'il est dur; cas dans lequel l'excision devient, le plus ordinairement, impossible, et qui ne permet que les mouchetures, sur lesquelles il faut bien moins compter.

Qu'on ait ou non pratiqué l'excision d'un chymosis, il faut toujours insister sur les applications de nitrate d'argent.

Le nitrate d'argent sur la muqueuse palpébrale change presque de suite la nature de la sécrétion, qui, de muco-purulente, devient sero-sanguinolente. Lorsqu'une application a réussi, après cette sécrétion artificielle, on voit diminuer le gonflement œdémateux des paupières; la congestion et l'inflammation de la conjonctive faiblissent, et la marche vers la résolution à lieu. Pour compléter celle-ci, il ne faut plus alors que l'application d'un exutoire à la nuque (vésicatoire ou séton), et l'usage de quelques collyres, parmi lesquels il faut mettre en première ligne le nitrate d'argent à un grain par once d'eau.

Mais si la maladie persiste, et que la sécrétion puriforme continue ou s'accroisse, il faut revenir aux applications de nitrate d'argent, et cela toujours avec les plus grands ménagements, mais sans se laisser arrêter par de vaines craintes. Ces applications doivent être répétées quelquefois tous les jours; et, chez les enfants, il m'est arrivé, au début, de les faire deux fois dans la même journée.

En même temps qu'on emploie cette médication énergique, répétée aussi souvent que l'intensité des symptômes l'exige, et sans attendre, comme le font quelques personnes, d'un jour à l'autre, pour rester toujours en arrière des accidents, qui marchent avec tant de rapidité, il ne faut pas manquer d'agir sur le canal intestinal, tant pour entretenir sa liberté et diminuer par là des causes de congestions céphaliques, que pour tirer parti d'une puissante révulsion.

Du reste, tous les soins accessoires qu'exigent les ophthalmies catarrhales en général sont applicables et ne doivent pas être négligés. Si l'écoulement génital primitif est un moment diminué dans le cours de l'ophthalmie blennorrhagique, il n'est jamais complétement suspendu, et l'on peut affirmer, malgré des opinions contraires, qu'il n'y a aucun bénéfice à l'aviver ou à en déterminer un nouveau.

Les antiblennorrhagiques, copahu, cubèbe, etc., n'ont aucune action sur cette maladie, quel que soit leur mode d'administration. Il en est de même des antisyphilitiques proprement dits, tels que les mercuriaux.

Une autre affection des yeux encore assez commune, et que M. Babington reproche avec raison à Hunter de n'avoir pas reconnue, parce qu'elle semblait se soustraire aux lois systématiques qu'il avait posées, c'est l'iritis syphilitique.

L'iritis syphilitique appartient aux accidents secondaires. Il est rare qu'elle apparaisse seule à la suite des accidents primitifs; c'est le plus ordinairement pendant le cours des éruptions syphilitiques de la peau, et peut-être plus fréquemment en même temps que les éruptions lichénoïdes ou squammeuses. Les deux yeux peuvent être pris à la fois, mais le plus souvent un seul est malade.

Chez quelques sujets, de violents maux de tête précèdent; il survient des douleurs profondes, gravatives, dans l'œil. Jusque-là, bien que la vision puisse être déjà altérée, on peut n'observer encore aucun changement dans l'aspect de l'organe malade. Mais bientôt le jour devient insupportable; les malades sont pris de photophobie plus ou moins intense; la pupille se contracte à différents degrés, et les mouvements de l'iris diminuent graduellement. Quelquefois la pupille conserve sa forme circulaire; mais, le plus ordinairement, elle devient irrégulière, anguleuse, ou, plus fréquemment encore, ovoïde, à grosse extrémité inférieure, et ayant son grand axe dirigé de haut en bas et de dedans en dehors; forme assez commune pour qu'on ait voulu en faire un signe pathognomonique. Les cercles de l'iris changent de couleur; ils deviennent d'autant plus foncés, rougeâtres ou cuivrés, qu'on se rapproche du bord pupillaire, qui lui-même paraît moins lisse et comme frangé. On y observe quelquefois de petits prolongements, des espèces de végétations dites condylomateuses. A cela s'ajoute l'exhalation d'une couche plus ou moins épaisse de lymphe plastique qui ne tarde pas à établir une pseudo-cataracte, ou des adhérences indestructibles de l'iris. Du reste, si la maladie continue à faire des progrès, cette membrane se tuméfie, se rapproche de la cornée, et devient, dans quelques cas, le siége de petits abcès qui s'ouvrent dans l'œil, ou qui peuvent se résorber sans se rompre, comme j'en ai observé plusieurs cas. Enfin l'affection peut gagner la membrane cristalloïde, qui bientôt devient opaque, ainsi que la cornée, tandis que l'iris paraît enveloppé dans un brouillard.

Pour terminer ce qui a trait aux accidents secondaires proprement dits, il me reste à dire un mot du sarcocèle syphilitique.

C'est avec raison que le célèbre chirurgien de Londres, sir Astley Cooper, soutient l'existence de l'engorgement syphilitique des testicules, sous l'influence d'une vérole constitutionnelle.

De même que pour les yeux, la blennorrhagie et le chancre affectent différemment le testicule. La première de ces maladies donne lieu à l'épididymite blennorrhagique, que nous avons déjà décrite, et qui est tout à fait indépendante de toute cause virulente; l'autre, en déterminant l'infection constitutionnelle, produit le sarcocèle syphilitique.

L'engorgement syphilitique du testicule, ou sarcocèle syphilitique, peut être considéré comme un symptôme de transition des accidents secondaires aux tertiaires.

On ne le voit point paraître dans le cours des premières semaines qui suivent les accidents primitifs; s'il se montre fréquemment lorsque déjà existent des douleurs ostéocopes, des affections du tissu cellulaire sous-cutané et des os, on l'observe aussi avant l'apparition de ces accidents, et pendant la durée même des accidents secondaires tardifs.

Le sarcocèle syphilitique affecte plus souvent les deux côtés à la fois que l'épididymite blennorrhagique; cependant il n'est pas rare qu'il reste borné à un seul côté.

Des douleurs lombaires, le plus ordinairement nocturnes, le précèdent quelquefois; mais il n'est souvent précédé ou accompagné d'aucune douleur, la gêne ou le hasard seul le faisant découvrir par le malade ou le médecin.

Le testicule affecté prend du volume, durcit, et devient plus pesant. Il reste le plus souvent régulièrement piriforme, indolent au toucher, et sans altération de texture et de couleur de la peau; la chaleur n'est pas accrue; la sécrétion du sperme est diminuée, et les animalcules spermatiques sont en moindre quantité. Jamais je n'ai trouvé, jusqu'à présent, que la liqueur séminale fût sanieuse ou sanguinolente; le canal déférent a moins de tendance à s'engorger ou à prendre autant de volume que dans la plupart des autres maladies du testicule.

Quand on examine avec soin l'organe malade, on peut se convaincre que l'affection commence le plus ordinairement par le corps du testicule, et peut-être, comme l'a dit Astley Cooper, par la tunique albuginée; mais ce qu'il y a de certain, c'est que le testicule perd de suite son élasticité normale et *sui generis,* et qu'à mesure que la maladie fait des progrès, tous les éléments de l'organe sécréteur du sperme, l'épididyme et le corps du testicule, sont confondus en une seule masse indurée, bien différente de l'engorgement inflammatoire qui arrive à la suite d'une simple blennorrhagie. Il n'est pas rare de rencontrer en même temps une hydrocèle.

La marche de la maladie est essentiellement chronique. Il est rare, quand il n'existe pas de complications étrangères, que le sarcocèle syphilitique se termine par suppuration, ou que la résolution spontanée ait lieu.

Chez un individu soumis à la diathèse syphilitique, une chute, un coup, des excitations vénériennes répétées, une épididymite blennorrhagique, etc., peuvent en favoriser le développement; comme aussi, à son tour, le sarcocèle syphilitique peut être l'occasion, chez les scrofuleux, de l'évolution de tubercules, ou des différentes variétés du cancer, chez ceux qui y sont prédisposés.

En l'absence des signes particuliers qui appartiennent aux autres affections du testicule, lorsqu'on peut rattacher la maladie à une vérole constitutionnelle, que des antécédents syphilitiques ont existé, et que surtout on observe en même temps des phénomènes concomitants caractéristiques, on peut arriver à un diagnostic presque certain, que les bons effets du traitement mercuriel ne tardent pas à justifier. Dans l'état actuel de la science, on peut même dire, appuyé de l'autorité des Dupuytren, des Astley Cooper, etc., que, lorsqu'il s'agit d'un engorgement du testicule dont le diagnostic est douteux, si on peut invoquer la syphilis comme cause probable, d'après l'indication thérapeutique qu'elle fournit, on doit avoir recours à un traitement antisyphilitique rationnel avant d'en venir à aucune opération.

En passant de l'étude des accidents secondaires, qu'il appelle de la première période de la syphilis constitutionnelle, à ceux qui appartiennent à la seconde période de la vérole confirmée, et auxquels je donne le nom d'accidents tertiaires, Hunter cite des expériences qui, d'après mes recherches, ont dû le tromper ou ont été mal expliquées.

Si les inoculations faites sur le gland et le prépuce dont parle Hunter, ont donné lieu à des ulcères syphilitiques, le pus dont Hunter s'est servi n'était pas du muco-pus de gonorrhée, mais bien du pus de chancre urétral, ainsi que l'ont prouvé mes nombreuses expériences.

D'un autre côté, l'observation de Hunter, et qui d'abord paraît assez détaillée, manque cependant de précision. La succession des symptômes n'est pas nettement indiquée; plusieurs de ces symptômes sont entremêlés, sans que des dates en limitent le temps rigoureux d'apparition; de telle façon qu'une observation de cette nature, qui aurait pu, comme nous l'avons fait depuis, entraîner la plus parfaite conviction, vous laisse indécis, non-seulement sur la question de savoir si les ulcères produits par l'inoculation étaient vraiment syphilitiques, si les engorgements glandulaires n'étaient pas simplement un effet sympathique ou d'irritation non spécifique, mais encore si les ulcérations de la gorge et les taches de la peau étant dues à la syphilis constitutionnelle ne pouvaient pas être le résultat d'une autre infection primitive que laisse au moins soupçonner la réapparition d'ulcères sur le prépuce, avant la manifestation des accidents secondaires.

Les effets du traitement mercuriel sont peut-être, dans quelques points, moins contestables.

Si nous arrivons maintenant à l'étude des accidents auxquels j'ai donné le nom d'*accidents tertiaires*, nous trouvons que non-seulement leur siége plus profond diffère de celui des accidents primitifs et des accidents secondaires, mais encore qu'avec eux la syphilis perd en partie sa physionomie spéciale. Si la peau, dans les syphilides tuberculeuses les plus graves, est souvent affectée à cette période, on trouve bien plus fréquemment encore que c'est le tissu cellulaire sous-cutané ou sous-muqueux, le système fibreux et les tissus osseux. Mais indépendamment de ces parties où les effets tardifs de la vérole constitutionnelle sont si fréquents et si bien admis par tous les bons observateurs, on se demande, avec Sanchez et tant d'autres, s'il est des tissus privilégiés de notre économie qui puissent rigoureusement et toujours échapper aux effets de la syphilis? On se demande encore si l'infection syphilitique, sans produire toujours tous les maux qu'on lui a reprochés, n'est pas dans une foule de cas la cause d'évolution ou de mise en action, pour me servir d'une expression de Hunter, de maux jusque-là restés latents et dont elle n'a été que la cause occasionnelle? Non-seulement l'observation répond d'une manière affirmative à ces questions, mais elle apprend que les accidents tertiaires peuvent être encore sous l'influence active de leur cause virulente, ou persister comme effets locaux, alors que cette cause a été détruite ou neutralisée par un traitement; elle montre, dans une foule de circonstances, que le virus syphilitique, après avoir été la cause accidentelle de maladies étrangères, peut cesser d'exister ou persister comme complication; conditions importantes, qui, bien que réelles, ne sont malheureusement pas toujours faciles à apprécier.

Quoi qu'il en soit, ces accidents, qui, comme je l'ai dit autre part, ne se rencontrent que rarement avant le sixième mois qui suit l'accident primitif, qui persiste très-rarement jusqu'à l'époque de leur apparition, qu'on voit assez souvent accompagnés de quelque accident secondaire, non-seulement ne fournissent jamais de sécrétions inoculables, mais ils n'ont d'influence sur l'hérédité qu'en transmettant aux enfants, non plus la syphilis constitutionnelle caractéristique, mais fréquemment le germe aussi fâcheux et presque aussi redoutable des scrofules.

Les accidents tertiaires, qui reconnaissent pour antécédent obligé le chancre, et que précèdent les accidents secondaires dans les circonstances que nous avons déjà signalées, se montrent souvent sans autres prodromes. Cependant il n'est pas rare qu'après la disparition des premiers symptômes de la syphilis, les malades présentent les phénomènes dont parle Hunter dans ce qui a trait à ce qu'il dit de cette période de la syphilis; phénomènes qui peuvent s'interrompre, mais qui, après avoir précédé les accidents tertiaires, continuent souvent pendant toute leur durée, leur survivant quelquefois plus ou moins longtemps, ou ne cessant qu'avec eux.

Avant d'entrer dans quelques détails sur chacun des accidents tertiaires les plus caractéristiques, en reconnaissant les judicieuses observations que Hunter a faites par rapport à l'influence du siége particulier sur la production des accidents tertiaires, et desquelles il résulte que ce sont les parties les plus rapprochées des surfaces extérieures qui s'affectent le plus souvent, quelle que soit l'explication qu'on en donne, qu'il me soit permis de faire ici une profession de foi sur l'influence que peut avoir le mercure sur cette phase de la vérole.

Quelques novateurs modernes, oubliant à propos les écrits antérieurs à l'emploi des mercuriaux dans le traitement de la syphilis, et des ravages que cette affection exerçait déjà sur le système fibreux et osseux, n'ont pas craint d'imputer au mercure les mêmes effets. D'autres, concluant d'observations incomplétement analysées, ont cru reconnaître dans les maladies du périoste et des os le résultat d'une combinaison du mercure à la syphilis. Mais ici, évidemment, on ne s'est pas souvenu, ou on n'a pas voulu se souvenir qu'à l'époque du plus grand nombre des relevés faits dans ce sens, presque tous les malades étant indistinctement traités par les mercuriaux, et tous n'étant pas de nécessité guéris par ce traitement, tout accident futur en était de nécessité précédé, et que dans le raisonnement si souvent fautif de *post hoc ergo propter hoc*, on pouvait imputer au mercure tout ce qui arrivait après son emploi. Mais aujourd'hui qu'un grand nombre de malades sont abandonnés à eux-mêmes, ou soumis à un traitement simple, on peut observer toute la série des accidents syphili- tiques sans le moindre prétexte d'un effet mercuriel, ainsi que j'ai l'occasion d'en montrer de nombreux exemples à ma clinique de l'hôpital des vénériens. D'un autre côté, je n'ai jamais manqué, soit à l'hôpital, soit dans le monde, d'interroger, tant qu'il m'a été possible, les personnes qui avaient eu des blennorrhagies; un grand nombre, comme on le sait, ont dû être traitées, il n'y a pas encore bien longtemps, et même encore aujourd'hui, par les mercuriaux. Eh bien, je puis affirmer, et c'est chose qu'on peut aisément vérifier, que les affections du système osseux et fibreux sont aussi rares dans ces cas qu'elles sont communes à la suite du chancre mal ou incom- plétement traité, et que ces cas rares et exceptionnels sont dans les proportions dans lesquelles se montrent les accidents généraux à la suite d'un chancre urétral, et nulle- ment en rapport avec le nombre d'individus qui, pour une blennorrhagie simple, ont fait un traitement mercuriel.

Les accidents tertiaires se manifestent à la suite d'un traitement mercuriel de la même manière que les accidents secondaires, c'est-à-dire, lorsque le traitement des accidents primitifs a été mal fait, qu'il a été incomplet, ou qu'on a eu affaire à des constitutions absolument réfractaires. Le traitement mercuriel mal administré, comme tout autre mauvais traitement, peut aggraver les accidents tertiaires en altérant la constitution; mais produire ces accidents de toutes pièces, jamais; ainsi que le prou- vent les sujets soumis à l'influence mercurielle, soit par leur profession, soit pour le traitement de maladies autres que la syphilis.

Du reste, à ce que dit Hunter des accidents dont il est ici question, et aux bonnes observations de M. Babington, qu'il me soit permis d'ajouter ce qui suit :

Les douleurs ostéocopes peuvent sans doute exister seules; continuer assez long- temps, et disparaître ensuite, sans qu'on puisse trouver des altérations organiques dans les régions qu'elles ont eues pour siége; mais, le plus souvent, elles sont le premier symptôme apparent d'une périostite ou d'une ostéite, et cela surtout quand, de vagues qu'elles étaient d'abord, elles finissent par se localiser. L'intensité de ces douleurs semble tenir à la difficulté que les parties ont à se distendre. Elles sont, comme on l'a dit, le plus ordinairement nocturnes; mais ce n'est pas là un caractère spécifique absolu.

La période à laquelle se manifestent les douleurs ostéocopes, leur fixité dans les points où se montrent plus tard des altérations du périoste et des os, les différencient, dans le plus grand nombre des cas, de ces douleurs vagues plus superficielles qui, avoisinant souvent les articulations, ressemblent aux douleurs rhumatismales, et que nous avons vues précéder ou accompagner les accidents secondaires propre- ment dits.

L'inflammation franche du périoste est peut-être plus rare qu'on ne le pense. C'est le plus souvent à une ostéite superficielle que sont dus les décollements de cette membrane, ainsi que les épanchements qui se font au-dessous, et d'où naissent des tumeurs adhérentes par leur base, auxquelles on donne le nom de périostoses. Ces tumeurs, plus ou moins circonscrites, siégent ordinairement sur les os superficiels: tibia, clavicule, cubitus, radius, crâne, sternum, métacarpiens, etc., et dans les points où ces os sont le plus rapprochés de la peau. Elles sont quelquefois indolentes; mais le plus souvent assez douloureuses au toucher, elles présentent une sorte d'empâtement ou une véritable fluctuation. La peau peut rester longtemps mobile sur elles, et demeurer sans altération appréciable. Enfin, susceptibles d'une résolution franche, les périostoses peuvent aussi se terminer par la suppuration et la formation de véritables abcès.

Du reste, les périostoses présentent trois variétés principales. Dans la première variété, assez souvent indolente, fréquemment rapide dans son développement, dont la durée est ordinairement longue, et qui se termine le plus ordinairement par une résolution franche, on trouve un liquide séreux, séro-albumineux, ressemblant quelquefois au pus des scrofules, ou, dans certains cas, au liquide synovial. Dans une seconde variété, à marche inflammatoire aiguë franche ou sub-aiguë, on voit survenir plus ou moins vite une véritable suppuration à laquelle l'os sous-jacent est rarement étranger, soit primitivement, soit après coup. Enfin dans la troisième, dont le développement est plus lent, qui est plus douloureuse *suâ sponte* que par la pression, c'est une matière plastique organisable, qui soulève le périoste et qui peut donner naissance à une des variétés des exostoses dont nous aurons à parler.

L'ostéite syphilitique a pour siége affectionné les mêmes régions où nous avons vu se développer de préférence les périostites. Circonscrite et quelquefois diffuse, l'ostéite attaque la superficie ou le parenchyme des os. Lente ou chronique dans sa marche, elle affecte souvent une forme sub-aiguë; et, après être restée plus ou moins longtemps sous l'apparence d'une simple douleur ostéocope, le gonflement auquel elle donne lieu finit par la trahir au dehors. La tumeur qui succède à l'inflammation de l'os est tantôt due à un épanchement du suc osseux semblable à celui du cal dans les fractures, ou pareil à celui que l'on trouve dans la troisième variété de la périostose, et constitue alors une exostose épigénique de forme et de volume qui peuvent varier, à base large ou pédiculée, et à surface lisse ou murale; ou bien le gonflement dépend de l'accroissement de toute l'épaisseur de l'os, et donne lieu à l'exostose parenchymateuse ou hypérostose.

L'ostéite se termine par résolution, par suppuration ou carie; par nécrose ou par induration, ce qui constitue les exostoses éburnées.

La résolution est aisée quand le gonflement est dû à la trame celluleuse de l'os, ou à un épanchement de lymphe plastique. Quand la maladie a pour siége les os spongieux, ceux de la face en particulier, et surtout les maxillaires supérieurs, la suppuration est facile et fréquente. La nécrose, souvent due à la violence de l'inflammation, relativement à la vitalité du système osseux, arrive encore plus souvent par les épanchements qui se font d'une manière brusque dans leurs tissus, ou par le décollement et la destruction des parties molles qui les entourent et qui entraînent celle de leurs voies de nutrition. La nécrose peut arriver avant qu'il y ait carie, ou se montrer en même temps ou après celle-ci; mais le plus ordinairement, et cela s'observe très-bien pour les os de la face, ce qu'on considère comme une nécrose n'est que le résultat de la carie dans laquelle toute la trame organique a été détruite par le procédé d'ulcération et de suppuration propre aux os, en ne laissant que la portion calcaire qui forme alors un séquestre bien différent de celui de la nécrose proprement dite, et dans lequel on trouve encore tous les éléments anatomiques de l'os. Enfin la terminaison par induration persistante, ou éburnation, a lieu toutes les fois que la tumeur est due à l'épanchement des matériaux salins inorganiques qui entrent dans la composition des os, avec disparition plus ou moins complète de leurs tissus celluleux.

Les tubercules profonds du tissu cellulaire ne se montrent ordinairement que fort tard après l'accident primitif. A part quelques cas peu graves, ils sont la conséquence d'une constitution profondément altérée, et sous l'influence de la cachexie syphilitique. Ces tubercules rarement isolés, le plus souvent en assez grand nombre, débutent par une petite tumeur d'abord à peine sensible, mais dure, adhérente à la peau ou aux muqueuses par une sorte de pédicule, et mobile sur les parties sous-jacentes et voisines. Leur accroissement se fait presque toujours d'une manière lente et sans douleur. Il faut souvent cinq à six mois, et beaucoup plus, pour qu'elles arrivent à leur terme. Alors elles peuvent atteindre le volume d'une noisette ou d'une noix. Très-dures encore, elles contractent des adhérences, et, peu à peu, à travers une sorte de coque qui leur sert d'enveloppe, on sent une fluctuation de plus en plus prononcée. La peau qui, jusque-là, avait pu rester sans altération de texture ou de couleur, devient d'un rouge brun, violacé; elle s'amincit bientôt, se perfore dans un ou plusieurs points, et laisse échapper un pus ichoreux, mal lié, et entraînant avec lui des débris organiques. A ces premières ouvertures succèdent bientôt de vastes ulcérations irrégulières, avec décollement et amincissement de la peau. Ces ulcères persistent tant que la coque du tubercule, dont la suppuration a commencé par le centre, n'est pas éliminée. Une fois que ces espèces de kystes sont chassés par la suppuration des parties voisines, si aucune autre condition n'entretient les ulcères, ceux-ci marchent à la réparation, et produisent une cicatrice tout à fait analogue à celle des brûlures profondes.

L'évolution de ces tumeurs se fait rarement partout en même temps. Le plus souvent elles se succèdent de manière à durer des mois ou des années, quel que soit le traitement employé. Souvent isolés les uns des autres, les tubercules du tissu cellulaire sont quelquefois agglomérés. Bien que leur siége le plus fréquent soit sous la peau, et le plus souvent dans les régions externes des membres, et là où le tissu lamineux est plus dense, on les rencontre encore assez souvent dans la cavité buccale, dans l'épaisseur du voile du palais, au-dessous de la muqueuse pharyngienne, et dans l'épaisseur de la langue, qui semble alors comme rembourrée de noisettes qu'on pourrait prendre pour des bosselures squirrheuses, et qui, après la fonte purulente et l'ulcération, simulent le cancer à s'y méprendre aisément.   P. Ricord.

CHAPITRE III.

CONSIDÉRATIONS GÉNÉRALES SUR LE TRAITEMENT DE LA SYPHILIS CONSTITUTIONNELLE.

J'ai dit précédemment que l'infection vénérienne se manifeste sous trois formes, la gonorrhée, le chancre, et la syphilis constitutionnelle, et j'ai cherché à expliquer ces formes diverses. Comme elles naissent toutes trois du même *poison*, les deux premières ne différant entre elles que par suite d'une différence dans la nature des parties qu'elles affectent, et la troisième étant le résultat de certaines conditions que j'ai fait connaître également, il serait naturel de supposer que le même agent thérapeutique, quel qu'il soit, doit guérir toutes les formes de la maladie. Mais l'expérience ne confirme point cette supposition, car le mercure guérit le chancre et la syphilis constitutionnelle, tandis que la gonorrhée n'en est pas affectée le moins du monde; et ce qui est encore plus remarquable, c'est que les deux formes qu'il guérit ne se ressemblent en rien, tandis que la gonorrhée, qu'il ne guérit point, ressemble sous quelques rapports au chancre, qu'il guérit.

On peut remarquer qu'en général, ce n'est pas seulement sous le rapport de la forme que la syphilis présente de la différence, lors même qu'elle est guérie par les mêmes médicaments, mais encore sous celui du procédé à employer dans le traitement et du temps nécessaire pour la guérison. Des trois formes, la gonorrhée est la plus incertaine dans sa curation; le chancre vient ensuite, et la syphilis constitutionnelle est celle dont la guérison offre le plus de certitude, bien qu'elle soit guérie par le même médicament que le chancre.

Tantôt, la gonorrhée est guérie dans l'espace de six jours, tantôt, sa guérison exige six mois; elle présente donc, dans la durée de son traitement, des variations qui sont dans la proportion de trente à un. Un chancre peut être guéri en deux semaines, et souvent il lui faut deux mois; ces deux laps de temps sont dans la proportion de quatre à un. La syphilis constitutionnelle se guérit, en général, en un ou deux mois, ce qui ne fait que la proportion de deux à un. Ces évaluations donnent la mesure des variations que présente chacune des formes de la maladie dans la durée de sa curation.

J'ai fait observer précédemment que certains états morbides du corps affectent souvent la maladie vénérienne d'une manière très-prononcée, et plus particulièrement la gonorrhée et le chancre.

Lorsque dans la gonorrhée il survient un accroissement des symptômes, par suite d'un état morbide du corps, il ne faut rien faire contre la gonorrhée; c'est sur cet état morbide seulement qu'il faut diriger son attention; car nous n'avons aucun spécifique contre la gonorrhée, et cette maladie se guérit avec le temps. Mais cette pratique ne s'applique pas aussi bien au chancre et à la syphilis constitutionnelle. Dans ces deux dernières affections, il peut être nécessaire de continuer l'usage du mercure, bien qu'avec plus de modération dans certains cas; en effet, le mercure est un spécifique dont on ne peut se dispenser, parce que le chancre et la syphilis constitutionnelle, loin de se guérir d'eux-mêmes, font toujours des progrès.

J'ai admis deux périodes dans la syphilis constitutionnelle. Lorsqu'elle se manifeste dans les parties les plus susceptibles de la maladie, parties auxquelles j'ai assigné la dénomination de *parties du premier ordre* et qui paraissent occuper exclusivement la superficie du corps, elle présente moins de variétés que la gonorrhée et le chancre, d'où il résulte que le mode de traitement qui lui est applicable est plus uniforme, bien que le diagnostic de la maladie soit moins facile, au moins pendant une partie de sa durée. Dans les parties du second ordre, elle devient plus compliquée, et, par conséquent, le traitement offre moins de chances fondées de succès.

Il est beaucoup plus difficile de diriger le traitement de la syphilis constitutionnelle que celui des deux autres formes de la maladie. En effet, celles-ci, étant toujours locales et produisant des effets visibles, tombent davantage sous nos sens; de sorte que, si d'un autre côté le traitement est souvent plus long et la guérison plus difficile à obtenir, au moins est-on rarement exposé à être trompé relativement à cette dernière; car toutes les fois que les symptômes de la gonorrhée ou du chancre ont entièrement disparu, le malade peut, en général, se considérer comme guéri, ce qui n'a pas lieu pour la syphilis constitutionnelle.

La syphilis constitutionnelle est l'effet de la présence du *poison* dans le sang, avec lequel il circule jusqu'à ce qu'il ait irrité les parties de manière à y faire naître la disposition vénérienne; et ces parties manifestent l'action morbide plus tôt ou plus tard, suivant l'ordre de leur susceptibilité.

J'admets que lorsque le pus vénérien est en circulation, certaines parties sont irritées par lui, tandis qu'un grand nombre d'autres parties échappent à son influence. Ce qui a lieu dans le chancre primitif est évidemment analogue : en effet, dans les cas où un chancre vient à se former, la totalité du gland, le prépuce et la peau de la verge ont été soumis au contact du pus virulent, et cependant, un seul point ou quelques points seulement sont infectés, c'est-à-dire irrités par ce pus, et tous les autres échappent à son influence. De même, on voit souvent dans la syphilis constitutionnelle, que lorsque les parties infectées contractent l'action, celle-ci reste limitée à ces parties sans affecter les autres, lors même que la maladie est livrée à elle-même pendant un temps considérable sans aucune tentative de traitement. En outre, si ces parties sont guéries incomplétement, la maladie ne récidive que dans ces mêmes parties. Les effets morbides de la syphilis constitutionnelle, quoique dérivant de la constitution, sont donc en eux-mêmes entièrement locaux, de même que ceux de la gonorrhée et du chancre; comme ces derniers, ils peuvent être guéris localement; et le malade peut encore continuer à être atteint de la syphilis constitutionnelle, sinon dans ces parties, du moins dans d'autres, car plusieurs autres parties du même corps peuvent être sous l'influence de la disposition vénérienne, quoiqu'elles n'aient pas encore manifesté l'action morbide.

Pour guérir les effets locaux et visibles de la maladie, il faut l'attaquer par la voie qu'a suivie l'infection, c'est-à-dire, par l'intermédiaire du sang. Il ne faut pas cependant considérer le sang comme malade lui-même ou comme renfermant le *poison*, mais bien comme le véhicule du médicament qui sera transmis par lui à toutes les parties auxquelles le poison a été porté, et qui, dans son trajet, agira sur les solides malades. Cette pratique doit être continuée quelque temps après que tous les symptômes ont disparu, car l'action vénérienne, quoique suspendue suffisamment pour que les symptômes cessent d'exister, peut reparaître ensuite si elle n'a pas été détruite complétement. Si le médicament pouvait également guérir la disposition dans les parties du second ordre, et y prévenir toute manifestation ultérieure de l'action morbide, il faudrait en continuer l'emploi encore plus longtemps, afin de lui donner le temps d'agir sur ces parties. Mais il n'en est rien, car les effets visibles, les apparences extérieures, les symptômes, cèdent au traitement dans les parties du premier ordre, tandis que les parties qui n'ont acquis que la disposition et qui sont encore inactives au moment de la guérison des premières, manifestent l'action morbide plus tard et continuent la maladie. Ainsi, le chirurgien est trompé, et là se trouve le point de départ d'une seconde série d'effets locaux qui doivent se manifester dans les parties du second ordre. Ce qui guérit l'action ne guérissant point la disposition, il ne faut donc donner du médicament que ce qui est nécessaire pour la guérison des effets visibles du *poison*, et attendre que les parties qui peuvent être infectées manifestent l'action à leur tour.

Les parties qui contractent l'action vénérienne les premières sont les plus faciles à guérir; et je pense que la guérison des effets morbides qui ont leur siége dans ces parties, est favorisée, à raison de leur situation superficielle, par l'action locale du médicament qui les traverse évidemment.

En général, la maladie est plus difficile à guérir dans les parties du second ordre que dans celles du premier. C'est pourquoi lorsqu'elles ont été affectées en même temps que les premières et qu'on est parvenu à les guérir, on peut être sûr que les premières sont guéries également. Ainsi, de même que les parties les plus susceptibles de la maladie paraissent être celles où la guérison s'opère le plus facilement, de même les parties qui ont le moins de susceptibilité pour la maladie sont aussi les plus réfractaires au traitement. Je crois que cette loi ne souffre que peu ou même point d'exceptions. Il résulte de là, que les parties du second ordre ont cet avantage, que leurs affections locales peuvent servir de guide dans le jugement que l'on doit porter sur l'ensemble de la maladie; et que quand elles sont affectées, on n'a qu'à continuer le traitement jusqu'à ce que les effets locaux qui leur appartiennent se dissipent, parce qu'on peut être sûr que la guérison des symptômes propres aux parties du premier ordre, s'il en est, sera comprise dans la guérison des symptômes propres aux parties du second.

Les effets locaux qui ont leur siége dans les parties du second ordre s'accompagnant de plus de tuméfaction que ceux des parties du premier, on peut se demander si le traitement mercuriel doit être continué jusqu'à ce que tout accroissement de volume ait entièrement cédé. Je pense qu'il n'est pas nécessaire de continuer ce traitement jusqu'à ce qu'il n'existe plus du tout de gonflement. En effet, ces affections locales ne peuvent infecter la constitution par résorption; la disposition et l'action vénériennes peuvent être guéries dans la constitution, quoique les effets locaux persistent encore, et lors même que la tuméfaction qui constitue des nodus sur les os, sur les aponévroses, etc., a été jusqu'à la suppuration; or, il n'y a aucune raison pour prolonger le traitement mercuriel au delà de ce qui est nécessaire pour la destruction de l'action vénérienne. Mais il est difficile de constater quand ce but a été atteint; il faut donc poursuivre le traitement jusqu'à ce que les effets locaux deviennent stationnaires, et même un peu de temps après, afin de détruire toute l'action de la maladie. Il résulte de ce qui précède, que l'irritation vénérienne, dans cette période de la maladie, est plus facile à guérir que les effets de cette irritation, tels que le gonflement.

§ I. *De l'emploi du mercure dans le traitement de la syphilis constitutionnelle.*

Le mercure est le grand spécifique de la syphilis constitutionnelle comme du chancre, et l'on ne peut guère compter sur aucune autre substance. Il est nécessaire de prendre toujours en considération les effets de ce médicament, tant sur la constitution en général que sur la maladie contre laquelle il est administré. Les effets du mercure sur la constitution sont toujours en raison directe de la quantité de mercure qui y a pénétré; quand la même quantité de mercure affecte une constitution plus qu'une autre, cette différence est en proportion de la susceptibilité de la première pour l'action mercurielle et est entièrement indépendante de toute préparation particulière, de tout mode particulier d'administrer le médicament.

Relativement aux préparations du mercure et aux manières de l'employer, il y a deux choses à rechercher, 1° la préparation et le mode d'application qui causent le moins de peine et de gêne au malade, et 2° la préparation et le mode d'administration qui font pénétrer le plus facilement dans la constitution la quantité nécessaire de mercure.

Rien n'est plus propre à démontrer l'ingratitude et l'inconstance de l'esprit humain que la manière dont on agit à l'égard du mercure. S'il existe un médicament qui mérite le titre de spécifique, c'est bien certainement le mercure, et cela, pour deux des formes de la maladie vénérienne. Cependant les médecins cherchent d'autres spécifiques contre cette affection, comme si les spécifiques étaient plus communs que les maladies, tandis que trop souvent ils se contentent des méthodes ordinaires de traitement dans d'autres maladies contre lesquelles ils n'ont aucun spécifique. Ces préjugés sont favorisés par le public, qui manifeste au sujet de ce médicament une terreur dont la source est dans le défaut de connaissances que nos devanciers ont montré dans son administration, et cette faiblesse est exploitée par plusieurs contemporains, qui sont également ignorants.

Le mercure, quand il a pénétré dans la constitution, agit sur toutes les parties de la machine animale, guérit celles qui sont malades, et n'affecte que peu celles qui sont saines. On peut le porter dans la constitution de la même manière que les autres substances, soit extérieurement, par la peau; soit intérieurement, par la bouche. Toutefois, il ne peut pas toujours être introduit aussi bien par l'une ou l'autre de ces deux voies, car il arrive quelquefois que les vaisseaux absorbants de la peau ne l'admettent pas facilement dans leur cavité; au moins, dans ces cas, ne voit-on aucun effet se produire, soit sur la maladie, soit sur la constitution, à la suite de son application à la surface du corps. Cette circonstance doit être considérée comme une chose fâcheuse, car alors il faut administrer le mercure intérieurement, quoique ce mode d'administration puisse être très-peu convenable sous les autres rapports et souvent même accompagné d'inconvénients. D'un autre côté, il arrive aussi quelquefois que les absorbants internes n'admettent point le médicament, ou au moins que nul effet n'est produit soit sur la maladie, soit sur la constitution, par son administration interne. Dans les cas de cette espèce, il convient d'essayer toutes les préparations mercurielles, car on voit quelquefois telle préparation réussir là où telle autre n'a pas eu de succès. Je n'ai jamais vu un cas où les absorbants se soient montrés réfractaires à l'absorption mercurielle à la fois à l'intérieur et à l'extérieur; un tel cas serait bien malheureux.

Il est à remarquer que plusieurs surfaces paraissent absorber le mercure mieux que les autres, et il est très-probable que toutes les surfaces internes ainsi que les surfaces ulcérées appartiennent à cette catégorie: en effet, lorsqu'on voit trente grains de calomel employés en frictions sur la peau ne pas produire plus d'effet que trois ou quatre grains de la même substance pris à l'intérieur, on peut en conclure rigoureusement que les intestins absorbent mieux le calomel que la peau. De même, lorsqu'en pansant un petit ulcère avec du précipité rouge on produit la salivation, on obtient la preuve que les ulcères sont de bonnes surfaces d'absorption; opinion qui ne peut que prendre plus de force pour peu que l'on considère que la syphilis constitutionnelle provient généralement d'un chancre.

Un malade avait un moignon qui produisait des granulations exubérantes. La plaie, qui avait environ le diamètre d'un écu, ayant été pansée avec un onguent dans la composition duquel il entrait une grande
quantité de précipité rouge, la salivation fut rapidement produite, et
l'on fut obligé de renoncer à cet onguent.

Une mulâtresse avait sur la jambe un ulcère de très-mauvais caractère, qui avait environ deux fois la largeur de la paume de la main.
Cet ulcère fut pansé avec le précipité rouge incorporé dans un onguent
ordinaire, et bientôt il se manifesta une violente salivation.

Une dame se fit, en décembre 1782, une brûlure qui intéressa la face
antérieure de la poitrine, le cou, les épaules et la région comprise entre
les deux épaules ; sur toutes ces parties, il se forma de profondes
escarres. D'abord les ulcères se cicatrisèrent presque entièrement, et
même assez rapidement eu égard à la cause qui les avait produits ; mais
ils se rouvrirent ensuite, et se montrèrent plus rebelles. Sept mois
après son accident, la malade vint à Londres, portant au-devant de la
poitrine de vastes ulcères qui s'étendaient de chaque côté jusqu'aux
épaules, et qui étaient extrêmement douloureux. Ces ulcères marchèrent vers la cicatrisation pendant quelque temps après l'arrivée de la
malade à Londres ; mais la santé générale de cette dame s'altéra : elle fut
prise d'une irritabilité extrême, d'anorexie, de nausées ; elle vomit ses
aliments et les substances médicamenteuses qu'elle avalait. A cette époque, les ulcères commencèrent de nouveau à s'étendre, et devinrent
très-larges. La malade était à Londres depuis deux mois sans avoir
obtenu beaucoup d'amélioration, lorsque j'essayai, sur quelques points
de ses ulcères, des topiques stimulants, tels que le basilicon, afin de voir
si l'on pourrait retirer quelque utilité de ce nouveau mode de traitement, et l'on remarqua que ces parties se guérissaient un peu plus vite
que les autres ; mais la sensibilité des surfaces était si vive, que les topiques les plus doux ne pouvaient être employés que partiellement.
J'essayai ensuite le précipité rouge incorporé dans de l'axonge ; et pour
que ce médicament augmentât le moins possible la douleur, je prescrivis seulement dix grains de précipité pour deux onces d'axonge. Cette
préparation agit plus favorablement sur les ulcères que l'onguent simple ; et je fus heureux d'avoir trouvé un topique qui hâtait la guérison
et qui était plus doux pour la malade que le précédent. Mais après le
quatrième ou le cinquième pansement avec le nouvel onguent, la malade
commença à souffrir aux gencives ; le jour suivant elle commença à saliver, et vers le septième ou le huitième jour la bouche était si malade
et la salivation si considérable, qu'après avoir examiné les choses avec
attention, je soupçonnai que cet accident pouvait bien provenir du précipité rouge qui entrait dans la composition de l'onguent employé pour
les pansements. Les gencives, la face interne des joues et l'haleine
étaient réellement *mercurielles*. On abandonna immédiatement cette
pommade, qui ne fut plus appliquée que sur un très-petit espace, et l'on
reprit les premiers pansements. En peu de jours, les effets du mercure

se dissipèrent et les ulcères offrirent un aspect plus satisfaisant que jamais ; on recommença alors à panser une partie des ulcères avec l'onguent au précipité, qui exerça encore sur eux une influence favorable.

Lorsque la bouche avait commencé à s'affecter, la malade n'avait pas employé beaucoup plus de la moitié de l'onguent ; et lorsque la cause du nouveau mal fut découverte, il en avait été dépensé environ les trois quarts, de sorte qu'il n'avait pas été appliqué en tout dix grains de précipité. Cependant, bien que cette dose eût été répartie dans un espace de sept ou huit jours, et que l'onguent eût dû être promptement écarté de la surface ulcérée par la suppuration, il survint une salivation considérable qui dura plus d'un mois. Il n'est guère possible d'admettre qu'il ait pénétré dans la constitution plus d'un ou deux grains de précipité. En effet, quand on considère que les particules du précipité étaient enveloppées d'onguent, et qu'il y avait une abondante suppuration qui devait promptement écarter de l'ulcère la petite quantité du médicament qui y était appliquée, on ne peut guère admettre qu'il en ait été absorbé davantage. Si cette évaluation est exacte, à quoi doit-on attribuer cette grande susceptibilité pour les effets du mercure? Est-ce à l'état d'irritabilité où se trouvait la malade à cette époque? Il me sembla alors que l'état de sa constitution était pareil à celui qu'on observe souvent dans le trismus, et plus d'une fois l'idée de cette maladie se présenta à mon esprit. La malade guérit en définitive, en faisant usage d'un onguent dans la composition duquel entrait la poix (*).

Ces faits tendent à démontrer que les surfaces ulcérées et les surfaces internes absorbent mieux que la peau.

Indépendamment de la possibilité de faire pénétrer le médicament dans la constitution par l'une ou l'autre des deux voies, il convient de rechercher quelle est la méthode qui est la plus commode pour le malade, car chacune a ses avantages et ses inconvénients, qui dépendent, soit de la nature de la constitution, ou des parties auxquelles le médicament doit être appliqué, soit des conditions particulières sous l'empire desquelles le malade se trouve au moment du traitement. Il faut donc choisir le mode d'administration qui s'accorde le mieux avec ces diverses circonstances.

Pour expliquer davantage ces considérations, je ferai remarquer qu'il est beaucoup de malades dont les intestins peuvent difficilement supporter le mercure, de sorte qu'il faut le leur prescrire sous la forme la plus douce possible, et même lui associer d'autres substances capables de diminuer ou de corriger la violence de ses effets locaux, sans altérer en rien ses effets spécifiques sur la constitution.

La méthode externe est préférable à la méthode interne, quand elle peut être adoptée sans inconvénient, parce que la peau n'est point aussi essentielle à la vie que l'estomac, et qu'elle peut supporter beaucoup

(*) Édition de Home : « Un homme s'introduisit dans l'urètre une bougie recouverte d'onguent mercuriel, et fit trois fois des frictions sur le frein avec une petite quantité de cet onguent; il fut pris de salivation mercurielle. »

plus de stimulation que ce viscère. Cette méthode affecte d'ailleurs beaucoup moins la constitution. Il est beaucoup de traitements mercuriels,
absolument nécessaires, qui tueraient le malade si le mercure était administré par la bouche, parce qu'il agirait d'une manière nuisible sur
l'estomac et sur les intestins, sous quelque forme qu'il fût administré
et malgré son association avec les plus puissants correctifs. D'un autre
côté, la position sociale du malade ne lui permet pas toujours d'avoir
recours à la méthode externe ; les frictions mercurielles ne conviennent
pas à tout le monde. Il faut alors, s'il est possible, donner le mercure
par la bouche.

On a inventé un grand nombre de préparations dans le but d'obvier
aux inconvénients qui naissent souvent des effets visibles du mercure.
Mais toutes les fois qu'une préparation mercurielle produit dans la
constitution un effet qui diffère des simples effets du mercure, tels que
la sueur ou l'augmentation de la sécrétion urinaire, on doit supposer
que cette préparation n'agit point comme mercure, ou que c'est la substance avec laquelle le mercure est combiné qui produit cet effet ; si, dans
ces cas, les effets particuliers du mercure sont moins prononcés qu'à
l'ordinaire, je suis très-porté à croire qu'alors le mercure agit en partie
comme corps composé, et non entièrement comme mercure.

Le mercure, comme plusieurs autres agents thérapeutiques, a deux
effets : l'un est produit sur la constitution et sur certaines parties ; il
dérive du mode d'irritation du mercure, et est indépendant de toute
maladie préexistante. L'autre consiste dans l'influence spécifique qu'il
exerce sur une action morbide, quelle qu'elle soit, de l'ensemble de
l'économie ou de certaines parties, et cet effet n'est connu que par la
disparition graduelle de la maladie. Le premier doit être l'objet de toute
l'attention du chirurgien, car c'est en partie par lui qu'il doit être guidé
dans l'application de la quantité de mercure qui suffit pour guérir la
maladie.

Toutes les fois que le mercure agit d'une manière nuisible sur la
constitution, c'est toujours par ses effets visibles : de là, l'art prétendu
d'éviter ces effets visibles, que se sont trop souvent attribué des impos-
teurs. La partie sur laquelle ces effets se font sentir le plus ordinairement, c'est-à-dire la bouche, est celle que l'on s'efforce de garantir
dans la plupart des cas. Je ne crois point que nous possédions les moyens
de porter le mercure vers la bouche, ou de l'empêcher d'attaquer cette
partie. Le froid et le chaud sont les deux grands agents cités par les
auteurs. Ils recommandent d'éviter le froid, dans la crainte que le
mercure ne se porte vers la bouche, comme si la chaleur était un
moyen de prévenir cette influence ; tandis que d'autres auteurs, et
même les précédents, lorsqu'ils parlent de porter le mercure à la bouche, recommandent la chaleur, comme si le froid pouvait empêcher cet
effet. D'après cela, on peut supposer avec raison que ni l'un ni l'autre
de ces deux agents n'a une influence réelle (*).

(*) Cet alinéa a été omis entièrement dans l'édition de Home.

Dans l'administration du mercure contre la maladie vénérienne, ce qui doit attirer d'abord l'attention c'est la quantité du médicament qui est employée, et ses effets visibles dans un temps donné. Lorsque ces effets sont arrivés à un certain degré d'intensité, il faut se borner à les entretenir et à observer comment décroît la maladie; on juge ainsi des effets invisibles ou spécifiques du mercure, et l'on reconnaît souvent qu'il est nécessaire d'apporter quelque modification dans la quantité du médicament.

Les effets visibles du mercure sont de deux espèces : les uns ont pour siége l'ensemble de l'économie, les autres se manifestent dans certaines parties qui jouissent de la propriété de sécréter. Dans la constitution, il paraît produire une irritabilité générale, et rendre la constitution plus susceptible de toutes les impressions; il accélère le pouls, en augmente la dureté, et produit une espèce de fièvre temporaire; mais dans beaucoup de constitutions il ne se borne point à ces phénomènes, et agit comme un *poison*. Chez quelques sujets, il produit une espèce de fièvre hectique, caractérisée par les symptômes suivants : pouls petit et fréquent; perte de l'appétit, agitation, insomnie, altération des traits, et divers symptômes consécutifs. Mais les malades s'habituent plus ou moins à l'usage du mercure, et ces effets constitutionnels deviennent ordinairement moins intenses. Les observations qu'on va lire prouvent ce que j'avance.

Un malade faisait des frictions mercurielles pour obtenir la résolution de deux bubons. Il n'avait fait encore qu'un petit nombre de frictions, lorsque sa constitution s'affecta au point qu'il fut nécessaire de les suspendre. Il fut pris de symptômes fébriles de nature hectique, tels qué pouls petit et fréquent, débilité, perte de l'appétit, insomnie et sueurs nocturnes. Il prit du quinquina, de la poudre de James, et du lait d'ânesse, et il se débarrassa peu à peu de ces symptômes. Comme les bubons faisaient des progrès, il fut nécessaire de recourir de nouveau au mercure, et je dis alors au malade que ce médicament ne produirait point les mêmes effets aussi rapidement ni avec autant de violence que la première fois. En effet, il employa en frictions une quantité considérable de mercure sans que sa constitution ni sa bouche en fussent affectées. Toutefois ses bubons ayant suppuré, je fis suspendre de nouveau les frictions mercurielles, et lorsque les abcès furent ouverts, les frictions furent reprises une troisième fois, sans qu'il en résultât aucun inconvénient. Les bubons manifestèrent pendant quelque temps une tendance à se cicatriser, puis ils devinrent stationnaires, ce qui annonçait qu'il se formait une nouvelle disposition morbide. Je prescrivis au malade d'abandonner l'onguent mercuriel et d'avoir recours aux bains de mer; il suivit ce conseil, et les bubons reprirent une marche favorable. Cependant, au bout de trois semaines environ, on jugea qu'il était nécessaire de reprendre les frictions une quatrième fois. Lorsque le malade les recommença, sa bouche s'affecta immédiatement avec violence; il les suspendit encore jusqu'à ce que sa bouche se trouvât un peu mieux, puis il y revint pour la cinquième fois, et dès lors il put en continuer l'usage.

Un homme sain et vigoureux, atteint de bubon, employa les frictions mercurielles jusqu'à ce que sa bouche en fût affectée. Ces frictions produisirent des symptômes constitutionnels très-pénibles, tels que l'anorexie, la perte du sommeil, l'altération des traits, l'impossibilité de se livrer au moindre exercice sans fatigue, et l'œdème des jambes. Chez ce malade, malgré les moyens nombreux qu'on mit en usage dans le but d'habituer la constitution au mercure, celui-ci continua à agir à la manière d'un *poison*.

Le mercure produit souvent des douleurs semblables aux douleurs rhumatismales, et des nodus qui sont de nature scrofuleuse : de là, l'accusation qu'on a portée contre lui d'affecter les os, *en se cachant dans leur tissu*, suivant l'expression des auteurs (*).

On peut admettre qu'il n'est pas nécessaire, dans l'état actuel de nos connaissances, d'affirmer que le mercure ne pénètre jamais dans les os sous la forme métallique, bien qu'une telle assertion ait été émise par des hommes éminents et qui ont beaucoup d'autorité en médecine, et qu'on ait apporté en preuve de cette opinion les résultats de l'inspection cadavérique. Mes recherches anatomiques m'ont convaincu que cette circonstance ne se présente jamais. Les auteurs qui ont publié de tels faits ont été copiés par d'autres; les faits imaginaires se sont ainsi multipliés, et les praticiens ignorants et crédules ont été induits en erreur, tout cela, au détriment des malades (**).

(*) Les phrases suivantes se trouvent dans l'édition de Home :

« Le mercure produit souvent une démangeaison de la peau, qui parfois est si violente que les malades ne peuvent supporter ce médicament.

« Quoique le mercure n'affecte pas toujours la bouche, on le voit quelquefois altérer la constitution des sujets dont il ne peut rendre la bouche malade, donnant lieu à la perte de l'appétit, à des douleurs de caractère rhumatismal, et à tous les symptômes de la fièvre hectique, en même temps qu'il opère d'une manière efficace la guérison de la maladie vénérienne.

« Un malade présentait pour symptômes des douleurs dans les épaules et des taches de la peau, qu'on supposait liées à une affection vénérienne. Il ne put jamais être affecté d'une manière sensible par le mercure. Je lui fis faire des frictions avec deux drachmes d'onguent mercuriel double chaque soir, et les symptômes disparurent entièrement, sans que le mercure eût produit aucun effet visible dans la bouche, sur la sécrétion de la peau ou sur celle des reins. »

(**) Si Hunter, à l'époque où il écrivait, avait pu rester dans le doute sur la question de savoir si le mercure peut être retrouvé, après la mort, dans les tissus des individus auxquels il avait été administré, cela n'est plus permis aujourd'hui, l'anatomie pathologique plus exacte et l'analyse chimique mieux faite ayant donné la possibilité d'en constater la présence, même à l'état métallique, soit dans certains liquides, soit dans certains solides de l'économie. On peut consulter à ce sujet l'intéressant travail de M. Strohl, d'après M. Herr, professeur à l'université de Fribourg (Thèse inaugurale soutenue à la faculté de Strasbourg, 27 novembre 1838); le mémoire de

§ II. *De la quantité de mercure qui doit être employée dans le traite- ment de la syphilis constitutionnelle.*

La quantité de mercure qui doit être introduite dans la constitution pour la cure d'une maladie vénérienne quelconque, doit être proportion-

M. Reynaud, de Toulon, sur un cas remarquable de la présence du mercure dans le cerveau. (Brochure, 1839.)

D'après les recherches récentes de MM. Chevalier et Ossian Henry (*Journal de chimie médicale, de pharmacie et de toxicologie,* 1839), il paraîtrait cependant que le mercure ne passe pas dans le lait des nourrices soumises à l'action de ce médica- ment, comme un grand nombre de praticiens l'ont cru. M. Péligot paraît être arrivé aux mêmes résultats dans ses recherches sur le lait des animaux.   P. RICORD.

Les symptômes qui caractérisent ce que Hunter appelle les effets du mercure comme *poison* sont assez importants pour réclamer une description plus détaillée. Ils revêtent deux formes différentes, la forme aiguë et la forme chronique.

Les symptômes de la forme aiguë constituent ce qu'on a nommé *éréthisme mer- curiel.* Ici, l'effet du *poison* est ressenti principalement par le cœur. Le pouls devient précipité, petit et irrégulier; l'action du cœur est violente, mais en même temps irrégulière et confuse; la faiblesse et l'imperfection de la circulation sont en outre décelées par la pâleur du visage, par la fréquence des soupirs, par l'anxiété qui est perçue à la région précordiale, et par l'irrégularité des mouvements des mem- bres. Dans les cas très-graves, le visage se contracte et les extrémités deviennent froides. Néanmoins, l'estomac et les intestins ne présentent aucun signe de trouble, et la langue, bien qu'incertaine dans ses mouvements et tremblante, est nette. Dans ces circonstances, le mouvement musculaire peut donner la mort d'une manière subite; il en résulte une syncope, et le cœur est trop faible pour reprendre son action.

Si l'on cesse l'usage du mercure et que l'on ait recours à un traitement conve- nable, l'action du cœur est rendue à sa force et à sa régularité naturelles, et l'af- fection morbide disparaît, ne laissant aucune conséquence fâcheuse après elle.

Sous la seconde forme, le mal peut être moins immédiatement dangereux; mais il s'étend davantage dans l'ensemble de l'économie et se montre plus permanent. Il n'y a point de palpitations, mais le pouls est petit et accéléré; le sommeil et l'ap- pétit sont perdus; le visage est pâle et décomposé; souvent la langue est très-sale, toujours l'affaiblissement et l'émaciation sont considérables. L'aspect général indique une altération profonde de la santé. Si l'on ne fait rien pour mettre un terme à cet état, il survient d'autres symptômes qui annoncent une cachexie générale. On observe des engorgements scrofuleux des glandes; des douleurs rhumatismales des mem- bres; ou bien une inflammation lente des articulations, qui offre quelque chose du caractère scrofuleux. Partout le travail d'ulcération devance le travail adhésif. Des plaies légères deviennent des ulcères, et les os fracturés qui ont été réunis depuis peu de temps se séparent.

Cet état de la constitution n'est pas facile à guérir, quand une fois il est pleine- ment établi. Souvent il s'écoule des années avant que toutes les traces en soient effacées. Il est moins souvent le résultat de l'emploi du mercure à doses excessives continué pendant un court espace de temps, que celui d'une longue et opiniâtre persévérance dans l'administration de ce métal, à doses modérées, nonobstant les signes évidents de la détérioration de la santé et de l'affaiblissement des forces.

Ces mots de Hunter, ajoutés dans une édition subséquente : *le mercure opère en même temps d'une manière efficace la guérison de la maladie vénérienne,* doivent être

née à l'intensité de la maladie. Toutefois, il est deux circonstances auxquelles il faut faire une grande attention dans l'administration de ce médicament : 1° l'espace de temps pendant lequel il faut faire pénétrer une quantité donnée de mercure, et 2° les effets que le mercure produit dans certaines parties du corps, comme les glandes salivaires, la peau ou les intestins. Ces deux circonstances, prises ensemble, doivent nous guider dans le traitement de la maladie. En effet, deux quantités très-différentes de mercure introduites dans la même constitution peuvent produire le même effet définitif ; mais il faut que ces quantités différentes soient employées dans des espaces de temps différents aussi. Par exemple, une once d'onguent mercuriel, employée en deux jours, aura plus d'effet sur la constitution que deux onces employées en dix jours ; et pour produire le même effet dans l'espace de dix jours, il peut être nécessaire d'employer trois onces ou même davantage.

Une once de mercure employée en deux jours produit des effets considérables sur la constitution, ainsi que sur les parties malades ; ainsi donc, l'effet produit est d'autant plus marqué que le mercure est introduit dans un espace de temps plus court. Mais si ces effets ne sont que locaux en grande partie, c'est-à-dire, s'ils ont pour siége principal les glandes de la bouche, l'ensemble de la constitution n'étant pas également stimulé, l'effet produit dans les parties malades doit aussi être moindre, et c'est ce que l'on peut constater par la marche de la maladie locale, qui ne cède pas en proportion des effets que le mercure détermine dans telle ou telle partie isolée.

Si l'on donne le mercure en très-petites quantités et qu'on en élève graduellement la dose, de manière qu'il s'insinue insensiblement dans la constitution, ses effets visibles sont moindres, et l'on peut à la longue en introduire une quantité presque incroyable sans donner lieu au moindre effet (*).

Une fois ces circonstances connues, le mercure devient un médicament beaucoup plus efficace, beaucoup plus facile à manier, et beaucoup moins dangereux qu'on ne le croyait autrefois. Mais, malheureusement, ses

compris comme se rapportant à l'absence de salivation, et non à l'existence des effets délétères du mercure. L'expérience a démontré que ces effets sont tout à fait incompatibles avec l'action antivénérienne de cette substance ; et qu'en persévérant dans son emploi après qu'ils se sont manifestés, on expose le malade à un danger imminent, en même temps qu'on manque le but qu'on s'était proposé, qui est la guérison de la maladie contre laquelle le mercure avait été administré.

G. G. B.

(*) Pour donner une idée de ce fait, je rapporterai le cas suivant : dix grains d'onguent par jour, pendant dix jours, affectèrent la bouche d'un malade. L'onguent était composé de mercure et d'axonge à parties égales. Cependant, en ayant soin de suspendre de temps en temps l'usage de cet onguent, pour y revenir ensuite, ce malade parvint à employer en frictions quatre-vingt-dix grains du même onguent tous les soirs pendant un mois, sans que sa bouche, ni aucune de ses sécrétions, en fût visiblement affectée.

JOHN HUNTER.

effets visibles sur certaines parties, telles que la bouche et les intestins, sont quelquefois beaucoup plus violents que son effet général sur l'ensemble de la constitution; c'est pourquoi il faut prendre quelques précautions pour ne pas stimuler ces parties trop promptement, car ce résultat empêcherait de donner la quantité nécessaire du médicament.

La constitution et les parties isolées montrent plus de susceptibilité pour le mercure la première fois que les fois suivantes : lorsque la bouche a été affectée une fois et guérie, on peut employer une seconde fois une bien plus grande quantité de mercure avant que la même altération de la bouche soit produite; j'ai même vu des cas où le mercure, quoique employé à la plus haute dose possible, n'a pas pu reproduire la salivation. Il n'est donc pas nécessaire de prendre autant de précautions quand on renouvelle un traitement mercuriel, que lorsqu'on débute dans un traitement de cette nature. Cependant, cet agent thérapeutique nous trompe quelquefois : dans un temps, il peut à peine produire des effets visibles, et ensuite la bouche et les intestins s'affectent à la fois.

Lorsque le mercure se porte sur la bouche, il produit chez beaucoup de sujets une inflammation violente, qui se termine quelquefois par la gangrène. Je pense que les constitutions où cet accident s'observe ont une tendance érysipélateuse, c'est-à-dire, la tendance qu'on appelle *putride*; quand on a affaire à ces constitutions, les plus grandes précautions sont nécessaires. En général, c'est-à-dire, quand il ne produit que ses effets communs, le mercure ne lèse que rarement ou même jamais la constitution; il semble seulement agir temporairement, pour laisser ensuite la constitution dans un état sain. Mais il n'en est pas toujours ainsi, car il est probable qu'il n'est aucune constitution que le mercure ne puisse affecter d'une manière très-grave; il peut déterminer des maladies locales, ainsi qu'il a été dit, et retarder la guérison des chancres, des bubons et de certains effets de la syphilis constitutionnelle, après que le virus a été détruit.

§ III. *Des effets sensibles du mercure sur certains organes.*

Les effets sensibles du mercure sont, en général, l'accroissement de quelque sécrétion, le gonflement des glandes salivaires et l'augmentation de la salive. La sécrétion des intestins est augmentée, et il en résulte la diarrhée; celle de la peau l'est aussi, ce qui produit des sueurs, et souvent aussi la sécrétion de l'urine est rendue plus abondante. Tantôt une seule de ces sécrétions est affectée, tantôt il y en a plus d'une, et quelquefois elles le sont toutes ensemble; mais les phénomènes qui ont leur siége dans la bouche sont les plus fréquents.

Le mercure produit souvent de la céphalalgie, et même de la constipation, quand son action sur d'autres parties que la tête et les intestins, principalement sur les glandes de la bouche, devient sensible.

Quand le mercure se porte sur la bouche, il n'en affecte pas toutes les parties également; tantôt il attaque les gencives; tantôt il attaque les joues, qui s'engorgent et s'ulcèrent, tandis que les gencives ne sont pas le moins du monde affectées, car le malade peut mordre un corps dur quelconque.

Quand le mercure affecte la bouche et les parties qui en dépendent, non-seulement il accroît la sécrétion de ces parties, mais encore il y détermine une grande tuméfaction qui n'est point liée à une inflammation vraie avec sécrétion de lymphe coagulable, mais qui ressemble plutôt au gonflement de l'érysipèle. La langue, les joues et les gencives se tuméfient, et les dents deviennent branlantes; tous ces effets sont en raison directe de la quantité de mercure employée et de la susceptibilité des parties pour ce mode d'irritation. Le mercure produit dans ces parties une grande débilité; l'ulcération y prend naissance facilement, surtout si elles sont irritées même faiblement, ce qui résulte souvent du contact des dents, et même la gangrène survient quelquefois. Je ne sais si le mercure produit des effets semblables quand il se porte sur d'autres parties. La salive est généralement visqueuse dans ces cas, comme si elle provenait principalement des glandes affectées. L'haleine contracte une odeur particulière (*).

Comme le mercure produit généralement des évacuations, on a été porté naturellement à supposer que c'est par ce moyen qu'il guérit la maladie vénérienne; mais l'expérience a appris que, pour la cure de la maladie vénérienne par ce métal, les évacuations, de quelque nature qu'elles soient, qui sont produites par lui, ne sont nullement nécessaires. Et c'est ce qu'on pouvait prévoir, puisque des évacuations semblables, produites par d'autres médicaments, ne sont d'aucune utilité; il était donc raisonnable de penser que ces mêmes évacuations, quand elles sont déterminées par le mercure, ne doivent pas être plus utiles, à moins qu'on n'eût admis que l'évacuation produite par le mercure n'est pas la même que celle qui est produite par d'autres médicaments, mais que c'est une évacuation spécifique; ce qui reviendrait à dire, que ce serait une évacuation qui emporterait le *poison* uni avec le mercure, de sorte que plus le mercure serait évacué avec rapidité, plus vite aussi le *poison* serait rejeté hors de la constitution. Mais la pratique ne justifie point cette manière de voir. Au contraire, les évacuations produites par le mercure retardent la guérison, surtout lorsque les organes sécréteurs ont trop de susceptibilité pour ce stimulus, car alors la quantité du médicament qui est nécessaire ou qui suffit pour la cure de la maladie ne peut être introduite dans l'économie, les effets qu'il produit dans des parties isolées étant trop intenses pour que le malade puisse les supporter; d'où il résulte que la quantité de mercure qu'il faut introduire

---

(*) Dans l'édition de Home est ajouté : « Un malade ne pouvait faire usage du mercure extérieurement sans qu'il en résultât une violente inflammation. Il pouvait prendre à l'intérieur dix ou douze grains de mercure calciné, chaque jour, sans rien éprouver du côté des intestins et de la bouche; mais sa tête en était tellement affectée, qu'il pouvait à peine marcher, et que, suivant ses propres expressions, il ne savait pas s'il avait encore sa tête. »

dans la constitution doit être limitée et réglée d'après la quantité de l'évacuation, et non d'après l'étendue de la maladie. D'un autre côté, si l'on administre le mercure avec précaution, de manière à éviter une évacuation violente, on peut en faire pénétrer une quantité suffisante pour la guérison de la maladie.

Certaines évacuations pourraient être considérées comme un indice des effets constitutionnels du mercure; mais on ne doit pas s'en rapporter entièrement à elles, car ces sécrétions ne sont qu'une preuve de la susceptibilité de certaines parties pour un tel stimulus; toutefois, il est probable qu'en général elles donnent assez bien la mesure des effets constitutionnels du médicament. On a été jusqu'à supposer qu'il suffit de donner la quantité convenable de mercure, sans qu'il soit nécessaire qu'aucun effet sensible soit produit; cela n'est exact qu'en partie, et non sans restrictions, car nous n'avons aucune autre preuve de l'action du mercure sur la constitution, que l'accroissement de quelques-unes des sécrétions.

§ IV. *De l'action du mercure.*

Le mercure ne peut avoir que deux modes d'action, l'un sur le *poison*, l'autre sur la constitution : on ne peut guère supposer qu'il agisse des deux manières à la fois. Si le mercure agissait seulement sur le *poison*, ce pourrait être de deux manières, soit en le décomposant et en détruisant par là ses propriétés, soit en l'attirant à lui et en l'emportant hors de la constitution. En admettant la première de ces deux hypothèses, on pourrait supposer avec raison que la quantité de mercure introduite est tout ce qu'il faut pour nous guider dans le traitement de la syphilis; dans la seconde, la quantité de l'évacuation devrait être notre principale mesure.

Mais si le mercure agit en détruisant l'action morbide des parties vivantes, en s'opposant à l'irritation vénérienne par la production d'une autre irritation d'espèce différente, alors la quantité du médicament employé et celle de l'évacuation, prises isolément, ne peuvent plus guère nous éclairer, et l'on produira la guérison la plus prompte en prenant pour guide et la quantité du médicament et ses effets sensibles : or, l'expérience prouve qu'il en est ainsi. Mais quoique les effets du mercure sur la maladie vénérienne soient, jusqu'à un certain point, en proportion de ses effets locaux sur certaines glandes, ou sur certaines parties du corps, telles que la bouche, la peau, les reins ou les intestins, cependant cette proportion n'est point toujours rigoureuse, ainsi que je l'ai déjà dit. Lorsque la constitution ne supporte pas bien le mercure, et que ce médicament produit une grande irritabilité et des symptômes hectiques, l'action ou irritation du mercure ne joue point le rôle de contre-irritation par rapport à la maladie vénérienne; c'est une irritation constitutionnelle n'ayant aucune influence sur la maladie, qui n'en continue pas moins ses progrès.

Le mercure perd son influence sur la maladie vénérienne par l'habitude, et c'est une preuve qu'il n'agit ni chimiquement, ni en emportant le *poison* par telle ou telle évacuation, mais bien en vertu de sa force de stimulation propre.

Les effets sont toujours en proportion de la quantité de mercure employée dans un temps donné, et de la susceptibilité de la constitution pour l'irritation mercurielle. Ces circonstances réclament l'attention la plus minutieuse. Afin d'obtenir du mercure la plus grande action possible avec sécurité et de la manière la plus efficace, il faut l'administrer jusqu'à ce qu'il produise des effets locaux quelque part; mais pas trop rapidement, afin qu'on ait le temps d'en faire pénétrer une quantité convenable; car l'apparition trop prompte des effets locaux empêche qu'on n'administre la quantité qui serait nécessaire pour neutraliser l'irritation vénérienne dans l'ensemble de l'économie. J'ai vu des cas où le mercure agissait localement avec beaucoup de facilité, et où cependant la constitution était à peine affectée par lui, car la maladie ne s'amendait point.

Un homme contracta un chancre qu'il détruisit au moyen du caustique; ensuite il pansa la plaie avec de l'onguent mercuriel. Il éprouva aussi dans l'une des régions inguinales un léger malaise qui n'alla pas plus loin, mais qui indiqua que l'absorption du *poison* avait eu lieu. Le chancre ne tarda pas à se guérir, et le malade employa en frictions environ deux onces d'onguent mercuriel. Il commença ce traitement par de petites quantités, c'est-à-dire, par un scrupule à chaque friction, et il éleva cette dose. Cependant sa bouche fut promptement affectée, et la salivation dura environ un mois. Deux mois après, il se forma un ulcère vénérien sur l'une des amygdales. On voit ici une petite quantité de mercure produire un effet sensible considérable, et cependant rester inefficace, parce que les effets spécifiques du médicament n'étaient sans doute point en proportion de ses effets sensibles, les glandes salivaires ayant trop de susceptibilité pour l'irritation mercurielle.

D'un autre côté, j'ai vu des cas où la quantité du médicament employée ne se montra efficace que lorsqu'elle eut été donnée assez rapidement pour affecter la constitution de manière à produire une irritation locale, et conséquemment des évacuations sensibles, ce qui prouve que les effets locaux du mercure sont souvent les indices de ses effets spécifiques sur l'ensemble de la constitution, et que la susceptibilité des parties malades à être affectées par le médicament est en proportion de ses effets sur la bouche. Son action thérapeutique ne doit point être attribuée à l'évacuation qu'il détermine, mais à son irritation. C'est pourquoi il faut donner le mercure, s'il est possible, de manière à produire des effets sensibles sur quelque partie du corps, et à la dose la plus élevée qui puisse être donnée pour produire ces effets dans certaines limites; ces effets sensibles sont le moyen de déterminer jusqu'où l'emploi du médicament peut être poussé, afin d'en obtenir les meilleurs effets possibles sur la maladie, sans danger pour la constitution. La pratique doit varier ici suivant les circonstances : si la maladie présente de l'intensité, il faut avoir moins égard à la constitution, et donner le mercure en plus grandes quantités que ne le comporte la règle qui vient d'être posée; mais si la maladie est modérée, il n'est pas nécessaire de dépasser cette règle, bien qu'il soit convenable de ne pas rester au-dessous, afin de guérir la maladie le plus promptement possible.

Si la maladie a son siége dans les parties du premier ordre, il n'est pas nécessaire d'employer une aussi grande quantité de mercure que lorsqu'elle se manifeste dans les parties du second ordre et qu'elle date de longtemps, c'est-à-dire, dans les cas où sa première manifestation seulement a été guérie, et où la disposition vénérienne est restée dans les parties du second ordre. Il est probable que la même quantité de mercure est nécessaire pour guérir la maladie, soit qu'elle se montre sous la forme de chancre ou de bubon, soit qu'elle ait revêtu celle de syphilis constitutionnelle, car un ulcère exige autant de mercure que cinquante ulcères réunis sur la même personne, et un petit ulcère autant qu'un grand; la seule différence, s'il y en a une, doit dépendre de la nature des parties affectées, suivant qu'elles sont naturellement actives ou indolentes. Cependant, si, comme je le présume, il y a une différence matérielle entre la syphilis primitive et la syphilis constitutionnelle, il peut en résulter une différence dans la quantité de mercure à administrer. Je crois qu'en somme la syphilis primitive est plus difficile à guérir; au moins exige-t-elle communément un temps plus long, bien qu'il n'en soit pas toujours ainsi.

Après avoir exposé ces règles et ces considérations générales, je vais faire connaître les différentes méthodes d'administrer le mercure.

§ V. *Des différentes méthodes d'administrer le mercure; — à l'extérieur, — à l'intérieur.*

Avant de donner le mercure, il est utile de connaître, autant que possible, quel effet ce médicament produit sur la constitution du malade, et c'est ce qu'on ne peut savoir que lorsque celui-ci a déjà subi un traitement mercuriel. Or, un grand nombre de malades étant obligés de se soumettre à ce traitement plus d'une fois, il peut n'être point inutile de s'enquérir des résultats qui ont pu être obtenus antérieurement; et comme il est des sujets qui supportent ce médicament beaucoup mieux que les autres, il importe que cette circonstance soit connue du chirurgien, qui y trouvera un guide pour le traitement actuel. Je crois qu'il est peu de constitutions qui se modifient sous ce rapport, bien que j'aie connu un sujet qui, après avoir fait usage d'une grande quantité de mercure sans en être affecté visiblement, fut, environ une année après, affecté par une très-petite quantité du même médicament.

Lorsqu'on administre le mercure pour guérir la syphilis constitutionnelle, quelle que soit l'intensité que l'on ait résolu de donner à ses effets sensibles, il faut y atteindre et la maintenir, s'il est possible; car ce ne sera qu'avec difficulté qu'on portera de nouveau ces effets au même degré si on les laisse s'affaiblir. Si le mercure produit des effets plus énergiques que ceux qu'on s'était proposé d'obtenir, il faut en diminuer l'action avec beaucoup de prudence; presque toujours alors on est obligé de le donner de nouveau avant que ses effets soient ramenés au degré voulu; car la même quantité n'opère plus aussi puissamment qu'elle le faisait d'abord, et ce qui au début du traitement produisait des effets plus violents que ceux qu'on désirait obtenir, ne se trouve plus ensuite suffisant.

La meilleure manière d'appliquer le mercure extérieurement, c'est sous la forme d'onguent. Les corps gras le tiennent à l'état de grande division, le font adhérer aux surfaces et ne se dessèchent point. On peut supposer aussi qu'ils servent de véhicule au mercure, et qu'ils le portent dans la circulation générale par l'intermédiaire des vaisseaux absorbants; car il est probable qu'ils se prêtent aussi bien à l'absorption que les corps aqueux.

Lorsque les symptômes sont modérés et ont pour siége les parties du premier ordre, que le malade n'est pas accoutumé au mercure ou que l'on sait qu'il ne peut pas le supporter en grande quantité, et que l'on se propose de diriger le traitement par progression presque insensible, il faut donner d'abord de petites doses. Un scrupule ou une demi-drachme d'un onguent fait avec parties égales de mercure et d'axonge, employé chaque soir en frictions pendant quatre, cinq ou six jours, suffit au début. Si la bouche ne s'affecte pas, cette quantité peut être élevée graduellement jusqu'à deux ou trois drachmes pour chaque friction; mais si la première dose a affecté la bouche, on peut être presque certain que les glandes de la bouche ont beaucoup de susceptibilité pour le stimulus mercuriel; c'est pourquoi il faut suspendre les frictions pendant deux ou trois jours, et attendre que l'affection de la bouche commence à se dissiper.

Quand on reprend le mercure, la dose peut être augmentée graduellement, au moins d'un scrupule chaque fois, et portée à deux drachmes ou davantage pour chaque soir, ce qui peut être fait sans qu'on craigne, la seconde fois, d'affecter beaucoup le malade, ainsi que je l'ai déjà fait remarquer.

Si tous les symptômes disparaissent graduellement, il n'y a rien de plus à faire que de continuer ce traitement pendant une quinzaine de jours après leur disparition, afin d'avoir toute sécurité pour l'avenir.

Cette méthode de traitement, poursuivie avec fermeté, guérit le plus grand nombre des cas récents de syphilis constitutionnelle; mais elle n'est pas suffisante si la maladie a été simplement tenue en échec par un usage très-modéré du mercure; il faut alors en employer une plus grande quantité, à cause de l'espèce d'habitude que la constitution a acquise et qui la rend moins susceptible du stimulus mercuriel.

Si la maladie se reproduit dans les parties du second ordre, on peut être certain que la même quantité de mercure ne suffira point pour en amener la guérison; car l'action qui se développe dans ces parties sous l'influence de l'irritation vénérienne est lente, et par conséquent elle a besoin d'être combattue par une quantité de mercure plus considérable que celle qui constituait le premier traitement.

Dans les cas où les symptômes vénériens sont des ulcères de la bouche ou de la gorge, le mercure se portant à la bouche, et la salive, qui en est imprégnée, agissant comme un gargarisme mercuriel, je présume que les parties malades sont guéries localement, et que la constitution reste infectée, parce que l'action mercurielle y est beaucoup moins forte que dans la bouche. Il est possible qu'il y ait quelque chose de semblable dans les cas d'éruptions syphilitiques de la peau, où le mercure est porté au dehors à travers la peau avec la sueur; on sait, en effet, que le soufre guérit la gale en passant par la voie de la transpiration cutanée. Si ces remarques sont vraies, on peut ainsi expliquer, jusqu'à un certain point, pourquoi les symptômes locaux sont plus faciles à guérir dans les parties du premier ordre que dans celles du second (*).

Il n'est point nécessaire de modifier la manière de vivre du malade pendant la durée du traitement mercuriel, car l'action du mercure sur la maladie n'est point susceptible d'être favorisée par un genre de vie plutôt que par un autre. Qu'importe pour l'action du mercure sur un ulcère vénérien que le malade mange un bon dîner et boive une bouteille de vin? le mercure sera-t-il excité par là à produire des effets sensibles dans quelque partie, comme les glandes de la bouche, ou bien son effet sur l'irritation vénérienne en sera-t-il empêché? En un mot, je ne vois pas pourquoi le mercure ne guérirait pas la syphilis sous l'influence de n'importe quel régime (**).

Cependant je conçois que le froid puisse modifier l'action du mercure sur la maladie vénérienne. Il est possible que le froid favorise l'irritation syphilitique, et par conséquent qu'il soit contraire à celle qui est produite par le mercure; et il y a quelque apparence de raison à le croire, car j'ai établi précédemment que le froid est un excitant de l'irritation vénérienne; de sorte qu'on peut, en tenant le malade chaudement, diminuer la puissance de la maladie pendant la durée du traitement.

L'administration du mercure à l'intérieur suffit dans beaucoup de cas; mais, en général, on ne doit pas autant compter sur ce mode de traitement que sur l'application externe du médicament; aussi ne conseillerais-je point et n'administrerais-je point le mercure de cette manière dans les cas où la maladie n'a pas été suffisamment guérie par des traitements mercuriels antérieurs (***). C'est la manière la plus commode d'administrer

---

(*) On lit en outre dans l'édition de Home : « Lorsque les taches vénériennes de la peau ont été guéries par l'emploi du mercure, il arrive quelquefois qu'elles se reproduisent ensuite, et plusieurs médecins ont été portés à avoir recours de nouveau au mercure. Mais la pratique qui convient dans ces cas consiste à rester dans l'expectation pendant quelque temps, afin de voir ce qu'il adviendra de ces nouvelles taches, car très-souvent elles disparaissent spontanément; toutefois, elles peuvent être quelquefois une véritable récidive de la maladie vénérienne, et alors il faut prescrire le mercure. »

(**) Cette dernière phrase a été omise dans l'édition de Home.

(***) La portion de phrase qui commence par ces mots : « Mais en général.... » a été omise dans l'édition de Home.

le mercure, car il y a beaucoup de malades qui aiment mieux avaler une pilule que d'appliquer l'onguent sur leur corps, et même il se trouve beaucoup de circonstances dans la vie qui rendent la méthode interne beaucoup plus facile à suivre que la méthode externe; mais, d'un autre côté, il y a beaucoup de constitutions qui ne peuvent supporter le mercure pris intérieurement. C'est une chose fâcheuse, quand le malade est dans des conditions telles que l'une et l'autre méthode soient d'une application également difficile.

Le mercure pris à l'intérieur produit souvent des effets très-pénibles sur l'estomac et sur les intestins; dans le premier, il détermine des nausées; dans les derniers, il provoque des coliques et de la diarrhée.

Lorsqu'on juge qu'il est nécessaire de donner le mercure intérieurement, et qu'il se montre nuisible soit à l'estomac ou au tube intestinal, soit aux deux à la fois, bien qu'on ait choisi la préparation la plus simple, il faut corriger ou prévenir ses effets, quels qu'ils soient, en lui associant d'autres substances. S'il n'affecte que l'estomac, on peut unir au mercure de légères doses d'une huile essentielle, comme l'huile essentielle de clous de girofle ou celle de fleurs de camomille, qui, dans beaucoup de cas, font disparaître ces effets fâcheux. Lorsqu'il affecte à la fois l'estomac et les intestins, je crois qu'on doit attribuer ce résultat à son mélange dans l'estomac avec un acide qui en dissout une partie et donne naissance à un sel, ou bien à ce qu'il a été donné sous forme de sel; dans l'un et l'autre cas, il agit, en général, comme purgatif, et devient la cause de sa propre expulsion. Il y a deux manières d'obvier à cet inconvénient: la première, c'est d'empêcher le sel de se former; la seconde, c'est d'en atténuer les effets sur les intestins, lorsqu'il est formé, en faisant disparaître l'irritabilité de ces derniers. Pour empêcher la formation du sel, le meilleur moyen consiste à unir le mercure avec des substances alcalines, soit des sels, soit des terres. Lorsqu'on l'administre à l'état de sel, on peut le combiner avec l'opium ou avec quelque huile essentielle.

Pour prévenir la formation du sel, on peut choisir une des préparations mercurielles, telles que le mercure calciné, le *mercurius fuscus*, ou le calomel, et en faire faire des pilules avec addition d'une petite quantité de savon mou ou d'un sel alcalin quelconque; le sel alcalin empêche aussi la pilule de se dessécher; au lieu de ces substances, on peut joindre au mercure une terre calcaire, comme la chaux ou les yeux d'écrevisses. C'est d'après cette idée qu'on prépare le mercure *alcalisé*, qui n'est autre chose que du mercure cru broyé avec des yeux d'écrevisses. Mais ces substances ajoutent considérablement au volume du médicament, puisqu'il n'en faut pas moins de vingt grains pour une dose qui contient sept grains et demi de mercure cru. Le mercure calciné, broyé avec une petite quantité d'opium, forme des pilules très-efficaces, et convient, en général, à l'estomac et aux intestins. Depuis longtemps l'opium est uni au mercure dans le traitement de la maladie vénérienne; et quelques médecins lui ont accordé autant de vertu antisyphilitique qu'à ce dernier. Cependant, il faut donner l'opium avec précaution, car toutes les constitutions ne s'en accommodent pas également; souvent il produit de l'irritabilité; quelquefois de la lassitude et de la débilité, quelquefois des spasmes.

Si le mercure est administré, non de la manière indiquée ci-dessus, mais sous la forme de sel, ou si on a laissé les sels se former dans l'estomac, il faut lui associer un tiers d'opium et une goutte d'huile de girofle ou de camomille, qui le rendront innocent pour l'estomac et empêcheront son effet purgatif; si, malgré ce mélange, il se montre encore nuisible pour l'estomac et les intestins, il faut rendre la préparation encore plus compliquée, en réunissant au mercure les sels alcalins, l'opium et une huile essentielle.

On peut donner tous les soirs, pendant une semaine, une pilule composée d'un grain de mercure calciné, uni aux substances auxiliaires que peuvent réclamer les voies digestives; et si, à cette époque, la bouche n'est pas affectée, on peut donner cette dose matin et soir. Lorsque le malade est accoutumé au médicament, si celui-ci ne se porte pas d'une manière notable à la bouche, on peut élever la dose à deux grains le soir et un le matin.

Les mêmes règles s'appliquent également à l'emploi du mercurius fuscus et du calomel; mais il faut donner ces dernières préparations à plus haute dose que la précédente pour obtenir le même effet thérapeutique. Leurs effets sont, par rapport à ceux du mercure calciné, à peu près dans la proportion de un à deux ou trois. Il n'est pas facile de se rendre compte de cette différence; la quantité de mercure est à peu de chose près la même dans le même poids de l'une ou de l'autre de ces substances, car il y a sept grains de mercure cru dans huit grains de calomel. Trois grains de ces préparations ne paraissent équivaloir qu'à un grain de mercure calciné. Le mercure cru, administré à la même dose que l'un ou l'autre des trois médicaments indiqués, est celui qui montre le moins d'efficacité; en effet, quinze grains de mercure cru, incorporés dans un mucilage quelconque, n'équivalent qu'à un ou deux grains de mercure calciné.

Le sublimé corrosif, qui est un sel capable de produire une stimulation violente, s'administre généralement en dissolution dans l'eau commune, dans l'eau-de-vie, ou dans certaines eaux distillées. Il a été employé, en apparence, avec un grand succès. Il paraît qu'il guérit les ulcères de la bouche aussi promptement, sinon plus promptement, que toutes les autres préparations; mais je présume que cette efficacité dépend de son contact avec les parties ulcérées quand il passe de la bouche dans l'estomac, et qu'il agit localement et comme un gargarisme sur ces parties. Quoi qu'il en soit, l'expérience apprend qu'il n'exerce pas une influence assez puissante sur l'irritation vénérienne. Dans les cas récents il ne fait disparaître que les effets locaux visibles, sans détruire entièrement l'action vénérienne, car on observe beaucoup plus de récidives après l'usage de ce médicament qu'après celui de la plupart des autres, ce qui provient de ce qu'il est excrété trop facilement par la peau. En outre, l'estomac et les intestins s'en accommodent beaucoup moins que de toutes les autres préparations.

Un grain de ce médicament, dissous dans une once environ d'un liquide convenable, forme la dose généralement employée, que l'on augmente suivant la manière dont il est supporté par les intestins, et suivant ses effets sur la bouche et sur la maladie (*).

Comme le sublimé corrosif renferme un acide, et que son emploi doit être limité par les effets de cet acide sur les intestins, la quantité de mercure que l'on peut donner sous cette forme est nécessairement plus petite que celle qui peut être employée quand on se sert des autres préparations. Les gouttes de Ward, qui contiennent moins d'acide, peuvent être données à plus haute dose, et sont par conséquent plus efficaces. Il est possible que ces préparations unies avec un scrupule de résine de gaïac aient plus d'action que lorsqu'elles sont données seules ; car on observe que le gaïac exerce beaucoup d'influence sur la maladie vénérienne (pag. 621).

Il suffit, en général, d'employer ces moyens de traitement pendant deux mois pour guérir une syphilis constitutionnelle ordinaire ; mais je ne prétends point ici fixer une époque invariable. Le traitement doit être continué au moins quinze jours après que tous les symptômes de la mala-

(*) Ce passage est imprimé, tel qu'on vient de le lire, dans toutes les éditions, et cependant il doit y avoir une erreur, car une dose aussi élevée de sublimé corrosif n'a jamais été recommandée par aucun praticien digne de confiance, et ne pourrait être administrée sans danger. La dose ordinaire est d'un quart de grain à un demi-grain dans la journée ; et même cette quantité est généralement prise au moins en deux fois.

Mais on peut donner le sublimé corrosif en plus grandes quantités sans danger, si l'on a recours aux précautions convenables. Il faut qu'il soit introduit dans l'économie sans irriter les surfaces qui l'absorbent immédiatement. On atteint ce but plus facilement en l'administrant sous forme de pilules, et en le faisant prendre au moment des repas, de manière qu'il puisse se mêler avec les aliments et que ses propriétés acrimonieuses puissent être corrigées par la dilution. De cette manière, il peut être prescrit à la dose d'un tiers de grain trois fois par jour, c'est-à-dire, d'un grain quotidiennement, sans plus d'inconvénients ou de danger de trouble pour les voies digestives, qu'il n'en résulte de l'emploi des doses ordinaires administrées sans ces précautions.

On croit assez généralement qu'un traitement par le sublimé corrosif ne garantit qu'imparfaitement contre les chances d'une récidive. Cette remarque s'applique principalement aux cas où le sublimé n'a été donné qu'à petites doses ; procédé qui ne comporte guère l'introduction d'une quantité suffisante de mercure, à moins que le traitement ne soit très-longtemps continué. Mais en admettant que le médicament soit donné à la dose que je viens d'indiquer, et que le traitement soit continué pendant la période ordinaire, sans être interrompu par l'action du sublimé sur les intestins ou sur la bouche, on peut révoquer en doute que les rechutes soient plus fréquentes après son emploi qu'après celui de toute autre préparation mercurielle.

G. G. B.

die ont été dissipés. Mais si les symptômes disparaissent très-brusquement, comme cela arrive souvent, c'est-à-dire, dans l'espace de huit ou dix jours, probablement parce que le médicament s'échappe par les surfaces qui sont le siége des symptômes morbides, et agit localement, il faut prolonger le traitement pendant trois semaines et même un mois, et élever les doses. Dans de tels cas, les symptômes locaux visibles paraissent guéris, tandis que la disposition vénérienne reste dans les parties.

Si les préparations mercurielles qui ont été recommandées comme médicaments internes sont nombreuses, les praticiens se contentent généralement d'en employer une seule pour les applications externes. Il n'est aucun praticien qui n'ait remarqué qu'une préparation a paru mieux répondre, dans un cas, à ses intentions que telle ou telle autre, et dès lors la balance a penché dans son esprit en faveur de cette préparation. D'autres médecins, ayant été témoins des mauvais effets d'une préparation dans un seul cas, l'ont condamnée d'une manière générale. D'ailleurs, le mensonge est très-fréquent dans tout ce qui concerne le traitement de la syphilis. L'idée qui se présente naturellement à l'esprit, c'est que la préparation mercurielle la plus simple doit être aussi la meilleure, celle qui est le plus facilement soluble dans les humeurs animales, qui offre le moins d'inconvénients pour l'estomac et pour la santé générale, celle enfin dont l'action thérapeutique rencontre le moins d'obstacles ou de causes de troubles. En effet, on ne peut guère supposer qu'une substance qui altère les propriétés chimiques ou mécaniques du mercure hors du corps, puisse, par sa réunion avec lui, ajouter à son influence sur l'économie, à moins que ce ne soit une substance qui, prise isolément, ait une action semblable à la sienne. Ce qui corrobore cette pensée, c'est la préférence que l'on accorde généralement à l'onguent mercuriel pour l'usage externe du mercure : si l'on pouvait trouver une préparation encore plus simple, il faudrait la préférer au mercure cru.

§ VI. *Traitement de la syphilis constitutionnelle dans la seconde ou dans la troisième période.*

Dans les périodes avancées de la maladie, il faut donner plus d'extension au traitement mercuriel. Il faut faire pénétrer dans l'économie en une seule fois la plus grande quantité de mercure que le malade puisse supporter, et continuer avec fermeté jusqu'à ce qu'il y ait de fortes raisons de croire que la maladie est détruite. Il n'est point possible alors d'empêcher que la bouche ne soit violemment affectée, car la quantité de mercure qui est nécessaire pour guérir la syphilis dans ces périodes est telle que cet effet est inévitable dans la plupart des cas.

Lorsque la maladie a atteint une période avancée, il est très-probable que le malade a déjà fait usage du mercure, et il est utile de lui demander quel effet ce médicament a produit sur lui ; à quelle dose il peut le supporter. Ses réponses pourront mettre le médecin à même d'apprécier la dose par laquelle il convient de commencer. Si le malade a cessé l'usage du mercure depuis très-longtemps, et qu'il soit facilement affecté par ce médicament, il se trouve dans les conditions qui comportent la dose de mercure la moins élevée, et l'on doit commencer avec beaucoup de précautions, en ayant soin de régler la dose d'après les circonstances; mais s'il n'y a pas longtemps qu'il prenait du mercure, quoiqu'il en soit facilement affecté, on peut en reprendre l'usage plus largement, car ce médicament doit avoir cette fois moins d'action sur la bouche et sur la maladie. Si le malade prenait du mercure très-peu de temps auparavant, et que ce métal ne l'affecte que difficilement, comme il se trouve dans les conditions qui permettent l'emploi de la plus grande quantité de mercure, on peut administrer le médicament d'une manière très-large, afin d'affecter la constitution en temps convenable. On peut considérer comme un début favorable que le mercure se porte à la bouche dans l'espace de six ou huit jours, et qu'au bout de douze jours cette partie soit fortement affectée. Dans de tels cas, si l'on veut que les effets du mercure aient le plus d'énergie possible, il faut tâcher de surprendre brusquement la constitution; mais, en même temps, il faut prendre ses mesures de manière à pouvoir soutenir ces effets en augmentant convenablement la dose du médicament.

Les frictions mercurielles réussissent mieux que le mercure donné à l'intérieur; on peut, par ce procédé, faire pénétrer, dans un temps donné, une plus grande quantité de mercure qu'on ne pourrait le faire par la bouche sans léser l'estomac.

La quantité de mercure employée en frictions doit être, dans certaines circonstances, en proportion de la surface sur laquelle on l'applique, et il faut que cette surface soit complétement recouverte par l'onguent; une demi-once d'onguent mercuriel appliquée sur une surface donnée produit à peu près le même effet qu'une once du même onguent appliquée sur la même surface; de sorte que pour qu'une once d'onguent produise un effet double de celui d'une demi-once, il faut qu'elle soit étendue sur une surface double. Il faut donc que la quantité de l'onguent soit mise en harmonie avec l'étendue de la surface; car sur une surface renfermée dans de certaines limites, il ne peut y avoir qu'une quantité déterminée d'onguent qui soit susceptible d'être absorbée, et il serait inutile d'en appliquer davantage; on ne peut point non plus étendre davantage la même quantité d'onguent sur une surface plus large, car elle ne suffirait plus à l'activité de tous les vaisseaux absorbants de la surface. En conséquence, il importe que la surface sur laquelle on opère reçoive sa quantité complète d'onguent; mais il ne faut pas qu'elle en ait davantage, si l'on se règle sur la quantité de mercure employée, pour les effets thérapeutiques qui doivent être produits.

On a eu probablement de tout temps l'usage de faire des *frictions* avec le mercure, comme l'indique l'expression usitée. Mais je présume que cet usage provient plutôt de ce qu'on se représentait les surfaces douées de porosité comme une éponge, que de l'idée d'une absorption accomplie par l'action des vaisseaux; or, il est probable que l'action vasculaire qui a l'absorption pour effet, peut être plutôt troublée qu'excitée par le frottement.

On ne peut fixer avec exactitude l'espace de temps pendant lequel le traitement doit être suivi. On pourrait penser qu'il convient de le continuer jusqu'à ce que les symptômes locaux, tels que les nodus, aient disparu; mais je crois que cela n'est guère nécessaire, à moins qu'ils ne disparaissent très-vite; car, dans ces cas, les affections locales, comme le gonflement, etc., mettent, en général, plus de temps à se détruire que l'action vénérienne elle-même; et les applications locales doivent être utiles, surtout lorsque les gonflements de cette espèce sont opiniâtres.

Le régime mérite une attention particulière pendant la durée d'un traitement aussi énergique, qui est débilitant sous tous les rapports. Il faut soutenir le malade; et, comme les effets locaux du mercure sur la bouche empêchent qu'il ne puisse faire usage de certains aliments, principalement de ceux qui sont sous forme solide, son régime doit se composer exclusivement d'aliments liquides, et l'on doit préférer les aliments liquides qui deviennent solides après la déglutition : le lait est de cette espèce. Un œuf battu avec un peu de sucre et un peu de vin, le sagou, le salep, etc., constituent une alimentation convenable. Dans beaucoup de cas, il faut donner du vin et du quinquina pendant toute la durée du traitement. Le sucre est peut-être une des substances les plus réparatrices que l'on puisse donner quand la constitution a été très-débilitée par une longue abstinence, quelle qu'en ait été la cause, soit par absence d'alimentation dans l'état de santé ou pendant une maladie, soit parce que l'alimentation n'était pas en proportion de la déperdition générale, comme pendant la durée d'un traitement mercuriel. Après la fin de la maladie ou du traitement mercuriel, le sucre est la substance la plus capable de rétablir la constitution.

Quoique cette opinion ne soit pas généralement admise, et qu'en conséquence le sucre ne soit pas prescrit généralement dans cette vue, il existe cependant des preuves suffisantes de la supériorité de ses propriétés nutritives sur celles de presque toutes les autres substances. C'est un fait bien connu que dans les îles où l'on cultive le sucre, tous les nègres deviennent très-gras et très-replets dans la saison des cannes à sucre, pendant laquelle ils ne mangent presque rien autre chose. Les chevaux et les bestiaux qui sont soumis à la même alimentation deviennent constamment très-gras, et le poil des chevaux s'embellit. Les oiseaux qui se nourrissent de fruits ne les mangent jamais que lorsqu'ils sont très-mûrs, c'est-à-dire, lorsqu'il s'y est formé la plus grande quantité possible de sucre, et même alors ils choisissent ceux qui en fournissent le plus. Les insectes agissent de même; mais aucun ne nous en donne un exemple plus frappant que l'abeille. Le miel se compose de sucre uni à quelques autres sucs de plantes et à un peu d'huile essentielle; mais le sucre y entre pour la principale part. Quand on considère qu'un essaim d'abeilles vit pendant tout un hiver avec quelques livres de miel, qu'il produit une chaleur constante d'environ 95 à 96 degrés (Fahr.), et que les actions de l'économie animale sont en proportion de cette température, on doit reconnaître que le sucre est peut-être de toutes les substances connues celle qui contient le plus de matière réellement nutritive.

Le petit-lait, qui est la partie aqueuse du lait et qui n'en contient ni la partie grasse ni la partie coagulable, a également la propriété d'engraisser beaucoup. Cela dépend principalement du sucre qu'il renferme; en effet, comme il constitue la partie aqueuse du lait, il tient en dissolution tout le sucre de celui-ci. Mais si on le laisse s'aigrir, il ne possède plus cette propriété au même degré, parce que c'est le sucre qui a passé à la fermentation acide.

Quoique les qualités nutritives du sucre n'aient pas été assez appréciées pour qu'il ait été admis dans la pratique générale, cependant elles n'ont pas entièrement échappé aux praticiens. M. Vaux, ayant remarqué l'accroissement d'embonpoint des nègres des Indes occidentales dans la saison du sucre, a été porté à prescrire le sucre à haute dose à plusieurs de ses malades, et cela avec beaucoup de succès. Le miel présente un très-bon moyen d'administrer le sucre; il importe peu, pour le résultat, que les aliments et les boissons soient sucrés avec le sucre du miel ou avec le sucre proprement dit. Toutefois, il est probable que les autres substances qui entrent dans la composition du miel ajoutent encore à ses qualités nutritives.

§ VII. *Du traitement local.*

Si les effets locaux de la syphilis constitutionnelle n'ont pas dépassé la période d'inflammation et de gonflement, soit dans les parties molles, soit dans les os, il est très-probable qu'aucun traitement local n'est nécessaire, car, en général, ils sont entièrement dissipés par le traitement qui s'adresse à la constitution.

Cependant il arrive quelquefois que les symptômes locaux ne disparaissent point, et que les parties restent tuméfiées, et dans un état d'indolence et d'inactivité, alors même qu'il y a toute raison de supposer que la constitution est parfaitement guérie. Dans les cas de cette espèce, le traitement constitutionnel doit être aidé par l'application locale du mercure sous forme d'emplâtre ou d'onguent : cette dernière forme est sans contredit la meilleure. Si ce moyen ne suffit pas, comme il arrive souvent, il faut chercher à détruire la disposition morbide en donnant naissance à une inflammation d'une autre nature. J'ai vu guérir un nodus vénérien qui causait une douleur atroce, au moyen d'une simple incision intéressant toute la longueur du nodus et pénétrant jusqu'à l'os; la douleur cessa, la tuméfaction diminua, et la plaie se cicatrisa favorablement sans qu'on eût recours à un grain de mercure. Les vésicatoires se sont montrés efficaces dans le traitement des nodus; ce moyen enlève les douleurs et diminue le gonflement; c'est une nouvelle preuve que le traitement local peut aider l'action du mercure dans beaucoup de cas.

On a recours au traitement local, non-seulement pour aider le mercure dans les cas où il paraît lutter avec désavantage contre la maladie, mais encore au début du traitement, et même avant tout emploi du mercure. Mais on n'en juge pas moins nécessaire de soumettre le malade à un traitement mercuriel, absolument comme si rien n'avait été fait contre les affections locales.

On peut demander quel avantage résulte de l'incision ou de l'application d'un vésicatoire? L'avantage consiste dans le soulagement immédiat des douleurs violentes; d'ailleurs, comme il y a alors deux forces qui agissent à la fois, il est naturel de supposer que le traitement doit être moins long.

Après qu'on a tenté tous les moyens indiqués ci-dessus, il peut arriver que les effets locaux persistent encore, et qu'ils constituent une maladie nouvelle, que le mercure peut aggraver. Il faut alors recourir à d'autres méthodes de traitement, qui seront décrites ci-après.

§ VIII. *Des abcès; des exfoliations.*

Quand il se forme un abcès dans un nodus du périoste, l'os est ordinairement affecté et constitue une partie du foyer. Ces cas réclament une grande attention, car ces suppurations ne sont point semblables à celles des abcès communs. Elles sont rarement le produit d'une véritable inflammation suppurative, ce qui fait qu'elles sont lentes dans leur marche, et qu'elles ne produisent presque jamais un véritable pus, mais ordinairement un mucus, ou matière visqueuse, qui séjourne sur les os et y forme une tumeur aplatie. A raison de cette dernière circonstance, il est difficile de déterminer quand la suppuration a pris naissance, et, dans beaucoup de cas, de découvrir le pus, lors même qu'il est formé. Une autre circonstance qui rend la présence du pus douteuse dans ces cas, c'est que les progrès de la maladie sont ordinairement réprimés de très-bonne heure par l'usage du mercure. Ce pus est souvent résorbé pendant le traitement mercuriel, et il convient, surtout dans un état peu avancé de l'affection, de lui donner cette chance favorable; mais si l'absorption n'a point lieu, et que l'affection morbide soit dans un état avancé, il faut ouvrir l'abcès.

Le traitement chirurgical est ici le même que pour les autres maladies des mêmes parties; il est absolument nécessaire d'ouvrir très-largement, car plus les parties sont *exposées*, et plus elles ont de tendance, en général, à marcher vers la guérison; c'est ce qu'on observe surtout dans les cas qui nous occupent, parce que la violence à laquelle les parties malades sont soumises favorise la destruction de la disposition vénérienne. Dans l'ouverture des abcès, il ne faut jamais emporter la peau qui recouvre les os, surtout aux membres inférieurs.

Si l'abcès est ouvert largement et qu'il se forme une exfoliation, comme cela arrive généralement, on doit recourir aux moyens qui sont employés dans tout autre cas d'exfoliation. Les exfoliations marchent beaucoup mieux ici que dans beaucoup d'autres circonstances, parce que l'on peut généralement détruire la maladie d'où elles tirent leur origine, tandis qu'on ne peut en faire autant dans beaucoup de maladies des os où il y a également exfoliation. Cependant il se présente quelquefois des cas où, après que la disposition vénérienne a été détruite, il se forme dans l'os une autre maladie dont j'expliquerai la nature quand je ferai connaître les effets morbides qui peuvent persister après la guérison de la syphilis, ainsi que les maladies qui sont produites quelquefois par le traitement mercuriel.

§ IX. *Des nodus qui se forment sur les tendons, sur les ligaments et sur les aponévroses.*

Les remarques qui viennent d'être faites au sujet des nodus du périoste et des os sont applicables aux gonflements et aux suppurations des ligaments et des aponévroses; mais il est encore plus difficile de constater la présence du pus dans ceux-ci que dans les premiers.

Lorsque la syphilis ne détermine qu'un épaississement des ligaments ou des aponévroses, ce symptôme est très-rebelle, et, dans beaucoup de cas, la partie malade peut être délivrée de toute infection vénérienne sans que ces épaississements se dissipent. L'application d'un vésicatoire est souvent ici suivie de succès. Mais si ce moyen échoue, il est indispensable de pratiquer une incision afin d'exciter une action plus énergique. Bien que l'affection locale n'ait plus rien de vénérien, et que l'on n'ait à craindre aucune infection qui puisse en provenir dans la suite, comme elle constitue souvent plus tard des tumeurs très-opiniâtres et très-incommodes, qui ne cèdent ni au temps ni à la médecine, il convient d'employer tous les moyens capables de la guérir radicalement.

§ X. *Des moyens de corriger quelques effets du mercure.*

Autrefois, lorsque l'emploi du mercure était moins bien compris et que ses effets sur la syphilis étaient moins bien connus qu'à présent, on croyait généralement qu'il agissait par l'intermédiaire de l'évacuation qu'il provoquait dans les glandes salivaires, et en conséquence on le donnait toujours jusqu'à ce qu'il eût produit cette évacuation; et comme on pensait que ses effets curatifs étaient en proportion de la quantité de cette évacuation, on poussait celle-ci aussi loin qu'il était possible de le faire sans exposer le malade à être suffoqué. Il résultait souvent de ce traitement, que, dans les constitutions qui étaient très-susceptibles de l'irritation mercurielle, et dans lesquelles le mercure produisait des effets beaucoup plus violents sur quelques sécrétions particulières qu'on ne l'aurait voulu, on était obligé de recourir à des médicaments destinés à corriger les effets du mercure, car ces effets étaient souvent un obstacle à l'administration du remède en quantités suffisantes pour la curation de la maladie.

J'ai dit, en parlant des effets du mercure, que l'accroissement sensible qu'il détermine dans les sécrétions se produit dans l'ordre suivant : augmentation de la salive d'abord, puis de la sueur, de l'urine, et souvent du mucus intestinal, ce qui produit de la diarrhée. J'ai fait observer aussi que lorsque l'une ou l'autre de ces sécrétions devient trop violente, le médecin ne peut plus rien faire qu'elle ne soit rentrée dans une limite convenable. On a essayé de diminuer ces effets de deux manières, soit en détruisant l'influence du mercure sur l'économie en général, soit en l'expulsant; mais ni l'une ni l'autre de ces tentatives n'a réussi. Il n'a jamais été jugé nécessaire d'essayer d'atténuer son action sur les organes des sécrétions seulement, de manière qu'on pût en garder la même quantité dans la constitution, ou même en introduire davantage, ce qui, si l'on pouvait y parvenir, serait quelquefois d'une grande utilité; mais comme nous ne connaissons jusqu'à présent aucun agent assez puissant pour atteindre ce but, il faut être très-prudent dans l'administration du mercure.

J'ai cherché à démontrer que le mercure ne doit point être donné dans la vue de déterminer les évacuations dont je viens de parler, et que l'on peut parvenir à l'employer en quantité quelconque sans augmenter d'une manière notable l'une ou l'autre de ces sécrétions. Cependant, malgré toutes les précautions possibles, on peut encore être trompé dans son attente, et il arrive quelquefois que ce médicament produit des effets plus intenses qu'on ne le désirait. Il est donc nécessaire de rechercher un agent qui puisse prévenir les effets du mercure, quand ils paraissent devoir être trop violents, ou qui remédie à ces effets quand ils se sont déjà manifestés.

Lorsque le mercure produisait des effets violents sur les intestins, la pratique commune était de s'opposer à l'accomplissement de ces effets; cette pratique avait pour but, non de retenir le mercure dans la constitution, mais de soulager les intestins qui souffraient de l'action du médicament. Or, la véritable indication est d'empêcher les évacuations alvines, comme celles de tous les autres conduits muqueux, afin de conserver dans l'économie une plus grande quantité de mercure.

Bien que ces sécrétions exagérées proviennent de ce que la constitution est chargée de mercure, il n'y a aucun danger à les faire cesser, car elles n'ont point pour origine une disposition générale qui se localiserait, c'est-à-dire qui deviendrait critique, de telle sorte que l'action qui en dériverait, arrêtée dans un point, se reporterait nécessairement sur un autre. Cet accroissement de sécrétion dépend de cette double condition, savoir, que la partie qui en est le siége est plus susceptible de l'irritation mercurielle que toutes les autres, et que la quantité de mercure qui est actuellement dans la constitution est équivalente à la susceptibilité de la partie. Par conséquent, bien que les effets du mercure soient arrêtés dans cette partie, ils ne doivent éclater dans aucune autre, parce que toutes les autres peuvent supporter la quantité introduite et rester non affectées jusqu'à ce qu'il en ait pénétré davantage.

Lorsque le mercure attaque les glandes salivaires, il accroît tellement la sécrétion de la salive, dans quelques cas, que les praticiens se trouvent dans la nécessité de prescrire des médicaments que l'on suppose propres à dissiper cette nouvelle maladie. Cette susceptibilité des glandes de la bouche et de la totalité de la bouche à entrer en action sous l'influence du mercure a été considérée généralement comme liée à une constitution scorbutique, constitution à laquelle on attribue la plupart des maladies de la bouche. Je pense que les sujets scrofuleux et ceux de constitution lâche et délicate sont plus sujets à la salivation mercurielle que ceux d'un tempérament contraire.

On a donné des purgatifs, dans la supposition que le mercure pourrait être emporté au dehors dans les évacuations produites par eux, et leur emploi était répété suivant la violence des effets mercuriels et la force du malade. Mais il me serait presque impossible de dire que j'aie jamais vu les effets du mercure sur la bouche diminués par les purgations, soit qu'elles aient eu lieu spontanément, soit qu'elles aient été provoquées par des purgatifs, soit même qu'elles aient été déterminées par le mercure lui-même. Les purgatifs n'ayant pas été trouvés suffisants pour la répression des accidents, on a essayé d'autres agents thérapeutiques, et le soufre a été considéré comme le spécifique destiné à dissiper les effets du mercure. Que cette idée ait surgi de la pratique ou du raisonnement, cela est peu important (*); mais je crois avoir vu cette substance produire de bons effets dans quelques cas. Si l'on suppose que les purgations peuvent être utiles, on réussira mieux en purgeant avec le soufre qu'avec toute autre substance, car le soufre agira à la fois comme purgatif et comme spécifique.

Le soufre pénètre certainement dans la circulation comme soufre, car la sueur et l'urine en exhalent l'odeur. S'il ne se combine pas avec le mercure de manière à détruire ses propriétés spéciales, il est possible, conformément à l'opinion de ceux qui les premiers ont eu l'idée de le donner dans cette intention, qu'il se combine avec lui de manière à former l'éthiops minéral ou quelque chose de semblable, car on sait que l'éthiops minéral, de quelque manière qu'il soit formé, ne produit pas ordinairement la salivation. Il est possible aussi que le soufre agisse comme un stimulant faisant antagonisme au mercure, et qu'il neutralise les effets de ce dernier sur la constitution. On a même supposé que le soufre empêchait le mercure de pénétrer dans la circulation. En somme, comme les préparations de soufre et de mercure passent encore pour être utiles, et que je crois en avoir obtenu de bons effets dans des cas étrangers à la maladie vénérienne, il faut admettre ou qu'elles pénètrent dans la circulation, ou que tous leurs effets se produisent sur l'estomac et sur les intestins, et que le reste du corps sympathise avec ceux-ci. Le soufre ne peut être efficace pour diminuer ou modifier les effets immédiats du mercure que lorsque le mercure est réellement dans la constitution; c'est pourquoi il faut distinguer les effets morbides qui naissent immédiatement du mercure, de ceux qui

(*) Le soufre, quand il est uni avec un métal quelconque, lui enlève probablement sa solubilité dans les humeurs du corps, ou au moins l'empêche de produire ses effets quand il est dans la circulation : les cinabres n'agissent ni comme le soufre, ni comme le mercure. L'antimoine cru, qui est du régule d'antimoine et du soufre, n'a aucun effet. L'arsenic, quand il est uni au soufre, est également sans effet; il en est de même du fer.   J. HUNTER.

persistent par habitude après que le mercure a été évacué de la constitution; ces derniers accidents, qu'on observe quelquefois, seront décrits à leur place (*).

L'usage du mercure détruit quelquefois la faculté du goût, qui cesse d'exister pendant une quinzaine de jours, pour se reproduire ensuite : je sais que cela est arrivé deux fois à un malade, à la suite des premières doses de mercure. Il n'est pas facile de se rendre compte de ce phénomène; mais de quelque manière qu'il arrive, c'est un fait curieux.

Quand le mercure s'est porté sur la bouche et sur le pharynx, il est souvent utile de faire des lotions opiacées sur ces parties. L'opium enlève l'irritabilité et par conséquent la douleur; c'est aussi un moyen de diminuer la sécrétion. Une drachme de teinture thébaïque pour une once d'eau constitue un bon gargarisme (**).

Quand le mercure se porte sur la peau, ce n'est point aussi pénible ni aussi dangereux que lorsqu'il se porte sur la bouche; cependant, il peut arriver qu'on doive arrêter une telle évacuation, tant parce qu'elle devient fatigante, que parce qu'emportant le mercure au dehors, elle en affaiblit les effets sur la constitution. Le quinquina est peut-être un des médicaments qui ont le plus d'efficacité pour corriger cet accroissement de sécrétion.

Quand le mercure attaque les reins et augmente la sécrétion de ces glandes, il en résulte moins d'inconvénients que lorsqu'il provoque des sueurs trop abondantes, bien qu'il puisse cependant être évacué trop tôt par cette voie. Comme nous ne possédons que peu de substances qui puissent diminuer cette sécrétion, nous sommes obligés, dans la plupart des cas, de rester simples spectateurs du phénomène. On peut cependant donner ici le quinquina avec avantage.

Lorsque le mercure affecte les intestins, il peut en résulter souvent des accidents plus dangereux et plus pénibles que ceux qui viennent d'être signalés, notamment que ceux qui peuvent survenir dans les deux derniers cas; mais en revanche, nous pouvons mieux prévenir ou pallier les accidents de cette espèce. Il faut donner l'opium en quantité suffisante pour triompher de la maladie, et je crois qu'il manquera rarement de dissiper tous les symptômes (***).

(*) L'acide nitrique est la substance qui a le plus d'efficacité pour arrêter et guérir l'affection morbide des gencives et le ptyalisme.　　　G. G. B.

(**) C'est par analogie que j'ai été amené à employer l'opium de cette manière. Ayant remarqué que l'opium faisait cesser la diarrhée produite par le mercure, je l'essayai sous forme de gargarisme dans la bouche, et j'en obtins des effets avantageux, bien qu'ils ne fussent pas aussi prononcés que ceux qu'il déterminait sur les intestins.　　　John Hunter.

(***) Dans beaucoup de cas, l'opium peut prévenir le trouble intestinal causé par le mercure; mais quand il existe actuellement des symptômes dyssentériques, il réussit rarement à les dissiper, si l'on n'a eu recours préalablement à un purgatif.　　　G. G. B.

§ XI. *De la forme sous laquelle se trouvent les différentes prépara-tions mercurielles dans la circulation.*

Le raisonnement ainsi que plusieurs circonstances semblent indiquer qu'il est nécessaire que le mercure soit à l'état de solution dans les liquides de l'économie pour qu'il puisse agir, non-seulement sur la maladie vénérienne, mais même sur toute autre maladie. D'après les faits suivants, il est très-probable que le mercure est à l'état de solution dans nos humeurs, et qu'il n'y circule sous la forme d'aucune des préparations mercurielles que nous connaissons :

1° Le mercure cru, tous les sels de mercure, et la chaux de mercure (oxyde de mercure), sont solubles dans la salive quand on les met dans la bouche, ce qui les rend appréciables au goût. Il résulte de là, que le mercure est soluble au moins dans quelques-unes de nos humeurs.

2° Le mercure cru, tenu à l'état de division extrême au moyen de la gomme arabique, etc., c'est-à-dire dans la condition qui doit favoriser le plus sa dissolution dans l'estomac, a généralement un effet purgatif; mais lorsqu'il n'est pas réduit à cet état de division, il n'a plus la même influence, parce qu'il ne se dissout point aussi facilement dans les humeurs de l'estomac. La simple chaux de mercure purge également et même avec beaucoup plus de violence, et je suppose que cela dépend de ce qu'elle est d'une solution plus facile dans les liquides de l'économie; car si elle purgeait seulement par suite de son union avec l'acide qu'elle peut rencontrer dans l'estomac, elle ne purgerait probablement pas avec plus de violence que le mercure cru, quoiqu'il soit très-probable que la chaux de mercure soit d'une solution plus facile dans un acide faible que le mercure cru.

3° Toutes les préparations de mercure produisant le même effet sur la bouche et n'ayant aussi qu'un seul et même effet sur la constitution, il en résulte qu'elles doivent toutes subir un changement en vertu duquel elles se trouvent réduites à une seule et même forme. On ne peut dire quelle est cette forme, si c'est la chaux de mercure, ou le mercure à l'état de métal, ou quelqu'une des autres formes que nous connaissons. Il est probable que ce n'est aucune de ces formes, mais qu'il se fait une solution toute nouvelle du médicament dans les humeurs de l'économie, une solution qui est propre à l'organisme vivant. Ce qui corrobore cette idée, c'est que toutes les préparations de mercure placées dans la bouche subissent la même modification et communiquent à la salive le même goût. Si toutes les préparations diverses du mercure avaient dans la constitution les mêmes propriétés qu'elles possèdent en dehors de l'économie, ce qu'il faudrait admettre si elles y pénétraient avec leur forme propre et si elles l'y conservaient, le *poison* vénérien serait détruit d'autant de manières différentes qu'il y a de préparations mercurielles. Le mercure cru agirait mécaniquement, en augmentant la pesanteur et le mouvement du sang; la chaux de mercure agirait comme la poussière de brique pilée, ou comme toute autre poudre pesante; le précipité rouge stimulerait par ses propriétés chimiques d'une certaine manière, tandis que le sublimé corrosif stimulerait d'une autre, et le mercure jaune (turbith minéral) d'une troisième. Très-probablement, ce dernier ferait vomir, de même que l'ipécacuanha, qui produit le vomissement, soit qu'on le porte dans l'estomac, soit qu'on l'introduise dans la circulation.

4° Toutes les préparations du mercure, appliquées localement, agissent toujours d'une seule manière, c'est-à-dire comme mercure; mais il en est quelques-unes qui ont aussi un autre mode d'action, qui est chimique et qui dépend de la nature particulière de la préparation. Le précipité rouge est une préparation de cette nature, et il agit de ces deux manières; c'est ou un stimulant ou un escarotique.

J'ai fait sur moi-même les expériences suivantes, dans le but de m'assurer si le mercure est réellement à l'état de solution dans nos liquides. Comme terme de comparaison, je plaçai une certaine quantité de mercure cru dans ma bouche, je l'y laissai séjourner et je le broyai de manière à le rendre d'une solution plus facile, jusqu'à ce que j'en perçusse le goût. J'opérai ensuite de la même manière sur du mercure calciné, et le goût fut exactement le même; mais je remarquai qu'il se dissolvait plus facilement que le mercure cru. J'essayai de même le calomel, puis le sublimé corrosif étendu d'eau; le goût fut encore le même. Il s'écoula quelque temps avant que je perçusse le goût du mercure cru dans ma bouche; celui de la chaux et du calomel se firent sentir beaucoup plus promptement. Le sublimé corrosif présenta d'abord un goût mixte; mais lorsque l'acide eut été étendu, le goût se montra le même que celui des autres préparations. Elles produisirent donc toutes la même sensation dans la bouche, c'est-à-dire le même goût.

Il semble résulter de ces expériences que le mercure, sous quelque forme qu'il soit employé, se dissout dans la salive et y est réduit à une seule et même préparation ou solution.

Voulant constater si le mercure qui a pénétré dans la constitution produit le même goût à la bouche, je fis sur mes cuisses des frictions mercurielles jusqu'à ce que ma bouche en fût affectée, et je pus manifestement percevoir le goût du mercure; or, autant que je pus m'en rapporter à ma mémoire, le goût fut exactement le même que dans les expériences précédentes.

Je donnai alors à ma bouche le temps de se rétablir parfaitement et de perdre toute trace du goût mercuriel, puis j'avalai du calomel sous forme de pilules jusqu'à nouvelle salivation. J'opérai de la même manière avec du mercure calciné et avec du sublimé corrosif. Toutes ces expériences amenèrent le même résultat; le mercure, sous chacune de ces formes, produisit le même goût, ainsi que je l'avais observé lorsque j'en avais placé les diverses préparations dans ma bouche.

Ces expériences permettent de conclure que lorsque le mercure produit une évacuation par la bouche, il est certainement éliminé par cette voie; d'où il résulte également qu'il est permis d'admettre que lors-

que, après avoir passé dans la constitution, il détermine d'autres évacuations, comme de la diarrhée, des sueurs, ou une augmentation de
l'urine, il est rejeté aussi par la voie de ces évacuations, qui deviennent ainsi ses moyens d'excrétion.

Ces expériences donnent aussi à penser qu'il importe peu d'employer
telle ou telle préparation mercurielle plutôt que telle autre dans le traitement de la syphilis, pourvu qu'elle soit facilement soluble dans nos
humeurs, la préparation la plus soluble étant toujours la meilleure.

§ XII. *De l'action du mercure sur le poison.*

On peut admettre que le mercure agit de l'une des trois manières
suivantes pour guérir la maladie vénérienne. 1° Il peut se combiner
chimiquement avec le *poison* et le décomposer, de manière que sa faculté
d'irritation soit détruite; 2° il peut l'emporter au dehors par la voie des
évacuations; 3° il peut produire dans la constitution une irritation qui
agisse en sens inverse de l'irritation vénérienne et qui la détruise entièrement.

On a supposé que le mercure agit simplement par son poids dans les
liquides en circulation; mais il est impossible de se faire une idée précise
de cette influence; et d'ailleurs, s'il en était ainsi, d'autres substances
agiraient aussi sur la syphilis en proportion de leur pesanteur, et par
conséquent, il y en aurait plusieurs qui pourraient la guérir. Mais
l'expérience a appris que des corps qui ont beaucoup de pesanteur, tels
que la plupart des métaux, n'ont aucune action sur la syphilis.

Aucune circonstance concomitante ne nous fournit la preuve que le
mercure agisse en décomposant le *poison*.

Certainement le mercure ne guérit point la maladie vénérienne en
s'unissant au *poison* pour en déterminer l'évacuation. Car c'est dans
les cas où le mercure est donné de manière à produire des évacuations
considérables, et dans ceux où la constitution est telle que les évacuations sont facilement excitées par le mercure, que les effets de celui-ci
sur l'action morbide sont le moins prononcés; et les mêmes évacuations
produites par d'autres agents thérapeutiques n'exercent pas la moindre
influence sur la maladie.

Que l'on suppose que le mercure emporte hors de l'économie le
poison qui est en circulation, ou que l'on admette qu'il le décompose,
dans l'une et l'autre hypothèse, appliqué localement, il ne pourrait avoir
aucun effet sur une inflammation vénérienne ou sur un ulcère vénérien
ayant son point de départ dans la constitution; en effet, tant qu'il exis-
terait du virus dans la circulation, aucun symptôme constitutionnel
local ne pourrait être guéri par des applications locales, puisque la circulation porterait constamment du virus aux parties localement affectées.
Mais l'observation nous apprend le contraire : on sait qu'un ulcère vénérien dépendant d'une infection générale peut être guéri localement.

Le troisième mode d'action me paraît être le plus vraisemblable, pour
plusieurs raisons : 1° dans beaucoup de cas, on peut guérir la maladie

vénérienne en déterminant une violente stimulation d'une autre nature; peut-être que si l'on pouvait sans danger produire une irritation convenable dans la constitution, comme cela se fait souvent pour les accidents locaux, on obtiendrait de la même manière la guérison de la syphilis constitutionnelle, et cela dans le quart du temps que cette guérison exige par les moyens ordinaires; 2° le mercure agit comme un stimulant général, il cause une grande irritabilité dans la constitution, il accélère les battements du cœur, il rend les artères plus rigides et, par suite, le pouls dur, ainsi qu'il a été déjà dit. On peut ajouter qu'il produit, jusqu'à un certain point, une maladie, un mode particulier ou anormal d'action. Le cas suivant offre une démonstration de ce que j'avance : on conseilla à un homme l'emploi de l'électricité contre une maladie dont il était atteint. L'électricité fut employée, mais sans produire aucun effet visible. Outre la maladie pour laquelle il avait recours à l'électricité, cet homme était affecté d'une maladie vénérienne pour laquelle on le soumit, pour la première fois, à un traitement mercuriel. Pendant ce traitement, l'électricité fut employée de nouveau; mais le malade était devenu si irritable, qu'il ne pouvait plus supporter les secousses électriques, bien qu'elles fussent réduites à la moitié de leur force primitive. Ce qu'il y a de plus curieux dans ce cas, c'est que les secousses électriques eurent alors beaucoup plus d'effet sur la maladie qu'elles étaient destinées à combattre, que dans le temps où elles étaient deux fois aussi fortes, et que le malade fut guéri. Ce fait ne resta pas stérile pour le chirurgien; ayant eu une autre occasion d'employer l'électricité, et ce moyen étant également sans résultat, il soumit le malade à un traitement mercuriel modéré; dès lors, l'électricité produisit les mêmes effets que dans le cas précédent, et la guérison fut obtenue.

L'influence du mercure sur la constitution est en raison de la quantité qui en est introduite et de la susceptibilité de la constitution à être affectée par lui, indépendamment de la maladie en elle-même; et son influence sur la maladie est à peu près en proportion de celle qu'il exerce sur la constitution. Ce fait donne une idée du mode d'irritation que le mercure produit dans la constitution, et, par conséquent, nous éclaire tant sur les règles à suivre dans son administration que sur le mécanisme par lequel il guérit les maladies pour lesquelles il peut être un remède efficace.

L'observation apprend que la même quantité de mercure produit dans quelques constitutions des effets doubles de ceux qu'elle fait naître dans d'autres, et que dans ces cas, comme dans les autres, il exerce son influence sur la maladie; il résulte de là que nous sommes portés à croire que c'est l'effet qu'il produit dans la constitution qui guérit la maladie, et que s'il ne le produisait pas, il n'opérerait pas non plus la guérison. Mais j'ai déjà fait remarquer que la guérison ne marche pas exactement en proportion des effets visibles du mercure, et qu'il faut encore qu'à ces effets visibles soit unie la quantité. Il y a donc dans l'action thérapeutique du mercure quelque chose de plus qu'une simple stimulation constitutionnelle, quelque chose qui très-probablement est un effet spécifique particulier dont nous n'avons pas entièrement la mesure dans les effets visibles, soit constitutionnels, soit locaux, bien que les effets visibles paraissent être dans une certaine relation avec cet effet spécifique.

Ce fait étant connu, on doit donner plus largement le mercure aux malades sur la constitution desquels il fait peu d'impression, qu'à ceux qu'il irrite facilement, quoique chez ces derniers on ne doive pas se laisser diriger entièrement par ses effets locaux, ni compter exclusivement sur la quantité qui suffit communément, mais bien prendre pour guides la susceptibilité de la constitution et la quantité réunies ; car, dans les cas où la constitution paraît être très-susceptible de l'irritation mercurielle et où de petites quantités produisent des effets locaux considérables, il est encore nécessaire d'avoir la quantité, bien qu'il ne soit pas si indispensable, en général, de porter le médicament jusqu'à la quantité réputée nécessaire. Le médecin doit se guider sur les trois circonstances suivantes : la disparition de la maladie, la quantité d'irritation produite, et la quantité de mercure employée.

§ XIII. *De l'emploi de la résine de gaïac et de la racine de salsepareille dans le traitement de la maladie vénérienne.*

Jusqu'à présent je n'ai recommandé que le mercure pour le traitement de la maladie vénérienne, et c'est, en effet, le seul médicament sur lequel on puisse compter. Cependant, le gaïac et la salsepareille ayant été recommandés comme des remèdes puissants contre la syphilis, j'ai saisi une occasion favorable de les essayer comparativement sur le même sujet.

J'ai trouvé que le gaïac (*) avait une influence spécifique très-puissante sur la maladie ; par conséquent il peut être utile dans les cas peu graves où l'emploi du mercure peut être accompagné d'inconvénients ou contre-indiqué à cause de quelque autre maladie. Toutefois, je n'ai pas encore déterminé ces cas. On peut aussi l'employer lorsque l'on craint que la quantité de mercure nécessaire pour triompher de la maladie ne soit trop considérable pour être supportée par la constitution, ce qui s'observe quelquefois. La salsepareille ne m'a paru avoir aucun effet.

Je vais rapporter avec exactitude le cas dans lequel les propriétés de ces deux substances furent essayées comparativement.

Un homme entra à l'hôpital Saint-George avec des ulcères vénériens sur presque toute la surface du corps. Il y avait dans les aisselles plusieurs ulcères fongueux et remplis de végétations, dont quelques-uns avaient environ l'étendue d'un demi-sou ; il y en avait de semblables

(*) Le bois de gaïac fut apporté d'Hispaniola, en 1517, par des Espagnols, à l'un desquels il avait été donné par un indigène, et qui le firent connaître comme un antidote de la maladie vénérienne.   JOHN HUNTER.

autour de l'anus, entre les fesses, le long du périnée, et entre le scrotum et la cuisse, dans les points où ces parties viennent au contact réciproque. Ceux qui avaient leur siége à la peau avaient l'aspect ordinaire. Je fis appliquer un cataplasme fait avec la résine de gaïac sur les ulcères de l'aisselle droite; et sur ceux de l'aisselle gauche, un cataplasme fait avec une forte décoction de salseparcille et de la farine d'avoine. Ces cataplasmes furent renouvelés chaque jour pendant une quinzaine de jours. Les ulcères fongueux de l'aisselle droite se trouvèrent alors entièrement guéris; ils étaient de niveau avec la peau saine et recouverts d'une peau naturelle, quoique présentant une légère altération de couleur. Les ulcères de l'aisselle gauche, qui avaient été recouverts de cataplasmes faits avec la décoction de salseparcille, étaient peut-être dans un état moins favorable encore qu'avant cette application, de même que tous les autres ulcères, à l'exception de ceux de l'aisselle droite. Je fis alors appliquer le cataplasme de gaïac sur l'aisselle gauche, et les ulcères se guérirent également dans l'espace de quinze jours. Après ce nouveau résultat, je restai pleinement convaincu que la résine de gaïac avait guéri ces éruptions vénériennes localement.

Il me restait à rechercher quelle influence la résine de gaïac, donnée à l'intérieur, exercerait sur les autres ulcères, c'est-à-dire sur ceux qui environnaient l'anus et qui occupaient le scrotum et les diverses régions du corps. Le malade en commença l'usage à la dose d'une drachme trois fois par jour, et cette dose le purgea; mais on prévint l'effet purgatif du médicament en lui associant l'opium. Au bout d'environ quatre semaines, toutes les éruptions étaient guéries, et l'on retint le malade quelque temps à l'hôpital, pour voir si sa guérison serait durable. Mais au bout d'une quinzaine de jours, l'éruption se manifesta de nouveau, et, dans un intervalle de temps très-court, le malade se trouva dans un état presque aussi grave qu'auparavant. Je recommençai l'emploi de la résine de gaïac à l'intérieur; mais elle avait perdu toute sa vertu, ou plutôt la constitution n'était plus susceptible d'être affectée par elle. Le malade fut soumis alors à un traitement mercuriel, et la guérison fut obtenue d'une manière complète (*).

(*) On trouvera des détails nombreux sur l'emploi de ces substances et de divers autres médicaments contre la maladie vénérienne, dans *Observations on the effects of various articles of Materia Medica in the cure of Lues Venerea*, by *John Pearson*. Cet ouvrage renferme le résultat d'une longue et vaste expérience, consacrée principalement à l'investigation de ce sujet spécial, et présente dans toutes ses parties d'excellentes remarques pratiques.   G. G. B.

Il est dans les observations générales de Hunter sur la curation de la vérole constitutionnelle, des points qui méritent une attention particulière, et d'autres qu'on ne saurait laisser passer, sinon sans réfutation, au moins sans commentaire.

Et d'abord qu'il me soit permis de rappeler cette différence si tranchée qu'il établit entre les effets curatifs du mercure dans les formes variées des maladies vénériennes, différence si vraie et si importante à noter, et de l'ignorance de laquelle sont nées tant de controverses scientifiques, tant de préjugés opposés, tant de fausses doctrines, mais par dessus tout, et ce qui est mille fois pis, tant d'accidents pour les victimes des systèmes absolus.

Le mercure, si favorable dans la curation du chancre induré, si puissant dans le traitement des symptômes secondaires de la syphilis constitutionnelle, reste sans effet curatif dans le traitement de la blennorrhagie, et perd de son efficacité, quand il ne devient pas nuisible, lorsqu'il s'agit des accidents tertiaires de la syphilis. Voilà ce que Hunter savait bien, et voilà ce que l'expérience, dégagée de prévention, enseigne à tous ceux qui l'écoutent.

Mais si ces vérités sont fondamentales, nous ne saurions accueillir comme telles les propositions que Hunter veut établir sous le point de vue de la facilité relative de la guérison de la gonorrhée, du chancre et de la vérole constitutionnelle. D'abord quant à la blennorrhagie, à part les cas où elle est symptomatique d'un chancre larvé, et qui rentrent dans l'histoire absolue du chancre, on ne saurait établir aucun parallèle, la maladie, comme je l'ai prouvé ailleurs, n'ayant rien de commun avec la syphilis (*).

Pour ce qui regarde le chancre et la vérole constitutionnelle, est-il vraiment possible, quand on sait tous les ravages dont cette dernière est capable, d'admettre comme règle générale que sa guérison soit plus facile et plus certaine que celle du chancre? La théorie de Hunter, sur la production des accidents constitutionnels, ne justifie même pas cette proposition. Si certains symptômes secondaires disparaissent quelquefois plus tôt que certaines formes de chancres, il est un aussi grand nombre de chancres qui guérissent cent fois plus vite que bon nombre d'accidents secondaires qu'on est loin de toujours éteindre à volonté. Du reste, dans la curation de la syphilis, il y a deux choses bien distinctes : 1° la guérison des symptômes existants; 2° la destruction de la diathèse dans la doctrine de l'empoisonnement général, ou tout au moins la neutralisation absolue de la disposition que certains tissus et certains organes ont acquise et en vertu de laquelle, dans la théorie de Hunter, se manifestent plus tard de nouveaux accidents.

Eh bien, en admettant ces deux conditions différentes, l'avantage est incontestablement du côté de l'accident primitif, du chancre. En dépit de tous les préjugés qui luttent encore avec peine, en dépit des idées surannées qu'on s'efforce en vain d'opposer au progrès, quand il sera une fois arrêté que le chancre est une affection locale au début, qui réclame un certain temps pour empoisonner l'économie, et qu'on s'efforcera, en l'attaquant le plus tôt possible par tous les moyens rationnels, de le détruire avant qu'il ait pu produire des effets généraux, sa guérison sera plus facile, plus rapide, et plus absolue que celle de tous les autres symptômes de la syphilis.

Hunter dit que, lorsque dans le cours d'une blennorrhagie il survient des complications, il faut plutôt s'occuper de celles-ci que de la maladie elle-même, qui peut guérir seule; tandis que pour le chancre et les accidents dépendant d'une vérole constitutionnelle, qui ne disparaissent jamais spontanément, il faut, en dépit de tout, insister sur l'emploi du mercure. Cette manière de voir est trop contraire aux belles lois reconnues par Hunter lui-même, pour la laisser passer sans réfutation. Il est aujourd'hui définitivement prouvé qu'il y a autant de chancres qui guérissent seuls et sans mercure que de blennorrhagies qui guérissent sans traitement, et qu'il est des accidents secondaires qui peuvent disparaître sans médication, ou qu'on peut guérir, au moins comme l'entendait Hunter, sans traitement mercuriel. Ces faits posés, et je ne crois

(*) L'ouvrage remarquable que publie en ce moment M. Baumès, de Lyon, confirmatif de la plupart des points de doctrine que j'établis ou que je soutiens, est encore venu ajouter à mes convictions dans ceux qui ont pu paraître contradictoires à son savant auteur, auquel je me plais ici à rendre toute la justice que méritent la bonne foi et la conscience avec lesquelles sont rédigées ses observations, toujours susceptibles, pour moi, d'une autre explication.

pas qu'un seul observateur puisse les révoquer en doute, il faut étendre au traitement du chancre et à celui des accidents constitutionnels de la syphilis les préceptes auxquels Hunter s'était arrêté pour le traitement de la blennorrhagie. Existe-t-il des complications? Il faut les combattre selon leur degré d'importance. Le mercure est-il indiqué pour l'accident principal, sans que les complications en contre-indiquent l'emploi? Il doit être administré. Mais qu'on se garde bien, si on ne veut pas nuire, de n'obéir toujours qu'à une seule indication, celle du mercure, dans une maladie aussi souvent complexe que la syphilis. Le mercure est incontestablement resté jusqu'à ce jour le médicament le plus énergique du cadre thérapeutique de la syphilis, mais il n'est pas le remède unique de cette maladie. S'il est souvent indispensable et sans succédanés, il est des cas où on peut s'en passer, d'autres où on doit s'en abstenir, et des circonstances encore plus nombreuses où il ne constitue qu'un élément, parmi les moyens variés qu'on doit employer pour amener un malade à parfaite guérison.

Quoi qu'il en soit, si, dans les cas où il est applicable, le mercure agit foncièrement et d'une manière indépendante des formes sous lesquelles on peut l'administrer, il n'en est pas moins vrai que le choix de ces formes n'est pas une chose indifférente, et que tel individu qui reste réfractaire à l'une d'elles est trop fortement impressionné par une autre, et ne subit d'effet médicamenteux ou curatif que de celle qui est le mieux appropriée à sa constitution. Chez tous les malades, la peau ne subit pas la même influence, par exemple, de la part de toutes les pommades mercurielles. J'ai souvent montré des sujets, à l'hôpital des vénériens, chez lesquels des frictions faites avec l'onguent mercuriel double, à fortes doses et pendant longtemps, n'avaient rien produit, et qui avaient ensuite ou éprouvé les effets curatifs, ou souffert de salivation après quatre ou cinq jours d'application de sparadrap de *Vigo cum mercurio* sur une certaine étendue de la peau, les deux cuisses, par exemple. Il en est de même pour le mercure administré à l'intérieur : une préparation reste sans effets sur un malade, une autre en produit de morbides, et ce n'est qu'en choisissant mieux dans chaque cas spécial, qu'on arrive à celle qui, convenablement administrée, amène la guérison.

J'ai formulé ailleurs, et je rappelle ici les règles que je suis dans l'administration du mercure.

1° Administrer le mercure à l'intérieur toutes les fois que l'état des voies digestives le permet.

2° L'appliquer sur la peau dans les cas contraires.

3° Chez les sujets dont les muqueuses s'irritent trop tôt, et dont la peau également irritable ne saurait permettre de conduire un traitement à terme par cette voie, il faut savoir alterner à propos.

4° Il est des malades inaccessibles par la peau et les muqueuses digestives, et chez lesquels on peut encore tirer parti de l'inspiration de vapeurs mercurielles, peut-être trop négligées dans une foule de cas.

5° Les effets sensibles du mercure, comme agent morbide ou comme agent curatif, se font rarement attendre plus de huit jours; aussi tant qu'aucun accident ne vous arrête, et qu'on n'a obtenu aucun changement favorable dans la maladie, la dose journalière du médicament doit être augmentée tous les huit jours.

6° Dès qu'on obtient une amélioration, il faut s'arrêter à la dose qui l'a amenée et n'augmenter qu'autant qu'on arrive à un *statu quo*.

7° Si le mercure produit des accidents, il faut en modifier l'emploi, ou le suspendre complétement, l'observation ayant rigoureusement appris, à part quelques rares exceptions, que si les symptômes syphilitiques n'étaient pas toujours aggravés dans ces cas, la guérison au moins était presque constamment enrayée.

8° Lorsque les accidents mercuriels ont cédé, et que les symptômes syphilitiques persistent, on reprend l'usage du mercure avec les modifications exigées par la nature particulière des accidents relatifs soit à la surface sur laquelle avait été appliqué le médicament, soit à la forme sous laquelle il avait été donné, soit encore à sa dose.

9° Les mêmes inconvénients ne se reproduisent pas toujours en reprenant le remède après l'avoir sagement suspendu, ou simplement modifié. Il arrive cependant, comme l'a fait observer Hunter, qu'on est souvent obligé de suspendre et de reprendre le mercure plusieurs fois dans le cours de certaines affections syphilitiques.

Il faudrait bien se garder de prendre à la lettre la proposition de Hunter relative à la quantité de mercure qu'on doit introduire dans la constitution, et qui, selon lui, doit être proportionnée à la *violence de la maladie*. La maladie, comme nous avons pu le voir, peut être violente de différentes manières, soit à cause d'une grande acuité dans sa marche, de complications qui l'aggravent, de la multiplicité des symptômes ou accidents qu'elle détermine à la fois ou successivement, des parties qu'elle affecte, soit enfin à cause de sa ténacité et de sa résistance aux agents thérapeutiques. Dans toutes ces conditions différentes, une seule et même règle ne saurait être suivie, car une foule d'indications restent à remplir, et le mercure, loin d'être toujours administré en raison directe de la violence de la maladie, doit souvent être limité dans ses doses ou complétement suspendu. Mais toutes les fois qu'on donne le mercure à un malade et qu'il n'existe aucune contre-indication, il faut bien savoir que ses effets sont d'autant plus efficaces, qu'on peut en faire prendre des doses plus fortes dans des temps plus courts. Pour cela, il faut en quelque sorte mesurer la tolérance relative des malades d'après les règles que nous avons posées, et ne prendre comme terme de la quantité nécessaire du médicament que ses effets curatifs sur les symptômes qu'on a à combattre : les doses qui laissent ceux-ci dans un *statu quo* ou qui leur permettent de continuer ou de s'accroître étant insuffisantes, celles qui les débordent pour produire des effets morbides mercuriels étant trop fortes.

Quelle que soit la théorie qu'on adopte dans le mode d'action curative du mercure, et chaque école l'a expliquée à sa façon, il est bien certain que ce n'est jamais par l'exagération de certains de ses effets, tels que la fièvre, l'augmentation de la sécrétion des urines, les évacuations alvines, les irritations cutanées, la salivation, qu'on obtient la guérison de la syphilis; Hunter est en cela d'accord avec le plus grand nombre des bons observateurs; et pour ne nous arrêter qu'à un seul de ces effets, nous dirons qu'aujourd'hui la méthode dite par extinction est partout préférée à l'ancienne et défectueuse méthode de la salivation.

C'est ici le cas d'ajouter quelques mots à ce que dit Hunter de la salivation, conséquence spéciale et si fréquente de l'usage des mercuriaux, et qui, devant être envisagée comme un véritable accident qui vient entraver le traitement et souvent obliger à le suspendre, mérite une attention toute particulière.

La salivation mercurielle est très-rare avant la première dentition, le mercure, à cette époque, agissant plutôt sur les voies digestives ou sur la peau. Elle est facile chez les femmes, dans les tempéraments lymphatiques, chez les scrofuleux, et surtout chez les sujets à prédispositions scorbutiques, chez tous ceux enfin où le sang manque déjà de plasticité. La constipation habituelle, un mauvais état de la bouche (défaut de propreté, dents cariées), y prédisposent singulièrement. Les températures très-élevées et très-basses produisent le même effet, surtout lorsque le malade les subit d'une manière brusque.

Les préparations de mercure solubles la déterminent moins vite que les préparations insolubles.

La quantité de mercure nécessaire pour produire la salivation est relative aux individus.

La salivation survient ordinairement dans le cours du premier septénaire de l'administration d'une même dose d'une préparation mercurielle; elle a pu se montrer dès les

II.

40

premières vingt-quatre ou quarante-huit heures, mais le plus souvent c'est après le cinquième jour. Chaque fois qu'on augmente la dose journalière du médicament, la salivation, qui n'était pas survenue jusque-là, peut se manifester; mais il est bien certain que c'est surtout au début d'un traitement que les malades sont plus impressionnables, et qu'en général, plus ils avancent dans leur traitement et moins la salivation est à craindre.

Lorsque la salivation n'est pas survenue huit à dix jours après la suppression d'un traitement mercuriel, elle n'est plus à redouter, les observations de salivations tardives rapportées par les auteurs, celles surtout qu'on a cru observer un an après, devant être rapportées à des stomatites ulcéreuses simples, si communes et si faciles à confondre avec la stomatite mercurielle.

La salivation mercurielle, ptyalisme mercuriel, stomatite mercurielle, n'est pas une affection qui débute par les glandes salivaires; celles-ci ne sont d'abord que sympathiquement affectées, ainsi que l'anatomie pathologique l'a démontré. L'augmentation de la sécrétion de la salive peut être la première chose qui frappe le médecin et le malade; mais la première partie matériellement affectée est la membrane muqueuse buccale. Celle-ci se tuméfie en tout ou en partie, et le gonflement tient en même temps de la nature de l'érysipèle et de l'œdème. Le malade éprouve dans la bouche de la gêne, de la chaleur, un goût de cuivre; les dents sont soulevées dans leurs alvéoles, rendues mobiles et semblent écartées les unes des autres par un corps étranger interposé; les malades croient qu'elles sont plus longues, et qu'ainsi les arcades dentaires se rencontrent plus tôt en rapprochant les mâchoires; la langue se tuméfie, et le gonflement est quelquefois assez considérable pour qu'elle déborde les arcades dentaires et qu'elle tende même à franchir les lèvres, en recevant les empreintes plus ou moins profondes des dents; les joues et les lèvres se gonflent aussi, et la muqueuse qui les double présente bientôt une crête plus ou moins saillante correspondant à l'intervalle des deux maxillaires. Plus ces symptômes prennent d'intensité, et plus la salive qui s'échappe alors involontairement devient abondante, visqueuse, et porte avec elle l'odeur dite mercurielle (*), sorte de fétidité métallique que d'autres inflammations simples de la bouche présentent quelquefois à un certain degré, mais qui est ici très-prononcée, et que le souffle des malades peut offrir bien avant que le ptyalisme soit survenu.

Cependant, partout où la muqueuse tuméfiée subit une pression un peu forte, à une sorte d'exsudation pseudo-membraneuse blanchâtre ou grisâtre, qui se dessine surtout en feston, au collet des dents, succèdent des ulcérations qui saignent parfois avec assez de facilité, et qui semblent être, le plus souvent, le résultat d'un travail combiné de gangrène et d'inflammation diphthéritique. Du reste, les progrès de la maladie peuvent être tels, que la langue soit sphacélée en partie ou en totalité, que la muqueuse des joues soit plus ou moins complétement détruite par la mortification, de manière à empêcher ensuite, par le travail de cicatrisation, l'ouverture nécessaire de la bouche; les joues peuvent être complétement perforées, les dents se détacher, et les maxillaires même se trouver frappés de carie et de nécrose.

Cependant, à moins d'un aveuglement systématique aujourd'hui impardonnable, d'impéritie dans le traitement, et de circonstances idiosyncrasiques heureusement rares, les cas graves de stomatite mercurielle sont si peu communs, que c'est à peine si je puis en montrer un, à chaque saison clinique, à l'hôpital des vénériens. Le plus ordinairement, la stomatite mercurielle est partielle, ou commence par être telle lorsqu'on s'en aperçoit, et qu'on peut l'arrêter dans ses progrès.

(*) Dans le n° 11 (1837) du journal *l'Expérience*, on trouve des recherches curieuses et importantes de M. Gmelin, qui prouvent que le mercure se rencontre en substance dans la salive des individus qui sont affectés de ptyalisme à la suite de l'usage de ce métal. J'ai cependant fait répéter ces expériences sans succès.

Selon l'ordre de fréquence, ce sont d'abord les gencives inférieures qui s'affectent, et très-communément la muqueuse placée en arrière de la dent de sagesse, surtout quand celle-ci est mal sortie ou gênée, et mieux encore lorsqu'elle pousse actuellement; viennent ensuite les gencives supérieures, surtout celles placées en arrière des incisives moyennes; les bords de la langue, les joues et la face interne des lèvres, s'affectent ordinairement plus tard; le voile du palais, les piliers de l'isthme du gosier, semblent établir une limite, que la maladie ne franchit peut-être jamais dans les cas les plus communs. Une observation que j'ai pu répéter, et que je livre à plus ample vérification, c'est que la stomatite mercurielle partielle, toutes choses égales d'ailleurs, se développe surtout du côté sur lequel le malade se couche le plus habituellement.

La stomatite mercurielle s'annonce rarement par de la fièvre; les premiers symptômes, comme nous l'avons dit, sont de suite du côté de la bouche; mais la fièvre, qui peut manquer pendant tout le cours de cette affection, l'accompagne quelquefois, surtout dans ses formes les plus graves, et peut encore persister après elle, sous forme hectique, quand les malades ont longtemps et beaucoup souffert. A la gêne des fonctions de la cavité buccale et de la langue, aux douleurs plus ou moins vives qu'éprouvent les malades, à l'insomnie, s'ajoutent souvent d'autres accidents, tels que des fluxions œdémateuses, des érysipèles de la face, l'engorgement des ganglions lymphatiques voisins, des affections gastro-intestinales, l'œdème de la glotte, et toutes les conséquences directes ou sympathiques de ces complications.

La marche de la stomatite mercurielle est ordinairement aiguë, et elle arrive en peu de jours à sa plus grande intensité; cependant, soit qu'on continue l'usage du mercure, soit qu'abandonnée à elle-même elle soit entretenue par des causes accessoires, telles que certaines dispositions scorbutiques qui préexistaient ou qu'elle a déterminées, elle peut affecter en quelque sorte une marche chronique et durer un temps qu'on ne saurait limiter. Toutefois, dans les cas ordinaires, où on a su éloigner la cause et appliquer convenablement le traitement, il est rare qu'elle se prolonge au delà de quelques semaines, et le plus ordinairement on l'arrête dans quelques jours.

La stomatite mercurielle se termine souvent par une résolution assez rapide; le plus ordinairement, des ulcérations surviennent, et quelquefois même la gangrène a lieu. La mort, qui peut être une conséquence des progrès de la mortification, de l'épuisement du malade par la suppuration, par les pertes considérables de salive, par l'impossibilité presque absolue, dans quelques cas, de faire prendre des aliments, etc., est heureusement aujourd'hui très-rare.

Le diagnostic de la stomatite mercurielle est presque toujours facile. Lorsque les symptômes que nous venons de décrire se développent à la suite de l'emploi journalier ou récent de préparations mercurielles, c'est à elles qu'il est d'abord rationnel de les rapporter. Du reste, le mercure est la meilleure pierre de touche du ptyalisme hydrargyrique, qu'il augmente si on le continue, et qui s'arrête bientôt pour guérir dès qu'on cesse de l'employer. Si quelques symptômes syphilitiques de la cavité buccale peuvent être aggravés par le mercure, la plupart cèdent à ce puissant remède, qui augmente toujours, et ne guérit jamais les accidents qu'il a une fois produits. Si, d'un autre côté, on tient compte du siège plus habituel des lésions syphilitiques de la bouche et de l'isthme du gosier, de leur circonscription plus nette, de leur aspect particulier, de leur marche toujours plus lente, plus chronique, de l'absence ordinaire de cet état d'érysipèle œdémateux dont nous avons parlé, d'une induration souvent appréciable et bien différente de l'empâtement des muqueuses dans le ptyalisme mercuriel, des antécédents, des concomitants, et des circonstances particulières dans lesquelles les accidents sont survenus, et qu'on ajoute à tout cela et par-dessus tout les effets du mercure lui-même, on arrivera toujours, sinon au diagnostic absolu, au moins à un diagnostic rationnel, toujours suffisant pour guider dans l'emploi des mercuriaux. Dans les cas plus faciles à confondre, d'aphthes ou de stomatite ulcéreuse simple, le diagnostic rigoureux n'est pas nécessaire, les cas analogues aux effets que produit le mercure contre-indiquant, tant qu'ils durent, l'emploi de ce médicament.

Le traitement de la stomatite mercurielle doit être avant tout prophylactique : éloigner les causes qui la favorisent, quand cela est possible, diminuer les doses du mercure, en éloigner convenablement l'administration pour en obtenir la tolérance, ou le suspendre, voilà ce qu'il faut d'abord faire; la propreté de la bouche, l'usage de gargarismes astringents et la liberté du ventre, doivent être mis en première ligne parmi les moyens propres à prévenir ou tout au moins à retarder la salivation. Mais dès que celle-ci a lieu, quelle que soit la période à laquelle on ait à la combattre, la médication la plus puissante, celle qui n'échoue jamais, consiste à toucher les parties malades avec de l'acide chlorhydrique pur. Cette opération se fait une fois par jour; on porte l'acide sur les muqueuses à l'aide d'un petit pinceau, en évitant de toucher les dents. Lorsque les surfaces ne sont pas ulcérées, la douleur est presque nulle; quand il existe des ulcérations, elle est souvent très-vive, et les surfaces saignent le plus ordinairement à chaque application; mais cette souffrance passagère s'éteint bientôt, et les malades éprouvent un soulagement tel, qu'ils ne manquent pas de réclamer eux-mêmes de nouvelles applications. Si les surfaces ne sont pas ulcérées, on prescrit un gargarisme astringent; dans le cas contraire, on fait faire usage d'un gargarisme légèrement acidulé. La limonade sulfurique est alors la meilleure boisson. Du reste, tout en remplissant les premières indications, il ne faut en négliger aucune autre, selon les cas particuliers. Ainsi, révulsifs sur les membres inférieurs et sur le canal intestinal, surtout à l'aide de lavements laxatifs ou purgatifs; sangsues autour de la mâchoire inférieure; saignée du bras dans le cas de vive réaction générale; sédatifs et opiacés lorsqu'il existe une surexcitation nerveuse et de l'insomnie; diète, ou alimentation en rapport avec l'état général et local.

Une des doctrines qui ont fait le plus de tort à la médication mercurielle dans le traitement de la syphilis, est celle qui veut encore que ce traitement soit d'autant plus énergique, qu'on a affaire à des accidents plus profonds et plus anciens. Je ne reviendrai pas sur ce que j'ai dit à ce sujet; mais je rappellerai ici que pour les observateurs dégagés de systèmes absolus, il reste prouvé que si le mercure est une des médications les plus puissantes contre les accidents secondaires francs, son énergie s'épuise, et à ses bons effets succèdent fréquemment des effets nuisibles dans le traitement des accidents tertiaires. Pour cet ordre de phénomènes dans lesquels la syphilis semble avoir subi sinon une transformation complète dans sa nature, au moins une profonde modification, il est d'autres agents thérapeutiques auxquels on doit aujourd'hui accorder une juste préférence.

Lorsque les accidents tertiaires existent seuls, le mode de traitement qui m'a le mieux réussi consiste dans l'emploi de l'iodure de potassium, médicament beaucoup vanté et beaucoup employé dans ces derniers temps contre la syphilis, surtout en Angleterre, mais sans distinction régulière des cas dans lesquels on a dû avoir recours à son administration.

On commence par la dose journalière de dix grains dans une potion ainsi composée:

Eau distillée.......... ℥iij.
Iodure de potassium... gr. x.
Sirop de pavot......... ℥i.
M.

Cette potion est prise en trois fois, dans la journée, dans trois verres de décoction de salsepareille, de houblon ou de saponaire. Les doses sont ensuite augmentées de dix grains tous les cinq jours, jusqu'à cent grains par jour, dose que j'ai rarement dépassée.

À part ses effets curatifs, l'iodure de potassium peut avoir sur différents points de l'économie une action qu'il n'est peut-être pas indifférent de signaler.

Les voies digestives le tolèrent ordinairement avec facilité; cependant, dans quelques cas, les malades se plaignent d'une douleur, d'un sentiment de gêne dans la région du grand cul-de-sac de l'estomac; cette douleur a quelquefois de l'analogie avec la pleurodynie, mais elle en diffère en ce qu'elle est plus profonde. Dans certains cas, la soif est augmentée, quoique, le plus ordinairement, l'appétit seul soit accru et la nutrition fortement activée, de manière que les malades prennent bientôt de l'embonpoint. J'ai rarement observé de vomissements et de diarrhée. Quelques phénomènes peuvent se présenter du côté de la peau : il n'est pas rare d'y observer des éruptions qui se rapportent à l'acné, ou à la forme ecthymateuse à très-petites pustules. Les voies urinaires sont fortement influencées chez quelques sujets, et la sécrétion de l'urine très-fortement accrue. La circulation ne m'a pas paru remarquablement impressionnée, au moins dans la majorité des cas. Du côté du système nerveux, quelques malades ont éprouvé ce qu'on a désigné sous le nom d'intoxication iodique, caractérisée par un peu d'incertitude dans les mouvements volontaires, quelques soubresauts dans les muscles, des pesanteurs de tête, une sorte de paresse intellectuelle, et quelquefois par un léger trouble de l'intelligence. Dans tous les cas, à la dose extrême du remède que j'ai indiquée, ces phénomènes ont toujours été très-légers. Cependant leur apparition, et surtout leur tendance à s'aggraver, ont toujours été pour moi l'indication du terme auquel il fallait savoir s'arrêter, quant à la dose journalière; comme aussi, toutes les fois qu'un symptôme s'est amendé, je me suis arrêté à celle qui avait produit l'amélioration, pour ne l'accroître, d'après les règles posées, que dans le cas d'un *statu quo*.

Il est rare, quand on a bien distingué les accidents qu'on avait à combattre, qu'un mieux très-prononcé et décisif ne se manifeste pas dès la seconde semaine, et quelquefois plus tôt. Les tubercules se résorbent; les ulcérations se détergent; la suppuration diminue; les douleurs ostéocopes cessent; et les tumeurs osseuses, si on n'a pas encore affaire à la période d'induration définitive ou à l'état éburné, ne tardent pas aussi à marcher vers la résolution.

Toutefois, lorsqu'il existe des accidents de transition des accidents secondaires aux tertiaires, tels que le sarcocèle syphilitique, les tubercules profonds de la peau et des muqueuses, et surtout lorsque des accidents secondaires encore francs accompagnent ces derniers, le traitement par l'iodure de potassium seul ne saurait suffire, et les mercuriaux doivent lui être adjoints. Ici encore, sauf les exceptions indiquées, c'est au proto-iodure de mercure que je donne la préférence.

Du reste, selon la nature du premier symptôme qui disparaît, on suspend aussi le premier le médicament particulier qui lui était appliqué, en suivant les règles déjà établies.

Cependant, dans le traitement des accidents secondaires et tertiaires, comme dans le traitement des accidents primitifs, il faut tenir compte de la médication directe ou locale : si dans les accidents primitifs c'est la première indication à remplir, dans les deux autres ordres de symptômes, c'est incontestablement la seconde.

Pour les éruptions cutanées, lorsqu'il existe des phénomènes de sur-excitation, ou de l'inflammation plus ou moins franche, quelle que soit la forme particulière, les bains généraux simples, gélatineux ou amilacés, sont très-utiles; les fomentations émollientes, sédatives, opiacées, et les cataplasmes émollients, doivent être fréquemment employés. Dans les éruptions abirritatives, les bains de vapeur simples, mais surtout les fumigations cinabrées locales ou générales, sont bien souvent d'un grand secours. Sous le point de vue de la disparition rapide des symptômes, chose si importante pour la plupart des malades, surtout lorsqu'il s'agit de ceux qui ont la face pour siége, il n'est peut-être pas de moyen plus efficace que l'usage du sparadrap de *Vigo cum mercurio*.

Les éruptions papuleuses et les tubercules appartenant à l'ordre des accidents secondaires, et dont on active encore la résolution avec les pommades mercurielles, et en particulier celle de proto-iodure de mercure, exigent quelquefois l'emploi des bains de sublimé, bien plus efficaces ici que dans quelques autres formes de la syphilis.

J'ai déjà bien souvent montré, à ma clinique, les bons effets de la pommade de goudron de M. Émery dans le traitement local des syphilides squammeuses, sans préjudice, toutefois, du traitement mercuriel général.

Mais comme médication locale puissante, et celle de toutes qui amène les plus rapides guérisons, il faut mettre en première ligne l'usage combiné du chlorure d'oxyde de sodium et du calomel dans le traitement des papules muqueuses, tubercules muqueux, pustules plates humides.

On lave deux fois par jour les parties malades avec le chlorure d'oxyde de sodium pur ou étendu d'eau, de manière à ne déterminer jamais qu'une légère cuisson, et on saupoudre ensuite avec du calomel. Huit ou dix jours suffisent ordinairement pour amener la résolution complète de ces éruptions, qui avaient souvent résisté à plusieurs mois d'un autre traitement.

Lorsque les éruptions de cette forme ont pour siége la cavité buccale, on doit préférer les applications locales de nitrate acide liquide de mercure.

Le traitement local des ulcères secondaires rentre, à peu de chose près, dans les règles déjà posées pour le traitement des ulcères primitifs. Lorsque la période de réparation commence, le meilleur pansement, quand le siége le permet, consiste dans l'usage des bandelettes de sparadrap de *Vigo cum mercurio*.

Les ulcérations ont-elles pour siége la bouche, la gorge, il faut avoir recours aux gargarismes émollients, s'il y a de l'inflammation; aux opiacés, au quinquina, à l'acide hydrochlorique, s'il y a tendance gangréneuse, comme on l'observe quelquefois; mais lorsque ces ulcérations, plus ou moins indolentes, s'accompagnent de l'induration des tissus, les gargarismes de décoction de ciguë et de morelle, additionnés d'un quart de grain de deuto-chlorure de mercure par once, doivent être préférés.

Le voile du palais est quelquefois divisé par des ulcères syphilitiques; mais ici l'état des tissus et la nature des cicatrices rendent souvent impossible la belle opération que M. Roux a si souvent pratiquée avec succès dans d'autres cas.

Le traitement local de l'iritis syphilitique consiste dans l'application de sangsues aux tempes, aux apophyses mastoïdes et au niveau des ailes du nez. Aux révulsifs sur le canal intestinal et sur les membres inférieurs, il faut se hâter d'ajouter l'usage de frictions mercurielles à la base de l'orbite; on peut y combiner, comme le fait avec tant de succès mon savant ami M. Sichel, de l'extrait de belladone, ou faire à part, avec cet extrait, des onctions dans la même région et dans les narines. Dès que les symptômes inflammatoires sont moindres, comme dans les cas où ils ont manqué au début, on peut promptement recourir à des applications de vésicatoires, soit aux tempes, soit sur la région sus-orbitaire; ces vésicatoires sont alors pansés avec l'onguent mercuriel, et renouvelés à mesure qu'ils se sèchent, tant qu'on en a besoin.

Du reste, aux autres moyens locaux qui peuvent être réclamés ici et qui n'ont rien de différent de ceux qu'exigent les autres ophthalmies graves, il faut promptement ajouter l'usage intérieur du proto-iodure de mercure, que je préfère au calomel, et que j'unis alors, soit à la poudre de feuilles de belladone, soit à son extrait.

Pour ce qui est du sarcocèle syphilitique, aux frictions mercurielles directes, à l'usage de l'emplâtre de *Vigo cum mercurio*, on ne saurait rien ajouter de mieux que la compression méthodique dont j'ai parlé à l'occasion de l'épididymite blennorrhagique.

La chute des poils et des cheveux, les altérations des ongles, conséquences des ul-cérations et des éruptions de la peau des régions qu'ils occupent, cessent sous l'influence des médications que nous avons déjà signalées. Cependant on peut favoriser la pousse des cheveux, après avoir fait raser ceux qui restent, par l'usage des frictions avec une pommade faite avec le proto-iodure de mercure, avec la pommade de cantha-rides, dite de Dupuytren, ou quelques frictions légères avec de la teinture de cantha-rides étendue d'alcool.

Pour les ongles, il suffit, le plus souvent, de leur appliquer le traitement local du tubercule muqueux.

Si nous passons maintenant au traitement local des accidents tertiaires, nous verrons que pour les tubercules profonds de la peau et des muqueuses, il faut souvent avoir recours aux antiphlogistiques directs, aux émollients, aux sédatifs et aux narcotiques, quand il existe des phénomènes inflammatoires. Mais lorsque ces tubercules sont à l'état indolent, ce qui a le plus ordinairement lieu, on en favorise souvent la résolution à l'aide du miel au proto-iodure (une partie de proto-iodure de mercure pour douze de miel; formule de M. Biett). Les lotions chlorurées unies au calomel, le sparadrap de *Vigo cum mercurio*, peuvent aussi réussir; mais un topique des plus efficaces, surtout quand ils sont ulcérés, c'est la solution d'iode.

Teinture d'iode............. ℨij.
Eau distillée.............. ℥viij.
M.

Cependant, dans quelques circonstances, il est nécessaire d'avoir recours aux cauté-risations à l'aide du nitrate acide liquide de mercure, ou aux applications de solutions caustiques de sublimé, de sulfate de cuivre, etc.

Si les douleurs ostéocopes cèdent quelquefois aux applications de sangsues, aux ca-taplasmes émollients, aux frictions laudanisées, etc., il n'y a peut-être pas de médica-tion plus puissante et plus rapidement suivie de soulagement que le vésicatoire; il faut vraiment avoir été témoin des résultats qu'on en obtient, dans la grande majorité des cas, pour croire au merveilleux de ses effets. Combien de fois n'ai-je pas montré, à la clinique de l'hôpital des vénériens, des malades qui, privés depuis des mois entiers de sommeil, étaient souvent débarrassés de leurs atroces douleurs en vingt-quatre ou quarante-huit heures! Le vésicatoire doit être appliqué sur le lieu même de la douleur; quand on le lève, il est inutile de détacher l'épiderme. On peut faire le pansement avec du cérat opiacé, et couvrir la partie avec un cataplasme émollient. Si la douleur persiste, quand le vésicatoire est sec, on en met un autre. Dans quelques cas, il est nécessaire d'entretenir la suppuration, ou de faire une incision profonde, qui intéresse le périoste dans l'endroit qui fait souffrir.

Le traitement local de la périostite, ou périostose, diffère peu de celui des douleurs ostéocopes. Le plus souvent, les antiphlogistiques, les émollients, les narcotiques, et surtout le vésicatoire, en faisant cesser les douleurs, aident bientôt à la résolution des tumeurs qui ont pu se développer; cependant, pour obtenir celle-ci, il faut souvent joindre aux vésicatoires des applications directes d'onguent mercuriel, ou des applica-tions de teinture d'iode étendue d'eau distillée, et dont on augmente graduellement la concentration, de manière à produire une légère cautérisation de la peau. Dans quel-ques cas, j'ai tiré un très-bon parti du vésicatoire et de la solution caustique de sublimé corrosif, dont il a été question dans le traitement du bubon.

Lorsque la maladie reste stationnaire, malgré l'emploi de ces moyens, on peut re-courir à la compression toutes les fois que le siége particulier le permet.

Si la périostose a donné lieu à la suppuration, après avoir convenablement tenté la résolution, il ne faut pas attendre que la peau qui la recouvre s'altère, que le pus la décolle, et qu'il dénude au loin des portions d'os d'abord étrangères au mal. Il faut alors se hâter de pratiquer, avec le bistouri, des ouvertures convenables.

L'ostéite réclame au début le traitement des douleurs ostéocopes et celui de la périostose. Quand la tumeur est développée, il faut insister surtout sur les pansements des vésicatoires avec l'onguent mercuriel double et les applications de cataplasmes.

Lorsque la suppuration a lieu, qu'il y a carie, surtout pour les os de la face, si souvent alors nécrosés, il ne faut jamais négliger de les enlever, dès qu'ils peuvent être séparés des parties saines. Il faut être bien convaincu que la carie engendre la carie, qu'un os dont la trame organique a été détruite par la suppuration, ou qui est frappé de mort, ne saurait être régénéré par un traitement général ou local quel qu'il soit, et que jamais il ne faut laisser jusqu'à élimination spontanée ses débris, vrais corps étrangers, entretenant et propageant au loin la suppuration, qui, en gagnant des parties importantes, peut entraîner les accidents les plus graves, et enfin la mort.

Lorsque l'ostéite a produit l'exostose passée à l'état éburné permanent, il ne faut toucher à ces tumeurs, par des opérations, que lorsqu'elles produisent de trop grandes difformités, ou qu'elles gênent d'importantes fonctions.

Le tubercule profond du tissu cellulaire sous-muqueux ou sous-cutané exige, dans son traitement local, une attention toute particulière, et cela d'autant plus, que, dans quelques circonstances, il semble être le dernier résultat de la vérole constitutionnelle, dont le principe général peut être éteint.

Mon savant collègue, M. Cullerier, a proposé d'attaquer les tubercules sous-cutanés par le vésicatoire et la solution caustique, comme dans le traitement du bubon. Cette méthode m'a souvent réussi. De mon côté, j'ai eu à me louer de l'extirpation ou de l'énucléation faite avant la période de suppuration, à laquelle les parties voisines sont altérées; mais dans les cas où la suppuration est arrivée, et avant que celle-ci ait fait de trop grands ravages, il faut donner issue au pus.

Si au moment où la suppuration s'établit, ou après, il existe des accidents inflammatoires, il faut avoir recours aux antiphlogistiques et aux émollients. Lorsque après la fonte purulente, on a affaire à des ulcères qui ne se détergent pas, il faut faire usage de pommades digestives, ébarber les portions de peau trop altérées pour servir à la cicatrisation, employer, selon l'état particulier, les différents pansements indiqués dans les autres ulcérations, et surtout les pansements avec la teinture d'iode, et, dès que la période de réparation s'annonce, faire l'application de bandelettes de sparadrap de *Vigo cum mercurio.*

Lorsque les tubercules sont placés au-dessous des muqueuses, et plus particulièrement de la muqueuse buccale et pharyngienne, le traitement abortif et l'énucléation n'étant guère plus possibles, il faut veiller avec soin aux premières apparences de suppuration, ouvrir promptement les foyers, et, après avoir satisfait aux premières indications qui réclament l'usage des émollients, des antiphlogistiques et des calmants, arriver vite aux gargarismes avec la teinture d'iode, à un gros pour huit onces d'eau distillée, en augmentant successivement la dose jusqu'à effet curatif.   P. RICORD.

CHAPITRE IV.

DES EFFETS QUI PERSISTENT APRÈS LA GUÉRISON DE LA SYPHILIS, ET DES MALADIES QUI SONT QUELQUEFOIS PRODUITES PAR LE TRAITEMENT MERCURIEL.

En traitant des effets locaux de la maladie vénérienne, tels que la gonorrhée, le chancre, et même le bubon, j'ai fait observer que, dans beaucoup de cas, après que le virus a été détruit, on voit encore exister quelques-uns des symptômes, et cela particulièrement après la gonorrhée. J'ai fait observer aussi que les symptômes, quoique guéris entièrement, sont sujets à se manifester de nouveau : une blennorrhée ou suintement habituel peut s'accompagner de douleur, de manière à ressembler à une gonorrhée ; après des chancres il peut survenir des ulcères qui leur ressemblent ; enfin des bubons, loin de se guérir, peuvent prendre de l'extension même après la destruction du virus. Dans la syphilis constitutionnelle, la même chose arrive souvent, surtout lorsque l'inflammation et la suppuration ont été intenses dans les parties affectées. Ces cas sont extrêmement embarrassants, car il est difficile de déterminer l'époque où le virus est détruit d'une manière absolue. Dans ces cas douteux, le traitement à suivre devient beaucoup moins arrêté.

Ces affections consécutives sont plus communes sur les amygdales que sur toute autre partie ; il n'est point rare, en effet, pendant la durée d'un traitement mercuriel, et tandis que les ulcères des amygdales sont en voie de cicatrisation ou même déjà cicatrisés, de voir ces organes se tuméfier et devenir le siége d'excoriations qui quelquefois s'étendent sur tout le voile du palais, ce qui en rend la nature fort incertaine. Je crois que ces excoriations, aussi bien que les autres symptômes morbides qui apparaissent pendant l'usage du mercure, ne sont que rarement ou même jamais de nature vénérienne. Dans tous les cas de cette espèce, on ne doit pas pousser l'emploi du mercure plus loin qu'il ne le paraît nécessaire pour détruire l'affection syphilitique qui existait antérieurement, ces modifications dans les symptômes ne devant point être considérées comme dépendant du virus syphilitique. L'usage du quinquina est souvent utile ici ; on peut le donner soit avec le mercure, soit après que le traitement mercuriel est fini.

Il arrive souvent que les abcès vénériens ne se cicatrisent point, quoiqu'ils aient marché pendant un certain temps vers la cicatrisation. Tant que l'action vénérienne existait dans la partie, le mercure déterminait dans cette partie une disposition à se cicatriser ; mais sous l'influence du traitement mercuriel, la constitution et la partie affectée ont contracté une disposition nouvelle, ayant pour origine l'influence que l'irritation vénérienne et l'irritation mercurielle ont exercée simultanément sur l'économie ou sur la partie malade, dans certaines conditions particulières de celles-ci. Cette disposition diffère de la disposition vénérienne, de la disposition mercurielle et de la disposition naturelle, et constitue une quatrième disposition qui résulte des trois premières. Toutefois, je présume que cette disposition découle principalement de l'état de la constitution, car si elle dépendait des deux autres dispositions, on la verrait toujours constituer la même maladie ; or, elle diffère chez les divers sujets ; au moins n'est-elle point guérie chez tous par les mêmes moyens. La constitution étant prédisposée, la disposition vénérienne et la disposition mercurielle deviennent les causes immédiates de l'action morbide. Aussitôt que l'irritation vénérienne est détruite par le mercure, ou qu'elle devient plus faible que les deux autres, les effets de ces dernières se manifestent. Tant que l'action syphilitique domine, le mercure est utile et l'ulcère continue à se cicatriser ; mais lorsqu'elle est abaissée au-dessous d'une certaine limite, ou anéantie, le mercure non-seulement perd sa puissance, mais encore devient un *poison* pour la disposition nouvellement formée, car si l'on en continue l'usage, l'ulcère s'étend ; il faut donc l'abandonner immédiatement.

Parmi les excoriations qui se forment de cette manière, il en est qui non-seulement résistent à tous les moyens de traitement, mais même souvent s'enflamment, s'ulcèrent, et offrent une base dure et calleuse qui leur donne l'apparence d'un cancer et entraîne souvent une erreur de diagnostic.

On observe aussi qu'il se forme des maladies nouvelles qui naissent exclusivement du mercure. Les amygdales peuvent se tuméfier, sans qu'elles aient été préalablement le siége d'aucune maladie vénérienne ; le périoste et probablement aussi les os peuvent se gonfler, et les parties molles qui les recouvrent devenir œdémateuses et sensibles au toucher. Comme ces symptômes surviennent ordinairement pendant la durée d'un traitement mercuriel, on ne doit pas les considérer comme vénériens, mais bien comme constituant une maladie nouvelle, quoiqu'on leur ait trop souvent supposé une origine syphilitique et qu'en conséquence on ait poussé l'emploi du mercure aussi loin que possible. Dans les cas de cette espèce, lorsque les symptômes contre lesquels on administrait le mercure ont été presque guéris, et que l'on a continué ensuite l'emploi de ce médicament un temps suffisant pour en compléter la cure, il faut l'abandonner ; et lorsqu'il y a quelque doute, il faut y renoncer un peu plus tôt que si les accidents en question ne s'étaient point manifestés, car il est probable qu'il donne naissance à une maladie pire que la maladie vénérienne. Si, après la guérison des accidents causés par le mercure, la maladie vénérienne recommence à entrer en action, il faut administrer le mercure une seconde fois ; à cette époque, la constitution le supporte mieux, surtout si l'on a eu soin de réparer ses forces. Je présume que ces maladies des amygdales et du périoste sont d'origine scrofuleuse.

Indépendamment des affections locales qui naissent de l'action combinée du mercure, de la maladie vénérienne et de la disposition de la constitution, il se produit quelquefois un effet constitutionnel, qui est caractérisé par les symptômes suivants : prostration des forces, défaut d'appétit, sueurs fréquentes avec imminence de fièvre hectique. Mais ces symptômes surviennent le plus souvent chez des sujets dont la constitution supporte difficilement le mercure.

Ces affections, locales ou constitutionnelles, proviennent en partie de la débilité. Elles sont difficiles à guérir, soit qu'elles dérivent d'un chancre vénérien ou d'un bubon, soit qu'elles aient pour origine la syphilis constitutionnelle. Les médicaments toniques sont extrêmement utiles. Le quinquina présente de grands avantages, bien qu'en général il ne suffise point, car il ne peut que faire cesser plus ou moins la faiblesse, sans détruire rien des conditions spécifiques de la maladie. Je pense qu'on ne sait point encore ce que c'est que ces conditions spécifiques; mais je présume que dans beaucoup de cas elles participent des scrofules, et, en effet, elles cèdent souvent à l'usage des bains de mer (*).

§ I. *Considérations générales sur les agents thérapeutiques ordinairement employés.*

Une décoction de divers bois, parmi lesquels on comprend habituellement le gaïac et la salsepareille, est un des premiers médicaments auxquels on ait eu recours, et beaucoup de cas cèdent à l'emploi de ce moyen ; d'où il résulte qu'on a accordé à ces bois une grande vertu pour guérir la maladie vénérienne, parce que l'on supposait que les symptômes en question sont syphilitiques. On a donné souvent la salsepareille seule, et l'on a observé qu'elle produit à peu près les mêmes effets. Les bons effets qu'elle produisit dans le cas cité par Fordyce lui ont donné quelque réputation (**). Une tisane qui a été imaginée à Lisbonne a rendu également de grands services, et comme elle amenait la guérison dans des cas semblables à ceux où la salsepareille la produisait aussi, on pensa que cette tisane consistait principalement dans une décoction de cette racine. C'était encore dans la supposition que tous ces symptômes sont de nature vénérienne. Mais on a observé enfin que ces médicaments ne guérissent les affections morbides en question que lorsque le mercure a été employé, et même employé en assez grande quantité. Cela a suffi pour porter

(*) Dans un cas d'ulcération d'une côte, accompagnée de cinq nodus sur le tibia, et datant d'une année, on fit subir au malade une forte salivation pendant six mois, après avoir employé vainement des frictions modérées. Aucune des plaies n'ayant été guérie par le mercure, on prescrivit au malade les bains de mer et le quinquina. Toutes les plaies se guérirent très-bien dans l'espace de trois à quatre mois; celle du thorax fut la plus longue à se cicatriser.　　　　　JOHN HUNTER.

(**) Voyez dans *London Medical Essays.*

quelques esprits observateurs à douter que ces cas fussent réellement vénériens; et la possibilité de leur guérison par des agents thérapeutiques divers a dû faire naître la conviction qu'ils diffèrent de la syphilis, et qu'ils ont même des espèces diverses.

Le mézéréon a passé aussi pour être utile contre quelques-uns des symptômes de la syphilis constitutionnelle, tels que les nodus des os; mais on admettait comme établie la nature vénérienne de ces nodus. On donne rarement le mézéréon pour combattre les ulcères vénériens de la gorge et les taches de la peau, qui, de tous les symptômes vénériens, sont les plus certains et les plus faciles à guérir; et pourtant on lui a reconnu la propriété de dissiper les symptômes qui sont les plus rebelles. Mais les cas dans lesquels le mézéréon a été administré avec succès d'une manière évidente ne paraissent pas appartenir à la maladie vénérienne.

Lorsque la ciguë fut à la mode en Angleterre, on la prescrivit dans presque toutes les maladies, et par conséquent on l'essaya dans plusieurs des affections qui sont consécutives à la syphilis, et l'on obtint par son emploi la guérison de quelques-unes d'entre elles, de sorte qu'actuellement elle est inscrite sur la liste des agents thérapeutiques à employer contre ces affections. Le sirop végétal de Velno a produit des effets semblables dans quelques-uns de ces cas, et l'opium a aussi quelques partisans. Les thérapeutistes qui ont introduit l'usage de l'opium, croyaient, comme on l'a cru pour la salsepareille et pour le mézéréon, qu'il avait la propriété de guérir la syphilis constitutionnelle (*); mais, de même que la salsepareille, il ne produit aucun effet, à moins que le mercure n'ait préalablement produit ses effets les meilleurs ou les plus funestes (**). Il donne lieu certainement à des effets très-prononcés dans plusieurs maladies, tant dans celles qui sont consécutives à la syphilis, que dans diverses autres qui reconnaissent d'autres causes.

L'opium est depuis longtemps mon médicament favori, non-seulement parce qu'il fait cesser la douleur, ce qui est son effet commun, mais encore parce qu'il a la propriété de modifier les actions morbides et d'en produire de saines. Dans toutes les plaies accompagnées d'irritabilité, une décoction de têtes de pavots employée en cataplasme constitue un topique excellent. Lorsque des plaies sont saignantes, non par débilité, mais par irritabilité, l'hémorragie est arrêtée immédiatement par cette application. Pott est, je crois, le premier qui ait enseigné l'usage de l'opium dans les gangrènes. Je l'ai employé d'abord localement, et de cette manière j'en ai retiré les effets les plus salutaires dans quelques cas; ensuite je l'ai administré à l'intérieur d'après les mêmes idées théoriques, et il s'est montré également avantageux. Ses effets furent très-remarquables dans deux cas que l'on avait longtemps soupçonnés d'être vénériens; l'efficacité de l'opium chez ces deux malades me confirma dans l'opinion qu'ils n'étaient point atteints d'une affection syphilitique. Cependant, ayant ap-

(*) Voyez *Medical communications*, t. I, p. 307.
(**) Voyez une brochure qui a été publiée par Grant.

pris qu'en Amérique on guérissait avec l'opium les sujets vénériens de l'armée, je me demandai si j'avais bien jugé la nature des deux cas indiqués ci-dessus. Pour m'assurer si l'opium peut réellement guérir la syphilis constitutionnelle, je fis l'expérience suivante à l'hôpital Saint-George.

On admit à l'hôpital Saint-George une femme qui présentait des taches de la peau arrivées à l'état de croûte, et des ulcères vénériens bien caractérisés sur les deux amygdales. On prescrivit un grain d'opium le premier soir, deux le second, etc. ; et il fut convenu qu'on augmenterait d'un grain chaque soir, à moins qu'il ne survînt quelque contre-indication. Ce traitement fut suivi exactement jusqu'au dix-neuvième jour ; ce jour-là, on prescrivit un purgatif à cause de la constipation de la malade, et on ne donna point d'opium. Le vingtième jour on reprit l'opium, et l'on continua à en élever la dose comme auparavant, jusqu'à ce qu'on eût atteint trente grains. Cependant les ulcères n'avaient subi aucune autre modification que celle qui était l'effet de la perte du temps, c'est-à-dire qu'ils étaient dans un état plus fâcheux. Il était facile de juger que si la malade eût pris du mercure de manière à affecter sa constitution aussi énergiquement que l'opium l'avait fait, la maladie vénérienne aurait été presque guérie ou au moins considérablement diminuée ; aussi restai-je convaincu que l'opium n'a aucune espèce d'influence sur la maladie vénérienne. Je soumis alors la malade aux frictions mercurielles, et sa bouche ne tarda pas à être affectée : bientôt les ulcères présentèrent un meilleur aspect, puis ils marchèrent sans interruption vers la cicatrisation, jusqu'à ce que la maladie se trouvât entièrement guérie. Ici, les inconvénients de l'opium se réduisirent à peu de chose ; la malade resta tranquille, mais elle ne fut point constamment assoupie.

Luke Ward fut admis à l'hôpital Saint-Barthélemy, le **12** janvier 1785. Sa maladie était un ulcère de la gorge qui durait depuis trois mois, et qui, tant par son aspect qu'en raison des symptômes qui l'avaient précédé, fut jugé vénérien. On lui prescrivit de prendre deux grains d'opium, deux fois par jour, ce qu'il fit pendant quelques jours sans autre effet que de dormir mieux la nuit qu'à l'ordinaire, et ensuite on porta la dose à deux grains trois fois par jour. Alors sa gorge devint le siége d'une douleur moins vive ; mais l'inspection de l'ulcère fit reconnaître qu'il n'était en rien amélioré. Au bout de deux jours, la dose fut portée à trois grains trois fois par jour. Le malade n'éprouva que peu ou point d'inconvénient de cette dose : il se plaignit d'être un peu assoupi ; ses yeux se montrèrent un peu enflammés, et sa figure un peu rouge. Il continua cette dernière dose pendant cinq jours, et ensuite il prit trois grains quatre fois par jour. Le lendemain la rougeur et la chaleur du visage étaient beaucoup plus considérables ; cette rougeur et cette chaleur s'étaient étendues à toute la surface du corps. Il y avait de la céphalalgie ; le pouls était plein et fort ; il y avait de la constipation et le ventre était tendu et douloureux. On suspendit l'usage de l'opium et l'on administra tous les remèdes que semblait réclamer l'état du malade, mais ce fut sans succès, car les symptômes continuèrent à faire des progrès jusqu'à la mort, qui arriva au bout de quatre jours. Pendant ce temps, l'ulcère augmenta beaucoup, et l'écoulement de la salive fut assez abondant pour simuler une légère salivation.

Dans cette observation on voit d'abord que l'opium n'eut aucune influence sur l'ulcère de la gorge, et ensuite que c'est un médicament capable de produire des effets très-violents sur la peau, de sorte qu'on doit mettre beaucoup de prudence dans son administration.

John Morgan entra à l'hôpital Saint-Barthélemy pour un ulcère de la jambe. On essaya les topiques ordinaires pendant sept semaines, au bout desquelles il se trouva moins bien sous tous les rapports; la permanence de la douleur le privait de tout sommeil, et il s'affaiblissait très-rapidement. On lui fit prendre deux grains d'opium toutes les deux heures pendant vingt-trois jours. Ce traitement éleva la température de son corps et produisit de la constipation; son pouls devint plein et fort; mais le sommeil ne fut point produit, et la douleur ne diminua point. La dose fut portée à quatre grains de deux en deux heures dans la journée, et à huit grains de deux en deux heures pendant la nuit. Les effets produits par cette dose d'opium furent de la constipation, la rétention de l'urine, la perte de l'appétit, une disposition inflammatoire, sans sommeil, sans aucune amélioration de l'ulcère. Le troisième jour de l'administration de la dernière dose, il se réveilla en délire d'un court sommeil, et resta dans cet état pendant douze heures, au bout desquelles son délire cessa, le laissant très-affaibli, tourmenté par des nausées, avec un pouls misérable. Le délire se reproduisit trois ou quatre heures après, et continua pendant quarante-huit heures. En même temps, le pouls s'éleva, et les forces se relevèrent d'une manière très-notable. Quand le délire cessa, le malade tomba dans un bon sommeil qui dura huit heures, et il se réveilla très-calme, quoique faible. On cessa l'usage de l'opium, et la plaie de la jambe se guérit dans l'espace d'un mois.

Dans les vingt-trois premiers jours de l'emploi de l'opium, ce malade en prit vingt-quatre grains par jour; les trois derniers jours, il en prit soixante et douze grains par jour. Il avala donc dans l'espace de vingt-six jours, sept cent soixante-huit grains, ce qui fait près de deux onces d'opium.

La salsepareille, d'après l'essai comparatif que j'ai fait avec elle et avec le gaïac, ne me paraît avoir aucun effet sur l'irritation vénérienne elle-même; et par conséquent elle ne peut être d'aucune utilité tant que cette irritation n'est point détruite; et comme le mercure est l'antidote du *poison* vénérien et devient une des causes des affections dans lesquelles la salsepareille est utile, il en résulte que l'emploi du mercure, non-seulement est nécessaire pour détruire le *poison*, mais encore est une des conditions de la formation des maladies dont nous nous occupons maintenant.

On conçoit facilement que, dans beaucoup de cas, l'emploi de la salsepareille prévienne la formation de la maladie qui doit naître de l'influence du mercure. Quand on la donne conjointement avec le mercure, elle est souvent unie à la résine de gaïac ou au bois de gaïac, qui a quelques propriétés thérapeutiques, ainsi qu'il a été dit.

La salsepareille est généralement donnée sous la forme de décoction, à la dose de trois onces pour trois chopines d'eau, que l'on fait bouillir lentement jusqu'à ce qu'elles soient réduites à une pinte. Le malade boit la moitié ou la totalité de cette décoction, chaque jour, ordinairement en trois fois, souvent pendant les repas. Quelquefois on administre la salsepareille en poudre, et elle est avalée quotidiennement sous cette forme avec les mêmes résultats. Mais la préparation à laquelle je donne la préférence est l'extrait pris sous forme de pilules; c'est la manière la plus commode d'employer ce médicament.

J'ai vu la ciguë produire de bons effets dans plusieurs cas, et l'observation suivante en offre un exemple. Je renvoie d'ailleurs le lecteur aux remarques que j'ai faites sur l'emploi de ce médicament, en traitant de la maladie qui se forme consécutivement au bubon.

Une pauvre femme fut soumise à des salivations répétées qui toujours amendèrent les symptômes les plus urgents; mais ensuite elle souffrit plus ou moins pendant trois ou quatre ans; il se forma dans son nez et sur toute sa figure des ulcères qui offrirent ce qu'on appelle le véritable aspect cancéreux. Les ulcères devinrent bientôt très-profonds, et furent le siége d'une douleur considérable. On donna le mercure, la salsepareille et le quinquina sans effet. Les ulcères empirant chaque jour, on prescrivit d'exposer toutes les quatre heures les parties affectées à la vapeur d'une décoction de ciguë, et de faire prendre intérieurement autant d'extrait de ciguë que la malade pourrait en supporter. La première nuit qui suivit le début de ce traitement, la malade dormit et ne souffrit point. En peu de jours les ulcères marchèrent évidemment vers la cicatrisation. La malade perdit le nez et un côté de la bouche; mais au bout de six semaines toutes les parties malades étaient cicatrisées. Elle resta bien portante pendant trois mois; mais à cette époque, la maladie se reproduisit avec une violence plus grande, et elle ne tarda pas à amener la mort.

§ II. *De la persistance du ptyalisme.*

Il arrive quelquefois que la salivation continue après l'époque où il y a tout lieu de croire que le mercure a été entièrement éliminé de la constitution. Comme ce n'est que la persistance d'une action, ou un effet du passage du mercure dans l'économie, il est nécessaire de distinguer cette salivation de la salivation primitive, c'est-à-dire, de l'effet immédiat du mercure, car c'est sur cette distinction qu'est fondé le traitement. Les constitutions qui ont présenté ce phénomène morbide ont été considérées comme scorbutiques. Lorsque les organes salivaires ont une grande susceptibilité pour la stimulation mercurielle, la salivation continue pendant des mois après que le mercure a été complétement expulsé. Mais comme on ne donne plus maintenant le mercure en quantité suffisante pour produire de si violents effets sur les glandes salivaires, ces cas arrivent rarement.

Dans ces cas, il faut prescrire un régime fortifiant et des médicaments toniques. Les bains de mer sont au nombre des agents qui ont le plus d'action pour restaurer les constitutions relâchées, surtout après l'usage du mercure. On suppose que la teinture de cantharides de Mead est utile ici.

Quelquefois les procès alvéolaires se nécrosent et deviennent le siége d'exfoliations; cela seul suffit pour entretenir la salivation. Quand il en est ainsi, il faut attendre que la séparation du séquestre ait eu lieu, et extraire les fragments qui sont détachés; ensuite la salivation cesse.

J'ai vu une partie de la mâchoire s'exfolier par cette cause. Dans la plupart des cas, les dents deviennent branlantes, et souvent elles tombent.

CHAPITRE V.

DES MOYENS DE PRÉVENIR LA SYPHILIS.

Comme il ne faut pas seulement guérir les maladies, mais encore, quand cela se peut, les prévenir, je crois devoir indiquer quels sont, dans l'état actuel de nos connaissances, les moyens de prévenir la syphilis. Ici, en effet, on peut s'opposer à l'infection avec plus de certitude que dans beaucoup d'autres cas, puisqu'on en connaît l'origine.

Les moyens prophylactiques de la syphilis sont des applications préalables ou immédiates, qui peuvent être divisées en plusieurs espèces : 1° celles qui empêchent la matière vénérienne de venir en contact avec les parties; 2° celles qui l'emportent par le lavage avant qu'elle ait eu le temps de produire sa stimulation; et 3° celles qui agissent chimiquement et détruisent le *poison*.

Les corps gras étendus sur une partie sèche s'attachent à elle et empêchent toute substance aqueuse de venir en contact avec elle; or, le *poison* vénérien étant mêlé avec un liquide aqueux, il ne peut plus toucher la partie ainsi enduite.

Tout corps qui peut se mêler avec la matière vénérienne et l'emporter de dessus la partie sur laquelle elle a été appliquée, peut agir comme moyen prophylactique. L'alcali caustique est ce qui convient le mieux pour atteindre ce but : il s'unit avec le pus pour former un savon, et ensuite il est facilement enlevé par le lavage.

Il est possible que cette union avec l'alcali détruise le *poison*; il faut que l'alcali soit très-étendu; sans cette précaution il produirait des excoriations.

L'eau de chaux peut constituer un bon topique pour faire des lotions. En mettant en pratique à la fois ces deux derniers moyens, on aurait un motif encore plus puissant de sécurité.

On a vu le sublimé corrosif dissous dans l'eau, à la dose d'un à deux grains pour huit onces d'eau, empêcher l'infection syphilitique (*).

(*) Il faut non-seulement s'occuper de guérir les maladies, comme le dit Hunter, mais il faut encore, par tous les moyens possibles, chercher à les prévenir. Sous ce dernier point de vue, il n'est peut-être pas d'affection dont la prophylaxie ait été le sujet de plus de recherches consciencieuses, et surtout l'occasion de plus de spéculations. Cependant, tandis que le charlatanisme éhonté a proclamé des moyens inefficaces ou dangereux, la pudeur mal entendue, une morale timide ou des préjugés religieux, ont souvent retardé les progrès de l'art. Et pourtant si Jenner s'est rendu à jamais célèbre par la découverte de la vaccine, comme moyen prophylactique de la variole, celui qui, d'une manière aussi absolue, préviendrait la syphilis, aurait des droits à l'immortalité. Mais en attendant la découverte d'un préservatif certain, que la connaissance rigoureuse de la cause spécifique de la syphilis rend plus que probable, examinons, avec toute la gravité qu'exige un sujet aussi délicat, les moyens que l'art possède de se mettre à l'abri des maux vénériens.

En général, lorsqu'il s'est agi de prévenir le développement des maladies qui nous occupent ici, on n'a fait aucune distinction préalable et on n'a tenu aucun compte des conditions différentes dans lesquelles pouvaient se trouver les individus. Pour arriver à quelque chose de plus positif ou au moins de plus rationnel, il est absolument nécessaire de les diviser en trois catégories : 1° les individus déjà malades et qui peuvent ainsi communiquer le mal; 2° ceux qui, bien portants, s'exposent à le contracter; 3° les enfants lors de la conception, pendant la gestation, et au moment de la naissance.

1° Des individus infectés. — Si les passions ne l'emportaient pas le plus souvent sur la conscience du bien, si les malades pouvaient se convaincre qu'il n'est peut-être pas d'acte plus coupable que de transmettre une maladie dont les conséquences sont si graves, et qui frappe non-seulement l'individu qu'on a compromis, mais qui traverse encore des générations, une réserve consciencieuse et une séquestration volontaire jusqu'à l'entière purification éteindraient à jamais la syphilis. Mais, soit insouciance, soit légèreté impardonnable, ou ignorance, les individus malades ne s'abstiennent des rapports qui peuvent transmettre le mal que lorsque la douleur l'emporte sur le plaisir. Aussi, et d'après les considérations qui précèdent, les femmes sont-elles plus dangereuses que les hommes, et il est bien plus commun de trouver une femme qui a infecté un grand nombre d'hommes, qu'un même homme qui a infecté plusieurs femmes.

Quoi qu'il en soit, dans un pays où l'hygiène publique serait régie par des lois absolues, il importerait plus d'établir des lazarets pour la vérole, si commune et si menaçante à chaque pas, que pour la peste et la fièvre jaune, bien plus douteuses dans leur transmission. Je sais bien qu'aujourd'hui le frein religieux qui retenait les juifs n'est plus de notre époque; que le bourg Saint-Germain des Prés, cette autre bastille des vérolés, ne peut être reconstruit; que la tonsure de certaines peuplades de l'Abyssinie déparerait trop de têtes; et que, si la peur du mal et la douleur qu'il détermine n'arrêtent pas, l'ancien fouet des petites-maisons de Bicêtre resterait tout aussi impuissant. On en est donc réduit aujourd'hui à prévenir les malades sur leur état, et à n'avoir d'action réellement coercitive que sur les filles publiques, femmes qui font métier toléré de la prostitution.

En général, il est facile de s'assurer si un homme est malade, les parties, siége ordinaire des accidents primitifs, pouvant être plus aisément et plus complétement inspectées; mais pour la femme, il n'en est pas toujours de même; et si, comme le faisait si spirituellement remarquer Michel Cullerier, on peut reconnaître souvent les cas où une femme est malade, qui peut jamais affirmer qu'elle ne l'est pas, surtout lorsqu'on se contente, comme de son temps, d'un examen extérieur?

Aussi, s'il importe chez un homme qui vient vous demander s'il peut communiquer du mal, d'examiner avec le plus grand soin tous les points susceptibles d'être infectés, et de s'abstenir de jugement absolu dans les cas douteux, lorsque, par exemple, par suite d'un phimosis le gland ne peut pas être complétement mis à découvert, il est absolument impossible de formuler une opinion raisonnable sur l'état d'une femme, sans un examen rigoureux au spéculum, les parties profondes du vagin et l'utérus pouvant être le siége d'un mal que rien ne trahit au dehors.

Sous le point de vue des maladies possibles à transmettre, les visites des personnes qui sont dans le cas de devenir des foyers d'infection doivent être faites dans les deux ou trois jours qui suivent l'époque où elles se sont exposées, mes recherches sur l'inoculation artificielle m'ayant appris qu'alors des accidents susceptibles d'être communiqués avaient déjà pu se développer. On comprendra, d'après ce qui précède, le peu de sécurité que doivent donner les visites qu'on fait subir aux filles publiques, et qui ont lieu tous les huit jours pour celles qui sont réunies dans des lieux de prostitution, et tous les mois pour celles qui vivent isolément.

Quant aux accidents qui pourraient exister chez un individu qui vient demander s'ils sont de nature contagieuse, et si des rapports sexuels *quelquefois obligés* lui sont permis, il est souvent difficile de trancher la question. Nous savons bien que le chancre à la période de progrès est le seul symptôme syphilitique transmissible par voie d'inoculation ; mais sans l'expérimentation préalable, est-il toujours facile de bien distinguer l'ulcère syphilitique primitif d'autres ulcérations étrangères à la syphilis, ou de celles qui appartiennent à ses formes secondaires ? Non sans doute ; et alors il est nécessaire de défendre tout rapport, lorsque le plus léger soupçon peut rester dans l'esprit. Mais s'il faut se tenir dans une sage réserve, il n'est pas besoin de tomber dans les exagérations de quelques spéculateurs anciens et modernes et d'écrivains par trop timorés. Ainsi, pour la blennorrhagie, comme je l'ai dit dans d'autres parties de ces notes, tant que la matière de l'écoulement est purulente, défendez les rapports ; mais dès qu'elle n'est plus que muqueuse, et à plus forte raison lorsqu'il ne s'agit plus que de ces fils ou flocons que charrie l'urine, ou de ces gouttes filantes, lactescentes ou caillebottées, qui constituent le suintement habituel du matin ou la goutte militaire du vulgaire, empêcher les rapports sexuels, ce serait condamner au célibat absolu une bonne partie de la population. Ce n'est pas, sans doute, le lendemain de la cessation d'un écoulement purulent qu'on peut affirmer qu'il n'y a plus de danger de le communiquer, ni lorsqu'un écoulement muqueux redevient puriforme ; mais, à part ces cas, le suintement muqueux n'est plus contagieux. A l'autorité de Bell, je pourrais ajouter des milliers d'observations, et, entre autres, celle d'un spécialiste distingué, marié depuis nombre d'années, et auquel j'ai souvent entendu dire que lui-même était dans ce cas. Du reste, si on ne permettait le mariage ou les rapports sexuels à l'homme que dans les circonstances de sécheresse absolue du canal, je ne vois pas pourquoi on n'exigerait pas les mêmes conditions prophylactiques de la part de la femme ; et, dans ce cas, combien en trouverait-on qui les présentassent rigoureusement ? Ce ne serait certainement pas le plus grand nombre. Dans les observations qu'on cite comme contraires à l'opinion que j'émets ici, ou on a été plus crédule que l'expérience journalière ne me permet de l'être, ou on s'est trompé sur la nature présumée des écoulements, la limite entre la blennorrhagie et les inflammations catarrhales des organes génitaux n'étant pas chose toujours facile à établir pour des gens positifs. Je puis affirmer, sans crainte d'être contredit, que les femmes donnent cent fois plus de chaudepisses qu'on ne leur en communique.

Quoi qu'il en soit, en fait de prophylaxie, il faut mettre en première ligne tous les moyens de traitement qui, en éteignant les foyers du mal, en empêchent la propagation. Sous ce rapport, les remèdes les plus prompts à faire disparaître les symptômes contagieux doivent être préférés, en dépit des vieilles doctrines, qui heureusement s'écroulent de toutes parts, et que le replâtrage de quelques auteurs rétrogrades ne saurait soutenir.

Quand une personne craint d'être malade, ou qu'à plus forte raison elle a quelque symptôme suspect, qu'elle ne veut pas s'abstenir des rapports, ou qu'elle s'y trouve quelquefois forcée, il faut qu'elle ait recours au plus grand soin de propreté. Des lotions doivent être exactement faites sur toutes les parties accessibles, et des injections dans celles qui sont plus profondément placées. Chez les filles publiques, cela est absolument indispensable, lorsqu'on sait que, sans être elles-mêmes malades, elles peuvent conserver, pendant un certain temps, des matières contagieuses dans les organes génitaux. En général, si les femmes étaient plus propres, les maladies vénériennes, dans leur ensemble, seraient moins communes.

Pour la personne qui peut transmettre la maladie, les lotions avec les chlorures, le savon, les alcalis, les acides étendus, l'acétate de plomb, l'alun, le vin, et enfin tout ce qui, en nettoyant les surfaces, peut encore altérer chimiquement le pus contagieux, pourra prévenir l'infection. J'ai connu plusieurs élèves en médecine qui avaient eu de fréquents rapports avec des femmes affectées de chancres, immédiatement après les avoir cautérisés avec le nitrate d'argent, et qui n'avaient jamais rien contracté.

2° *Des individus qui s'exposent à l'infection.* — Quant aux personnes qui s'exposent, les moyens prophylactiques ne sauraient être les mêmes avant, pendant et après l'acte vénérien.

Avant l'acte, un examen scrupuleux des parties devrait donner la certitude qu'il n'existe actuellement aucune solution de continuité. Ici les soins de propreté, surtout les lotions alcalines ou savonneuses, sont nuisibles, et exposent, en mettant à nu des surfaces que garantissaient le smegma ou des mucosités. Mais si des lotions de ce genre sont peu rationnelles, il n'en est pas de même de celles qui, faites longtemps à l'avance, ont agi comme astringentes ou propres à donner du ton ou de la force aux tissus, sans cependant leur communiquer trop de rigidité. C'est ainsi que des lotions habituelles, comme moyens de toilette, avec des solutions d'acétate de plomb, d'alun, de vin et de tannin, parviennent à garantir quelques personnes jusque-là faciles à s'infecter. Au moment du coït, les corps gras peuvent souvent mettre à l'abri de l'infection; et les chirurgiens qui ont à porter les doigts sur des parties malades avec lesquelles ils doivent rester dans un contact assez prolongé, dans certaines opérations, ne devraient jamais négliger cette précaution.

De tous les moyens prophylactiques, celui qui semble promettre la garantie la plus matérielle, c'est le condom, que la morale repousse sans doute, mais que la nécessité tolère quelquefois. Cependant il faut bien se garder d'accorder au condom une confiance aveugle; vraie cuirasse contre le plaisir, comme l'a dit une femme illustre, c'est une toile d'araignée contre le danger; fréquemment, en effet, il se déchire; d'autres fois, son tissu reste perméable; ou bien, ayant préalablement servi, il a été mal lavé; enfin, dans les cas où il est de bonne qualité et reste intègre, il ne garantit réellement qu'une partie des organes génitaux.

Pendant l'acte, certaines précautions ne sont pas indifférentes. C'est ainsi que les rapports ne doivent pas être prolongés volontairement, comme le disait si bien Nicolas Massa, dans son chapitre sixième, *De animi passione et coitu* : « *Si vero quis cum infecta muliere coire voluerit, quod fatuum est, non moretur in coitu,* » et qu'il est nécessaire que l'éjaculation s'effectue. Il est incontestable que c'est dans le temps qui précède l'émission du sperme que l'infection urétrale se fait, et que, dans les circonstances heureuses où elle n'a pas lieu, le passage brusque et rapide de ce fluide qui entraîne avec lui les matières contagieuses qui auraient pu s'introduire dans l'urètre, est une des conditions favorables qui s'y opposent le plus. C'est dans ce sens que l'émission de l'urine, après le coït, offre tant d'avantages.

Cependant c'est surtout après l'acte, qu'on n'a pas toujours pu prévoir, qu'il faut recourir aux soins de la propreté la plus minutieuse; explorer chaque repli des tissus exposés; pratiquer des lotions répétées, soit alcalines, soit savonneuses, mais mieux encore avec des chlorures étendus, de manière à décomposer les matières morbifiques dont on pourrait être souillé, sans cependant déterminer de l'irritation artificielle. Enfin toute solution de continuité, quelle qu'elle soit, devra être *immédiatement cautérisée.* Ce précepte est tellement important, que je voudrais qu'il fût affiché dans tous les lieux où on peut courir des dangers.

3° *De la prophylaxie par rapport aux enfants, lors de la conception, pendant la gestation, et au moment de la naissance.* — D'après ce que j'ai dit autre part, l'existence actuelle de tout accident primitif ne donne pas lieu, dans tous les cas, à l'infection syphilitique constitutionnelle, et partant, la crainte de transmettre la syphilis par hérédité. La blennorrhagie, par exemple, telle que nous la comprenons, c'est-à-dire, les écoulements qui ne sont pas la conséquence d'un chancre larvé, n'ont aucune influence sur la génération. Quant aux ulcères primitifs, aux chancres, les parents peuvent en être infectés au moment de la conception, sans que l'enfant ait la syphilis ; à moins que, pendant la gestation, ils ne donnent lieu, chez la mère, à des accidents secondaires.

Sous le point de vue de la prophylaxie appliquée aux enfants, les chances de la conception devraient être absolument défendues, toutes les fois qu'il existe des accidents constitutionnels, ou que la nature des accidents primitifs les rend probables. Il faut, sous ce rapport, pousser plus loin la réserve, et s'assurer autant qu'on le peut par les antécédents, si, en l'absence de tout symptôme appréciable, les parents ne sont pas sous l'influence de la diathèse syphilitique ; circonstance dans laquelle ils peuvent donner naissance à des enfants vérolés, jusqu'à ce qu'un traitement bien fait vienne mettre ceux-ci à l'abri de l'infection. A plus forte raison, lorsque, pendant la grossesse, la mère est affectée de symptômes syphilitiques primitifs de nature à donner lieu à des accidents secondaires, ou que ceux-ci existent déjà, il faut se hâter de les combattre ; et, loin de regarder la grossesse comme une contre-indication au traitement, on doit être bien convaincu qu'il prévient le plus souvent le mal chez l'enfant, et empêche, quand il est sagement administré, les avortements si fréquents que détermine la syphilis.

Lorsque des symptômes primitifs ont été contractés par la mère peu de temps avant l'accouchement, l'enfant pouvant les contracter au passage, il faut se conduire, à son égard, comme dans le cas où une personne vient actuellement de s'exposer à un contact impur.

P. RICORD.

SEPTIÈME PARTIE.

CHAPITRE I.

DES MALADIES QUI RESSEMBLENT A LA SYPHILIS CONSTITUTIONNELLE ET QUI ONT ÉTÉ CONFONDUES AVEC ELLE.

Il n'est probablement aucune maladie à laquelle quelque autre ne ressemble d'une manière assez frappante dans quelques-unes de ses formes extérieures, dans quelques-uns de ses symptômes, pour qu'on soit exposé à les prendre l'une pour l'autre. Le siége des maladies peut contribuer à faire naître les erreurs de cette nature : par exemple, une tumeur du sein chez une femme peut ressembler à un cancer au point d'être prise pour cette dernière maladie, si l'on ne recherche avec un soin suffisant tous les signes distinctifs du cancer. Un ulcère qui est situé sur le gland, dans la gorge ou dans le nez, fait soupçonner l'existence d'une affection vénérienne. La manière dont une maladie a été contractée peut devenir également une cause de suspicion. Ainsi, les flueurs blanches des femmes produisent quelquefois une gonorrhée simple chez les hommes. Autrefois on supposait qu'il suffisait de boire dans le même verre qu'un malade atteint de la syphilis constitutionnelle, pour contracter cette maladie ; mais je pense que cette croyance est tombée aujourd'hui. On a admis récemment un mode nouveau de communication de la maladie vénérienne, savoir, la transplantation d'une dent de la bouche d'une personne dans celle d'une autre. Il n'est pas douteux que cette opération n'ait donné naissance à des maladies ; mais il reste à examiner si ces maladies peuvent être considérées comme vénériennes.

Les maladies qui ressemblent à d'autres maladies présentent rarement cette ressemblance dans plus d'un ou deux de leurs symptômes. Aussi, toutes les fois que la nature d'une maladie est incertaine, doit-on soumettre tous les symptômes qu'elle présente à une investigation complète, afin de s'assurer si tous ces symptômes, ou seulement un petit nombre d'entre eux, appartiennent à la maladie dont on soupçonne l'existence. Cette remarque est applicable à la maladie vénérienne plus qu'à toute autre, car il n'existe peut-être pas une seule affection morbide avec les différentes formes de laquelle un plus grand nombre de maladies présentent de la ressemblance. Lorsqu'une maladie ressemble à la syphilis dans quelques-uns de ses symptômes, et non dans tous les autres, ce sont ces autres symptômes qui doivent être considérés comme les symptômes spécifiques ou essentiels de la maladie, et ceux d'apparence syphilitique n'en sont que les symptômes communs. Mais si une maladie, quoique imparfaitement caractérisée, est soupçonnée d'être vénérienne, et qu'elle ressemble à la maladie vénérienne dans le plus grand nombre de ses symptômes, on doit la considérer comme vénérienne; cette opinion est la plus probable, bien qu'elle ne soit point rigoureusement certaine, car il est rarement possible de démontrer la nature vénérienne d'une maladie, surtout quand il s'agit de la syphilis constitutionnelle, qui n'a pas la propriété de communiquer l'infection (*).

(*) Il règne beaucoup de confusion au sujet des maladies syphilitiques et pseudo-syphilitiques; et l'on aurait pu éviter en grande partie cette confusion si l'on avait pris en suffisante considération les principes évidents qui doivent servir de guides dans la détermination de l'identité et de la diversité des maladies. Cette confusion ne peut être imputée à Hunter que pour une très-faible partie. Cependant il est quelques cas où il paraît avoir été induit en erreur par des opinions préconçues sur la maladie vénérienne; opinions qu'une plus longue observation lui aurait fait considérer comme plus que douteuses.

Ou peut confondre avec la syphilis des maladies qui n'ont de connexion avec aucune espèce de virus. Cette méprise est fréquente pour les plaies des organes génitaux, sur lesquels des excoriations superficielles qui auraient pu être guéries en trois jours par un traitement convenable, et des vésicules herpétiques qui ressemblent exactement dans leur forme extérieure et dans leur marche à celles qui s'observent si fréquemment sur les lèvres, sont traitées souvent comme des affections vénériennes. La même remarque s'applique dans toute sa force à quelques-unes des affections de la gorge et des éruptions de la peau.

L'existence d'un *poison* morbide comme cause de la syphilis constitutionnelle est déduite de deux faits: premièrement, une longue observation a démontré que les symptômes primitifs de la syphilis sont le résultat d'une communication avec des sujets infectés, et qu'ils peuvent de la même manière propager l'infection. En second lieu, l'observation a également appris que ces symptômes primitifs sont suivis, après un certain temps, de symptômes secondaires. Il est vrai que, dans la pratique, on ne peut pas obtenir dans tous les cas particuliers une démonstration complète de ces deux points, et que l'on est forcé de baser le traitement sur des conjectures probables plutôt que sur une certitude. Mais il a été démontré que ces deux principes sont généralement vrais pour la classe des symptômes que l'on appelle vénériens. C'est sur leur vérité que reposent les opinions pathologiques qui sont admises au sujet de la maladie vénérienne; et l'on ne peut nier que là où l'un de ces deux faits, sinon les deux, ne peut être constaté d'une manière satisfaisante, nous n'avons aucune preuve absolue de l'existence d'un virus.

La manière dont la maladie a été contractée, prise isolément, peut induire en erreur, puisque les sécrétions des parties malades peuvent avoir des qualités irritantes capables d'affecter les parties sur lesquelles elles sont appliquées, sans qu'il existe aucun *poison* morbide qui soit de nature à produire une maladie spécifique. Si donc on ne peut démontrer l'identité des symptômes dans la partie qui communique l'infection et dans celle qui la reçoit, ou si l'infection ne peut être suivie dans un certain nombre d'individus successivement infectés, les conclusions sont toujours entachées de quelque incertitude. Mais lorsque la succession régulière des symptômes secondaires aux symptômes primitifs est rigoureusement établie, il est difficile de se refuser

Bien que la maladie vénérienne conserve distinctement ses caractères spécifiques dans ses diverses formes, cependant ses symptômes sont en

à admettre qu'il existe un virus qui a été mêlé aux liquides en circulation, et qui porte le germe de la maladie jusque dans les parties du corps les plus éloignées. Il est digne de remarque que les passages de Celse et autres, qu'on a cités si souvent comme des preuves de l'existence de la maladie vénérienne en Europe avant la fin du quinzième siècle, n'ont rapport qu'aux lésions locales contractées par des sujets qui se sont mis en contact avec des personnes malades, et gardent le silence le plus complet sur toute affection constitutionnelle qui eût pu être la conséquence de ces affections locales (*).

Mais lorsque l'existence d'un *poison* a été prouvée, on peut encore demander si ce *poison* est le même que celui de la syphilis constitutionnelle ; et cette question ne peut être résolue que par une étude comparative du mode de communication, des caractères des symptômes, de la marche et des progrès de la maladie, et des moyens de traitement. Quand la maladie se comporte, sous tous ces rapports, comme la syphilis, on ne peut guère douter de l'identité du virus ; lorsqu'au contraire, dans des conditions semblables, elle présente une différence décidée et uniforme, on doit naturellement admettre que la maladie est d'une autre nature.

Il résulte de là que toute erreur, toute inexactitude dans les notions que nous pouvons posséder sur la syphilis elle-même, doit exercer infailliblement une influence fâcheuse sur la manière dont nous savons distinguer les maladies qui lui ressemblent, et nous porter, suivant nos idées arrêtées d'avance et la nature de nos erreurs, à donner trop ou trop peu d'extension à la dénomination de *maladie vénérienne*. Dans ces dernières années, l'erreur qui paraît avoir été la plus fréquente est celle qui consiste à exclure du cadre des maladies syphilitiques des maladies qui sont manifestement de cette nature, parce qu'elles ne sont pas de tous points conformes aux opinions préconçues qu'on s'était faites sur la syphilis constitutionnelle. Les auteurs qui ont écrit sur ce sujet semblent à peine se douter de la grande variété d'aspects des symptômes vénériens, et de la différence que présentent les agents thérapeutiques dans leurs effets à des époques différentes de la maladie. Un ulcère primitif, dans lequel on n'observe pas manifestement les caractères du chancre tels qu'ils sont décrits par Hunter, peut néanmoins être vénérien. Il peut dériver d'un ulcère vénérien et produire des symptômes constitutionnels qui aient tous les caractères de la vraie syphilis. Dans les affections secondaires, la variété est encore plus grande. Souvent des symptômes de caractère douteux sont tellement entremêlés à d'autres symptômes sur la nature desquels on ne peut se méprendre, qu'ils doivent certainement être rapportés à la même cause.

Ainsi, lorsqu'on rencontre des affections qui s'éloignent plus ou moins des formes les plus spéciales et les mieux caractérisées de la maladie vénérienne, on n'est pas en

(*) La relation entre les accidents primitifs et les secondaires n'a pas été toujours connue ; on peut, sous ce rapport, diviser l'histoire de la syphilis en trois époques : la première, pendant laquelle les accidents primitifs étaient seuls connus, est antérieure à l'épidémie du quinzième siècle ; dans la seconde, qui commence avec l'épidémie et s'étend jusqu'aux travaux de Fernel, les accidents secondaires ou constitutionnels furent plus particulièrement notés ; et enfin, dans la troisième, les accidents primitifs furent bien distingués des accidents constitutionnels, qui, à leur tour, et surtout depuis Hunter, ont pu être divisés en accidents secondaires et tertiaires.

P. Ricord.

apparence communs à beaucoup d'autres maladies, et, sous ce point de vue, on ne peut pas dire qu'elle ait un seul symptôme qui lui soit propre.

droit de conclure à la diversité de cause, et d'attribuer les symptômes à l'existence d'un virus différent de celui de la vraie syphilis. Cependant on a publié comme exemples de pseudo-syphilis plusieurs cas où les apparences s'accordaient exactement avec quelques-unes des formes de la syphilis constitutionnelle.

En outre, les notions qui ont prévalu quant au mode de traitement ont été une source encore plus abondante d'erreurs. Le mercure a été considéré comme le seul moyen curatif de la syphilis, et son action a été admise comme le criterium de la maladie. D'une part, lorsque le mercure n'a pas eu d'heureux résultats, et, d'une autre part, lorsque le malade a été guéri sans l'emploi de ce métal, on en a conclu que la maladie n'était point vénérienne.

Cependant, il est pleinement établi par l'expérience des temps anciens, et confirmé par une longue série d'expérimentations qui appartiennent aux temps modernes, que la plupart des symptômes vénériens, sinon tous, soit primitifs, soit secondaires, peuvent être détruits sans le secours du mercure. Il n'est pas nécessaire de revenir avec détails sur ces expérimentations; elles sont bien connues; et la conclusion qu'on en a déduite est irrésistible, ou au moins il n'y a aucune cause d'erreurs qui puisse porter une atteinte notable à sa vérité en général. D'un autre côté, les effets défavorables du mercure ne prouvent point que la maladie ne soit pas vénérienne. Plusieurs circonstances peuvent entraver son action, comme antisyphilitique, et le rendre inefficace ou nuisible, dans des cas qui sont véritablement vénériens. Quand il ne produit aucun effet sensible dans l'économie, il arrive souvent qu'il n'a non plus aucune action sur les symptômes vénériens. Quand il détermine le vomissement, ou la dyssenterie, ou l'éréthisme mercuriel, ou qu'il trouble gravement la santé générale d'une manière quelconque, on voit ordinairement les symptômes vénériens prendre de l'extension sous son influence. Il se présente tous les jours des cas où les progrès ultérieurs de la maladie prouvent la vérité de cette doctrine; des cas dans lesquels la guérison définitive est effectuée par le moyen du mercure, bien qu'à une certaine époque il eût sérieusement aggravé les symptômes qu'il était destiné à combattre. Dans les cas de cette espèce, la connaissance pratique de la marche et de l'aspect de la syphilis constitutionnelle peut seule servir de guide dans le jugement qu'on doit porter. Si le médecin n'a point cette connaissance, il hésitera dans son opinion sur la nature de la maladie à l'apparition de tout symptôme défavorable, et le plus souvent alors il abandonnera entièrement le traitement mercuriel. Celui qui connaît assez bien la maladie pour avoir confiance dans l'exactitude de son diagnostic, recherche si l'action du médicament n'a point rencontré quelque obstacle qui puisse rendre compte de son insuccès. Il en suspend l'emploi temporairement, avec l'intention d'y recourir plus tard, à une époque où il pourra l'employer avec plus de précautions et dans des conditions plus favorables.

Si les signes distinctifs sur lesquels on s'est généralement appuyé sont infidèles, on peut demander quels sont ceux qui peuvent leur être substitués. La réponse est simple. Lorsqu'il y a une différence de virus, la différence des effets morbides est constante et uniforme, et non passagère ou accidentelle. On ne peut révoquer en doute que la rougeole et la variole ne soient deux maladies différentes, bien qu'elles aient été confondues autrefois; car les traits distinctifs qui les séparent, une fois signalés, se sont trouvés confirmés par l'expérience de chaque jour. Le yaws de l'Afrique et des Indes occidentales, le sibbens d'Écosse et du Canada, le scherlievo de la côte Illyrienne, les effets du *poison* de la morve sur l'homme, ne peuvent être confondus avec

Par exemple, tous les symptômes de la gonorrhée peuvent être produits par toute autre cause visible d'irritation, et souvent même sans aucune cause appréciable ; on a même vu des bubons et des engorgements testiculaires, qui sont des symptômes de la maladie vénérienne, succéder à des injections stimulantes et à l'introduction des bougies chez des personnes saines. A la vérité, ces deux symptômes, et plus spécialement l'engorgement testiculaire, quand ils dérivent d'une cause vénérienne, sont, dans beaucoup de cas, seulement symptomatiques et non spécifiques.

Les ulcères du gland, du prépuce, etc., sous forme de chancres, peuvent se former sans infection vénérienne, quoiqu'on puisse observer que dans ces cas ils sont, en général, consécutifs à d'anciens ulcères vénériens qui ont été parfaitement guéris.

Les symptômes qui sont le résultat de l'infection constitutionnelle sont communs à plusieurs autres maladies. Ainsi, les taches de la peau s'observent dans ce qu'on appelle la cachexie scorbutique ; les douleurs, dans le rhumatisme ; le gonflement des os, du périoste, des aponévroses, etc., dans beaucoup de cachexies qui sont probablement de nature scrofuleuse ou rhumatismale. On retrouve donc dans plusieurs autres maladies la plupart des symptômes de la syphilis, sous quelque forme qu'elle se présente. Aussi faut-il remonter à l'origine de la maladie, recueillir toutes les circonstances importantes qui s'y rattachent, comme l'époque de son début, ses effets sur d'autres individus par suite des relations sexuelles quand elle n'est que locale, et réunir ces renseignements avec les apparences et les symptômes actuels, pour pouvoir déterminer d'une manière absolue quelle est la véritable nature de la maladie. En effet, toutes ces données réunies peuvent présenter un ensemble qui ne se retrouve dans aucune autre maladie. Cependant, malgré toutes nos connaissances et l'application que nous pouvons en faire à l'investigation des symptômes douteux, nous nous trompons souvent, tantôt en admettant comme vénériennes des affections qui ne le sont pas, et tantôt en prenant pour d'autres maladies celles qui le sont réellement.

Le rhumatisme, dans quelques constitutions, ressemble à la syphilis constitutionnelle par plusieurs de ses symptômes. Les douleurs nocturnes, le gonflement des tendons, des ligaments et du périoste, la douleur dont ces tuméfactions sont le siége, sont des symptômes du rhumatisme aussi bien que de la syphilis quand elle attaque ces parties. Je ne me rappelle pas d'avoir jamais vu la syphilis constitutionnelle attaquer les articulations, bien que les affections rhumatismales de ces parties soient souvent guéries

la syphilis, parce que les symptômes sont différents ; et cette différence, qui peut être constatée d'une manière uniforme sur un grand nombre d'individus affectés par ces maladies, empêche qu'il ne soit possible qu'on les attribue à la même cause. Au contraire, les signes sur lesquels on s'est appuyé pour exclure de la classe des affections syphilitiques les maladies qui ont été décrites comme des exemples de pseudo-syphilis, sont incertains et variables, et ne peuvent jamais constituer les caractères distinctifs d'une maladie particulière et indépendante.   G. G. B.

par le mercure, et qu'en conséquence on les considère comme vénériennes (*).

Le mercure donné sans précaution produit souvent les mêmes symptômes que le rhumatisme. J'ai vu des médecins considérer comme vénériens des symptômes de cette espèce, et persister dans l'emploi du mercure.

Il est d'autres maladies qui ressemblent à la syphilis, non-seulement par leur aspect extérieur, mais encore par leur mode d'infection, car elles affectent les parties par le simple contact, ce qui les fait rentrer dans la classe des *poisons*, et, de ce point de départ, donnent naissance à des effets consécutifs immédiats semblables aux bubons, ainsi qu'à des effets consécutifs éloignés semblables à ceux qui constituent la syphilis constitutionnelle.

Les erreurs dans le diagnostic conduisent à des erreurs dans le traitement, et par conséquent il importe presque autant de les éviter que ces dernières. En effet, il est à peu près aussi dangereux, chez beaucoup de sujets, d'administrer le mercure lorsque la maladie n'est pas vénérienne, que de ne pas recourir à son emploi quand elle est de cette nature; car il est à remarquer que les constitutions qui, sans être réellement atteintes de la syphilis, manifestent quelques-uns des symptômes vénériens, sont précisément celles qui s'accommodent difficilement de l'usage du mercure, et sur lesquelles ce médicament agit communément d'une manière nuisible. J'ai vu le mercure, administré contre un ulcère supposé vénérien des amygdales, produire la gangrène de ces glandes et mettre le malade sur le bord du tombeau.

Lorsque j'ai décrit les symptômes et les apparences générales de la syphilis constitutionnelle, j'ai rapporté quelques cas qui paraissaient être vénériens, bien qu'ils ne le fussent point en réalité; j'y renvoie le lecteur, pour éviter des répétitions; ils auraient trouvé parfaitement ici leur place, si je ne les avais déjà fait connaître.

Comme les maladies en question sont nombreuses et variées, et qu'elles

(*) Cette assertion est trop générale. Il se présente de temps en temps, quoique rarement, des cas où l'inflammation de la membrane synoviale des articulations se manifeste en coïncidence avec des symptômes secondaires de caractère non douteux, augmente d'intensité pendant la période d'accroissement de ces symptômes, et se dissipe aussitôt que l'éruption cutanée ou l'affection de la gorge est combattue avec succès par l'emploi du mercure. Dans les cas de cette espèce, l'inflammation synoviale se présente sous forme aiguë, et s'accompagne d'une douleur, d'une tension, et d'une rougeur superficielle très-intenses, qui suffisent pour la faire distinguer de la forme lente et asthénique de la même affection, que l'on observe fréquemment dans les cas de cachexie générale, soit que cette cachexie ait été produite par le mercure agissant comme un *poison*, soit qu'elle soit l'effet de la longue durée de la maladie vénérienne elle-même, comme il arrive quand on laisse cette maladie suivre ses progrès jusqu'à ce qu'elle ait troublé toutes les fonctions nécessaires à l'entretien de la nutrition et de la santé, et que le malade ait été réduit à un état qui ressemble beaucoup à la cachexie scrofuleuse.

                                                        G. G. B.

ne peuvent être ramenées à aucun système, à aucun ordre que je connaisse, je me bornerai à rapporter les faits, mettant ainsi les lecteurs dans le cas de juger par eux-mêmes, s'ils ne sont point disposés à adopter les conclusions que j'en ai tirées.

Le 28 juillet 1776, un chirurgien, qui était alors aux Indes occidentales, se fit une égratignure au bout du doigt avec une épine. Le 31, il ouvrit un abcès situé sur l'épaule, chez une négresse qui avait le yaws, et qui depuis longtemps avait fréquemment, dans différentes parties du corps, de pareils abcès, auxquels succédaient des ulcérations incurables. Immédiatement après l'opération, il aperçut un peu de pus sur son égratignure, et il s'écria qu'il s'était inoculé la maladie. Le 2 août, il amputa un doigt, chez un jeune garçon de treize ans, pour un ulcère dont l'aspect rappelait le bois vermoulu. L'excoriation de son doigt ne se cicatrisa point, et de temps en temps elle produisit des écailles blanchâtres. Cette apparence l'alarma, et il fit des frictions mercurielles très-énergiques. Malgré ce traitement, dans le mois de septembre, il se forma sur la seconde articulation du doigt une tumeur inflammatoire douloureuse, qui fut bientôt suivie de l'apparition de plusieurs autres tumeurs semblables, à la face dorsale de la main, sur le trajet du second os métacarpien. Le malade continua les frictions mercurielles, mais sans succès, car les tumeurs se multipliaient chaque jour, et dans le mois de novembre elles s'étendaient jusqu'à peu de distance de l'aisselle; ces tumeurs ne passèrent point à cette époque à la suppuration. Vers la fin de novembre, il commença à ressentir des douleurs nocturnes très-vives dans diverses parties du corps, mais surtout le long du tibia et du péroné, et des maux de tête intenses qui se renouvelaient fréquemment; ces souffrances firent des progrès continuels pendant cinq mois et devinrent presque intolérables, quoique le malade continuât à faire des frictions mercurielles et qu'il fît usage tous les jours en grande quantité de la décoction de salsepareille.

En mai 1777, une éruption squammeuse se manifesta en différentes parties du corps, principalement sur les jambes et sur les cuisses, et les tumeurs indiquées ci-dessus s'ulcérèrent; mais ces phénomènes morbides furent suivis d'une rémission dans les douleurs nocturnes.

Jamais le malade ne put réussir à se faire saliver, bien que sa bouche eût été constamment douloureuse pendant plusieurs mois. Les ulcérations empirèrent chaque jour, et l'on pensa que la seule ressource qui lui restât était de faire un voyage en Angleterre. Il arriva à Londres le 1er août, et, d'après les avis de William Hunter et de John Pringle, il reprit l'usage du mercure et de la salsepareille, et se mit à la diète lactée. Je fus appelé en consultation, et comme je jugeai que deux tiers de grain de mercure calciné par jour étaient une trop faible dose si l'on considérait la maladie comme vénérienne, il fut décidé que la dose de ce médicament serait élevée graduellement jusqu'à cinq grains. Ce traitement fut continué jusqu'en novembre, époque à laquelle tous les ulcères étaient parfaitement cicatrisés.

Il abandonna alors l'usage du mercure et se trouva délivré de tout symptôme, à l'exception de quelques nodus sur le tibia, et de quelques douleurs rhumatismales qui étaient réveillées quand il s'exposait au froid ; mais il y a environ un an (*), il a commencé à éprouver de la gêne dans la déglutition, de la sécheresse dans la gorge, et cette dernière région ainsi que l'ouverture postérieure des fosses nasales sont devenues le siége de l'écoulement d'un mucus visqueux ; ces symptômes existent encore.

On peut faire les remarques suivantes sur le cas qui précède :

Il n'est guère possible de douter que la maladie ne fût le yaws. Le yaws est une maladie qui ressemble à la maladie vénérienne dans plusieurs de ses symptômes, ainsi que dans la manière dont il est le plus ordinairement communiqué. Il en diffère cependant par plusieurs particularités essentielles. Le yaws a une marche régulière ; après avoir parcouru ses périodes, il laisse la constitution dans un état sain, ou au moins délivrée entièrement de cette maladie ; il suffit, pour la guérison, que le malade soit placé dans des conditions hygiéniques favorables. Ainsi, un nègre atteint de cette affection doit rester au repos ou travailler très-peu ; il faut le tenir très-propre et le mettre à un meilleur régime qu'auparavant. Dans ces conditions, il se guérit ordinairement dans l'espace de quatre à neuf mois, bien que les cas les plus défavorables puissent durer beaucoup plus longtemps. On emploie un grand nombre de médicaments dans le traitement de cette maladie, mais il n'est pas prouvé qu'aucun d'eux soit utile. Le mercure agit très-puissamment sur elle, sans en être le spécifique. Administré au début, il peut arrêter les progrès de la maladie ou même amener la cicatrisation de tous les ulcères cutanés ; mais on ne gagne rien à ce succès apparent, car la maladie ne tarde point à éclater de nouveau. Quelques médecins des Indes occidentales pensent que l'interruption du cours de la maladie par l'emploi du mercure n'a pas d'autre inconvénient que de faire perdre du temps et de produire une guérison imparfaite ; d'autres affirment que ce traitement donne souvent lieu à ce qu'ils appellent *boneache* (douleurs ostéocopes). Il est généralement admis que le mercure peut être donné avec sécurité et même avec avantage vers la fin de la maladie. Il est probable que, dans le cas qu'on vient de lire, la longue durée de la maladie, qui a dépassé quatorze mois, ainsi que les douleurs qui avaient leur siége dans les os, ont été le résultat de l'emploi prématuré et trop abondant du mercure. On peut ajouter que le yaws diffère autant de la syphilis par la propriété qu'il a, comme la variole, de n'attaquer jamais le même individu deux fois, que par celle dont il jouit également de se guérir de lui-même (**).

(*) La première édition de cet ouvrage a été publiée en 1786 ; par conséquent, il a dû s'écouler un espace de temps considérable entre la guérison des ulcérations et la manifestation de l'affection morbide de la gorge.   G. G. B.

(**) La première et la meilleure description du yaws a été donnée dans le cinquième volume des *Edinburgh Medical Essays* ; elle est attribuée à un médecin nommé Home. Le cas rapporté par Adams, dans son ouvrage *sur les poisons morbides*, comme ayant été observé à Madère, ne paraît point appartenir à cette maladie.   G. G. B.

M... me consulta pour des chancres situés au niveau de l'union du prépuce avec le corps de la verge et sur le frein. Le traitement se composa principalement de frictions mercurielles, qui étaient destinées à affecter la constitution; on appliqua aussi le mercure sur les ulcères, afin de les affecter localement. Les chancres marchèrent vers la guérison d'une manière graduelle et non interrompue, et, au bout de cinq semaines environ, ils étaient parfaitement cicatrisés. Immédiatement après cette guérison, et longtemps avant qu'on pût supposer que tout le mercure eût été expulsé de la constitution, M... eut commerce avec une femme. Très-peu de jours après le premier rapprochement sexuel, le prépuce devint le siége d'excoriations qui occupaient tout le pourtour de son bord libre. M... continua ses relations; mais voyant son état empirer, il vint me consulter. Les excoriations étaient très-profondes, et le prépuce était si contracté et si douloureux, qu'il était impossible de le ramener sur la verge. Cette lésion était-elle vénérienne? Les plaies n'avaient pas l'aspect syphilitique; mais il ne fallait pas s'en tenir aux simples apparences. J'examinai d'abord si ces altérations n'étaient point un retour de la première maladie : cela ne pouvait être, car les nouveaux ulcères n'occupaient pas les mêmes points où les chancres avaient été situés. Était-il permis d'admettre que la partie actuellement affectée du prépuce avait été infectée en même temps que celle qui avait présenté les chancres, et que le *poison* n'y avait point, jusqu'à l'époque actuelle, développé l'action vénérienne, parce qu'il en avait été empêché par le traitement mercuriel, qui toutefois n'avait point détruit la disposition? On ne pouvait répondre à cette question d'une manière satisfaisante; mais cette hypothèse n'était guère vraisemblable, car l'action vénérienne aurait été excitée à une époque très-rapprochée de la cessation du traitement, et lorsqu'il y avait très-probablement encore une grande quantité de mercure dans l'économie. Cette nouvelle affection avait-elle été communiquée par la femme? La présence du virus communiqué par le coït ne pouvait être considérée comme la cause de ces excoriations, quelque influence qu'elle eût pu avoir ensuite pour les rendre vénériennes, car elles s'étaient formées trop peu de temps après les relations sexuelles, et surtout à une époque où la constitution était encore imprégnée de mercure; en outre, très-peu de temps auparavant, les parties étaient accoutumées au contact de la matière vénérienne. Bien que je fusse convaincu, d'après toutes ces circonstances réunies, que le cas n'était point vénérien, le malade n'en craignit pas moins qu'il ne fût possible qu'il eût communiqué la maladie à la femme avec laquelle il avait eu des relations, parce qu'il l'avait vue après l'apparition des ulcérations. Ma conviction étant aussi arrêtée sur ce point que sur l'autre, je l'engageai à rester parfaitement tranquille. Il partit immédiatement pour la campagne, et ses excoriations se guérirent parfaitement bien sans traitement. Moins de quinze jours après les rapports qu'il avait eus avec cette femme, celle-ci fut prise d'une fièvre légère, et il se forma une tumeur dans l'une de ses aines. Je suivis les progrès de cette tumeur, qui furent lents, et mon opinion fut qu'elle n'était point vénérienne. A la fin, il s'y forma du pus, elle s'ouvrit;

et l'on appliqua dessus des cataplasmes. Au lieu de s'ulcérer et de s'étendre, l'abcès présenta une disposition favorable, et au bout de six semaines environ, il était parfaitement guéri. Pendant le travail de cicatrisation, il apparut sur la peau des plaques squammeuses, dont quelques-unes occupaient la face et les cuisses, mais dont le plus grand nombre étaient situées aux mains et aux pieds, dont l'épiderme se détacha par écailles. L'apparition de ces symptômes m'ébranla un peu; mais comme la plaie de l'aine était en voie de guérison, je ne voulus point m'en rapporter aux apparences; c'est pourquoi j'insistai pour qu'aucun traitement particulier ne fût entrepris, et l'éruption se dissipa très-bien d'elle-même.

A en juger par la physionomie générale de ces faits, on eût été naturellement porté à affirmer que la maladie, dans ces cas, était de nature vénérienne. Mais en recherchant et en groupant ensemble toutes les circonstances de chacun d'eux, je pus conclure qu'il n'y avait là rien de syphilitique, et l'événement a prouvé que j'avais eu raison.

L'observation suivante m'a été communiquée par M. French, de Harpurstreet :

Le 9 juin 1782, A... me consulta pour un ulcère qui était situé sur le gland et qui était le siége d'une douleur excessive. Sachant qu'il menait une vie déréglée, et ayant appris de lui qu'étant dans un état d'ivresse il avait eu commerce avec une femme, je considérai l'ulcère comme vénérien. Il était alors dans un état fébrile et peu favorable à l'administration du mercure : en conséquence, je lui prescrivis le quinquina en décoction, et l'élixir de vitriol avec la teinture thébaïque, à dose proportionnée à l'intensité de la douleur. Je lui défendis l'usage de toute liqueur fermentée; je lui recommandai de se nourrir principalement de lait, et de bassiner l'ulcère avec un liniment composé de parties égales d'huile d'amandes et d'eau saphirine (*aqua saphirina* (*)).

Vers le 17 du même mois, la fièvre ayant éprouvé un amendement, l'ulcère parut plus net; et la douleur ayant diminué, je prescrivis de petites doses de mercure et d'extrait de ciguë.

Le 4 juillet, remarquant que le mercure agissait d'une manière fâcheuse, je prescrivis trois grains d'extrait de ciguë deux ou trois fois par jour, ainsi que la décoction de quinquina comme auparavant, avec vingt gouttes de teinture thébaïque qui furent graduellement portées jusqu'à soixante, et que le malade prit le soir en se couchant.

L'ulcère avait pris beaucoup d'extension pendant l'emploi du mercure, et il avait détruit la moitié du gland.

Le 1er octobre, M. Hunter fut consulté; il conseilla d'ajouter la poudre de salsepareille à la décoction de quinquina, de donner le laudanum à hautes doses, et de baigner l'ulcère avec la teinture thébaïque. Peu de temps après le commencement de ce traitement, le reste du gland fut éliminé, la plaie

(*) *Eau saphirine* ou *Eau céleste*, formée d'eau de chaux, de sel ammoniac et de vert-de-gris; variable d'ailleurs suivant les formulaires.   G. R.

qui succéda à la chute de l'escarre se cicatrisa graduellement, et la santé générale se rétablit.

Ce cas présenta deux autres symptômes qui méritent d'être mentionnés; la moitié droite du frontal et le pariétal gauche devinrent le siége d'une tuméfaction considérable accompagnée de vives douleurs, et des taches semblables à celles du scorbut de mer se montrèrent à la partie interne du tibia gauche; ces deux symptômes disparurent pendant la durée du traitement.

Quelques mois après, les tumeurs de la tête se reproduisirent; il se forma plusieurs abcès qui furent ouverts, et l'on trouva les os du crâne cariés dans une grande étendue. Pour calmer ses douleurs, le malade prit, pendant plusieurs mois, deux cent quarante gouttes de laudanum et six grains d'opium par jour. Les ulcères se guérirent, et il s'en ouvrit d'autres en diverses parties de la tête, qui se guérirent également. En juin 1785, il n'y avait plus qu'un large ulcère qui occupait l'angle de l'œil droit.

Une dame accoucha le 30 septembre 1776. L'enfant étant faible, et la quantité de lait que renfermaient les seins de la mère étant très-abondante, on jugea à propos de faire teter cette dame par un enfant du voisinage afin d'entretenir les seins dans une condition convenable. Il est à remarquer que cette dame donna le sein droit à son enfant, et le gauche à l'enfant étranger. Au bout de six semaines environ, le mamelon du sein gauche commença à s'enflammer, et les glandes de l'aisselle se tuméfièrent. Quelques jours après, il se forma autour du mamelon plusieurs petits ulcères qui, s'étendant rapidement, communiquèrent bientôt ensemble et n'en formèrent plus qu'un; à la fin, la totalité du mamelon fut détruite. La tumeur de l'aisselle se dissipa, et l'ulcère de la mamelle se cicatrisa dans l'espace d'environ trois mois à partir de son début. Vers cette époque, l'enfant étranger avait la respiration courte; il avait des aphthes dans la bouche; et il mourut de consomption, présentant plusieurs ulcères en différentes parties du corps. La malade se plaignit, dans le même temps, de douleurs lancinantes qui se faisaient sentir dans diverses régions, et auxquelles succéda, sur les bras, sur les jambes et sur les cuisses, une éruption de plaques dont plusieurs devinrent des ulcères.

La malade fut alors soumise à un traitement mercuriel, et à l'usage de la salsepareille en décoction. On essaya le mercure sous des formes diverses : à l'intérieur en solution et en pilules; à l'extérieur, sous forme d'onguent. On ne put en continuer l'emploi qu'un petit nombre de jours chaque fois, car il produisait toujours de la fièvre, de la diarrhée et des douleurs intestinales très-vives. La malade resta dans ces conditions jusqu'au 16 mars 1779, époque à laquelle elle accoucha d'un autre enfant qui était dans un état morbide. Cet enfant fut confié aux soins d'une nourrice et vécut environ neuf semaines; son épiderme se détachait dans plusieurs points, et une éruption squammeuse couvrait tout son corps.

Peu de temps après la mort de l'enfant, la nourrice accusa de la céphalalgie et de la douleur dans la gorge ; des ulcérations se formèrent sur ses seins. Divers médicaments lui furent prescrits, mais elle se détermina à entrer dans un hôpital, où on la fit saliver, et dont elle fut renvoyée au bout de quelques mois, sans être guérie. Les os du nez et du palais s'exfolièrent, et quelques mois après, elle mourut dans un état de consomption.

De tous les agents thérapeutiques qui furent employés par la dame elle-même, aucun n'eut d'aussi bons effets que les bains de mer. Vers le mois de mai, elle commença l'usage de la tisane de Lisbonne, qu'elle continua régulièrement pendant environ un mois ; et les ulcères, pansés avec le laudanum, se cicatrisèrent. En septembre (*), elle fut délivrée d'un autre enfant qui n'offrait aucune trace extérieure de maladie ; mais cet enfant paraissait mal portant, et il mourut avant la fin du mois.

Environ un an après cette époque, les ulcères s'ouvrirent de nouveau, et malgré des pansements mercuriels et l'usage de divers médicaments à l'intérieur, ils persistèrent pendant une année, mais ensuite ils se cicatrisèrent une dernière fois (**).

(*) 1780 ?

(**) Hunter croit évidemment que ces cas, ainsi que ceux qui leur ressemblent, ne sont point vénériens ; et, dans un autre endroit, il nie qu'il soit possible qu'un enfant reçoive l'infection vénérienne de sa mère, avant sa naissance. L'exposé des faits suivants, qui s'observent assez fréquemment et sont assez spéciaux pour qu'on puisse les donner avec toute confiance dans leur exactitude, permettra de juger si l'opinion de Hunter était fondée.

Lorsqu'une femme est atteinte d'une affection syphilitique constitutionnelle pendant la grossesse, elle paraît être disposée d'une manière toute particulière à l'avortement ; et il est très-probable que la cause de l'avortement est la mort de l'enfant, qui vient au monde privé de vie dans le plus grand nombre des cas, et qui, ordinairement, cesse de donner des signes d'existence quelques jours avant son expulsion.

Toutefois, si l'avortement n'a pas lieu, il est très-ordinaire de voir que l'enfant ne présente aucun signe de maladie au moment de sa naissance. Mais à une époque qui varie, en général, entre trois et cinq semaines après sa naissance, sa santé s'altère : il survient des éruptions sur les cuisses, dans les régions inguinales, entre les fesses ou sur les organes de la génération. Ces éruptions présentent l'aspect de taches qui affectent en général la forme circulaire, et qui offrent une surface brillante et une légère desquamation, mais sans le moindre épaississement tuberculeux. A mesure que la maladie fait des progrès, ces taches s'agrandissent, et il arrive quelquefois qu'elles occupent presque tout le corps. Dans les plis que forme la peau, elles s'excorient quelquefois légèrement, et même, auprès de l'anus, à l'ombilic, et sur les organes génitaux des petites filles, forment de petites excroissances qui se rapprochent du condylome. Alors, chez beaucoup de sujets, il se forme des ulcères dans l'intérieur de la bouche et dans le gosier ; les narines sont en partie bouchées par l'accroissement de leur sécrétion, et la voix devient faible et rauque. Avec tous ces symptômes coïncide un état morbide général très-grave. Dès le début des symptômes, l'enfant dépérit ; et, à mesure qu'ils continuent, il devient de plus en plus faible et émacié. Si cet état est négligé, il se termine souvent par la mort ; mais, sous l'influence d'un traitement mercuriel, tous les symptômes sont facilement dissipés, et l'enfant peut être rendu à une santé parfaite.

II.　　　　　　　　　　　　　　　　　　42

Les cas suivants, qui dérivent tous de la même source, sont la meilleure preuve possible qu'il se forme chaque jour des *poisons* nouveaux, qui

Les personnes qui ont des rapports très-intimes avec un enfant atteint de cette maladie, peuvent recevoir de lui l'infection. Lorsqu'un tel enfant, ayant des ulcères dans l'intérieur de la bouche, suce le sein d'une femme saine, il arrive le plus souvent que des ulcères se forment sur le mamelon. Or, ces ulcères ne ressemblent point aux fissures qui sont si communes sur les mamelons des femmes qui donnent à teter, et qui ne déterminent ordinairement aucune perte de substance ; mais ce sont des ulcères rongeants, qui, avant qu'on ait pu en obtenir la cicatrisation, détruisent la totalité ou la plus grande partie du mamelon. Ils déterminent aussi, en général, dans l'aisselle, un engorgement glandulaire, qui, toutefois, passe rarement à la suppuration. Au bout de quelques semaines, il survient des affections morbides de la gorge, des éruptions ou des nodus qui ne diffèrent en rien des formes ordinaires de la syphilis constitutionnelle.

Lorsqu'une femme, après avoir été infectée de cette manière par un nourrisson qui n'a sucé qu'un sein, donne à teter à un autre enfant bien portant, l'infection n'est point communiquée à celui-ci, si elle a bien soin de ne lui donner que le sein opposé, et de ne jamais mettre dans sa bouche le mamelon qui a été sucé par l'enfant malade. Mais si cette précaution n'est pas prise, et que les deux seins soient présentés indistinctement aux deux enfants, l'enfant bien portant contracte, à la face interne des lèvres, des ulcères qui sont suivis d'une éruption squammeuse de la peau, exactement semblable à celle qu'on observe sur le corps d'un enfant qui a reçu l'infection de sa mère.

Il serait facile d'appuyer ces assertions sur des observations détaillées. Les résultats sont assez uniformes ; au moins, les cas où l'on voit les phénomènes morbides dévier de leur marche habituelle ne sont pas plus nombreux que les cas insolites que présente la maladie vénérienne communiquée par la voie ordinaire dans les relations sexuelles.

Il est difficile, en face de ces faits, de nier que de tels symptômes soient l'effet du virus vénérien. Il est vrai que les symptômes vénériens, chez les enfants, ne sont pas précisément les mêmes, soit dans leur marche, soit dans leur aspect, que les symptômes les plus ordinaires de la maladie vénérienne chez les adultes. Il paraît que les affections des os et du périoste, de même que les éruptions tuberculeuses, ne s'observent point à cet âge. Cependant, comme les symptômes, chez l'adulte d'où la maladie provient, et chez l'adulte auquel l'enfant la communique, sont identiques à ceux de la syphilis commune, on doit en conclure que les différences qui viennent d'être indiquées doivent être attribuées à l'âge et aux conditions particulières où se trouve l'enfant, et non à une différence de virus.

Il est impossible d'admettre l'argument avancé par Hunter, savoir, que les cas qui nous occupent ont dû être l'objet d'un diagnostic erroné, parce que les symptômes secondaires de la syphilis ne communiquent jamais l'infection. Les faits sont si bien établis, qu'il est plus difficile de les nier que de révoquer en doute le principe.

G. G. B.

Je partage ici complétement l'avis de M. Babington ; seulement je pense que jusqu'à présent, on n'a pas encore bien déterminé la nature absolue des accidents qui peuvent se transmettre des enfants aux nourrices ; et que tel accident réputé secondaire transmissible pouvait bien avoir été d'abord primitif ; comme aussi dans quelques cas, telle nourrice qui disait avoir été infectée par son nourrisson, pouvait bien avoir contracté la syphilis autrement.

Quoi qu'il en soit, dans l'état actuel de la science, si l'explication laisse encore beau-

ressemblent beaucoup, sous plusieurs rapports, mais non sous tous, au *poison* vénérien, de sorte que ce n'est pas par les points de ressemblance, mais par ceux de dissemblance qu'il faut les juger.

Les parents de l'enfant qui est le sujet de l'observation suivante étaient et sont encore, selon toute apparence, des gens très-sains. L'enfant naquit faible; sa mère, n'ayant que peu ou point de lait, le confia, trois semaines après sa naissance, à une nourrice dont le lait datait de sept mois et qui allaitait son propre enfant. La nourrice donna le sein droit à son enfant, et le sein gauche à son nourrisson.

La nourrice remarqua que la peau de son nourrisson commençait à présenter des desquamations; mais il n'y avait nulle part d'excoriations, excepté autour de l'anus, où l'aspect de la peau était tel, qu'on eût dit que la partie avait été *échaudée*. La même espèce de desquamation se manifesta sur les lèvres, mais il ne paraît point qu'il s'y soit formé des ulcérations, bien que les habitants du pays affirmassent que c'étaient des aphthes. La surface interne de la bouche et la langue paraissaient saines. Le nourrisson mourut au bout de quinze jours, et alors la nourrice allaita son propre enfant pendant trois semaines avec les deux seins indistinctement; au bout de ce temps, elle vint à la ville pour nourrir un autre enfant.

Elle donna à teter à ce second enfant; mais après un séjour de dix à onze jours à la ville, elle sentit que sa santé s'altérait. On pensa que sa nouvelle manière de vivre, le séjour de la ville, et probablement un meilleur régime, ne convenaient point à sa santé, et alors elle partit pour la campagne, et emmena son nourrisson avec elle. Trois ou quatre jours après son arrivée à la campagne, par conséquent une quinzaine de jours après avoir pris son nouveau nourrisson, et cinq semaines après la mort du premier, son mamelon gauche, qui avait toujours été sucé par le premier nourrisson, commença à s'ulcérer, de sorte qu'il lui fut impossible de donner à teter avec le sein de ce côté. Cet ulcère du mamelon devint extrêmement douloureux. Un ou deux jours après, il survint une éruption d'abord sur la figure, puis bientôt sur tout le corps, mais surtout sur les jambes et sur les cuisses. Cette éruption continua à sortir pendant environ quinze jours; elle avait d'abord beaucoup de ressemblance avec l'éruption de la variole, et le troisième jour de sa sortie elle s'accompagna de fièvre, de malaise général et d'une vive douleur.

On fit prendre, toutes les quatre heures, à la malade une mixture avec le sel d'absinthe, et tous les deux jours quelques laxatifs, tels que l'infusion de séné, le tartre soluble, etc., mais sans aucun effet, car les symptômes empirèrent.

coup à désirer pour satisfaire complétement tous les esprits, il existe un grand nombre d'observations incontestables de syphilis transmise du nourrisson à la nourrice, et *vice versa*.

Quant aux accidents tertiaires, que M. Babington croit ne pas exister chez les enfants, subissant des modifications dépendantes des conditions particulières dans lesquelles ils se développent, ils revêtent si facilement la forme des scrofules, que leur cachet spécial est effacé et leur origine perdue.   P. Ricord.

42.

Deux ou trois jours après l'apparition de l'éruption cutanée, une des glandes de l'aisselle se tuméfia, suppura, et fut ouverte au bout de quinze jours, puis elle se guérit presque tout de suite. Quelques-unes des pustules s'accrurent rapidement, devinrent de larges ulcères, ayant presque le diamètre d'une demi-couronne, surtout sur les jambes et sur les cuisses, et se couvrirent d'une large croûte; plusieurs restèrent petites, et ne parurent être que de simples papules. Quinze jours environ après le début de l'éruption, quelques-unes des pustules disparurent; et quatre semaines plus tard, un ulcère putride se forma sur l'amygdale gauche.

Le chirurgien de l'endroit voyant qu'il ne pouvait retirer aucun avantage du traitement indiqué ci-dessus, se décida à prescrire le sublimé corrosif à la dose d'un demi-grain en dissolution matin et soir. Au bout d'une semaine environ, on crut remarquer que le gonflement des ulcères restait stationnaire, que la suppuration était un peu moindre, et que l'ulcère de la gorge avait une apparence plus favorable.

Ce fut à cette époque que je vis la malade pour la première fois; c'était à peu près six semaines après le début de l'éruption, et quinze jours après l'apparition de l'ulcère de l'amygdale. L'éruption était alors, à peu de chose près, dans les conditions qui ont été décrites ci-dessus, mais l'ulcère de l'amygdale était net et en voie de cicatrisation. Les détails de ce fait me firent penser que la maladie n'était point vénérienne. En conséquence, je conseillai d'abandonner tous les remèdes, qui du reste ne pouvaient être en usage que depuis quinze jours au plus, car ce n'était que depuis la formation de l'ulcère sur l'amygdale que le mercure était administré, et cet ulcère n'existait que depuis quinze jours quand je vis la malade. Peu de temps après, la malade se rétablit.

Après un certain temps pendant lequel elle s'était bien portée, elle s'adressa de nouveau au chirurgien du pays, pour un abcès qui s'était formé sur le sein dans le point où la maladie avait débuté, et avec lequel coïncidait une nouvelle éruption du visage.

L'abcès fut ouvert et se guérit en peu de jours; l'éruption disparut à la suite de l'emploi d'un laxatif. Depuis ce temps, cette femme s'est toujours bien portée, et il n'est résulté de sa maladie d'autre effet fâcheux que la perte totale de son mamelon.

Voilà un cas qui certainement a été considéré comme vénérien.

Cinq jours après le début de l'éruption chez la nourrice, le nourrisson fut repris et confié à une femme saine, pleine de fraîcheur, âgée de vingt-quatre ans, et qui était accouchée de son premier enfant depuis onze mois. Au bout de quelques jours, elle remarqua sur la tête de l'enfant une éruption assez semblable à celle dont avait été atteinte la nourrice précédente. Bientôt sa bouche s'excoria, et il ne teta plus qu'avec difficulté. En peu de temps, l'éruption de la tête se dessécha et devint le siége d'une desquamation; puis il en parut une autre sur la face, sur les genoux et sur les pieds, mais celle-ci différa complétement de la précédente, car les pustules de la première avaient suppuré, tandis que dans celle-ci les plaques restèrent superficielles, donnèrent lieu à une desquamation, et laissèrent une tache circonscrite d'un brun clair, qui continua à s'accroître pendant cinq semaines. Cette éruption dura près de trois mois, au bout desquels l'enfant se trouva extrêmement amaigri. Mais comme aucun traitement particulier n'était indiqué, aucun médicament ne fut prescrit; quelques semaines après, l'enfant fut transporté à Londres, où il se rétablit parfaitement.

La seconde nourrice, quelques jours après avoir donné à teter à l'enfant, vit se former sur son sein gauche des taches semblables à celles de la première nourrice, avec cette seule différence qu'elles étaient moins nombreuses, et qu'elles s'accompagnaient d'une inflammation phlegmoneuse plus intense. Elles continuèrent à faire des progrès et s'agrandirent pendant sept ou huit jours. Alors le mamelon du même sein s'ulcéra, et l'ulcération s'étendit assez pour en faire craindre la destruction complète. Bientôt les cuisses, puis les jambes, participèrent à la maladie.

Elle allaita cet enfant pendant environ trois mois. La maladie ne manifesta plus de tendance à faire des progrès, et dans l'espace de douze ou quatorze jours elle disparut entièrement, sans que la malade eût pris d'autre médicament que quelques onces de décoction de quinquina. Le seul topique qui ait été appliqué sur le sein fut de l'onguent simple.

Cette femme, à cette époque, avait si peu de lait, qu'on fut obligé de se procurer une troisième nourrice pour l'enfant, et elle retourna à la campagne. Son propre enfant étant sevré, elle n'eut plus occasion de donner à teter, et bientôt tout son lait fut entièrement tari. Cependant, pour amuser son enfant quand il était de mauvaise humeur, elle lui mettait dans la bouche le mamelon du sein qui avait été malade. Il en résulta qu'en peu de jours cet enfant devint malade de la même manière que le nourrisson. Elle consulta alors un chirurgien distingué, qui, n'ayant point connaissance des circonstances antécédentes, supposa que cette affection était de nature vénérienne, et prescrivit une liqueur incolore, qui, selon toute apparence, était une solution de sublimé corrosif, dans la proportion de seize grains pour une chopine d'eau. La dose était d'une cuillerée à bouche. Elle prit ce médicament suivant les instructions qu'elle avait reçues, et en donna à son mari ainsi qu'à son enfant; pour ce dernier, la dose était seulement d'une cuillerée à café. Sous l'influence de cette liqueur, elle se rétablit.

La troisième nourrice, de même que la précédente, fut affectée en peu de temps, mais les taches se montrèrent encore moins nombreuses; on eût dit que la maladie perdait beaucoup de sa force, car chaque infection nouvelle offrait un caractère moins malin que les précédentes. La malade guérit sans prendre aucun médicament (*).

(*) On lit de plus dans l'édition de Home : « Le cas suivant est un exemple de l'influence que l'état de l'esprit peut exercer sur le corps, et des effets fâcheux auxquels sont exposés les malades qui se livrent sans frein à leurs idées sur les affections dont ils se croient atteints. Je le donne tel qu'il m'a été transmis par le malade lui-même, dans le désir d'avoir mon avis :

« En mai 1789, étant à Londres, j'eus le malheur d'avoir des relations avec une

Des prétendues affections vénériennes communiquées par la transplantation des dents.

Depuis que l'opération de la transplantation des dents est pratiquée à Londres, il s'est présenté quelques cas dans lesquels on a supposé que l'in-

« femme de la ville. Cinq jours après je me livrai à un exercice extraordinaire, et comme
« il faisait très-chaud je transpirai très-abondamment. Cette transpiration eut lieu à
« la tête, et plus particulièrement au front. Dans cet état, je retournai à la campagne,
« et tandis que j'étais sur la route la sueur augmenta; quand elle cessa, elle me laissa
« une chaleur brûlante au front, de sorte qu'il m'était impossible de supporter mon
« chapeau. Cette chaleur continua pendant toute la nuit, s'accompagnant d'une dou-
« leur extérieure autour du front. Le jour suivant elle augmenta, et le surlendemain
« elle parut perdre de son intensité; mais elle se fit sentir plus ou moins pendant
« plusieurs semaines. A mon retour chez moi, j'eus des rapports sexuels avec ma
« femme. Dès lors la crainte agita tellement mon esprit que je ne pus trouver de
« repos qu'en exposant ma situation à un chirurgien et à un apothicaire. Je craignais
« que l'affection de ma tête ne dérivât d'une maladie vénérienne. Le chirurgien parut
« ne craindre aucun danger. Je le sollicitai de me donner quelques purgatifs, espérant
« qu'ils dissiperaient l'inflammation dont ma tête était le siége, et qu'ils me délivre-
« raient aussi du virus que je pouvais avoir contracté. Malgré l'emploi de ces médi-
« caments, je continuai à éprouver quelquefois les mêmes sensations désagréables, en
« même temps qu'un malaise qui avait son siége dans la gorge et dans les dents.

« Jusque-là, il n'y avait rien eu d'anormal vers les organes génitaux, si ce n'est
« une sensation de chaleur qui n'avait point été perçue ou remarquée auparavant. Il
« me sembla alors que cette chaleur augmentait. Par une inspection constante et
« attentive, je trouvai que le volume de la verge diminuait par intervalles. Le gland
« prit une coloration jaunâtre pâle, et les glandes situées derrière le gland parurent
« se couvrir de mucus. La chaleur de la tête diminua; la gorge et les dents furent
« le siége d'un malaise plus grand.

« Dans la première quinzaine qui suivit mon retour, je décidai mon apothicaire à
« me donner de petites doses de calomel. Pendant les premiers jours, elles me pur-
« gèrent très-violemment; en conséquence, on en diminua la quantité. Pendant tout
« ce temps, je n'éprouvai aucun écoulement; mais après avoir pris ce médicament
« pendant quelques jours, je ressentis un peu de chaleur et de douleur dans l'aine;
« ma verge me parut chaude parfois, et j'éprouvai quelques élancements douloureux
« autour de la tête. Ce traitement fut terminé au bout d'une quinzaine de jours, et
« alors je commençai l'usage des altérants. Pendant que je prenais ces agents théra-
« peutiques, l'état de ma gorge parut empirer, surtout vers le soir.

« Six semaines après mes rapports sexuels, je fus jugé guéri, et j'abandonnai tout trai-
« tement.

« Peu de temps après, le matin, avant d'uriner, j'aperçus, en écartant les lèvres
« de l'orifice de l'urètre, une petite quantité d'un liquide blanchâtre, formant une
« goutte qui n'égala jamais le volume d'un pois et ne paraissait jamais que le matin.
« Je voulus savoir quelle tache ce liquide formerait sur du linge propre; il y laissa
« une marque verdâtre. Je communiquai immédiatement ce fait au chirurgien, qui me
« défendit de m'en occuper et m'assura que cela n'avait aucune importance. Mon
« esprit était trop tourmenté pour que je pusse me contenter de ces assurances;
« c'est pourquoi je consultai un médecin. Celui-ci me dit que si j'étais affecté, ce
« devait être à un très-faible degré, et qu'il n'était pas possible que j'eusse infecté
« ma femme. Néanmoins, il jugea convenable de me prescrire quelques médica-
« ments, et me conseilla de suivre un traitement tonique après en avoir fait usage

fection vénérienne avait été communiquée par cette voie, et qui ont été traités en conséquence. Le mode de traitement adopté n'a amené aucun

« pendant quinze jours. Je commençai alors l'administration de ces médicaments ; « je pris une grande cuillerée à café d'un électuaire trois fois par jour ; ma gorge « commença bientôt à aller mieux ; au bout de quinze jours le traitement fortifiant « fut commencé. Lorsque je cessai l'emploi des médicaments ci-dessus indiqués, « ma gorge redevint le siège d'une sensation pénible comme auparavant. Une « ou deux fois je remarquai à l'orifice de l'urètre un liquide clair et plus gluti- « neux que mon urine. Je remarquai que cette circonstance avait toujours lieu après « les érections.

« Le traitement fortifiant fut continué pendant environ quinze jours. Ma gorge « était très-douloureuse vers le soir, et offrait de la rougeur. Un bouton dur et rouge « se forma sur le palais. Ces symptômes m'affectèrent vivement.

« Je commençai alors à prendre un électuaire semblable au premier, et je bus « chaque jour une chopine de décoction des bois. Je suivis ce traitement pendant « six semaines. Je fis usage des médicaments toniques pendant environ quinze jours, « puis je les abandonnai. J'employai un grand nombre de remèdes pour ma bouche « et pour ma gorge ; tantôt un électuaire, des gargarismes avec du vin de Porto ; « tantôt des gargarismes avec une décoction de roses, avec du miel, etc.

« Maintenant je me trouve plus mal que jamais ; car bien que je n'aie jamais été « dans l'impossibilité de continuer mes affaires, j'éprouve quelques sensations désagréa- « bles de plus : ce sont des douleurs qui ont leur siège dans les tibias, et qui se font « sentir, comme des piqûres d'épingle, surtout après la marche ou la station debout. « Elles ne sont pas violentes, mais elles sont pénibles. Mes jambes me paraissent quel- « quefois extraordinairement roides ; je ressens de la cuisson dans le genou et dans le « creux du jarret, ainsi qu'une douleur dans les reins et quelquefois dans le bras. Il « me semble que mes cors, qui sont souvent très-incommodes, le sont devenus davan- « tage, surtout quand le temps est humide.

« Il y a environ trois mois, j'ai découvert à la face interne de la cuisse une tache , « de la largeur d'un schelling, qui, ordinairement de la couleur de la peau, prend « quelquefois une couleur cuivrée ; cette coloration ne manque pas de se présenter « quand cette partie est échauffée. Plusieurs taches de couleur moins foncée se sont « manifestées de l'autre côté. Il en existe plusieurs qui ne sont pas plus grandes qu'une « tête d'épingle, et qui s'élèvent au-dessus du niveau de la peau, dans diverses par- « ties du corps. Elles ne sont le siège d'aucune douleur. Cette semaine, quelques « taches très-larges se sont formées autour du cou, et le côté droit de cette région est « douloureux parfois. Depuis quelque temps mon nez et mon front sont devenus le « siège de sensations différentes de celles qui y étaient perçues habituellement. J'y « ressens de la chaleur, de temps en temps un picotement et des élancements, et une « tension dont je ne puis bien rendre compte. La peau paraît rouge autour du nez. « Au moment où je vous écris, j'y sens de la douleur et de la tension. Mes yeux me sem- « blent plus faibles qu'à l'ordinaire, et quelquefois ils sont rouges. Ma bouche a été « affectée ; la membrane est pâle, et excoriée en quelques endroits. La salive est très- « désagréable ; l'haleine est fétide. Toutes les fois que j'ai des vents dans l'estomac, ma « gorge devient très-douloureuse. Il est nécessaire que je vous dise que je suis d'un « tempérament scorbutique, et que cette disposition a toujours donné lieu à des bou- « tons qui se développent entre mes deux épaules ou le long de mes bras, et quelque- « fois, mais en petit nombre, sur ma figure.

« Lorsque je retournai chez moi en mai, je trouvai ma femme pâle et faible. Je « pensai que c'était l'effet de la grossesse. Il paraît, d'après ce qui est arrivé depuis,

résultat qui fût propre à détruire cette opinion; cependant, lorsque l'on pèse toutes les circonstances qui se rattachent à ces faits, soit sous le point

« qu'elle était alors enceinte de six semaines environ. Je priai le chirurgien de me dire
« s'il pensait que je pusse altérer sa santé; et que, s'il en était ainsi, je me jetterais à
« ses pieds et lui dirais ce qui s'était passé. Je fis la même demande au docteur. Tous
« deux m'affirmèrent qu'il n'y avait aucun danger. Vers la fin de juin elle parut avoir
« une fièvre lente. L'apothicaire la vit. Elle était très-faible; mais elle se rétablit gra-
« duellement. Dans le mois de juillet, elle eut une frayeur terrible, à la suite de la-
« quelle son état redevint très-misérable; elle était faible, et se plaignait d'un écou-
« lement extraordinaire par le vagin. Après beaucoup d'efforts, j'obtins d'elle qu'elle
« consentît à consulter le docteur pour cet écoulement. Je sollicitais cette consultation
« d'autant plus vivement que le docteur connaissait toutes les circonstances relatives à
« ma santé. Je craignais beaucoup que les souffrances de ma femme ne fussent l'effet
« d'une maladie qu'elle aurait reçue de moi. Je parlai de l'écoulement au docteur, le
« priant de donner toute son attention aux symptômes éprouvés par la malade, et
« le pressant de prescrire tous les moyens propres à la guérir. Il lui donna ses soins,
« et m'assura qu'il n'y avait pas la plus légère apparence que les symptômes qu'elle
« présentait provinssent d'une telle cause. Ces symptômes étaient l'effet de la faiblesse
« et de la gestation. Elle n'accusa jamais aucune douleur dans les parties génitales, ni
« aucune chaleur en urinant. A cette époque, elle fut tourmentée par une douleur qui
« avait son siége dans les dents, dans les gencives, etc., et qui était presque sans ré-
« mission. Le docteur prescrivit quelques remèdes cordiaux et fortifiants, qu'elle prit
« pendant quelque temps. Elle alla mieux, mais elle éprouva presque continuellement
« des douleurs de dents. L'écoulement du vagin diminua graduellement. Elle avait
« toujours eu de la tendance à la constipation, mais cette disposition augmenta pen-
« dant sa grossesse. Le docteur m'expliqua cette circonstance par son tempérament,
« par la grossesse, etc., et m'affirma que tout était parfaitement naturel, et qu'il n'y
« avait pas la plus légère apparence d'un symptôme qui pût provenir d'une affection sy-
« philitique. Un mois ou davantage avant son accouchement, ses douleurs des dents,
« des oreilles et de la tête semblèrent s'accroître; il se manifesta de la rougeur au-des-
« sus de ses sourcils, et cette région était le siége d'une douleur très-vive, etc. A cette
« époque, j'aperçus sur son visage quelques petites taches jaunâtres, une sur le front,
« deux ou trois moins larges auprès des oreilles, etc., et quelques-unes sur les bras.

« Enfin elle est accouchée d'un bel enfant très-bien portant. Ses dents restèrent dou-
« loureuses; la joue droite l'était tellement, qu'elle ne pouvait supporter le moindre
« attouchement. Son sein gauche devint alors douloureux, et cela, d'autant plus que
« le lait s'y accumulait davantage. Elle avait toujours accusé une douleur dans ce sein
« depuis son premier enfant, et quelquefois elle s'imaginait y sentir une tumeur dure.
« Ses deux mamelons devinrent très-douloureux, et s'entourèrent de petites ulcéra-
« tions; mais le gauche était beaucoup plus malade que le droit. Il lui était extrême-
« ment pénible de donner à teter; il fallait de temps en temps qu'une personne la
« tetât. Les mamelons se sont guéris graduellement, et maintenant elle me dit qu'ils
« sont bien. A une époque rapprochée de son accouchement, il s'est manifesté une
« rougeur entre les deux seins; mais cette rougeur s'est dissipée. On voit actuellement
« un peu de rougeur de chaque côté de son nez, auprès des yeux; et quelquefois le
« sommet et les côtés des narines paraissent rouges. Elle dit qu'elle n'y éprouve aucune
« douleur. Ses douleurs sont maintenant dans la gencive gauche, et s'étendent dans la
« joue. Son urine est souvent très-épaisse, et présente un sédiment très-prononcé,
« peu de temps après avoir été rendue.

« L'enfant ne présente aucune trace de maladie, mais il vasille comme jamais je n'ai

de vue de la manière dont la maladie a été contractée, soit sous celui du traitement quand la maladie a été traitée comme vénérienne, on voit qu'ils présentent tous quelque chose qui n'est pas exactement semblable aux phénomènes ordinaires de la maladie vénérienne communiquée par la voie habituelle ; cette remarque acquiert une nouvelle force quand on fait attention que quelques-uns de ces cas n'ont point été traités comme vénériens, et que cependant ils ont été guéris, d'où il résulte que la guérison des autres, qui a semblé être due au mercure, ne prouve point péremptoirement qu'ils aient été vénériens (*).

Je crois avoir vu, sinon la totalité, au moins le plus grand nombre des

« vu nasiller aucun autre enfant. Je suis toujours prêt à voir les choses au pis, et je
« suis très-affligé de la crainte que cette circonstance n'ait une origine syphilitique.
« L'enfant est gai, profite et dort bien. Mes deux autres enfants ont été misérables de
« temps en temps : pendant des semaines, ils ont présenté dans les commissures des
« lèvres une excoriation évidente, qui avait une coloration blanchâtre. Je crois que
« ces excoriations n'existent plus. On leur voit autour du cou quelques boutons très-
« petits ; ils ont sur le corps deux ou trois petites taches, et quelquefois leur nez devient
« rouge et douloureux. Je suis accablé de la pensée que j'ai pu, par un acte
« inconsidéré, infecter toute ma famille. Ma position est vraiment digne de pitié.
« J'avais pris mes mesures avec empressement pour attaquer cette maladie de très-
« bonne heure ; mais, hélas ! je crains d'être tombé entre de mauvaises mains.

« Cette affaire comporte un grand nombre de questions de la plus haute importance
« pour moi. Pour ces questions et pour leurs réponses, je m'en rapporte à votre juge-
« ment plus éclairé que le mien : je me bornerai à en poser trois ou quatre pour
« ma propre satisfaction :

« Si les symptômes que j'ai éprouvés ont leur origine dans une infection syphilitique,
« ai-je pu infecter mes enfants en les embrassant, en couchant avec eux, etc. ?

« Si l'écoulement de ma femme était vénérien, n'aurait-il pas dû en faire naître un
« semblable chez moi ? ou bien, l'existence de la maladie syphilitique dans ma consti-
« tution n'a-t-elle pas pu prévenir cet effet ?

« Les douleurs de la tête, des dents, des oreilles, etc., ont-elles pu provenir de cette
« cause ? Si les mamelons de ma femme avaient été affectés par la maladie vénérienne,
« l'infection n'aurait-elle pas dû se communiquer à la personne qui la tetait ? Et, s'il
« en est ainsi, à quelle époque et de quelle manière l'infection se serait-elle manifestée
« chez cette personne ? Si les ulcérations des mamelons avaient été vénériennes, se se-
« raient-elles guéries ? La disposition de l'enfant à nasiller peut-elle venir de cette
« cause ? Une partie peut-elle être affectée de cette maladie sans qu'il se produise
« manifestement de l'inflammation, du gonflement, et un écoulement ?

« Je n'ai plus qu'à vous prier, monsieur, de vouloir bien donner toute l'attention né-
« cessaire à ce cas malheureux et compliqué. Je désire vivement un soulagement
« durable. »

(*) Il est à remarquer qu'ici je ne m'appuie nullement sur l'opinion que j'ai émise, et suivant laquelle la syphilis constitutionnelle n'a pas la propriété de se communiquer par infection ; et je crois que si la maladie qui nous occupe actuellement était de nature vénérienne, il faudrait admettre qu'elle émane d'une syphilis constitutionnelle dont aurait été atteinte la personne qui aurait fourni la dent ; car les chancres ne sont pas communs dans la bouche, et, à l'inspection de cette partie, on les apercevrait ; je crois aussi qu'on ne voit guère dans la bouche des écoulements semblables à la gonorrhée.

J. HUNTER.

cas de cette espèce, et j'en ai traité plusieurs. Dans presque tous, l'affection locale s'est montrée assez régulièrement un mois après l'introduction de la dent, ce qui est une période trop longue pour être admise comme durée moyenne de l'incubation des symptômes syphilitiques; et lorsque des symptômes constitutionnels ont été produits, ces derniers ont suivi l'apparition des symptômes locaux à une époque trop rapprochée et trop régulière pour qu'on pût les considérer comme vénériens.

Mais on peut dire que l'opération de la transplantation a produit une maladie probablement aussi fâcheuse dans ses conséquences que la syphilis. C'est une chose qu'on ne peut nier.

Le premier cas de cette espèce que j'aie eu à traiter a été celui d'une dame à laquelle on avait transplanté une bicuspidée. La dent transplantée se consolida très-bien. Un mois environ après l'opération, cette dame dansa jusqu'à cinq ou six heures du matin, se refroidit, et fut prise en conséquence d'une fièvre qui dura près de six semaines. En même temps, il se fit une ulcération de la gencive et de la mâchoire, qu'on ne remarqua point alors. Lorsque la malade commençait à se rétablir, on observa que non-seulement la gencive et l'alvéole de la dent transplantée, mais encore ceux des dents adjacentes, étaient malades. Les deux bicuspidées furent arrachées et les alvéoles s'exfolièrent ensuite; mais les parties furent très-lentes à se cicatriser.

Cette lenteur donna naissance à diverses opinions, dont la principale fut que la maladie était vénérienne. En même temps, il se forma sur une jambe une tuméfaction qui était de l'espèce des nodus indolents. Ce symptôme fut aussi considéré comme vénérien, ou plutôt comme venant à l'appui de l'opinion ci-dessus indiquée. Mais je manifestai l'opinion contraire. Je conseillai à la malade d'aller prendre les bains de mer. Elle suivit ce conseil, et se guérit parfaitement, tant de l'affection de sa mâchoire que de celle de sa jambe; depuis, elle s'est toujours bien portée.

Le second cas de cette espèce que j'aie observé survint également chez une jeune dame : la dent transplantée se consolida parfaitement bien, et resta intacte pendant environ un mois. A cette époque, la gencive commença à s'ulcérer, et laissa à nu la dent et l'alvéole. L'ulcère fit des progrès; il survint des taches sur la peau et des ulcères dans la gorge. La maladie fut traitée comme vénérienne; les symptômes cédèrent à ce traitement, mais ils se reproduisirent à plusieurs reprises après des traitements mercuriels très-énergiques; cependant, à la fin, la guérison fut parfaite.

La seule remarque que j'aie à faire au sujet de cette observation, c'est que les symptômes reparurent, après des traitements mercuriels non interrompus, beaucoup plus souvent que cela n'a lieu d'ordinaire dans les cas vénériens; et pendant toute la durée de la maladie, je soupçonnai qu'elle était de nature scrofuleuse.

Le troisième cas se présenta chez un homme. La dent transplantée resta, sans causer le moindre inconvénient, pendant environ un mois, au bout duquel le bord libre de la gencive devint le siége d'une ulcération qui continua à faire des progrès jusqu'à déterminer la chute de la dent. Quelque temps après, il apparut des taches à la peau dans presque tous les points de la surface du corps ; ces taches n'avaient point le véritable aspect vénérien ; elles étaient plus rouges ou plus transparentes, et plus circonscrites. Le malade présentait en outre une tendance à la fièvre hectique qui se décelait par de l'agitation, de l'insomnie, la perte de l'appétit et de la céphalalgie. Il eut recours à des moyens divers ; mais voyant que son état ne s'améliorait point, on le soumit à un traitement mercuriel ; tous les symptômes disparurent en suivant la marche ordinaire de la maladie vénérienne, et nous le crûmes guéri. Mais, au bout de quelque temps, les mêmes altérations de la peau reparurent, et, de plus, les os du métacarpe présentèrent de la tuméfaction. On soumit alors le malade à un traitement mercuriel plus énergique que le premier, et dans l'espace de temps ordinaire tous les symptômes disparurent de nouveau. Un certain nombre de mois plus tard, la même éruption se reproduisit pour la troisième fois, mais avec moins d'intensité, et sans aucun autre symptôme concomitant. Le malade prit encore du mercure ; mais tout le traitement se composa de dix grains seulement de sublimé corrosif, et la guérison fut complète. Il s'écoula trois années entre le premier traitement mercuriel et la guérison définitive.

Cette affection pouvait-elle être vénérienne? Le résultat des deux premiers traitements mercuriels, qui ont fait disparaître les deux premières éruptions, semble prouver qu'elle l'était en effet. Mais le troisième traitement, qui ne se composa que de dix grains de sublimé corrosif, produisit un effet semblable, et ce résultat tendrait à prouver que la maladie n'était point de nature syphilitique, car les symptômes qui reparurent après le second traitement, pendant lequel on avait donné une quantité considérable de mercure, n'auraient pas cédé à dix grains seulement de sublimé.

Le quatrième cas fut celui d'une jeune dame chez laquelle, à la même époque après la transplantation que dans les cas précédents, la gencive devint le siége d'une ulcération qui fit des progrès considérables. Le chirurgien qui fut consulté le premier fut d'avis qu'on devait avoir recours immédiatement à l'emploi du mercure. Je fus appelé ensuite auprès de la malade, et je lui conseillai de ne point prendre de mercure, afin qu'on pût s'assurer de la nature de la maladie. En effet, si elle eût pris du mercure et qu'elle se fût guérie sous l'influence de ce traitement, c'eût été un nouveau cas qu'on aurait ajouté aux prétendus exemples de syphilis communiquée par la transplantation des dents. Je prescrivis l'extraction de la dent, afin de voir quel effet produirait l'ablation de la cause première. La dent fut ôtée, et la gencive se cicatrisa aussi rapidement que n'importe quel ulcère simple ; depuis, elle est restée intacte.

Ce fait n'a pas besoin de commentaires. Je ferai cependant remarquer que, si la malade avait été soumise à un traitement mercuriel, elle se serait guérie également, selon toute probabilité, car la dent serait tombée dans l'espace de temps nécessaire pour un traitement complet ; et si les

choses se fussent passées ainsi, on peut affirmer, sans crainte d'être démenti, que ce cas eût été considéré comme vénérien.

Le cinquième cas fut observé chez une jeune dame de dix-huit ans, à laquelle on avait transplanté une incisive. La dent s'était très-bien consolidée; mais six ou sept semaines après l'opération, la gencive s'ulcéra. On
fit immédiatement enlever la dent; la malade ne prit pas d'autre médicament que du quinquina, et elle se guérit très-bien en un petit nombre de
semaines.

Le sixième cas fut observé chez un jeune homme de vingt-trois ans,
natif de l'une des îles des Indes occidentales, à qui l'on avait transplanté
les deux incisives antérieures. Vers la même époque après l'opération que
dans le cas précédent, il se forma sur la gencive une ulcération qui prit
une extension considérable; le bord libre de la gencive se gangrena et fut
éliminé. On consulta un chirurgien renommé, qui prescrivit le quinquina.
Sans avoir recours à aucun autre moyen, le malade se rétablit très-bien,
à peu près dans le même espace de temps que les dames du quatrième et
du cinquième cas, auxquelles la dent transplantée avait été enlevée. La
gencive se guérit parfaitement, mais elle resta extrêmement étroite.

Parmi les faits qu'on vient de lire, il en est quelques-uns qu'on sera
tenté, au premier aspect, de considérer comme vénériens. Si l'on porte
son attention sur les autres, on décidera d'une manière absolue qu'ils
n'avaient rien de syphilitique. Si ensuite on prend en considération toutes
les circonstances qui se rattachent aux cas probablement vénériens, on
arrivera à cette conclusion, autant qu'on peut s'appuyer sur le raisonnement, qu'ils n'étaient point réellement de nature vénérienne. Le premier
cas qui ait paru vénérien dans le temps, ce fut celui que j'ai rapporté le
second; mais, comme je n'ai pas suivi la malade pendant tout le traitement, je n'ai que peu de chose à en dire. Certainement, les symptômes se
reproduisirent plus souvent qu'on ne l'observe ordinairement dans les cas
de syphilis où il ne peut y avoir aucun doute sur la nature du mal, et la
malade employa une quantité de mercure plus grande qu'à l'ordinaire. Il y
a donc quelque chose d'obscur dans ce cas, car il ne s'accorde pas exactement dans tous ses points avec les cas ordinaires de syphilis. Le troisième
cas présenta les mêmes récidives, et ressembla encore au précédent par la
quantité de mercure qui fut nécessaire pour la guérison des symptômes.

Les effets les plus graves qui aient suivi la transplantation d'une dent
sont ceux qui sont survenus chez une jeune dame et qui ont été rapportés
dans les *Medical Transactions*, t. 3, p. 25, par William Watson :

Le dentiste, alarmé des premiers symptômes, me sollicita de voir la
malade. Le bord libre de la gencive commençait à s'ulcérer. Comme je
ne savais trop ce qu'il y avait de mieux à faire, je conseillai au dentiste
de préparer une forte solution de sublimé corrosif pour faire de fréquentes lotions dans la bouche, et d'appliquer sur la partie malade un tampon de charpie imbibée de cette solution. Mais ce moyen n'ayant point
arrêté les progrès de l'ulcération, la malade consulta Sir William Watson ;
c'est au récit de ce médecin que je renvoie le lecteur, c'est là que je pren-

drai les bases de mon raisonnement. Toutefois, je puis faire remarquer que le cas fut considéré à la fin comme syphilitique, quelle qu'ait pu être l'opinion premièrement formée, et pour les deux raisons suivantes : 1° parce que ce mode de contracter la maladie vénérienne était possible; 2° parce que la maladie ne cédait pas aux agents thérapeutiques qui sont sans efficacité contre la syphilis; et cette opinion paraît avoir été confirmée par l'influence favorable du traitement mercuriel. Mais la maladie considérée en elle-même, abstraction faite du mode de communication et même du mode de traitement, ne présente point dans ses phénomènes une identité parfaite avec les phénomènes propres à la maladie vénérienne; et l'on n'a point pris les circonstances essentielles du fait en considération suffisante pour pouvoir déterminer s'il était réellement vénérien.

La marche de l'ulcération de la bouche, qui fut le premier symptôme de la maladie, fut plus rapide que ne le sont, en général, les ulcérations vénériennes; car si l'on admet qu'elle était vénérienne, elle doit être considérée simplement comme un chancre, c'est-à-dire, comme une affection locale.

Maintenant suivons la marche de la maladie dans la constitution. « Vers cette époque », c'est-à-dire, quand la maladie locale faisait des progrès si rapides, « des taches apparurent sur la face, sur le cou, et sur diverses parties du corps de la malade : plusieurs de ces taches devinrent des plaies ulcérées et douloureuses. » Cette manifestation des effets constitutionnels est trop rapprochée de l'apparition des symptômes locaux pour que la maladie fût vénérienne : on sait que la syphilis constitutionnelle qui dérive d'une gonorrhée ou d'un chancre, ne se manifeste pas ordinairement avant six semaines, souvent beaucoup plus tard, mais rarement plus tôt. Je n'insiste pas beaucoup sur une particularité, savoir, qu'il n'y eut aucun engorgement des glandes lymphatiques du cou, c'est-à-dire aucun bubon, car ces bubons ne sont pas un symptôme constant de l'introduction de la matière vénérienne dans la circulation, bien qu'on doive accorder que ce fait est de quelque poids dans un cas où les autres circonstances ne sont pas parfaitement satisfaisantes. Les accidents constitutionnels, quand ils se manifestèrent, furent beaucoup plus violents et beaucoup plus rapides dans leurs progrès qu'aucun symptôme syphilitique secondaire que j'aie jamais vu. On sait que les taches vénériennes sont des mois avant d'arriver à la période croûteuse; la douleur dont ces ulcères furent le siége ne s'accorde point non plus avec ce que nous savons de la syphilis constitutionnelle; les taches vénériennes ne produisent aucune sensation, ou au moins très-peu. Mais après tout, le mercure guérit cette maladie, quelle qu'elle fût. Vingt-huit grains de calomel, divisés en quatorze pilules, furent pris, probablement en dix ou douze jours, car il fut prescrit à la malade d'en prendre une ou deux par jour, suivant que les intestins le permettraient. Mais quoiqu'on associât au calomel la teinture thébaïque, ces pilules purgèrent si violemment qu'on fut obligé de renoncer à ce mode d'administration du mercure. Cependant, malgré la petite quantité de mercure qui avait été employée, et quoiqu'il en eût été tant rejeté par les évacuations alvines, « l'ulcération de la bouche et des joues cessa de s'étendre, devint moins douloureuse et présenta un meilleur aspect; les taches de la figure et du corps devinrent plus pâles, celles qui s'étaient ulcérées se guérirent rapidement, et il n'en parut pas d'autres. » En conséquence, on prescrivit « des frictions, deux fois par jour, sur les jambes et sur les cuisses, avec l'onguent cœruleum fortius, à petites doses, » dans la crainte que le mercure ne se portât sur les intestins. « Au bout de dix ou douze jours les coliques et la diarrhée reparurent avec violence, ce qui força à abandonner les frictions. A cette époque, les taches avaient toutes disparu; les ulcérations du visage et du corps étaient complétement cicatrisées, et celles de la bouche n'étaient pas loin de l'être. » (Op. cit., p. 328).

La seule remarque que j'aie à faire relativement au traitement, c'est que la quantité de mercure qui fut employée n'aurait pas suffi pour guérir des chancres de la verge faisant des progrès aussi rapides que les ulcères de la bouche de la malade en question; elle ne suffirait pas non plus pour guérir des ulcères vénériens de la peau dont les progrès seraient aussi rapides que ceux des ulcères cutanés de cette malade. Si d'ailleurs on prend en considération l'influence que le traitement exerça sur la santé générale, et la manière dont la maladie se termina, je crois qu'on restera convaincu que celle-ci n'était point vénérienne : en effet, les phénomènes spécifiques, si la maladie était vénérienne, furent aussi extraordinaires que la manière dont la maladie aurait été contractée.

J'ai eu souvent occasion d'observer de ces cas que l'on soupçonnait d'être vénériens; et quoique les malades aient recouvré la santé pendant qu'ils étaient soumis à un traitement mercuriel, je passe ces faits sous silence, parce que les médecins qui traitaient ces malades n'ont point donné assez d'attention aux circonstances qui auraient pu fournir des renseignements précis et permettre de décider si la maladie était vénérienne ou non.

Après avoir examiné les faits au point de vue des personnes chez lesquelles des dents ont été transplantées, livrons-nous à quelques remarques sur celles qui ont fourni ces dents; car je crois que ces considérations jetteront quelque lumière sur le sujet qui nous occupe. Supposons que les jeunes filles dont on prit les dents avaient réellement la syphilis constitutionnelle, et que, par suite, les dents étaient infectées aussi, supposition qui est la plus défavorable à mon opinion; il me semble que, même dans ce cas, il ne pouvait y avoir aucune différence entre la gencive de la jeune fille dont on prenait la dent et celle de la personne qui la recevait. Si l'ulcération se développa dans cette dernière par le contact de la dent infectée, l'alvéole de la jeune fille dont on avait pris la dent n'aurait-il pas dû s'ulcérer également? mais cela n'arriva chez aucune. Je viens de supposer les dents susceptibles d'être infectées, quoique je pense qu'on n'a encore jamais vu ces organes atteints primitivement de la syphilis, et que j'admette que lorsqu'ils en sont attaqués, ce n'est que dans les cas où la maladie, s'étant manifestée ailleurs, dans la bouche, dans la gorge ou dans le nez, s'est étendue consécutivement jusqu'à eux. Mais encore, alors même que les dents pourraient être atteintes de la maladie vénérienne et la communiquer à d'autres personnes, il serait fort extraordinaire que l'on eût rencontré justement le peu de dents qui peut-être se trouvaient ainsi infectées.

Lorsqu'on fait attention que les jeunes filles dont on avait pris les dents n'avaient pas la plus légère trace de maladie vénérienne au moment de l'opération, et n'en présentaient pas davantage quand la maladie éclata chez les personnes dans la mâchoire desquelles les dents avaient été transplantées, on trouve fort étrange que la maladie se soit manifestée chez les sujets qui avaient *reçu* et non chez ceux qui avaient *donné*.

Il serait singulier aussi que la maladie se fût montrée équivoque à toutes ses périodes: dans son mode de propagation, dans ses formes extérieures, dans sa guérison.

Résumons tous les arguments qui tendent à démontrer que la maladie n'est point vénérienne. 1° Deux malades qui, au début, présentèrent les mêmes symptômes que les autres, se guérirent sans traitement. 2° Les malades qui parurent être guéris par le mercure ne suivirent point un traitement exactement semblable à celui qu'on fait subir aux malades incontestablement atteints de la syphilis. 3° Je considère comme impossible que des parties qui ne sont pas malades elles-mêmes aient la faculté de communiquer l'infection. 4° Il n'a jamais été démontré que les parties qui passent pour avoir transmis l'infection aient été infectées elles-mêmes.

Mais, que mon raisonnement soit juste ou erroné, les personnes qui ont besoin d'avoir des dents transplantées n'y gagnent ou n'y perdent rien; car il est certain que cette opération a été suivie d'une maladie, qui, dans quelques cas, s'est montrée plus grave, ou a été plus difficile à guérir que ne l'est ordinairement la syphilis constitutionnelle. Quelle que soit cette maladie, je ne connais aucun moyen de la prévenir, si ce n'est de retirer la dent de bonne heure; cette pratique n'a été tentée que dans un seul cas, et elle a été suivie de succès.

Ce qui précède peut effrayer beaucoup de personnes et les détourner de recourir à la transplantation : sous ce point de vue, il ne peut en résulter d'autre mal que le chagrin de penser qu'il n'y a rien d'efficace à opposer à la destruction morbide des dents. Mais on doit se rappeler qu'ici je ne publie que les cas malheureux, ce qui est le contraire de ce que l'on fait généralement dans les livres de médecine. Mon seul but, en les publiant, est d'empêcher que la maladie, quand elle se développe, ne soit traitée par des moyens qui ne conviennent point.

On peut demander quelle est cette maladie? Il est plus difficile de dire ce qu'elle est que ce qu'elle n'est pas. Je répondrai qu'une dent saine transplantée peut faire naître une irritation assez forte pour qu'il en résulte une maladie d'une espèce particulière, capable de développer les phénomènes locaux qui viennent d'être décrits.

Je ne puis terminer sans faire remarquer que les maladies semblables à la syphilis qui n'ont point été décrites sont très-nombreuses, et que le peu que j'en ai dit doit être considéré plutôt comme une voie ouverte à des investigations ultérieures, que comme une histoire complète du sujet.

FIN DU TOME DEUXIÈME.

TABLE DES MATIÈRES

CONTENUES DANS LE DEUXIÈME VOLUME.

TRAITÉ DE LA SYPHILIS.

PREMIÈRE PARTIE.

SECONDE PARTIE.

FIN DE LA TABLE DU SECOND VOLUME.

ERRATA.

Page 7, ligne 6. . . . . ce célèbre chirurgien ait pu composer. . . . . *lisez :* a pu composer. . . . .

Page 178, ligne 25 . . . . . dans la vessie (voy. *pl.* 61 et 62) . . . . . *lisez :* (voy. *pl.* 61, fig. 1 et 2).

Page 322, ligne 37 . . . . . dont je donne le dessin, *pl.* 61 et 62 . . . . *lisez :* dont je donne le dessin, *pl.* 62, fig. 4.

Page 323, au bas de la page . . . . . est figuré *pl.* 61 et 62 . . . . . *lisez :* est figuré *pl.* 62, fig. 1, 2, 3.